高等院校土木工程专业教材

钢结构

(第四版)

主　编◎周俐俐　王汝恒

副主编◎姚　勇　雷劲松

知识产权出版社

全国百佳图书出版单位

—北京—

图书在版编目（CIP）数据

钢结构：第四版/周俐俐，王汝恒主编. —4 版. —北京：知识产权出版社，2024. 8
高等院校土木工程专业教材
ISBN 978-7-5130-9239-5

Ⅰ. ①钢… Ⅱ. ①周… ②王… Ⅲ. ①钢结构—高等学校—教材 Ⅳ. ①TU391

中国国家版本馆 CIP 数据核字(2024)第 030882 号

内容提要

本书按国家现行标准《钢结构设计标准》（GB 50017—2017）编写，除介绍标准的有关规定外，更着重介绍了钢结构的基本概念和基本理论，理论和实践并重。本书分 9 章，主要内容包括绪论、钢结构的材料、钢结构的设计方法、钢结构的连接、轴心受力构件、受弯构件、拉弯与压弯构件、钢桁架与屋盖结构以及 PKPM 系列软件——STS 设计钢桁架。书中各章列举较多的计算实例，计算实例分析透彻，步骤完整；并附有题型丰富的思考题和习题，习题中特别添加了国家注册结构工程师考试的题型。本书内容与时俱进，采用当前最新的设计程序，并新增了课程思政的内容。

本书可作为高等院校本科土木工程专业、网络教育本科土木工程专业以及建筑工程专业学生“钢结构”课程的教材；经过适当的取舍，也可作为网络教育专科、高等专科学校、高等职业技术学院房屋建筑工程专业学生的教材；还可供函授本（专）科、中专学生及工程结构设计人员等不同层次的读者参考阅读。

责任编辑：张 冰 刘 翯　　**责任校对**：潘凤越
封面设计：杰意飞扬 · 张悦　　**责任印制**：刘译文

高等院校土木工程专业教材
钢结构（第四版）
主　编　周俐俐　王汝恒
副主编　姚　勇　雷劲松

出版发行：知识产权出版社有限责任公司　　**网　址**：http：//www. ipph. cn
社　址：北京市海淀区气象路 50 号院　　**邮　编**：100081
责编电话：010-82000860 转 8024　　**责编邮箱**：740666854@ qq. com
发行电话：010-82000860 转 8101/8102　　**传　真**：010-82000893/82005070/82000270
印　刷：三河市国英印务有限公司　　**经　销**：各大网上书店、新华书店及相关专业书店
开　本：787mm×1092mm　1/16　　**印　张**：35. 25
版　次：2024 年 8 月第 4 版　　**印　次**：2024 年 8 月第 1 次印刷
字　数：862 千字　　**定　价**：85. 00 元
ISBN 978 - 7 - 5130 - 9239 - 5

第四版前言

本教材从2019年第三版出版以来，已经使用近5年，在本次修订过程中，教材内容与时俱进，采用最新的设计程序对钢屋架的设计进行了修订；很多章节也增加了课程思政的内容，将课程思政的内容潜移默化地融入教与学的全过程，以培养工程实践能力强、解决问题能力突出、创新能力强、具有良好团队协作精神和家国情怀的高级复合应用型人才，为国家培养德智体美劳全面发展的社会主义建设者和接班人。编者经过半年的努力，对本教材进行了系统的修订。

在修订工作中，褚云朋负责第1章，张兴标负责第2章，周俐俐和张伟钰负责第3章，吴传文负责第4章和第9章，王亚莉负责第5章，周俐俐和李灵负责第6章，周俐俐和雷劲松负责第7章，郭仕群负责第8章，周俐俐和张伟钰负责附录。

虽然修订工作是努力和认真的，但因编者水平有限，不当之处依然难免，恳请读者惠予指正，衷心感谢！

感谢朋友们对本书的厚爱与支持。若需要课件资料，可发送电子邮件至zhoulili@ swust. edu. cn。

编者

2024年3月

于西南科技大学科大花园

第三版前言

本教材从 2012 年第二版出版以来，已经使用近 7 年，在这段时间内，一些规范、标准、规程和国标图集等均作了修订，尤其是《钢结构设计标准》(GB 50017—2017) 有大幅度的修订，为使本教材能及时反映学科的最新成果，编者经过半年多的努力，对本教材进行了系统的修订。

在修订工作中，周俐俐和李灵负责第 1 章和第 2 章，周俐俐负责第 3 章和第 6 章，周俐俐和雷劲松负责第 7 章和附录，周俐俐和王爽负责第 9 章；吴传文负责第 4 章；王亚莉负责第 5 章；郭仕群负责第 8 章。

虽然修订工作是努力和认真的，但因编者水平有限，不足之处依然难免，恳请读者惠予指正，使本教材质量得以不断提高。

如选作教材，需要课件资料，可联系 E-mail：zhoulili@ swust. edu. cn。

编者

2019 年 2 月

于西南科技大学科大花园

第二版前言

本教材从2009年出版以来，已经使用快3年了，在这段时间内，一些规范、规程和国标图集等均作了修订，为使本教材能及时反映学科的最新成果，编者经过半年的努力，对本教材进行了系统的修订。在各章的习题中特别添加了国家注册结构工程师考试的题型，拓宽了学生的知识面，为学生熟悉国家注册结构工程师考试的题型提供了帮助。

全书由周俐俐、王汝恒担任主编，由姚勇、郭铁惠、雷劲松担任副主编。各章具体分工如下：第1章，陈爽，姚勇；第2章，翁艳；第3章，陈爽，郭铁惠；第4章，吴传文，姚勇；第5章，王亚莉，王汝恒；第6章，周俐俐，姚勇；第7章，戴烽韬，雷劲松；第8章，郭仕群；第9章，周俐俐，郭铁惠；附录，陈爽。

在修订工作中，周俐俐负责第1章、第2章、第3章、第6章、第7章、第9章；吴传文负责第4章；王亚莉负责第5章；郭仕群负责第8章；陈广斌负责附录。

为了形象地表现钢结构形式，本书引用了一些来自参考书目或网络的照片，在此表示衷心的感谢！

虽然修订工作是努力和认真的，但是由于编者水平有限，不当之处依然难免，恳请读者惠予指正，使本教材质量得以不断提高。

编者

2012年8月

于西南科技大学科大花园

第一版前言

“钢结构”课程是一门综合性很强的专业课程。它涉及材料力学、结构力学、土木工程材料、机械学、结构设计理论、结构构件设计以及土木工程施工等方面的知识。有关钢材的国家标准及钢结构设计规范不断更新，本书就是根据国家现行标准《钢结构设计规范》（GB 50017—2003）、《钢结构工程施工质量验收规范》（GB 50205—2001）、《建筑结构荷载规范》（GB 50009—2001，2006年版）编写的。本书共分9章，主要内容包括绪论、钢结构的材料、钢结构的设计方法、钢结构的连接、轴心受力构件、受弯构件、拉弯与压弯构件、钢桁架与屋盖结构以及PKPM系列软件——STS设计钢桁架等。

PKPM系列程序是中国建筑科学研究院开发的土木建筑结构设计软件，其内容非常丰富，目前全国大部分建筑设计院都选用该系列程序进行建筑结构设计。本书特增加一章，即PKPM系列软件——STS设计钢桁架，希望能够引导学生快速掌握钢桁架的电算步骤，掌握最基本的设计知识，一出校门就能尽快地胜任实际工作，然后再在实践中逐步提高。

本书内容丰富、翔实，编写体系简明扼要、重点突出，实用性强。除介绍了现行设计规范的有关规定外，本书更着重介绍了钢结构的基本概念和基本理论，理论与实践并重。每章列举了大量的计算例题和详细的图表，条理清晰，方便教学；每章还都安排有题型丰富的思考题和习题，可供读者学习和参考。

全书由周俐俐、王汝恒任主编，姚勇、郭铁惠、雷劲松任副主编。本书各章内容的编写具体分工如下：第1章，陈爽、姚勇；第2章，翁艳；第3章，陈爽；第4章，吴传文、姚勇；第5章，王亚莉、王汝恒；第6章，周俐俐、郭铁惠；第7章，戴烽韬、雷劲松；第8章，郭仕群；第9章，周俐俐、雷劲松；附录，陈爽。

本书可作为高等院校本科土木工程专业、网络教育本科土木工程专业以及建筑工程专业学生“钢结构”课程的教材；经过适当的取舍，也可作为网络教育专科、高等专科学校、高等职业技术学院房屋建筑工程专业学生的教材，还可供函授本（专）科、中专学生及工程结构设计人员等不同层次的读者参考阅读。

在编写本书的过程中，参考了大量的文献资料。在此，谨向这些文献的作者表示衷心的感谢。

由于编者水平有限，疏漏之处在所难免，恳请读者惠予指正。

如选作教材，需要课件资料，可联系 E－mail：zhoulili@ swust. edu. cn。

编者

2009 年 6 月

于西南科技大学科大花园

目　录

第1章　绪　　论

本章要点

本章主要介绍钢结构的特点、钢结构的应用、钢结构的发展和钢结构的结构形式，以及“钢结构”课程的内容、特点和学习方法。

通过本章学习，使学生掌握钢结构的特点及应用范围，了解钢结构的发展，了解钢结构的主要结构形式，掌握“钢结构”课程的学习方法。

1.1　钢结构的特点和应用

1.1.1　钢结构的特点

钢结构是土木工程的主要结构形式之一，以钢结构为主体的建筑是现代空间结构发展的主流，钢结构建筑与钢筋混凝土结构、砌体结构和木结构建筑有一定的差异。钢结构建筑通常由型钢、钢管和钢板等制成的钢梁、钢柱和钢桁架等构（部）件组成，有的还用钢绞线、钢丝绳（束）组成，多采用焊缝、螺栓或铆钉连接。

与其他材料的结构相比，钢结构具有以下特点。

1. 材质均匀，力学性能好，可靠性好

钢材由钢厂生产，在冶炼和轧制过程中质量可以得到严格控制，材质波动的范围小，内部组织比较均匀，接近各向同性，而且在一定的应力幅度内几乎是完全弹性的，可视为理想的弹-塑性体材料。因此，钢结构的实际受力情况与工程力学的计算结果比较吻合，从而，计算的不确定性较小，计算结果比较可靠。

2. 轻质高强，承载能力大

钢与混凝土和木材相比，虽然密度较大，但其强度较混凝土和木材要高得多，所以做成的结构质量比较小。结构的轻质性可以用材料的密度与强度的比值α来衡量，α越小，结构相对越轻。例如，钢材，$\alpha=(1.7\sim3.7)\times10^{-4}/\mathrm{m}$；木材，$\alpha=5.4\times10^{-4}/\mathrm{m}$；钢筋混凝土，$\alpha=18\times10^{-4}/\mathrm{m}$。因此，在同样受力的情况下，钢结构与钢筋混凝土结构和木结构相比，构件较小，质量较小。

在同样受力的情况下，由于钢结构的构件较小，而承载能力更大，因而可达到其他建筑材料难以达到的跨度要求，特别适用于建造跨度大、高度高和承载重的结构。

由于钢材的强度高，在同样的荷载条件下，钢结构构件截面小，截面组成部分的厚度也小，受压时需要满足稳定的要求。因此，稳定问题在钢结构设计中是一个十分突出的问题。只要构件及其局部有受压的可能，在设计中就应考虑如何防止失稳。有时局部的失稳还未达到构件承载能力的极限，则可以不加防止，并对屈曲后强度加以利用。

钢结构轻质高强，抗震性能好，用于高烈度抗震设防区工程结构中，可以有效提高结构抗震能力，有效避免“小震致灾”。同时，鉴于国内外钢结构在大震下的表现，科研工作者及结构工程师对结构设计方法及细部构造进行了有效改进，提高了结构抗震能力，使其可以更好地用于抗震设防的工程结构中。

3. 塑性好、韧性好

塑性和韧性是概念上完全不同的两个物理量。塑性是指结构或构件承受静力荷载时，材料吸收变形能的能力。塑性好，说明结构在一般情况下不会由于偶然超载而突然断裂，给人以安全保证。韧性是指结构或构件承受动力荷载时，材料吸收能量的多少。韧性好，说明材料具有良好的动力工作性能。然而，钢材的韧性并不是一成不变的，材质、板厚、受力状态和温度等都会对它有所影响。钢结构在低温和某些条件下，可能发生脆性断裂以及厚板的层状撕裂等，这些都应引起设计者的特别注意。

4. 密闭性好

钢材本身组织致密，具有良好的气密性和水密性，因而密不漏水和密不漏气的常压或高压容器结构和大直径管道等可用钢结构实现。

5. 制作简便，施工速度快

钢结构所用材料皆可由专业化的金属结构厂轧制成各种型材，加工制作简便，准确度和精密度都较高。因为钢结构的构件较轻，制成的构件可运到现场拼装，因此，可以采用安装简便的螺栓连接，有时还可以在地面拼装和焊接成较大的单元再行吊装，以缩短施工周期。小量的钢结构和轻钢屋架，也可以在现场就地制造，随即用简便机具吊装。此外，对已建成的钢结构也比较容易进行改建和加固，用螺栓连接的结构还可以根据需要进行拆迁。由此可见，钢结构的安装方便、灵活，且不受气候影响，工期短，生产效率高，为降低造价、发挥投资的经济效益创造了条件。

6. 耐热性好，耐火性差

钢材在表面温度不超过200℃时，其性能变化很小；但温度达到200~300℃以后，其强度和弹性模量显著下降；当温度为400℃时，钢材的屈服强度将降至室温下强度的1/2；当温度达到600℃时，钢材基本损失全部强度和刚度。因此，钢结构的耐热性好，但耐火性差。

处于高温工作环境中的钢结构，应考虑高温作用对结构的影响。高温工作环境下的温度作用是一种持续作用，与火灾这类短期高温作用有所不同。当钢结构的温度超过100℃，进行钢结构的承载力和变形验算时，应该考虑长期高温作用对钢材和钢结构连接性能的影响。当高温环境下的钢结构温度超过100℃时，应进行结构温度作用验算，并应根据不同情况采取防护措施：

（1）当钢结构可能受到炽热熔化金属的侵害时，应采用砌块或耐热固体材料做成的隔热层加以保护。

（2）当钢结构可能受到短时间的火焰直接作用时，应采用加耐热隔热涂层、热辐射屏蔽等隔热防护措施。

（3）当高温环境下钢结构的承载力不满足要求时，应采取增大构件截面、采用耐火钢或采用加耐热隔热涂层、热辐射屏蔽、水套隔热降温等隔热降温措施。

（4）当高强度螺栓连接长期受热达150℃以上时，应采用加耐热隔热涂层、热辐射屏蔽等隔热防护措施。

火灾是对钢结构建筑的最大危害，一旦发生火灾，未加防护的钢结构一般只能维持20min左右。从已发生的钢结构建筑火灾案例可以发现两类现象：一类现象是防火保护的钢结构在火灾中没有达到规定的耐火时间而破坏；另一类现象是防火保护的钢结构在火灾中超过了预期的耐火时间而没有破坏。建筑的构造防火问题一般在钢筋混凝土结构上较易解决，而在钢结构建筑上则需考虑更多的因素。因此，重要的结构或有特殊防火要求的建筑，必须注意采取防火措施，例如，在钢结构外面包混凝土、耐火砖或其他防火材料，或在构件表面喷涂防火涂料等。目前已经开始生产具有一定耐火性能的钢材，这是解决钢结构防火问题的一个方向。

7. 耐锈蚀性差，耐腐性差

钢材在潮湿环境中，特别是在处于有腐蚀性介质的环境中容易锈蚀。因此，新建造的钢结构应定期涂刷涂料加以保护，尤其是暴露在大气中的结构（如桥梁），更应特别注意防护。这就使钢结构的维护费用比钢筋混凝土结构的要高。不过，在没有侵蚀性介质的一般厂房中，构件经过彻底除锈并涂刷合格的油漆，锈蚀问题并不严重。目前，国内外正在发展各种高性能的涂料和不易锈蚀的耐候钢，钢结构耐锈蚀性差的问题有望得到解决。

钢结构自重轻，易于搬运，装配效率高，因此用于装配式建筑有极强的优势。钢结构体系相对较柔，所以受到的地震作用较小，而且钢材又具有较高的抗拉和抗压强度以及较好的塑性和韧性，因此，钢结构已被公认为是抗震设防地区特别是强震区的最合适结构。采用钢结构后，结构造价会略有增加，往往影响业主的选择。实际上，上部结构造价占工程总投资的比例是很小的，所以，采用钢结构与采用钢筋混凝土结构的结构费用差价占工程总投资的比例就更小。以高层建筑为例，前者约为10%，后者则不到2%。显然，结构造价单一因素不应作为决定采用何种材料的主要依据。如果综合考虑各种因素，尤其是工期优势，钢结构将日益受到重视。

1.1.2 钢结构的应用

钢结构的应用范围不仅取决于钢结构本身的特性，还受到国民经济发展情况的制约。从中华人民共和国成立到20世纪90年代中期，钢结构的应用经历了一个“节约钢材”阶段，即在土建工程中钢结构只用在钢筋混凝土不能代替的地方，原因是钢材短缺；中华人民共和国成立以来，虽然大力发展钢铁工业，但我国社会主义现代化建设规模宏大，用钢量与日俱增，钢产量却一直不能满足需求，供需相比之下钢材仍然是比较短缺的；直至1996年，我国钢产量达到1亿t，这种短缺的局面才得到了根本改变，原建设部编制了《1996—2010中国建筑技术政策》，提出了“合理使用钢材，发展钢结构、开发钢结构制造与安装施工新技术”的政策。此后，钢结构在土建工程中的应用日益扩展。例如，发展钢结构住宅在建筑节能方面具有明显的优势，能够提高住宅质量和人们的居住水准，尤其是使用材料的环保性，给社会带来了良好的综合效益。此外，在现代化的建筑物中，各类服务设施包括供电、供水、中央空调以及信息化、智能化设备，需用管线很多，钢结构易于与这些设施配合，使之少占用空间。因此，对多层建筑采用钢结构也逐渐成为一种趋势。

当前，钢结构的适用范围大致如下。

1. 大跨度结构

结构跨度越大，自重在全部荷载中所占比重也就越大，减轻结构自重可以获得明显的经济效果。因此，钢结构轻质高强的优点对于大跨结构特别突出，典型的如我国人民大会堂的钢屋架、某些大城市体育馆的悬索结构和钢网架、飞机装配车间以及铁路、公路桥梁等。在工业建筑中，大跨屋盖结构已不断增多，今后随着现代化建设的进展，将会不断出现更多的大跨度结构。

2. 重型工业厂房结构

在跨度、柱距较大，有大吨位吊车的重型工业厂房以及某些高温车间，可以部分采用钢结构（如钢屋架、钢吊车梁）或全部采用钢结构，例如冶金厂的平炉车间、重型机器厂的铸钢车间、造船厂的船台车间等。钢铁联合企业和重型机械制造业有许多车间属于重型厂房，所谓“重”，就是车间里吊车的起重质量大（100t 以上）或运行非常频繁，这类车间的主要承重骨架往往全部或部分采用钢结构。例如，新建的宝山钢铁公司，主要厂房都是钢结构的。

3. 受动力荷载影响的结构

因为钢材具有良好的韧性，那些承受较大振动荷载、产生动力作用的厂房，装置内主管线带管架或荷载、变位均较大的特殊构架等，宜采用钢结构。此外，由于钢结构具有良好的延性，在地震作用下通过结构的较大变形可以有效地减小地震作用，因此，对于抗震能力要求高的结构，也是比较适宜采用钢结构的。

4. 高层建筑和高耸结构

当房屋层数多且高度大时，采用其他材料的结构，会给设计和施工增加困难。因此，高层建筑的骨架宜采用钢结构。近年来，钢结构在高层建筑领域已逐步得到发展，具有代表性的建筑如上海金茂大厦，其地上 88 层、地下 3 层，高达 365m。

高耸结构包括塔架和桅杆结构，如高压电线路的塔架、广播和电视发射用的塔架、桅杆等，宜采用钢结构。例如，上海的东方明珠电视塔高达 468m；北京气象铁塔高达 325m，是五层拉线的桅杆结构。

5. 可拆卸的移动结构

需要搬迁或者拆卸的结构，或需要扩建和增加设备的架构，采用钢结构最为适宜，如建筑工地生产和生活用房的骨架、临时性展览馆以及救灾临时住房等。这是因为钢结构不仅质量小，还可以用螺栓或其他便于拆装的手段来连接，施工方便。钢筋混凝土结构施工用的模板支架以及桥式起重机、塔式起重机和龙门式起重机等起重运行机械等，现在也趋向于使用工具式的钢桁架。

6. 容器和其他构筑物

用钢板焊成的容器具有密封和耐高压的特点，冶金、石油和化工企业大量采用钢板制作容器，包括油罐、煤气罐、热风炉、高炉等。此外，钢结构还广泛用于皮带通廊栈桥、管道支架、钻井和采油塔架以及海上采油平台等其他构筑物。

7. 轻型钢结构

当荷载较小时，质量小的小跨结构就体现出了优越性，这时采用钢结构较为合理。这类结构多用薄壁圆钢、小截面角钢或冷弯薄壁型钢制作。冷弯薄壁型钢组合墙体结构体系轻质高强、抗震性能好，较适合用于低多层房屋中；冷弯薄壁型钢屋架在一定条件下的用钢量可以不超过钢筋混凝土屋架的用钢量。轻型门式刚架因其轻便和安装迅速，近二十年来发展得如火如荼。

1.2 钢结构的发展

钢材是国民经济建设和国防建设中的重要材料。钢结构由于具有强度高、自重轻、可靠性强、密闭性好、工业化程度高、施工速度快等优点，一直是人们喜爱采用的一种结构，近百年来得到了快速的发展。随着我国经济建设的迅速发展和钢产量的不断提高，以及生产工艺的不断革新，钢结构也相应保持并扩大了其应用领域。21世纪，在建筑用钢量比例上，钢结构与钢筋混凝土结构将分别出现增长与递减的趋势，且钢结构将主宰大跨度、重载荷、超高层及可移动结构物领域，并向中、小跨度延伸。钢结构的市场越来越广泛，我国钢结构的应用及发展应在合理地使用材料的基础上，不断创新合理的结构形式，更新设计理论和计算方法，充分发挥钢结构自身的优点，不断扩大其应用领域。

1.2.1 高效钢材的应用

钢材的质量和品种，直接影响钢结构的应用与发展。近年来，世界各产钢国竞相发展高效钢材。高效钢材是相对于普通钢材而言，指在一定环境和工作条件下，适用性好、社会综合经济效益高的钢材的统称。与普通钢材相比，其优势主要表现为几何尺寸合理、性能更好、适用性广泛、节约金属、经久耐用、易于维护、使用方便。高效钢材包含的品种为低合金钢材、热强化钢材、经济截面钢材、表面处理钢材、冷加工钢材、金属制品等。

1. 低合金钢材

用低合金钢代替普通碳素钢，利用添加少量合金元素提高钢材的强度和改善其他一些性能，可达到降低钢材用量和延长钢材使用寿命等目的，以取得良好的经济效益。各产钢国一般都结合其富有的合金资源大力开发低合金钢，我国也将开发低合金钢列为发展高效钢材中的重点，并已形成含锰、钒、钛、铌和稀土元素的低合金钢系列，且近几年发展速度较快。通常所说的低合金钢材包括高强度结构钢、耐腐蚀钢、耐腐蚀钢轨、高强度建筑钢筋等。

耐候钢（耐腐蚀钢），是低合金钢中需大力发展的钢种之一，耐候钢暴露在大气条件下时，表面可逐渐形成一层非常致密且附着力很强的稳定锈层，从而阻止外界腐蚀性介质的侵入，减缓金属继续腐蚀的速度。因此，耐候钢可大量节约涂漆和维护费用。近年来，一些国家的铁路车辆、桥梁和房屋建筑已较普遍地采用低合金耐候钢，经济效果显著。

2. 热强化钢材

热强化钢材系指经控制轧制、控制冷却和热处理的各类钢材，包括控制轧制钢材、控制冷却钢材、强化热处理钢材等。经热强化后，钢材的内部组织经过调整，其强度、韧性等均有显著提高，例如钢轨经热强化后，寿命可较一般的钢延长12倍。我国的热强化钢材的品种及数量还很有限，尚需进一步的研制和发展。控制轧制法的利用目前也比较普遍，通过控轧、控冷，钢材强度大约可提高一个等级，韧性也有所改善，能显著节约钢材。

3. 经济截面钢材

经济截面钢材包括H型钢、T型钢、异形型钢、周期断面型钢（断面形状和尺寸沿长度发生周期性变化）、钢管及冷弯型钢、压型钢板等。由于截面形状合理，在用钢量相等的情况下，其截面惯性矩可比一般截面型材的大，且使用方便，能高效地发挥钢材的作用，节约金属和降低钢结构制造费用。

热轧H型钢是经工字钢优化改进而来的经济断面形式，因其平行翼缘比工字钢宽，而其腹板又相对较薄，在工字形截面钢构件中，抗弯作用主要由翼缘承担，因此H型钢宽翼缘加上相应的薄腹板，其力学性能明显地优于工字钢。20世纪五六十年代，发达国家已广泛应用H型钢。在材料用料相同的情况下，H型钢的实际承载能力比传统的普通工字钢大，而且对于梁、柱、桩，可根据其受力特性，选择工厂生产的不同类型的H型钢，以适应结构特点，节约钢材。

在我国，冷弯薄壁型钢结构的具体应用也有很多成功的工程实践经验，自20世纪60年代以来，已建造了约50万m^2，并成功地用于跨度达30m的屋盖结构。

压型钢板在我国目前多用于建筑物的组合楼盖和围护结构（屋面和墙面）。组合楼盖是将压型钢板置于梁上，并在其上浇灌混凝土。此时，压型钢板可以代替拉筋承受拉力（也是模板），并与混凝土良好的受压性能结合，各尽所能，效果显著。

围护结构采用的压型钢板主要有彩色涂层钢板、镀锌钢板和铝合金板，它们可直接用作非保温的屋面板或墙板。例如，彩色压型钢板复合墙板具有质量轻、保温性好、色彩鲜艳、立面美观、施工速度快等优点，由于所使用的压型钢板已敷有各种防腐耐蚀涂层，因而还具有耐久性能好和抗腐蚀性能好的优点。彩色压型钢板复合墙板不仅适用于工业建筑物的外墙挂板，而且在许多民用建筑和公共建筑中也已被广泛采用。由于压型钢板自重比传统的钢筋混凝土板轻得多，且制造、安装简便，外形美观，因此近年来在我国已得到较多应用。

4. 表面处理钢材

表面处理钢材是指经镀层、涂层、复合等表面处理的钢材。由于钢材表面经处理后，防腐蚀性能得到改善，可使钢材的寿命延长25倍，是节约钢材的有效途径。表面处理钢材主要包括镀保护金属（锌、铝或锌铝合金）的镀层钢材（如镀锌钢板等）和涂有机物（油漆和塑料）的涂层钢材（如彩色涂层钢板）等，可适应各产业部门对耐蚀性、涂装性、焊接性和美观性等各种不同的要求，从而使之在汽车、电机和建材等方面的应用不断扩大。用覆层钢板制造冷弯型钢和压型钢板等经济截面，配套用于轻型钢结构或作为围护结构用材，可降低维护费用，经济效果更为显著。

5. 冷加工钢材

冷加工钢材是指经冷轧、冷拔和冷挤压的钢材。由于产生冷加工硬化，故其强度大为提高，且表面光洁，尺寸精确，不仅可用于特殊用途，也可代替热轧钢材。冷加工钢材通常包括冷轧薄钢板（带）、冷轧（拔）无缝管、冷轧硅钢片、冷拉冷轧型钢材。例如，用得最多的冷轧薄钢板，由于强度较高，使用厚度相对较薄，一般可节约钢材30%左右，而生产费用仅增加约10%，因此主要产钢国家都在努力发展。

6. 金属制品

金属制品一般是指各类钢丝、预应力高强度钢丝及钢绞线、线接触钢丝绳、异型股钢丝绳以及镀层与复合层钢丝（钢丝绳）等。由于经冷拔的钢丝及其制品（如钢绞线、钢丝绳等）有极高的抗拉强度，因此它与普通线材相比，可极大地节约钢材。钢丝、钢绞线除用于预应力混凝土结构外，钢绞线亦是钢结构中的悬索屋顶结构和悬索桥梁的主要用材。悬索结构是能最充分有效地发挥钢材性能特点的新型钢结构，也是节约钢材的有效途径。

综上所述，由于高效钢材具有良好的性能、截面形状合理等特点，因此可以大大节约钢材并延长其使用寿命。实践证明，高效钢材在使用中一般可以节约金属 15% 左右，有的品种节约金属更多，国外低合金钢的使用平均可以节约金属 30%。因此，大力发展高效钢材生产，是增加社会效益、缓和钢材紧缺矛盾的重要措施。《混凝土结构设计规范》（GB 50010—2010）和《钢结构设计标准》（GB 50017—2017）优先推广高效钢材。例如，HRB400 级钢筋不仅强度高，而且黏结性能好；2000 年，经原建设部与原国家冶金局协调后，我国钢厂已能生产且已生产出包括细直径在内的各种直径的 HRB400 级钢筋。因此，现行规范不仅在纵向受力钢筋上推广使用这种钢筋，而且在箍筋上也推广使用这种钢筋，这样可以明显降低钢筋用量。即使在分布钢筋上推广使用这种钢筋，与光面的 HPB300 级钢筋相比，也可以有效地减小混凝土裂缝宽度。

1.2.2　设计方法的改进

1. 概率极限状态设计方法有待发展和完善

结构设计规范是实践和智慧的结晶，代表着一个国家结构设计理论发展的水平。作为标准，它不是一成不变的，而是随着科学技术的不断发展和对客观世界的新认识，在继承旧规范合理部分的同时，不断吸收新的研究成果，逐步修订和完善。工程结构设计经历了传统的容许应力法、概率设计法、极限状态设计法等阶段后，目前已进入以概率理论为基础的极限状态设计方法阶段。

概率极限状态设计方法本身也是由简单到复杂，还需进行不断完善。目前，我国以概率理论为基础的极限状态设计方法中，很多数据的研究分析及理论阐述尚需进一步的发展和完善，因为它计算的可靠度还只是构件或某一截面的可靠度，而不是结构体系的可靠度，同时也不适用于疲劳计算的反复荷载作用下的结构。对于板件屈曲后的强度、压弯构件的弯扭屈曲、空间结构的稳定问题、钢材的断裂理论问题等，都是今后有待发展的理论研究课题。

2. 组合（混合）结构、预应力结构、高层结构和钢管结构等的研究和发展

规范只对钢管结构及组合梁规定了一般的设计原则，很多设计问题还需逐步解决，以适应推广使用的要求。高层钢结构、预应力钢结构的优点还有待总结。

3. 计算机辅助设计的开发

国外采用计算机进行计算在设计工作中已越来越占据主要地位，结构设计上考虑优化理论的应用与计算机辅助设计及绘图都得到了很大的发展，所有概略的比较和计算都已用小型计算机进行，国外比较通用的钢结构设计计算软件有 XSTEEL、ANSYS 等。我国也相继开发了一系列比较好的软件，如中国建筑科学研究院的 PKPM 系列软件的 STS 模块，

同济大学研究的 3D3S 软件、MTS 等。软件的开发离不开程序的开发，钢网架、轻钢结构的设计程序比较成熟，但是高层钢结构设计程序有待进一步研究。在高层钢结构设计中，弹塑性动力时程分析仍是难点。此外，钢结构住宅的通用程序也有待开发。

1.2.3 新型结构的采用

1. 轻型钢结构

2001 年，经原国家经贸委批准，将“轻型钢结构住宅建筑通用体系的开发和应用”作为我国建筑业用钢的突破点，正式列入国家级重点技术创新项目。轻型钢结构的材料规格小，杆件细而薄，而且材料的调直、下料、弯曲成型、加工拼装以及构件的翻身搬运容易，不需要大型的专用设备，因此特别适合在中、小型工厂加工制造。轻型钢结构能使同样数量的钢材发挥出更大的作用，减轻结构自重，降低耗钢指标，降低工程造价。轻型钢结构主要用于不承受大载荷的承重建筑。例如，采用轻型 H 型钢（焊接或轧制，变截面或等截面）做成门式刚架结构；采用 C 形、Z 形冷弯薄壁型钢作檩条和墙梁；采用压型钢板或轻质夹芯板作屋面、墙面围护结构；采用高强度螺栓、普通螺栓及自攻螺丝等连接件和密封材料组装起来的低层和多层预制装配式钢结构房屋体系。

2. 空间结构

近年来，结构新材料的应用进一步推动了大跨度空间钢结构的发展，网架、网壳、钢管桁架结构等空间结构获得了广泛应用。20 世纪 60 年代，网架在我国开始获得应用；到 80—90 年代，大、中、小跨度的网架几乎已遍及各地。以 1990 年北京亚运会为例，兴建的场馆中有 7 个采用了网架、网壳结构。在此期间，机械、汽车、化工和轻工等行业先后兴建了许多大面积工业厂房，也大量采用了多种形式的大跨度空间钢结构。尤其是近年来，大型公共建筑大多采用了钢管杆件直接汇交的钢管桁架结构，它们外形丰富，结构轻巧，传力简捷，制作、安装方便，经济效果好，是当前应用较多的一种结构体系。这标志着我国房屋建筑由传统的平面结构体系向空间结构体系迈进了一大步。今后，除了配合开发高效钢材，挖掘潜力，改进平板网架的设计外，还应开发更加节约钢材的悬索结构。

3. 预应力钢结构

预应力技术不局限于混凝土结构，而且广泛应用于钢结构中。随着科学技术的飞速发展，一方面，工程建设要求扩大钢结构的应用；另一方面，又应该尽量节约钢材。缓解和解决这种矛盾的主要途径是：不断研究和改进现有的钢结构形式和设计理论，并创造新型的钢结构形式（包括组合或复合结构）。除节约钢材、减轻自重外，还应扩大其应用的范围，创造新型的独特建筑风格。在此过程中，预应力技术必不可少，应用预应力钢结构技术的基本思想是：采用人为的方法在结构或构件最大受力截面部位，引入与使用阶段荷载效应相反的预应力，以提高结构承载能力（延伸了材料的强度幅度），改善结构受力状态（调整内力峰值），增大刚度（施加初始位移，扩大结构允许位移范围），达到节约材料、降低造价的目的。此外，预应力还具有提高结构稳定性、抗震性，改善结构疲劳强度，改进材料低温脆断、抗蚀等各种特性的作用。现在国外的发展趋势是：无论平面结构还是空间结构或塔桅结构，均广泛施加预应力，以达到减轻结构自重、节约钢材以及对结构的刚度加以改善的目的。我国在 20 世纪末期已有研制、开发、采用各种形式的预应力空间钢结构的建筑实例约 80 栋，这类结构的众多特点和优势来充分显示出来，具有强大的生命力，是空间结构发展的一种新趋向。在21世纪，预应力空间钢结构将会更加发挥其固有的特色和活力，拥有更为广阔的应用和发展。

4. 组合结构

随着材料、工艺和有限元分析技术的发展，新型钢-混凝土组合结构层出不穷。概括地讲，组合结构可分为以下两大类：一类是结构中采用了组合构件（由两种以上的材料通过黏结力、机械咬合力或连接件结合为整体共同受力的构件，从截面来看是两种异性材料的结合）；另一类是由两种以上不同材料的构件组合为一种新的结构体系，并共同承担外荷载。前者主要有波形钢板箱梁、混凝土板和钢管桁架组成的空腹式箱梁、钢-混凝土组合梁、混合梁等；钢管混凝土柱、型钢骨混凝土柱等。后者则主要有梁拱组合结构、部分斜拉桥等。

组合结构利用钢与混凝土组合起来共同受力，并充分发挥各自的优势，有效地节约了钢材和模板，降低了造价。例如，组合结构中的劲性钢筋混凝土柱就是一种具有开发价值的结构形式。它是用钢构件作骨架再外包钢筋混凝土，这种组合结构柱在高层房屋建筑中使用时可有效地节约钢材，其强度、稳定性和抗震性能均较好。此外，还可弥补全钢结构用钢量过多和全混凝土结构截面过大的缺点，同时，其钢骨架在施工时可先作为施工所需搭建的临时承重骨架，有利于开展工作面，加快施工进度。

组合结构的发展也为解决桥梁结构中一些技术难题提供了全新的思路，是桥梁工程发展的重要方向。

1.3　钢结构的结构形式

1.3.1　用于房屋建筑的结构形式

1. 单层工业厂房常用的结构形式

钢结构的单层工业厂房（见图1-1）一般指重型、大型车间的承重骨架，通常由檩条、天窗架、屋架、托架、柱、吊车梁、制动梁（桁架）、各种支撑及墙架等构件组成。这种结构形式的特点是：外荷载主要由平面承重结构承担，纵向水平荷载由支撑承受和传递。常见的平面承重结构有横梁与柱刚接的门式刚架（见图1-2）和横梁与柱铰接的排架等。

图1-1　钢结构的单层工业厂房

图1-2　轻钢工业厂房门式刚架

2. 大跨度单层房屋的结构形式

现代的大跨度空间结构体系，主要有网架结构、网壳结构、悬索结构、斜拉结构、充气结构、索膜结构、各种杂交结构、可伸展结构、可折叠结构以及张拉集成结构。

目前的大跨度建筑很多，结构体系也很丰富。例如，深圳国际会议展览中心，建筑面积 253615m^2，采用钢-框剪混合结构，其中展览厅和会议厅屋盖为钢结构，展览厅采用国内鲜见的弧形张弦梁结构，间混带钢柱支撑箱梁；会议厅为圆穹状箱梁，横跨 60m，总用钢量达 3.1 万 t。

（1）网架及网壳结构。网架结构广泛用作体育馆、展览馆、俱乐部、影剧院、食堂、会议室、候车厅、飞机库和车间等的屋盖结构。网架结构根据外形可分为平板网架（外形呈平板状，见图 1-3）和曲面网架（外形呈曲面状，见图 1-4）。通常情况下，平板网架简称为网架呈双层或三层的形式；曲面网架简称为网壳，有单层和双层之分。网架结构具有工业化程度高、自重轻、稳定性好、外形美观的特点，而网壳结构更具有通透感好、建筑空间大、用材省的优点。

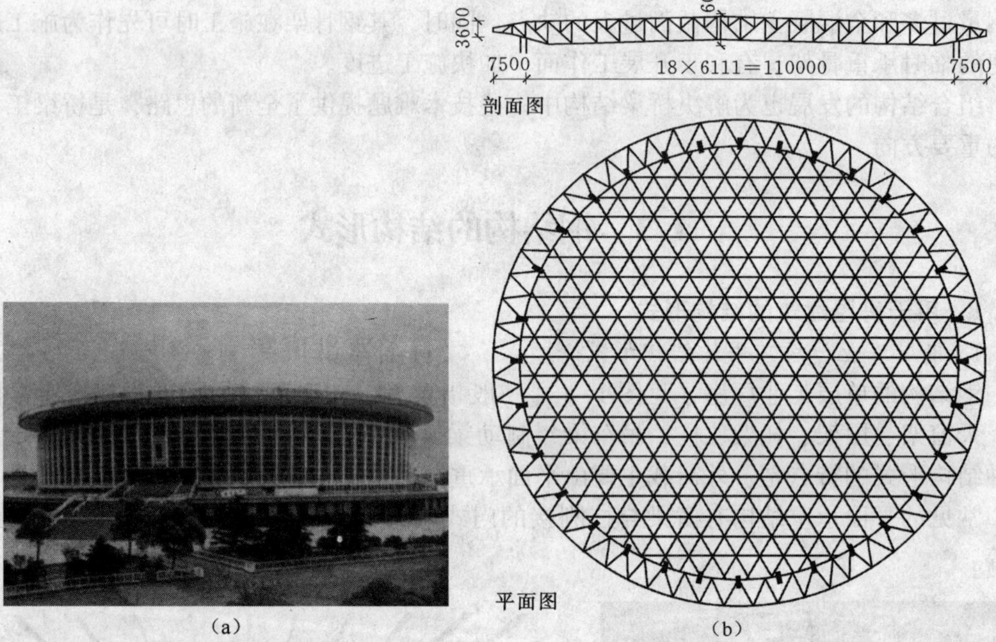

（a）　　（b）

图 1-3　上海体育馆

（a）外观；（b）网架结构的剖面图和平面图

（2）空间桁架或空间刚架体系。例如，上海浦东国际机场航站楼（见图 1-5），钢屋盖体系连续三跨，跨度分别为 80m、42m 和 48m，长 412m，高 30～39m，总重超过 1.6 万 t，同时覆盖楼前的高架道路。

（3）悬索结构。悬索结构以一系列拉索为主要承重构件，这些索按一定的规律组成各种不同的形式，悬挂于相应的支撑结构上，使材料强度在受拉情况下得到充分发挥。悬索结构外形美观、节省钢材，但设计施工较复杂。建成于 1961 年的北京工人体育馆（见

（a）

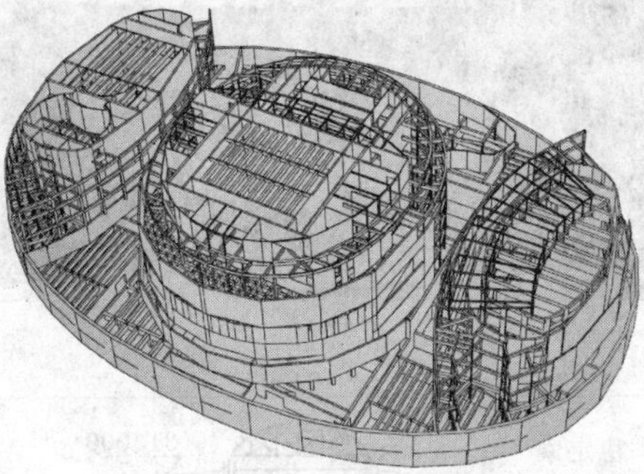

（b）

图 1-4　国家大剧院

（a）外观效果图；（b）壳体钢结构内部结构图

（a）

（b）

图 1-5　上海浦东国际机场航站楼

（a）外观；（b）内部结构

图 1-6）是当时的代表作，其屋盖为圆形平面，直径 94m，采用车辐式双层悬索体系，由截面为 2m×2m 的钢筋混凝土圈梁、中央钢环以及辐射布置的两端分别锚固于圈梁和中央钢环的上索和下索组成。中央钢环直径 16m、高 11m，由钢板和型钢焊成，承受由于索力作用而产生的环向拉力，并在上、下索之间起撑杆的作用。

（a）

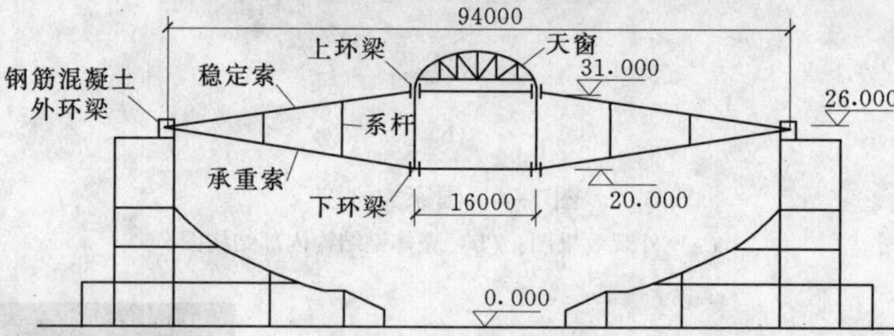

（b）

图 1-6　北京工人体育馆

（a）外观；（b）剖面图

（4）膜结构。膜结构是一种新型的建筑结构形式，其设计、结构体系及受力形式完全区别于其他传统的结构，它以优良的建筑织物为材料，以柔性钢索或刚性支撑结构将其绷紧，从而形成具有一定刚度、张力、能覆盖大跨度空间的结构体系。同时，它的建筑景观效果极佳，可以充分发挥建筑师的想象，有些曲线、曲率是其他建筑结构达不到的。最著名的代表作如国家游泳中心“水立方”（见图 1-7）。“水立方”的墙面和屋顶都分内外三层，设计人员利用三维坐标设计了 3 万多个钢质构件，这 3 万多个钢质构件在位置上没有一个是相同的，这些技术都是我国自主创新的科技成果，填补了世界建筑史的空白。

（5）张拉整体结构。张拉整体结构是由一组连续的受拉索与一组不连续的受压构件组成的自支承、自平衡的空间铰接网格结构。它通过拉索与压杆的不同布置形成各种形态，索的拉力经过一系列受压杆而改变方向，使拉索与压杆相互交织实现平衡。这种结构的刚度依靠对拉索与压杆施加预应力来实现，且预应力值的大小对于结构的外形和结构的

图 1-7 国家游泳中心“水立方”

刚度起着决定性作用。这种结构形式可以跨越较大空间，是目前空间结构中跨度最大的结构，具有极佳的经济指标。

虽然真正意义上的张拉整体结构还没有在大型结构工程中得到应用，但是运用张拉整体思想的一种类张拉整体结构——索穹顶（Cable Dome）已经应用于很多大型体育场的屋盖结构，在韩国、美国、日本和德国均已有建成的工程实例。例如，1988 年汉城奥运会的韩国体操馆（见图 1-8），就是世界上第一个采用张拉整体结构概念的大型工程。

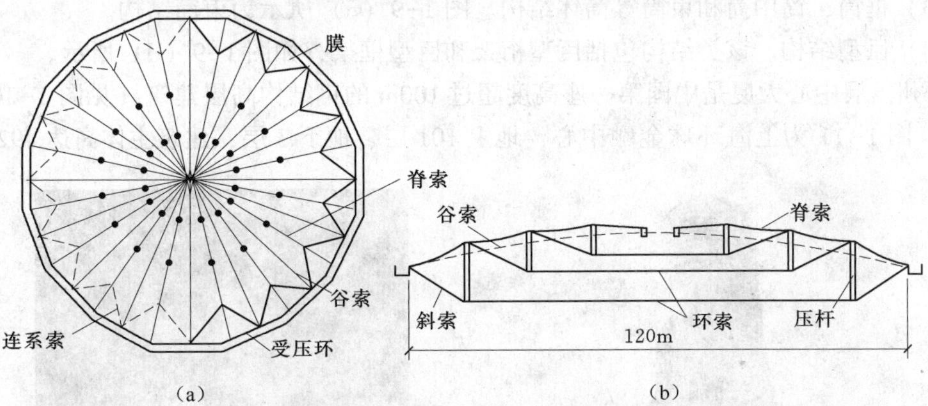

图 1-8 韩国体操馆索穹顶
（a）屋顶结构布置图；（b）屋顶结构剖面图

3. 多层、高层及超高层建筑结构形式

多层建筑是介于高层建筑和低层建筑之间的一种常见建筑形式，随着我国钢产量的增加，建造多层钢结构住宅已提上日程，上海、北京和大连等地都在积极开展试点。多层钢结构住宅是量大面广的工程类型，其造价比传统混凝土结构要低得多，它的启动将为建筑钢结构开辟新的应用领域。高层及超高层结构体系在中国的起步较晚，最早只应用于工业建筑中，如矿井塔架、海洋平台等，随后应用于民用建筑。多层、高层及超高层建筑常见的结构形式有以下四类：

（1）刚架结构。梁与柱刚性连接形成多层多跨刚架，如图 1-9（a）所示，承受竖向荷载和水平荷载。

图 1-9 多层、高层及超高层建筑结构形式

（a）多层多跨刚架；（b）刚架-抗剪桁架结构；（c）束筒结构；（d）巨型结构

（2）刚架-支撑结构。由刚架和支撑体系（包括抗剪桁架、剪力墙和核心筒）组成。图 1-9（b）所示为刚架-抗剪桁架结构。

（3）框筒、筒中筒和束筒等筒体结构。图 1-9（c）所示为束筒结构。

（4）巨型结构。该类结构包括巨型桁架和巨型框架，如图 1-9（d）所示。

深圳发展中心大厦是中国第一座高度超过 100m 的钢结构高层建筑（见图 1-10），高 165m。图 1-11 为上海环球金融中心，地上 101 层、地下 3 层，建筑主体高达 492m，其

图 1-10 深圳发展中心夏

图 1-11 上海环球金融中心

主体结构为钢骨及钢筋混凝土组合结构，塔楼的受力体系主要为周边的巨型结构（巨型柱、带状桁架、巨型斜撑）和中部核心筒。

4. 冷弯薄壁型钢结构

冷弯薄壁型钢结构房屋体系主要由承重的组合墙体、墙体-楼板连接节点、楼盖及屋盖组成。墙体骨架由龙骨、上下导轨和墙面板组成。龙骨外覆的面板蒙皮作用明显。楼板由楼层梁、面板组成，楼板有的采用 C 型钢梁上直接铺 OSB 板，装配化程度高，但防火性能差；对防火性能及承载性能要求较高的采用压型钢板组合楼板，采用混凝土现浇，湿作业量大（见图 1-12）。房屋成型后效果如图 1-13 所示，施工中的龙骨骨架及外覆面板如图 1-14 所示。综合考虑施工工艺、结构受力、部品及构件间传力、体系多杆件等特点，目前的装配方法是将各楼层墙段龙骨骨架在工厂加工好后运到现场拼装，形成了冷弯薄壁型钢房屋技术规范推荐的楼层连接处做法。

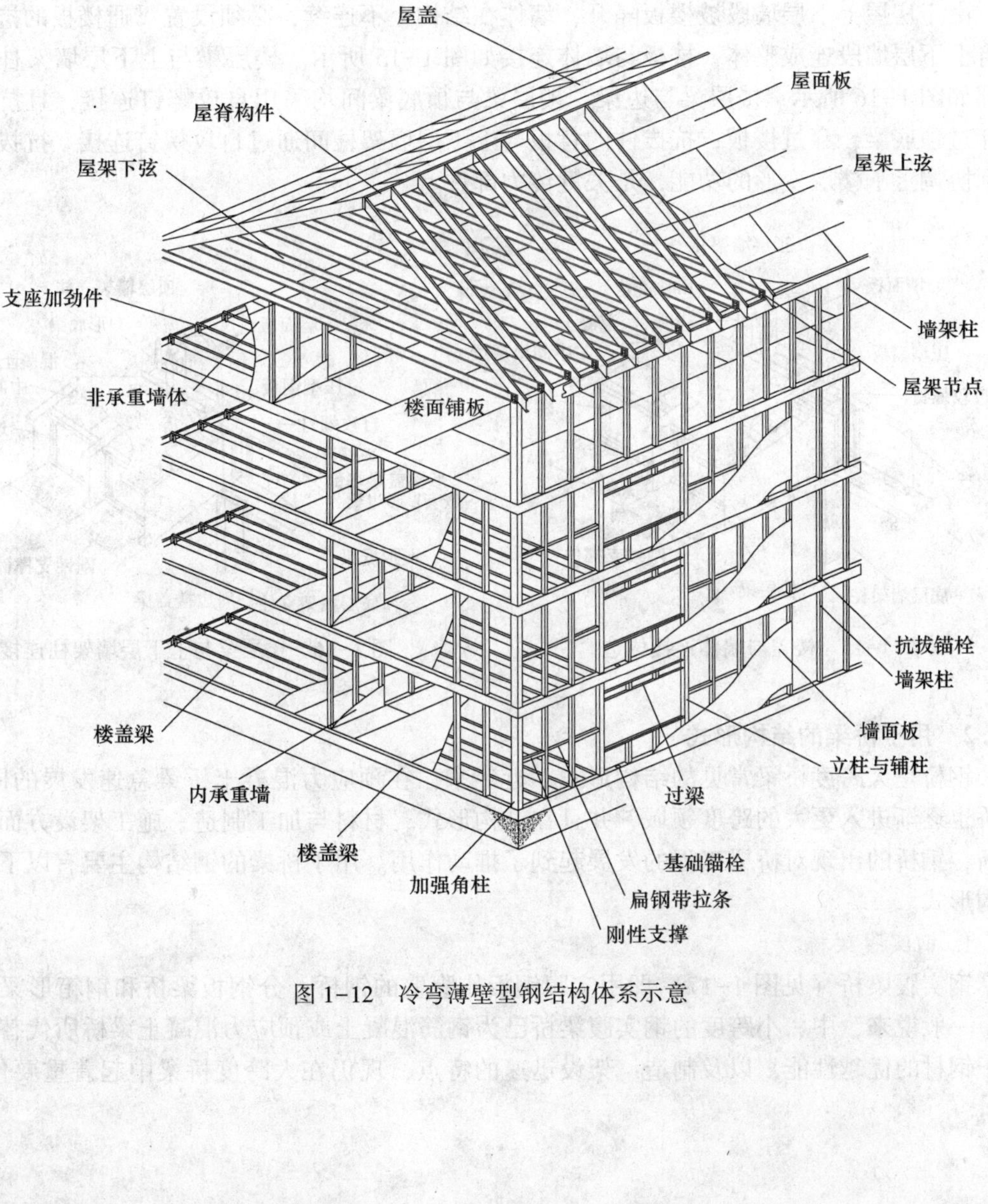

图 1-12　冷弯薄壁型钢结构体系示意

图 1-13　冷弯薄壁型钢结构房屋

图 1-14　冷弯薄壁型钢房屋龙骨及外覆面板

由于房屋上下层墙段被楼板隔开，墙体在结构上不连续，必须设置贯通楼板的抗拔锚栓将上下层墙段连成整体，楼板与墙体连接如图 1-15 所示。楼层梁与上下层墙架柱连接细部如图 1-16 所示。楼层梁与边梁、楼层梁与顶底梁间均采用自攻螺钉连接，且抗拔锚栓穿过顶底梁，穿过楼板；抗拔件的背板与上下层墙架柱间通过自攻螺钉连接。抗拔锚栓起到协调上下楼层变形的功能，是关键传力部件。

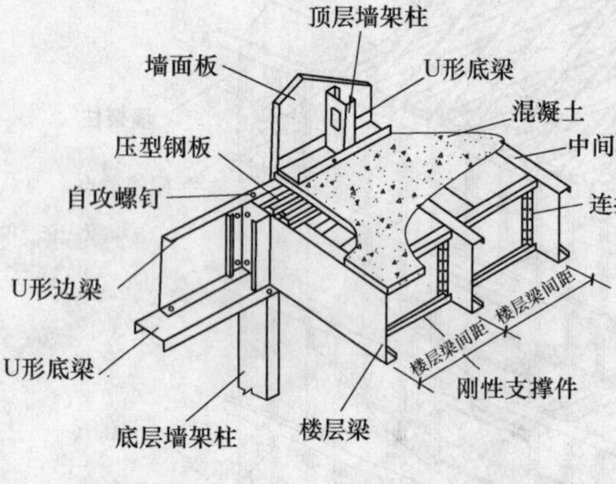

图 1-15　楼盖与墙体连接构造

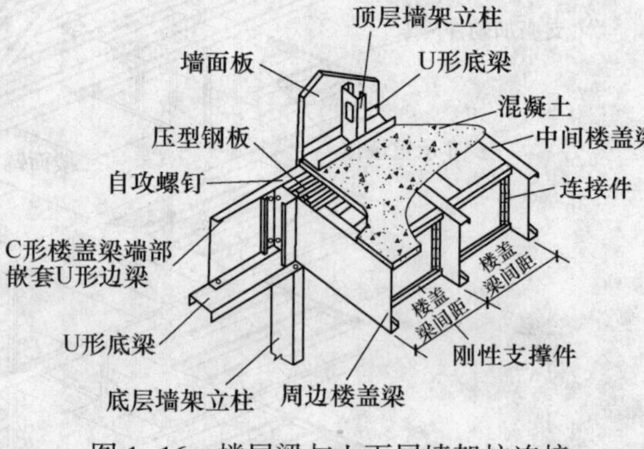

图 1-16　楼层梁与上下层墙架柱连接

1.3.2　用于桥梁的结构形式

钢桥是大跨度桥梁常见的结构形式。近年来，在预应力混凝土桥梁急速发展的同时，钢桥也逐渐进入更大的跨度领域，并且在结构形式、材料与加工制造、施工架设方面不断创新，钢桥的出现对桥梁工程的发展起到了推动作用。用于桥梁的钢结构主要有以下几种结构形式。

1. 钢实腹梁桥

钢实腹梁桥（见图 1-17）即用实腹钢板作腹壁的钢桥，分钢板梁桥和钢箱形梁桥两种。一般说来，中、小跨度的钢实腹梁桥已为钢筋混凝土或预应力混凝土梁桥所代替，但由于钢材的优越性能，以及制造、架设迅速的特点，现仍在大跨度桥梁中起着重要作用。

1974 年建成的巴西瓜纳巴拉湾桥是世界上最大跨度（300m）的钢实腹梁桥。

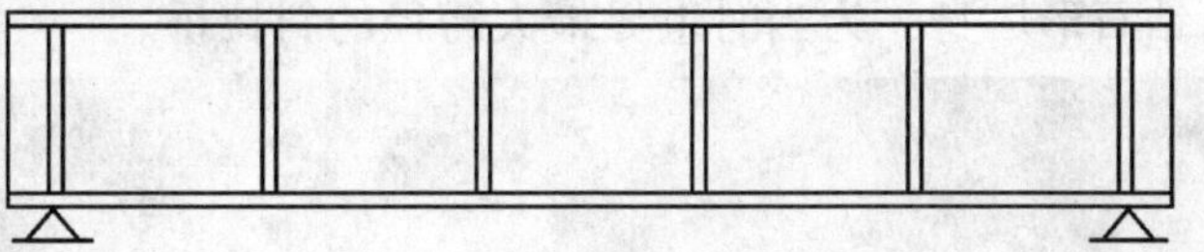

图 1-17　钢实腹梁桥

2. 钢桁架桥

钢桁架桥如图 1-18 所示。具有代表性的如南京长江大桥（见图 1-19），是长江上第一座由是我国自行设计、建造、施工并使用国产高强钢材的现代化大型桥梁，属于连续钢桁架式双层桥。该桥（包括引桥在内）铁路部分长 6772m，公路部分长 4589m。

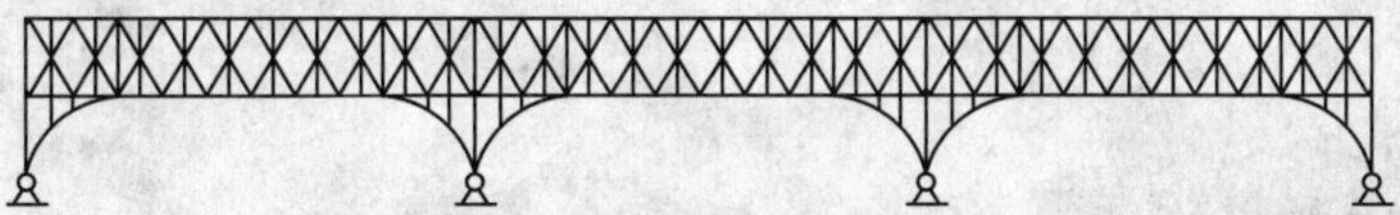

图 1-18　钢桁架桥

图 1-19　南京长江大桥

3. 拱桥

图 1-20 所示为正在进行主拱合龙的重庆朝天门长江大桥。该桥由主桥和南引桥、北引桥三部分组成，全长 4. 88km；大桥主体长 1. 74km，其中主桥为 932m 三跨连续中承式钢桁系杆拱桥，主拱跨度 552m，被誉为“世界第一钢拱桥”，是目前我国最大的公路、铁路两用桥。

4. 斜拉桥

图 1-21 所示的上海南浦大桥，建成于 1991 年 11 月。主桥为一跨过江的双塔双索面叠合梁结构斜拉桥，两岸各设一座 150m 高的 H 形钢筋混凝土主塔，桥塔两侧各以 22 对钢索连接主梁索面，呈扇形分布。主桥桥面的钢框架共有 438 根钢梁，其中一根重 80t，为全国之最；制作钢梁用的钢板，最厚的达 80mm。拼装钢框架用的十多万套高强度螺栓

的直径达 30mm。图 1-22 所示的上海杨浦大桥，建成于 1993 年。跨径 602m，双塔双索面，主塔高 144m，钻石形塔身，为当时世界最大跨径的斜拉桥。

图 1-20　重庆朝天门长江大桥

图 1-21　上海南浦大桥

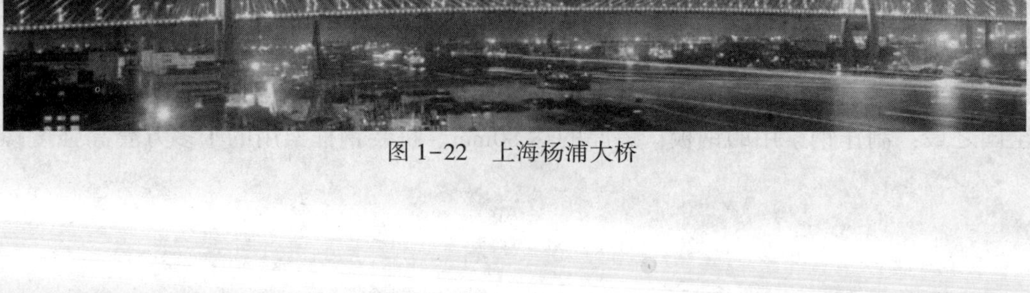

图 1-22　上海杨浦大桥

5. 悬索桥

悬索桥是以承受拉力的缆索或链索作为主要承重构件的桥梁，由悬索、索塔、锚碇、吊杆和桥面体系等部分组成。悬索桥的主要承重构件是悬索，它主要承受拉力，一般用抗拉强度高的钢材（钢丝、钢绞线和钢缆等）制作。由于悬索桥可以充分利用材料的强度，并具有用料省、自重轻的特点，因此悬索桥在各种桥梁体系中的跨越能力最大，跨径可以达到1000m以上。主跨为1385m的江阴大桥（见图1-23）是我国首座跨径超千米的特大型钢箱梁悬索桥梁，也是20世纪“中国第一、世界第四”大钢箱梁悬索桥。

图1-23 江阴大桥

1.3.3 用于塔桅的结构形式

塔桅结构体系属于高耸结构，是一种高度较高、横截面相对较小、横向荷载起主要作用的细长构筑物，可以分为拉线式的桅式结构［见图1-24（a）］和自立式的塔式结构［见图1-24（b）］。钢结构塔多数为空间桁架结构，少数低矮的钢结构塔也采用大直径单管塔（通信塔）。塔式结构的应用几乎涵盖整个工业部门，如广播、电视、通信、电力、冶金、石油、化工、邮电、交通和旅游等部门。例如，如图1-25所示的甘肃嘉峪关“碧海明珠”气象塔是中国最高气象塔。该塔高94.94m，总建筑面积5278m^2，地下2层、地上18层，外形宛若刚从碧海中跃出的一只“海豚”，集防灾减灾、观光游览和科普教育为一体，其主体就是钢结构的。

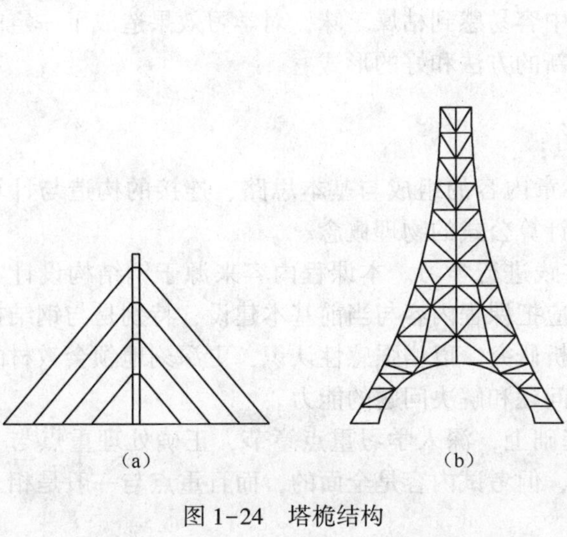

(a) (b)

图1-24 塔桅结构

(a) 拉线式的桅式结构；(b) 自立式的塔式结构

图1-25 “碧海明珠”气象塔效果图

1.4 “钢结构”课程的内容、特点和学习方法

1.4.1 “钢结构”课程的内容

“钢结构”课程是土木工程专业的必修课程，属于专业基础课程。该课程的主要内容包括钢结构的材料，钢结构的设计方法，钢结构的连接，轴心受力构件、受弯构件及拉弯与压弯构件的受力特性和设计方法，钢桁架与屋盖结构以及 PKPM 系列软件——STS 设计钢桁架等。“钢结构”课程的主要任务是：通过理论学习和设计计算训练，使学生了解钢结构材料的基本性能，掌握梁、柱等基本构件及其连接的工作性能，熟悉钢结构构件的类型、构造，掌握各种基本构件的设计原理与方法；具备一般工业与民用建筑钢结构设计的基本技能，能正确使用钢结构设计规范进行基本构件的设计；为后续的专业课程学习、毕业设计以及将来从事有关钢结构学科领域工作打下坚实的基础。

1.4.2 “钢结构”课程的特点

“钢结构”课程是土木工程专业的主要专业基础课程，它的发展可以追溯到 20 世纪 50 年代，肩负着向学生传授钢结构基本知识的任务，是土木工程专业人才培养体系中的重要一环。“钢结构”课程侧重于钢结构的基本概念、基本理论以及基本结构计算方法与技巧，着重培养学生运用力学概念进行钢结构分析与计算的能力。“钢结构”课程的特点如下：

（1）作为本科生的一门主干专业基础课程，“钢结构”课程的基本教学目标始终是要为后续专业课程打下一个深厚的基础。但是，随着科学的发展和专业技术的进步，土木工程专业对钢结构方面的知识要求越来越高，内容更新周期越来越短，因此，为了适应社会发展的要求，目前的“钢结构”课程除在内容上更加重视基本理论在工程实际中的应用，增加了一些新的基本设计理论和方法外，还将课程的知识体系也作了进一步的系统化组织，使得讲授内容更加系统，也更加接近前沿。

（2）“钢结构”课程内容多、理论应用性强、涉及规范条文多，而学生接触的钢结构工程实例少、缺乏感性认识，在学习过程中容易感到枯燥乏味，对学习效果造成了一定的影响。这就要求在教与学方面不断地探索新的方法和好的形式。

1.4.3 “钢结构”课程的学习方法

“钢结构”课程的学习应注意以下几点：

（1）在全面系统学习的基础上掌握各章内容的组成与基本思路、连接的构造与计算方法、各种受力构件的构造与计算方法、计算公式的物理概念。

（2）重视理论联系实际，结合工程实践进行学习。本课程内容来源于钢结构设计实践，与基本建设密切相关。学生在学习中应把课程内容与当前基本建设，特别是与钢结构设计和施工联系起来，进行对照比较，分析研究，以增强感性认识，更深刻地领会教材的内容，将知识转化为能力，提高自己分析问题和解决问题的能力。

（3）在循序渐进、全面系统学习的基础上，深入学习重点章节，正确处理重点与一般的关系。课程内容虽有重点与一般之分，但考试内容是全面的，而且重点与一般是相互联系的，而不是截然分开的。

（4）深入理解基本概念，掌握设计计算方法和构造要求，不要死记硬背。加强课前预习与课后复习，多做思考题与习题，在课程设计和做习题时，应条理清晰、步骤分明、计量单位采用得当，以避免计算中的遗漏和失误。

（5）由于钢结构构造复杂，理论性强，因此多联系工程实践或者积极参加一些开放性试验（如钢材的强度、连接及疲劳等），是增强感性认识的好方法。

（6）学好钢结构知识，提高工程师的责任意识，解决“卡脖子”技术问题，为解决毕业后工作中的复杂工程问题打下扎实基础。

（7）在钢结构课程的学习过程中，很重要的一点是增加工程案例的教与学。通过工程案例的学习，使学生掌握如何将理论知识应用于实际工程，提升学生从全局、全过程、全周期解决复杂工程问题的能力。同时，将社会主义核心价值观潜移默化地融入学习全过程，培养工程实践能力强、解决问题能力突出、创新能力强、具有良好团队协作精神和家国情怀的高级复合应用型人才，为国家培养德智体美劳全面发展的社会主义建设者和接班人。

（8）督促和引导学生充分利用互联网，收集钢结构体系的工程案例，让学生在学习中体会中国制造、中国建造和中国速度，增强学生的民族自豪感和爱国热情，同时也增强学生的专业认同感。

本章小结

（1）钢结构具有材质均匀，力学性能好，可靠性好；轻质高强，承载能力大；塑性、韧性好；密闭性好；制作简便，施工速度快；耐热性好等优点。

（2）钢结构适合于大跨度结构、重型工业厂房结构、受动力荷载影响的结构、高层建筑和高耸结构、可拆卸的移动结构以及容器和其他构筑物等。随着我国工业生产和城市建设的高速发展以及国民经济水平的不断提高，钢结构的应用范围也扩大到轻型工业钢结构厂房和民用住宅等。

（3）钢结构的发展主要是在高效钢材的应用、设计方法的改进和新型结构的采用等方面不断进行研究。

（4）钢结构的结构形式主要包括用于房屋建筑的结构形式、用于桥梁结构的形式和用于塔桅结构的形式。

（5）“钢结构”是一门理论性较强但又密切联系实践的课程。学习该课程时，应掌握好基本理论，学好基本概念，并吸取感性认识，因此多联系工程实践或者积极参加一些开放性试验，就能更深刻地领会教材的内容，将知识转化为能力，提高自己分析问题和解决问题的能力。

思 考 题

1-1 结合具体的钢结构工程，试述钢结构的特点。

1-2 描述钢材“怕冷”“怕热”的大致范围。高温和低温下可否使用钢结构？

1-3 试论述钢结构的合理应用范围。

1-4　目前我国钢结构在哪些方面有待研究和发展？试举例说明其主要发展趋势。

1-5　如何理解钢结构的塑性好和韧性好？

1-6　“钢结构”课程主要包括哪些内容？针对本课程的特点，学习中应注意哪些问题？

习　题

一、选择题

1. 钢材的性能因温度而变化，在负温范围内钢材的塑性和韧性（　　）。

A. 不变　B. 降低　C. 升高　D. 稍有提高，但变化不大

2. 当高强度螺栓连接长期受热达（　　）以上时，应采用加耐热隔热涂层、热辐射屏蔽等隔热防护措施。

A. 150℃　B. 250℃　C. 320℃　D. 600℃

3. 如图 1-26 所示的北京工人体育馆，悬索屋盖属于（　　）。

A. 单曲面单层悬索结构　B. 单曲面双层悬索结构

C. 双曲面单层悬索结构　D. 双曲面双层悬索结构

图 1-26　北京工人体育馆

4. 大跨度结构应优先选用钢材，其主要原因是（　　）。

A. 钢结构具有良好的装配性

B. 钢材的韧性好

C. 钢材接近各向均质体，力学计算结果与实际结果最符合

D. 钢材的质量与强度之比小于混凝土等其他材料

5. 在其他条件（如荷载、跨度等）相同的情况下，自重最轻的是（　　）。

A. 木结构　B. 钢筋混凝土结构

C. 钢结构　D. 砖石结构

二、填空题

1. 承受动力荷载作用的钢结构，应选用具有（　　）特点的钢材。

2. 钢结构的耐热性（　　），但耐火性（　　）。

3. 现代的大跨度空间结构体系，主要有（　　）、（　　）、（　　）、斜拉结构、充气结构、膜结构、各种杂交结构、可伸展结构、可折叠结构以及张拉整体结构。

4. 南京长江大桥是一种（　　）桥。

5. 当高强度螺栓连接长期受热达（　　）以上时，应采用加耐热隔热涂层、热辐射屏蔽等隔热防护措施。

6. 冷弯薄壁型钢组合墙体由内部镀锌龙骨及外覆面板组成，外覆面板主要起（　　）作用。

7.（　　）是指钢结构在一般情况下不会由于偶然超载而突然断裂，给人以安全保证。

8. 网架结构根据外形可分为（　　）和（　　）。

9. 冷加工钢材是指经（　　）的钢材。

10. 多层、高层及超高层建筑常见的结构形式有（　　）、（　　）、（　　）和（　　）。

三、判断改错题

1. 结构的轻质性可以用材料的密度与强度的比值来衡量，比值越小，结构相对越轻。

2. 韧性是指结构或构件承受静力荷载时，材料吸收变形的能力。

3. 塑性是指结构或构件承受动力荷载时，材料吸收能量的多少。

4. 悬索桥在各种体系桥梁中的跨越能力最大。

5. 刚架结构是由梁和柱铰接形成的。

第 2 章　钢结构的材料

本章要点

本章内容是全课程的重点之一，着重论述钢结构对钢材性能的要求及其破坏形式，并在此基础上深入讨论钢材的主要性能与设计指标、影响钢材性能的主要因素、钢结构的脆性破坏和防止脆性破坏的设计要求、选择钢材的原则和保证项目。

通过介绍我国古代高超的钢铁冶炼技术以及当前的钢铁冶炼技术发展情况，提升学生对民族和文化的自信；通过对比美国冶金主管伊莱恩·玛丽·托马斯长达 32 年对至少 240 种钢材的强度和韧性测试结果造假及中国专家在不明真相的条件下不畏艰难、奋起直追的案例，引导学生自觉形成良好的职业道德素养和科学素养；并从钢结构材料特点的角度，引导学生养成坚忍不拔、勇于攀登科技高峰的品质。

通过本章学习，使学生了解钢结构对材料的要求；掌握钢结构在不同条件下可能产生的两种破坏形式及其特征；熟悉钢结构脆性破坏发生的原因及其防止措施；掌握钢材在正常情况下的主要静力工作性能，了解规范对钢材机械性能指标规定的依据和意义；熟悉钢材的种类；掌握钢材的正确选用；理解复杂应力作用下钢材的屈服条件；理解钢结构的疲劳和脆性断裂；了解钢材的规格，理解其表示方法。

2.1　钢结构对钢材性能的要求

钢结构在使用过程中常常需要在不同的环境和条件下承受各种荷载。钢结构的原材料是钢材，钢材的种类繁多，性能差别很大，适用于钢结构的钢材只是其中的小部分。因此，对适用于钢结构的钢材提出了以下性能要求：

（1）强度要求，即对材料屈服强度（又称为屈服点）f_y 与抗拉强度 f_u 的要求。材料强度高有利于减轻结构自重，增加结构的安全保障。

（2）塑性、韧性要求，即要求钢材具有良好的适应变形与抗冲击能力，以防止脆性破坏。

（3）耐疲劳性能及适应环境能力要求，即要求材料本身具有良好的抗动力荷载性能及较强的适应低温、高温等环境变化的能力。

（4）冷、热加工性能及焊接性能要求，良好的工艺性能不但易于将钢材加工成各种形式的结构，而且不会因加工对结构的强度、塑性和韧性等造成不利影响。

（5）耐久性能要求，主要指材料的耐锈蚀能力要求，即要求钢材具备在外界环境作用下仍能维持其原有力学及物理性能基本不变的能力。

（6）生产与价格要求，即要求钢材易于施工、价格合理。

我国《钢结构设计标准》（GB 50017—2017）中具体规定：承重结构采用的钢材应具

有屈服强度、抗拉强度、断后伸长率和硫、磷含量的合格保障，对焊接结构还应具有碳当量的合格保证；焊接承重结构以及重要的非焊接承重结构采用的钢材还应具有冷弯试验的合格保证；对直接承受动力荷载或需验算疲劳的构件采用的钢材还应具有冲击韧性的合格保证。然而钢结构种类繁多，我国《钢结构设计标准》（GB 50017—2017）推荐钢材宜采用碳素结构钢中的 Q235 及低合金高强结构钢中的 Q355、Q390、Q420、Q460 和 Q355GJ。

2.2　钢结构的破坏形式

钢结构在各种作用下会发生两种形式的破坏，即塑性破坏和脆性破坏。钢结构材料一般具有较好的塑性和韧性，通常会发生塑性破坏，但在一定条件下，仍有发生脆性破坏的可能，而这两种破坏形式的破坏特征有明显的区别。

2.2.1　塑性破坏的特征

构件应力超过屈服点并达到抗拉极限强度后，产生明显的变形并断裂。构件在断裂破坏时产生很大的塑性变形，即塑性破坏，又称为延性破坏。断裂后的断口呈纤维状，色泽发暗，有时能看到滑移的痕迹。钢材在发生塑性破坏时变形特征明显，很容易被发现并及时采取补救措施，因而不致引起严重后果。而且适度的塑性变形能起到调整结构内力分布的作用，使原先结构应力不均匀的部分趋于均匀，从而提高结构的承载能力。

2.2.2　脆性破坏的特征

钢材在断裂破坏时没有明显的变形征兆，平均应力小，按材料力学计算的名义应力往往比屈服点低。断裂后，断口平直并呈有光泽的晶粒状。由于脆性破坏具有突然性，无法预测，而且个别构件的断裂常引起整个结构塌毁，危及人民的生命、财产安全，后果严重，比塑性破坏要危险得多。因此，在钢结构工程设计、施工与安装中，应采取适当措施尽力避免发生脆性破坏。

2.3　建筑钢材的主要性能

建筑钢材的主要性能包括钢材的力学性能、可焊性能与特种性能。

2.3.1　受拉、受压及受剪时的性能

1. 强度性能

钢材的强度性能可用几个有代表性的强度指标来表述，包括材料的比例极限 f_p（p 指 proportion，比例）、弹性极限 f_e（e 指 elasticity，弹性）、屈服点 f_y（y 指 yield，屈服）与抗拉强度 f_u（u 指 ultimate，极限的）。这些强度指标值可通过采用标准试件（见图 2-1）在常温（20±5℃）、静载（满足静力加载的加载速度）下进行一次加载拉伸试验所得到的钢材应力-应变（σ-ε）关系曲线来表示。图 2-2 所示曲线为低碳钢单向均匀拉伸试验应力-应变关系曲线，从中可反映钢材各个受力阶段（弹性、屈服、强化及颈缩四个阶段）强度性能的几个指标。各受力阶段的特征叙述如下。

（1）弹性阶段（*OAB* 段）。特征：当 $\sigma \leqslant f_p$ 时，σ 与 ε 呈线性关系，表示钢材具有完全弹性性质。直线 *OA* 的斜率称为钢材的弹性模量 E。在钢结构设计中，对所有钢材统一

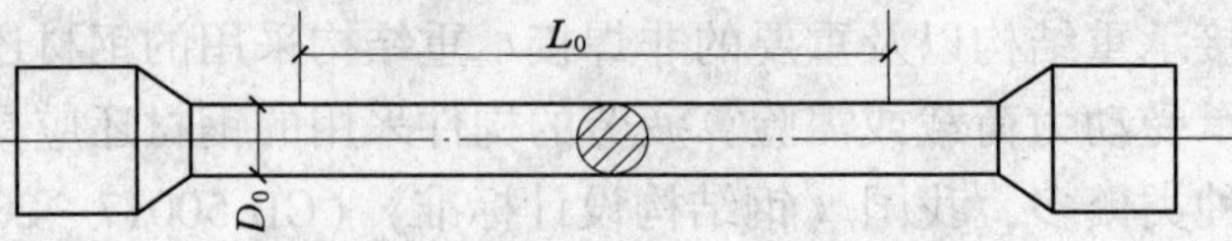

图 2-1　单向静力拉伸试验的标准试件

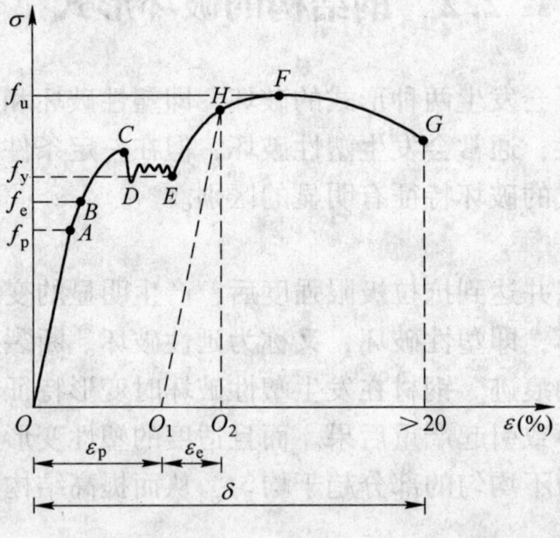

图 2-2　低碳钢单向均匀拉伸试验应力-应变（σ-ε）关系曲线

取 E 值为一常量，即 2.06×10^5MPa。A 点的应力称为比例极限 f_p。AB 段仍具有弹性，但非线性，即非线性弹性阶段，这时的弹性模量称为切线弹性模量 E_t（即斜率 $d\sigma/d\varepsilon$）。B 点的应力称为弹性极限 f_e。由于 f_e 与 f_p 非常接近，通常只提及比例极限 f_p，并且将在弹性极限 f_e 以内的线段（即 OAB 段）近似看成直线段，并且只有在该阶段（$\sigma\leqslant f_e$）卸载时，材料才不会留下残余变形。

（2）屈服阶段（BE 段）。特征：当应力超过弹性极限后，应力-应变曲线上出现一段接近水平线的锯齿形线段。这种应力几乎不变、应变显著增加的现象称为材料的屈服或流动。屈服阶段的变形主要是不可恢复的塑性变形。在屈服阶段，应力有微小的波动。其第一次下降前的最大应力称为上屈服点（C 点）；除去第一次下降的最小应力外（D 点），在屈服阶段的最小应力称为下屈服点（E 点）。很多因素对上屈服点的数值有影响，而下屈服点则较为稳定。因此，将下屈服点的应力值确定为材料的屈服极限，用 f_y 表示。低碳钢在屈服阶段总的塑性应变是比例极限所对应的弹性应变的 10～15 倍。对于高碳钢（即无明显屈服台阶的钢材），可取卸荷后残余应变 $\varepsilon=0.2\%$ 所对应的应力为 f_y，如图 2-3 所示。在钢结构设计时，一般将 f_y 作为承载能力极限状态计算的限值，即钢材强度的标准值 f_k，并据此确定钢材的强度设计值 f。在利用有限元进行计算仿真时，将应力 σ 达到 f_y 之后的材料称为完全塑性体，为简化计算，可将钢材视为理想弹塑性体，其应力-应变曲线表现为双曲线，如图 2-4 所示。

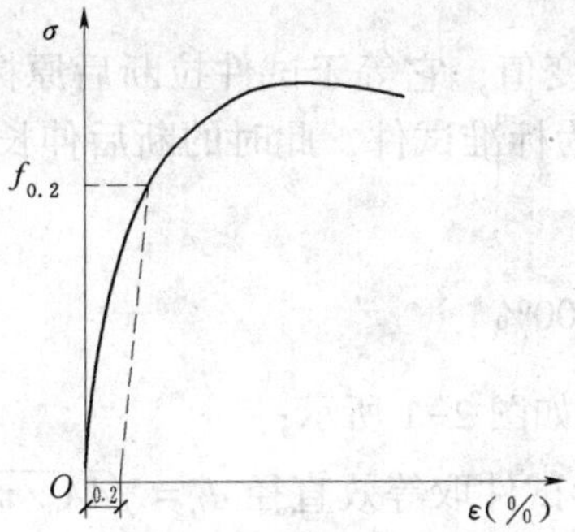

图 2-3　无明显屈服台阶钢材的 σ-ε 关系曲线

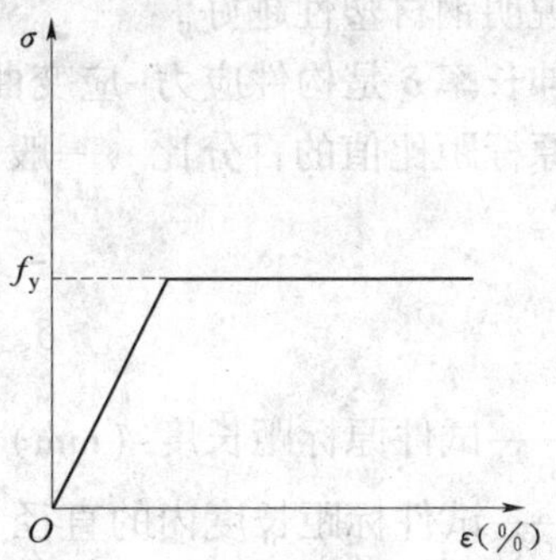

图 2-4　理想弹塑性材料的 σ-ε 关系曲线

（3）强化阶段（*EF* 阶段）。特征：钢材内部组织得到调整，强度逐渐提高，塑性变形继续加大，直到应变 ε 达到 20% 甚至更大，而所对应的应力达到最大 f_u，称为钢材的抗拉强度。

（4）颈缩阶段（*FG* 段）。当应力达到最大 f_u 后，试件局部开始出现横向收缩，即颈缩，随后变形剧增，荷载下降，直至断裂。f_u 是钢材破坏前能够承受的最大应力，但此时钢材的塑性变形非常大，故无实用意义，设计时仅作为钢材的强度储备考虑，常用 f_y/f_u（屈强比）表征钢材强度储备大小。《建筑抗震设计标准》（GB/T 50011—2010，2024 年版）3.9.2 中第 3 条规定：钢材的屈服强度实测值与抗拉强度实测值的比值不应大于 0.85。

我们把屈服、强化及颈缩三个阶段统称为塑性阶段。如果在强化阶段的任一点（如 *H* 点）停止加载，并逐渐卸载（见图 2-2），卸载时的应力-应变关系近似为一直线，如图中 HO_1 所示。并与弹性阶段的直线 *OA* 接近于平行。这通常称为卸载规律。应力卸为零后，从图 2-2 中可以看出，应变未全部消失，遗留下来的塑性应变 ε_p，通常称为残余应变。卸载后消失的应变 ε_e 则是弹性应变。故强化阶段的任何一点 *H* 的应变 ε 由弹性应变 ε_e 和塑性应变 ε_p 两部分组成。

卸载后立即再加载，应力-应变关系基本上沿着卸载时的 O_1H 直线上升到 *H* 点后再沿着 *HFG* 曲线直到断裂。在重新加载的过程中，当正应力达到屈服极限 f_y 的值时，材料并不发生流动；当上升到了 *H* 点的应力值时，才产生塑性变形。低碳钢在常温下经受塑性变形后强度提高、塑性降低的现象，称为冷作硬化。工程上有时利用冷作硬化来提高材料的强度，例如对钢缆绳、钢丝等进行预张拉，以提高其在弹性范围内的承载能力。

综上所述，屈服点 f_y 与抗拉强度 f_u 是反映钢材强度的两项重要应用性指标。钢材在单向受压（短试件）时，受力性能基本上与单向受拉相同。受剪时的情况也类似，但屈服点 τ_y 及抗剪强度 τ_u 均低于 f_y 和 f_u，剪切应变模量 *G* 也低于弹性模量 *E*。钢材和钢铸件的物理性能指标详见附录 7。

2. 塑性性能

钢材的塑性一般指应力超过屈服点后，具有显著的塑性变形（产生永久变形）而不断裂的性质。衡量钢材塑性变形能力的主要指标是断后伸长率 δ 和断面收缩率 ψ。δ 和 ψ

值越大，说明钢材塑性越好。

断后伸长率 δ 是构件应力-应变曲线的最大应变值，它等于试件拉断后原标距长度的伸长值与原标距比值的百分比。一般以 $L_0/D_0=5$ 为标准试件，此时的断后伸长率 δ_5 按下式计算：

$$\delta_5=\frac{L_1-L_0}{L_0}\times 100\% \tag{2-1}$$

式中　L_0——试件原标距长度（mm），$L_0/D_0=5$，如图 2-1 所示；

D_0——试件标距长度内的直径（mm），矩形试件取等效直径 $d_0=\sqrt{4A_0/\pi}$，A_0 为矩形试件的截面面积（mm^2）；

L_1——试件拉断后标距间的长度（mm）。

《建筑抗震设计标准》（GB/T 50011—2010，2024 年版）3.9.2 中第 3 条规定：钢材应有明显的屈服台阶，且伸长率不应小于 20%。

断面收缩率是指试件拉断后，颈缩的断面面积的缩小值与原截面面积比值的百分率，按下式计算：

$$\psi=\frac{A_0-A_1}{A_0}\times 100\% \tag{2-2}$$

式中　A_0——试件标准断面的面积（mm^2）；

A_1——试件拉断后颈缩区的断面面积（mm^2）。

断面收缩率 ψ 越大，钢材的塑性越好。由于在测量试件的断面面积时容易产生较大的误差，因此，钢材塑性指标仍然采用伸长率作为保证要求。

2.3.2　冷弯性能

钢材的冷弯性能是衡量钢材在常温下弯曲加工产生塑性变形时对产生裂纹的抵抗能力。钢材的冷弯性能是用冷弯试验（见图 2-5）来检验钢材承受规定弯曲程度的弯曲变形性能。

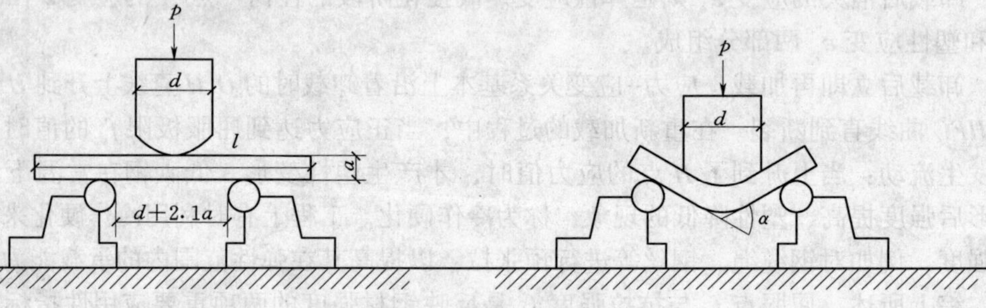

图 2-5　冷弯试验

a—冷弯试件的厚度；l—冷弯试件的长度；d—符合试验要求的弯心直径；α—符合试验要求的试件弯曲角度

如图 2-5 所示，用直径为 d 的冲头在常温下加压，使试件弯曲。当试件弯曲到规定角度 α（一般 $\alpha=180°$）时，检查弯曲部分的外侧，如果无裂纹、分层现象，则认为冷弯性能合格。

冷弯试验不仅是检查钢材冷加工能力的一种重要方法，而且还能暴露出钢材内部的冶金缺陷，例如硫、磷偏析以及硫化物与氧化物的掺杂情况，这些都将降低钢材的冷弯性能。因此，冷弯性能是检验钢材在复杂应力状态下塑性变形能力和钢材质量的一种综合指标。我国《钢结构设计标准》(GB 50017—2017) 规定，对焊接承重结构及重要的非焊接承重结构采用的钢材还应具有冷弯试验的合格保证。

2.3.3 冲击韧性

钢材的冲击韧性是衡量钢材在冲击荷载作用下，抵抗脆性断裂能力的一项力学指标。冲击韧性又称为缺口韧性，是评定带有缺口的钢材在冲击荷载作用下抵抗脆性破坏能力的指标。钢材的冲击韧性通常采用在材料试验机上对标准试件进行冲击荷载试验的方法来测定。常用的标准试件的形式有夏比 V 形缺口（Charp V - notch）和梅氏 U 形缺口（Mesnaqer U-notch）两种。U 形缺口试件的冲击韧性，用冲击荷载下试件断裂时所吸收或消耗的冲击功除以横截面面积的量值来表示；V 形缺口试件的冲击韧性，用冲击荷载下试件断裂时所吸收或消耗的功 C_{KV} 或 A_{KV} 来表示，其单位为“J”。由于 V 形缺口试件对冲击尤为敏感，更能反映结构类裂纹缺陷的影响。我国规定钢材的冲击韧性按 V 形缺口试件冲击功 C_{KV} 或 A_{KV} 来表示，如图 2-6 所示。

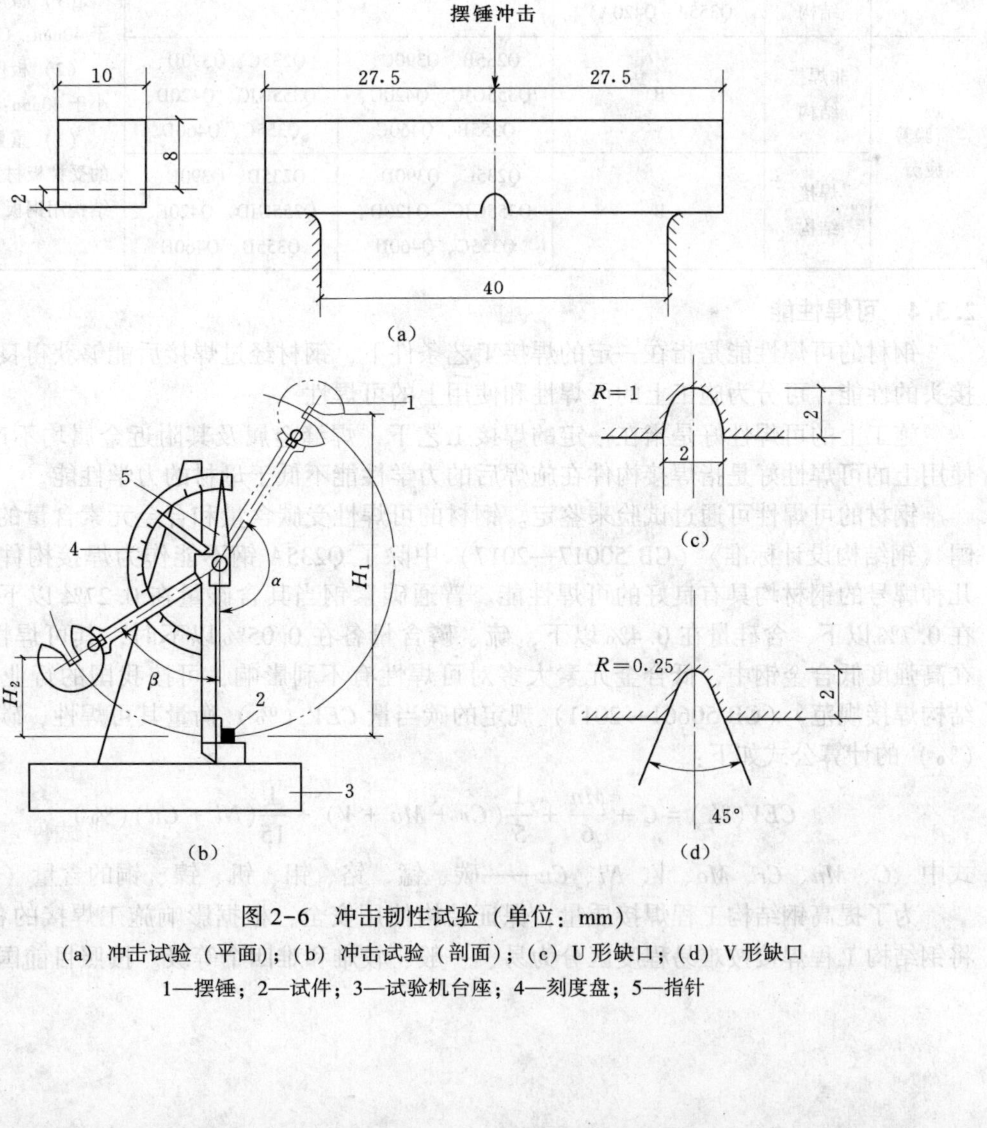

图 2-6　冲击韧性试验（单位：mm）

(a) 冲击试验（平面）；(b) 冲击试验（剖面）；(c) U 形缺口；(d) V 形缺口

1—摆锤；2—试件；3—试验机台座；4—刻度盘；5—指针

钢材的冲击韧性与钢材的质量、缺口形状、加载速度、试件厚度和温度有关，其中受温度的影响最大。试验表明，钢材的冲击韧性值随温度的降低而降低，但不同牌号和质量等级的钢材其降低规律又有很大的差异，因此，对直接承受动力荷载或需验算疲劳的构件或处于低温工作环境的钢材还应具有冲击韧性的合格保证。在钢材选用时，《钢结构设计标准》（GB 50017—2017）规定了对钢材的冲击韧性的要求，如表 2-1 所示。钢板厚度增大时，硫、磷含量过高会对钢材的冲击韧性和抗脆断性能造成不利影响，因此承重结构在低于-20℃环境下工作时，钢材的硫、磷含量不宜大于 0.03%；焊接构件宜采用较薄的板件；重要承重结构的厚板受拉时宜选用细化晶粒的钢板。

表 2-1　钢板质量等级选用

<table>
<tr><th colspan="2" rowspan="2">构件类型</th><th colspan="4">工作温度/℃</th></tr>
<tr><th>$T>0$</th><th>$-20<T\leq0$</th><th colspan="2">$-40<T\leq-20$</th></tr>
<tr><td rowspan="2">不需验算疲劳</td><td>非焊接结构</td><td>B（允许用 A）</td><td rowspan="2">B</td><td rowspan="2">B</td><td rowspan="4">受拉构件及承重结构的受拉板件：
（1）板厚或直径小于 40mm：C。
（2）板厚或直径不小于 40mm：D。
（3）重要承重结构的受拉板材宜选用建筑结构用钢板</td></tr>
<tr><td>焊接结构</td><td>B（允许用 Q355A～Q420A）</td></tr>
<tr><td rowspan="2">需验算疲劳</td><td>非焊接结构</td><td>B</td><td>Q235B、Q390C、Q355GJC、Q420C、Q355B、Q460C</td><td>Q235C、Q390D、Q355GJC、Q420D、Q355C、Q460D</td></tr>
<tr><td>焊接结构</td><td>B</td><td>Q235C、Q390D、Q355GJC、Q420D、Q355C、Q460D</td><td>Q235D、Q390E、Q355GJD、Q420E、Q355D、Q460E</td></tr>
</table>

2.3.4　可焊性能

钢材的可焊性能是指在一定的焊接工艺条件下，钢材经过焊接后能够获得良好的焊接接头的性能，可分为施工上的可焊性和使用上的可焊性。

施工上的可焊性好是指在一定的焊接工艺下，焊缝金属及其附近金属均不产生裂纹；使用上的可焊性好是指焊接构件在施焊后的力学性能不低于母材的力学性能。

钢材的可焊性可通过试验来鉴定。钢材的可焊性受碳含量和合金元素含量的影响。我国《钢结构设计标准》（GB 50017—2017）中除了 Q235A 钢不能作为焊接构件外，其他几种牌号的钢材均具有良好的可焊性能。普通碳素钢当其含碳量在 0.27%以下，含锰量在 0.7%以下，含硅量在 0.4%以下，硫、磷含量各在 0.05%以下时，其可焊性是好的。在高强度低合金钢中，低合金元素大多对可焊性有不利影响，可按我国的行业标准《钢结构焊接规范》（GB 50661—2011）规定的碳当量 CEV（%）衡量其可焊性，碳当量 CEV（%）的计算公式如下：

$$CEV(\%) = C + \frac{Mn}{6} + \frac{1}{5}(Cr + Mo + V) + \frac{1}{15}(Ni + Cu)(\%) \tag{2-3}$$

式中　C、Mn、Cr、Mo、V、Ni、Cu——碳、锰、铬、钼、钒、镍、铜的含量（%）。

为了提高钢结构工程焊接质量，保证结构使用安全，根据影响施工焊接的各种因素，将钢结构工程焊接按难易程度区分为易、一般、较难和难四个等级。按照目前国内钢结构的中厚板使用情况，将 $t \leqslant 30$mm 定为易焊的结构，将 30mm$<t \leqslant$60mm 定为焊接难度一般的结构，将 60mm$<t \leqslant$100mm 定为较难焊接的结构，$t>$100mm 定为难焊的结构。钢结构工程的焊接难度等级可参考表 2-2。

表 2-2　钢结构工程焊接难度等级

焊接难度等级	影响因素			
	板厚 t/mm	钢材分类	受力状态	钢材碳当量 CEV（%）
A（易）	$t \leqslant 30$	Ⅰ	一般静载拉、压	$CEV \leqslant 0.38$
B（一般）	$30<t \leqslant 60$	Ⅱ	静载且板厚方向受拉或间接动载	$0.38<CEV \leqslant 0.45$
C（较难）	$60<t \leqslant 100$	Ⅲ	直接动载、抗震设防烈度等于 7 度	$0.45<CEV \leqslant 0.50$
D（难）	$t>100$	Ⅳ	直接动载、抗震设防烈度大于或等于 8 度	$CEV>0.50$

钢材焊接性能的优劣除了与钢材的碳当量有直接关系外，还与母材的厚度、焊接的方法、焊接工艺参数以及结构形式等条件有关。

2.3.5　特种性能

这里提到的钢材的特种性能是针对某些专用钢材所具有的附加性能而言的，如耐火性能、耐候性能和 Z 向性能等。

1. 耐火性能

对建筑钢材的耐火性能要求，不同于对耐热钢（用于工业生产）有长时间高温强度的要求。建筑钢材的耐火性能只需满足在一定高温下，保持结构在一定时间内不致垮塌，以保证人员和重要物资能及时安全撤离火灾现场。因此，不需要在钢中添加大量贵重的耐热性高的合金元素（如铬、铂），而只需添加少量较便宜的合金元素，即可具备一定的耐火性能。

建筑钢材的耐火性能指标应满足下式要求：

$$f_{y(600℃)} \geqslant \frac{2}{3} f_y \tag{2-4}$$

式（2-4）表示钢材在 600℃ 高温时的屈服点应具有高于常温时屈服点的 2/3，这也是保证建筑防火安全性的一个允许指标。耐火钢一般是在低碳钢或低合金钢中添加钒（V）、钛（Ti）、铌（Nb）合金元素，组成 Nb-V-Ti 合金体系，或再加少量铬（Cr）、钼（Mo）合金元素。

具有耐火性能的钢材，可根据防火要求的需要，减薄甚至不用防火涂料，因此具有良好的经济效果，并可增大使用空间。

2. 耐候性能

在自然环境下，普通钢材每 5 年的腐蚀厚度可达 0.1~1mm。若处于腐蚀气体环境中，则腐蚀程度更为严重。对建筑钢材的耐候性能要求，不需要像对不锈钢那样的高要求，它只需满足在自然环境下可裸露使用（如输电铁塔等），其耐候性能提高到普通钢材的 6~8

倍，即可获得良好效果。

耐候钢一般也是在低碳钢或低合金钢中添加合金元素，如钛（Ti）、铬（Cr）、铌（Nb）、铜（Cu）、铝（Al）等，以提高钢材的抗腐蚀性能。在大气作用下，耐候钢表面可形成致密的稳定锈层，以阻绝氧气和水的渗入而产生的电化学腐蚀过程。若在耐候钢上再涂刷防腐涂料，其使用年限将远高于一般钢材。钢厂还可在钢材表面镀锌或镀铝锌，然后再在上面辊涂彩色聚酯类涂料，以使其具有更优良的耐候性能，但这种工艺只能用于生产彩涂薄钢板。

3. Z 向性能

Z 向性能即钢板在厚度方向具有抗层状撕裂的性能，一般可用厚度方向钢板的断面收缩率 ψ_Z 进行衡量。Z 向钢板一般也是在低碳钢或低合金钢中加入铌（Nb）、钒（V）、铝（Al）等合金元素进行微合金化处理，并大幅度降低有害元素硫、磷的含量，因此，钢材的纯净度高，综合性能好。

由上述关于钢材的耐火性能、耐候性能和 Z 向性能的介绍中可见，为取得这些性能，一般均是在低碳钢或低合金钢中添加与其相关的合金元素，且添加的某些合金元素可综合提高特种性能（包括机械性能和可焊性能）。因此，除专用的如耐候钢外，我国很多钢厂新开发的这类新钢种均兼具各种性能，即集耐火性能、耐候性能和 Z 向性能于一体，并将其作为高层建筑结构用钢板。

2.4 影响钢材性能的主要因素

钢材的种类很多，其中用于建造钢结构的称为结构钢。结构钢主要有两类：一类是碳素结构钢中的低碳钢，另一类是低合金高强度结构钢。影响钢材性能的因素很多，包括钢材的化学成分、冶金缺陷、钢材硬化、温度影响、应力集中、残余应力和重复荷载作用等。

2.4.1 化学成分

钢材是由各种化学成分组成的合金，以铁为主，在碳素钢中约占 99%；其余的元素包括碳（C）、硅（Si）、锰（Mn）、硫（S）、磷（P）、氮（N）、氧（O）等，仅占 1%。这些元素虽然所占的比重不大，但对钢材的性能特别是力学性能有着重要的影响。

1. 碳

碳（C）是各种钢材中的重要元素之一，在碳素结构钢中则是除铁以外的最主要元素。碳是形成钢材强度的主要成分，随着含碳量的增高，钢材的强度逐渐增高，而塑性和韧性下降，冷弯性能、可焊性能和抗锈蚀性能等也变差。钢材按含碳量区分，小于 0.25% 的为低碳钢，0.25%~0.6% 的为中碳钢，大于 0.6% 的为高碳钢。钢结构用钢的含碳量一般不大于 0.22%；对于焊接结构，为了获得良好的可焊性，钢的含碳量以小于 0.2% 为宜。因此，建筑钢结构使用的钢材基本上都是低碳钢。

2. 硫

硫（S）在钢材中是有害元素，属于杂质，能产生易于熔化的硫化铁。当热加工及焊接温度达到 800~1000℃时，硫化铁会熔化而使钢材变脆，可能出现裂纹，这种现象称为钢材的热脆。此外，硫还会降低钢材的冲击韧性、疲劳强度、抗锈蚀性能和可焊性能等。因此，对钢材的含硫量必须严格控制，一般不得超过 0.05%。随着钢材牌号和质量等级的提高，含硫量的限值由 0.05% 依次下降到 0.025%。Z 向钢板（抗层状撕裂钢板）的含硫量更是要求控制在 0.01% 以下。

3. 磷

磷（P）可以提高钢材的强度和抗锈蚀性能，但却严重地降低了钢材的塑性、韧性、冷弯性能和可焊性能。特别是在温度较低时，磷促使钢材变脆，称为钢材的冷脆。因此，钢材的含磷量也要严格控制。随着钢材牌号和质量等级的提高，含磷量的限值由 0.045% 依次下降到 0.025%。但是当采用特殊的冶炼工艺时，磷也可以作为一种合金元素来制造含磷的低合金钢，此时的含磷量可以达到 0.12% ~0.13%。

4. 锰

锰（Mn）在钢材中是有益的元素，它能显著提高钢材的强度，同时又不过多地降低钢材的塑性和冲击韧性。锰具有脱氧作用，是弱脱氧剂，可以消除硫对钢材的热脆影响，改善钢材的冷脆倾向。但是锰会使钢材的可焊性能降低，因此也要对其加以控制。我国低合金钢中锰的含量一般为 0.1% ~1.7%。

5. 硅

硅（Si）在钢材中也是有益元素，具有更强的脱氧作用，是强脱氧剂，常与锰共同脱氧。适量的硅可以细化晶粒，提高钢材的强度，而对塑性、韧性、冷弯性能和可焊性能却没有显著的不良影响。硅在镇静钢中的含量一般为 0.12% ~0.30%，在低合金钢中的含量一般为 0.2% ~0.55%。但是，过量的硅也会对可焊性能和抗锈蚀性能产生不利影响。

6. 钒、铌、钛

钒（V）、铌（Nb）、钛（Ti）等元素在钢中形成微细碳化物，适量加入这些元素能起到细化晶粒和弥散强化的作用，从而提高钢材的强度和韧性，同时又可保持良好的塑性。我国的低合金钢中都含有这三种元素。

7. 铝、铬、镍

铝（Al）是强氧化剂，用铝进行补充脱氧，不仅能进一步减少钢材中的有害氧化物，而且能细化晶粒，提高钢材的强度和低温韧性。铬（Cr）和镍（Ni）是提高钢材强度的合金元素，用于 Q390 及以上牌号的钢材中，但其含量也应受到限制，以免影响钢材的其他性能。

8. 氧、氮

氧（O）和氮（N）在钢材中也是有害元素，在金属熔化状态下可以从空气中进入。氧能使钢材热脆，其作用比硫更剧烈。氮能使钢材冷脆，与磷相似，因此其含量也必须严格控制。钢材在浇铸的过程中，应根据需要进行不同程度的脱氧处理。碳素结构钢的含氧量不应大于 0.008%。但氮有时却作为合金元素存在于钢材中，桥梁用钢 15 锰钒氮（15MnVN）就是如此。钢材中氮的含量应控制在 0.01% ~0.02%。

9. 铜

铜（Cu）在普通碳素钢中属于杂质成分。它可以显著地提高钢的抗锈蚀性能，也可以提高钢的强度，但对可焊性能有不利影响。

2.4.2 冶金缺陷

钢材常见的冶金缺陷有偏析、非金属夹杂、裂纹及分层等。

1. 偏析

钢材中化学成分不一致和不均匀性称为偏析。偏析使钢材的性能变坏，特别是硫、磷的偏析将降低钢材的塑性、冷弯性能、冲击韧性和可焊性能。沸腾钢的偏析一般比镇静钢严重。

2. 非金属夹杂

非金属夹杂物的存在，对钢材的性能很不利。常见的夹杂物为硫化物和氧化物，前者使钢材在800~1200℃高温下变脆，后者降低钢材的力学性能和工艺性能。

3. 裂纹

无论是微观的还是宏观的裂纹，均使钢材的冷弯性能、冲击韧性和疲劳强度显著降低，并增加钢材脆性破坏的危险性。

4. 分层

沿厚度方向形成层间并不相互脱离的分层，不影响垂直于厚度方向的强度，但会显著降低钢材的冷弯性能。在分层的夹缝处还易被锈蚀，在应力作用下锈蚀将加速，甚至形成裂纹，严重降低钢材的冲击韧性、疲劳强度和抗脆断能力。

2.4.3 钢材硬化

钢材硬化主要有冷作硬化、时效硬化、应变时效三种情况。

1. 冷作硬化

当冷拉、冷弯、冲孔和机械剪切等冷加工过程使钢材产生很大塑性变形时，提高了钢材的屈服强度，但却降低了钢材的塑性、韧性，这种现象称为冷作硬化（或应变硬化）。冷作硬化增加了钢材脆性破坏的危险。

2. 时效硬化

在高温时熔化于铁中的少量氮和碳，随着时间的延长逐渐从铁中析出，形成氮化物和碳化物微粒，散布在晶粒的滑动面上，阻碍滑移，遏制纯铁体的塑性变形发展，从而使钢材的强度提高，塑性和韧性下降。这种现象称为时效硬化，又称为老化。发生时效硬化的过程一般很长，从几天到几十年。

3. 应变时效

在钢材产生一定的塑性变形后，晶体中的固溶氮和碳将更容易析出，时效硬化加速进行。因此，应变时效是应变硬化和时效硬化的复合作用，特别是在高温下，应变时效发展迅速，仅需数小时即可完成。

无论哪一种硬化，都会降低钢材的塑性和韧性，对钢材不利。一般钢结构并不利用硬化来提高强度；对于特殊或重要的结构，往往还要采取刨边或扩钻的措施，以消除或减轻硬化的不良影响。

2.4.4 温度影响

钢材性能随着温度变动而有所变化，其总的趋势是：温度升高，钢材强度降低，应变增大；反之，温度降低，钢材强度会略有增加，塑性和韧性却会降低，使钢材变脆，如图2-7所示。

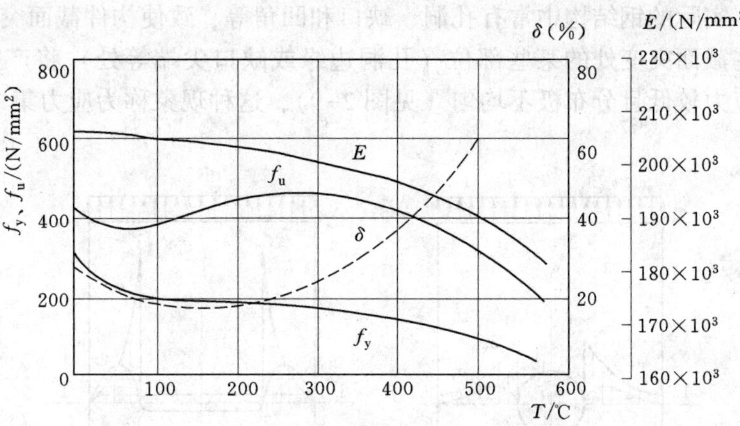

图 2-7　温度对钢材机械性能的影响

当温度升高时，大约在 200℃以内，钢材性能没有太大的变化；在 430~540℃时，钢材强度急剧下降；达到 600℃时，钢材强度很低，不能承担荷载。温度在约 250℃时，钢材的抗拉强度反而略有提高，同时塑性和韧性均下降，材料有转脆的倾向，钢材表面氧化膜呈现蓝色，这种现象称为蓝脆现象。因此，钢材应避免在蓝脆温度范围内进行热加工。当温度在 260~320℃时，在应力持续不变的情况下，钢材以很缓慢的速度继续变形，这种现象称为徐变现象。从 200℃以内钢材性能无变化来看，工程结构表面所受辐射温度应不超过这一温度。设计时规定以 150℃为适宜，超过该温度钢结构表面即需加设隔热保护层。

当温度从常温下降时，钢材强度略有提高而塑性和韧性降低。当温度降至某一数值时，钢材的冲击韧性突然降低，试件断口呈现脆性破坏特征，这种现象称为低温冷脆现象。图 2-8 所示为冲击断裂功与温度的关系曲线。由该图可见，钢材由塑性破坏到脆性破坏的转变是在温度区段 $T_1 \sim T_2$ 内完成的。温度 T_1 是脆性转变温度或零塑性转变温度，在该温度以下，表现为完全的脆性破坏；温度 T_2 是全塑性转变温度，在该温度以上，表现为完全的塑性破坏。$T_1 \sim T_2$ 这个温度区段称为脆性转变过渡区段。在该温度区段内，曲线的转折点所对应的温度 T_0 称为脆性转变温度。每种钢材的脆性转变过渡区段 $T_1 \sim T_2$ 需要大量的试验和统计分析确定。钢结构设计中应防止脆性破坏，因而钢结构在整个使用过程中可能出现的最低温度应高于 T_1，但并不要求一定要高于上限 T_2，因为最低温度高于上限 T_2 虽然安全，但会造成选材困难和浪费。

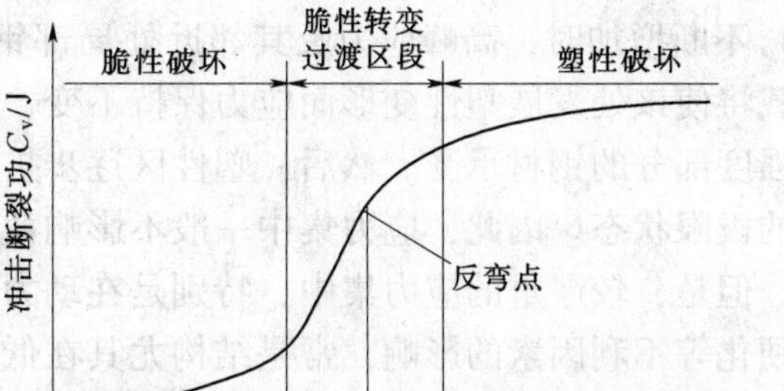

图 2-8　冲击断裂功与温度的关系曲线

2.4.5　应力集中

钢材标准拉伸试验是采用经机械加工的光滑圆形或板状试件，在轴心拉力作用下截面应力分布均匀。实际的钢结构中常有孔洞、缺口和凹角等，致使构件截面突然改变，在荷载作用下，这些截面突变处的某些部位（孔洞边缘或缺口尖端等处）将产生局部高峰应力，其他部位应力较低且分布极不均匀（见图 2-9），这种现象称为应力集中。

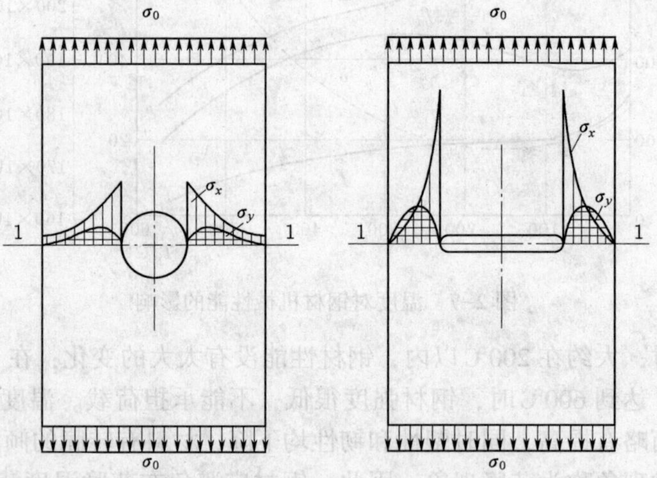

图 2-9　圆孔及槽孔处的应力集中

σ_x—沿 1—1 纵向应力；σ_y—沿 1—1 横向应力

通常把截面高峰应力与平均应力（当截面受轴心力作用时）的比值称为应力集中系数，其值可表明应力集中程度的高低，它取决于构件截面突然改变的急剧程度。由图 2-9 可见，槽孔尖端处的应力集中程度比圆孔边缘处要高得多。

在应力集中的高峰应力区内，通常存在着同号的平面或立体（三维）应力状态，这种应力状态常使钢材的变形发展困难而导致脆性状态破坏。应力集中系数越大即应力集中越高的试件，其抗拉强度越高，但塑性越差、破坏的脆性倾向越大。

应力集中会引起槽孔边缘处局部的应力高峰。当结构所受静力荷载（以轴心拉力为例）不断增加时，高峰应力及其邻近处局部钢材将首先达到屈服强度。此后，继续增加荷载将使该处发展塑性变形而应力保持不变，所增加的荷载由邻近应力较低即尚未达到屈服强度部分的钢材承受。然后，塑性区逐步扩展，直到构件全截面都达到屈服强度时为强度的极限状态。因此，应力集中一般不影响截面的静力极限承载力，设计时可不考虑其影响。但是，较严重的应力集中，特别是在动力荷载作用下，加上残余应力和钢材加工的冷作硬化等不利因素的影响，常是结构尤其在低温环境下工作的结构发生脆性破坏的重要原因。因此，设计时应尽量减免构件截面的急剧改变，以减小应力集中，从构造上防止构件的脆性破坏。

2.4.6　残余应力

热轧型钢在冷却过程中，在截面突变处（如尖角、边缘及薄细部位）率先冷却，其他部位渐次冷却，先冷却部位约束阻止后冷却部位的自由收缩，产生复杂的热轧残余应力分布。不同形状和尺寸规格的型钢残余应力分布不同。钢材经过气割或焊接后，由于不均匀的加热和冷却，也将引起残余应力。残余应力是一种自相平衡的应力，退火处理后可部分乃至全部消除。结构受荷后，残余应力与荷载作用下的应力相叠加，将使构件某些部位提前屈服，降低构件的刚度和稳定性，降低抵抗冲击断裂和抗疲劳破坏的能力。第 4 章 4.5 节还将详细叙述焊接残余应力的分类、原因和对结构的影响。

2.4.7　重复荷载作用

在连续重复荷载的作用下，当应力低于抗拉强度甚至低于屈服强度时，钢材也会发生破坏，这种现象称为钢材的疲劳。疲劳破坏前，钢材并无明显的变形和局部收缩，与脆性破坏一样，是一种突然发生的断裂。

显然，从宏观表面上看，疲劳断裂是突然发生的，但实际上微观裂纹是在钢材内部经历了长期的发展过程才出现的。在荷载的不断重复作用下，总会在应力高峰附近或钢材内部质量薄弱处的个别点上，首先出现塑性变形、硬化而逐渐形成一些微观裂纹，随后裂纹数量增加并连接发展成为钢材内部的裂缝，于是截面受到削弱，应力集中现象急速加剧，最后晶体内的结合力抵抗不住高峰应力而突然断裂。

对于钢结构和钢构件，由于制作和构造的原因，总会存在各种缺陷，成为裂纹的起源，例如焊接构件的焊趾处或焊缝小的孔洞、夹渣和欠焊等处，以及非焊接构件的冲孔、剪切和气割等处，实际上只有裂纹扩展和最后断裂两个阶段。

疲劳破坏的断口一般可分为光滑区和粗糙区两部分。光滑区的形成是因为裂纹多次开合的缘故。最后突然断裂的截面，类似于拉伸试件的断口，比较粗糙。关于钢材的疲劳性能，本章 2.5 节还将详细叙述。

从以上关于钢材性能影响因素的介绍可以分析得出，影响钢材脆性断裂的因素主要有以下几种：钢材的质量；钢板的厚度；加荷的速度；应力的性质（拉、弯等）和大小；最低使用温度；连接的方法（焊接）；应力集中程度。因此，在钢结构的设计、制造和使用过程中应注意以下内容：

(1) 设计合理。随着钢材强度的提高，其韧性和工艺性能一般都有所下降，所以应正确选用钢材，不宜采用比实际需要强度更高的材料。对于低温下工作、受动力荷载的钢结构，应使所选钢材的脆性转变温度低于结构的工作温度。结构和构件设计应力求构造合理，使其能均匀、连续地传递受力，避免构件截面剧烈变化，减少结构的应力集中和焊接约束应力，焊接构件宜采用较薄的板件组成。减少焊缝的数量和降低焊缝尺寸，同时避免焊缝过分集中或多条焊缝交会。

(2) 制造正确。应严格遵守设计对制造所提出的技术要求，例如尽量避免材料出现硬化；正确地选择焊接工艺，保证焊接质量，应避免现场低温焊接。

(3) 使用正确。不得随意改变结构使用用途或任意超负荷使用结构；不在主要结构上任意焊接附加零件，不任意悬挂重物；避免任何撞击和机械损伤；原设计在室温工作的结构，冬季停产检修时应注意保暖。

2.5　钢材的疲劳

本章 2.4 节已说明，钢结构的疲劳断裂是微观裂纹在连续重复荷载作用下不断扩展直至结构突然发生断裂的脆性破坏。通常，钢结构的疲劳破坏是高周低应变疲劳，即总应变幅小，破坏前荷载循环次数多。钢材的疲劳强度与重复荷载引起的应力种类（拉应力、压应力、剪应力和复杂应力等）、应力循环特征、应力循环次数、应力集中程度和残余应力等有着直接关系。我国《钢结构设计标准》（GB 50017—2017）中规定，直接承受动力荷载重复作用的钢结构构件及其连接，当应力变化的循环次数 $n \geqslant 5\times10^4$ 时应进行疲劳计算，例如桥式起重机梁、桥式起重机桁架等。疲劳计算应采用基于名义应力的容许应力幅法，名义应力按弹性状态计算，容许应力幅按构件和连接类别、应力循环次数以及计算部位的板件厚度确定。

2.5.1 疲劳的种类

引起疲劳破坏的重复荷载有两种类型。如果重复作用的荷载数值不随时间变化，则在所有应力循环内的应力幅将保持常量，称为常幅疲劳；如果重复作用的荷载数值随时间变化，则在所有应力循环内的应力幅将为变量，称为变幅疲劳。

2.5.1.1 常幅疲劳

循环应力的特征包括应力谱、应力比、应力幅和应力循环次数等。

1. 应力比和应力幅

循环荷载在钢材内引起的反复循环应力随时间变化的曲线称为应力谱。循环荷载引起的应力循环特征有同号应力循环和异号应力循环两种类型。应力循环特征有时用应力比 ρ 来表示，其含义为应力循环中的最小应力 σ_{min}（当为拉应力时，取正值；当为压应力时，取负值）与应力循环中的最大应力 σ_{max}（当为拉应力时，取正值；当为压应力时，取负值）之比，即 $\rho=\sigma_{min}/\sigma_{max}$。在循环应力谱曲线图 2-10 中，图 2-10（a）中 $\rho=-1$，称为完全对称循环；图 2-10（b）、（d）中 $\rho=-1\sim0$，称为不完全对称循环；图 2-10（c）中 $\rho=0$，称为脉冲循环；图 2-10（e）中 $\rho=0\sim1$，称为同号应力循环；图 2-10（f）中 $\rho=1$，表示静荷载。

应力幅 $\Delta\sigma$ 为应力谱中最大应力 σ_{max} 与最小应力 σ_{min} 之差，即 $\Delta\sigma=\sigma_{max}-\sigma_{min}$。如图 2-10 所示，各分图中的 $\Delta\sigma$ 表示了不同应力循环特征的应力幅。试验与分析证明，在应力幅相同的情况下，最大、最小应力无论是较高或较低，以及应力比是较大或较小，对疲劳强度基本都不起作用。

2. 疲劳强度与应力循环次数（疲劳寿命）的关系

当应力循环的形式不变时，钢材的疲劳强度与应力循环次数（疲劳寿命）n 有关。根据试验资料可绘出如图 2-11 所示的曲线。该图中，纵坐标为疲劳强度，横坐标为相应的应力循环次数（即试验到疲劳破坏时的反复次数），曲线的渐近线表示应力循环即使反复无穷多次，试件仍然不会破坏，这就是疲劳强度极限。

3. 应力幅与应力循环次数的关系

根据试验数据可以绘出构件或连接的正应力幅 $\Delta\sigma$ 与相应的应力循环次数 n 的关系曲线，如图 2-12 所示。由该图可见，$\Delta\sigma$ 越大，破坏时循环次数越少；$\Delta\sigma$ 越小，破坏时循环次数越多。同理，破坏时循环次数越少，说明 $\Delta\sigma$ 越大；破坏时循环次数越多，说明 $\Delta\sigma$ 越小。对于承受剪应力时的剪应力幅可用 $\Delta\tau$ 表示，图像与图 2-12 类似。

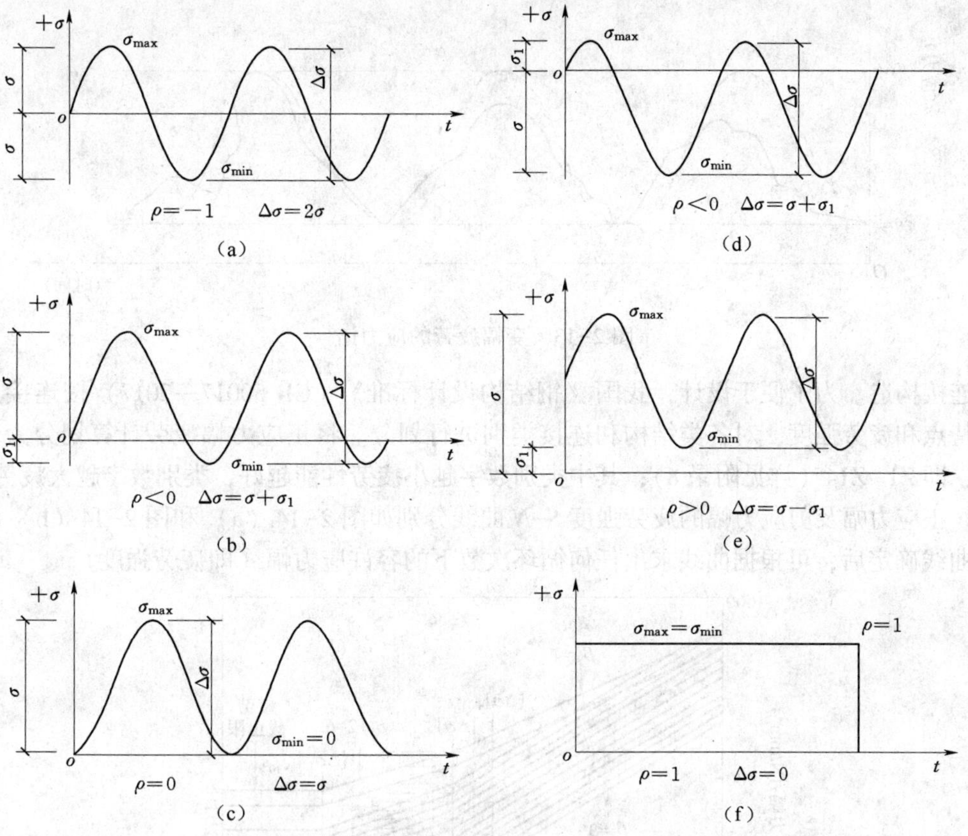

图 2-10　循环应力谱

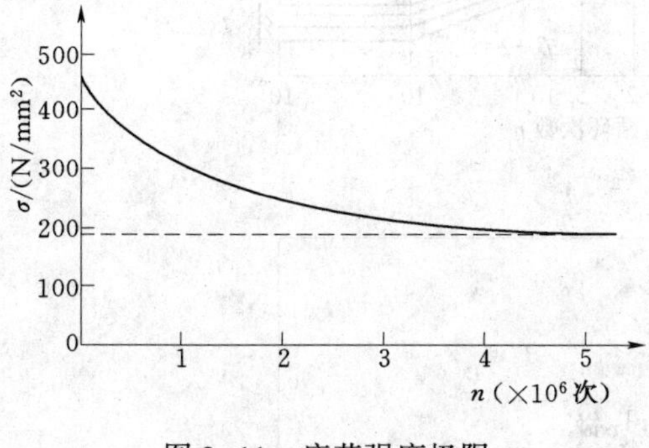

图 2-11　疲劳强度极限

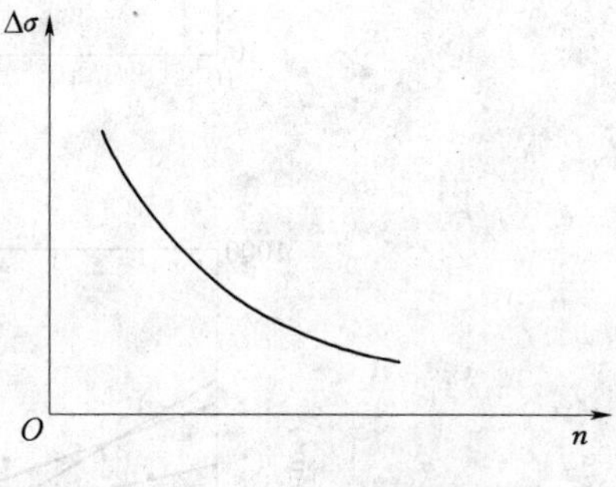

图 2-12　Δσ-n 曲线

2.5.1.2　变幅疲劳

在实际工程中，结构（如厂房吊车梁）所受荷载，其值常小于计算荷载，荷载数值随机变化，即性质为变幅的，称为变幅疲劳（或称为随机荷载）。变幅疲劳的应力谱曲线如图 2-13 所示。

2.5.1.3　容许应力幅

不同类型钢构件或连接的疲劳强度各不相同，连接类型是影响疲劳强度的主要原因，连接的外形变化和内在缺陷的影响会引起不同的应力集中，设计中应尽可能不采用应力集中严

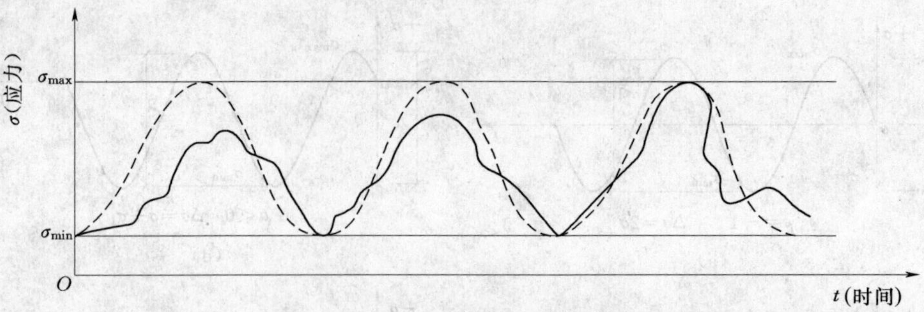

图 2-13　变幅疲劳的应力谱

重的连接构造。为了便于设计，我国《钢结构设计标准》（GB 50017—2017）按连接方式、受力特点和疲劳强度，对各类结构和连接类别进行划分。将正应力幅疲劳计算划分为 14 个类别，即 Z1～Z14（详见附录 8）；其中类别数字越小疲劳性能越好，类别数字越大疲劳性能越差。正应力幅及剪应力幅的疲劳强度 S–N 曲线分别如图 2-14（a）和图 2-14（b）所示。S–N 曲线确定后，可根据曲线求出任何循环次数下的容许应力幅（即疲劳强度）。

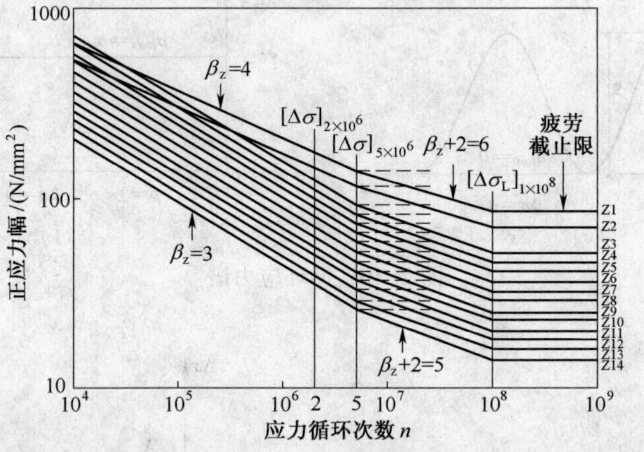

（a）

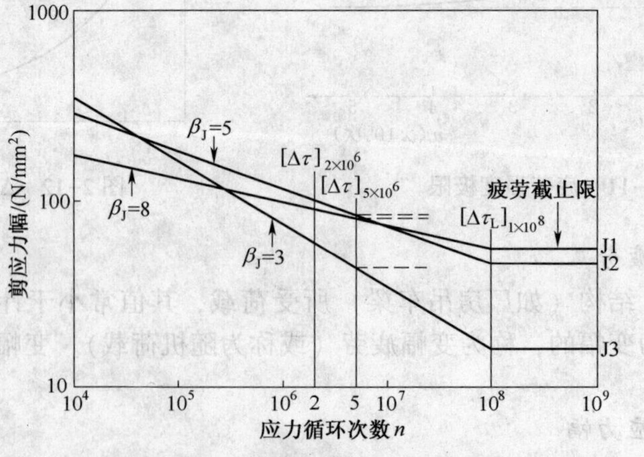

（b）

图 2-14　各类结构和连接类别的 S–N 曲线

（a）关于正应力幅的疲劳强度 S–N 曲线；（b）关于剪应力幅的疲劳强度 S–N 曲线

疲劳验算仍然采用容许应力设计方法，而不采用以概率理论为基础的设计方法。也就是说，采用标准荷载进行弹性分析求内力（并不采用任何动力系数），用容许应力幅作为疲劳强度。

1. 疲劳截止限

对于变幅疲劳问题，低应力幅在高周循环阶段的疲劳损伤程度有所降低，并且存在一个不会疲劳损伤的截止限。无论正应力幅还是剪应力幅，均取 $n = 1 \times 10^8$ 次时的应力幅为疲劳截止限。

正应力幅的疲劳截止限用 $[\Delta\sigma_L]_{1\times10^8}$ 表示，根据附录 8 规定的构件和连接类别，按表 2-3采用。剪应力幅的疲劳截止限用 $[\Delta\tau_L]_{1\times10^8}$ 表示，根据附录 8 规定的构件和连接类别，按表 2-4 采用。

表 2-3　正应力幅的疲劳计算参数

构件与连接类别	构件与连接的相关系数		应力循环次数 n 为 2×10^6 次的容许正应力幅 $[\Delta\sigma]_{2\times10^6}$ /(N/mm²)	应力循环次数 n 为 5×10^6 次的容许正应力幅 $[\Delta\sigma]_{5\times10^6}$ /(N/mm²)	疲劳截止限 $[\Delta\sigma_L]_{1\times10^8}$ /(N/mm²)
	C_Z	β_Z			
Z1	1920×10^{12}	4	176	140	85
Z2	861×10^{12}	4	144	115	70
Z3	3.91×10^{12}	3	125	92	51
Z4	2.81×10^{12}	3	112	83	46
Z5	2.00×10^{12}	3	100	74	41
Z6	1.46×10^{12}	3	90	66	36
Z7	1.02×10^{12}	3	80	59	32
Z8	0.72×10^{12}	3	71	52	29
Z9	0.50×10^{12}	3	63	46	25
Z10	0.35×10^{12}	3	56	41	23
Z11	0.25×10^{12}	3	50	37	20
Z12	0.18×10^{12}	3	45	33	18
Z13	0.13×10^{12}	3	40	29	16
Z14	0.09×10^{12}	3	36	26	14

表 2-4　剪应力幅的疲劳计算参数

构件与连接类别	构件与连接的相关系数		应力循环次数 n 为 2×10^6 次的容许剪应力幅 $[\Delta\tau]_{2\times10^6}$ /(N/mm²)	疲劳截止限 $[\Delta\tau_L]_{1\times10^8}$ /(N/mm²)
	C_J	β_J		
J1	4.10×10^{11}	3	59	16
J2	2.00×10^{16}	5	100	46
J3	8.61×10^{21}	8	90	55

2. 常幅疲劳的容许正应力幅

当 $n \leqslant 5 \times 10^6$ 时，

$$[\Delta\sigma] = \left(\frac{C_z}{n}\right)^{1/\beta_z} \tag{2-5a}$$

当 $5 \times 10^6 < n \leqslant 1 \times 10^8$ 时，

$$[\Delta\sigma] = \left[\left([\Delta\sigma]_{5\times10^6}\right)\frac{C_z}{n}\right]^{1/(\beta_z+2)} \tag{2-5b}$$

当 $n > 1 \times 10^8$ 时，

$$[\Delta\sigma] = [\Delta\sigma_L]_{1\times10^8} \tag{2-5c}$$

式中 $[\Delta\sigma]$——常幅疲劳的容许正应力幅（N/mm^2）；

n——应力循环次数；

C_z、β_z——构件和连接的相关参数，根据附录 8 规定的构件和连接类别，按表 2-3 采用；

$[\Delta\sigma]_{5\times10^6}$——应力循环次数 n 为 5×10^6 次的容许正应力幅（N/mm^2），根据附录 8 规定的构件和连接类别，按表 2-3 采用。

3. 常幅疲劳的容许剪应力幅

当 $n \leqslant 1 \times 10^8$ 时，

$$[\Delta\tau] = \left(\frac{C_J}{n}\right)^{1/\beta_J} \tag{2-6a}$$

当 $n > 1 \times 10^8$ 时，

$$[\Delta\tau] = [\Delta\tau_L]_{1\times10^8} \tag{2-6b}$$

式中 $[\Delta\tau]$——常幅疲劳的容许剪应力幅（N/mm^2）；

n——应力循环次数；

C_J、β_J——构件和连接的相关参数，根据附录 8 规定的构件和连接类别，按表2-4 采用。

2.5.2 疲劳计算

（1）国际上的试验研究结果表明，无论是常幅疲劳或者变幅疲劳，设计应力幅低于疲劳截止限时，构件或连接一般不会发生疲劳破坏。在结构使用寿命期间，当常幅疲劳或变幅疲劳的最大应力幅符合式（2-7a）~式（2-7d）的要求时，疲劳强度满足要求。

正应力幅的疲劳计算：

$$\Delta\sigma < \gamma_t [\Delta\sigma_L]_{1\times10^8} \tag{2-7a}$$

剪应力幅的疲劳计算：

$$\Delta\tau < [\Delta\tau_L]_{1\times10^8} \tag{2-7b}$$

1）对于横向角焊缝连接和对接焊缝连接，当连接板厚 $t > 25$mm 时，γ_t 应按下式计算：

$$\gamma_t = \left(\frac{25}{t}\right)^{0.25} \tag{2-7c}$$

2）对于螺栓轴向受拉连接，当螺栓的公称直径 $d > 30$mm 时，γ_t 应按下式计算：

$$\gamma_t = \left(\frac{30}{d}\right)^{0.25} \tag{2-7d}$$

3）其余情况取 $\gamma_t = 1.0$。

式中　$\Delta\sigma$——构件或连接计算部位的正应力幅（N/mm^2），对于焊接部位，$\Delta\sigma = \sigma_{max} - \sigma_{min}$，对于非焊接部位，$\Delta\sigma = \sigma_{max} - 0.7\sigma_{min}$；

σ_{max}——计算部位应力循环中的最大拉应力（取正值）（N/mm^2）；

σ_{min}——计算部位应力循环中的最小拉应力或压应力（N/mm^2），拉应力取正值，压应力取负值；

$\Delta\tau$——构件或连接计算部位的剪应力幅（N/mm^2），对于焊接部位，$\Delta\tau = \tau_{max} - \tau_{min}$，对于非焊接部位，$\Delta\tau = \tau_{max} - 0.7\tau_{min}$；

τ_{max}——计算部位应力循环中的最大剪应力（N/mm^2）；

τ_{min}——计算部位应力循环中的最小剪应力（N/mm^2）；

$[\Delta\sigma_L]_{1\times10^8}$——正应力幅的疲劳截止限，根据附录 8 规定的构件和连接类别，按表 2-3 采用；

$[\Delta\tau_L]_{1\times10^8}$——剪应力幅的疲劳截止限，根据附录 8 规定的构件和连接类别，按表 2-4 采用。

对于非焊接结构，残余应力影响较小，其疲劳寿命不仅与应力幅有关，与名义最大应力也有关系。用过去采用的验算最大应力的方法进行非焊接结构的疲劳计算也并非不可，但同一册设计标准中不宜对焊接结构采用验算应力幅，而对非焊接结构又采用验算最大应力。因而标准中对非焊接结构的常幅疲劳也验算最大应力，但把应力幅改为折算应力幅，即对于非焊接结构，取 $\Delta\sigma = \sigma_{max} - 0.7\sigma_{min}$。

（2）当常幅疲劳的计算不能满足式（2-7a）和式（2-7b）的要求时，应按式（2-8a）和式（2-8b）计算，具体如下：

正应力幅的疲劳计算：

$$\Delta\sigma \leqslant \gamma_t[\Delta\sigma] \tag{2-8a}$$

剪应力幅的疲劳计算：

$$\Delta\tau \leqslant [\Delta\tau] \tag{2-8b}$$

式中　$[\Delta\sigma]$——常幅疲劳的容许正应力幅（N/mm^2），按式（2-5a）~式（2-5c）计算；

$[\Delta\tau]$——常幅疲劳的容许剪应力幅（N/mm^2），按式（2-6a）~式（2-6b）计算。

（3）当变幅疲劳的计算不能满足式（2-7a）和式（2-7b）的要求时，应按式（2-9a）和式（2-9c）计算，具体如下：

正应力幅的疲劳计算：

$$\Delta\sigma_e \leqslant \gamma_t[\Delta\sigma]_{2\times10^6} \tag{2-9a}$$

$$\Delta\sigma_e = \left[\frac{\sum n_i(\Delta\sigma_i)^{\beta_z} + ([\Delta\sigma]_{5\times10^6})^{-2}\sum n_j(\Delta\sigma_j)^{\beta_z+2}}{2\times10^6}\right]^{1/\beta_z} \tag{2-9b}$$

剪应力幅的疲劳计算：

$$\Delta\tau_e \leqslant [\Delta\tau]_{2\times10^6} \tag{2-9c}$$

$$\Delta\tau_e = \left[\frac{\sum n_i (\Delta\tau_i)^{\beta_J}}{2\times10^6}\right]^{1/\beta_J} \tag{2-9d}$$

式中 $\Delta\sigma_e$——由变幅疲劳预期使用寿命（总循环次数 $n=\Sigma n_i+\Sigma n_j$）折算成循环次数 $n=2\times10^6$ 的等效正应力幅（N/mm^2）；

$[\Delta\sigma]_{2\times10^6}$——应力循环次数 $n=2\times10^6$ 的容许正应力幅（N/mm^2），根据附录 8 规定的构件和连接类别，按表 2-3 采用；

$\Delta\sigma_i$、n_i——应力谱中在 $\Delta\sigma_i \geqslant [\Delta\sigma]_{5\times10^6}$ 范围内的正应力幅（N/mm^2）及其频次；

$\Delta\sigma_j$、n_j——应力谱中在 $[\Delta\sigma_L]_{1\times10^8} \leqslant \Delta\sigma_j < [\Delta\sigma]_{5\times10^6}$ 范围内的正应力幅（N/mm^2）及其频次；

$\Delta\tau_e$——由变幅疲劳预期使用寿命（应力总循环次数 $n=\Sigma n_i$）折算成应力循环次数 $n=2\times10^6$ 的常幅疲劳的等效剪应力幅（N/mm^2）；

$[\Delta\tau]_{2\times10^6}$——应力循环次数 $n=2\times10^6$ 的容许剪应力幅（N/mm^2），根据附录 8 规定的构件和连接类别，按表 2-4 采用；

$\Delta\tau_i$、n_i——应力谱中在 $\Delta\tau_i \geqslant [\Delta\tau_L]_{1\times10^8}$ 范围内的剪应力幅（N/mm^2）及其频次。

（4）对于重级工作制吊车梁和重级、中级工作制吊车桁架，一般不能测得使用期内应力变幅的规律。此外，设计重级工作制吊车的吊车梁和重级、中级工作制吊车桁架时，应力幅是按满载得出的，实际上常常发生不同程度欠载情况。为了设计方便，我国《钢结构设计标准》（GB 50017—2017）规定：重级工作制吊车梁和重级、中级工作制吊车桁架的变幅疲劳可取应力循环中最大的应力幅按下式计算：

正应力幅的疲劳计算：

$$\alpha_f \Delta\sigma \leqslant \gamma_t [\Delta\sigma]_{2\times10^6} \tag{2-10a}$$

剪应力幅的疲劳计算：

$$\alpha_f \Delta\tau \leqslant [\Delta\tau]_{2\times10^6} \tag{2-10b}$$

其中

$$\alpha_f = \frac{\Delta\sigma_e}{\Delta\sigma_{max}}$$

式中 α_f——欠载效应的等效系数，按表 2-5 采用。

表 2-5 吊车梁和吊车桁架欠载效应的等效系数 α_f

吊车类别	α_f
A6、A7、A8 工作级别（重级）的硬钩吊车（如均热炉车间夹钳吊车）	1.0
A6、A7 工作级别（重级）的软钩吊车	0.8
A4、A5 工作级别（中级）的吊车	0.5

（5）进行疲劳强度计算时，应注意以下问题：

1）按概率极限状态计算方法进行疲劳强度计算，目前正处于研究阶段，因此，疲劳强度计算应采用容许应力幅法，荷载应采用标准值，不考虑荷载分项系数和动力系数，且应力按弹性工作阶段计算。

2）在应力循环中不出现拉应力的部位，可不计算疲劳。根据应力幅概念，无论应力循环是拉应力还是压应力，只要应力幅超过容许值就会产生疲劳裂纹。但由于裂纹形成的同时，残余应力自行释放，在完全压应力（不出现拉应力）循环中，裂纹不会继续发展，所以我国《钢结构设计标准》（GB 50017—2017）规定这种情况可不予验算。

3）《钢结构设计标准》（GB 50017—2017）中提出的疲劳强度是以试验为依据的，包含了外形变化和内在缺陷引起的应力集中，以及连接方式不同而引起的不利影响。当遇到该规范规定的八种以外的连接时，应进行专门研究之后，再决定是考虑相近的连接类别予以套用，还是通过相应的疲劳试验确定疲劳强度。基于同样原因，凡是能改变原有应力状态的措施和环境，例如，高温环境下（构件表面温度大于 150℃）、处于海水腐蚀环境、焊后经热处理消除残余应力以及低周高应变疲劳等条件下的构件或连接的疲劳问题，均不可采用该规范中的方法和数据。

4）由于《钢结构设计标准》（GB 50017—2017）推荐钢种的静力强度对焊接构件和连接的疲劳强度无显著影响，因此可以认为，疲劳容许应力幅与钢种无关。显然，当某类型的构件和连接的承载力由疲劳强度起控制作用时，采用高强钢材往往不能充分发挥作用。决定局部应力状态的构造细节是控制疲劳强度的关键因素，因此在进行构造设计、加工制造和质量控制等过程中，要特别注意构造合理，措施得当，以便最大限度地减少应力集中和残余应力，使构件或连接的分类序号尽量靠前，达到改善工作性能、提高疲劳强度、节约钢材的目的。

【例题 2-1】 某钢板承受轴心拉力，截面尺寸为 420mm×20mm，钢材为 Q355B，因长度不够而用横向对接焊缝接长，如图 2-15 所示。焊缝质量等级为一级，但表面未进行加工、磨平。钢板承受重复荷载，预期应力循环次数 $n=1\times10^6$，荷载标准值 $N_{max}=1200$kN，$N_{min}=-200$kN。试进行疲劳强度验算。

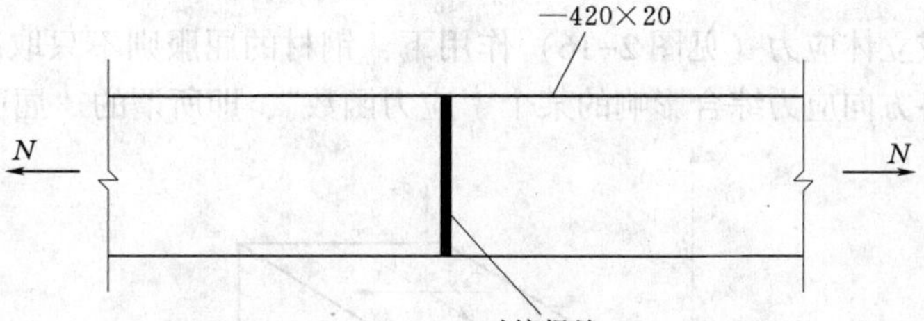

图 2-15　［例题 2-1］图

解：(1) 首先进行正应力幅的疲劳计算，判断是否满足式（2-7a）的要求，即

$$\Delta\sigma<\gamma_t[\Delta\sigma_L]_{1\times10^8}$$

计算部位的设计应力幅：

$$\Delta\sigma=\sigma_{max}-\sigma_{min}=\frac{[1200-(-200)]\times10^3}{420\times20}=166.7(\mathrm{N/mm^2})$$

连接板厚 $t=20\mathrm{mm}<25\mathrm{mm}$，$\gamma_t=1.0$。由附录 8 的项次 12，查得横向对接焊缝附近的

主体金属当焊缝表面未经加工但质量等级为一级时，计算疲劳时类别是 Z4 类。按表2-3 查得类别是 Z4 时正应力幅的疲劳截止限 $[\Delta\sigma_L]_{1\times10^8}=46\ N/mm^2$，则

$$\Delta\sigma = 166.7N/mm^2 > \gamma_t[\Delta\sigma_L]_{1\times10^8} = 1.0\times46 = 46(N/mm^2)$$

因此，常幅疲劳的计算不能满足式（2-7a）的要求。

（2）按式（2-8a）计算。按正应力幅的疲劳计算方法：$\Delta\sigma\leqslant\gamma_t[\Delta\sigma]$；按表 2-3 查得类别是 Z4 时，$C_z=2.81\times10^{12}$，$\beta_z=3$。

因 $n=1\times10^6<5\times10^6$，由式（2-5a）可知

$$[\Delta\sigma]=\left(\frac{C_z}{n}\right)^{1/\beta_z}=\left(\frac{2.81\times10^{12}}{10^6}\right)^{1/3}=141.1(N/mm^2)$$

故

$$\Delta\sigma = 166.7N/mm^2 > \gamma_t[\Delta\sigma] = 1.0\times141.1 = 141.1(N/mm^2)$$

因此，疲劳强度不满足要求，不安全。

若对焊缝表面进行加工磨平，则计算疲劳时由附录 8 的项次 12，查得疲劳类别为 Z2 类。按表 2-3 查得类别是 Z2 时，$C_z=861\times10^{12}$，$\beta_z=4$，则

$$[\Delta\sigma]=\left(\frac{C_z}{n}\right)^{1/\beta_z}=\left(\frac{861\times10^{12}}{10^6}\right)^{1/4}=171.3(N/mm^2)$$

此时，$\Delta\sigma = 166.7N/mm^2 < \gamma_t[\Delta\sigma] = 1.0\times171.3 = 171.3(N/mm^2)$

因此，疲劳强度满足要求。

可见，焊缝表面进行加工、磨平可提高疲劳强度。

2.6 复杂应力作用下钢材的屈服条件

钢材在单向拉力作用下，当单向应力达到屈服点 f_y 时，钢材屈服而进入塑性状态。在复杂应力如平面或立体应力（见图 2-16）作用下，钢材的屈服则不只取决于某一方向的应力，而是由反映各方向应力综合影响的某个“应力函数”，即所谓的“屈服条件”来确定。

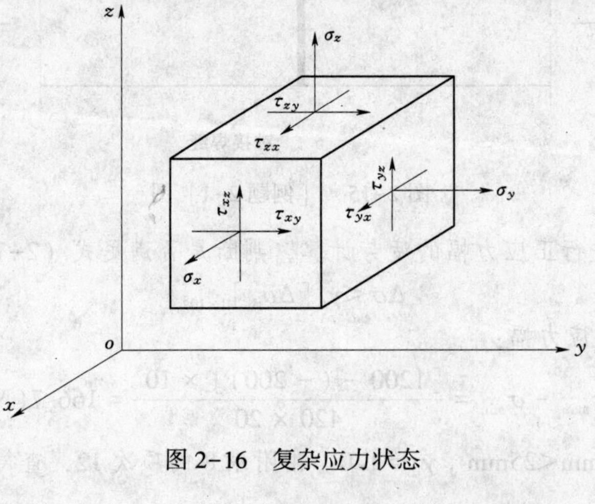

图 2-16 复杂应力状态

根据材料强度理论的研究并由试验验证，能量强度理论能够较好地阐明接近于理想弹-塑性体的结构钢材的弹-塑性工作状态。在复杂应力状态下，钢材的屈服条件可以用折算应力 σ_{eq} 与钢材在单向应力时的屈服点 f_y 相比较来判断。

$$\sigma_{eq} = \sqrt{\sigma_x^2 + \sigma_y^2 + \sigma_z^2 - (\sigma_x\sigma_y + \sigma_y\sigma_z + \sigma_z\sigma_x) + 3(\tau_{xy}^2 + \tau_{yz}^2 + \tau_{zx}^2)} \tag{2-11}$$

当 $\sigma_{eq} < f_y$ 时，为弹性阶段；当 $\sigma_{eq} \geqslant f_y$ 时，为塑性状态（屈服）。

若 $\sigma_z = \tau_{zx} = \tau_{yz} = 0$，为平面应力状态，则式（2-11）变为

$$\sigma_{eq} = \sqrt{\sigma_x^2 + \sigma_y^2 - \sigma_x\sigma_y + 3\tau_{xy}^2} \tag{2-12}$$

在一般梁中，只有正应力 σ 和剪应力 τ，则式（2-11）变为

$$\sigma_{eq} = \sqrt{\sigma^2 + 3\tau^2} \tag{2-13}$$

在纯剪时，$\sigma = 0$，$\tau_{xy} = \tau$，取 $\sigma_{eq} = f_y$，可得

$$\tau = \frac{f_y}{\sqrt{3}} = 0.58 f_y = f_{yv} \tag{2-14}$$

也就是说，剪应力达到 $0.58f_y$ 时，钢材进入塑性状态。因此，《钢结构设计标准》（GB 50017—2017）中，取钢材的抗剪强度设计值为抗拉强度设计值的 0.58 倍。

若复杂应力状态采用主应力 σ_1、σ_2、σ_3 来表示，则折算应力为

$$\sigma_{eq} = \sqrt{\frac{1}{2}[(\sigma_1 - \sigma_2)^2 + (\sigma_2 - \sigma_3)^2 + (\sigma_3 - \sigma_1)^2]} \tag{2-15}$$

由式（2-15）可见，当钢材处于同号三向主应力（σ_1、σ_2、σ_3）作用下，且彼此相差不大（$\sigma_1 \approx \sigma_2 \approx \sigma_3$）时，即使各向主应力很高，材料也很难进入屈服和有明显的变形。但是由于高应力的作用，聚集在材料内的体积改变应变能很大，因而材料一旦遭致破坏，便呈现出无明显变形征兆的脆性破坏特征。

2.7　钢的种类和钢材的规格

2.7.1　钢的种类

钢的种类繁多，根据《钢分类 第 1 部分：按化学成分分类》（GB/T 13304.1—2008），按化学成分，钢可分为非合金钢、低合金钢和合金钢三类；按脱氧方法，钢可分为沸腾钢（代号为 F）、半镇静钢（代号为 b）、镇静钢（代号为 Z）和特殊镇静钢（代号为 TZ）。其中，镇静钢脱氧充分，沸腾钢脱氧较差。按主要性能及使用特性分类，非合金钢又可分为以规定最低强度或以限制含碳量等为主要特性的各种类别，碳素结构钢即属于前者。低合金钢按主要特性则又可分为低合金高强度结构钢、低合金耐候钢等类别。合金钢按其质量等级可分为优质合金钢和特殊质量合金钢；按其用途可分为结构钢、工具钢和特殊钢（如不锈钢等），其中结构钢又分建筑用钢和机械用钢；按其成型方法可分为轧制钢（热轧、冷轧）、锻钢和铸钢。

适合于钢结构的钢材只是碳素结构钢和低合金高强度结构钢中的几种牌号，以及性能较优的其他几种专用结构钢。

2.7.2　钢材的牌号

钢结构用钢材的牌号（即钢材的强度等级），是采用《碳素结构钢》（GB/T 700—

2006）和《低合金高强度结构钢》（GB/T 1591—2018）的表示方法。

1. 碳素结构钢

碳素结构钢的钢号由四个部分按顺序组成：

（1）代表屈服点的字母 Q。

（2）屈服强度 f_y 的数值（其值为钢材厚度或直径小于或等于 16mm 时的屈服强度下限值，单位是 N/mm^2）。

（3）质量等级符号 A、B、C、D，从前至后质量等级依次提高。

（4）脱氧方法符号 F、b、Z 和 TZ，分别表示沸腾钢、半镇静钢、镇静钢和特殊镇静钢（其中 Z 和 TZ 在钢牌号中可省略不写）。

例如 Q235BF，表示屈服强度为 $235N/mm^2$ 的 B 级沸腾钢。钢材的质量等级中，A、B 级钢按脱氧方法可为沸腾钢或镇静钢，C 级为镇静钢，D 级为特殊镇静钢。

碳素结构钢交货时应有化学成分和机械性能的合格保证书（试验数据），其合格值如表 2-6 和表 2-7 所示。对于化学成分，要求硅、硫、磷含量符合相应等级的规定，但 B、C、D 级钢还要求碳和锰含量符合相应等级的规定。对于机械性能，A 级钢应保证 f_y、f_u、δ 符合要求，B、C、D 级钢还应分别保证 20℃、0℃、−20℃下的冲击韧性 A_{KV} 值及冷弯性能合格。

表 2-6 碳素结构钢的化学成分[《碳素结构钢》（GB/T 700—2006）]

牌号	等级	厚度（或直径）/mm	脱氧方法	化学成分（质量分数）（%）小于或等于				
				C	Si	Mn	P	S
Q195	—	—	F、Z	0.12	0.30	0.50	0.035	0.040
Q215	A	—	F、Z	0.15	0.35	1.20	0.045	0.050
	B							0.045
Q235	A		F、Z	0.22	0.35	1.40	0.045	0.050
	B			0.20①				0.045
	C		Z	0.17			0.040	0.040
	D		TZ				0.035	0.035
Q275	A	—	F、Z	0.24	0.35	1.50	0.045	0.050
	B	≤40	Z	0.21			0.045	0.045
		>40		0.22				
	C	—	Z	0.20			0.040	0.040
	D		TZ				0.035	0.035

① 经需方同意，Q235B 的含碳量可小于或等于 0.20%。

表 2-7 碳素结构钢的力学性能 [《碳素结构钢》（GB/T 700—2006）]

牌号	等级	屈服强度① R_{eH}/（N/mm^2）大于或等于						抗拉强度② R_m /（N/mm^2）	断后伸长率 A（%）					冲击试验（V 形缺口）	
		厚度（或直径）/mm							厚度（或直径）/mm					温度 /℃	冲击吸收功（纵向）③/J 大于或等于
		≤16	>16~40	>40~60	>60~100	>100~150	>150~200		≤40	>40~60	>60~100	>100~150	>150~200		
Q195	—	195	185	—	—	—	—	315~430	33	—	—	—	—	—	—

续表

牌号	等级	屈服强度①R_{eH}/(N/mm²) 大于或等于						抗拉强度② R_m /(N/mm²)	断后伸长率 A (%)					冲击试验(V 形缺口)	
		厚度(或直径)/mm							厚度(或直径)/mm					温度/℃	冲击吸收功(纵向)③/J 大于或等于
		≤16	>16~40	>40~60	>60~100	>100~150	>150~200		≤40	>40~60	>60~100	>100~150	>150~200		
Q215	A	215	205	195	185	175	165	335~450	31	30	29	27	26	—	
	B													+20	27
Q235	A	235	225	215	215	195	185	370~500	26	25	24	22	21	—	—
	B													+20	27
	C													0	
	D													−20	
Q275	A	275	265	255	245	225	215	410~540	22	21	20	18	17	—	—
	B													+20	27
	C													0	
	D													−20	

① Q195 的屈服强度值仅供参考，不作为交货条件。

② 厚度大于 10mm 的钢材，抗拉强度下限允许降低 20N/mm²。宽带钢（包括剪切钢板）抗拉强度上限不作为交货条件。

③ 厚度小于 20mm 的 Q235B 级钢材，如供方能保证冲击吸收功值合格，经需方同意，可不做检验。

2. 低合金高强度结构钢

低合金高强度结构钢是在钢的冶炼过程中加入一种或几种适量的合金元素而成的钢。其钢材牌号的表示方法与碳素结构钢相似，但质量等级分为 A、B、C、D、E 五级，A、B 级属于镇静钢，C、D、E 级属于特殊镇静钢，无脱氧方法符号。例如，Q345B、Q390D、Q420E。

低合金高强度结构钢交货时应有碳、锰、硅、硫、磷等合金元素的化学成分以及 f_y、f_u、δ 和冷弯性能等机械性能的合格保证书，其合格值如表 2-8~表 2-10 所示。

表 2-8　低合金高强度结构钢的化学成分［《低合金高强度结构钢》(GB/T 1591—2018)］

牌号		化学成分（质量分数）(%)														
钢级	质量等级	C①		Si	Mn	P③	S③	Nb④	V⑤	Ti⑤	Cr	Ni	Cu	Mo	N⑥	B
		以下公称厚度或直径/mm		小于或等于												
		≤40②	>40													
		小于或等于														
Q355	B	0.24		0.55	1.60	0.035	0.035	—	—	—	0.30	0.30	0.40	—	0.012	—
	C	0.20	0.22			0.030	0.030									
	D	0.20	0.22			0.025	0.025								—	
Q390	B	0.20		0.55	1.70	0.035	0.035	0.05	0.13	0.05	0.30	0.50	0.40	0.10	0.015	—
	C					0.030	0.030									
	D					0.025	0.025									
Q420⑥	B	0.20		0.55	1.70	0.035	0.035	0.05	0.13	0.05	0.30	0.80	0.40	0.20	0.015	—
	C					0.030	0.030									
Q460⑦	C	0.20		0.55	1.80	0.030	0.030	0.05	0.13	0.05	0.30	0.80	0.40	0.20	0.015	0.004

① 公称厚度大于100mm的型钢，碳含量可由供需双方协商确定。

② 公称厚度大于30mm的钢材，碳含量小于或等于0.22%。

③ 对于型钢和棒材，其磷和硫含量上限值可提高0.005%。

④ Q390、Q420最高可到0.07%，Q460最高可到0.11%。

⑤ 最高可到0.20%。

⑥ 如果钢中酸溶铝Als含量小于或等于0.015%或全铝Alt含量小于或等于0.020%，或添加了其他固氮合金元素，氮元素含量不做限制，固氮元素应在质量证明书中注明。

⑦ 仅适用于型钢和棒材。

表2-9 低合金高强度结构钢的力学性能［《低合金高强度结构钢》（GB/T 1591—2018）］

牌号		上屈服强度 R_{aH}[a]/MPa 大于或等于									抗拉强度 R_m/MPa			
		公称厚度或直径/mm												
钢级	质量等级	≤16	>16~40	>40~63	>63~80	>80~100	>100~150	>150~200	>200~250	>250~400	≤100	>100~150	>150~250	>250~400
Q355	B、C	355	345	335	325	315	295	285	275	—	470~630	450~600	450~600	—
	D									265[b]				450~600[b]
Q390	B、C、D	390	380	360	340	340	320	—	—	—	490~650	470~620	—	—
Q420[c]	B、C	420	410	390	370	370	350	—	—	—	520~680	500~650	—	—
Q460[c]	C	460	450	430	410	410	390	—	—	—	550~720	530~700	—	—

a 当屈服不明显时，可用规定塑性延伸强度 $R_{p0.2}$ 代替上屈服强度。

b 只适用于质量等级为D的钢板。

c 只适用于型钢和棒材。

表2-10 低合金高强度结构钢的断后伸长率［《低合金高强度结构钢》（GB/T 1591—2018）］

牌号		断后伸长率 A（%）大于或等于						
钢级	质量等级	公称厚度或直径/mm						
		试样方向	≤40	>40~63	>63~100	>100~150	>150~250	>250~400
Q355	B、C、D	纵向	22	21	20	18	17	17①
		横向	20	19	18	18	17	17①
Q390	B、C、D	纵向	21	20	20	19	—	—
		横向	20	19	19	18	—	—
Q420②	B、C	纵向	20	19	19	19	—	—
Q460②	C	纵向	18	17	17	17	—	—

① 只适用于质量等级为D的钢板。

② 只适用于型钢和棒材。

3. 专用结构钢

一些特殊用途的钢结构，如压力容器、桥梁和锅炉等，为适应其特殊受力和工作条件的需要，常采用专用结构钢。专用结构钢是在碳素结构钢或低合金结构钢的基础上冶炼而成，其要求更高，价格也较贵。专用结构钢的牌号以在相应牌号后加上专业用途代号（压力容器、桥梁和锅炉用钢材的专业用途代号分别为 R、q 和 g）来表示。例如，Q355q 表示屈服强度为 355N/mm^2 的低合金桥梁用结构钢。这些专用结构钢的化学成分和机械性能及工艺性能可参见相应专用结构钢标准。

《建筑结构用钢板》（GB/T 19879—2023）适用于高层和大跨度及其他重要结构，钢板的牌号由 Q、屈服强度数值、高性能建筑结构用钢符号（GJ）、质量等级符号（B、C、D、E）组成。对于厚度方向性能钢板，在质量等级后加上厚度方向性能级别（Z15、Z25、Z35，表示相应的厚度方向断面收缩率应分别大于 15%、25%、35%）。例如，Q460GJCZ25 表示屈服强度为 460N/mm^2 的高性能建筑结构 C 级质量等级、厚度方向性能级别为 Z25 的结构钢。

Q235GJ、Q355GJ、Q390GJ、Q420GJ、Q460GJ 钢板的力学性能及工艺性能［拉伸、夏比（V 型缺口）冲击、弯曲试验］应符合表 2-11、表 2-13 和表 2-14 的规定；Q500GJ、Q550GJ、Q620GJ、Q690GJ 钢板的力学性能及工艺性能［拉伸、夏比（V 型缺口）冲击、弯曲试验］应符合表2-12~表 2-14 的规定。当供方能保证弯曲试验合格时，可不作弯曲试验。

表 2-11　Q235GJ、Q355GJ、Q390GJ、Q420GJ、Q460GJ 钢板的拉伸性能

<table>
<tr><th rowspan="3">牌号</th><th rowspan="3">质量等级</th><th colspan="4">上屈服强度 R_{eH}/MPa①</th><th colspan="3">抗拉强度 R_m/MPa</th><th colspan="2">屈强比 R_{eH}/R_m</th><th rowspan="3">断后伸长率 A（%）</th></tr>
<tr><th colspan="9">钢板公称厚度/mm</th></tr>
<tr><th>6~16</th><th>>16~100</th><th>>100~150</th><th>>150~200</th><th>≤100</th><th>>100~150</th><th>>150~200</th><th>6~150</th><th>>150~200</th></tr>
<tr><td>Q235GJ</td><td>B、C、D、E</td><td>≥235</td><td>235~345</td><td>215~325</td><td>—</td><td>400~510</td><td>380~510</td><td>—</td><td>≤0.80</td><td>—</td><td>≥23</td></tr>
<tr><td>Q355GJ</td><td>B、C、D、E</td><td>≥355</td><td>355~475</td><td>335~455</td><td>325~445</td><td>490~610</td><td>470~600</td><td>470~600</td><td>≤0.83</td><td>≤0.83</td><td>≥22</td></tr>
<tr><td>Q390GJ</td><td>B、C、D、E</td><td>≥390</td><td>390~510</td><td>370~490</td><td>—</td><td>510~660</td><td>490~640</td><td>—</td><td>≤0.83</td><td>—</td><td>≥20</td></tr>
<tr><td>Q420GJ</td><td>B、C、D、E</td><td>≥420</td><td>420~540</td><td>400~520</td><td>—</td><td>530~680</td><td>510~660</td><td>—</td><td>≤0.85</td><td>—</td><td>≥20</td></tr>
<tr><td>Q460GJ</td><td>B、C、D、E</td><td>≥460</td><td>460~590</td><td>440~570</td><td>—</td><td>570~720</td><td>550~700</td><td>—</td><td>≤0.85</td><td>—</td><td>≥18</td></tr>
</table>

① 如屈服现象不明显，屈服强度取规定塑性延伸强度（$R_{p0.2}$）。

表 2-12　Q500GJ、Q550GJ、Q620GJ、Q690GJ 钢板的拉伸性能

<table>
<tr><th rowspan="4">牌号</th><th rowspan="4">质量等级</th><th colspan="5">拉伸试验</th></tr>
<tr><th colspan="2">上屈服强度 R_{eH}/MPa①</th><th rowspan="3">抗拉强度 R_m/MPa</th><th rowspan="3">断后伸长率 A（%）
大于或等于</th><th rowspan="3">屈强比 R_{eH}/R_m</th></tr>
<tr><th colspan="2">厚度/mm</th></tr>
<tr><th>12~20</th><th>>20~50</th></tr>
<tr><td rowspan="3">Q500GJ</td><td>C</td><td rowspan="3">≥500</td><td rowspan="3">500~640</td><td rowspan="3">610~770</td><td rowspan="3">17</td><td rowspan="3">协商</td></tr>
<tr><td>D</td></tr>
<tr><td>E</td></tr>
</table>

续表

牌号	质量等级	拉伸试验				
		上屈服强度 R_{eH}/MPa①		抗拉强度 R_m/MPa	断后伸长率 A（%）	屈强比 R_{eH}/R_m
		厚度/mm			大于或等于	
		12~20	>20~50			
Q550GJ	C D E	≥550	550~690	670~830	17	协商
Q620GJ	C D E	≥620	620~770	730~900	17	协商
Q690GJ	C D E	≥690	690~860	770~940	14	协商

注：伸长率按有关标准进行换算时，伸长率 A 等于 17% 与定标距是 50mm 的延伸率 A_{50mm} 等于 20% 相当。

① 如屈服现象不明显，屈服强度取规定塑性延伸强度 $R_{p0,2}$。

表 2-13 夏比（V 型缺口）冲击试验温度和冲击吸收能量

牌 号	质量等级	夏比（V 型缺口）冲击试验		
		试验温度/℃	试样方向	冲击吸收能量/J
Q235GJ、Q355GJ、Q390GJ、Q420GJ、Q460GJ	B	20	纵向	≥47
	C	0		
	D	-20		
	E	-40		
Q500GJ、Q550GJ、Q620GJ、Q690GJ	C	0	纵向	≥55
	D	-20		≥47
	E	-40		≥47

表 2-14 弯曲试验

180°弯曲试验		
钢板厚度	≤16mm	>16mm
试样宽度	2a	2a
弯曲直径	2a	3a

注：a 为试样厚度。

为了克服钢材易锈蚀这一弱点，在钢材冶炼时加入少量的合金元素，如铜（Cu）、铬（Cr）、镍（Ni）、钼（Mo）、铌（Nb）、钛（Ti）、锆（Zr）、钒（V）等，使其在金属基体表面形成保护层，提高钢材的耐腐蚀性能，这种钢材称为耐大气腐蚀钢，又称为耐候钢。我国生产的耐候钢的牌号和化学成分及机械性能等可参见《耐候结构钢》（GB/T 4171—2008）。耐候钢都属于合金钢，因而其牌号的表示方法与合金钢的相同，但要在屈服强度值后面加耐候或高耐候符号 NH 或 GNH，如 Q355GNH。

钢结构连接中的铆钉、高强度螺栓和焊条用钢丝等，也采用满足各自连接件要求的专门用钢。例如，铆钉采用塑性和韧性较好的 ML（铆螺）2 钢、ML3 钢；高强度螺栓采用优质碳素结构钢（35 号钢、45 号钢）或低合金结构钢（40B 钢、35VB 钢、20MnTiB 钢）等，并且其制成的螺栓、螺母和垫圈等需经热处理，以进一步提高强度和质量。焊条用钢丝采用严格控制化学元素含量并具有良好可焊性能的焊丝钢，如 H08、H10Mn2 等。钢结构连接专门用钢的化学成分及机械性能等详见相应标准。

2.7.3　钢材的选用

钢材选用的原则应该是：既能使结构安全、可靠地满足使用要求，又要尽最大可能地节约钢材、降低造价。不同的使用条件，应当有不同的质量要求。在一般结构中，当然不宜轻易地选用优质钢材；即使在重要的结构中，也不能盲目地选用质量很好的钢材。就钢材的力学性能指标来说，屈服点、抗拉强度、伸长率、冷弯性能、冲击韧性和低温冲击韧性等各项指标，是从各个不同的方面来衡量钢材质量的指标，没有必要在各种不同的使用条件下，都要完全符合这些质量指标。因此，在设计钢结构时，应该根据结构的特点，选用合适牌号和质量等级的钢材。

选定钢材的牌号和对钢材的质量提出要求时，应考虑以下结构特点。

1. 结构的类型及重要性

由于使用条件、结构所处部位等方面的不同，结构可以分为重要、一般和次要三类。例如，民用大跨度屋架、重级工作制吊车梁等属于重要结构；普通厂房的屋架和柱等属于一般结构；梯子、平台和栏杆等则是次要结构。很显然，对于重要的结构或构件（框架的横梁、桁架、屋面楼面的大梁等）应采用质量较高的钢材。

2. 荷载的性质

按所承受荷载的性质，结构可分为承受静力荷载和承受动力荷载两种。在承受动力荷载的结构或构件中，又有经常满载和不经常满载的区别。因此，荷载性质不同，就应选用不同的钢材，并提出不同的质量保证项目。例如，对重级工作制吊车梁，就要选用冲击韧性和疲劳性能好的钢材，如 16 锰钢或平炉 3 号镇静钢；而对于一般承受静力荷载的结构，如普通屋架及柱等（在常温条件下），可选用 Q235 钢。

3. 连接方法

连接方法不同，对钢材质量要求也不同。例如，焊接结构的钢材，由于在焊接过程中不可避免地会产生焊接应力、焊接变形和焊接缺陷，在受力性质改变和温度变化的情况下容易引起缺口敏感，导致构件产生裂纹或裂缝，甚至发生脆性断裂。因此，焊接钢结构对钢材的化学成分、力学性能和可焊性都有较高的要求，例如，钢材中的碳、硫、磷的含量要低，塑性、韧性指标要高，可焊性要好等。但对非焊接结构（如用高强度螺栓或铆钉连接的结构），这些要求就可以适当放宽。

4. 结构的工作温度

结构所处的环境和工作条件，例如室内和室外温差、季节温差、腐蚀作用情况等对钢材的影响也很大。钢材具有随着温度降低发生脆性断裂（低温冷脆）的特性。钢材的塑性、冲击韧性都随着温度的下降而降低，当下降到冷脆转变温度时，钢材处于脆性状态，随时都可能突然发生脆性断裂（国内外都有这样的工程事故实例），而经常在低温条件下工作的焊接结构则更为敏感，选材时应慎重考虑。

5. 构件的受力性质

结构的低温脆断事故，绝大部分是发生在构件内部有局部缺陷（如缺口、刻痕、裂纹和火渣等）的部位，但同样的缺陷对拉应力比压应力影响更大。因此，经常承受拉力的构件应选用质量较好的钢材。

6. 钢材的厚度

钢材（钢板和型钢）的成型过程一般均为热轧，即钢坯在高温（1200~1300℃）状态下经轧机（一般是由数个从大到小的轧辊孔道组成的轧机群）轧制成型。钢坯来回通过轧辊经受挤压的过程，就是在高温状态下经受压力逐次连续反复作用的过程。它不但使钢坯压缩到所需的截面形状和尺寸，同时亦使其经受锻焊（压力焊）作用，金属内部结晶亦随之变化，改变了钢锭原来的铸钢性质，钢锭中的裂纹、气孔等缺陷得到焊合，结晶更致密，晶粒亦更细。而且随着压缩比增大，即钢材厚度轧制得越小，其强度、塑性及冲击韧性性能越好；反之，若压缩比减小，即钢材厚度越大，则其力学性能越差。根据这些原因，要将钢材的力学性能按厚度或直径进行分段制定标准，钢材的强度设计值亦随之相应按厚度或直径取用不同的数值（见附录 1）。在选择钢材时，厚度大的焊接结构应采用质量等级较好的钢材。

综上所述，选择钢材时要尽量统一规格，减少钢材牌号和型材的种类，还要考虑市场的供应情况和制造厂的工艺可能性。对于某些拼接组合结构（如焊接组合梁、桁架等），可以选用两种不同牌号的钢材：受力大、由强度控制的部分（如组合梁的翼缘、桁架的弦杆等），选用强度高的钢材；而受力小、由稳定控制的部分（如组合梁的腹板、桁架的腹杆等），选用强度低的钢材，可达到经济合理的目的。此外，在设计文件和施工图纸上，对所选用的钢材，除了选定钢材的牌号外，还应明确提出所必需的保证条件。

2.7.4 钢材的规格

钢结构构件一般宜直接选用型钢，这样可减少制造工作量，降低造价。型钢尺寸不合适或构件很大时则用钢板制作，构件之间可直接连接或者通过连接钢板进行连接。因此，钢结构中的元件是型钢及钢板。钢材有热轧及冷成型两种（见图 2-17、图 2-18），现分别介绍如下。

1. 热轧钢板

热轧钢板分为厚板和薄板两种，厚板的厚度为 4.5~6.0mm，薄板的厚度为 0.35~4.0mm。前者广泛用于组成焊接构件和连接钢板，后者是冷弯薄壁型钢的原料。

2. 热轧型钢

（1）角钢：分等边（又称为等肢角钢）和不等边（又称为不等肢角钢）两种。我国目前生产的等边角钢的肢宽为 20~200mm，不等边角钢的肢宽为（25mm×16mm）~

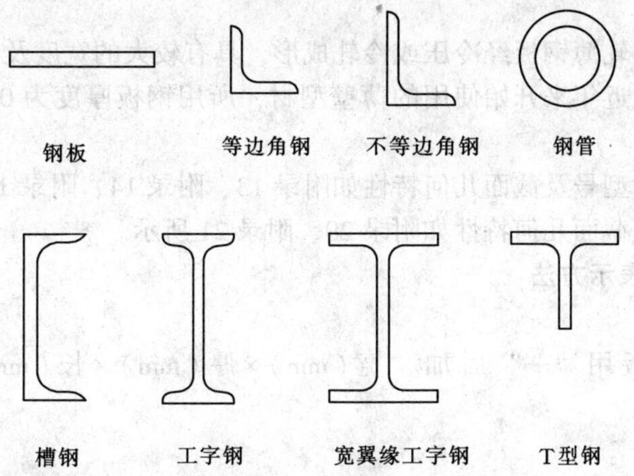

图 2-17　热轧钢材截面

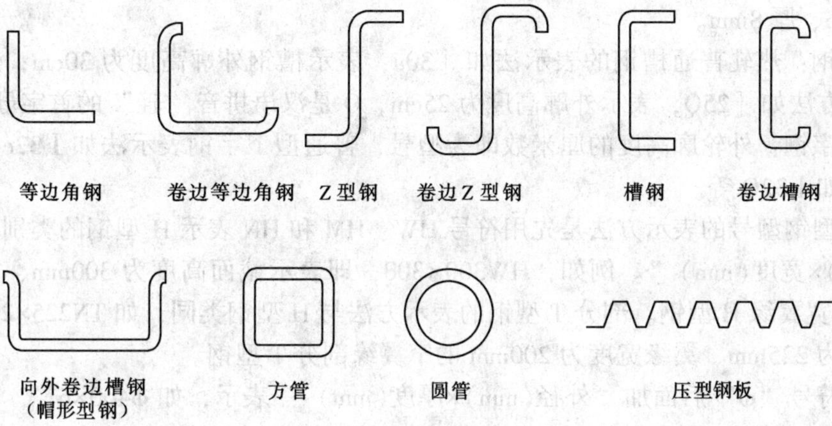

图 2-18　冷弯型钢的截面形式

(200mm×125mm)。

（2）槽钢：我国槽钢有两种尺寸系列，即热轧普通槽钢与热轧轻型槽钢。当为同样号数时，轻型者由于腹板薄及翼缘宽而薄，因而截面面积小但回转半径大，能节约钢材、减轻自重。不过轻型系列槽钢的实际产品较少。

（3）工字钢：分普通型和轻型两种。当普通型工字钢型号较大时，腹板厚度分 a、b、c 三种。轻型工字钢由于壁薄故不再按厚度划分。

（4）H 型钢和剖分 T 型钢：热轧 H 型钢分为宽翼缘 H 型钢（HW）、中翼缘 H 型钢（HM）和窄翼缘 H 型钢（HN）。剖分 T 型钢分为宽翼缘剖分 T 型钢（TW）、中翼缘剖分 T 型钢（TM）和窄翼缘剖分 T 型钢（TN）。剖分 T 型钢是由对应的 H 型钢沿腹板中部对等剖分而成。

（5）冷弯薄壁型钢：用 2~6mm 厚的薄钢板经冷弯或模压而成形（见图 2-18）。在国外，冷弯型钢所用钢板的厚度有加大的趋势，如美国可用到 1in（25.4mm）厚。

3. 压型钢板

压型钢板是由热轧薄钢板经冷压或冷轧成形，具有较大的宽度及曲折外形，从而增加了惯性矩和刚度，是近年来开始使用的薄壁型材，所用钢板厚度为 0.4~2mm，可用作轻型屋面等构件。

热轧型钢的常用型号及截面几何特性如附录 13、附录 14、附录 16~附录 19 所示。薄壁型钢的常用型号及截面几何特性如附录 20、附录 21 所示。

2.7.5　常用型钢的表示方法

1. 热轧钢板

在图样中，钢板用“－”后加“宽(mm)×厚(mm)×长(mm)”的方法表示，如－800×12×2100 等。

2. 热轧型钢

(1) 角钢：等边角钢，以边宽和厚度表示，如∟100×10 表示边宽 100mm、厚 10mm 的等边角钢。不等边角钢则以两边宽度和厚度表示，如∟100×80×8 表示长边宽 100mm、短边宽 80mm、厚 8mm。

(2) 槽钢：热轧普通槽钢的表示法如［30a，表示槽钢外廓高度为 30cm；热轧轻型槽钢的表示方法如［25Q，表示外廓高度为 25cm，Q 是汉语拼音“轻”的首字母。

(3) 工字钢：外轮廓高度的厘米数即为型号，普通型工字钢表示法如 I 32c，轻型工字钢表示法如 I 32Q 等。

(4) H 型钢型号的表示方法是先用符号 HW、HM 和 HN 表示 H 型钢的类别，后面加“高度(mm)×宽度(mm)”。例如，HW300×300，即表示截面高度为 300mm、翼缘宽度为 300mm 的宽翼缘 H 型钢。剖分 T 型钢的表示方法与 H 型钢类同，如 TN225×200，即表示截面高度为 225mm、翼缘宽度为 200mm 的窄翼缘剖分 T 型钢。

钢管用符号“ϕ”后面加“外径(mm)×厚度(mm)”表示，如 ϕ400×6。

《建筑结构制图标准》(GB/T 50105—2010) 规定了常用型钢的标注方法，如表 2-15 所示。

表 2-15　常用型钢的标注方法

序号	名　称	截　面	标　注	说　明
1	等边角钢		∟ $b\times t$	b 为肢宽；t 为肢厚
2	不等边角钢		∟ $B\times b\times t$	B 为长肢宽；b 为短肢宽；t 为肢厚
3	工字钢		I N　Q I N	轻型工字钢加注 Q 字。N 为工字钢的型号
4	槽钢		[N　Q [N	轻型槽钢加注 Q 字。N 为槽钢的型号
5	方钢	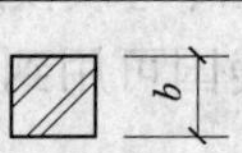	□ b	—

续表

序号	名　称	截　面	标　注	说　明
6	扁钢	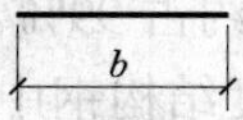	—— $b\times t$	—
7	钢板		$\frac{-b\times t}{l}$	b 为板宽；t 为板厚；l 为板长
8	圆钢		ϕd	—
9	钢管		$\phi d\times t$	d 为外径；t 为壁厚
10	薄壁方钢管		B□ $b\times t$	薄壁型钢加注 B 字，t 为壁厚
11	薄壁等肢角钢		B∟ $b\times t$	
12	薄壁等肢卷边角钢	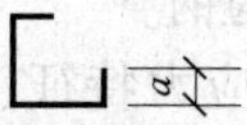	B $b\times a\times t$	
13	薄壁槽钢	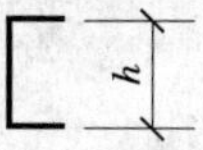	B [$h\times b\times t$	
14	薄壁卷边槽钢	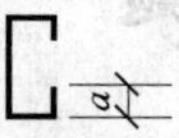	B $h\times b\times a\times t$	
15	薄壁卷边 Z 型钢	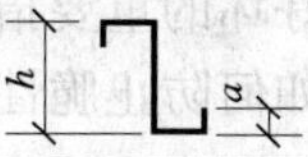	B $h\times b\times a\times t$	
16	T 型钢		TW×× TM×× TN××	TW 为宽翼缘 T 型钢； TM 为中翼缘 T 型钢； TN 为窄翼缘 T 型钢
17	H 型钢		HW×× HM×× HN××	HW 为宽翼缘 H 型钢； HM 为中翼缘 H 型钢； HN 为窄翼缘 H 型钢
18	起重机钢轨		QU××	详细说明产品规格型号
19	轻轨及钢轨		××kg/m钢轨	

本章小结

（1）钢材在受力破坏时有塑性破坏和脆性破坏两种特征。后者为变形小的突然性断裂，危险性大，应在设计、制造和安装中严加防止。

（2）钢材的机械性能包括强度、塑性和韧性等方面。

（3）钢材的可焊性优劣以焊接难易程度进行区分，它涉及的原因众多，其中包括化学成分、钢材厚度、节点复杂程度、约束程度、焊接的环境温度、焊接材料和焊接工艺等。钢材的可焊性可通过试验来鉴定。钢材的可焊性受含碳量和合金元素含量的影响。

（4）碳素结构钢的化学成分是基本元素铁，约占99%，其他为碳、硅、锰等有利元素和硫、磷、氧、氮等杂质元素。在低合金高强度结构钢中，则还含有总量低于3%以改善钢的某些性能的合金元素，如锰、钒、铌、钛、稀土等。所有化学元素的含量均应符合标准规定，尤其是碳和硫、磷的含量更应严格要求，否则会影响钢材的强度、塑性、韧性和可焊性，增加脆性断裂的危险。

（5）影响钢材性能和脆性破坏的因素除化学成分最主要外，其他因素还有冶炼、浇铸、轧制和热处理等工艺（脱氧程度，是镇静钢还是沸腾钢，是否产生偏析、非金属夹杂、裂纹、分层），以及加工工艺（冷作硬化、焊接和氧割等产生的残余应力使构件的刚度和稳定性能降低）、受力状态（三向同号应力会导致脆断）、构造（孔洞、截面突变等使应力集中引起脆断）、重复荷载（引起疲劳破坏）和环境温度（低温冷脆、高温蓝脆）等。

（6）钢的种类繁多，适合于钢结构采用的钢只有碳素结构钢和低合金高强度结构钢中的几种牌号，以及性能较优的其他几种专用结构钢。

（7）钢材应根据结构的重要性、荷载性质、应力特征、连接方法、工作条件和钢材厚度等选用。

思 考 题

2-1 在钢结构设计中，衡量钢材力学性能好坏的重要指标及其作用是什么？

2-2 什么是塑性破坏？什么是脆性破坏？如何防止脆性破坏的发生？

2-3 影响钢材性能的因素主要有哪些？

2-4 应力集中是怎样产生的？其有怎样的危害？在设计中应如何避免？

2-5 什么是钢材的疲劳和疲劳强度？什么情况下需要进行疲劳验算？

2-6 在钢材的选择中应考虑哪些因素？

习 题

一、选择题

1. 钢材在复杂应力作用下是否进入屈服可由（　　）判断。

A. 折算应力 $\sigma_{eq}=f_y$

B. 最大主应力 $\sigma_1=f_y$

C. 最小主应力 $\sigma_3=f_y$

D. 三向主应力同时满足，$\sigma_1=f_y$，$\sigma_2=f_y$，$\sigma_3=f_y$

2. 钢材的强度设计值是以（　　）除以材料的分项系数。

A. 比例极限 f_p　　B. 屈服点强度 f_y

C. 极限强度 f_u　　D. 弹性极限 f_e

3. 钢材中的主要有害元素是（　　）。

A. 硫、磷、碳、锰　　B. 硫、磷、硅、锰

C. 硫、磷、氧、氮　　D. 氧、氮、硅、锰

4. 在常温和静载作用下，焊接残余应力对构件（　　）无影响。

A. 强度　B. 刚度　C. 低温冷脆　D. 疲劳强度

5. 在钢构件中产生应力集中的原因是（　　）。

A. 构件环境温度的变化　　B. 荷载的不均匀分布

C. 加载的时间长短　　D. 构件截面的突变

6. 当剪应力等于（　　）f_y 时，受纯剪作用的钢材将转入塑性工作状态。

A. $1/\sqrt{3}$　　B. $1/\sqrt{2}$

C. $\sqrt{2}$　　D. $\sqrt{3}$

7. 目前结构工程中钢材的塑性指标，最主要用（　　）表示。

A. 流幅　　B. 冲击韧性

C. 可焊性　　D. 断后伸长率

8. 进行疲劳验算时，计算部分的设计应力幅应按（　　）计算。

A. 荷载标准值　　B. 荷载设计值

C. 考虑动力系数的荷载标准值　　D. 考虑动力系数的荷载设计值

9. 对于承受静荷载常温工作环境下的钢屋架，下列说法不正确的是（　　）。

A. 可选择 Q235 钢　　B. 可选择 Q355 钢

C. 钢材应有负温冲击韧性的保证　　D. 钢材应有三项基本保证

10. 在构件发生断裂破坏前，无明显先兆的情况是（　　）的典型特征。

A. 脆性破坏　B. 塑性破坏　C. 强度破坏　D. 失稳破坏

11. 对方形斜腹杆塔架结构，当从结构构造和节省钢材方面综合考虑时，下列（　　）截面形式的竖向分肢杆件不宜选用。

A. 热轧方钢管　B. 热轧圆钢管　C. 热轧 H 型钢组合截面　D. 热轧 H 型钢

二、填空题

1. 钢材的硬化，提高了钢材的（　　），降低了钢材的（　　）。
2. 钢材的两种破坏形式为（　　）和（　　）。
3. 按（　　）的不同，钢材有镇静钢和沸腾钢之分。
4. 钢牌号 Q235AF 表示（　　）。
5. 钢材中氧的含量过多，将使钢材出现（　　）现象。
6. 钢材的冲击韧性值越大，表示钢材抵抗脆性断裂的能力越（　　）。
7. 衡量钢材塑性性能的主要指标是（　　）。

8. 冷弯性能合格是鉴定钢材在弯曲状态下（　　）和（　　）的综合指标。

9. 时效硬化会改变钢材的性能，将使钢材的（　　）提高，（　　）降低。

10. 我国《钢结构设计标准》（GB 50017—2017）中规定，承受直接动力荷载重复作用的钢结构构件及其连接当应力变化的循环次数（　　）时应进行疲劳计算。

11. 根据循环荷载的类型不同，钢结构的疲劳分（　　）和（　　）两种。

12. 对于焊接结构，除应限制钢材中硫、磷的极限含量外，还应限制（　　）的含量不超过规定值。

13. 影响构件疲劳强度的主要因素有重复荷载的循环次数、（　　）和（　　）。

14. 材料的屈服极限一般用（　　）屈服点的应力值表示（选填“上”或“下”），其英文符号表示为（　　）。

三、简答题

1. 简述影响钢材性能的因素有哪些？

2. 承重结构的钢材至少应保证哪几项指标满足要求？

3. 钢材的两种破坏现象是什么？

4. 什么是冲击韧性？什么情况下需要保证该项指标？

5. 为什么薄钢板的强度比厚钢板的强度高？

第 3 章　钢结构的设计方法

本章要点

本章主要介绍结构设计的目的，以及钢结构的基本设计方法——容许应力设计法、概率设计法和概率极限状态设计法的设计表达式和截面板件宽厚比等级。

本章要求学生能够理解结构设计的目的，了解容许应力设计法、概率设计法的设计表达式，理解概率极限状态设计法的设计表达式，掌握在不同极限状态下荷载的计算方法，掌握截面板件宽厚比等级的要求。

钢结构设计内容涉及的规范比较多，规范具有一定的时效性、法律性和发展性，在学习过程中，学生应该具备依照规范设计和施工的理念，养成严格遵守各种标准规范的习惯；同时，要用发展的眼光来看待规范，不能唯规范，也不能盲目照搬规范，要增强遵纪守法意识，形成良好的职业道德素养。

3.1 概　述

3.1.1 结构设计的目的

结构设计的目的在于使所设计的结构在设计使用年限内，在满足预定功能的基础上，既能安全、可靠地工作，又经济合理。结构的设计使用年限是指设计的结构或结构构件无须进行大修即可按其预定目的使用的时期。各类工程结构的设计使用年限并不统一，例如，桥梁的设计使用年限应比房屋的设计使用年限长，而大坝的设计使用年限则更长。《钢结构设计标准》（GB 50017—2017）第 1 章总则 1.0.1 明确指出："为在钢结构设计中贯彻执行国家的技术经济政策，做到技术先进、安全适用、经济合理、保证质量，制定本标准"。因此，结构计算的目的在于保证所设计的结构和构件满足预定的各种功能，这些功能包括以下几个方面：

(1) 安全性。结构能承受在正常施工和正常使用时可能出现的各种荷载及其他作用(如温度变化、基础不均匀沉降等)；当发生爆炸、撞击或人为错误等偶然事件时，结构能保持必需的整体稳固性，不出现与起因不相称的破坏后果，防止出现结构的连续倒塌。当发生火灾时，结构在规定的时间内可保持足够的承载力。

(2) 适用性。适用性是指结构在正常使用条件下，满足预定使用要求的能力。例如，不产生影响正常使用的过大变形等。

(3) 耐久性。结构在正常的维护下，应随时间的变化仍能满足预定的功能要求，例如，不发生严重侵蚀而影响结构的使用寿命等。

结构在规定的时间内，在规定的条件下，完成预定功能的能力称为结构的可靠性(规定的时间是指结构的设计使用年限；规定的条件是指正常设计、正常施工、正常使用和维护的条件，不包括非正常的，如人为的错误等）。

可靠与经济常常是相互矛盾的，因此，结构设计要解决的根本问题是在结构的可靠性与经济性之间选择一种最佳的平衡，力求以最经济的途径和适当的可靠度满足各种预定的功能要求，也正是这一对矛盾推动着钢结构设计方法不断向前发展。

综上所述，结合钢结构的特点和性质，进行钢结构设计，除满足上述功能要求外，还要达到下述基本功能要求。

（1）保证结构安全、可靠。构件在运输、安装和使用过程中，应具有足够的强度、刚度、整体稳定性和局部稳定性。

（2）满足建筑物的使用要求。建筑外形尽量简洁、美观。

（3）在设计中采用先进的设计理论，以及新型的结构形式和连接方式。优先选用低合金高强度结构钢等优质钢材，减轻结构自重并节省钢材。

（4）设计时尽量使结构构造简单，制造、运输、安装方便，从而缩短施工周期，降低造价。

（5）采取有效措施，提高钢结构的抗锈蚀能力，并满足钢结构的防火要求。当发生火灾时，在规定的时间内可保持足够的承载力。

（6）当发生爆炸、撞击、人为错误等偶然事件时，结构能保持必需的整体稳固性，不出现与起因不相称的破坏后果，防止出现结构的连续倒塌。

《建筑结构可靠性设计统一标准》（GB 50068—2018）规定，结构设计时，应根据下列要求采取适当的措施，使结构不出现或少出现可能的损坏：

（1）避免、消除或减少结构可能受到的危害。

（2）采用对可能受到的危害反应不敏感的结构类型。

（3）采用当单个构件或结构的有限部分被意外移除或结构出现可接受的局部损坏时，结构的其他部分仍能保存的结构类型。

（4）不宜采用无破坏预兆的结构体系。

（5）使结构具有整体稳固性。

3.1.2 结构上的作用、作用效应和环境影响

3.1.2.1 结构上的作用

结构上的作用是指能够使结构产生内力或变形的原因，一般用 Q 表示。结构上的作用 Q 是随机变量，可分为直接作用和间接作用。直接作用常称为荷载，是指施加在结构上的集中力或分布力，如结构自重、楼（屋）面活荷载、风荷载等。间接作用是指能够引起结构附加变形或约束变形的原因，如温度变化、地基变形、地震等。

结构上的作用可按时间的变异、空间位置的变异以及结构的反应进行分类。

1. 按时间的变异分类。

（1）永久作用。永久作用又称为永久荷载或恒荷载，是指在设计基准期 50 年内其量值不随时间变化［设计基准期是为确定可变作用及与时间有关的材料性能等取值而选用的时间参数，它不等同于建筑结构的设计使用年限。我国《建筑结构可靠性设计统一标准》（GB 50068—2018）所考虑的荷载统计参数一般是按设计基准期为 50 年确定的］，或变化与其平均值相比可以忽略不计的作用，抑或其变化是单调的并趋于某个限值的作用。

例如，结构自重、土压力、水位不变的水压力、预应力、地基变形、混凝土收缩、钢材焊接变形和引起结构外加变形或约束变形的各种施工因素等。

（2）可变作用。可变作用又称为可变荷载或活荷载，是指在设计基准期 50 年内其量值随时间变化，且变化与其平均值相比不可忽略的作用。例如，使用时人员、物件等荷载、施工时结构的某些自重、安装荷载、车辆荷载、吊车荷载、风荷载、雪荷载、冰荷载、多遇地震、正常撞击、水位变化的水压力、扬压力、波浪力和温度变化等。

（3）偶然作用。偶然作用是指在设计基准期 50 年内不一定出现，而一旦出现，则其量值很大，且持续时间很短的作用。例如，撞击、爆炸、罕遇地震、龙卷风、火灾、极严重的侵蚀和洪水作用等。

2. 按空间位置的变异分类。

（1）固定作用。固定作用是指在结构上具有固定空间分布的作用。当固定作用在结构某一点上的大小和方向确定后，该作用在整个结构上的作用即得以确定。例如，结构自重、楼面上的固定设备荷载等。

（2）自由作用。自由作用是指在结构上一定范围内可以任意空间分布的作用。例如，人群荷载、吊车荷载等。

3. 按结构的反应分类。

（1）静态作用。静态作用是指对结构不产生加速度，或者产生的加速度很小可以忽略不计的作用。例如，结构自重、楼（屋）面活荷载等。

（2）动态作用。动态作用是指对结构产生的加速度不可以忽略的作用。对于一部分动态作用，在结构分析时一般应考虑其动力效应。例如，吊车荷载，在设计时可采用增大其量值（即乘以动力系数）的方法按静态作用处理。对于另一部分动态作用，例如地震作用、大型动力设备的作用等，则需采用结构动力学方法进行结构分析。

4. 环境影响。

环境影响在很多方面与作用相似，而且可以和作用相同地进行分类，特别是关于它们在时间上的变异性，因此，环境影响可分为永久影响、可变影响和偶然影响三类。例如，对处于海洋环境中的混凝土结构，氯离子对钢筋的腐蚀作用是永久影响，空气湿度对木材强度的影响是可变影响等。环境影响对结构的效应主要是针对材料性能的降低，它与材料本身有密切关系。在多数情况下涉及化学的和生物的损害，其中环境湿度的因素是最关键的。如同作用一样，对结构的环境影响应进行定量描述；当没有条件进行定量描述时，也可通过环境对结构的影响程度的分级等方法进行定性描述，并在设计中采取相应的技术措施。

3.1.2.2　作用效应

由各种作用引起的结构或构件的反应，称为作用效应，用 S 表示。例如，内力、变形和裂缝等。由于作用 Q 为随机变量，因此作用效应 S 也为随机变量，其变异性应采用统计分析进行处理。一般情况下，结构上的作用为荷载，荷载效应 S 与荷载 Q 之间可近似按线性关系考虑，即

$$S = CQ \tag{3-1}$$

式中　C——荷载效应系数，通常由结构力学分析确定。

例如，承受均布荷载作用的简支梁，跨中最大弯矩为

$$M_{\max}=\frac{ql^2}{8}=\frac{l^2}{8}q=Cq$$

其中 $$C=\frac{l^2}{8}$$

3.1.2.3　结构抗力

结构或结构构件承受作用效应的能力，称为结构抗力，用 R 表示。例如，构件的承载力、刚度等。结构抗力与材料性能、几何尺寸、抗力的计算假定以及计算公式等有关。通常，结构抗力主要取决于材料性能。当不考虑材料性能随时间的变异时，结构抗力为随机变量。

3.1.2.4　结构可靠工作的基本条件

结构完成预定功能的工作状态可用结构的功能函数 Z 来描述，即取

$$Z=R-S \tag{3-2}$$

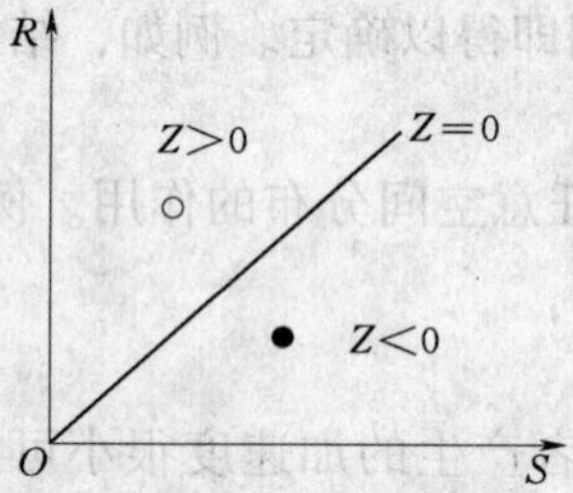

图 3-1　结构所处的状态

显然，当 $Z>0$ 时，即结构抗力 R 大于作用效应 S 时，则结构能完成预定的功能，处于可靠状态；当 $Z<0$ 时，即结构抗力 R 小于作用效应 S 时，结构不能完成预定的功能，处于失效状态；而当 $Z=0$ 时，即结构抗力 R 等于作用效应 S 时，则结构处于极限状态，如图3-1所示。因此，结构可靠工作的基本条件为 $Z\geqslant0$ 或 $R\geqslant S$。

3.2　容许应力设计法

从 20 世纪初到 1957 年，钢结构设计一直采用传统的容许应力设计法。其设计原则是：结构在弹性限度内承受标准荷载时构件产生的最大应力 σ 不能超过所规定的容许应力 $[\sigma]$。也就是说，用材料可以使用的最大强度除以一个笼统的安全系数作为其容许达到的最大应力，令所有截面的应力不得超过该值。

对于钢结构而言，其公式表达为

$$\sigma=\frac{N}{S}\leqslant\frac{\sigma_s}{K} \tag{3-3}$$

式中　σ——构件的计算应力（N/mm²）；

N——构件的内力（N）；

S——截面几何特性（mm²）；

σ_s——钢材屈服强度（N/mm²）；

K——安全系数。

我国于 1974 年编制的《钢结构设计规范》（TJ 17—74，已废止），以数理统计的方法，并结合我国几十年来所积累的工程实践经验和各种资料，对影响结构可靠度的各种因素进行了多系数分析，求出了单一的安全系数。其内力表达式为

$$\sum N_1\leqslant\frac{f_yS}{K_1K_2K_3}=\frac{f_yS}{K} \tag{3-4}$$

式中　N_1——根据标准荷载求得的内力（N 或 kN）；

f_y——屈服强度（N/mm^2）；

S——构件几何特性（mm^2）；

K_1、K_2、K_3——荷载系数、材料系数、调整系数。

构件应力表达式为

$$\sigma=\frac{\sum N_1}{S}\leqslant\frac{f_y}{K}=[\sigma] \tag{3-5}$$

式中　K——安全系数；

$[\sigma]$——钢材的容许应力（N/mm^2）。

安全系数 K 值一般取 1.4~1.7，《钢结构设计规范》（TJ 17—74，已废止）采用 $K=1.41$（对应 3 号钢）和 $K=1.45$（对应 16Mn 钢）。

容许应力设计法由于采用一个定值的安全系数来衡量结构的安全性，所以计算应用简便，是工程结构中的一种保守的设计方法，目前在公路、铁路工程设计中仍在应用。该方法的主要缺点是由于单一安全系数是一个笼统的经验系数，不能定量地度量结构的可靠度，更不能使各类结构的安全度达到同一水平，同时，也未考虑荷载增大的不同比率或具有异号荷载效应情况对结构安全的影响。因此，该方法对结构可靠度的研究是处于以经验为基础的定性分析阶段。

3.3　概率设计法

结构的设计准则是：结构由各种荷载所产生的效应（内力和变形）小于或等于结构和连接由材料性能与几何因素等所决定的抗力或规定限值。事实上，荷载效应 S 和结构抗力 R 均受各种偶然因素的影响，是随时间和空间变动的随机变量，因此，荷载效应可能大于结构抗力，结构不可能百分之百的可靠，故只能对其作出一定的概率保证。随着工程技术的发展，概率理论在建筑结构中的应用越来越广泛和深入，结构设计的方法也开始由长期的定值法转向概率设计法。

对结构设计中需要考虑的多种非确定性因素，如荷载、材料性能等，运用概率理论和数理统计的方法来寻找它们的规律性，从而进行结构设计，这就是结构的概率设计法。在概率设计法中，将影响结构可靠度的主要因素视为随机变量，采用以统计为主确定的失效概率或可靠指标来度量结构的可靠性，它是一种非确定性方法。

3.3.1　半概率极限状态设计法

在概率设计法的研究过程中，首先考虑荷载和材料强度的不确定性，用概率的方法确定它们的取值，以经验确定分项系数，但仍没有将结构的可靠度与概率联系起来，因此称为半概率极限状态设计法。

该方法根据结构使用上的要求，规定了两种极限状态，即承载能力的极限状态和变形极限状态。同时，引入三个系数：超载系数 K_1'，用以考虑荷载可能的变动；材料均质系数 K_2'，用以考虑材料性质的不一致性；工作条件系数 K_3'，用以考虑结构及构件的工作特点以及计算图式与实际情况不完全相符等因素。其公式表达为

$$\sum K'_1 N_1 \leqslant K'_2 K'_3 \sigma_s S$$

我国在1957—1974年使用的就是这种半概率极限状态设计法。该方法将影响结构安全的因素视为随机变量，对荷载与材料强度的取值部分地采用了概率分析，因此比容许应力设计法更为合理。

3.3.2 一次二阶矩法

1. 结构的可靠度

结构的可靠度是结构可靠性的概率度量，即结构在设计使用年限内，在正常条件下，完成预定功能的概率。结构的可靠度用可靠概率 P_s 来描述。

（1）结构的可靠概率和失效概率。式（3-2）讲到，结构完成预定功能的工作状态可用结构的功能函数 Z 来描述，即

$$Z = R - S$$

由于结构抗力 R 和作用效应 S 是随机变量，所以结构的功能函数 Z 也是随机变量。设 μ_Z、μ_R 和 μ_S 分别为 Z、R 和 S 的平均值，σ_Z、σ_R 和 σ_S 分别为 Z、R 和 S 的标准差，R 和 S 相互独立，则由概率理论可知

$$\mu_Z = \mu_R - \mu_S \tag{3-6}$$

$$\sigma_Z = \sqrt{\sigma_R^2 + \sigma_S^2} \tag{3-7}$$

设构件的荷载效应 S、结构抗力 R，都是服从正态分布的随机变量且两者为线性关系。R 和 S 的概率密度分布曲线如图3-2所示。

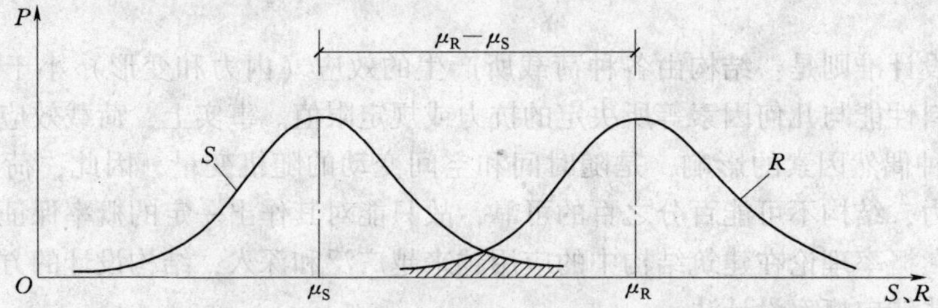

图3-2 R 和 S 的概率密度分布曲线

按照结构设计的要求，显然 μ_R 应该大于 μ_S。由图3-2中的概率密度分布曲线可以看到，在多数情况下构件的结构抗力 R 大于荷载效应 S。但是，由于离散性，在 R 和 S 的概率密度曲线的重叠区（阴影部分），仍有可能出现构件的结构抗力 R 小于荷载效应 S 的情况。重叠区的大小与 μ_S、μ_R 以及 σ_S、σ_R 有关。因此，加大平均值之差 $\mu_R-\mu_S$，减小标准差 σ_S 和 σ_R，可以使重叠区的范围减小，结构可靠度的保证有所提高。

结构的功能函数 Z 的分布曲线如图3-3所示。

如图3-3所示，纵坐标轴以左（$Z<0$）的阴影面积即为结构的失效概率 P_f，纵坐标轴以右（$Z>0$）的分布曲线与横坐标轴 Z 所围成的面积即为结构的可靠概率 P_s。

结构的失效概率 P_f 为

$$P_f = \int_{-\infty}^{0} f(Z)\,dz$$

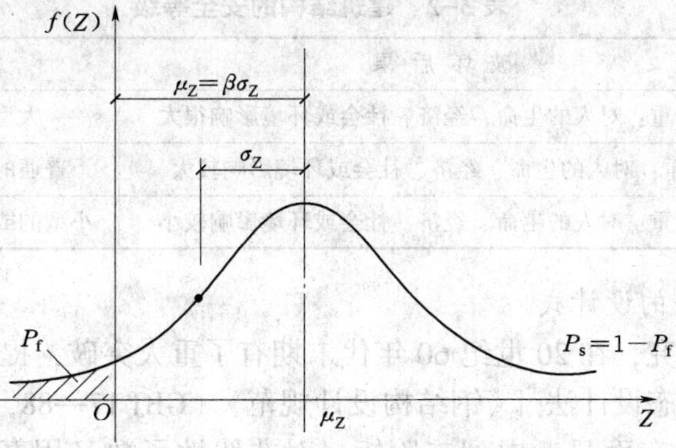

图 3-3　结构的功能函数 Z 的分布曲线图

结构的可靠概率 P_s 为

$$P_s = \int_0^{+\infty} f(Z)\,dz$$

结构的失效概率 P_f 与可靠概率 P_s 的关系为

$$P_s + P_f = 1$$

或

$$P_s = 1 - P_f \tag{3-8}$$

因此，可采用结构的失效概率 P_f 或结构的可靠概率 P_s 来度量结构的可靠性。一般采用失效概率 P_f 来度量结构的可靠性，只要失效概率 P_f 足够小，则结构的可靠性必然高。

(2) 结构的可靠指标。考虑到计算失效概率 P_f 比较复杂，故引入可靠指标 β 代替失效概率 P_f 来具体度量结构的可靠性。

可靠指标 β 为结构的功能函数 Z 的平均值 μ_Z 与其标准差 σ_Z 之比，即

$$\beta = \frac{\mu_Z}{\sigma_Z} \tag{3-9}$$

由式 (3-9) 得

$$\mu_Z = \beta\sigma_Z \tag{3-10}$$

由式 (3-10) 和图 3-3 可见，可靠指标 β 值越大，失效概率 P_f 值就越小，即结构就越可靠，故将 β 称为可靠指标。β 与失效概率 P_f 的对应关系如表 3-1 所示（与破坏类型和建筑结构的安全等级有关，建筑结构的安全等级如表 3-2 所示）。

表 3-1　β 与失效概率 P_f 的对应关系

破坏类型	安全等级					
	一　级		二　级		三　级	
	β	P_f	β	P_f	β	P_f
延性破坏	3.7	1.08×10^{-4}	3.2	6.87×10^{-4}	2.7	3.47×10^{-3}
脆性破坏	4.2	1.33×10^{-5}	3.7	1.08×10^{-4}	3.2	6.87×10^{-4}

表 3-2　建筑结构的安全等级

安全等级	破 坏 后 果	示　例
一级	很严重：对人的生命、经济、社会或环境影响很大	大型的公共建筑等重要结构
二级	严重：对人的生命、经济、社会或环境影响较大	普通的住宅和办公楼等一般结构
三级	不严重：对人的生命、经济、社会或环境影响较小	小型的或临时性储存建筑等次要结构

2. 一次二阶矩法的设计式

概率设计法的研究，在 20 世纪 60 年代末期有了重大突破，提出了以概率理论为基础的一次二阶矩极限状态设计法［《钢结构设计规范》（GBJ 17—88，已废止）采用］。这种方法不考虑 Z 的全分布而只考虑到二阶矩，对非线性函数又用泰勒级数展开取线性项，故称其为一次二阶矩法。

当仅有作用效应和结构抗力两个基本变量且均按正态分布时，结构的可靠指标由式（3-9）和式（3-6）、式（3-7）得

$$\beta = \frac{\mu_Z}{\sigma_Z} = \frac{\mu_R - \mu_S}{\sqrt{\sigma_R^2 + \sigma_S^2}} \tag{3-11}$$

则

$$\mu_R = \mu_S + \beta\sqrt{\sigma_R^2 + \sigma_S^2}$$

又

$$\sqrt{\sigma_R^2 + \sigma_S^2} = \frac{\sigma_R^2 + \sigma_S^2}{\sqrt{\sigma_R^2 + \sigma_S^2}}$$

故得

$$R^* = \mu_R - \alpha_R\beta\sigma_R \geqslant \mu_S + \alpha_S\beta\sigma_S = S^* \tag{3-12}$$

其中

$$\alpha_R = \frac{\sigma_R}{\sqrt{\sigma_R^2 + \sigma_S^2}}$$

$$\alpha_S = \frac{\sigma_S}{\sqrt{\sigma_R^2 + \sigma_S^2}}$$

式中　R^*、S^*——R、S 的设计验算点的坐标。

由于在分析中忽略和简化了基本变量随时间变化的关系，所以确定基本变量分布时有相当程度的近似性，且进行了线性近似假定，因此一次二阶矩法只能算是一种近似的概率设计法（因为采用这种方法分析结构可靠度还存在一定的近似性，所以该方法有时也称为近似概率法）。至于完全的极限状态设计法，目前尚不具备条件，有待将来发展和完善。

3.4　概率极限状态设计法

3.4.1　目前我国建筑钢结构设计中采用的方法

除疲劳计算外，我国现行的钢结构设计方法是：以概率理论为基础的极限状态设计方法，以可靠指标度量结构构件的可靠度，采用分项系数设计表达式进行设计。

1. 极限状态的概念

《建筑结构可靠性设计统一标准》（GB 50068—2018）规定，若整个结构或结构的一部分超过某一特定状态就不能满足设计规定的某一功能要求，此特定状态称为该功能的极限状态。也就是说，结构的极限状态就是指结构或结构构件能满足设计规定的某一功能要求的临界状态。能完成预定的各项功能时，结构处于有效状态；反之，则处于失效状态。有效状态和失效状态的分界，称为极限状态，是结构开始失效的标志。

结构的可靠性包括安全性、适用性和耐久性，相应的可靠性设计也包括承载能力、正常使用和耐久性三种极限状态设计。因此，极限状态可分为承载能力极限状态、正常使用极限状态和耐久性极限状态三类。

（1）承载能力极限状态。结构或结构构件达到最大承载能力或者达到不适于继续承载的变形状态，称为承载能力极限状态。超过了承载能力极限状态，结构或结构构件就不能满足安全性的要求。当结构或结构构件出现下列状态之一时，应认为超过了承载能力极限状态：

1）结构构件或连接因超过材料强度而破坏，或因过度变形而不适于继续承载。

2）整个结构或其一部分作为刚体失去平衡（如倾覆等）。

3）结构转变为机动体系。

4）结构或结构构件丧失稳定（如压屈等）。

5）结构因局部破坏而发生连续倒塌。

6）地基丧失承载力而破坏（如失稳等）。

7）结构或结构构件的疲劳破坏。

（2）正常使用极限状态。结构或结构构件达到正常使用或耐久性能中某项规定限度的状态，称为正常使用极限状态。超过了正常使用极限状态，结构或结构构件就不能保证适用性和耐久性的功能要求。当结构或结构构件出现下列状态之一时，应认为超过了正常使用极限状态：

1）影响正常使用或外观的变形（如过大变形、过宽裂缝等）。

2）影响正常使用或耐久性能的局部损坏。

3）影响正常使用的振动。

4）影响正常使用的其他特定状态。

（3）耐久性极限状态。结构耐久性是指在服役环境作用和正常使用维护条件下，结构抵御结构性能劣化（或退化）的能力。当结构或结构构件出现下列状态之一时，应认定为超过了耐久性极限状态：

1）影响承载能力和正常使用的材料性能劣化。

2）影响耐久性能的裂缝、变形、缺口、外观、材料削弱等。

3）影响耐久性能的其他特定状态。

结构设计时应对结构的不同极限状态分别进行计算或验算；当某一极限状态的计算或验算起控制作用时，可仅对该极限状态进行计算或验算。

钢构件因材料强度高而截面小，且组成构件的板件又较薄，使失稳成为承载能力极限状态的极为重要的方面。许多钢构件用来承受多次重复的动力荷载，如桥梁、吊车梁就属于这类构件。在反复循环荷载作用下，有可能出现疲劳破坏。

2. 建筑结构的设计状况

建筑结构设计时应区分以下四种设计状况：

（1）持久设计状况，适用于结构使用时的正常情况。

（2）短暂设计状况，适用于结构出现的临时情况，包括结构施工和维修时的情况等。

（3）偶然设计状况，适用于结构出现的异常情况，包括结构遭受火灾、爆炸、撞击时的情况等。

（4）地震设计状况，适用于结构遭受地震时的情况。

3. 极限状态设计

对于上述四种建筑结构的设计状况，应分别进行下列极限状态设计：

（1）对四种设计状况均应进行承载能力极限状态设计。

（2）对持久设计状况还应进行正常使用极限状态设计，并宜进行耐久性极限状态设计。

（3）对短暂设计状况和地震设计状况可根据需要进行正常使用极限状态设计。

（4）对偶然设计状况可不进行正常使用极限状态和耐久性极限状态设计。

4. 目标可靠指标与分项系数

《建筑结构可靠性设计统一标准》（GB 50068—2018）根据结构的安全等级和破坏类型，规定了按承载能力极限状态设计时的目标可靠指标$[\beta]$，如表3-1所示。结构设计应使可靠指标不低于目标可靠指标，即$\beta \geqslant [\beta]$。

目标可靠指标$[\beta]$的选择涉及很多因素，目前大多采用校准法来确定，即利用概率理论方法对现有工程结构进行反演，找出隐含在其中的可靠指标值，经综合分析后确定$[\beta]$的值。

但是，采用目标可靠指标$[\beta]$进行设计将使计算变得十分复杂，现行《钢结构设计标准》（GB 50017—2017）采用分项系数设计表达式进行计算，目标可靠指标并不出现，而是隐含在各种分项系数之中。分项系数包括作用分项系数γ_F和抗力分项系数γ_R两类，其中荷载分项系数按永久荷载与可变荷载分为两大类，以便按荷载性质区别对待，分别记为γ_G和γ_Q。

在下面将要介绍的极限状态设计方法的各设计表达式［见式（3-13）~式（3-26）］中，分项系数γ_G、γ_Q和γ_R均是由可靠指标β等效转化并经优化选择而得到的。因此，只要能满足分项系数表达式，即等效于结构可靠指标β（亦即失效概率P_f）达到或接近预定要求。

3.4.2 承载能力极限状态的设计表达式

1. 承载能力极限状态下的作用组合种类

依据《建筑结构荷载规范》（GB 50009—2012）、《建筑结构可靠性设计统一标准》（GB 50068—2018）和《工程结构可靠性设计统一标准》（GB 50153—2008）的规定，对于承载能力极限状态，应根据不同的设计状况采用不同的作用组合：

（1）对于持久设计状况或短暂设计状况，应采用作用的基本组合。

（2）对于偶然设计状况，应采用作用的偶然组合。

（3）对于地震设计状况，应采用作用的地震组合。

对每一种作用组合，建筑结构的设计均应采用其最不利的效应设计值进行，同时应符合以下要求：

（1）作用组合应为可能同时出现的作用的组合。

（2）每个作用组合中应包括一个主导可变作用或一个偶然作用或一个地震作用。

（3）当结构中永久作用位置的变异，对静力平衡或类似的极限状态设计结果很敏感时，该永久作用的有利部分和不利部分应分别作为单个作用。

（4）当一种作用产生的几种效应非全相关时，对产生有利效应的作用，其分项系数的取值应予以降低。

（5）对不同的设计状况应采用不同的作用组合。

2. 承载能力极限状态下的设计规定

结构或结构构件按承载能力极限状态设计时，应考虑不同状态进行设计，具体规定如下：

（1）结构或结构构件的破坏或过度变形，此时结构的材料强度起控制作用，进行结构或结构构件的破坏或过度变形的承载能力极限状态设计时，应满足式（3-13）的要求。

$$\gamma_0 S_d \leqslant R_d(\gamma_R, f_K, a_K, \cdots) \tag{3-13}$$

式中　γ_0——结构重要性系数，按表 3-3 取值；

S_d——荷载组合的效应设计值；

$R_d(\cdot)$——结构或结构构件的抗力设计值；

γ_R——结构构件或连接抗力分项系数，具体数值参考表 3-4 和表 3-5；

f_K——材料性能的标准值；

a_K——几何参数的标准值。

表 3-3　结构重要性系数

结构重要性系数	对持久设计状况和短暂设计状况			对偶然设计状况和地震设计状况
	安全等级			
	一级	二级	三级	
γ_0	1.1	1.0	0.9	1.0

表 3-4　Q235、Q355、Q390、Q420、Q460 钢材抗力分项系数 γ_R

厚度分组/mm		6~40	>40，≤100	原规范值
钢牌号	Q235 钢	1.090		1.087
	Q355 钢	1.125		1.111
	Q390 钢			
	Q420 钢	1.125	1.180	
	Q460 钢			—

表 3-5　Q355GJ 钢材料抗力分项系数 γ_R

厚度分组/mm	6~16	>16，≤50	>50，≤100
抗力分项系数	1.059	1.059	1.120

（2）整个结构或其一部分作为刚体失去静力平衡，此时结构材料或地基的强度不起控制作用，进行结构整体或其一部分作为刚体失去静力平衡的承载能力极限状态设计时，应满足式（3-14）的要求。

$$\gamma_0 S_{d,\ dst} \leqslant S_{d,\ stb} \tag{3-14}$$

式中 $S_{d,dst}$——不平衡作用效应的设计值；

$S_{d,stb}$——平衡作用效应的设计值。

（3）地基破坏或过度变形，此时岩土的强度起控制作用。进行地基的破坏或过度变形的承载能力极限状态设计时，可采用分项系数法进行，但其分项系数的取值与式（3-13）中所包含的分项系数的取值可有区别；地基的破坏或过度变形的承载力设计，也可采用容许应力法等方法进行。

（4）结构或结构构件疲劳破坏，此时结构的材料疲劳强度起控制作用。进行结构或结构构件的疲劳破坏的承载能力极限状态设计时，可参考第2章的内容。

3. 基本组合

对于持久设计状况和短暂设计状况，应采用作用的基本组合，具体规定如下：

（1）基本组合的效应设计值按下列设计表达式中最不利值确定：

$$S_d = S(\sum_{i\geqslant 1} \gamma_{G_i} G_{ik} + \gamma_p P + \gamma_{Q_1} \gamma_{L_1} Q_{1k} + \sum_{j>1} \gamma_{Q_j} \psi_{cj} \gamma_{L_j} Q_{jk}) \tag{3-15}$$

式中 $S(\cdot)$——作用组合的效应函数；

G_{ik}——第 i 个永久作用的标准值；

P——预应力作用的有关代表值；

Q_{1k}——第1个可变作用的标准值，设计时应把效应最大的可变作用取为第1个，如果无法明显判断哪个可变作用效应最大时，则需轮次把不同的可变作用作为第一个来比较，找出最不利组合；

Q_{jk}——第 j 个可变作用的标准值；

γ_{G_i}——第 i 个永久作用的分项系数，按表3-6取值；

γ_p——预应力作用的分项系数，按表3-6取值；

γ_{Q_1}——第1个可变作用的分项系数，按表3-6取值；

γ_{Q_j}——第 j 个可变作用的分项系数，按表3-6取值；

γ_{L_1}、γ_{L_j}——第1个和第 j 个考虑结构设计使用年限的荷载调整系数，按表3-7取值；

ψ_{cj}——第 j 个可变作用的组合值系数，应分别按《建筑结构荷载规范》（GB 50009—2012）各章的规定采用，其值小于或等于1.0。

表3-6 建筑结构的作用分项系数

作用分项系数	适用情况	
	当作用效应对承载力不利时	当作用效应对承载力有利时
γ_G	1.3	≤1.0
γ_P	1.3	≤1.0
γ_Q	1.5	0

表 3-7　建筑结构考虑结构设计使用年限的荷载调整系数

结构的设计使用年限/年	γ_L
5	0.9
50	1.0
100	1.1

注：对设计使用年限为 25 年的结构构件，γ_L 应按各种材料结构设计标准的规定采用。

（2）当作用与作用效应按线性关系考虑时，基本组合的效应设计值按下列设计表达式中最不利值确定：

$$S_d = \sum_{i\geqslant 1}\gamma_{G_i}S_{Gik} + \gamma_p S_P + \gamma_{Q_1}\gamma_{L_1}S_{Q1k} + \sum_{j>1}\gamma_{Q_j}\psi_{cj}\gamma_{L_j}S_{Qjk} \quad (3-16)$$

式中　S_{Gik}——第 i 个永久作用标准值的效应；

S_P——预应力作用有关代表值的效应；

S_{Q1k}——第 1 个可变作用标准值的效应；

S_{Qjk}——第 j 个可变作用标准值的效应。

4. 偶然组合

对于偶然设计状况，应采用作用的偶然组合。偶然组合时的代表值不乘以分项系数；与偶然作用同时出现的可变荷载，应根据观测资料和工程经验采用适当的代表值。作用的偶然组合适用于偶然事件发生时的结构验算和发生后受损结构的整体稳固性验算。

（1）偶然组合的效应设计值按下列设计表达式确定：

$$S_d = S\left(\sum_{i\geqslant 1}G_{ik} + P + A_d + (\psi_{f1}\text{ 或 }\psi_{q1})Q_{1k} + \sum_{j>1}\psi_{qj}Q_{jk}\right) \quad (3-17)$$

式中　A_d——偶然作用的设计值；

ψ_{f1}——第 1 个可变作用的频遇值系数，应按有关标准的规定采用；

ψ_{q1}、ψ_{qj}——第 1 个和第 j 个可变作用的准永久值系数，应按有关标准的规定采用。

（2）当作用与作用效应按线性关系考虑时，偶然组合的效应设计值按下列设计表达式确定：

$$S_d = \sum_{i\geqslant 1}S_{Gik} + S_P + S_{A_d} + (\psi_{f1}\text{ 或 }\psi_{q1})S_{Q1k} + \sum_{j>1}\psi_{qj}S_{Qjk} \quad (3-18)$$

式中　S_{A_d}——偶然作用设计值的效应。

5. 地震组合

对地震设计状况，应采用作用的地震组合。地震组合的效应设计值应符合现行国家标准《建筑抗震设计标准》（GB/T 50011—2010，2024 年版）的规定。

3.4.3　正常使用极限状态的设计表达式

1. 正常使用极限状态下的作用组合种类

依据《建筑结构荷载规范》（GB 50009—2012）、《建筑结构可靠性设计统一标准》（GB 50068—2018）和《工程结构可靠性设计统一标准》（GB 50153—2008）的规定，进行正常使用极限状态设计时，宜采用下列作用组合：

（1）对于不可逆正常使用极限状态设计，宜采用作用的标准组合。

（2）对于可逆正常使用极限状态设计，宜采用作用的频遇组合。

（3）对于长期效应是决定性因素的正常使用极限状态设计，宜采用作用的准永久组合。

对每一种作用组合，建筑结构的设计均应采用其最不利的效应设计值进行。

正常使用极限状态的作用组合由作用的可逆与不可逆决定，因此，划分作用的可逆与不可逆就显得很重要。可逆与不可逆除了按所验算构件的情况确定之外，还需要与周边构件联系起来考虑。以钢梁的挠度为例，钢梁的挠度本身是可逆的，但如钢梁下有隔墙，钢梁与隔墙之间又未作专门处理，钢梁的挠度会使隔墙损坏，则应被认为是不可逆的，应采用标准组合进行设计验算；如钢梁的挠度不会损坏其他构件（结构的或非结构的），只影响到人的舒适感，则可采用频遇组合进行设计验算；如钢梁的挠度对各种性能要求均无影响，只是个外观问题，则可采用准永久组合进行设计验算。

2. 正常使用极限状态下的设计规定

结构或结构构件按正常使用极限状态设计时，应符合式（3-19）的规定：

$$S_d \leqslant C \tag{3-19}$$

式中 S_d——作用组合的效应设计值；

C——设计对变形、裂缝等规定的相应限值，应按有关的结构设计标准的规定采用。

3. 标准组合

标准组合宜用于不可逆的正常使用极限状态，具体规定如下。

（1）标准组合的效应设计值按下式确定：

$$S_d = S(\sum_{i\geqslant1} G_{ik} + P + Q_{1k} + \sum_{j>1} \psi_{cj} Q_{jk}) \tag{3-20}$$

（2）当作用与作用效应按线性关系考虑时，标准组合的效应设计值按下式计算：

$$S_d = \sum_{i\geqslant1} S_{Gik} + S_P + S_{Q1k} + \sum_{j>1} \psi_{cj} S_{Qjk} \tag{3-21}$$

4. 频遇组合

频遇组合宜用于可逆正常使用极限状态，具体规定如下。

（1）频遇组合的效应设计值按下式确定：

$$S_d = S(\sum_{i\geqslant1} G_{ik} + P + \psi_{f1} Q_{1k} + \sum_{j>1} \psi_{qj} Q_{jk}) \tag{3-22}$$

（2）当作用与作用效应按线性关系考虑时，频遇组合的效应设计值按下式计算：

$$S_d = \sum_{i\geqslant1} S_{Gik} + S_P + \psi_{f1} S_{Q1k} + \sum_{j>1} \psi_{qj} S_{Qjk} \tag{3-23}$$

5. 准永久组合

准永久组合宜用在当长期效应取决定性因素时的正常使用极限状态设计，具体规定如下。

（1）准永久组合的效应设计值按下式确定：

$$S_d = S(\sum_{i\geqslant1} G_{ik} + P + \sum_{j\geqslant1} \psi_{qj} Q_{jk}) \tag{3-24}$$

（2）当作用与作用效应按线性关系考虑时，准永久组合的效应设计值按下式计算：

$$S_{d}=\sum_{i\geqslant 1}S_{Gik}+S_{P}+\sum_{j\geqslant 1}\psi_{qj}S_{Qjk} \tag{3-25}$$

对于钢结构，一般只考虑荷载的标准组合而且只验算变形值，因此，式（3-19）中的荷载效应值可以直接用变形值代替，从而写成如下形式：

$$v_{Gk}+v_{Q1k}+\sum_{j=2}^{n}\psi_{cj}v_{Q_{j}k}\leqslant[v] \tag{3-26}$$

式中　v_{Gk}——永久荷载的标准值在结构或结构构件中产生的变形值；

v_{Q1k}——起控制作用的第 1 个可变荷载标准值在结构或结构构件中产生的变形值（该值使计算结果为最大）；

v_{Qjk}——其他第 j 个可变荷载标准值在结构或结构构件中产生的变形值；

$[v]$——结构或结构构件的容许变形值。

注意：计算结构或结构构件的强度或稳定性及连接的强度时应采用荷载的设计值；计算疲劳和变形时，采用荷载的标准值。另外，直接承受动力荷载的结构尚应考虑动力系数，按照规范取值。

3.4.4　钢材的强度设计值

钢材的强度设计值，应根据钢材厚度或直径按附录 1 采用。

Q235、Q355、Q390、Q420、Q460 钢材抗力分项系数 γ_R 按表 3-4 采用。Q355GJ 钢材料抗力分项系数 γ_R 按表 3-5 采用。

3.5　截面板件宽厚比等级

受弯构件或压弯构件翼缘板平直段的宽度与厚度之比（即翼缘板的自由外伸宽度与其厚度之比）称为板件宽厚比，受弯构件或压弯构件腹板平直段的高度与腹板厚度之比称为板件高厚比。绝大多数钢构件由板件构成，而板件宽厚比大小直接决定了钢构件的承载力和受弯构件及压弯构件的塑性转动变形能力。因此，钢构件截面的分类是钢结构设计技术的基础，尤其是钢结构抗震设计方法的基础。

3.5.1　受弯构件和压弯构件的截面板件宽厚比等级及限值

根据截面承载力和塑性转动变形能力的不同，国际上一般将钢构件截面分为四类，考虑到我国在受弯构件设计中采用截面塑性发展系数 γ_x，因此，《钢结构设计标准》（GB 50017—2017）将截面根据其板件宽厚比（或高厚比）分为五个等级。

（1）S1 级截面。S1 级截面可达全截面塑性，保证塑性铰具有塑性设计要求的转动能力，且在转动过程中承载力不降低，称为一级塑性截面，也称为塑性转动截面。图 3-4 中的曲线 1 表示其弯矩-曲率关系，图中 ϕ_{p2} 一般要求达到塑性弯矩 M_P 除以弹性初始刚度得到的曲率 ϕ_p 的 8~15 倍。

（2）S2 级截面。S2 级截面可达全截面塑性，但由于局部屈曲，塑性铰转动能力有限，为二级塑性截面。图 3-4 中的曲线 2 表示其弯矩-曲率关系，图中 ϕ_{p1} 大约是曲率 ϕ_p 的 2~3 倍。

（3）S3 级截面。S3 级截面翼缘全部屈服，腹板可发展不超过 1/4 截面高度的塑性，为弹塑性截面；作为梁时，其弯矩-曲率关系如图 3-4 中的曲线 3。

（4）S4 级截面。S4 级截面边缘纤维可达屈服强度，但由于局部屈曲而不能发展塑性，为弹性截面；作为梁时，其弯矩-曲率关系如图 3-4 中的曲线 4。

（5）S5 级截面。S5 级截面在边缘纤维达屈服应力前，腹板可能发生局部屈曲，为薄壁截面；作为梁时，其弯矩-曲率关系如图 3-4 中的曲线 5。

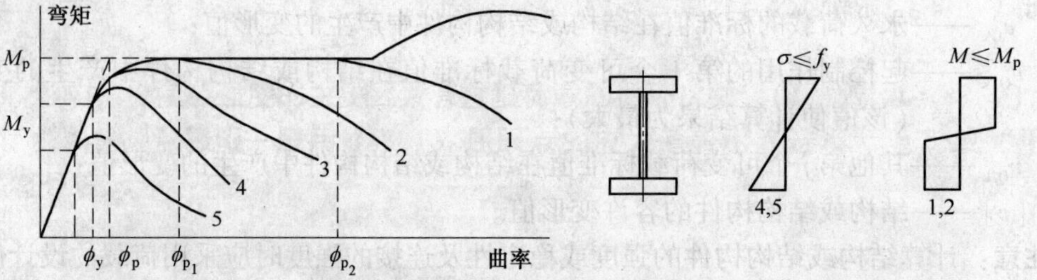

图 3-4　截面的分类及其转动能力

在进行受弯构件和压弯构件计算时，截面板件宽厚比等级及限值应符合表 3-8 的规定，表中各字母代表的具体尺寸如图 3-5 所示。

表 3-8　压弯和受弯构件的截面板件宽厚比等级及限值

构件	截面板件宽厚比等级		S1 级	S2 级	S3 级	S4 级	S5 级
压弯构件（框架柱）	H 形截面	翼缘 b/t	$9\varepsilon_k$	$11\varepsilon_k$	$13\varepsilon_k$	$15\varepsilon_k$	20
		腹板 h_0/t_w	$(33+13\alpha_0^{1.3})\varepsilon_k$	$(38+13\alpha_0^{1.39})\varepsilon_k$	$(40+18\alpha_0^{1.5})\varepsilon_k$	$(45+25\alpha_0^{1.66})\varepsilon_k$	250
	箱形截面	壁板（腹板）间翼缘 b_0/t	$30\varepsilon_k$	$35\varepsilon_k$	$40\varepsilon_k$	$45\varepsilon_k$	—
	圆钢管截面	径厚比 D/t	$50\varepsilon_k^2$	$70\varepsilon_k^2$	$90\varepsilon_k^2$	$100\varepsilon_k^2$	—
受弯构件（梁）	工字形截面	翼缘 b/t	$9\varepsilon_k$	$11\varepsilon_k$	$13\varepsilon_k$	$15\varepsilon_k$	20
		腹板 h_0/t_w	$65\varepsilon_k$	$72\varepsilon_k$	$93\varepsilon_k$	$124\varepsilon_k$	250
	箱形截面	壁板（腹板）间翼缘 b_0/t	$25\varepsilon_k$	$32\varepsilon_k$	$37\varepsilon_k$	$42\varepsilon_k$	—

注：1. ε_k 为钢号修正系数，其值为 235 与钢材牌号中屈服点数值的比值的平方根，即 $\varepsilon_k=\sqrt{235/f_y}$。

2. b 为工字形、H 形截面的翼缘外伸宽度，t、h_0、t_w 分别是翼缘厚度、腹板净高和腹板厚度，对轧制型截面，腹板净高不包括翼缘腹板过渡处圆弧段；对于箱形截面，b_0、t 分别为壁板间的距离和壁板厚度；D 为圆管截面外径。

3. 箱形截面梁及单向受弯的箱形截面柱，其腹板限值可根据 H 形截面腹板采用。

4. 腹板的宽厚比可通过设置加劲肋减小。

5. 当按国家标准《建筑抗震设计标准》（GB/T 50011—2010，2024 年版）第 9.2.14 条第 2 款的规定设计，且 S5 级截面的板件宽厚比小于 S4 级经 ε_σ 修正的板件宽厚比时，可视作 c 类截面，ε_σ 为应力修正因子，$\varepsilon_\sigma=\sqrt{f_y/\sigma_{max}}$。

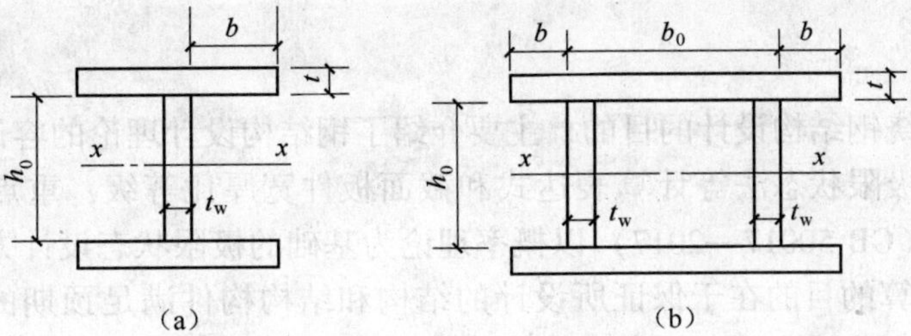

图 3-5　板件宽厚比计算时的截面尺寸

（a）工字形截面；（b）箱形截面

腹板的局部稳定主要与压应力的不均匀分布的梯度有关（见图 3-6），应力梯度 α_0 按下式计算：

$$\alpha_0 = \frac{\sigma_{max} - \sigma_{min}}{\sigma_{max}} \tag{3-27}$$

式中　σ_{max}——腹板计算高度边缘的最大压应力（N/mm^2），计算时不考虑构件的稳定系数和截面塑性发展系数；

σ_{min}——腹板计算高度另一边缘相应的应力（N/mm^2），压应力取正值，拉应力取负值。

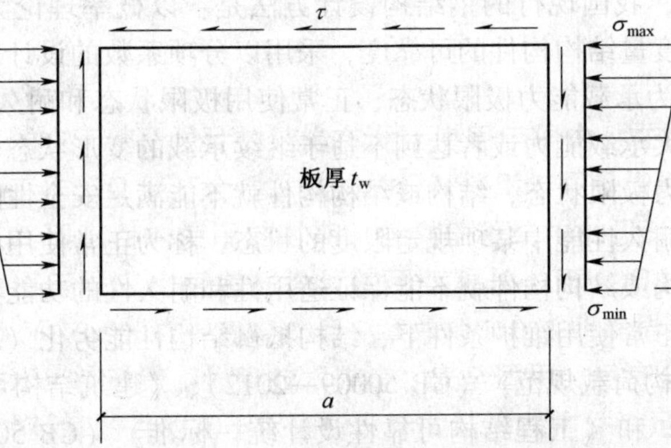

图 3-6　压弯构件腹板弹性状态受力情况

3.5.2　抗震性能化设计时的支撑截面板件宽厚比等级及限值

当进行钢结构抗震性能化设计时，支撑截面板件宽厚比等级及限值应符合表 3-9 的要求。

表 3-9　支撑截面板件宽厚比等级及限值

截面板件宽厚比等级		BS1 级	BS2 级	BS3 级
H 形截面	翼缘 b/t	$8\varepsilon_k$	$9\varepsilon_k$	$10\varepsilon_k$
	腹板 h_0/t_w	$30\varepsilon_k$	$35\varepsilon_k$	$42\varepsilon_k$
箱形截面	壁板间翼缘 b_0/t	$25\varepsilon_k$	$28\varepsilon_k$	$32\varepsilon_k$
角钢	角钢肢宽厚比 w/t	$8\varepsilon_k$	$9\varepsilon_k$	$10\varepsilon_k$
圆钢管截面	径厚比 D/t	$40\varepsilon_k^2$	$56\varepsilon_k^2$	$72\varepsilon_k^2$

本章小结

本章内容围绕钢结构设计的目的，主要介绍了钢结构设计理论的容许应力设计法、概率设计法、概率极限状态法等计算表达式和截面板件宽厚比等级，重点介绍了我国《钢结构设计标准》（GB 50017—2017）以概率理论为基础的极限状态设计方法。

（1）结构计算的目的在于保证所设计的结构和结构构件满足预期的各种功能，这些功能包括安全性、适用性和耐久性。结构在规定的时间内，在规定的条件下完成预定功能的能力称为结构的可靠性。

（2）结构上的作用是指能够使结构产生内力或变形的原因，可分为直接作用和间接作用。直接作用常称为荷载，是指施加在结构上的集中力或分布力，如结构自重、楼（屋）面活荷载、风荷载等。间接作用是指能够引起结构附加变形或约束变形的原因，如温度变化、地基变形、地震等。结构上的作用可按时间的变异、空间位置的变异以及结构的反应进行分类。结构或结构构件承受作用效应的能力，称为结构抗力。结构抗力主要取决于材料性能。

（3）结构的设计准则是：结构由各种荷载所产生的效应（内力和变形）不大于结构和连接由材料性能与几何因素等所决定的抗力或规定限值。结构完成预定功能的工作状态可用结构的功能函数 $Z=R-S$ 来描述，结构可靠工作的基本条件为 $Z\geqslant 0$ 或 $R\geqslant S$。

（4）除疲劳计算外，我国现行的钢结构设计方法是：以概率理论为基础的极限状态设计方法，以可靠指标度量结构构件的可靠度，采用以分项系数的设计表达式进行设计。

（5）极限状态可分为承载能力极限状态、正常使用极限状态和耐久性极限状态三类。结构或结构构件达到最大承载能力或者达到不适于继续承载的变形状态，称为承载能力极限状态。超过了承载能力极限状态，结构或结构构件就不能满足安全性的要求。结构或结构构件达到正常使用或耐久性能中某项规定限度的状态，称为正常使用极限状态。超过了正常使用极限状态，结构或结构构件就不能保证适用性和耐久性的功能要求。结构耐久性是指在服役环境作用和正常使用维护条件下，结构抵御结构性能劣化（或退化）的能力。

（6）依据《建筑结构荷载规范》（GB 50009—2012）、《建筑结构可靠性设计统一标准》（GB 50068—2018）和《工程结构可靠性设计统一标准》（GB 50153—2008）的规定，对于承载能力极限状态，结构构件采用荷载效应的基本组合进行设计，必要时采用荷载的偶然组合；对于正常使用极限状态，结构构件采用荷载效应的标准组合、频遇组合和准永久组合进行设计，使变形、裂缝等荷载效应的设计值符合规范要求。

（7）绝大多数钢构件由板件构成，而板件宽厚比（或板件高厚比）大小直接决定了钢构件的承载力和受弯构件及压弯构件的塑性转动变形能力。因此，钢构件截面的分类是钢结构设计技术的基础，尤其是钢结构抗震设计方法的基础。

思　考　题

3-1　现行《钢结构设计标准》（GB 50017—2017）中建筑结构的设计使用年限是如何规定的？在规定的设计使用年限内，结构需满足哪些功能要求？

3-2　结构可靠性的含义是什么？它包含哪些功能要求？什么是结构的可靠度？可靠指标的含义是什么？如何确定结构的可靠指标？

3-3　钢结构的容许应力设计法与概率极限状态设计法有何不同？现行《钢结构设计标准》（GB 50017—2017）主要采用何种设计方法？疲劳计算采用何种设计方法？

3-4　什么是极限状态？钢结构的极限状态可分为哪两类？各包括哪些内容？计算时两类极限状态为什么要采用不同的荷载值？

3-5　深入理解承载能力极限状态实用设计表达式，说明该式中各符号的物理意义。结构可靠性的要求在该设计表达式中是如何体现的？

3-6　荷载标准值、荷载设计值有何区别？设计时应如何选用？

3-7　受弯构件和压弯构件的 S1～S5 级截面的含义是什么？

习　题

一、选择题

1. 在进行正常使用极限状态计算时，计算用的荷载（　　）。

A. 需要将永久荷载的标准值乘以永久荷载分项系数

B. 需要将可变荷载的标准值乘以可变荷载分项系数

C. 永久荷载和可变荷载都要乘以各自的荷载分项系数

D. 永久荷载和可变荷载都用标准值，不必乘以荷载分项系数

2. 钢结构承载能力极限状态的设计表达式中 ψ_{cj} 是（　　）。

A. 结构重要性系数　　B. 荷载分项系数

C. 可变荷载组合值系数　　D. 材料的抗力分项系数

3. 下列钢结构计算所取荷载设计值和标准值，（　　）为正确的。

Ⅰ. 计算结构或构件的强度、稳定性以及连接的强度时，应采用荷载设计值。

Ⅱ. 计算结构或构件的强度、稳定性以及连接的强度时，应采用荷载标准值。

Ⅲ. 计算疲劳和正常使用极限状态的变形时，应采用荷载设计值。

Ⅳ. 计算疲劳和正常使用极限状态的变形时，应采用荷载标准值。

A. Ⅰ、Ⅲ　　B. Ⅱ、Ⅲ　　C. Ⅰ、Ⅳ　　D. Ⅱ、Ⅳ

4. 钢结构的承载能力极限状态是指（　　）。

A. 结构发生剧烈振动　　B. 结构的变形已不能满足使用需要

C. 因疲劳而破坏　　D. 使用已达 50 年

5. 下列（　　）情况属于正常使用极限状态的验算。

A. 受压构件的稳定计算　　B. 梁的挠度验算

C. 受弯构件的弯曲强度验算　　D. 焊接连接的强度验算

6. 关于《钢结构设计标准》（GB 50017—2017）中钢材的抗拉、抗压和抗弯强度设计值的确定，下列（　　）取值正确。

A. 抗拉强度标准值　　B. 屈服强度标准值

C. 屈服强度标准值除以抗力分项系数　D. 抗拉强度标准值除以抗力分项系数

7. 在结构设计中，失效概率 P_f 与可靠指标 β 的关系为（　　）。

A. P_f 越大，β 越大，结构可靠性越差　　B. P_f 越大，β 越小，结构可靠性越差

C. P_f 越大，β 越小，结构越可靠　　D. P_f 越大，β 越大，结构越可靠

二、填空题

1. 我国《钢结构设计标准》（GB 50017—2017）采用的钢结构设计方法是（　　）。

2.（　　）、（　　）和（　　）总称为结构的可靠性，结构可靠性的数值度量用（　）表示。

3. 结构的可靠指标 β 越大，其失效概率越（　　）。

4. 承载能力极限状态为结构或构件达到（　　）或达到不适于继续承载的变形时的极限状态。

5. 在对结构或结构构件进行（　　）极限状态验算时，应采用永久荷载和可变荷载的标准值。

6. 一次二阶矩法是以（　　）来衡量结构或结构构件的可靠程度的。

7. 计算结构或结构构件的强度或稳定性及连接的强度时，应采用荷载的（　　）；计算疲劳和变形时，采用荷载的（　）。

8. 对安全等级为二级或设计使用年限为 50 年的结构构件，结构重要性系数 γ_0 不应小于（　　）。

9. 当永久荷载效应对结构构件的承载能力不利时，永久荷载分项系数 γ_G 应取（　　）；当可变荷载效应对结构构件的承载能力不利时，可变荷载分项系数 γ_Q 应取（　　）；当可变荷载效应对结构构件的承载能力有利时，可变荷载分项系数 γ_Q 应取（　　）。

三、判断改错题

1. 结构的失效概率越小，其可靠指标越小。

2. 我国建筑钢结构设计全部采用以概率理论为基础的极限状态设计法。

3. 进行疲劳强度计算时，应采用荷载设计值。

4. 结构变为机动体系为超过结构的承载能力极限状态。

5. 偶然作用指的是在设计基准期内一定会出现，且持续时间很短的作用。

6. 风荷载属于偶然作用。

7. 当 $R = S$ 时，结构处于极限状态。

第4章 钢结构的连接

本章要点

连接是组合钢构件和组成钢结构的重要环节，也是本课程的基本知识和基本技能。本章主要介绍了钢结构的连接方法及其特点，常用的焊缝连接方法和形式，焊缝缺陷对其承载力的影响以及焊缝的质量检验方法，焊接残余应力和焊接残余变形的种类、产生原因及其影响，以及减少和消除的方法；讲述了螺栓连接的构造要求和各种螺栓的表示方法；主要讨论了对接焊缝和角焊缝的构造与计算，普通螺栓连接和高强度螺栓连接的工作性能和强度计算。

通过本章学习，要求学生了解焊缝连接的方法和焊缝连接的形式；理解焊接残余应力产生的原因，焊接残余变形对结构性能的影响；深刻理解对接焊缝连接和角焊缝连接的工作性能；熟练掌握各种内力作用下，焊缝连接的构造、传力过程和计算方法。此外，还要求学生掌握螺栓排列方式和构造要求；理解普通螺栓连接的破坏形式；深刻理解普通螺栓连接和高强度螺栓连接的工作性能；熟练掌握螺栓连接在传递各种内力时，连接的构造、传力过程和计算方法。

4.1 钢结构的连接方法

钢结构由钢板、各种型钢通过一定的连接制成基本构件（如梁、柱和桁架等），再通过一定的安装连接组成整体结构（如屋盖、厂房框架、桥梁和塔架等），以保证其共同工作。在受力过程中，连接部位应有足够的强度；被连杆件间应保持正确的相互位置，以满足传力和使用要求。连接的加工和安装比较复杂且费工。因此，连接方法及其质量优劣将直接影响钢结构的制造、安装、工作性能和工程造价。好的钢结构连接设计，应符合安全可靠、传力明确、构造简单、节约钢材和制造、安装方便等原则。连接接头应具有足够的强度，还要有适宜于施行连接手段的足够空间。

钢结构的连接有的是在钢结构制作厂完成的，称为工厂连接；有的是在建筑工地上完成的，称为工地连接。

历史上，钢结构曾采用过销钉、螺栓、铆钉、焊缝、销轴和法兰等连接方法（见图4-1)，其中销钉连接由于使用不便已被摒弃不再采用。目前，钢结构常用的连接方法有焊缝连接和螺栓连接，其中螺栓连接包括普通螺栓连接和高强度螺栓连接。由于焊接技术的进步，焊缝连接应用最为普遍，是钢结构的主要连接方式。螺栓连接中的高强度螺栓连接近年来发展迅速，使用越来越广泛。而铆钉连接由于劳动条件差、施工麻烦，现已很少采用，已基本被焊缝连接和螺栓连接所代替。销轴连接适用于铰接柱脚或拱脚以及拉索、拉杆端部的连接。法兰连接主要用于管材的连接。

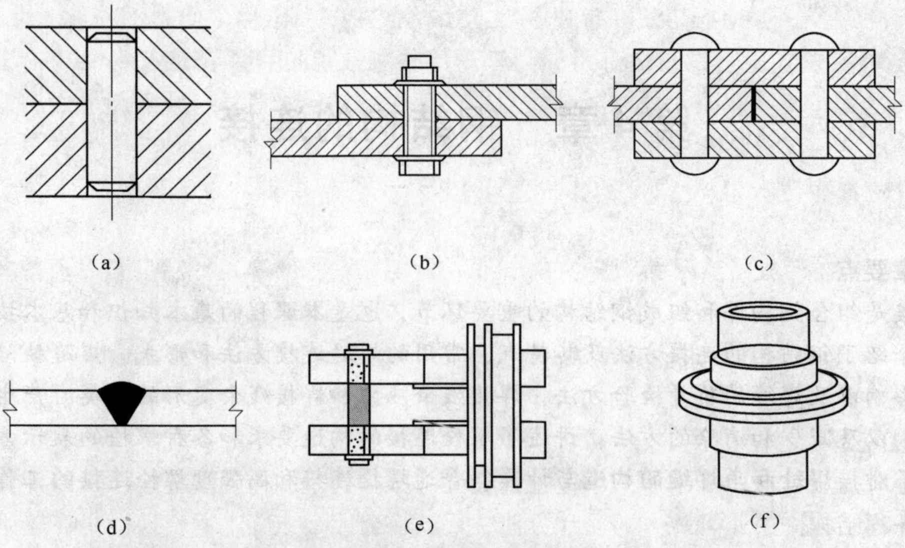

图 4-1　钢结构的连接方法

（a）销钉连接；（b）螺栓连接；（c）铆钉连接；（d）焊缝连接；（e）销轴连接；（f）法兰连接

4.1.1　焊缝连接

焊缝连接是现代钢结构采用的最主要的连接方法，是指两种或两种以上的材料在高温作用下，通过原子或分子之间的结合和扩散形成永久性连接的工作过程（见图 4-2）。通过焊缝连接，被焊接材料不仅在宏观上建立了永久的联系，而且在微观上也建立了组织之间的内在联系。

图 4-2　焊缝连接

1. 焊缝连接的优点

（1）不削弱构件截面，节省钢材。

（2）焊件间可直接焊接，一般不需要其他的连接件，构造简单，可焊接成任何形状的构件。

（3）连接的密封性好，结构刚度大。

（4）制作、加工方便，可实现自动化作业，生产效率高。

2. 焊缝连接的缺点

（1）位于焊缝附近热影响区的钢材的金相组织发生改变，导致局部材质变脆。

（2）在焊件中产生焊接残余应力和焊接残余变形，对结构工作有不利影响。

（3）焊接结构对裂纹很敏感，一旦局部发生裂纹便有可能迅速扩展到整个截面，尤其在低温下易发生脆性断裂。

因此，我们在设计和制作焊接结构时，除应满足连接的强度要求外，还应对焊接结构的脆性断裂问题给予足够的重视。高强度钢更要有严格的焊接程序，焊缝质量要通过多种途径的检验来保证。

4.1.2　螺栓连接

螺栓连接（见图 4-3）分为普通螺栓连接与高强度螺栓连接两种。

图 4-3　螺栓连接

1. 普通螺栓连接

普通螺栓一般为六角头螺栓，按照我国关于螺栓的《六角头螺栓》（GB/T 5782—2016）和《六角头螺栓　C 级》（GB/T 5780—2016）的规定，普通螺栓分为 A、B、C 三级。A 级与 B 级为精制螺栓，C 级为粗制螺栓。C 级螺栓一般采用 Q235 钢制成，材料性能等级为 4.6 级和 4.8 级。其小数点前的数字表示螺栓成品的抗拉强度大于或等于 $400N/mm^2$，小数点及小数点以后的数字表示其屈强比（屈服强度与抗拉强度之比）分别为 0.6 或 0.8。A 级和 B 级螺栓采用高强度钢材制造，材料性能等级则有 5.6 级和 8.8 级。

C 级螺栓由未经加工的圆钢压制而成。由于其螺栓表面粗糙，对螺栓孔的制作要求也较低，一般采用在单个零件上一次冲成或不用钻模直接钻成设计孔径的孔（Ⅱ类孔）。C 级普通螺栓的孔径 d_0 较螺栓公称直径 d 大 1.0~1.5mm。因此，C 级螺栓在普通螺栓连接中应用最多。对于采用 C 级螺栓的连接，由于螺栓杆与螺栓孔之间有较大的间隙，受剪力作用时，将会产生较大的剪切滑移，所以连接的变形大；但 C 级螺栓安装方便，且能有效地传递拉力，所以一般宜用于沿螺栓杆轴方向受拉的连接，也可用于承受静力荷载或间接承受动力荷载结构中的次要抗剪连接、承受静力荷载的可拆卸结构的抗剪连接以及临时固定构件用的安装抗剪连接。

A 级和 B 级精制螺栓是由毛坯在车床上经过切削加工精制而成的。其表面光滑，尺寸准确，螺栓杆的直径与螺栓孔的孔径相差极少，对成孔质量要求高，采用Ⅰ类孔（Ⅰ类孔是指按以下三种方法制成的孔：在装配好的构件上按设计孔径钻成；在单个构件上分别用钻模按设计孔径钻成；在单个构件上先钻成或冲成较小孔径，装配好后再扩钻至设计孔径）。B 级普通螺栓的孔径 d_0 较螺栓公称直径 d 大 0.2~0.5mm。A 级和 B 级精制螺栓具有较高的精度，因而受剪性能好。但由于其制作和安装复杂，价格较高，目前在钢结构中已很少采用。

2. 高强度螺栓连接

高强度螺栓连接有两种类型：一种类型是只依靠摩擦阻力传力，并以剪力不超过接触面摩擦力作为设计准则，称为高强度螺栓摩擦型连接；另一种类型是当剪力超过摩擦力时，构件间发生相对滑移，螺栓杆身与构件孔壁接触，开始时栓杆受剪和孔壁承压，当连接接近破坏时，剪力全部由螺栓杆身承担，称为高强度螺栓承压型连接。

高强度螺栓的螺栓抗拉强度应分别不低于 $800N/mm^2$ 和 $1000N/mm^2$，即前者的性能等级为 8.8 级，后者的性能等级为 10.9 级。高强度螺栓的栓孔应采用钻成孔，孔径与孔型应符合相应的规定。

高强度螺栓承压型连接采用标准圆孔时，其孔径 d_0 可按表 4-1 采用；高强度螺栓摩擦型连接可采用标准孔、大圆孔和槽孔，孔型尺寸可按表 4-1 采用，采用扩大孔连接时，同一连接面只能在盖板和芯板其中之一的板上采用大圆孔或槽孔，其余仍采用标准孔。

表 4-1　高强度螺栓连接的孔型尺寸匹配　　单位：mm

螺栓公称直径			M12	M16	M20	M22	M24	M27	M30
孔型	标准孔	直径	13.5	17.5	22	24	26	30	33
	大圆孔	直径	16	20	24	28	30	35	38
	槽孔	短向	13.5	17.5	22	24	26	30	33
		长向	22	30	37	40	45	50	55

只有采用标准孔时，高强度螺栓摩擦型连接的极限状态可转变为承压型连接。

高强度螺栓摩擦型连接盖板按大圆孔、槽孔制孔时，应增大垫圈厚度或采用连续型垫板，其孔径与标准垫圈相同，对 M24 及以下的螺栓，厚度不宜小于 8mm；对于 M24 以上的螺栓，厚度不宜小于 10mm。

高强度螺栓摩擦型连接的剪切变形小，弹性性能好，施工较简单，可拆卸，耐疲劳，特别适用于直接承受动力荷载构件的螺栓连接。高强度螺栓承压型连接的承载力高于高强度螺栓摩擦型连接，且连接紧凑，但剪切变形大，所以不得用于直接承受动力荷载的结构中。

4.1.3　铆钉连接

铆钉连接是将一端带有预制钉头的铆钉插入被连接构件的钉孔中，利用铆钉枪或压铆机将另一端打或压成封闭头而制成（见图 4-4）。铆钉连接传力可靠，质量易于检查。与焊缝连接相比，铆钉连接的塑性、韧性好，对主体金属的材质要求也较焊接结构低。但由于铆钉连接有钉孔削弱，制造打铆费工、费料；而且铆钉连接的质量和工作性能，在很大程度上取决于钉孔的制法和铆合工艺，技术要求高，劳动强度大，劳动条件差。因此，铆钉连接除在一些重型和直接承受动力荷载的结构中偶有采用外，目前已基本被焊缝连接和高强度螺栓连接所代替。

图 4-4　铆钉连接

4.1.4　销轴连接

销轴连接是将一根销轴分别与二相邻构件连接的两片下耳板和一片上耳板联系起来，径向荷载通过各相关部件间的接触传递（见图 4-5）。销轴连接传力明确，构造简单，可近似作为理想的铰接。销轴与耳板宜采用 Q355、Q390 与 Q420，也可采用 45 号钢、35CrMo 或 40Cr 等钢材。当销孔和销轴表面要求机加工时，其质量要求应符合相应的机械零件加工标准的规定。当销轴直径大于 120mm 时，宜采用锻造加工工艺制作。现行国家标准《销轴》（GB/T 882—2008）对公称直径 3~100mm 的销轴作了规定。结构工程中荷载较大时需要用到直径大于 100mm 的销轴，目前没有标准的规格，也没有像精制螺栓这样的标准规定销轴的精度要求，因此，设计人员在设计文件中应注明对销轴和耳板销轴孔精度、表面质量和销轴表面处理的要求。

图 4-5　销轴连接

4.1.5　法兰连接

法兰连接是把两个管道、管件或器材，先各自固定在一个法兰盘上，然后在两个法兰盘之间加上法兰垫，最后用螺栓将两个法兰盘拉紧使其紧密结合起来的一种可拆卸的接头（见图 4-6）。法兰连接的主要特点是拆卸方便、强度高、密封性能好。安装法兰时，要求两个法兰保持平行，法兰的密封面不能碰伤，并且要清理干净。法兰垫片要根据设计规定选用。法兰连接方式一般可以分为五种，即平焊、对焊、承插焊、松套、螺纹。

图 4-6　钢管法兰连接

法兰板可采用环状板或整板，并宜设置加劲肋。当钢管直径较大时，法兰板一般采用环状，钢管与环板的连接应采用双面角焊缝；当钢管直径较小时，法兰板也可采用整板，当钢管与法兰板连接采用单面角焊缝时，必须设置加劲肋。一般钢管法兰连接均需设置加劲肋。另外，加劲肋板应保持平面稳定。焊缝尽量避免三向交汇。

法兰板上螺孔应均匀分布，螺栓宜采用较高强度等级。法兰连接的用钢量较大，为提高连接效率，减少用钢量，宜采用高强度螺栓并尽量使螺栓贴紧管壁。

当钢管内壁不做防腐蚀处理时，管端部法兰应作气密性焊接封闭。一般钢管内壁不做防腐蚀处理的方法为涂料防腐蚀或热喷锌铝复合涂层防腐蚀，两端做气密性封闭后内部不涂防腐蚀层，亦可防腐。当钢管用热浸镀锌做内外防腐蚀处理时，管端不应封闭。因为热镀锌防腐蚀时，内外同浸锌，封闭后浸锌易爆裂，所以不应封闭。

4.2　焊缝连接基本知识

4.2.1　常用焊缝连接方法

焊缝连接方法很多，但在钢结构中通常采用电弧焊。电弧焊有手工电弧焊、埋弧焊（埋弧自动焊或埋弧半自动焊）以及气体保护焊等。

1. 手工电弧焊

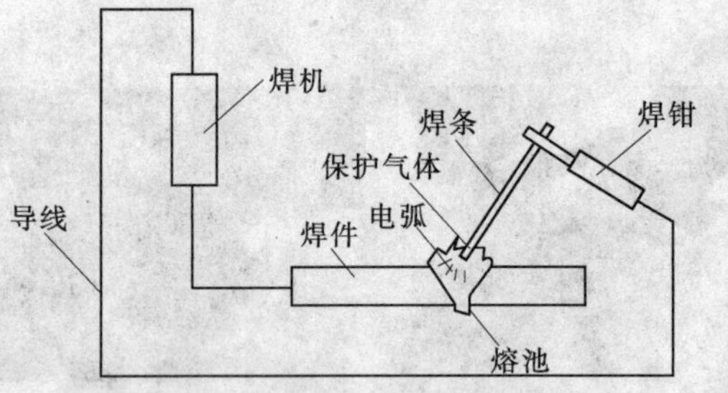

图 4-7　手工电弧焊示意图

手工电弧焊是最常用的一种焊接方法（见图 4-7）。其主要设备和材料为焊机（交流焊机、直流焊机或交直流焊机）、焊钳和焊条。在焊接过程中，焊条通过焊钳作为一个电极与焊机相连，焊件作为另一个电极与焊机相连。通电后，在涂有药皮的焊条与焊件之间产生电弧。电弧的温度很高。在高温作用下，电弧周围的金属变成液态，形成熔池。同时，焊条中的焊丝很快熔化而形成熔滴，滴落入熔池中，与焊件的熔融金属相互结合，冷却后即形成焊缝。焊条药皮则在焊接过程中产生气体，保护电弧和熔融金属，并形成熔渣覆盖着焊缝，防止空气中的氧、氮等有害气体与熔融金属接触而形成易脆的化合物。

手工电弧焊的设备简单，操作灵活、方便，适用于任意空间位置的焊接，特别适用于短焊缝、曲折焊缝的焊接，或在施工现场进行的高空焊接。但手工电弧焊生产效率低，劳动强度大，焊接质量与焊工的精神状态和技术水平有很大关系。

手工电弧焊所用的焊条应符合现行国家标准《非合金钢及细晶粒钢焊条》（GB/T 5117—2012）的规定，所选用的焊条型号应与焊件钢材（或称主体金属、母材）力学性能相适应，一般采用等强度原则。对 Q235 钢采用 E43 型焊条；对 Q355 和 Q390 钢可采用 E50、E55 型焊条；对 Q420 钢和 Q460 钢可采用 E55、E60 型焊条。在焊条型号中，字母 E 表示焊条，后两位数字表示熔敷金属的最小抗拉强度（kgf/mm^2），如 E43 型表示熔敷金属最小抗拉强度为 $43kgf/mm^2$ 的焊条。不同钢种的钢材相焊接时，例如 Q235 钢与 Q355

钢相焊接，宜采用低组配方案，即宜采用与低强度钢材相适应的焊条。根据试验可知，Q235 钢与 Q355 钢相焊接时，若采用 E50 型焊条，焊缝强度比采用 E43 型焊条时提高不多，故设计时宜采用 E43 型焊条。因此，从连接的韧性和经济方面考虑，规定宜采用与低强度钢材相适应的焊接材料。碳钢焊条和低合金钢焊条的型号及用途如附录 24 和附录 25 所示。

2. 埋弧焊

埋弧焊是电弧在焊剂层下燃烧的一种电弧焊方法。焊丝的送进和电弧按焊缝连接方向的移动均由专门机构控制完成的称为“埋弧自动电弧焊”（见图 4-8）；焊丝的送进由专门机构控制，但电弧按焊缝连接方向的移动由手工操作完成的称为“埋弧半自动电弧焊”。埋弧焊的焊丝不涂药皮，但施焊端为焊剂所覆盖，能对较细的焊丝采用大电流，所以其电弧热量集中，焊件熔深大，适用于厚板的焊接，具有较高的生产率。由于埋弧焊采用了自动或半自动化的操作，焊缝连接时的工艺条件稳定，焊缝的化学成分均匀，其塑性和韧性也较好，因此焊缝质量好、焊件变形小。同时，其高焊速也减小了热影响区的范围。但埋弧焊对焊件边缘的装配精度（如间隙）要求比手工电弧焊高，且自动（半自动）焊的焊丝熔化后主要靠重力进入焊缝，适用于焊接位置为平焊的水平角焊缝，所以自动（半自动）焊主要用于工厂焊缝。同时，为了提高施焊效率，它又只适用于长而直的焊缝。手工电弧焊则可用于各种焊接位置，特别是可用于结构安装中难以到达的部位。因此，虽然埋弧焊具有许多优点，但手工电弧焊仍得到了广泛应用。

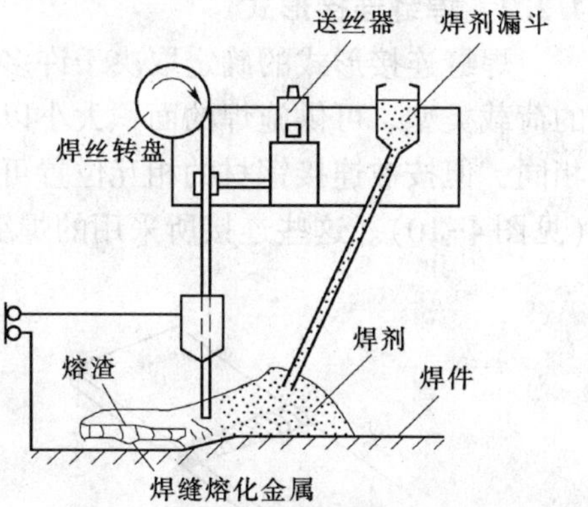

图 4-8　埋弧自动电弧焊示意图

埋弧焊用焊丝和焊剂应符合现行国家标准《埋弧焊用非合金钢及细晶粒钢实心焊丝、药芯焊丝和焊丝-焊剂组合分类要求》（GB/T 5293—2018）、《埋弧焊用热强钢实心焊丝、药芯焊丝和焊丝-焊剂组合分类要求》（GB/T 12470—2018）的规定，所选用的焊丝和焊剂应与主体金属强度相适应，即要求焊缝与主体金属等强度。

3. 气体保护焊

气体保护焊是利用二氧化碳气体或其他惰性气体作为保护介质的一种电弧焊方法（见图 4-9）。它直接依靠保护气体在电弧周围形成局部的保护层，以防止有害气体的侵入并保证焊缝连接过程的稳定性。

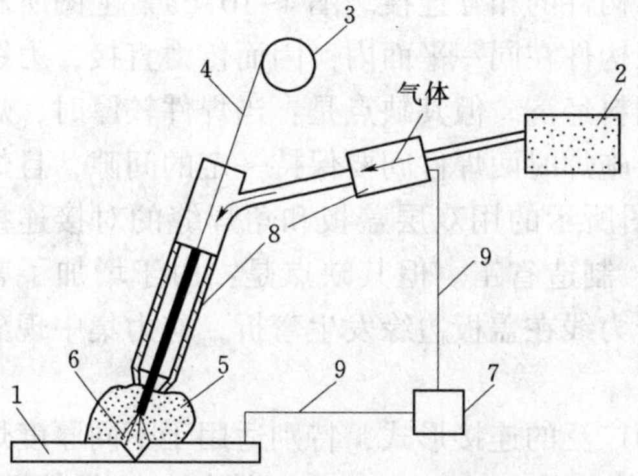

图 4-9　气体保护焊示意图

1—焊件；2—气体供给器；3—裸焊丝转盘；
4—裸焊丝；5—保护气体；6—电弧；
7—电焊机；8—焊枪；9—导线

气体保护焊的焊缝熔化区没有熔渣，焊工能够清楚地看到焊缝成形的过程。由于保护气体是喷射的，有助于熔滴的过渡；又由于热量集中，焊缝连接速度快，焊件熔深大，所以气体保护焊所形成的焊缝质量比手工电弧焊的要好，塑性和抗腐蚀性也好。气体保护焊的焊缝连接效率高，适用于各种焊接位置的焊缝连接，但不适用于在野外或有风的地方施焊。

气体保护焊用焊丝应符合现行国家标准《熔化极气体保护电弧焊用非合金钢及细晶粒钢实心焊丝》（GB/T 8110—2020）的规定，所选用的焊丝应与主体金属力学性能相适应。

4.2.2 焊缝连接形式

焊缝连接形式的确定取决于许多因素，例如，被连接杆件的尺寸与形状、作用于连接的荷载类型、可供施焊的面积大小以及经济指标等。虽然工程实践中的焊缝连接形式各不相同，但按被连接钢材的相互位置可分为对接连接、搭接连接、T形连接和角部连接四种（见图4-10）。这些连接所采用的焊缝主要有对接焊缝、角焊缝以及对接与角接组合焊缝。

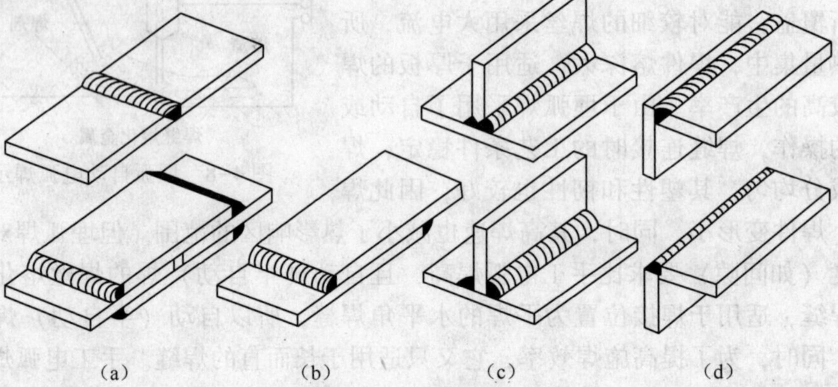

图4-10 焊接的连接形式

（a）对接连接；（b）搭接连接；（c）T形连接；（d）角部连接

上排各图—对接焊缝；下排各图—角焊缝

对接连接主要用于厚度相同或接近相同的两构件的相互连接。图4-10（a）上图所示为采用对接焊缝的对接连接，由于相互连接的两构件在同一平面内，因而传力直接，力线平顺，受力性能好，没有明显的应力集中，且用料经济。但其缺点是：当焊件较厚时，焊件边缘需要加工成各种形式的坡口，制造费工；施焊时两焊件间要保持一定的间隙，且焊件截割精度要求较高。当采用图4-10（a）下图所示的用双层盖板和角焊缝的对接连接时，这种连接的焊件边缘不需要特殊加工处理，制造省工。但其缺点是：由于增加了盖板，所以比采用对接焊缝的对接连接费料；由于力线在盖板边缘发生弯折，应力集中现象较严重，其静力强度低，抗疲劳性能差。

搭接连接的适用性广，是钢结构中应用最为广泛的连接形式，特别适用于不同厚度焊件的连接。图4-10（b）所示为用角焊缝的搭接连接，该连接传力不均匀、用料较费，但其构造简单、焊件边缘不需要特殊加工，施工方便。

T形连接省工省料，常用于制作组合截面，例如T形截面、工字形截面、组合梁以及加劲肋与腹板的连接等。当采用角焊缝连接时［见图4-10（c）］，焊件间存在缝隙，截面突变，应力集中现象严重，疲劳强度较低，可用于不直接承受动力荷载结构的连接中。对于直接承受动力荷载的结构，如重级工作制吊车梁的上翼缘与腹板的连接，应采用焊透的对接与角接组合焊缝（腹板边缘须加工成 K 形坡口）进行连接。

角部连接［见图 4-10（d）］主要用于制作箱形截面。当梁或柱抵抗较大的扭矩时，就需要采用箱形截面。

4.2.3　焊缝形式

焊缝的基本形式有对接焊缝、角焊缝、槽焊缝和塞焊缝等四种（见图 4-11）。

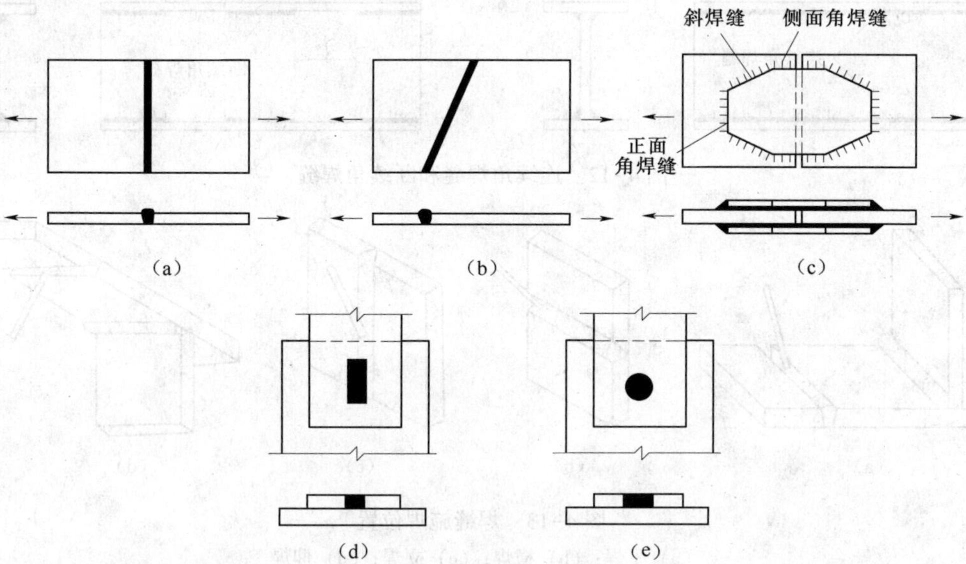

图 4-11　焊缝的形式

（a）对接正焊缝；（b）对接斜焊缝；（c）角焊缝；（d）槽焊缝；（e）塞焊缝

受力和构造焊缝可采用对接焊缝、角焊缝、对接与角接组合焊缝、塞焊缝、槽焊缝，重要连接或有等强度要求的对接焊缝应为熔透焊缝，较厚板件或无须焊透时可采用部分熔透焊缝。

焊缝可按所受力的方向与焊缝长度方向的关系不同进行分类，对接焊缝可分为对接正焊缝［见图 4-11（a）］和对接斜焊缝［见图 4-11（b）］。就角焊缝［见图 4-11（c）］而言，可分为正面角焊缝、侧面角焊缝和斜焊缝。槽焊缝［见图 4-11（d）］与塞焊缝［见图 4-11（e）］的主要作用是：在搭接连接中，当角焊缝长度受到限制时，与角焊缝一起共同承担剪力；同时，在搭接连接过长时，也可用槽焊缝或塞焊缝来阻止角焊缝之间的焊件鼓曲。故塞焊焊缝、圆孔或槽孔内焊缝在抗剪连接和防止板件屈曲的约束连接中有较多应用。

焊缝沿长度方向的布置分为连续角焊缝和断续角焊缝两种（见图 4-12）。连续角焊缝的受力性能较好，是主要的角焊缝形式。断续角焊缝的起弧、灭弧处容易引起应力集中，因此，重要结构应避免采用断续角焊缝。断续角焊缝只能用于一些次要构件或次要焊缝的连接中。断续角焊缝焊段的长度不得小于 $10h_f$（h_f 为角焊缝的焊角尺寸）和 50mm，其间

断距离 l 不宜过长，以免连接不紧密使潮气侵入引起构件锈蚀。一般在受压构件中应满足 $l \leqslant 15t$，在受拉构件中 $l \leqslant 30t$，其中 t 为较薄焊件的厚度。腐蚀环境中不宜采用间断角焊缝。

焊缝按施焊位置分为平焊、横焊、立焊及仰焊（见图 4-13）。平焊（又称为俯焊）施焊方便，质量最好。立焊和横焊要求焊工的操作水平比平焊要高一些，其质量及生产效率比平焊要差一些。仰焊的操作条件最差，焊缝质量不易保证，因此应尽量采用平焊，避免采用仰焊。

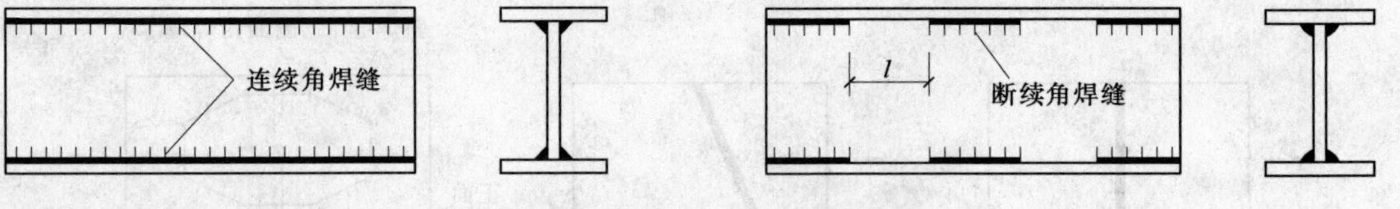

图 4-12　连续角焊缝和断续角焊缝

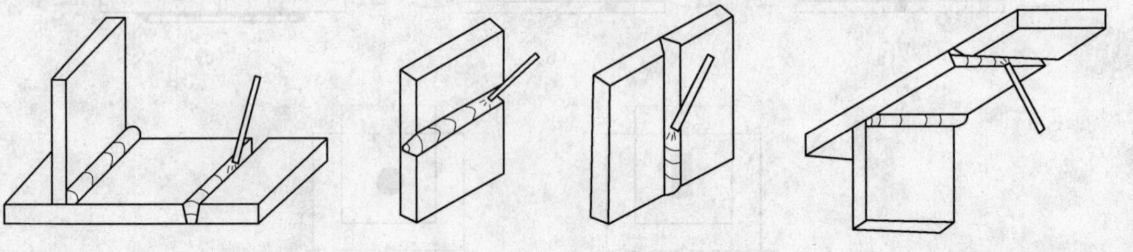

(a)　(b)　(c)　(d)

图 4-13　焊缝施焊位置

(a) 平焊；(b) 横焊；(c) 立焊；(d) 仰焊

设计时，设计者应根据制造厂家和安装现场的实际条件，细致地考虑设计的每条焊缝的方位以及焊条和焊缝的相对位置，以便于施焊。

4.2.4　焊缝缺陷及焊缝质量检验

1. 焊缝缺陷

焊缝缺陷指焊接过程中产生于焊缝熔化金属或附近热影响区（焊缝旁 2~3mm 的金属）钢材表面或内部的缺陷（见图 4-14）。焊缝缺陷可分为外部缺陷和内部缺陷两类。外部缺陷位于焊缝外表面，用肉眼或低倍放大镜就可以看到，如焊缝尺寸不符合要求、咬边、焊瘤、弧坑、表面气孔和表面裂纹等。内部缺陷位于焊缝内部，要通过破坏性试验或探伤方法来发现，如未焊透、内部气孔、内部裂纹和夹渣等。手工电弧焊的常见缺陷为夹渣、气孔和未焊透，尤其是在十字接头或 T 形连接的交点处及施焊困难的部位，更易出现焊缝缺陷。

(1) 裂纹是焊缝连接中最危险的缺陷，是施焊过程中或焊后冷却过程中，在焊缝内部及其热影响区内所出现的局部开裂现象。裂纹既可能发生在焊缝熔化金属中，也可能发生在主体金属（或称为母材）中；既可能存在于焊缝表面或焊缝内部，也可能与焊缝平行或与焊缝垂直。常见的裂纹形式有两种：一种是当焊缝熔化金属还是热塑性状态时，产生在焊缝熔化金属内部的凝固裂纹，称为热裂纹；另一种是焊缝连接冷却后，产生在热影

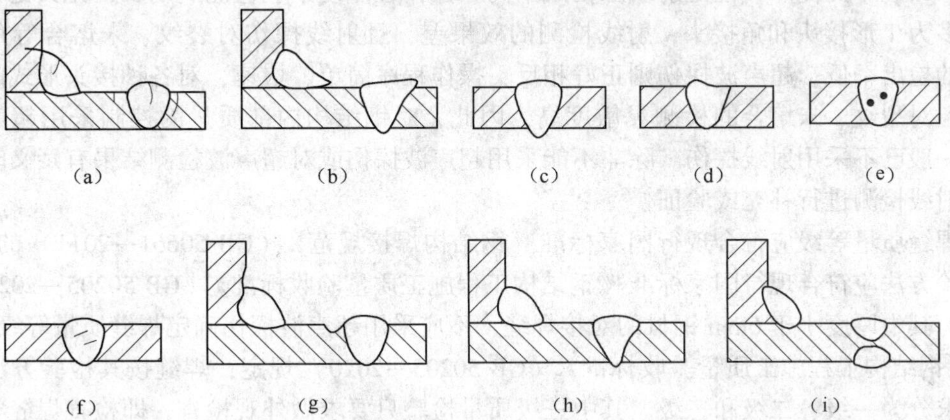

图 4-14　焊缝缺陷

(a) 裂纹；(b) 焊瘤；(c) 烧穿；(d) 弧坑；(e) 气孔；(f) 夹渣；(g) 咬边；(h) 未熔合；(i) 未焊透

响区材料中的氢裂纹，称为冷裂纹。

产生裂纹的原因有很多，例如，钢材的化学成分不当，连接刚度过大，焊接工艺条件(如电流、电压、焊速、施焊次序等）选择不合适，焊件表面油污未清除干净，以及坡口尺寸不合适等。由于裂纹端部的尖锐形状，存在着严重的应力集中现象，承载时，特别是承受动力荷载时，会使裂纹扩展，可能由此导致断裂破坏；在拉伸过程中，对静力强度的影响也较大。因此，裂纹是最危险的缺陷，在焊缝连接中是不容许存在的。

(2) 气孔是在施焊过程中由于空气侵入，或者药皮熔化时产生的气体在焊缝熔化金属冷却前未能逸出，而在焊缝熔化金属内部形成的孔洞，它会降低焊缝的密实性和塑性。

(3) 夹渣是由于焊接工艺不当，或者焊接材料（焊条）不符合要求，而在焊缝熔化金属内部或与主体金属熔合处存在的非金属夹杂物。夹渣对焊缝的危害性与气孔相似，但夹渣尖角比气孔所引起的应力集中更严重，与裂纹尖端的影响相似。

(4) 未焊透是指焊缝熔化金属各层之间，或主体金属与焊缝熔化金属之间局部未熔合的现象。它会降低焊缝连接的强度，造成应力集中，容易由此引起断裂。

(5) 咬边或称为咬肉，是在施焊时，在焊缝一侧或两侧与主体金属交界处形成的凹坑。它减弱了主体金属的有效面积，导致连接强度下降，也容易形成应力集中。

2. 焊缝质量检验

焊缝的缺陷对焊接结构的工作非常不利，不仅削弱了焊缝的有效面积，而且在缺陷处容易形成应力集中现象，由此而产生裂纹，成为连接破坏的根源。因此，焊缝质量检验极为重要。

焊缝质量检验一般可采用外观检查和内部无损检验，前者检查外观缺陷和几何尺寸，后者检查内部缺陷。外观检查主要采用目视检查（借助直尺、焊缝检测尺和放大镜等），辅以磁粉探伤、渗透探伤，检查表面和近表面缺陷。内部无损检验目前广泛采用超声波检验，使用灵活、经济，对内部缺陷反应灵敏，但不易识别缺陷性质；有时还采用磁粉检验、荧光检验等较简单的方法作为辅助；此外，还可采用射线检查。射线探伤具有直观性、一致性好的优点，但是射线探伤成本高、操作程序复杂、检测周期长，尤其是钢结构中大多为T形接头和角接头，射线检测的效果差，且射线探伤对裂纹、未熔合等危害性缺陷的检出率低。超声波探伤则正好相反，操作程序简单、快速，对各种接头形式的适应性好，对裂纹、未熔合的检测灵敏度高，因此，对钢结构内部质量的控制采用超声波探伤，一般已不采用射线探伤。除非不能采用超声波探伤或对超声波检测结果有疑义时，可采用射线检测进行补充或验证。

焊缝质量等级应符合现行国家标准《钢结构焊接规范》（GB 50661—2011）的规定，其检验方法应符合现行国家标准《钢结构工程施工质量验收标准》（GB 50205—2020）的规定。其中厚度小于6mm钢材的对接焊缝，不应采用超声波探伤确定焊缝质量等级。

《钢结构工程施工质量验收标准》（GB 50205—2020）规定，焊缝按其检验方法和质量要求分为一级、二级和三级。其中三级质量检验只要求做外观检查，即检查焊缝实际尺寸是否符合设计要求，以及有无肉眼可见的裂纹、咬边、表面气孔、表面夹渣、电弧擦伤或未焊满的凹槽等缺陷。对于重要的结构或要求焊缝熔化金属强度等于被焊金属强度的对接焊缝，必须进行一级或二级质量检验，即在三级质量检验的基础上要求更严格，并且要做内部缺陷的无损检测。其中二级质量检验要求做内部缺陷超声波探伤或射线探伤，检测比例应不低于20%，一级质量检验要求内部缺陷超声波探伤或射线探伤，检测比例为100%。对于焊缝缺陷的控制和处理，详见《钢结构工程施工质量验收标准》（GB 50205—2020）规定的质量标准。

提示：二级焊缝检测比例的计数方法应按以下原则确定：工厂制作焊缝按照焊缝长度计算百分比，且探伤长度不小于200mm；当焊缝长度小于200mm时，应对整条焊缝探伤；现场安装焊缝应按照同一类型、同一施焊条件的焊缝条数计算百分比，且不应少于3条焊缝。

《钢结构设计标准》（GB 50017—2017）中规定，焊缝的质量等级应根据结构的重要性、荷载特性、焊缝形式、工作环境以及应力状态等情况，按下述原则分别选用：

（1）在承受动荷载且需要进行疲劳验算的构件中，凡要求与母材等强连接的焊缝应焊透，其质量等级应符合下列规定：

1）作用力垂直于焊缝长度方向的横向对接焊缝或T形对接与角接组合焊缝，受拉时应为一级，受压时不应低于二级。

2）作用力平行于焊缝长度方向的纵向对接焊缝不应低于二级。

3）重级工作制（A6～A8）和起重量$Q \geqslant 50$t的中级工作制（A4、A5）吊车梁的腹板与上翼缘之间以及吊车桁架上弦杆与节点板之间的T形连接部位焊缝应焊透，焊缝形式宜为对接与角接的组合焊缝，其质量等级不应低于二级。

（2）在工作温度等于或低于-20℃的地区，构件对接焊缝的质量不得低于二级。

（3）不需要疲劳验算的构件中，凡要求与母材等强的对接焊缝宜焊透，其质量等级受拉时不应低于二级，受压时不宜低于二级。

（4）部分焊透的对接焊缝、采用角焊缝或部分焊透的对接与角接组合焊缝的T形连接部位，以及搭接连接角焊缝，其质量等级应符合下列规定：

1）直接承受动荷载且需要验算疲劳的结构和吊车起重量$Q \geqslant 50$t的中级工作制吊车梁

以及梁柱、牛腿等重要节点不应低于二级。

2）其他结构焊缝外观质量标准可为三级。

焊接工程中，首次采用的新钢种应进行焊接性试验，合格后应根据现行国家标准《钢结构焊接规范》（GB 50661—2011）的规定进行焊接工艺评定。焊接性试验指评定母材金属的试验，钢材的焊接性指钢材对焊接加工的适应性，是用以衡量钢材在一定工艺条件下获得优质接头的难易程度和该接头能否在使用条件下可靠运行的具体技术指标。焊接性试验是对设计首次使用的钢种可焊性的具有探索性的科研试验，具有一定的风险性。焊接工艺评定是在钢结构工程开始焊接前，按照焊接性试验结果所拟定的焊接工艺，根据现行国家标准《钢结构焊接规范》（GB 50661—2011）的有关规定测定焊接接头是否具有所要求的使用性能，从而验证所拟定的焊接工艺是否正确的技术工作。

4.2.5　焊缝符号及标注方法

在钢结构施工图纸上的焊缝应采用焊缝符号表示。《建筑结构制图标准》（GB/T 50105—2010）详细规定了有关焊缝符号及标注方法，一般均按此执行。该规范主要依据《焊缝符号表示法》（GB/T 324—2008），但个别做了简化。

《焊缝符号表示法》（GB/T 324—2008）规定：焊缝符号一般由基本符号与指引线组成，必要时还可以加上辅助符号、补充符号和焊缝尺寸符号。

1. 基本符号

基本符号表示焊缝的横截面形状，例如用“⊿”表示角焊缝，用“V”表示 V 形坡口对接焊缝。钢结构中常用的一些焊缝基本符号如表 4-2 所示。

表 4-2　常用焊缝基本符号

名称	封底焊缝	对接焊缝					角焊缝	塞焊缝与槽焊缝	点焊缝
		I 形焊缝	V 形焊缝	单边 V 形焊缝	带钝边的 V 形焊缝	带钝边的 U 形焊缝			
符号									

注：1. 符号的线条宜粗于指引线。

2. 单边 V 形焊缝与角焊缝符号的竖向边永远画在符号的左边。

2. 补充符号

补充符号是为了补充说明焊缝的某些特征而采用的符号。例如，用涂黑的三角形旗号“▶”表示现场安装焊缝，用“⊏”表示焊件三面带有焊缝。

3. 指引线

指引线一般由带有箭头的指引线（简称箭头线）和两条相互平行的基准线所组成（见图 4-15）。箭头指向图形相应焊缝处，基准线上方或下方用来标注基本符号和焊缝尺寸等。虚线基准线可以画在实线基准线的上侧或下侧。基准线一般应与图纸的底边相平行，但在特殊条件下也可与底边相垂直。

焊缝基本符号与基准线的相对位置关系有以下两种情况：

（1）如果焊缝在接头的箭头侧，基本符号应标在基准线的实线侧；当不用虚线基准

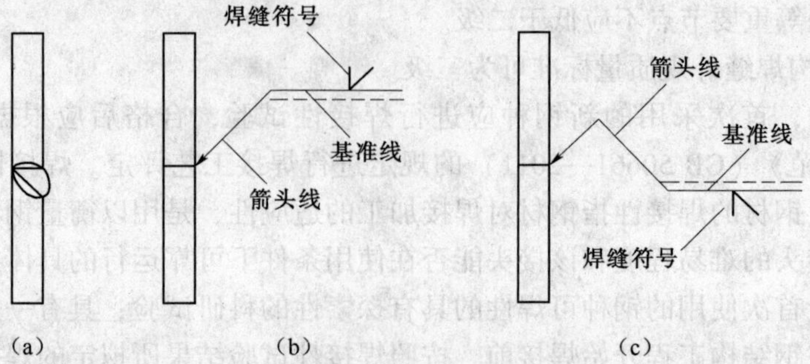

图 4-15　指引线的画法

(a) 焊件上的单边 V 形对接焊缝；(b) 指引线及焊缝的基本符号，虚线在实线下侧；(c) 同 (b)，但箭头线弯折一次，实线在虚线下侧

线［《建筑结构制图标准》（GB/T 50105—2010）中简化］时，应标在实线基准线的上方，如图 4-16（a）所示。

（2）如果焊缝在接头的非箭头侧，基本符号应标在基准线的虚线侧；当不用虚线基准线［《建筑结构制图标准》（GB/T 50105—2010）中简化］时，应标在实线基准线的下方，如图 4-16（b）所示。

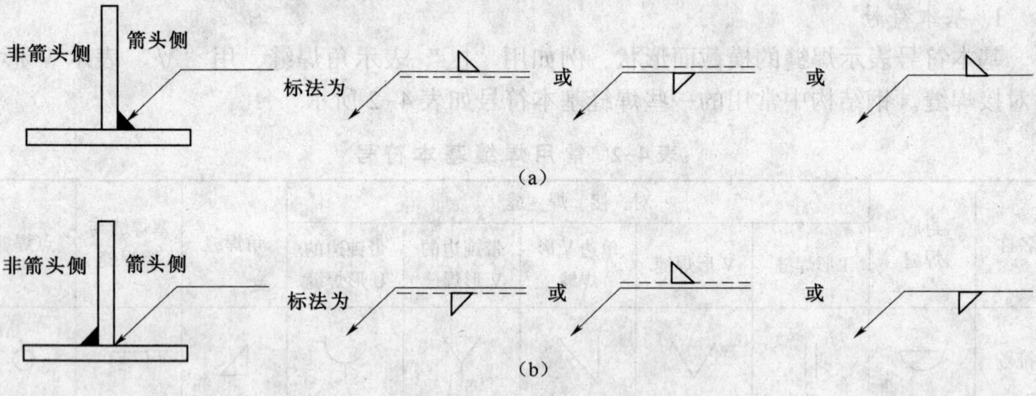

图 4-16　焊缝基本符号与基准线的相对位置

(a) 焊缝在箭头侧；(b) 焊缝在非箭头侧

4.《建筑结构制图标准》（GB/T 50105—2010）中有关焊缝符号及标注方法的规定

（1）单面焊缝的标注方法应符合下列规定：当箭头指向焊缝所在的一面时，应将图形符号和尺寸标注在基准线的上方，如图 4-17（a）所示；当箭头指向焊缝所在的另一面（相对应的那面）时，应将图形符号和尺寸标注在基准线的下方，如图 4-17（b）所示。表示环绕工作件周围的焊缝时，其围焊焊缝符号为圆圈，绘在指引线的转折处，并标注焊脚尺寸 K，如图 4-17（c）所示。

（2）双面焊缝的标注，应在基准线的上、下都标注符号和尺寸。基准线上方表示箭头一面的符号和尺寸，下方表示另一面的符号和尺寸，如图 4-18（a）所示；当两面的焊缝尺寸相同时，只需在基准线上方标注焊缝的图形符号和尺寸，如图 4-15（b）~（d）所示。

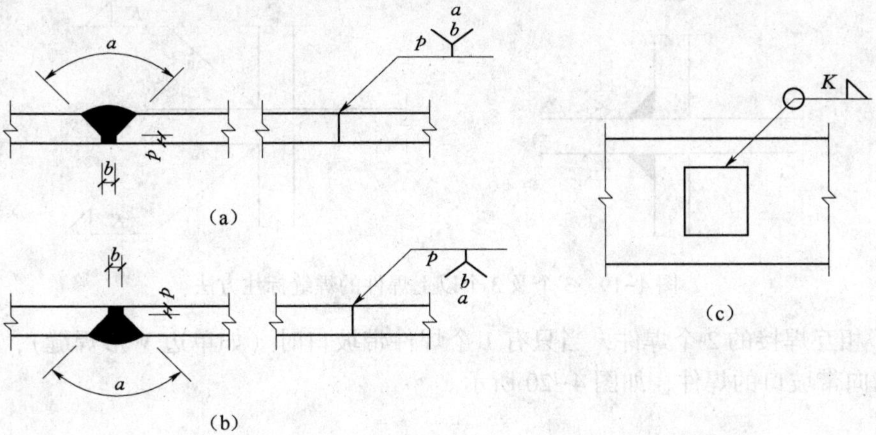

图 4-17　单面焊缝的标注方法

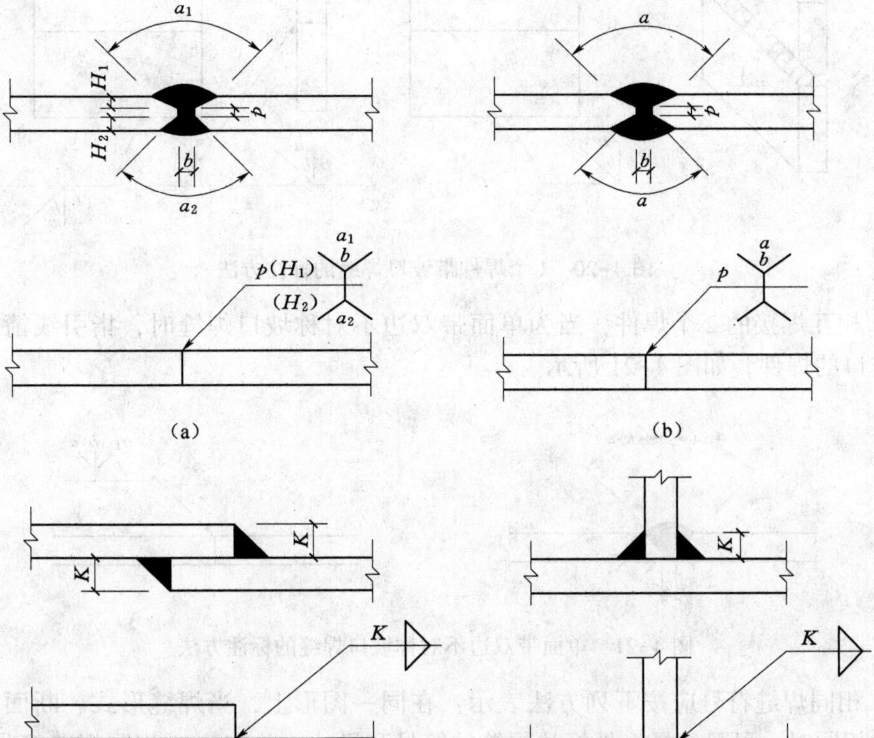

图 4-18　双面焊缝的标注方法

(3) 3 个及 3 个以上的焊件相互焊接的焊缝，不得作为双面焊缝标注。其焊缝符号和尺寸应分别标注，如图 4-19 所示。

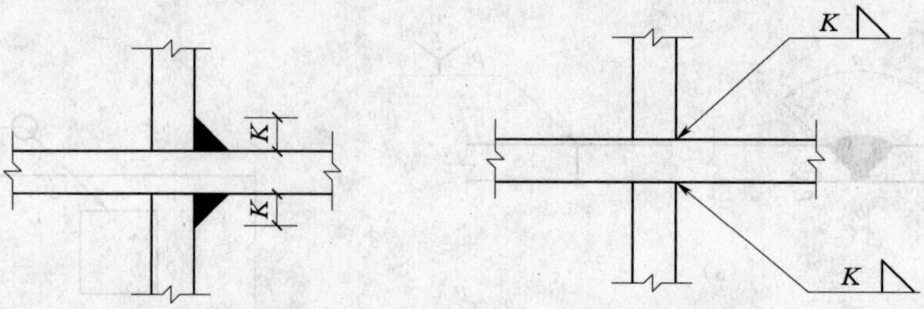

图 4-19　3 个及 3 个以上焊件的焊缝标注方法

（4）相互焊接的 2 个焊件，当只有 1 个焊件带坡口时（如单边 V 形焊缝），指引线箭头必须指向带坡口的焊件，如图 4-20 所示。

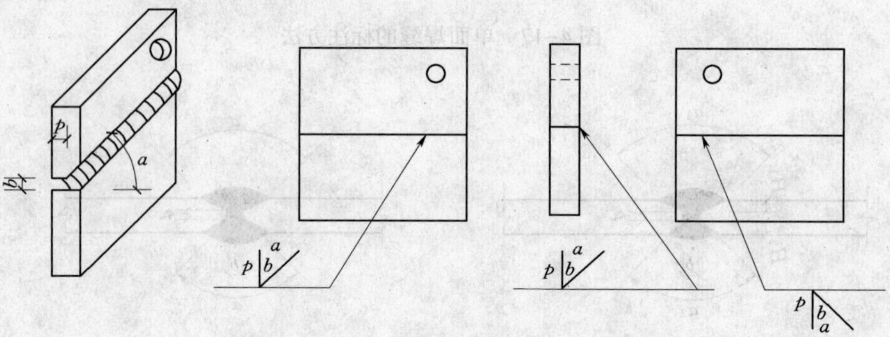

图 4-20　1 个焊件带坡口焊缝的标注方法

（5）相互焊接的 2 个焊件，当为单面带双边不对称坡口焊缝时，指引线箭头必须指向较大坡口的焊件，如图 4-21 所示。

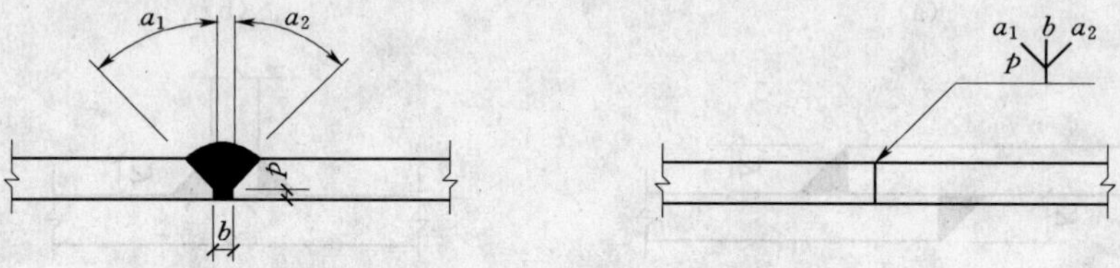

图 4-21　单面带双边不对称坡口焊缝的标注方法

（6）相同焊缝符号应按下列方法表示：在同一图形上，当焊缝形式、断面尺寸和辅助要求均相同时，可只选择一处标注焊缝的符号和尺寸，并加注“相同焊缝符号”，相同焊缝符号为 3/4 圆弧，绘在指引线的转折处，如图 4-22（a）所示；在同一图形上，当有数种相同的焊缝时，可将焊缝分类编号标注。在同一类焊缝中可选择一处标注焊缝符号和尺寸。分类编号采用大写的拉丁字母 A、B、C…，如图 4-22（b）所示。

（7）图样中较长的角焊缝（如焊接实腹钢梁的翼缘焊缝），可不用指引线标注，而直接在角焊缝旁标注焊缝尺寸值 K，如图 4-23 所示。

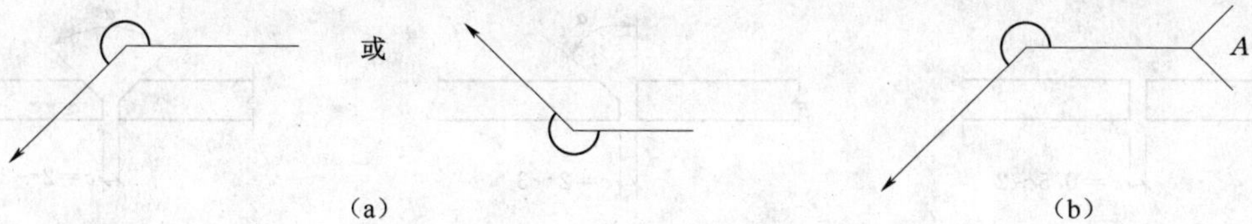

图 4-22　相同焊缝符号的表示方法

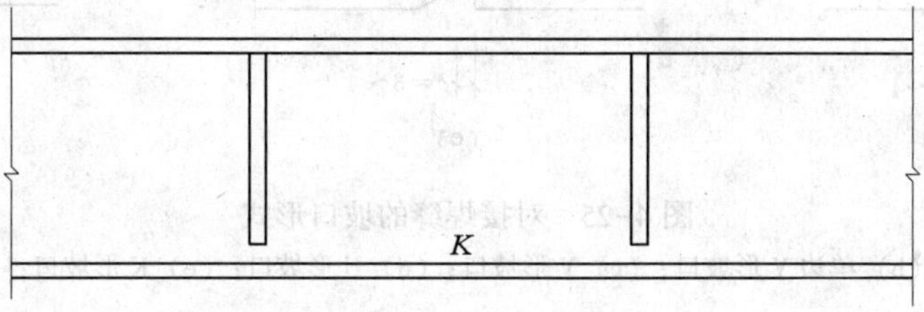

图 4-23　较长的角焊缝的标注方法

(8) 当焊缝分布比较复杂或用上述标注方法不能表达清楚时，在标注焊缝符号的同时，可在图形上加栅线表示，如图 4-24 所示。

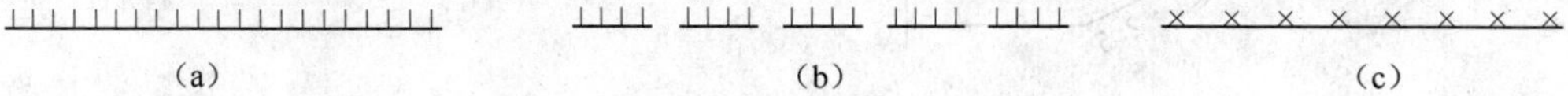

图 4-24　用栅线表示焊缝

(a) 正面焊缝；(b) 背面焊缝；(c) 安装焊缝

4.3　对接焊缝的构造与计算

4.3.1　对接焊缝的构造

对接焊缝的优点是用料经济，传力平顺、均匀，没有明显的应力集中。对于承受动力荷载作用的焊接结构，采用对接焊缝最为有利。但对接焊缝的焊件常需做成坡口，焊件长度必须精确，施焊时焊件要保持一定的间隙。对接焊缝的坡口形式与焊件厚度有关。当焊件厚度很小（手工焊 6mm，埋弧焊 10mm）时，可采用直边缝。对于一般厚度的焊件，可采用具有斜坡口的单边 V 形坡口或 V 形坡口。斜坡口和根部间隙 c 共同组成一个焊条能够运转的施焊空间，使焊缝易于焊透；钝边 p 有托住熔化金属的作用。对于较厚的焊件（$t>20$mm），则采用 U 形、K 形和 X 形坡口（见图 4-25）。对于 V 形坡口和 U 形坡口，需对焊缝根部进行补焊。对接焊缝的坡口形式，宜根据板厚和施工条件按现行标准《钢结构焊接规范》（GB 50661—2011）的要求选用。

在对接焊缝的拼接处，当焊件的宽度不同或厚度相差 4mm 以上时，应分别沿宽度方向或厚度方向从一侧或两侧做成坡度小于或等于 1：2.5 的斜角（见图 4-26 和图 4-27），以使截面过渡和缓，减小应力集中。当厚度不同时，焊缝坡口形式应根据较薄焊件厚度按规范要求取用。考虑到改变厚度时对钢板的切削很费事，所以一般不宜改变厚度。

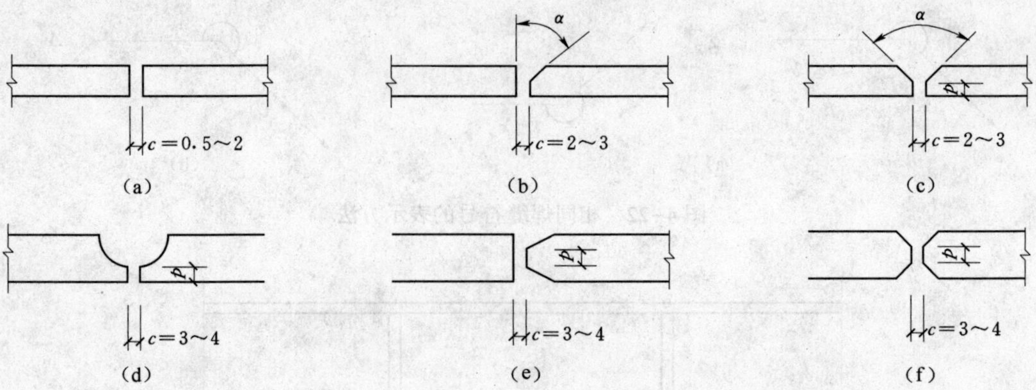

图 4-25　对接焊缝的坡口形式

（a）直边缝；（b）单边 V 形坡口；（c）V 形坡口；（d）U 形坡口；（e）K 形坡口；（f）X 形坡口

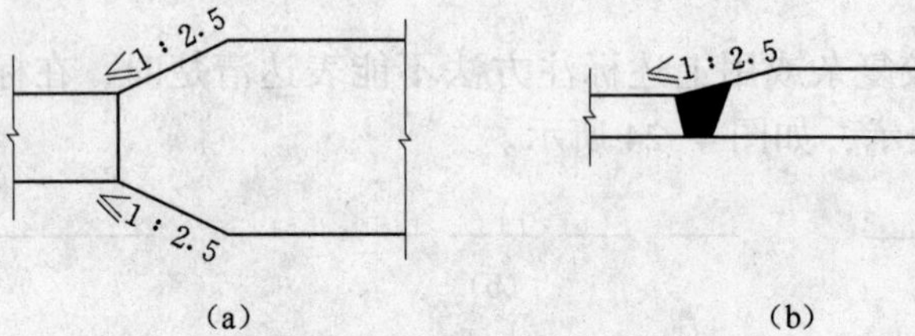

图 4-26　不同宽度或厚度钢板的拼接

（a）不同宽度；（b）不同厚度

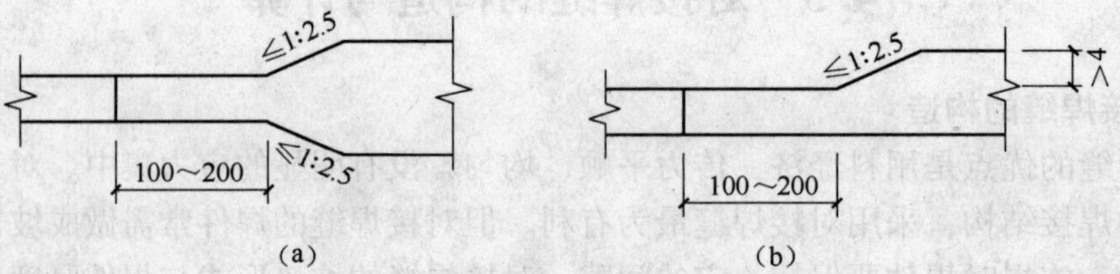

图 4-27　不同宽度或厚度铸钢件的拼接

（a）不同宽度对接；（b）不同厚度对接

在焊缝的起弧、落弧处，常会出现弧坑等缺陷，这些缺陷对承载力的影响极大，因此焊缝连接时一般应设置引弧板（见图 4-28），焊后将它割除。

凡要求等强的对接焊缝施焊时均应采用引弧板和引出板，以避免焊缝两端的起弧、落弧缺陷。在某些特殊情况下无法采用引弧板和引出板时，允许不设置，但是计算每条焊缝长度时应减去 $2t$（t 为较小焊件厚度），因为缺陷长度与焊件的厚度有关。

对接焊缝一般要求焊透，因此，焊件边缘应进行加工。我国《钢结构设计标准》（GB 50017—2017）也容许部分焊透的对接焊缝，但其受力性能同焊透的对接焊缝有所不同。

当采用部分焊透的对接焊缝时，应在设计图中注明坡口的形式和尺寸。

在直接承受动力荷载的结构中，垂直于受力方向的焊缝不宜采用部分焊透的对接焊缝。

当采用对接焊缝拼接钢板时，纵横两个方向的对接焊缝可采用十字形交叉或 T 形交叉，如图 4-29 所示。当采用 T 形交叉时，交叉点应分散，其间距不得小于 200mm。

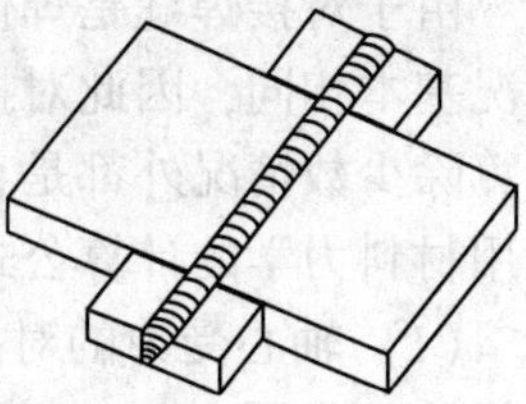

图 4-28　用引弧板焊接

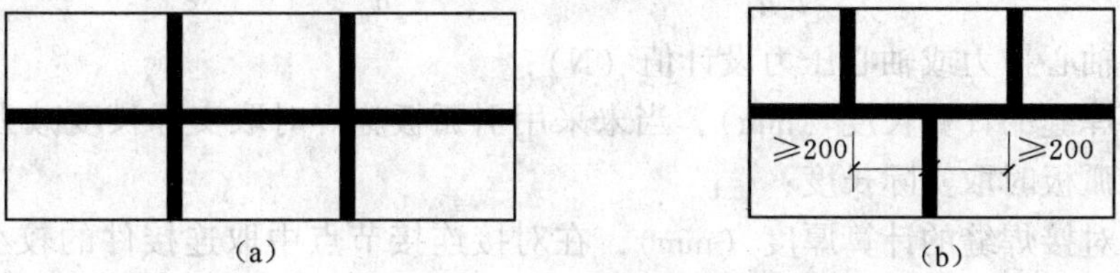

图 4-29　钢板的对接拼接焊缝

(a) 十字形交叉；(b) T 形交叉

4.3.2　对接焊缝的计算

对接焊缝分焊透和部分焊透两种。

1. 焊透的对接焊缝的计算

对接焊缝的强度与所用钢材的牌号、焊条型号及焊缝质量的检验标准等因素有关。由于焊接技术的进步，根据试验可知，一个对接焊缝接头在垂直于焊缝长度方向受拉时，焊件往往不是在焊缝处而是在焊缝附近断裂，这说明对接焊缝的强度往往不低于焊件的母材。焊缝中常有可能存在各种焊接缺陷，如气泡和夹渣等，缺陷的存在对焊缝在垂直于焊缝长度方向的抗压强度和沿焊缝长度方向的抗剪强度影响不大，但对其抗拉强度则将有一定程度的削弱。因此，我国钢结构设计标准对对接焊缝的各种强度设计值作了规定，如附录 2 所示。也就是，对接焊缝的抗压强度设计值 f_c^w、抗剪强度设计值 f_v^w 以及焊缝质量为一、二级时的抗拉强度设计值 f_t^w，均取与焊件钢材相同的相应强度设计值；而对焊缝质量为三级的抗拉强度设计值 f_t^w，则取相应焊件钢材强度设计值 f 的 0.85 倍，并取 5N/mm² 的整数倍。

焊缝质量等级应由设计人员根据焊缝的重要性在设计图纸上作出规定，制造厂则按图纸要求进行施焊和质量检验。

一般情况下，对接焊缝的有效截面与所焊接的构件截面相同，焊缝的受力情况与构件相似，焊缝的强度设计值又与母材相等（一、二级焊缝时），因此，当构件已满足强度要求时，对接焊缝的强度就没有必要再进行计算。当焊缝质量等级为三级时，其抗拉强度设计值 $f_t^w = 0.85f$；当对接焊缝不用引弧板施焊时，每条焊缝的有效长度应较实际长度减小 $2t$；对施工条件较差的高空安装焊缝，由于焊接质量较地面上施焊时难以保证，设计规范中规定其强度设计值应乘以折减系数 0.9；对无垫板的单面施焊对接焊缝，由于不易焊满，其强度设计值应乘以折减系数 0.85；几种情况同时存在时，其折减系数应连乘。在上述各种情况下，对接焊缝的强度应予验算。

由于对接焊缝是焊件截面的组成部分，焊缝中的应力分布情况与焊件原来的应力分布情况基本相同，因此对接焊缝的强度计算与构件截面强度计算方法相同。构件截面强度的计算除少数情况外都是直接利用材料力学的计算公式，因而对接焊缝强度计算也完全可以利用材料力学的计算公式来进行。

（1）轴心受力的对接焊缝。在对接和T形连接中，垂直于轴心拉力或轴心压力的对接焊缝（见图4-30）或对接与角接组合焊缝，按下式计算对接焊缝的强度：

$$\sigma=\frac{N}{l_w h_e}\leqslant f_t^w \quad 或 \quad \sigma=\frac{N}{l_w h_e}\leqslant f_c^w \tag{4-1}$$

式中 N——轴心拉力或轴心压力设计值（N）；

l_w——焊缝的计算长度（mm），当未采用引弧板施焊时取实际长度减去$2t$，当有引弧板时取实际长度；

h_e——对接焊缝的计算厚度（mm），在对接连接节点中取连接件的较小厚度，在T形连接节点中取腹板的厚度；

f_t^w、f_c^w——对接焊缝的抗拉、抗压强度设计值（N/mm^2）。

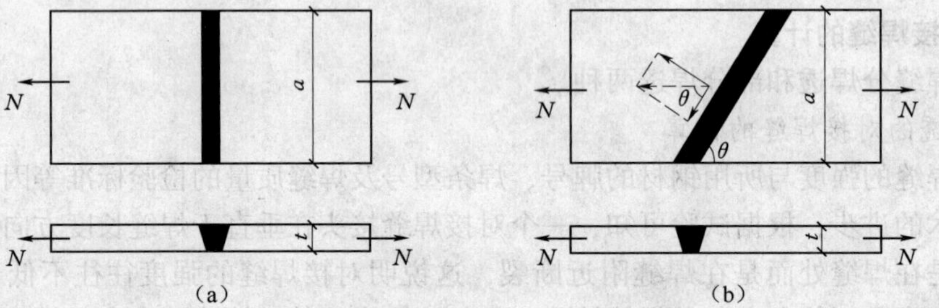

图4-30 对接焊缝受轴心拉力作用

（a）直对接焊缝；（b）斜对接焊缝

由于一级、二级检验的焊缝与母材强度相等，因此只有三级检验的焊缝才需按式(4-1)进行抗拉强度验算。如果用直对接焊缝不能满足强度要求时，可采用如图4-30（*b*）所示的斜对接焊缝。计算证明，三级检验的对接焊缝与作用力间的夹角θ满足$\tan\theta\leqslant1.5$，即$\theta\leqslant56.3°$时，斜焊缝的强度不低于母材强度，可不再进行强度验算。

斜对接焊缝强度的计算公式如下：

$$\sigma=\frac{N\sin\theta}{l'_w h_e}\leqslant f_t^w \quad 或 \quad \sigma=\frac{N\sin\theta}{l'_w h_e}\leqslant f_c^w \tag{4-2}$$

$$\tau=\frac{N\cos\theta}{l'_w h_e}\leqslant f_v^w \tag{4-3}$$

式中 l'_w——斜对接焊缝的计算长度（mm），当未采用引弧板施焊时取实际长度减去$2t$，当有引弧板时取实际长度；

f_v^w——对接焊缝的抗剪强度设计值（N/mm^2）。

利用斜焊缝，需将钢板斜切，当钢板宽度较大时可能使钢板的损耗加大。因此，斜焊缝对接宜用于狭长的钢板，如可用于焊接工字形截面梁的受拉翼缘板的拼接，而不宜用于其腹板的拼接。

【例题 4-1】 试验算图 4-30（a）所示钢板的对接焊缝的强度。该图中 $a=500\text{mm}$，$t=20\text{mm}$，轴心力的设计值为 $N=2000\text{kN}$。钢材为 Q235B，焊条为 E43 型，采用手工电弧焊，焊缝为三级质量检验标准，施焊时加引弧板。

解：由附录 2 查得，$f_t^w=175\text{N/mm}^2$，$f_v^w=120\text{N/mm}^2$。

先采用直对接焊缝连接，因施焊时加引弧板，故其计算长度 $l_w=500\text{mm}$。

此时，焊缝正应力为

$$\sigma=\frac{N}{l_w h_e}=\frac{2000\times10^3}{500\times20}=200(\text{N/mm}^2)>f_t^w=175\text{N/mm}^2$$

可见直对接焊缝强度不满足要求。

改用斜对接焊缝，取截割斜度为 1.5∶1，即 $\theta=56.3°$，则斜对接焊缝长度为

$$l'_w=\frac{a}{\sin56.3°}=\frac{500}{\sin56.3°}=601(\text{mm})$$

焊缝的正应力为

$$\sigma=\frac{N\sin\theta}{l'_w h_e}=\frac{2000\times10^3\times\sin56.3°}{601\times20}=138.4(\text{N/mm})^2<f_t^w=175\text{N/mm}^2$$

剪应力为

$$\tau=\frac{N\cos\theta}{l'_w h_e}=\frac{2000\times10^3\times\cos56.3°}{601\times20}=92.3(\text{N/mm})^2<f_v^w=120\text{N/mm}^2$$

这说明，当 $\tan\theta\leqslant1.5$ 时，斜对接焊缝强度能够得到保证，可不必再进行计算。

（2）弯矩、剪力共同作用下的对接焊缝。如图 4-31（a）所示，钢板对接接头受到弯矩和剪力的共同作用，由于焊缝截面是矩形，正应力与剪应力图形分别为三角形与抛物线形，其最大值应分别满足下列强度条件：

$$\sigma_{\max}=\frac{M}{W_w}=\frac{6M}{l_w^2 h_e}\leqslant f_t^w \tag{4-4}$$

$$\tau_{\max}=\frac{VS_w}{I_w h_e}=\frac{3}{2}\frac{V}{l_w h_e}\leqslant f_v^w \tag{4-5}$$

其中

$$W_w=I_w/y_{\max}$$

式中　W_w——焊缝计算截面的截面模量（mm^3）；

S_w——焊缝计算截面在计算剪应力处以上（或以下）部分截面对中性轴的面积矩（mm^3）；

I_w——焊缝计算截面对其中性轴的截面惯性矩（mm^4）。

如图 4-31（b）所示，工字形截面梁的对接接头，焊缝截面是工字形截面。焊缝同时承受弯矩和剪力的共同作用，因为最大正应力与最大剪应力不在同一点上，所以除应分别验算最大正应力和最大剪应力外，对于同时受到较大正应力和较大剪应力处，例如腹板与翼缘的交接点，还应按下式验算折算应力：

$$\sqrt{\sigma_1^2+3\tau_1^2}\leqslant1.1f_t^w \tag{4-6}$$

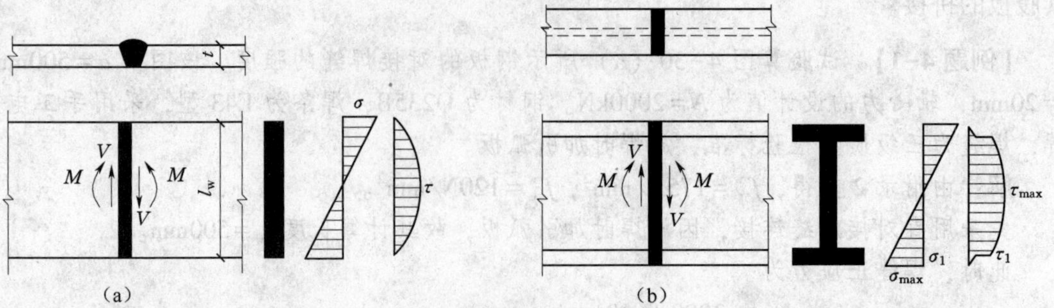

图 4-31 对接焊缝承受弯矩和剪力的共同作用

式中 σ_1、τ_1——验算危险点处的焊缝正应力、剪应力（N/mm^2）；

1.1——考虑到最大折算应力只在局部出现，故将其强度设计值适当提高。

【例题 4-2】 计算工字形截面牛腿与钢柱连接的对接焊缝强度（见图 4-32）。$F=520kN$（设计值），偏心距 $e=280mm$。钢材为 Q235B，焊条为 E43 型，采用手工电弧焊。焊缝为三级质量检验标准，上、下翼缘用引弧板施焊。

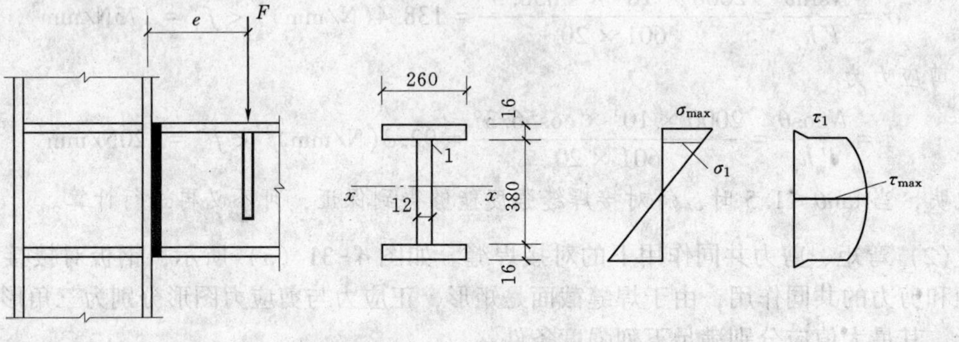

图 4-32 ［例题 4-2］图

解： 由附录 2 查得，$f_t^w=185N/mm^2$，$f_v^w=125N/mm^2$。

对接焊缝的计算截面与工字形截面牛腿的截面相同，因而有

$$I_x=\frac{12\times 380^3}{12}+\left[\frac{260\times 16^3}{12}+260\times 16\times\left(\frac{380+16}{2}\right)^2\right]\times 2=3.81\times 10^8(mm^4)$$

$$S_x=260\times 16\times 198+190\times 12\times 190/2=1.04\times 10^6(mm^3)$$

$$S_{x1}=260\times 16\times 198=8.24\times 10^5(mm^3)$$

$$V=F=520(kN)$$

$$M=Fe=520\times 0.28=145.6(kN\cdot m)$$

最大正应力验算：

$$\sigma_{max}=\frac{M}{W_w}=\frac{My_{max}}{I_x}=\frac{145.6\times 10^6\times 206}{3.81\times 10^8}=78.72(N/mm)^2<f_t^w=185N/mm^2$$

最大剪应力验算：

$$\tau_{max}=\frac{VS_w}{I_w h_e}=\frac{VS_x}{I_x h_e}=\frac{520\times 10^3\times 1.04\times 10^6}{3.81\times 10^8\times 12}=118.3(N/mm^2)<f_v^w=125N/mm^2$$

上翼缘和腹板交接处“1”点的正应力为

$$\sigma_1 = \sigma_{\max} \times \frac{190}{\frac{380}{2}+16} = 72.6(\mathrm{N/mm^2})$$

“1”点的剪应力为

$$\tau_1 = \frac{VS_{x1}}{I_x h_e} = \frac{520 \times 10^3 \times 8.24 \times 10^5}{3.81 \times 10^8 \times 12} = 93.7(\mathrm{N/mm^2})$$

由于“1”点同时受到较大的正应力和剪应力作用，所以应按式（4-6）验算折算应力：

$$\sqrt{\sigma_1^2 + 3\tau_1^2} = \sqrt{72.6^2 + 3 \times 93.7^2}$$
$$= 177.8(\mathrm{N/mm^2}) < 1.1 f_t^w = 1.1 \times 185 = 203.5(\mathrm{N/mm^2})$$

计算结果表明，该焊缝连接安全。

（3）弯矩、剪力和轴心力共同作用的对接焊缝。构件截面为工字形的对接焊缝在弯矩、剪力和轴心力共同作用下（见图 4-33），焊缝的最大正应力应为轴心力和弯矩引起的正应力之和，即按式（4-7）计算，最大剪应力在中性轴上，按式（4-8）计算，然后分别验算其正应力和剪应力：

$$\sigma_{\max} = \sigma_N + \sigma_M = \frac{N}{A_w} + \frac{M}{W_w} \leqslant f_t^w (\text{或} f_c^w) \tag{4-7}$$

$$\tau_{\max} = \frac{VS_w}{I_w h_e} \leqslant f_v^w \tag{4-8}$$

式中　A_w——焊缝计算截面的面积（$\mathrm{mm^2}$）。

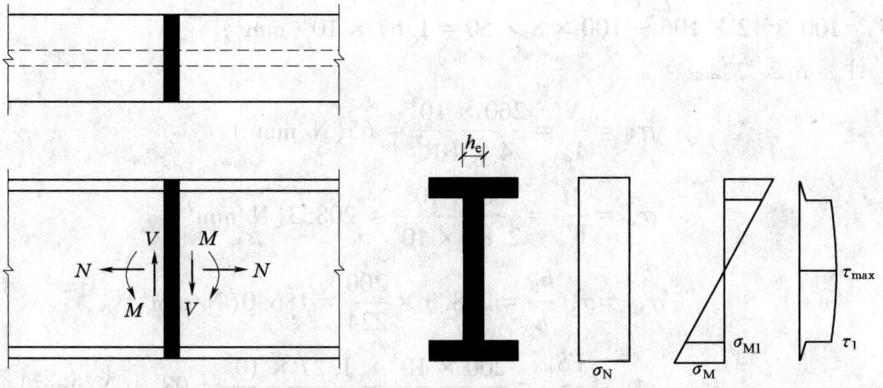

图 4-33　对接焊缝承受弯矩、剪力和轴心力的共同作用

同时，对于工字形、箱形截面，还要计算腹板与翼缘交界处的折算应力，其公式为

$$\sqrt{(\sigma_N + \sigma_{M1})^2 + 3\tau_1^2} \leqslant 1.1 f_t^w \tag{4-9}$$

在中性轴处，虽然 $\sigma_M = 0$，但该处剪应力最大，所以中性轴处的折算应力也有可能较大，因而还应按下式验算折算应力：

$$\sqrt{\sigma_N^2 + 3\tau_{max}^2} \leqslant 1.1 f_t^w \tag{4-10}$$

【例题 4-3】 计算图 4-34 所示由三块钢板焊成的工字形截面的对接焊缝。已知截面尺寸：翼缘宽度 $b=100$mm，厚度 $t_1=12$mm；腹板高度 $h_0=200$mm，厚度 $t_w=8$mm。轴心拉力设计值 $N=260$kN，作用在焊缝上的弯矩设计值 $M=60$kN·m，剪力设计值 $V=200$kN。钢材为 Q355B。采用手工电弧焊，焊条为 E50 型，采用引弧板，焊缝为二级质量检验标准。

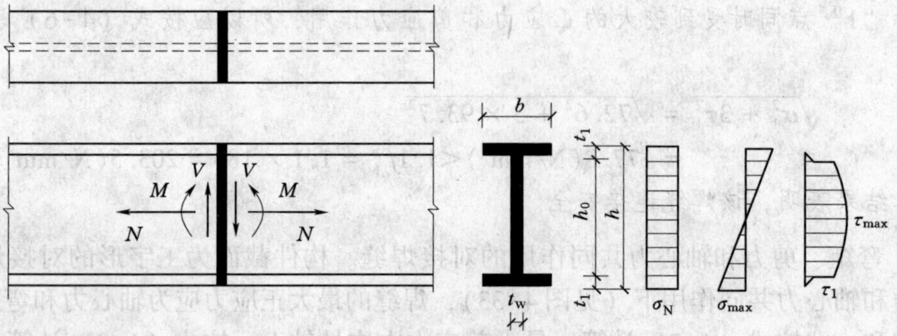

图 4-34　［例题 4-3］图

解： 由附录 2 查得，$f_t^w=305\text{N/mm}^2$，$f_v^w=175\text{N/mm}^2$。

（1）焊缝计算截面的特征值：

$$A_w = 100\times12\times2 + 200\times8 = 4\times10^3(\text{mm}^2)$$

$$I_w = 8\times200^3/12 + 2\times(100\times12^3/12 + 100\times12\times106^2) = 3.23\times10^7(\text{mm}^4)$$

$$W_w = I_w/y_{max} = 3.23\times10^7/112 = 2.88\times10^5(\text{mm}^3)$$

$$S_1 = 100\times12\times106 = 1.27\times10^5(\text{mm}^3)$$

$$S_w = 100\times12\times106 + 100\times8\times50 = 1.67\times10^5(\text{mm}^3)$$

（2）计算各应力值：

$$\sigma_N = \frac{N}{A_w} = \frac{260\times10^3}{4\times10^3} = 65(\text{N/mm}^2)$$

$$\sigma_M = \frac{M}{W_w} = \frac{60\times10^6}{2.88\times10^5} = 208.3(\text{N/mm}^2)$$

$$\sigma_{M1} = \sigma_M\frac{h_0}{h} = 208.3\times\frac{200}{224} = 186.0(\text{N/mm}^2)$$

$$\tau_1 = \frac{VS_1}{I_w h_e} = \frac{200\times10^3\times1.27\times10^5}{3.23\times10^7\times8} = 98.3(\text{N/mm}^2)$$

$$\tau_{max} = \frac{VS_w}{I_w h_e} = \frac{200\times10^3\times1.67\times10^5}{3.23\times10^7\times8} = 129.3(\text{N/mm}^2)$$

（3）应力验算：

最大正应力为

$$\sigma_{max} = \sigma_N + \sigma_M = 65 + 208.3 = 273.3(\text{N/mm}^2) < f_t^w = 305\text{N/mm}^2$$

最大剪应力为

$$\tau_{max} = 129.3\text{N/mm}^2 < f_v^w = 175\text{N/mm}^2$$

翼缘与腹板相交处的折算应力为

$$\sqrt{(\sigma_N + \sigma_{M1})^2 + 3\tau_1^2} = \sqrt{(65 + 186.0)^2 + 3 \times 98.3^2}$$
$$= 303.3(\text{N/mm}^2) < 1.1 f_t^w = 1.1 \times 305 = 335.5(\text{N/mm}^2)$$

验算中性轴处的折算应力为

$$\sqrt{\sigma_N^2 + 3\tau_{max}^2} = \sqrt{65^2 + 3 \times 129.3^2} = 233.2(\text{N/mm}^2) < 1.1 f_t^w = 1.1 \times 305 = 335.5(\text{N/mm}^2)$$

验算结果表明，该焊缝连接安全。

2. 部分焊透的对接焊缝

当受力很小时，焊缝主要起联系作用；或焊缝受力虽然较大，但采用焊透的对接焊缝将使强度不能充分发挥时，可采用部分焊透的对接焊缝。例如，用四块较厚的板焊成箱形截面的轴心受压构件，显然采用图 4-35（a）所示的焊透对接焊缝是不必要的；如果采用角焊缝［见图 4-35（b）］，外形又不平整；如果采用部分焊透的对接焊缝［见图 4-35（c）］，则可以省工省料，较为美观、大方。

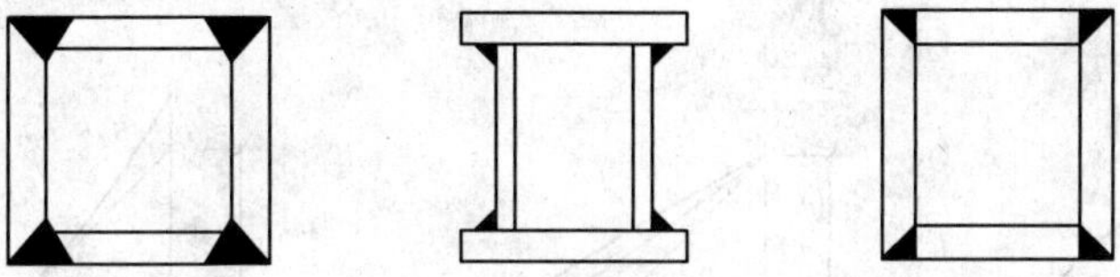

图 4-35　箱形截面的焊缝连接

部分焊透的对接焊缝的计算详见本章 4.4.6。

4.4　角焊缝的构造与计算

4.4.1　角焊缝的受力性能

在相互搭接或 T 形连接焊件的边缘，焊成截面如图 4-36 所示的焊缝称为直角角焊缝。角焊缝是沿着被连接焊件之一的边缘施焊而成的，焊件边缘不需要特殊处理，焊缝金属直接填充在由被连接件形成的直角或斜角区域内。角焊缝是最常用的焊缝形式。

角焊缝按其与作用力的关系可分为三类：焊缝长度方向与作用力垂直的正面角焊缝（又称为端焊缝），焊缝长度方向与作用力平行的侧面角焊缝（又称为侧焊缝），以及焊缝长度方向与作用力斜交的斜面角焊缝。由侧面角焊缝、斜面角焊缝和正面角焊缝组成的混合焊缝，常称为围焊缝（见图 4-37）。

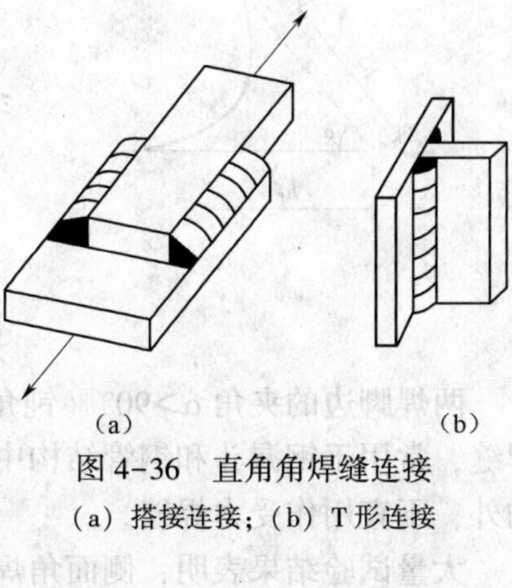

图 4-36　直角角焊缝连接

（a）搭接连接；（b）T 形连接

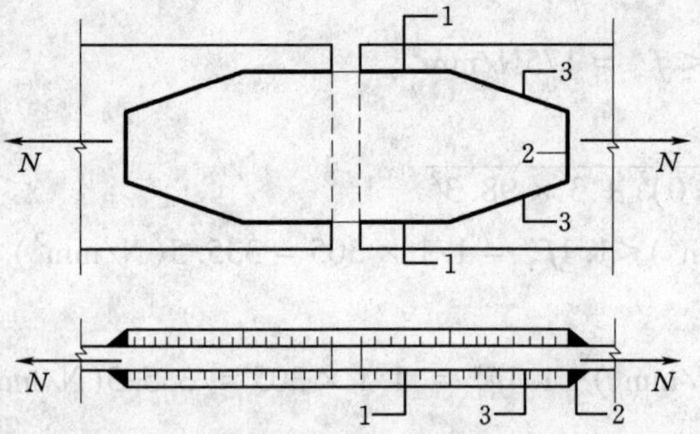

图 4-37　围焊缝

1—侧面角焊缝；2—正面角焊缝；3—斜面角焊缝

角焊缝按其截面形式可分为直角角焊缝（见图 4-38）和斜角角焊缝（见图 4-39）。在建筑钢结构中，最常用的是直角角焊缝，尤其以图 4-38（a）所示的等边直角角焊缝应用为最多，其焊缝截面各部分名称如图 4-40 所示。直角角焊缝通常焊成表面微凸的等腰直角三角形截面［见图 4-38（a）］。在直接承受动力荷载的结构中，为了减少应力集中，提高构件的抗疲劳强度，侧面角焊缝以凹形为最好。但手工将焊缝焊成凹形极为费事，因此采用手工焊时，焊缝做成直线形较为合适。当采用自动焊时，由于电流较大，金属熔化速度快、熔深大，焊缝金属冷却后的收缩自然形成凹形表面［见图 4-38（c）］。为此，规定在直接承受动力荷载的结构（如吊车梁）中，侧面角焊缝做成凹形或直线形均可。对于正面角焊缝，因其刚度较大，承受动力荷载时应焊成平坡式［见图 4-38（b）］，直角边的比例通常为 1∶1.5（长边沿内力方向）。

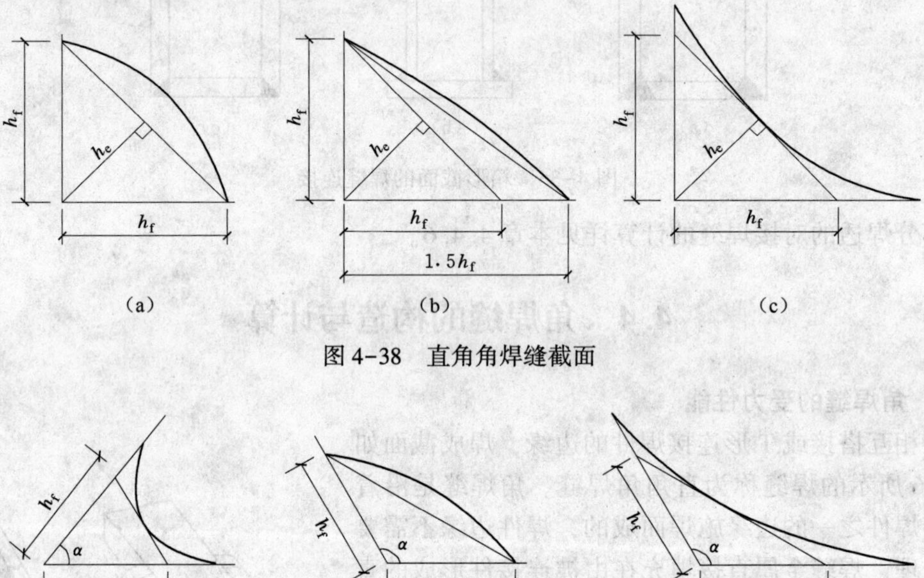

图 4-38　直角角焊缝截面

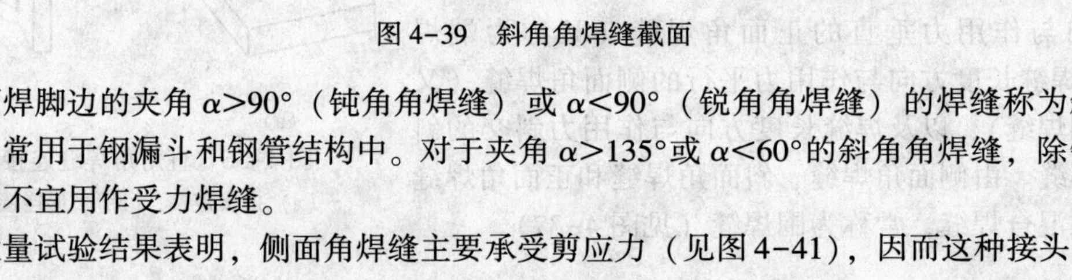

图 4-39　斜角角焊缝截面

两焊脚边的夹角 $\alpha>90°$（钝角角焊缝）或 $\alpha<90°$（锐角角焊缝）的焊缝称为斜角角焊缝，常用于钢漏斗和钢管结构中。对于夹角 $\alpha>135°$或 $\alpha<60°$的斜角角焊缝，除钢管结构外，不宜用作受力焊缝。

大量试验结果表明，侧面角焊缝主要承受剪应力（见图 4-41），因而这种接头的强度较低，由于钢的剪变模量远小于弹性模量，受力时接头的纵向变形较大。由于传力线通过侧面角焊缝时产生弯折不均匀，在弹性阶段，应力沿焊缝长度方向分布不均匀，呈两端大、中间小的状态，焊缝越长，应力分布的不均匀性越显著。但由于侧面角焊缝的塑性较好，在接近塑性工作阶段时，产生应力重分布，可使应力分布的不均匀现象渐趋缓和，在一定长度范围内，应力分布可趋于均匀。在所连接的板件中，远离接头处截面上拉应力的分布是均匀的，但越靠近接头处，板件中的拉应力由于都需通过两条侧面角焊缝传递而越发呈不均匀分布。

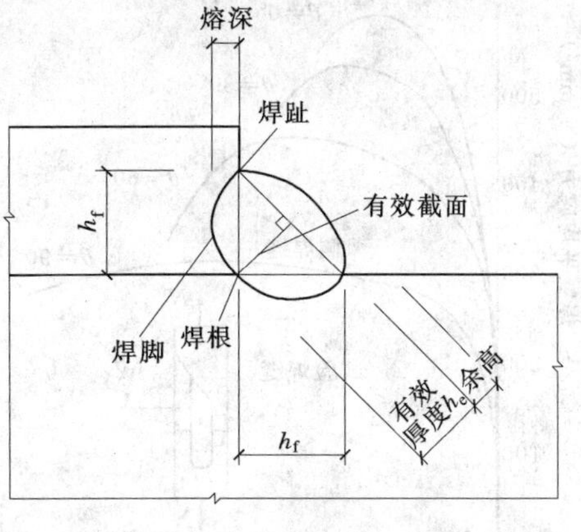

图 4-40　等边直角角焊缝的各部分名称

正面角焊缝受力（见图 4-42）较侧面角焊缝复杂，截面中的各面均存在正应力和剪应力。由于传力时传力线弯折，并且焊根处正好是两焊件接触面的端部，相当于裂缝的尖端，因此焊根处存在着很严重的应力集中。与侧面角焊缝相比，正面角焊缝的刚度较大，受力时纵向变形较小，塑性变形要差些。试验还证明，正面角焊缝的破坏强度是侧面角焊缝破坏强度的 1.35~1.55 倍。这主要是由于正面角焊缝的应力沿焊缝长度方向分布较均匀，正面角焊缝的破坏又常不是沿 45°方向的有效截面，破坏面的面积较理想的有效截面大，破坏时的应力状态不是单纯受剪而是处于复杂应力状态。

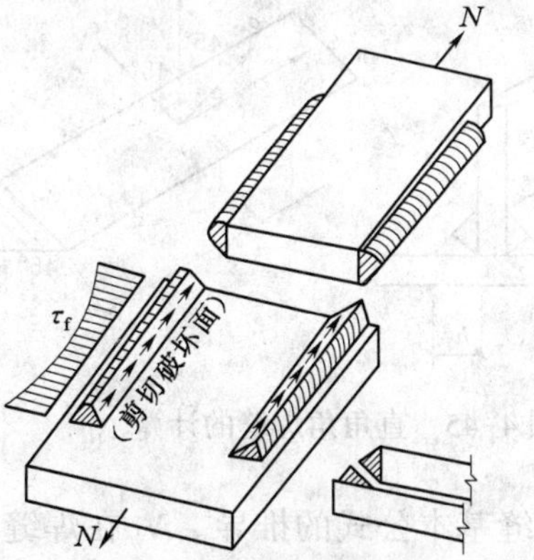

图 4-41　侧面角焊缝的应力

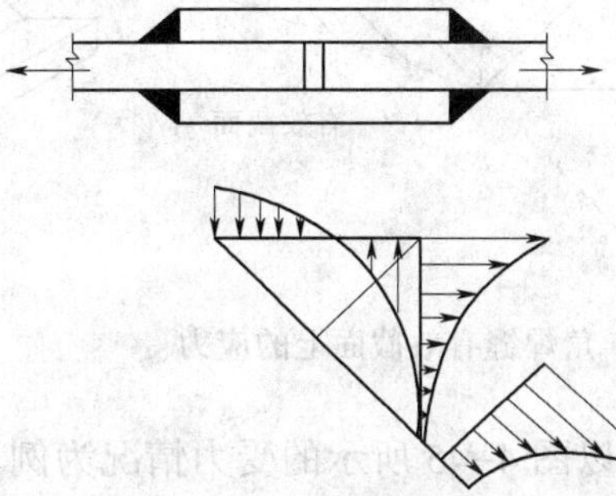
图 4-42　正面角焊缝的应力状态

图 4-43 所示为角焊缝荷载与变形的关系曲线，θ 为试验焊缝与试件水平方向的夹角。由该图中可看出，正面角焊缝的破坏强度比侧面角焊缝高。斜面角焊缝的受力性能和强度值介于正面角焊缝和侧面角焊缝之间。

4.4.2　直角角焊缝的强度计算

图 4-38 所示为直角角焊缝的截面。直角边边长 h_f 称为角焊缝的焊脚尺寸，$h_e=0.7h_f$ 为直角角焊缝的有效厚度或计算厚度。直角角焊缝以 45°方向的最小截面（即有效厚度与

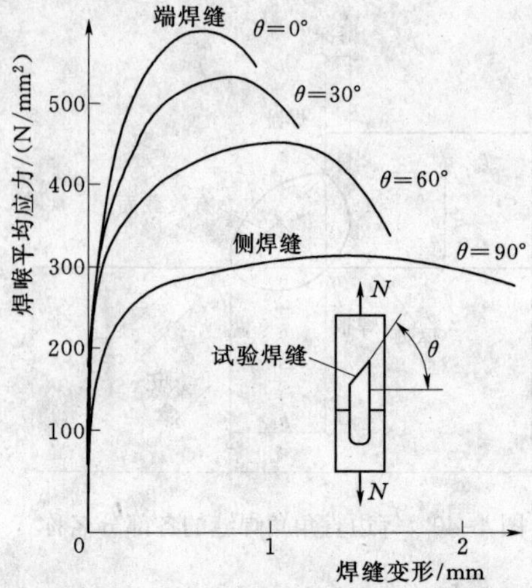

图 4-43 角焊缝荷载与变形的关系曲线

焊缝计算长度的乘积）作为有效截面或计算截面。试验表明，直角角焊缝的破坏常发生在有效截面处（焊喉），因此，对角焊缝的研究均着重于这一部位。作用在焊缝有效截面上的应力（见图 4-44）包括以下几项：垂直于焊缝有效截面的正应力 $\sigma_{\perp}$，垂直于焊缝长度方向的剪应力 $\tau_{\perp}$，以及沿焊缝长度方向的剪应力 $\tau_{//}$。

我国现行《钢结构设计标准》（GB 50017—2017）假定焊缝在有效截面处破坏，各应力分量沿有效截面呈均匀分布，各应力分量满足如下折算应力公式：

$$\sqrt{\sigma_{\perp}^{2}+3(\tau_{\perp}^{2}+\tau_{//}^{2})}\leqslant f_{u}^{w} \tag{4-11}$$

式中 f_{u}^{w}——焊缝金属的抗拉强度（N/mm^2）。

由于该标准规定的角焊缝强度设计值 f_{f}^{w} 是根据抗剪条件确定的，而 $\sqrt{3}f_{f}^{w}$ 相当于角焊缝的抗拉强度设计值，则式（4-11）可变为

$$\sqrt{\sigma_{\perp}^{2}+3(\tau_{\perp}^{2}+\tau_{//}^{2})}\leqslant \sqrt{3}f_{f}^{w} \tag{4-12}$$

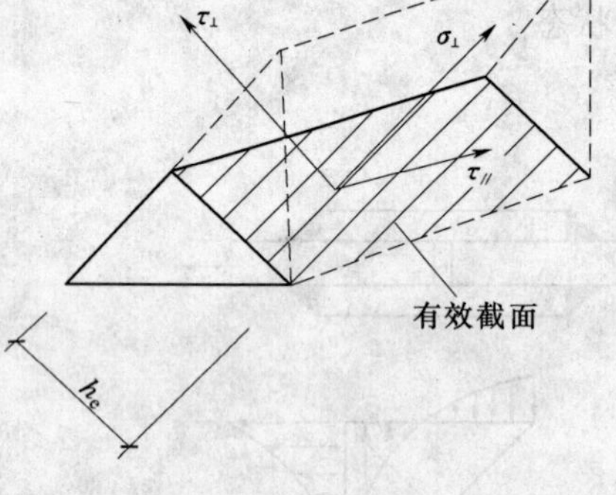

图 4-44 角焊缝有效截面上的应力

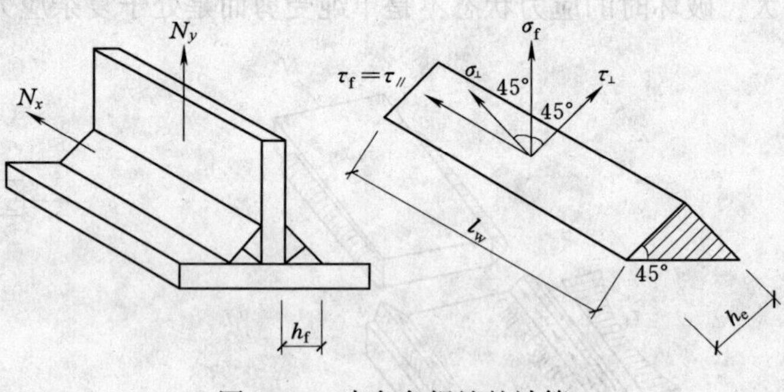

图 4-45 直角角焊缝的计算

下面以图 4-45 所示的受力情况为例，说明角焊缝基本公式的推导。N_y 在焊缝有效截面上引起垂直于焊缝一个直角边的应力 σ_f，该应力对有效截面既不是正应力，也不是剪应力，而是 $\sigma_{\perp}$ 和 $\tau_{\perp}$ 的合应力，则

$$\sigma_f=\frac{N_y}{h_e l_w} \tag{4-13}$$

式中 N_y——垂直于焊缝长度方向的轴心力（N）；

h_e——直角角焊缝的计算厚度（或有效厚度，mm，见图 4-46），当两焊件间隙 $b\leqslant1.5$mm时，$h_e=0.7h_f$，当 $1.5\text{mm}<b\leqslant5$mm 时，$h_e=0.7(h_f-b)$，h_f 为焊脚尺寸（见图 4-38）；

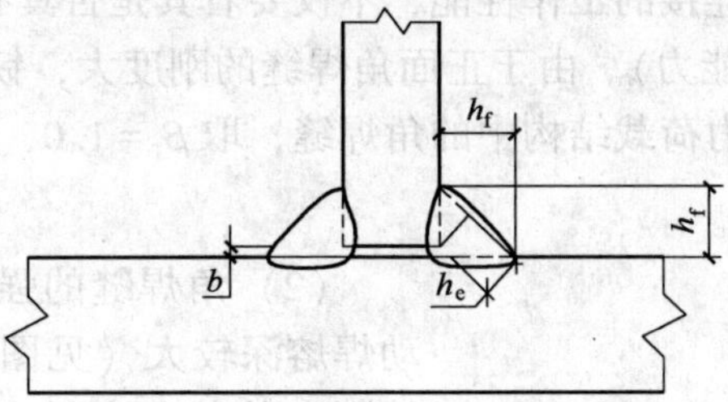

图 4-46　直角角焊缝的计算厚度

l_w——角焊缝的计算长度（mm），考虑起弧、灭弧缺陷，按各条焊缝的实际长度每端减去 h_f 计算。

由图 4-45 可知，对于直角角焊缝，有

$$\sigma_{\perp} = \tau_{\perp} = \frac{\sigma_f}{\sqrt{2}}$$

N_x 在焊缝有效截面上引起平行于焊缝长度方向的应力 τ_f，则

$$\tau_f = \tau_{//} = \frac{N_x}{h_e l_w} \tag{4-14}$$

由式（4-12）得直角角焊缝在各种应力综合作用下，σ_f 与 τ_f 共同作用处的计算式为

$$\sqrt{4\left(\frac{\sigma_f}{\sqrt{2}}\right)^2 + 3\tau_f^2} \leqslant \sqrt{3} f_f^w$$

或

$$\sqrt{\left(\frac{\sigma_f}{\beta_f}\right)^2 + \tau_f^2} \leqslant f_f^w \tag{4-15}$$

式中　σ_f——按焊缝有效截面计算，垂直于焊缝长度方向的应力（N/mm^2）；

τ_f——按焊缝有效截面计算，平行于焊缝长度方向的剪应力（N/mm^2）；

β_f——正面角焊缝的强度设计值增大系数，对承受静力荷载或间接承受动力荷载的结构 $\beta_f = \sqrt{3/2} = 1.22$，对直接承受动力荷载的结构 $\beta_f = 1.0$；

f_f^w——角焊缝的抗拉、抗剪和抗压强度设计值（N/mm^2）。

对于正面角焊缝，力 N 与焊缝长度方向垂直。此时 $\tau_f = 0$，得

$$\sigma_f = \frac{N}{h_e l_w} \leqslant \beta_f f_f^w \tag{4-16}$$

对于侧面角焊缝，力 N 与焊缝长度方向平行。此时 $\sigma_f = 0$，得

$$\tau_f = \frac{N}{h_e l_w} \leqslant f_f^w \tag{4-17}$$

式（4-15）~式（4-17）即为角焊缝的基本计算公式。只要将焊缝应力分解为垂直于焊缝长度方向的应力 σ_f 和平行于焊缝长度方向的剪应力 τ_f，上述基本公式就可适用于各种受力状态。但在实际运用中应注意以下问题：

（1）对于直接承受动力荷载结构中的焊缝，虽然正面角焊缝的强度试验值比侧面角

焊缝要高，但判别结构或连接的工作性能，不仅要看其是否具有较高的强度指标，还要看其延性指标（即塑性变形能力）。由于正面角焊缝的刚度大，韧性差，应将其强度降低使用，所以对于直接承受动力荷载结构中的角焊缝，取 $\beta_f=1.0$，相当于按 σ_f 和 τ_f 的合应力进行计算，即 $\sqrt{\sigma_f^2+\tau_f^2}\leqslant f_f^w$。

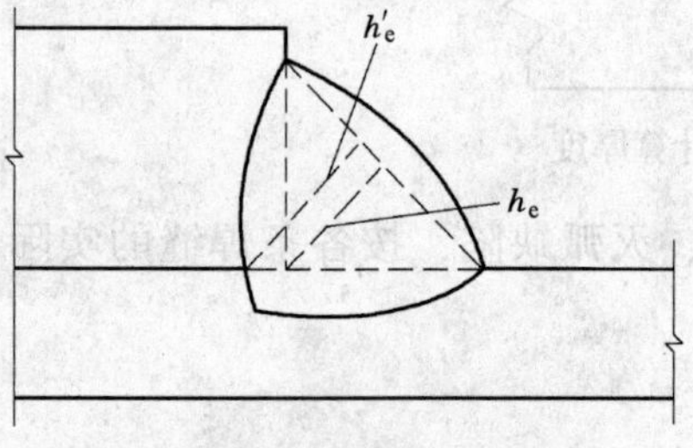

图 4-47 考虑熔深的有效厚度
h_e——一般焊缝的有效厚度；
h'_e—埋弧自动焊的有效厚度

（2）角焊缝的强度还与熔深有关。埋弧自动焊熔深较大（见图 4-47），若在确定焊缝有效厚度时考虑熔深对焊缝强度的影响，可产生较大的经济效益，例如美国、苏联等对此均予以考虑。我国设计标准不分手工焊与埋弧焊，均统一取有效厚度 $h_e=0.7h_f$，而对于埋弧自动焊来说，这是偏于安全的。

4.4.3 角焊缝的构造要求

角焊缝的尺寸包括焊脚尺寸和焊缝计算长度。在设计角焊缝连接时，除满足强度要求外，还必须满足其构造要求。

1. 焊脚尺寸

为了保证焊缝质量，焊脚尺寸应与焊件的厚度相适应，不宜过大或过小。

（1）最小焊脚尺寸。当焊脚尺寸太小时，焊接时产生的热量较小，焊缝冷却快，特别是焊件越厚，焊缝冷却速度就越快，在焊件刚度较大的情况下，焊缝就越容易产生裂纹。同时，焊脚过小也不易焊透。为了防止上述情况的发生，《钢结构设计标准》（GB 50017—2017）作出了限制角焊缝最小尺寸的规定（见表 4-3），承受动力荷载时角焊缝焊脚尺寸不宜小于 5mm。

表 4-3 角焊缝最小焊脚尺寸 单位：mm

母材厚度 t	角焊缝最小焊脚尺寸
$t\leqslant6$	3
$6<t\leqslant12$	5
$12<t\leqslant20$	6
$t>20$	8

注：1. 采用不预热的非低氢焊接方法进行焊接时，t 等于焊接连接部位中较厚件厚度，宜采用单道焊缝；采用预热的非低氢焊接方法或低氢焊接方法进行焊接时，t 等于焊接连接部位中较薄件厚度。
2. 焊缝尺寸 h_f 不要求超过焊接连接部位中较薄件厚度的情况除外。

（2）最大焊脚尺寸。当焊脚尺寸过大时，施焊较薄的焊件时很容易烧穿，而且焊缝冷却收缩将产生较大的焊接变形；而热影响区扩大，又容易产生脆性断裂。因此，《钢结构设计标准》（GB 50017—2017）对角焊缝的最大焊脚尺寸也作出了相应的规定。

当贴着板边缘施焊时，最大焊脚尺寸（见图 4-48）应满足下列要求以避免焊件边缘棱角被烧熔：当焊件边缘厚度 $t\leqslant6$mm 时，最大焊脚尺寸应为母材厚度；当焊件边缘厚度 $t>6$mm 时，最大焊脚尺寸应为母材厚度减去 1~2mm。

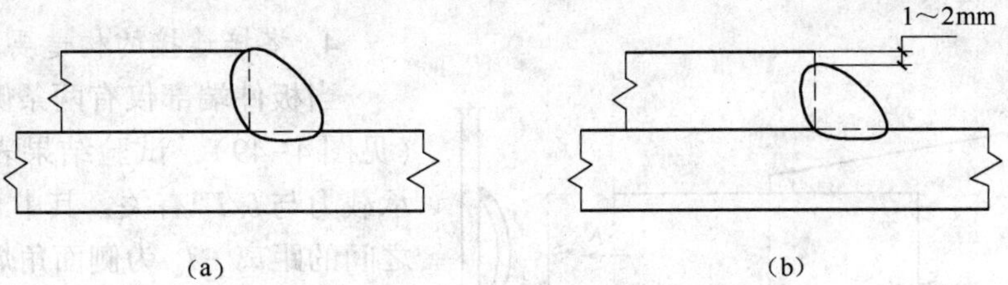

图 4-48　搭接角焊缝沿母材棱边的最大焊脚尺寸

（a）母材厚度小于或等于 6mm；（b）母材厚度大于 6mm

设计选择的焊脚尺寸应符合：$h_{f,min} \leqslant h_f \leqslant h_{f,max}$。

被焊构件中较薄板厚度不小于 25mm 时，宜采用开局部坡口的角焊缝。采用角焊缝焊接连接，不宜将厚板焊接到较薄板上。

2. 角焊缝的计算长度

角焊缝的计算长度应取焊缝的实际长度减去 $2h_f$，以考虑施焊时起弧、灭弧点的不利影响。

（1）角焊缝的最小计算长度。角焊缝的计算长度不宜过短，因为当焊缝的厚度大而长度过短时，焊件局部加热严重会使材质变脆；同时，当焊缝长度过短时，起弧、灭弧造成的缺陷相距太近，如果再加上一些其他可能的焊接缺陷时，就会严重影响焊缝的工作性能。因而《钢结构设计标准》（GB 50017—2017）规定了角焊缝的计算长度都应满足：$l_w \geqslant 8h_f$ 和 $l_w \geqslant 40$mm。焊缝计算长度应为扣除起弧、灭弧长度后的焊缝长度。

（2）侧面角焊缝的最大计算长度。侧面角焊缝的计算长度不宜过长。因为侧面角焊缝在弹性阶段沿长度方向受力不均匀，两端大而中间小，焊缝越长，不均匀性越显著。在静力荷载作用下，如果焊缝长度不过长，当焊缝两端点处的应力达到屈服强度后，继续加载，塑性内力重分布，焊缝全长的应力会逐渐趋向于均匀。但是，如果焊缝长度超过某一限值后，塑性阶段的应力重分布开展不充分，其两端应力可能达到极限值而先破坏，而焊缝中部则未能充分发挥其承载能力。为了防止应力分布过分不均匀，一般要求侧面角焊缝计算长度不宜超过 $60h_f$。

当侧面角焊缝的计算长度大于 $60h_f$ 时，在计算焊缝强度时可以不考虑其超过部分的长度，也可对全长焊缝的承载力进行折减，以考虑长焊缝内力分布不均匀的影响，但有效焊缝计算长度不应超过 $180h_f$。

角焊缝的搭接焊缝连接中，当焊缝计算长度超过 $60h_f$ 时，焊缝的承载力设计值应乘以折减系数 α_f，$\alpha_f = 1.5 - l_w/120h_f$，并且 $\alpha_f \geqslant 0.5$。

3. 断续角焊缝的构造要求

断续角焊缝是应力集中的根源，因此不宜用于重要结构或重要的焊接连接。在次要构件或次要焊缝连接中，由于焊缝受力不大，可采用断续角焊缝。同时，为保证构件受拉时有效传递荷载，受压时保持稳定，《钢结构设计标准》（GB 50017—2017）对断续角焊缝的最大纵向间距作了相应的规定。断续角焊缝焊段的长度不得小于 $10h_f$ 或 50mm，其净距不应大于 $15t$（对受压构件）或 $30t$（对受拉构件），t 为较薄焊件厚度。腐蚀环境中不宜采用断续角焊缝。

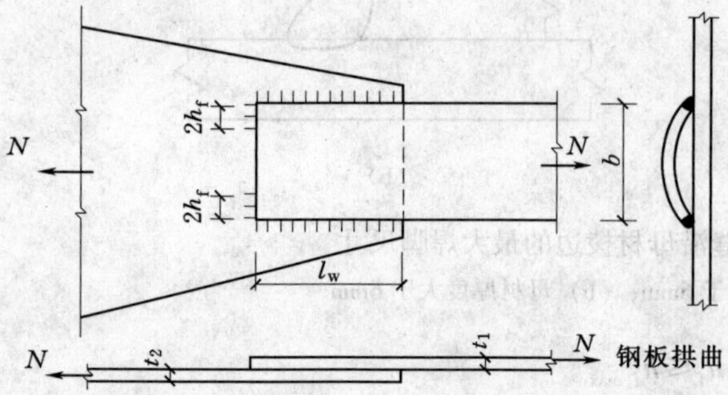

图 4-49 两条侧面角焊缝连接

4. 搭接连接的构造要求

当板件端部仅有两条侧焊缝连接时（见图 4-49），试验结果表明，连接的承载力与 b/l_w 有关，其中 b 为两侧焊缝之间的距离，l_w 为侧面角焊缝长度。当 $b/l_w>1$ 时，连接的承载力随着 b/l_w 比值的增大而明显下降。这主要是由于应力传递的过分弯折使得构件中应力分布不均匀所致。为使连接强度不致过分降低，当板件端部仅有两条侧面角焊缝连接时，每条侧面角焊缝的长度不应小于两侧面角焊缝之间的距离，即 $b/l_w \leqslant 1$；同时，两条侧面角焊缝之间的距离 b 也不应大于 $16t$，其中 t 为较薄焊件的厚度，以避免因焊缝横向收缩，引起板件向外发生较大拱曲。当宽度 b 超过此规定时，应加正面角焊缝或加槽焊、电焊钉。

在搭接连接中，为了减少收缩应力以及因偏心在钢板与连接件中产生的次应力，同时为了防止搭接部位受轴向力时发生偏转和构件因翘曲以致使贴合不好，故要求搭接长度不得小于较薄焊件厚度的 5 倍，且不应小于 25mm（见图 4-50）。为防止搭接部位角焊缝在荷载作用下张开，规定搭接连接角焊缝在传递部件受轴向力时，应施焊纵向或横向双角焊缝。

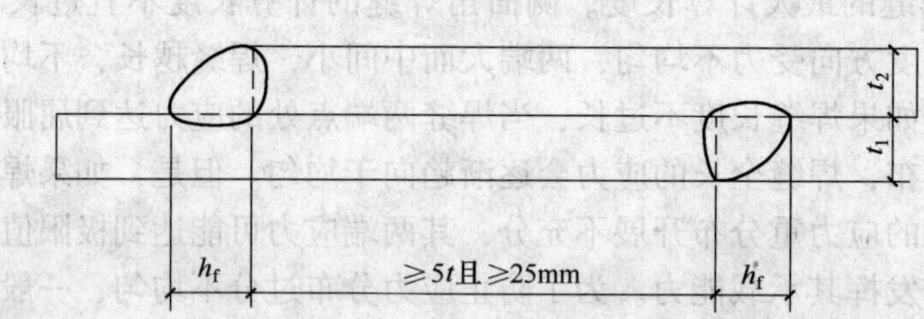

图 4-50 搭接连接双角焊缝的要求

t—t_1 和 t_2 中较小者；h_f—焊脚尺寸，按设计要求

只采用纵向角焊缝连接型钢杆件端部时，型钢杆件的宽度 W 不应大于 200mm，当宽度 W 大于 200mm 时，应加横向角焊缝或中间塞焊；型钢杆件每一侧纵向角焊缝的长度 L 不应小于型钢杆件的宽度 W，如图 4-51 所示。

杆件端部搭接采用围焊（包括三面围焊、L 形围焊）时，转角处截面突变会产生应力集中，如果在此处起弧、灭弧，可能出现弧坑或咬边等缺陷，从而加大应力集中的影响，因此所有围焊的转角处必须连续施焊。对于非围焊情况，当角焊缝的端部在构件转角处时，可连续地做长度为 $2h_f$ 的绕角焊（见图 4-49）。

用搭接焊缝传递荷载的套管连接可只焊一条角焊缝，其管材搭接长度 L 不应小于 $5(t_1+t_2)$，且不应小于 25mm。搭接焊缝焊脚尺寸应符合设计要求（见图 4-52）。

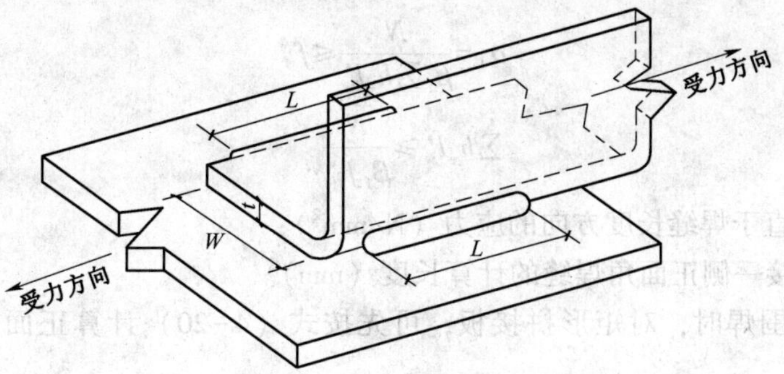

图 4-51　纵向角焊缝的最小长度

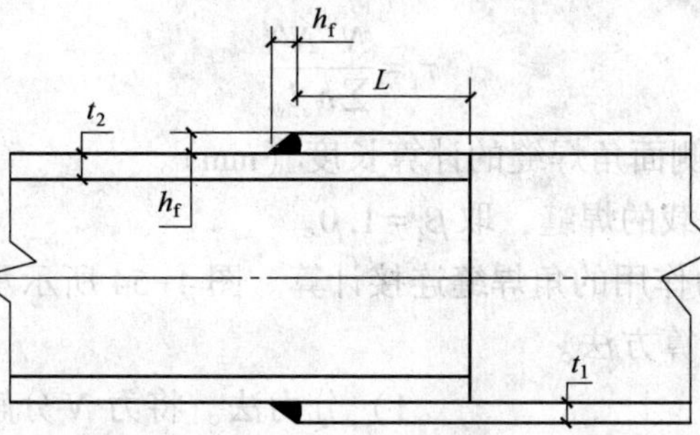

图 4-52　管材套管连接的搭接焊缝最小长度

h_f—焊脚尺寸，按设计要求

4.4.4　各种受力状态下直角角焊缝连接的计算

1. 承受轴心力作用的角焊缝连接计算

(1) 用盖板的对接连接承受轴心力（拉力或压力）作用时的角焊缝连接。当焊件受轴心力作用，且轴心力通过连接焊缝中心时，可认为焊缝应力是均匀分布的。在图 4-53 的连接中，当只有侧面角焊缝时，焊缝验算按式（4-18）计算，焊缝设计按式（4-19）计算，即

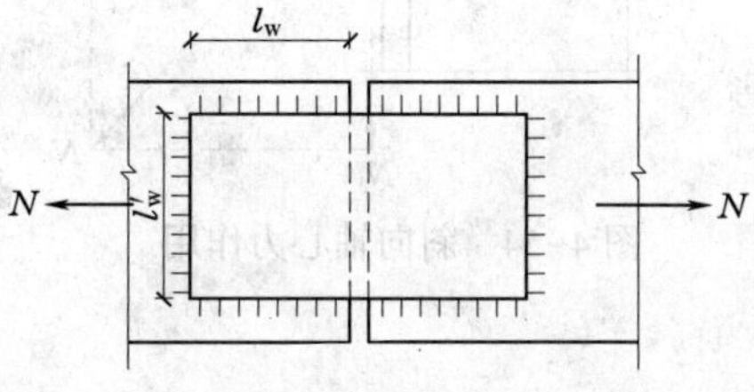

图 4-53　受轴心力作用的盖板连接

$$\tau_f = \frac{N}{\sum h_e l_w} \leqslant f_f^w \tag{4-18}$$

$$\sum h_e l_w \geqslant \frac{N}{f_f^w} \tag{4-19}$$

式中　τ_f——平行于焊缝长度方向的剪应力（N/mm^2）；

l_w——连接一侧侧面角焊缝的计算长度（mm）；

h_e——连接一侧侧面角焊缝的计算厚度（mm）；

f_f^w——角焊缝的强度设计值（N/mm^2）。

当只有正面角焊缝时，焊缝验算按式（4-20）计算，焊缝设计按式（4-21）计算：

$$\sigma_f=\frac{N}{\beta_f\sum h_e l'_w}\leqslant f_f^w \tag{4-20}$$

$$\sum h_e l'_w\geqslant\frac{N}{\beta_f f_f^w} \tag{4-21}$$

式中　σ_f——垂直于焊缝长度方向的应力（N/mm^2）；

l'_w——连接一侧正面角焊缝的计算长度（mm）。

当采用三面围焊时，对矩形拼接板，可先按式（4-20）计算正面角焊缝所承担的内力：

$$N'=\beta_f f_f^w\sum h_e l'_w$$

再由力$(N-N')$计算侧面角焊缝的强度：

$$\tau_f=\frac{N-N'}{\sum h_e l_w} \tag{4-22}$$

式中　l_w——连接一侧的侧面角焊缝的计算长度（mm）。

对于直接承受动力荷载的焊缝，取$\beta_f=1.0$。

（2）承受斜向轴心力作用的角焊缝连接计算。图4-54所示承受斜向轴心力作用的角焊缝连接，有以下两种计算方法。

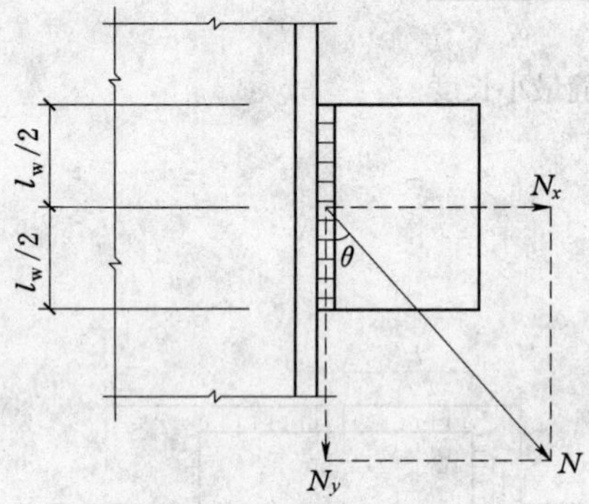

图4-54　斜向轴心力作用

1）分力法。将力N分解为垂直于焊缝长度方向和平行于焊缝长度方向的分力$N_x=N\sin\theta$和$N_y=N\cos\theta$，并计算应力如下：

$$\left.\begin{aligned}\sigma_f&=\frac{N_x}{\sum h_e l_w}=\frac{N\sin\theta}{\sum h_e l_w}\\ \tau_f&=\frac{N_y}{\sum h_e l_w}=\frac{N\cos\theta}{\sum h_e l_w}\end{aligned}\right\} \tag{4-23}$$

式中　θ——作用力方向与焊缝长度方向的夹角。

将式（4-23）代入式（4-15）验算角焊缝的强度，即

$$\sqrt{\left(\frac{\sigma_f}{\beta_f}\right)^2+\tau_f^2}\leqslant f_f^w$$

2）直接法。将式（4-23）代入式（4-15）中，得

$$\sqrt{\left(\frac{N\sin\theta}{\beta_f\sum h_e l_w}\right)^2+\left(\frac{N\cos\theta}{\sum h_e l_w}\right)^2}\leqslant f_f^w$$

取$\beta_f^2=1.22^2\approx1.5$，得

$$\frac{N}{\sum h_e l_w}\sqrt{\frac{\sin^2\theta}{1.5}+\cos^2\theta}=\frac{N}{\sum h_e l_w}\sqrt{1-\frac{\sin^2\theta}{3}}\leqslant f_f^w$$

令
$$\beta_{f\theta}=\frac{1}{\sqrt{1-\frac{\sin^2\theta}{3}}}$$

则斜焊缝的计算公式为

$$\tau_f=\frac{N}{\beta_{f\theta}\sum h_e l_w}\leqslant f_f^w \tag{4-24}$$

式中　$\beta_{f\theta}$——斜焊缝的强度增大系数，其值介于 1.0~1.22，对直接承受动力荷载的结构取 $\beta_{f\theta}=1.0$。

（3）承受轴心力作用的角钢角焊缝连接计算。在钢桁架中，角钢腹杆与节点板的连接焊缝一般采用两面侧焊，也可采用三面围焊，对于特殊情况，也允许采用 L 形围焊（见图 4-55）。腹杆受轴心力作用，为了避免节点焊缝的偏心受力，各条焊缝所传递的合力作用线应与角钢杆件的轴线重合。

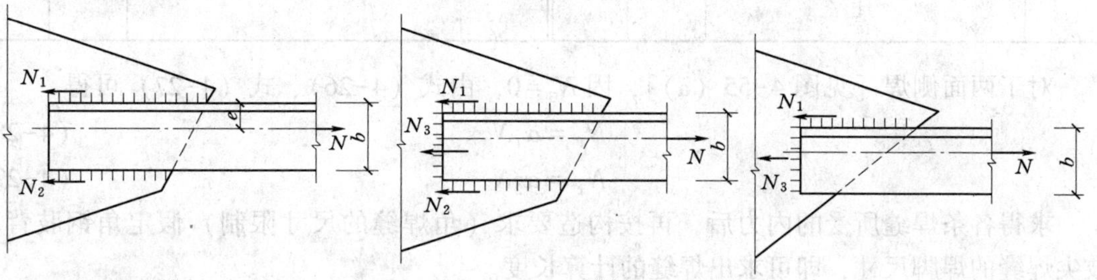

图 4-55　桁架腹杆与节点板的连接

对于三面围焊［见图 4-55（b）］，可先根据构造要求确定正面角焊缝的焊脚尺寸 h_{f3}，求出正面角焊缝所分担的轴心力 N_3。当腹杆为双角钢组成的 T 形截面且肢宽为 b 时，有

$$N_3=2\times 0.7h_{f3}b\beta_f f_f^w \tag{4-25}$$

由平衡条件（$\sum M=0$，分别对 N_2 和 N_1 形心求矩）可得

$$N_1 b+N_3\frac{b}{2}=N(b-e)$$

因此有

$$N_1=\frac{N(b-e)}{b}-\frac{N_3}{2}=\alpha_1 N-\frac{N_3}{2} \tag{4-26}$$

$$N_2 b+N_3\frac{b}{2}=Ne$$

因此有

$$N_2=\frac{Ne}{b}-\frac{N_3}{2}=\alpha_2 N-\frac{N_3}{2} \tag{4-27}$$

式中　N_1、N_2——角钢肢背、肢尖上的侧面角焊缝所分担的轴力（N）；

e——角钢距离肢背的形心距（mm）；

α_1、α_2——角钢肢背、肢尖焊缝的内力分配系数，可按表 4-4 采用。

表 4-4　角钢角焊缝的内力分配系数

截面及连接情况		内力分配系数		截面及连接情况		内力分配系数	
		肢背	肢尖			肢背	肢尖
等边角钢	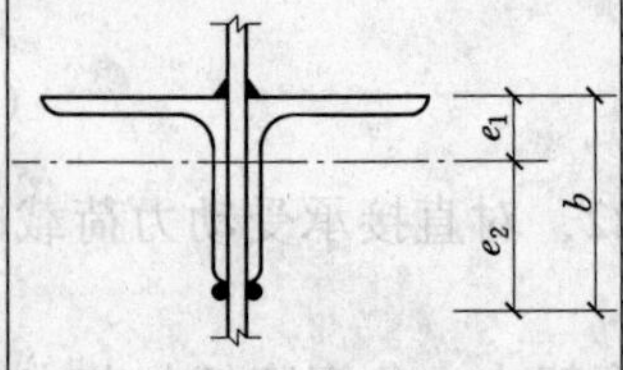	0.70	0.30	不等边角钢长边相连	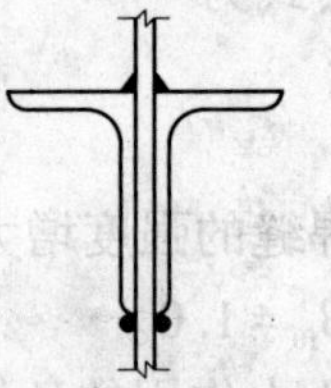	0.65	0.35
不等边角钢短边相连	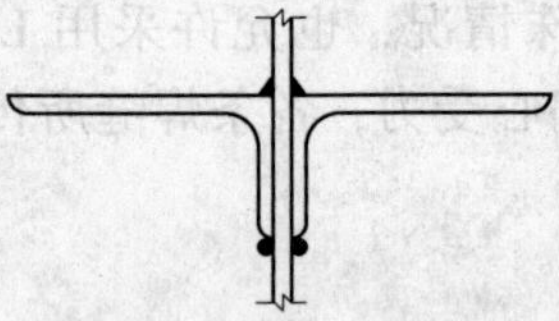	0.75	0.25				

对于两面侧焊［见图 4-55（a）］，因 $N_3=0$，由式（4-26）、式（4-27）可得

$$N_1 = \alpha_1 N \tag{4-28}$$

$$N_2 = \alpha_2 N \tag{4-29}$$

求得各条焊缝所受的内力后，再按构造要求（角焊缝的尺寸限制）假定角钢肢背和肢尖焊缝的焊脚尺寸，即可求出焊缝的计算长度。

例如，对双角钢截面，有

$$l_{w1} = \frac{N_1}{2h_{e1} f_f^w} \tag{4-30}$$

$$l_{w2} = \frac{N_2}{2h_{e2} f_f^w} \tag{4-31}$$

式中　h_{e1}、l_{w1}——一个角钢肢背上的侧面角焊缝的计算厚度、计算长度（mm）；

h_{e2}、l_{w2}——一个角钢肢尖上的侧面角焊缝的计算厚度、计算长度（mm）。

考虑到每条焊缝两端的起弧、灭弧缺陷，实际焊缝长度为计算长度加 $2h_f$。但对于三面围焊，由于在杆件端部转角处必须连续施焊，每条侧面角焊缝只有一端可能起弧或灭弧，所以每条侧面角焊缝实际长度为计算长度加 h_f；对于两面侧焊，如果一端采用绕角焊，则每条侧面角焊缝的实际长度等于计算长度加 h_f（绕角焊缝长度 $2h_f$ 不计入焊缝计算长度）。

当杆件受力很小时，可采用 L 形围焊［见图 4-55（c）］。由于只有正面角焊缝和角钢肢背上的侧面角焊缝，则令式（4-27）中的 $N_2=0$，得

$$N_3 = 2\alpha_2 N \tag{4-32}$$

$$N_1 = N - N_3 \tag{4-33}$$

角钢肢背上的角焊缝计算长度可按式（4-30）计算，角钢端部的正面角焊缝长度已知，可按下式计算其角焊缝的计算厚度：

$$h_{e3}=\frac{N_3}{2l_{w3}\beta_f f_f^w} \tag{4-34}$$

式中　h_{e3}——端焊缝的计算厚度（mm）；

l_{w3}——端焊缝的焊缝计算长度（mm），未采用绕角焊时 $l_{w3}=b-h_{f3}$，采用绕角焊时 $l_{w3}=b$。

注意：对桁架的角钢杆件与节点板的连接，我国《钢结构设计标准》（GB 50017—2017）中规定宜采用两面侧焊，也可用三面围焊。可见，标准首先推荐采用两面侧焊，其次才是三面围焊。L 形围焊不是在所有情况下都可以采用的。当采用围焊时，转角处必须连续施焊。若在转角处熄火或起弧，将会加剧应力集中的影响。

【例题 4-4】　试验算如图 4-54 所示一 T 形连接的双面直角角焊缝的强度。已知焊缝承受的静力荷载斜向力 $N=250\text{kN}$（设计值），$\theta=60°$，角焊缝的焊脚尺寸 $h_f=8\text{mm}$，焊缝实际长度 $l=150\text{mm}$，钢材为 Q235B，手工电弧焊，焊条为 E43 型。

解：由附录 2 查得，焊缝强度设计值 $f_f^w=160\text{N/mm}^2$。

（1）将 N 力分解为垂直于焊缝长度方向和平行于焊缝长度方向的分力，即

$$N_x=N\sin\theta=250\times\sin60°=216.5(\text{kN})$$

$$N_y=N\cos\theta=250\times\cos60°=125(\text{kN})$$

（2）计算各个方向的应力：

$$\sigma_f=\frac{N_x}{2h_e l_w}=\frac{216.5\times10^3}{2\times0.7\times8\times(150-2\times8)}=144.3(\text{N/mm}^2)$$

$$\tau_f=\frac{N_y}{2h_e l_w}=\frac{125\times10^3}{2\times0.7\times8\times(150-2\times8)}=83.3(\text{N/mm}^2)$$

（3）应力验算：

$$\sqrt{\left(\frac{\sigma_f}{\beta_f}\right)^2+\tau_f^2}=\sqrt{\left(\frac{144.3}{1.22}\right)^2+83.3^2}=144.7(\text{N/mm}^2)<f_f^w=160\text{N/mm}^2$$

因此，该直角角焊缝满足要求。

【例题 4-5】　试设计采用拼接盖板的对接连接（见图 4-56）。已知钢板宽 $B=300\text{mm}$，厚度 $t_1=24\text{mm}$，拼接盖板厚度 $t_2=16\text{mm}$。该连接承受静力荷载轴心力 $N=1400\text{kN}$（设计值），钢材为 Q235B，手工电弧焊，焊条为 E43 型。

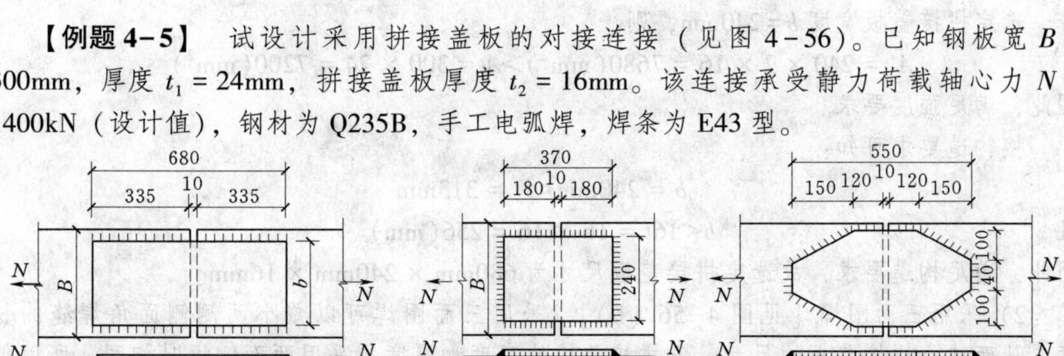

图 4-56　［例题 4-5］图

解：设计有拼接盖板的对接连接有两种方法：一种方法是先假定焊脚尺寸求焊缝长度，再由焊缝长度确定拼接盖板的尺寸；另一种方法是先假定焊脚尺寸和拼接盖板的尺寸，然后验算焊缝的承载力，如果假定的焊脚尺寸和拼接盖板尺寸不能满足承载力要求，则进行相应调整再验算，直到满足要求为止。

（1）假定角焊缝的焊脚尺寸。角焊缝的焊脚尺寸 h_f 可根据构造要求确定，由于焊缝是在板件边缘施焊，且钢板厚度 $t_1=24\text{mm}>20\text{mm}$，拼接盖板厚度 $t_2=16\text{mm}>6\text{mm}$，$t_2<t_1$，且 $t_2<20\text{mm}$，则

$$h_{f,\ max}=t_2-(1\sim2)=16-(1\sim2)=15\sim14(\text{mm})$$

查表 4-3 得，$h_{f,\ min}=8\text{mm}$。

故取 $h_f=10\text{mm}$。由附录 2 查得，角焊缝强度设计值 $f_f^w=160\text{N/mm}^2$。

（2）计算焊缝长度。

1）采用两面侧焊［见图 4-56（a）］。在轴心力 N 作用下，连接一侧所需焊缝的总计算长度，可按式（4-19）计算：

$$\sum l_w=\frac{N}{h_e f_f^w}=\frac{1400\times10^3}{0.7\times10\times160}=1250(\text{mm})$$

由于此对接连接采用了上、下两块拼接盖板，共有 4 条侧焊缝，则每一条侧焊缝的实际长度为

$$l=\frac{\sum l_w}{4}+2h_f=\frac{1250}{4}+2\times10=333(\text{mm})<60h_f=60\times10=600(\text{mm})$$

因此，所需拼接盖板的长度为

$$L=2l+10=2\times333+10=676(\text{mm})$$

式中　10——两块被连接钢板间的间隙（mm）。

故取 $L=680\text{mm}$。

拼接盖板的宽度 b 就是两条侧面角焊缝之间的距离，应根据强度条件和构造要求确定。根据等强原则，在钢材种类相同的情况下，拼接盖板的截面面积 A' 应大于或等于被连接钢板的截面面积。

选定拼接盖板宽度 $b=240\text{mm}$，则

$$A'=240\times2\times16=7680(\text{mm}^2)>A=300\times24=7200(\text{mm}^2)$$

因此，满足强度要求。

按构造要求可知：

$$b=240\text{mm}<l_w=313\text{mm}$$

且

$$b<16t=16\times16=256(\text{mm})$$

因此，满足构造要求，故选定拼接盖板尺寸为 680mm × 240mm × 16mm。

2）采用三面围焊［见图 4-56（b）］。采用三面围焊可以减小两侧侧面角焊缝的长度，从而减小拼接盖板的尺寸。设拼接盖板的宽度和厚度与采用两面侧焊时相同，所以仅需求盖板长度。已知正面角焊缝的长度 $l'_w=b=240\text{mm}$，则正面角焊缝所能承受的内力为

$$N'=2\times0.7h_f b\beta_f f_f^w=2\times0.7\times10\times240\times1.22\times160=655.9(\text{kN})$$

连接一侧所需侧面角焊缝的总长度为

$$\sum l_w = \frac{N - N'}{h_e f_f^w} = \frac{(1400 - 655.9) \times 10^3}{0.7 \times 10 \times 160} = 664(\text{mm})$$

连接一侧共有 4 条侧面角焊缝，则每一条侧面角焊缝的长度为

$$l = \frac{\sum l_w}{4} + h_f = \frac{664}{4} + 10 = 176(\text{mm})$$

故取 $l = 180\text{mm}$。

因此，所需拼接盖板的长度为

$$L = 2l + 10 = 2 \times 180 + 10 = 370(\text{mm})$$

3）采用菱形拼接盖板［见图 4-56（c）］。当拼接板宽度较大时，采用菱形拼接盖板可减小角部的应力集中，从而使连接的工作性能得以改善。菱形拼接盖板的连接焊缝由正面角焊缝、侧面角焊缝和斜焊缝组成。设计时，一般先假定拼接盖板的尺寸，然后再进行验算。拼接盖板尺寸如图 4-56（c）所示，则各部分焊缝的承载力分别如下。

正面角焊缝：$N_1 = 2 \times 0.7 h_f l_{w1} \beta_f f_f^w = 2 \times 0.7 \times 10 \times 40 \times 1.22 \times 160 = 109.3(\text{kN})$

侧面角焊缝：$N_2 = 4 \times 0.7 h_f l_{w2} f_f^w = 4 \times 0.7 \times 10 \times (120 - 10) \times 160 = 492.8(\text{kN})$

斜焊缝：斜焊缝的强度介于正面角焊缝与侧面角焊缝之间。从设计角度出发，将斜焊缝视为侧面角焊缝进行计算，这样处理是偏于安全的，则

$$N_3 = 4 \times 0.7 h_f l_{w3} f_f^w = 4 \times 0.7 \times 10 \times \sqrt{150^2 + 100^2} \times 160 = 807.6(\text{kN})$$

连接一侧焊缝所能承受的内力为

$$N' = N_1 + N_2 + N_3 = 109.3 + 492.8 + 807.6 = 1409.7(\text{kN}) > N = 1400\ \text{kN}$$

因此，满足受力要求。

【例题 4-6】 图 4-57 所示为角钢与节点板采用两面侧面角焊缝连接。角钢为2∟110×10，节点板厚度 $t = 10\text{mm}$，钢材为 Q235B，焊条为 E43 型，手工电弧焊，侧焊缝端部做 $2h_f$ 的绕角焊。该连接承受轴心力设计值 $N = 640\text{kN}$（静力荷载）。试确定所需角焊缝的焊脚尺寸与焊缝长度。

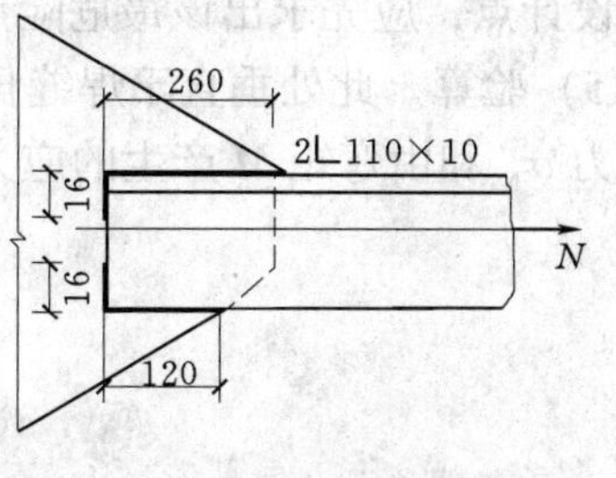

图 4-57　［例题 4-6］图

解：由附录 2 查得，角焊缝强度设计值 $f_f^w = 160\text{N/mm}^2$。

（1）假定焊缝的焊脚尺寸。

1）最小焊脚尺寸。因为 $6\text{mm} < t = 10\text{mm} < 12\text{mm}$，所以取 $h_{f,\min} = 5\text{mm}$。

2）最大焊脚尺寸：

$$h_{f,\max} = t - (1 \sim 2) = 10 - (1 \sim 2) = 9 \sim 8(\text{mm})$$

故焊脚尺寸肢背和肢尖统一取 $h_f = 8\text{mm}$。

（2）计算焊缝计算长度。角钢为等边角钢，由表 4-4 查得：肢背 $\alpha_1 = 0.70$，肢尖 $\alpha_2 = 0.30$，则

$$N_1 = \alpha_1 N = 0.7 \times 640 = 448(\text{kN})$$

$$N_2 = \alpha_2 N = 0.3 \times 640 = 192(\text{kN})$$

将 N_1、N_2 代入式（4-30）和式（4-31），可求得角钢肢背和肢尖所需的焊缝计算长度为

$$l_{w1}=\frac{N_1}{2\times0.7h_{f1}f_f^w}=\frac{448\times10^3}{2\times0.7\times8\times160}=250(\mathrm{mm})$$

$$l_{w2}=\frac{N_2}{2\times0.7h_{f2}f_f^w}=\frac{192\times10^3}{2\times0.7\times8\times160}=107(\mathrm{mm})$$

角钢肢背和肢尖的每条侧面角焊缝实际长度为

$$l_1=l_{w1}+h_f=250+8=258(\mathrm{mm})$$

故取 $l_1=260\mathrm{mm}$。

$$l_2=l_{w2}+h_f=107+8=115(\mathrm{mm})$$

故取 $l_2=120\mathrm{mm}$。

因此，角钢肢背和肢尖的焊缝长度均满足构造要求。

2. 承受弯矩、轴心力或剪力共同作用的角焊缝连接的计算

角焊缝是以作用在角焊缝有效截面上的应力分量 $\sigma_\perp$、$\tau_\perp$ 和 $\tau_{//}$ 来衡量其强度的。为了简化计算，我国标准把上述应力分量转化为 σ_f 和 τ_f，但其计算仍以焊缝有效截面为依据。因此，在计算弯矩、轴心力和剪力单独或共同作用下的T形连接时，首先应计算角焊缝有效截面的几何特性（如 A_w 和 W_w 等），然后按材料力学公式求出 σ_f 和 τ_f。

图4-58所示的一双面角焊缝的T形连接，承受偏心斜拉力 N 的作用。计算时，可将 N 分解为 N_x 和 N_y 两个分力，则角焊缝可视为同时承受轴心力 N_x、剪力 N_y 和弯矩 $M=N_xe$ 的共同作用。焊缝计算截面上的应力分布如图4-58（b）所示，其中 A 点应力最大，为控制设计点，应先求出该最危险点的应力分量，并将同方向应力分量代数叠加后，代入式（4-15）验算。此处垂直于焊缝长度方向的应力由两部分组成，包括由轴心拉力 N_x 产生的应力 σ_N 和由弯矩 M 产生的应力 σ_M：

$$\sigma_N=\frac{N_x}{A_w}=\frac{N_x}{2h_el_w} \tag{4-35}$$

$$\sigma_M=\frac{M}{W_w}=\frac{6M}{2h_el_w^2} \tag{4-36}$$

这两部分应力在 A 点处的方向相同，可直接叠加，故 A 点垂直于焊缝长度方向的应力为 σ_f，即

$$\sigma_f=\sigma_N+\sigma_M=\frac{N_x}{A_w}+\frac{M}{W_w}=\frac{N_x}{2h_el_w}+\frac{6M}{2h_el_w^2}$$

剪力 N_y 在 A 点处产生平行于焊缝长度方向的应力 τ_f 为剪应力，即

$$\tau_f=\frac{N_y}{A_w}=\frac{N_y}{2h_el_w} \tag{4-37}$$

上两式中 l_w——焊缝的计算长度（mm），为实际长度减去 $2h_f$；

A_w——全部焊缝有效截面的面积（mm^2）；

W_w——全部焊缝有效截面的弹性截面模量（mm^3）。

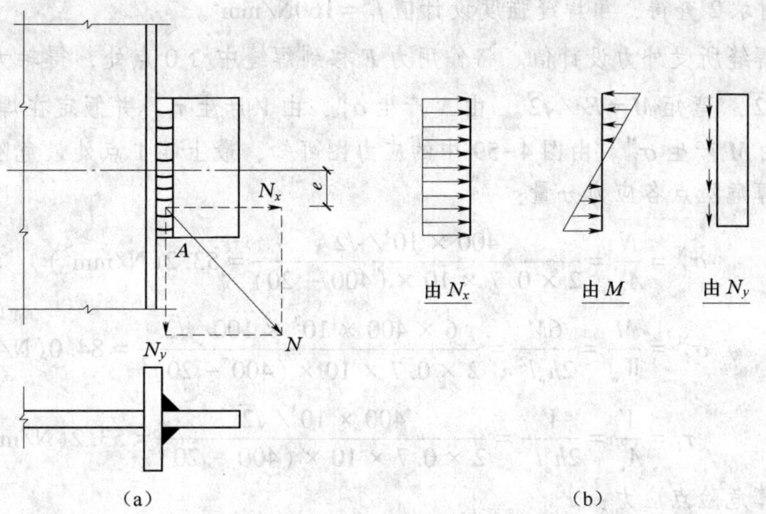

图 4-58　承受偏心斜拉力的角焊缝

焊缝的强度按式（4-15）计算：

$$\sqrt{\left(\frac{\sigma_f}{\beta_f}\right)^2+\tau_f^2}\leqslant f_f^w$$

当连接直接承受动力荷载作用时，取 $\beta_f=1.0$。

在 M、V 和 N 的共同作用下，T 形连接角焊缝的计算，一般是已知角焊缝的长度，在满足角焊缝构造要求的前提下，根据构造要求假定适宜的焊脚尺寸 h_f，利用式(4-35) ~ 式（4-37）求出各应力分量后，代入式（4-15）验算焊缝有效截面上受力最大的危险点（可能有几处所受的应力均较大，有时要通过验算后才能确定最危险点）的强度。如果不满足强度要求或强度过于富余，可调整 h_f，必要时还应改变焊缝长度 l_w，然后再验算，直到满足要求为止。

【例题 4-7】　验算图 4-59 所示连接焊缝的承载力是否满足要求。已知连接承受作用力 $F=400\text{kN}$（静力荷载设计值），$e=100\text{mm}$，$h_f=10\text{mm}$，钢材为 Q235，手工电弧焊，焊条为 E43 型。

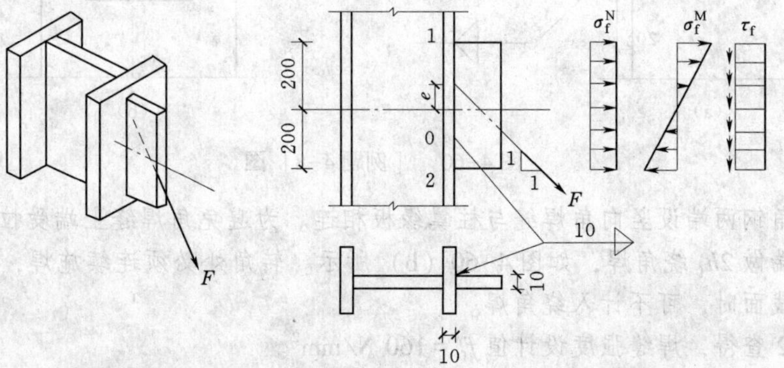

图 4-59　［例题 4-7］图

解： 由附录2查得，角焊缝强度设计值 $f_f^w=160\text{N/mm}^2$。

（1）角焊缝所受外力设计值。将作用力 F 移到焊缝中心0点处，得轴力 $N=F/\sqrt{2}$，剪力 $V=F/\sqrt{2}$，弯矩 $M=Fe/\sqrt{2}$。由 N 产生 σ_f^N，由 V 产生 τ_f，并假定在焊缝有效截面上均匀分布；由 M 产生 σ_f^M。由图4-59中的应力图可知，最上端1点处最危险。

（2）计算危险点各应力分量：

$$\sigma_f^N=\frac{N}{A_w}=\frac{400\times 10^3/\sqrt{2}}{2\times 0.7\times 10\times(400-20)}=53.2(\text{N/mm}^2)$$

$$\sigma_f^M=\frac{M}{W_w}=\frac{6M}{2h_e l_w^2}=\frac{6\times 400\times 10^3\times 100/\sqrt{2}}{2\times 0.7\times 10\times(400-20)^2}=84.0(\text{N/mm}^2)$$

$$\tau_f=\frac{V}{A_w}=\frac{V}{2h_e l_w}=\frac{400\times 10^3/\sqrt{2}}{2\times 0.7\times 10\times(400-20)}=53.2(\text{N/mm}^2)$$

（3）验算危险点应力：

$$\sqrt{\left(\frac{\sigma_f^N+\sigma_f^M}{\beta_f}\right)^2+\tau_f^2}=\sqrt{\left(\frac{53.2+84}{1.22}\right)^2+53.2^2}=124.4(\text{N/mm}^2)<f_f^w=160\ \text{N/mm}^2$$

因此，计算结果满足要求，焊缝安全。

【例题4-8】 某角钢牛腿，截面为一个不等边角钢∟125×80×12，短边外伸如图4-60所示，承受静力荷载设计值 $F=150\text{kN}$，作用点与柱翼缘板表面距离 $e=30\text{mm}$，钢材为Q235B，手工电弧焊，焊条为E43型，试求此角钢牛腿与柱连接角焊缝的焊脚尺寸。

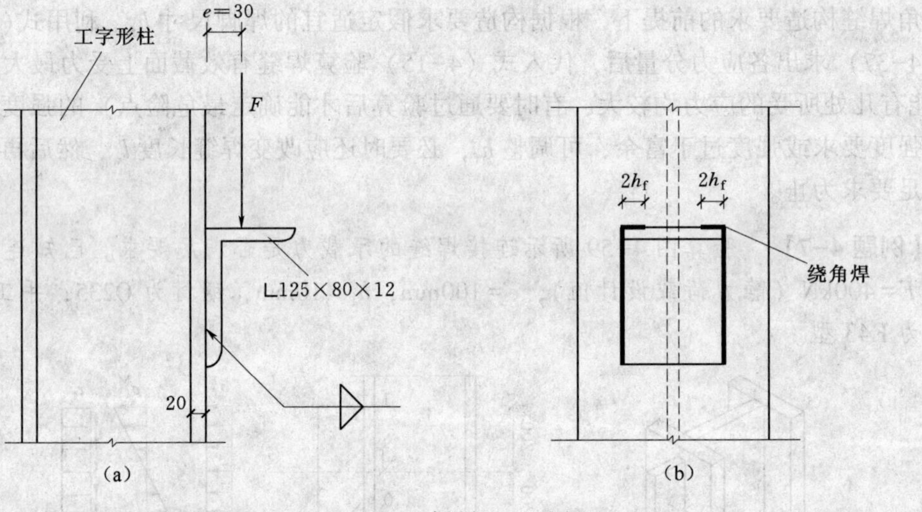

图4-60 ［例题4-8］图

解： 沿角钢两端设竖向角焊缝与柱翼缘板相连。为避免角焊缝上端受拉最大处受焊口的影响，上端做 $2h_f$ 绕角焊，如图4-60（b）所示。转角处必须连续施焊，不得中断。计算焊缝有效截面时，可不计入绕角焊。

由附录2查得，焊缝强度设计值 $f_f^w=160\ \text{N/mm}^2$。

（1）角焊缝承受的外力设计值。

弯矩：$M = Fe = 150 \times 10^3 \times 30 = 4.5 \times 10^6 (\text{N} \cdot \text{mm})$

剪力：$V = F = 150\text{kN}$

(2) 假定焊缝的焊脚尺寸。

最小焊脚尺寸：$12\text{mm} < t = 20\text{mm} \leqslant 20\text{mm}$，$h_{\text{f, min}} = 6\text{mm}$

最大焊脚尺寸：$h_{\text{f, max}} = t - (1 \sim 2)\text{mm} = 12 - (1 \sim 2)\text{mm} = 10 \sim 11\text{mm}$

故取 $h_\text{f} = 10\text{mm}$。

(3) 各应力分量计算：

$$\sigma_\text{f} = \frac{M}{W_\text{w}} = \frac{6M}{2h_\text{e} l_\text{w}^2} = \frac{6 \times 4.5 \times 10^6}{2 \times 0.7 \times 10 \times (125 - 10)^2} = 145.9 (\text{N/mm}^2)$$

$$\tau_\text{f} = \frac{V}{A_\text{w}} = \frac{V}{2h_\text{e} l_\text{w}} = \frac{150 \times 10^3}{2 \times 0.7 \times 10 \times (125 - 10)} = 93.2 (\text{N/mm}^2)$$

(4) 应力验算：

$$\sqrt{\left(\frac{\sigma_\text{f}}{\beta_\text{f}}\right)^2 + \tau_\text{f}^2} = \sqrt{\left(\frac{145.9}{1.22}\right)^2 + 93.2^2} = 151.7 (\text{N/mm})^2 < f_\text{f}^\text{w} = 160\text{N/mm}^2$$

因此，计算结果满足要求，焊缝安全。

因此，角焊缝的焊脚尺寸 $h_\text{f} = 10\text{mm}$。

对于工字形或 H 形截面梁（或牛腿）与钢柱翼缘的角焊缝连接（见图 4-61），通常承受弯矩 M 和剪力 V 的共同作用。在剪力作用下，如果没有腹板焊缝存在，翼缘将发生明显挠曲，所以翼缘板的抗剪能力很差。因此，计算时通常假设腹板焊缝承受全部剪力，而弯矩由全部焊缝承受。

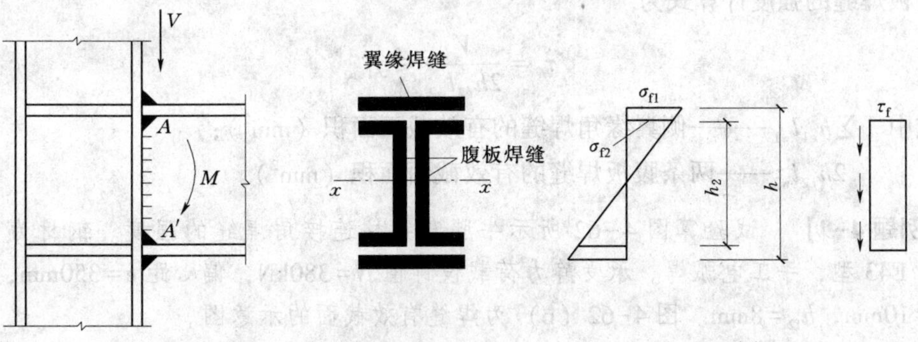

图 4-61　工字形梁与柱的角焊缝连接

(1) 为了使焊缝分布较合理，宜在每个翼缘的上、下两侧均匀布置角焊缝。翼缘焊缝只承受垂直于焊缝长度方向的弯曲应力，该弯曲应力沿梁高度呈三角形分布［见图 4-61（c）］，最大应力发生在翼缘焊缝的最外纤维处。为了保证此焊缝的正常工作，应使翼缘焊缝最外纤维处的应力满足角焊缝的强度条件，即

$$\sigma_\text{f1} = \frac{M}{W_\text{w}} = \frac{M}{I_\text{w}} \frac{h}{2} \leqslant \beta_\text{f} f_\text{f}^\text{w} \tag{4-38}$$

式中　M——全部焊缝所承受的弯矩（N · mm）；

I_w——全部焊缝有效截面对中性轴的惯性矩（mm^4）；

h——上、下翼缘焊缝有效截面最外纤维之间的距离（mm）。

腹板焊缝承受两种应力的联合作用，即垂直于焊缝长度方向并沿梁高度呈三角形分布的弯曲应力以及平行于焊缝长度方向并沿焊缝截面均匀分布的剪应力。腹板焊缝的设计控制点为翼缘焊缝与腹板焊缝的交点处 A，该处的弯曲应力和剪应力分别按下式计算：

$$\sigma_{f2}=\frac{M}{I_w}\frac{h_2}{2}$$

$$\tau_f=\frac{V}{A_w}=\frac{V}{\sum(h_{e2}l_{w2})}$$

式中　$\sum(h_{e2}l_{w2})$——腹板焊缝有效截面面积之和（mm^2）；

h_2——腹板焊缝的实际长度（mm）。

腹板焊缝在 A 点的强度验算式为

$$\sqrt{\left(\frac{\sigma_{f2}}{\beta_f}\right)^2+\tau_f^2}\leqslant f_f^w \tag{4-39}$$

（2）工字形或 H 形截面梁（或牛腿）与钢柱翼缘角焊缝连接的另一种计算方法是：假设腹板焊缝只承受剪力，翼缘焊缝承担全部弯矩，此时弯矩 M 可以化为一对水平力，即$H=M/h$。

翼缘焊缝的强度计算式为

$$\sigma_f=\frac{H}{\sum h_{e1}l_w}\leqslant\beta_f f_f^w \tag{4-40}$$

腹板焊缝的强度计算式为

$$\tau_f=\frac{V}{2h_{e2}l_{w2}}\leqslant f_f^w \tag{4-41}$$

上两式中　$\sum h_{e1}l_{w1}$——一侧翼缘角焊缝的有效截面面积（mm^2）；

$2h_{e2}l_{w2}$——两条腹板焊缝的有效截面面积（mm^2）。

【例题 4-9】　试验算图 4-62 所示牛腿与钢柱连接角焊缝的强度。钢材为 Q235B，焊条为 E43 型，手工电弧焊。承受静力荷载设计值 $N=380kN$，偏心距 $e=350mm$，焊脚尺寸 $h_{f1}=10mm$，$h_{f2}=8mm$。图 4-62（b）为焊缝有效截面的示意图。

解：由附录 2 查得，焊缝强度设计值 $f_f^w=160N/mm^2$。

（1）受力分析。竖向力 N 在角焊缝形心处引起剪力 $V=N=380kN$ 和弯矩 $M=Ne=380\times0.35=133$（kN·m）。

（2）考虑腹板焊缝承受弯矩的计算方法。

全部焊缝有效截面对中性轴的惯性矩为

$$I_w=2\times\frac{5.6\times346^3}{12}+2\times\left(\frac{220\times7^3}{12}+220\times7\times203.5^2\right)+4\times\left(\frac{100\times7^3}{12}+100\times7\times176.5^2\right)$$
$$=2.53\times10^8(mm^4)$$

翼缘焊缝的最大应力为

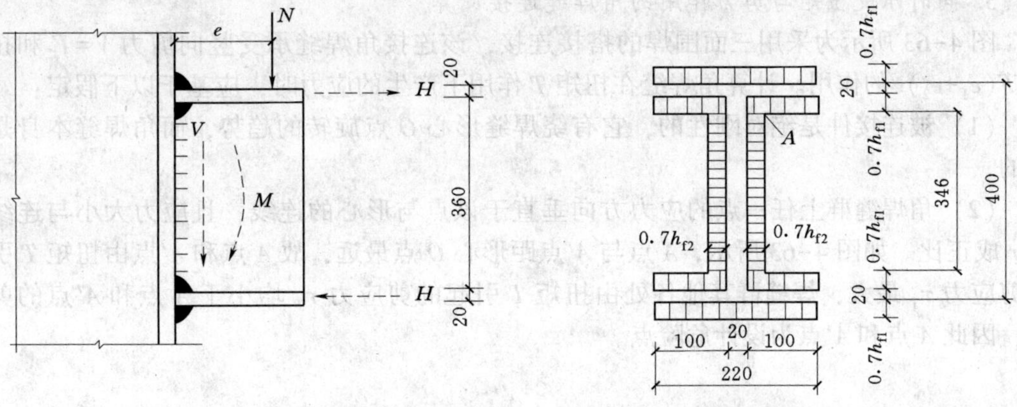

图 4-62　[例题 4-9] 图

$$\sigma_{f1}=\frac{M}{I_w}\frac{h}{2}=\frac{133\times10^6}{2.53\times10^8}\times207=108.8(\text{N/mm})^2<\beta_f f_f^w=1.22\times160=195(\text{N/mm}^2)$$

腹板焊缝中由于弯矩 M 引起的最大应力为

$$\sigma_{f2}=\sigma_{f1}\frac{h_2/2}{h/2}=108.8\times\frac{173}{207}=90.9(\text{N/mm}^2)$$

由于剪力 V 在腹板焊缝中产生的平均剪应力为

$$\tau_f=\frac{V}{A_w}=\frac{V}{\sum(h_{e2}l_{w2})}=\frac{380\times10^3}{2\times0.7\times8\times346}=98.1(\text{N/mm}^2)$$

则腹板焊缝 A 点（A 点为设计控制点）的强度为

$$\sqrt{\left(\frac{\sigma_{f2}}{\beta_f}\right)^2+\tau_f^2}=\sqrt{\left(\frac{90.9}{1.22}\right)^2+98.1}=123.2(\text{N/mm}^2)<f_f^w=160\text{N/mm}^2$$

因此，计算结果满足强度要求。

(3) 不考虑腹板焊缝承受弯矩的计算方法。

翼缘焊缝所承受的水平力为

$$H=\frac{M}{h}=\frac{133\times10^3}{380}=350(\text{kN})$$

h 值近似取为翼缘中线之间的距离。

翼缘焊缝的强度为

$$\sigma_f=\frac{H}{h_{e1}l_{w1}}=\frac{350\times10^3}{0.7\times10\times(220+2\times100)}=119.1(\text{N/mm}^2)$$
$$<\beta_f f_f^w=1.22\times160=195.2(\text{N/mm}^2)$$

腹板焊缝的强度为

$$\tau_f=\frac{V}{2h_{e2}l_{w2}}=\frac{380\times10^3}{2\times0.7\times8\times346}=98.1(\text{N/mm}^2)<f_f^w=160\text{N/mm}^2$$

计算结果表明，角焊缝满足强度要求。

3. 同时承受扭矩与剪力作用的角焊缝连接计算

图 4-63 所示为采用三面围焊的搭接连接，该连接角焊缝承受竖向剪力 $V=F$ 和扭矩 $T=F(e_1+e_2)$ 的作用。计算角焊缝在扭矩 T 作用下产生的应力时，应基于以下假定：

（1）被连接件是绝对刚性的，它有绕焊缝形心 O 点旋转的趋势，而角焊缝本身是弹性的。

（2）角焊缝群上任一点的应力方向垂直于该点与形心的连线，且应力大小与连线长度 r 成正比。如图 4-63 所示，A 点与 A'点距形心 O 点最远，故 A 点和 A'点由扭矩 T 引起的剪应力 τ_T 最大，焊缝群其他各处由扭矩 T 引起的剪应力 τ_T 均小于 A 点和 A'点的剪应力，因此 A 点和 A'点为设计危险点。

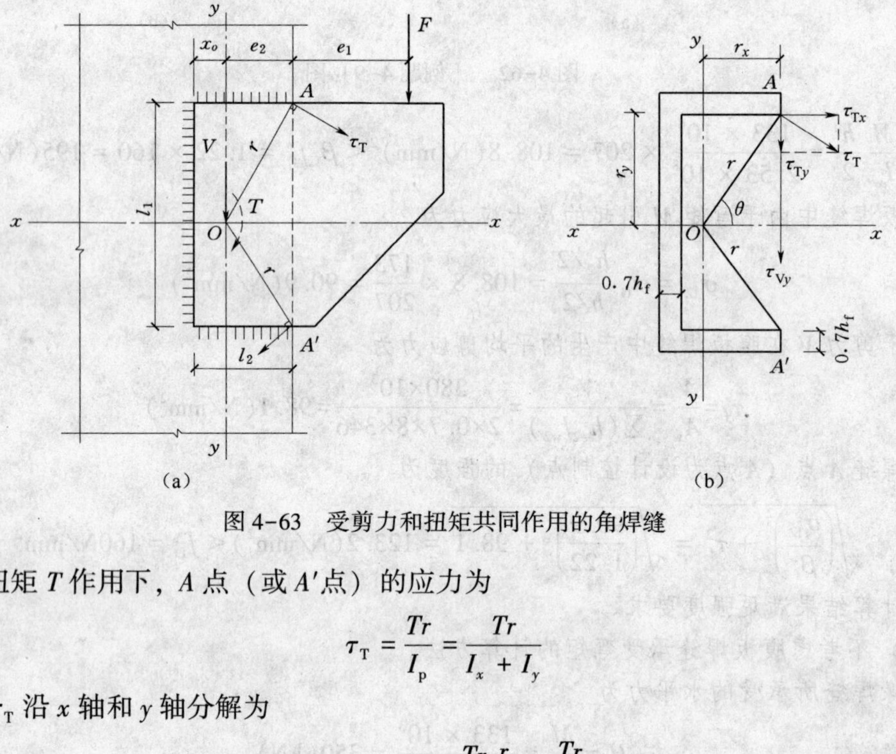

图 4-63　受剪力和扭矩共同作用的角焊缝

在扭矩 T 作用下，A 点（或 A'点）的应力为

$$\tau_T=\frac{Tr}{I_p}=\frac{Tr}{I_x+I_y} \tag{4-42}$$

将 τ_T 沿 x 轴和 y 轴分解为

$$\tau_{Tx}=\tau_T\sin\theta=\frac{Tr}{I_p}\frac{r_y}{r}=\frac{Tr_y}{I_p} \tag{4-43}$$

$$\tau_{Ty}=\tau_T\cos\theta=\frac{Tr}{I_p}\frac{r_x}{r}=\frac{Tr_x}{I_p} \tag{4-44}$$

其中 $$I_p=I_x+I_y$$

式中 I_p——焊缝有效截面的极惯性矩（mm^4）；

I_x、I_y——焊缝计算截面对 x、y 轴的惯性矩（mm^4）；

r_x、r_y——焊缝形心到焊缝验算点在 x、y 轴方向的距离。

假设由剪力 V 在焊缝群引起的剪应力 τ_V 按均匀分布，则在 A 点（或 A'点）引起的剪应力 τ_{Vy} 为

$$\tau_{Vy}=\frac{V}{\sum (h_e l_w)}$$

A 点受到垂直于焊缝长度方向的应力为

$$\sigma_f=\tau_{Ty}+\tau_{Vy}$$

沿焊缝长度方向的应力为 τ_{Tx}，则 A 点合应力应满足的强度条件为

$$\sqrt{\left(\frac{\tau_{Ty}+\tau_{Vy}}{\beta_f}\right)^2+\tau_{Tx}^2}\leqslant f_f^w \tag{4-45}$$

当连接直接承受动力荷载时，取 $\beta_f=1.0$。

通过前面的讲述，总结焊缝连接的计算步骤如下：

(1) 首先画出焊缝的计算截面。

(2) 计算焊缝或焊缝群的形心。

(3) 将焊缝所受外力等效简化到形心处，求得作用在焊缝截面形心处的各内力分量(如 M、N、V、T 等)。

(4) 求各内力分量在焊缝计算截面可能的危险点上引起的应力分量，若该应力分量平行于焊缝长度方向，则为剪应力（τ_f）性质；若该应力分量垂直于焊缝长度方向，则为应力（σ_f）性质。

(5) 将各危险点同一方向上的各应力分量分别代数叠加后，得到合成的应力并代入公式验算其强度。

【例题 4-10】　如图 4-63 所示的三面围焊的搭接连接。已知 $l_1=400$mm，$l_2=300$mm，连接承受荷载设计值 $F=220$kN，偏心距 $e_1=300$mm（至柱边缘的距离），被连接的支托板与柱翼缘板的厚度均为 12mm。钢材为 Q235B，手工电弧焊，焊条为 E43 型。试确定焊缝的焊脚尺寸并验算该焊缝群的强度。

解：由附录 2 查得，焊缝强度设计值 $f_f^w=160\text{N/mm}^2$。

(1) 受力分析。首先确定三面围焊的焊缝计算截面的形心 O 点的位置，可按求形心的方法计算出焊缝群的形心到竖向焊缝中心的距离，即

$$x_O=\frac{2\times 30\times 30/2}{2\times 30+40}=9(\text{cm})$$

将力 F 向焊缝群的形心等效简化，则焊缝组成的围焊共同承受剪力 $V=F=220$kN，则扭矩为

$$T=F(e_1+e_2)=220\times[30+(30-9)]\times 10^{-2}=112.2(\text{kN}\cdot\text{m})$$

(2) 假定焊缝的焊脚尺寸。

最小焊脚尺寸：6mm< $t=12$mm，$h_{f,\min}=5$mm

最大焊脚尺寸：$h_{f,\max}=t-(1\sim 2)=12-(1\sim 2)=10\sim 11(\text{mm})$

故取 $h_f=8$mm。

(3) 计算截面参数。由图 4-63 可知，A 点和 A′点距离形心 O 点最远，所以这两点的应力最大，现计算这两点的有关参数。

由于焊缝的实际长度稍大于 l_1 和 l_2，故焊缝的计算长度直接采用 l_1 和 l_2，不再扣除水

平焊缝的端部缺陷。

焊缝截面的极惯性矩：

$$I_x=\frac{1}{12}\times0.7\times8\times400^3+2\times\left[\frac{1}{12}\times300\times(0.7\times8)^3+0.7\times8\times300\times200^2\right]$$
$$=1.64\times10^8(\mathrm{mm}^4)$$

$$I_y=\frac{1}{12}\times400\times(0.7\times8)^3+0.7\times8\times400\times90^2+2\times$$
$$\left[\frac{1}{12}\times0.7\times8\times300^3+0.7\times8\times300\times(150-90)^2\right]$$
$$=5.54\times10^7(\mathrm{mm}^4)$$

$$I_p=I_x+I_y=1.64\times10^8+5.54\times10^7=2.19\times10^8(\mathrm{mm}^4)$$

由于 $e_2=l_2-x_0=300-90=210$（mm），故 $r_x=e_2=210\mathrm{mm}$，$r_y=l_1/2=200\mathrm{mm}$。

（4）各应力分量计算。

$$\tau_{Tx}=\frac{Tr_y}{I_p}=\frac{112.2\times10^6\times200}{2.19\times10^8}=102.5(\mathrm{N/mm^2})$$

$$\tau_{Ty}=\frac{Tr_x}{I_p}=\frac{112.2\times10^6\times210}{2.19\times10^8}=107.6(\mathrm{N/mm^2})$$

$$\tau_{Vy}=\frac{V}{\sum(h_e l_w)}=\frac{220\times10^3}{0.7\times8\times(400+2\times300)}=39.3(\mathrm{N/mm^2})$$

（5）验算危险点 A 应力。由图 4-63 可见，τ_{Ty} 与 τ_{Vy} 在 A 点的作用方向相同，且垂直于焊缝长度方向，可用 σ_f 表示，即

$$\sigma_f=\tau_{Ty}+\tau_{Vy}=107.6+39.3=146.9(\mathrm{N/mm^2})$$

τ_{Tx} 平行于焊缝长度方向，可用 τ_f 表示，即 $\tau_f=\tau_{Tx}$，则由式（4-45）得

$$\sqrt{\left(\frac{\tau_{Ty}+\tau_{Vy}}{\beta_f}\right)^2+\tau_{Tx}^2}=\sqrt{\left(\frac{\sigma_f}{\beta_f}\right)^2+\tau_f^2}$$
$$=\sqrt{\left(\frac{146.9}{1.22}\right)^2+102.5^2}$$
$$=158.2(\mathrm{N/mm^2})<f_f^w=160\mathrm{N/mm^2}$$

计算结果表明，取 $h_f=8\mathrm{mm}$ 能满足要求，焊缝安全。

4.4.5 斜角角焊缝连接的计算

角焊缝两焊脚间的夹角 α 不是直角时，称为斜角角焊缝，如图 4-64 所示。斜角角焊缝虽不常用，但在特种结构（如仓斗等）的节点连接中常可能遇到。我国《钢结构设计标准》（GB 50017—2017）中对其连接的计算规定取与计算直角角焊缝连接时的公式相同，但不考虑正面角焊缝的强度设计值增大系数，即取 $\beta_f=1.0$；同时，对焊缝的计算厚度另作规定。

在确定焊缝有效厚度时（见图 4-65），一般是假定焊缝在其所成夹角的最小斜面上发生破坏。因此，《钢结构设计标准》（GB 50017—2017）对两焊脚边夹角 $60°\leqslant\alpha\leqslant135°$ 的

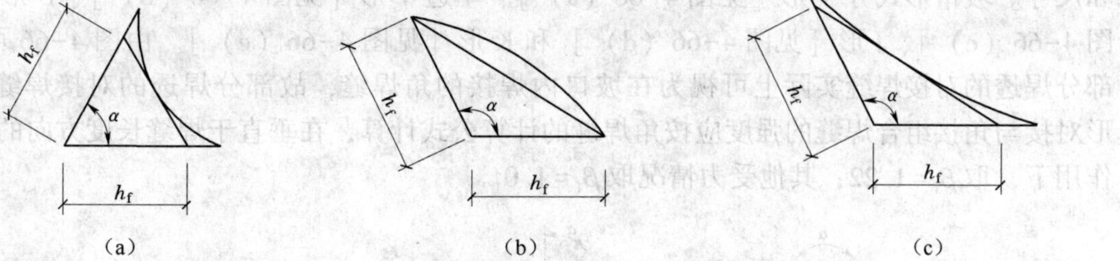

图 4-64　T 形连接的斜角角焊缝截面

(a) 锐角角焊缝（凹面）；(b) 钝角角焊缝（凸面）；(c) 钝角角焊缝（凹面）

T 形连接作以下规定。

当根部间隙（b、b_1 或 b_2）不大于 1.5mm 时，焊缝有效厚度为

$$h_e = h_f \cos \frac{\alpha}{2} \tag{4-46}$$

当根部间隙（b、b_1 或 b_2）大于 1.5mm，但不大于 5mm 时，焊缝有效厚度为

$$h_e = \left[h_f - \frac{b(\text{或 } b_1\text{、}b_2)}{\sin\alpha} \right] \cos \frac{\alpha}{2} \tag{4-47}$$

图 4-65 中的根部间隙最大不得超过 5mm。当根部间隙超过 5mm 时，焊缝质量不能保证，应采取专门措施解决。一般是图 4-65（a）中的 b_1 可能大于 5mm，则可将板边作成图 4-65（b）的形式，并使间隙 $b \leqslant 5$mm。T 形接头斜角角焊缝两焊脚的夹角应满足 $60° \leqslant \alpha \leqslant 135°$。如夹角不满足此范围，此焊缝不宜用作受力焊缝（钢管节点除外）。

对于斜 T 形接头的角焊缝，在设计图中应绘制大样，详细标明两侧角焊缝的焊脚尺寸。

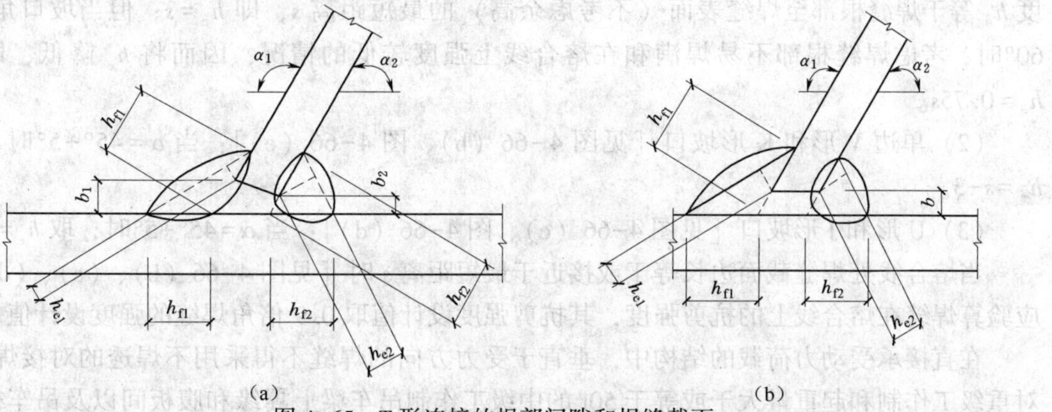

图 4-65　T 形连接的根部间隙和焊缝截面

4.4.6　部分焊透的对接焊缝的计算

在钢结构设计中，当厚度较大的板件相互间用对接焊缝连接时，如板件间连接受力较小，且要求焊接结构的外观齐平美观时，《钢结构设计标准》（GB 50017—2017）容许采用部分焊透的对接焊缝。

部分焊透的对接焊缝以及 T 形对接与角接组合焊缝必须在设计图上注明坡口的形式

和尺寸。坡口形式分 V 形［见图 4-66（a）］、单边 V 形［见图 4-66（b）］、U 形［见图 4-66（c）］、J 形［见图 4-66（d）］和 K 形［见图 4-66（e）］。由图 4-66 可见，部分焊透的对接焊缝实际上可视为在坡口内焊接的角焊缝，故部分焊透的对接焊缝和 T 形对接与角接组合焊缝的强度应按角焊缝的计算公式计算，在垂直于焊缝长度方向的压力作用下，取 $\beta_f=1.22$；其他受力情况取 $\beta_f=1.0$。

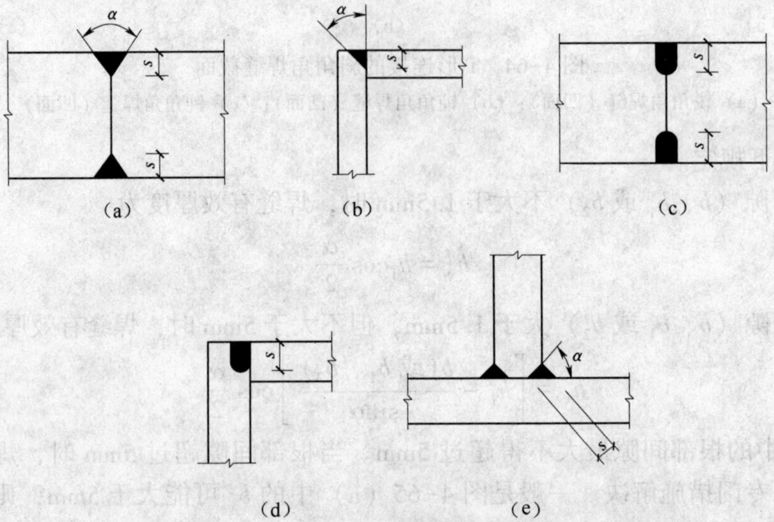

图 4-66　部分焊透的对接焊缝和其与角焊缝的组合焊缝截面

其计算厚度按以下规定采用：

（1）V 形坡口［见图 4-66（a）］：当 $\alpha\geqslant60°$ 时，焊缝根部可以焊满，取焊缝有效厚度 h_e 等于焊缝根部至焊缝表面（不考虑余高）的最短距离 s，即 $h_e=s$；但当坡口角 $\alpha<60°$ 时，考虑焊缝根部不易焊满和在熔合线上强度较低的情况，因而将 h_e 降低，即取 $h_e=0.75s$。

（2）单边 V 形和 K 形坡口［见图 4-66（b）、图 4-66（e）］：当 $\alpha=45°+5°$ 时，取 $h_e=s-3$。

（3）U 形和 J 形坡口［见图 4-66（c）、图 4-66（d）］：当 $\alpha=45°+5°$ 时，取 $h_e=s$。

当熔合线处焊缝截面边长等于或接近于最短距离 s 时［见图 4-66（b）、（c）、（d）］，应验算焊缝在熔合线上的抗剪强度，其抗剪强度设计值取 0.9 倍角焊缝的强度设计值。

在直接承受动力荷载的结构中，垂直于受力方向的焊缝不得采用不焊透的对接焊缝；对重级工作制和起重量大于或等于 50t 的中级工作制吊车梁上翼缘和腹板间以及吊车桁架上弦杆与节点板之间的 T 形连接应采用焊透的对接焊缝。

4.4.7 塞焊缝和槽焊缝的构造与计算

塞焊焊缝、圆孔或槽孔内焊缝在抗剪连接和防止板件屈曲的约束连接中有较多的应用。《钢结构设计标准》（GB 50017—2017）对塞焊和槽焊焊缝的尺寸、间距、焊缝高度给出了下列规定：

（1）塞焊和槽焊的有效面积应为贴合面上圆孔或长槽孔的标称面积。

（2）塞焊焊缝的最小中心间隔应为孔径的 4 倍，槽焊焊缝的纵向最小间距应为槽孔长度的 2 倍，垂直于槽孔长度方向的两排槽孔的最小间距应为槽孔宽度的 4 倍。

（3）塞焊孔的最小直径不得小于开孔板厚度加 8mm，最大直径应为最小直径加 3mm 和开孔件厚度的 2. 25 倍两值中取较大者。槽孔长度不应超过开孔件厚度的 10 倍，最小及最大槽宽规定应与塞焊孔的最小及最大孔径规定相同。

（4）塞焊和槽焊的焊缝高度应符合下列规定：

1）当母材厚度小于或等于 16mm 时，应与母材厚度相同。

2）当母材厚度大于 16mm 时，不应小于母材厚度的一半和 16mm 两值中较大者。

（5）塞焊焊缝和槽焊焊缝的尺寸应根据贴合面上承受的剪力计算确定。

圆形塞焊焊缝的强度计算式为

$$\tau_f = \frac{N}{A_w} \leqslant f_f^w \tag{4-48}$$

圆孔或槽孔内角焊缝的强度计算式为

$$\tau_f = \frac{N}{h_e l_w} \leqslant f_f^w \tag{4-49}$$

式中　A_w——塞焊圆孔面积（mm^2）；

l_w——圆孔内或槽孔内角焊缝的计算长度（mm）。

4. 5　焊接残余应力和焊接残余变形

焊接过程是一个对焊件局部加热继而逐渐冷却的过程，不均匀的温度场将使焊件各部分产生不均匀的变形和应力。焊接构件在施焊过程中，由于受到不均匀的高温作用而在焊件中产生的变形和应力称为热变形和热应力。冷却后，焊件中将产生反向的应力和变形，称为焊接应力和焊接变形，或称为焊接残余应力和焊接残余变形。

4. 5. 1　焊接残余应力的分类和产生的原因

焊接残余应力有沿焊缝长度方向的纵向焊接残余应力、垂直于焊缝长度方向的横向焊接残余应力、沿厚度方向的焊接残余应力。

1. 纵向焊接残余应力

施焊时，焊缝附近的温度最高，可高达 1600℃以上。在焊缝区以外，温度则急剧下降。焊缝区受热而纵向膨胀，但这种膨胀因变形的平截面规律（变形前为平截面，变形后仍保持平面）而受到其相邻较低温区的约束，使焊缝区产生纵向压应力（称为热应力）。由于钢材在 600℃以上时呈塑性状态（称为热塑状态），因而高温区的这种压应力使焊缝区的钢材产生塑性压缩变形。在焊后的冷却过程中，假设焊缝区金属能自由变形，冷却后的钢材因已有塑性变形而不能恢复其原来的长度。事实上，由于焊缝区与其邻近的钢材是连续的，焊缝区因冷却而产生的收缩变形又因平截面变形的平截面规律受到邻近低温区钢材的约束，使焊缝区产生拉应力，如图 4-67 所示。当焊件完全冷却后，这个拉应力仍残留在焊缝区钢材内，故被称为纵向焊接残余应力。

根据上面的分析可知，产生纵向焊接残余应力和焊接残余变形的原因有以下三点：

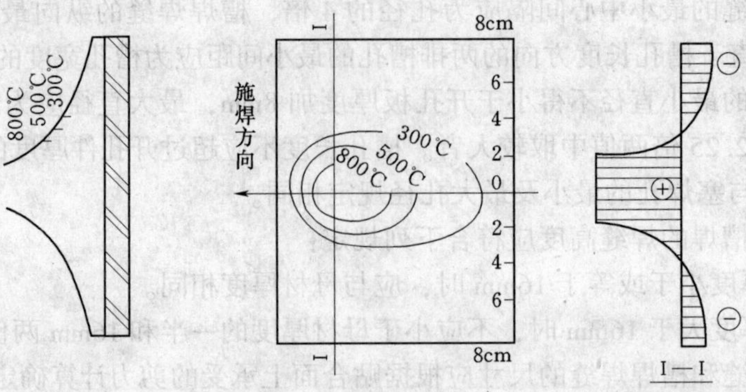

(a) (b) (c)

图 4-67 施焊时焊缝及附近的温度场和纵向焊接残余应力

(a)、(b) 施焊时焊缝及附近的温度场；(c) 钢板上纵向焊接残余应力

(1) 焊接时在焊件上形成了一个温度分布很不均匀的温度场，且最高温度超过500℃。

(2) 焊件各纤维的自由变形受到约束。

(3) 施焊时在焊件上出现了冷塑区和热塑区。

这三个条件必须同时具备，缺少其中任何一个条件都不能形成纵向焊接残余应力和残余变形。

纵向焊接残余应力是由焊缝的纵向收缩引起的。一般情况下，焊缝区及焊缝两侧的纵向应力是拉应力区，远离焊缝的两侧是压应力区［见图 4-67（c）］。在低碳钢和低合金钢中，这种残余拉应力经常达到钢材的屈服强度。因为残余应力是构件未受荷载作用而早已残留在构件截面内的应力，故截面上的残余应力必须自相平衡。既然在焊缝区截面中有残余拉应力，则在焊缝区以外的钢材截面内必然有残余压应力，而且其数值和分布满足静力平衡条件。

2. 横向焊接残余应力

两钢板以对接焊缝连接时，除产生上述纵向焊接残余应力外，还会产生横向焊接残余应力。横向焊接残余应力的产生是由两组收缩力引起的。一组是由于焊缝纵向收缩，使两块钢板趋向于形成反方向的弯曲变形［见图 4-68（a）］，但实际上焊缝将两块钢板连成整体，不能分开，于是两块钢板的中间产生横向拉应力，而两端则产生压应力［见图 4-68（b）］。另一组是由于先焊的焊缝已经凝固，阻止后焊焊缝在横向自由膨胀，使后焊焊缝发生横向的塑性压缩变形。当后焊焊缝冷却时，其收缩受到已凝固的先焊焊缝的限制而产生横向拉应力，先焊部分则产生横向压应力，因应力自相平衡，更远处的另一端焊缝则受拉应力［见图 4-68（c）］。最后焊缝的横向残余应力就是由上述两部分应力叠加而成的，如图4-68（d）所示。

焊缝横向收缩所引起的横向焊接残余应力与施焊的方向和先后顺序有关。同时，由于焊缝冷却的时间不同，因此，将产生不同的应力分布（见图 4-69）。

3. 沿厚度方向的焊接残余应力

如果焊件的板厚较大，则焊缝的厚度也大。因此，在厚钢板的焊接连接中，焊缝需要

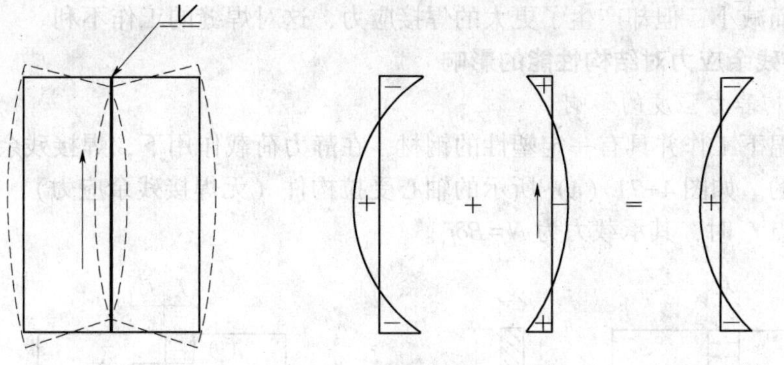

图4-68　焊缝中的横向焊接残余应力

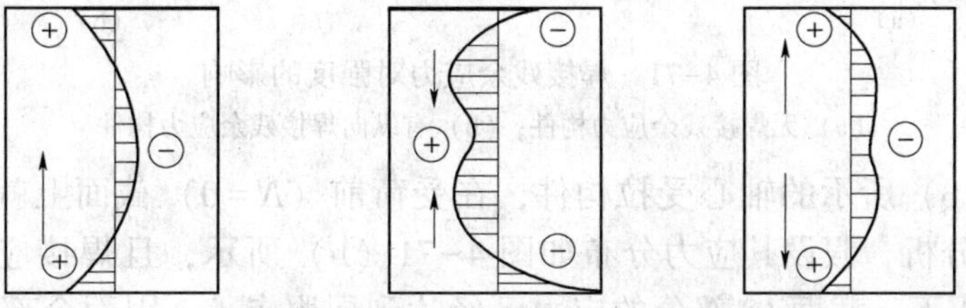

图4-69　不同方向施焊引起的横向应力

(a) 从一端向另一端施焊；(b) 从两端向中间施焊；(c) 从中间向两端施焊

多层施焊（即焊缝不是一次形成）。焊缝成型后，焊缝外层先冷却，并具有一定的强度，而内部的焊缝后冷却；后冷却的焊缝沿垂直于焊件表面方向的收缩受到外面已冷凝焊缝的约束，因而在焊缝内部形成沿 z 方向的拉应力 σ_z，而外部则为压应力，如图4-70所示。这样，在厚度方向就产生了焊接残余应力；同时，板面与板中间温度分布不均匀，也引起了残余应力，其分布规律与焊接工艺密切相关。此外，在厚板中的纵向焊接残余应力和横向焊接残余应力沿板的厚度方向的大小也是变化的。一般情况下，当板厚在25mm以下时，基本上可把焊接残余应力看成是平面的，即不考虑厚度方向的残余应力和沿厚度方向平面应力的大小变化。厚度方向的残余应力若与平面残余应力同号，则三向同号应力易使钢材变脆。

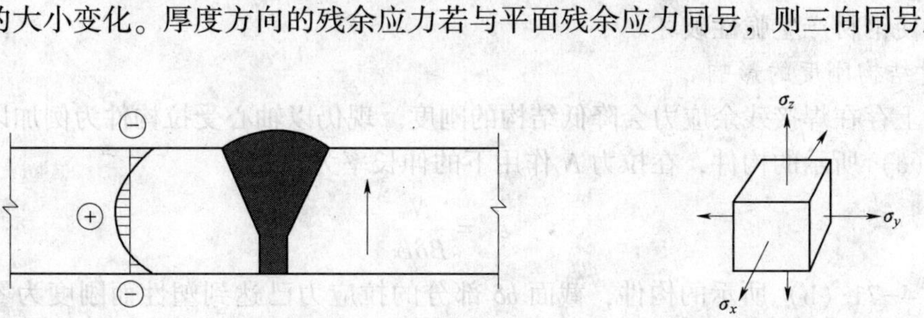

图4-70　厚板中的焊接残余应力

在无外加约束的情况下，焊接残余应力是自相平衡的内力。以上分析的是焊件在无外加约束情况下的焊接残余应力和变形。如果焊件在施焊时受到外加约束，焊接变形因受到约束的限制而减小，但却产生了更大的焊接应力，这对焊缝的工作不利。

4.5.2　焊接残余应力对结构性能的影响

1. 对结构静力强度的影响

对在常温下工作并具有一定塑性的钢材，在静力荷载作用下，焊接残余应力是不会影响结构强度的。如图 4-71（a）所示的轴心受拉构件（无焊接残余应力），在外力 N 作用下达到屈服点 f_y 时，其承载力为 $N=B\delta f_y$。

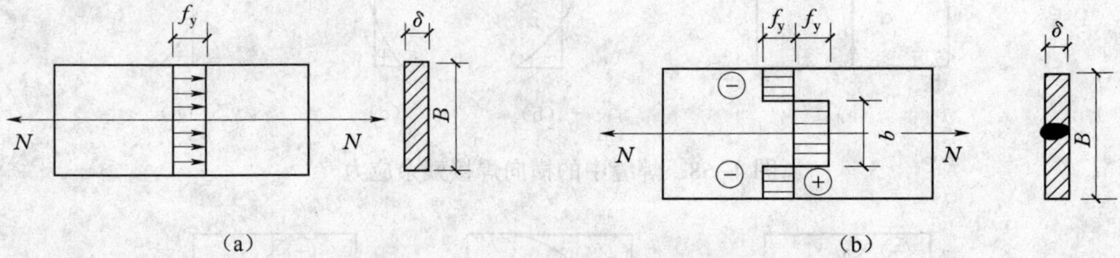

图 4-71　焊接残余应力对强度的影响

（a）无焊接残余应力构件；（b）有纵向焊接残余应力构件

如图 4-71（b）所示的轴心受拉构件，在受荷前（$N=0$）截面上就存在纵向焊接残余应力。为便于分析，假设其应力分布如图 4-71（b）所示，且焊接应力均达到屈服点 f_y。在外力 N 作用下，截面 $b\delta$ 部分的应力已经达到屈服点 f_y，因而全部外力 N 只能由截面（$B-b$）δ 承受，这部分截面由原来的受压（$-f_y$）逐渐变为受拉，最后也达到屈服点（$+f_y$），因而这部分截面的承载力为

$$N=(B-b)\delta(f_y+f_y)=2B\delta f_y-2b\delta f_y$$

由于焊接残余应力自相平衡，可得 $(B-b)\delta f_y=b\delta f_y$，即 $B\delta f_y=2b\delta f_y$，则

$$N=(B-b)\delta(f_y+f_y)=2B\delta f_y-2b\delta f_y=B\delta f_y$$

这与无焊接残余应力的钢板承载能力相同。

由上述分析可知，只要能发展塑性变形，有焊接残余应力构件的承载力，与无焊接残余应力构件的承载力完全一样。因此，当结构承受静力荷载并在常温下工作、无严重的应力集中现象，且钢材具有一定的塑性时，焊接残余应力不会影响结构的强度承载力。但对于无明显屈服点的高强度钢材，由于不能产生塑性变形并使内力重分布，故焊接残余应力将有可能使钢材产生脆性破坏。

2. 对结构刚度的影响

构件上存在焊接残余应力会降低结构的刚度。现仍以轴心受拉构件为例加以说明。如图 4-71（a）所示的构件，在拉力 N 作用下的伸长率为

$$\varepsilon_1=\frac{N}{B\delta E}$$

如图 4-71（b）所示的构件，截面 $b\delta$ 部分的拉应力已达到塑性而刚度为零，因而构件在拉力 N 作用下的伸长率为

$$\varepsilon_2=\frac{N}{(B-b)\delta E}$$

当 N 相同时，必然 $\varepsilon_2>\varepsilon_1$。因此，焊接残余应力增大了构件的变形，即降低了刚度。

3. 对构件稳定性的影响

如图 4-71（b）所示的构件，在轴心压力 N 作用下，焊接残余压应力区不能承压，而焊接残余拉应力区却恢复弹性工作。也就是说，只有 $b\delta$ 这部分截面抵抗外力作用，构件的有效截面和有效惯性矩减小了，从而降低了构件的稳定承载力。

4. 对疲劳强度的影响

试验结果表明，在焊缝及其附近主体金属上的残余拉应力通常达到钢材的屈服强度，该部位正是形成和发展疲劳裂纹最为敏感的区域。焊接残余拉应力加快了疲劳裂纹开展的速度，从而降低了焊缝及其附近主体金属的疲劳强度。因此，焊接残余应力对直接承受动力荷载的焊接结构是不利的。

5. 对低温冷脆的影响

因为焊接结构中存在着双向或三向同号拉应力场，材料塑性变形的发展受到限制，使钢材变脆。特别是当结构在低温下工作时，脆性倾向就更大。所以，焊接残余应力通常是导致焊接结构产生低温冷脆的主要原因。因此，降低或消除焊缝中的焊接残余应力是改善结构低温冷脆趋势的重要措施之一，设计时应予以重视。

4.5.3 焊接残余变形

在焊接残余应力下，如果焊件的约束度较小，如板较薄或处于自由无约束状态下，则焊件会产生相应的焊接残余变形。焊接残余变形是焊接构件经局部加热、冷却后产生的不可恢复变形，包括纵向收缩、横向收缩、角变形、弯曲变形、波浪变形和扭曲变形等（见图 4-72）。通常焊接残余变形是几种变形的组合。

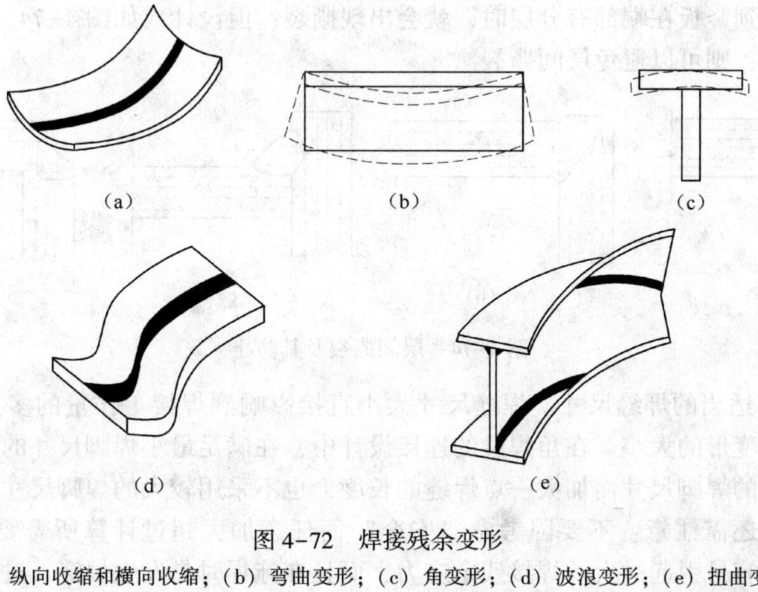

图 4-72　焊接残余变形

(a) 纵向收缩和横向收缩；(b) 弯曲变形；(c) 角变形；(d) 波浪变形；(e) 扭曲变形

如果焊件的约束度很大，如板较厚、形状复杂或因人为施加的夹具而处于较强的约束状态下，此时焊件不能自由变形，但焊缝及其附近的主体金属会产生较大的焊接残余应力。

焊接残余变形对构件的工作会产生不利影响，例如，使构件由原来的轴心受力变成偏心受力，改变了构件的受力状况，对强度和稳定承载力有不利影响；变形过大还将使构件安装产生困难等。因此，对于焊接残余变形要加以限制。

焊接残余变形中的横向收缩和纵向收缩在下料时应予以注意。其他焊接残余变形当超过《钢结构工程施工质量验收标准》（GB 50205—2020）所规定的容许值时，应进行矫正。当焊接残余变形严重时，若无法矫正，即成为废品。否则不但影响外观，同时还会因改变受力状态而影响构件的承载能力。因此，如何减小钢结构的焊接残余变形也是设计和施工制造时必须共同考虑的问题，也就是必须从设计和工艺两方面来解决。

4.5.4 减少焊接残余应力和焊接残余变形的措施

1. 设计上的措施

（1）合理安排焊接位置。只要结构上允许，应尽可能使焊缝对称于构件截面的中性轴，以减小焊接变形。焊缝不宜过分集中并应尽量对称布置以消除焊接残余变形，而且要尽量避免三向焊缝相交。当出现三向焊缝相交时，可中断次要焊缝而使主要焊缝保持连续。例如，梁腹板加劲肋与腹板及翼缘的连接焊缝，就应中断，以保证主要焊缝（翼缘与腹板的连接焊缝）连续通过，如图4-73所示。应尽量避免在母材厚度方向的收缩应力。焊缝的收缩作用有可能引起板的层间撕裂。当两块板垂直相焊形成角接连接时，如图 4-74（a）、（c）所示的做法，遇到竖板在端部有分层时，就会出现撕裂；但设计成如图 4-74（b）、（d）所示的焊接位置，则可以避免层间撕裂。

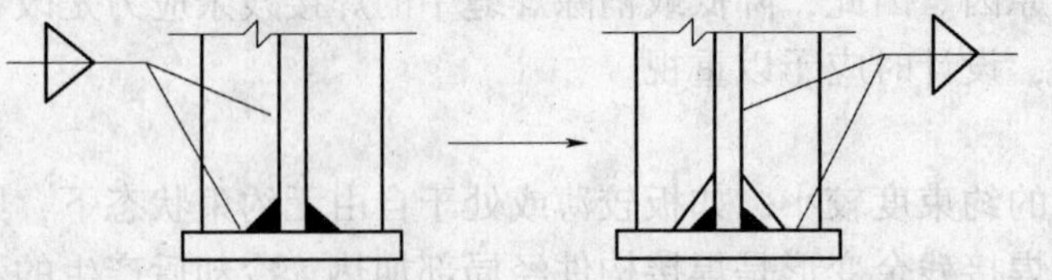

图 4-73 加劲肋的切角

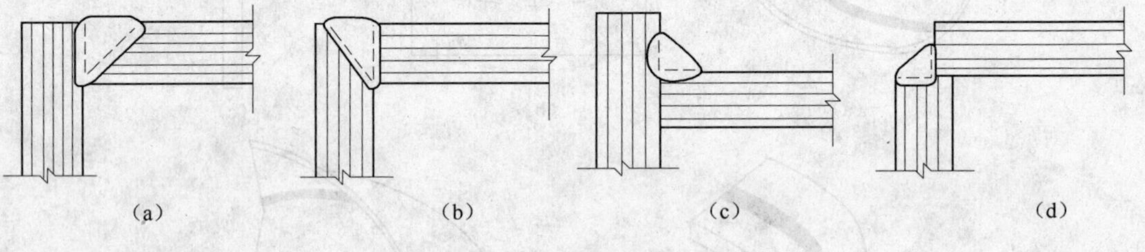

图 4-74 层间撕裂及其防止

（2）选择适当的焊缝尺寸。焊缝尺寸大小直接影响到焊接工作量的多少，同时还影响到焊接残余变形的大小。在角焊缝的连接设计中，在满足最小焊脚尺寸的条件下，一般宁愿采用较小的焊脚尺寸而加大一点焊缝的长度，也不采用较大的焊脚尺寸而减小一点焊缝长度。同时还需注意：不要因考虑“安全”而任意加大超过计算所需要的焊缝尺寸，焊缝尺寸过大容易引起过大的焊接残余应力，而且在施焊时易发生焊穿、过热等缺陷，未必有利于连接的强度。

（3）选择合理的焊缝形式。例如，如图 4-75 所示受力较大的 T 形接头或十字接头，在保证相同的强度条件下，采用开坡口的对接与角接组合焊缝比采用角焊缝一般可减小焊缝的尺寸，从而减小焊接残余应力并节省焊条。

2. 工艺上的措施

(1) 采取合理的施焊次序。例如，钢板对接时，可采用分段退焊［见图 4-76 (a)］；厚钢板焊接时，采用沿厚度分层焊［见图 4-76 (b)］；大钢板连接时，采用钢板分块拼焊［见图 4-76 (c)］；工字形截面连接时，采用对角跳焊［见图 4-76 (d)］。

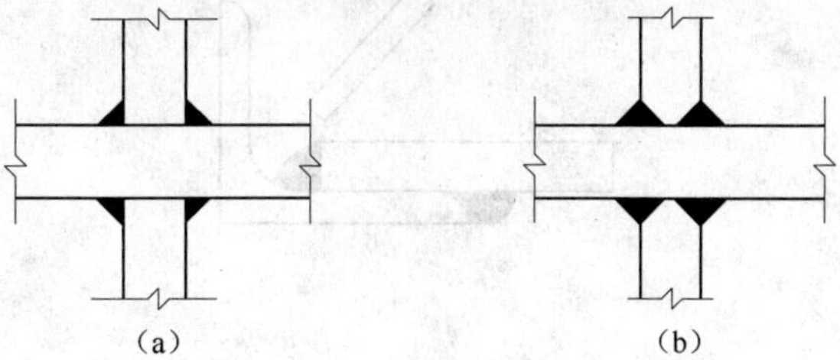

图 4-75　十字接头的焊缝连接

(a) 角焊缝连接；(b) 对接与角接组合焊缝连接

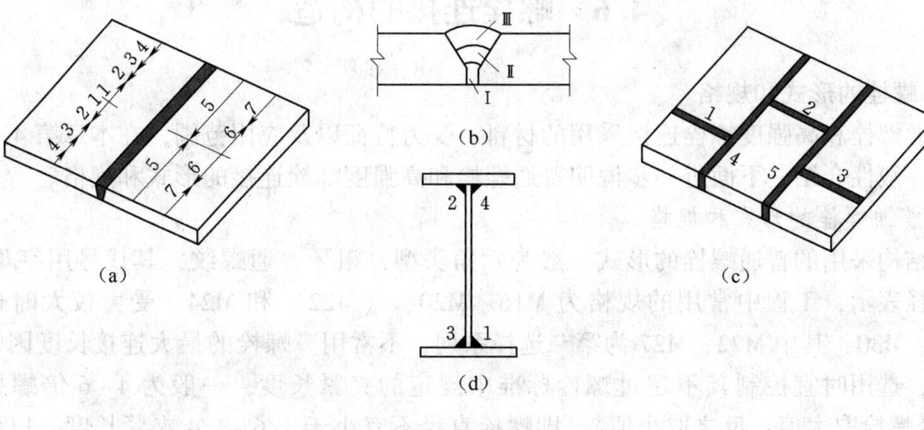

图 4-76　合理的施焊次序

(a) 分段退焊；(b) 沿厚度分层焊；(c) 钢板分块拼焊；(d) 对角跳焊

(2) 采用反变形。施焊前给构件以一个与焊接残余变形反方向的预变形，使之与焊接所引起的变形相抵消，从而达到减小焊接残余变形的目的（见图 4-77）。

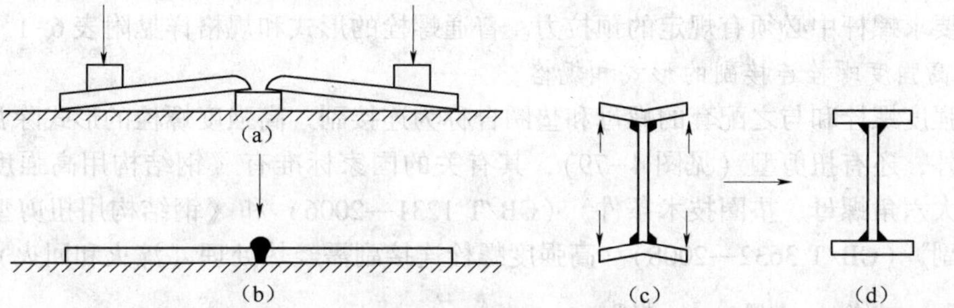

图 4-77　用反变形法减小焊接残余变形

(3) 对于小尺寸焊件，焊前预热，或焊后回火加热至 600℃左右，然后缓慢冷却，可以部分消除焊接残余应力和焊接残余变形；焊后对构件进行锤打，可减小焊接残余应力和焊接残余变形；也可采用机械方法来消除焊接残余变形；还可采用刚性固定法将构件加以固定来限制焊接残余变形，但却增加了焊接残余应力。

(4) 考虑施焊时，焊条是否易于到达。图 4-78 (a) 中的右侧焊缝很难焊好，而图 4-78 (b) 中的右侧焊缝则较易焊好。焊缝连接构造要尽可能避免仰焊。

（a）　　　　　　　　　　　　　　（b）

图 4-78　施焊位置比较

4.6　螺栓连接的构造

4.6.1　螺栓的形式和规格

普通螺栓和高强度螺栓连接采用的材料、受力特征以及应用范围，在本章第 4.1 节中已作了一般性介绍，下面进一步说明普通螺栓和高强度螺栓连接的形式和规格。

1. 普通螺栓的形式和规格

钢结构采用的普通螺栓的形式一般为六角头型，粗牙普通螺纹，其代号用字母 M 与公称直径表示，工程中常用的规格为 M16、M20、（M22）和 M24，受力较大时也可用（M27）、M30，其中 M22、M27 为第二选择系列，不常用。螺栓的最大连接长度因螺栓直径而异，选用时宜控制其不超过螺栓标准中规定的夹紧长度，一般为 4~6 倍螺栓直径（大直径螺栓取大值，反之取小值），即螺栓直径不宜小于 1/6~1/4 夹紧长度，以免出现板叠过厚而紧固力不足以及螺栓过于细长而受力弯曲的现象，以致影响连接的受力性能。此外，螺栓长度还应考虑螺栓头部及螺母下各设一个垫圈以及螺栓拧紧后外露丝扣不少于 2~3 扣。对直接承受动力荷载的普通螺栓，应采用双螺母或其他能防止螺母松动的有效措施（如设置弹簧垫圈、将螺纹打毛或将螺母焊死）。普通螺栓的安装一般使用人工扳手，不要求螺杆中必须有规定的预拉力。普通螺栓的形式和规格详见附表 6-1。

2. 高强度螺栓连接副的形式和规格

高强度螺栓和与之配套的螺母和垫圈合称为连接副。高强度螺栓的形式除常见的大六角头型外，还有扭剪型（见图 4-79），其有关的国家标准有《钢结构用高强度大六角头螺栓、大六角螺母、垫圈技术条件》（GB/T 1231—2006）和《钢结构用扭剪型高强度螺栓连接副》（GB/T 3632—2008）。高强度螺栓连接副需经热处理（淬火和回火）。

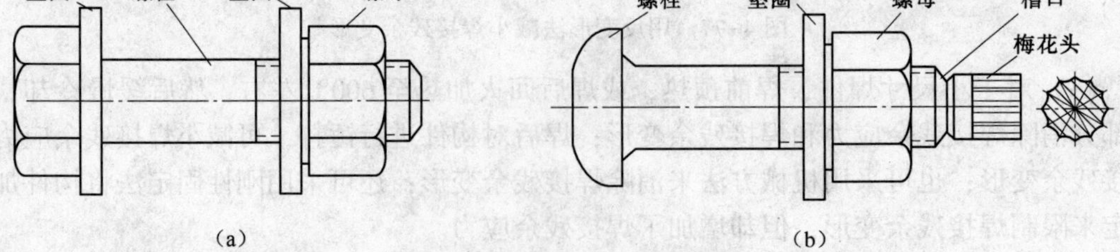

（a）　　　　　　　　　　　　　　（b）

图 4-79　高强度螺栓连接副

（a）大六角头型；（b）扭剪型

高强度螺栓在工程中常用的规格为 M16～M30，其最大连接长度可比普通螺栓的高，一般可取 5～7 倍螺栓直径。大六角头型高强度螺栓与普通螺栓一样，需设置两个垫圈；而扭剪型高强度螺栓只需在螺母下设置垫圈。螺栓头因拧固时不旋转，所以其下面可不设置垫圈。高强度螺栓无须采用防松动措施。高强度螺栓的形式和规格详见附表 6-2、附表6-3。

4.6.2　螺栓的排列

螺栓在构件上的排列应简单、统一、整齐而紧凑，通常分为并列和错列两种形式(见图 4-80)。以并列方式排列的螺栓、比较简单整齐，所用连接板尺寸小，但并列方式排放的螺栓孔对构件截面的削弱较错列方式的大。螺栓错列排放不如并列排放紧凑，栓孔对构件截面削弱小，所用连接板尺寸较大。

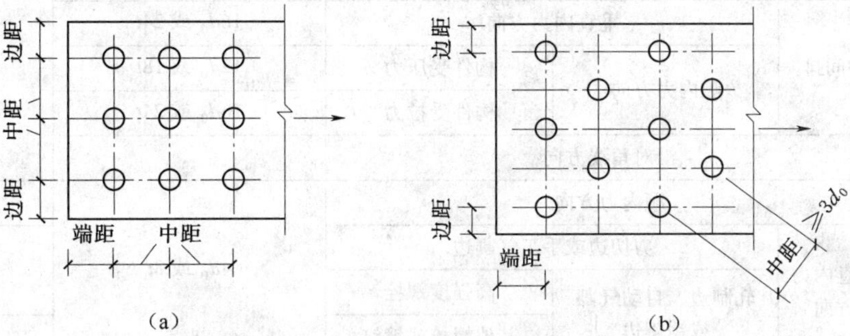

图 4-80　钢板的螺栓（铆钉）排列
（a）并列；（b）错列

螺栓在构件上的排列应考虑以下要求。

1. 受力要求

在垂直于受力方向：各排螺栓的中距及边距不能过小，应使钢材净截面的抗拉强度大于或等于钢材的承压强度，尽量使毛截面屈服先于净截面破坏，受力时避免在孔壁周围产生过度的应力集中。在顺力作用方向：端距应按连接钢板材料的抗挤压和抗冲剪强度相等的原则确定，以使钢板在端部不致被螺栓冲剪撕裂，《钢结构设计标准》（GB 50017—2017）规定端距不应小于 $2d_0$；受压构件上的中距不宜过大，否则在连接板件间容易发生鼓曲现象。

2. 构造要求

螺栓的中距和边距不宜过大，否则钢板间不能紧密贴合，潮气易侵入缝隙而使钢材锈蚀。

3. 施工要求

螺栓的中距和边距应保证有一定空间，以便于用扳手拧紧螺帽。根据扳手尺寸和工人的施工经验，规定最小中距为 $3d_0$。

根据上述要求，在进行螺栓连接设计或制作时，《钢结构设计标准》（GB 50017—2017）规定了钢板上螺栓的容许距离，如表 4-5 所示。排列螺栓时宜按最小容许距离取用，且宜取 5mm 的倍数，并按等距离布置，以缩小连接的尺寸。最大容许距离一般只在起联系作用的构造连接中采用。

螺栓除了沿型钢长度方向上排列的间距应满足表 4-5 所示的最大和最小容许距离外，在型钢横截面上的线距排列尚应充分考虑拧紧螺栓时的净空要求。因此，角钢、普通工字钢、槽钢截面上排列螺栓的线距应满足图 4-81 及表 4-6~表 4-8 的要求。对于在 H 型钢截面上排列螺栓的线距［见图 4-81（d）］，腹板上的 c 值可参照普通工字钢；翼缘上的 e 值或 e_1、e_2 值可根据其外伸宽度参照角钢。

表 4-5 螺栓或铆钉的孔距、边距和端距容许值 单位：mm

<table>
<tr><th>名称</th><th colspan="3">位置和方向</th><th>最大容许距离
（取两者的较小值）</th><th>最小容许距离</th></tr>
<tr><td rowspan="5">中心间距</td><td colspan="3">外排（垂直内力方向或顺内力方向）</td><td>$8d_0$ 或 $12t$</td><td rowspan="5">$3d_0$</td></tr>
<tr><td rowspan="3">中间排</td><td colspan="2">垂直内力方向</td><td>$16d_0$ 或 $24t$</td></tr>
<tr><td rowspan="2">顺内力方向</td><td>构件受压力</td><td>$12d_0$ 或 $18t$</td></tr>
<tr><td>构件受拉力</td><td>$16d_0$ 或 $24t$</td></tr>
<tr><td colspan="3">沿对角线方向</td><td></td></tr>
<tr><td rowspan="4">中心至构件边缘距离</td><td colspan="3">顺内力方向</td><td rowspan="4">$4d_0$ 或 $8t$</td><td>$2d_0$</td></tr>
<tr><td rowspan="3">垂直内力方向</td><td colspan="2">剪切边或手工气割边</td><td rowspan="2">$1.5d_0$</td></tr>
<tr><td rowspan="2">轧制边、自动气割或锯割边</td><td>高强度螺栓</td></tr>
<tr><td>其他螺栓或铆钉</td><td>$1.2d_0$</td></tr>
</table>

注：1. d_0 为螺栓或铆钉的孔径，对槽孔为短向尺寸；t 为外层较薄板件的厚度。

2. 钢板边缘与刚性构件（如角钢、槽钢等）相连的高强度螺栓的最大间距，可按中间排的数值采用。

3. 计算螺栓孔引起的截面削弱时可取 d+4mm 和 d_0 中的较大者。

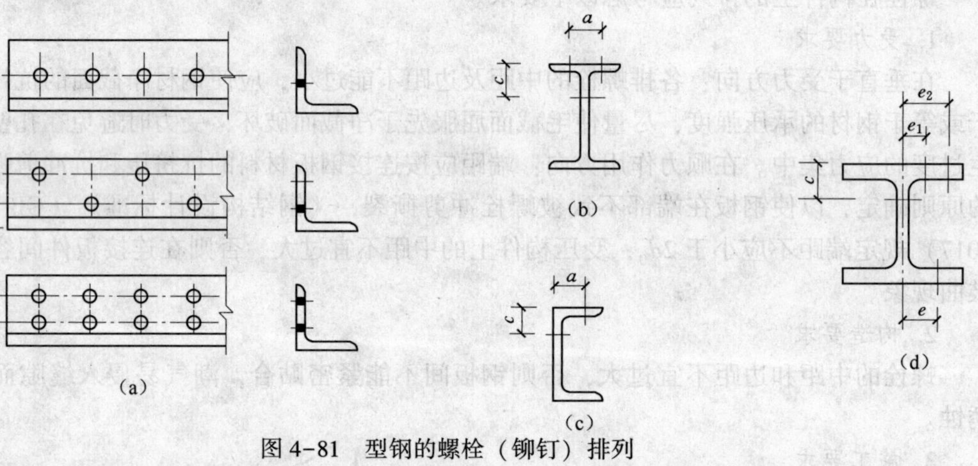

图 4-81 型钢的螺栓（铆钉）排列

表 4-6 角钢上螺栓或铆钉的线距 单位：mm

单列排列	角钢肢宽	40	45	50	56	63	70	75	80	90	100	110	125
	线距 e	25	25	30	30	35	40	40	45	50	55	60	70
	钉孔最大直径	11.5	13.5	13.5	15.5	17.5	20	22	22	24	24	26	26

续表

	角钢肢宽	125	140	160	180	200		角钢肢宽	160	180	200
双行错排	e_1	55	60	70	70	80	双排并列	e_1	60	70	80
	e_2	90	100	120	140	160		e_2	130	140	160
	钉孔最大直径	24	24	26	26	26		钉孔最大直径	24	24	26

表 4-7　工字钢和槽钢腹板上的螺栓线距 c_{min}　　单位：mm

工字钢型号	12	14	16	18	20	22	25	28	32	36	40	45	50	56	63
线距 c_{min}	40	45	45	45	50	50	55	60	60	65	70	75	75	75	75
槽钢型号	12	14	16	18	20	22	25	28	32	36	40	—	—	—	—
线距 c_{min}	40	45	50	50	55	55	55	60	65	70	75	—	—	—	—

表 4-8　工字钢和槽钢翼缘上的螺栓线距 a_{min}　　单位：mm

工字钢型号	12	14	16	18	20	22	25	28	32	36	40	45	50	56	63
线距 a_{min}	40	40	50	55	60	65	65	70	75	80	80	85	90	95	95
槽钢型号	12	14	16	18	20	22	25	28	32	36	40	—	—	—	—
线距 a_{min}	30	35	35	40	40	45	45	45	50	56	60	—	—	—	—

4.6.3　螺栓连接的构造要求

螺栓连接除了满足上述螺栓排列的最大和最小容许距离外，根据不同情况，尚应满足下列构造要求：

（1）为了使连接可靠，每一杆件在节点上以及拼接接头的一端，永久性螺栓数不宜少于两个。但根据实践经验，对于组合构件的缀条，其端部连接可采用一个螺栓。

（2）对直接承受动力荷载的螺栓抗剪连接，应采用摩擦型高强度螺栓。

（3）对直接承受动力荷载的普通螺栓受拉连接，应采用双螺帽或其他防止螺帽松动的有效措施，例如采用弹簧垫圈或将螺帽与螺杆焊死等方法。

（4）由于 C 级螺栓与孔壁间有较大间隙，所以 C 级螺栓只宜用于沿其杆轴方向受拉的连接。承受静力荷载或间接承受动力荷载结构中的次要连接、承受静力荷载的可拆卸结构的连接或临时固定构件用的安装连接中，也可用 C 级螺栓受剪。

（5）采用承压型高强度螺栓连接时，连接处构件接触面应清除油污及浮锈，仅承受拉力的高强度螺栓连接，不要求对接触面进行抗滑移处理。

（6）高强度螺栓承压型连接不应用于直接承受动力荷载的结构，抗剪承压型连接在正常使用极限状态下应符合摩擦型连接的设计要求。

（7）当高强度螺栓连接的环境温度为 100~150℃时，其承载力应降低 10%。

（8）当型钢构件的拼接采用高强度螺栓连接时，由于型钢的抗弯刚度较大，不能保证摩擦面紧密贴合，所以拼接件宜采用钢板。

（9）沿杆轴方向受拉的螺栓连接中的端板（法兰板），应适当增强其刚度（如加设加劲肋），以减少撬力对螺栓抗拉承载力的不利影响。

（10）在高强度螺栓连接范围内，构件接触面的处理方法应在施工图中说明。

4.6.4 螺栓、孔和电焊铆钉的表示方法

钢结构施工图采用的螺栓及孔的图例应符合《建筑结构制图标准》（GB/T 50105—2010）的规定，如表 4-9 所示。

表 4-9 螺栓、孔和电焊铆钉的表示方法

序号	名 称	图 例	说 明
1	永久螺栓	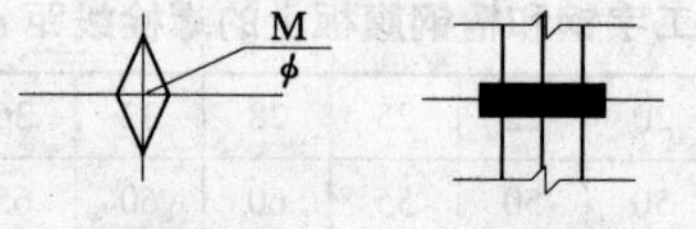	1. 细“+”线表示定位线。 2. M 表示螺栓型号。 3. ϕ 表示螺栓孔直径。 4. d 表示膨胀螺栓、电焊铆钉直径。 5. 采用引出线标注螺栓时，横线上标注螺栓规格，横线下标注螺栓孔直径
2	高强螺栓	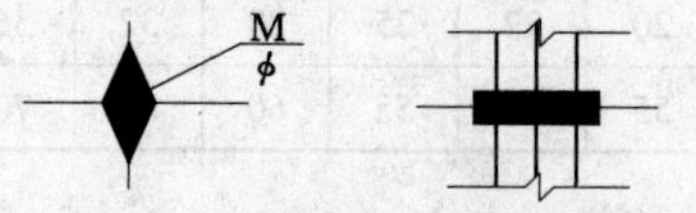	
3	安装螺栓	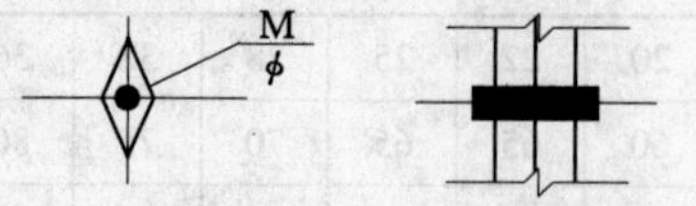	
4	膨胀螺栓	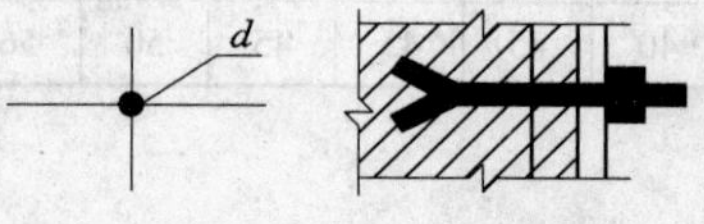	
5	圆形螺栓孔	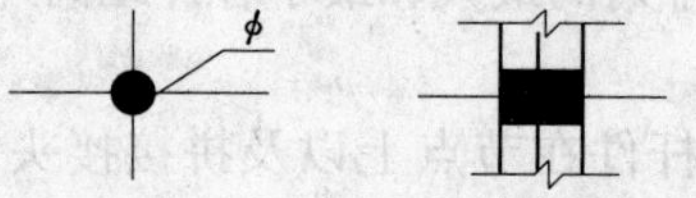	
6	长圆形螺栓孔	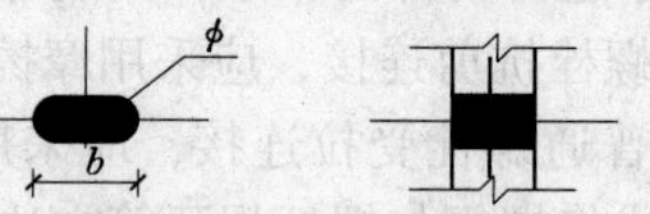	
7	电焊铆钉	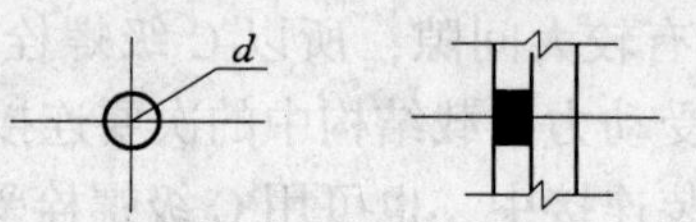	

4.7 普通螺栓连接的工作性能和计算

普通螺栓连接按受力情况可分为以下三类：

（1）螺栓只承受剪力，即受剪螺栓连接［见图 4-82（a）］，连接受力后被连接件的接触面产生相对滑移倾向，受剪螺栓连接依靠螺栓杆的抗剪和孔壁承压来传递垂直于栓杆方向的外力。

（2）螺栓只承受拉力，即受拉螺栓连接［见图 4-82（b）］，连接受力后被连接件的接触面产生相对脱离倾向，由螺栓杆直接承受拉力来传递平行于螺栓杆方向的外力。

(3) 螺栓承受拉力和剪力的共同作用，即拉剪螺栓连接［见图 4-82 (c)］，连接受力后被连接件的接触面产生相对滑移倾向和相对脱离倾向，依靠螺栓杆的抗剪、孔壁承压和栓杆受拉来传递外力。

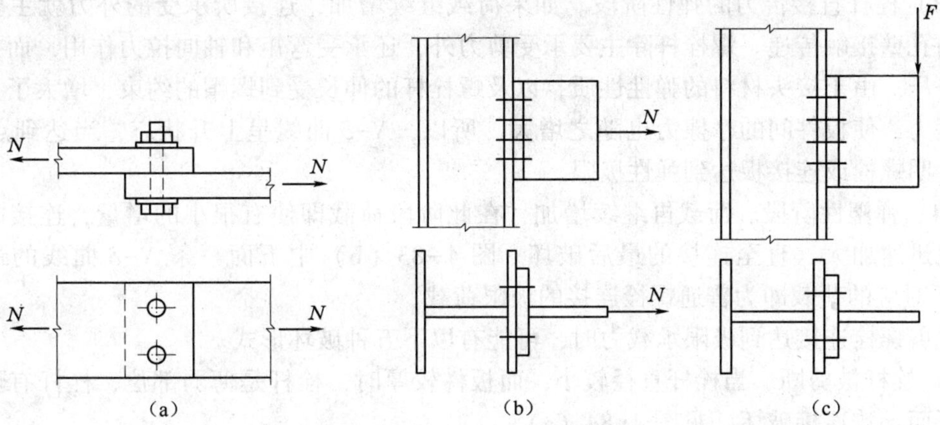

图 4-82　普通螺栓连接

(a) 受剪螺栓连接；(b) 受拉螺栓连接；(c) 拉剪螺栓连接

下面将分别说明这三类普通螺栓连接的工作性能和计算方法。

4.7.1　受剪螺栓连接

1. 受剪螺栓连接的工作性能

受剪连接是最常见的螺栓连接形式。如果以图 4-83 (a) 所示的螺栓连接试件做抗剪试验，则可得出试件上 a、b 两点之间的相对位移 δ 与作用力 N 的关系曲线［见图 4-83 (b)］。由该关系曲线可见，试件由零开始一直加载直至连接破坏的全过程，经历了以下四个阶段。

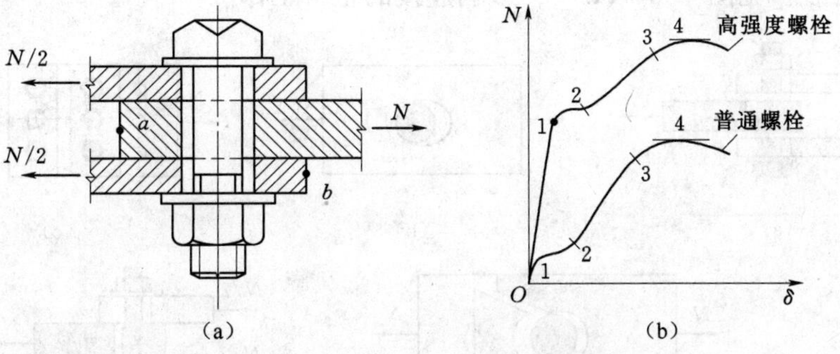

图 4-83　单个螺栓抗剪试验结果

(1) 摩擦传力的弹性阶段。在施加荷载之初，荷载较小，连接中的剪力也较小，荷载靠构件间接触面的摩擦力传递，螺栓杆与孔壁之间的间隙保持不变，连接工作处于弹性阶段，在 N-δ 曲线上呈现出 $O\rightarrow1$ 斜直线段。但由于板件间摩擦力的大小取决于拧紧螺帽时施加于螺杆中的初始拉力，一般来说，普通螺栓的初始拉力很小，所以该阶段很短，可略去不计。

（2）滑移阶段。当荷载增大，连接中的剪力达到构件间摩擦力的最大值，板件间突然产生相对滑移，其最大滑移量为螺栓杆与孔壁之间的间隙，直至螺栓杆与孔壁接触，也就是 N-δ 曲线上的近似水平线段 1~2。

（3）栓杆直接传力的弹性阶段。如果荷载继续增加，连接所承受的外力就主要依靠螺栓与孔壁接触传递。螺栓杆除主要承受剪力外，还承受弯矩和轴向拉力作用，而孔壁则受到挤压。由于接头材料的弹性性质，以及螺栓杆的伸长受到螺帽的约束，增大了板件间的压紧力，使板件间的摩擦力也随之增大。所以，N-δ 曲线呈上升状态，当达到点“3”时，表明螺栓或连接板达到弹性极限。

（4）弹塑性阶段。荷载再继续增加，在此阶段荷载即使有很小的增量，连接的剪切变形也迅速加大，直至连接的最后破坏。图 4-83（b）中下面一条 N-δ 曲线的最高点“4”所对应的荷载即为普通螺栓连接的极限荷载。

抗剪螺栓连接达到极限承载力时，可能有以下五种破坏形式。

1）栓杆被剪断。当栓杆直径较小，而板件较厚时，栓杆是薄弱部位，栓杆有可能先被剪断而导致连接破坏［见图 4-84（a）］。

2）板件被挤压破坏。当栓杆直径较大，而板件较薄时，板件是薄弱部位，板件孔壁可能被栓杆挤压破坏［见图 4-84（b）］。由于栓杆和板件的挤压是相对的，所以这种破坏又称为螺栓承压破坏或孔壁承压破坏。

3）构件被拉断破坏。当板件净截面面积因螺栓孔削弱太多时，可能沿被连接构件的净截面被拉断破坏［见图 4-84（c）］。

4）构件端部被冲剪破坏。当栓孔距构件端部（顺力作用方向）的距离太小时，在栓杆的挤压下，孔前部分的钢板有可能沿斜方向的斜截面剪切破坏［见图 4-84（d）］。如果栓孔间的距离过小，也会发生类似情况。

5）栓杆受弯破坏。当栓杆长度（即被连接板件的总厚度）过大时，将会使栓杆产生过大的弯曲变形［见图 4-84（e）］，影响连接的正常工作。

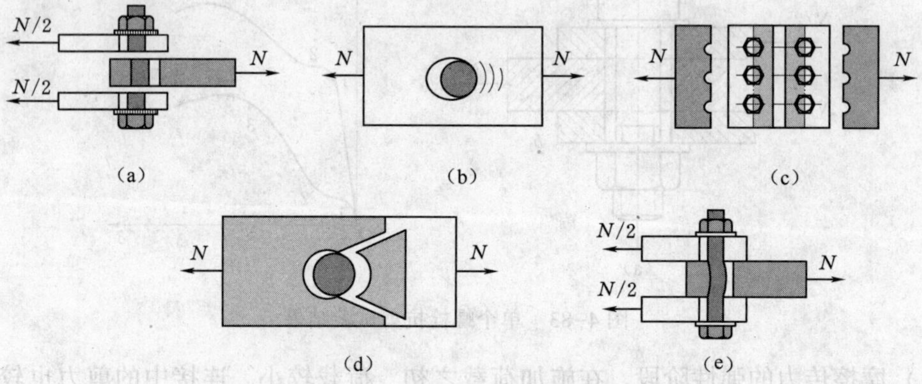

图 4-84　受剪螺栓连接的破坏形式

（a）螺杆被剪断；（b）孔壁承压破坏；（c）板件拉坏；（d）板件端部冲剪破坏；（e）螺杆弯曲

上述第 3）种破坏形式属于构件的强度计算；第 4）种破坏形式由控制螺栓端距大于

或等于 $2d_0$ 来保证；第 5）种破坏形式一般通过限制被连接板件的总厚度小于 5 倍螺栓直径来避免。因此，受剪螺栓连接的计算只考虑第 1）、第 2）种破坏形式。

2. 单个普通螺栓抗剪连接的承载力

普通螺栓抗剪连接的承载力，应考虑螺栓杆受剪和孔壁承压（即螺栓承压）两种情况。假定螺栓受剪面上的剪应力是均匀分布的，则单个普通螺栓抗剪连接的受剪承载力设计值为

$$N_v^b = n_v \frac{\pi d^2}{4} f_v^b \tag{4-50}$$

式中 n_v——剪切面数目，单剪［见图 4-85（a）］$n_v=1$，双剪［见图 4-84（a）、（e）］$n_v=2$，四剪［见图 4-85（b）］$n_v=4$；

d——螺栓杆直径（mm）；

f_v^b——螺栓抗剪强度设计值（N/mm^2）。

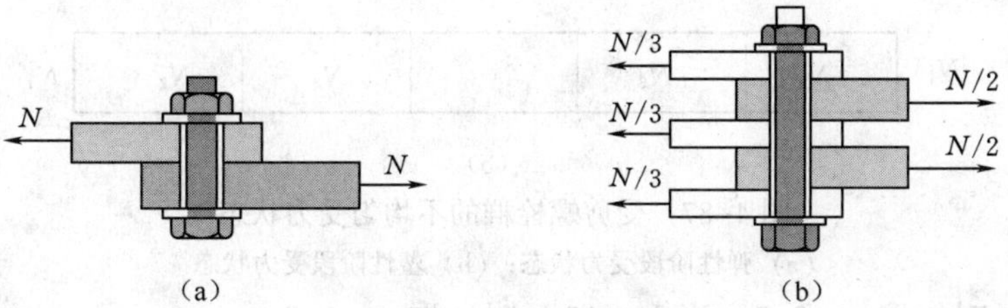

图 4-85　剪切面数目

(a) 单剪；(b) 四剪

由于螺栓的实际承压应力分布情况难以确定，为简化计算，假定螺栓承压应力分布于螺栓直径平面上（见图 4-86），并假定该承压面上的应力为均匀分布，则单个普通螺栓抗剪连接的承压承载力设计值为

$$N_c^b = d\sum t f_c^b \tag{4-51}$$

式中 $\sum t$——连接接头一侧同一个受力方向承压构件总厚度的较小值（mm）；

f_c^b——螺栓承压强度设计值（N/mm^2）。

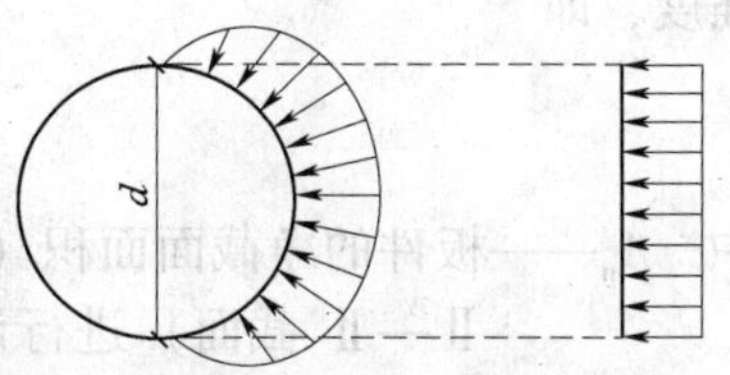

图 4-86　螺栓承压的计算承压面积

单个普通螺栓的承载力设计值应取单个普通螺栓抗剪连接的受剪承载力设计值 N_v^b 和单个普通螺栓抗剪连接的承压承载力设计值 N_c^b 中的较小值，即 $N_{min}^b=\min(N_v^b, N_c^b)$。

3. 普通螺栓群抗剪连接计算

（1）普通螺栓群轴心受剪。试验证明，当普通螺栓群的抗剪连接承受轴心力（外力通过螺栓群的形心）时，螺栓群在长度方向上的各螺栓受力并不均匀（见图 4-87），表现为两端螺栓受力大，而中间螺栓受力小。当连接长度 $l_1 \leqslant 15d_0$（d_0 为螺栓孔孔径）时，连接工作进入弹塑性阶段后，内力发生重分布，螺栓群中各螺栓受力逐渐接近，所以可认为轴心力 N 由每个螺栓平均分担。当 $l_1>15d_0$ 时，连接工作进入弹塑性阶段后，各螺栓所受内力也不易均匀，端部螺栓首先达到极限强度而破坏，随后由外向里依次破坏。为了防止端部螺栓首

先破坏而导致连接破坏的可能性，《钢结构设计标准》（GB 50017—2017）规定，当$l_1>15d_0$时，应将螺栓的承载力设计值乘以折减系数η。该折减系数可按下式计算：

$$\eta = 1.1 - \frac{l_1}{150d_0} \geqslant 0.7 \tag{4-52}$$

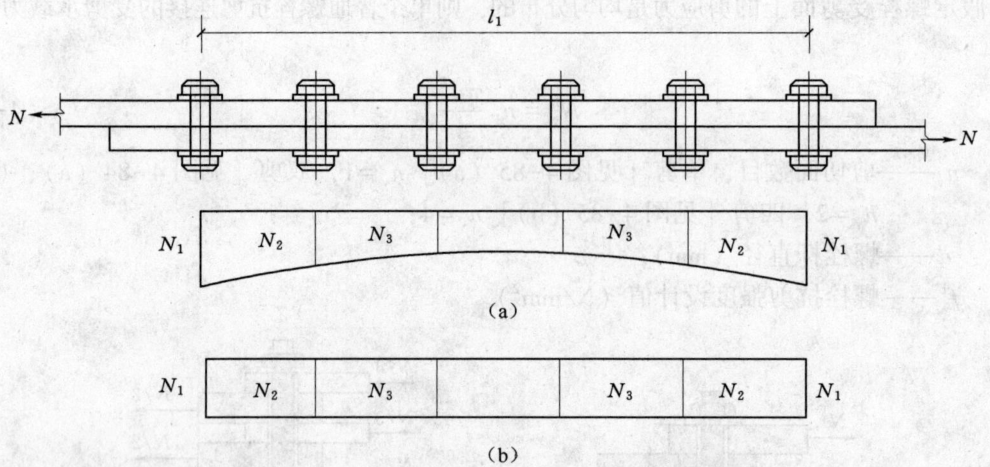

图 4-87 受剪螺栓群的不均匀受力状态

（a）弹性阶段受力状态；（b）塑性阶段受力状态

当$l_1>60d_0$时，取$\eta=0.7$；当$l_1\leqslant15d_0$时，取$\eta=1.0$。

对于折减系数η的计算和取值规定，不仅适用于普通螺栓，也适用于高强度螺栓或铆钉的长连接工作情况。因此，对普通螺栓群构成的长连接，所需抗剪螺栓数目为

$$n = \frac{N}{\eta N_{\min}^{b}} \tag{4-53}$$

由于螺栓孔削弱了板件的截面，为了防止板件在净截面上被拉断，需验算板件的净截面强度，即

$$\sigma = \frac{N}{A_n} \leqslant 0.7f_u \tag{4-54}$$

式中 A_n——板件的净截面面积（mm^2），根据螺栓排列形式取最不利的截面（Ⅰ—Ⅰ或Ⅱ—Ⅱ 截面）进行计算（见图 4-88）；

f_u——钢材的抗拉强度最小值（N/mm^2）。

【例题 4-11】 试设计两块钢板用普通螺栓连接的盖板拼接（见图 4-89）。已知轴心拉力的设计值$N=350kN$，钢材为 Q235A，厚度$t_1=8mm$，盖板厚度$t_2=6mm$，螺栓直径$d=20mm$，螺栓孔径$d_0=21.5mm$（粗制螺栓）。

解：由附录 1 查得，钢板的抗拉强度设计值$f_u=370N/mm^2$；由附录 3 查得，螺栓连接的强度设计值：$f_v^b=140N/mm^2$，$f_c^b=305N/mm^2$。

（1）单个螺栓的承载力设计值。

单个螺栓的受剪承载力设计值为

$$N_v^b = n_v \frac{\pi d^2}{4} f_v^b = 2 \times \frac{\pi \times 20^2}{4} \times 140 = 87.9(kN)$$

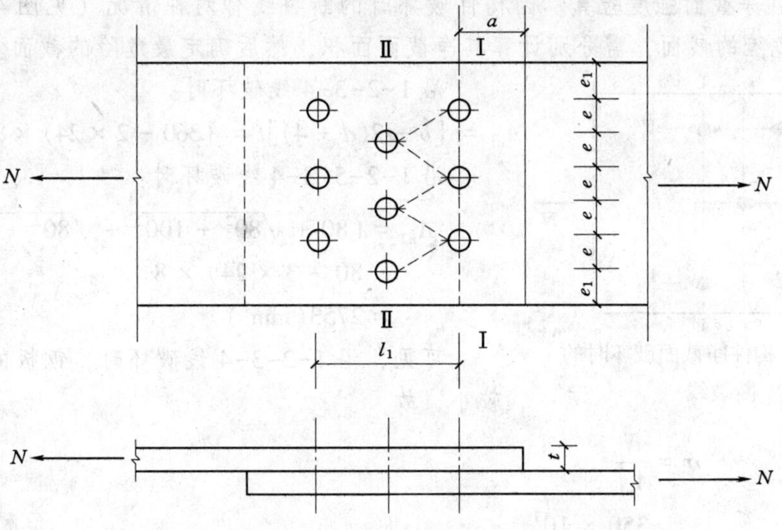

图 4-88　轴向力作用下的受剪螺栓群净截面验算

单个螺栓的承压承载力设计值为

$$N_c^b = d\sum tf_c^b = 20 \times 8 \times 305 = 48.8(\text{kN})$$

单个抗剪螺栓的承载力设计值为

$$N_{\min}^b = \min(N_v^b,\ N_c^b) = 48.8(\text{kN})$$

（2）计算所需螺栓数目。初步假定 $\eta = 1.0$，则连接一侧所需螺栓数目为

$$n = \frac{N}{\eta N_{\min}^b} = \frac{350}{1.0 \times 48.8} = 7.2$$

故取 8 个。

求得所需螺栓数目后，即可按螺栓的排列要求进行排列。排列时应注意使所连接构件的截面削弱最小而连接长度最短，以节省钢材（见图 4-89）。

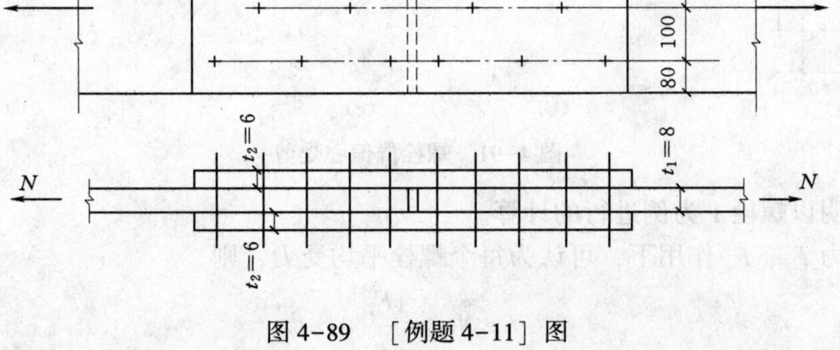

图 4-89　［例题 4-11］图

（3）构件净截面强度验算。因构件破坏时的断裂线有两种情况（见图 4-90），不能立即判明最危险的截面，需分别计算其净截面面积，然后确定最危险的截面。

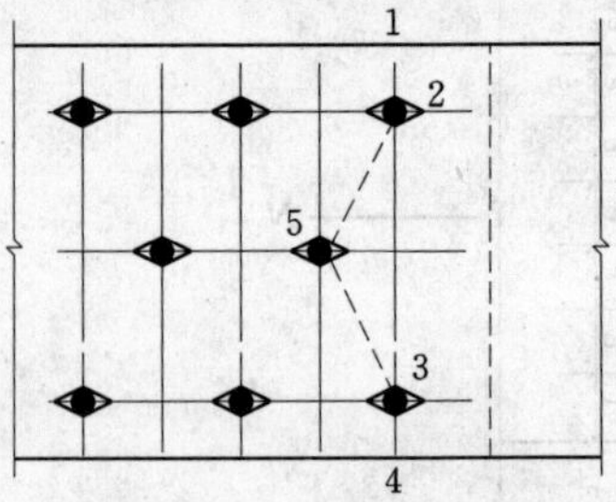

图 4-90 构件净截面破坏时的断裂线

沿 1-2-3-4 线破坏时：

$$A_{n1}=[b-2(d+4)]t=(360-2\times 24)\times 8=2496(\mathrm{mm}^2)$$

沿 1-2-5-3-4 线破坏时：

$$A_{n2}=(80+\sqrt{80^2+100^2}+\sqrt{80^2+100^2}+80-3\times 24)\times 8=2753(\mathrm{mm}^2)$$

可见，沿 1-2-3-4 线破坏时，钢板的净截面面积较小，故

$$\sigma=\frac{N}{A_{n1}}=\frac{350\times 10^3}{2496}=140(\mathrm{N/mm^2})<0.7f_u=0.7\times 370=259(\mathrm{N/mm^2})$$

因此，构件净截面强度能满足要求。

（2）普通螺栓群偏心受剪。图 4-91 所示为普通螺栓群承受偏心剪力的情形，将力 F_x、F_y 向螺栓群的形心（中心）等效简化，则螺栓群同时受到轴心力 F_x、F_y 和扭矩 $T=F_xe_1+F_ye_2$ 的共同作用。螺栓群在轴心力 F_x、F_y 和扭矩 T 的共同作用下，每个螺栓均受剪。按弹性设计法计算普通螺栓群偏心受剪时，主要依据以下基本假设：

1）螺栓所连接板件为绝对刚性，螺栓则为弹性体。

2）连接板件绕螺栓群形心（中心）旋转，各螺栓所受剪力大小与该螺栓至形心距离 r_i 成正比，其方向则与连线 r_i 垂直［见图 4-91（d）］。

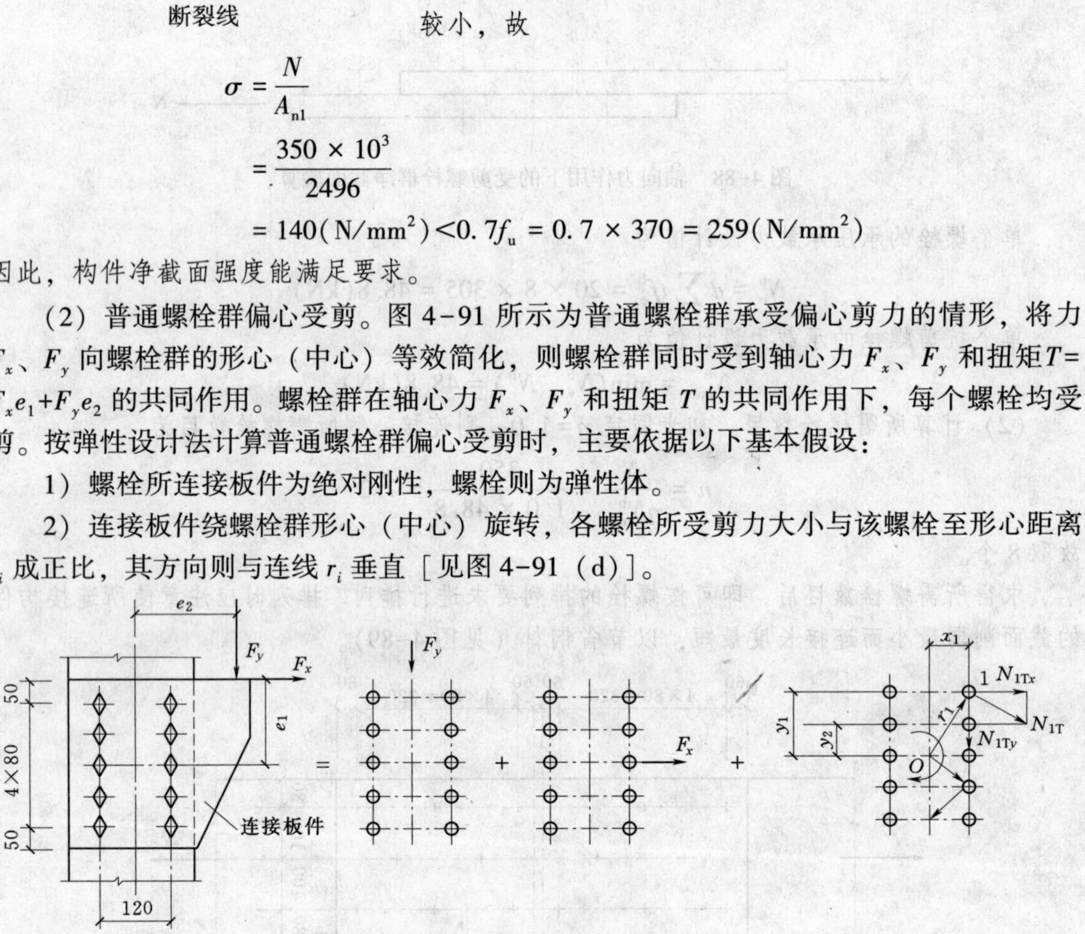

图 4-91 螺栓群偏心受剪

下面说明以螺栓 1 为例进行的计算。

在轴心力 F_x、F_y 作用下，可认为每个螺栓平均受力，则

$$N_{1Fx}=\frac{F_x}{n} \tag{4-55}$$

$$N_{1Fy}=\frac{F_y}{n} \tag{4-56}$$

设螺栓 1、2、3、…、n 至螺栓群形心 O 点的距离分别为 r_1、r_2、r_3、…、r_n，每个螺栓所承受的力分别为 N_{1T}、N_{2T}、N_{3T}、…、N_{nT}。

由力的平衡条件：各螺栓的受力对螺栓群形心 O 的力矩总和等于外扭矩 T，得

$$N_{1T}r_1+N_{2T}r_2+N_{3T}r_3+\cdots+N_{nT}r_n=T \tag{4-57}$$

由于各螺栓受力的大小与 r_i 成正比，故有

$$\frac{N_{1T}}{r_1}=\frac{N_{2T}}{r_2}=\frac{N_{3T}}{r_3}=\cdots=\frac{N_{nT}}{r_n} \tag{4-58}$$

则有

$$N_{2T}=\frac{r_2}{r_1}N_{1T},\quad N_{3T}=\frac{r_3}{r_1}N_{1T},\quad \cdots,\quad N_{nT}=\frac{r_n}{r_1}N_{1T} \tag{4-59}$$

将式（4-59）代入式（4-57），得

$$T=\frac{N_{1T}}{r_1}(r_1^2+r_2^2+r_3^2+\cdots+r_n^2)=\frac{N_{1T}}{r_1}\sum r_i^2$$

螺栓 1 距形心 O 最远，其所受剪力最大，即

$$N_{1T}=\frac{Tr_1}{\sum r_i^2}=\frac{Tr_1}{\sum x_i^2+\sum y_i^2} \tag{4-60}$$

将 N_{1T} 分解为水平分力 N_{1Tx} 和垂直分力 N_{1Ty}，利用图 4-91 的几何关系，得

$$N_{1Tx}=N_{1T}\frac{y_1}{r_1}=\frac{Ty_1}{\sum r_i^2}=\frac{Ty_1}{\sum x_i^2+\sum y_i^2} \tag{4-61}$$

$$N_{1Ty}=N_{1T}\frac{x_1}{r_1}=\frac{Tx_1}{\sum r_i^2}=\frac{Tx_1}{\sum x_i^2+\sum y_i^2} \tag{4-62}$$

由此可得螺栓群偏心受剪时，受力最大的螺栓 1 所受合力应满足：

$$\sqrt{(N_{1Tx}+N_{1Fx})^2+(N_{1Ty}+N_{1Fy})^2}$$
$$=\sqrt{\left(\frac{Ty_1}{\sum x_i^2+\sum y_i^2}+\frac{F_x}{n}\right)^2+\left(\frac{Tx_1}{\sum x_i^2+\sum y_i^2}+\frac{F_y}{n}\right)^2}\leqslant N_{\min}^{b} \tag{4-63}$$

当螺栓群布置在一个狭长带时，如果 $y_i>3x_i$，可取 $x_i=0$ 以简化计算，则式(4-63)变为

$$\sqrt{(N_{1Tx}+N_{1Fx})^2+(N_{1Ty}+N_{1Fy})^2}$$
$$=\sqrt{\left(\frac{Ty_1}{\sum y_i^2}+\frac{F_x}{n}\right)^2+\left(\frac{F_y}{n}\right)^2}\leqslant N_{\min}^{b} \tag{4-64}$$

当螺栓群布置在一个狭长带时，如果 $x_i>3y_i$，可取 $y_i=0$ 以简化计算，则式(4-63)变为

$$\sqrt{(N_{1Tx}+N_{1Fx})^2+(N_{1Ty}+N_{1Fy})^2}$$

$$= \sqrt{\left(\frac{F_x}{n}\right)^2 + \left(\frac{Tx_1}{\sum x_i^2} + \frac{F_y}{n}\right)^2} \leqslant N_{min}^b \qquad (4-65)$$

设计中，通常是先按构造要求布置好螺栓，再利用式（4-63）验算受力最大的螺栓。由于连接设计是由少数受力最大的螺栓的承载力控制，而其他大多数螺栓受力较小，不能充分发挥作用，因此这是一种偏安全的弹性设计法。

【例题 4-12】 试设计图 4-91（a）所示的普通螺栓连接。已知柱翼缘厚度为 10mm，连接板厚度为 8mm，钢材为 Q235B，荷载设计值 $F_x=0$kN、$F_y=160$kN，偏心距 $e_2=250$mm，采用 M22 粗制螺栓。

解：由附录 3 查得，螺栓的强度设计值：$f_v^b=140\text{N/mm}^2$，$f_c^b=305\text{N/mm}^2$。

（1）M22 螺栓的承载力设计值：

受剪承载力设计值为

$$N_v^b = n_v \frac{\pi d^2}{4} f_v^b = 1 \times \frac{\pi \times 22^2}{4} \times 140 = 53.2(\text{kN})$$

承压承载力设计值为

$$N_c^b = d \sum t f_c^b = 22 \times 8 \times 305 = 53.7(\text{kN})$$

因此，单个螺栓的承载力设计值为

$$N_{min}^b = \min(N_v^b,\ N_c^b) = 53.2\text{kN}$$

（2）计算单个螺栓最大受力：

$$\sum x_i^2 + \sum y_i^2 = 10 \times 6^2 + (4 \times 8^2 + 4 \times 16^2) = 1640(\text{cm}^2)$$

$$T = F_y e_2 = 160 \times 0.25 = 40(\text{kN} \cdot \text{m})$$

$$N_{1Tx} = \frac{Ty_1}{\sum x_i^2 + \sum y_i^2} = \frac{40 \times 0.16}{1640 \times 10^{-4}} = 39.0(\text{kN})$$

$$N_{1Ty} = \frac{Tx_1}{\sum x_i^2 + \sum y_i^2} = \frac{40 \times 0.06}{1640 \times 10^{-4}} = 14.6(\text{kN})$$

$$N_{1Fy} = \frac{F_y}{n} = \frac{160}{10} = 16(\text{kN})$$

$$N_1 = \sqrt{N_{1Tx}^2 + (N_{1Ty} + N_{1Fy})^2} = \sqrt{39^2 + (14.6 + 16)^2} = 49.6(\text{kN})$$

（3）承载力验算：

$$N_1 = 49.6\text{kN} < N_{min}^b = 53.2\text{kN}$$

因此，该普通螺栓连接满足强度要求。

4.7.2 受拉螺栓连接

1. 单个普通螺栓的抗拉承载力

受拉螺栓连接在外力作用下，构件的接触面有脱开趋势。此时，螺栓受到沿杆轴方向的拉力作用，所以受拉螺栓连接的破坏形式表现为栓杆被拉断。

单个受拉螺栓的承载力设计值为

$$N_t^b = A_e f_t^b = \frac{\pi d_e^2}{4} f_t^b \tag{4-66}$$

式中　A_e——螺栓的有效截面面积（mm^2，见附录 5）；

d_e——螺栓在螺纹处的有效直径（mm，见附录 5）；

f_t^b——螺栓的抗拉强度设计值（N/mm^2）。

螺栓受拉时，通常不可能使拉力正好作用在螺栓轴线上，而是通过与螺杆垂直的板件传递。如图 4-92 所示的 T 形连接，如果连接件的刚度较小，受力后与螺栓垂直的连接件总会有变形，因而形成杠杆作用，螺栓有被撬开的趋势，使螺杆中的拉力增加并产生弯曲现象。

考虑杠杆作用时，螺杆的轴心力为

$$N_t = N + Q \tag{4-67}$$

式中　Q——由于杠杆作用对螺栓产生的撬力（N）。

撬力的大小与连接件的刚度有关，连接件的刚度越小，撬力越大；同时，撬力也与螺栓直径和螺栓所在位置等因素有关。由于确定撬力比较复杂，我国现行《钢结构设计标准》（GB 50017—2017）为了简化计算，规定普通螺栓抗拉强度设计值 f_t^b 取为螺栓钢材抗拉强度设计值 f 的 0.8 倍（即 $f_t^b = 0.8f$），以考虑撬力的影响。此外，在构造上也可采取一些措施加强连接件的刚度，如设置加劲肋（见图 4-93），可以减小甚至消除撬力的影响。

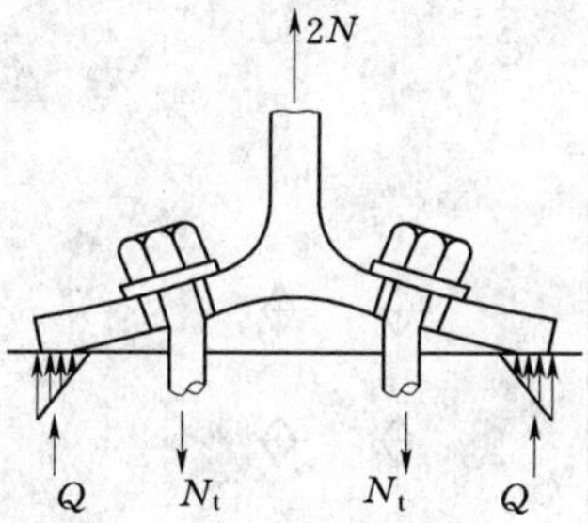

图 4-92　受拉螺栓的撬力

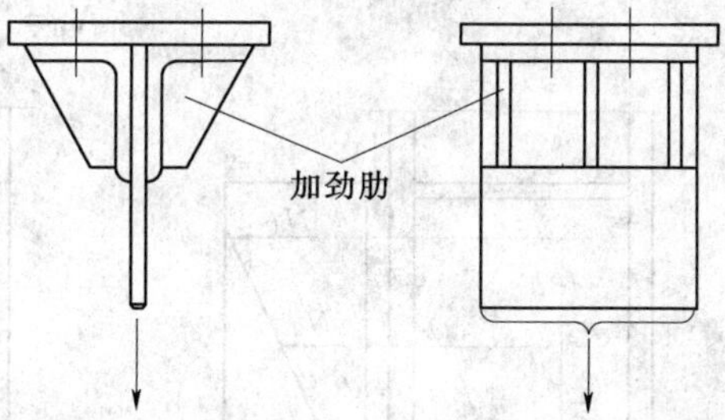

图 4-93　T 形受拉螺栓连接时的翼缘加强措施

2. 普通螺栓群轴心受拉

图 4-94 所示为螺栓群在轴心力作用下的抗拉连接，通常假定每个螺栓平均受力，则连接所需螺栓数目为

$$n = \frac{N}{N_t^b} \tag{4-68}$$

式中　N_t^b——单个螺栓的抗拉承载力设计值（N），按式（4-66）计算。

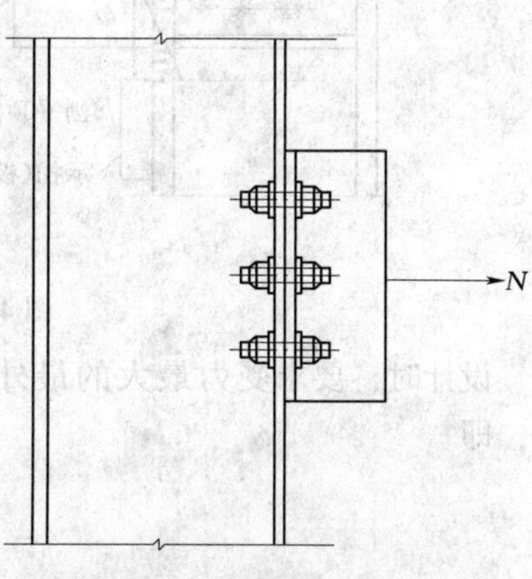

图 4-94　螺栓群承受轴心拉力

3. 普通螺栓群弯矩受拉

图 4-95 所示为螺栓群在弯矩作用下的抗拉连接（图 4-95 中的剪力 V 通过承托板传递）。按弹性设计

法，在弯矩作用下，离中性轴越远的螺栓所受拉力越大，而压应力则由弯矩指向一侧的部分端板承受，设中性轴至端板受压边缘的距离为 c［见图 4-95（c）］。这种连接的受力有如下特点：受拉螺栓截面只是孤立的几个螺栓点，而端板受压区则是宽度较大的矩形截面［见图 4-95（b）、（c）］。在实际计算时，近似地取中性轴位于最下排螺栓形心 O 处［弯矩作用方向如图 4-95（a）所示时］，即认为连接变形为绕 O 点水平轴转动，螺栓拉力与 O 点算起的纵坐标 y 成正比。对 O 点水平轴列弯矩平衡方程，偏安全地忽略力臂很小的端板受压区部分的力矩而只考虑受拉螺栓部分，则得（各 y_i 均自 O 点算起）：

$$M = N_1 y_1 + N_2 y_2 + \cdots + N_n y_n \tag{4-69}$$

由

$$\frac{N_1}{y_1} = \frac{N_2}{y_2} = \cdots = \frac{N_n}{y_n}$$

可得

$$N_2 = N_1 \frac{y_2}{y_1},\quad N_3 = N_1 \frac{y_3}{y_1},\ \cdots,\ N_n = N_1 \frac{y_n}{y_1}$$

将 N_2、N_3、…、N_n 代入式（4-69）可得

$$M = N_1 y_1 + N_1 \frac{y_2^2}{y_1} + N_1 \frac{y_3^2}{y_1} + \cdots + N_1 \frac{y_n^2}{y_1}$$

故得螺栓 1 的拉力为

$$N_1 = \frac{M y_1}{\sum y_i^2}$$

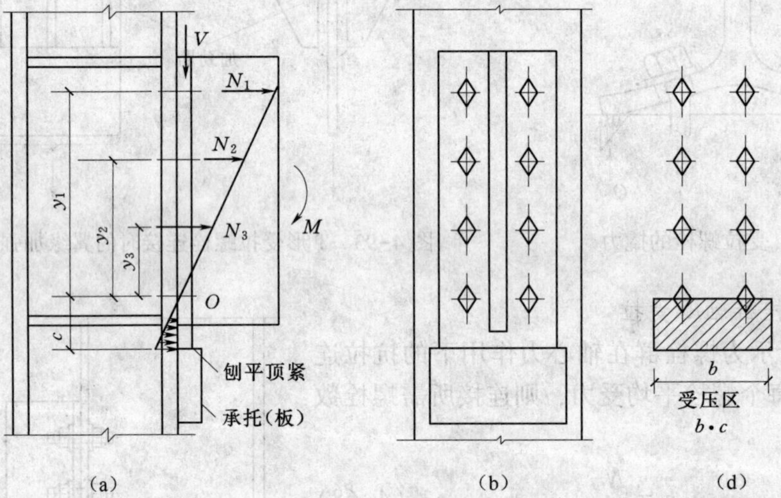

图 4-95　普通螺栓群弯矩受拉

设计时，要求受力最大的最外排螺栓 1 的拉力不超过单个螺栓的抗拉承载力设计值，即

$$N_1 = \frac{M y_1}{\sum y_i^2} \leqslant N_t^b \tag{4-70}$$

【例题 4-13】　牛腿用 C 级普通螺栓与承托板和柱连接，如图 4-96 所示。承受竖向

荷载设计值 $F=200\text{kN}$，偏心距 $e=200\text{mm}$。试验算该螺栓连接是否满足要求。已知构件和螺栓均用 Q235B 钢材，螺栓为 M20，孔径为 21.5mm。

解：由附录 3 查得，螺栓的抗拉强度设计值 $f_t^b=170\text{N/mm}^2$。

（1）受力分析。牛腿的剪力 $V=F=200\text{kN}$，由端板刨平顶紧于承托板传递；弯矩 $M=Fe=200\times0.2=40$（kN·m），由螺栓连接传递，使螺栓弯矩受拉。

（2）计算螺栓受到的最大拉力。对最下排螺栓形心 O 轴取矩，最大受力螺栓（最上排螺栓 1）的拉力为

$$N_1=My_1/\sum y_i^2=(40\times0.32)/[2\times(0.08^2+0.16^2+0.24^2+0.32^2)]=33.3(\text{kN})$$

（3）单个螺栓的受拉承载力设计值为

$$N_t^b=A_e f_t^b=245\times170=41.7(\text{kN})$$

（4）承载力验算。由于

$$N_1=33.3\text{kN}<N_t^b=41.7\text{kN}$$

因此，该螺栓群的连接强度能满足要求。

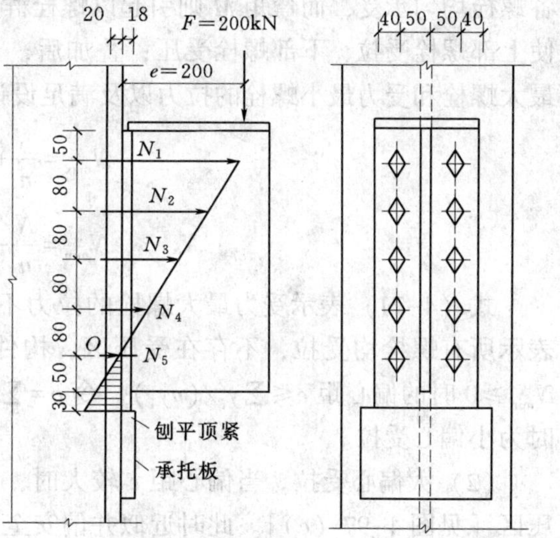

图 4-96　[例题 4-13] 图

4. 普通螺栓群偏心受拉

由图 4-97（a）可知，螺栓群偏心受拉相当于连接承受轴心拉力 N 和弯矩 $M=Ne$ 的共同作用。其受力情况有两种：一种是弯矩 M 较大、轴心拉力 N 较小时（偏心距大）的大偏心受拉，另一种是弯矩 M 较小、轴心拉力 N 较大时（偏心距小）的小偏心受拉。

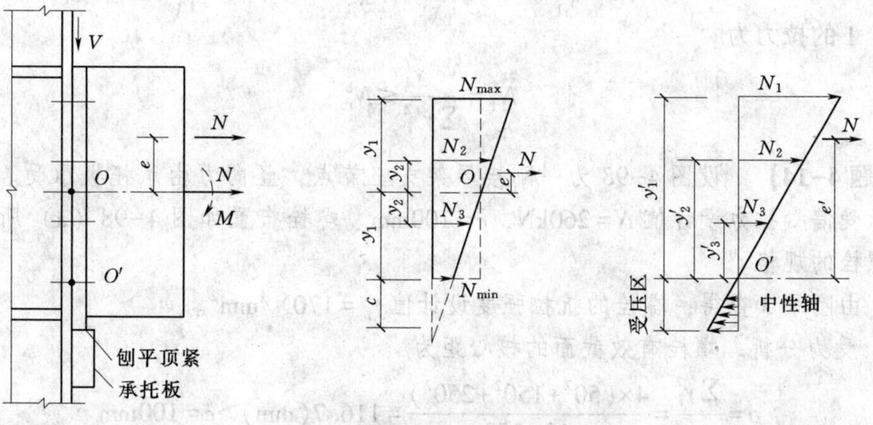

图 4-97　螺栓群偏心受拉

（1）小偏心受拉。对于小偏心受拉情况［见图 4-97（b）］，所有螺栓均承受拉力作用，端板与柱翼缘有分离趋势，但螺栓群受力后端板不可能有受压区，故轴心拉力 N 由各螺栓均匀承受，而弯矩 M 则引起以螺栓群形心 O 处水平轴为中性轴的三角形应力分布，使上部螺栓受拉、下部螺栓受压；叠加后，全部螺栓均为受拉［见图 4-97（b）］。受力最大螺栓和受力最小螺栓的拉力以及满足设计要求的公式如下（各 y_i 均自 O 点算起）：

$$N_{\max}=\frac{N}{n}+\frac{Ney_1}{\sum y_i^2}\leqslant N_t^b \tag{4-71}$$

$$N_{\min}=\frac{N}{n}-\frac{Ney_1}{\sum y_i^2}\geqslant 0 \tag{4-72}$$

式（4-71）表示受力最大螺栓的拉力不超过单个螺栓的承载力设计值；式（4-72）表示所有螺栓均受拉，不存在受压区，构件绕螺栓群的形心转动。由式（4-72）可得 $N_{\min}\geqslant 0$ 时的偏心距 $e\leqslant \sum y_i^2/(ny_1)$。令 $\rho=\sum y_i^2/(ny_1)$ 为螺栓有效截面的核心距，则 $e\leqslant\rho$ 时为小偏心受拉。

（2）大偏心受拉。当偏心距 e 较大时，即 $e>\rho=\sum y_i^2/(ny_1)$ 时，端板底部将出现受压区［见图 4-97（c）］。此时近似并偏安全取中性轴位于最下排螺栓形心 O' 处，螺栓拉力与 O' 点算起的纵坐标 y_i' 成正比。O' 处水平轴的弯矩平衡方程（e' 和各 y_i' 自 O' 点算起，最上排螺栓 1 的拉力最大）为

$$Ne'=N_1y_1'+N_2y_2'+\cdots+N_ny_n' \tag{4-73}$$

由

$$\frac{N_1}{y_1'}=\frac{N_2}{y_2'}=\cdots=\frac{N_n}{y_n'}$$

可得

$$N_2=N_1\frac{y_2'}{y_1'},\quad N_3=N_1\frac{y_3'}{y_1'},\quad \cdots,\quad N_n=N_1\frac{y_n'}{y_1'}$$

将 N_2、N_3、…、N_n 代入式（4-73）可得

$$Ne'=N_1\frac{y_1'^2}{y_1'}+N_1\frac{y_2'^2}{y_1'}+N_1\frac{y_3'^2}{y_1'}+\cdots+N_1\frac{y_n'^2}{y_1'}$$

故得螺栓 1 的拉力为

$$N_1=\frac{Ne'y_1'}{\sum y_i'^2}\leqslant N_t^b \tag{4-74}$$

【例题 4-14】 设图 4-98 为一刚接屋架支座节点，竖向力由承托板承受。螺栓为 C 级，只承受偏心拉力设计值 $N=260$kN，$e=100$mm。螺栓布置如图 4-98（a）所示。试确定所需螺栓的规格。

解： 由附录 3 查得，螺栓的抗拉强度设计值 $f_t^b=170\text{N/mm}^2$。

（1）受力分析。螺栓有效截面的核心距为

$$\rho=\frac{\sum y_i^2}{ny_1}=\frac{4\times(50^2+150^2+250^2)}{12\times250}=116.7(\text{mm})>e=100\text{mm}$$

即偏心力作用在核心距以内，属于小偏心受拉［见图 4-98（c）］。

（2）计算螺栓 1（最下排螺栓）受到的最大拉力：

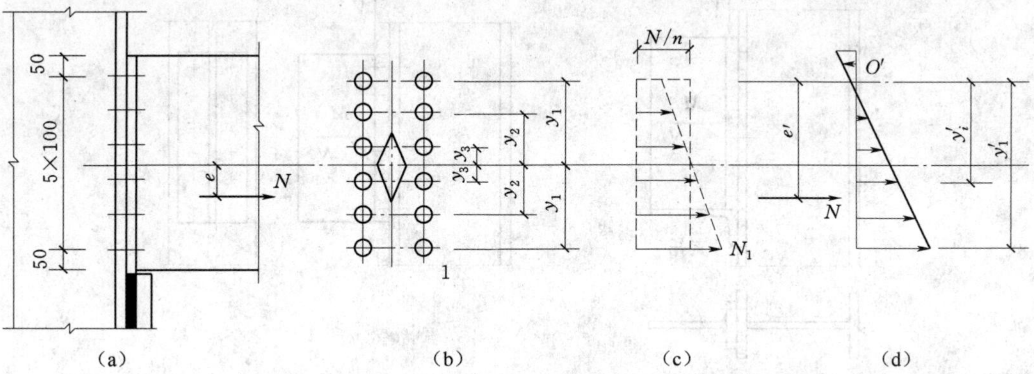

图 4-98　[例题 4-14]、[例题 4-15] 图

$$N_1=N_{\max}=\frac{N}{n}+\frac{Ney_1}{\sum y_i^2}=\frac{260}{12}+\frac{260\times100\times250}{4\times(50^2+150^2+250^2)}=40.2(\mathrm{kN})$$

(3) 确定所需螺栓的尺寸。螺栓需要的有效面积为

$$A_e=\frac{N_{\max}}{f_t^b}=\frac{40.2\times10^3}{170}=236(\mathrm{mm}^2)$$

查附录 5 可知，采用 M20 螺栓，$A_e=245\mathrm{mm}^2$。

【例题 4-15】　已知条件同例题 4-14，要求确定偏心距 $e=160\mathrm{mm}$ 时所需螺栓的规格。

解： 由附录 3 查得，螺栓的抗拉强度设计值 $f_t^b=170\mathrm{N/mm}^2$。

(1) 受力分析。由于 $e=160\mathrm{mm}>116.7\mathrm{mm}$，应按大偏心受拉计算。

(2) 计算螺栓 1（最下排螺栓）受到的最大拉力。假定中性轴在上面第一排螺栓形心 O' 处，则所有螺栓均受拉力［见图 4-98（d）］。螺栓 1 所受最大拉力为

$$N_1=\frac{Ne'y_1'}{\sum y_i'^2}=\frac{260\times(160+250)\times500}{2\times(500^2+400^2+300^2+200^2+100^2)}=48.5(\mathrm{kN})$$

(3) 确定所需螺栓的尺寸。螺栓所需的有效面积为

$$A_e=\frac{N_1}{f_t^b}=\frac{48.5\times10^3}{170}=286(\mathrm{mm}^2)$$

查附录 5 可知，采用 M22 螺栓，$A_e=303\mathrm{mm}^2$。

4.7.3　拉剪螺栓连接

图 4-99 所示为螺栓群在剪力 V 和偏心拉力 N（即轴心拉力 N 和弯矩 $M=Ne$）共同作用下的螺栓群受力。

当设支托［见图 4-99（a）］时，剪力 V 可由安装支托承受，螺栓只受弯矩和轴力引起的拉力。螺栓群完全可以按前面的螺栓群偏心受拉［式（4-71）、式（4-74）］计算。但安装支托与翼缘板的连接角焊缝应按下式进行计算：

$$\tau_f=\frac{1.35V}{h_e\sum l_w}\leqslant f_f^w \tag{4-75}$$

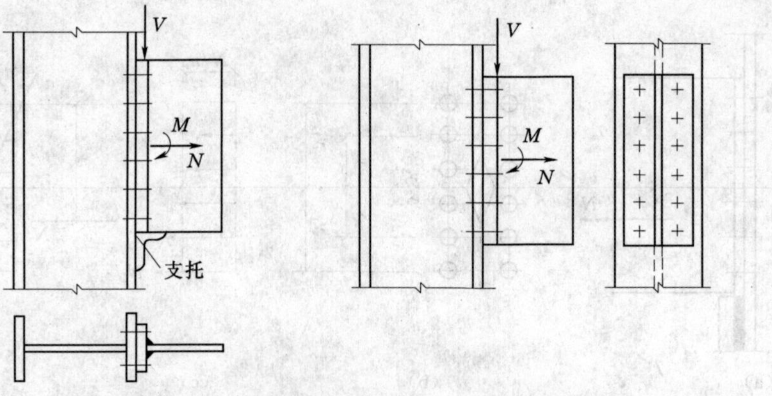

(a)　(b)

图 4-99　螺栓群受剪力和拉力共同作用

式中　系数 1.35——考虑剪力 V 对角焊缝的偏心影响。

当不考虑安装支托承受剪力或者将支托取消［见图 4-99（b）］时，螺栓群承受剪力和拉力的共同作用。承受剪力和拉力共同作用的普通螺栓应考虑两种可能的破坏形式：一种是螺杆受剪兼受拉破坏，另一种是孔壁承压破坏。

根据试验结果可知，兼受剪力和拉力的螺杆，将剪力和拉力分别除以各自单独作用时的承载力，这样无量纲化后的相关关系近似为一圆曲线（见图 4-100），即螺栓的受剪和受拉具有相关性，故拉剪螺栓应满足的计算式为

$$\sqrt{\left(\frac{N_v}{N_v^b}\right)^2+\left(\frac{N_t}{N_t^b}\right)^2}\leqslant 1 \tag{4-76}$$

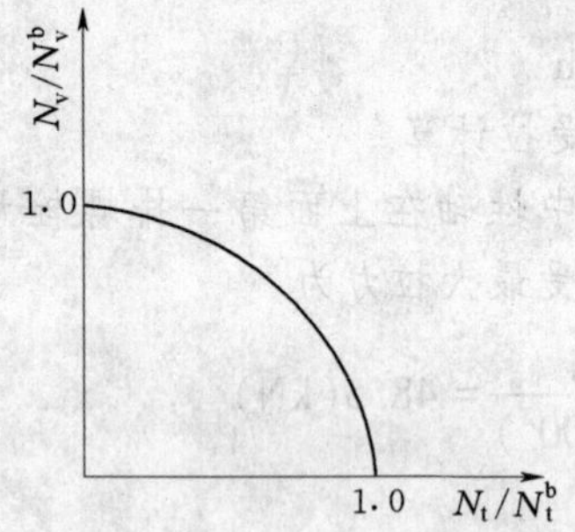

图 4-100　螺栓同时承受剪力和拉力时的相关曲线

式中　N_v——单个螺栓承受的剪力设计值（N），一般假定剪力 V 由每个螺栓平均承担，即 $N_v=V/n$，n 为螺栓个数；

N_t——单个螺栓承受的拉力设计值（N），由偏心拉力引起的螺栓最大拉力 N_t 仍按式(4-71)、式(4-74)计算；

N_v^b、N_t^b——单个螺栓的抗剪、抗拉承载力设计值（N）。

拉剪螺栓的孔壁承压应满足的计算式为

$$N_v\leqslant N_c^b \tag{4-77}$$

式中　N_c^b——单个螺栓孔壁承压承载力设计值（N/mm^2）。

至此，普通螺栓连接的计算内容已经结束。现总结普通螺栓连接的计算步骤如下：

（1）根据连接的部位和形式，并结合受力性质、被连接板件的厚度和连接可供布置螺栓的尺寸等条件，选择合适的螺栓直径。

（2）根据受力情况对螺栓进行计算，要注意力向螺栓群形心的等效简化。对受轴心力作用的受剪或受拉螺栓连接，可先按连接承受的轴心力和单个螺栓的承载力求出需要的螺栓数目，然后按排列要求进行布置。对受偏心力作用的受剪或受拉螺栓连接以及拉剪螺栓连接，则需先按排列要求布置好螺栓，然后按所承受的外力对最不利螺栓进行验算，如

果验算结果不满足要求或者太富余，则重新假定螺栓数目进行排列和复算。

（3）验算构件（或连接盖板）最不利开孔截面的净截面强度（抗拉强度或抗弯强度、抗剪强度）。

（4）结合施工图的绘制，在设置螺栓处用螺栓符号正确标注，并附注有关螺栓的直径、孔径等的文字说明。

此外，螺栓连接设计时还应注意以下问题：

（1）同一设计中选用螺栓直径的规格不宜太多。

（2）螺栓布置除应符合构造要求（在型钢上布置还应符合线距要求）外，还应考虑是否有足够的紧固空间并且能否穿进螺栓（若连接的一侧是封闭结构，则无法穿进螺栓）。

（3）在下列情况的连接中，由于螺栓偏心受力较大，螺栓的数目应予增加。

1）一个构件借助填板或其他中间板件与另一构件连接的螺栓（摩擦型连接的高强度螺栓除外）或铆钉数目，应按计算增加 10%，如图 4-101（a）所示。

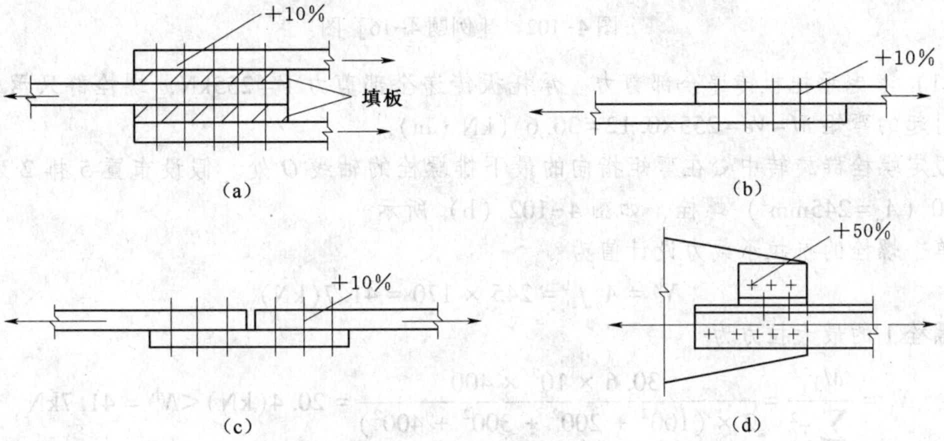

图 4-101　螺栓数目应增加的情况

2）当采用搭接或拼接板的单面连接传递轴心力，因偏心引起连接部位发生弯曲时，螺栓（摩擦型连接的高强度螺栓除外）或铆钉数目应按计算增加 10%，如图 4-101（b）、（c）所示。

3）在构件的端部连接中，当利用短角钢连接型钢（角钢或槽钢）的外伸肢以缩短连接长度时，在短角钢两肢中的一肢上所用的螺栓或铆钉数目应按计算增加 50%，如图 4-101（d）所示。

4）当铆钉连接的铆合总厚度超过铆钉孔径的 5 倍时，总厚度每超过 2mm，铆钉数目应按计算增加 1%（至少应增加一个铆钉），但铆合总厚度不得超过铆钉孔径的 7 倍。

【例题 4-16】　图 4-102 所示为短横梁与柱翼缘的连接，该连接承受剪力 $V=255\text{kN}$，$e=120\text{mm}$，螺栓为 C 级，梁端竖板下有承托板。钢材为 Q235B，手工电弧焊，焊条为 E43 型，试按考虑承托板传递全部剪力 V 以及不传递全部剪力 V 两种情况设计该连接。

解： 由附录 2 和附录 3 查得，$f_f^w=160\text{N/mm}^2$，$f_v^b=140\text{N/mm}^2$，$f_t^b=170\text{N/mm}^2$，$f_c^b=305\text{N/mm}^2$。

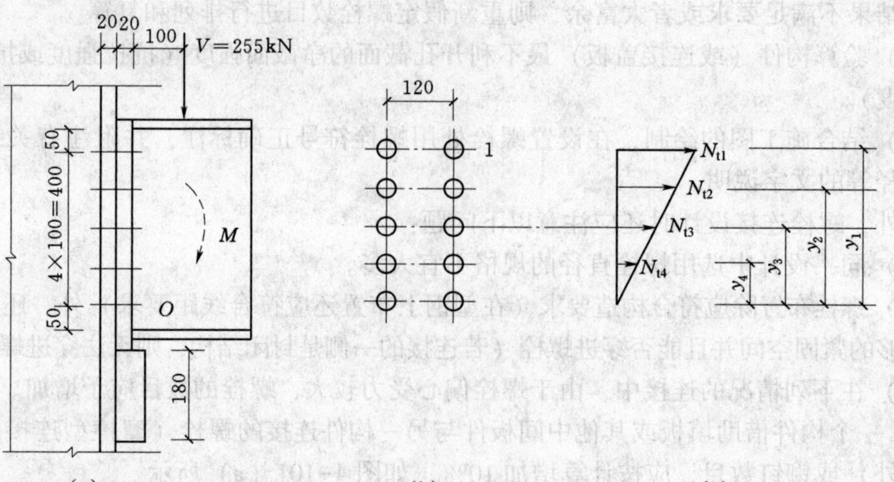

图 4-102 ［例题 4-16］图

(1) 考虑承托板传递全部剪力。承托板传递全部剪力 $V=255\text{kN}$，螺栓群只承受由偏心力引起的弯矩 $M=Ve=255\times0.12=30.6$（kN·m）。

假定螺栓群旋转中心在弯矩指向的最下排螺栓的轴线 O 处。假设布置 5 排 2 列共 10 个 M20（$A_e=245\text{mm}^2$）螺栓，如图 4-102（b）所示。

单个螺栓的抗拉承载力设计值为

$$N_t^b=A_e f_t^b=245\times170=41.7(\text{kN})$$

螺栓 1 的最大拉力为

$$N_1=\frac{My_1}{\sum y_i^2}=\frac{30.6\times10^3\times400}{2\times(100^2+200^2+300^2+400^2)}=20.4(\text{kN})<N_t^b=41.7\text{kN}$$

设承托板与柱翼缘连接角焊缝为两面侧焊缝，并按构造要求取焊脚尺寸 $h_f=10\text{mm}$（此处过程省略），则焊缝应力为

$$\tau_f=\frac{1.35V}{h_e\sum l_w}=\frac{1.35\times255\times10^3}{2\times0.7\times10\times(180-2\times10)}=153.7(\text{N/mm}^2)<f_f^w=160\text{N/mm}^2$$

故该连接设计满足要求。

(2) 不考虑承托板传递全部剪力。螺栓群同时承受剪力 $V=255\text{kN}$ 和弯矩 $M=30.6\text{kN}\cdot\text{m}$ 作用。单个螺栓的承载力设计值如下：

受剪承载力设计值为

$$N_v^b=n_v\frac{\pi d^2}{4}f_v^b=1\times\frac{\pi\times20^2}{4}\times140=44.0(\text{kN})$$

承压承载力设计值为

$$N_c^b=d\sum t f_c^b=20\times20\times305=122(\text{kN})$$

抗拉承载力设计值为

$$N_t^b=41.7\text{kN}$$

单个螺栓的最大拉力为

$$N_t = 20.4\text{kN}$$

单个螺栓的剪力为

$$N_v = \frac{V}{n} = \frac{255}{10} = 25.5(\text{kN}) < N_c^b = 122\text{kN}$$

在剪力和拉力共同作用下有

$$\sqrt{\left(\frac{N_v}{N_v^b}\right)^2 + \left(\frac{N_t}{N_t^b}\right)^2} = \sqrt{\left(\frac{25.5}{44.0}\right)^2 + \left(\frac{20.4}{41.7}\right)^2} = 0.758 < 1$$

因此，该连接设计满足要求。

4.8　高强度螺栓连接的工作性能和计算

4.8.1　高强度螺栓连接的工作性能

按受力的特性，高强度螺栓连接分为高强度螺栓摩擦型连接和高强度螺栓承压型连接。高强度螺栓摩擦型连接依靠被连接板件之间的摩擦力传递外力，当剪力等于摩擦力时，即为高强度螺栓摩擦型连接的设计极限荷载（见图 4-83 中高强度螺栓曲线上的点 1）。此时，连接中的被连接板件之间不发生相对滑移，螺栓杆不受剪，螺栓孔壁不承压。高强度螺栓承压型连接的传力特征是保证在正常使用荷载下，剪力不超过摩擦力，其受力性能与高强度螺栓摩擦型连接相同。当荷载超过标准值（即正常使用情况下的荷载值）时，剪力就有可能超过摩擦力，此时被连接板件之间将发生相对滑移，螺栓杆与孔壁接触，连接依靠摩擦力和螺栓杆的剪切、承压共同传力。高强度螺栓承压型连接以螺栓杆被剪坏或承压破坏作为承载力的极限状态（见图 4-83 中高强度螺栓曲线上的最高点），可能的破坏形式与普通螺栓连接相同。

高强度螺栓承压型连接的承载力比摩擦型连接的承载力高得多，但其变形较大，故不适用于直接承受动力荷载结构的连接。高强度螺栓承压型连接和高强度螺栓摩擦型连接在螺栓材质、预拉力大小、构件接触面处理等施工操作技术要求上是完全相同的。

1. 高强度螺栓的预拉力

高强度螺栓摩擦型连接是依靠被连接件之间的摩擦阻力传递内力，并以荷载设计值引起的剪力不超过摩擦阻力这一条件作为设计准则。螺栓的预拉力 P（即板件间的法向压紧力）、摩擦面的抗滑移系数和钢材种类等都直接影响到高强度螺栓摩擦型连接的承载力。

高强度螺栓的预拉力，是在安装螺栓时通过拧紧螺母来实现的。如何控制拧紧螺栓的程度是施工中要认真对待的，通常采用转角法和扭矩法来控制。预拉力越大，构件之间的接触面上的压紧力也就越大。

（1）预拉力的控制方法。

1）转角法。首先，用普通扳手将螺母初拧至被连接构件互相紧密贴合。要求一个人用普通扳手把螺母拧到拧不动的位置，就算完成初拧。然后，以初拧后的位置为起点，按螺栓直径和板层厚度等确定的终拧角度，用特制的长扳手旋转螺母，拧至该角度值时，螺栓中的拉力即达到预拉力值。这种方法的特点是用控制螺栓应变的办法达到在螺栓中建立预拉力的目的。

2）扭矩法。这种方法通过利用一种可直接显示扭矩大小的特制扳手来实现。按使用前事先测定的扭矩与螺栓拉力之间的关系来施加扭矩，建立要求的预拉力。为了消除板件之间的初始间隙，拧紧螺母应按初拧和终拧两个阶段进行，其中初拧扭矩一般宜取终拧扭矩的 30%~50%。

高强度螺栓分大六角头型［见图 4-103（a）］和扭剪型［见图 4-103（b）］两种，虽然这两种高强度螺栓预拉力的具体控制方法各不相同，但对螺栓施加预拉力的思路都是一样的。它们都是通过拧紧螺母，使螺杆受到拉伸作用产生预拉力，而在被连接板件间产生压紧力。扭剪型高强度螺栓的端部设有梅花头，拧紧螺母时，依靠拧断螺栓梅花头切口处截面来控制预拉力值。

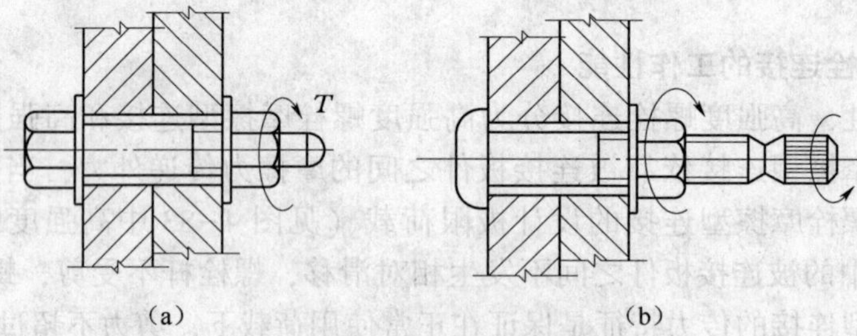

图 4-103　高强度螺栓

(a) 大六角头型；(b) 扭剪型

（2）预拉力的确定。高强度螺栓的预拉力设计值，与材料强度和螺栓有效截面面积有关，可由下式计算得到：

$$P=\frac{0.9\times0.9\times0.9}{1.2}f_uA_e \tag{4-78}$$

式中　A_e——螺栓螺纹处的有效截面面积（mm^2）；

f_u——螺栓材料经热处理后的最低抗拉强度（N/mm^2），对 8.8 级高强度螺栓，$f_u=830N/mm^2$，对 10.9 级高强度螺栓，$f_u=1040N/mm^2$。

式（4-78）中的系数考虑了以下几个因素：

1）拧紧螺栓时，除使螺栓产生拉应力外，还产生剪应力。在正常施工条件下，即螺母的螺纹和下支承面涂黄油润滑剂的条件下，或在供货状态原润滑剂未干的情况下拧紧螺栓时，对应力会产生显著影响，根据试验结果其影响系数可考虑为 1.2。

2）施工时为了补偿高强度螺栓预拉力的松弛损失，一般超张拉 5%~10%，故采用一个超张拉系数 0.9。

3）考虑螺栓材质的不均匀性，引入一个折减系数 0.9。

4）由于以螺栓的抗拉强度 f_u 为准（高强度螺栓没有明显的屈服点），为安全起见，再引入一个附加安全系数 0.9。

一个高强度螺栓的预拉力设计值如表 4-10 所示。

表 4-10　一个高强度螺栓的预拉力设计值 P　单位：kN

螺栓的承载性能等级	螺栓的公称直径/mm					
	M16	M20	M22	M24	M27	M30
8.8	80	125	150	175	230	280
10.9	100	155	190	225	290	355

2. 高强度螺栓摩擦面的抗滑移系数

被连接构件之间的摩擦力大小，不仅与螺栓的预拉力有关，还与高强度螺栓摩擦面的抗滑移系数有关。高强度螺栓摩擦面的抗滑移系数的大小与连接处构件接触面的处理方法以及构件的钢材的牌号有关。

我国现行《钢结构设计标准》（GB 50017—2017）推荐采用的接触面处理方法有喷硬质石英砂或铸钢棱角砂、抛丸（喷砂）以及钢丝刷清除浮锈或对干净轧制表面不作处理等。各种处理方法相应的抗滑移系数 μ 值如表 4-11 所示。在高强度螺栓连接范围内，构件接触面的处理方法应在施工图中说明。如果连接在潮湿或淋雨条件下拼装，会降低 μ 值，故应采取有效措施保证连接处表面的干燥。抗滑移系数值有随被连接构件接触面的压紧力减小而降低的现象。

表 4-11　钢材摩擦面的抗滑移系数 μ

连接处构件接触面的处理方法	构件的钢材牌号		
	Q235 钢	Q355 或 Q390 钢	Q420 钢或 Q460 钢
喷硬质石英砂或铸钢棱角砂	0.45	0.45	0.45
抛丸（喷砂）	0.40	0.40	0.40
钢丝刷清除浮锈或未经处理的干净轧制面	0.30	0.35	—

注：1. 钢丝刷除锈方向应与受力方向垂直。
2. 当连接构件采用不同钢材牌号时，μ 值按相应较低强度者取值。
3. 采用其他方法处理时，其处理工艺及抗滑移系数值均需经试验确定。

3. 高强度螺栓抗剪连接的工作性能

（1）高强度螺栓摩擦型连接。高强度螺栓摩擦型连接与普通螺栓连接和高强度螺栓承压型连接的重要区别，就是完全不靠螺杆的抗剪和孔壁的承压来传力，而是靠钢板间接触面的摩擦力传力。因此，高强度螺栓摩擦型连接的承载力取决于构件接触面的摩擦力，摩擦力的大小与螺栓所受预拉力和摩擦面的抗滑移系数以及连接的传力摩擦面数有关。一个摩擦型连接高强度螺栓的抗剪承载力设计值为

$$N_v^b = 0.9kn_f\mu P \tag{4-79}$$

式中　0.9——抗力分项系数 γ_R 的倒数（$\gamma_R = 1.111$）；

k——孔型系数，标准孔取 1.0，大圆孔取 0.85，内力与槽孔长向垂直时取 0.7，内力与槽孔长向平行时取 0.6；

n_f——高强度螺栓的传力摩擦面数，单剪时 $n_f = 1$，双剪时 $n_f = 2$；

P——一个高强度螺栓的预拉力设计值（N），按表 4-10 采用；

μ——摩擦面的抗滑移系数，按表 4-11 采用。

（2）高强度螺栓承压型连接。高强度螺栓承压型连接受剪时，由于它允许接触面滑动并以连接达到破坏的极限状态作为设计准则，接触面的摩擦力只起着延缓滑动的作用，当剪力超过摩擦力时，构件之间发生相对滑移，螺杆杆身与孔壁接触，使螺杆受剪和孔壁受压，破坏形式与普通螺栓相同。因此，高强度螺栓承压型连接的计算方法与普通螺栓连接类似，仍可用式（4-50）和式（4-51）计算单个承压型连接高强度螺栓的抗剪承载力设计值，只是应采用承压型连接高强度螺栓的强度设计值 f_v^b 和 f_c^b。其计算公式如下：

$$N_v^b = n_v \frac{\pi d^2}{4} f_v^b$$

$$N_c^b = d \sum t f_c^b$$

特别地，当剪切面在螺纹处时，承压型连接高强度螺栓的抗剪承载力应按螺纹处的有效截面 A_e 计算。而对于普通螺栓，其抗剪强度设计值是根据连接的试验数据统计而确定的，试验时不分剪切面是否在螺纹处，所以计算抗剪强度设计值时采用公称直径。

由于承压型连接的计算准则与摩擦型连接不同，故承压型连接对构件接触面的要求较低，除应清除油污和浮锈外，不再要求做其他处理。

4. 高强度螺栓抗拉连接的工作性能

高强度螺栓连接由于预拉力作用，构件间在承受外力作用前已经有较大的挤压力，当高强度螺栓受到外拉力作用时，首先要抵消这种挤压力，在克服挤压力之前，螺杆的预拉力基本不变。试验表明，当外拉力过大时，螺栓将发生松弛现象，这对连接抗剪性能是不利的，但如果外拉力小于螺杆预拉力的80%时，则无松弛现象发生。考虑到这些因素后，现行《钢结构设计标准》（GB 50017—2017）规定，沿杆轴方向受拉力作用的高强度螺栓摩擦型连接中，一个摩擦型连接高强度螺栓抗拉承载力设计值取为

$$N_t^b = 0.8P \tag{4-80}$$

承压型连接高强度螺栓的预拉力 P 与摩擦型连接高强度螺栓相同，考虑到承压型连接高强度螺栓的设计准则与普通螺栓类似，故其抗拉承载力设计值 N_t^b 采用与普通螺栓相同的计算公式，即

$$N_t^b = A_e f_t^b \tag{4-81}$$

当剪切面在螺纹处时，式（4-81）中的 A_e 应按螺纹处的有效面积进行计算。高强度螺栓承压型连接不应用于直接承受动力荷载的结构中。

5. 高强度螺栓同时承受剪力和外拉力连接的工作性能

（1）高强度螺栓摩擦型连接。如前所述，当螺栓所受外拉力 $N_t \leqslant 0.8P$ 时，螺杆中的预拉力 P 基本不变，但板层间压力将减小。试验研究表明，这时接触面的抗滑移系数 μ 也有所降低，而且 μ 值随 N_t 的增大而减小。现将 N_t 乘以 1.125 的系数来考虑 μ 值降低的不利影响，故一个摩擦型连接高强度螺栓有拉力作用时的抗剪承载力设计值为

$$N_{v,t}^b = 0.9kn_f\mu(P - 1.125 \times 1.111N_t) = 0.9kn_f\mu(P - 1.25N_t) \tag{4-82}$$

式中 1.111——抗力分项系数 γ_R。

在《钢结构设计标准》（GB 50017—2017）中，其承载力按下式计算：

$$\frac{N_v}{N_v^b}+\frac{N_t}{N_t^b}\leqslant 1.0 \tag{4-83}$$

式中　N_v、N_t——一个高强度螺栓所承受的剪力、拉力（N）；

N_v^b、N_t^b——一个高强度螺栓的受剪、受拉承载力设计值（N），$N_v^b=0.9kn_f\mu P$，$N_t^b=0.8P$。

将式（4-83）改写为

$$N_v=N_v^b\left(1-\frac{N_t}{N_t^b}\right)$$

再将 $N_v^b=0.9kn_f\mu P$ 和 $N_t^b=0.8P$ 代入，整理得 $N_v=0.9kn_f\mu(P-1.25N_t)$，与式(4-82)是相同的，可见两者是等效的，应用时可任选一种形式进行计算。

（2）高强度螺栓承压型连接。同时承受剪力和杆轴方向拉力的高强度螺栓承压型连接的计算方法与普通螺栓相同，即满足以下要求：

$$\sqrt{\left(\frac{N_v}{N_v^b}\right)^2+\left(\frac{N_t}{N_t^b}\right)^2}\leqslant 1.0 \tag{4-84}$$

$$N_v\leqslant\frac{N_c^b}{1.2} \tag{4-85}$$

式中　N_v、N_t——一个高强度螺栓所承受的剪力、拉力（N）；

N_v^b、N_t^b、N_c^b——一个高强度螺栓的抗剪、抗拉、承压承载力设计值（N）。

式（4-85）右边分母取 1.2 是考虑由于螺栓杆轴方向的外拉力使孔壁承压强度的设计值有所降低之故。

根据上述分析，现将各种受力情况的单个螺栓（包括普通螺栓和高强度螺栓）承载力设计值的计算式汇总于表 4-12 中，以便于对照和应用。

表 4-12　一个螺栓的承载力设计值

序号	螺栓种类	受力状态	计算式	备注
1	普通螺栓	受剪	$N_v^b=n_v\frac{\pi d^2}{4}f_v^b$ $N_c^b=d\sum tf_c^b$	取 N_v^b 与 N_c^b 中较小值
		受拉	$N_t^b=A_e f_t^b$	
		兼受剪拉	$\sqrt{\left(\frac{N_v}{N_v^b}\right)^2+\left(\frac{N_t}{N_t^b}\right)^2}\leqslant 1$ $N_v\leqslant N_c^b$	
2	摩擦型连接高强度螺栓	受剪	$N_v^b=0.9kn_f\mu P$	
		受拉	$N_t^b=0.8P$	
		兼受剪拉	$N_{v,t}^b=0.9kn_f\mu(P-1.25N_t)$ 或 $\frac{N_v}{N_v^b}+\frac{N_t}{N_t^b}\leqslant 1$ $N_t\leqslant 0.8P$	

续表

序号	螺栓种类	受力状态	计算式	备注
3	承压型连接高强度螺栓	受剪	$N_v^b=n_v\frac{\pi d^2}{4}f_v^b$ $N_c^b=d\sum tf_c^b$	(1) 取N_v^b与N_c^b中较小值。 (2) 当剪切面在螺纹处时，$N_v^b=n_vA_ef_v^b$
		受拉	$N_t^b=A_ef_t^b$	
		兼受剪拉	$\sqrt{\left(\frac{N_v}{N_v^b}\right)^2+\left(\frac{N_t}{N_t^b}\right)^2}\leqslant 1$ $N_v\leqslant N_c^b/1.2$	

4.8.2 高强度螺栓承压型连接的计算

1. 承压型高强度螺栓群的抗剪计算

（1）轴心力作用时。承压型高强度螺栓群轴心受剪时所需螺栓数目为

$$n\geqslant\frac{N}{N_{\min}^b} \tag{4-86}$$

其中

$$N_v^b=n_v\frac{\pi d^2}{4}f_v^b$$

$$N_c^b=d\sum tf_c^b$$

式中 $N_{\min}^b$——一个承压型高强度螺栓的受剪承载力设计值（N），取N_v^b、N_c^b中的较小值；

f_v^b、f_c^b——一个承压型高强度螺栓的抗剪强度设计值、承压强度设计值（N/mm²）。

当承压型连接高强度螺栓剪切面在螺纹处时，式（4-50）应改为

$$N_v^b=n_v\frac{\pi d_e^2}{4}f_v^b$$

（2）承压型高强度螺栓群在扭矩作用或扭矩、剪力共同作用时的抗剪计算方法与普通螺栓群的相同，但应采用承压型高强度螺栓承载力设计值进行计算。

【例题 4-17】 试设计如图 4-104 所示一双盖板拼接的钢板连接。已知钢材为 Q235B，钢板厚度 $t_1=20$mm，拼接盖板厚度 $t_2=12$mm，采用 8.8 级的 M20 承压型连接高强度螺栓，作用在螺栓群形心处的轴心拉力设计值 $N=850$kN。

解： 由附录 3 查得，螺栓的强度设计值：$f_v^b=250$N/mm²，$f_c^b=470$N/mm²。

（1）单个螺栓的承载力设计值：

受剪承载力设计值为

$$N_v^b=n_v\frac{\pi d^2}{4}f_v^b=2\times\frac{\pi\times 20^2}{4}\times 250=157(\text{kN})$$

受压承载力设计值为

$$N_c^b=d\sum tf_c^b=20\times 20\times 470=188(\text{kN})$$

一个螺栓的抗剪承载力设计值为

$$N_{\min}^b=\min(N_v^b,N_c^b)=157\text{kN}$$

（2）所需的螺栓数目：

$$n=\frac{N}{N_{\min}^b}=\frac{850}{157}=5.4(\text{个})$$

故取 6 个。

螺栓排列如图 4-104 所示。

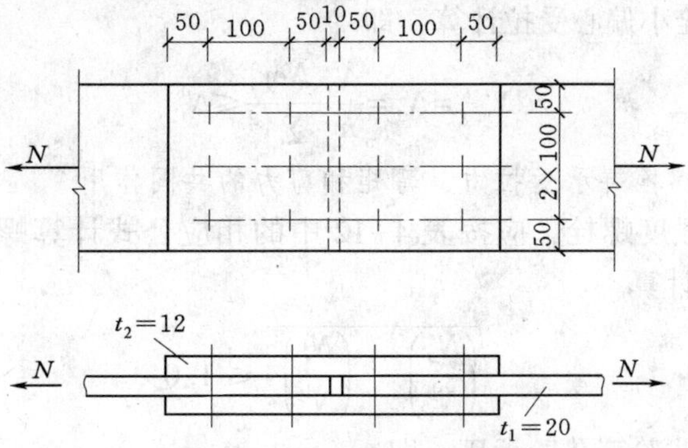

图 4-104　[例题 4-17] 图

2. 承压型高强度螺栓群的抗拉计算

(1) 轴心力作用时。承压型高强度螺栓群轴心受拉时所需螺栓数目为

$$n \geqslant \frac{N}{N_t^b} \tag{4-87}$$

式中　N_t^b——沿杆轴方向受拉时，单个承压型高强度螺栓的受拉承载力设计值（N），按式(4-81)计算。

(2) 高强度螺栓群弯矩受拉。在设计中，总是要求高强度螺栓（包括摩擦型和承压型）承受的外拉力 N_t 不超过 $0.8P$。在连接受弯矩而使螺栓沿栓杆方向受力时，被连接构件的接触面仍一直保持紧密贴合，因此，可认为中性轴在螺栓群的形心轴上（见图 4-105），最外排螺栓受力最大。按照普通螺栓小偏心受拉中关于弯矩使螺栓产生最大拉力的推导方法，同样可得到高强度螺栓群弯矩受拉时的最大拉力及其验算式：

$$N_1 = \frac{My_1}{\sum y_i^2} \leqslant N_t^b \tag{4-88}$$

式中　y_1——螺栓群形心轴至最外排螺栓的距离（mm）；

$\sum y_i^2$——形心轴上、下每个螺栓至形心轴距离的平方和（mm^2）。

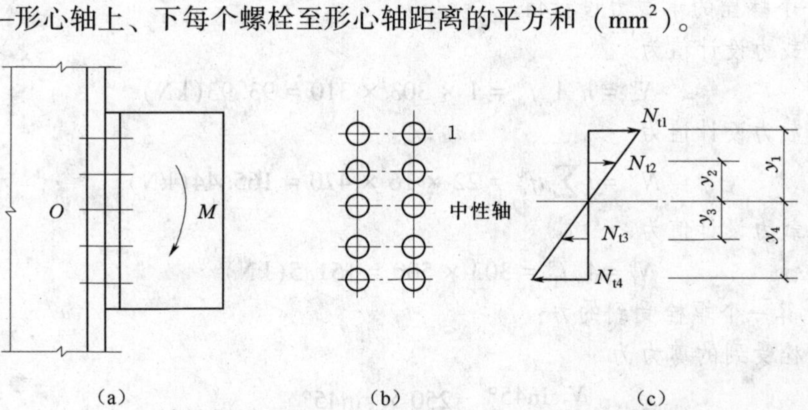

图 4-105　承受弯矩的高强度螺栓连接

（3）承压型高强度螺栓群偏心受拉。承压型高强度螺栓群偏心受拉时，螺栓的最大设计外拉力不会超过 0.8P，板层之间始终紧密贴合，端板不会被拉开，故承压型连接高强度螺栓可按普通螺栓小偏心受拉计算，即

$$N_{max}=N_1=\frac{N}{n}+\frac{Ney_1}{\sum y_i^2}\leqslant N_t^b \tag{4-89}$$

3. 承压型高强度螺栓群承受拉力、弯矩和剪力的共同作用

对承压型连接高强度螺栓，应按表 4-12 中的相应公式计算螺栓杆的抗拉、抗剪强度，即按式（4-84）计算：

$$\sqrt{\left(\frac{N_v}{N_v^b}\right)^2+\left(\frac{N_t}{N_t^b}\right)^2}\leqslant 1.0$$

同时，还应按下式验算孔壁承压，即

$$N_v\leqslant\frac{N_c^b}{1.2}$$

式中 1.2——承压强度设计值降低系数。

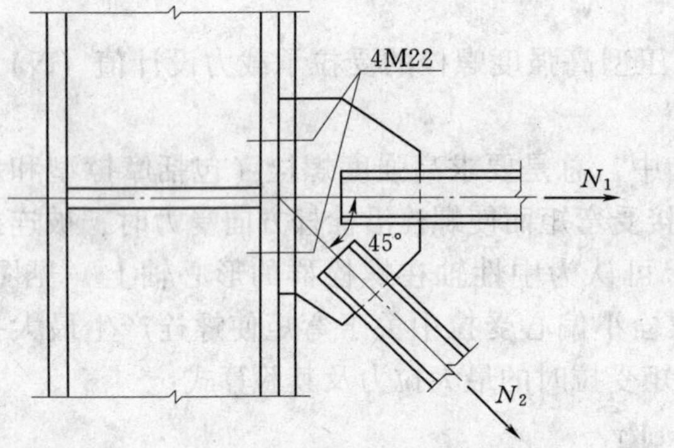

图 4-106 ［例题 4-18］图

【例题 4-18】 如图 4-106 所示，某节点端板（$t=16$mm）连接于工字形柱翼缘（$t=18$mm），钢材为 Q235B，连接用 10.9 级承压型高强度螺栓，4M22（单个螺栓 $A_e=303\text{mm}^2$），接触面仅要求清污除锈，节点中心承受水平拉力设计值 $N_1=200$kN，45°斜向拉力设计值 $N_2=250$kN，考虑在螺纹处有受剪可能。试验算该连接是否满足要求。

解： 由附录 3 查得，螺栓的强度设计值：$f_v^b=310\text{N/mm}^2$，$f_c^b=470\text{N/mm}^2$，$f_t^b=500\text{N/mm}^2$。

（1）一个螺栓的承载力设计值：

受剪承载力设计值为

$$N_v^b=n_vA_ef_v^b=1\times303\times310=93.93(\text{kN})$$

承压承载力设计值为

$$N_c^b=d\sum tf_c^b=22\times16\times470=165.44(\text{kN})$$

受拉承载力设计值为

$$N_t^b=A_ef_t^b=303\times500=151.5(\text{kN})$$

（2）计算一个螺栓受到的力：

一个螺栓受到的剪力为

$$N_v=\frac{N_2\sin45°}{4}=\frac{250\times\sin45°}{4}=44.2(\text{kN})$$

一个螺栓受到的拉力为

$$N_t = \frac{N_1 + N_2\cos45°}{4} = \frac{200 + 250 \times \cos45°}{4} = 94.2(\text{kN})$$

（3）承载力验算：

$$\sqrt{\left(\frac{N_v}{N_v^b}\right)^2 + \left(\frac{N_t}{N_t^b}\right)^2} = \sqrt{\left(\frac{44.2}{93.93}\right)^2 + \left(\frac{94.2}{151.5}\right)^2} = 0.78<1.0$$

$$\frac{N_c^b}{1.2} = \frac{165.44}{1.2} = 137.87(\text{kN})>N_v = 44.2\text{kN}$$

因此，该连接是安全的。

4.8.3 高强度螺栓摩擦型连接的计算

1. 摩擦型高强度螺栓群的抗剪计算

（1）轴心力作用时，摩擦型高强度螺栓群轴心受剪时所需螺栓数目为

$$n \geqslant \frac{N}{N_v^b} \tag{4-90}$$

式中　N_v^b——一个摩擦型高强度螺栓的受剪承载力设计值（N），$N_v^b=0.9kn_f\mu P$。

（2）摩擦型高强度螺栓群在扭矩作用或扭矩、剪力共同作用时的抗剪计算方法与普通螺栓群的相同，但应采用摩擦型高强度螺栓承载力设计值进行计算。

【例题 4-19】　已知条件同例题 4-17，但改用 8.8 级的 M20 摩擦型高强度螺栓，连接处构件接触面用喷硬质石英砂处理，试设计该连接。

解： 由表 4-10 查得每个 8.8 级的 M20 高强度螺栓的预拉力 $P=125\text{kN}$，由表 4-11 查得，对于 Q235 钢接触面作喷硬质石英砂处理时，$\mu=0.45$。

（1）一个螺栓的承载力设计值为

$$N_v^b = 0.9kn_f\mu P = 0.9 \times 1.0 \times 2 \times 0.45 \times 125 = 101.3(\text{kN})$$

（2）所需的螺栓数目：

$$n = \frac{N}{N_v^b} = \frac{850}{101.3} = 8.4(\text{个})$$

故取 9 个。

螺栓排列如图 4-107 所示。

2. 摩擦型高强度螺栓群的抗拉计算

（1）轴心力作用时，摩擦型高强度螺栓群轴心受拉时所需螺栓数目为

$$n \geqslant \frac{N}{N_t^b} \tag{4-91}$$

式中　N_t^b——沿杆轴方向受拉时，单个摩擦型高强度螺栓的受拉承载力设计值（N），按式(4-80)计算。

（2）摩擦型高强度螺栓群弯矩受拉。高强度螺栓摩擦型连接的计算同承压型连接，高强度螺栓群弯矩受拉时的最大拉力及其验算式为式（4-88），即

$$N_1 = \frac{My_1}{\sum y_i^2} \leqslant N_t^b$$

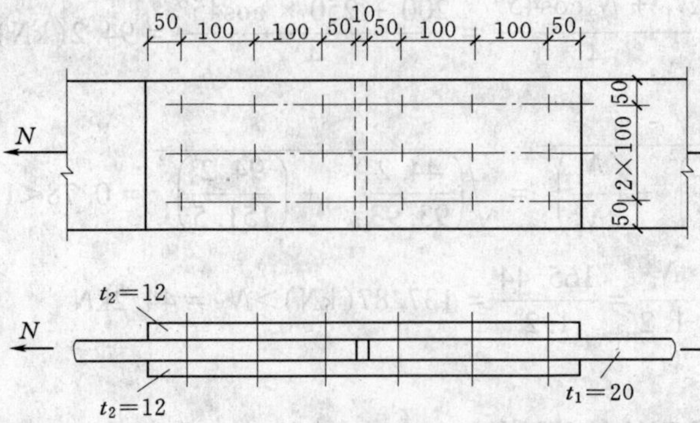

图 4-107　［例题 4-19］图

（3）摩擦型高强度螺栓群偏心受拉。高强度螺栓偏心受拉时，摩擦型连接高强度螺栓同承压型连接高强度螺栓一样，可按普通螺栓小偏心受拉计算式（4-89）计算，即

$$N_{\max}=N_1=\frac{N}{n}+\frac{Ney_1}{\sum y_i^2}\leqslant N_t^b$$

（4）摩擦型高强度螺栓群承受拉力、弯矩和剪力的共同作用。图 4-108 所示为摩擦型高强度螺栓群承受拉力、弯矩和剪力共同作用时的情况。高强度螺栓连接板层间的压紧力和摩擦面的抗滑移系数，将随外拉力的增加而减小。摩擦型高强度螺栓承受剪力和拉力共同作用时，一个螺栓抗剪承载力设计值为

$$N_{v,t}^b=0.9kn_f\mu(P-1.25N_t)$$

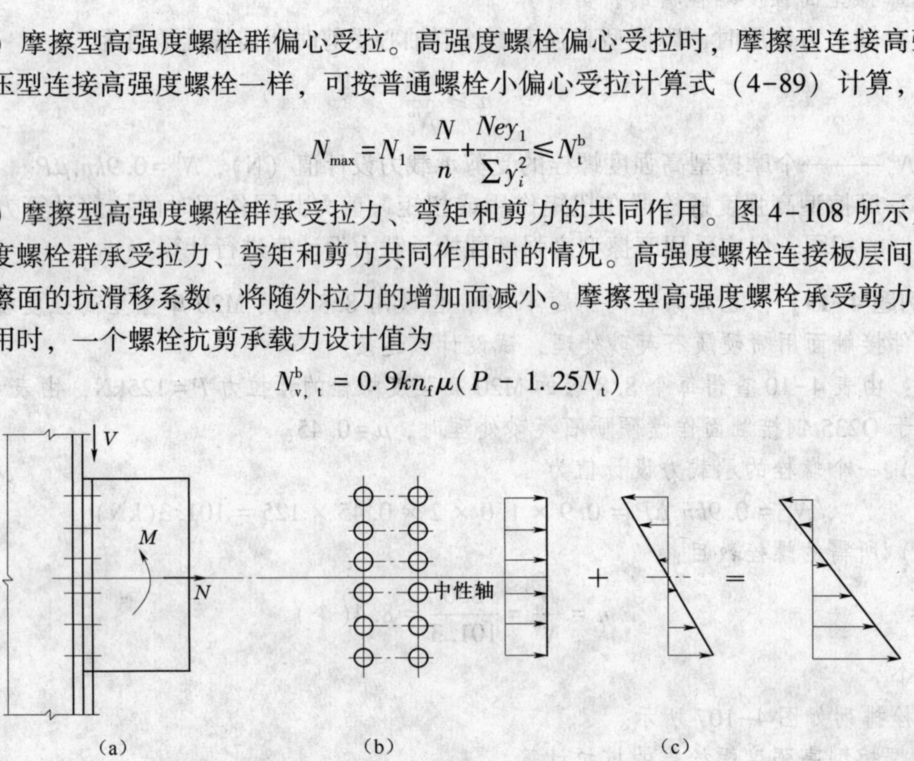

图 4-108　摩擦型连接高强度螺栓的应力

由图 4-108（c）可知，每行螺栓所受外拉力 N_{ti} 各不相同，故应按下式计算摩擦型高强度螺栓的抗剪强度：

$$V\leqslant 0.9kn\mu[(P-1.25N_{t1})+\cdots+(P-1.25N_{ti})+\cdots+(P-1.25N_{tn})]\qquad(4\text{-}92a)$$

或

$$V\leqslant\sum_{i=1}^{n}0.9kn_f\mu(P-1.25N_{ti})\qquad(4\text{-}92b)$$

也可将式（4-92b）写成下列形式：

$$V\leqslant 0.9kn_f\mu(nP-1.25\sum N_{ti})\qquad(4\text{-}93)$$

其中
$$N_{ti}=\frac{N}{n}\pm\frac{My_i}{\sum y_i^2}$$

式中　N_{t1}、N_{ti}、N_{tn}——受拉区高强度螺栓所承受的外拉力；

n——连接的螺栓总数；

$\sum N_{ti}$——螺栓承受外拉力的总和（N 或 kN），当 $N_{ti}\leqslant 0$ 时取 $N_{ti}=0$。

在式（4-92a）和式（4-93）中，只考虑螺栓外拉力对抗剪承载力的不利影响，未考虑受压区板层间压力增加的有利作用，所以按该式计算的结果是略偏安全的。

此外，螺栓最大外拉力尚应满足式（4-94）：

$$N_{tmax}\leqslant N_t^b \tag{4-94}$$

至此，高强度螺栓连接的计算内容已经结束。

现总结高强度螺栓连接的计算中应注意以下问题：

（1）合理选择高强度螺栓连接的连接类型（摩擦型或承压型），以充分发挥其经济效果。在条件适合的部位（承受静力荷载的结构），宜推广应用承压型连接高强度螺栓。

（2）当采用大六角头高强度螺栓时，同一设计中宜选用一种性能等级，并与普通螺栓区分，避免混用。

（3）当被连接件表面有斜度时（如工字钢、槽钢的翼缘内表面），应采用斜垫圈。

（4）高强度螺栓不必采取防止螺母松动的措施。

（5）对类似于图 4-101 所示普通螺栓连接的高强度螺栓受剪连接，由于螺栓受力偏心较大，螺栓的数目同样也需作一定比例的增加。例如，对图 4-101（a）~（c）三种类型，高强度螺栓的数目需分别增加 10%，但这只针对高强度螺栓承压型连接。对于高强度螺栓摩擦型连接，因为它是由摩擦面传递剪力，偏心较小，数目可不增加。对图 4-101（d）所示类型，则无论是摩擦型连接还是承压型连接，高强度螺栓数目均需增加 50%。

【例题 4-20】　如图 4-109 所示高强度螺栓摩擦型连接，被连接构件的钢材为 Q235B。螺栓为 10.9 级，直径 20mm，接触面采用喷硬质石英砂处理；图 4-109 中内力均为设计值，试验算该连接的承载力是否满足要求。

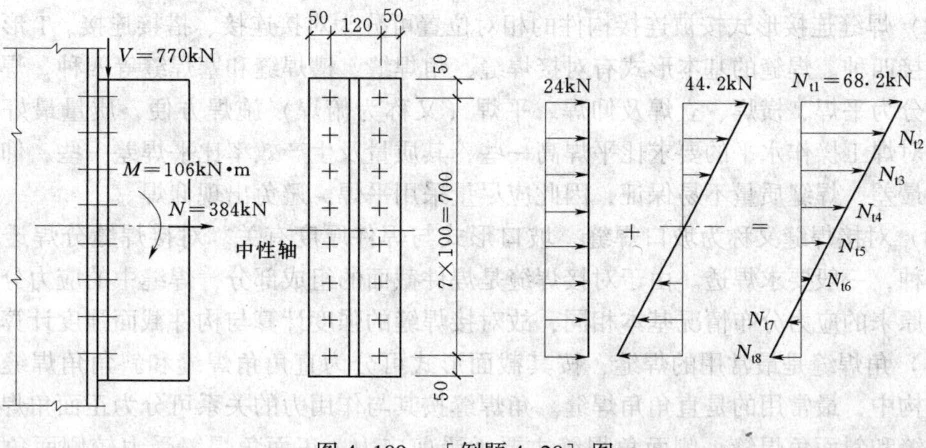

图 4-109　[例题 4-20] 图

解： 由表4-10查得每个10.9级的M20高强度螺栓的预拉力 $P=155\text{kN}$，由表4-11查得对于Q235钢接触面做喷硬质石英砂处理时 $\mu=0.45$。

（1）一个螺栓的最大拉力为

$$
\begin{aligned}
N_{t1} &= \frac{N}{n}+\frac{My_1}{\sum y_i^2} \\
&= \frac{384}{16}+\frac{106\times10^3\times350}{2\times2\times(50^2+150^2+250^2+350^2)} \\
&= 24+44.2 \\
&= 68.2(\text{kN})<N_t^b=0.8P=0.8\times155=124(\text{kN})
\end{aligned}
$$

（2）连接的受剪承载力设计值。按比例关系可求得各螺栓所受拉力如下：

$N_{t2}=55.6\text{kN}$；$N_{t3}=42.9\text{kN}$；$N_{t4}=30.3\text{kN}$，$N_{t5}=17.7\text{kN}$，$N_{t6}=5.1\text{kN}$

所以有

$$\sum N_{ti}=2\times(68.2+55.6+42.9+30.3+17.7+5.1)=439.6(\text{kN})$$

N_{t7} 和 N_{t8} 为负值，属于受压，故不计入。

（3）验算受剪承载力设计值：

$$
\begin{aligned}
V=770\text{kN}<\sum N_{v,t}^b &= 0.9kn_f\mu(nP-1.25\sum N_{ti}) \\
&= 0.9\times1\times1\times0.45\times(16\times155-1.25\times439.6) \\
&= 781.9(\text{kN})
\end{aligned}
$$

因此，该连接的承载力满足要求。

本章小结

（1）钢结构的连接方法可分为焊缝连接、铆钉连接、螺栓连接、销轴连接和法兰连接，焊缝连接是现代钢结构最主要的连接方法。铆钉连接由于构造复杂，费工费钢，现已很少采用。螺栓连接分为普通螺栓连接和高强度螺栓连接。销轴连接适用于铰接柱脚以及拉索、拉杆端部的连接。法兰连接主要用于管材连接。

（2）焊缝连接形式按被连接构件的相对位置可分为对接连接、搭接连接、T形连接和角部连接四种。焊缝的基本形式有对接焊缝、角焊缝、槽焊缝和塞焊缝等四种。焊缝按施焊位置分为平焊、横焊、立焊及仰焊。平焊（又称为俯焊）施焊方便，质量最好。立焊和横焊对焊工操作水平的要求比平焊高一些，其质量及生产效率比平焊差一些。仰焊的操作条件最差，焊缝质量不易保证，因此应尽量采用平焊，避免出现仰焊。

（3）对接焊缝又称为坡口焊缝，坡口形式与焊件厚度有关。对接焊缝分焊透和部分焊透两种，一般要求焊透。由于对接焊缝是焊件截面的组成部分，焊缝中的应力分布情况与焊件原来的应力分布情况基本相同，故对接焊缝的强度计算与构件截面强度计算相同。

（4）角焊缝是最常用的焊缝，按其截面形式可分为直角角焊缝和斜角角焊缝，在建筑钢结构中，最常用的是直角角焊缝。角焊缝按其与作用力的关系可分为正面角焊缝、侧面角焊缝和斜面角焊缝。侧面角焊缝主要承受剪应力，正面角焊缝受力较侧面角焊缝复杂，截面中的各面均存在正应力和剪应力，斜面角焊缝的受力性能和强度值介于正面角焊缝和侧面角焊缝之间。

(5) 角焊缝的基本计算公式如下。

正面角焊缝：

$$\sigma_{\mathrm{f}}=\frac{N}{h_{\mathrm{e}}l_{\mathrm{w}}}\leqslant\beta_{\mathrm{f}}f_{\mathrm{f}}^{\mathrm{w}}$$

侧面角焊缝：

$$\tau_{\mathrm{f}}=\frac{N}{h_{\mathrm{e}}l_{\mathrm{w}}}\leqslant f_{\mathrm{f}}^{\mathrm{w}}$$

σ_{f} 和 τ_{f} 共同作用处：

$$\sqrt{\left(\frac{\sigma_{\mathrm{f}}}{\beta_{\mathrm{f}}}\right)^2+\tau_{\mathrm{f}}^2}\leqslant f_{\mathrm{f}}^{\mathrm{w}}$$

(6) 为了保证焊缝质量，角焊缝焊脚尺寸应与焊件的厚度相适应，不宜过大或过小。角焊缝的计算长度应取焊缝的实际长度减去 $2h_{\mathrm{f}}$，以考虑施焊时起弧、灭弧点的不利影响。《钢结构设计标准》(GB 50017—2017) 规定正面角焊缝和侧面角焊缝的计算长度都应满足：$l_{\mathrm{w}}\geqslant 8h_{\mathrm{f}}$ 且 $l_{\mathrm{w}}\geqslant 40\mathrm{mm}$。

(7) 焊接构件在施焊过程中，由于受到不均匀的电弧高温作用，在焊件中将产生变形和应力，称为热变形和热应力。冷却后，焊件中将产生反向的应力和变形，称为焊接残余应力和焊接残余变形，或称为残余变形和残余应力。焊接残余应力有纵向焊接残余应力、横向焊接残余应力和沿厚度方向的焊接残余应力。

(8) 焊接残余应力不会影响结构的静力强度承载力，但有可能使钢材产生脆性破坏，降低结构的刚度和疲劳强度，降低构件的稳定性。减少焊接残余应力和焊接残余变形应从设计和加工工艺上采取相应的措施。

(9) 普通螺栓分为精制螺栓（A、B 级）和粗制螺栓（C 级）。C 级螺栓安装方便，且能有效地传递拉力，故一般可用于沿螺栓杆轴方向受拉的连接中，以及次要结构的抗剪连接或安装时的临时固定。精制螺栓由于有较高的精度，因而受剪性能好。但制作和安装复杂，价格较高，已很少在钢结构中采用。

(10) 高强度螺栓连接有摩擦型连接和承压型连接两种。摩擦型连接的高强度螺栓剪切变形小，弹性性能好，施工较简单，可拆卸，耐疲劳，特别适用于直接承受动力荷载的结构。承压型连接的高强度螺栓承载力高于摩擦型连接的，连接紧凑，但剪切变形大，故不得用于直接承受动力荷载的结构中。

(11) 螺栓在构件上的排列应考虑受力要求、构造要求和施工要求。螺栓连接按受力情况可分为三类：①螺栓只承受剪力；②螺栓只承受拉力；③螺栓承受拉力和剪力的共同作用。

(12) 抗剪螺栓连接的破坏形式有五种：①栓杆被剪断；②板件被挤压破坏；③构件被拉断破坏；④构件端部被冲剪破坏；⑤栓杆受弯破坏。

(13) 高强度螺栓的预拉力，是在安装螺栓时通过拧紧螺母来实现的，通常采用转角法和扭矩法来控制。高强度螺栓摩擦型连接的抗剪承载力取决于构件接触面的摩擦力，而此摩擦力的大小与螺栓所受预拉力和摩擦面的抗滑移系数以及连接的传力摩擦面数有关。

思 考 题

1. 焊缝连接有哪些基本形式？各有何优缺点？
2. 对接焊缝与角焊缝在施工、焊缝剖面形态及其分析计算上有何区别？
3. 焊透的对接焊缝何时需要计算？
4. 角焊缝有哪些构造要求？
5. 何为焊接残余应力和焊接残余变形？其存在对结构有何影响？有何工程措施？
6. 抗剪螺栓连接有哪些破坏形式？
7. 在螺栓群的抗剪连接计算中，当荷载为轴心受力和偏心受力状态时，各作何假定？各应验算哪些内容？
8. 在螺栓群连接承受弯矩或偏心拉力而使螺栓承受沿杆轴拉力时，对普通螺栓连接和高强度螺栓承压型连接在中性轴位置的确定方面各作何假定？为什么？
9. 高强度螺栓连接与普通螺栓连接有何区别？
10. 高强度螺栓连接中摩擦型连接与承压型连接有何区别？
11. 按我国《钢结构设计标准》（GB 50017—2017）规定，性能等级同为 8.8 级的 A 级普通螺栓连接和高强度螺栓承压型连接在对螺栓和螺栓孔的要求方面有何不同？其连接的强度设计值又有何不同？为什么？
12. 焊缝的缺陷有哪些？

习 题

一、填空题

1. 侧面角焊缝的工作性能主要是（　　）。
2. 焊接残余应力一般不影响（　　）。
3. 施焊位置不同，焊缝质量也不相同，其中操作最不方便、焊缝质量最差的是（　　）。
4. 摩擦型连接高强度螺栓承受剪力时的设计准则是（　　）。
5. 抗剪螺栓连接的破坏形式有（　　）、（　　）、（　　）、（　　）和（　　）。
6. 按施焊时焊缝在焊件之间的相对空间位置，焊缝连接可分为（　　）、（　　）和（　　）。
7. 摩擦型连接高强度螺栓依靠（　　）传递外力。
8. 当对接焊缝与外力夹角满足（　　）时，可不计算焊缝强度。
9. 角焊缝按其焊缝长度方向与外力作用方向的不同可分为（　　）、（　　）和（　　）。
10. 若预拉力为 P，则一个承压型连接高强度螺栓的抗拉承载力为（　　）。
11. 选用焊条应使焊缝金属与主体金属（　　）。
12. 在确定角焊缝的最小焊脚尺寸时，母材厚度 t 的取值为（　　）。
13. 承压型连接高强度螺栓仅用于（　　）结构的连接中。

14. 采用手工电弧焊焊接 Q235 钢材时，应采用（　　）焊条。

15. 在螺栓连接中，最小端距是（　　）。

二、选择题

1. 斜角焊缝主要用于（　　）。
   A. 梁式结构　　B. 桁架
   C. 钢管结构　　D. 轻型钢结构
2. 在设计焊接结构时应使焊缝尽量采用（　　）。
   A. 立焊　　B. 俯焊（平焊）
   C. 仰焊　　D. 横焊
3. 每个高强度螺栓在构件间产生的最大摩擦力与下列哪一项无关（　　）。
   A. 传力摩擦面数　　B. 抗滑移系数
   C. 螺栓预应力　　D. 构件厚度
4. 弯矩作用下的摩擦型连接高强度螺栓计算时，“中性轴”位置为（　　）。
   A. 最下排螺栓处　　B. 最上排螺栓处
   C. 螺栓群重心轴上　　D. 受压边缘一排螺栓处
5. 侧面角焊缝的工作性能主要是（　　）。
   A. 受拉　　B. 受弯　　C. 受剪　　D. 受压
6. 承压型连接高强度螺栓比摩擦型连接高强度螺栓（　　）。
   A. 承载力低、变形小　　B. 承载力高、变形大
   C. 承载力高、变形小　　D. 承载力低、变形大
7. 当 Q235 钢与 Q355 钢采用手工电弧焊焊接时，宜选用（　　）。
   A. E43 型焊条　　B. E50 型焊条
   C. E55 型焊条　　D. E60 型焊条
8. 产生焊接残余应力的主要因素之一是（　　）。
   A. 钢材的塑性太低　　B. 钢材的弹性模量太大
   C. 焊接时热量分布不均　　D. 焊件的厚度太小
9. 下列最适合动荷载作用的连接是（　　）。
   A. 焊接连接　　B. 普通螺栓连接
   C. 高强度螺栓摩擦型连接　　D. 高强度螺栓承压型连接

10. 普通螺栓受剪连接中，当螺栓杆直径相对较粗，而被连接板件的厚度相对较小，则连接破坏可能是（　　）。
    A. 螺栓杆被剪断　　B. 连接板件被挤压破坏
    C. 板件被拉断　　D. 板件端部被冲切破坏

11. 对接焊缝在采用引弧板后，焊缝的有效长度不低于焊件宽度，在下列哪种情况下需要计算（　　）。
    A. 一级质量检验焊缝　　B. 二级质量检验焊缝
    C. 三级质量检验焊缝　　D. 不能肯定

12. 在承担静力荷载时，正面角焊缝强度比侧面角焊缝强度（　　）。

A. 高　　　　　B. 低　　　　　C. 相等　　　　　D. 无法判断

三、判断改错题

1. 承受动力荷载时，角焊缝的焊脚尺寸 h_f 不得小于 5mm。

2. 三级质量检验的对接焊缝，其抗拉、抗压设计强度均低于焊件钢材的设计强度。

3. 在普通抗剪螺栓的承压承载力设计值计算公式 $N_c^b = d\sum t f_c^b$ 中，$\sum t$ 为被连接所有板件的总厚度。

4. 对接焊缝的抗拉、抗压强度设计值与钢材的强度设计值相同。

5. 摩擦型抗剪强度螺栓在动荷载作用下，螺栓杆会发生疲劳破坏。

6. 焊接应力的存在会降低构件的承载力。

7. C 级螺栓可用于直接承受动荷载的结构中。

8. 普通螺栓在弯矩作用下，其中性轴位于螺栓群形心处。

9. 高强度螺栓承压型连接在承受拉力和剪力共同作用时，其每个螺栓所受剪力应小于或等于螺栓的承压承载力设计值。

10. 对于粗制螺栓，一般不容许受剪。

四、计算题

1. 试设计如图 4-110 所示的对接焊缝连接（直缝或斜缝）。已知计算轴心拉力 N=480kN（静力荷载设计值），B=240mm，t=10mm，钢材为 Q235B，焊条为 E43 型，手工电弧焊，用引弧板，焊缝质量为三级质量检验标准。

2. 焊接工字形梁在腹板上设一道拼接的对接焊缝（见图 4-111），拼接处作用有弯矩 M=110kN·m，剪力 V=370kN，钢材为 Q235B，焊条为 E43 型，半自动焊，三级质量检验标准，试验算该焊缝的强度。

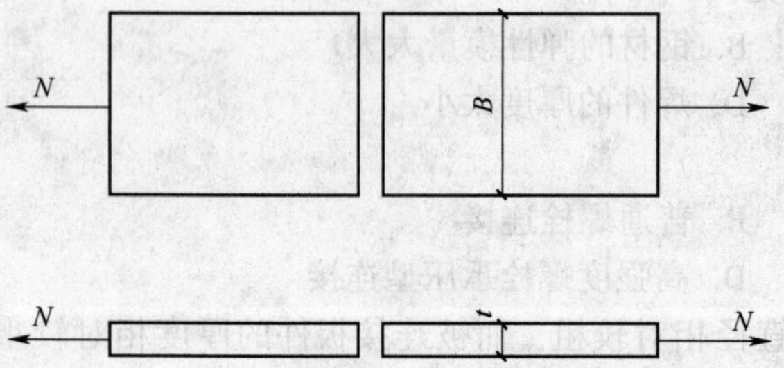

图 4-110　计算题 1 示意图

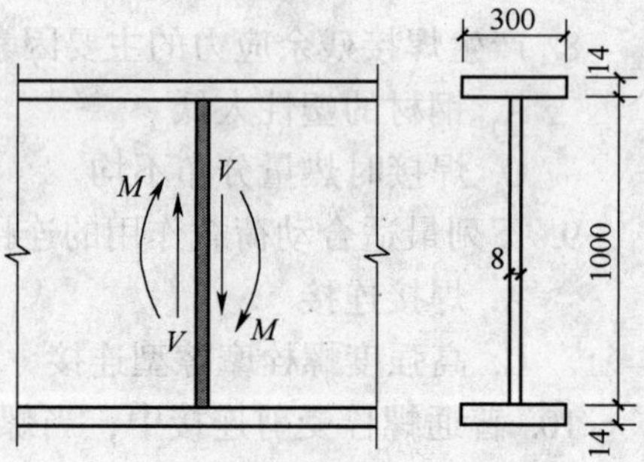

图 4-111　计算题 2 示意图

3. 设计用拼接钢板的角焊缝对接连接（见图 4-112）。已知钢板宽 B=280mm，厚度 t_1=26mm，拼接钢板厚度 t_2=16mm。该连接承受静态轴心力设计值 N=1000kN，钢材为 Q235B，手工电弧焊，焊条为 E43 型。试用两面侧焊缝和三面围焊缝两种情况进行设计。

4. 试设计双角钢与节点板的角焊缝连接（见图 4-113）。钢材为 Q235B，焊条为 E43 型，手工电弧焊，该连接承受轴心力 N=1200kN（设计值），分别采用三面围焊和两面侧焊进行设计。

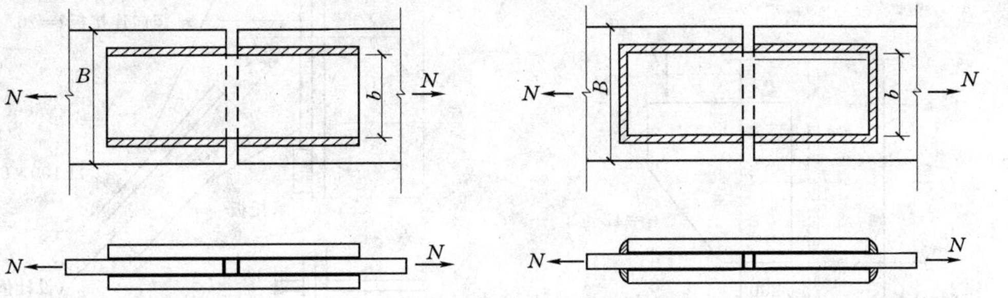

图 4-112　计算题 3 示意图

5. 验算如图 4-114 所示承受静力荷载的连接中角焊缝的强度。已知 $f_f^w = 160N/mm^2$，其他条件如图 4-114 所示，无引弧板。

6. 如图 4-115 所示一围焊缝连接，已知 $l_1 = 200mm$，$l_2 = 300mm$，$e = 80mm$，$h_f = 8mm$，$f_f^w = 160N/mm^2$，承担静力荷载设计值 $F = 350kN$，$\bar{x} = 60mm$，试验算该连接是否安全。

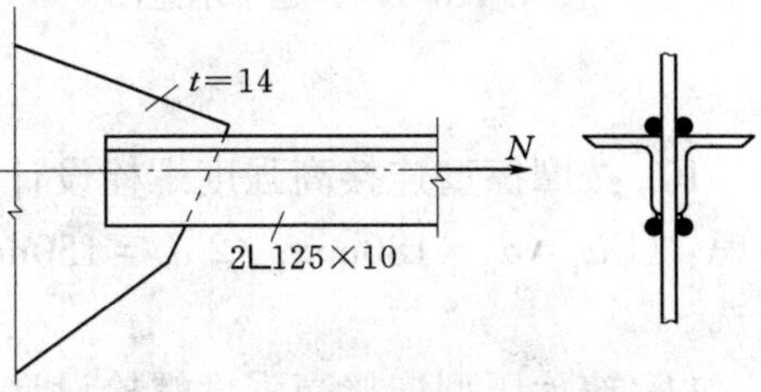

图 4-113　计算题 4 示意图

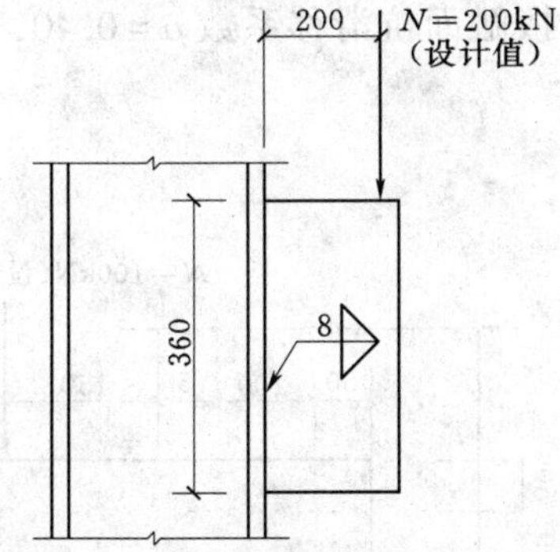

图 4-114　计算题 5 示意图

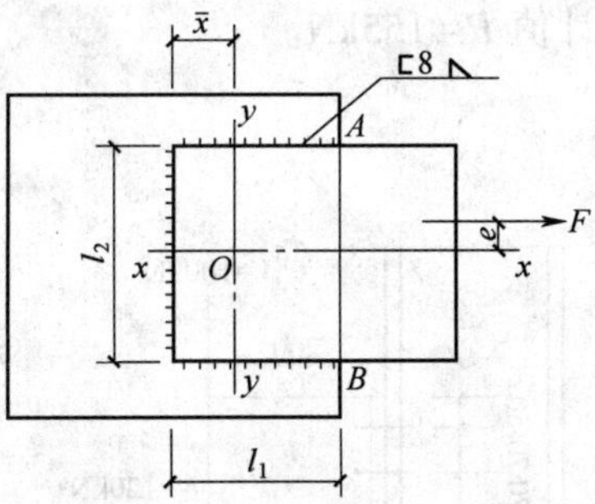

图 4-115　计算题 6 示意图

7. 试设计图 4-116 所示的粗制螺栓连接，构件钢材为 Q235B，该连接承受静力荷载 $F = 110kN$（设计值），$e_1 = 30cm$。

8. 试设计如图 4-117 所示的连接：①角钢与连接板的螺栓连接；②竖向连接板与柱的翼缘板的螺栓连接。已知构件钢材为 Q235B，螺栓为粗制螺栓，$d_1 = d_2 = 180mm$。

9. 有一牛腿，用粗制螺栓连接于钢柱上，牛腿下有一承托板承受剪力，螺栓采用 M20，有效直径 $d_e = 17.6545mm$，钢材为 Q235B，焊条为 E43 型，栓距 70mm，螺栓 5 排 2 列共 10 个，荷载如图 4-118 所示。试验算螺栓强度。

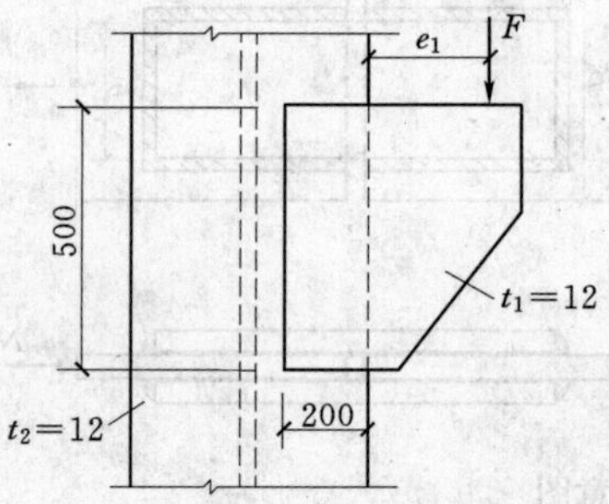

图 4-116 计算题 7 示意图

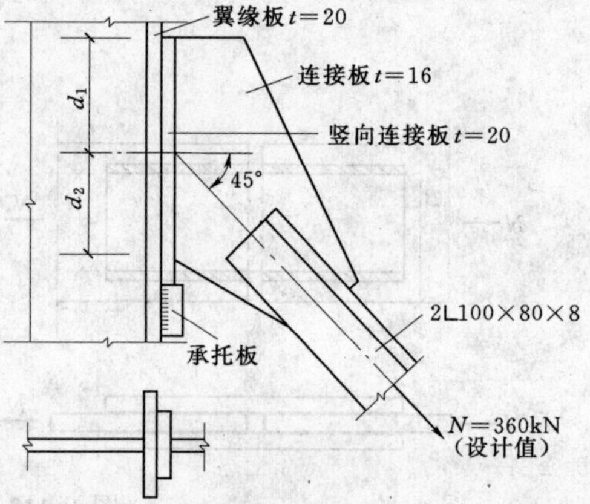

图 4-117 计算题 8 示意图

10. 按摩擦型连接高强度螺栓设计计算题 8 中所要求的连接（取消承托板），且分别考虑：①$d_1 = d_2 = 180$mm；②$d_1 = 150$mm，$d_2 = 180$mm。接触面处理方法及螺栓强度级别自选。

11. 按承压型连接高强度螺栓设计计算题 8 中角钢与连接板的连接。接触面处理方法及螺栓强度级别自选。

12. 验算如图 4-119 所示的采用 10.9 级的 M20 摩擦型连接高强度螺栓的承载力。已知构件接触面采用喷砂处理，钢材为 Q235B，构件接触面抗滑移系数 $\mu = 0.40$，一个螺栓的预拉力设计值 $P = 155$kN。

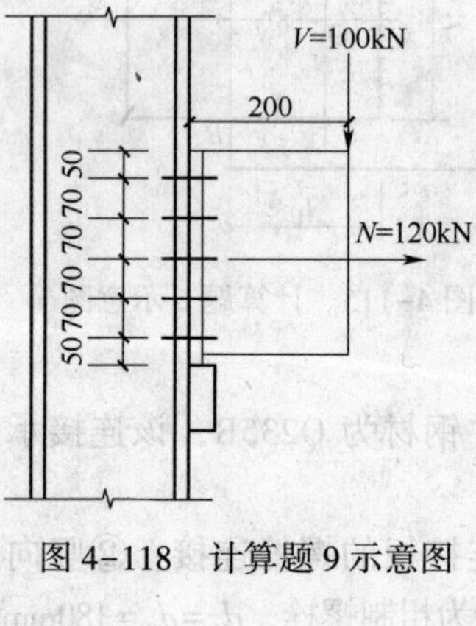

图 4-118 计算题 9 示意图

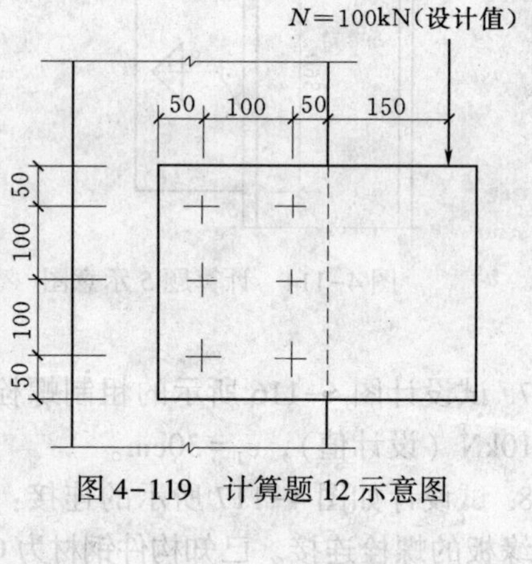

图 4-119 计算题 12 示意图

第 5 章　轴心受力构件

本章要点

本章着重介绍轴心受力构件的强度和刚度计算，轴心受压构件的整体稳定、局部稳定问题，实腹式轴心受压构件和格构式轴心受压构件的截面设计，以及轴心受压柱柱头和柱脚的构造与计算。

通过本章学习，学生能够了解轴心受力构件的应用和截面形式；了解轴心受压构件稳定理论的基本概念和分析方法；掌握轴心受力构件的设计计算方法；掌握格构式轴心受压构件的设计方法。本章的重点及难点是轴心受压构件的整体稳定的失稳形态及其与临界力的关系；弹塑性阶段的临界力；等稳定的概念；a、b、c、d 四类截面及对稳定承载力的影响；宽厚比与局部稳定性的关系；轴心受压柱铰接柱脚的设计。

5.1　概　　述

轴心受力构件是指承受通过构件截面形心轴线的轴向力作用的构件。在钢结构中，轴心受力构件应用广泛，例如各种平面和空间桁架、网架、塔架和支撑等杆件体系结构。这类结构通常假设其节点为铰接，当无节间荷载作用时，杆件只承受轴向拉力和压力的作用，分别称为轴心受拉构件和轴心受压构件。轴心受压构件也常用作支承其他结构的承重柱，例如工业建筑的工作平台柱和各种支架柱等。图 5-1 所示即为轴心受力构件在工程中应用的一些实例。

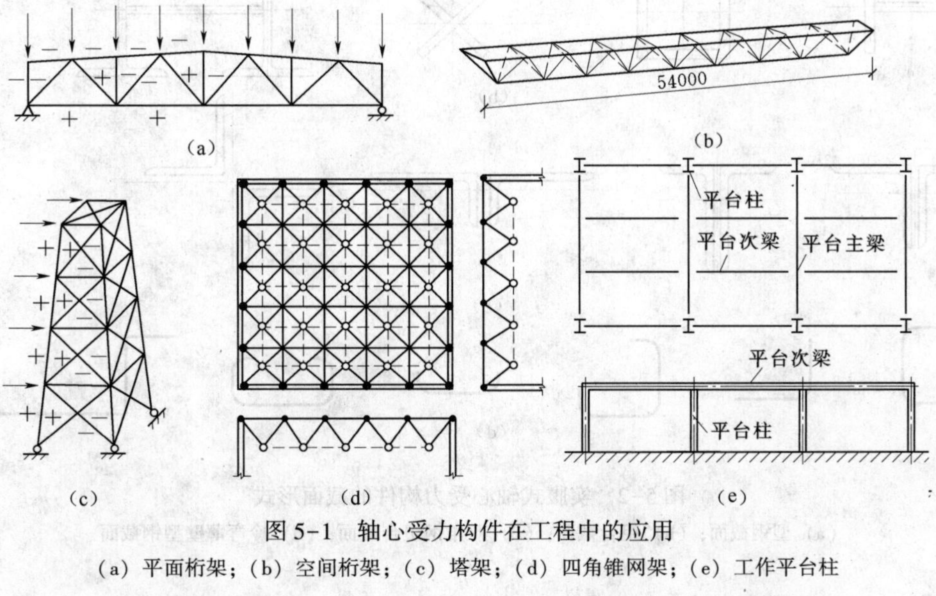

图 5-1　轴心受力构件在工程中的应用

(a) 平面桁架；(b) 空间桁架；(c) 塔架；(d) 四角锥网架；(e) 工作平台柱

轴心受力构件按其截面组成形式可分为实腹式和格构式两大类。

实腹式轴心受力构件制作简单，与其他构件连接也较方便，具有整体连通的截面，其常用截面形式很多，常见的有以下四种：

（1）轧制型钢截面。制造工作量最少是其优点，如圆钢、钢管、角钢、T 型钢、槽钢、工字钢和 H 型钢等，如图 5-2（a）所示，其中最常见的是工字形或 H 形截面。圆钢因截面回转半径小，只宜用作拉杆；钢管常在网架结构中用作以球节点相连的杆件，也可用作桁架杆件，但无论是用作拉杆或压杆，都具有较大的优越性，但其价格较其他型钢略高；单角钢截面两主轴与角钢边不平行，如果用角钢边与其他构件相连，不易做到轴心受力，因而常用于次要构件或受力不大的拉杆；轧制普通工字钢因两主轴方向的惯性矩相差较大，对其较难做到等刚度，除非沿其强轴（x 轴）设置中间侧向支承点；热轧 H 型钢由于翼缘宽度较大，且为等厚度，常用作柱截面，可节省制造工作量；热轧剖分 T 型钢用作桁架的弦杆，可节省连接用的节点板。

（2）由型钢或钢板组成的组合截面，如图 5-2（b）所示。

（3）一般桁架结构中的弦杆和腹杆，除 T 型钢外，也常采用角钢或双角钢组合截面，如图 5-2（c）所示。

（4）在轻型结构中采用的冷弯薄壁型钢截面，如图 5-2（d）所示。

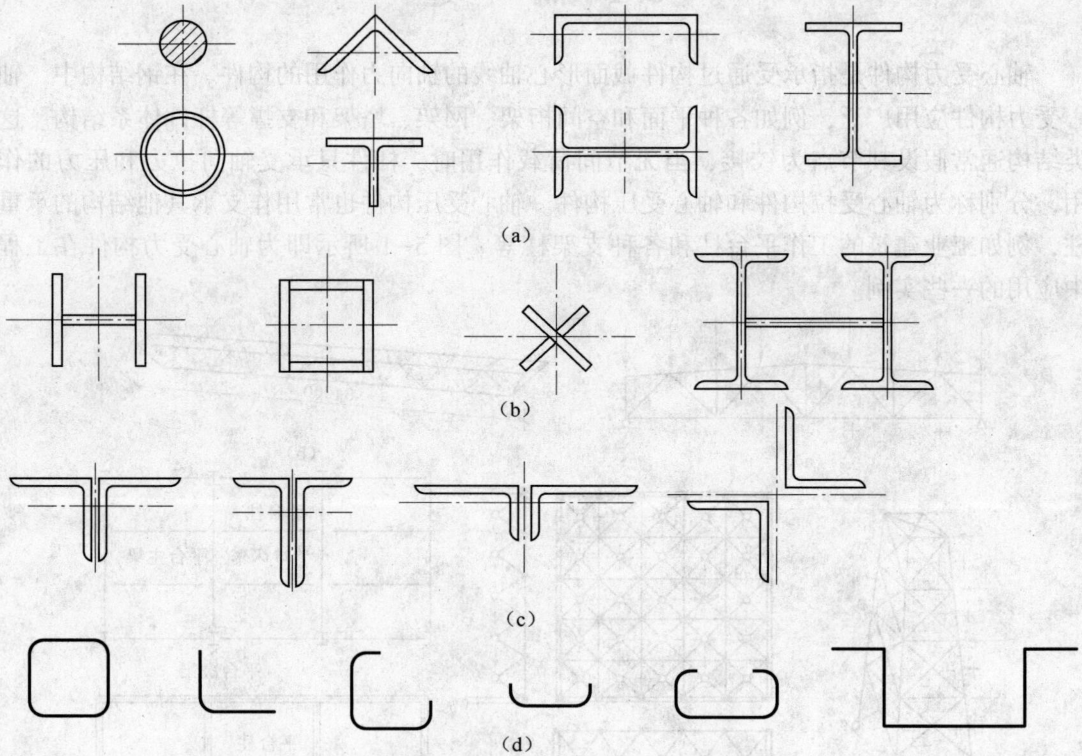

图 5-2 实腹式轴心受力构件的截面形式

（a）型钢截面；（b）组合截面；（c）双角钢组合截面；（d）冷弯薄壁型钢截面

以上这些截面中，截面紧凑（如圆钢和组成板件宽厚比较小的截面）或对两主轴刚度相差悬殊者（如单槽钢、工字钢），一般只可能用于轴心受拉构件；而轴心受压构件通常采用较为开展、组成板件宽而薄的截面。

格构式轴心受力构件容易使压杆实现两主轴方向的等稳定，刚度大，抗扭性能也好，用料较省。其截面一般由两个或多个型钢肢件组成（见图 5-3），图 5-3（a）~（c）为双肢柱，图 5-3（d）为四肢柱，图 5-3（e）为三肢柱。肢件间采用缀条［见图 5-4（a）］或缀板［见图 5-4（b）、（c）］连成整体，缀条和缀板统称为缀材或缀件。通过分肢腹板的主轴称为实轴，通过分肢缀材的主轴称为虚轴。分肢通常采用轧制槽钢或工字钢，当承受荷载较大时可采用焊接工字形或槽形组合截面。缀材一般设置在分肢翼缘两侧平面内，将各分肢连成整体，使其共同受力，并承受绕虚轴弯曲时产生的剪力。缀条由斜杆与横杆共同组成，常采用单角钢，与分肢翼缘组成桁架体系，使构件承受横向剪力时具有较大的刚度。缀板常采用钢板，与分肢翼缘组成刚架体系。

轴心受力构件的计算应同时满足承载能力极限状态和正常使用极限状态的要求。对于承载能力极限状态，轴心受拉构件一般以强度控制（包括疲劳强度），以钢材的屈服点为构件强度承载力的极限状态（疲劳计算以容许应力幅为标准）；而轴心受压构件需同时满足强度和稳定性的要求，强度承载力以钢材的屈服点为极限状态，稳定承载力以构件的临界应力为极限状态。对于正常使用极限状态，轴心受力构件是通过保证构件的刚度——限制其长细比来达到的。因此，按受力性质的不同，轴心受拉构件的计算包括强度和刚度计算，而轴心受压构件的计算则包括强度、刚度和稳定性（包括构件的整体稳定性、组成板件的局部稳定性）的计算。

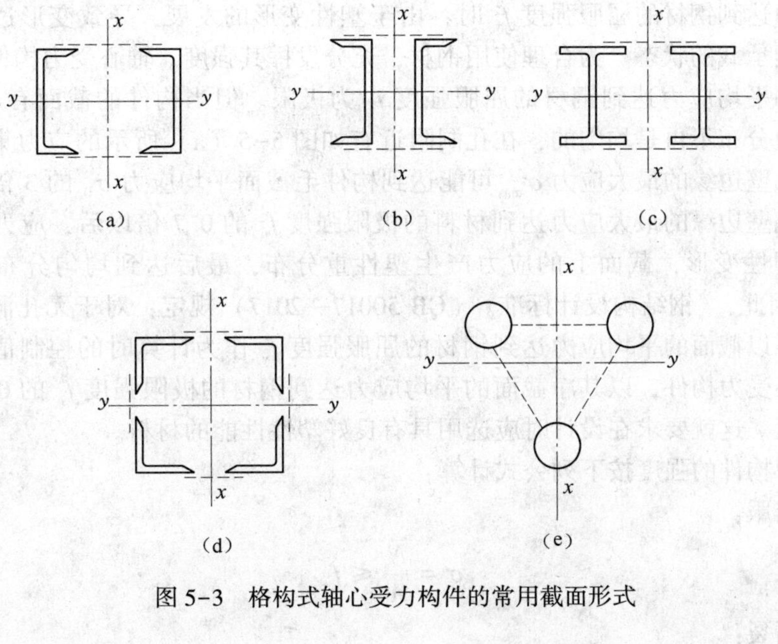

图 5-3　格构式轴心受力构件的常用截面形式

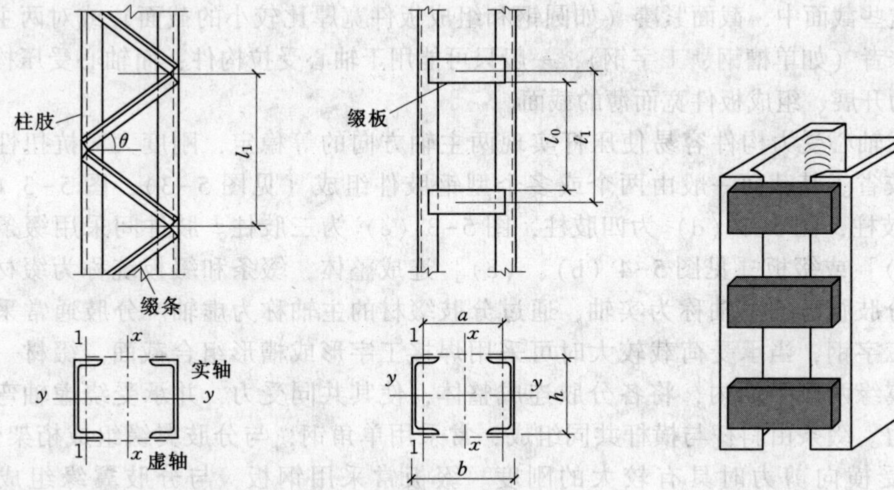

（a）　　（b）　　（c）

图 5-4　格构式轴心受力构件的缀材体系

（a）缀条柱；（b）缀板柱；（c）缀板柱立体图

5.2　轴心受力构件的强度和刚度

5.2.1　强度计算

所谓强度，是指构件截面上的应力有多大，是否满足承载能力极限状态的要求。从钢材的应力-应变关系可知，在无孔洞等削弱的轴心受力构件中，在轴心力作用下使截面内产生均匀分布的正应力。当正应力达到钢材的极限强度 f_u 时，构件达到强度极限承载力。但当构件应力达到钢材的屈服强度 f_y 时，由于塑性变形的发展，导致变形过大以至于达到不适合继续承载的状态。为合理使用钢材，充分发挥其强度，轴心受力构件的强度承载力是以截面的平均应力达到钢材的屈服强度 f_y 为极限。但当构件的截面有局部削弱时，截面上的应力分布不再是均匀的，在孔洞附近有如图 5-5（a）所示的应力集中现象。在弹性阶段，孔壁边缘的最大应力 σ_{max} 可能达到构件毛截面平均应力 σ_0 的 3 倍。若拉力继续增加，当孔壁边缘的最大应力达到材料的极限强度 f_u 的 0.7 倍以后，应力不再继续增加而只发展塑性变形，截面上的应力产生塑性重分布，最后达到均匀分布，如图 5-5（b）所示。因此，《钢结构设计标准》（GB 50017—2017）规定：对于无孔洞等削弱的轴心受力构件，以截面的平均应力达到钢材的屈服强度 f_y 作为计算时的控制值；对于有孔洞削弱的轴心受力构件，以其净截面的平均应力达到钢材的极限强度 f_u 的 0.7 倍作为计算时的控制值。这就要求在设计时应选用具有良好塑性性能的材料。

轴心受力构件的强度按下列公式计算：

毛截面屈服：

$$\sigma = \frac{N}{A} \leqslant f \tag{5-1}$$

净截面断裂：

$$\sigma = \frac{N}{A_n} \leqslant 0.7f_u \tag{5-2}$$

式中 N——构件的轴心拉力或轴心压力设计值（N）；

f——钢材的抗拉强度设计值（N/mm^2）；

A——构件的毛截面面积（mm^2）；

A_n——构件的净截面面积（mm^2），当构件多个截面有孔时，取最不利的截面；

f_u——钢材的抗拉强度最小值（N/mm^2）。

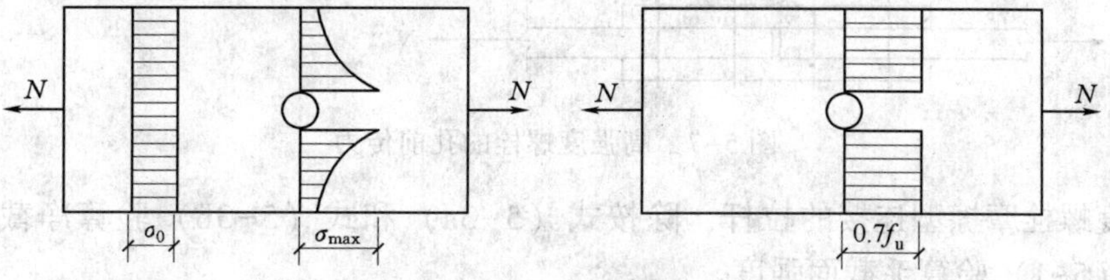

（a）　（b）

图 5-5　有孔洞拉杆的截面应力分布

（a）弹性状态应力；（b）极限状态应力

当轴心受力构件采用普通螺栓（或铆钉）连接时，若螺栓（或铆钉）为并列布置，如图 5-6（a）所示，A_n 按最危险的正交截面（截面Ⅰ—Ⅰ）计算；若螺栓（或铆钉）为错列布置（角钢连接的杆件，按展开面积考虑），如图 5-6（b）、（c）所示，构件既可能沿正交截面Ⅰ—Ⅰ破坏，也可能沿齿状截面Ⅱ—Ⅱ破坏。截面Ⅱ—Ⅱ的毛截面长度较大但孔洞较多，其净截面面积不一定比截面Ⅰ—Ⅰ的净截面面积大。A_n 应按截面Ⅰ—Ⅰ和截面Ⅱ—Ⅱ中的较小面积计算。

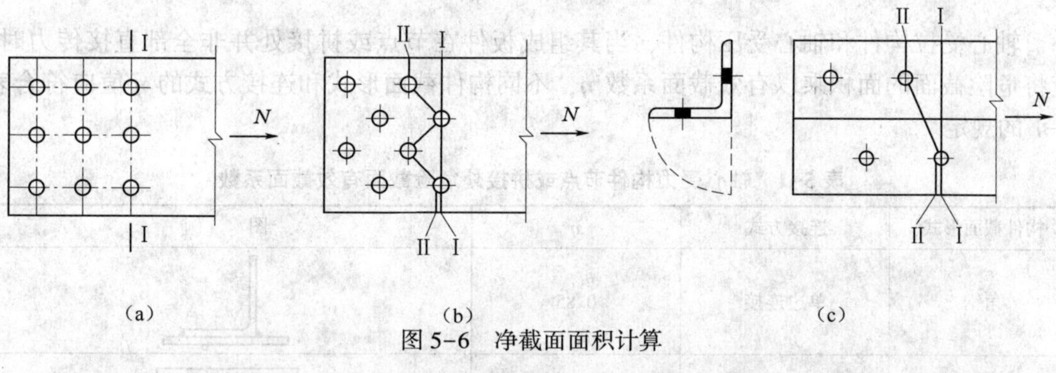

（a）　（b）　（c）

图 5-6　净截面面积计算

当轴心受力构件采用高强度螺栓摩擦型连接时，其净截面强度计算时应考虑截面上每个螺栓所传之力的一部分已经由摩擦力在孔前传走（即孔前传力），因此净截面上所受内力应扣除已传走的力，如图 5-7 所示。因此，验算最外列螺栓处危险截面的强度时，应按下式计算：

$$\sigma = \frac{N'}{A_n} \leqslant 0.7f_u \tag{5-3a}$$

$$N' = N\ (1-0.5n_1/n) \tag{5-3b}$$

式中 n——在节点或拼接处，构件一端连接的高强度螺栓数目；

n_1——所计算截面（最外列螺栓处）上的高强度螺栓数目；

0.5——孔前传力系数。

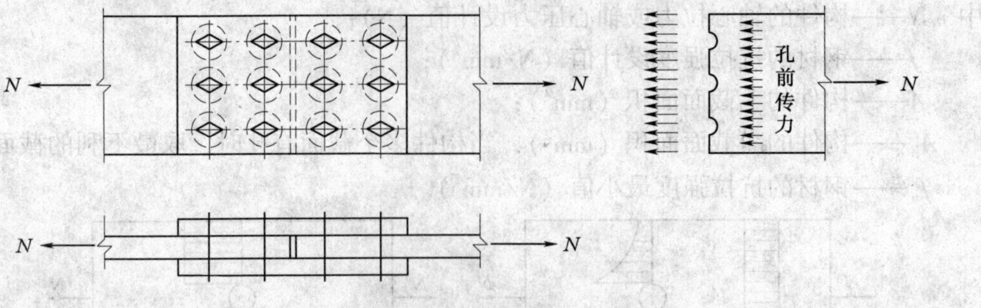

图 5-7　高强度螺栓的孔前传力

高强度螺栓摩擦型连接的拉杆，除按式（5-3a）和式（5-3b）验算净截面强度外，还应按式（5-1）验算毛截面强度。

当构件为沿全长都有排列较密螺栓的组合构件时，其截面强度应按下式计算：

$$\sigma = \frac{N}{A_n} \leqslant f \tag{5-4}$$

式中　N——构件的轴心拉力或轴心压力设计值（N）；

f——钢材的抗拉强度设计值（N/mm^2）；

A_n——构件的净截面面积（mm^2），当构件多个截面有孔时，取最不利的截面。

轴心受压构件，当端部连接及中部拼接处组成截面的各板件都由连接件直接传力时，截面强度应按式（5-1）计算，但含有虚孔的构件尚需在孔心所在截面按式（5-2）计算。

轴心受拉构件和轴心受压构件，当其组成板件在节点或拼接处并非全部直接传力时，应将危险截面的面积乘以有效截面系数 η，不同构件截面形式和连接方式的 η 值应符合表 5-1 的规定。

表 5-1　轴心受力构件节点或拼接处危险截面有效截面系数

构件截面形式	连接方式	η	图　例
角钢	单边连接	0.85	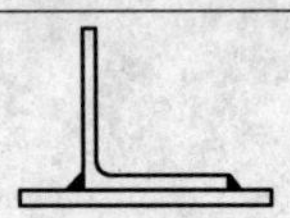
工字形、H 形	翼缘连接	0.90	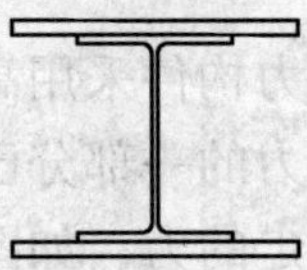
	腹板连接	0.70	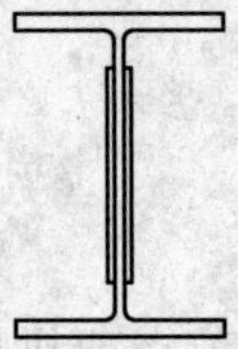

5.2.2 刚度计算

为满足结构的正常使用要求，轴心受力构件不应做得过分柔细，而应具有一定的刚度，以保证构件不会产生过度的变形。

轴心受拉和轴心受压构件的刚度通常是用其长细比 λ 来衡量的，长细比越小，表示构件刚度越大，越不易变形；反之，则刚度越小，变形增大。当构件的长细比太大时，会产生下述不利影响：

（1）在运输和安装过程中产生弯曲或过大的变形。

（2）使用期间因其自重而明显下挠。

（3）在动力荷载作用下发生较大的振动。

（4）若压杆的长细比过大，除具有前述各种不利影响外，还使构件的极限承载力显著降低；同时，初弯曲和自重产生的挠度也将对构件的整体稳定带来不利影响。

《钢结构设计标准》（GB 50017—2017）规定：设计时应使构件长细比不超过规定的容许长细比，即

$$\lambda_{max}=\left(\frac{l_0}{i}\right)_{max}\leqslant[\lambda] \tag{5-5}$$

其中

$$\lambda_{max}=\max\left(\lambda_x=\frac{l_{0x}}{i_x},\ \lambda_y=\frac{l_{0y}}{i_y}\right)$$

$$i=\sqrt{\frac{I}{A}}\quad\left(i_x=\sqrt{\frac{I_x}{A}},\ i_y=\sqrt{\frac{I_y}{A}}\right)$$

式中　λ_{max}——构件最不利方向的最大长细比；

l_0——构件的计算长度（mm），按式（5-6）计算；

i——截面的回转半径（mm）；

$[\lambda]$——构件的容许长细比，由表 5-2、表 5-3 查得。

表 5-2　受拉构件的容许长细比

构件名称	承受静力荷载或间接承受动力荷载的结构			直接承受动力荷载的结构
	一般建筑结构	对腹杆提供平面外支点的弦杆	有重级工作制起重机的厂房	
桁架的杆件	350	250	250	250
吊车梁或吊车桁架以下柱间支撑	300	—	200	—
除张紧的圆钢外的其他拉杆、支撑、系杆等	400	—	350	—

注：1. 除对腹杆提供平面外支点的弦杆外，承受静力荷载的结构受拉构件，可仅计算竖向平面内的长细比。
2. 在直接或间接承受动力荷载的结构中，计算单角钢受拉构件的长细比时，应采用角钢的最小回转半径，但计算在交叉点相互连接的交叉杆件平面外的长细比时，可采用与角钢肢边平行轴的回转半径。
3. 中级、重级工作制吊车桁架下弦杆的长细比不宜超过 200。
4. 在设有夹钳或刚性料耙等硬钩起重机的厂房中，支撑的长细比不宜超过 300。
5. 受拉构件在永久荷载与风荷载组合作用下受压时，其长细比不宜超过 250。
6. 跨度等于或大于 60m 的桁架，其受拉弦杆和腹杆的长细比，承受静力荷载或间接承受动力荷载时不宜超过 300，直接承受动力荷载时不宜超过 250。
7. 受拉构件的长细比不宜超过表 5-2 规定的容许值。柱间支撑按拉杆设计时，竖向荷载作用下柱子的轴力应按无支撑时考虑。

表 5-3 受压构件的容许长细比

构件名称	容许长细比
轴心受压柱、桁架和天窗架中的压杆	150
柱的缀条、吊车梁或吊车桁架以下的柱间支撑	150
支撑	200
用以减小受压构件计算长度的杆件	200

注：1. 验算容许长细比时，可不考虑扭转效应，计算单角钢受压构件的长细比时，应采用角钢的最小回转半径，但计算在交叉点相互连接的交叉杆件平面外的长细比时，可采用与角钢肢边平行轴的回转半径。

2. 跨度等于或大于 60m 的桁架，其受压弦杆、端压杆和直接承受动力荷载的受压腹杆的长细比不宜大于 120。

3. 轴心受压构件的长细比不宜超过表 5-3 规定的容许值，但当杆件内力设计值不大于承载能力的 50% 时，容许长细比值可取 200。

构件的计算长度问题，一般材料力学教材都有所阐述，其值可按式（5-6）计算：

$$l_0=\mu l \tag{5-6}$$

式中 μ——计算长度系数，由构件两端的约束情况决定，由表 5-4 查得；

l——构件的实际长度（mm）。

表 5-4 构件的计算长度系数 μ

构件两端约束情况	两端铰支	一端固定，另一端自由	两端固定	一端固定，另一端铰支	一端铰支，另一端不能转动但能侧移	一端固定，另一端不能转动但能侧移
压杆图形	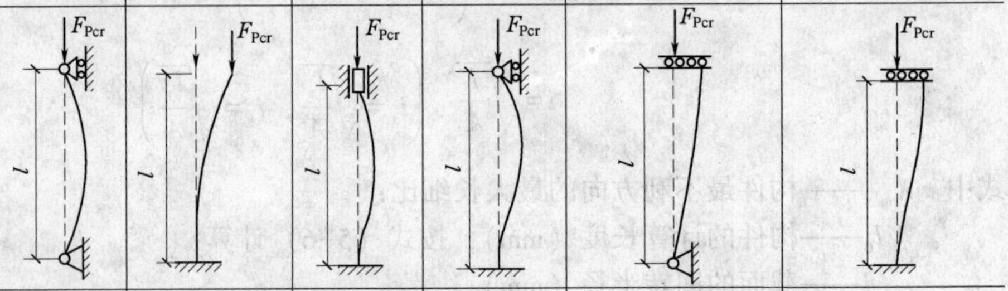					
长度系数理论值	1.0	2.0	0.5	0.7	2.0	1.0
长度系数建议取值	1.0	2.1	0.65	0.8	2.0	1.2

构件的计算长度系数理论值是结合理想化的边界条件得出的，例如，边界或为完全自由转动的铰，或为绝对不能转动的刚性嵌固。但对于无转动的端部条件，在实际工程当中很难完全实现，所以在设计时，最好选择有所增加的计算长度系数建议取值。

《钢结构设计标准》（GB 50017—2017）在总结了钢结构长期使用经验的基础上，根据构件的重要性和荷载情况，对构件的最大长细比 λ 提出了要求，表 5-2 所示为受拉构件的容许长细比规定。对于受压构件来说，由于刚度不足产生的不利影响远比受拉构件严重，因此，该标准对压杆容许长细比的规定更为严格，如表 5-3 所示。

5.2.3 轴心受拉构件的设计

轴心受拉构件没有整体稳定和局部稳定问题，极限承载力一般由强度控制，所以设计时只考虑强度和刚度。

钢材比其他材料更适合于受拉，所以，钢拉杆不但用于钢结构，还用于钢与钢筋混凝土或木材的组合结构中。这种组合结构的受压构件用钢筋混凝土或木材制作，而拉杆用钢材制作。

【例题 5-1】　如图 5-8 所示，一有中级工作制吊车的厂房屋架的双角钢拉杆，截面为 2∟100×10，角钢上有交错排列的普通螺栓孔，孔径 $d_0=22\text{mm}$。钢材为 Q235。试计算该拉杆所能承受的最大拉力及容许达到的最大计算长度。

解：查附录 13，对于 2∟100×10 角钢：$A_x=19.26\text{cm}^2$，$I_x=180\text{cm}^4$，$i_x=3.05\text{cm}$，$z_0=2.84\text{cm}$。依据附录 13，计算 i_y。

$$I_y=2\times[I_x+A_x(z_0+0.5)^2]=2\times[180+19.26\times(2.84+0.5)^2]=789.714(\text{cm}^4)$$

$$i_y=\sqrt{\frac{I_y}{A}}=\sqrt{\frac{789.714}{2\times19.26}}=4.53(\text{cm})$$

$f=215\text{N/mm}^2$，$f_u=370\text{N/mm}^2$，角钢的厚度为 10mm，在确定危险截面之前先把它按中面展开，如图 5-8（b）所示。

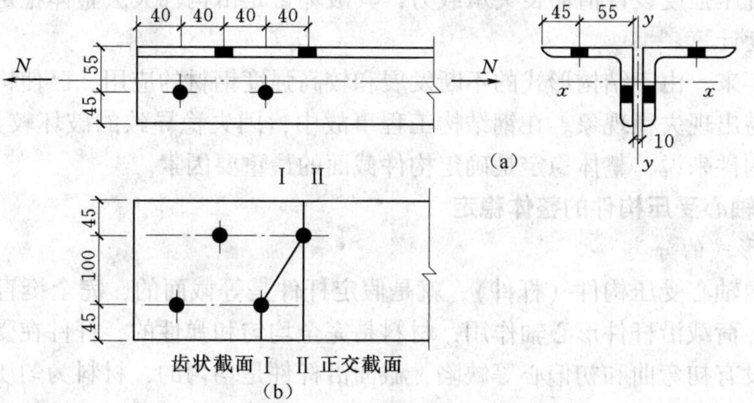

图 5-8　［例题 5-1］图

(1) 容许承受的最大拉力。

毛截面面积为

$$A=2\times(45+100+45)\times10=38(\text{cm}^2)$$

该拉杆所能承受的拉力为

$$N_1=Af=38\times10^2\times215=817000(\text{N})=817(\text{kN})$$

齿状截面（Ⅰ—Ⅰ）的净截面面积为

$$A_{n1}=2\times(45+\sqrt{100^2+40^2}+45-2\times22)\times10=30.8(\text{cm}^2)$$

正交截面（Ⅱ—Ⅱ）的净截面面积为

$$A_{n2}=2\times(45+100+45-22)\times10=33.6(\text{cm}^2)$$

很显然，危险截面是齿状截面，该拉杆所能承受的拉力为

$$N_2=0.7A_{n1}f_u=0.7\times30.8\times10^2\times370=797720(\text{N})=797.72(\text{kN})$$

所以，该拉杆能承受的最大拉力为

$$N=N_2=797.72(\text{kN})$$

(2) 容许的最大计算长度。

对 x 轴：　$l_{0x}=[\lambda]\,i_x=350\times30.5=10675\ (\text{mm})$

对 y 轴：　$l_{0y}=[\lambda]\,i_y=350\times45.3=15855\ (\text{mm})$

5.3 轴心受压构件的整体稳定

在荷载作用下，短而粗的轴心受压构件始终保证直线形式平衡，其失效形式主要是强度不足的破坏；长而细的轴心受压构件，当压力达到一定大小时，会突然发生侧向弯曲（或扭曲），改变原来的受力性质，从而丧失承载力。细长的轴心受压构件受外力作用后，当截面上的平均应力远低于钢材的屈服强度时，常由于其内力和外力间不能保持平衡的稳定性，稍微扰动即促使构件产生很大的变形而丧失承载能力，这种现象就称为丧失整体稳定性，或称为屈曲。由于钢材强度高，钢结构构件的截面大都轻而薄，而其长度则又往往较长，因此，当轴心受压构件的长细比较大而截面没有孔洞削弱时，一般不会因截面的平均应力达到抗压强度设计值而丧失承载力，其破坏常是由构件失去整体稳定性所致，因而不必进行强度计算。

近几十年来，由于结构形式的不断发展和较高强度钢材的应用，已使构件更超轻型而薄壁，更容易出现失稳现象。在钢结构工程事故中，因失稳导致的破坏较为常见。因此，对轴心受压构件来说，整体稳定是确定构件截面的最重要因素。

5.3.1 理想轴心受压构件的整体稳定

1. 屈曲形式的分类

所谓理想轴心受压构件（杆件），就是假定杆件是等截面的，完全挺直，截面形心纵轴是一直线，荷载沿杆件形心轴作用，材料是完全均匀和弹性的，杆件在受荷之前没有初始应力，也没有初弯曲和初偏心等缺陷，截面沿杆件是均匀的，材料为匀质，各项同性且无限弹性，符合虎克定律。理想轴心受压构件是理想理论分析采用的计算模型，现实当中不存在理想轴心受压构件。

当轴心受压构件的截面形状和尺寸不同时，理想轴心压杆可能发生以下三种不同的屈曲形式（失稳形式）：

(1) 弯曲屈曲：只发生弯曲变形，杆件的截面只绕一个主轴旋转，杆的纵轴由直线变为曲线。这是双轴对称截面最常见的屈曲形式，也是钢结构中最基本、最简单的屈曲形式。单轴对称截面绕其非对称轴屈曲时，也会发生弯曲屈曲。图 5-9（a）所示就是两端铰支（即支承端能自由绕截面主轴转动但不能侧移和扭转）工字形截面压杆发生绕弱轴（y 轴）的弯曲屈曲情况。

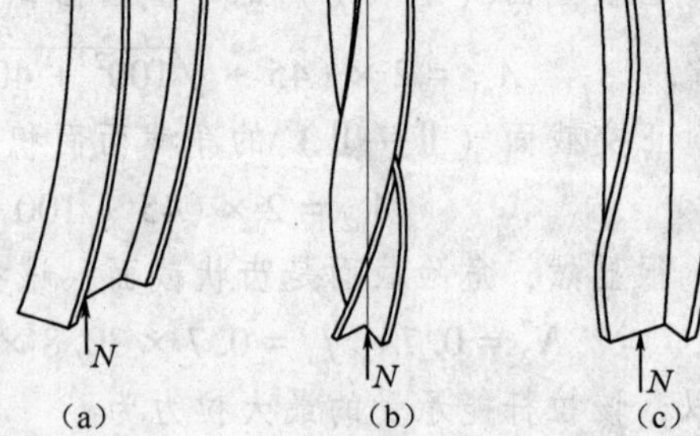

图 5-9 轴心压杆的屈曲形式

(a) 弯曲屈曲；(b) 扭转屈曲；(c) 弯扭屈曲

(2) 扭转屈曲：失稳时杆件除支承端外的各截面均绕纵轴扭转，这是少数双轴对称截面压杆可能发生的屈曲形式。图 5-9（b）所示为长度较小的十字形截面杆件可能发生的扭转屈曲情况。

(3) 弯扭屈曲：单轴对称截面绕其对称轴屈曲时，杆件在发生弯曲变形的同时必然伴随着扭转。图 5-9（c）所示即为 T 形单轴对称截面的弯扭屈曲情况。

判断理想轴心受压构件按哪种形式失稳，可分别确定三种屈曲形式相应的临界力，则轴心受压构件必然按临界力最小的一种屈曲形式失稳。

2. 设计准则

轴心受压构件的整体稳定临界力、临界应力与许多因素有关，而这些因素的影响又是错综复杂的，这就给构件稳定承载能力的计算带来了复杂性。确定轴心受压构件整体稳定临界应力的方法，一般有以下四种。

（1）屈曲准则。屈曲准则是建立在理想轴心受压构件的假定上，弹性阶段以欧拉临界力为基础，弹塑性阶段以切线模量临界力为基础，再通过提高安全系数来考虑初偏心、初弯曲等的不利影响。

（2）边缘屈服准则。实际的轴心受压构件与理想轴心受压构件的受力性能之间是有很大差别的，这是因为实际轴心受压构件是带有初始缺陷的构件。边缘屈服准则直接以有初偏心和初弯曲等的轴心受压构件为计算模型，截面边缘应力达到屈服强度即视为承载能力的极限。

（3）最大强度准则。因为边缘纤维屈服以后塑性还可以深入截面，压力还可以继续增加，最大强度准则仍以有初始缺陷（初偏心、初弯曲和残余应力等）的轴心受压构件为依据，但考虑塑性深入截面，以构件最后破坏时能达到的最大压力值作为压杆的极限承载能力值。

（4）经验公式。临界应力主要根据试验资料确定，这是由于早期对轴心受压构件弹塑性阶段的稳定理论还研究得很少，只能从试验数据中提出经验公式。

在普通钢结构中，对轴心受压构件的稳定性主要考虑的是弯曲屈曲。实际轴心压杆必然存在一定的初始缺陷，如初弯曲、荷载的初偏心和焊接残余应力等。为了便于分析，通常先假定不存在这些初始缺陷，即按理想轴心受压构件进行分析，然后再分别考虑以上初始缺陷的影响。

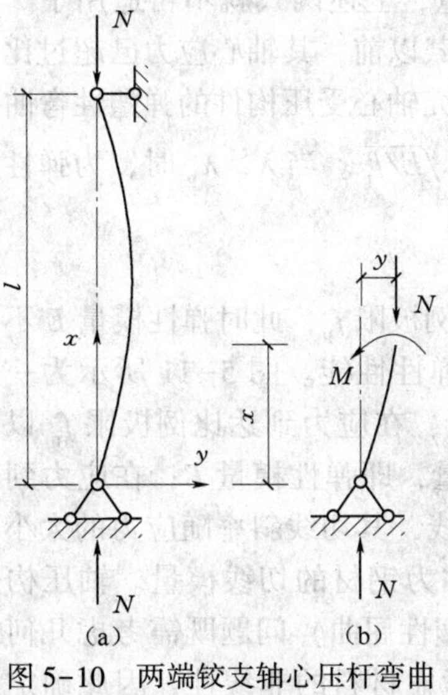

图 5-10　两端铰支轴心压杆弯曲屈曲时的临界状态

3. 理想轴心受压构件的弹性弯曲屈曲

如图 5-10 所示，两端铰支的理想细长压杆，当压力 N 较小时，杆件只产生轴向的压缩变形，杆轴保持平直。如有干扰使之微弯，干扰撤去后，杆件就恢复原来的直线状态，这表示荷载对微弯杆各截面的外力矩小于各截面的抵抗力矩，直线状态的平衡是稳定的。当压力 N 逐渐加大到某一数值时，如有干扰，杆件就可能微弯，而撤去此干扰后，杆件仍然保持微弯状态不再恢复其原有的直线状态［见图 5-10（a）］，这时除直线形式的平衡外，还存在微弯状态下的平衡位置。这种现象称为平衡的“分岔”，而且此时外力和内力的平衡是随遇的，称为随遇平衡或中性平衡。当外力 N 超过此数值时，微小的干扰将使杆件产生很大的弯曲变形，随即产生破坏，此时的平衡是不稳定的，即杆件“屈曲”。中性平衡状态是从稳定平衡过渡到不稳定平衡的一个临界状态，所以称此时的外力 N 值为临界力。该临界力可定义为理想轴心压杆呈微弯状态的轴心压力。

欧拉（Euler）早在1744年就对理想轴心压杆的整体稳定问题进行了研究，当轴心力达到临界值时，压杆处于屈曲的微弯状态。在弹性微弯状态下，根据外力矩平衡条件，可建立平衡微分方程，求解后得到了著名的欧拉临界力和欧拉临界应力，即

$$N_{cr}=\frac{\pi^2 EI}{l_0^2}=\frac{\pi^2 EAi^2}{l_0^2}=\frac{\pi^2 EA}{(l_0/i)^2}=\frac{\pi^2 EA}{\lambda^2} \tag{5-7}$$

$$\sigma_{cr}=\frac{\pi^2 E}{\lambda^2} \tag{5-8}$$

其中 $$i=\sqrt{\frac{I}{A}}\quad\left(i_x=\sqrt{\frac{I_x}{A}},\ i_y=\sqrt{\frac{I_y}{A}}\right)$$

式中 N_{cr}——欧拉临界力（N）；

σ_{cr}——欧拉临界应力（N/mm^2）；

E——材料的弹性模量（N/mm^2）；

A——压杆的毛截面面积（mm^2）；

l_0——构件的计算长度（mm），按式（5-6）计算；

i——截面的回转半径（mm）；

λ——构件的长细比，$\lambda_x=l_{0x}/i_x$，$\lambda_y=l_{0y}/i_y$。

式（5-7）和式（5-8）只适用于理想轴心受压构件在弹性状态的弯曲屈曲，当截面应力超过了钢材的比例极限f_p后，弹性模量E不再是常量，上述两式就不再适用了。对于长细比较小的轴心受压构件，往往是在荷载到达欧拉荷载以前，其轴心应力已超过比例极限，此时就应该考虑钢材的非弹性性能，也就是必须研究轴心受压构件的弹塑性弯曲屈曲。其长细比的分界点就是$\sigma_{cr}=\pi^2E/\lambda^2=f_p$，则$\lambda=\lambda_p=\pi\sqrt{E/f_p}$。当$\lambda \geqslant \lambda_p$时，为弹性屈曲；当$\lambda<\lambda_p$时，为弹塑性弯曲屈曲。

4. 理想轴心受压构件的弹塑性弯曲屈曲

当杆件的长细比$\lambda<\lambda_p$时，临界应力超过了材料的比例极限f_p，此时弹性模量E不再是常量，应考虑钢材的非弹性性能。图5-11所示为一弹塑性材料的应力-应变曲线，在应力到达比例极限f_p以前为一直线，其斜率为一常量，即弹性模量E；在应力到达比例极限f_p以后则为一曲线，其切线斜率随应力的大小而变化。斜率$d\sigma/d\varepsilon=E_t$，称为钢材的切线模量。轴压构件的非弹性屈曲（或称为弹塑性屈曲）问题既需考虑几何非线性（二阶效应），又需考虑材料的非线性，因此确定杆件的临界力较为困难。对于这个问题，历史上出现过两种理论来解决，即双模量理论和切线模量理论。

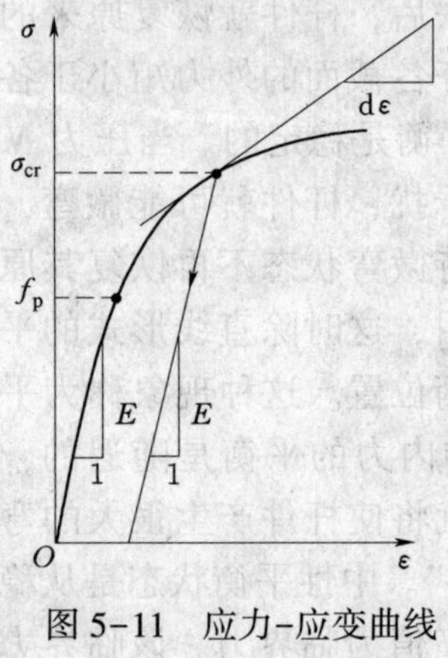

图5-11 应力-应变曲线

1947年，香莱（Shanley）研究了“理想轴心压杆”的非弹性稳定问题，并提出当压力刚超过$N_{cr,t}$时，杆件就

不能维持直线平衡而发生弯曲。$N_{cr,t}$按式（5-9）计算，该式中用切线模量 E_t 代替弹性模量 E，即

$$N_{cr,t}=\frac{\pi^2E_tI}{l^2}=\frac{\pi^2E_tA}{\lambda^2} \tag{5-9}$$

式中　$N_{cr,t}$——弹塑性阶段失稳的临界力（N）；

E_t——压杆屈曲时材料的切线模量（N/mm^2）。

切线模量临界应力为

$$\sigma_{cr,t}=\frac{\pi^2E_t}{\lambda^2} \tag{5-10}$$

因为 E_t 随 $\sigma_{cr,t}$ 而变化，如果直接利用式（5-10）求 $\sigma_{cr,t}$ 将需反复迭代。通常可根据式（5-10）绘出 $\sigma_{cr,t}$-λ 曲线供直接查用。理想轴心受压构件失稳时，临界应力 σ_{cr} 与长细比 λ 的关系可绘出稳定曲线，如图 5-12 所示。

5.3.2　影响轴心受压构件稳定承载力的主要因素

影响轴心受压构件稳定承载力的主要因素有很多，例如，构件的截面形状和尺寸、材料的力学性能、构件的失稳方向以及杆端的约束条件等。此外，在实际工程中，绝对的轴心受压构件是不存在的，构件不可避免地存在一些缺陷，例如，构件的初弯曲和初偏心，以及钢结构在焊接、加工过程中产生的残余应力等，也对构件的稳定有很大的影响。其中对轴心压杆弯曲稳定承载力影响最大的是残余应力、初始弯曲和初始偏心。

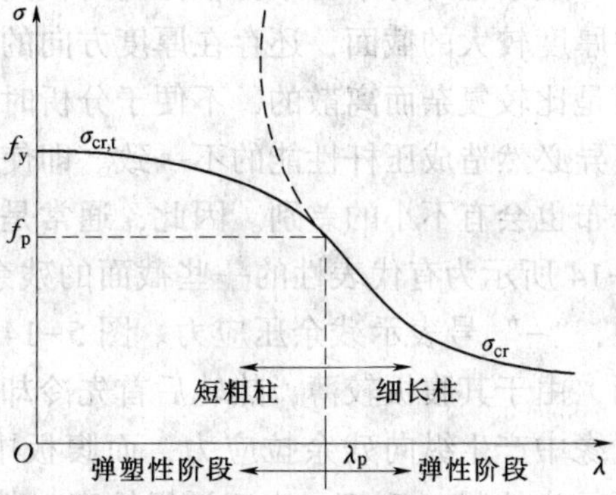

图 5-12　理想轴心受压构件的稳定曲线

建筑钢材小试件的应力-应变曲线可认为是理想弹塑性的，即可假定屈服点 f_y 与比例极限 f_p 相等［见图 5-13（a）］，也就是在屈服点 f_y 之前为完全弹性，应力达到 f_y 就呈完全塑性。从理论上来说，压杆失稳时的临界应力与长细比之间的关系曲线（又称为柱子曲线）应如图 5-13（b）所示，即当 $\lambda\geq\pi\sqrt{E/f_y}$ 时，为欧拉曲线；当 $\lambda<\pi\sqrt{E/f_y}$ 时，则由屈服条件 $\sigma_{cr}=f_y$ 控制，为一水平线。但是，一般压杆的试验结果却常处于图 5-13（b）用"×"标出的位置，它们明显地比上述理论值低。在一个时期内，人们曾用试件的初始弯曲和初始偏心来解释这些试验结果，后来在 20 世纪 50 年代初期，人们才发现试验结果偏低的原因还有残余应力的影响，而且对于有些压杆，残余应力的影响是最主要的。

1. 残余应力的影响

残余应力是构件还未承受荷载而早已存在于构件截面上的初始应力，焊接残余应力是杆件截面内存在的自相平衡的初始应力。其产生的原因有：焊接时的不均匀加热和冷却；型钢热轧后截面各部分的不均匀冷却；构件经火焰切割或各种冷加工（冷弯等）；构件经冷校正后产生的塑性变形。

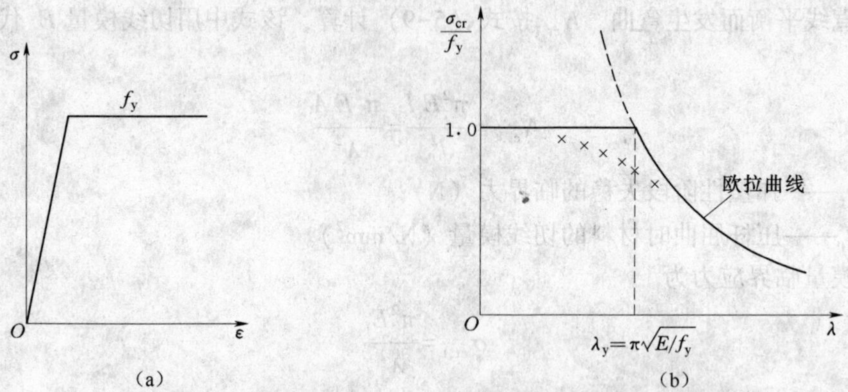

图 5-13　理想弹塑性材料的应力-应变曲线和柱子曲线

（a）理想弹塑性材料的应力-应变曲线；（b）柱子曲线

残余应力有平行于杆轴方向的纵向残余应力和垂直于杆轴方向的横向残余应力，对板件厚度较大的截面，还存在厚度方向的残余应力。根据实际情况测定的残余应力分布图一般是比较复杂而离散的，不便于分析时采用。不同截面的残余应力其分布差异很大，这种差异必然造成压杆性能的不一致。即使是同一形式的截面，如果尺寸不同，其残余应力的分布也会有不小的差别。因此，通常是将残余应力分布图进行简化，得出其计算简图。图 5-14 所示为有代表性的一些截面的残余应力分布示意图，图中以“+”号表示残余拉应力，“-”号表示残余压应力。图 5-14（a）所示为轧制普通工字钢的纵向残余应力分布图，由于其腹板较薄，热轧后首先冷却，翼缘在冷却收缩过程中受到腹板的约束。因此，翼缘中产生纵向残余拉应力，而腹板中部受到压缩作用产生纵向压应力。图 5-14（b）所示为轧制 H 型钢，由于翼缘较宽，其端部先冷却，因此具有残余压应力，其值为 $0.3f_y$ 左右（f_y 为钢材屈服点）。图 5-14（c）所示为翼缘是轧制边的焊接工字形截面，其残余应力分布情况与轧制 H 型钢类似，但翼缘与腹板连接处的残余拉应力通常达到钢材屈服点。以上的残余应力一般假设沿板的厚度方向不变，板内外都是同样的分布图形，但这种假设只适用于薄板的情况。

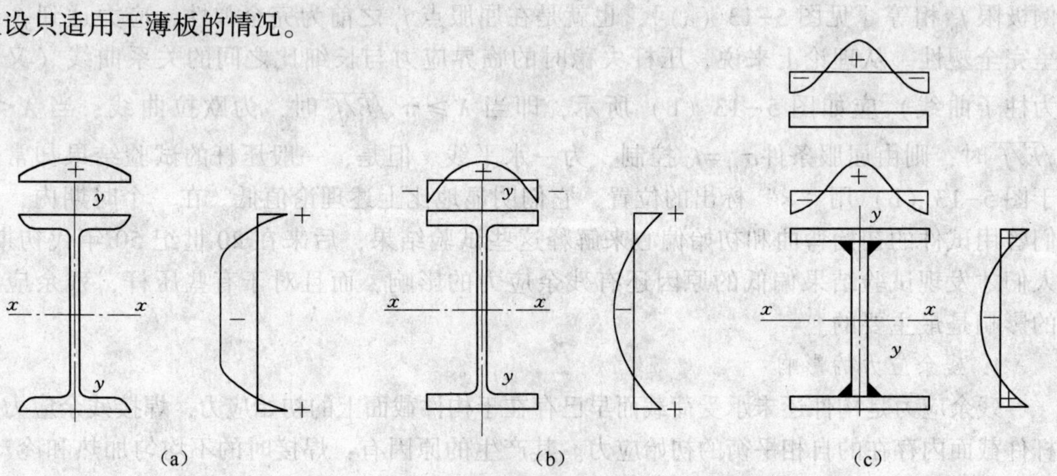

图 5-14　残余应力在截面上的分布示意

（a）轧制普通工字钢；（b）轧制 H 型钢；（c）焊接工字形截面

残余应力对轴心受压构件稳定性的影响与截面上残余应力的分布有关。下面以焊接工字形截面为例，说明残余应力对轴心受压构件稳定性的影响（见图 5-15）。

根据轴心压杆的屈曲理论，当屈曲时的平均应力 $\sigma=N/A\leqslant f_p$ 或长细比 $\lambda\geqslant\lambda_p=\pi\sqrt{E/f_p}$ 时，可采用欧拉公式计算临界应力。当 $\sigma>f_p$ 或 $\lambda<\lambda_p$ 时，杆件截面内将出现部分塑性区和部分弹性区。因为残余应力的压应力部分将使轴心受压构件受力时的部分截面提前进入塑性状态，而其余截面仍处于弹性状态，因此，当轴心受压构件达到临界状态时，截面由变形模量不同的两部分组成，塑性区的变形模量等于零，而弹性区的变形模量仍为 E，只有弹性区才能够继续有效承载，即由于截面塑性区应力不可能再增加，能够产生抵抗力矩的只是截面的弹性区，此时的临界力和临界应力应为

$$N_{cr}=\frac{\pi^2 EI_e}{l^2}=\frac{\pi^2 EI}{l^2}\frac{I_e}{I} \tag{5-11}$$

$$\sigma_{cr}=\frac{\pi^2 E}{\lambda^2}\frac{I_e}{I} \tag{5-12}$$

式中　I_e——弹性区的截面惯性矩（或有效惯性矩，mm^4）；

I——全截面的惯性矩（mm^4）。

如图 5-15 所示，翼缘宽度为 b，弹性区宽度为 kb，忽略腹板的影响，根据式(5-12)，在弹塑性阶段的临界应力值如下。

当杆件绕 x 轴（强轴）屈曲时，有

$$\sigma_{crx}=\frac{\pi^2 E}{\lambda_x^2}\frac{I_{ex}}{I_x}=\frac{\pi^2 E}{\lambda_x^2}\frac{2t(kb)h^2/4}{2tbh^2/4}=\frac{\pi^2 E}{\lambda_x^2}k \tag{5-13}$$

当杆件绕 y 轴（弱轴）屈曲时，有

$$\sigma_{cry}=\frac{\pi^2 E}{\lambda_y^2}\frac{I_{ey}}{I_y}=\frac{\pi^2 E}{\lambda_y^2}\frac{2t(kb)^3/12}{2tb^3/12}=\frac{\pi^2 E}{\lambda_y^2}k^3 \tag{5-14}$$

由于 $k<1.0$，故知残余应力使稳定临界力有所降低，残余应力对弱轴的影响比对强轴的影响要大得多。其原因是远离弱轴的部分是残余压应力最大的部分，而远离强轴的部分则是兼有残余压应力和残余拉应力。图 5-16 所示为仅考虑残余应力的临界应力与长细比

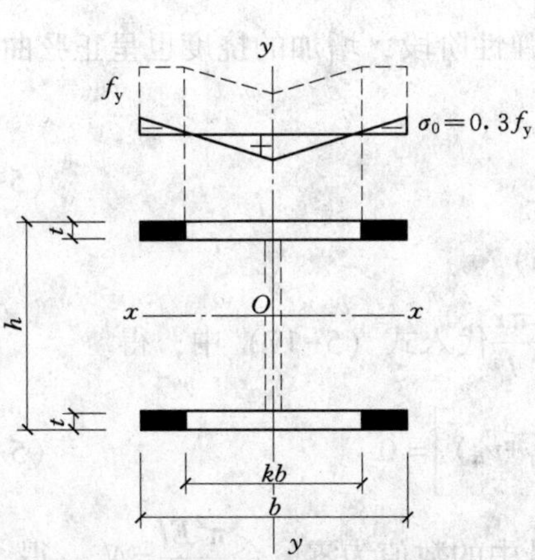

图 5-15　简化的焊接工字形截面的残余应力分布

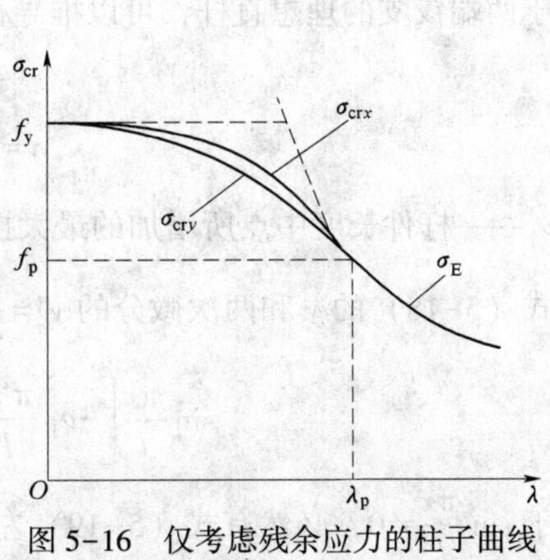

图 5-16　仅考虑残余应力的柱子曲线

的关系曲线（即柱子曲线），从中可以看出，$\sigma_{crx} > \sigma_{cry}$，残余应力对 $\lambda \geqslant \lambda_p$ 的细长杆无明显影响。

2. 初始弯曲的影响

实际的轴心受压构杆不可能是完全理想的直杆，在加工制作和运输安装的过程中，构件总会有微小的初弯曲。初始弯曲的曲线形式多种多样，对两端铰支杆，通常假设初始弯曲沿全长呈正弦曲线分布，即距原点为 x 处的初始挠度为［见图 5-17（a）］

$$y_0 = \nu_0 \sin\frac{\pi x}{l} \tag{5-15}$$

式中 ν_0——压杆长度中点的最大初始挠度（mm），按《钢结构工程施工质量验收标准》（GB 50205—2020）的规定，其值不得大于 $l/1000$，l 为构件的长度（mm）。

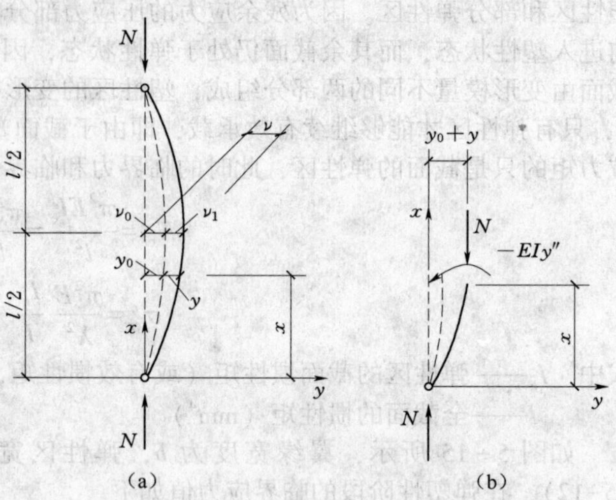

图 5-17 有初始弯曲的轴心压杆

有初始弯曲的构件受压后，杆的挠度增加，设杆件任一点的挠度增加量为 y，则杆件任一点的总挠度为 $y+y_0$。取脱离体如图 5-17（b）所示，在距原点 x 处，外力产生的力矩为 $N(y+y_0)$，内部应力形成的抵抗弯矩为 EIy''（这里不计入 EIy_0''，因为 y_0 为初始弯曲，杆件在初始弯曲状态下没有应力，不能提供抵抗弯矩），建立平衡微分方程式：

$$-EIy'' = N(y+y_0) \tag{5-16}$$

将式（5-15）代入式（5-16），得

$$EIy'' + N\left(y + \nu_0 \sin\frac{\pi x}{l}\right) = 0 \tag{5-17}$$

对于两端铰支的理想直杆，可以推导得到，在弹性阶段，增加的挠度也呈正弦曲线分布，即

$$y = \nu_1 \sin\frac{\pi x}{l} \tag{5-18}$$

式中 ν_1——杆件长度中点所增加的最大挠度（mm）。

将式（5-18）的 y 和两次微分的 $y'' = -\nu_1 \dfrac{\pi^2}{l^2}\sin\dfrac{\pi x}{l}$ 代入式（5-17）中，得

$$\sin\frac{\pi x}{l}\left[-\nu_1 \frac{\pi^2 EI}{l^2} + N(\nu_1 + \nu_0)\right] = 0 \tag{5-19}$$

由于 $\sin\dfrac{\pi x}{l} \neq 0$，必然有式（5-19）左端方括号中的数值为零，令 $\dfrac{\pi^2 EI}{l^2} = N_E$，得

$$-\nu_1 N_E + N(\nu_1 + \nu_0) = 0 \tag{5-20}$$

因而

$$\nu_1=\frac{N\nu_0}{N_E-N} \tag{5-21}$$

故杆长中点的总挠度为

$$\nu=\nu_1+\nu_0=\frac{N\nu_0}{N_E-N}+\nu_0=\frac{N_E\nu_0}{N_E-N}=\frac{\nu_0}{1-N/N_E} \tag{5-22}$$

式中　$\frac{1}{1-N/N_E}$——挠度放大系数，即具有跨中初挠度为 ν_0 的轴心压杆，在压力 N 的作用下，杆长中点的挠度 ν 为初始挠度 ν_0 乘以挠度放大系数。

图 5-18 中的实线为根据式（5-22）绘出的压力-挠度曲线，它们都建立在材料为无限弹性体的基础上，具有以下特点：

（1）具有初弯曲的压杆，一经加载就产生挠度的增加，而总挠度不是随着压力 N 按比例增加的，开始挠度增加慢，随后增加较快，当压力 N 接近 N_E 时，中点挠度 ν 趋于无限大。这与理想直杆（$\nu_0=0$）$N=N_E$ 时杆件才挠曲不同。

（2）压杆的初挠度 ν_0 值越大，压力 N 相同的情况下，杆的挠度越大。

（3）初弯曲即使很小，轴心压杆的承载力总是低于欧拉临界力。因此，欧拉临界力是弹性压杆承载力的上限。

由于实际压杆并非无限弹性体，只要挠度增大到一定程度，杆件中点截面在轴力 N 和弯矩 $N\nu$ 的作用下边缘开始屈服（见图 5-18 中的 A 点或 A'点），随后截面塑性区不断增加，杆件即进入弹塑性阶段，致使压力还未达到 N_E 之前就丧失承载能力。图 5-18 中的虚线即为弹塑性阶段的压力-挠度曲线，虚线的最高点（B 点和 B'点）为压杆弹塑性阶段的极限压力点。

图 5-19 所示为焊接工字形截面考虑初弯曲 $\nu_0=l/1000$ 时的柱子曲线。由该图可以看出，绕弱轴（y 轴）的柱子曲线低于绕强轴（x 轴）的柱子曲线。

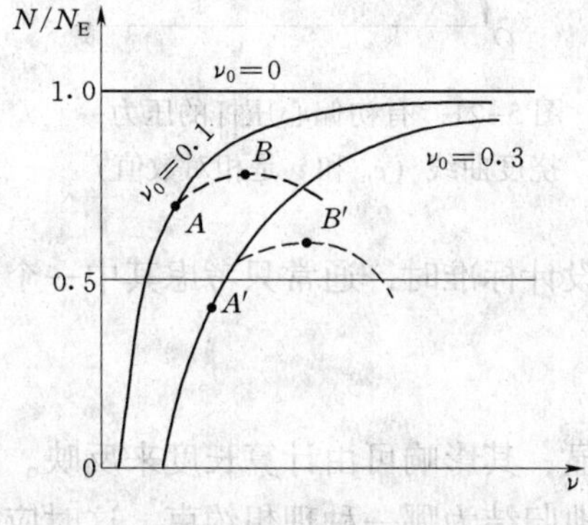

图 5-18　有初弯曲压杆的压力-挠度曲线（ν 和 ν_0 为相对数值）

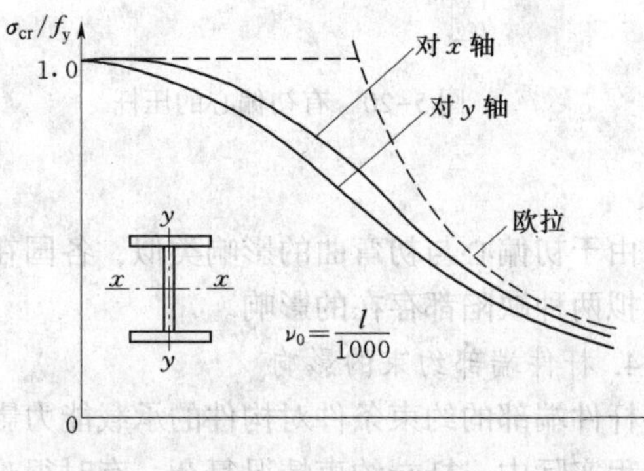

图 5-19　仅考虑初弯曲时的柱子曲线

3. 初偏心的影响

由于构造的原因和截面尺寸的变异，作用在杆端的轴向压力实际上不可避免地偏离截面形心而产生初始偏心，使构件成为偏心受压构件。偏心受压构件的临界力比轴心受压时低。图 5-20 所示为两端均有最不利的相同初偏心距 e_0 的铰支柱。假设杆轴在受力前是平直的，在弹性工作阶段，杆件在微弯状态下建立的微分方程为

$$EIy''+N\ (y+e_0)\ =0 \tag{5-23}$$

引入 $k^2=N/(EI)$ 可得

$$y''+k^2y=-k^2e_0 \tag{5-24}$$

解此微分方程，可得杆长中点挠度的表达式为

$$\nu=e_0\left(\sec\frac{kl}{2}-1\right)=e_0\left(\sec\frac{\pi}{2}\sqrt{\frac{N}{N_E}}-1\right) \tag{5-25}$$

根据式（5-25）绘出的压力-挠度曲线如图 5-21 所示，与图 5-18 对比可知，具有初偏心的轴心压杆，其压力-挠度曲线与初弯曲压杆的特点相同，只是图 5-18 中的曲线不通过原点，而图 5-21 中的曲线都通过原点。可以认为，初偏心影响与初弯曲影响类似，但影响的程度却有差别。初弯曲对中等长细比杆件的不利影响较大；初偏心的数值通常较小，除了对短杆（小长细比杆）有较明显的影响外，杆件越长初偏心的影响越小。图 5-21 中的虚线表示压杆按弹塑性分析得到的压力-挠度曲线。

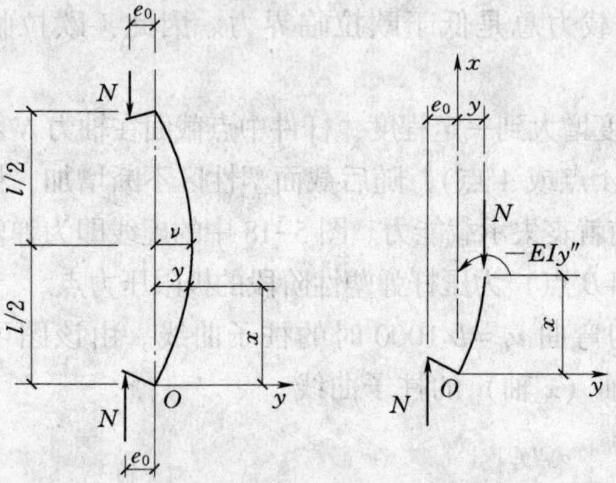

图 5-20　有初偏心的压杆

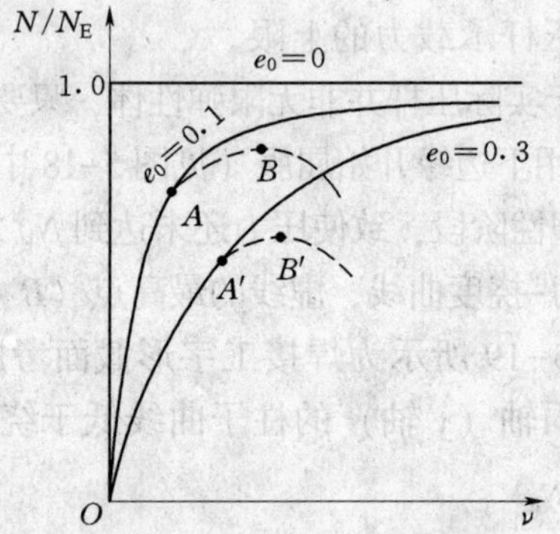

图 5-21　有初偏心压杆的压力-挠度曲线（e_0 和 ν 是相对数值）

由于初偏心与初弯曲的影响类似，各国在制定设计标准时，通常只考虑其中一个缺陷来模拟两种缺陷都存在的影响。

4. 杆件端部约束的影响

杆件端部的约束条件对构件的承载能力影响明显，其影响可由计算长度来反映。而且在工程实际中，杆端约束情况复杂，有时很难简单地归结为哪一种理想约束，这时应根据实际情况具体分析。这在前面已经讲过，在此不再赘述。

5.3.3　实际轴心受压构件的稳定曲线

1. 实际轴心受压构件的整体稳定承载力

以上介绍了理想轴心受压构件在弯曲屈曲时的整体稳定，在弹性阶段，临界力由欧拉公式得出，其弹性弯曲屈曲临界力为欧拉临界力 N_E（见图5-22中的曲线 1）；在非弹性阶

段，临界力由切线模量理论得出，弹塑性弯曲屈曲临界力为切线模量临界力 N_t（见图5-22中的曲线 2）；并得到了理想轴心受压构件的稳定曲线，这些都属于分枝屈曲，即杆件屈曲时才产生挠度。其后又分别介绍了初弯曲、初偏心和残余应力等初始缺陷给轴心受压构件稳定性带来的影响。实际的轴心受压构件不可避免地存在一些初始缺陷，一经承受荷载，随即产生弯曲变形，只是当荷载较小时，弯曲变形不太大而已。当荷载逐渐加大，构件边缘纤维屈服之后，构件进入弹塑性阶段工作，截面上形成弹性区和塑性区，截面的抗弯刚度逐渐降低，变形增长加快，其压力-挠度曲线如图 5-22 中的曲线 3 所示，该图中的 A 点表示压杆跨中截面边缘屈服。边缘屈服准则就是以 N_A 作为最大承载力。但从极限状态设计来说，压力还可增加，只是压力超过 N_A 后，构件进入弹塑性阶段，随着截面塑性区的不断扩展，ν 值增加得更快，到达 B 点之后，压杆的抵抗能力开始小于外力的作用，不能维持稳定平衡。图 5-22 中曲线 3 的最高点 B 处的压力 N_B，才是具有初弯曲压杆真正的极限承载力，以此为准则计算压杆稳定，称为“最大强度准则”。实际轴心受压构件失稳时，由于变形的逐步发展使承载能力达到极限，对应的荷载称为极限荷载，又称为最大荷载。在达到此极限荷载以前，只有增加荷载才能使变形增大，因此其平衡状态是稳定的；在达到极限荷载以后，变形是在减少荷载下不断增大，因而其平衡状态是不稳定的。最大荷载也是一个临界荷载，它是由稳定转变为不稳定的临界点，但是与欧拉荷载的意义截然不同。实际轴心压杆，各种缺陷同时存在，同时达到最不利的可能性极小。对于普通钢结构，通常可只考虑影响最大的残余应力和初弯曲两种缺陷。

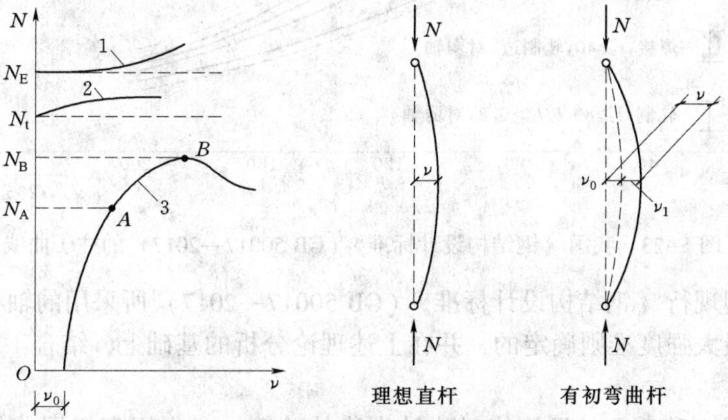

图 5-22　轴心压杆的压力-挠度曲线

2. 轴心受压构件的柱子曲线

压杆失稳时临界应力 σ_{cr} 与长细比 λ 之间的关系曲线称为柱子曲线。轴心受压构件整体稳定性的计算以最大荷载作为依据。轴心受压构件的极限承载力并不仅仅取决于长细比。由于残余应力的影响，即使长细比相同的构件，随着截面形状、弯曲方向、残余应力水平及分布情况的不同，构件的极限承载力也有很大差异。轴心受压构件柱子曲线分布在如图 5-23 所示虚线包围的范围内，呈相当宽的带状分布。这个范围的上、下限相差较大，特别是常用的中等长细比情况相差尤其显著，因此，若用一条曲线来代表，势必带来过大的误差，显然不合理。因此，国际上多数国家和地区都采用多条柱子曲线来代表这个分布带。《钢结构设计规范》（GBJ 17—1988，已废止）把这个分布带分成三条窄带，而以每一窄带的平均值作为该窄带的柱子曲线，从而得出了三条曲线，再根据适用哪条曲线而把柱截面分为 a、b、c 三类，例如，a 类截面就用 a 曲线。但是，《钢结构设计规范》（GBJ 17—1988，已废止）中的压杆截面分类有两点不足：①当时未考虑压杆的弯扭失稳，而把有弯扭失稳可能的截面（如不对称截面和绕对称轴屈曲的单轴对称截面）统列入 c 类截面，这会引起不安全；②对板件厚度等于或大于 40mm 的实腹式压杆，由于当时未做工作，因此将对任意轴屈曲的此类截面也统统列入 c 类截面，实际上这也是不合理的。

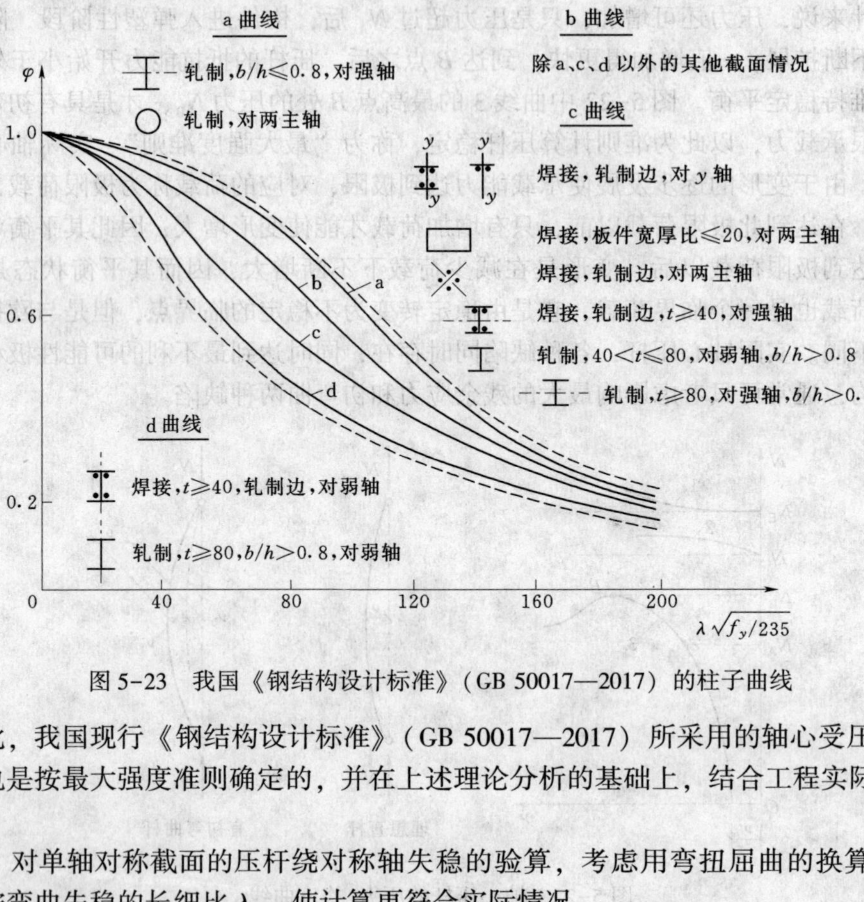

图 5-23 我国《钢结构设计标准》（GB 50017—2017）的柱子曲线

因此，我国现行《钢结构设计标准》（GB 50017—2017）所采用的轴心受压构件的柱子曲线也是按最大强度准则确定的，并在上述理论分析的基础上，结合工程实际，做了如下修改：

（1）对单轴对称截面的压杆绕对称轴失稳的验算，考虑用弯扭屈曲的换算长细比代替原先按弯曲失稳的长细比 λ_y，使计算更符合实际情况。

（2）对厚度 $t \leqslant 40$mm 的各种截面分成 a、b、c 三类，根据截面形式和残余应力分布的两个因素对原规范做了少量调整。

（3）增补了组成板件厚度 $t > 40$mm 的工字形截面和箱形截面在计算轴心受压构件时的截面类别规定，并增加了 d 类截面。

也就是将这些柱子曲线合并归纳为四组，取每组中柱子曲线的平均值作为代表曲线，即图 5-23 中的 a、b、c、d 四条曲线。在 $\lambda = 40 \sim 120$ 的常用范围内，柱子 a 曲线比 b 曲线高出 4% ~ 15%；而 c 曲线比 b 曲线低 7% ~ 13%；d 曲线则更低，主要用于厚板截面。

我国现行《钢结构设计标准》（GB 50017—2017）所采用的轴心受压构件的柱子曲线在《钢结构设计规范》（GB 50017—2003，已废止）所采用的轴心受压构件的柱子曲线的基础上，增加了对屈服强度达到和超过 355MPa 的 $b/h>0.8$ 的轧制 H 型钢和轧制等边角钢的截面类别可提高一类采用的规定。

轴心受压构件柱子曲线的截面分类如表 5-5 和表 5-6 所示，其中表 5-5 是构件组成板件厚度 $t<40$mm 的情况，表 5-6 是构件组成板件厚度 $t\geq40$mm 的情况。

一般的截面情况属于 b 类。轧制圆管以及轧制普通工字钢绕 x 轴失稳时其残余应力影响较小，故属 a 类。

格构式构件绕虚轴的稳定计算，由于此时不宜采用塑性深入截面的最大强度准则，参考《冷弯薄壁型钢结构技术规范》（GB 50018—2002），采用边缘屈服准则确定的 φ 值与 b 曲线接近，故取用 b 曲线。

当槽形截面用于格构式柱的分肢时，由于分肢的扭转变形受到缀件的牵制，所以计算分肢绕其自身对称轴的稳定时，可用 b 曲线。翼缘为轧制或剪切边的焊接工字形截面，绕弱轴失稳时边缘为残余压应力，使承载能力降低，故将其归入 c 曲线。

板件厚度大于 40mm 的轧制工字形截面和焊接实腹式截面，残余应力不但沿板件宽度方向变化，在厚度方向的变化也比较显著。此外，厚板质量较差也会对稳定带来不利影响，故应按照表 5-6 进行分类。

表 5-5　轴心受压构件的截面分类（板厚 $t<40$mm）

截面形式		对 x 轴	对 y 轴
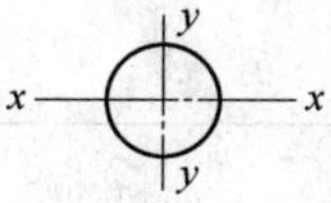 轧制		a 类	a 类
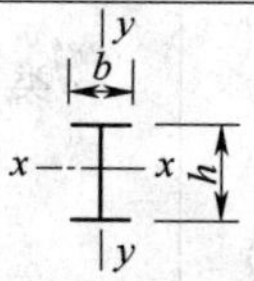 轧制	$b/h\leq0.8$	a 类	b 类
	$b/h>0.8$	a* 类	b* 类
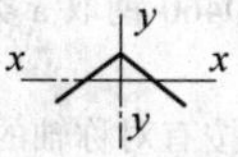 轧制等边角钢		a* 类	a* 类
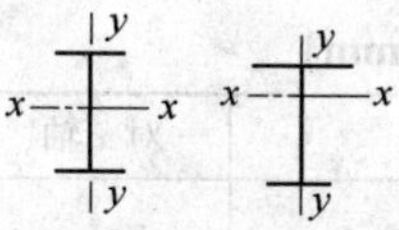 焊接，翼缘为焰切边	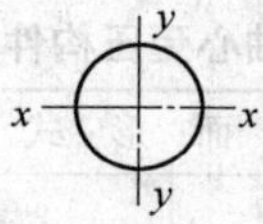 焊接	b 类	b 类
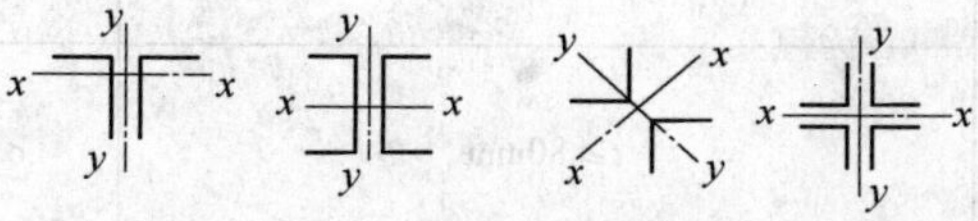 轧制			

续表

截面形式		对 x 轴	对 y 轴
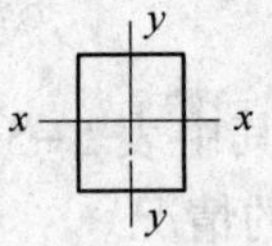 轧制，焊接（板件宽厚比>20）	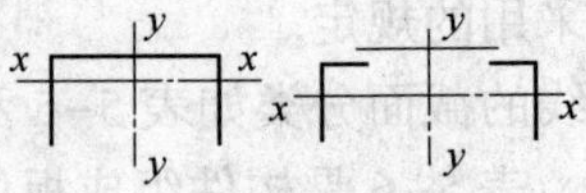 轧制或焊接	b类	b类
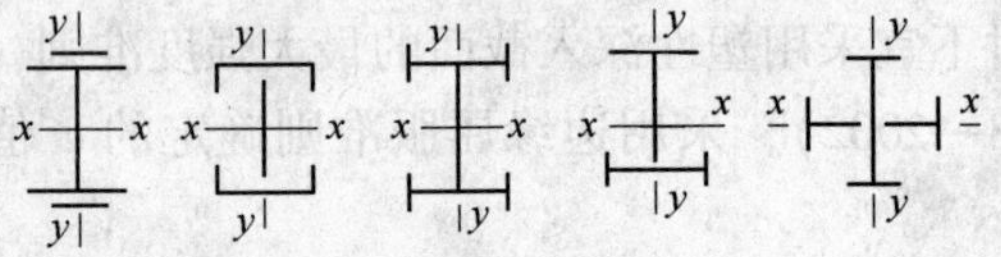 焊接	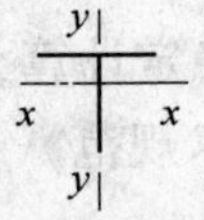 轧制截面和翼缘为焰切边的焊接截面	b类	b类
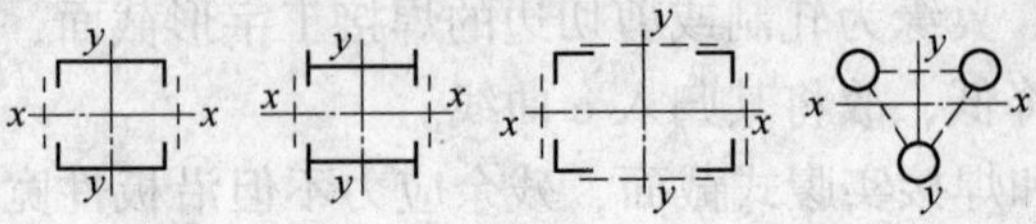 格构式	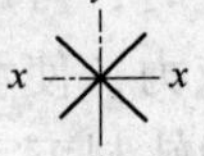 焊接，板件边缘焰切		
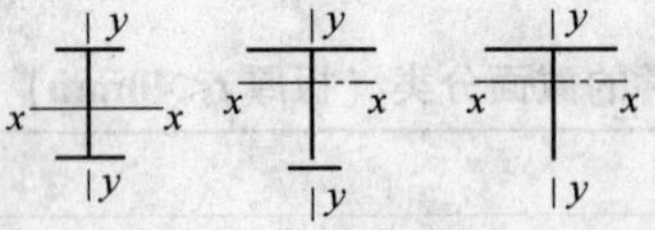 焊接，翼缘为轧制或剪切边		b类	c类
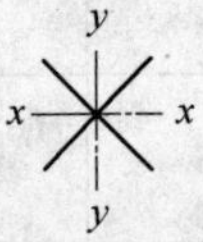 焊接，板件边缘轧制或剪切	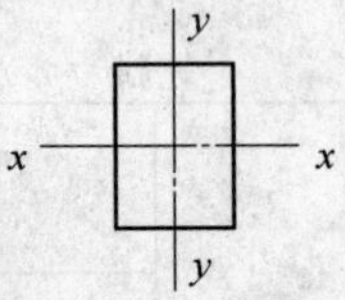 轧制，焊接（板件宽厚比≤20）	c类	c类

注：1. a* 类含义为 Q235 钢取 b 类，Q355、Q390、Q420 和 Q460 钢取 a 类；b* 类含义为 Q235 钢取 c 类，Q355、Q390、Q420 和 Q460 钢取 b 类。

2. 无对称轴且剪心和形心不重合的截面，其截面分类可按有对称轴的类似截面确定，如不等边角钢采用等边角钢的类别；当无类似截面时，可取 c 类。

表 5-6　轴心受压构件的截面分类（板厚 $t \geqslant 40$mm）

截面形式		对 x 轴	对 y 轴
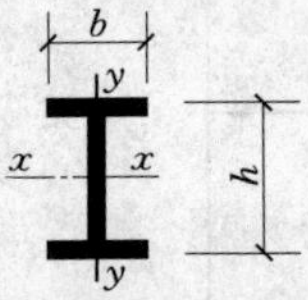 轧制工字形或 H 形截面	$t<80$mm	b类	c类
	$t \geqslant 80$mm	c类	d类

续表

截面形式		对 x 轴	对 y 轴
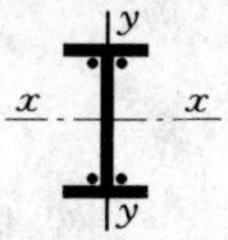 焊接工字形截面	翼缘为焰切边	b 类	b 类
	翼缘为轧制或剪切边	c 类	d 类
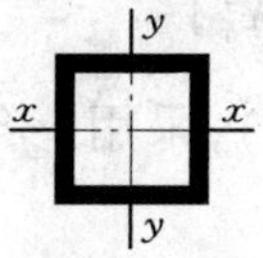 焊接箱形截面	板件宽厚比>20	b 类	b 类
	板件宽厚比≤20	c 类	c 类

5.3.4　实腹式轴心受压构件弯曲屈曲时的整体稳定性计算

轴心受压构件截面所受压应力应不大于其整体稳定的临界应力，考虑抗力分项系数 γ_R 后，应按下式进行计算：

$$\sigma=\frac{N}{A}\leqslant\frac{\sigma_{cr}}{\gamma_R}=\frac{\sigma_{cr}f_y}{f_y\ \gamma_R}=\varphi f \tag{5-26}$$

现行《钢结构设计标准》（GB 50017—2017）中轴心受压构件的整体稳定计算式即是在此基础上得到的，采用下列形式：

$$\frac{N}{\varphi Af}\leqslant 1.0 \tag{5-27}$$

式中　N——轴心压力设计值（N）；

φ——轴心受压构件的整体稳定系数，取截面两主轴稳定系数中的较小值，$\varphi=\sigma_{cr}/f_y$；

A——构件毛截面面积（mm^2）；

f——材料抗压强度设计值（N/mm^2）。

整体稳定系数 φ 值应根据表 5-5、表 5-6 的截面分类和构件的长细比（或换算长细比）、钢材屈服强度，由附表12-1～附表 12-4 查出。四类截面的稳定系数也可以统一由式（5-28）算得。

（1）当λ_n>0.215 时，稳定系数 φ 值可以用下式来表达，即

$$\varphi=\frac{\sigma_{cr}}{f_y}=\frac{1}{2}\left\{\left[1+(1+\varepsilon_0)\frac{\sigma_E}{f_y}\right]-\sqrt{\left[1+(1+\varepsilon_0)\frac{\sigma_E}{f_y}\right]^2-4\frac{\sigma_E}{f_y}}\right\} \tag{5-28}$$

该式中的 ε_0 值实质为考虑初弯曲、残余应力等综合影响的等效初弯曲率。对于《钢结构设计标准》（GB 50017—2017）中采用的四条柱子曲线，ε_0 按下述情况分别取值。

a 类截面：　$\varepsilon_0=0.152\lambda_n-0.014$

b 类截面：　$\varepsilon_0=0.300\lambda_n-0.035$

c 类截面：　$\varepsilon_0=0.595\lambda_n-0.094$（$\lambda_n\leqslant1.05$ 时）

$\varepsilon_0=0.302\lambda_n+0.216$（$\lambda_n>1.05$ 时）

d 类截面：　$\varepsilon_0=0.915\lambda_n-0.132$（$\lambda_n\leqslant1.05$ 时）

$$\varepsilon_0=0.432\lambda_n+0.375\ (\lambda_n>1.05\text{时})$$

其中
$$\lambda_n=\frac{\lambda}{\pi}\sqrt{\frac{f_y}{E}}$$

式中 λ_n——正则化长细比。

再将以上 ε_0 代入式（5-28）中，近似可得

$$\varphi=\frac{1}{2\lambda_n^2}\left[(\alpha_2+\alpha_3\lambda_n+\lambda_n^2)-\sqrt{(\alpha_2+\alpha_3\lambda_n+\lambda_n^2)^2-4\lambda_n^2}\right] \tag{5-29}$$

（2）当$\lambda_n\leqslant 0.215$时，《钢结构设计标准》（GB 50017—2017）采用一条近似曲线，使$\lambda_n=0.215$与$\lambda_n=0$（$\varphi=1.0$）相衔接，即

$$\varphi=1-\alpha_1\lambda_n^2 \tag{5-30}$$

在式（5-29）和式（5-30）中，α_1、α_2、α_3 可查附表 12-5。

实腹式构件的长细比 λ 应根据其失稳模式，由以下公式确定。

1. 截面形心与剪心重合的构件

（1）当计算弯曲屈曲时

$$\left.\begin{aligned}\lambda_x&=l_{0x}/i_x\\ \lambda_y&=l_{0y}/i_y\end{aligned}\right\} \tag{5-31}$$

式中 l_{0x}、l_{0y}——构件对截面主轴 x、y 的计算长度（mm）；

i_x、i_y——构件截面对主轴 x、y 的回转半径（mm）。

（2）当计算扭转屈曲时，长细比应按下式计算，双轴对称十字形截面板件宽厚比不超过 $15\varepsilon_k$ 者，可不计算扭转屈曲。

$$\lambda_z=\sqrt{\frac{I_0}{I_t/25.7+I_\omega/l_\omega^2}} \tag{5-32}$$

式中 I_0——构件毛截面对剪心的极惯性矩（mm^4）；

I_t——构件毛截面对剪心的自由扭转常数（mm^4）；

I_ω——构件毛截面对剪心的扇形惯性矩（mm^6），对十字形截面可近似取 $I_\omega=0$；

l_ω——扭转屈曲的计算长度（mm），两端铰支且端截面可自由翘曲者，取几何长度 l；两端嵌固且端部截面的翘曲完全受到约束者，取 $0.5l$。

2. 截面为单轴对称的构件

（1）计算绕非对称主轴的弯曲屈曲时，长细比应由式（5-31）计算确定。计算绕对称主轴的弯扭屈曲时，长细比应按下式计算确定：

$$\lambda_{yz}=\frac{1}{\sqrt{2}}\left[(\lambda_y^2+\lambda_z^2)+\sqrt{(\lambda_y^2+\lambda_z^2)^2-4(1-y_s^2/i_0^2)\lambda_y^2\lambda_z^2}\right]^{\frac{1}{2}} \tag{5-33}$$

其中
$$i_0^2=y_s^2+i_x^2+i_y^2$$

式中 y_s——截面形心至剪心的距离（mm）；

i_0——截面对剪心的极回转半径（mm）；

λ_z——扭转屈曲的换算长细比，由式（5-32）确定。

（2）等边单角钢轴心受压构件当绕两主轴弯曲的计算长度相等时，可不计算弯扭屈曲。

(3) 双角钢组合 T 形截面（见图 5-24）绕对称轴的换算长细比 λ_{yz} 可采用下列简化公式确定。

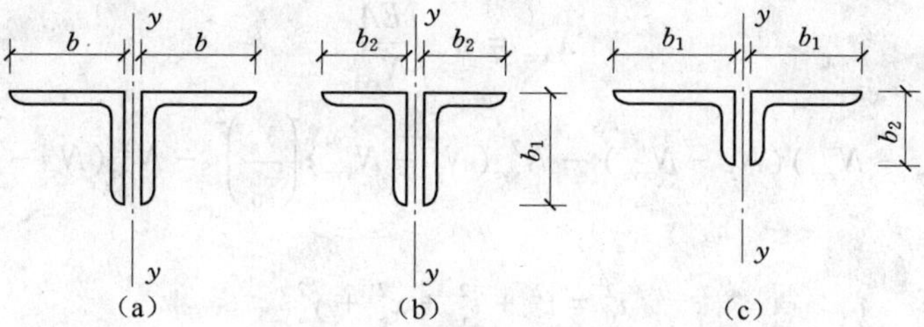

图 5-24　双角钢组合 T 形截面

b—等边角钢肢宽度；b_1—不等边角钢长肢肢宽度；b_2—不等边角钢短肢肢宽度

1) 等边双角钢截面［见图 5-24（a）］。

当 $\lambda_y \geqslant \lambda_z$ 时，有

$$\lambda_{yz} = \lambda_y \left[1 + 0.16\left(\frac{\lambda_z}{\lambda_y}\right)^2\right] \tag{5-34}$$

当 $\lambda_y < \lambda_z$ 时，有

$$\lambda_{yz} = \lambda_z \left[1 + 0.16\left(\frac{\lambda_y}{\lambda_z}\right)^2\right] \tag{5-35}$$

其中

$$\lambda_z = 3.9\frac{b}{t} \tag{5-36}$$

2) 长肢相并的不等边双角钢截面［见图 5-24（b）］。

当 $\lambda_y \geqslant \lambda_z$ 时，有

$$\lambda_{yz} = \lambda_y \left[1 + 0.25\left(\frac{\lambda_z}{\lambda_y}\right)^2\right] \tag{5-37}$$

当 $\lambda_y < \lambda_z$ 时，有

$$\lambda_{yz} = \lambda_z \left[1 + 0.25\left(\frac{\lambda_y}{\lambda_z}\right)^2\right] \tag{5-38}$$

其中

$$\lambda_z = 5.1\frac{b_2}{t} \tag{5-39}$$

3) 短肢相并的不等边双角钢截面［见图 5-24（c）］。

当 $\lambda_y \geqslant \lambda_z$ 时，有

$$\lambda_{yz} = \lambda_y \left[1 + 0.06\left(\frac{\lambda_z}{\lambda_y}\right)^2\right] \tag{5-40}$$

当 $\lambda_y < \lambda_z$ 时，有

$$\lambda_{yz} = \lambda_z \left[1 + 0.06\left(\frac{\lambda_y}{\lambda_z}\right)^2\right] \tag{5-41}$$

其中

$$\lambda_z = 3.7\frac{b_1}{t} \tag{5-42}$$

3. 截面无对称轴且剪心和形心不重合的构件

截面无对称轴且剪心和形心不重合的构件，应采用下列公式换算长细比：

$$\lambda_{xyz} = \pi\sqrt{\frac{EA}{N_{xyz}}} \tag{5-43}$$

$$(N_x - N_{xyz})(N_y - N_{xyz})(N_z - N_{xyz}) - N_{xyz}^2(N_x - N_{xyz})\left(\frac{y_s}{i_0}\right)^2 - N_{xyz}^2(N_y - N_{xyz})\left(\frac{x_s}{i_0}\right)^2 = 0 \tag{5-44}$$

$$i_0^2 = i_x^2 + i_y^2 + x_s^2 + y_s^2 \tag{5-45}$$

$$N_x = \frac{\pi^2 EA}{\lambda_x^2} \tag{5-46}$$

$$N_y = \frac{\pi^2 EA}{\lambda_y^2} \tag{5-47}$$

$$N_z = \frac{1}{i_0^2}\left(\frac{\pi^2 EI_\omega}{l_\omega^2} + GI_t\right) \tag{5-48}$$

式中　N_{xyz}——弹性完善杆的弯扭屈曲临界力（N），由式（5-44）确定；

x_s、y_s——截面剪心相对于形心的坐标（mm）；

i_0——截面对剪心的极回转半径（mm）；

N_x、N_y、N_z——绕 x 轴和 y 轴的弯曲屈曲临界力和扭转屈曲临界力（N）；

E——钢材的弹性模量（N/mm^2）；

G——钢材的剪变模量（N/mm^2）。

4. 不等边角钢轴心受压构件

不等边角钢轴心受压构件（见图 5-25）的换算长细比可按下列简化公式确定。

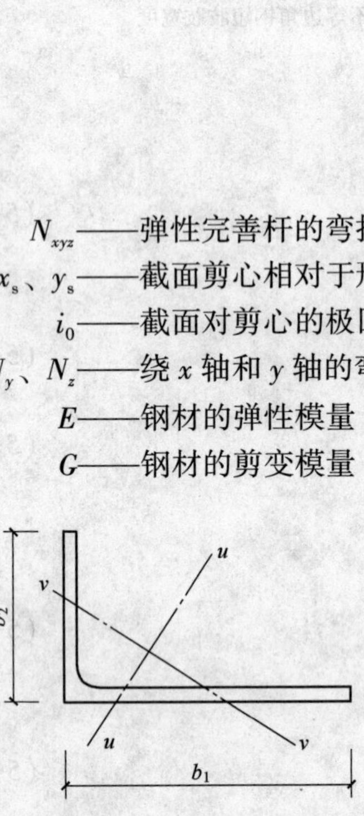

图 5-25　不等边角钢

当 $\lambda_v \geqslant \lambda_z$ 时，有

$$\lambda_{xyz} = \lambda_v\left[1 + 0.25\left(\frac{\lambda_z}{\lambda_v}\right)^2\right] \tag{5-49}$$

当 $\lambda_v < \lambda_z$ 时，有

$$\lambda_{xyz} = \lambda_z\left[1 + 0.25\left(\frac{\lambda_v}{\lambda_z}\right)^2\right] \tag{5-50}$$

其中

$$\lambda_z = 4.21\frac{b_1}{t} \tag{5-51}$$

注意：式（5-43）、式（5-49）和式（5-50）用于弹性构件，在非弹性范围偏于安全，若要提高计算精度，可以在式（5-51）的右端乘以 $\sqrt{\tau} = \lambda_n\sqrt{1 - 0.21\lambda_n^2}$［用于 $\lambda_n \leqslant 1.19$，λ_n 称为构件正则化长细比，$\lambda_n = \lambda/(93\varepsilon_k)$，可取弱主轴 y 轴的长细比 λ_y］。用式（5-49）、式（5-50）计算 λ_{xyz}时，所有 λ_z（包括公式适用条件）都乘以$\sqrt{\tau}$。

【例题 5-2】　图 5-26（a）所示为一管道支架，其支柱的轴心压力设计值 N=1400kN，柱两端铰接，钢材为 Q235B，截面无孔洞削弱。试验算该支柱的整体稳定承载力，考虑以下三种方案：

(1) Ⅰ56a 普通轧制工字钢［见图5-26 (b)］。

(2) HW250×250×9×14 热轧H型钢［见图5-26 (c)］。

(3) 焊接工字形截面，翼缘板为焰切边［见图5-26 (d)］。

解：如图5-26 (a) 所示的坐标轴，则判断柱在两个方向的计算长度分别为 $l_{0x}=600\text{cm}$，$l_{0y}=300\text{cm}$。

(1) 轧制工字钢［见图5-26 (b)］。查附录16，截面Ⅰ56a：$A=135.4\text{cm}^2$，$i_x=22.0\text{cm}$，$i_y=3.18\text{cm}$。

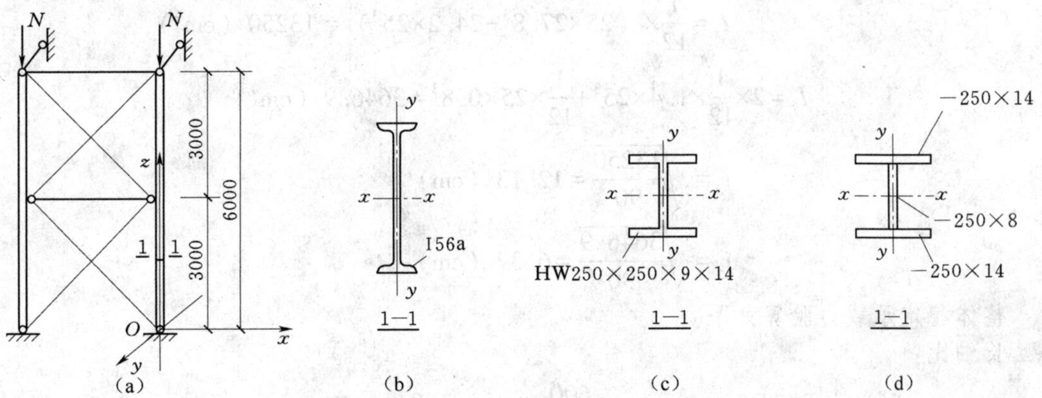

图5-26　［例题5-2］图

整体稳定承载力验算如下。

长细比：

$$\lambda_x=\frac{l_{0x}}{i_x}=\frac{600}{22.0}=27.3<[\lambda]=150$$

$$\lambda_y=\frac{l_{0y}}{i_y}=\frac{300}{3.18}=94.3<[\lambda]=150$$

对于轧制工字钢，根据表5-5，$b/h=0.30<0.8$，当绕 x 轴失稳时属于a类截面，当绕 y 轴失稳时属于b类截面，但 λ_y 远大于 λ_x，故由 λ_y 查附表12-2得 $\varphi_y=0.592$，则

$$\frac{N}{\varphi Af}=\frac{1400\times10^3}{0.592\times135.4\times10^2\times205}=0.852<1.0$$

因此，采用轧制工字钢支柱的整体稳定承载力满足要求。

(2) 热轧H型钢［见图5-26 (c)］。查附录18，截面HW250×250×9×14：$A=91.43\text{cm}^2$，$i_x=10.8\text{cm}$，$i_y=6.31\text{cm}$。

整体稳定承载力验算如下。

长细比：

$$\lambda_x=\frac{l_{0x}}{i_x}=\frac{600}{10.8}=55.6<[\lambda]=150$$

$$\lambda_y=\frac{l_{0y}}{i_y}=\frac{300}{6.31}=47.5<[\lambda]=150$$

对宽翼缘H型钢，因 $b/h>0.8$，当绕 x 轴失稳时属于b类截面，当绕 y 轴失稳时属于c类截面，由 λ_x 查附表12-2得 $\varphi_x=0.83$，由 λ_y 查附表12-3得 $\varphi_y=0.791$，故由 λ_y 得 $\varphi=0.791$，则

$$\frac{N}{\varphi Af}=\frac{1400\times10^3}{0.791\times91.43\times10^2\times215}=0.90<1.0$$

因此，采用热轧H型钢支柱的整体稳定承载力满足要求。

(3) 焊接工字形截面［见图5-25 (d)］。

截面几何特征：

$$A=2\times25\times1.4+25\times0.8=90\ (\text{cm}^2)$$

$$I_x=\frac{1}{12}\times(25\times27.8^3-24.2\times25^3)=13250\ (\text{cm}^4)$$

$$I_y=2\times\frac{1}{12}\times1.4\times25^3+\frac{1}{12}\times25\times0.8^3=3646.9\ (\text{cm}^4)$$

$$i_x=\sqrt{\frac{13250}{90}}=12.13\ (\text{cm})$$

$$i_y=\sqrt{\frac{3646.9}{90}}=6.37\ (\text{cm})$$

整体稳定承载力验算如下。

长细比：

$$\lambda_x=\frac{l_{0x}}{i_x}=\frac{600}{12.13}=49.5<[\lambda]=150$$

$$\lambda_y=\frac{l_{0y}}{i_y}=\frac{300}{6.37}=47.1<[\lambda]=150$$

根据表5-5，对 x 轴和 y 轴查取 φ 值时均按b类截面，故由长细比的较大值 $\lambda_x=49.5$，查附表12-2得 $\varphi=0.859$，则

$$\frac{N}{\varphi Af}=\frac{1400\times10^3}{0.859\times90\times10^2\times215}=0.842<1.0$$

因此，采用焊接工字形截面支柱的整体稳定承载力满足要求。

由上述例题的计算结果可知，三种不同截面支柱的稳定承载力相当，但轧制普通工字钢截面要比热轧H型钢截面和焊接工字形截面约大50%，这是因为普通工字钢绕弱轴的回转半径太小。尽管轧制普通工字钢绕弱轴方向的计算长度仅为强轴方向计算长度的1/2，但前者的长细比仍远大于后者，因而支柱的稳定承载能力是由弱轴所控制，对强轴而言则有较大富余，这是不经济的。若必须采用这种截面，宜再增加侧向支撑的数量。对于轧制H型钢和焊接工字形截面，由于其两个方向的长细比非常接近，基本上做到了在两个主轴方向的等稳定性，用料最经济。但焊接工字形截面的焊接工作量较大。

5.4 轴心受压构件的局部稳定

5.4.1 矩形薄板的屈曲

轴心受压构件不仅有丧失整体稳定的可能性，而且也有丧失局部稳定的可能性。轴心

受压构件的截面大多由若干矩形薄板（或薄壁圆管截面）所组成，例如，如图 5-27 所示工字形截面，可看作由两块翼缘板和一块腹板组成，翼缘板和腹板的厚度与板其他两个尺寸相比都较小。在轴心受压构件中，这些组成板件分别受到沿纵向作用于板件中面的均布压力。当压力达到某一数值时，在构件尚未达到整体稳定承载力之前，个别板件可能因不能继续维持其平面平衡状态而发生波形凸曲而丧失稳定性。由于个别板件丧失稳定并不意味着构件失去整体稳定性，因而这些板件先行失稳的现象就称为丧失局部稳定性，又称为局部屈曲。图 5-27 所示为一工字形截面轴心受压构件发生局部失稳时的变形形态示意，图 5-27（a）和图 5-27（b）分别表示腹板和翼缘失稳时的情况。在腹板和翼缘丧失稳定的情况下，构件还可能继续维持整体稳定的平衡状态，但由于部分板件因屈曲而退出工作，使构件的有效截面减少，并改变了原来构件的受力状态，从而会加速构件整体失稳而丧失承载能力。因此，《钢结构设计标准》（GB 50017—2017）规定，轴心受压构件必须满足局部稳定的要求。

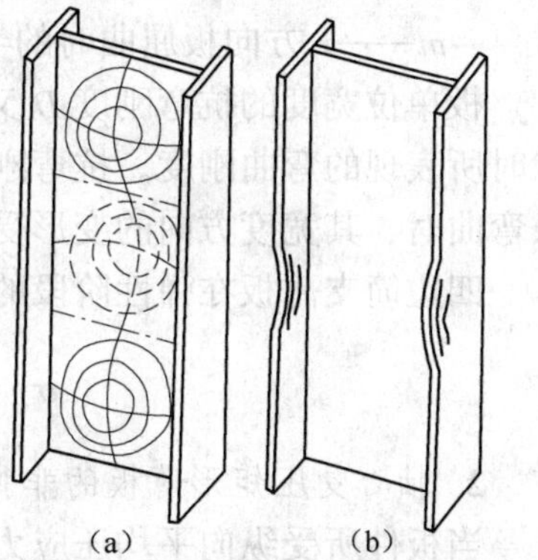

图 5-27　轴心受压构件的局部失稳
（a）腹板屈曲；（b）翼缘屈曲

1. 轴心受压矩形薄板的弹性屈曲

板件根据其宽厚比大小可分为厚板、薄板和宽薄板三种。薄板具有抗弯能力；同时，随板弯曲挠度的增大还可能产生薄膜张拉力。当板薄到一定程度时，其抗弯刚度几乎降为零，这种完全靠薄膜力来支撑横向荷载作用的板称为薄板。薄板短方向宽度 b 与厚度 t 之比大概为 $5\sim8<b/t<80\sim100$，组成钢结构轴心受压构件的板件大多都采用较薄的钢板，基本属于薄板的范畴。如图 5-28 所示的四边简支矩形薄板，沿板的纵向（x 方向）中面内单位宽度上作用有均匀压力 N_x。当均匀压力不大时，薄板将处于平面的稳定平衡状态；当均匀压力达到临界值时，薄板由平面稳定平衡状态转变为微弯曲的曲面平衡状态，这就是板的临界状态。

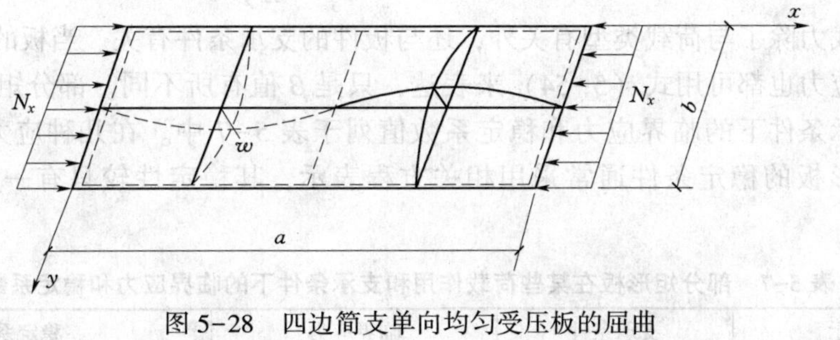

图 5-28　四边简支单向均匀受压板的屈曲

四边简支薄板在弹性阶段的临界压力表达式为

$$N_{cr}=\beta\frac{\pi^2 D}{b^2} \tag{5-52}$$

其中

$$D=\frac{Et^3}{12\ (1-\nu^2)}$$

$$\beta=\left(\frac{mb}{a}+\frac{a}{mb}\right)^2$$

式中 D——板单位宽度的抗弯刚度（$\mathrm{N \cdot mm^2}$）；

t——薄板厚度（mm）；

ν——材料泊松比，通常取 $\nu=0.3$；

b——受载边的边长，受剪时为短边的长度（mm）；

β——板的屈曲系数，它与荷载种类、分布状态及板的边长比等有关，详见表5-7；

m——x 方向板屈曲时的半波数。

板单位宽度的抗弯刚度 D 又称为板的圆柱刚度，亦即单位宽度的板弯曲成圆柱面形状时所表现的弯曲刚度。抗弯刚度 D 比同宽度梁的抗弯刚度 $EI=Et^3/12$ 大，这是由于板条弯曲时，其宽度方向的变形受到相邻板条约束，而梁在弯曲时，其侧向变形是自由的。

四边简支薄板在弹性阶段的临界应力表达式为

$$\sigma_{\mathrm{cr}}=\frac{N_{\mathrm{cr}}}{1\times t}=\frac{D\pi^2}{tb^2}\beta=\frac{\beta\pi^2 E}{12\ (1-\nu^2)}\left(\frac{t}{b}\right)^2 \tag{5-53}$$

2. 轴心受压矩形薄板的非弹性屈曲

当板件所受纵向平均压应力等于或大于钢材的比例极限时，板件纵向进入弹塑性工作阶段，而板件的横向则仍处于弹性工作阶段，使矩形板呈正交异性。此时，板件的屈曲临界应力表达式可写为

$$\sigma_{\mathrm{cr}}=\frac{\chi\sqrt{\eta}\beta\pi^2 E}{12\ (1-\nu^2)}\left(\frac{t}{b}\right)^2 \tag{5-54}$$

式中 χ——板边缘的弹性约束系数；

η——弹性模量的折减系数。

根据轴心受压构件局部稳定的试验资料，η 可取为

$$\eta=0.1013\lambda^2\left(1-0.0248\lambda^2\frac{f_{\mathrm{y}}}{E}\right)f_{\mathrm{y}}/E$$

屈曲承载力除了与荷载类型有关外，还与板件的支承条件有关。当板的支承条件变化时，其临界应力也都可用式（5-54）来表达，只是 β 值有所不同。部分矩形板在某些荷载作用和支承条件下的临界应力和稳定系数值列于表 5-7 中。在几种应力共同作用下，四边简支矩形板的稳定条件通常采用相关方程表示，其稳定性较只有一种应力作用下的差。

表 5-7 部分矩形板在某些荷载作用和支承条件下的临界应力和稳定系数

受载图示	支承条件	临界应力	稳定系数 β
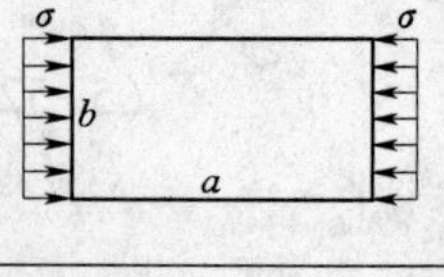	四边简支	$\sigma_{\mathrm{cr}}=\frac{\beta\pi^2 E}{12\ (1-\nu^2)}\left(\frac{t}{b}\right)^2$	$\beta_{\min}=4$

续表

受载图示	支承条件	临界应力	稳定系数 β
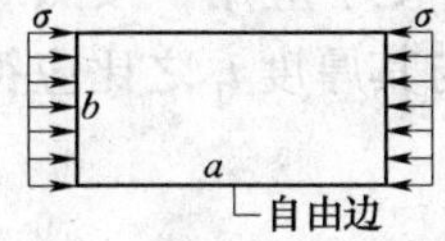	三边简支，一边自由	$\sigma_{cr}=\dfrac{\beta\pi^2 E}{12\ (1-\nu^2)}\left(\dfrac{t}{b}\right)^2$	$\beta=0.425+\left(\dfrac{b}{a}\right)^2$
 l_{max} 和 l_{min} 分别为板的长边和短边的尺寸	四边简支	$\sigma_{cr}=\dfrac{\beta\pi^2 b}{12\ (1-\nu^2)}\left(\dfrac{t}{l_{min}}\right)^2$	$\beta=5.34+\dfrac{4}{(l_{max}/l_{min})^2}$
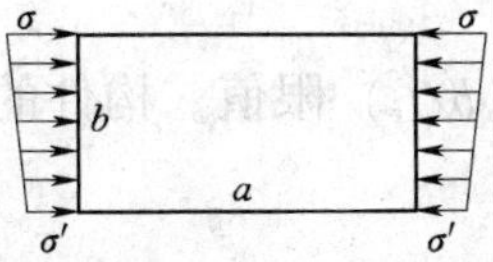	四边简支	$\sigma_{cr}=\dfrac{\beta\pi^2 E}{12\ (1-\nu^2)}\left(\dfrac{t}{b}\right)^2$	$\alpha=\dfrac{\sigma-\sigma'}{\sigma}$ $0\leqslant\alpha\leqslant 2/3$：$\beta_{min}\approx\dfrac{4}{1-0.5\alpha}$ $2/3<\alpha\leqslant 1.4$：$\beta_{min}\approx\dfrac{4}{1-0.474\alpha}$ $1.4<\alpha\leqslant 4$：$\beta_{min}\approx 6\alpha^2$
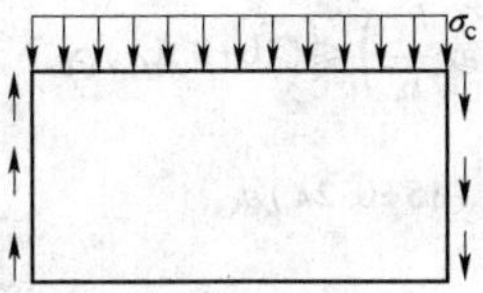	四边简支	$\sigma_{cr}=\dfrac{\beta\pi^2 E}{12\ (1-\nu^2)}\left(\dfrac{t}{b}\right)^2$	$0.5\leqslant a/b\leqslant 1.5$： $\beta=\left(4.5\dfrac{b}{a}+7.4\right)\dfrac{b}{a}$ $1.5<a/b\leqslant 2.0$： $\beta=\left(11-0.9\dfrac{b}{a}\right)\dfrac{b}{a}$

5.4.2　翼缘宽厚比的限值

在轴心受压构件中，其承载力往往取决于整体稳定，因此组成构件截面的板件屈曲应力为 σ_{cr}，如果该压力不小于构件整体稳定的临界应力，则只要满足整体稳定条件，就一定能保证构件的局部稳定。板件在稳定状态所能承受的最大应力（即临界应力）与板件的形状、尺寸、支承情况以及应力情况等有关。

为了提高翼缘板的临界应力，并充分利用它的承载力，合理的办法就是根据式(5-54)采用一定的厚度来保证它的稳定。局部稳定验算考虑等稳定性，也就是说，组成构件的板件的局部失稳应不先于构件的整体失稳，或者两者等稳，即板件的局部失稳临界应力［见式（5-54）］不小于构件整体稳定的临界应力（φf_y），这样可得到符合要求的宽厚比，有

$$\frac{\chi\sqrt{\eta}\beta\pi^2 E}{12\ (1-\nu^2)}\left(\frac{t}{b}\right)^2\geqslant\varphi f_y \tag{5-55}$$

式（5-55）中的整体稳定系数 φ 值与构件的长细比 λ 有关。由式（5-55）即可确定出板件宽厚比的限值，下面以工字形截面的板件为例做简要说明。

由于H形截面的腹板一般较翼缘板薄，腹板对翼缘板几乎没有嵌固作用，因此翼缘板可视为三边简支、一边自由的均匀受压板。由式（5-55）可以得到翼缘板悬伸部分的宽厚比 b/t_{f} 与长细比 λ 的关系曲线，该曲线的关系式较为复杂，为了便于应用，按照等稳定理论，可采用下列简单的直线式表达，即翼缘板自由外伸宽度 b 与其厚度 t_{f} 之比应符合下式：

$$\frac{b}{t_{\mathrm{f}}} \leqslant (10+0.1\lambda)\,\varepsilon_{\mathrm{k}} \tag{5-56}$$

式中 ε_{k}——钢号修正系数，其值为235与钢材牌号中屈服点数值的比值的平方根（Q235钢构件取1.0，Q355钢构件取0.814，Q390钢构件取0.776，Q420钢构件取0.748，Q460钢构件取0.715）；

λ——构件两个方向长细比的较大值，当 $\lambda<30$ 时取 $\lambda=30$，当 $\lambda>100$ 时取 $\lambda=100$。

注意：翼缘板自由外伸宽度的取值为：对焊接构件，取腹板边至翼缘板边缘的距离；对轧制构件，取内圆弧起点至翼缘板边缘的距离。

式（5-56）同样适用于计算工字形、T形截面翼缘板的宽厚比（b/t_{f}）限值。构件的翼缘板宽厚比限值如表5-8所示。

表5-8 轴心受压构件板件宽厚比限值

截面及板件尺寸	宽厚比限值
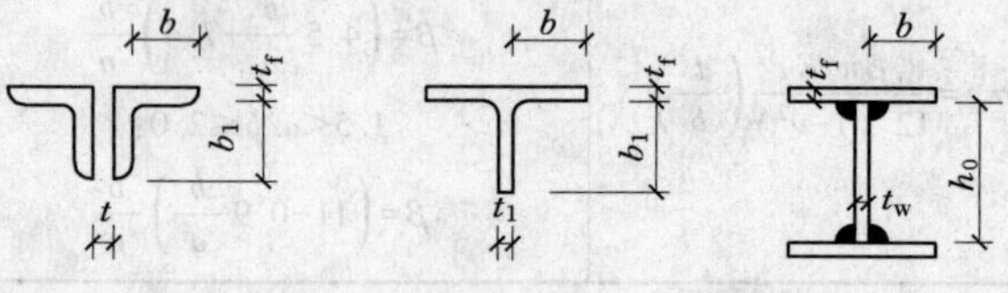	翼缘：$\frac{b}{t_{\mathrm{f}}}\left(或\frac{b_1}{t_{\mathrm{f}}}\right)\leqslant(10+0.1\lambda)\varepsilon_{\mathrm{k}}$ $\frac{b_1}{t_1}\leqslant(15+0.2\lambda)\varepsilon_{\mathrm{k}}$ 腹板：$\frac{h_0}{t_{\mathrm{w}}}\leqslant(25+0.5\lambda)\varepsilon_{\mathrm{k}}$
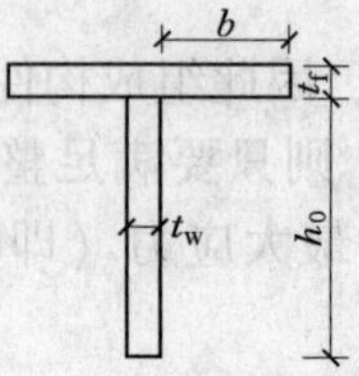	翼缘：$\frac{b}{t_{\mathrm{f}}}\leqslant(10+0.1\lambda)\varepsilon_{\mathrm{k}}$ 腹板：$\frac{h_0}{t_{\mathrm{w}}}\leqslant(15+0.2\lambda)\varepsilon_{\mathrm{k}}$（热轧部分T型钢） $\frac{h_0}{t_{\mathrm{w}}}\leqslant(13+0.17\lambda)\varepsilon_{\mathrm{k}}$（焊接T型钢）
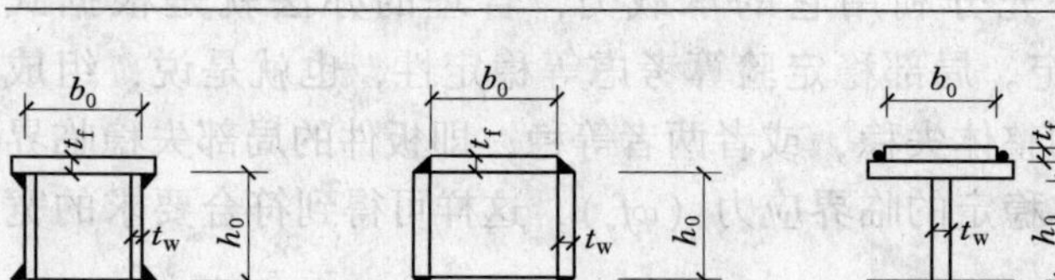	$\frac{b}{t_{\mathrm{f}}}\left(或\frac{h_0}{t_{\mathrm{w}}}\right)\leqslant40\varepsilon_{\mathrm{k}}$
	$\frac{d}{t}\leqslant100\varepsilon_{\mathrm{k}}^2$

续表

截面及板件尺寸	宽厚比限值
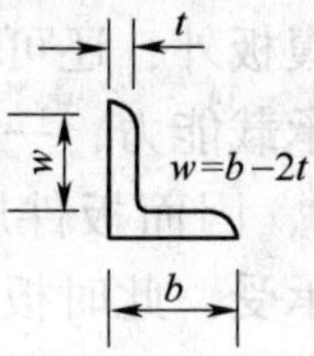	当 $\lambda \leqslant 80\varepsilon_k$ 时，$\frac{w}{t} \leqslant 15\varepsilon_k$ 当 $\lambda > 80\varepsilon_k$ 时，$\frac{w}{t} \leqslant 5\varepsilon_k + 0.125\lambda$

5.4.3　腹板高厚比的限值

H 形截面腹板可视为四边支承板，此时屈曲系数 $\beta = 4$。当腹板发生屈曲时，翼缘板作为腹板纵向边的支承，对腹板将起一定的弹性嵌固作用，这种嵌固作用可以使腹板的临界应力提高。仍然依据式（5-55），经简化后得到腹板高厚比 h_0/t_w 的简化表达式为

$$\frac{h_0}{t_w} \leqslant (25 + 0.5\lambda)\ \varepsilon_k \tag{5-57}$$

式（5-57）同样适用于计算工字形截面腹板的高厚比（h_0/t_w）限值。

5.4.4　圆管径厚比的限值

圆管截面轴心受压构件为了防止组成板件的局部失稳，采用下列等稳定条件：板件的局部失稳临界应力［见式（5-54）］大于或等于材料的屈服强度 f_y，这样可得到符合要求的径厚比限值，即

$$\frac{\chi\sqrt{\eta}\beta\pi^2 E}{12\ (1-\nu^2)}\left(\frac{d}{t}\right)^2 \geqslant f_y \tag{5-58}$$

经简化后得到圆管径厚比 d/t（d 为外径，t 为壁厚）的简化表达式为

$$\frac{d}{t} \leqslant 100\varepsilon_k^2 \tag{5-59}$$

5.4.5　等边角钢肢件宽厚比的限值

当 $\lambda \leqslant 80\varepsilon_k$ 时，即

$$\frac{w}{t} \leqslant 15\varepsilon_k \tag{5-60}$$

当 $\lambda > 80\varepsilon_k$ 时，即

$$\frac{w}{t} \leqslant 5\varepsilon_k + 0.125\lambda \tag{5-61}$$

式中　w——角钢的平板宽度（mm），简要计算时 w 可取为 $b-2t$，其中 b 为角钢宽度（mm）；

t——角钢的平板厚度（mm）；

λ——按角钢绕非对称主轴回转半径计算的长细比。

当轴心受压构件的压力小于稳定承载力 φAf 时，可将其板件宽厚比限值由上述式（5-56）、式（5-57）、式（5-59）、式（5-60）、式（5-61）算得后乘以放大系数 $\alpha = \sqrt{\varphi Af/N}$ 确定。

5.4.6 轴心受压构件的局部稳定限值汇总和构造要求

在一般情况下，板件的局部失稳临界应力常低于钢材的屈服点，因而按此思路求得的板件宽厚比限值将偏于保守。

如果受压构件有腹板高厚比不能满足要求时，除加厚腹板外，还可采用有效截面的概念进行计算。因为四边支承理想平板在屈曲后还有很大的承载能力，一般将其称为屈曲后强度。板件的屈曲后强度主要来自于平板中面的横向张力，因而板件屈曲后还能继续承载。屈曲后继续施加的荷载大部分将由边缘部分的腹板来承受，此时板内的纵向压力出现不均匀，如图 5-29（a）所示。若近似以图 5-29（a）中虚线所示的应力图形来代替板件屈曲后纵向压应力的分布，即引入了等效宽度 b_e 和有效截面 $b_e t_w$ 的概念。考虑腹板截面部分退出工作，实际平板可由一应力等于 f_y 但宽度只有 b_e 的等效平板来代替。在计算构件的强度和稳定性时，仅考虑腹板截面计算高度边缘范围内两侧宽度各为$20t_w\varepsilon_k$（相当于 $b_e/2$）的部分，如图 5-29（b）所示，但计算构件的整体稳定系数 φ 时仍采用全截面。

当可考虑屈曲后强度时，轴心受压构件的强度和稳定性可按下式计算：

强度计算：
$$\frac{N}{A_{ne}} \leqslant f \tag{5-62a}$$

稳定性计算：
$$\frac{N}{\varphi A_e f} \leqslant 1.0 \tag{5-62b}$$

$$A_{ne} = \sum \rho_i A_{ni} \tag{5-62c}$$

$$A_e = \sum \rho_i A_i \tag{5-62d}$$

式中 A_{ne}、A_e——有效净截面面积和有效毛截面面积（mm^2）；

A_{ni}、A_i——各板件净截面面积和毛截面面积（mm^2）；

φ——稳定系数，可按毛截面计算；

ρ_i——各板件有效截面系数。

H 形、工字形、箱形和单角钢截面轴心受压构件的有效截面系数 ρ 可按下列规定计算。

1. 箱形截面的壁板、H 形或工字形的腹板

当 $b/t \leqslant 42\varepsilon_k$ 时，即

$$\rho = 1.0 \tag{5-63a}$$

当 $b/t > 42\varepsilon_k$ 时，即

$$\rho = \frac{1}{\lambda_{n,p}}\left(1 - \frac{0.19}{\lambda_{n,p}}\right) \tag{5-63b}$$

$$\lambda_{n,p} = \frac{b/t}{56.2\varepsilon_k} \tag{5-63c}$$

当 $\lambda > 52\varepsilon_k$ 时，即

$$\rho \geqslant (29\varepsilon_k + 0.25\lambda)t/b \tag{5-63d}$$

式中 b、t——壁板或腹板的净宽度、厚度（mm）。

2. 单角钢

当 $w/t > 15\varepsilon_k$ 时，即

$$\rho = \frac{1}{\lambda_{n,p}}\left(1 - \frac{0.1}{\lambda_{n,p}}\right) \tag{5-64a}$$

$$\lambda_{n,p} = \frac{w/t}{16.8\varepsilon_k} \tag{5-64b}$$

当 $\lambda > 80\varepsilon_k$ 时，即

$$\rho \geqslant (5\varepsilon_k + 0.13\lambda)t/w \tag{5-64c}$$

当 H 形、工字形截面的腹板高厚比 h_0/t_w 仍不满足式（5-57）的要求时，可以加厚腹板，但此法不一定经济，较有效的方法是在腹板中部设置纵向加劲肋。由于纵向加劲肋与翼缘板构成了腹板纵向边的支承，因此，加强后腹板的有效高度 h_0 就成为翼缘与纵向加劲肋之间的距离，如图 5-30 所示。纵向加劲肋加强的腹板，其在受压较大翼缘与纵向加劲肋之间的高厚比应符合表 5-8 的要求。纵向加劲肋宜在腹板两侧成对配置，其一侧外伸宽度不应小于 $10t_w$，厚度不应小于 $0.75t_w$。

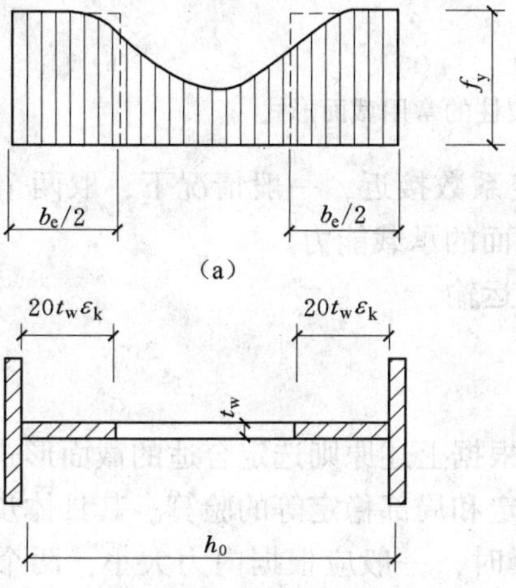

图 5-29　腹板屈曲后的有效截面

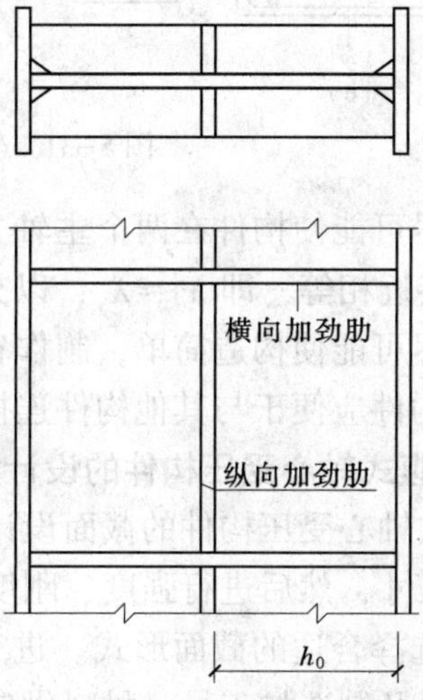

图 5-30　实腹柱的腹板加劲肋

5.5　实腹式轴心受压构件的截面设计

5.5.1　实腹式轴心受压构件的设计原则

实腹式轴心受压构件的截面形式有型钢和组合截面两种类型，一般宜采用双轴对称截面，不对称截面的轴心压杆会发生弯扭失稳，往往不很经济。轴心受压实腹柱常见的截面形式有轧制普通工字钢、H 型钢、焊接工字形截面、型钢和钢板的组合截面以及圆管和方管截面等，如图 5-31 所示。

轴心受压构件设计时应满足强度、刚度、整体稳定和局部稳定的要求。在选择轴心受压实腹柱的截面时，为取得安全、经济的效果，应考虑以下几个原则：

（1）在满足板件宽厚比限值的条件下，使截面面积的分布尽量展开并远离形心轴，以增加截面的惯性矩和回转半径，提高构件的强度、整体稳定性和刚度。

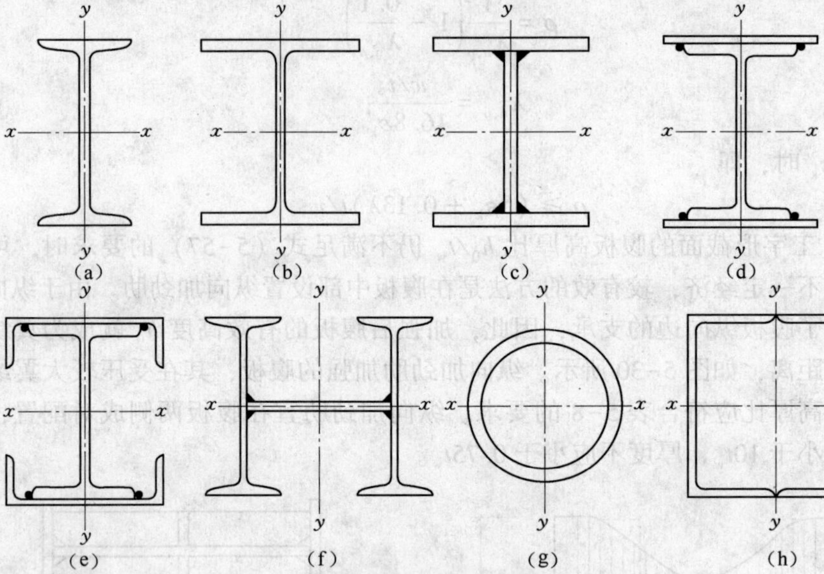

图 5-31 轴心受压实腹柱的常用截面形式

（2）尽可能使构件在两个主轴方向的稳定系数接近，一般情况下，取两个主轴方向的长细比接近相等，即 $\lambda_x \approx \lambda_y$，以充分发挥截面的承载能力。

（3）尽可能使构造简单，制作省工且便于运输。

（4）构件应便于与其他构件连接。

5.5.2 实腹式轴心受压构件的设计方法

实腹式轴心受压构件的截面设计，首先是根据上述原则选定合适的截面形式，再初步选择截面尺寸，然后进行强度、刚度、整体稳定和局部稳定等的验算。其具体步骤如下：

（1）选择合适的截面形式。进行截面选择时，一般应根据内力大小，两个方向的计算长度，以及制造加工量、材料供应量等情况综合进行考虑。

（2）假定构件截面的长细比 λ，求出需要的截面面积 A。一般取 $\lambda = 60 \sim 100$，当计算长度小而轴心压力较大时，取较小值；反之，取较大值。根据截面分类、钢材类别和 λ，可查得整体稳定系数 φ，进而得出初选截面面积为

$$A = \frac{N}{\varphi f}$$

（3）求两个主轴所需要的回转半径，$i_x = l_{0x}/\lambda$，$i_y = l_{0y}/\lambda$。

（4）由已知截面面积 A 及两个主轴的回转半径 i_x、i_y，优先选用轧制型钢，如普通工字钢、H 型钢等。若现有型钢规格不满足所需截面尺寸，可以采用组合截面，这时需先初步确定截面的轮廓尺寸，一般是根据回转半径确定所需截面的高度 h 和宽度 b，即

$$h \approx \frac{i_x}{\alpha_1}$$

$$b \approx \frac{i_y}{\alpha_2}$$

式中　α_1、α_2——系数，表示 h、b 与回转半径 i_x、i_y 之间的近似数值关系，常用各种截面回转半径的近似值可查附录22。

(5) 由所需要的 A、h、b 等，再考虑构造要求、局部稳定以及钢材规格等，确定截面的初选尺寸。

(6) 构件强度、刚度、整体稳定验算和局部稳定验算。

1) 强度验算。截面没有削弱时，强度一般能满足要求。当截面有削弱时，需按式(5-1)和式 (5-2) 进行强度验算。

2) 刚度验算。轴心受压实腹柱的长细比应符合设计标准所规定的容许长细比要求，即满足式 (5-5)。

3) 整体稳定验算。轴心受压构件的整体稳定可采用式 (5-27) 计算。

4) 局部稳定验算。轴心受压构件的局部稳定是以限制其组成板件的宽厚比（高厚比）来保证的。对于热轧型钢截面，由于其板件的宽厚比（高厚比）较小，一般能满足要求，可以不验算。对于组合截面，则应根据表5-8的规定对板件的宽厚比（高厚比）进行验算。

以上几方面验算若不能满足要求或者太富余，需调整截面重新验算。

5.5.3　构造要求

当轴心受压实腹柱的腹板计算高度与厚度之比 $h_0/t_w>80\varepsilon_k$ 时，为提高构件的抗扭刚度，防止腹板在施工和运输过程中发生变形，应在一定位置设置横向加劲肋，横向加劲肋的间距不得大于 $3h_0$，其外伸宽度 b_s 应大于或等于 $(h_0/30+40)$ mm，厚度 t_s 应大于外伸宽度 b_s 的1/15。

为了保证大型实腹式构件（工字形或箱形）截面几何形状不变，提高构件抗扭刚度，在受有较大的水平集中力作用处和每个运输单元的两端应设置横隔，构件较长时应设置中间横隔，横隔的间距不得大于柱截面长边尺寸的9倍和8m。横隔与横向加劲肋的区别在于，横隔与翼缘同宽，而横向加劲肋则通常较窄，如图5-32所示。

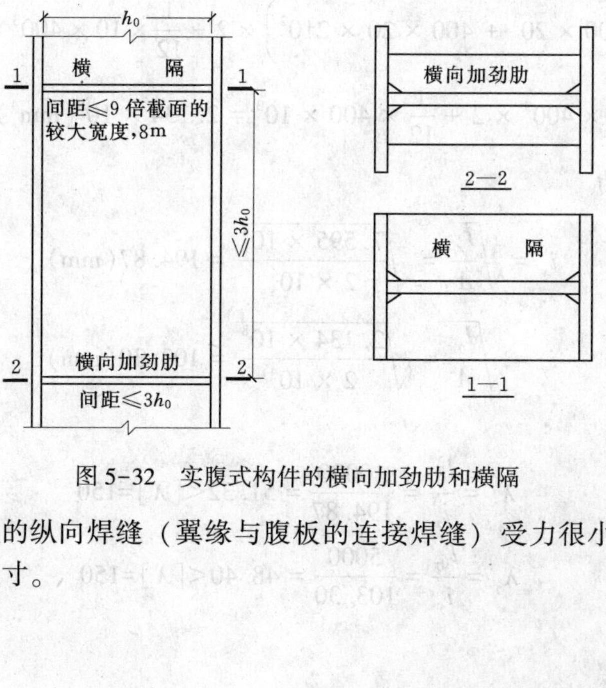

图5-32　实腹式构件的横向加劲肋和横隔

轴心受压实腹柱的纵向焊缝（翼缘与腹板的连接焊缝）受力很小，不必计算，可按构造要求确定焊缝尺寸。

5.5.4 实腹式轴心受压构件设计实例

【例题 5-3】 试验算图 5-33 所示的焊接组合工字形截面柱，翼缘为焰切边，承受轴心压力设计值为 $N=3200\text{kN}$。钢材为 Q235B，截面无削弱，容许长细比 $[\lambda]=150$，$f=205\text{N/mm}^2$。

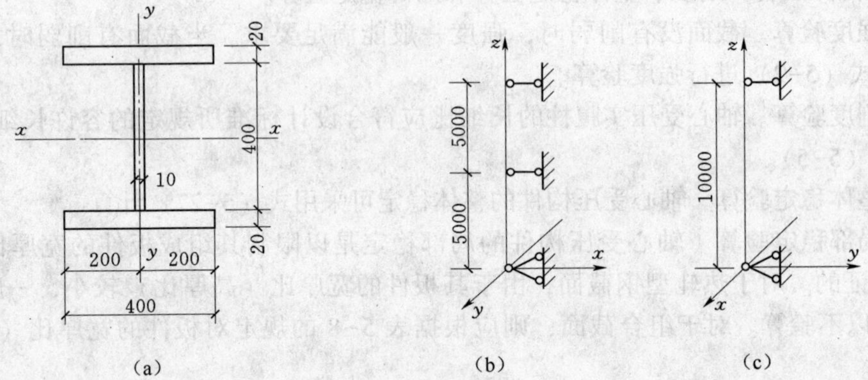

图 5-33 ［例题 5-3］图

解：由图 5-33（c）可判断柱的计算长度 $l_{0x}=10\text{m}$，由图 5-33（b）可判断柱的计算长度 $l_{0y}=5\text{m}$。

(1) 由于截面无削弱，若稳定满足，可以不必验算强度。

(2) 计算截面几何特征。

毛截面面积为

$$A=400\times20\times2+400\times10=2\times10^4(\text{mm}^2)$$

截面惯性矩为

$$I_x=\left(\frac{1}{12}\times400\times20^3+400\times20\times210^2\right)\times2+\frac{1}{12}\times10\times400^3=7.595\times10^8(\text{mm}^4)$$

$$I_y=\frac{1}{12}\times20\times400^3\times2+\frac{1}{12}\times400\times10^3=2.134\times10^8(\text{mm}^4)$$

截面回转半径为

$$i_x=\sqrt{\frac{I_x}{A}}=\sqrt{\frac{7.595\times10^8}{2\times10^4}}=194.87(\text{mm})$$

$$i_y=\sqrt{\frac{I_y}{A}}=\sqrt{\frac{2.134\times10^8}{2\times10^4}}=103.30(\text{mm})$$

(3) 刚度验算：

$$\lambda_x=\frac{l_{0x}}{i_x}=\frac{10000}{194.87}=51.32<[\lambda]=150$$

$$\lambda_y=\frac{l_{0y}}{i_y}=\frac{5000}{103.30}=48.40<[\lambda]=150$$

因此，刚度满足要求。

(4) 整体稳定验算。从截面分类表 5-5 可知，对 x 轴和 y 轴都为 b 类截面，因 $\lambda_x > \lambda_y$，查附表 12-2 得 $\varphi_x = 0.850$，取 $\varphi_{min} = \varphi_x = 0.850$，则

$$\frac{N}{\varphi_{min} Af} = \frac{3200 \times 10^3}{0.850 \times 2 \times 10^4 \times 205} = 0.918 < 1.0$$

因此，整体稳定满足要求。

(5) 局部稳定验算。

翼缘自由外伸段宽厚比为

$$\frac{b}{t_f} = \frac{200 - 10/2}{20} = 9.75 < (10 + 0.1\lambda)\varepsilon_k = 10 + 0.1 \times 51.32 = 15.132$$

腹板高厚比为

$$\frac{h_0}{t_w} = \frac{400}{10} = 40 < (25 + 0.5\lambda)\varepsilon_k = 25 + 0.5 \times 51.32 = 50.66$$

因此，局部稳定满足要求。

【例题 5-4】 一工字形截面轴心受压柱如图 5-34 所示，在跨中截面每个翼缘和腹板上各有两个对称布置的 $d = 24$mm 的孔，钢材用 Q235AF，$f = 205$N/mm^2，$f_u = 370$N/mm^2，翼缘为焰切边。试求其最大承载能力设计值 N。局部稳定已得到保证，不必验算，容许长细比[λ] =150。

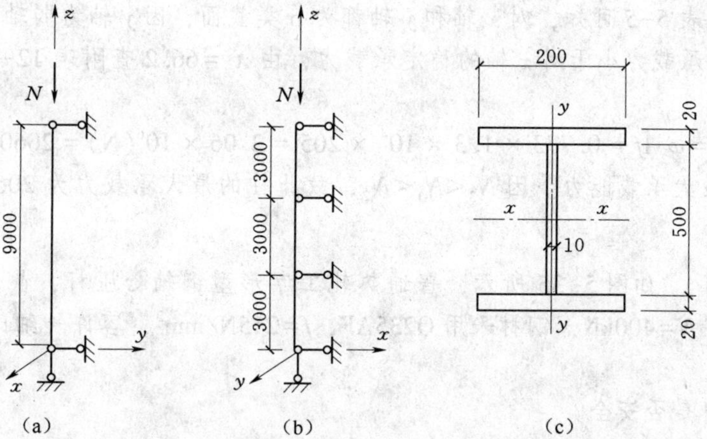

图 5-34　[例题 5-4] 图

解：由图 5-34 (a) 可判断柱的计算长度 $l_{0x} = 9$m，由图 5-34 (b) 可判断柱的计算长度 $l_{0y} = 3$m。

(1) 截面几何特征。

毛截面面积为

$$A = 200 \times 20 \times 2 + 500 \times 10 = 1.3 \times 10^4 \ (\text{mm}^2)$$

净截面面积为

$$A_n = 1.3 \times 10^4 - (4 \times 20 \times 24 + 2 \times 10 \times 24) = 1.06 \times 10^4 \ (\text{mm}^2)$$

截面惯性矩为

$$I_x=\frac{1}{12}\times 10\times 500^3+2\times\frac{1}{12}\times 200\times 20^3+200\times 20\times 260^2=6.45\times 10^8\ (\mathrm{mm}^4)$$

$$I_y=\frac{1}{12}\times 20\times 200^3\times 2+\frac{1}{12}\times 500\times 10^3=2.67\times 10^7\ (\mathrm{mm}^4)$$

截面回转半径为

$$i_x=\sqrt{\frac{I_x}{A}}=\sqrt{\frac{6.45\times 10^8}{1.3\times 10^4}}=223\ (\mathrm{mm})$$

$$i_y=\sqrt{\frac{I_y}{A}}=\sqrt{\frac{2.67\times 10^7}{1.3\times 10^4}}=45.3\ (\mathrm{mm})$$

（2）按强度条件确定的承载力：

$$N_1=Af=1.3\times 10^4\times 205=2.665\times 10^6(\mathrm{N})=2665\mathrm{kN}$$

$$N_2=0.7A_n f_u=0.7\times 1.06\times 10^4\times 370=2.745\times 10^6(\mathrm{N})=2745\mathrm{kN}$$

（3）按稳定条件确定的承载力：

$$\lambda_x=\frac{l_{0x}}{i_x}=\frac{900}{22.3}=40.4<[\lambda]=150$$

$$\lambda_y=\frac{l_{0y}}{i_y}=\frac{300}{4.53}=66.2<[\lambda]=150$$

从截面分类表5-5可知，对 x 轴和 y 轴都为b类截面，因 y 轴为弱轴，且 $\lambda_y>\lambda_x$，因而对 y 轴的稳定承载力小于对 x 轴的稳定承载力，由 $\lambda_y=66.2$ 查附表12-2得 $\varphi_y=0.773$，所以

$$N_3=\varphi_y Af=0.773\times 1.3\times 10^4\times 205=2.06\times 10^6(\mathrm{N})=2060\mathrm{kN}$$

（4）确定最大承载能力。因 $N_3<N_1<N_2$，故此柱的最大承载力为2060kN，由稳定承载力来控制。

【例题5-5】 如图5-35所示，普通热轧工字形型钢轴心压杆，截面无削弱，承受轴心压力设计值 $N=400\mathrm{kN}$，钢材采用Q235AF，$f=215\mathrm{N/mm^2}$，容许长细比 $[\lambda]=150$。试回答以下问题：

（1）此压杆是否安全?

（2）此压杆设计是否合理?

解：因截面无削弱，其承载力取决于整体稳定。由图5-35（a）可判断柱的计算长度 $l_{0x}=l_{0y}=2600\mathrm{mm}$。

（1）整体稳定验算：

$$\lambda_x=\frac{l_{0x}}{i_x}=\frac{260}{6.58}=39.5<[\lambda]=150$$

$$\lambda_y=\frac{l_{0y}}{i_y}=\frac{260}{1.89}=137.6<[\lambda]=150$$

因此，刚度满足要求。

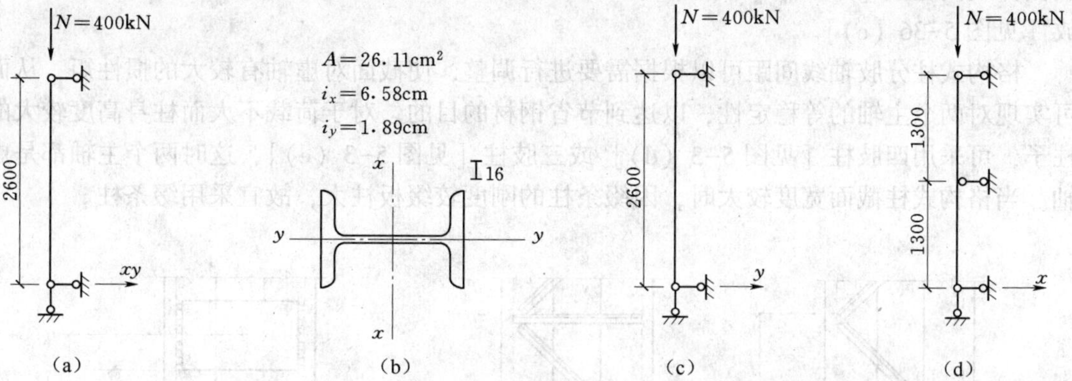

图5-35 ［例题5-5］图

因$\lambda_y>\lambda_x$，从截面分类表5-5可知，$b/h<0.8$，对y轴为b类截面，查附表12-2得$\varphi_y=0.354$，则

$$\frac{N}{\varphi_y Af}=\frac{400\times10^3}{0.354\times2611\times215}=2.01>1.0$$

计算结果表明，该轴心压杆的整体稳定不符合要求。

(2) 由于该压杆设计不合理，对x、y轴长细比相差太大，使对y轴极易失稳，而对x轴承载力有富余，不经济。

(3) 提高对y轴的稳定承载力，设侧向支承，如图5-35（d）所示，使$l_{0y}=l/2=1300\text{mm}$，如图5-35（c）所示，l_{0x}没有变化，即$l_{0x}=2600\text{mm}$，则

$$\lambda_y=\frac{l_{0y}}{i_y}=\frac{130}{1.89}=68.8<[\lambda]=150$$

查附表12-2得$\varphi_y=0.758$，则

$$\frac{N}{\varphi_y Af}=\frac{400\times10^3}{0.758\times2611\times215}=0.940<1.0$$

对于x轴，由于$\lambda_x=39.5<\lambda_y=68.8$，且对$x$轴为a类截面，因而对$x$轴更不会失稳。可见，设置合理的侧向支承，可有效地提高压杆的承载能力。

5.6 格构式轴心受压构件的截面设计

5.6.1 格构式轴心受压构件的截面形式

格构式轴心受压构件主要是由两个或两个以上相同截面的分肢用缀材相连而成，通常以对称双肢组合较多，分肢的截面常为热轧槽钢、H型钢、热轧工字钢和热轧角钢等，如图5-3所示。截面中垂直于分肢腹板的形心轴称为实轴（见图5-3中的y轴），垂直于缀材面的形心轴称为虚轴（见图5-3中的x轴）。分肢间用缀条［见图5-4（a）］或缀板［见图5-4（b）、（c）］连成整体，故格构式构件又分为缀条式和缀板式两种。缀条通常采用单角钢，一般与构件轴线成40°~70°夹角斜放［见图5-36（a）］，缀条也可采用斜杆

和横杆共同组成［见图 5-36（b）］。缀板通常采用钢板，一般等距离垂直于构件直线横放［见图 5-36（c）］。

格构式柱分肢轴线间距可以根据需要进行调整，使截面对虚轴有较大的惯性矩，从而可实现对两个主轴的等稳定性，以达到节省钢材的目的。对于荷载不大而柱身高度较大的柱子，可采用四肢柱［见图 5-3（d）］或三肢柱［见图 5-3（e）］，这时两个主轴都是虚轴。当格构式柱截面宽度较大时，因缀条柱的刚度较缀板柱大，故宜采用缀条柱。

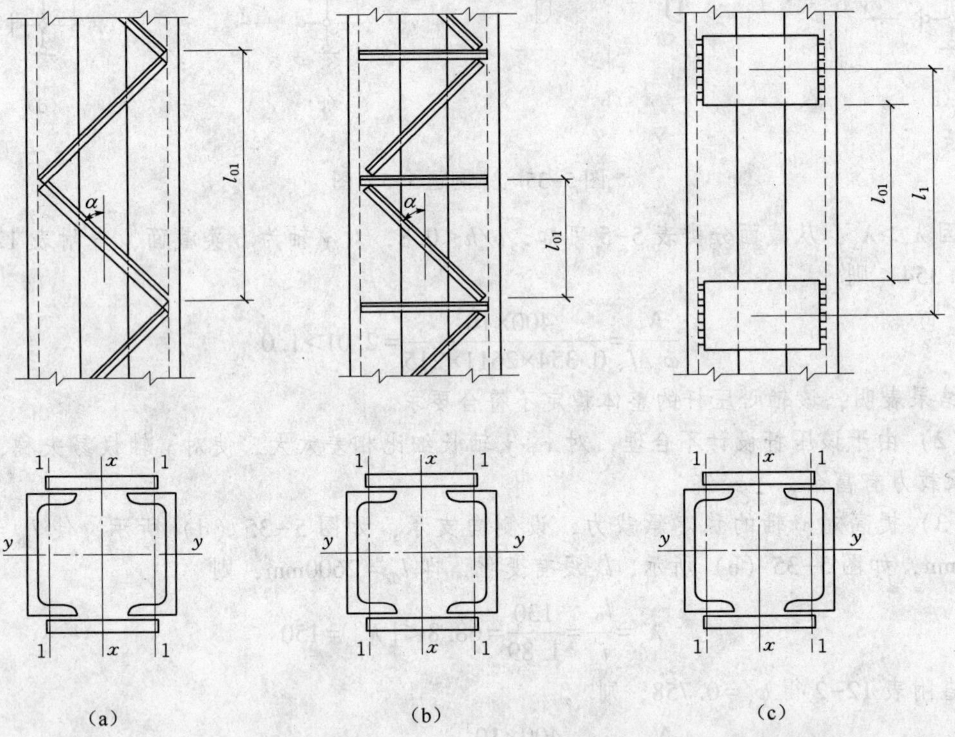

图 5-36　格构式构件的组成

（a）缀条采用单角钢斜杆；（b）缀条采用斜杆和横杆；（c）缀材采用钢板

5.6.2　格构式轴心受压构件的整体稳定

格构式轴心受压构件需分别验算对实轴和虚轴的整体稳定性，其绕实轴的稳定计算与实腹式轴心受压构件相同，但绕虚轴的整体稳定性比相同的实腹式轴心受压构件要低。

1. 格构式轴心受压构件绕实轴的整体稳定性计算

轴心受压构件整体弯曲失稳时，沿杆长各截面上将存在弯矩和剪力。由于实腹式构件的抗剪强度大，剪力引起的附加变形很小，对临界力的影响只占 3‰左右。因此，在确定实腹式轴心受压构件整体稳定临界力时，仅仅考虑了由弯矩作用所产生的变形，而忽略了剪力所产生的变形。格构式轴心受压构件当绕其截面的实轴失稳时就属于这种情况，其稳定性能与实腹式轴心受压构件相同。因此，可用对实轴的长细比 λ_y 查得稳定系数 φ_y，按式（5-27）计算，即

$$\frac{N}{\varphi_y Af}\leqslant 1.0$$

2. 格构式轴心受压构件绕虚轴的整体稳定性计算

当格构式轴心受压构件绕其截面的虚轴失稳时，因为肢件之间并不是连续的板而只是每隔一定距离才用缀条或缀板联系起来，构件在缀材平面内的抗剪刚度较小，产生的横向剪力需由缀材承担，柱的剪切变形较大，因而剪力造成的附加挠曲变形就不能忽略。因此，构件的整体稳定临界力较长细比相同的实腹式轴心受压构件低。

对格构式轴心受压构件绕虚轴的整体稳定计算，常以加大长细比的办法来考虑剪切变形的影响，加大后的长细比称为换算长细比 λ_{0x}，此时构件绕虚轴的稳定系数 φ_x 应由换算长细比 λ_{0x} 确定。考虑到缀条柱和缀板柱有不同的力学模型，因此，《钢结构设计标准》(GB 50017—2017) 采用了不同的换算长细比计算公式。换算长细比的计算公式是按弹性稳定的理论公式简化而得的，下面分别考虑各种格构式轴心受压构件的换算长细比。

(1) 双肢缀条组合构件。双肢缀条组合构件对虚轴的临界力可按下式计算：

$$N_{cr}=\frac{\pi^2 EA}{\lambda_x^2}\frac{1}{1+\dfrac{\pi^2 EA}{\lambda_x^2}\dfrac{1}{EA_1\sin^2\alpha\cos\alpha}}=\frac{\pi^2 EA}{\lambda_{0x}^2} \tag{5-65}$$

即换算长细比为

$$\lambda_{0x}=\sqrt{\lambda_x^2+\frac{\pi^2}{\sin^2\alpha\cos\alpha}\frac{A}{A_{1x}}} \tag{5-66}$$

式中　λ_{0x}——将格构柱绕虚轴临界力换算为实腹柱临界力的换算长细比，可用式(5-66)计算；

λ_x——整个柱对虚轴（x 轴）的长细比；

A_{1x}——构件截面中垂直于 x 轴的各斜缀条毛截面面积之和（mm^2）；

A——整个柱的毛截面面积（mm^2）；

α——斜缀条与柱轴线间的夹角。

一般斜缀条与柱轴线间的夹角为 40°~70°，在此常用范围内时，取

$$\pi^2/(\sin^2\alpha\cos\alpha)\approx 27 \tag{5-67}$$

由此得双肢缀条组合构件的换算长细比为

$$\lambda_{0x}=\sqrt{\lambda_x^2+27\frac{A}{A_{1x}}} \tag{5-68}$$

注意：当斜缀条与柱轴线间的夹角不在 40°~70° 范围内时，尤其是小于 40° 时，$\pi^2/(\sin^2\alpha\cos\alpha)$ 值将大于 27 很多，式（5-68）是偏于不安全的，此时应按式（5-66）计算换算长细比 λ_{0x}。

(2) 双肢缀板柱。双肢缀板柱中缀板与肢件的连接可视为刚接，因此分肢和缀板组成一个多层框架。双肢缀板组合构件，对虚轴的临界力可按下式计算：

$$N_{cr}=\frac{\pi^2 EA}{\lambda_x^2}\frac{1}{1+\dfrac{\pi^2 EA}{\lambda_x^2}\left(\dfrac{a^2}{24EI_1}+\dfrac{ca^2}{12EI_b}\right)}=\frac{\pi^2 EA}{\lambda_{0x}^2} \tag{5-69}$$

即换算长细比为

$$\lambda_{0x}=\sqrt{\lambda_x^2+\frac{\pi^2}{12}\frac{0.5Aa^2}{I_1}\left(1+2\frac{cI_1}{I_ba}\right)}=\sqrt{\lambda_x^2+\frac{\pi^2}{12}\lambda_1^2\left(1+2\frac{i_1}{i_b}\right)} \tag{5-70}$$

式中 a——缀板间的距离（mm）；

c——构件两分肢的轴线距离（mm）；

I_1——分肢截面绕其弱轴的惯性矩（mm^4）；

I_b——两侧缀板截面惯性矩之和（mm^4）；

i_1——分肢的线刚度（N·mm）；

i_b——两侧缀板线刚度之和（N·mm）；

λ_1——分肢对最小刚度轴 1—1 的长细比，$\lambda_1=l_{01}/i_1$，此处 i_1 为分肢弱轴的回转半径，l_{01} 为缀板间的净距离，焊接时为相邻两缀板的净距离，螺栓连接时为相邻两缀板边缘螺栓的距离。

根据《钢结构设计标准》（GB 50017—2017）的规定，缀板线刚度之和 i_b 应不小于 6 倍的分肢线刚度 i_1，即 $i_b/i_1\geqslant 6$。将 $i_b/i_1=6$ 代入式（5-70）中，得到设计标准规定的双肢缀板组合构件的换算长细比，即

$$\lambda_{0x}=\sqrt{\lambda_x^2+\lambda_1^2} \tag{5-71}$$

若在某些特殊情况下无法满足 $i_b/i_1\geqslant 6$ 的要求，则换算长细比 λ_{0x} 应按式（5-70）计算。

（3）四肢缀条组合构件。对四肢缀条组合构件，考虑构件截面总刚度差、四肢受力不均匀等影响，将双肢缀条组合构件中的系数 27 提高到 40，其换算长细比为

$$\lambda_{0x}=\sqrt{\lambda_x^2+40\frac{A}{A_{1x}}} \tag{5-72}$$

$$\lambda_{0y}=\sqrt{\lambda_y^2+40\frac{A}{A_{1y}}} \tag{5-73}$$

式中 λ_y——整个构件对 y 轴的长细比；

A_{1y}——构件截面中垂直于 y 轴的各斜缀条毛截面面积之和（mm^2）。

（4）四肢缀板组合构件。四肢缀板组合构件换算长细比的推导方法与双肢构件的类似。一般说来，四肢构件截面总的刚度比双肢的差，构件截面形状保持不变的假定不一定能完全做到，而且分肢的受力也较不均匀，因此换算长细比宜取值偏大一些。根据分析，λ_1 按角钢的截面最小回转半径计算，可以保证安全，其换算长细比为

$$\lambda_{0x}=\sqrt{\lambda_x^2+\lambda_1^2} \tag{5-74}$$

$$\lambda_{0y}=\sqrt{\lambda_y^2+\lambda_1^2} \tag{5-75}$$

式中 λ_y——整个构件对 y 轴的长细比。

（5）三肢缀条组合构件［见图 5-3（e）］。三肢缀条组合构件的换算长细比是参照现行国家标准《冷弯薄壁型钢结构技术规范》（GB 50018—2002）的规定采用的，即

$$\lambda_{0x}=\sqrt{\lambda_x^2+\frac{42A}{A_1(1.5-\cos^2\theta)}} \tag{5-76}$$

$$\lambda_{0y} = \sqrt{\lambda_y^2 + \frac{42A}{A_1\cos^2\theta}} \quad (5-77)$$

式中　A_1——构件截面中各斜缀条毛截面面积之和（mm^2）；

θ——构件截面中缀条所在的平面与 x 轴的夹角。

（6）两端铰支的梭形圆管或方管截面轴心受压构件（见图 5-37）。两端铰支的梭形圆管或方管截面轴心受压构件的整体稳定性应按式（5-27）计算。其中 A 取端截面的截面面积 A_1，稳定系数 φ 应根据下列公式计算的换算长细比 λ_e 确定：

$$\lambda_e = \frac{l_0/i_1}{(1+\gamma)^{3/4}} \quad (5-78a)$$

其中

$$l_0 = \frac{l}{2}[1 + (1 + 0.853\gamma)^{-1}] \quad (5-78b)$$

$$\gamma = (D_2 - D_1)/D_1 \text{ 或 } (b_2 - b_1)/b_1 \quad (5-78c)$$

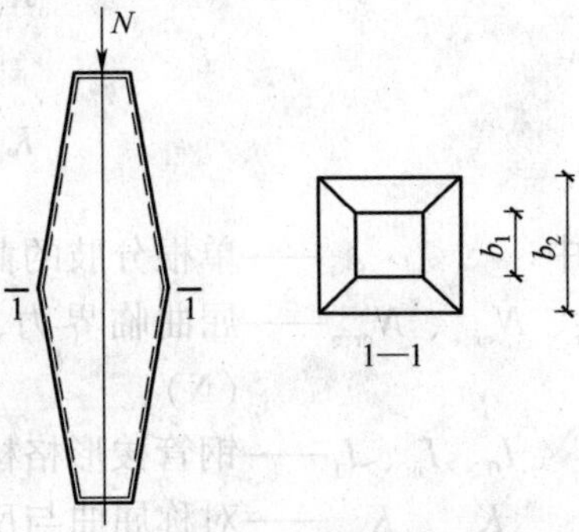

图 5-37　梭形管状轴心受压构件

式中　l_0——构件计算长度（mm）；

i_1——端截面回转半径（mm）；

γ——构件楔率；

D_2、b_2——跨中截面圆管外径和方管边长（mm）；

D_1、b_1——端截面圆管外径和方管边长（mm）。

（7）两端铰支的三肢钢管梭形格构柱（见图 5-38）。两端铰支的三肢钢管梭形格构柱按式（5-27）计算整体稳定。稳定系数 φ 应根据按下列计算公式的换算长细比 λ_0 确定。

$$\lambda_0 = \pi\sqrt{\frac{3A_sE}{N_{cr}}} \quad (5-79a)$$

$$N_{cr} = \min(N_{cr,s},\ N_{cr,a}) \quad (5-79b)$$

$N_{cr,s}$ 按下式计算：

$$N_{cr,s} = N_{cr0,s} \Big/ \left(1 + \frac{N_{cr0,s}}{K_{v,s}}\right) \quad (5-79c)$$

$$N_{cr0,s} = \frac{\pi^2EI_0}{L^2}(1 + 0.72\eta_1 + 0.28\eta_2) \quad (5-79d)$$

$N_{cr,a}$ 按下式计算：

$$N_{cr,a} = N_{cr0,a} \Big/ \left(1 + \frac{N_{cr0,a}}{K_{v,a}}\right) \quad (5-79e)$$

$$N_{cr0,a} = \frac{4\pi^2EI_0}{L^2}(1 + 0.48\eta_1 + 0.12\eta_2) \quad (5-79f)$$

η_1、η_2 按下式计算：

$$\eta_1 = (4I_m - I_1 - 3I_0)/I_0 \quad (5-79g)$$

$$\eta_2 = 2(I_0 + I_1 - 2I_m)/I_0 \quad (5-79h)$$

其中
$$I_0 = 3I_s + 0.5b_0^2A_s \tag{5-79i}$$
$$I_m = 3I_s + 0.5b_m^2A_s \tag{5-79j}$$
$$I_1 = 3I_s + 0.5b_1^2A_s \tag{5-79k}$$
$$K_{v,s} = 1\Big/\left(\frac{l_{0s}b_0}{18EI_d} + \frac{5l_{s0}^2}{144EI_s}\right) \tag{5-79l}$$
$$K_{v,a} = 1\Big/\left(\frac{l_{0s}b_m}{18EI_d} + \frac{5l_{s0}^2}{144EI_s}\right) \tag{5-79m}$$

式中 A_s——单根分肢的截面面积（mm^2）；
N_{cr}、$N_{cr,s}$、$N_{cr,a}$——屈曲临界力、对称屈曲模态与反对称屈曲模态对应的屈曲临界力（N）；
I_0、I_m、I_1——钢管梭形格构柱柱端、1/4 跨处以及跨中截面对应的惯性矩（mm^4）；
$K_{v,s}$、$K_{v,a}$——对称屈曲与反对称屈曲对应的截面抗剪刚度（N/mm）；
η_1、η_2——与截面惯性矩有关的计算系数；
b_0、b_m、b_1——梭形柱柱端、1/4 跨处和跨中截面的边长（mm）；
l_{s0}——梭形柱节间高度（mm）；
I_d、I_s——横缀杆和弦杆的惯性矩（mm^4）；
E——材料的弹性模量（N/mm^2）。

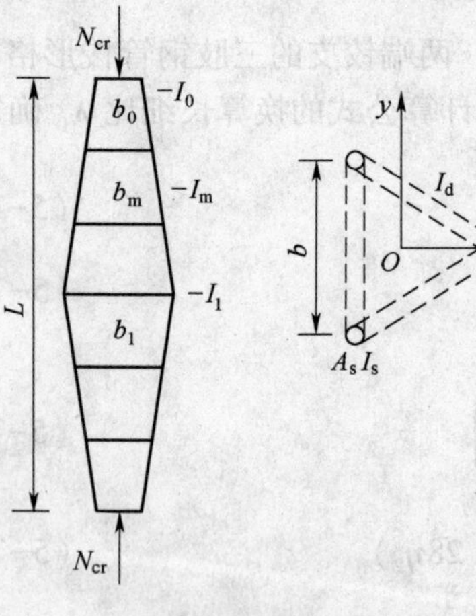

图 5-38 钢管梭形格构柱

5.6.3 分肢稳定

对于格构式轴心受压构件，除了要分别验算整个构件对其实轴和虚轴两个方向的稳定性以外，还应考虑其分肢的稳定性。在理想情况下，轴心受压构件两个分肢的受力是相同的，即各承担所受轴力的一半。但在实际情况下，由于初弯曲和初偏心等初始缺陷，两个分肢的受力是不同的；同时，分肢本身又可能具有初弯曲等缺陷。这些因素都对分肢的稳定性不利。因此，分肢的稳定性不容忽视。

《钢结构设计标准》（GB 50017—2017）规定：为了保证单肢的稳定性不低于受压构件的整体稳定性，对缀条柱，分肢的长细比 λ_1 不应大于构件两方向长细比（对虚轴取换算长细比）的较大值 λ_{max} 的 0.7 倍；对缀板柱，λ_1 不应大于 $40\varepsilon_k$，并不应大于 λ_{max} 的 0.5 倍（当 $\lambda_{max}<50$ 时，取 $\lambda_{max}=50$）。可用式（5-80）表示如下。

格构式缀条柱：$\lambda_1 \leqslant 0.7\lambda_{max}$

格构式缀板柱：$\begin{cases}\lambda_1 \leqslant 40\varepsilon_k \\ \lambda_1 \leqslant 0.5\lambda_{max}\ (\lambda_{max} \geqslant 50)\end{cases}$ （5-80）

式中　λ_{max}——柱绕实轴方向弯曲时的长细比 λ_y 和绕虚轴方向弯曲时的换算长细比 λ_{0x} 中的较大值。

当满足式（5-80）要求时，分肢的稳定可以得到保证，因而就无须再计算分肢的稳定性。当不满足式（5-80）要求时，应按式（5-27）计算分肢的稳定性，即

$$\frac{N/2}{\varphi_1 Af/2}=\frac{N}{\varphi_1 Af}\leqslant 1.0 \tag{5-81}$$

式中　φ_1——单肢的整体稳定系数，可由分肢对最小刚度轴 1—1 的长细比 $\lambda_1=l_{01}/i_1$ 查得。

5.6.4　缀材设计

在格构式轴心受压构件中，缀材用以连接构件的分肢，并承担抵抗格构式轴心受压构件绕虚轴发生弯曲失稳时产生的横向剪力的作用。下面分别叙述缀条和缀板及其连接的设计和计算。

1. 轴心受压格构柱的横向剪力

轴心受压构件屈曲时将产生弯曲变形和横向剪力，剪力须由缀材承担。因此，首先应计算出横向剪力的数值，然后才能进行缀材的计算。

图 5-39 所示为一两端铰支格构式轴心受压柱，绕虚轴弯曲时，假定最终的挠曲线为正弦曲线，跨中最大挠度为 ν_{max}，则沿杆长任一点的挠度为

$$y=\nu_{max}\sin\frac{\pi z}{l} \tag{5-82}$$

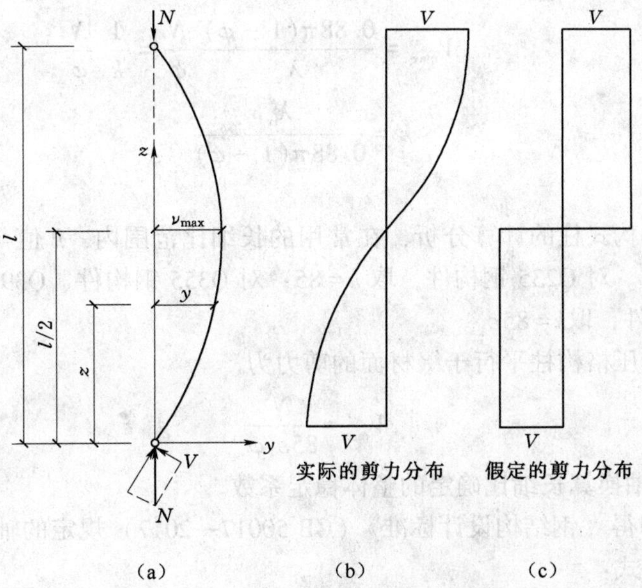

图 5-39　轴心受压构件截面上的剪力

任一点的弯矩为

$$M=Ny=N\nu_{max}\sin\frac{\pi z}{l} \tag{5-83}$$

根据弯矩与剪力的微分关系，任一点的剪力为

$$V=\frac{\mathrm{d}M}{\mathrm{d}y}=N\frac{\pi\nu_{\max}}{l}\cos\frac{\pi z}{l} \tag{5-84}$$

即剪力按余弦曲线分布［见图 5-39（b）］，最大值在杆件的两端为

$$V_{\max}=\frac{N\pi}{l}\nu_{\max} \tag{5-85}$$

跨度中点的挠度 $\nu_{\max}$ 可由边缘纤维屈服准则导出。当截面边缘最大应力达到屈服强度时，有

$$\frac{N}{A}+\frac{N\nu_{\max}}{I_x}\frac{b}{2}=f_y \tag{5-86}$$

即

$$\frac{N}{Af_y}\left(1+\frac{\nu_{\max}}{i_x^2}\frac{b}{2}\right)=1 \tag{5-87}$$

式中　b——格构式构件截面的高度，即截面在 y 轴方向的高度（mm）；

I_x——截面绕 x 轴的惯性矩（mm^4）；

i_x——截面绕 x 轴的回转半径（mm）。

令 $N/Af_y=\varphi$，并取 $b\approx i_x/0.44$（见附录 22），得

$$\nu_{\max}=0.88i_x(1-\varphi)\frac{1}{\varphi} \tag{5-88}$$

将式（5-88）中的 $\nu_{\max}$ 值代入式（5-85）中，得

$$V_{\max}=\frac{0.88\pi(1-\varphi)}{\lambda_x}\frac{N}{\varphi}=\frac{1}{k}\frac{N}{\varphi} \tag{5-89}$$

其中

$$k=\frac{\lambda_x}{0.88\pi(1-\varphi)}$$

式中　k——系数。

经过对双肢格构式柱的计算分析，在常用的长细比范围内，k 值与长细比 λ_x 的关系不大，可取为常数。对 Q235 钢构件，取 $k=85$；对 Q355 钢构件、Q390 钢构件、Q420 钢构件和 Q460 钢构件，取 $k=85\varepsilon_k$。

因此，轴心受压格构柱平行于缀材面的剪力为

$$V_{\max}=\frac{N}{85\varepsilon_k\varphi} \tag{5-90}$$

式中　φ——按虚轴换算长细比确定的整体稳定系数。

令 $N=\varphi Af$，即得《钢结构设计标准》（GB 50017—2017）规定的轴心受压格构式构件的最大剪力计算公式：

$$V=\frac{Af}{85\varepsilon_k} \tag{5-91}$$

式中　A——构件的毛截面面积（mm^2）；

f——钢材的抗压强度设计值（N/mm^2）；

ε_k——为钢号修正系数，其值为 235 与钢材牌号中屈服点数值的比值的平方根。

该设计标准中为了简化计算，把图 5-39（b）所示按余弦变化的剪力分布图简化为图5-39（c)所示的矩形分布，即将剪力 V 沿柱长度方向取为定值。

2. 缀条的计算

缀条的布置一般采用单系缀条［见图 5-40（a)］，也可采用交叉缀条［见图 5-40（b)］。对于缀条式构件，可将缀条视为以柱肢为弦杆的平行桁架的腹杆进行计算，内力与桁架腹杆的计算方法相同。在横向剪力作用下，一个斜缀条的轴心力（见图 5-40）为

$$N_1=\frac{V_1}{n\cos\theta} \tag{5-92}$$

其中　$V_1=V/2$

式中　V_1——分配到一个缀材面上的剪力（N）；

n——承受剪力 V_1 的斜缀条数，单系缀条时 $n=1$，交叉缀条时 $n=2$；

θ——缀条的倾角（见图 5-40）。

由于剪力的方向不定，斜缀条可能受拉也可能受压，应按轴心压杆选择截面。

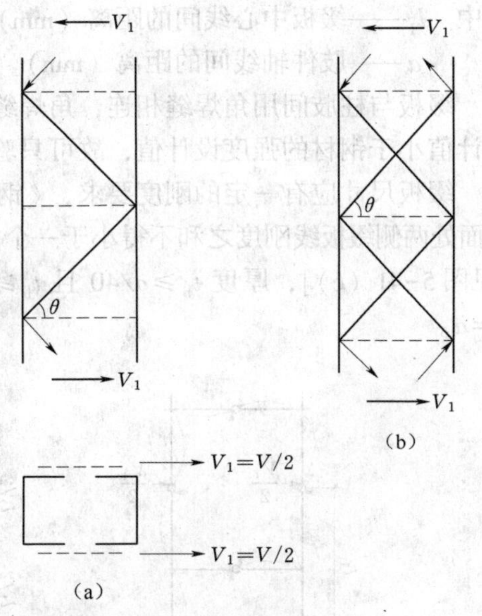

图 5-40　缀条的内力
（a）单系缀条；（b）交叉缀条

缀条一般采用单角钢，与柱单面连接，构造上要求其最小截面为∟45×4 和∟50×36×4，但应按受力大小通过计算确定。角钢通过焊缝单面连接于柱身槽钢或工字钢的翼缘上，角钢截面的两主轴均不与所连接的角钢边平行，使角钢呈双向压弯状态，受力性能复杂。因此，考虑到受力时的偏心和受压时的弯扭，当按轴心受力构件计算（不考虑扭转效应）强度和稳定性时，应按钢材强度设计值乘以折减系数 η 的方法进行计算。

（1）按轴心受力计算构件的强度和连接时：$\eta=0.85$。

（2）按轴心受压计算构件的稳定性时：对于等边角钢，$\eta=0.6+0.0015\lambda$，但不大于 1.0。对于短边相连的不等边角钢，$\eta=0.5+0.0025\lambda$，但不大于 1.0。对于长边相连的不等边角钢，$\eta=0.70$。

λ 为缀条的长细比，对中间无联系的单角钢压杆，应按最小回转半径计算，当 $\lambda<20$ 时，取 $\lambda=20$。交叉缀条体系［见图 5-40（b)］的横缀条按受压力 $N=V_1$ 计算。为了减小分肢的计算长度，单系缀条［见图 5-40（a)］也可加横缀条，其截面尺寸一般与斜缀条相同，也可按容许长细比（［λ］=150）确定。

3. 缀板的计算

缀板通常由钢板制成，必要时也可采用型钢截面。缀板的截面除按内力计算确定外，

还必须满足刚度的要求。

计算缀板的内力时，可将缀板和柱肢视为组成一多层框架，肢件视为框架立柱，缀板视为框架横梁。当缀板和柱肢组成的多层框架整体变形时，假定各层分肢中点和缀板中点为反弯点［见图 5-41（a）］。从柱中取出如图 5-41（b）所示的脱离体，对 O 点取矩，则

$$T\frac{a}{2}=\frac{V_1}{2}l_1 \tag{5-93}$$

因此，可得缀板内力如下：

剪力为

$$T=\frac{V_1 l_1}{a} \tag{5-94}$$

弯矩（与肢件连接处）为

$$M=T\frac{a}{2}=\frac{V_1 l_1}{2} \tag{5-95}$$

式中　l_1——缀板中心线间的距离（mm）；

a——肢件轴线间的距离（mm）。

缀板与柱肢间用角焊缝相连，角焊缝承受剪力和弯矩的共同作用。由于角焊缝的强度设计值小于钢材的强度设计值，故可只验算角焊缝在 M 和 T 共同作用下的强度。

缀板尺寸应有一定的刚度要求，《钢结构设计标准》（GB 50017—2017）规定，同一截面处两侧缀板线刚度之和不得小于一个分肢线刚度的 6 倍，通常取缀板纵向高度 $d\geqslant 2a/3$［见图 5-41（c）］，厚度 $t_b\geqslant a/40$ 且 $t_b\geqslant 6$mm，构件端部第一缀板应适当加宽，一般取 $d=a$。

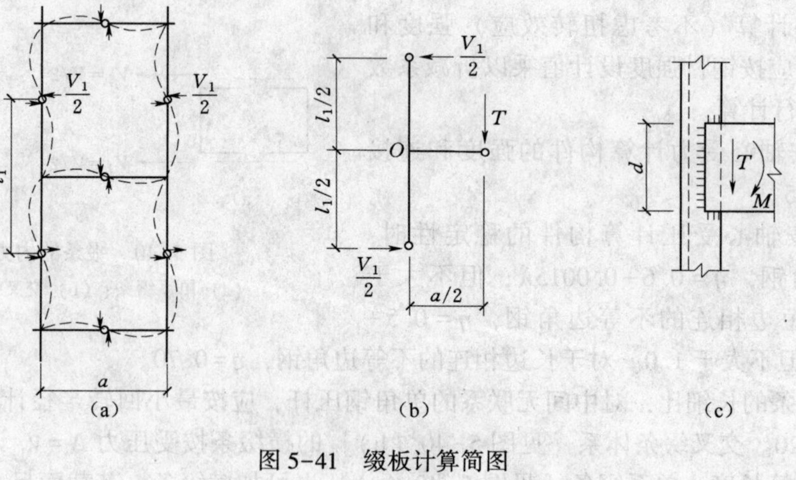

图 5-41　缀板计算简图

5.6.5　构造要求

缀板与肢件的搭接长度一般取 20~30mm，上、下缀条的轴线交点应在肢件纵轴线上。为缩短斜缀条两端的搭接长度，可采用三面围焊，同时有横缀条时还可加设节点板以便

连接。

格构式构件的横截面为中部空心的矩形，抗扭刚度同实腹式构件相比较差。为了提高格构式轴心受压构件的抗扭刚度，保证格构式轴心受压构件的横截面在运输和安装过程中不致改变，格构式轴心受压构件每隔一段距离应设置横隔［见图 5-42（a）、（b）］。横隔的间距不得大于柱截面较大宽度的 9 倍和 8m，且每个运送单元的端部均应设置横隔。当构件某一处受较大水平集中力作用时，也应在该处设置横隔，以免分肢局部受弯。横隔一般不需计算，可由钢板［见图 5-42（a）］或交叉角钢［见图 5-42（b）］组成。

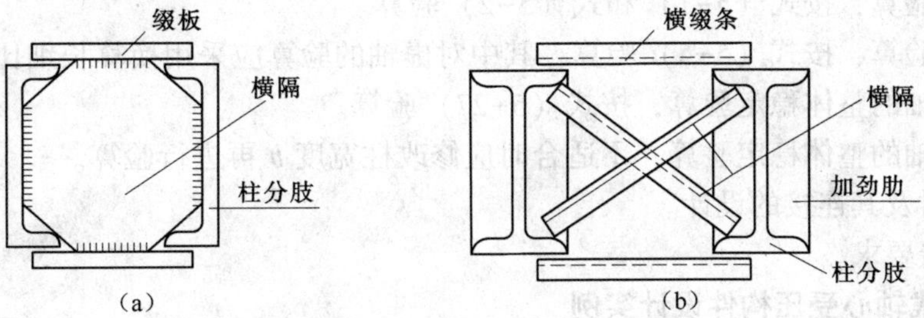

图 5-42　格构式构件的横隔

（a）横隔为钢板；（b）横隔为交叉角钢

钢管梭形格构柱的跨中截面应设置横隔。横隔可采用水平放置的钢板且与周边缀管焊接，也可采用水平放置的钢管并使跨中截面成为稳定截面。

5.6.6　格构式轴心受压构件的设计方法

在设计格构式轴心受压构件时，首先应根据使用要求、轴心力 N 的大小、两主轴方向的计算长度等条件选择合适的柱肢截面和缀材的形式，再初步选择分肢的截面尺寸和两分肢轴线的间距，然后再进行强度、刚度、整体稳定和分肢稳定等的验算，最后进行缀件及其与柱肢的连接计算。格构式轴心受压构件的设计步骤如下：

（1）选择截面形式。进行截面选择时一般应根据使用要求、材料供应、轴心压力 N 的大小和两方向计算长度等条件来确定。中小型柱可用缀板柱或缀条柱；大型柱宜用缀条柱；常采用的形式是用两根槽钢或工字钢作为肢件的双轴对称截面，有时也采用四个角钢作为肢件。

（2）确定分肢截面。按对实轴（y 轴）的整体稳定性选择分肢截面，其方法与实腹式轴心受压构件的计算相同。

（3）确定两分肢轴线间距。按对虚轴（x 轴）的整体稳定性确定两分肢的距离，由对实轴计算选定的截面，算出 λ_y，再由等稳定条件，使两方向的长细比相等，即使 $\lambda_{0x}=\lambda_y$，代入公式后可得对虚轴需要的长细比如下：

对缀条式构件（双肢），由 $\lambda_{0x}=\sqrt{\lambda_x^2+27A/A_{1x}}=\lambda_y$，得

$$\lambda_x=\sqrt{\lambda_y^2-27\frac{A}{A_{1x}}} \tag{5-96}$$

对缀板式构件（双肢），由 $\lambda_{0x}=\sqrt{\lambda_x^2+\lambda_1^2}=\lambda_y$，得

$$\lambda_x=\sqrt{\lambda_y^2-\lambda_1^2} \tag{5-97}$$

对缀条柱应预先确定斜缀条的截面面积 A_1，可按 $A_1\approx0.1A$ 初选斜缀条的角钢型号；对缀板柱先假定分肢长细比 λ_1，近似取 $\lambda_1\leqslant0.5\lambda_y$ 且 $\lambda_1\leqslant40\varepsilon_k$ 进行计算。

计算得出 λ_x 后，即可得到对虚轴的回转半径 $i_x=l_{0x}/\lambda_x$，再由截面回转半径近似值的计算公式可得柱在缀材方向的宽度 $b\approx i_x/\alpha_1$，一般 b 宜取 10mm 的倍数，且两肢净距宜大于 100mm。

（4）截面验算。截面初步选定后需做如下验算：

1）强度验算，按式（5-1）和式（5-2）验算。

2）刚度验算，按式（5-5）验算，其中对虚轴的验算应采用换算长细比。

3）对实轴的整体稳定验算，按式（5-27）验算。

4）对虚轴的整体稳定验算，不适合时应修改柱宽度 b 再进行验算。

（5）缀材及其连接的设计。

（6）构造要求。

5.6.7 格构式轴心受压构件设计实例

【例题 5-6】 如图 5-43 所示，一格构式轴心受压柱，柱肢截面采用两热轧槽钢组成，翼缘肢尖向内。两端铰接，$l_{0x}=l_{0y}=6\text{m}$。承受轴心压力设计值 $N=1200\text{kN}$，钢材为 Q235B，截面无孔洞削弱。试设计该柱的截面：①缀材采用缀条；②缀材采用缀板。

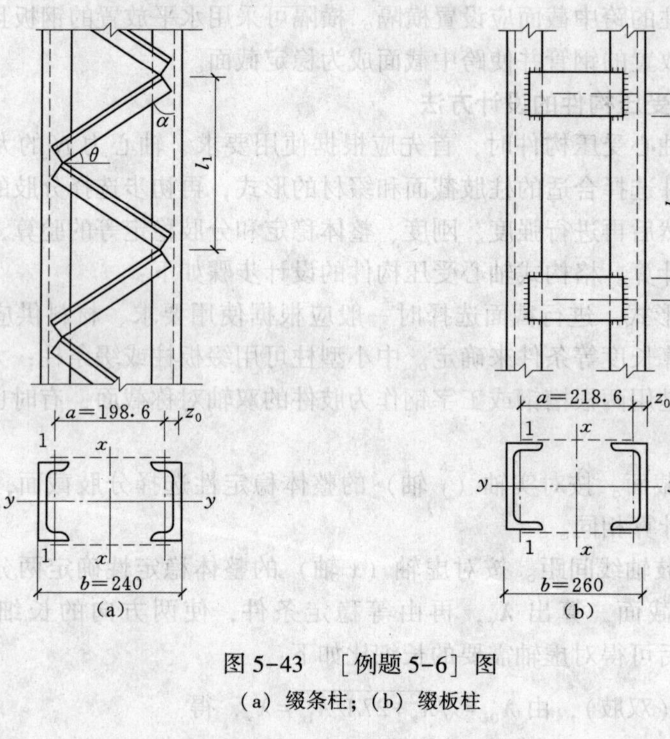

图 5-43 ［例题 5-6］图

（a）缀条柱；（b）缀板柱

解：（1）按绕实轴（y 轴）的整体稳定要求，确定分肢截面尺寸。

1）初选截面。假定 $\lambda_y=60$，对于格构式构件，无论对 x 轴或 y 轴失稳时都属于 b 类截面，当 $\lambda_y=60$ 时，由附表 12-2 查得 $\varphi_y=0.807$，则

所需截面面积为

$$A=\frac{N}{\varphi_y f}=\frac{1200\times10^3}{0.807\times215}=6916.2\ (\text{mm}^2)$$

所需回转半径为

$$i_y=\frac{l_{0y}}{\lambda_y}=\frac{6000}{60}=100\ (\text{mm})$$

已知分肢采用一对槽钢翼缘向内，从附录 17 中试选 2［25a，$A=2\times3491=6982\ (\text{mm}^2)$，$i_y=98.2\text{mm}$。其他截面特征：$i_1=22.4\text{mm}$，$z_0=20.7\text{mm}$，$I_1=1.76\times10^6\text{mm}^4$。

2）截面验算。

强度验算：

$$\sigma=\frac{N}{A}=\frac{1200\times10^3}{6982}=171.9\ (\text{N/mm}^2)\ <f=215\text{N/mm}^2$$

刚度验算：

$$\lambda_y=\frac{l_{0y}}{i_y}=\frac{6000}{98.2}=61.1<[\lambda]=150$$

绕实轴整体稳定验算：由截面分类表 5-5 可知，对于格构式构件，无论对 x 轴或 y 轴失稳时都属于 b 类截面，当 $\lambda_y=61.1$ 时，由附表 12-2 查得 $\varphi_y=0.801$，则

$$\frac{N}{\varphi_y A f}=\frac{1200\times10^3}{0.801\times6982\times215}=0.998<1.0$$

验算结果表明，该截面满足强度、刚度和绕实轴整体稳定的要求。

（2）缀材采用缀条。

1）按绕虚轴（x 轴）的整体稳定条件确定柱宽 b。由于柱内力 N 不大，缀条采用角钢，取∟45×4，$\theta=45°$。查附录 13，一个角钢的面积用 A'_{1x} 来表示，则 $A'_{1x}=348.6\text{mm}^2$，故两斜缀条毛截面面积之和为 $A_{1x}=2\times348.6=697.2\ (\text{mm}^2)$，$i_1=8.9\text{mm}$。

按等稳定原则 $\lambda_{0x}=\lambda_y$，得

$$\lambda_x=\sqrt{\lambda_y^2-27\frac{A}{A_{1x}}}=\sqrt{61.1^2-27\times\frac{6982}{697.2}}=58.8$$

$$i_x=\frac{l_{0x}}{\lambda_x}=\frac{6000}{58.8}=102\ (\text{mm})$$

采用图 5-43（a）所示的截面形式，由附录 22 可知，截面绕虚轴的回转半径近似为 $i_x\approx0.44b$，则

$$b\approx\frac{i_x}{0.44}=\frac{102}{0.44}=231.8\ (\text{mm})$$

故取 $b=240\text{mm}$。

单个槽钢［25a，$A=3491\text{mm}^2$，$z_0=20.7\text{mm}$，$i_1=22.4\text{mm}$，$I_1=1.76\times10^6\text{mm}^4$。

整个截面对虚轴（x 轴）的几何特征：

$$I_x = 2 \times \left[1.76 \times 10^6 + 3491 \times \left(\frac{240 - 20.7 \times 2}{2}\right)^2\right] = 7236.59 \times 10^4(\mathrm{mm}^4)$$

$$i_x = \sqrt{\frac{I_x}{A}} = \sqrt{\frac{7236.59 \times 10^4}{2 \times 3491}} = 101.8(\mathrm{mm})$$

$$\lambda_x = \frac{l_{0x}}{i_x} = \frac{6000}{101.8} = 58.9$$

$$\lambda_{0x} = \sqrt{\lambda_x^2 + 27\frac{A}{A_{1x}}} = \sqrt{58.9^2 + 27 \times \frac{2 \times 3491}{697.2}} = 61.2 < [\lambda] = 150$$

查附表 12-2（b 类截面）得 $\varphi_x = 0.801$，则

$$\frac{N}{\varphi_x A f} = \frac{1200 \times 10^3}{0.801 \times 6982 \times 215} = 0.998 < 1.0$$

因此，整个截面对虚轴的整体稳定满足要求。

2）缀条验算。

柱的剪力为

$$V = \frac{Af}{85\varepsilon_k} = \frac{6982 \times 215}{85 \times 1} = 17660.4(\mathrm{N})$$

一个斜缀条的轴心力为

$$N_1 = \frac{V/2}{\cos\theta} = \frac{17660.4/2}{\cos 45°} = 12487.8(\mathrm{N})$$

$$a = b - 2z_0 = 240 - 2 \times 20.7 = 198.6(\mathrm{mm})$$

缀条的节间长度为

$$l_1 = 2a\tan 45° = 2 \times 198.6 \times \tan 45° = 398(\mathrm{mm})$$

缀条长度为

$$l_0 = \frac{a}{\cos 45°} = \frac{198.6}{\sqrt{2}/2} = 281(\mathrm{mm})$$

长细比为

$$\lambda = \frac{0.9 l_0}{i_1} = \frac{0.9 \times 281}{8.9} = 28.4 < [\lambda] = 150$$

查附表 12-2（b 类截面）得 $\varphi_x = 0.941$。等边单角钢与柱单面连接，稳定验算应乘以折减系数，即

$$\eta = 0.6 + 0.0015\lambda = 0.6 + 0.0015 \times 28.4 = 0.643$$

则

$$\frac{N}{\eta \varphi_x A'_{1x} f} = \frac{12487.8}{0.643 \times 0.941 \times 348.6 \times 215} = 0.28 < 1.0$$

因为∟ 45×4 为最小截面，故缀条选用∟ 45×4 满足要求。

缀条与柱肢之间的连接采用焊缝连接，焊缝连接计算详见本书第 4 章，在此不再赘述。

3）单肢的稳定。柱单肢在平面内（绕 1—1 轴）的长细比：

$$i_{x1} = 22.4\mathrm{mm}$$

$$l_1 = 2a\tan\theta = 2 \times 198.6 \times \tan45° = 398(\text{mm})$$

$$\lambda_1 = \frac{l_1}{i_{x1}} = \frac{398}{22.4} = 17.8 < 0.7\{\lambda_{0x}, \lambda_y\}_{max} = 0.7 \times 61.2 = 42.8$$

因此，单肢的稳定能保证。

(3) 缀材采用缀板。

1) 如图 5-43 (b) 所示，按实轴 (y 轴) 的整体稳定条件选定柱的截面。计算同缀条柱，仍选 2［25a。

2) 按绕虚轴 (x 轴) 的整体稳定条件确定柱宽 b。假定 $\lambda_1 = 30$ ($\approx 0.5\lambda_y$)，则

$$\lambda_x = \sqrt{\lambda_y^2 - \lambda_1^2} = \sqrt{61.1^2 - 30^2} = 53.2$$

$$i_x = \frac{l_{0x}}{\lambda_x} = \frac{6000}{53.2} = 112.8(\text{mm})$$

采用图 5-43 (b) 的截面形式，由附录 22 可知，截面绕虚轴的回转半径近似为

$$i_x \approx 0.44b$$

$$b \approx \frac{i_x}{0.44} = \frac{112.8}{0.44} = 256.4(\text{mm})$$

故取 $b = 260\text{mm}$。

$$a = b - 2z_0 = 260 - 2 \times 20.7 = 218.6(\text{mm})$$

单个槽钢［25a，$A = 3491\text{mm}^2$，$z_0 = 20.7\text{mm}$，$i_1 = 22.4\text{mm}$，$I_1 = 1.76 \times 10^6\text{mm}^4$。

整个截面对虚轴 (x 轴) 的几何特征：

$$I_x = 2 \times \left[1.76 \times 10^6 + 3491 \times \left(\frac{260 - 20.7 \times 2}{2}\right)^2\right] = 8693 \times 10^4(\text{mm}^4)$$

$$i_x = \sqrt{\frac{I_x}{A}} = \sqrt{\frac{8693 \times 10^4}{2 \times 3491}} = 111.6(\text{mm})$$

$$\lambda_x = \frac{l_{0x}}{i_x} = \frac{6000}{111.6} = 53.8$$

$$\lambda_{0x} = \sqrt{\lambda_x^2 + \lambda_1^2} = \sqrt{53.8^2 + 30^2} = 61.6 < [\lambda] = 150$$

查附表 12-2 (b 类截面) 得 $\varphi_x = 0.799$，则

$$\frac{N}{\varphi_x Af} = \frac{1200 \times 10^3}{0.799 \times 6982 \times 215} = 1.0005 \approx 1.0$$

3) 缀板设计。

$$l_{01} = \lambda_1 i_1 = 30 \times 22.4 = 672(\text{mm})$$

纵向高度为

$$d \geqslant \frac{2}{3}a = \frac{2}{3} \times 218.6 = 145.7(\text{mm})$$

厚度为

$$t_b \geqslant \frac{a}{40} = \frac{218.6}{40} = 5.5(\text{mm})$$

故缀板选用-180×8，$l_1=672+180=852$（mm），采用$l_1=850$mm。

分肢线刚度为

$$i_1=\frac{I_1}{l_1}=\frac{1.76\times10^6}{850}=2.07\times10^3(\text{mm}^3)$$

两侧缀板线刚度之和为

$$i_b=\frac{\sum I_b}{a}=\frac{1}{218.6}\times2\times\frac{1}{12}\times8\times180^3=35.57\times10^3(\text{mm}^3)>6i_1=12.42\times10^3(\text{mm}^3)$$

横向剪力：

$$V=\frac{Af}{85\varepsilon_k}=\frac{6982\times215}{85\times1}=17660.4(\text{N})$$

$$V_1=\frac{V}{2}=\frac{17660.4}{2}=8830.2(\text{N})$$

缀板与分肢连接处的内力：

$$T=\frac{V_1l_1}{a}=\frac{8830.2\times850}{218.6}=34335.2(\text{N})$$

$$M=T\frac{a}{2}=\frac{V_1l_1}{2}=\frac{8830.2\times850}{2}=3.75\times10^6(\text{N}\cdot\text{mm}^2)$$

缀板强度验算：

$$\sigma=\frac{6M}{t_bd^2}=\frac{6\times3.75\times10^6}{8\times180^2}=86.8(\text{N/mm}^2)<f=215\text{N/mm}^2$$

因此，缀板抗弯强度满足要求。

$$\tau=\frac{1.5T}{t_bd}=\frac{1.5\times34335.2}{8\times180}=35.8(\text{N/mm}^2)<f_v=125\text{N/mm}^2$$

因此，缀板抗剪强度满足要求。

缀板采用三面围焊，焊缝连接计算详见本书第4章，在此不再赘述。

(4) 横隔。采用钢板式横隔，厚度为8mm，与缀板配合设置。横隔间距应小于9倍柱宽［即$9\times260=2340$（mm）］和8m，柱高6m，在上、下两端柱头、柱脚处以及中间三分点处设置钢板横隔。

【例题5-7】 图5-44所示为格构式轴心受压柱，试确定满足整体稳定所能承受的最大轴心压力设计值N和焊接缀板之间的净距l_{01}。已知：$l_{0x}=7$m，$l_{0y}=3.5$m，单肢长细比$\lambda_1=28$，钢材为Q235B，$f=215\text{N/mm}^2$。［20a截面几何特征：$A=28.83\text{cm}^2$，$z_0=2.01$cm，$I_{x1}=1780\text{cm}^4$，$I_{y1}=128\text{cm}^4$。

解： 首先计算截面几何特征值。

截面惯性矩为

$$I_x=(128\times10^4+2883\times140^2)\times2=1.16\times10^8(\text{mm}^4)$$

$$I_y=1780\times10^4\times2=3.56\times10^7(\text{mm}^4)$$

截面毛截面面积为

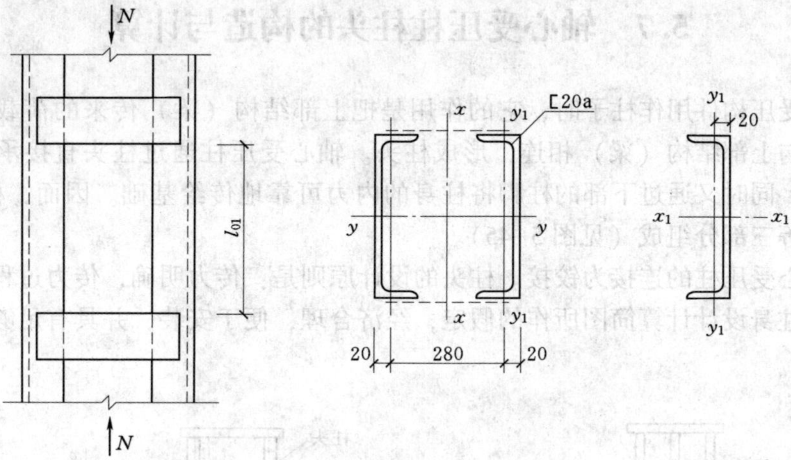

图 5-44　[例题 5-7] 图

$$A = 2 \times 2883 = 5766(\text{mm}^2)$$

截面回转半径为

$$i_x = \sqrt{\frac{I_x}{A}} = \sqrt{\frac{1.16 \times 10^8}{5766}} = 141.8(\text{mm})$$

$$i_y = \sqrt{\frac{I_y}{A}} = \sqrt{\frac{3.56 \times 10^7}{5766}} = 78.58(\text{mm})$$

换算长细比为

$$\lambda_x = \frac{l_{0x}}{i_x} = \frac{7000}{141.8} = 49.4$$

$$\lambda_y = \frac{l_{0y}}{i_y} = \frac{3500}{78.58} = 44.54$$

$$\lambda_{0x} = \sqrt{\lambda_x^2 + \lambda_1^2} = \sqrt{49.4^2 + 28^2} = 56.8$$

$\lambda_{max} = \lambda_{0x} = 56.8$，按 b 类截面查附表 12-2 得 $\varphi_x = 0.824$。

由 $N/\varphi_x Af \leqslant 1.0$，得

$$N_{max} = \varphi_x Af = 0.824 \times 5766 \times 215 \times 10^{-3} = 1021.5(\text{kN})$$

因为 $\lambda_1 = 28 < 40\varepsilon_k$，且 $\lambda_1 < 0.5\lambda_{max} = 56.8/2 = 28.4$，故单肢稳定保证。

单肢：$$i_{y1} = \sqrt{\frac{I_{y1}}{A_1}} = \sqrt{\frac{128 \times 10^4}{2883}} = 21.1(\text{mm})$$

由 $\lambda_1 = l_{01}/i_{y1}$，得

$$l_{01} = \lambda_1 i_{y1} = 28 \times 21.1 = 591(\text{mm})$$

因此，取整后相邻焊接缀板的净距为 590mm。

5.7 轴心受压柱柱头的构造与计算

当轴心受压构件用作柱子时，它的作用是把上部结构（梁）传来的荷载通过它传给基础。柱顶与上部结构（梁）相连，形成柱头。轴心受压柱通过柱头直接承受上部结构传来的荷载，同时又通过下部的柱脚将柱身的内力可靠地传给基础。因而，柱子由柱头、柱身和柱脚等三部分组成（见图5-45）。

梁与轴心受压柱的连接为铰接。柱头的设计原则是：传力明确，传力过程简捷、安全可靠并符合柱身设计计算简图所作的假定，经济合理，便于安装，并具有足够的刚度且构造又不复杂。

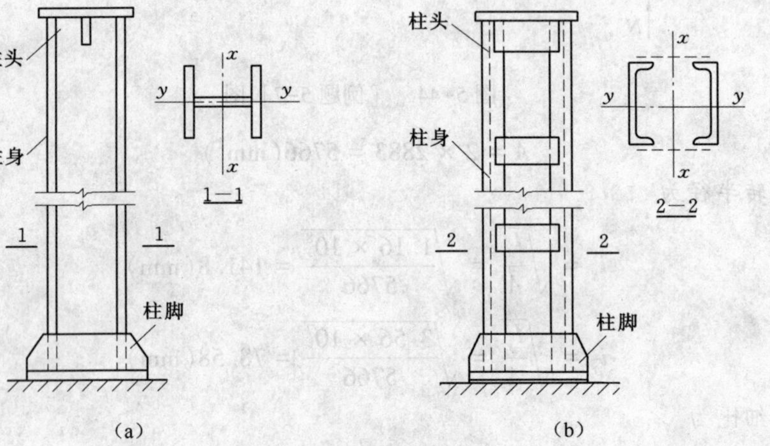

图5-45 柱子的构成
（a）实腹式柱；（b）格构式柱

5.7.1 顶面连接

梁支承于柱顶时，梁的支座反力通过柱顶板传给柱身。顶面连接通常是将梁安放在焊于柱顶面的柱顶板上，图5-46所示为梁支承于柱顶的典型构造。按梁的支承方式又有下列两种做法。

（1）梁端支承加劲肋采用凸缘板形式，其底部刨平（或铣平），与柱顶板直接顶紧［见图5-46（a）］。这种连接，即使两相邻梁的支座反力不相等时，对柱所引起的偏心也很小，柱仍接近轴心受压状态，是一种较好的轴心受压柱-梁连接形式。左右两梁端凸缘板间用普通螺栓相连并在其间设填板，以调整梁在加工制造中跨度方向的长度偏差。为了便于安装定位，梁的下翼缘板与柱顶板间用普通螺栓相连。这种支承方式基本上使柱中心受压，符合柱设计时的假定。柱顶板用以承受由梁传下来的压力并均匀传递给整个柱截面，因而柱顶板必须具有一定的刚度，通常取厚度 $t=16\sim25$mm，无须计算。当梁支座反力较大时，在柱顶板下面对着梁端支座加劲肋位置，在柱腹板上焊一对加劲肋以加强腹板；加劲肋与柱顶板可以焊接，也可以刨平顶紧以便更好地将梁支座反力传至柱身。后一种做法利用承压可传递更大的压力。

当梁支座反力较大时，为了加强刚度，常在柱顶板中心部位加焊一块垫板［见图 5-46（b）］。有时为了增加柱腹板的稳定性，在加劲肋下设水平加劲肋［见图 5-46（b）］。柱顶板平面尺寸一般向柱四周外伸 20~30mm，以便与柱焊接。

（2）梁端支承加劲肋采用与中间加劲肋相似的形式，并对准柱的翼缘放置，使梁的支座反力通过承压直接传给柱翼缘［见图 5-46（c）］。这种连接形式构造简单，施工方便，适用于两相邻梁的支座反力相等或差值较小的情况。当支座反力不等且相差较大时，柱将产生较大的偏心弯矩，设计时应予考虑。

图 5-46（d）所示为格构式柱的柱头构造，为了保证格构式柱两分肢受力均匀并托住柱顶板，无论是缀条柱还是缀板柱，在柱顶处应设置端缀板，并在柱的两分肢腹板内侧中央处焊一块加劲肋（或称为竖隔板），使格构式柱在柱头一段变为实腹式。这样，格构式柱与梁的顶面连接构造可与实腹式柱的同样处理。

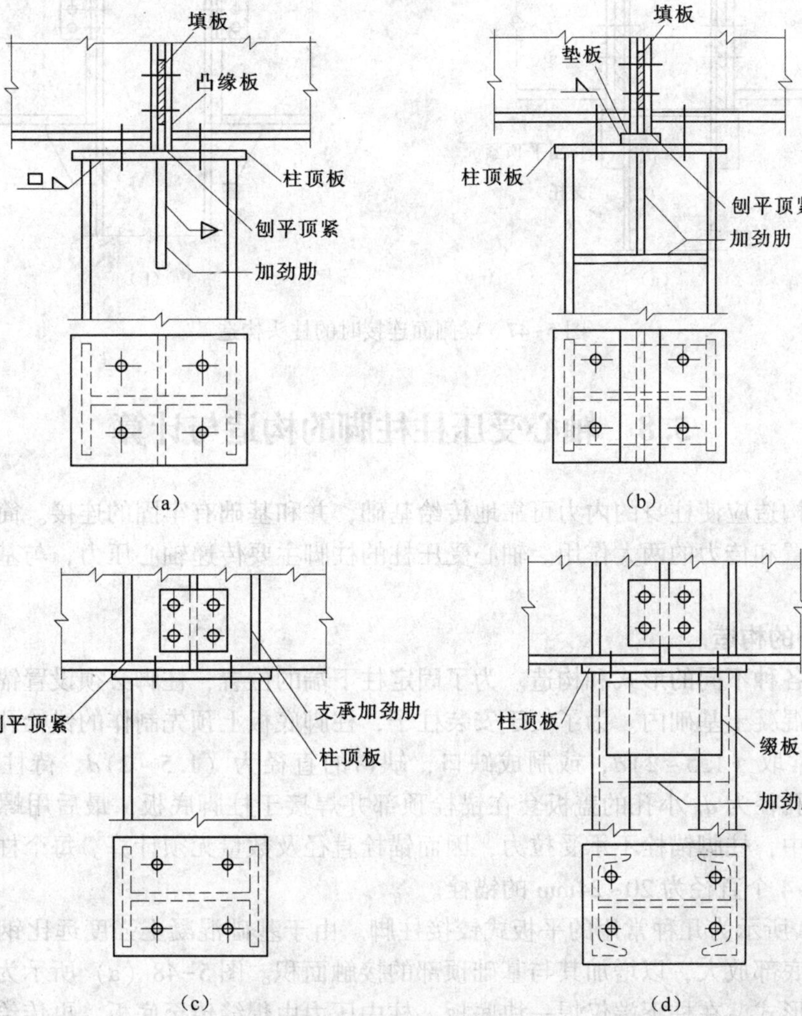

图 5-46　梁支承于柱顶的柱头构造

5.7.2 侧面连接

侧面连接通常是在柱的侧面焊以承托，以支承梁的支座反力。侧面连接时，最常用的柱头构造如图5-47所示。梁端设端板，端板底面刨平顶紧支承于焊在柱身的托板上，托板一般采用厚钢板（厚20~30mm）或大号角钢。用厚钢板做托板的方案适用于承受较大的压力，但制作与安装的精度要求较高。梁的反力由梁端加劲肋传给托板，托板与柱翼缘间用角焊缝相连。托板的端面必须刨平并与梁的端部加劲肋顶紧以便直接传递压力。按所传压力验算端板的承压面积和托板与柱身的角焊缝连接，考虑到荷载对焊缝偏心的不利影响，托板与柱的连接焊缝按梁支座反力的1.25倍计算。为方便安装和固定梁的位置，梁端与柱间应留空隙加填板并设置构造螺栓，因此，该连接不能传递弯矩，梁只能是按简支考虑。当柱两侧梁的反力不对称时，对柱身还应按压弯构件进行验算。

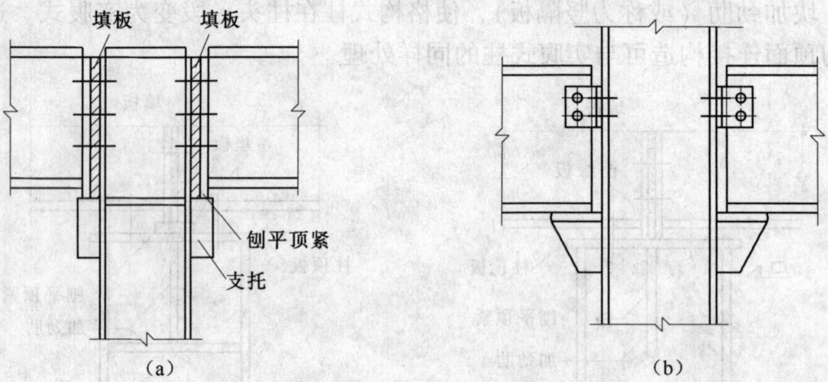

图5-47 梁侧面连接时的柱头构造

5.8 轴心受压柱柱脚的构造与计算

柱脚的构造应使柱身的内力可靠地传给基础，并和基础有牢固的连接。简言之，柱脚具有固定位置和传力的两大作用。轴心受压柱的柱脚主要传递轴心压力，与基础的连接一般采用铰接。

5.8.1 柱脚的构造

柱脚有各种不同的形式和构造。为了固定柱下端的位置，柱脚必须设置锚栓，锚栓应预先埋置于混凝土基础内。为了便于安装柱子，柱脚底板上预先制作的锚栓孔径应大于锚栓直径d，常取（1.5~2）d，或制成缺口，缺口的直径为（1.5~2）d。待柱子吊装就位后，用带有孔径为d_0小孔的盖板套在锚栓顶部并焊接于柱脚底板，最后用螺帽固定。在轴心受压柱中，柱脚锚栓不承受拉力，因而锚栓直径及数量无须计算。每个柱脚常按构造要求设置2~4个直径为20~24mm的锚栓。

图5-48所示为几种常用的平板式铰接柱脚。由于基础混凝土强度远比钢材低，所以必须把柱的底部放大，以增加其与基础顶部的接触面积。图5-48（a）所示为一种最简单的柱脚构造形式，在柱下端仅焊一块底板，柱中压力由焊缝传至底板，再传给基础。由于角焊缝的焊脚尺寸有一定限制而限制了传力的大小，因此这种柱脚只能用于小型柱，如果

用于大型柱，底板会太厚。一般的铰接柱脚常采用图 5-48（b）~（d）所示的形式，在柱端部与底板之间增设一些中间传力零件，如靴梁、隔板和肋板等，以增加柱与底板的连接焊缝长度，并且将底板分隔成几个区格，使底板的弯矩减小，厚度减薄。如图 5-48（b）所示，靴梁焊于柱的两侧，在靴梁之间用隔板加强，以减小底板的弯矩，并提高靴梁的稳定性。图 5-48（c）所示为格构柱的柱脚构造。如图 5-48（d）所示，在靴梁外侧设置肋板，底板做成正方形或接近正方形。

布置柱脚中的连接焊缝时，应考虑施焊的方便与可能。例如，图 5-48（b）所示的隔板的里侧，图 5-48（c）、（d）中靴梁中央部分的里侧，都不宜布置焊缝。

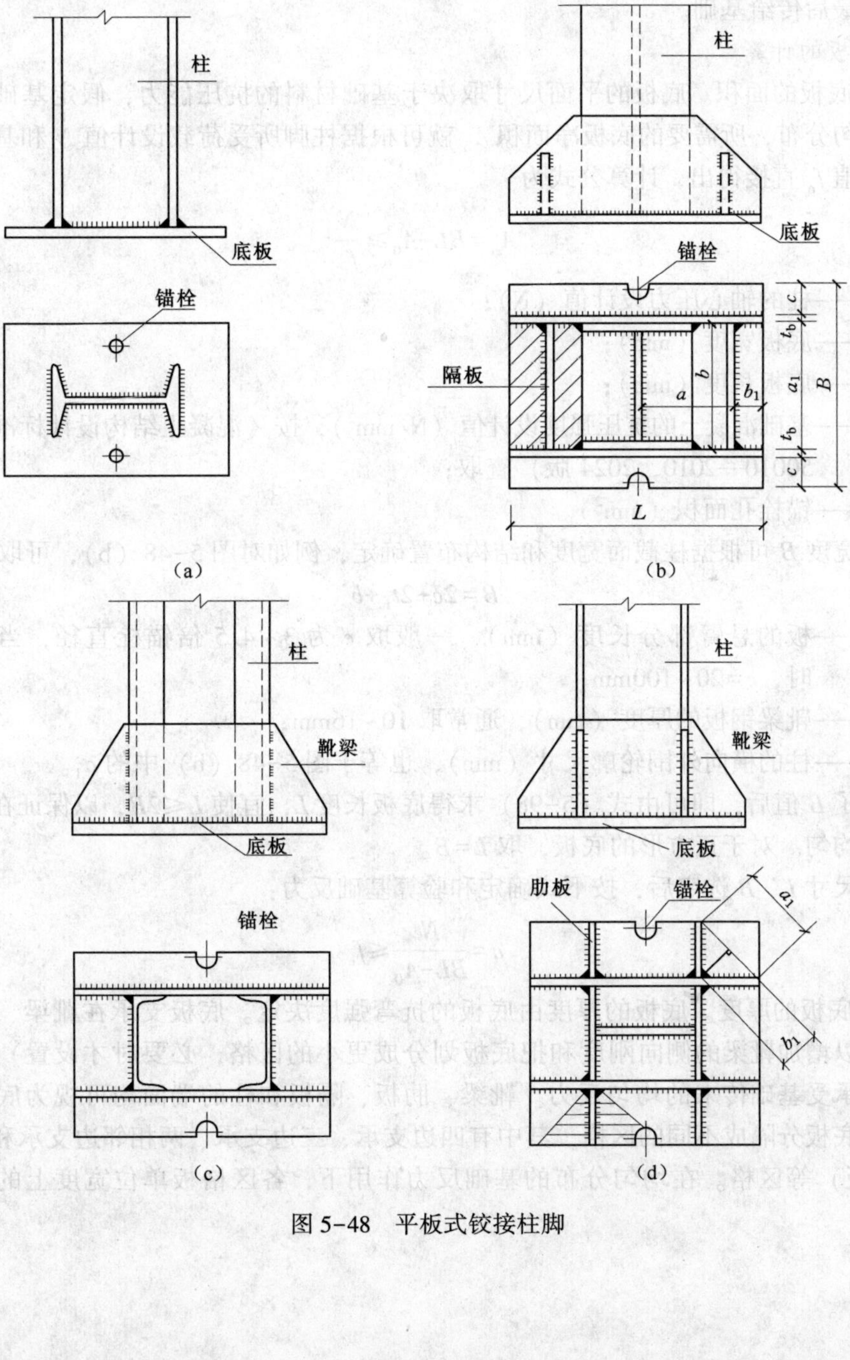

图 5-48　平板式铰接柱脚

柱脚是利用预埋在基础中的锚栓来固定其位置的。铰接柱脚只沿着一条轴线设立两个连接于底板上的锚栓（见图5-48）。若底板的抗弯刚度较小，锚栓受拉时，底板会产生弯曲变形，阻止柱端转动的抗力不大，因而此种柱脚仍视为铰接。铰接柱脚不承受弯矩，只承受轴向压力和剪力。剪力通常由底板与基础表面的摩擦力传递。当该摩擦力不足以承受水平剪力时，应在柱脚底板下设置抗剪连接键，抗剪连接键可用方钢、短T型钢或H型钢做成。

5.8.2 柱脚的计算

铰接柱脚通常仅按承受轴向压力计算，轴向压力 N 由柱身传给靴梁、肋板等，再传给底板，最后传给基础。

1. 底板的计算

(1) 底板的面积。底板的平面尺寸取决于基础材料的抗压能力，假定基础对底板的反力为均匀分布，所需要的底板净面积 A_n 就可根据柱脚所受荷载设计值 N 和基础的抗压强度设计值 f_c 直接得出，计算公式为

$$A_n = BL - A_0 \geqslant \frac{N}{f_c} \tag{5-98}$$

式中 N——柱的轴心压力设计值（N）；

B——底板宽度（mm）；

L——底板长度（mm）；

f_c——基础混凝土的抗压强度设计值（N/mm^2），按《混凝土结构设计标准》（GB/T 50010—2010，2024版）查取；

A_0——锚栓孔面积（mm^2）。

底板宽度 B 可根据柱截面宽度和结构布置确定，例如对图5-48（b），可取

$$B = 2c + 2t_b + b \tag{5-99}$$

式中 c——板的悬臂部分长度（mm），一般取 c 为3～4.5倍锚栓直径，当无锚栓孔时，c=20～100mm；

t_b——靴梁钢板的厚度（mm），通常取10～16mm；

b——柱的横向外围轮廓尺寸（mm），也等于图5-48（b）中的 a_1。

确定了 B 值后，即可由式（5-98）求得底板长度 L，宜使 $L \leqslant 2B$，以保证在底板长度方向受力均匀。对于正方形的底板，取 $L=B$。

底板尺寸 L、B 选定后，按下式确定和验算基础反力：

$$q = \frac{N}{BL - A_0} \leqslant f_c \tag{5-100}$$

(2) 底板的厚度。底板的厚度由底板的抗弯强度决定。底板支承在靴梁、隔板（隔板主要用以增加靴梁的侧向刚度和把底板划分成更小的区格，必要时才设置）和柱的端面上，它承受基础传来的均匀反力。靴梁、肋板、隔板和柱的端面均可视为底板的支承边，并将底板分隔成不同的区格，其中有四边支承、三边支承、两相邻边支承和一边支承（即悬臂板）等区格。在均匀分布的基础反力作用下，各区格板单位宽度上的最大弯矩如下。

1）四边支承区格（a 为短边长度，b 为长边长度）：

$$M=\alpha q a^2 \tag{5-101}$$

式中 q——作用于底板单位面积上的压应力（N/mm^2），按式（5-100）计算；

a——四边支承区格的短边长度（mm）；

α——弯矩系数，根据长边 b 与短边 a 之比按表5-9取用。

表5-9 四边支承矩形板的弯矩系数 α 值

b/a	1.0	1.1	1.2	1.3	1.4	1.5	1.6	1.7	1.8	1.9	2.0	3.0	≥4.0
α	0.048	0.055	0.063	0.069	0.075	0.081	0.086	0.091	0.095	0.099	0.101	0.119	0.125

2）三边支承区格和两相邻边支承区格：

$$M=\beta q a_1^2 \tag{5-102}$$

式中 a_1——对三边支承区格为自由边长度（mm），对两相邻边支承区格为对角线长度［见图5-48（b）、（d）］；

β——弯矩系数，根据 b_1/a_1 值由表5-10查得，对三边支承区格 b_1 为垂直于自由边的宽度，对两相邻边支承区格 b_1 为内角顶点至对角线的垂直距离［见图5-48（b）、（d）］。

表5-10 三边支承矩形板的弯矩系数 β 值

b_1/a_1	0.3	0.4	0.5	0.6	0.7	0.8	0.9	1.0	1.1	≥1.2
β	0.026	0.042	0.056	0.072	0.085	0.092	0.104	0.111	0.120	0.125

当三边支承区格的 $b_1/a_1<0.3$ 时，可按悬臂长度为 b_1 的悬臂板计算。

3）一边支承区格（即悬臂板）：

$$M=\frac{1}{2}qc^2 \tag{5-103}$$

式中 c——悬臂长度（mm），如图5-48（b）所示。

这几部分板承受的弯矩一般不相同，取各区格板中单位宽度的最大弯矩 M_{max} 来确定板的厚度 t，根据底板的抗弯强度：

$$\sigma=\frac{M_{max}}{W}=\frac{M_{max}}{\frac{1}{6}\times 1\times t^2}=\frac{6M_{max}}{t^2}\leqslant f \tag{5-104}$$

则有

$$t\geqslant\sqrt{\frac{6M_{max}}{f}} \tag{5-105}$$

靴梁和隔板的布置应尽可能使各区格板中的弯矩相差不要太大，以免所需的底板过厚。当各区格板中弯矩相差太大时，应调整底板尺寸或重新划分区格。

底板的厚度通常为20~40mm，最薄一般不得小于14mm，以保证底板具有足够的刚度和基础反力接近均匀分布。

2. 靴梁的计算

靴梁按支承于柱身两侧的连接焊缝处的单跨双伸臂梁计算其强度，靴梁的高度 h_b 通常由其与柱边连接所需要的焊缝长度决定，靴梁的厚度 t_b 可取等于或小于柱翼缘的厚度，靴梁截面即为 $h_b t_b$，通常不考虑底板参与共同受力；承受的荷载为由底板传来的沿梁长均匀分布的基础反力。因此，设计时常先计算靴梁的连接焊缝，再验算强度。

（1）靴梁与柱身间的连接焊缝计算。一般采用 4 条竖向焊缝（见图 5-49）传递柱全部轴心压力设计值 N，故靴梁的高度 h_b 由传递柱荷载 N 至靴梁的竖向角焊缝长度确定，即

$$h_b \geqslant \frac{N}{4h_e f_f^w}+2h_f \tag{5-106}$$

上述式中仅考虑设在柱外侧的 4 条竖向焊缝。柱翼缘板内侧因不易施焊而不设焊缝。

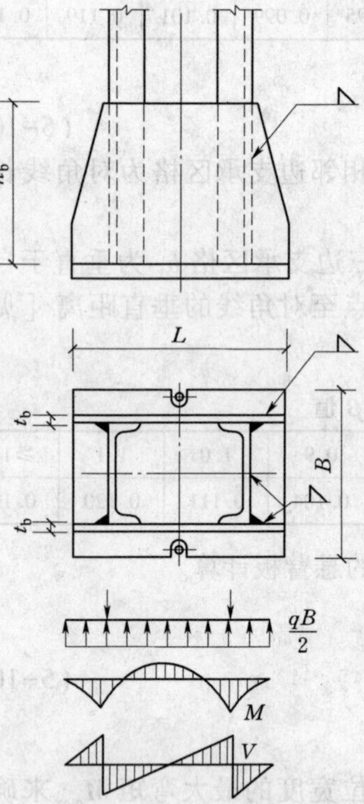

图 5-49　靴梁的受力

（2）靴梁的抗弯强度和抗剪强度验算。把靴梁视为两端悬伸的简支梁承受底板传来的均布反力，每个靴梁所受由底板传来的基础反力按线均布荷载 $qB/2$ 计算，依据靴梁的受力画出其弯矩图和剪力图（见图 5-49），根据已确定的靴梁的高度 h_b、厚度 t_b 和靴梁所承受的最大弯矩和最大剪力值，验算靴梁的抗弯强度和抗剪强度。

（3）靴梁与底板间的水平焊缝的计算。两个靴梁与底板间的全部连接焊缝按传递柱全部压力 N 计算，一般不计入柱与底板间和隔板、肋板与底板间的焊缝。但由于这些焊缝的存在，靴梁与底板间焊缝可按均匀传递 N 计算。焊缝长度 $\sum l_w$ 通过计算确定，即

$$\sum l_w \geqslant \frac{N}{1.22h_e f_f^w} \tag{5-107}$$

式中　$\sum l_w$——焊缝总长度（mm），要考虑每段焊缝的每个端头处减去 h_f。

在布置焊缝时要考虑施焊的可能性。

3. 隔板与肋板的计算

为了支承底板，隔板应具有一定刚度，因此隔板的厚度不得小于其宽度 b 的 1/50，一般比靴梁略薄些，高度略小些。

隔板可视为支承于靴梁上的简支梁，荷载可按承受图 5-48（b）中阴影面积的底板反力计算，按此荷载所产生的内力验算隔板与靴梁的连接焊缝及隔板本身的强度。

注意： 隔板内侧的焊缝不易施焊，计算时不能考虑受力。

肋板按悬臂梁计算，承受的荷载为图 5-48（d）所示的阴影部分的底板反力。肋板与靴梁间的连接焊缝以及肋板本身的强度均应按其承受的弯矩和剪力来计算。

【例题 5-8】 试设计图 5-50 所示焊接工字形截面柱的柱脚。承受轴心压力的设计值（静力荷载）为 1600kN，柱脚钢材为 Q235B，焊条为 E43 型。基础混凝土采用 C15，其抗压强度设计值 $f_c = 7.2\text{N/mm}^2$。

解： 采用图 5-48（b）所示的柱脚形式。

（1）确定底板尺寸。

需要的底板净面积为

$$A_n \geq \frac{N}{f_c} = \frac{1600\times10^3}{7.2} = 222222\ (\text{mm}^2)$$

采用 $d=24\text{mm}$ 锚栓，锚栓孔面积 $A_0 \approx 5000\text{mm}^2$，取底板的悬臂部分长度 c 为 3~4.5 倍锚栓直径，即 $c=72\sim108\text{mm}$，故取 $c=75\text{mm}$。t_b 为靴梁钢板的厚度，取 $t_b=10\text{mm}$（具体计算过程略）。因此，底板的宽度为

$$B=2c+2t_b+b=2\times75+2\times10+280=450\ (\text{mm})$$

底板的长度 L 为

$$L \geq \frac{A_n+A_0}{B} = \frac{222222+5000}{450} = 505\ (\text{mm})$$

采用宽为 450mm、长为 600mm 的底板，$L/B=600/450=1.3<2$。如图 5-50 所示，底板毛截面面积为 $450\times600=270000\ (\text{mm}^2)$。

基础对底板的压应力为

$$q=\frac{N}{A_n}=\frac{1600\times10^3}{270000-5000}=6.0\ (\text{N/mm}^2)$$

底板的区格有三种［见图 5-50（a）］，现分别计算其单位宽度的弯矩。

区格①为四边支承板，$b/a=280/200=1.4$，查表 5-9，$\alpha=0.075$。

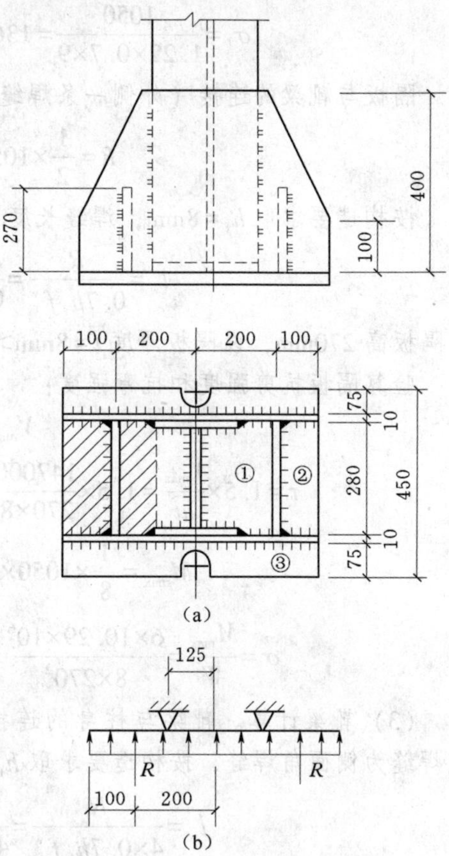

图 5-50　［例题 5-8］图

$$M_1=\alpha qa^2=0.075\times6.0\times200^2=18000\ (\text{N}\cdot\text{mm})$$

区格②为三边支承板，$b_1/a_1=100/280=0.36$，查表 5-10，$\beta=0.0356$。

$$M_2=\beta qa_1^2=0.0356\times6.0\times280^2=16746.2\ (\text{N}\cdot\text{mm})$$

区格③为悬臂部分，则

$$M_3=\frac{1}{2}qc^2=\frac{1}{2}\times6.0\times75^2=16875\ (\text{N}\cdot\text{mm})$$

这三种区格的弯矩值相差不大，不必调整底板平面尺寸和隔板位置。其中最大弯矩为 $M_{\max}=18000\text{N}\cdot\text{mm}$，则底板厚度为

$$t \geq \sqrt{\frac{6M_{\max}}{f}} = \sqrt{\frac{6\times18000}{205}} = 23\ (\text{mm})$$

故取 $t=24\text{mm}$。

（2）隔板计算。将隔板视为两端支承于靴梁的简支梁，其线荷载为

$$q_1=175\times6.0=1050\ (\text{N/mm})$$

隔板与底板的连接（仅考虑外侧一条焊缝）为正面角焊缝，$\beta_f=1.22$。按构造要求取 $h_f=9\text{mm}$，则焊缝强度计算如下：

$$\sigma_f=\frac{1050}{1.22\times0.7\times9}=136.6\ (N/mm^2)\ <f_f^w=160N/mm^2$$

隔板与靴梁的连接（外侧一条焊缝）为侧面角焊缝，所受隔板的支座反力为

$$R=\frac{1}{2}\times1050\times280=147000\ (N)$$

按构造要求取 $h_f=8mm$，焊缝长度（即隔板高度）计算如下：

$$l_w=\frac{R}{0.7h_f f_f^w}=\frac{147000}{0.7\times8\times160}=164.1\ (mm)$$

取隔板高 270mm，设隔板厚度 $t=8mm>b/50=280/50=5.6$（mm）。

验算隔板抗剪强度和抗弯强度：

$$V_{max}=R=147000N$$

$$\tau=1.5\times\frac{V_{max}}{ht}=1.5\times\frac{147000}{270\times8}=102.1\ (N/mm^2)\ <f_v=125N/mm^2$$

$$M_{max}=\frac{1}{8}\times1050\times280^2=10.29\times10^6\ (N\cdot mm)$$

$$\sigma=\frac{M_{max}}{W}=\frac{6\times10.29\times10^6}{8\times270^2}=105.9\ (N/mm^2)\ <f=215N/mm^2$$

（3）靴梁计算。靴梁与柱身的连接有 4 条焊缝，按承受柱的压力 $N=1600kN$ 计算，该焊缝为侧面角焊缝，按构造要求取 $h_f=10mm$（具体计算过程略），则焊缝长度为

$$l_w=\frac{N}{4\times0.7h_f f_f^w}=\frac{1600\times10^3}{4\times0.7\times10\times160}=357.1\ (mm)$$

靴梁高度为

$$h_b=l_w+2h_f=357.1+20=377.1(mm)<60h_f+2h_f=620\ (mm)$$

故取靴梁高度为 400mm。

靴梁作为支承于柱边的悬伸梁，按已选取的厚度 $t_b=10mm$，计算支座位置的最大剪力和支座位置的最大弯矩，验算其抗剪强度和抗弯强度：

$$V_{max}=147000+(75+10)\times6.0\times(300-125)=236250\ (N)$$

$$\tau=1.5\times\frac{V_{max}}{h_b t_b}=1.5\times\frac{236250}{400\times10}=88.6\ (N/mm^2)\ <f_v=125N/mm^2$$

$$M_{max}=147000\times(175-100)+\frac{1}{2}\times(75+10)\times6.0\times175^2=18.83\times10^6\ (N\cdot mm)$$

$$\sigma=\frac{M_{max}}{W}=\frac{6\times18.83\times10^6}{10\times400^2}=70.6\ (N/mm^2)\ <f=215N/mm^2$$

靴梁与底板的连接焊缝（假设隔板与底板的连接焊缝不传递柱的压力）传递全部柱的压力，按构造要求取焊缝的焊脚尺寸为 $h_f=10mm$，则所需的焊缝总计算长度应为

$$\sum l_w=\frac{N}{1.22\times0.7h_f f_f^w}=\frac{1600\times10^3}{1.22\times0.7\times10\times160}=1171\ (mm)$$

显然，靴梁与底板的连接焊缝实际计算总长度已超过此值，所以满足要求。

本章小结

（1）轴心受力构件包括轴心受拉构件和轴心受压构件两种，它们都必须同时满足承载能力极限状态和正常使用极限状态的要求。承载能力极限状态包括强度和稳定两个方面。对轴心受拉构件只有强度问题；对轴心受压构件除了强度要求外，还必须满足整体稳定和局部稳定的要求。正常使用极限状态，则是通过保证构件的刚度，即限制其长细比来达到的。

强度包括静力强度和疲劳强度。对于建筑钢结构的轴心受力构件，只研究其静力强度。轴心受力构件的强度条件是 $\sigma = N/A \leqslant f$（毛截面屈服）和 $\sigma = N/A_n \leqslant 0.7f_u$（净截面断裂）。

（2）稳定包括构件的整体稳定性和组成构件的板件的局部稳定以及格构式构件分肢的单肢稳定。整体稳定在轴心受压构件的受力性能中占有主要地位，稳定承载力主要与构件截面的几何特征、杆端的约束程度、材料的弹性模量和与之相关的屈曲形式（弯曲屈曲、扭转屈曲或弯扭屈曲）以及屈曲方向等因素有关。此外，由于钢材的性质和加工条件等的影响，存在于构件中的初始缺陷（残余应力、初弯曲、初偏心等）以及弹性、塑性等不同工作阶段的性能，都是研究压杆整体稳定承载力时需要考虑的重要因素。因此，稳定问题比强度问题复杂得多。由于钢材强度高，塑性韧性好，构件截面面积往往比较小，轴心受压构件常常由稳定控制其承载力。为满足整体稳定要求，一般将设计的截面做得比较宽展，增加其回转半径。满足整体稳定的条件是 $\sigma = N/\varphi Af \leqslant 1.0$，在计算 φ 时，采用了 a、b、c、d 四类截面。根据不同的长细比 λ，可查表得到相应的 φ 值。

（3）局部稳定性的实质是要求板件的应力小于其临界应力或屈服强度。由于板件的临界应力计算复杂，因而改为验算宽（高）厚比的办法来保证局部稳定性。规定的宽（高）厚比限值，就是根据特定的板件的临界应力等于材料的屈服强度或构件达到整体稳定的临界应力，推导得到的。为了满足局部稳定性要求，往往要求截面不能太薄。

（4）轴心受压构件的截面形式分为实腹式和格构式两类。实腹式轴心受压构件除采用型钢（H 型钢、T 型钢、角钢、工字钢和钢管等）外，还可采用型钢或钢板连接成的组合截面，如焊接工字形截面（焊接 H 型钢）、T 形截面和箱形截面等。格构式轴心受压构件则是用型钢或钢板组合截面做分肢，并用缀件（缀板或缀条）将其连成整体。格构式轴心受压构件按分肢数量，可分为双肢、三肢和四肢等多种形式；根据缀件形式的不同，可分为缀板式构件和缀条式构件。由于格构式轴心受压构件与实腹式轴心受压构件在构造上的不同，所以其在受力性能和计算上亦有所不同。轴心受压构件整体弯曲后，沿杆长各截面上存在有弯矩和剪力。对于实腹式轴心受压构件，剪力造成的附加挠曲影响小，可以忽略不计；对于格构式轴心受压构件，绕虚轴失稳时构件的剪切变形较大，附加挠曲不能忽略，因此，格构式轴心受压构件绕虚轴的整体稳定临界力较长细比相同的实腹式轴心受压构件的低。对虚轴失稳的计算，常以加大长细比（即换算长细比）的办法来考虑剪切变形的影响。格构式轴心受压构件绕实轴的稳定计算与实腹式轴心受压构件的相同。格构式轴心受力构件，能通过调整柱肢间的距离来满足等稳定的要求。缀条按桁架体系计算，缀板按框架体系计算。

（5）单个构件必须通过相互连接才能形成结构整体，轴心受压柱通过柱头直接承受上部结构传来的荷载，再通过柱脚将内力传给基础。轴心受压柱柱头一般由垫板、顶板及前后两块加劲肋组成。轴心受压柱与梁的连接为铰接，若为刚接，则柱将承受较大弯矩成为压弯柱。梁与柱连接时，梁可以支承在柱顶上，亦可连于柱的侧面。轴心受压柱柱脚一般由底板、靴梁和锚栓组成。轴心受压柱的柱脚与基础的连接一般采用铰接，铰接柱脚通常仅按承受轴向压力计算和设计。

思考题

5-1　轴心受力构件应满足哪些方面的要求？

5-2　轴心受压构件采用什么样的截面形式合理？

5-3　如何判断轴心受压构件将产生哪一种形式的屈曲？

5-4　轴心受压构件的整体稳定承载力与哪些因素有关？其中哪些被称为初始缺陷？

5-5　为什么残余应力会对截面两个主轴方向的承载力产生不同影响？

5-6　说明整体稳定系数 φ 的意义。为什么要将截面形式分为四类？

5-7　计算格构式轴心压杆绕虚轴弯曲的整体稳定性时，为什么要采用换算长细比？

5-8　轴心受压构件局部失稳的原因是什么？如何防止局部失稳现象的发生？

5-9　实腹式轴心受压构件和格构式轴心受压构件的设计计算步骤有何异同？

5-10　格构式轴心受压构件的缀条和缀板如何计算？

5-11　轴心受压柱铰接柱脚的设计步骤是什么？

习题

一、填空题

1. 轴心受拉构件一般只需计算（　　）和（　　），而轴心受压构件则还需计算（　）和（　）。

2. 轴心受力构件的刚度由（　　）来控制。

3. 轴心受压构件屈曲时存在（　　）、（　　）和（　　）三种形式。

4. 实腹式轴心受压构件局部稳定设计原则是以（　　）为原则，通过（　　）来控制的。

5. 计算柱脚底板厚度时，对两相邻边支承的区格板，应近似按（　　）边支承区格板计算其弯矩值。

6. 格构式轴心受压构件要满足承载能力极限状态，除要求保证强度、整体稳定外，还必须保证（　）。

7. 当临界应力 σ_{cr} 小于（　　）时，轴心受压杆属于弹性屈曲问题。

8. 因为残余应力减小了构件的（　　），从而降低了轴心受压构件的整体稳定承载力。

9. 轴心受压构件在截面无削弱的情况下，计算时一般由（　　）控制。

10. 轴心受压柱与梁的连接为（　　）。

二、选择题

1. 轴心受力构件的正常使用极限状态是（　　）。
   A. 构件的变形规定　　B. 构件的容许长细比
   C. 构件的刚度规定　　D. 构件的稳定规定

2. 普通轴心受压构件的承载力经常决定于（　　）。
   A. 扭转屈曲　　B. 弯曲屈曲
   C. 强度　　D. 弯扭屈曲

3. 实腹式轴心受拉构件的计算包括（　　）。
   A. 强度和整体稳定　　B. 强度
   C. 强度、整体稳定和局部稳定　　D. 强度、刚度（长细比）

4. 下列关于轴心受力构件的强度承载力极限说法正确的是（　　）。
   ① 毛截面的平均应力达到钢材的屈服强度 f_y
   ② 净截面的平均应力达到钢材的屈服强度 f_y
   ③ 毛截面的平均应力达到钢材的极限强度 f_u 的 0.7 倍
   ④ 净截面的平均应力达到钢材的极限强度 f_u 的 0.7 倍
   A. ①③　　B. ①④　　C. ②③　　D. ②④

5. 长细比较小的十字形轴压构件易发生的屈曲形式是（　　）。
   A. 弯曲屈曲　　B. 扭转屈曲
   C. 弯扭屈曲　　D. 斜平面屈曲

6. 轴心受压柱的柱脚底板厚底是由（　　）决定的。
   A. 板的抗剪强度　　B. 板的抗压强度
   C. 板的抗弯强度　　D. 板的抗拉强度

7. 格构式轴心受压构件在验算其绕虚轴的整体稳定时采用了换算长细比，这是因为（　　）。
   A. 考虑了强度降低的影响
   B. 格构式构件的整体稳定承载力高于相同长细比的实腹式构件
   C. 考虑了剪切变形的影响
   D. 考虑了单肢失稳对构件承载力的影响

8. 为了提高轴心受压构件的整体稳定，在杆件截面面积一定的条件下，应使杆件截面的面积分布（　　）。
   A. 任意分布　　B. 尽可能远离形心
   C. 尽可能集中于截面形心处　　D. 尽可能集中于截面的剪切中心

9. 对长细比很大的轴心压杆，提高其整体稳定性最有效的措施是（　　）。
   A. 加大截面面积　　B. 提高钢材强度
   C. 增加支座约束　　D. 减少荷载

10. 轴心受压构件的整体稳定系数 φ 与（　　）因素无关。

A. 截面类别　　　　　　　　　　　B. 钢号
C. 两端连接构造　　　　　　　　　D. 长细比

三、判断改错题

1. 格构式构件不容易使压杆实现两主轴方向的等稳定性。
2. 轴心压杆的承载能力极限状态一般以强度来控制。
3. 双肢格构式轴心受压柱，实轴为 x 轴，虚轴为 y 轴，应根据 $\lambda_{0x}=\lambda_y$ 来确定肢件间距离。
4. 轴心压杆的三种屈曲形式中最基本、最简单的屈曲形式是弯曲屈曲。
5. 在多层框架的中间梁柱中，横梁可支承在柱顶上，亦可连于柱的侧面。
6. 轴心受压构件一旦发生局部失稳就不能维持整体的平衡状态。
7. 当轴心受压构件的腹板高厚比不满足要求时，可在腹板中部设置横向加劲肋。
8. 格构式缀条柱可看成框架体系来设计。
9. 铰接柱脚不承受弯矩，只承受轴向压力和剪力。

四、计算题

1. 试验算由 2∟63×5 组成的水平放置的轴心拉杆的强度和长细比。轴心拉力的设计值为 N=250kN，只承受静力作用，计算长度为 3m。杆端有一排直径为 20mm 的孔眼（见图 5-51）。钢材为 Q235（注：计算时忽略连接偏心和杆件自重的影响）。

图 5-51　计算题 1 示意图

2. 有一钢柱为型钢［28a，钢材为 Q335B，x 轴为强轴，所受到的轴心压力设计值 N=160kN，柱的计算长度 $l_{0x}=15$m，$l_{0y}=5$m，容许长细比［λ］=150，试验算此柱是否安全。

3. 某车间工作平台柱高 2.6m，按两端铰接的轴心受压柱考虑。如果柱采用 I16（16 号热轧工字钢），试经计算解答：

（1）钢材采用 Q235 时，设计承载力为多少？

（2）钢材改用 Q355 时，设计承载力是否显著提高？

（3）如果轴心压力设计值为 330kN（静力荷载），该型钢能否满足要求？如不满足，从构造上采取什么措施就能满足要求？

4. 设某工业平台柱承受轴心压力设计值为 4000kN（静力荷载），柱高 8m，两端铰接。试设计一 H 型钢或焊接工字形截面柱。钢材选用 Q235B。

5. 两端铰接的焊接工字形截面轴心受压柱，高为 10m，采用图 5-52（a）、（b）所示的两种截面（截面面积相等），翼缘为焰切边，钢材均为 Q235B。试验算该轴心受压柱是否能安全承受设计荷载 3200kN。

6. 已知某轴心受压柱，柱长 7.5m，两端铰接，承受轴心压力设计值 N=1500kN（静力荷载），钢材为 Q235B，截面无削弱。试设计该格构式柱的截面：①缀材采用缀条；

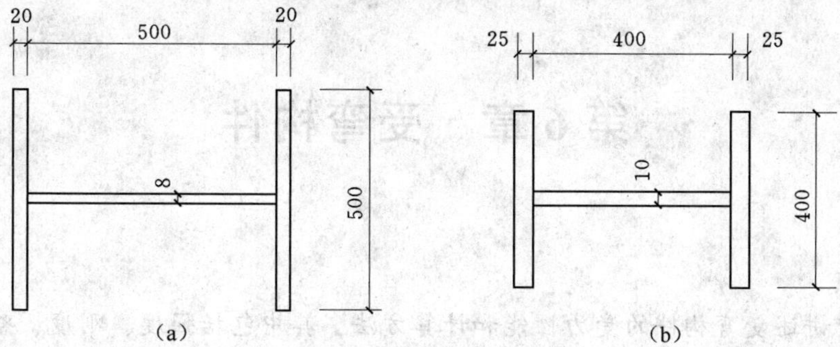

图 5-52　计算题 5 示意图

②缀材采用缀板。

7. 假定钢支架与平台梁和基础均为铰接，此时支架单肢柱上的轴心压力设计值为 $N=480\text{kN}$，计算长度 $l_{0x}=9300\text{mm}$，$l_{0y}=4650\text{mm}$，支架单肢柱的截面面积为 $A=5680\text{mm}^2$，$i_x=129\text{mm}$，$i_y=48.5\text{mm}$，钢材为 Q235B。试问，当作为轴心受压构件进行稳定性验算时（按 b 类截面），支架单肢柱上的最大压应力设计值（N/mm^2）是多少？

第 6 章　受弯构件

本章要点

本章着重讲述受弯构件的受力性能和计算方法，其中包括强度、刚度、整体稳定和局部稳定四个方面。

通过本章学习，使学生了解受弯构件的类型和应用；掌握受弯构件强度、刚度、整体稳定和局部稳定（包括腹板加劲肋的设计）的计算方法；掌握型钢梁和组合梁的设计方法（包括截面选择、梁截面沿长度方向的改变、翼缘焊缝等）；掌握梁的拼接和连接的主要方法和构造要求；理解工字形截面组合梁腹板考虑屈曲后强度的设计方法。

6.1　受弯构件的类型和应用

受弯构件主要承受横向荷载作用，是钢结构工程中应用较广的一种基本构件。受弯构件分为实腹式受弯构件和格构式受弯构件。

6.1.1　实腹式受弯构件

实腹式受弯构件通常称为钢梁，主要内力为弯矩和剪力。在实际工程中，以受弯、受剪为主但同时又有轴力的构件，也常称为受弯构件，例如，框架结构中的框架梁。

1. 钢梁的截面类型

钢梁用途广泛，在钢结构中占有很大比重。钢梁根据其截面形式、使用功能、受力和构造等方面，可分别归纳为以下类型：

（1）按截面形式，钢梁可分为热轧型钢梁［H 型钢梁、工字型钢梁和槽钢梁分别如图 6-1（a）～（c）所示］、冷弯型钢梁［冷弯薄壁槽钢或 C 型钢梁、Z 型钢梁分别如图 6-1（d）和（e）所示］和组合梁。

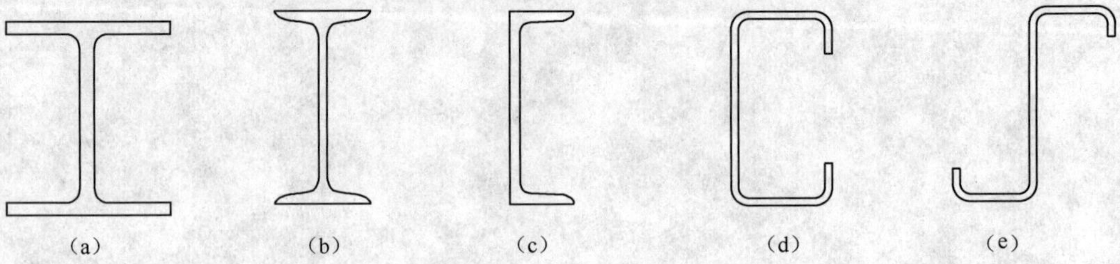

图 6-1　型钢梁的截面形式

组合梁适用于荷载较大或跨度较大的情况，此时由于热轧型钢规格的限制，型钢梁的截面已不能满足要求。组合梁大都采用三块钢板焊成的工字形截面，如图 6-2（a）所示。当翼缘需用一块厚度较大的板而又缺乏厚板供应时，可采用两层翼缘板，如图 6-2（b）

所示。承受动力荷载的梁，当钢材质量不能满足焊接结构的要求时，可采用铆接或高强度螺栓连接，如图 6-2（c）所示。用 T 型钢和钢板也可焊成工字形梁，如图 6-2（d）所示。当钢梁承受荷载很大而梁高受到限制或者承受双向弯矩对截面的抗扭刚度要求较高时，可采用箱形截面，如图 6-2（e）所示。

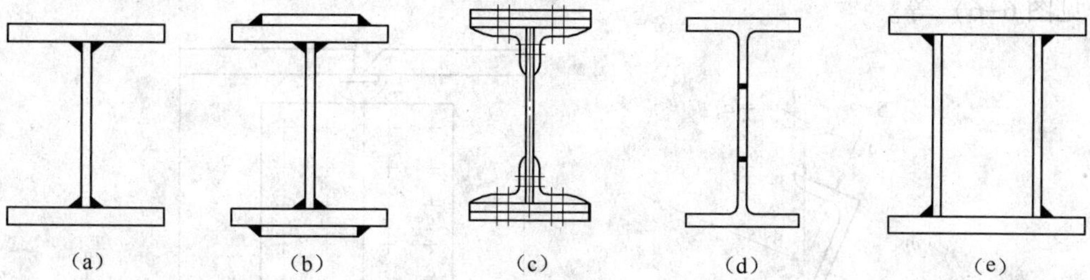

图 6-2　组合梁的截面形式

受弯构件一般为双轴对称或单轴对称截面，具有两个正交的形心主轴，如图 6-3 所示的 x 轴与 y 轴。其中绕 x 轴的惯性矩 I_x 和截面模量 W_x 一般情况下大于绕 y 轴的惯性矩 I_y 和截面模量 W_y，因此，x 轴称为强轴，y 轴称为弱轴。对于工字形、箱形及 T 形截面，其外侧平行于弯曲轴的板称为翼缘，垂直于弯曲轴的板则称为腹板。

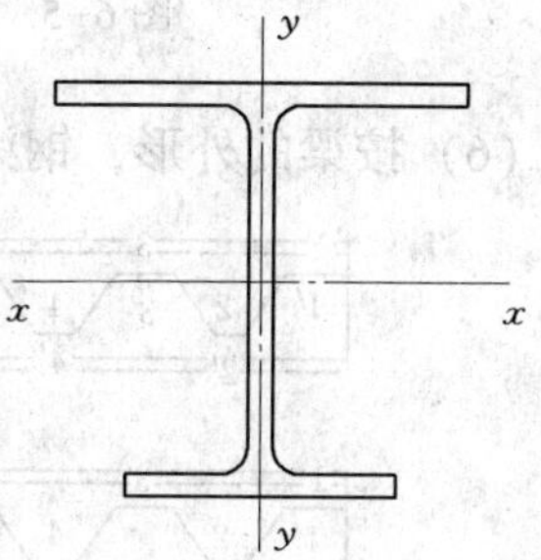

图 6-3　受弯构件的强轴与弱轴

（2）按受力情况，钢梁可分为单向受弯构件和双向受弯构件。只在一个主平面内受弯的钢梁称为单向受弯构件（如楼盖梁、工作平台梁等，见图 6-4），可能在两个主平面内同时受弯的钢梁称为双向受弯构件（如吊车梁、檩条和墙梁等）。槽钢檩条如图 6-5 所示。

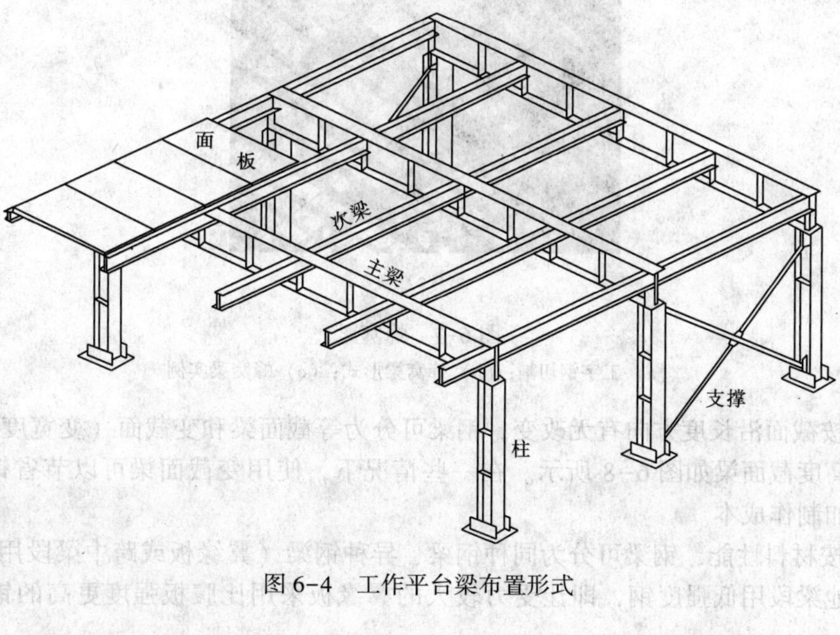

图 6-4　工作平台梁布置形式

（3）按使用功能，钢梁可分为楼盖梁（主梁、次梁）、工作平台梁、吊车梁、檩条和墙梁等。

（4）按支承情况，钢梁可分为简支梁、多跨连续梁、悬臂梁或伸臂梁等。

（5）按制造方法，钢梁可分为焊接梁、铆接梁和栓焊梁（高强度螺栓和焊接共用的梁，见图 6-6）等。

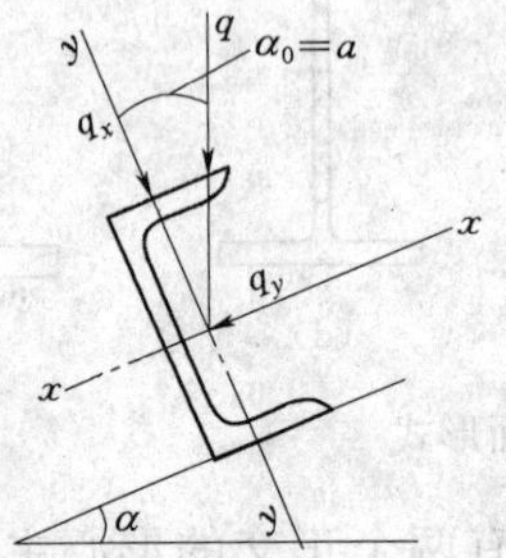

图 6-5 槽钢檩条

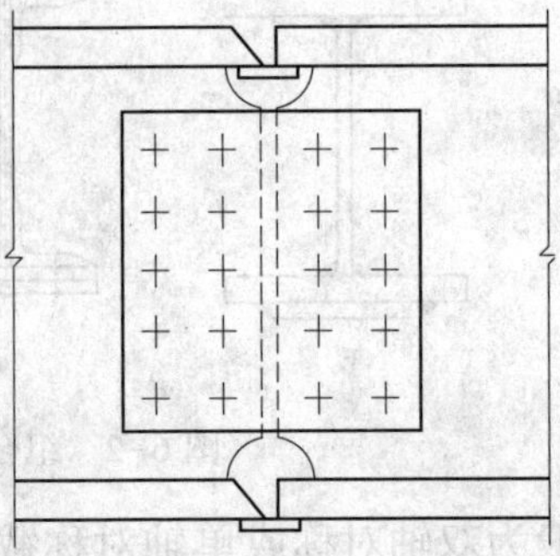

图 6-6 栓焊梁

（6）按梁的外形，钢梁可分为实腹梁、桁架梁和蜂窝梁（见图 6-7）等。

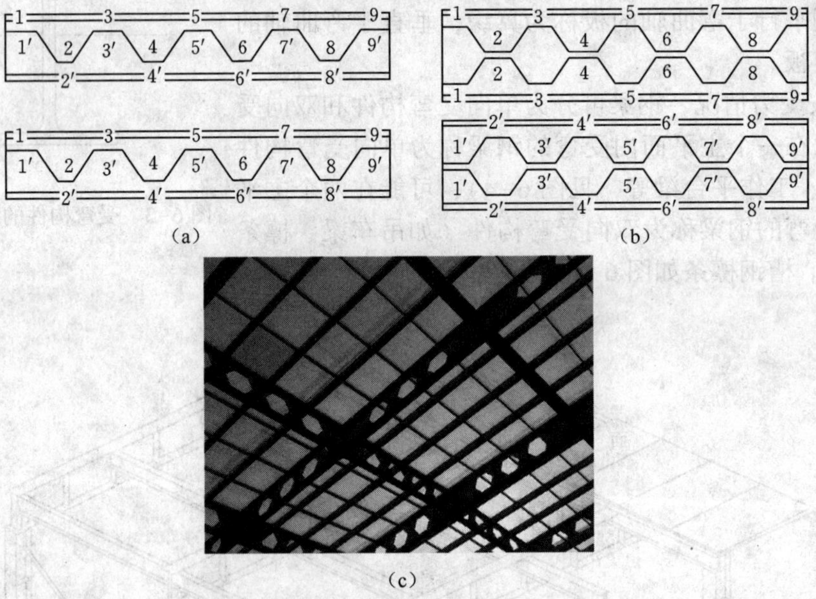

图 6-7 蜂窝梁

（a）工字钢切割；（b）蜂窝梁形式；（c）蜂窝梁实例

（7）按截面沿长度方向有无改变，钢梁可分为等截面梁和变截面（变宽度、变高度）梁等。变高度截面梁如图 6-8 所示。在一些情况下，使用变截面梁可以节省钢材，但也可能会增加制作成本。

（8）按材料性能，钢梁可分为同种钢梁、异种钢梁（翼缘板或跨中梁段用高强度钢，腹板或其他梁段用低强度钢，即让受力较大的翼缘板采用比腹板强度更高的钢材）和钢与混凝土组合梁（钢梁上常浇有钢筋混凝土楼板，通过抗剪连接件将钢梁和钢筋混凝土楼板连接成组合梁，利用混凝土受压，钢材受拉而达到经济的效果，见图6-9）等。此外，还有预应力钢梁，采用高强度钢材并预加应力，代替部分普通钢材，从而达到节约钢材的目的。

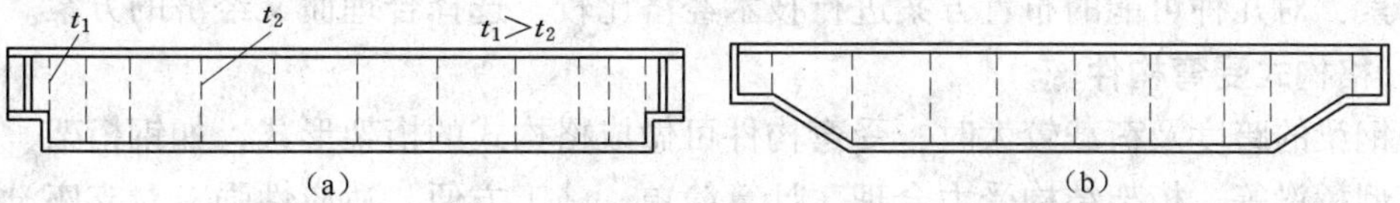

图6-8　变高度截面梁
(a) 阶形突变式；(b) 梯形渐变式

2. 平台结构梁格布置

平台钢结构在冶金、电力、石油、化工、轻工和食品等部门的工业厂房中应用十分广泛，例如工业生产中的设备支承平台、走道平台、检修平台和操作平台等。此外，建筑中的民用人行通道、参观平台和立体车库等也属于平台结构。平台结构的形式很多，主要由柱、梁、支撑、铺板、栏杆及梯子等组成。平台结构可为自成体系的支撑式铰接框架结构（必要时亦可设计为刚架结构），有条件时亦可支承在主体结构上。自成体系的平台结构一般为单层框架，根据工艺要求，亦可为多层框架。在抗震设防的地区，重型平台宜与主体结构分离布置。

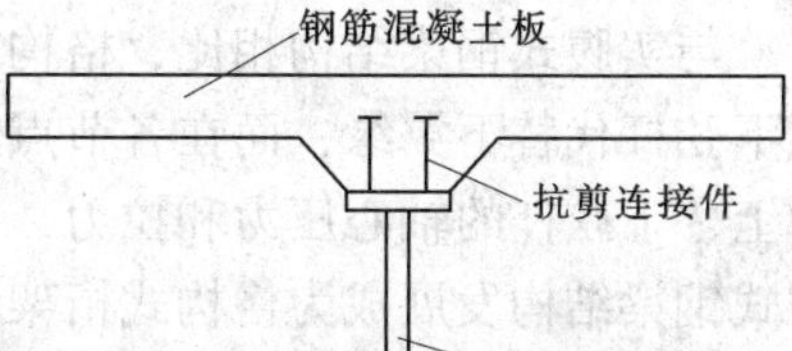

图6-9　钢与混凝土组合梁

平台结构的构件应优先选用轧制型钢；梁格布置时，应充分发挥铺板的承载力。梁格布置一般有以下三种形式：

(1) 单向梁格［见图6-10 (a)］，仅有一个方向的铺板梁，适用于梁跨较小时。梁格上的荷载直接由铺板传给次梁或铺板梁，然后传到柱或墙上，最后传给基础和地基。

(2) 双向梁格［见图6-10 (b)］，由主梁和次梁组成，次梁一般与较短边平行。梁格上的荷载由铺板传给次梁，再由次梁传给主梁，然后传到柱或墙上，最后传给基础和地基。

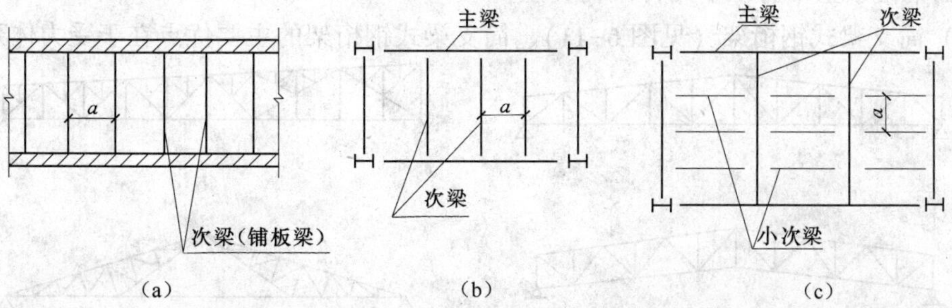

图6-10　梁格布置形式
(a) 单向梁格；(b) 双向梁格；(c) 复式梁格

（3）复式梁格［见图6-10（c）］，当主、次梁跨度较大时，可增设与主梁平行的小次梁以形成复式梁格。梁格上的荷载先由铺板传给小次梁，再由小次梁传给次梁，次梁再传给主梁，然后传到柱或墙上，最后传给基础和地基。

布置梁格时，在满足使用要求的前提下，应考虑材料的供应情况以及制造和安装的条件等因素，对几种可能的布置方案进行技术经济比较，选择合理而又经济的方案。

6.1.2　格构式受弯构件

当钢梁的跨度及荷载较大时，受弯构件可做成格构式的桁架形式，如钢桁架、吊车桁架和大型桥梁等。桁架结构受力合理、计算简单、施工方便、适应性强，对支座没有横向推力，因而在结构工程中得到了广泛的应用。在房屋建筑中，桁架结构常用来作为屋盖的承重结构，通常称为钢屋架。

1. 格构式桁架结构与实腹式钢梁结构的对比

与实腹式钢梁结构相比，格构式桁架结构是以上弦杆代替上翼缘，以腹杆代替腹板，以下弦杆代替下翼缘，而在各节点将腹杆与弦杆连接。这样，桁架整体受弯时，弯矩表现为上、下弦杆的轴心压力和拉力，剪力则表现为各腹杆的轴心压力或拉力。事实上，从实腹式钢梁结构发展成为格构式桁架结构，构件已从实腹式受弯构件变为由杆件组成的格构式体系，受力情况也发生了变化，从梁的受弯变为杆件的轴向受力，从而结构更为有利。因为梁受弯时截面上的应力分布是不均匀的，一般是某个内力最大的截面决定整个构件的断面尺寸，所以材料的强度不能得到充分利用；但桁架杆件承受轴向力，杆件截面的正应力均匀分布，所以材料强度能够得以充分利用。因此，格构式桁架结构比实腹式钢梁结构具有更多、更大的优点：

（1）扩大了梁式结构的适用跨度。

（2）桁架可用各种材料制造，例如钢筋混凝土、钢、木均可。

（3）桁架是由杆件组成的，桁架体型可以多样化，例如平行弦桁架、三角形桁架、梯形桁架、弧形桁架等型式。

（4）施工方便。桁架可以整体制造后吊装，也可以在施工现场高空进行杆件拼装。

钢桁架一般可分为平面钢桁架和空间钢桁架。

2. 平面钢桁架

平面钢桁架主要有以下几种结构类型：

（1）简支梁式钢桁架（见图6-11）。简支梁式钢桁架的主要优点在于受力体系简单，

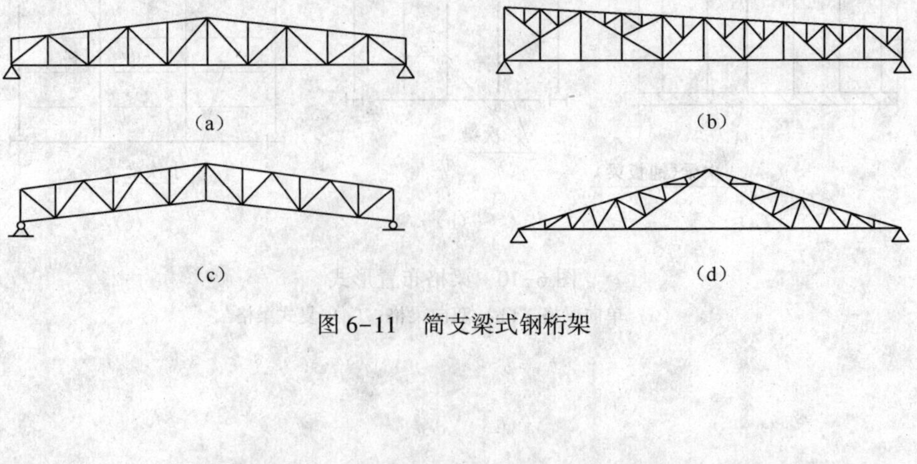

图6-11　简支梁式钢桁架

构件的设计、制作和安装方便，竖向荷载在结构中不产生推力，柱子基础承受的弯矩较小，对基础的沉陷不敏感。其缺点是耗钢量较大。

(2) 刚架横梁式钢桁架。将如图6-11（a）所示的桁架端部上、下弦与钢柱相连组成单跨或多跨刚架，可提高其水平刚度，常用于单层厂房结构，如图6-12所示。

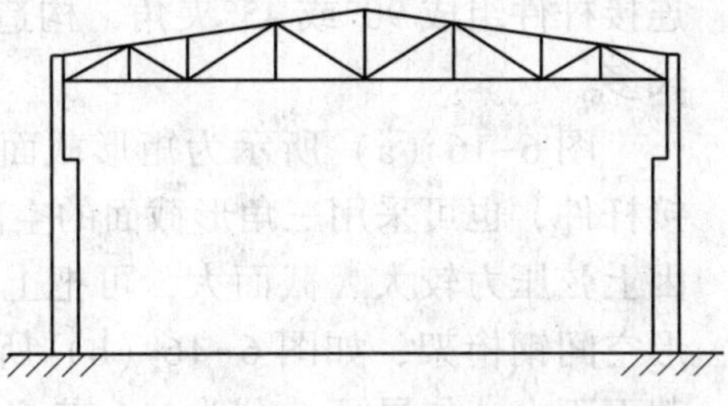

图6-12　单层厂房的刚架横梁式结构

(3) 连续式钢桁架（见图6-13）。跨越较大的桥架常采用多跨连续的钢桁架，可增加刚度并节约材料。

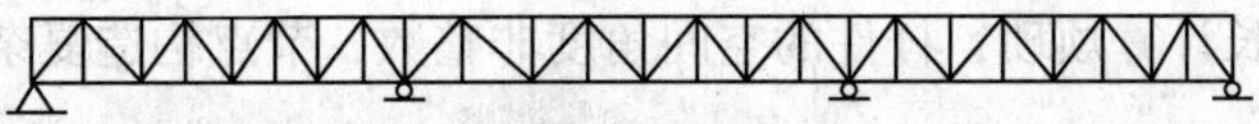

(a)

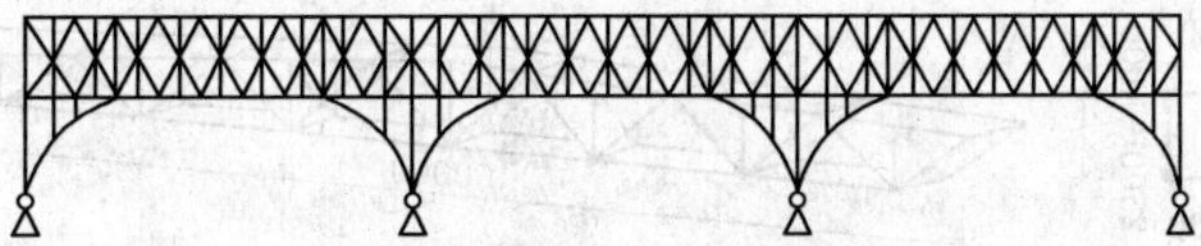

(b)

图6-13　连续式钢桁架

(4) 伸臂式钢桁架（见图6-14）。伸臂式钢桁架既具有连续式钢桁架节约材料的优点，又具有简支梁式钢桁架不受支座沉陷影响的优点，但其缺点是铰接处构造较复杂。

(a)

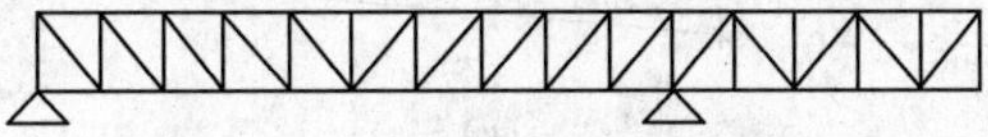

(b)

图6-14　伸臂式钢桁架

(5) 悬臂式钢桁架（见图6-15）。悬臂式钢桁架用于塔架结构，主要承受水平风荷载引起的弯矩。塔架立面轮廓线可采用直线形、单折线形、多折线形和带有拱形底座的多折线形等，平面可分为三角形、四边形、六边形和八边形等。

平面钢桁架的计算和构造可参见本书第8章。

3. 空间钢桁架

平面钢桁架结构虽然具有很好的平面内受力性能，但其在平面外的刚度很小。为保证结构的整体性，必须要设置各类支撑。支撑结构的布置要消耗很多材料，且常常以长细比

图 6-15　悬臂式塔架结构

等构造要求控制，材料强度不能得到充分发挥。采用空间钢桁架就可以避免上述缺点。

空间钢桁架（又称为立体桁架）的截面形式有矩形、正三角形、倒三角形。它是将相隔一定距离的两榀平面桁架以连接杆件组成90°或45°夹角，构造与施工简单易行，但耗钢较多。

图 6-16（a）所示为矩形截面的空间钢桁架。为减少连接杆件，也可采用三角形截面的空间钢桁架。当跨度较大时，因上弦压力较大、截面大，可把上弦一分为二，构成倒三角形空间钢桁架，如图 6-16（b）所示。当跨度较小时，上弦截面不大，如果再一分为二，势必对受压不利，故宜把下弦一分为二，构成正三角形空间钢桁架，如图 6-16（c）所示。两根下弦在支座节点汇交于一点，形成两端尖的梭子状，所以亦称为梭形钢桁架。空间钢桁架由于具有较大的平面外刚度，有利于吊装和使用，可节省用于支撑的钢材，因而具有较大的优越性。但三角形截面的空间钢桁架杆长计算烦琐，杆件的空间角度非整数，节点构造复杂，焊缝要求高，因而制作复杂。

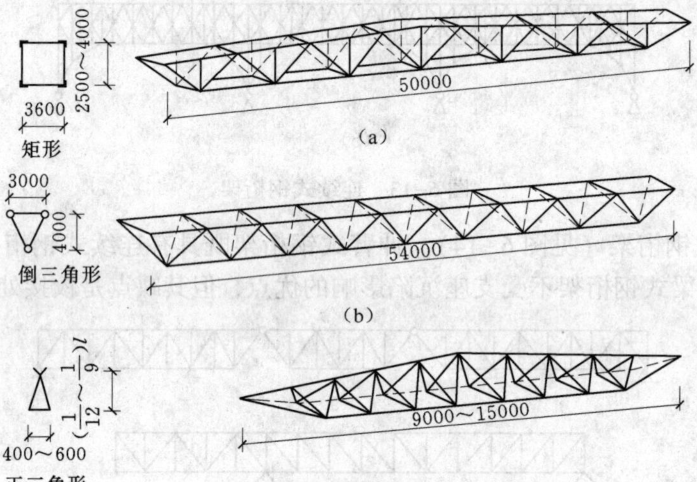

图 6-16　空间钢桁架

（a）矩形空间钢桁架；（b）倒三角形空间钢桁架；（c）正三角形空间钢桁架

6.2　梁的强度和刚度

为了确保构件的可靠性，梁的设计必须同时满足承载能力极限状态和正常使用极限状态的规定。在承载能力极限状态的设计中，钢梁的计算内容包括强度、整体稳定和局部稳定三个方面。在荷载设计值作用下，钢梁将产生弯曲正应力和剪应力，在集中荷载作用处，还有局部承压应力，因此梁的强度计算包括抗弯强度、抗剪强度和局部承压强度；在弯曲正应力、剪应力及局部压应力共同作用处，还应验算折算应力。对于框架梁，一般应验算跨中截面在最大正弯矩作用下的抗弯强度、两端截面在最大负弯矩作用下的抗弯强度和最大剪应力作用下的抗剪强度。在正常使用极限状态的设计中，钢梁的计算内容主要要求梁有足够的抗弯刚度，即在荷载标准值作用下，梁的最大挠度小于或等于《钢结构设计标准》（GB 50017—2017）规定的容许挠度值。

6.2.1 梁的强度

1. 抗弯强度

钢梁受弯时，梁截面的弯曲正应力随弯矩增加而变化，可分为弹性、弹塑性及塑性三个工作阶段。抗弯强度设计准则相应分为边缘屈服准则、有限塑性发展的强度准则和全截面塑性发展准则三种，下面以工字形截面梁弯曲为例来说明。

（1）边缘屈服准则和弹性工作阶段。边缘屈服准则即构件截面最外边缘纤维的应力达到钢材的屈服点时，就认为受弯构件的截面已达到强度极限，截面上的弯矩称为屈服弯矩。这时，除边缘屈服外，其他区域应力仍在屈服点之下，即处于弹性阶段。采取这一准则，对截面只需进行弹性分析。

当弯矩 M 较小时，截面上的弯曲应力呈三角形直线分布，如图 6-17（b）所示，此时梁处于弹性工作阶段。由材料力学知识可知：当构件截面作用着绕形心主轴的弯矩时，构件截面外缘纤维最大应力为 $\sigma_{max}=M/W_n$，这个阶段可持续到 σ_{max} 达到屈服强度 f_y。

$\sigma_{max}=f_y$ 时的梁截面弯矩称为边缘纤维屈服弯矩（或者称为弹性极限弯矩、屈服弯矩），常记作 M_e，如图 6-17（c）所示。其计算公式如下：

$$M_e=W_n f_y \tag{6-1}$$

式中 M_e——梁的弹性极限弯矩（N · mm 或 kN · mm）；

W_n——梁的净截面弹性抵抗矩（或者称为弹性截面模量，mm^3 或 cm^3）。

（2）有限塑性发展的强度准则和弹塑性工作阶段。有限塑性发展的强度准则（或者部分塑性发展的强度准则）是将截面塑性区限制在某一范围，一旦塑性区达到规定的范围即视为强度破坏。

当弯矩超过弹性极限弯矩 M_e 后，如果弯矩继续增加，截面外缘部分将进入塑性状态，中央部分仍保持弹性，也就是进入了弹塑性工作阶段。这时，截面弯曲正应力将不再保持三角形直线分布，而是呈折线形分布，如图 6-17（d）所示。随着弯矩增大，塑性区逐渐向截面中央扩展，中央弹性区相应地逐渐减小。

（3）全截面塑性发展准则和塑性工作阶段。全截面塑性发展准则是以整个截面的内力达到截面承载力极限强度的状态作为强度破坏的界限。在弹塑性工作阶段，如果弯矩不断增加，直到弹性区消失，当截面全部进入塑性状态时，就达到了塑性工作阶段。这时，梁截面应力呈上、下两个矩形分布，如图 6-17（e）所示。梁截面全部进入塑性，应力均等于屈服强度 f_y，形成塑性铰，截面会自由转动。此时，梁的承载力已达到极限，此时的最大弯矩称为塑性弯矩或极限弯矩 M_p，即

$$M_p=W_{pn}f_y=(S_{1n}+S_{2n})f_y \tag{6-2}$$

式中 S_{1n}、S_{2n}——中性轴以上、以下的净截面对中性轴的面积矩（mm^3 或 cm^3）；

W_{pn}——梁的净截面塑性抵抗矩（或者称为塑性截面模量，mm^3 或 cm^3）。

当截面上的弯矩达到 M_p 时，荷载不能再增加，但变形仍可以继续增加，截面犹如一

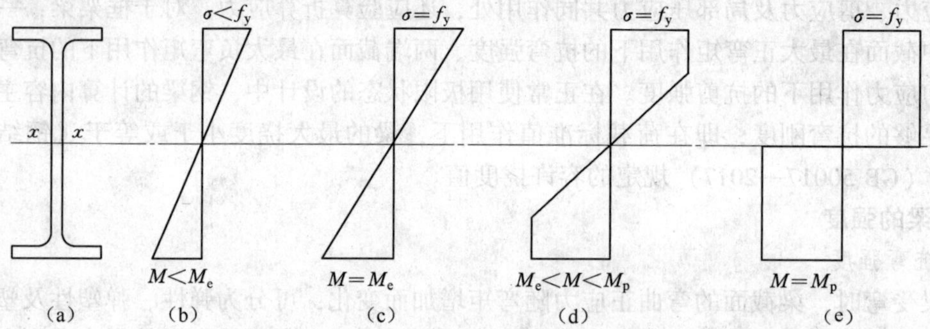

图 6-17　工字形截面梁的正应力分布

(a) 工字形梁；(b) 全截面弹性；(c) 截面外缘纤维最大应力达到屈服点；
(d) 部分截面塑性；(e) 全截面塑性

个可以转动的铰，故称为塑性铰。截面形成塑性铰时，截面中性轴为截面面积平分线，其塑性抵抗矩为截面中性轴以上和以下的净截面对中性轴的面积矩 S_{1n}、S_{2n}之和。

截面塑性抵抗矩 W_{pn}与截面弹性抵抗矩 W_n 之比称为截面形状系数f，即

$$f=W_{pn}/W_n \tag{6-3}$$

对于矩形截面（见图 6-18）：

当绕强轴（x 轴）弯曲时，有

$$f_x=W_{pnx}/W_{nx}=\left(2\times\frac{1}{2}bh\times\frac{h}{4}\right)/\left(\frac{1}{6}bh^2\right)=1.5$$

当绕弱轴（y 轴）弯曲时，有

$$f_y=W_{pny}/W_{ny}=\left(2\times\frac{1}{2}bh\times\frac{b}{4}\right)/\left(\frac{1}{6}hb^2\right)=1.5$$

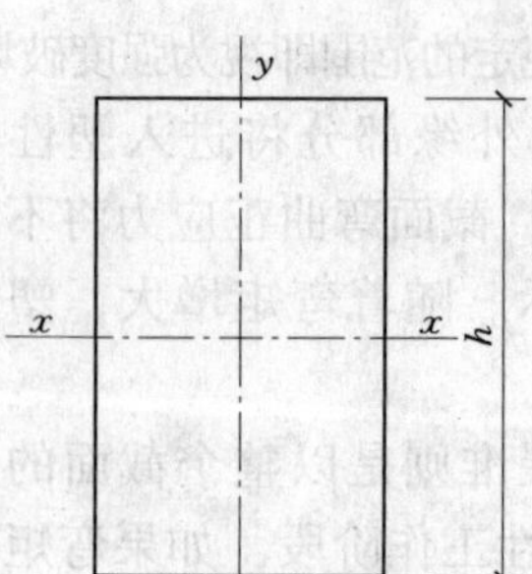

图 6-18　矩形截面梁

对于通常尺寸的工字形截面，绕强轴弯曲时 $f_x=1.1\sim1.2$，绕弱轴弯曲时 $f_y=1.5$；对于箱形截面，$f=1.1\sim1.2$；对于格构式截面或腹板很小的截面，$f\approx1.0$。

（4）《钢结构设计标准》（GB 50017—2017）规定的抗弯强度计算方法。从上述分析可看出，在计算梁的抗弯强度时，考虑截面的塑性发展比不考虑要节省钢材；但考虑梁达到塑性弯矩形成塑性铰时，梁的变形较大，同时梁内塑性区发展过大，因而对梁的承载不利。实际上，一般梁的截面中，除存在正应力外，还同时存在剪应力，有时还有局部压应力，在这种复杂应力状态下，梁在形成塑性铰之前就已达到极限承载能力。在一般情形下，常以最大边缘应力达到屈服点作为强度极限状态的标志，只在一定条件下，才允许考虑塑性变形的发展。因此，《钢结构设计标准》（GB 50017—2017）规定，在主平面内受弯的实腹式构件可考虑部分塑性发展，取梁内塑性发展到一定深度（即截面部分区域进入塑性区，截面每侧塑性发展深度不超过 $h/8$，h 为梁截面高度）作为设计极限状态，并在公式中引入了截面部分塑性发展系数 γ_x 和 γ_y；对于

“需要计算疲劳的梁”，不考虑截面塑性发展，以弹性极限弯矩作为设计极限状态。

因此，《钢结构设计标准》（GB 50017—2017）对在主平面内受弯的实腹式梁的抗弯强度计算如下：

在弯矩 M_x 作用下，有

$$\frac{M_x}{\gamma_x W_{nx}} \leqslant f \tag{6-4}$$

在弯矩 M_x、M_y 作用下，有

$$\frac{M_x}{\gamma_x W_{nx}} + \frac{M_y}{\gamma_y W_{ny}} \leqslant f \tag{6-5}$$

式中　M_x、M_y——在同一截面处绕 x 轴、y 轴的弯矩（N·mm或 kN·mm），对工字形截面，x 轴为强轴，y 轴为弱轴；

W_{nx}、W_{ny}——对 x 轴和 y 轴的净截面模量（或净截面抵抗矩，mm^3或 cm^3），当截面板件宽厚比等级为 S1 级、S2 级、S3 级或 S4 级时，应取全截面模量，当截面板件宽厚比等级为 S5 级时，应取有效截面模量，均匀受压翼缘有效外伸宽度可取 $15\varepsilon_k$ 倍翼缘厚度，腹板有效截面可按 7.6.4 节的规定采用；

γ_x、γ_y——对主轴 x 和 y 的截面塑性发展系数，当截面板件宽厚比等级为 S1 级、S2 级及 S3 级时，工字形截面（x 轴为强轴，y 轴为弱轴），$\gamma_x = 1.05$，$\gamma_y = 1.20$，箱形截面 $\gamma_x = \gamma_y = 1.05$，当截面板件宽厚比等级为 S4 级或 S5 级时，截面塑性发展系数应取为 1.0，其他截面的塑性发展系数按附录 23 采用；

f——钢材的抗弯强度设计值（N/mm^2）。

对需要计算疲劳的梁，例如，重级工作制吊车梁，塑性深入截面将使钢材发生硬化，促使疲劳断裂提前出现，因此仍按式（6-4）和式（6-5）进行计算，但不考虑塑性变形的发展，宜取 $\gamma_x = \gamma_y = 1.0$。

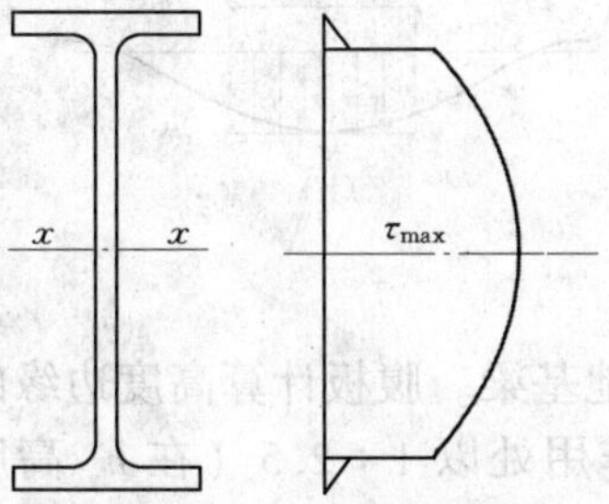

图 6-19　工字形截面梁的剪应力分布

当梁的抗弯强度不足时，可以增大梁的任一截面尺寸，但以增大梁的截面高度最为有效。

2. 抗剪强度

一般情况下，梁既承受弯矩，同时又承受剪力。工字形截面梁腹板上的剪应力分布如图 6-19 所示。《钢结构设计标准》（GB 50017—2017）以截面最大剪应力达到所用钢材抗剪屈服点作为抗剪承载力极限状态。由材料力学知识可知，截面上的最大剪应力发生在腹板中性轴处。因此，在主平面受弯［绕强轴（x 轴）受弯］的实腹式构件，其抗剪强度应按下式计算：

$$\tau = \frac{VS_x}{I_x t_w} \leqslant f_v \tag{6-6}$$

式中　V——计算截面沿腹板平面作用的剪力设计值（N 或 kN）；

S_x——计算剪应力处以上（或以下）毛截面对中性轴的面积矩（mm^3 或 cm^3）；

I_x——构件的毛截面惯性矩（mm^4 或 cm^4）；

t_w——构件的腹板厚度（mm）；

f_v——钢材的抗剪强度设计值（N/mm^2）。

轧制工字钢和槽钢因受轧制条件限制，腹板厚度 t_w 相对较大，当无较大的截面削弱（如切割或开孔等）时，可不计算剪应力。当梁的抗剪强度不足时，最有效的办法是增大腹板的面积，但腹板高度 h_w 一般由梁的刚度条件和构造要求确定，故设计时常采用加大腹板厚度 t_w 的办法来增大梁的抗剪强度。

需要说明，强度计算一般都应该采用净截面。前面介绍的抗弯强度计算时，W_{nx} 和 W_{ny} 采用的是净截面的抵抗矩；而抗剪强度计算中，S_x 和 I_x 采用的都是毛截面。这样计算方便，对计算结果影响也不大。一般情况下，梁的抗剪强度通常不是确定梁截面尺寸的主要因素，因而这样近似计算梁腹板上的剪应力并不会影响梁的可靠性。

3. 局部承压强度

当梁的翼缘受到沿腹板平面作用的固定集中荷载（包括支座反力）且该荷载处又未设置支承加劲肋时［见图 6-20（a）］，或受到移动的集中荷载（如吊车的轮压）时［见图 6-20（b）］，集中荷载通过翼缘传给腹板，因此，腹板边缘集中荷载作用处会有很高的局部横向压应力。为保证这部分腹板不致受压破坏，必须验算腹板计算高度边缘的局部承压强度。通常，以局部承压处的局部承压应力不超过材料的屈服强度作为局部承压的设计准则。

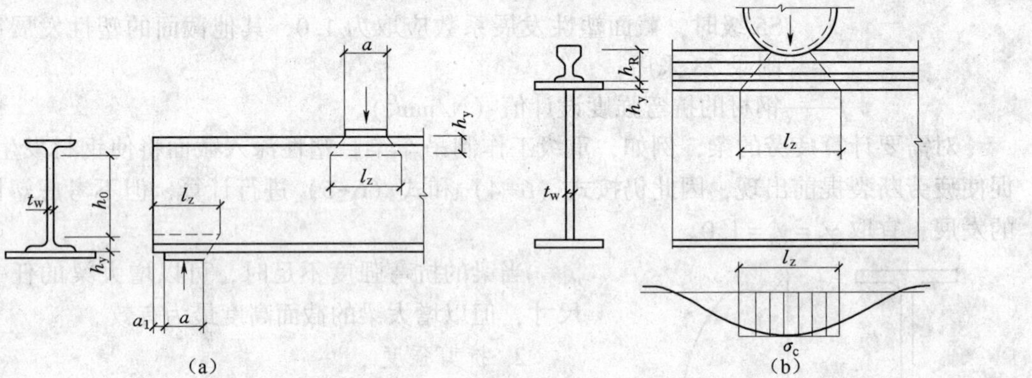

图 6-20　局部压应力

在集中荷载作用下，翼缘像一个支承在腹板上的弹性地基梁。腹板计算高度边缘的压应力分布如图 6-20（b）的曲线所示。假定集中荷载从作用处以 1∶2.5（在 h_y 高度范围）和 1∶1（在 h_R 高度范围）扩散，均匀分布于腹板计算高度边缘。按这种假定计算的均布压应力与理论的局部压应力的最大值很接近。梁的局部承压强度按下式计算：

$$\sigma_c=\frac{\psi F}{t_w l_z}\leqslant f \tag{6-7a}$$

$$l_z=3.25\sqrt[3]{\frac{I_R+I_f}{t_w}} \tag{6-7b}$$

对于跨中集中荷载：
$$l_z=a+5h_y+2h_R \tag{6-7c}$$

对于梁端支反力：
$$l_z=a+2.5h_y+a_1 \tag{6-7d}$$

式中　F——集中荷载设计值（kN），对动力荷载应考虑动力系数；

ψ——集中荷载增大系数：对重级工作制吊车轮压，$\psi=1.35$；对其他梁，$\psi=1.0$；

l_z——集中荷载在腹板计算高度上边缘的假定分布长度（mm），宜按式（6-7b）计算，也可采用式（6-7c）或式（6-7d）计算；

I_R——轨道绕自身形心轴的惯性矩（mm^4）；

I_f——梁上翼缘绕翼缘中面的惯性矩（mm^4）；

a——集中荷载沿梁跨度方向的支承长度，对钢轨上的吊车轮压可取为 50mm；

h_y——自梁顶面至腹板计算高度上边缘的距离（mm），对焊接梁，为上翼缘厚度，对轧制工字形截面梁，是梁顶面到腹板过渡完成点的距离；

h_R——轨道的高度（mm），计算处无轨道时 $h_R=0$；

a_1——梁端到支座板外边缘的距离（mm），按实际情况取值，但不得大于 $2.5h_y$；

f——钢材的抗压强度设计值（N/mm^2）。

在梁的支座处，当不设置支承加劲肋时，也应按式（6-7a）计算腹板计算高度下边缘的局部压应力，但 ψ 取 1.0。支座集中反力的假定分布长度，应根据支座具体尺寸按式（6-7c）或式（6-7d）计算。

腹板的计算高度 h_0 的确定：对轧制型钢梁，为腹板与上、下翼缘相交接处两内弧起点间的距离；对焊接组合梁，为腹板高度；对铆接（或高强度螺栓连接）组合梁，为上、下翼缘与腹板连接的铆钉（或高强度螺栓）线间最近距离。

当计算梁的局部承压强度不能满足要求时，在固定集中荷载处（包括支座处），应对腹板用支承加劲肋予以加强（见图 6-21）。这时，集中荷载考虑全部由加劲肋传递，并对支承加劲肋进行计算，腹板局部压应力可以不再计算。对于移动集中荷载，则只能修改梁截面，加大腹板厚度。

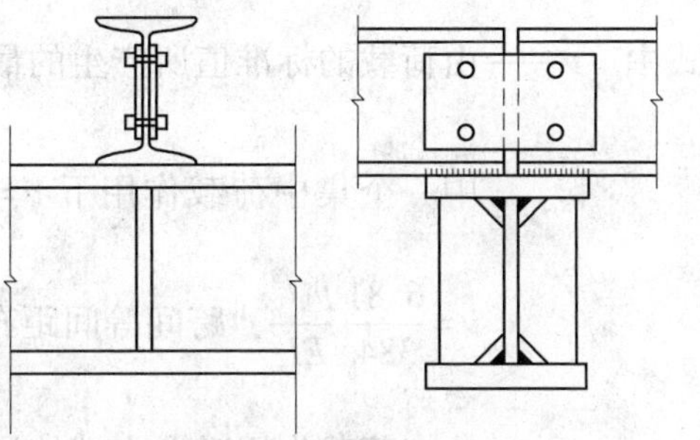
图 6-21　腹板的加强

4. 折算应力

在组合梁的腹板计算高度边缘处（见图 6-22），当同时受有较大的正应力、剪应力和局部压应力时，或同时受有较大的正应力和剪应力时（如连续梁的支座处或梁的翼缘截面改变处等），应按多轴应力状态下钢材的屈服准则（能量强度理论）验算该处的折算应力：

$$\sigma_{eq}=\sqrt{\sigma^2+\sigma_c^2-\sigma\sigma_c+3\tau^2}\leqslant\beta_1 f \tag{6-8}$$

式中　σ、τ、σ_c——腹板计算高度边缘同一点上同时产生的正应力、剪应力、局部压应力（N/mm^2），σ 和 σ_c 以拉应力为正，压应力为负；

β_1——计算折算应力的强度设计值增大系数，当 σ 和 σ_c 异号时取 $\beta_1=1.2$，当 σ 和 σ_c 同号或 $\sigma_c=0$ 时取 $\beta_1=1.1$。

τ 和 σ_c 分别按式（6-6）和式（6-7a）计算，σ 应按下式计算：

$$\sigma=\frac{M}{I_n}y_1 \tag{6-9}$$

式中 I_n——梁净截面惯性矩（mm^4）；

y_1——所计算点至梁中性轴的距离（mm）。

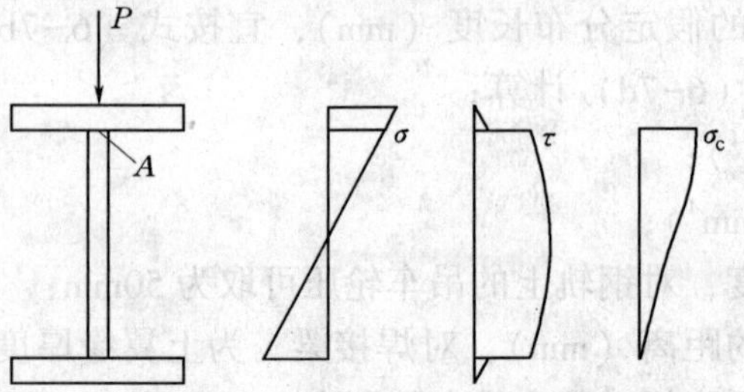

图 6-22 折算应力的验算截面

在工程设计中，考虑到个别点的应力进入塑性后截面还有承载力富余，故在式（6-8）小于或等于号右侧乘以上一个大于 1 的系数 β_1，这已包含了按截面部分进入塑性作为强度准则的考虑。当 σ 和 σ_c 异号时，其塑性变形能力比 σ 和 σ_c 同号时大，因此前者的 β_1 值大于后者的。

6.2.2 梁的刚度

梁的截面一般由整体稳定和抗弯强度来控制。如果梁截面高而跨度小，就可能取决于抗剪强度；而细长的梁则往往由刚度控制。如果梁的刚度不足，就不能保证正常使用。例如，楼盖梁的挠度过大，就会给人一种不安全的感觉，而且还会使顶棚抹灰等脱落，影响整个结构的使用功能；而吊车梁的挠度过大，还会加剧吊车运行时的冲击和振动，甚至导致吊车不能正常运行；等等。因此，限制梁在正常使用时的最大挠度，就显得十分必要了。梁的刚度按正常使用极限状态下荷载标准值引起的最大挠度来计算。

受弯构件的刚度要求为

$$\nu \leqslant [\nu] \tag{6-10}$$

式中 ν——由荷载的标准值所产生的最大挠度（mm），均布荷载作用下 $\nu=\dfrac{5}{384}\dfrac{q_k l^4}{EI_x}$，跨中一个集中荷载作用下 $\nu=\dfrac{1}{48}\dfrac{p_k l^3}{EI_x}$，跨间等间距布置两个相等的集中荷载时 $\nu=\dfrac{6.81}{384}\dfrac{p_k l^3}{EI_x}$，跨间等间距布置三个相等的集中荷载时 $\nu=\dfrac{6.33}{384}\dfrac{p_k l^3}{EI_x}$，悬臂梁受均布荷载作用时自由端的最大挠度为 $\nu=\dfrac{1}{8}\dfrac{q_k l^4}{EI_x}$，悬臂梁自由端受集中荷载作用时自由端的最大挠度为 $\nu=\dfrac{1}{3}\dfrac{p_k l^3}{EI_x}$；

q_k——均布荷载标准值（kN/m）；

p_k——各个集中荷载标准值（kN）；

l——梁的跨度（m 或 mm）；

E——钢材的弹性模量（N/mm^2）；

I_x——梁的毛截面惯性矩（mm^4）；

$[\nu]$——《钢结构设计标准》（GB 50017—2017）规定的受弯构件的容许挠度（mm），按附录 9 采用。

需要说明，梁的挠度可按材料力学和结构力学的方法计算，也可由结构静力计算手册取用，计算梁的挠度值时，应采用荷载的标准值。

【例题 6-1】 如图 6-23 所示的简支梁，钢材为 Q355，密铺板牢固连接于梁上翼缘，承受均布恒荷载标准值为 20kN/m（已包括自重），均布活荷载标准值为 30kN/m。试计算该简支梁的强度和刚度是否满足要求。

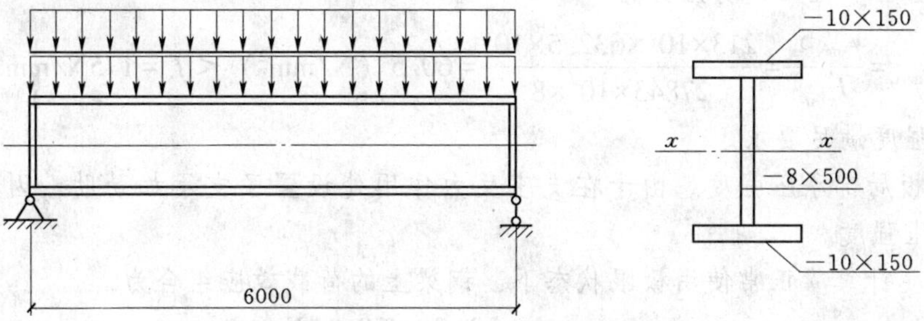

图 6-23　［例题 6-1］图

解：Q355 钢强度设计值（见附录 1）：因板件厚度均小于 16mm，为第一组钢材，故 $f=305\text{N/mm}^2$，$f_v=175\text{N/mm}^2$。

简支梁的挠度容许值（见附录 9）：$[\nu_T]=l/250$，$[\nu_Q]=l/300$。

钢材的弹性模量：$E=206\times10^3\text{N/mm}^2$。

(1) 抗弯强度计算——验算跨中截面受拉或受压边缘纤维处。

承载能力极限状态下钢梁上的荷载效应组合：

$$q=\gamma_G\sigma_{GK}+\gamma_{Q1}\sigma_{Q1K}=1.3\times20+1.5\times30=71(\text{kN/m})$$

梁的跨中最大弯矩为

$$M_{x,\max}=\frac{1}{8}ql^2=\frac{1}{8}\times71\times6^2=319.5\ (\text{kN}\cdot\text{m})$$

对强轴（x 轴）的惯性矩为

$$I_x=2\times\frac{1}{12}\times15\times1.0^3+2\times15\times1.0\times25.5^2+\frac{1}{12}\times0.8\times50^3=27843\ (\text{cm}^4)$$

对强轴（x 轴）的截面抵抗矩为

$$W_x=\frac{2.0I_x}{h}=\frac{2.0\times27843}{50+2}=\frac{27843}{26}=1071\ (\text{cm}^3)$$

对于工字形截面，$\gamma_x=1.05$，故

$$\sigma_{\max}=\frac{M_{x,\max}}{\gamma_x W_{nx}}=\frac{319.5\times10^3\times10^3}{1.05\times1071\times10^3}=284.1\ (\text{N/mm}^2)<f=305\text{N/mm}^2$$

因此，抗弯强度满足要求。

(2) 梁支座截面的抗剪强度计算。

梁支座截面处的剪力设计值为

$$V_{max}=\frac{1}{2}ql=\frac{1}{2}\times71\times6=213\ (kN)$$

梁支座截面中性轴以上（或以下）毛截面对中性轴的面积矩为

$$S_x=1.0\times15\times25.5+0.8\times25\times12.5=632.5\ (cm^3)$$

梁支座截面中性轴处剪应力为

$$\tau_{max}=\frac{V_{max}S_x}{I_x t_w}=\frac{213\times10^3\times632.5\times10^3}{27843\times10^4\times8}=60.5\ (N/mm^2)\ <f_v=175N/mm^2$$

因此，抗剪强度满足要求。

(3) 腹板局部承压强度。由于在支座反力作用处设置了支承加劲肋，因而不必验算腹板局部承压强度。

(4) 刚度计算。正常使用极限状态下，钢梁上的荷载效应组合为

$$q_k=\sigma_{GK}+\sigma_{Q1K}=20+30=50\ (kN/m)$$

梁跨中的最大挠度为

$$\nu_T=\frac{5}{384}\frac{q_k l^4}{EI_x}=\frac{5\times50\times6000^4}{384\times206\times10^3\times27843\times10^4}=14.7\ (mm)<[\nu_T]=\frac{l}{250}=24\ (mm)$$

$$\nu_Q=\frac{5}{384}\frac{q_k l^4}{EI_x}=\frac{5\times30\times6000^4}{384\times206\times10^3\times27843\times10^4}=8.8\ (mm)<[\nu_Q]=\frac{l}{300}=20\ (mm)$$

因此，刚度满足要求。

6.3 单向受弯梁的整体稳定

6.3.1 关于稳定问题的概述

由前面轴心压杆的强度及稳定分析和梁的强度分析，我们已经知道，强度问题研究的是构件截面上一个点的应力或截面内力的极限值。而稳定问题研究的则是构件或结构受外荷作用变形后，所处平衡状态的属性。为了进一步说明这一问题，可以用图6-24中的小球所处的三种不同的平衡位置来说明平衡的稳定性。该图中的三个小球都处于平衡状态，但其稳定性却并不相同。对于图6-24（a），当给小球微小干扰后，小球虽然暂时离开了原点，但其势能增加了，一旦撤去干扰，小球又可恢复到原点，因此，这种平衡状态是稳定的；图6-24（c）则不然，小球经干扰离开原点以后，其势能减小了，撤去干扰后小球不仅不能回到原点，反而继续向下滚动，远离原点，因此这种平衡状态是不稳定的；图6-24（b）的小球经干扰后离开原点，干扰撤去后停留在新的位置，处在中性平衡状态，又称为随遇平衡状态。

同样，一个结构或构件由外荷载引起受压或受剪时，随着外荷载增加，结构或构件可能在丧失强度之前，就从稳定的平衡状态经过临界平衡状态，进入不稳定平衡状态，从而丧失稳定性。为保证结构安全，所设计的结构要求处于稳定平衡状态。因此，临界平衡状态的荷载就成为结构稳定的极限荷载，又称为临界荷载。钢结构由于钢材强度高，组成结构的构件较为细长，所用板件也较薄，因此，它的稳定问题就显得更为突出。钢结构或构件的承载能力通常由稳定来控制设计。对于受拉构件，由于在拉力的作用下，构件总有拉

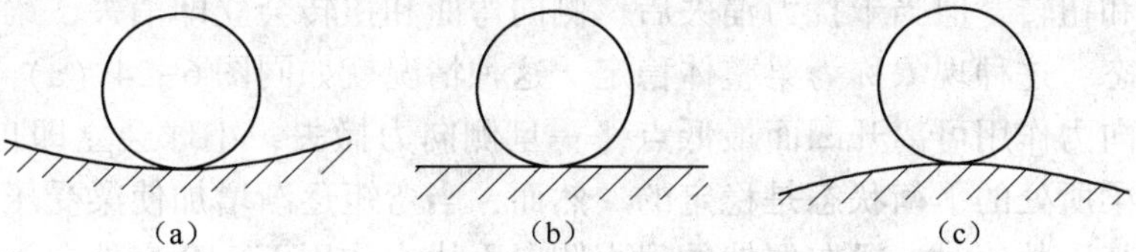

图 6-24　小球的平衡状态

(a) 稳定平衡状态；(b) 随遇平衡状态；(c) 不稳定平衡状态

直绷紧的倾向，它的平衡状态总是稳定的，因此不存在稳定问题。

钢结构中按构件和结构的形式不同，有各种不同的稳定问题。结构稳定问题和强度计算问题是有区别的。结构稳定问题的分析方法都是针对在外荷载作用下结构存在变形的条件进行的，该变形应该与所研究结构或构件失稳时出现的变形相对应。因此，需画清楚结构或构件的计算简图，该图中应展示其变形和作用着的内外力。对于两端铰接的轴心受压构件的弯曲屈曲，在计算式中应计入轴心压力对弯曲变形产生的弯矩，求解构件的弯曲屈曲荷载。而对于两端固定的轴心受压构件，在求解弯曲屈曲荷载时，不仅要计入上述弯矩，还要考虑弯曲变形在构件端部受到约束时产生的固端弯矩。构件失稳时产生的变形可能受到与其相连接构件约束的影响，有时甚至还可能与整个结构的变形有关，因此需要着眼于整个结构来分析稳定问题。由于所研究的结构变形与荷载之间呈非线性关系，因此稳定计算属于几何非线性问题，采用的是二阶分析的方法。这种分析方法与普通结构力学中的内力计算（也就是强度计算）不同。对于静定结构，内力计算与结构的变形无关，属于一阶分析；对于超静定结构，虽然在确定其中赘余力的过程中要考虑结构的变形协调，但是在求出赘余力之后，是在原来未变形结构的基础上计算各部分内力的，没有再考虑结构的变形，因此又恢复到一阶分析的方法。计算所得内力，如拉力、压力、剪力或弯矩都是结构的荷载效应。稳定计算将涉及构件或结构的一系列初始条件，如结构体系，构件的几何长度，连接条件，截面的组成、形状、尺寸和残余应力分布，以及钢材性能和外荷载作用等。

6.3.2　梁整体稳定概述

1. 梁整体稳定的概念

从前面的梁的强度和刚度计算可知，对于绕强轴（x 轴）弯曲的梁，它的抗弯强度极限是 $M_x=\gamma_x W_{nx} f=\gamma_x I_{nx} f/y$。梁的刚度用挠度衡量，例如，均布荷载作用下，$\nu=\frac{5}{384}\frac{q_k l^4}{EI_x}$，从中可以看出，挠度与梁截面惯性矩 I_x 成反比。一方面，为提高梁的强度和刚度，梁截面的 I_x 和 W_x 越大越好；另一方面，为节约钢材、减轻自重，又要求梁截面面积越小越好。这样，从强度和刚度考虑，梁的截面似乎越高越窄越有利。但是，太高太窄的梁，抗扭和侧向抗弯能力则较差，又会产生新的问题：梁可能在达到强度极限承载力之前，丧失整体稳定。

如图 6-25 所示一工字形截面梁，在竖向荷载作用下保持平衡时，起初梁绕强轴（x 轴）产生平面弯曲，即产生向下的挠曲，若弯矩较小，梁仅在弯矩作用平面内弯曲，无侧向位移。即便此时有偶然的侧向干扰（如侧向水平力作用），梁也会在下挠的同时，又发生侧向弯曲和扭转，但当干扰力消失后，侧向弯曲和扭转会立即消失，梁仍能恢复原来的稳定平衡状态，这种现象称为梁整体稳定。这种情况就如同图 6-24（a）所示的凹面内的小球，受侧向力作用可离开凹面最低点，一旦侧向力撤去，小球会立即自动回到原处。因此，这时的梁所处的平衡状态是稳定的。然而，当弯矩逐渐增加使梁受压翼缘的最大弯曲压应力达到某一数值时，梁在偶然的很小侧向干扰力作用下，会突然向刚度较小的侧向弯曲，并伴随扭转。此时，若除去侧向干扰力，侧向弯扭变形也不再消失。若弯矩再略增加，则弯扭变形将迅速增大，梁也随之失去承载能力，这种现象称为梁丧失整体稳定（见图 6-25）。因此，梁的失稳是从稳定平衡状态转变为不稳定平衡状态，并产生侧向弯扭屈曲。两种平衡状态过渡时，梁所能承受的最大弯矩和截面的最大弯曲压应力称为临界弯矩 M_{cr} 和临界应力 σ_{cr}。

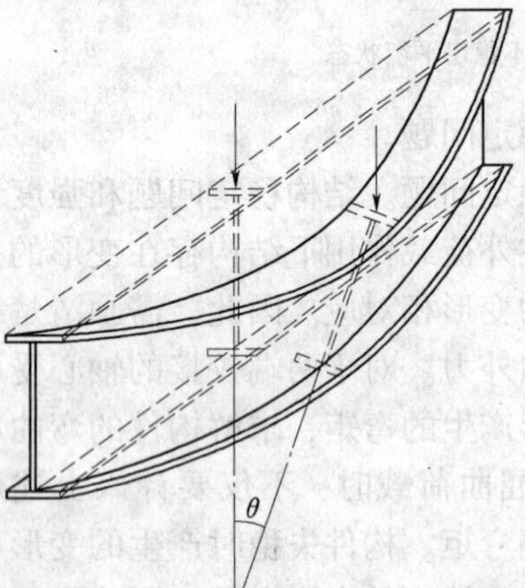

图 6-25　受弯构件的整体失稳

现以双轴对称工字形截面梁为例对梁的整体稳定概念进一步加以描述。梁之所以会出现侧扭屈曲，发生整体失稳，可以这样来理解：把梁的受压翼缘和部分与其相连的受压腹板看作一根轴心压杆，随着压力的增加，其刚度将下降，刚度下降到一定程度，此压杆即不能保持其原来的位置而发生屈曲。梁的受压翼缘和部分腹板又与轴心受压构件并不完全相同，受压翼缘是与梁的受拉翼缘和腹板受拉部分直接相连的。因此，当受压翼缘发生屈曲时，只能是平面外侧向弯曲（即对 y 轴弯曲）。又由于梁的受拉部分对其侧向弯曲产生牵制，平面外弯曲时就同时发生截面的扭转，因而梁的整体失稳必然是侧向弯扭弯曲（见图 6-25）。梁整体失稳时，构件的材料若处于弹性阶段，称为弹性失稳；若处于弹塑性阶段，则称为弹塑性失稳。梁整体失稳后，一般不能再承受更大荷载的作用，不仅如此，若对梁在平面外的弯曲及扭转（或称为弯扭变形）的发展不能予以抑制，就不能保持梁的静态平衡而发生破坏。对于跨中无侧向支承的中等或较大跨度的梁，其丧失整体稳定性时的承载能力往往低于按其抗弯强度确定的承载能力。因此，这些梁的截面大小也就往往由整体稳定性所控制，设计钢梁时应保证其不发生整体失稳。

2. 梁整体失稳的临界弯矩和临界应力

梁发生整体失稳的临界弯矩和临界应力与梁的侧向抗弯刚度、抗扭刚度、荷载沿梁跨分布情况及其在截面上的作用点位置等因素有关。根据弹性稳定理论，双轴对称工字形截面简支梁的临界弯矩和临界应力可按下列公式计算。

临界弯矩：

$$M_{cr}=\frac{\pi^2 EI_y}{l_1^{\,2}}\sqrt{\frac{I_\omega}{I_y}+\frac{l_1^{\,2}GI_t}{\pi^2 EI_y}} \tag{6-11}$$

临界应力：

$$\sigma_{cr}=\frac{M_{cr}}{W_x}=\frac{\pi^2 EI_y}{l_1^2 W_x}\sqrt{\frac{I_\omega}{I_y}+\frac{l_1^2 GI_t}{\pi^2 EI_y}} \tag{6-12}$$

式中　EI_y——侧向抗弯刚度，其中 I_y 为梁对 y 轴（弱轴）的毛截面惯性矩（N/mm^2）；

GI_t——抗扭刚度，其中 I_t 为梁的毛截面扭转惯性矩（N/mm^2）；

I_ω——梁截面的扇形惯性矩（mm^6）；

l_1——梁受压翼缘的自由长度（受压翼缘侧向支承点之间的距离，mm）；

W_x——梁对 x 轴（强轴）的毛截面模量（mm^3）；

E、G——钢材的弹性模量、剪切模量（N/mm^2）。

3. 影响钢梁整体稳定性的主要因素

由式（6-11）和式（6-12）可知，影响临界弯矩和临界应力的因素有很多。为提高钢梁的整体稳定承载力，下面对主要因素进行分析。

（1）梁截面的尺寸、截面侧向抗弯刚度 EI_y、抗扭刚度 GI_t 和抗翘曲刚度 EI_ω 越大，则临界弯矩 M_{cr} 和临界应力 σ_{cr} 越大，梁的整体稳定性能就越好。

（2）梁侧向无支长度或受压翼缘侧向支承点之间的距离 l_1 越小，则整体稳定性能越好，临界弯矩值越高。这是因为梁的整体失稳是由受压翼缘的侧向变形而引起的。因此，若受压翼缘有可靠（使截面无侧向转动和侧向变形）的侧向支承，且其间距适当，就能有效地保证梁的整体稳定性。

（3）受压翼缘加强的工字形截面（或翼缘受压的 T 形截面）比受拉翼缘加强的工字形截面（或翼缘受拉的 T 形截面）的临界弯矩大。这是因为梁的整体失稳是由受压翼缘的侧向变形而引起的。因此，若加强受压翼缘，使截面无侧向转动和侧向变形，则可有效地保证梁不发生整体失稳。

（4）梁受纯弯曲时，弯矩图为矩形，梁上翼缘的压应力在梁的全长范围均相等，如图 6-26（a）所示；梁受均布荷载和跨中央一个集中荷载时，弯矩分布分别如图 6-26（b）、（c）所示，弯矩图均有比较平缓或剧烈的变化，故梁上翼缘的压应力除跨中央为最大值外，其他截面均会有一定程度的降低。显然，在这三种典型荷载中，纯弯曲最不利，均布荷载次之，而跨中央一个集中荷载较有利。若沿梁跨分布有多个集中荷载，其影响将大于跨中央一个集中荷载而接近于均布荷载的情况。

（5）沿梁截面高度方向的荷载作用点位置不同，临界弯矩也因之而异。由图 6-27（a）可见，当荷载作用在梁的上翼缘时，荷载对梁截面的转动有加大作用，因而降低了梁的稳定性能；由图 6-27（b）可见，当荷载作用在梁的下翼缘时，荷载对梁截面的转动有减小作用，因而可提高梁的稳定性能。

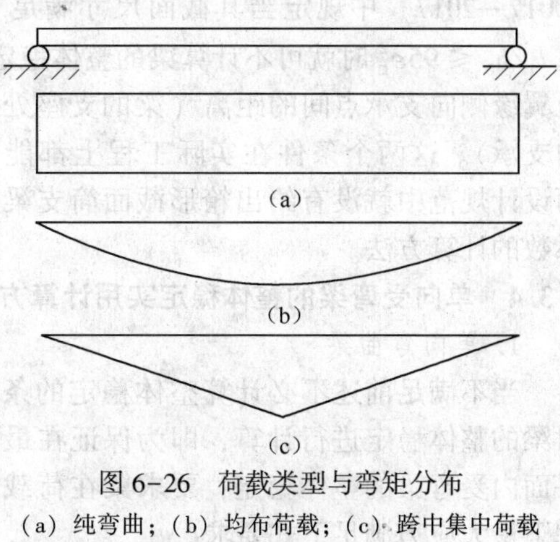

图 6-26　荷载类型与弯矩分布

（a）纯弯曲；（b）均布荷载；（c）跨中集中荷载

（6）梁端部的支承不同，支座对截面 y

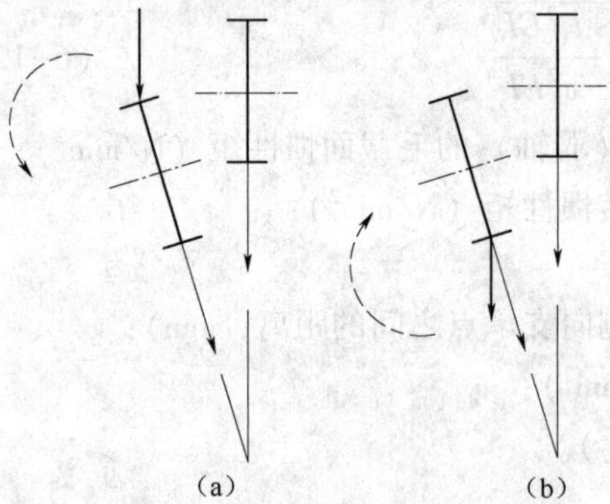

图 6-27　荷载作用点高度不同对梁稳定性能的影响

轴提供的转动约束不同，其抗侧扭屈曲的能力也不同。如果固端梁比简支梁和悬臂梁的约束程度都高，则其抗侧扭屈曲的能力比后两者都强。

（7）初始变形和加载初偏心会使梁一经荷载作用，就立即产生双向弯曲和扭转，导致梁的临界弯矩降低。残余应力的影响非常复杂。一般是由于残余应力很大，所以一开始施加荷载，弯曲正应力和残余应力叠加后将使一部分截面提前屈服，侧向抗弯刚度和抗翘曲刚度均会有不同程度的降低，梁的临界弯矩亦随之降低。

弄清楚影响梁整体稳定性的因素后，除可做到正确使用设计规范外，更重要的是可在工程实践中设法采取措施以提高梁的整体稳定性能。

6.3.3　梁整体稳定的保证

钢梁整体失去稳定性时，将发生较大的侧向弯曲和扭转变形，因此，为了提高梁的稳定承载能力，任何钢梁在其端部支承处都应采取构造措施，以防止其端部截面的扭转。提高梁整体稳定性的关键是，增强梁抵抗侧向弯曲和扭转变形的能力。根据理论分析结果，《钢结构设计标准》（GB 50017—2017）规定，当梁满足下述条件之一时，梁在丧失强度承载力之前也不会失去整体稳定，因此这时可以不计算梁的整体稳定性：

（1）当有铺板（各种钢筋混凝土板和钢板，如楼盖梁的楼面板或公路桥、人行天桥的面板等）密铺在梁的受压翼缘上并与其牢固相连，并能阻止受压翼缘的侧向位移时。这里必须注意的是，要达到铺板能阻止梁受压翼缘发生侧向位移，一方面铺板自身必须具备一定的刚度，另一方面铺板必须与钢梁牢固相连，否则就达不到预期的目的。若无刚性铺板或铺板与梁受压翼缘连接不可靠，则应设置平面支撑。

（2）箱形截面（见图 6-28）简支梁由于其截面的抗侧向弯曲刚度和抗扭转刚度远远高于开口截面（工字形截面），因而具有较好的整体稳定性。《钢结构设计标准》（GB 50017—2017）中规定当其截面尺寸满足 $h/b_0 \leq 6$ 且 $l_1/b_0 \leq 95\varepsilon_k^2$ 时就可不计算梁的整体稳定。l_1 为受压翼缘侧向支承点间的距离（梁的支座处视为有侧向支承）。这两个条件在实际工程上都能做到，因而设计规范中就没有给出箱形截面简支梁整体稳定系数的计算方法。

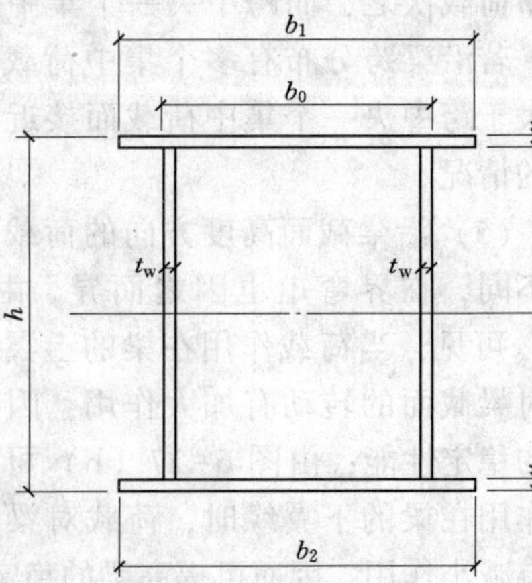

图 6-28　箱形截面

6.3.4　单向受弯梁的整体稳定实用计算方法

1. 单向弯曲梁

当不满足前述不必计算整体稳定的条件时，应对梁的整体稳定进行计算，即为保证在最大刚度主平面内受弯梁的整体稳定，要求梁在荷载设计值作用下最大应力满足下式要求：

$$\sigma=\frac{M_x}{W_x}\leqslant\frac{\sigma_{cr}}{\gamma_R}=\frac{\sigma_{cr}f_y}{f_y\gamma_R}=\varphi_b f \tag{6-13}$$

其中

$$\varphi_b=\frac{\sigma_{cr}}{f_y}$$

因此，公式可变形为《钢结构设计标准》（GB 50017—2017）规定的梁的整体稳定计算公式：

$$\frac{M_x}{\varphi_b W_x f}\leqslant 1.0 \tag{6-14}$$

式中　M_x——绕强轴作用的最大弯矩设计值（N·mm 或 kN·mm）；

W_x——按受压最大纤维确定的梁毛截面模量（mm^3 或 cm^3），当截面板件宽厚比等级为 S1 级、S2 级、S3 级或 S4 级时，应取全截面模量；当截面板件宽厚比等级为 S5 级时，应取有效截面模量，均匀受压翼缘有效外伸宽度可取 $15\varepsilon_k$ 倍翼缘厚度，腹板有效截面可按 7.6.4 节的规定采用；

φ_b——梁的整体稳定系数，为整体稳定临界应力与钢材屈服强度的比值，应按附录 10 确定。

2. 双向弯曲构件

双向受弯的 H 型钢截面构件或工字形截面构件同时在两个主平面内承受弯矩，其整体失稳仍将是在弱轴侧向的弯扭失稳，理论分析较为复杂，一般按经验近似公式计算。《钢结构设计标准》（GB 50017—2017）规定双向受弯工字形截面钢构件或 H 型钢截面构件的整体稳定应按下式计算：

$$\frac{M_x}{\varphi_b W_x f}+\frac{M_y}{\gamma_y W_y f}\leqslant 1.0 \tag{6-15}$$

式中　W_y——按受压最大纤维确定的对 y 轴的毛截面模量（mm^3）；

φ_b——绕强轴弯曲所确定的梁整体稳定系数，应按附录 10 确定。

当绕 H 型钢截面或工字形截面构件的弱轴（y 轴）弯曲时，因不会有稳定问题而只需验算其抗弯强度，所以把对 x 轴的稳定和对 y 轴的强度两个验算公式相加即得式(6-15)。

3. 框架主梁负弯矩区的稳定性计算

支座承担负弯矩且梁顶有混凝土楼板时，框架梁下翼缘受压，其稳定性计算应符合以下要求：

（1）当 $\lambda_{n,b}\leqslant 0.45$ 时，可不计算框架梁下翼缘的稳定性。

（2）当 $\lambda_{n,b}>0.45$ 时，框架梁下翼缘的稳定性应按下列公式计算：

$$\frac{M_x}{\varphi_d W_{1x} f}\leqslant 1.0 \tag{6-16a}$$

$$\lambda_e=\pi\lambda_{n,b}\sqrt{\frac{E}{f_y}} \tag{6-16b}$$

$$\lambda_{n,b}=\sqrt{\frac{f_y}{\sigma_{cr}}} \tag{6-16c}$$

$$\sigma_{cr}=\frac{3.46b_1t_1^3+h_wt_w^3(7.27\gamma+3.3)\varphi_1}{h_w^2(12b_1t_1+1.78h_wt_w)}E \tag{6-16d}$$

$$\gamma=\frac{b_1}{t_w}\sqrt{\frac{b_1t_1}{h_wt_w}} \tag{6-16e}$$

$$\varphi_1=\frac{1}{2}\left(\frac{5.436\gamma h_w^2}{l^2}+\frac{l^2}{5.436\gamma h_w^2}\right) \tag{6-16f}$$

式中 b_1——受压翼缘的宽度（mm）；

t_1——受压翼缘的厚度（mm）；

W_{1x}——弯矩作用平面内对受压最大纤维的毛截面模量（mm^3）；

φ_d——稳定系数，根据换算长细比 λ_e 按附录 12 附表 12-2 查取；

$\lambda_{n,b}$——正则化长细比；

σ_{cr}——畸变屈曲临界应力（N/mm^2）；

l——当框架主梁支承次梁且次梁高度不小于主梁高度一半时，取次梁到框架柱的净距，除此情况外，取梁净距的一半（mm）。

（3）当不满足（1）和（2）时，在侧向未受约束的受压翼缘区段内，应设置隅撑或沿梁长设间距不大于 2 倍梁高并与梁等宽的横向加劲肋。

4. 梁的整体稳定系数

梁的整体稳定系数是整体稳定临界应力与钢材屈服强度的比值，《钢结构设计标准》（GB 50017—2017）给出了等截面焊接工字形和轧制 H 型钢（见图 6-29）简支梁的整体稳定系数 φ_b（亦可参照附录 10）的简化公式如下：

$$\varphi_b=\beta_b\frac{4320}{\lambda_y^2}\frac{Ah}{W_x}\left[\sqrt{1+\left(\frac{\lambda_yt_1}{4.4h}\right)^2}+\eta_b\right]\varepsilon_k^2 \tag{6-17}$$

其中 $$\lambda_y=l_1/i_y$$

式中 β_b——梁整体稳定的等效临界弯矩系数，按表 6-1 采用；

λ_y——梁在侧向支承点间对截面弱轴（y 轴）的长细比；

l_1——对跨中无侧向支承点的梁为其跨度（mm），对跨中有侧向支承点的梁为受压翼缘侧向支承点间的距离（梁的支座处视为有侧向支承）；

i_y——梁毛截面对 y 轴的截面回转半径（mm）；

A——梁的毛截面面积（mm^2）；

h、t_1——梁截面的全高、受压翼缘厚度（mm），等截面铆接（或高强度螺栓连接）简支梁的受压翼缘厚度 t_1 包括翼缘角钢厚度在内；

η_b——截面不对称影响系数｛对双轴对称截面［见图 6-29（a）、（d）］，$\eta_b=0$；

对单轴对称工字形截面［见图 6-29（b）、（c）］，若为加强受压翼缘 $\eta_b=0.8(2\alpha_b-1)$，若为加强受拉翼缘 $\eta_b=2\alpha_b-1$，其中 $\alpha_b=I_1/I_1+I_2$，式中 I_1 和 I_2 分别为受压翼缘和受拉翼缘对 y 轴的惯性矩｝。

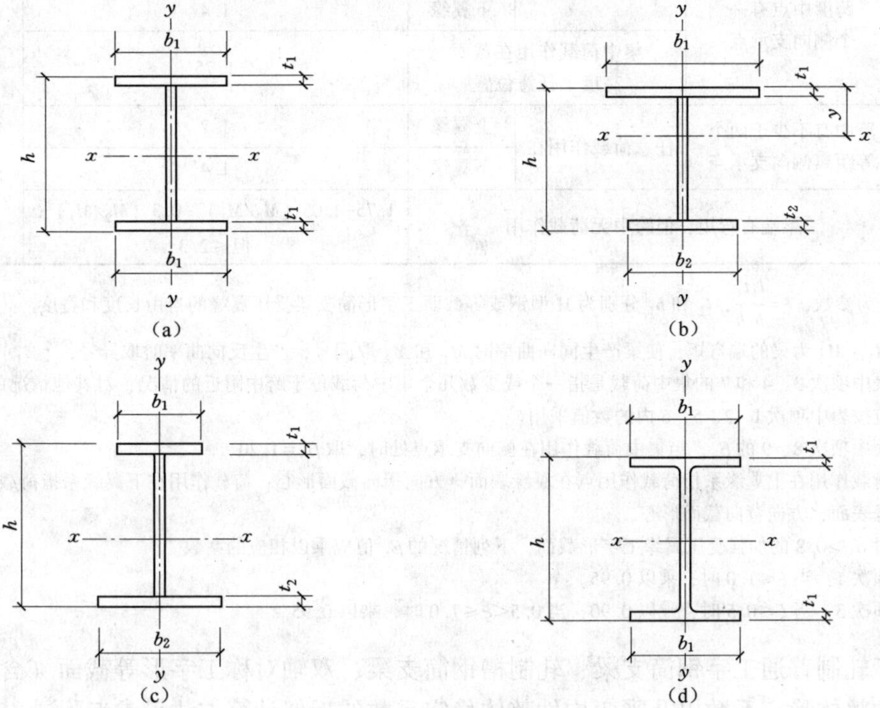

图 6-29　焊接工字形截面和轧制 H 型钢截面

（a）双轴对称焊接工字形截面；（b）加强受压翼缘的单轴对称焊接工字形截面；

（c）加强受拉翼缘的单轴对称焊接工字形截面；（d）轧制 H 型钢截面

对于较长的构件，处于弹性阶段时，$\varphi_b<1.0$；对于支承间距离较短的构件，处于弹塑性阶段时，可能出现 $\varphi_b>1.0$ 的情况，这时应按弹塑性方法来考虑修正。工程设计上通常给出 φ_b 的近似公式、计算表格或计算曲线。当计算出的 $\varphi_b>0.6$ 时，应以 φ_b' 代替 φ_b，φ_b' 的计算公式如下：

$$\varphi_b'=1.07-\frac{0.282}{\varphi_b}\leqslant 1.0 \tag{6-18}$$

表 6-1　H 型钢和等截面工字形简支梁的系数 β_b

项次	侧向支承	荷载		$\xi\leqslant 2.0$	$\xi>2.0$	适用范围
1	跨中无侧向支承点	均布荷载作用在	上翼缘	$0.69+0.13\xi$	0.95	图 6-29（a）、（b）和（d）
2			下翼缘	$1.73-0.20\xi$	1.33	
3		集中荷载作用在	上翼缘	$0.73+0.18\xi$	1.09	
4			下翼缘	$2.23-0.28\xi$	1.67	

续表

<table>
<tr><th>项次</th><th>侧向支承</th><th colspan="2">荷 载</th><th>$\xi\leqslant2.0$</th><th>$\xi>2.0$</th><th>适用范围</th></tr>
<tr><td>5</td><td rowspan="3">跨度中点有一个侧向支承点</td><td rowspan="2">均布荷载作用在</td><td>上翼缘</td><td colspan="2">1.15</td><td rowspan="6">图 6-29 中的所有截面</td></tr>
<tr><td>6</td><td>下翼缘</td><td colspan="2">1.4</td></tr>
<tr><td>7</td><td colspan="2">集中荷载作用在截面高度上任意位置</td><td colspan="2">1.75</td></tr>
<tr><td>8</td><td rowspan="2">跨中有不少于两个等距离侧向支承点</td><td rowspan="2">任意荷载作用在</td><td>上翼缘</td><td colspan="2">1.2</td></tr>
<tr><td>9</td><td>下翼缘</td><td colspan="2">1.4</td></tr>
<tr><td>10</td><td colspan="3">梁端有弯矩，但跨中无荷载作用</td><td colspan="2">$1.75-1.05(M_2/M_1)+0.3(M_2/M_1)^2$，但$\leqslant2.3$</td></tr>
</table>

注：1. ξ 为参数，$\xi=\frac{l_1t_1}{b_1h}$，l_1 和 b_1 分别为 H 型钢或等截面工字形简支梁受压翼缘的自由长度和宽度。

2. M_1、M_2 为梁的端弯矩，使梁产生同向曲率时 M_1 和 M_2 取同号，产生反向曲率时取异号，$|M_1|\geqslant|M_2|$。

3. 表中项次 3、4 和 7 的集中荷载是指一个或少数几个集中荷载位于跨中附近的情况，对其他情况的集中荷载，应按表中项次 1、2、5、6 内的数值采用。

4. 表中项次 8、9 的 β_b，当集中荷载作用在侧向支承点处时，取 $\beta_b=1.20$。

5. 荷载作用在上翼缘系指荷载作用点在翼缘表面，方向指向截面形心；荷载作用在下翼缘系指荷载作用点在翼缘表面，方向背向截面形心。

6. 对 $\alpha_b>0.8$ 的加强受压翼缘工字形截面，下列情况的 β_b 值应乘以相应的系数。

项次 1：当 $\xi\leqslant1.0$ 时，乘以 0.95。

项次 3：当 $\xi\leqslant0.5$ 时，乘以 0.90；当 $0.5<\xi\leqslant1.0$ 时，乘以 0.95。

对于轧制普通工字钢简支梁、轧制槽钢简支梁、双轴对称工字形等截面（含 H 型钢）悬臂梁的整体稳定系数以及受弯构件整体稳定系数的近似计算方法可参考附录 10。

5. 加强梁整体稳定的措施

当梁的整体稳定承载力不足时，可采用加大梁的截面尺寸（其中，增大受压翼缘的宽度最为有效）或增加侧向支承（减小梁侧向计算长度的支撑，应设置在受压翼缘）的办法予以解决。

此外，必须注意，所有整体稳定计算公式均是依据梁的端部截面不产生扭转变形(扭转角等于零)。因此，在梁端处必须采取构造措施提高抗扭刚度，以防止端部截面扭转，否则梁的整体稳定性能将会降低。所以《钢结构设计标准》（GB 50017—2017）规定，无论梁是否需要计算整体稳定性，梁的支承处均应采取构造措施以阻止其端部截面的扭转。当简支梁仅腹板与相邻构件相连时，因为钢梁腹板容易变形，抗扭刚度小，并不能保证梁端截面不发生扭转，因此在钢梁稳定性计算时，计算长度应放大，取实际距离的 1.2 倍。简支梁的理想简支支座最好是如图 6-30 所示的夹支支座（在力学意义上称为“夹支”），它使梁在支座处均可绕 x、y 轴转动，且翘曲不受约束，但不能侧移和绕 z 轴扭转。在实际工程中，虽然不必完全按理想夹支的构造形式，但必须注意防止支座处梁产生侧移和扭转。防止扭转的最有效方式是不仅把下翼缘连于支座，在上翼缘端部也用板连于支承构件来制止侧移。厂房结构中的吊车梁就常采用这种做法，如图 6-31 所示。高度不很大的梁可以用梁端的横向加劲肋来防止扭转，如图 6-32（a）所示。如果梁端只对下翼缘设置了侧向支承，上翼缘一点也没有采取防止侧向位移的措施，则梁端的抗扭完全依靠腹板的弯曲刚度，高度稍大的梁，腹板弯曲刚度很弱，梁端截面在梁失稳时可能出现如图 6-32（b）所示的变形。图 6-33（a）适用于槽钢檩条，檩托角钢的竖直肢应较高且要具有一定厚度，以防止扭转。图 6-33（b）的 Z 形薄壁型钢檩条，若采用冷弯薄壁角钢檩托，则刚度不够，应采用加劲肋加强。

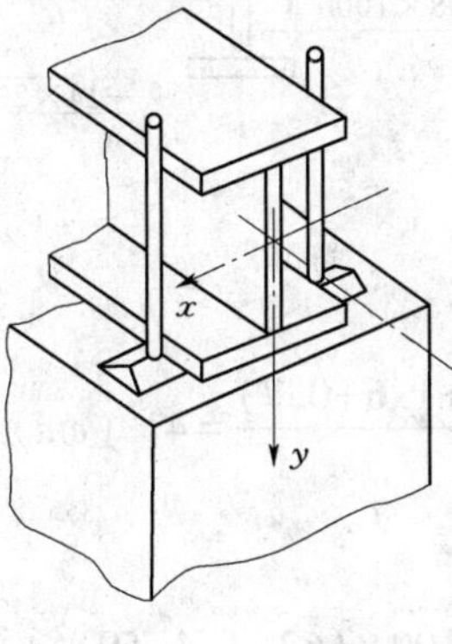

图 6-30　简支梁的理想夹支支座

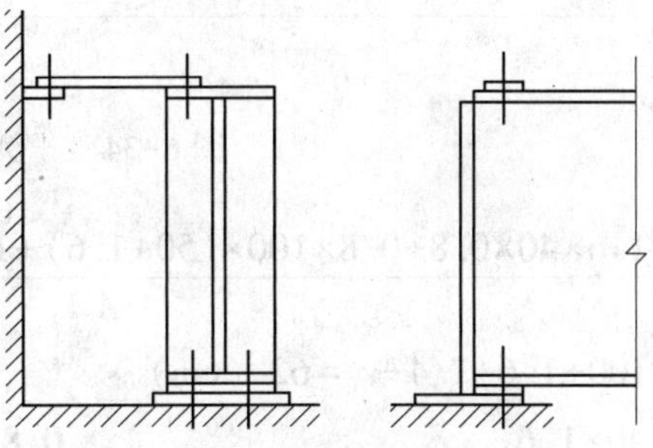

图 6-31　梁上翼缘的侧向支点

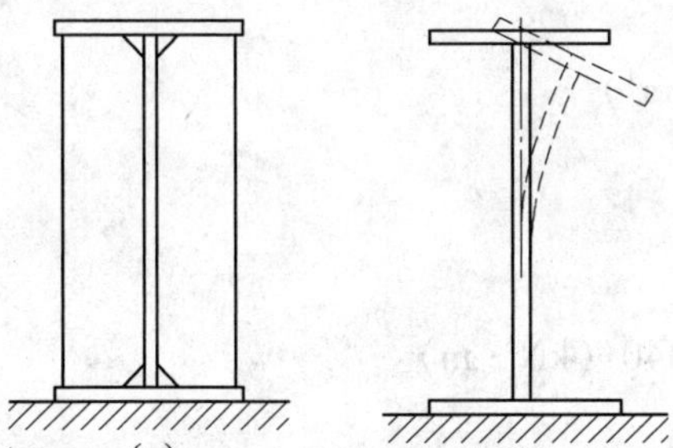

（a）　（b）

图 6-32　有端加劲肋的梁和无端加劲肋的梁

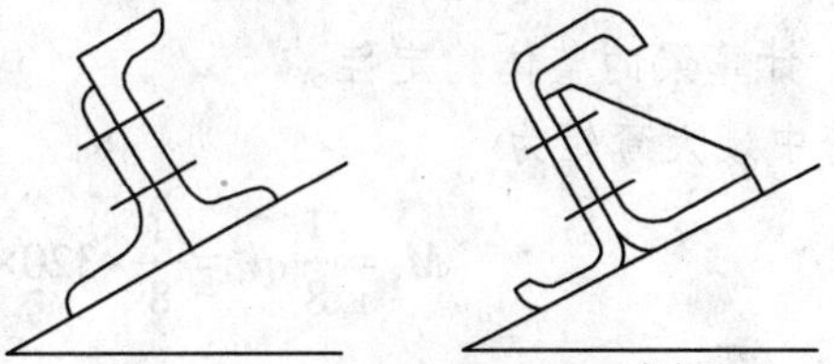

（a）　（b）

图 6-33　防止檩条端部截面扭转的支座构造

【例题 6-2】 如图 6-34 所示的等截面简支梁跨度为 6m，钢材为 Q355，跨中无侧向支承点，上翼缘作用有均布荷载设计值 $q=320\text{kN/m}$。试验算该简支梁的整体稳定性。

解： Q355 钢强度设计值（见附录 1）：因板件厚度均不超过 16mm，为第一组钢材，故 $f=305\text{N/mm}^2$。

（1）判断是否需要验算梁的整体稳定性。本题目是工字形截面梁，题目中没有明确说明有铺板密铺在梁的受压翼缘上并与其牢固相连，能阻止梁受压翼缘的侧向位移，所以应验算梁的整体稳定性。

（2）计算截面几何特性参数。

梁截面面积为

$$A=1.6\times40+0.8\times100+1.4\times20=172(\text{cm}^2)$$

形心坐标，以上翼缘底部为坐标原点，则

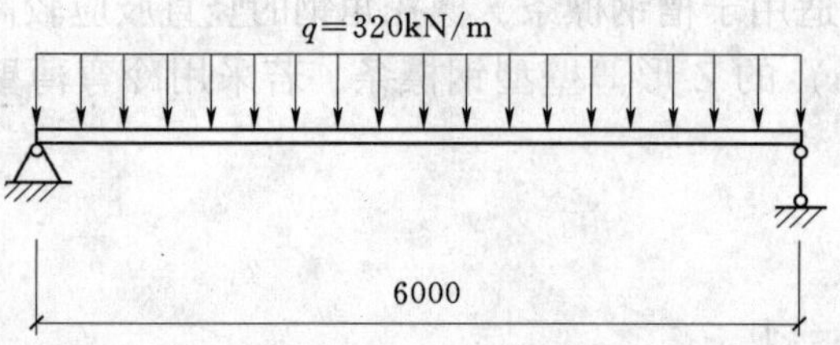

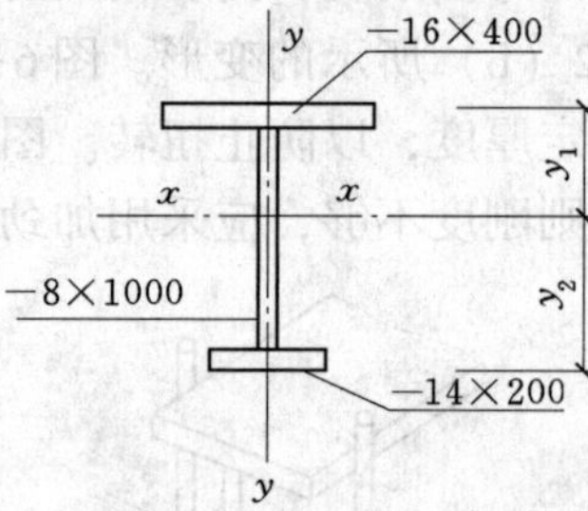

图6-34 ［例题6-2］图

$$y_1=\frac{1.6\times40\times0.8+0.8\times100\times(50+1.6)+1.4\times20\times(100+1.6+0.7)}{A}=41\ (\text{cm})$$

$$y_2=100+1.6+1.4-y_1=62\ (\text{cm})$$

$$I_x=\frac{40\times1.6^3}{12}+1.6\times40\times(41-0.8)^2+\frac{0.8\times100^3}{12}+0.8\times100\times(62-1.4-50)^2+\frac{20\times1.4^3}{12}+$$

$$1.4\times20\times(62-0.7)^2$$

$$=284315.6\ (\text{cm}^4)$$

$$I_y=\frac{1.6\times40^3}{12}+\frac{100\times0.8^3}{12}+\frac{1.4\times20^3}{12}=9470.9\ (\text{cm}^4)$$

（3）计算梁的整体稳定性。

梁跨中最大弯矩为

$$M_x=\frac{1}{8}ql^2=\frac{1}{8}\times320\times6^2=1440\ (\text{kN}\cdot\text{m})$$

1）计算β_b：

$$\xi=\frac{l_1t_1}{b_1h}=\frac{6000\times16}{400\times(16+1000+14)}=0.233<2.0$$

由表6-1项次1查得

$$\beta_b=0.69+0.13\xi=0.69+0.13\times0.233=0.72$$

由于梁截面为加强受压翼缘的工字形截面，则

$$\alpha_b=\frac{I_1}{I_1+I_2}=\frac{1.6\times40^3/12}{1.6\times40^3/12+1.4\times20^3/12}=0.9>0.8$$

因此，β_b值应乘以相应的系数，由于$\xi\leqslant1.0$，故乘以系数0.95，即

$$\beta_b=0.72\times0.95=0.684$$

2）计算λ_y：

$$i_y=\sqrt{\frac{I_y}{A}}=\sqrt{\frac{9470.9}{172}}=7.42(\text{cm})$$

$$\lambda_y=\frac{l_1}{i_y}=\frac{6000}{74.2}=80.9$$

3）计算 W_x：

$$W_x = \frac{I_x}{y_1} = \frac{284315.6}{41} = 6934.5(\mathrm{cm}^3)$$

4）计算截面不对称影响系数 η_b：因梁截面为加强受压翼缘，故

$$\eta_b = 0.8(2\alpha_b - 1) = 0.8 \times (2 \times 0.9 - 1) = 0.64$$

5）计算梁的整体稳定系数：

$$\varphi_b = \beta_b \frac{4320}{\lambda_y^2} \frac{Ah}{W_x}\left[\sqrt{1 + \left(\frac{\lambda_y t_1}{4.4h}\right)^2} + \eta_b\right]\varepsilon_k^2$$

$$= 0.684 \times \frac{4320}{80.9^2} \times \frac{172 \times 103}{6934.5} \times \left[\sqrt{1 + \left(\frac{80.9 \times 1.6}{4.4 \times 103}\right)^2} + 0.64\right] \times \left(\sqrt{\frac{235}{355}}\right)^2$$

$$= 1.28 > 0.6$$

由于计算出的 $\varphi_b > 0.6$，应以 φ_b' 代替 φ_b，则 φ_b' 的计算如下：

$$\varphi_b' = 1.07 - \frac{0.282}{\varphi_b} = 1.07 - \frac{0.282}{1.28} = 0.850 < 1.0$$

6）计算梁的整体稳定：

$$\frac{M_x}{\varphi_b' W_x f} = \frac{1440 \times 10^6}{0.850 \times 6934.5 \times 10^3 \times 305} = 0.80 < 1.0$$

因此，梁的整体稳定性满足要求。

6.4　梁的局部稳定和腹板加劲肋设计

在钢梁的设计中，除了强度和整体稳定问题外，为了保证梁的安全承载还须考虑局部稳定的问题。由于钢材具有轻质高强的特性，钢构件的承载力往往由整体稳定承载力控制。为合理、有效地使用钢材，需合理增加组合梁截面的惯性矩，钢结构构件截面一般设计得比较开展，板件宽而薄对整体稳定是有利的，在设计时，从强度和刚度方面考虑，腹板宜高一些，薄一些；翼缘宜宽一些，薄一些；翼缘的宽厚比应尽量大。但若设计不当，在梁的强度和整体稳定都能得到保证的情况下，在荷载作用下受压应力和剪应力作用的腹板区及受压翼缘有可能偏离其原来的平面位置而形成波形屈曲，即发生平面外凸曲（见图6-35），也即钢梁丧失局部稳定（或梁局部失稳）。

轧制型钢梁，由于轧制条件限制，梁的翼缘和腹板的厚度都较大，其板件宽厚比较小，因而没有局部稳定性的问题，不必计算。对于冷弯薄壁型钢梁的受压或受弯板件，当宽厚比不超过规定的限制时，认为板件全部有效；当超过此限制时，则只考虑一部分宽度有效（称为有效宽度），应按《冷弯薄壁型钢结构技术规范》（GB 50018—2002）计算。而对于组合梁的设计，需要考虑翼缘和腹板的局部稳定问题。梁丧失局部稳定性的后果虽然没有丧失整体稳定性会导致梁立即失去承载能力那样严重，但丧失局部稳定性会造成梁截面的部分失效、改变梁的受力状况、降低梁的整体稳定性和刚度，因此设计梁必须注意局部稳定性的问题。

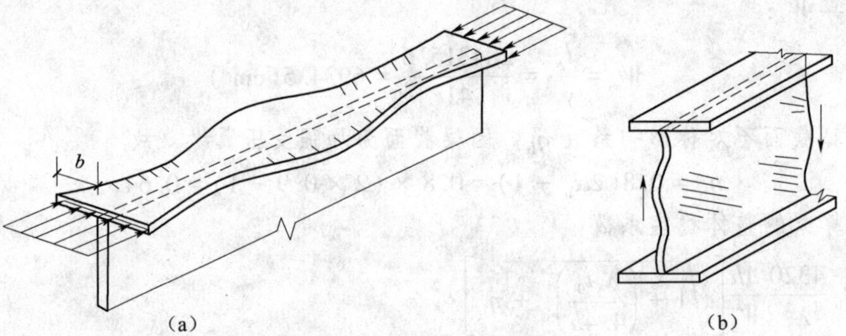

图 6-35　梁的局部失稳

（a）翼缘失稳；（b）腹板失稳

对工字形截面焊接组合梁组成板件的局部稳定性问题的处理方法，目前《钢结构设计标准》（GB 50017—2017）采用以下三种方式：

（1）对翼缘板，采用限制其宽厚比以保证翼缘板不发生局部失稳。

（2）对直接承受动力荷载的吊车梁或其他不考虑腹板屈曲后强度的组合梁，在其腹板配置加劲肋，把腹板分成若干区格，对各区格计算其稳定性，保证不发生局部失稳。对吊车梁之所以不考虑腹板屈曲后强度，是防止多次反复屈曲可能导致腹板出现疲劳裂纹。

（3）对承受静力荷载和间接承受动力荷载的组合梁，容许腹板局部失稳，考虑腹板的屈曲后强度，计算腹板局部屈曲后梁截面的抗弯和抗剪承载力。具体详见本书 6.7 节中有关工字形组合梁腹板考虑屈曲后强度的设计内容。

实腹式截面（如工字形、槽形、箱形）梁都是由一些板件组成的。这些板件在中面（平分板厚的平面）内的一定压力作用下，不能保持其平面变形状态下的平衡形式，发生弯曲变形。这种现象称为板件失稳，对于整个构件来说就是局部失稳（屈曲）。因此，梁的局部稳定问题，其实质是组成梁的矩形薄板在各种应力 σ、τ 和 σ_c 作用下的屈曲问题。

板在各种应力作用下保持稳定所能承受的最大应力称为临界应力 σ_{cr} 或 τ_{cr}。按弹性稳定理论，矩形薄板在各种应力单独作用下失稳的临界应力 σ_{cr} 或 τ_{cr} 可由下面的通用公式计算，即

$$\sigma_{cr}(\text{或}\ \tau_{cr}) = \chi k \frac{\pi^2 E}{12(1-\nu^2)}\left(\frac{t}{b}\right)^2 \tag{6-19}$$

其中

$$k=\left(\frac{mb}{a}+\frac{a}{mb}\right)^2$$

式中　σ_{cr}——板的局部失稳临界应力（N/mm^2）；

χ——弹性嵌固系数；

k——板的稳定系数；

a、b、t——板的长边长、短边长、板厚（mm）；

m——板屈曲时沿长边方向的半波数；

E——弹性模量（N/mm^2）；

ν——泊松比。

当翼缘的弯曲压应力大于比例极限处于弹塑性状态时，板沿受力方向的弹性模量降为切线模量 $E_t=\eta E$（$\eta<1.0$，为两种模量之比）。这时，临界应力可改用下面的近似公式计算，即将式（6-19）中的 E 用 $\sqrt{\eta}E$ 代替，即

$$\sigma_{cr}(\text{或}\ \tau_{cr})=\chi k\frac{\sqrt{\eta}\pi^2E}{12(1-\nu^2)}\left(\frac{t}{b}\right)^2 \tag{6-20}$$

下面主要结合一般钢结构中组合梁的具体情况，分别介绍梁受压翼缘的局部稳定计算和腹板加劲肋的设计。

6.4.1　梁受压翼缘的局部稳定

1. 保证构件局部稳定的设计准则

（1）使板件局部失稳的临界应力 $\sigma_{cr}^{局}$ 不小于材料的屈服强度，承载能力由强度控制，即

$$\sigma_{cr}^{局}\geqslant f_y \tag{6-21}$$

（2）使板件局部失稳的临界应力 $\sigma_{cr}^{局}$ 大于或等于构件的整体稳定临界应力 $\sigma_{cr}^{整}$，承载能力由整体稳定控制，即

$$\sigma_{cr}^{局}\geqslant\sigma_{cr}^{整} \tag{6-22}$$

（3）使板件局部失稳的临界应力 $\sigma_{cr}^{局}$ 大于或等于实际工作应力，即

$$\sigma_{cr}^{局}\geqslant\sigma \tag{6-23}$$

若构件是强度在起控制作用（如长度很短的短柱或者梁），则可以按准则（1）和（3）处理；若整体稳定起控制作用（如长柱或中长柱），则可按准则（2）处理。由于板件局部失稳的临界应力 $\sigma_{cr}^{局}$ 是板件宽厚比或高厚比的函数，根据上述准则，设计公式可以转化为对板件宽厚比或高厚比的几何要求。

2. 梁受压翼缘的宽厚比限值

梁的受压翼缘板主要受均布压应力作用（见图 6-36）。梁受压翼缘的外伸部分可按三边简支、一边自由的纵向均匀受压板计算。为了充分发挥材料强度，翼缘的合理设计是采用一定厚度的钢板，使其临界应力 $\sigma_{cr}^{局}$ 不低于钢材的屈服强度 f_y，即满足设计准则（1），从而使翼缘不丧失稳定。一般采用限制宽厚比的办法来保证受压翼缘板的稳定。

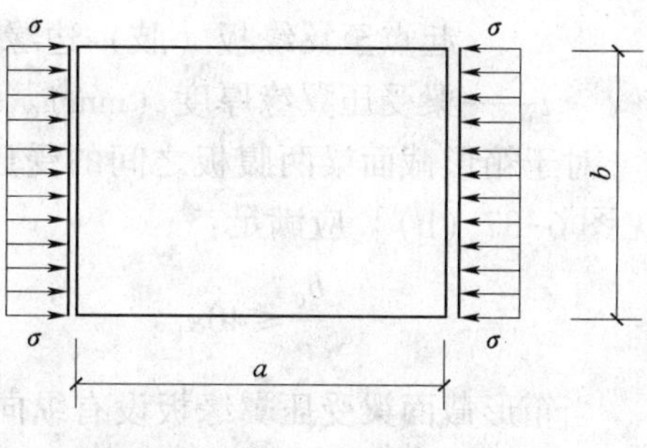

图 6-36　薄板受均布压应力作用

在应用式（6-20）求局部失稳的临界应力时，t 为受压板件厚度；b 为受压板件宽度，在工字形截面或箱形截面（见图 6-37）受弯构件中，b 是指受压翼缘自腹板边缘算起的外挑悬臂长度。k 为矩形板的稳定系数，将工字形截面的翼缘或箱形截面向腹板外侧挑出的翼缘板视为三边简支支承、一边自由的板件考虑，可取 $k=0.425$；若将箱形截面两腹板间的翼缘板视为四边支承板，则可取 $k=4.0$。作为翼缘支承边的腹板较薄，对翼缘的约束作用很小，故取 $\chi=1.0$，再将 $E=206\times10^3\text{N/mm}^2$、$\nu=0.3$ 代入式（6-20）。为了使翼缘的局部稳定能具有最大限度的保证，应使其不先于强度

破坏，即其临界应力不应低于屈服强度。采用设计准则（1），可得

$$\frac{\pi^2 E}{12(1-\nu^2)}=\frac{3.14^2\times 2.06\times 10^5}{12\times(1-0.3^2)}=18.6\times 10^4$$

$$\sigma_{cr}=\chi k\frac{\sqrt{\eta}\pi^2 E}{12\ (1-\nu^2)}\left(\frac{t}{b}\right)^2=1\times 0.425\times\sqrt{0.4}\times 18.6\times 10^4\left(\frac{t}{b}\right)^2\geqslant f_y$$

将上式化简，即可求出梁受压翼缘自由外伸宽度 b 与其厚度 t 之比（见图 6-37）的限值。《钢结构设计标准》（GB 50017—2017）规定：若为弹性设计，也就是表 3-8 中受弯构件的截面板件宽厚比等级为 S4 级，梁受压翼缘（工字形、T 形截面的翼缘及箱形截面悬伸部分的翼缘）的自由外伸宽度 b 与其厚度 t 之比，即宽厚比应满足：

$$\frac{b}{t}\leqslant 15\varepsilon_k \tag{6-24}$$

当超静定梁按塑性设计方法设计，即允许截面上出现塑性铰并要求有一定转动能力时，翼缘的应变发展较大，甚至达到应变硬化的程度，对其翼缘的宽厚比要求就更严格一些，也就是表 3-8 中受弯构件的截面板件宽厚比等级为 S1 级。此时，应满足：

$$\frac{b}{t}\leqslant 9\varepsilon_k \tag{6-25}$$

当梁允许出现部分塑性时，也就是表 3-8 中受弯构件的截面板件宽厚比等级为 S3 级，《钢结构设计标准》（GB 50017—2017）规定此时的翼缘悬伸宽厚比应满足：

$$\frac{b}{t}\leqslant 13\varepsilon_k \tag{6-26}$$

式中 b——梁受压翼缘自由外伸宽度（mm），对焊接构件取腹板边至翼缘板（肢）边缘的距离，对轧制构件取内圆弧起点至翼缘板（肢）边缘的距离；

t——梁受压翼缘厚度（mm）。

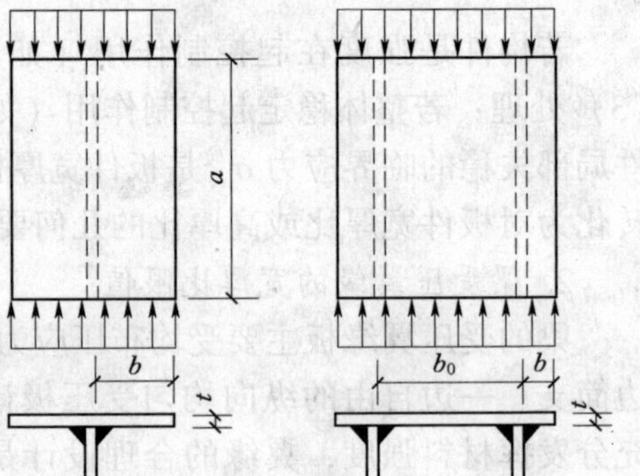

图 6-37 工字形和箱形截面梁的翼缘宽厚比

对于箱形截面梁两腹板之间的受压翼缘部分［见图 6-37（b）］应满足：

$$\frac{b_0}{t}\leqslant 40\varepsilon_k \tag{6-27}$$

当箱形截面梁受压翼缘板设有纵向加劲肋时，则式（6-27）中的 b_0 取腹板与纵向加劲肋之间的翼缘板无支承宽度。

6.4.2 梁腹板加劲肋设计

如前所述，梁翼缘主要承受弯曲压应力，可采用限制其宽厚比的办法来保证局部稳定。但是，梁腹板除承受弯曲正应力作用外，还有剪应力和局部压应力的共同作用，且在各区域的分布和大小不尽相同，加之其面积又相对较大，如果同样采用高厚比限值，当不能满足时，则在腹板高度一定的情况下（例如，梁高不能再增加），只有增加腹板厚度，而腹板大部分应力很低，这明显是不经济的。然而，若从构造上采取在腹板上设置一些横

向和纵向加劲肋，即将腹板分隔成若干小尺寸的矩形区格(见图6-38)，这样各区格的四周由于翼缘和加劲肋构成支承，就能有效地提高腹板的临界应力，从而可保证其不发生局部失稳。因此，工程中对梁的腹板是采用设置加劲肋的措施来保证其局部稳定的。

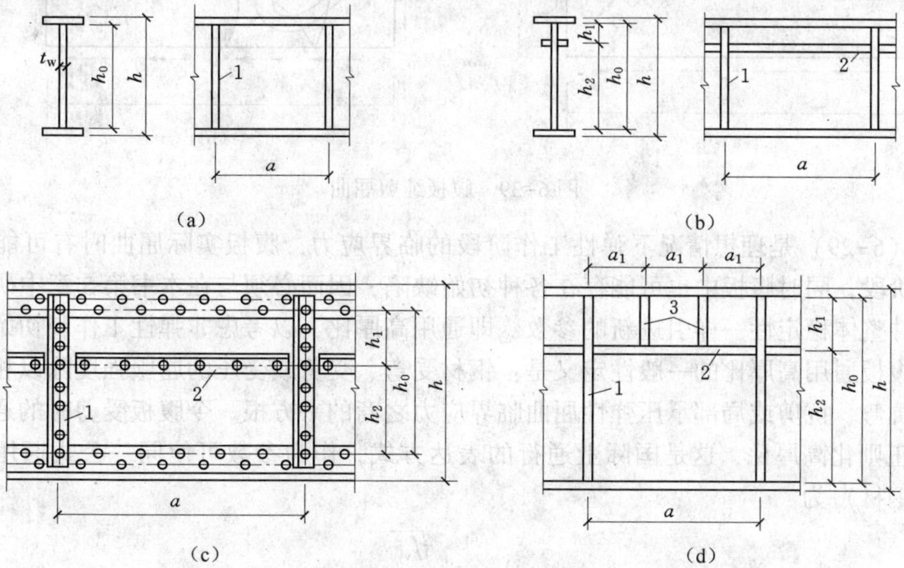

图6-38 梁腹板加劲肋布置

1—横向加劲肋；2—纵向加劲肋；3—短加劲肋

以简支梁的受力情况为例进行说明，简支梁的端部区格一般以承受剪应力为主，跨中区格则以承受弯曲压应力为主；若有较大集中荷载时，还同时承受局部压应力。不同的区格，不同的部位，均承受相应的弯曲正应力、剪应力或局部压应力的共同作用。下面先分别叙述各种应力单独作用时腹板屈曲的临界应力。

1. 腹板的纯剪屈曲

当四边简支的矩形腹板在均匀分布的剪应力作用下屈曲时，呈现沿45°方向倾斜的鼓曲，这个方向与主压应力的方向垂直，腹板的纯剪切屈曲发生在中性轴附近(见图6-39)。由式（6-19）可知板弹性屈曲时的临界剪应力为

$$\tau_{cr}=\chi k\frac{\pi^2 E}{12\ (1-\nu^2)}\left(\frac{t_w}{h_0}\right)^2 \tag{6-28}$$

由于

$$\frac{\pi^2 E}{12(1-\nu^2)}=\frac{3.14^2\times 2.06\times 10^5}{12\times(1-0.3^2)}\approx 18.6\times 10^4$$

故式（6-28）可简化为

$$\tau_{cr}=18.6\chi k\left(\frac{100t_w}{h_0}\right)^2 \tag{6-29}$$

式中 t_w——梁腹板的厚度（mm）；

h_0——梁腹板的计算高度（mm）。

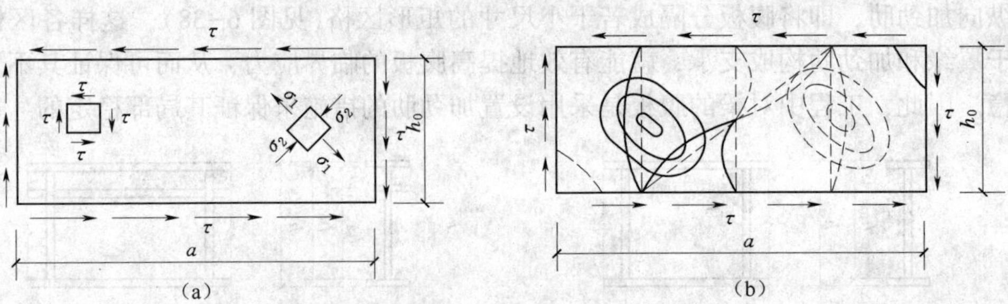

图 6-39　腹板纯剪屈曲

式（6-29）是理想情况下弹性工作阶段的临界应力，腹板实际屈曲时有可能已处于非弹性阶段，同时腹板中也可能存在各种初始缺陷，因而必须与在本书第 5 章中研究轴心受压构件整体稳定性一样引进新的参数，即通用高厚比，以考虑非弹性工作和初始缺陷的影响。腹板通用高厚比的一般性定义是：钢材受弯、受剪或受压的屈服强度除以相应的腹板区格抗弯、抗剪或局部承压弹性屈曲临界应力之商的平方根。令腹板受剪时的通用高厚比（即正则化高厚比，这是国际上通行的表达方式，作为参数可使同一公式通用于各个牌号的钢材）为

$$\lambda_{n,s}=\sqrt{\frac{f_{vy}}{\tau_{cr}}}$$

式中　f_{vy}——抗剪屈服强度（N/mm^2）。

将式（6-29）代入上式，即

$$\lambda_{n,s}=\sqrt{\frac{f_{vy}}{\tau_{cr}}}=\sqrt{\frac{f_y}{\sqrt{3}\tau_{cr}}}=\frac{h_0/t_w}{37\sqrt{\chi k}}\frac{1}{\varepsilon_k} \tag{6-30}$$

根据弹性稳定理论，剪切时的屈曲系数 k 如下：

当$\dfrac{a}{h_0}\leqslant 1.0$时，有　$$k=4+5.34\left(\frac{h_0}{a}\right)^2 \tag{6-31a}$$

当$\dfrac{a}{h_0}>1.0$时，有　$$k=5.34+4\left(\frac{h_0}{a}\right)^2 \tag{6-31b}$$

对于工字形截面组合梁的腹板，将式（6-31a）和式（6-31b）代入式（6-30），可得

当 $a/h_0\leqslant 1.0$ 时，有　$$\lambda_{n,s}=\frac{h_0/t_w}{37\eta\sqrt{4+5.34\ (h_0/a)^2}}\frac{1}{\varepsilon_k} \tag{6-32a}$$

当 $a/h_0>1.0$ 时，有　$$\lambda_{n,s}=\frac{h_0/t_w}{37\eta\sqrt{5.34+4\ (h_0/a^2)}}\frac{1}{\varepsilon_k} \tag{6-32b}$$

式中　a——横向加劲肋的间距（mm）。

η——简支梁取 1.11，框架梁梁端最大应力区取 1.0。

由通用高厚比的定义可得弹性阶段临界应力 τ_{cr} 与 $\lambda_{n,s}$ 的关系必然是 $\tau_{cr}=f_{vy}/\lambda_{n,s}^2$。《钢结构设计标准》（GB 50017—2017）规定，当 $\lambda_{n,s}>1.2$ 时，为弹性状态；当 $\lambda_{n,s}\leqslant 0.8$ 时，

进入塑性状态；而当 $0.8<\lambda_{n,s}\leqslant 1.2$ 时，处于弹塑性状态。因此，临界应力公式分成以下三段：

当 $\lambda_{n,s}\leqslant 0.8$ 时，有

$$\tau_{cr}=f_v \tag{6-33a}$$

当 $0.8<\lambda_{n,s}\leqslant 1.2$ 时，有

$$\tau_{cr}=[1-0.59(\lambda_{n,s}-0.8)]f_v \tag{6-33b}$$

当 $\lambda_{n,s}>1.2$ 时，有

$$\tau_{cr}=1.1f_v/\lambda_{n,s}^2 \tag{6-33c}$$

式中　$\lambda_{n,s}$——用于腹板受剪计算时的通用高厚比。

《钢结构设计标准》（GB 50017—2017）规定，仅受剪应力作用的腹板，不会发生剪切失稳的高厚比限值为

$$\frac{h_0}{t_w}\leqslant 80\varepsilon_k \tag{6-34}$$

2. 腹板的纯弯屈曲

梁在弯曲时，沿腹板高度方向有一部分为三角形分布的弯曲压应力，因而可能在此区域使腹板屈曲，产生沿梁的高度方向呈一个半波、沿梁的长度方向呈多个半波的凹凸（见图 6-40）。利用式（6-19）计算临界应力，同时考虑翼缘对腹板的约束作用和受压翼缘是否会产生扭转。

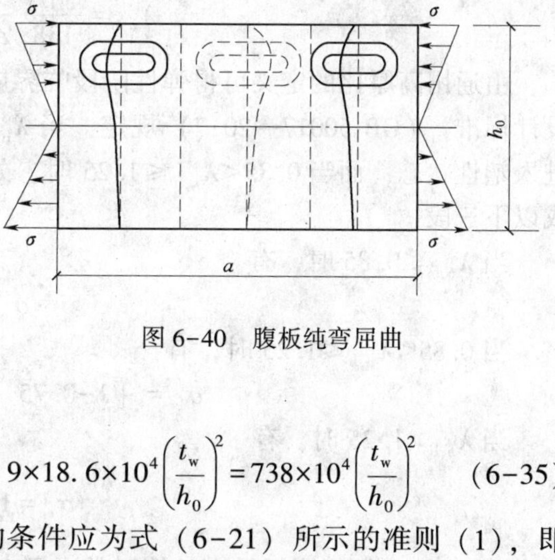

图 6-40　腹板纯弯屈曲

当受压翼缘扭转受到约束（如翼缘上连有刚性铺板、制动板或焊有钢轨）时，可取嵌固系数 $\chi=1.66$，稳定系数 $k=23.9$（腹板可视为四边简支板），将其代入式（6-19），可得

$$\sigma_{cr}=\chi k\frac{\pi^2 E}{12(1-\nu^2)}\left(\frac{t_w}{h_0}\right)^2=1.66\times 23.9\times 18.6\times 10^4\left(\frac{t_w}{h_0}\right)^2=738\times 10^4\left(\frac{t_w}{h_0}\right)^2 \tag{6-35}$$

腹板不致因受弯曲压应力失去局部稳定的条件应为式（6-21）所示的准则（1），即其不先于强度破坏，故

$$738\times 10^4\left(\frac{t_w}{h_0}\right)^2\geqslant f_y\frac{235}{235}$$

可得

$$\frac{h_0}{t_w}\leqslant 177\varepsilon_k \tag{6-36}$$

若受压翼缘扭转未受到约束，应取较低的嵌固系数 $\chi=1.23$，同样由式（6-19）可得

$$\sigma_{cr}=\chi k\frac{\pi^2 E}{12(1-\nu^2)}\left(\frac{t_w}{h_0}\right)^2=1.23\times 23.9\times 18.6\times 10^4\left(\frac{t_w}{h_0}\right)^2=547\times 10^4\left(\frac{t_w}{h_0}\right)^2 \tag{6-37}$$

令

$$547\times 10^4\left(\frac{t_w}{h_0}\right)^2\geqslant f_y\frac{235}{235}$$

可得
$$\frac{h_0}{t_w}\leqslant 138\varepsilon_k \tag{6-38}$$

式（6-36）和式（6-38）的高厚比限值是根据弹性理论分析导出的，腹板实际屈曲时有可能已处于非弹性阶段，同时腹板中也可能存在各种初始缺陷，与腹板受剪时采用通用高厚比一样，腹板受弯时的通用高厚比为

$$\lambda_{n,b}=\sqrt{\frac{f_y}{\sigma_{cr}}}$$

将式（6-35）代入上式，则

$$\lambda_{n,b}=\sqrt{\frac{f_y}{\sigma_{cr}}}=\frac{h_0/t_w}{100}\sqrt{\frac{f_y}{18.6\chi k}}=\frac{h_0/t_w}{28.1\sqrt{\chi k}}\frac{1}{\varepsilon_k} \tag{6-39}$$

当梁受压翼缘扭转受到约束时，取约束系数$\chi=1.66$，屈曲系数$k=23.9$，得

$$\lambda_{n,b}=\frac{h_0/t_w}{177}\frac{1}{\varepsilon_k}=\frac{2h_c/t_w}{177}\frac{1}{\varepsilon_k} \tag{6-40a}$$

当梁受压翼缘扭转未受到约束时，取约束系数$\chi=1.23$，屈曲系数$k=23.9$，得

$$\lambda_{n,b}=\frac{h_0/t_w}{138}\frac{1}{\varepsilon_k}=\frac{2h_c/t_w}{138}\frac{1}{\varepsilon_k} \tag{6-40b}$$

由通用高厚比的定义可得弹性阶段临界应力σ_{cr}与$\lambda_{n,b}$的关系是$\sigma_{cr}=f_y/\lambda_{n,b}^2$。《钢结构设计标准》（GB 50017—2017）规定，当$\lambda_{n,b}>1.25$时，为弹性状态；当$\lambda_{n,b}\leqslant 0.85$时，进入塑性状态；而当$0.85<\lambda_{n,b}\leqslant 1.25$时，处于弹塑性状态。因此，临界应力$\sigma_{cr}$公式分成以下三段：

当$\lambda_{n,b}\leqslant 0.85$时，有
$$\sigma_{cr}=f \tag{6-41a}$$

当$0.85<\lambda_{n,b}\leqslant 1.25$时，有
$$\sigma_{cr}=[1-0.75(\lambda_{n,b}-0.85)]f \tag{6-41b}$$

当$\lambda_{n,b}>1.25$时，有
$$\sigma_{cr}=1.1\frac{f}{\lambda_{n,b}^2} \tag{6-41c}$$

式中　$\lambda_{n,b}$——用于腹板受弯计算时的通用高厚比；

h_c——梁腹板弯曲受压区高度（mm），对双轴对称截面$2h_c=h_0$。

由式（6-36）和式（6-38）可知，当$h_0/t_w>177\varepsilon_k$或$h_0/t_w>138\varepsilon_k$时，有可能发生弯曲屈曲。阻止纯弯屈曲的有效措施是在腹板受压区中部偏上的部位（由于使腹板区格局部失稳的主要因素是弯曲受压区）设置纵向加劲肋，加劲肋距受压边的距离为$h_1=(1/5\sim1/4)h_0$。为方便设计，《钢结构设计标准》（GB 50017—2017）规定了腹板不设置纵向加劲肋的限值如下：

当梁受压翼缘扭转受到约束时，有

$$\frac{h_0}{t_w}\leqslant 170\varepsilon_k \tag{6-42a}$$

当梁受压翼缘扭转未受到约束时，有

$$\frac{h_0}{t_w} \leqslant 150\varepsilon_k \tag{6-42b}$$

3. 腹板受局部压应力屈曲

腹板上边缘承受较大局部压应力时，可能产生横向屈曲，在纵横方向均产生一个半波（见图6-41）。利用式（6-19）计算临界应力，即

$$\sigma_{c,cr} = \chi k \frac{\pi^2 E}{12(1-\nu^2)}\left(\frac{t_w}{h_0}\right)^2 = 18.6\chi k\left(\frac{100t_w}{h_0}\right)^2 = C_1\left(\frac{100t_w}{h_0}\right)^2 \tag{6-43}$$

其中

$$C_1 = 18.6\chi k$$

当 $a/h_0 = 2.0$ 时，$C_1 = 166$，故腹板受局部压应力屈曲不会先于其强度破坏的条件为

$$\sigma_{c,cr} = 166\left(\frac{100t_w}{h_0}\right)^2 \geqslant f_y\frac{235}{235}$$

可得

$$\frac{h_0}{t_w} \leqslant 84\varepsilon_k \tag{6-44}$$

引入局部承压时的通用高厚比为

$$\lambda_{n,c} = \sqrt{\frac{f_y}{\sigma_{c,cr}}} = \frac{h_0/t_w}{28.1\sqrt{\chi k}}\frac{1}{\varepsilon_k} \tag{6-45}$$

为了简化公式，《钢结构设计标准》（GB 50017—2017）规定 $\lambda_{n,c}$ 如下：

当 $0.5 \leqslant a/h_0 \leqslant 1.5$ 时，有

$$\lambda_{n,c} = \frac{h_0/t_w}{28\sqrt{10.9+13.4(1.83-a/h_0)^3}}\frac{1}{\varepsilon_k} \tag{6-46a}$$

当 $1.5 < a/h_0 \leqslant 2.0$ 时，有

$$\lambda_{n,c} = \frac{h_0/t_w}{28\sqrt{18.9-5a/h_0}}\frac{1}{\varepsilon_k} \tag{6-46b}$$

与 σ_{cr} 和 τ_{cr} 相同，腹板在局部压应力作用下屈曲时的临界应力公式也分为三段：

当 $\lambda_{n,c} \leqslant 0.9$ 时，有

$$\sigma_{c,cr} = f \tag{6-47a}$$

当 $0.9 < \lambda_{n,c} \leqslant 1.2$ 时，有

$$\sigma_{c,cr} = [1-0.79(\lambda_{n,c}-0.9)]f \tag{6-47b}$$

当 $\lambda_{n,c} > 1.2$ 时，有

$$\sigma_{c,cr} = 1.1f/\lambda_{n,c}^2 \tag{6-47c}$$

式中　$\lambda_{n,c}$——用于腹板受局部压力计算时的通用高厚比。

4. 梁腹板加劲肋配置的规范规定

前面已经分析了三种应力（σ_{cr}、τ_{cr}、$\sigma_{c,cr}$）单独作用下腹板的屈曲问题。事实上，这三种应力（σ_{cr}、τ_{cr}、$\sigma_{c,cr}$）或者两种应力（σ_{cr}、τ_{cr}）经常是同时存在的。对于不考虑腹板屈曲后强度的工字形截面焊接梁，为了保证腹板不失去局部稳定性，应在腹板上设置

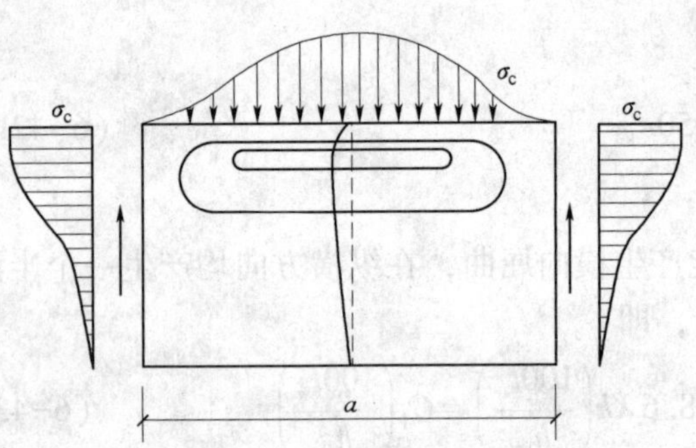

图 6-41　腹板受局部压应力屈曲

加劲肋。腹板加劲肋（见图 6-38）有四种，即支承加劲肋、横向加劲肋、纵向加劲肋和短加劲肋。支承加劲肋用于承受固定集中荷载（如梁端支座反力）的情况，它与横向加劲肋在组合梁中常均需设置。纵向加劲肋和短加劲肋则并非所有组合梁中均设置。

承受静力荷载和间接承受动力荷载的组合梁宜考虑腹板屈曲后强度，按本章 6.7 节的规定计算其抗弯和抗剪承载力；而直接承受动力荷载的吊车梁及类似构件或其他不考虑屈曲后强度的组合梁，则应按以下规定配置加劲肋：

（1）当 $h_0/t_w \leqslant 80\varepsilon_k$ 时，腹板在各种应力单独作用下，都不会失去局部稳定。对无局部压应力（$\sigma_c=0$）的梁，可不配置加劲肋；对有局部压应力（$\sigma_c \neq 0$）的梁（如吊车梁），宜按构造要求配置横向加劲肋，其间距 a 应满足：$0.5h_0 \leqslant a \leqslant 2h_0$。对 $\sigma_c=0$ 的梁，当 $h_0/t_w \leqslant 100$ 时，横向加劲肋间距可放宽至 $a=2.5h_0$。

（2）当 $80\varepsilon_k < h_0/t_w \leqslant 170\varepsilon_k$ 时，腹板虽不会在弯曲应力作用下失稳，但可能在剪应力作用下失稳，应按计算配置合适的横向加劲肋。

（3）当 $h_0/t_w > 170\varepsilon_k$（受压翼缘扭转受到约束，如连有刚性铺板、制动板或焊有钢轨）或 $h_0/t_w > 150\varepsilon_k$（受压翼缘扭转未受到约束）时，或按计算需要时，应在弯曲应力较大区格的受压区增加配置纵向加劲肋。对于局部压应力很大的梁，必要时尚宜在受压区配置短加劲肋。

（4）在任何情况下，h_0/t_w 均不应超过 250。

（5）梁的支座处和上翼缘受有较大固定集中荷载处，宜设置支承加劲肋。

5. 腹板局部稳定的计算

当 $h_0/t_w > 80\varepsilon_k$ 时，应对配置加劲肋的腹板的稳定性进行计算。对轻、中级工作制吊车梁计算腹板的稳定性时，为了适当考虑腹板局部屈曲后强度的有利影响，故吊车轮压设计值可乘以折减系数 0.9。计算时，首先根据梁腹板加劲肋的配置规定，按适当间距布置加劲肋，然后按下述方法计算各区格板的平均作用应力和相应的临界应力，使其满足稳定条件。若不满足要求（不足或太富余），再调整加劲肋间距，重新进行计算。

（1）仅配置横向加劲肋的腹板区格局部稳定的验算。腹板在沿梁跨度方向被横向加劲肋分成多个区格，各区格腹板可能承受不同大小的弯曲正应力、剪应力或上边缘局部压应力的共同作用（见图 6-42）。《钢结构设计标准》（GB 50017—2017）规定，各区格在各种应力的组合作用下，其屈曲临界条件应采用式（6-48）计算，即计算是否满足相关公式中规定的腹板丧失局部稳定的限值：

$$\left(\frac{\sigma}{\sigma_{cr}}\right)^2+\left(\frac{\tau}{\tau_{cr}}\right)^2+\frac{\sigma_c}{\sigma_{c,cr}} \leqslant 1.0 \tag{6-48}$$

式中　σ——所计算腹板区格内，由平均弯矩产生的腹板计算高度边缘的弯曲压应力（N/mm^2）；

τ——所计算腹板区格内，由平均剪力产生的腹板平均剪应力（N/mm^2），应按 $\tau = V/(h_w t_w)$ 计算，其中 h_w 为腹板高度（mm），t_w 为腹板厚度（mm）；

σ_c——腹板计算高度边缘的局部压应力（N/mm^2），按式（6-7）计算，但取式中的 $\psi=1.0$；

τ_{cr}、σ_{cr}、$\sigma_{c,cr}$——各种应力单独作用下的临界应力，分别按式（6-33a）～式（6-33c）、式（6-41a）～式（6-41c）、式（6-47a）～式（6-47c）进行计算。

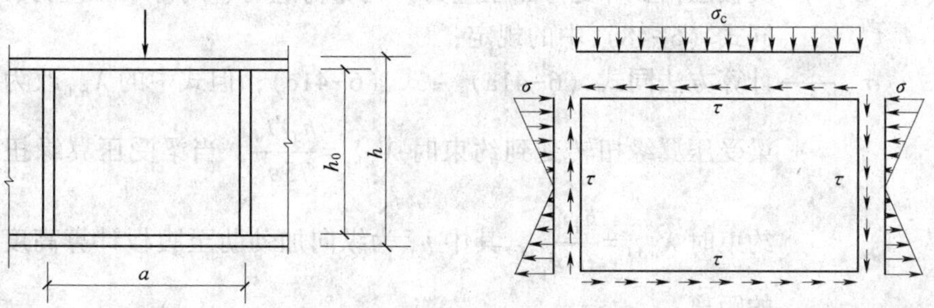

图 6-42　仅配置横向加劲肋的腹板受力

（2）同时配置横向加劲肋和纵向加劲肋的腹板区格局部稳定的验算。同时配置横向加劲肋和纵向加劲肋的腹板区格及其受力，如图 6-43 所示。腹板被横向加劲肋和纵向加劲肋分成高度为 h_1 和 h_2 的上、下两个区格Ⅰ和区格Ⅱ，区格Ⅰ和区格Ⅱ的受力情况不同，下面分别计算其局部稳定。

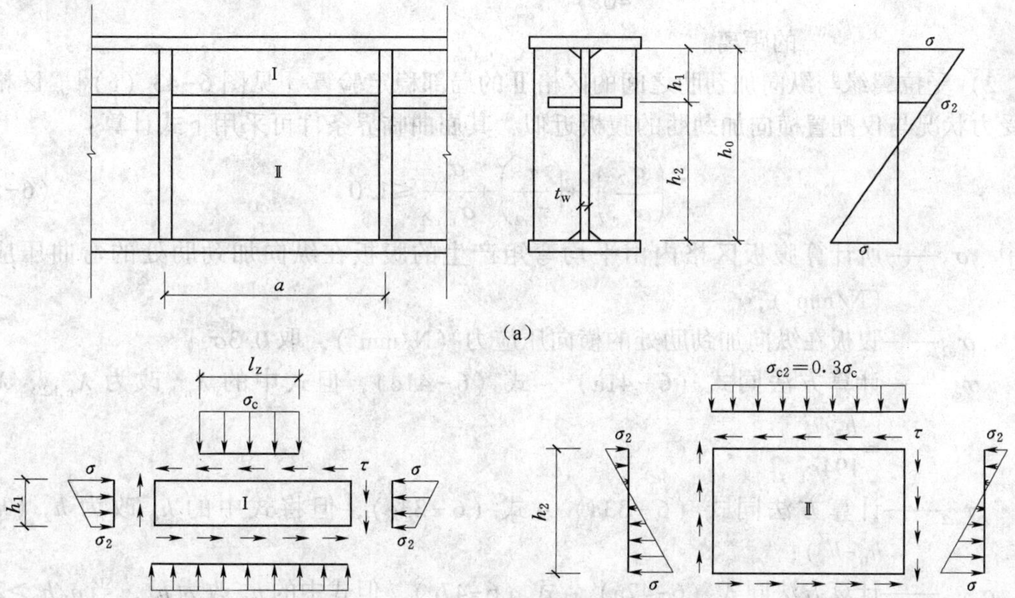

图 6-43　同时用横向加劲肋和纵向加劲肋加强的腹板受力

1）受压翼缘与纵向加劲肋之间的区格Ⅰ的局部稳定验算［见图 6-43（b）］。区格Ⅰ靠近受压翼缘，故可近似地视为以承受弯曲压应力为主的均匀受压板。此外，该区格还可能受有均布剪应力和上、下两边缘的横向压应力。因此，《钢结构设计标准》（GB 50017—2017）规定其屈曲临界条件采用式（6-49）计算：

$$\frac{\sigma}{\sigma_{cr1}}+\left(\frac{\tau}{\tau_{cr1}}\right)^2+\left(\frac{\sigma_c}{\sigma_{c,cr1}}\right)^2\leqslant 1.0 \tag{6-49}$$

式中　σ、τ、σ_c——腹板区格Ⅰ所受弯曲压应力、均布剪应力、局部承压应力，计算方法同式（6-48）中的规定；

σ_{cr1}——计算方法同式（6-41a）~式（6-41c），但式中的 $\lambda_{n,b}$ 改为 $\lambda_{n,b1}$，当梁受压翼缘扭转受到约束时 $\lambda_{n,b1}=\dfrac{h_1/t_w}{75\varepsilon_k}$，当梁受压翼缘扭转未受到约束时 $\lambda_{n,b1}=\dfrac{h_1/t_w}{64\varepsilon_k}$，其中 h_1 为纵向加劲肋至腹板计算高度受压边缘的距离；

τ_{cr1}——计算方法同式（6-33a）~式（6-33c），但将式中的 h_0 改为 h_1；

$\sigma_{c,cr1}$——计算方法同式（6-41a）~式（6-41c），但式中的 $\lambda_{n,b}$ 改为 $\lambda_{n,c1}$，当梁受压翼缘扭转受到约束时 $\lambda_{n,c1}=\dfrac{h_1/t_w}{56\varepsilon_k}$，当梁受压翼缘扭转未受到约束时 $\lambda_{n,c1}=\dfrac{h_1/t_w}{40\varepsilon_k}$，其中 h_1 为纵向加劲肋至腹板计算高度受压边缘的距离。

2）受拉翼缘与纵向加劲肋之间的区格Ⅱ的局部稳定验算［见图 6-43（c）］。区格Ⅱ的受力状况与仅配置横向加劲肋的腹板近似，其屈曲临界条件可采用下式计算：

$$\left(\frac{\sigma_2}{\sigma_{cr2}}\right)^2+\left(\frac{\tau}{\tau_{cr2}}\right)^2+\frac{\sigma_{c2}}{\sigma_{c,cr2}}\leqslant 1.0 \tag{6-50}$$

式中　σ_2——所计算腹板区格内由平均弯矩产生的腹板在纵向加劲肋处的弯曲压应力（N/mm^2）；

σ_{c2}——腹板在纵向加劲肋处的横向压应力（N/mm^2），取 $0.3\sigma_c$；

σ_{cr2}——计算方法同式（6-41a）~式（6-41c），但式中的 $\lambda_{n,b}$ 改为 $\lambda_{n,b2}$，$\lambda_{n,b2}=\dfrac{h_2/t_w}{194\varepsilon_k}$；

τ_{cr2}——计算方法同式（6-33a）~式（6-33c），但将式中的 h_0 改为 h_2（$h_2=h_0-h_1$）；

$\sigma_{c,cr2}$——计算方法同式（6-47a）~式（6-47c），但式中的 h_0 改为 h_2，当 $a/h_2>2$ 时取 $a/h_2=2$。

（3）在受压翼缘与纵向加劲肋之间配置短加劲肋的腹板局部稳定的验算。短加劲肋一般用于局部压应力很大的梁，它可将设有纵向加劲肋的上区格宽度缩小为 a_1（见图

6-44，a_1 为短加劲肋的间距），从而提高腹板的局部稳定性能。配置短加劲肋的腹板区格Ⅰ的受力状况与不配置短加劲肋的相似，故其屈曲临界条件仍采用式（6-49）计算。该式中的 σ_{cr1} 仍按式（6-49）中的规定计算；τ_{cr1} 按式（6-33a）~式（6-33c）中的规定计算，但将式中的 h_0 改为 h_1，a 改为 a_1；$\sigma_{c,cr1}$ 按式（6-41a）~式（6-41c）中的规定计算，但将式中的 $\lambda_{n,b}$ 改为 $\lambda_{n,c1}$，当梁受压翼缘扭转受到约束时 $\lambda_{n,c1}=\dfrac{a_1/t_w}{87\varepsilon_k}$，当梁受压翼缘扭转未受到约束时 $\lambda_{n,c1}=\dfrac{a_1/t_w}{73\varepsilon_k}$，对 $a_1/h_1>1.2$ 的区格，以上计算 $\lambda_{n,c1}$ 的两式右侧应乘以 $1/\sqrt{0.4+0.5a_1/h_1}$ 这个系数。

区格Ⅱ的稳定计算与式（6-50）完全相同。

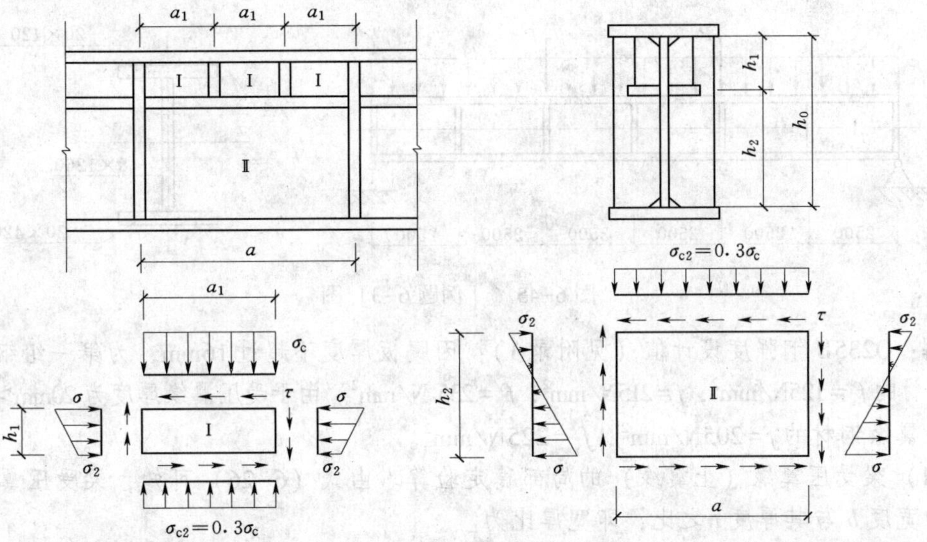

图 6-44　同时用横向加劲肋、纵向加劲肋及短加劲肋加强的腹板

6. 腹板局部稳定的验算步骤

横向加劲肋对提高剪力较大板段的稳定性是有效的，而纵向加劲肋则对提高弯矩较大板段的稳定性有利。因而，应根据腹板高厚比的不同情况配置加劲肋。当 $h_0/t_w>80\varepsilon_k$ 时，应对配置加劲肋的腹板的稳定性进行计算。腹板局部稳定的验算步骤如下：

（1）计算腹板高厚比。若满足规定限值，例如，当 $h_0/t_w\leqslant 80\varepsilon_k$ 时，如果局部压应力较小，可不必设置加劲肋；如果梁有局部压应力，宜按构造配置横向加劲肋，但无须验算稳定性。

（2）当腹板高厚比超过规定限值时，应按规定“仅配置横向加劲肋”“同时配置横向和纵向加劲肋”以及“同时配置横向、纵向加劲肋和短加劲肋”。

1）首先设定加劲肋间距 a。

2）计算加劲肋之间板块的平均弯曲正应力、平均剪应力和局部压应力。

3）计算各种应力单独作用下的临界应力，即临界弯曲应力 σ_{cr}、临界剪应力 τ_{cr}、临界局部压应力 $\sigma_{c,cr}$。

4）根据加劲肋的配置情况，按《钢结构设计标准》（GB 50017—2017）的规定验算腹板稳定。计算结果过于富余或不满足设计要求时，可调整纵、横向加劲肋的间距，再进行验算。

（3）需验算的截面位置和腹板区格，首先是梁的端部第一块板段，因为此处剪力最大，剪应力最大；其次是截面改变处的板段，因为此处同时存在剪应力和正应力，截面突变；最后是跨中截面，因为一般情况下此处的弯矩最大，正应力最大。

【例题 6-3】 如图 6-45 所示的简支焊接钢梁的尺寸及荷载（均为静力荷载设计值），钢材为 Q235B，上翼缘作用有均布荷载设计值 $q=5\text{kN/m}$，集中荷载设计值 $P=350\text{kN}$，加劲肋等间距布置，不考虑局部压应力，梁受压翼缘的扭转未受到约束。试验算受压翼缘和腹板区格 I 的局部稳定性。

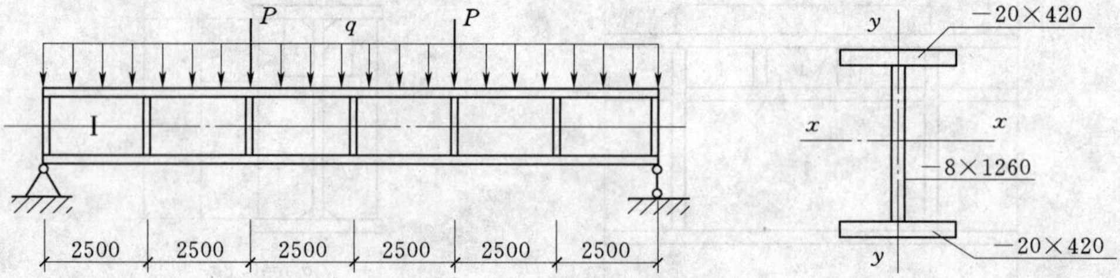

图 6-45　［例题 6-3］图

解：Q235B 钢强度设计值（见附录 1）：因腹板厚度不超过 16mm，为第一组钢材，故腹板钢材的 $f_v=125\text{N/mm}^2$，$f=215\text{N/mm}^2$，$f_y=235\ \text{N/mm}^2$。由于受压翼缘厚度为 20mm>16mm，故受压翼缘钢材的 $f=205\text{N/mm}^2$，$f_y=225\text{N/mm}^2$。

（1）梁受压翼缘（上翼缘）的局部稳定验算。由式（6-26）可知，梁受压翼缘的自由外伸宽度 b 与其厚度 t 之比，即宽厚比为

$$\frac{b}{t}=\frac{(420-8)}{2\times 20}=10.3<13\varepsilon_k=13\times\sqrt{\frac{235}{f_y}}=13\times\sqrt{\frac{235}{225}}=13.3$$

因此，梁受压翼缘（上翼缘）的局部稳定满足要求。

（2）梁腹板区格 I 的局部稳定性验算。因为仅配置横向加劲肋，按式（6-48）进行计算。由于不考虑局部压应力，故 $\sigma_c=0$。

1）由式（6-32）、式（6-33）计算 τ_{cr}：因 $a/h_0=2500/1260=1.98>1.0$，由式(6-32b)计算 $\lambda_{n,s}$，即

$$\lambda_{n,s}=\frac{h_0/t_w}{37\eta\sqrt{5.34+4\ (h_0/a)^2}}\ \frac{1}{\varepsilon_k}=\frac{h_0/t_w}{37\eta\sqrt{5.34+4\ (h_0/a)^2}}\sqrt{\frac{f_y}{235}}$$

$$=\frac{1260/8}{37\times 1.11\times\sqrt{5.34+4\times\ (1260/2500)^2}}\times\sqrt{\frac{235}{235}}$$

$$=1.521$$

因 $\lambda_{n,s}=1.521>1.2$，由式（6-33c）可得

$$\tau_{cr}=1.1f_v/\lambda_{n,s}^2=1.1\times 125/1.521^2=59.44\ (\text{N/mm}^2)$$

2）由式（6-40）、式（6-41）计算 σ_{cr}：因梁受压翼缘的扭转未受到约束，由式（6-40b）得

$$\lambda_{n,b}=\frac{h_0/t_w}{138}\frac{1}{\varepsilon_k}=\frac{1260/8}{138}\times\sqrt{\frac{235}{235}}=1.14$$

因 $0.85<\lambda_{n,b}=1.14\leqslant1.25$，由式（6-41b）可得

$$\sigma_{cr}=[1-0.75(\lambda_{n,b}-0.85)]f=[1-0.75\times(1.14-0.85)]\times215=168.2\ (\text{N/mm}^2)$$

3）腹板区格Ⅰ的平均弯矩（区格Ⅰ的中点处）：梁的支座反力为

$$R=\frac{1}{2}\times5\times15+350=387.5\ (\text{kN})$$

$$M_{平均}=387.5\times\frac{2.5}{2}-\frac{5}{2}\times\left(\frac{2.5}{2}\right)^2=480.5\ (\text{kN}\cdot\text{m})$$

$$I_x=2\times\frac{42\times2^3}{12}+2\times2\times42\times(63+1)^2+\frac{0.8\times126^3}{12}=821542.4\ (\text{cm}^4)$$

腹板区格Ⅰ中点处截面腹板计算高度边缘的弯曲压应力为

$$\sigma=\frac{M_{平均}y_1}{I_x}=\frac{480.5\times10^6\times(1260/2)}{821542.4\times10^4}=36.8\ (\text{N/mm}^2)$$

腹板区格Ⅰ的平均剪力（区格Ⅰ的中点处）为

$$V_{平均}=387.5-5\times\frac{2.5}{2}=381.25\ (\text{kN})$$

腹板区格Ⅰ中点处截面腹板的平均剪应力为

$$\tau=\frac{V_{平均}}{h_0t_w}=\frac{381.25\times10^3}{1260\times8}=37.8\ (\text{N/mm}^2)$$

将 σ、σ_{cr}、τ、τ_{cr} 代入腹板局部稳定计算式［式（6-48）］，即

$$\left(\frac{\sigma}{\sigma_{cr}}\right)^2+\left(\frac{\tau}{\tau_{cr}}\right)^2+\frac{\sigma_c}{\sigma_{c,cr}}=\left(\frac{36.8}{168.2}\right)^2+\left(\frac{37.8}{59.44}\right)^2+0=0.45<1.0$$

因此，腹板区格Ⅰ的局部稳定满足要求。

6.4.3 加劲肋的截面选择和构造要求

加劲肋按其作用可分为两种。一种是为了把腹板分隔成几个区格，以提高腹板的局部稳定性，称为中间加劲肋。腹板中间加劲肋包括横向加劲肋、纵向加劲肋和短加劲肋。中间加劲肋必须具有足够的弯曲刚度以满足腹板屈曲时加劲肋作为腹板的支承的要求，即加劲肋应使该处的腹板在屈曲时基本无平面外的位移。另一种除了具有上述的作用外，还有传递固定集中荷载或支座反力的作用，称为支承加劲肋，本章 6.4.4 将讨论支承加劲肋的计算。

（1）为使梁的整体受力不致产生人为的侧向偏心，加劲肋宜在腹板两侧成对配置，也可单侧配置，但支承加劲肋和重级工作制吊车梁的加劲肋不应单侧配置。

（2）横向加劲肋的最小间距应为 $0.5h_0$，最大间距应为 $2h_0$（对于无局部压应力的梁，当 $h_0/t_w\leqslant100$ 时，可采用 $2.5h_0$）。纵向加劲肋至腹板计算高度受压边缘的距离应在 $h_c/2.5\sim h_c/2$ 范围内［h_c 为腹板受压区高度，对单轴对称梁，$h_0=2h_c$，故与前述 $h_1=(1/5\sim1/4)\ h_0$ 相同］。

在腹板两侧成对配置的钢板横向加劲肋［见图 6-46（a）］，其截面尺寸应符合式(6-51a)和式（6-51b）的要求。

外伸宽度：
$$b_s \geqslant \frac{h_0}{30}+40(\mathrm{mm}) \tag{6-51a}$$

厚度：承压加劲肋，$t_s \geqslant \frac{b_s}{15}$；不受力加劲肋，$t_s \geqslant \frac{b_s}{19}$ (6-51b)

当钢板横向加劲肋为单侧配置［见图 6-46（b）］时，其截面尺寸应符合式（6-51c）和式（6-51d）的要求。

外伸宽度：
$$b_s' \geqslant 1.2\left[\frac{h_0}{30}+40\ (\mathrm{mm})\right] \tag{6-51c}$$

厚度：承压加劲肋，$t_s' \geqslant \frac{b_s'}{15}$；不受力加劲肋，$t_s' \geqslant \frac{b_s'}{19}$ (6-51d)

（3）在同时采用横向加劲肋和纵向加劲肋加强的腹板中，在其相交处应切断纵向加劲肋，横向加劲肋作为纵向加劲肋的支承，故其截面尺寸除应符合上述规定外，其截面惯性矩 I_z 尚应符合下式要求：

$$I_z \geqslant 3h_0 t_w^3 \tag{6-52a}$$

钢板横向加劲肋在腹板两侧成对配置时，如图 6-46（a）所示，对腹板水平轴（z 轴）的截面惯性矩 I_z 为

$$I_z \approx \frac{1}{12}(2b_s)^3 t_s = \frac{2}{3}b_s^3 t_s \tag{6-52b}$$

钢板横向加劲肋在腹板单侧成对配置时，如图 6-46（b）所示，对腹板水平轴（z' 轴）的截面惯性矩 I_z' 为

$$I_z' \approx \frac{1}{12}(b_s')^3 t_s' + b_s' t_s' \left(\frac{b_s'}{2}\right)^2 = \frac{1}{3}(b_s')^3 t_s' \tag{6-52c}$$

纵向加劲肋对腹板竖直轴（y 轴）的截面惯性矩 I_y 应符合下述要求：

当 $a/h_0 \leqslant 0.85$ 时，有

$$I_y \geqslant 1.5 h_0 t_w^3 \tag{6-53a}$$

当 $a/h_0 > 0.85$ 时，有

$$I_y \geqslant \left(2.5-0.45\frac{a}{h_0}\right)\left(\frac{a}{h_0}\right)^2 h_0 t_w^3 \tag{6-53b}$$

注意：用型钢（H 型钢、工字钢、槽钢、肢尖焊于腹板的角钢）制成的加劲肋，其截面惯性矩不应小于相应钢板加劲肋的惯性矩；在腹板两侧成对配置加劲肋，其截面惯性矩应按以梁腹板中心线为轴线计算［见图 6-46（a）中的腹板中性轴 z 轴］。在腹板一侧配置的加劲肋，其截面惯性矩应按以与加劲肋相连的腹板边缘为轴线计算［见图 6-46（b）中的腹板中性轴 z' 轴］。当加劲肋为单侧配置时，I_y 亦应以与加劲肋相连的腹板边缘为轴线计算。

（4）当配置短加劲肋时，短加劲肋的最小间距为 $0.75h_1$。短加劲肋的外伸宽度应取为横向加劲肋外伸宽度的 0.7~1.0 倍，厚度不应小于短加劲肋外伸宽度的 1/15。

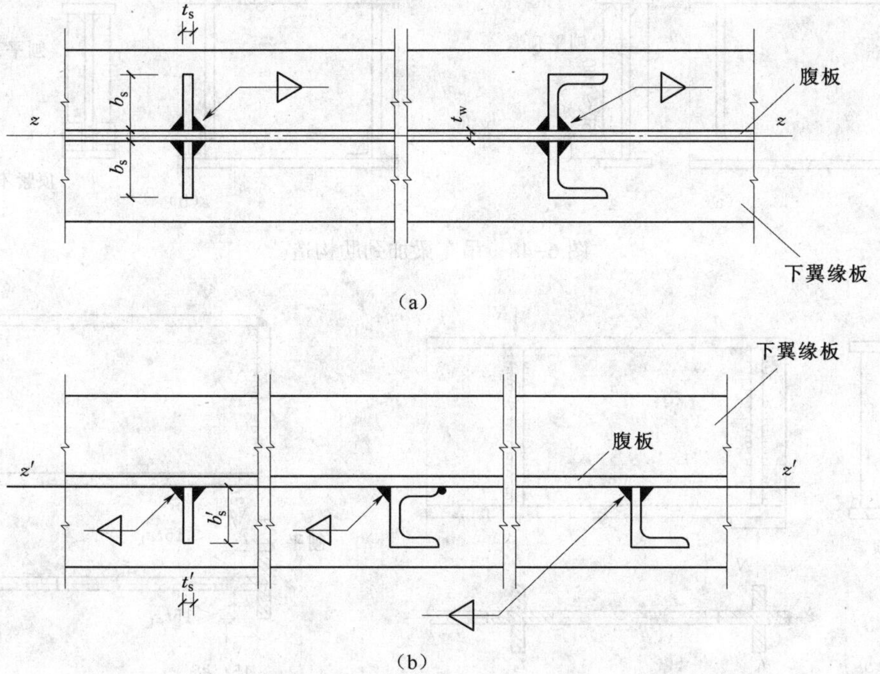

图 6-46　腹板横向加劲肋的布置

(5) 为了避免焊缝交叉，减小焊接残余应力，在焊接梁的横向加劲肋与翼缘板相接处应切角以避开梁翼缘与腹板的翼缘焊缝。当切成斜角时，其宽约为 $b_s/3$（但不大于 40mm），其高约为 $b_s/2$（但不大于 60mm），如图 6-47 所示，b_s 为加劲肋的宽度。

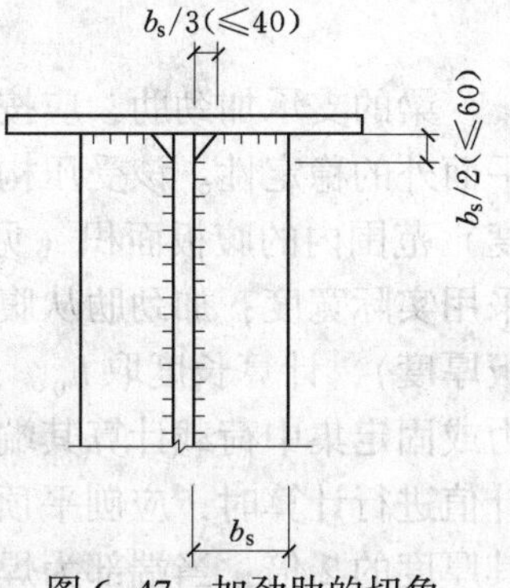

图 6-47　加劲肋的切角

(6) 横向加劲肋的端部与组合梁受压翼缘须用角焊缝连接，以增加加劲肋的稳定性，同时还可增加对组合梁受压翼缘的转动约束；横向加劲肋的端部与组合梁受拉翼缘一般可不焊接，可刨平顶紧。对直接承受动力荷载的梁（如吊车梁），中间横向加劲肋下端不应与受拉翼缘焊接（若焊接，将降低受拉翼缘的疲劳强度），一般在距受拉翼缘 50～100mm 处断开［见图 6-48（a）］。为了提高梁的抗扭刚度，也可另加短角钢与加劲肋下端焊牢，但抵紧于受拉翼缘而不焊［见图 6-48（b）］。横向加劲肋与组合梁腹板用角焊缝连接，其焊脚尺寸 h_f 按构造要求确定。

6.4.4　支承加劲肋的计算

在组合梁承受较大的固定集中荷载处（包括梁的支座处，承受支座反力的作用），常需设置横向加劲肋，这种加劲肋称为支承加劲肋。支承加劲肋必须在腹板两侧成对配置，不应单侧配置，其截面往往比中间横向加劲肋大。图 6-49 所示为支承加劲肋的设置。加劲肋受力端一般应刨平顶紧于翼缘或柱顶，有时也可采用焊接。

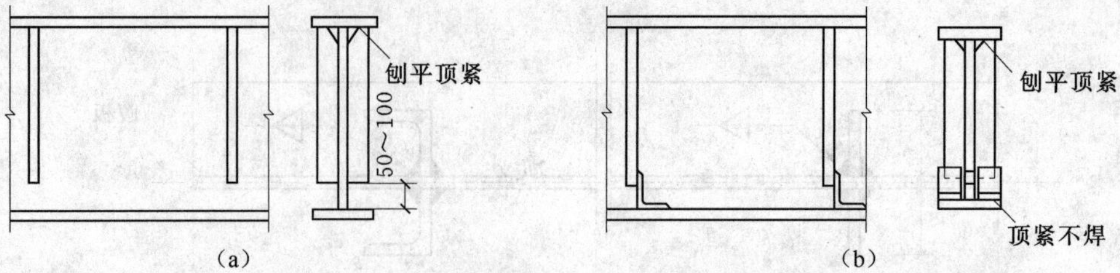

图 6-48　吊车梁加劲肋构造

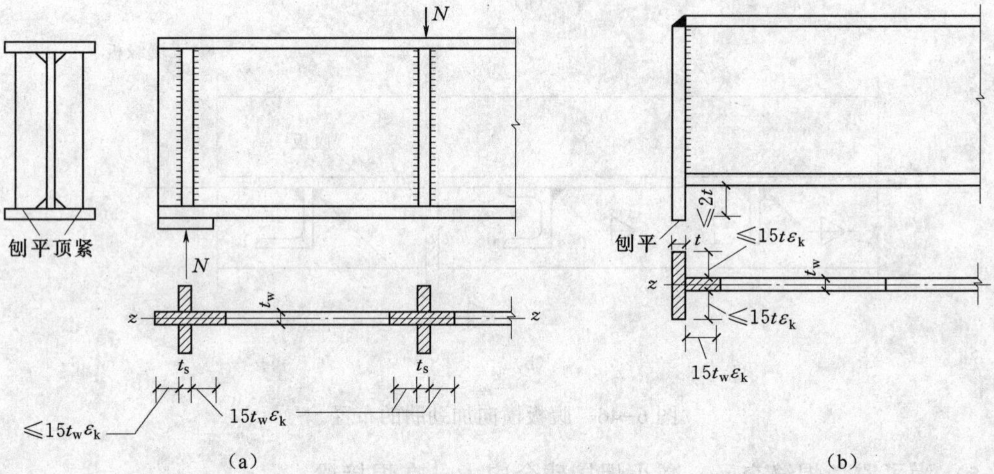

图 6-49　支承加劲肋

梁的支承加劲肋，应按承受梁支座反力或固定集中荷载的轴心受压构件计算其在腹板平面外的稳定性。该受压构件的截面面积应包括加劲肋和加劲肋每侧 $15t_w\varepsilon_k$（t_w 为腹板厚度）范围内的腹板面积（见图 6-49），当加劲肋一侧的腹板实际宽度小于 $15t_w\varepsilon_k$ 时，则采用实际宽度；加劲肋从腹板边的自由外伸宽度与其厚度之比不得大于 $15t\varepsilon_k$（t 为加劲肋板厚度），计算长度取 h_0。当梁支承加劲肋的端部为刨平顶紧时，应按其所承受的支座反力或固定集中荷载计算其端面承压应力，梁的端部支承加劲肋的下端，按端面承压强度设计值进行计算时，应刨平顶紧，其中突缘加劲板［见图6-49（b）］的伸出长度不得大于其厚度的 2 倍；当端部为焊接时，应按传力情况计算其焊缝应力。支承加劲肋与腹板的连接焊缝，应按传力需要进行计算。

1. 支承加劲肋在腹板平面外的整体稳定性计算

为了保证支承加劲肋能安全地传递支座反力或集中荷载，可近似地将它视为一根两端铰接、计算长度为 h_0 的轴心压杆。其截面面积包括加劲肋和加劲肋每侧 $15t_w\varepsilon_k$ 范围内的腹板面积，因而截面为十字形或 T 字形。由于梁腹板是一个整体，支承加劲肋作为一个轴心压杆不可能先在腹板平面内失稳，因此仅需按下式计算其在腹板平面外的稳定性：

$$\frac{N}{\varphi_z Af} \leqslant 1.0 \tag{6-54}$$

式中　N——集中荷载或支座反力（N 或 kN）；

φ_z——轴心受压构件的稳定系数，由 $\lambda_z = h_0/i_z$ 按 b 类截面（双轴对称截面）或 c 类截面（突缘式加劲肋或单轴对称截面）查附录 12，其中 $i_z=\sqrt{I_z/A}$ 为绕腹板水平轴（z 轴）的回转半径。

注意：按规定，支承加劲肋在腹板平面外的整体稳定性计算要计入扭转效应的影响，但考虑到梁端支承加劲肋所受压力作用线几乎通过其截面的剪切中心，而且支承加劲肋与梁腹板通过焊缝连接牢固，不易扭转，与独立的轴心受压构件不同。因此，上述稳定计算中可不考虑扭转效应的影响。

2. 端面承压强度验算

当支承加劲肋的端部为刨平顶紧时，应按所承受的支座反力或固定集中荷载，按下式计算其端面承压应力：

$$\sigma_{ce}=\frac{N}{A_{ce}}\leqslant f_{ce} \tag{6-55}$$

式中　A_{ce}——端面承压面积，即支承加劲肋与翼缘或突缘式加劲肋与柱顶的接触面积（mm^2）；

f_{ce}——钢材端面承压（刨平顶紧）强度设计值（N/mm^2），按附录 1 选用。

3. 支承加劲肋与钢梁腹板的角焊缝连接计算

当支承加劲肋的端部为焊接时，支承加劲肋与腹板的连接焊缝按承受的支座反力或集中荷载进行计算，并假定应力沿焊缝全长均匀分布，即按下式进行计算：

$$\frac{N}{0.7h_f\sum l_w}\leqslant f_f^w \tag{6-56}$$

焊脚尺寸 h_f 应满足第 4 章的构造要求。在确定每条焊缝计算长度 l_w 时，要扣除加劲肋端部的切角长度。

【例题 6-4】 如图 6-50 所示的钢梁端部支承加劲肋采用突缘式加劲肋，支座反力 $R=700kN$，钢材采用 Q235B。试验算该支承加劲肋是否满足设计规定。

解：Q235B 钢强度设计值（见附录 1）：因板件厚度（支承加劲肋计算时不考虑梁的翼缘）均不超过 16mm，为第一组钢材，故 $f=215N/mm^2$，$f_{ce}=320N/mm^2$；Q235B 钢角焊缝强度设计值（见附录 2）：$f_f^w=160N/mm^2$。

（1）验算突缘式加劲肋是否满足构造要求。如前所述，图 6-50 中阴影部分为突缘式加劲肋的计算截面，加劲肋右侧的计算宽度为 $15t_w\varepsilon_k=15t_w\sqrt{235/f_y}=15\times12\times\sqrt{235/235}=180\times\sqrt{235/235}=180mm$，图示取为 180mm，满足要求；加劲肋从腹板边的自由外伸宽度与其厚度之比不得大于 $15t\varepsilon_k=15t\sqrt{235/f_y}=15\times16\times\sqrt{235/235}=240mm$，图示取为（200-12）/2=94（mm）<240mm，故满足构造要求。

（2）支承加劲肋在腹板平面外的整体稳定性计算。

$$I_z=\frac{1}{12}\times1.6\times20^3+\frac{1}{12}\times18\times1.2^3=1069.3\ (cm^4)$$

$$A=1.6\times20+18\times1.2=53.6\ (cm^2)$$

$$i_z=\sqrt{\frac{I_z}{A}}=\sqrt{1069.3/53.6}=4.47\ (cm)$$

$$\lambda_z=h_0/i_z=145/4.47=32.4$$

按 c 类截面查附录 12 得

$$\varphi_z=0.890-(32.4-32)\times(0.890-0.883)=0.887$$

由式（6-54）得

$$\frac{N}{\varphi_z Af}=\frac{700\times10^3}{0.887\times53.6\times10^2\times215}=0.68<1.0$$

因此，支承加劲肋在腹板平面外的整体稳定性满足要求。

（3）验算端面承压强度。由式（6-55）得

$$\sigma_{ce}=\frac{N}{A_{ce}}=\frac{700\times10^3}{200\times16}=218.8\ (\text{N/mm}^2)<f_{ce}=320\text{N/mm}^2$$

因此，端面承压强度满足要求。

（4）支承加劲肋与钢梁腹板的角焊缝连接计算。

根据构造要求确定焊脚尺寸：支承加劲肋钢板厚 $t_{max}=16\text{mm}$，钢梁腹板板厚 $t_{min}=12\text{mm}$，母材厚度 $12\text{mm}<t_{max}=16\text{mm}<20\text{mm}$，因此，角焊缝最小焊脚尺寸 $h_f=6\text{mm}$，故取 $h_f=8\text{mm}$。

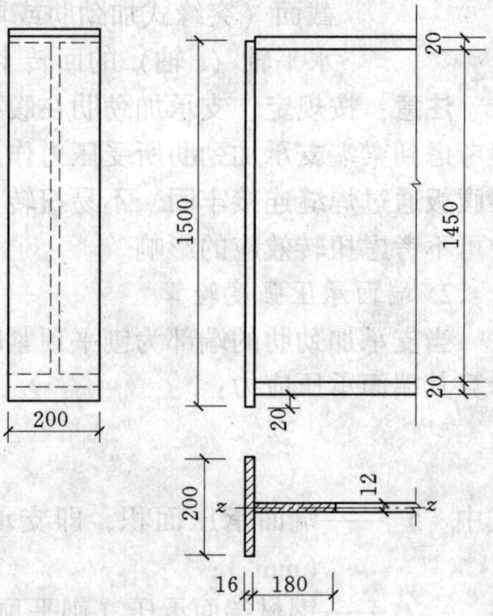

图 6-50 ［例题 6-4］图

由式（6-56）得

$$\frac{N}{0.7h_f\sum l_w}=\frac{700\times10^3}{2\times0.7\times8\times(1450-2\times8)}=43.6\ (\text{N/mm}^2)<f_f^w=160\text{N/mm}^2$$

因此，支承加劲肋与钢梁腹板的角焊缝连接满足要求。

上述验算表明，该支承加劲肋满足设计规定。

6.5 型钢梁的设计

型钢梁中应用最多的是普通热轧工字钢和 H 形截面型钢（宽翼缘）。型钢梁的设计一般应满足强度、刚度和整体稳定的要求。型钢梁腹板和翼缘的宽厚比都不太大，局部稳定常可得到保证，因此无须计算。型钢梁分为单向弯曲型钢梁和双向弯曲型钢梁。

6.5.1 单向弯曲型钢梁的设计

型钢梁的设计包括截面选择和截面验算两个内容，可按下列步骤进行：

（1）根据梁的荷载、跨度和支承情况，计算梁的最大弯矩设计值 M_{max}，并按所选的钢号确定钢材的抗弯强度设计值 f 和抗剪强度设计值 f_v。

（2）根据梁的抗弯强度要求，计算型钢梁所需的净截面抵抗矩：

$$W_{nx}\geqslant\frac{M_{max}}{\gamma_x f} \tag{6-57}$$

在式（6-57）中，可取 $\gamma_x=1.05$。当梁的最大弯矩处截面上有孔洞（如螺栓孔等）时，可将式（6-57）算得的 W_{nx} 增大 10%～15%，然后由 W_{nx} 查附录中的有关型钢表，选择与其相近的型钢号。

若根据梁的整体稳定性选择截面，则型钢梁所需的毛截面抵抗矩为 $W_x \geqslant M_{max}/(\varphi_b f)$，该式中的 φ_b 只能预估。一般是先按照式（6-57）计算出型钢梁所需的净截面抵抗矩。

（3）截面验算。

1）强度。

抗弯强度，按式（6-4）计算，该式中的 M_{max} 应加上钢梁自重产生的弯矩。

抗剪强度，按式（6-6）计算。

局部承压强度，按式（6-7）计算。

由于型钢梁的腹板较厚，故一般均能满足抗剪强度和局部承压强度的要求。若截面无太大削弱情况，可不验算剪应力及折算应力。同理，对于翼缘上只承受均布荷载的梁，局部承压强度亦可不验算。

2）整体稳定。若没有能足够阻止梁受压翼缘侧向位移的密铺铺板和支承时，应按式（6-14）计算整体稳定性。

3）刚度。刚度按式（6-10）计算。计算梁的挠度值时，应采用荷载的标准值。

【例题 6-5】 图 6-51 所示为一车间工作平台。平台上主梁与次梁组成梁格，承受由面板传来的荷载。次梁简支于主梁顶面，钢材为 Q235B。次梁上铺 100mm 厚预制钢筋混凝土板和 30mm 厚素混凝土面层。活荷载标准值为 $6kN/m^2$（静力荷载）。

试按以下四种情况分别设计次梁：

（1）H 型钢，平台铺板与次梁上翼缘焊牢。

（2）H 型钢，平台铺板未与次梁上翼缘焊牢。

（3）热轧工字型钢，平台铺板与次梁上翼缘焊牢。

（4）热轧工字型钢，平台铺板未与次梁上翼缘焊牢。

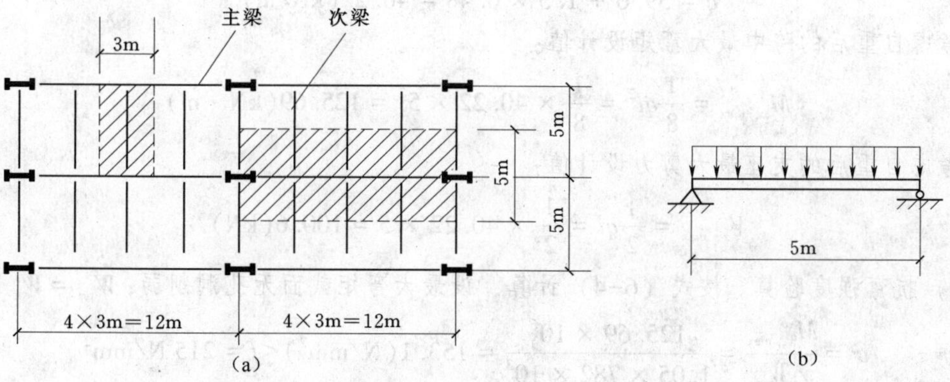

图 6-51　［例题 6-5］图

（a）工作平台主次梁布置；（b）次梁计算简图

解：Q235B 钢强度设计值（见附录 1）：暂考虑板件厚度不超过 16mm，为第一组钢材，故 $f=215N/mm^2$，$f_v=125N/mm^2$。

简支梁的挠度容许值（见附录 9）：$[\nu_T]=l/250$，$[\nu_Q]=l/300$。

钢材的弹性模量为 $E=206\times10^3N/mm^2$。

由《建筑结构荷载规范》（GB 50009—2012）查得，钢筋混凝土自重按 $25kN/m^3$，素

混凝土自重按 $24kN/m^3$，则平台板和面层的恒荷载标准值为

$$0.1\times25+0.03\times24=3.22\ (kN/m^2)$$

次梁的计算简图如图 6-51（b）所示，次梁上的线荷载标准值为

$$q_k=3.22\times3+6\times3=9.66+18=27.66\ (kN/m)$$

荷载效应组合为

$$q=\gamma_G\sigma_{GK}+\gamma_{Q1}\sigma_{Q1K}=1.3\times9.66+1.5\times18=39.6\ (kN/m)$$

次梁跨中最大弯矩设计值为

$$M_{x,max}=\frac{1}{8}ql^2=\frac{1}{8}\times39.6\times5^2=123.75\ (kN\cdot m)$$

次梁支座最大剪力设计值为

$$V_{x,max}=\frac{1}{2}ql=\frac{1}{2}\times39.6\times5=99\ (kN)$$

（1）H 型钢，平台铺板与次梁上翼缘焊牢。平台铺板与次梁上翼缘焊牢，可保证次梁的整体稳定，因此只需计算次梁的强度和刚度。由抗弯强度计算公式确定次梁需要的净截面模量，因为是静力荷载，故可考虑截面塑性发展系数。

$$W_{nx}=\frac{M_{max}}{\gamma_x f}=\frac{123.75\times10^6}{1.05\times215}=548.2\ (cm^3)$$

查附录 18，选 HN350×175×7×11，$W_x=782\ cm^3$，$i_y=3.93cm$，$A=63.66\ cm^2$，$I_x=13500\ cm^4$，$t_1=11.0mm$（此处 t_1 为翼缘板厚度），$b_1=175mm$，自重为 $49.4kg/m=0.48kN/m$。

考虑自重后的荷载设计值：

$$q=39.6+1.3\times0.48=40.22(kN/m)$$

考虑自重后的跨中最大弯矩设计值：

$$M_{x,\ max}=\frac{1}{8}ql^2=\frac{1}{8}\times40.22\times5^2=125.69(kN\cdot m)$$

考虑自重后的支座最大剪力设计值：

$$V_{x,\ max}=\frac{1}{2}ql=\frac{1}{2}\times40.22\times5=100.6(kN)$$

1）抗弯强度验算。按式（6-4）计算，设最大弯矩截面无孔洞削弱，$W_{nx}=W_x$，则

$$\sigma=\frac{M_{x,\ max}}{\gamma_x W_{nx}}=\frac{125.69\times10^6}{1.05\times782\times10^3}=153.1(N/mm^2)<f=215\ N/mm^2$$

因此，抗弯强度满足要求。

2）抗剪强度验算。按式（6-6）计算，因 H 型钢 S_x 不易查出，故近似简化取截面的平均剪应力计算，得

$$\tau=\frac{V_{max}}{ht_w}=\frac{100.6\times10^3}{350\times7}=41.1(N/mm^2)<f_v=125N/mm^2$$

可见，型钢梁由于其腹板较厚，除剪力相对很大的短梁或梁的支座截面受到较大削弱等情况外，其抗剪承载力往往富余较多，即剪应力一般不起控制作用。局部承压强度和折

算应力亦可不验算。

3）刚度验算。考虑自重后的次梁上的线荷载标准值为

$$q_k = 27.66+0.48 = 28.14\ (kN/m)$$

梁跨中最大挠度为

$$\nu_T = \frac{5}{384}\frac{q_k l^4}{EI_x} = \frac{5 \times 28.14 \times 5000^4}{384 \times 206 \times 10^3 \times 13500 \times 10^4} = 8.2(mm) < [\nu_T] = \frac{l}{250} = 20(mm)$$

$$\nu_Q = \frac{5}{384}\frac{q_k l^4}{EI_x} = \frac{5 \times 18 \times 5000^4}{384 \times 206 \times 10^3 \times 13500 \times 10^4} = 5.3(mm) < [\nu_Q] = \frac{l}{300} = 16.7(mm)$$

因此，刚度满足要求。

（2）H 型钢，平台铺板未与次梁上翼缘焊牢。按整体稳定性选择截面（预制板与次梁不连牢的情况），先借用热轧普通工字钢的稳定系数，即由附表 10-2 中项次 3 跨中无侧向支承点的梁、均布荷载作用于上翼缘、工字钢型号 22~40、自由长度 5m，查得 $\varphi_b = 0.73 > 0.6$。

由于计算出的 $\varphi_b > 0.6$，应以 φ_b' 代替 φ_b，φ_b' 的计算如下：

$$\varphi_b' = 1.07 - \frac{0.282}{\varphi_b} = 1.07 - \frac{0.282}{0.73} = 0.684 < 1.0$$

由整体稳定计算公式确定需要的截面模量为

$$W_x = \frac{M_{max}}{\varphi_b' f} = \frac{123.75 \times 10^6}{0.684 \times 215} = 841.5\ (cm^3)$$

查附录 18，选 HN400×150×8×13，$W_x = 929cm^3$，$i_y = 3.22cm$，$A = 70.37cm^2$，$I_x = 18600cm^4$，$t_1 = 13.0mm$（此处 t_1 为翼缘板厚度），$b_1 = 150mm$，自重为 55.2kg/m = 0.54kN/m。

考虑自重后的荷载设计值：

$$q = 39.6 + 1.3 \times 0.54 = 40.3(kN/m)$$

考虑自重后的跨中最大弯矩设计值：

$$M_{x,max} = \frac{1}{8}ql^2 = \frac{1}{8} \times 40.3 \times 5^2 = 125.9(kN \cdot m)$$

考虑自重后的支座最大剪力设计值：

$$V_{x,max} = \frac{1}{2}ql = \frac{1}{2} \times 40.3 \times 5 = 100.8(kN)$$

整体稳定验算如下。

1）计算 β_b：

$$\xi = \frac{l_1 t_1}{b_1 h} = \frac{5000 \times 13}{150 \times 400} = 1.083 < 2.0$$

由表 6-1 项次 1 查得

$$\beta_b = 0.69 + 0.13\xi = 0.69 + 0.13 \times 1.083 = 0.831$$

2）计算 λ_y：

$$\lambda_y = \frac{l_1}{i_y} = \frac{500}{3.22} = 155.3$$

3）计算梁的整体稳定系数：

$$\varphi_b = \beta_b \frac{4320}{\lambda_y^2}\frac{Ah}{W_x}\left(\sqrt{1+\left(\frac{\lambda_y t_1}{4.4h}\right)^2}+\eta_b\right)\varepsilon_k^2$$

$$= \beta_b \frac{4320}{\lambda_y^2}\frac{Ah}{W_x}\left(\sqrt{1+\left(\frac{\lambda_y t_1}{4.4h}\right)^2}+\eta_b\right)\frac{235}{f_y}$$

$$= 0.831 \times \frac{4320}{155.3^2} \times \frac{70.37 \times 40}{929} \times \left(\sqrt{1+\left(\frac{155.3 \times 1.3}{4.4 \times 40}\right)^2}+0\right) \times \frac{235}{235}$$

$$= 0.686 > 0.6$$

由于计算出的 $\varphi_b > 0.6$，应以 φ_b' 代替 φ_b，φ_b' 的计算如下：

$$\varphi_b' = 1.07 - \frac{0.282}{\varphi_b} = 1.07 - \frac{0.282}{0.686} = 0.659 < 1.0$$

4）计算梁的整体稳定：

$$\frac{M_{x,\max}}{\varphi_b' W_x f} = \frac{125.9 \times 10^6}{0.659 \times 929 \times 10^3 \times 215} = 0.96 < 1.0$$

所以，梁的整体稳定性满足要求。

其他验算同（1）中内容，在此省略。

（3）热轧工字型钢，平台铺板与次梁上翼缘焊牢。由（1）中内容按 $W_{nx} = 548.2\text{m}^3$ 选择热轧工字钢截面，查附录16，选 I 30a，$W_x = 597\ \text{cm}^3$，$I_x = 8950\ \text{cm}^4$，$t_w = 9.0\text{mm}$，自重为 48.01kg/m = 0.47kN/m。

考虑自重后的荷载设计值：

$$q = 39.6 + 1.3 \times 0.47 = 40.21(\text{kN/m})$$

考虑自重后的跨中最大弯矩设计值：

$$M_{x,\max} = \frac{1}{8}ql^2 = \frac{1}{8} \times 40.21 \times 5^2 = 125.7(\text{kN}\cdot\text{m})$$

考虑自重后的支座最大剪力设计值：

$$V_{x,\max} = \frac{1}{2}ql = \frac{1}{2} \times 40.21 \times 5 = 100.5(\text{kN})$$

1）抗弯强度验算。按式（6-4）计算，设最大弯矩截面无孔洞削弱，$W_{nx} = W_x$，则

$$\sigma = \frac{M_{x,\max}}{\gamma_x W_{nx}} = \frac{125.7 \times 10^6}{1.05 \times 597 \times 10^3} = 200.5(\text{N/mm}^2) < f = 215\ \text{N/mm}^2$$

因此，抗弯强度满足要求。

2）抗剪强度验算。按式（6-6）计算，得

$$S_x = 12.6 \times 1.44 \times \frac{30 - 1.44}{2} + 0.90 \times (15 - 1.44) \times \frac{(15 - 1.44)}{2} = 341.8(\text{cm}^3)$$

$$\tau = \frac{V_{x,\max} S_x}{I_x t_w} = \frac{100.5 \times 10^3 \times 341.8 \times 10^3}{8950 \times 10^4 \times 9.0} = 42.6(\text{N/mm}^2) < f_v = 125\ \text{N/mm}^2$$

同样，从计算结果可看出，型钢梁的抗剪承载力往往富裕较多，即剪应力一般不起控

制作用。局部承压强度和折算应力亦可不验算。

3）刚度验算。考虑自重后的次梁上的线荷载标准值为

$$q_k = 27.66 + 0.47 = 28.13(\text{kN/m})$$

梁跨中最大挠度：

$$\nu_T = \frac{5}{384}\frac{q_k l^4}{EI_x} = \frac{5 \times 28.13 \times 5000^4}{384 \times 206 \times 10^3 \times 8950 \times 10^4} = 12.4(\text{mm}) < [\nu_T] = \frac{l}{250} = 20(\text{mm})$$

$$\nu_Q = \frac{5}{384}\frac{q_k l^4}{EI_x} = \frac{5 \times 18 \times 5000^4}{384 \times 206 \times 10^3 \times 8950 \times 10^4} = 7.9(\text{mm}) < [\nu_Q] = \frac{l}{300} = 16.7(\text{mm})$$

因此，刚度满足要求。

(4) 热轧工字型钢，平台铺板未与次梁上翼缘焊牢。由（2）中内容按 $W_x = 841.5\text{cm}^3$ 选择热轧工字钢截面，查附录16，选I36a，$W_x = 875\ \text{cm}^3$，$I_x = 15800\ \text{cm}^4$，$A = 76.480\ \text{cm}^2$，$t_w = 10.0\text{mm}$，$t_1 = 15.8\text{mm}$，$b_1 = 136\text{mm}$，$i_y = 2.69\text{cm}$，自重为60.037kg/m = 0.59kN/m。

考虑自重后的荷载设计值：

$$q = 39.6 + 1.3 \times 0.59 = 40.37(\text{kN/m})$$

考虑自重后的跨中最大弯矩设计值：

$$M_{x,\max} = \frac{1}{8}ql^2 = \frac{1}{8} \times 40.37 \times 5^2 = 126.2(\text{kN} \cdot \text{m})$$

考虑自重后的支座最大剪力设计值：

$$V_{x,\max} = \frac{1}{2}ql = \frac{1}{2} \times 40.37 \times 5 = 100.9(\text{kN})$$

整体稳定验算：

1）计算 β_b：

$$\xi = \frac{l_1 t_1}{b_1 h} = \frac{5000 \times 15.8}{136 \times 360} = 1.614 < 2.0$$

由表6-1项次1查得

$$\beta_b = 0.69 + 0.13\xi = 0.69 + 0.13 \times 1.614 = 0.900$$

2）计算 λ_y：

$$\lambda_y = \frac{l_1}{i_y} = \frac{500}{2.69} = 185.9$$

3）计算梁的整体稳定系数：

$$\begin{aligned}
\varphi_b &= \beta_b \frac{4320}{\lambda_y^2}\frac{Ah}{W_x}\left(\sqrt{1 + \left(\frac{\lambda_y t_1}{4.4h}\right)^2} + \eta_b\right)\varepsilon_k^2 \\
&= \beta_b \frac{4320}{\lambda_y^2}\frac{Ah}{W_x}\left(\sqrt{1 + \left(\frac{\lambda_y t_1}{4.4h}\right)^2} + \eta_b\right)\frac{235}{f_y} \\
&= 0.900 \times \frac{4320}{185.9^2} \times \frac{76.480 \times 36}{875} \times \left(\sqrt{1 + \left(\frac{185.9 \times 1.58}{4.4 \times 36}\right)^2} + 0\right) \times \frac{235}{235} \\
&= 0.746 > 0.6
\end{aligned}$$

由于计算出的 $\varphi_b>0.6$ 时，应以 φ_b' 代替 φ_b，φ_b' 的计算如下：

$$\varphi_b' = 1.07 - \frac{0.282}{\varphi_b} = 1.07 - \frac{0.282}{0.746} = 0.692<1.0$$

4）计算梁的整体稳定：

$$\frac{M_{x,\max}}{\varphi_b' W_x f} = \frac{126.2 \times 10^6}{0.692 \times 875 \times 10^3 \times 215} = 0.97<1.0$$

因此，梁的整体稳定性满足要求。

其他验算同（3）中的内容，在此省略。

由以上计算可见，该次梁若按整体稳定控制设计将比按强度控制设计选用的截面面积大得多，因此，一般工作平台梁或楼层梁，应尽量采取构造措施（例如，与平台铺板连牢等），以保证梁不丧失整体稳定。

6.5.2　双向弯曲型钢梁的设计

双向弯曲型钢梁较广泛地用于屋面檩条（见图 6-52）和墙梁（见图 6-53）。一般将檩条采用的型钢腹板垂直于屋面放置，所以其在两个主平面受弯。墙梁因兼受墙体材料的竖向重力荷载和墙面传来的水平风荷载，所以也是双向弯曲梁。

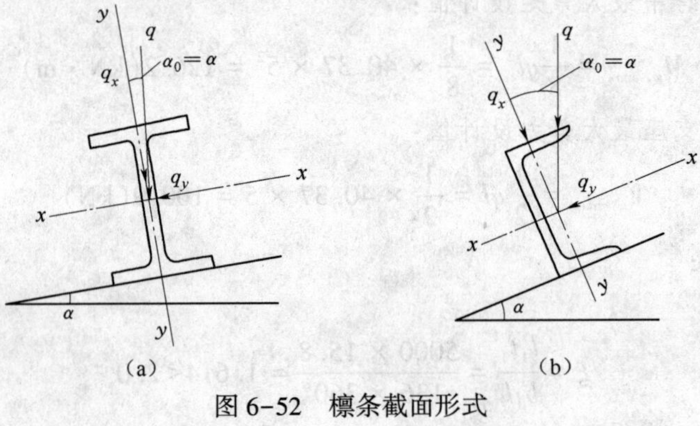

图 6-52　檩条截面形式

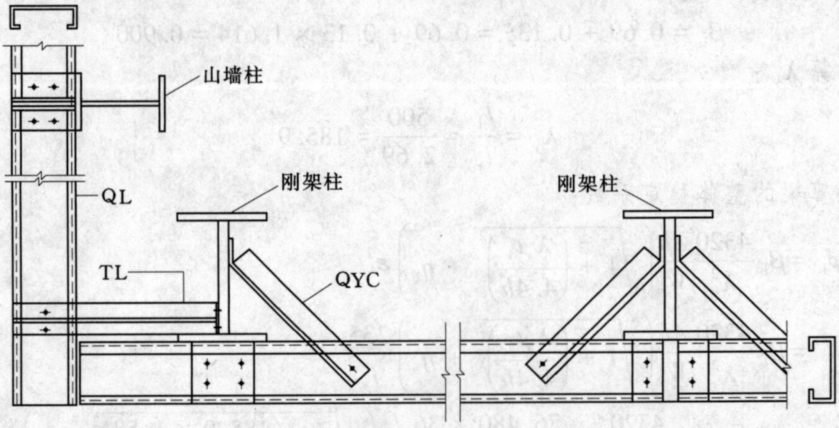

图 6-53　墙梁安装节点

1. 檩条的构造

檩条的截面常采用槽钢、角钢、H 型钢以及 Z 形或槽形（亦称为 C 形）冷弯薄壁型钢。角钢檩条只在跨度和荷载均较小时采用；槽钢檩条［见图 6-52（b）］应用普遍，但其壁较厚，强度不能充分利用，用钢量较大；H 型钢（HN 型）檩条［见图 6-52（a）］适用于跨度较大的情况，能较好地满足强度和刚度要求；Z 形或槽形（C 形）冷弯薄壁型钢檩条适用于跨度不大且为轻型屋面（压型钢板、夹心保温板等）。

型钢檩条的腹板垂直于屋面放置，因而竖向线荷载 q 可分解为垂直于截面两个主轴（x 轴和 y 轴）的荷载分量，即 $q_x=q\cos\alpha_0$ 和 $q_y=q\sin\alpha_0$，从而引起双向弯曲。α_0 为荷载 q 与主轴 y 轴的夹角，对 H 型钢檩条和槽钢檩条，该夹角等于屋面坡角，即 $\alpha_0=\alpha$，则 $q_x=q\cos\alpha$ 且 $q_y=q\sin\alpha$。

槽钢檩条和 Z 型钢檩条通常用于屋面坡度较大的情况，为了减少其侧向弯矩，提高檩条的承载能力，一般在跨中平行于屋面设置 1~2 道拉条（见图 6-54），从而把檩条侧向变为缩至跨度 1/2~1/3 的连续梁。一般情况下，当跨度 $l\leqslant 6$m 时，设置一道拉条；当 $l>6$m 时，设置两道拉条。拉条一般用直径 $d\geqslant 16$mm 的圆钢（最小不应小于 12mm）。拉条把檩条平行于屋面的反力向上传递，直到屋脊上左右坡面的力互相平衡。为使传力更好，常在顶部区格（或天窗两侧区格）设置斜拉条和撑杆，将坡向力传至屋架。拉条应设置于檩条顶部下 30~40mm 处［见图 6-54（c）］。檩条的拉条安装节点如图 6-55 所示。设置拉条不但能减少檩条的侧向弯矩，还可大大增强檩条的整体稳定性，因此可以认为：设置拉条的檩条不必计算整体稳定。

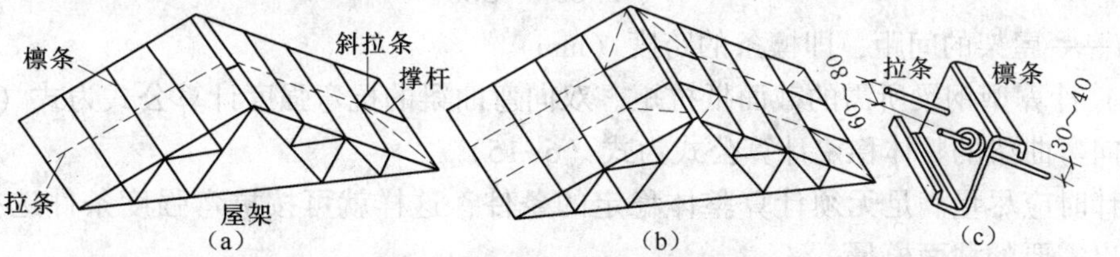

图 6-54　檩条的拉条和撑杆

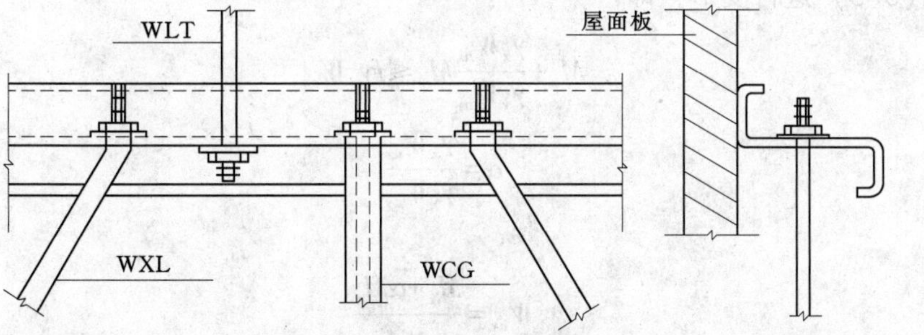

图 6-55　檩条的拉条安装节点

2. 双向弯曲型钢梁的设计

双向弯曲型钢梁承受两个主平面方向的荷载，设计方法与单向弯曲型钢梁相同，应考虑抗弯强度、整体稳定和挠度等的计算，而剪应力和局部稳定一般不必计算，局部压应力只在有较大集中荷载或支座反力的情况下才需验算。

（1）根据梁的荷载、跨度和支承情况，计算梁的最大弯矩设计值 M_x 和 M_y，并按所选的钢号确定抗弯强度设计值 f 和抗剪强度设计值 f_v。

对 x 轴，由 $q_x=q\cos\alpha$ 引起的弯矩，按简支梁计算，即

$$M_x=\frac{q_x l^2}{8}=\frac{ql^2\cos\alpha}{8} \tag{6-58}$$

对 y 轴，由 $q_y=q\sin\alpha$ 引起的弯矩，按简支梁计算，即

$$M_y=\frac{q_y l^2}{8}=\frac{ql^2\sin\alpha}{8} \tag{6-59}$$

由于型钢檩条绕 y 轴的截面抵抗矩 W_y 甚小，为了减少 M_y，常采用增设沿屋面方向的拉条，则拉条可作为檩条的侧向支撑，故可按多跨连续梁计算。

一根拉条位于跨中时，跨中支座处（拉条处）的负弯矩为

$$M_y=\frac{q_y l^2}{32}=\frac{ql^2\sin\alpha}{32} \tag{6-60}$$

两根拉条位于 1/3 处时，1/3 支座处（拉条处）的负弯矩为

$$M_y=\frac{q_y l^2}{90}=\frac{ql^2\sin\alpha}{90} \tag{6-61}$$

跨中的正弯矩为

$$M_y=\frac{q_y l^2}{360}=\frac{ql^2\sin\alpha}{360} \tag{6-62}$$

式中 l——屋架的间距，即檩条的跨度（mm）。

（2）计算型钢梁所需的截面抵抗矩。双向弯曲梁的抗弯强度计算公式为式（6-5）。

双向弯曲梁的整体稳定计算公式为式（6-15）。

设计时应尽量满足无须计算整体稳定的条件，这样就可按抗弯强度条件选择型钢截面，求出需要的截面模量。

将式（6-5）进行变形，即

$$M_x+\frac{\gamma_x W_{nx}}{\gamma_y W_{ny}}M_y\leqslant f\gamma_x W_{nx}$$

并令

$$\alpha=\frac{\gamma_x W_{nx}}{\gamma_y W_{ny}}$$

则得

$$W_{nx}=\frac{M_x+\alpha M_y}{\gamma_x f} \tag{6-63}$$

对于热轧普通槽钢，初选截面时可近似取 $\alpha\approx7$（α 可取 3~10）；对于工字钢，初选截面时可近似取 $\alpha\approx9$（α 可取 6~13）。这是因为 $\gamma_x/\gamma_y=1.05/1.2=0.875$，对于热轧普通槽钢，$W_x/W_y\approx3\sim11$，对于工字钢，$W_x/W_y\approx7\sim15$。

（3）由截面模量查附录有关型钢表选择合适的型钢，然后验算强度、刚度、整体稳定和局部稳定。

双向弯曲梁的抗弯强度按式（6-5）进行计算。该式中截面塑性发展系数 γ_x 和 γ_y，对槽形和工字形截面可分别取 $\gamma_x=1.05$、$\gamma_y=1.2$；对冷弯薄壁型钢可取 $\gamma_x=\gamma_y=1.0$。

双向弯曲梁的整体稳定按式（6-15）进行计算。

型钢梁的局部稳定可不验算。

双向弯曲梁的刚度计算公式为

$$\nu=\sqrt{\nu_x^2+\nu_y^2}\leqslant[\nu] \tag{6-64}$$

式中　ν_x、ν_y——沿两个主轴（x、y 轴）方向的分挠度，分别由荷载标准值 q_{ky}、q_{kx} 计算；

$[\nu]$——容许挠度，对无积灰的瓦楞铁、石棉瓦等屋面为 $l/150$，对压型金属板以及有积灰的瓦楞铁、石棉瓦等屋面为 $l/200$，其他屋面材料为 $l/200$。

当檩条设有坡向拉条时，只需验算 q_{kx} 作用下的挠度 ν_y（垂直于屋面方向），使其小于容许值。

3. 檩条设计

（1）荷载类别。

恒荷载：屋（墙）面围护材料重量、支撑（当支撑连于檩条上时）及檩条自重。

活荷载：屋面均布活荷载或雪荷载、积灰荷载（挡风架或墙架檩条还应考虑水平风荷载）以及施工检修荷载等。

（2）荷载组合。根据《建筑结构荷载规范》（GB 50009—2012）的规定，设计檩条时，按水平投影面积计算的屋面活荷载标准值取为 0.5kN/m²（为不上人屋面时）。屋面活荷载不与雪荷载同时考虑，取两者较大值。积灰荷载应与屋面均布活荷载或雪荷载两者中的较大值同时考虑。雪荷载、积灰荷载、风荷载以及增大系数、组合值系数等应按《建筑结构荷载规范》（GB 50009—2012）的规定采用。

（3）檩条计算。当檩条跨度大于或等于 12m 时，宜采用 H 型钢；当跨度小于或等于 6m 时，通常采用槽钢，有时也采用普通工字钢、角钢以及 Z 形和槽形（C 形）等冷弯薄壁型钢。檩条的截面高度根据跨度、檩距和荷载大小等因素确定，一般取檩条跨度的 1/45~1/35。

檩条的设计可参考例题 6-6。

【例题 6-6】　试设计图 6-56 所示的工字型钢檩条。已知檩条跨度为 6m，跨中设一根拉条，屋面坡度为 1/2.5，无积灰荷载，檩条承受的屋面材料重力荷载标准值为 0.5kN/m（坡向分布），活荷载标准值为 1.5kN/m（水平投影），不考虑雪荷载，钢材为 Q235A，挠度容许值 $[\nu]=l/150$。

解： Q235A 钢强度设计值（见附录 1）：暂考虑板件厚度不超过 16mm，为第一组钢材，故 $f=215\text{N/mm}^2$。钢材的弹性模量为 $E=206\times10^3\text{N/mm}^2$。

（1）计算梁的最大弯矩设计值 M_x 和 M_y。

屋面倾角 $\alpha=\arctan1/2.5=21°48'$，则 $\sin\alpha=0.3714$，$\cos\alpha=0.9285$。

设檩条和拉条自重为 0.1kN/m，则檩条线荷载设计值如下。

荷载效应组合：

$$g+q=\gamma_G\sigma_{GK}+\gamma_{Q1}\sigma_{Q1K}=1.3\times\left(\frac{0.5+0.1}{\cos\alpha}\right)+1.5\times1.5=3.090\ (\text{kN/m})$$

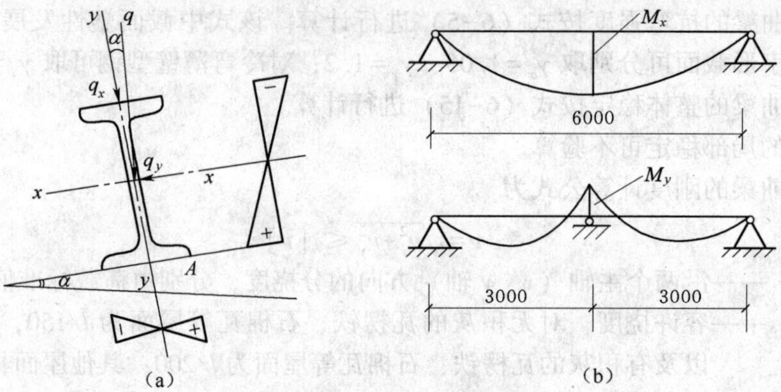

图 6-56 ［例题 6-6］图
（a）檩条应力分析；（b）弯矩图

跨中的最大正弯矩为

$$M_x=\frac{(g+q)\ l^2\cos\alpha}{8}=\frac{3.090\times6^2\times0.9285}{8}=12.91\ (\text{kN}\cdot\text{m})$$

因跨中设一根拉条，则跨中支座处（拉条处）的负弯矩为

$$M_y=\frac{(g+q)\ l^2\sin\alpha}{32}=\frac{3.090\times6^2\times0.3714}{32}=1.29\ (\text{kN}\cdot\text{m})$$

（2）计算型钢梁所需的截面抵抗矩。近似取 $\alpha\approx7$，按式（6-63），得

$$W_{nx}=\frac{M_x+\alpha M_y}{\gamma_x f}=\frac{12.91\times10^6+7\times1.29\times10^6}{1.05\times215}=97187\ (\text{mm}^3)\ \approx97.2\text{cm}^3$$

（3）由截面模量 $W_{nx}=97.2\text{cm}^3$ 查附录 16，选I14 热轧工字钢截面，$W_x=102\text{cm}^3$，$W_y=16.1\text{cm}^3$，自重为 16.90kg/m=0.166kN/m，$I_x=712\text{cm}^4$，$i_x=5.76\text{cm}$，$i_y=1.73\text{cm}$。

考虑到计算截面（跨中截面）处有连接拉条的孔洞削弱，故将截面模量乘以 0.9 的折减系数，即 $W_{nx}=102\times0.9=91.8\ (\text{cm}^3)$，$W_{ny}=16.1\times0.9=14.49\ (\text{cm}^3)$。

按实际自重考虑荷载效应组合：

$$g+q=\gamma_G\sigma_{GK}+\gamma_{Q1}\sigma_{Q1K}=1.3\times\left(\frac{0.5+0.166}{\cos\alpha}\right)+1.5\times1.5=3.182\ (\text{kN/m})$$

跨中的最大正弯矩为

$$M_x=\frac{(g+q)\ l^2\cos\alpha}{8}=\frac{3.182\times6^2\times0.9285}{8}=13.30\ (\text{kN}\cdot\text{m})$$

跨中支座处（拉条处）的负弯矩为

$$M_y=\frac{(g+q)\ l^2\sin\alpha}{32}=\frac{3.182\times6^2\times0.3714}{32}=1.33\ (\text{kN}\cdot\text{m})$$

1）抗弯强度验算。由图 6-56（a）檩条应力分析可知，跨中截面肢尖 A 点的拉应力最大，是危险点，按式（6-5）进行计算，得

$$\begin{aligned}\frac{M_x}{\gamma_x W_{nx}}+\frac{M_y}{\gamma_y W_{ny}}&=\frac{13.30\times10^6}{1.05\times91.8\times10^3}+\frac{1.33\times10^6}{1.2\times14.49\times10^3}\\&=138.0+76.5\\&=214.5\ (\text{N/mm}^2)\ <f=215\text{N/mm}^2\end{aligned}$$

因此，檩条抗弯强度满足要求。

2）刚度验算。因檩条设有坡向拉条，故只需验算 q_{kx} 作用下的挠度 ν_y（垂直于屋面方向），使其小于容许值。

檩条均布荷载标准值为

$$g_k+q_k=\frac{0.5+0.166}{\cos\alpha}+1.5=2.217\ (\text{kN/m})$$

$$(g_k+q_k)_x=(g_k+q_k)\cos\alpha=2.217\times0.9285=2.058\ (\text{kN/m})$$

檩条跨中最大挠度为

$$\nu_y=\frac{5}{384}\frac{(g_k+q_k)_x l^4}{EI_x}=\frac{5\times2.058\times6000^4}{384\times206\times10^3\times712\times10^4}=23.7\ (\text{mm})<[\nu]=l/150=40\ (\text{mm})$$

因此，檩条刚度满足要求。

因为设置了拉条，可不验算檩条的整体稳定；同时，因为檩条为热轧工字型钢，可不验算檩条的局部稳定。

6.6　组合梁的设计

6.6.1　截面选择

当梁的荷载或跨度较大时，梁的内力较大，最大的型钢号都不能满足要求，这时需采用组合截面梁（简称组合梁）。常用的形式为由三块钢板焊成的工字形截面。组合梁的设计包括截面选择和截面验算。截面选择就是初选截面尺寸，包括初步确定截面高度、腹板尺寸和翼缘尺寸。截面验算就是对初选的截面进行各种验算，包括强度验算、整体稳定性验算、局部稳定性验算和挠度验算等。

下面以双轴对称焊接工字形组合截面梁（见图 6-57）为例，说明梁截面的高度（腹板高度）、腹板厚度、翼缘板的宽度与厚度等的初步确定方法。

1. 梁的截面高度和腹板高度

梁的截面高度应根据建筑设计或工艺要求容许的最大高度、刚度要求的最小高度和总用钢量最少的经济高度三方面条件确定。

建筑设计或工艺要求容许的最大高度是指梁底空间在满足使用要求下，房屋必须具备的净空高度。结构设计时必须满足该高度，也即梁的最大容许高度 h_{max}。

刚度要求的最小高度 h_{min} 是指根据正常使用极限状态的要求，梁在荷载标准值作用下的挠度不得超过《钢结构设计标准》（GB 50017—2017）规定的容许值。在初选梁的高度时，应考虑到这个条件，例如，均布荷载作用下的简支梁，其相对挠度应满足下列要求。

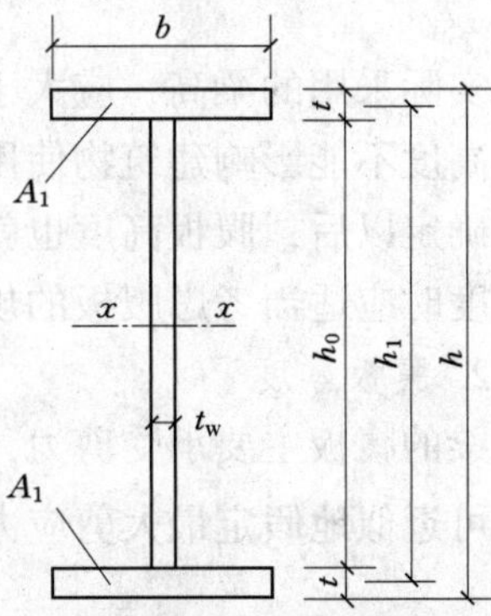

图 6-57　组合梁的截面尺寸

A_1—一个翼缘面积；b—翼缘板宽度；h_0—腹板高度；t_w—腹板厚度；t—翼缘板厚度；h_1—两个翼缘板中心之间的距离；h—梁高

由 $\nu_{max}=\dfrac{5}{384}\dfrac{q_k l^4}{EI_x}$，得

$$\frac{\nu_{\max}}{l}=\frac{5}{384}\frac{q_k l^3}{EI_x}=\frac{5}{48}\frac{M_k l}{EI_x}\leqslant\frac{[\nu_T]}{l}$$

将荷载分项系数 1.4（近似取恒荷载和活荷载分项系数的平均值）、$M=1.4M_k$、$\sigma_{\max}=M\cdot h/(2I_x)$、$E=206\times10^3\text{N/mm}^2$ 代入上式，可得

$$\frac{\nu_{\max}}{l}=\frac{5}{384}\frac{q_k l^3}{EI_x}=\frac{5}{1.4\times48}\times\frac{Ml}{206\times10^3 I_x}=\frac{\sigma_{\max}}{1384320}\frac{l}{h}\leqslant\frac{[\nu_T]}{l}$$

则

$$h_{\min}\geqslant\frac{\sigma_{\max}l}{1384320}\frac{l}{[\nu_T]} \quad (6\text{-}65\text{a})$$

若在梁的挠度达到挠度容许值的同时，梁的抗弯强度亦达到钢材的抗弯强度设计值f，即令$\sigma_{\max}=f$，这样可充分利用钢材强度，则式（6-65a）变成

$$h_{\min}\geqslant\frac{fl}{1384320}\frac{l}{[\nu_T]} \quad (6\text{-}65\text{b})$$

由式（6-65b）可得出不同的最小梁高度$h_{\min}$。

如果选用较大的梁高，虽然可减少翼缘的用钢量，但腹板的用钢量却要增加；如果选用较小的梁高，情况则相反。因此，使翼缘与腹板的总用钢量最少的梁高才是经济高度h_e。经济高度h_e一般需按照优化设计的方法用计算机求解，比较复杂。设计实践中经常采用的经济高度h_e的公式为

$$h_e=7\sqrt[3]{W_x}-30\ (\text{cm}) \quad (6\text{-}66)$$

其中 $$W_x=W_{nx}=\frac{M_x}{\gamma_x f}\quad 或\quad W_x=\frac{M_x}{\varphi_x f}\ (\text{cm}^3)$$

或 $$h_e=2W_x^{0.4}(\text{mm}) \quad (6\text{-}67)$$

其中 $$W_x=W_{nx}=\frac{M_x}{\gamma_x f}\quad 或\quad W_x=\frac{M_x}{\varphi_x f}\ (\text{mm}^3)$$

实际采用的梁高，应大于由刚度条件确定的最小高度$h_{\min}$，而大约接近经济高度h_e。梁的高度不能影响建筑物使用要求所需的净空尺寸，即不能大于建筑物的最大允许梁高。梁高确定以后，腹板高度也就确定了，腹板高度为梁高减去两个翼缘板的厚度，在确定腹板高度时应适当考虑腹板的规格尺寸，腹板高度一般取 50mm 或 100mm 的倍数。

2. 腹板厚度

梁的腹板主要承受剪力，因此腹板厚度t_w应保证梁具有要求的抗剪强度。初选截面时，可近似地假定最大剪应力为腹板平均剪应力的 1.2 倍，则腹板的抗剪强度计算公式简化为

$$\tau_{\max}\approx1.2\frac{V_{\max}}{h_w t_w}\leqslant f_v$$

则得

$$t_w\geqslant1.2\frac{V_{\max}}{h_w f_v} \quad (6\text{-}68)$$

由于梁的抗剪强度通常不是控制梁截面尺寸的首要条件，按式（6-68）求得的 t_w 一般偏小而不宜采用。为了考虑局部稳定和构造等因素，初选腹板厚度时用得较多的是下列经验公式：

$$t_w = \sqrt{h_w}/3.5 \tag{6-69}$$

或

$$t_w = 7+0.003h \tag{6-70}$$

式中，h_w、t_w、h 的单位均为 mm。

一般来说，腹板厚度最好在 8~22mm，对个别小跨度梁，腹板最小厚度可取 6mm。

注意：梁的截面高度 h、梁的腹板高度 h_w、腹板的计算高度 h_0 和两个翼缘板中心之间的距离 h_1，这四者是不相同的。对于焊接组合梁，$h_w=h_0$；对于高强度螺栓连接的梁，$h_w \neq h_0$。但在估算梁截面尺寸和推导估算公式时，对它们就不必区分得很严格，可近似认为 $h_w \approx h_0 \approx h \approx h_1$。

3. 翼缘尺寸

根据前面算出的需要的净截面抵抗矩 W_{nx} 或毛截面抵抗矩 W_x，整个截面需要的惯性矩为

$$I_x = W_{nx}\frac{h}{2} \tag{6-71}$$

因腹板尺寸已经确定，其惯性矩为

$$I_w = \frac{1}{12}t_w h_0^3 \tag{6-72}$$

则翼缘需要的惯性矩为

$$I_1 = I_x - I_w \tag{6-73}$$

可近似取为

$$I_1 = I_x - I_w \approx 2bt\left(\frac{h_0}{2}\right)^2 \tag{6-74}$$

由此可确定翼缘面积为

$$A_1 = bt = 2\,\frac{I_x - I_w}{h_0^2} = 2\,\frac{W_{nx}\frac{h}{2} - \frac{1}{12}t_w h_0^3}{h_0^2} \approx \frac{W_{nx}}{h_0} - \frac{1}{6}t_w h_0 \tag{6-75}$$

翼缘宽度 b 和厚度 t 只要确定出一个，就能确定另一个。翼缘板的宽度通常为 $b=(1/5\sim1/3)\ h$，翼缘板的厚度为 $t=A_1/b$。翼缘板常采用单层板，当厚度过大时，可采用双层板。

确定翼缘板的尺寸时，还应注意满足局部稳定的要求，例如工字形截面梁，受压翼缘板的外伸宽度与其厚度之比不超过 $15\varepsilon_k$（弹性设计）或 $13\varepsilon_k$（考虑部分塑性发展）。

选择翼缘板尺寸时，同样应符合钢板规格，宽度取 10mm 的倍数，厚度取 2mm 的倍数。

6.6.2　截面验算

根据初选的截面尺寸，求出截面的各种几何参数，如截面惯性矩、截面模量和截面面积等，然后进行验算。梁的截面验算包括强度（正应力、剪应力、局部压应力和折算应

力）、刚度、整体稳定和局部稳定等几个方面。其中，翼缘可以通过限制板件宽厚比来保证其不发生局部失稳。而腹板则较为复杂，一种方法是通过设置加劲肋来保证其不发生局部失稳；另一种方法是允许腹板发生局部失稳，利用其屈曲后承载力。

如果验算不满足要求或太富余，都应重新调整截面，再重新进行验算。

6.6.3 组合梁截面沿长度的改变

梁的弯矩是沿梁的长度发生变化的，简支梁通常是两端弯矩小而跨中弯矩大，因此，梁的截面如果能随弯矩而变化，则可节约钢材。对跨度较小的梁，改变截面的经济效果不大；或者改变截面节约的钢材不能抵消连接构造复杂带来的加工困难时，则不宜改变截面。

1. 改变翼缘板宽度

单层翼缘板的焊接组合梁改变截面时，一般宜改变翼缘板的宽度（见图6-58）而不改变其厚度。改变翼缘的厚度会在截面改变处产生较大的应力集中，且上翼缘不平而不利于搁置吊车轨道或其他构件。对于承受均布荷载的梁，截面改变位置在距支座 $l/6$ 处［见图6-58（a）］较为经济。较窄的翼缘板宽度 b' 应由截面开始改变处的弯矩 M_1 确定。为了减少应力集中，宽板应从截面开始改变处的两边向弯矩减小的一方以小于或等于1∶2.5的斜度延长，然后与窄板对接。受压翼缘的对接焊缝可采用直缝［见图6-58（b）］；受拉翼缘的对接焊缝亦可采用直缝，但当焊缝质量等级为三级时，需采用斜缝［见图6-58（c）］。

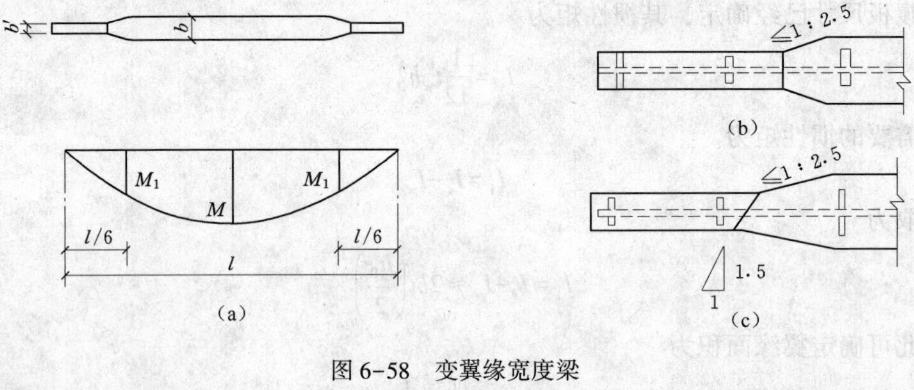

图6-58 变翼缘宽度梁

通常，在每个半跨内改变一次截面可节约钢材10%~12%，而改变两次截面的经济效果不显著，且给制造增加了工作量。因此，为了便于制造，一般只改变一次截面。

2. 改变翼缘板厚度

焊接梁的翼缘一般用一层钢板做成，这是因为多层板焊接组成的焊接梁，由于其翼缘板间是通过焊缝连接的，在施焊过程中将会产生较大的焊接应力和焊接变形，且受力不均匀，尤其在翼缘变截面处内力线突变，出现应力集中，使梁处于不利的工作状态。因此，推荐采用一层翼缘板。当荷载较大，单层翼缘板无法满足强度或可焊性的要求时，可采用双层翼缘板。当采用双层翼缘板时，外层钢板与内层钢板厚度之比宜为0.5~1.0。用多层翼缘板的梁，可用切断外层板的办法来改变梁的截面（见图6-59）。不沿梁通长设置的外层钢板，其理论截断点处的外伸长度 l_1 应符合下列要求。

端部有正面角焊缝：当 $h_f \geqslant 0.75t$ 时，$l_1 \geqslant b$；当 $h_f < 0.75t$ 时，$l_1 \geqslant 1.5b$。

端部无正面角焊缝：$l_1 \geqslant 2b$。

b 和 t 分别为外层翼缘板的宽度和厚度（mm）；h_f 为侧面角焊缝和正面角焊缝的焊脚尺寸（mm）。

铆接（或高强度螺栓摩擦型连接）梁的翼缘板不宜超过三层，翼缘角钢面积不宜少于整个翼缘面积的 30%，当采用最大型号的角钢仍不能符合此要求时，可加设腋板（见图6-60）。此时，角钢与腋板面积之和不应少于翼缘总面积的 30%。当翼缘板不沿梁通长设置时，理论截断点处外伸长度内的铆钉（或摩擦型连接的高强度螺栓）数目，应按该板 1/2 净截面面积的抗拉、抗压承载力进行计算。

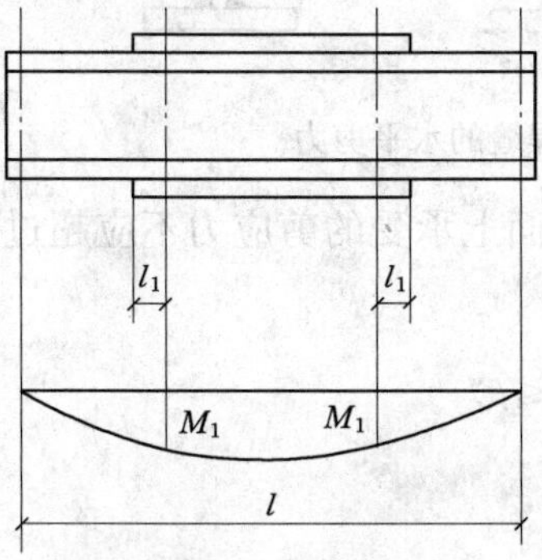

图 6-59　变翼缘厚度梁

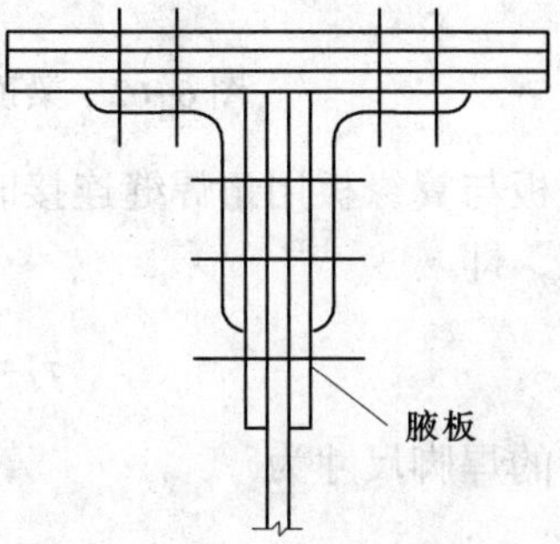

图 6-60　铆接（或高强度螺栓摩擦型连接）梁的翼缘截面

3. 改变腹板高度

当需要降低梁的空间高度时，简支梁可以在靠近支座处减小其高度，但不宜小于跨中高度的一半，同时使翼缘截面保持不变（见图 6-61）。这样可以降低梁相对于支承点的重心高度而利于稳定。截面改变的梁，应对改变截面处的强度进行验算，除保证抗弯强度外，梁端截面应能保证剪切强度足够，必要时可将端部腹板加厚，翼缘转折处应设腹板加劲肋。

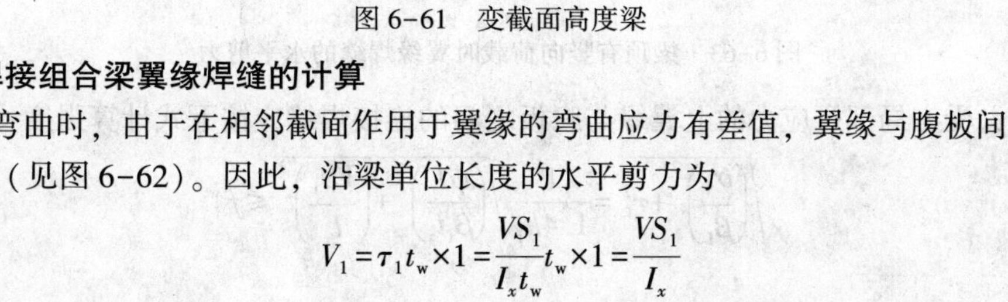

图 6-61　变截面高度梁

6.6.4　焊接组合梁翼缘焊缝的计算

当梁弯曲时，由于在相邻截面作用于翼缘的弯曲应力有差值，翼缘与腹板间将产生水平剪应力（见图 6-62）。因此，沿梁单位长度的水平剪力为

$$V_1 = \tau_1 t_w \times 1 = \frac{VS_1}{I_x t_w} t_w \times 1 = \frac{VS_1}{I_x} \tag{6-76}$$

其中

$$\tau_1 = \frac{VS_1}{I_x t_w}$$

式中　τ_1——腹板与翼缘交界处的水平剪应力（N/mm^2，与竖向剪应力相等）；

S_1——翼缘截面对梁中性轴的面积矩（mm^3）。

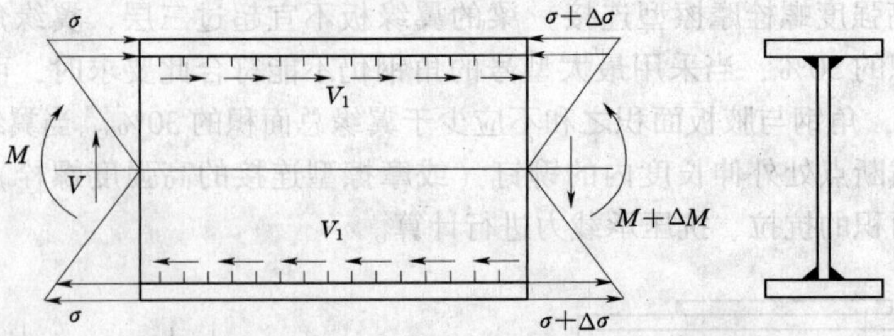

图 6-62　梁顶无竖向荷载时翼缘焊缝的水平剪力

当腹板与翼缘板用角焊缝连接时，角焊缝有效截面上承受的剪应力不应超过角焊缝强度设计值，即

$$\tau_f=\frac{V_1}{2\times0.7h_f}=\frac{VS_1}{1.4h_fI_x}\leqslant f_f^w \tag{6-77}$$

需要的焊脚尺寸为

$$h_f\geqslant\frac{VS_1}{1.4I_xf_f^w} \tag{6-78}$$

如图 6-63 所示，当梁的翼缘上承受有固定集中荷载而未设置支承加劲肋（当有较大的固定集中荷载时，一般应在该荷载下设置支承加劲肋，不需由该处翼缘板与腹板的连接焊缝来承受竖向力），或承受有移动集中荷载（如吊车轮压）时，上翼缘与腹板之间的连接焊缝，除承受沿焊缝长度方向的剪应力外，还承受垂直于焊缝长度方向的局部压应力为

$$\sigma_f=\frac{\psi F}{2h_el_z}=\frac{\psi F}{1.4h_fl_z} \tag{6-79}$$

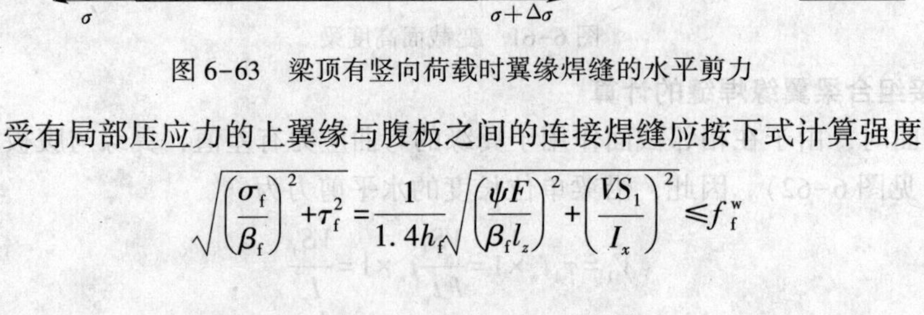

图 6-63　梁顶有竖向荷载时翼缘焊缝的水平剪力

因此，受有局部压应力的上翼缘与腹板之间的连接焊缝应按下式计算强度：

$$\sqrt{\left(\frac{\sigma_f}{\beta_f}\right)^2+\tau_f^2}=\frac{1}{1.4h_f}\sqrt{\left(\frac{\psi F}{\beta_fl_z}\right)^2+\left(\frac{VS_1}{I_x}\right)^2}\leqslant f_f^w \tag{6-80}$$

则得

$$h_f\geqslant\frac{1}{1.4f_f^w}\sqrt{\left(\frac{\psi F}{\beta_fl_z}\right)^2+\left(\frac{VS_1}{I_x}\right)^2} \tag{6-81}$$

式中 β_f——系数，对直接承受动力荷载的梁（如吊车梁）$\beta_f=1.0$，对其他梁 $\beta_f=1.22$；

F、ψ、l_z——各符号的意义同式（6-7）。

6.6.5 焊接组合梁设计实例

焊接组合梁设计时，除应综合考虑前面所述的有关内容外，还须注意以下问题：

（1）应对构件采用的钢材选择适当的强度等级。由刚度条件控制的梁，不宜选用强度等级较高的钢材。在通常情况，宜采用Q355钢。

（2）若梁的截面由整体稳定性条件控制，则可考虑将抗弯强度计算公式中的 γ_x 和 γ_y 取为1.0，此时受压翼缘的宽厚比可达到 $15\varepsilon_k$，这将有利于整体稳定性。

（3）腹板厚度宜尽量偏薄，尤其是对承受静力荷载和间接承受动力荷载的梁更应如此，可利用腹板屈曲后强度，以节约钢材。

（4）焊接梁的翼缘一般采用一层钢板。当荷载较大，单层翼缘板无法满足强度或可焊性的要求时，才可采用双层翼缘板。

下面举例说明焊接组合梁的设计方法。

【例题6-7】 ［例题6-5］中工作平台的主梁可简化为两端简支梁，跨度为12m，它承受由次梁传来的集中荷载，次梁上有刚性铺板，如图6-64所示。已知 F 的标准值为135kN、设计值为175kN，F 中活荷载的标准值为90kN、设计值为117kN，主梁截面如图6-64（b）所示。钢材为Q235B，焊条为E43型，手工焊。

试设计该主梁。

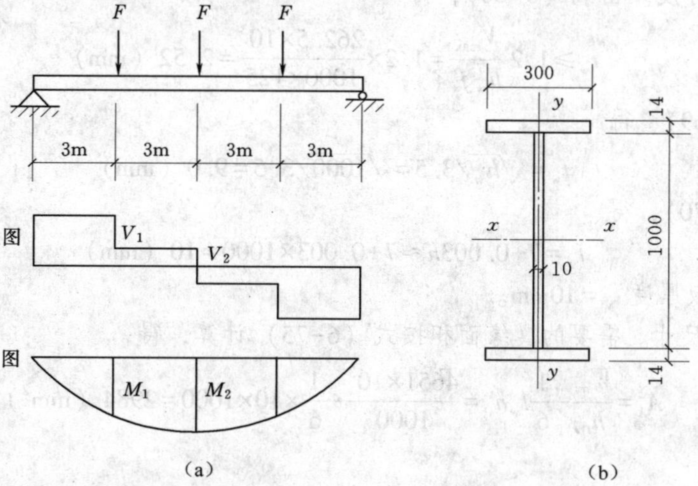

图6-64 ［例题6-7］图

解：Q235B钢强度设计值（见附录1）：因板件厚度不超过16mm，为第一组钢材，故 $f=215\text{N/mm}^2$，$f_v=125\text{N/mm}^2$。

简支梁的挠度容许值（见附录9）：$[\nu_T]=l/400$，$[\nu_Q]=l/500$。

钢材的弹性模量为 $E=206\times10^3\text{N/mm}^2$。

1. 内力计算

主梁的支座剪力设计值（不计主梁自重）为

$$V_{max}=1.5F=1.5\times175=262.5\ (\text{kN})$$

梁跨中最大弯矩为

$$M_{x,max}=262.5\times6-175\times3=1050\ (\text{kN}\cdot\text{m})$$

对于工字形截面，$\gamma_x=1.05$，故需要的净截面模量为

$$W_x=W_{nx}=\frac{M_x}{\gamma_x f}=\frac{M_{x,max}}{\gamma_x f}=\frac{1050\times10^6}{1.05\times215}=4651\ (\text{cm}^3)$$

2. 初估主梁截面

（1）主梁截面高度。

1）主梁的最小高度 h_{min}：

由式（6-65b）得

$$h_{min}\geqslant\frac{fl}{1384320}\frac{l}{[\nu_T]}=\frac{215\times12000\times400}{1384320}=745\ (\text{mm})$$

2）主梁的经济高度 h_e：

由式（6-66）得

$$h_e=7\sqrt[3]{W_x}-30=7\times\sqrt[3]{4651}-30=87\ (\text{cm})=870\text{mm}$$

由式（6-67）得

$$h_e=2W_x^{0.4}=2\times4651000^{0.4}=929\ (\text{mm})$$

因此，取腹板高度 $h_w=1000\text{mm}$。

（2）腹板厚度。由式（6-68），得

$$t_w\geqslant1.2\frac{V_{max}}{h_w f_v}=1.2\times\frac{262.5\times10^3}{1000\times125}=2.52\ (\text{mm})$$

由式（6-69），得

$$t_w=\sqrt{h_w}/3.5=\sqrt{1000}/3.5=9.0\ (\text{mm})$$

由式（6-70），得

$$t_w=7+0.003h\approx7+0.003\times1000=10\ (\text{mm})$$

因此，初选腹板厚度 $t_w=10\text{mm}$。

（3）翼缘尺寸。需要的翼缘面积按式（6-75）计算，得

$$A_1=\frac{W_{nx}}{h_0}-\frac{1}{6}t_w h_0=\frac{4651\times10^3}{1000}-\frac{1}{6}\times10\times1000=2984\ (\text{mm}^2)$$

翼缘宽度：

$$b=\left(\frac{1}{5}\sim\frac{1}{3}\right)h\approx\left(\frac{1}{5}\sim\frac{1}{3}\right)\times1000=200\sim333\ (\text{mm})$$

故取 $b=300\text{mm}$，则翼缘板的厚度为 $t=A_1/b=2984/300=10\ (\text{mm})$。

因为确定翼缘板的尺寸时，还应注意满足局部稳定要求，使受压翼缘的外伸宽度与其厚度之比不超过 $15\varepsilon_k$，故取翼缘板的厚度为 $t=14\text{mm}$，则翼缘外伸宽度与其厚度之比为

$$\frac{300-10}{2\times14}=10.4<15\varepsilon_k=15\sqrt{235/f_y}=15$$

因此，满足局部稳定的要求。

初估梁截面尺寸如图6-64（b）所示。

3. 计算截面特性

截面面积为

$$A=2\times30\times1.4+100\times1=184\ (\text{cm}^2)$$

对强轴（x 轴）的净截面惯性矩为

$$I_{nx}=2\times\frac{1}{12}\times30\times1.4^3+2\times30\times1.4\times\left(\frac{100+1.4}{2}\right)^2+\frac{1}{12}\times1\times100^3=299268\ (\text{cm}^4)$$

对强轴（x 轴）的净截面抵抗矩为

$$W_{nx}=\frac{2.0I_{nx}}{h}=\frac{299268}{50.7}=5902.7\ (\text{cm}^3)$$

主梁的自重标准值为

$$q_{自重}=1.1\times184\times10^2\times7850\times10^{-6}=158.9\ (\text{kg/m})=1.557\text{kN/m}$$

式中　1.1——考虑加劲肋等的自重而采用的构造系数。

考虑主梁自重后的弯矩设计值为

$$M_{x,\max}=1050+1.3\times1.557\times12^2/8=1086.4\ (\text{kN}\cdot\text{m})$$

考虑主梁自重后的支座剪力设计值为

$$V_{\max}=262.5+1.3\times1.557\times12/2=274.6\ (\text{kN})$$

4. 截面验算

（1）抗弯强度计算。对于工字形截面，$\gamma_x=1.05$，故

$$\sigma_{\max}=\frac{M_{x,\max}}{\gamma_x W_{nx}}=\frac{1086.4\times10^3\times10^3}{1.05\times5902.7\times10^3}=175.3\ (\text{N/mm}^2)<f=215\text{N/mm}^2$$

因此，抗弯强度满足要求。

（2）抗剪强度计算。梁支座截面中性轴以上（或以下）毛截面对中性轴的面积矩为

$$S_x=30\times1.4\times50.7+1\times50\times25=3379.4\ (\text{cm}^3)$$

梁支座截面中性轴处剪应力为

$$\tau_{\max}=\frac{V_{\max}S_x}{I_x t_w}=\frac{274.6\times10^3\times3379.4\times10^3}{299268\times10^4\times10}=31.0\ (\text{N/mm}^2)<f_v=125\text{N/mm}^2$$

因此，抗剪强度满足要求。

（3）腹板局部承压强度计算。由于在支座反力作用处设置了支承加劲肋，因而不必验算腹板局部承压强度。

（4）刚度计算。

梁跨中的最大挠度为

$$\begin{aligned}\nu_T&=\frac{5}{384}\frac{q_k l^4}{EI_x}+\frac{6.33p_k l^3}{384\ EI_x}\\&=\frac{5\times1.557\times12^4\times10^{12}}{384\times206\times10^3\times299268\times10^4}+\frac{6.33\times3\times135\times10^3\times12^3\times10^9}{384\times206\times10^3\times299268\times10^4}\\&=0.68+18.71\\&=19.4\ (\text{mm})<[\nu_T]=l/400=30\ (\text{mm})\end{aligned}$$

$$\nu_Q=\frac{6.33p_k l^3}{384\ EI_x}$$
$$=\frac{6.33\times3\times90\times10^3\times12^3\times10^9}{384\times206\times10^3\times299268\times10^4}$$
$$=12.5\ (\mathrm{mm})\ <[\nu_Q]=l/500=24\ (\mathrm{mm})$$

因此，刚度满足要求。

（5）整体稳定计算。因次梁上有刚性铺板，次梁的稳定得到了保证，故次梁可以作为主梁的侧向支承点，因此，主梁受压翼缘自由外伸长度与其宽度之比 $l_1=3000$，整体稳定验算如下。

1）计算 β_b。因次梁可以作为主梁的侧向支承点，侧向有三根次梁，由表 6-1 项次 8 查得，$\beta_b=1.20$。

2）计算 λ_y。对弱轴（y 轴）的截面惯性矩：

$$I_y=2\times\frac{1}{12}\times1.4\times30^3+\frac{1}{12}\times100\times1^3=6308(\mathrm{cm}^4)$$

$$i_y=\sqrt{\frac{I_y}{A}}=\sqrt{\frac{6308}{184}}=5.86(\mathrm{cm})$$

$$\lambda_y=\frac{l_1}{i_y}=\frac{300}{5.86}=51.2$$

3）计算梁的整体稳定系数：

$$\varphi_b=\beta_b\frac{4320}{\lambda_y^2}\frac{Ah}{W_x}\left(\sqrt{1+\left(\frac{\lambda_y x t_1}{4.4h}\right)^2}+\eta_b\right)\varepsilon_k^2$$
$$=\beta_b\frac{4320}{\lambda_y^2}\frac{Ah}{W_x x}\left(\sqrt{1+\left(\frac{\lambda_y t_1}{4.4h}\right)^2}+\eta_b\right)\frac{235}{f_y}$$
$$=1.20\times\frac{4320}{51.2^2}\times\frac{184\times102.8}{5902.7}\times\left(\sqrt{1+\left(\frac{51.2\times1.4}{4.4\times102.8}\right)^2}+0\right)\times\frac{235}{235}$$
$$=6.42>0.6$$

由于计算出的 $\varphi_b>0.6$，应以 φ_b' 代替 φ_b，φ_b' 的计算如下：

$$\varphi_b'=1.07-\frac{0.282}{\varphi_b}=1.07-\frac{0.282}{6.42}=1.03>1.0$$

因此，取 $\varphi_b'=1.0$。

4）计算梁的整体稳定：

$$\frac{M_{x,\ \max}}{\varphi_b' W_x f}=\frac{1086.4\times10^6}{1.0\times5902.7\times10^3\times215}=0.86<1.0$$

因此，整体稳定满足要求。$\varphi_b'=1.0$，说明梁的整体稳定，即为强度破坏验算。

（6）腹板的局部稳定计算。判断腹板高厚比范围，$80\varepsilon_k<h_0/t_w<170\varepsilon_k$，即

$$80=80\sqrt{\frac{235}{f_y}}<h_0/t_w=1000/10=100<170\sqrt{\frac{235}{f_y}}=170$$

故应布置横向加劲肋。

横向加劲肋的间距应满足 $0.5h_0 \leqslant a \leqslant 2h_0$，即 $500 \leqslant a \leqslant 2000$，考虑到在主梁上有次梁传来的集中荷载，故首先应在有集中荷载处的腹板上配置支承加劲肋，则取横向加劲肋间距为 1500mm，将梁的腹板划分为四种区格，如图 6-65 所示。原则上应该逐格验算。具体计算方法可参考本章 6.4.2 中有关梁腹板加劲肋的设计内容。

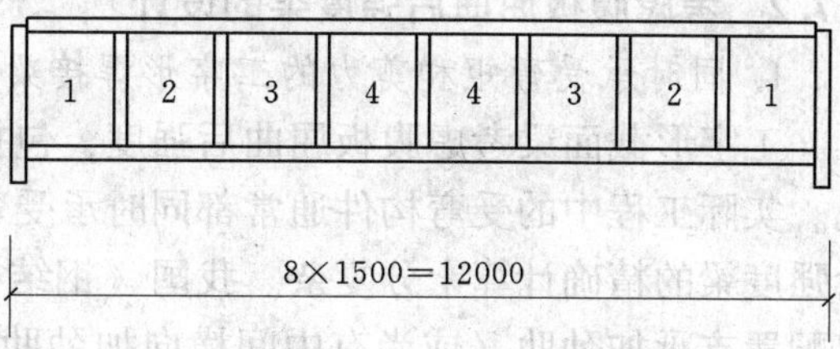

图 6-65　加劲肋布置

6.7　梁腹板考虑屈曲后强度的设计

6.7.1　梁腹板屈曲后的工作性能

一般钢梁的腹板都做得薄而高，并采取配置横向加劲肋加强，横向加劲肋与相对较厚的翼缘一起对腹板形成四边支承。四边支承的薄板屈曲与压杆屈曲的性能是不同的：压杆一旦屈曲，即表示破坏，屈曲荷载也就是其破坏荷载；四边支承的薄板则不同，屈曲荷载并不是它的破坏荷载，薄板屈曲后还会有很大的承载能力，这就是屈曲后强度。四边支承板，如果其支承较强，则当板屈曲后发生板面外的侧向位移时，板中面内将产生张力场，张力场的存在可阻止侧向位移的加大，使受压板能够继续承受增大的压力，直至板屈服或板的四边支承破坏，这就是产生薄板屈曲后强度的原因。

简支梁的横向加劲肋与翼缘所围的腹板区格在剪力作用下发生局部失稳后，主压应力不能增长，而主拉应力还可以随外荷载的增加而增加，因此，还有继续承载的能力。到达极限状态时，梁的上下翼缘犹如桁架的上、下弦杆，横向加劲肋如同受压竖杆，失稳区段内的斜向张力场则起到受拉斜杆的作用（见图 6-66）。这种状况可以持续到翼缘板上也出现塑性铰，整个区格成为机构为止。

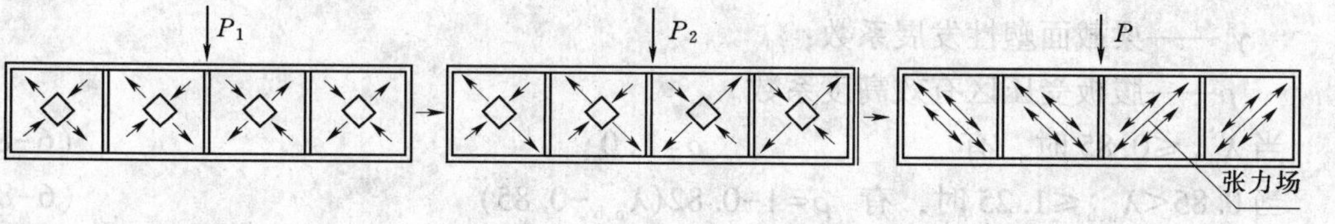

图 6-66　受剪屈曲后形成桁架机制的模式

根据《钢结构设计标准》（GB 50017—2017）规定，考虑屈曲后强度的梁，只需在支座处和固定集中荷载的支承处设置横向加劲肋，或经计算需要设置一些中间横向加劲肋。因此，当组合梁腹板设计成高而薄（h_0/t_w 可放宽至 250）时，也不必设置纵向加劲肋，并且还可适当放大横向加劲肋间距，故可节约钢材和制造工作量，具有较好的经济效益。

考虑腹板屈曲后强度的梁宜用于承受静力荷载或间接承受动力荷载。对直接承受动力荷载的吊车梁或类似构件则暂不推荐采用，这是因为多次反复屈曲有可能导致腹板边缘出现疲劳裂纹，且有关资料还不充分，因此，仍需按本章 6.4.2 中有关梁腹板加劲肋设计的内容，配置腹板加劲肋并验算局部稳定。

6.7.2 考虑腹板屈曲后强度梁的设计

1. 同时承受弯矩和剪力的工字形焊接梁考虑腹板屈曲后强度的设计方法

工字形截面梁考虑腹板屈曲后强度，包括单纯受弯、单纯受剪和弯剪共同作用三种情况。实际工程中的受弯构件通常都同时承受弯矩和剪力的作用，对这种情况考虑腹板屈曲后强度梁的精确计算十分复杂。我国《钢结构设计标准》（GB 50017—2017）规定：腹板仅配置支承加劲肋（或尚有中间横向加劲肋）而考虑屈曲后强度的工字形截面焊接组合梁，应按下式验算抗弯和抗剪承载能力：

$$\left(\frac{V}{0.5V_u}-1\right)^2+\frac{M-M_f}{M_{eu}-M_f}\leqslant 1.0 \tag{6-82}$$

$$M_f=\left(A_{f1}\frac{h_{m1}^2}{h_{m2}}+A_{f2}h_{m2}\right)f \tag{6-83}$$

式中 M、V——梁的同一截面上同时产生的弯矩（N·mm）、剪力（N）设计值，计算时，当 $V<0.5V_u$ 时取 $V=0.5V_u$，当 $M<M_f$ 时取 $M=M_f$；

M_f——梁两翼缘所承担的弯矩设计值（N·mm）；

A_{f1}、h_{m1}——较大翼缘的截面面积（mm^2）及其形心至梁中性轴的距离（mm）；

A_{f2}、h_{m2}——较小翼缘的截面面积（mm^2）及其形心至梁中性轴的距离（mm）；

M_{eu}、V_u——梁抗弯承载力设计值（N·mm）和抗剪承载力设计值（N）。

（1）M_{eu}应按下列公式计算：

$$M_{eu}=\gamma_x\alpha_e W_x f \tag{6-84}$$

其中

$$\alpha_e=1-\frac{(1-\rho)h_c^3t_w}{2I_x} \tag{6-85}$$

式中 α_e——梁截面模量考虑腹板有效高度的折减系数；

I_x——按梁截面全部有效算得的绕 x 轴的惯性矩（mm^4）；

h_c——按梁截面全部有效算得的腹板受压区高度（mm）；

γ_x——梁截面塑性发展系数；

ρ——腹板受压区有效高度系数。

当 $\lambda_{n,b}\leqslant 0.85$ 时，有 $$\rho=1.0 \tag{6-86a}$$

当 $0.85<\lambda_{n,b}\leqslant 1.25$ 时，有 $$\rho=1-0.82(\lambda_{n,b}-0.85) \tag{6-86b}$$

当 $\lambda_{n,b}>1.25$ 时，有 $$\rho=\frac{1}{\lambda_{n,b}}\left(1-\frac{0.2}{\lambda_{n,b}}\right) \tag{6-86c}$$

式中 $\lambda_{n,b}$——用于腹板受弯计算时的通用高厚比，按式（6-40a）、式（6-40b）计算。

（2）V_u 应按下列公式计算：

当 $\lambda_{n,s}\leqslant 0.8$ 时，有 $$V_u=h_w t_w f_v \tag{6-87a}$$

当 $0.8<\lambda_{n,s}\leqslant 1.2$ 时，有 $$V_u=h_w t_w f_v\left[1-0.5(\lambda_{n,s}-0.8)\right] \tag{6-87b}$$

当 $\lambda_{n,s}>1.2$ 时，有 $$V_u=h_w t_w\frac{f_v}{\lambda_{n,s}^{1.2}} \tag{6-87c}$$

式中 $\lambda_{n,s}$——用于腹板受剪计算时的通用高厚比，按式（6-32a）、式（6-32b）计算。

当组合梁仅配置支座加劲肋时，式（6-32b）中取 $h_0/a=0$。

2. 考虑腹板屈曲后强度时梁腹板的中间横向加劲肋设计

当梁仅配置支承加劲肋不能满足式（6-82）的要求时，则应在两侧成对配置中间横向加劲肋。中间横向加劲肋和上端受有集中压力的中间支承加劲肋，其截面尺寸除应满足式（6-51a）和式（6-51b）的要求外，尚应按轴心受压构件计算其在腹板平面外的稳定性，轴心压力应按下式计算：

$$N_s=V_u-\tau_{cr}h_w t_w+F \tag{6-88}$$

式中　V_u——按式（6-87a）~式（6-87c）计算；

h_w——腹板高度（mm）；

τ_{cr}——按式（6-33a）~式（6-33c）计算；

F——作用于中间支承加劲肋上端的集中压力（N），如无此力时取 $F=0$。

计算平面外稳定性时，受压构件的截面应包括加劲肋及加劲肋两侧各 $15t_w\varepsilon_k$ 范围内的腹板面积，计算长度取为 h_0。

当腹板在支座旁的区格 $\lambda_{n,s}>0.8$ 时，支座加劲肋除承受梁的支座反力外，还承受拉力场的水平分力 H，此时应按压弯构件计算其强度和在腹板平面外的稳定，H 的作用点在距腹板计算高度上边缘 $h_0/4$ 处，其值应按下式计算：

$$H=(V_u-\tau_{cr}h_w t_w)\sqrt{1+(a/h_0)^2} \tag{6-89}$$

式中　a——对设中间横向加劲肋的梁，取支座端区格的加劲肋间距，对不设中间加劲肋的腹板，取梁支座至跨内剪力为零点的距离（mm）。

3. 利用局部屈曲后强度的意义

钢构件要完全防止局部失稳可以采取增大板厚、设置加劲肋等措施，一方面，这都要耗费较多的钢材；另一方面，板件发生局部失稳并不意味着构件承载能力的立即丧失，而且构件最终承载力还有可能高于局部失稳时的截面抗力。因此，工程设计中不一定处处都以防止板件局部失稳作为设计准则。这样做可以使截面布置得更宽展，以较少的钢材来达到构件整体稳定的要求和刚度的要求。在计算中，如果板件的宽厚比超过了局部失稳临界限值对应的要求，就要在计算构件强度、稳定性时考虑截面的有效宽度，或采用适当降低材料设计强度的方法。工程设计中，由于考虑了各种安全系数，使得实际工作应力较小，在正常使用的条件下一般不会观察到明显的局部失稳现象。

注意：当承受反复荷载作用时，局部失稳后的变形容易造成疲劳破坏；同时，构件的承载性能也将逐步恶化。在这类荷载条件下，一般不考虑利用屈曲后强度。当结构设计时，考虑利用材料的塑性，例如，进行塑性设计时，局部失稳将使构件塑性性能不能充分发展，此时也不得利用屈曲后强度。

6.8　梁的拼接

梁的拼接分为工厂拼接和工地拼接。由于钢材尺寸的限制，必须将钢材接长或拼大，这种拼接常在工厂中进行，称为工厂拼接。由于运输或安装条件的限制，梁必须分段制造和运输，然后在工地拼装连接，这种拼接称为工地拼接。

6.8.1 工厂拼接

型钢梁常在同一截面采用对接焊缝连接，如图 6-67（a）所示，其位置宜设置在弯矩较小的地方。但由于翼缘与腹板连接处不易焊透，所以有时加盖板用角焊缝拼接，如图 6-67（b）所示。

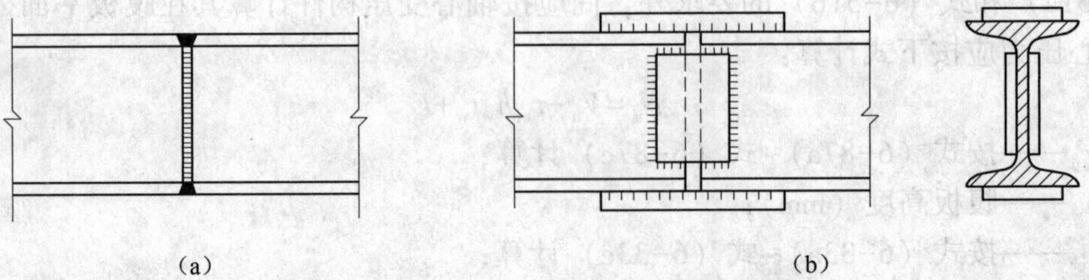

图 6-67 型钢梁的拼接

焊接组合梁工厂拼接的位置常由钢材尺寸决定。翼缘与腹板的拼接位置宜错开，并避免与加劲肋或次梁连接处重合，以防止焊缝交叉和过分密集。腹板的拼接焊缝与横向加劲肋之间至少应相距 $10t_w$［见图 6-68（a）］。翼缘与腹板的拼接焊缝宜采用一级或二级质量检验标准的对接直焊缝，并在施焊时设置引弧板。对于三级质量检验标准的焊缝，因焊缝的抗拉强度低于钢材强度，故应将受拉翼缘和腹板的拼接位置布置在弯矩较小的区域，或采用斜对接焊缝［见图 6-68（a）］。焊接组合梁有时也可加盖板用角焊缝拼接，如图 6-68（b）所示。

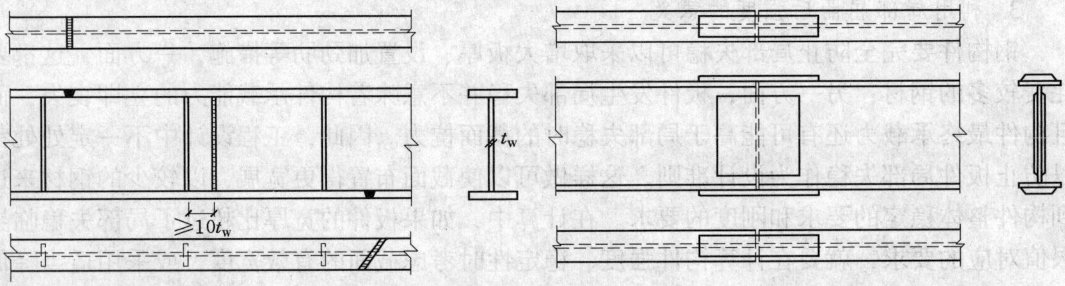

图 6-68 焊接组合梁的工厂拼接

6.8.2 工地拼接

工地拼接的位置通常由运输及安装条件决定，宜布置在弯矩较小截面处。梁的翼缘与腹板一般宜在同一截面处断开［见图 6-69（a）］，以便分段运输，减少运输碰损。当采用对接焊缝时，由于高大的梁在工地施焊时不便翻身，应将上、下翼缘的拼接边均做成向上开口的 V 形坡口，以便于工地平焊（俯焊）。为了减少焊接残余应力，应将翼缘和腹板的工厂拼接焊缝在端部留约 500mm 的长度不焊，以使工地焊接时有较多的收缩余地。此外，还宜按图 6-69（a）所示的施焊顺序（注明的数字是工地施焊的适宜顺序，即拼接处的对接焊缝，要先焊腹板，再焊受拉翼缘，然后焊受压翼缘，预留的角焊缝最后补焊），以减少焊接残余应力。有时可将翼缘和腹板的接头略为错开一些，如图6-69（b）所示，这样受力情况较好，但在运输时需要对端头突出部位加以保护，以免碰损。

由于现场施焊条件较差，焊缝质量难以保证，所以较重要或受动力荷载的大型组合梁，其工地拼接宜采用高强度螺栓摩擦型连接，如图6-70所示。

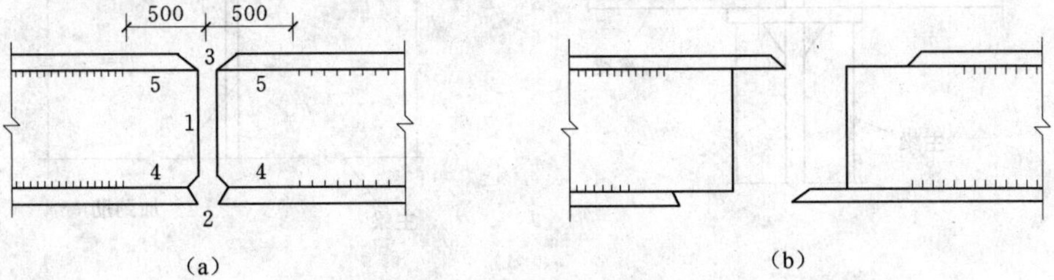

图6-69 焊接组合梁的工地拼接

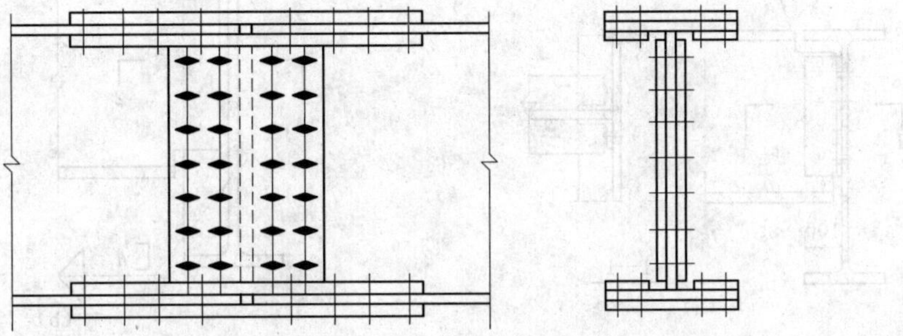

图6-70 组合梁采用高强度螺栓的工地拼接

6.9 次梁与主梁的连接

次梁与主梁的连接分为铰接（即简支连接）和刚接（又称为刚性连接或连续连接）两种。铰接应用较多，刚接只在次梁设计成连续梁时采用。

6.9.1 次梁与主梁的铰接

铰接按构造可分为叠接和平接两种。

1. 叠接

叠接是将次梁直接搁置在主梁上，并用焊缝或螺栓连接（见图6-71）。叠接需要较大的结构高度，所以应用常受到限制，但其构造简单，便于施工。

2. 平接

平接是将次梁连接于主梁侧面，次梁顶面可略高于或低于主梁顶面，也可两者等高，因此其结构高度较小。次梁一般从侧面与主梁的加劲肋相连接，或与主梁腹板上专设的短角钢或支托相连接，所以制造较费工。图6-72所示是次梁为简支梁时与主梁平接的构造，连接螺栓应采用摩擦型或承压型高强度螺栓，对于比较次要的构件也可采用普通螺

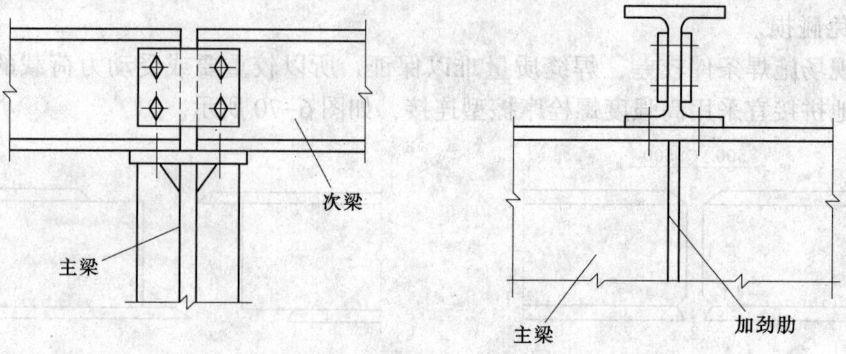

图 6-71 次梁与主梁的叠接（次梁不连续）

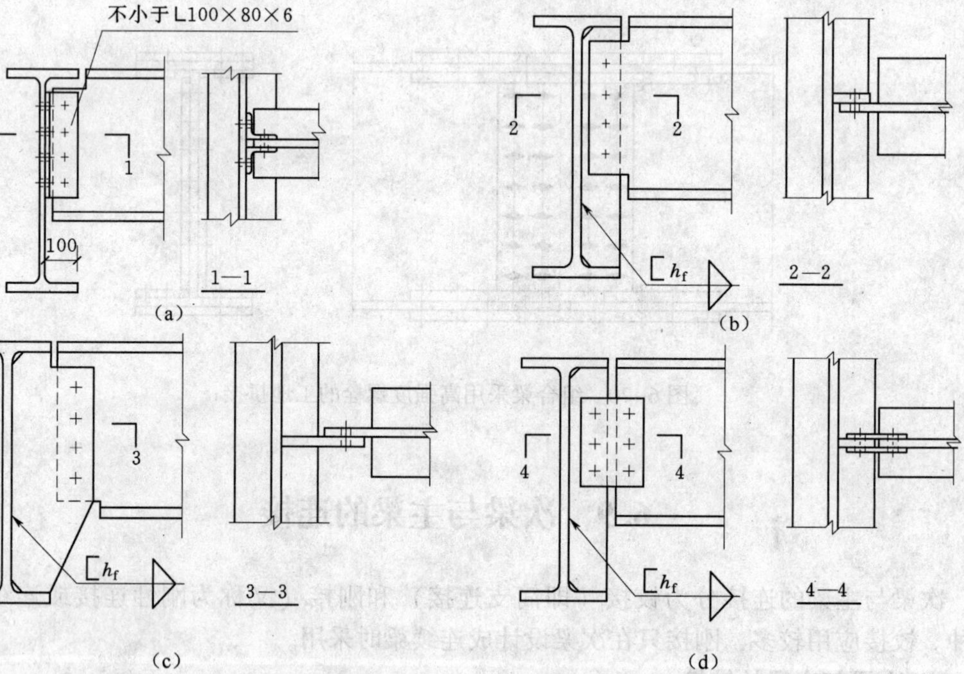

图 6-72 次梁与主梁平接的构造

(a) 用双角钢与主梁腹板相连；(b) 直接与主梁加劲肋单面相连；(c) 直接与主梁加劲肋单面相连；(d) 用连接板与主梁加劲肋双面相连

栓连接。平接虽构造复杂，但可降低结构高度，因此在实际工程中应用较广泛。

3. STS 软件铰接的节点设计

利用 STS 软件工具箱里的“节点连接计算与绘图工具”中的主次梁连接菜单进行铰接节点设计，在图 6-73 所示菜单里选择主梁截面，在图 6-74 所示菜单里选择次梁截面，假设次梁梁端剪力 V=50kN，选择铰接。铰接可有几种情况，如双角钢铰接、腹板深入连接、宽加劲肋连接和双连接板连接。

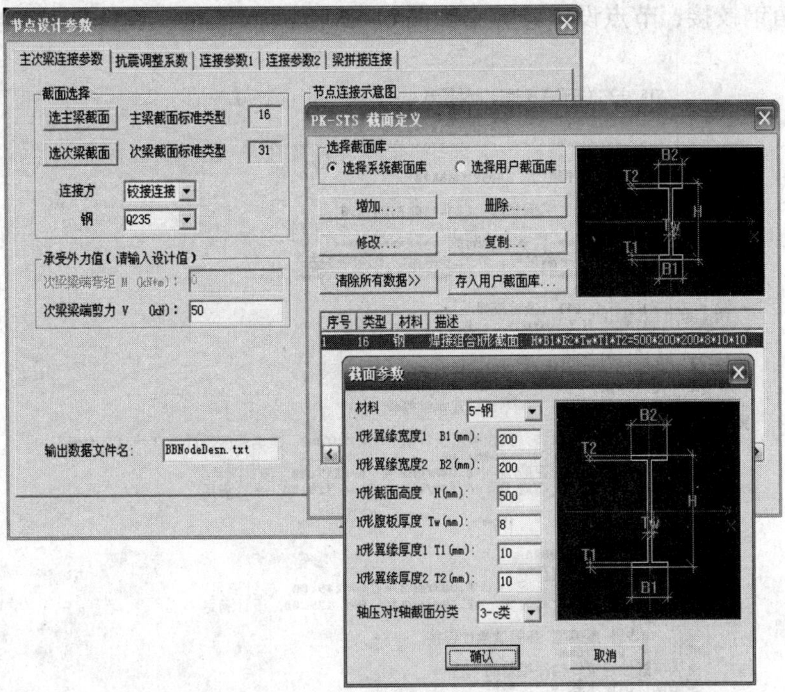

图 6-73　主梁截面选择

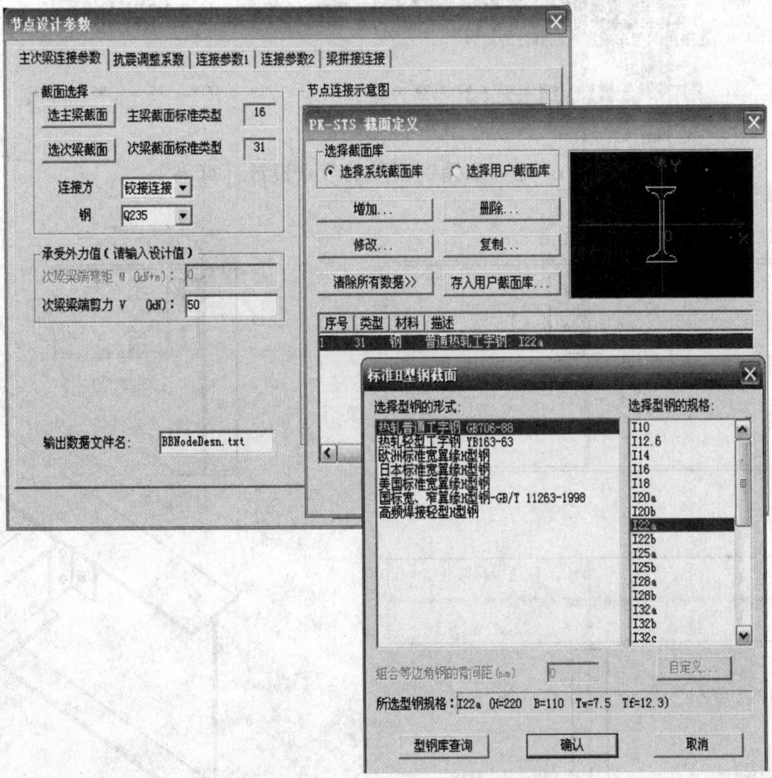

图 6-74　次梁截面选择

单击双角钢铰接，节点设计计算书如图 6-75 所示；节点采用双角钢铰接构造，如图 6-76 所示。

```
            STS 主次梁 节点连接设计计算书
                            设计日期: 3/27/2009
                              时间: 10:53:56
=================================================================
主梁截面参数:
采用钢截面: 焊接工字形截面 500X200X8X10
次梁截面参数:
采用钢截面: 热轧普通工字钢I22a  220X110X7.5X12.3

         ************** 柱节点域验算 *************
        (节点域验算不满足时，软件采用自动加强的办法)
=================================================================

  梁 1 左(下)端节点 (1) :设计满足
  梁端节点设计弯矩 M ( kN*m )    :0.0
  梁端节点设计剪力 V ( kN )      :50.0
  (剪力V 取 梁端剪力)

  简支梁支座 (铰接)
  连接类型为                        :一 双角钢螺栓
梁端部连接验算:
      钢材信息: 梁采用Q235, 抗拉强度设计值 f= 215N/mm2, 抗剪强度设计值 fv= 125N/mm2
  角焊缝抗剪强度设计值 Ffw = 160N/mm2
      次梁腹板净截面最大正应力    0.00N/mm2 <= f= 215.00, 设计满足
      次梁腹板净截面最大剪应力   76.02N/mm2 <= fv= 125.00, 设计满足
      采用双角钢连接
      梁边到主梁的距离 e =   15mm
连接件验算:
      连接角钢类型 : L100x6
      连接角钢高度 H = 170mm
        连接件净截面最大正应力    0.00N/mm2 <= f= 215.00, 设计满足
        连接件净截面最大剪应力   47.79N/mm2 <= fv= 125.00, 设计满足
螺栓连接验算:
      采用 10.9级 摩擦型 高强度螺栓连接
      螺栓直径 D = 16mm
      高强度螺栓连接处构件接触面 喷砂
      接触面抗滑移系数 u =  0.45
      高强螺栓预拉力 P = 100.00kN
      连接次梁腹板和角钢的高强螺栓的双面抗剪承载力设计值 Nvb2 =  81.00kN
      连接次梁腹板和角钢的高强螺栓所受最大剪力 Ns=  32.50kN <= Nvb2(双面), 设计满足
      连接主梁腹板和角钢的高强螺栓所受最大拉力 Ntmax=  39.33kN <= 0.8*P, 设计满足
      连接主梁腹板和角钢的高强螺栓所受最大剪力 Nvmax=   6.25kN <= Nvb1(单面), 设计满足
  连接角钢与主梁腹板的螺栓的排列
        行数 :    2
        列数 :    1
   螺栓排列 : NP1 x NP2 x D1 x D2 x D3 x D4 =   1 x   2 x  47 x  75 x  55 x  55
  连接角钢与次梁腹板的螺栓的排列
        行数 :    2
        列数 :    1
```

图 6-75　双角钢铰接的节点设计计算书

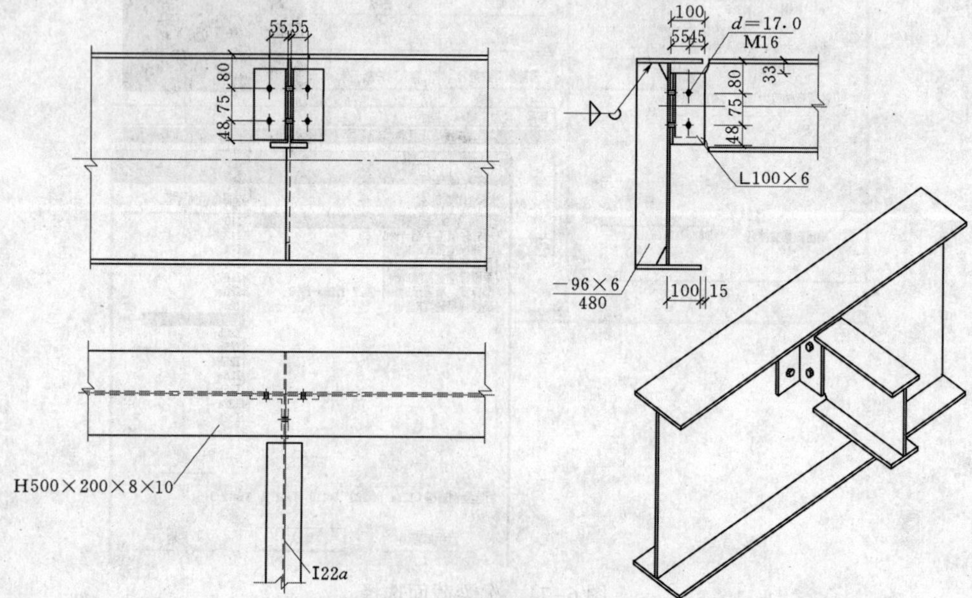

图 6-76　双角钢铰接节点构造

单击腹板深入连接，节点设计计算书如图 6-77 所示；节点采用腹板深入连接构造，如图 6-78 所示。

```
STS 主次梁 节点连接设计计算书

                     设计日期: 3/27/2009
                       时间: 11: 1:27
================================================================
主梁截面参数:
采用钢截面: 焊接工字形截面 500X200X8X10
次梁截面参数:
采用钢截面: 热轧普通工字钢I22a  220X110X7.5X12.3

     ************** 柱节点域验算 *************
       (节点域验算不满足时, 软件采用自动加强的办法)
================================================================

  梁 1 左(下)端节点 (1) :设计满足

  梁端节点设计弯矩 M ( kN*m )    :0.0
  梁端节点设计剪力 V ( kN )      :50.0
  (剪力V 取 梁端剪力)

  简支梁支座 (铰接)
  连接类型为                      :二 腹板伸入
梁端部连接验算:
    钢材信息: 梁采用Q235, 抗拉强度设计值 f= 215N/mm2, 抗剪强度设计值 fv= 125N/mm2
  角焊缝抗剪强度设计值 Ffw = 160N/mm2
      次梁腹板净截面最大正应力    0.00N/mm2 <= f= 215.00, 设计满足
      次梁腹板净截面最大剪应力   76.02N/mm2 <= fv= 125.00, 设计满足
      采用 次梁腹板内伸 连接
      次梁到主梁腹板的距离 e =   15mm
连接件验算:
      连接板与主梁腹板的角焊缝 Hf =    5mm
      连接板与主梁翼缘的角焊缝 Hf =    5mm
      连接板尺寸 B x H x T =  96 x  170 x    8
        连接件净截面最大正应力    0.00N/mm2 <= f= 215.00, 设计满足
        连接件净截面最大剪应力   71.69N/mm2 <= fv= 125.00, 设计满足
      连接件(或梁腹板)与主梁之间的角焊缝最大应力  16.87N/mm2 <= Ffw, 设计满足
螺栓连接验算:
      采用 10.9级 高强度螺栓 摩擦型连接
      螺栓直径 D = 16mm
      高强度螺栓连接处构件接触面 喷砂
      接触面抗滑移系数 u =   0.45
      高强螺栓预拉力 P = 100.00kN
      高强螺栓单面抗剪承载力设计值 Nvb =  40.50kN
      高强螺栓所受最大剪力 Ns =  32.50kN <= Nvb, 设计满足
      腹板螺栓排列(平行于梁轴线的称为“行”):
        行数 :   2,      螺栓的行间距:  55mm,      螺栓的行边距:  57mm
        列数 :   1,                                螺栓的列边距:  25mm
```

图 6-77　腹板深入连接节点设计计算书

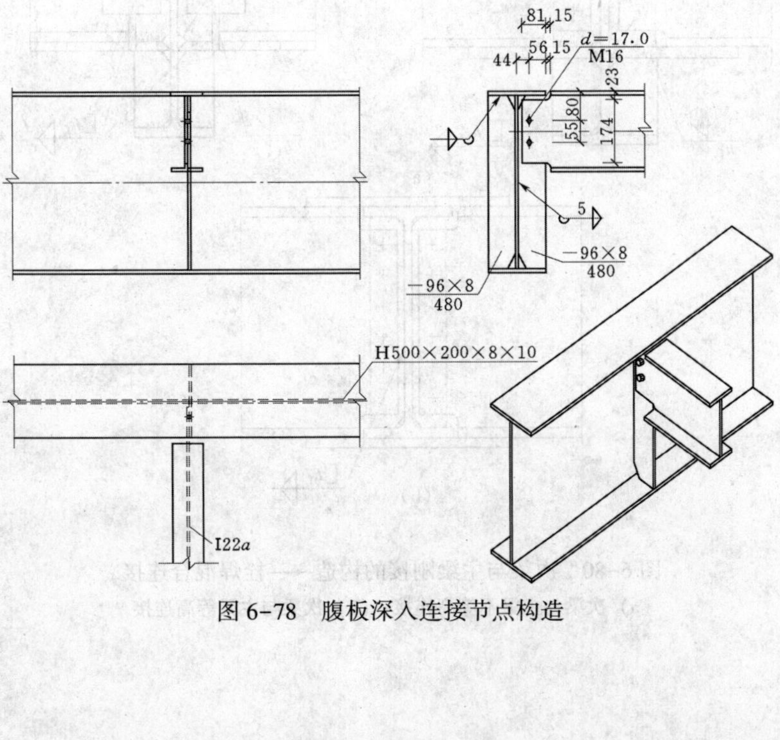

图 6-78　腹板深入连接节点构造

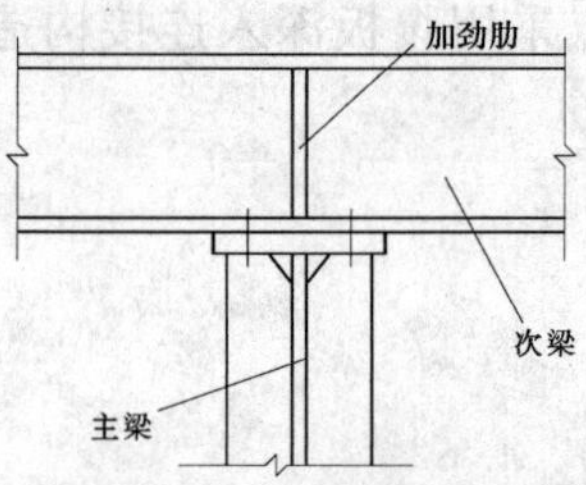

图 6-79 次梁与主梁的叠接（次梁连续）

6.9.2 次梁与主梁的刚接

次梁与主梁的刚接也可做成叠接或平接。

1. 叠接

叠接（见图 6-79）可使次梁在主梁上连续贯通，施工较简便，但其缺点是结构高度较大，因此较少采用。

2. 平接

次梁设计成连续梁时采用平接的构造如图 6-80 所示。该图中翼缘用焊接连接，腹板采用摩擦型高强度螺栓连接，分为次梁与主梁不等高连接和次梁与主梁等高连接两类。翼缘和腹板也可均采用摩擦型高强度螺栓连接，构造如图 6-81 所示，也分为次梁与主梁不等高连接和次梁与主梁等高连接两类。

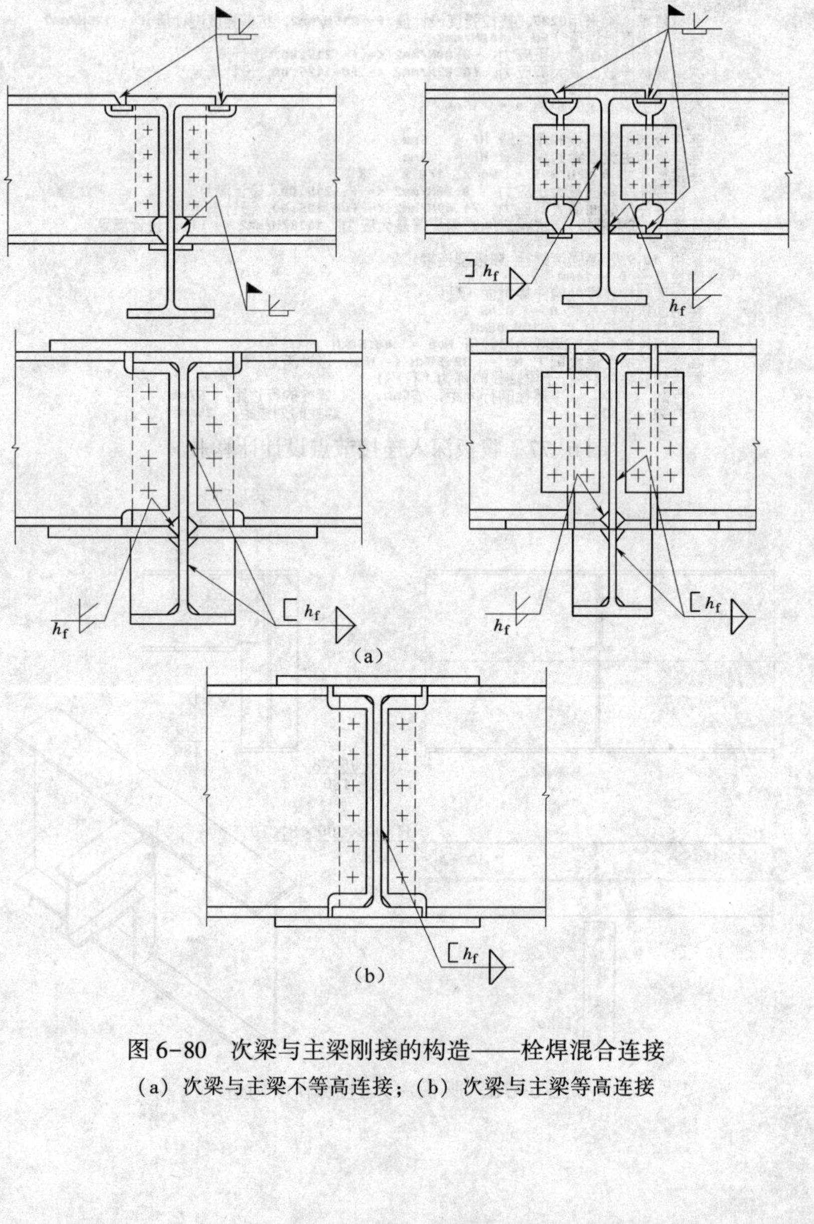

图 6-80 次梁与主梁刚接的构造——栓焊混合连接

（a）次梁与主梁不等高连接；（b）次梁与主梁等高连接

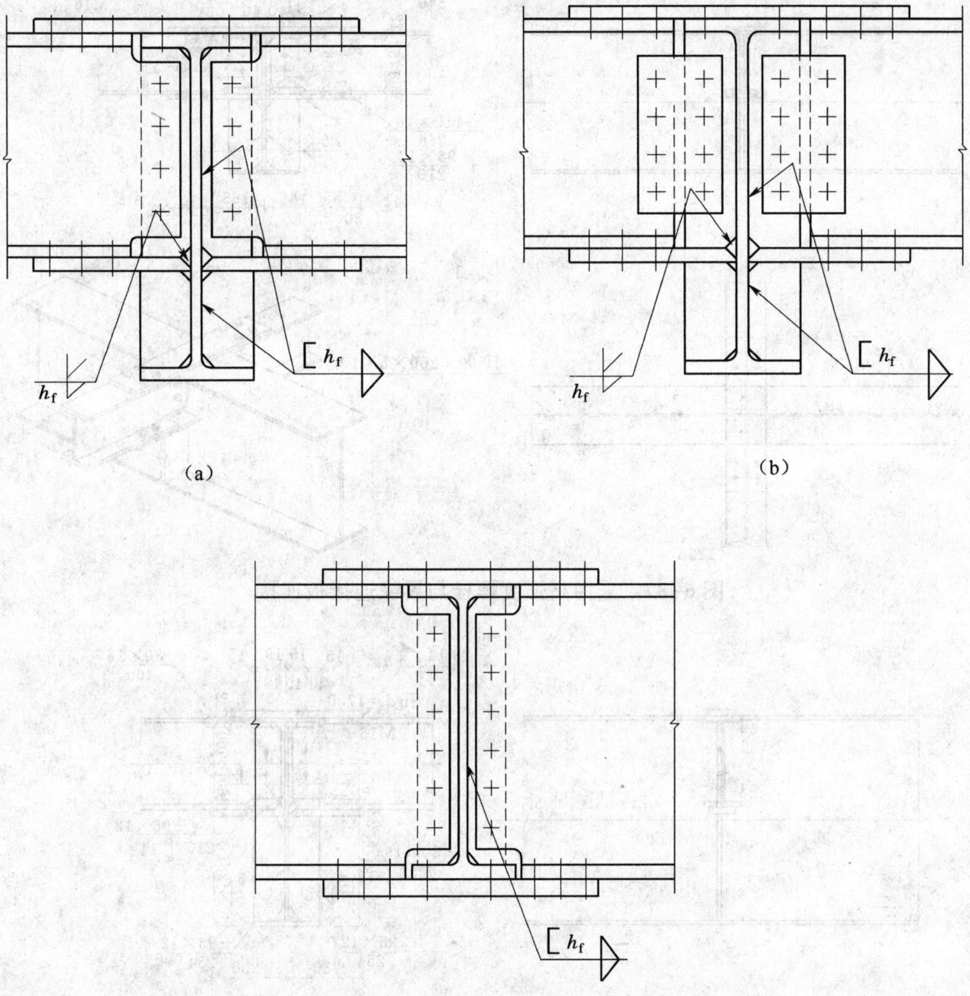

（c）

图 6-81　次梁与主梁刚接的构造——螺栓连接

（a）（b）次梁与主梁不等高连接；（c）次梁与主梁等高连接

3. STS 软件刚接的节点设计

利用 STS 软件工具箱里的“节点连接计算与绘图工具”中的主次梁连接菜单进行刚接节点设计。在图 6-73 中的“节点设计参数”中选择刚接（即固结连接）的连接方式。刚接中按次梁翼缘与主梁连接方式分三种情况：第一种是采用高强度螺栓与翼缘连接板连接，如图 6-82 所示；第二种是采用角焊缝与连接板连接，如图 6-83 所示；第三种是采用对接焊缝连接，如图 6-84 所示。

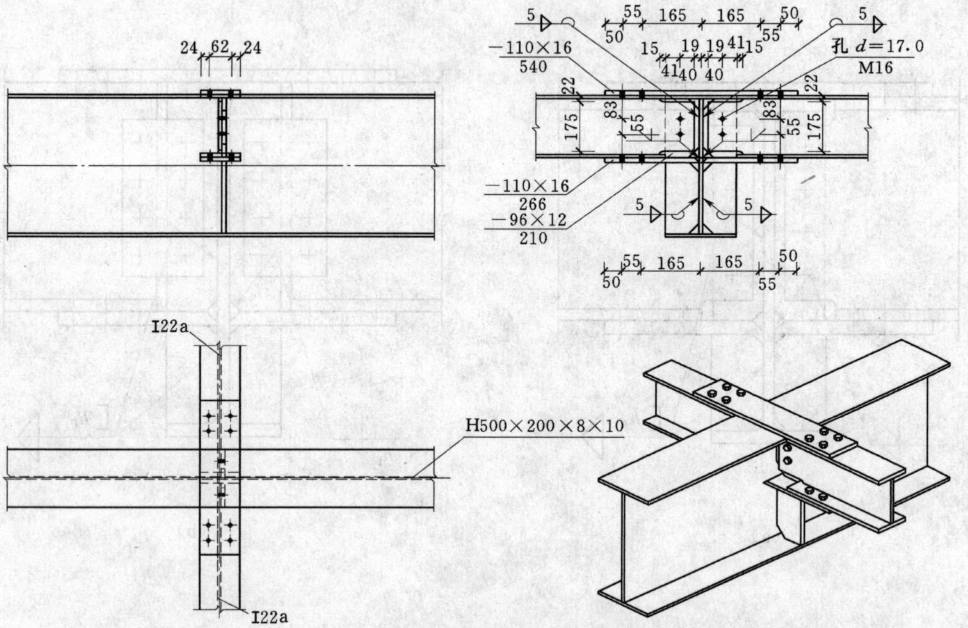

图 6-82　采用高强度螺栓与翼缘连接板连接

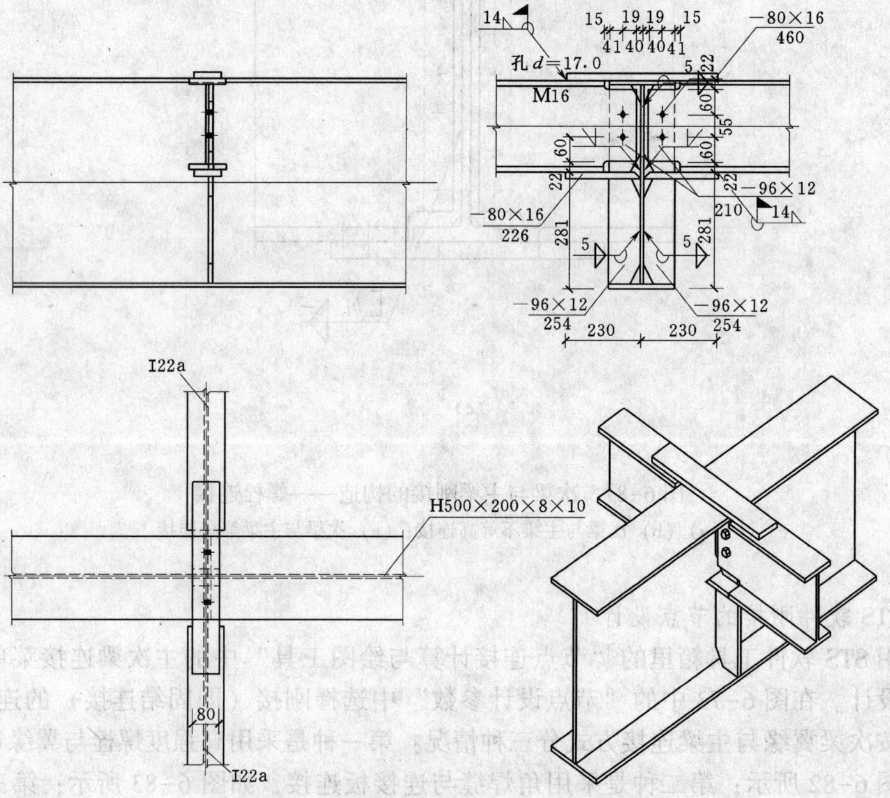

图 6-83　采用角焊缝与连接板连接

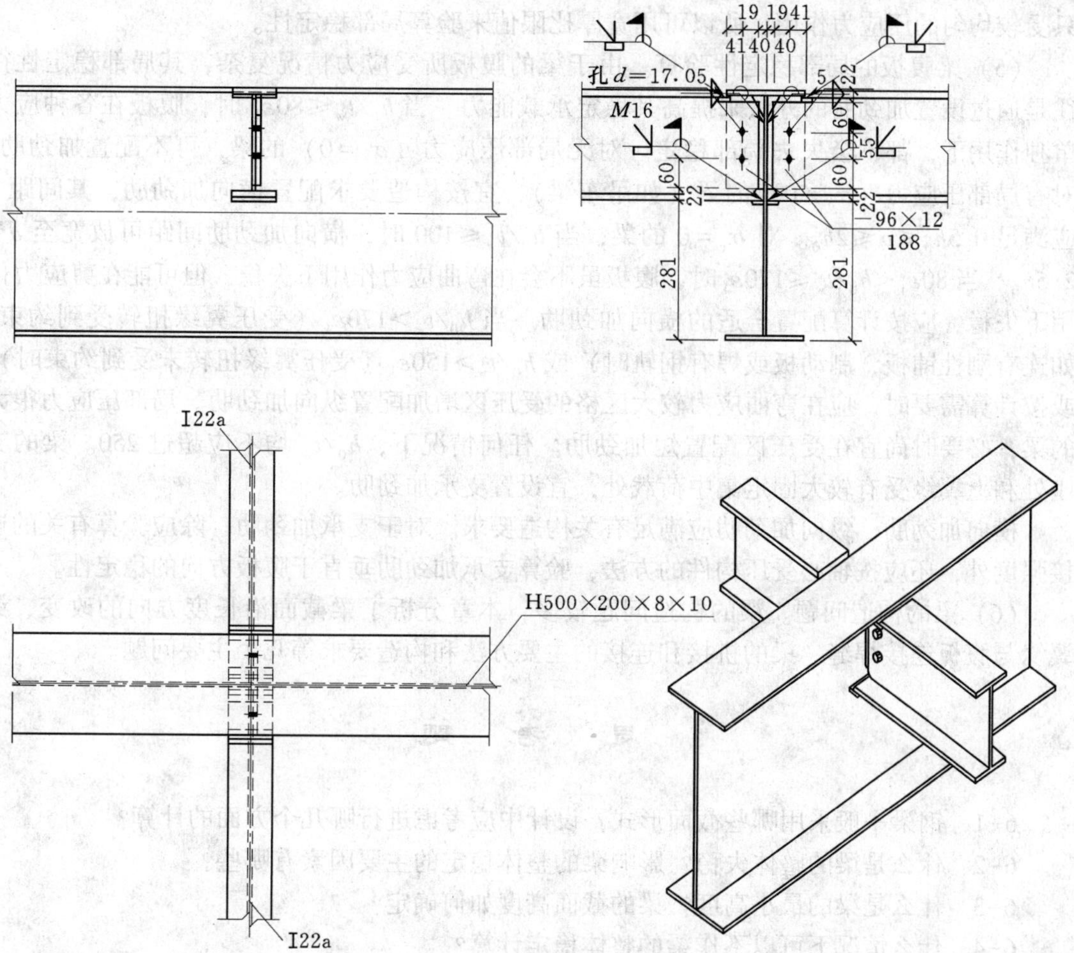

图 6-84　采用对接焊缝连接

本章小结

本章主要解决型钢梁和焊接组合梁的设计问题。在钢梁的设计中需要考虑强度、刚度、整体稳定、局部稳定（包括腹板加劲肋的设计）和构造要求五个方面。焊接组合梁的设计繁琐并且有难度，在学习过程中，教师可以通过剖析设计实例，帮助学生克服畏难情绪，培养学生严以律己、知难而进的意志和毅力、对技术精益求精的良好职业品质。

（1）强度计算。要求各种应力的最大值均小于相应的强度设计值，即最大正应力 $\sigma \leqslant f$，最大剪应力 $\tau \leqslant f_v$，最大局部压应力 $\sigma_c \leqslant f$，以及最大折算应力 $\sigma_{eq} \leqslant f$。

（2）刚度计算。要求梁的挠度 $\nu \leqslant [\nu]$。计算挠度时，必须采用荷载的标准值。

（3）整体稳定性验算。整体稳定是指梁的最大压应力不大于梁的临界应力除以抗力分项系数，即 $\sigma = \dfrac{M_x}{W_x} \leqslant \dfrac{\sigma_{cr}}{\gamma_R} = \dfrac{\sigma_{cr}}{f_y} \dfrac{f_y}{\gamma_R} = \varphi_b f$，其中 $\varphi_b = \dfrac{\sigma_{cr}}{f_y}$ 为梁的整体稳定系数，是整体稳定临界应力与钢材屈服强度的比值，应按附录 10 确定。

（4）梁受压翼缘的局部稳定性验算。由于梁受压翼缘所受应力情况不复杂，基本上只受较均匀的压应力作用，所以可用宽厚比限值来验算局部稳定性。

（5）梁腹板的局部稳定性验算。由于梁的腹板所受应力情况复杂，其局部稳定性往往是通过设置加劲肋的办法来提高其稳定承载能力。当 $h_0/t_w \leqslant 80\varepsilon_k$ 时，腹板在各种应力单独作用下，都不会失去局部稳定。对无局部压应力（$\sigma_c=0$）的梁，可不配置加劲肋；对有局部压应力（$\sigma_c \neq 0$）的梁（如吊车梁），宜按构造要求配置横向加劲肋，其间距 a 应满足 $0.5h_0 \leqslant a \leqslant 2h_0$。对 $\sigma_c=0$ 的梁，当 $h_0/t_w \leqslant 100$ 时，横向加劲肋间距可放宽至 $a=2.5h_0$。当 $80\varepsilon_k < h_0/t_w \leqslant 170\varepsilon_k$时，腹板虽不会在弯曲应力作用下失稳，但可能在剪应力作用下失稳，应按计算配置合适的横向加劲肋。当 $h_0/t_w > 170\varepsilon_k$（受压翼缘扭转受到约束，如连有刚性铺板、制动板或焊有钢轨时）或 $h_0/t_w > 150\varepsilon_k$（受压翼缘扭转未受到约束时），或按计算需要时，应在弯曲应力较大区格的受压区增加配置纵向加劲肋。局部压应力很大的梁，必要时尚宜在受压区配置短加劲肋。任何情况下，h_0/t_w 均不应超过 250。梁的支座处和上翼缘受有较大固定集中荷载处，宜设置支承加劲肋。

横向加劲肋、纵向加劲肋应满足有关构造要求。对于支承加劲肋，除应验算有关的连接强度外，还应按轴心受压构件的方法，验算支承加劲肋垂直于腹板方向的稳定性。

（6）梁的构造问题。梁的构造问题较多，本章分析了梁截面沿长度方向的改变、梁翼缘与腹板连接焊缝、梁的拼接和连接的主要方法和构造要求等几个主要问题。

思　考　题

6-1　钢梁一般采用哪些截面形式？设计中应考虑进行哪几个方面的计算？

6-2　什么是梁的整体失稳？影响梁的整体稳定的主要因素有哪些？

6-3　什么是梁的最小高度？梁的截面高度如何确定？

6-4　什么情况下可以不作梁的整体稳定计算？

6-5　梁的强度计算有哪些内容？如何计算？

6-6　型钢梁和焊接组合梁的设计步骤有哪些？

6-7　为什么要验算梁的刚度？如何验算？

6-8　为保证梁腹板的局部稳定，应按哪些规定配置加劲肋？

6-9　什么称为组合钢梁丧失局部稳定或局部失稳？如何避免局部失稳？

6-10　对于简支梁，荷载作用在上翼缘的梁与荷载作用在下翼缘的梁，其临界应力何者高？为什么？

习　题

一、选择题

1. 对承受均布荷载或多个集中荷载的简支梁，改变截面的经济位置是（　　）。

A. 距支座约$\frac{l}{6}$处　　B. 距支座约$\frac{l}{3}$处

C. 距支座约$\frac{l}{4}$处　　D. 距支座约$\frac{l}{5}$处

2. 单向弯曲梁失去整体稳定时是（　）形式的失稳。

A. 弯曲　　B. 扭转

C. 弯扭　　D. 双向弯曲

3. 梁的最小高度是由（　）控制的。

A. 强度　　B. 建筑要求

C. 刚度　　D. 整体稳定

4.（　）的腹板计算高度可取腹板的高度。

A. 热轧型钢梁　　B. 铆接组合梁

C. 焊接组合梁　　D. 螺栓连接组合梁

5. 为了提高梁的整体稳定性，（　）是最经济有效的办法。

A. 增大截面　　B. 增加侧向支承点

C. 设置横向加劲肋　　D. 改变荷载作用的位置

6. 验算组合梁刚度时，荷载通常取（　）。

A. 标准值　　B. 设计值

C. 组合值　　D. 最大值

7. 下列梁不必验算整体稳定的是（　）。

A. 焊接工字形截面　　B. 工字形截面型钢梁

C. T形截面型钢梁　　D. 铺板密铺在梁受压翼缘上并与其牢固连接

8. 有效提高梁的稳定承载力的措施是（　）。

A. 加大梁侧向支承点间距

B. 减小梁翼缘板的宽度

C. 提高钢材的强度

D. 提高梁截面的抗扭刚度

9. 计算直接承受动力荷载的工字形截面梁抗弯强度时，γ_x 取值为（　）。

A. 1.0　　B. 1.05　　C. 1.15　　D. 1.2

10. 在梁的整体稳定计算中，当φ_b（　）时梁在弹塑性阶段失稳。

A. 大于或等于1　　B. 小于或等于1

C. 大于或等于0.6　　D. 大于0.6

11. 梁的纵向加劲肋应布置在（　）。

A. 靠近上翼缘　　B. 靠近下翼缘

C. 靠近受压翼缘　　D. 靠近受拉翼缘

12. 当梁上有固定较大集中荷载作用时，其作用点处（　）。

A. 设置纵向加劲肋　　B. 设置横向加劲肋

C. 减少腹板宽度　　D. 增加翼缘厚度

13. 下列简支梁整体稳定性最差的是（　）。

A. 两端纯弯作用　　B. 满跨均布荷载作用

C. 跨中集中荷载作用　　D. 跨内集中荷载作用在三分点处

14. 梁在正常使用极限状态下的验算是指（　　）。

A. 梁的抗弯强度验算　　B. 梁的挠度计算

C. 梁的稳定计算　　D. 梁的抗剪强度验算

15. 梁的支承加劲肋应设在（　　）。

A. 弯矩较大的区段　　B. 剪力较大的区段

C. 有吊车轮压的部位　　D. 有固定集中荷载的部位

二、填空题

1. 梁腹板中，设置横向加劲肋对防止（　　）引起的局部失稳有效，设置纵向加劲肋对防止（　　）引起的局部失稳有效。

2. 为了提高钢梁的整体稳定性，侧向支承点应设在钢梁的（　　）翼缘。

3. 焊接工字形梁腹板高厚比 $h_0/t_w>170\varepsilon_k$ 时，为保证腹板不发生局部失稳，应设置（　　）和（　　）。

4. 梁的最小高度是由（　　）控制的。

5. 荷载作用在上翼缘的梁较荷载作用在下翼缘的梁整体稳定承载力（　　）。

6. 钢梁在集中荷载作用下，若局部承压强度不满足，应采取的措施是（　　）。

7. 工字形截面组合梁的抗弯强度计算考虑部分截面发展塑性时，其受压翼缘板的外伸宽度应满足（　　）。

8. 组合梁腹板与翼缘间的连接焊缝受（　　）。

9. 限制组合梁翼缘板的宽厚比是为了（　　）。

10. 当梁的腹板既有横向加劲肋，又有纵向加劲肋时，（　　）加劲肋应在纵、横加劲肋相交处断开。

三、绘图题

1. 试画出一个次梁与主梁铰接的构造图。

2. 试画出一个次梁与主梁刚接的构造图。

四、计算题

1. 某工作平台的梁格布置如图 6-85 所示，铺板为预制钢筋混凝土板，焊于次梁上。设平台上恒荷载的标准值（不包括梁自重）为 2.0kN/m²，活荷载的标准值为 4.5kN/m²，钢材为 Q355B，焊条为 E50 型，手工焊。试选择次梁截面。

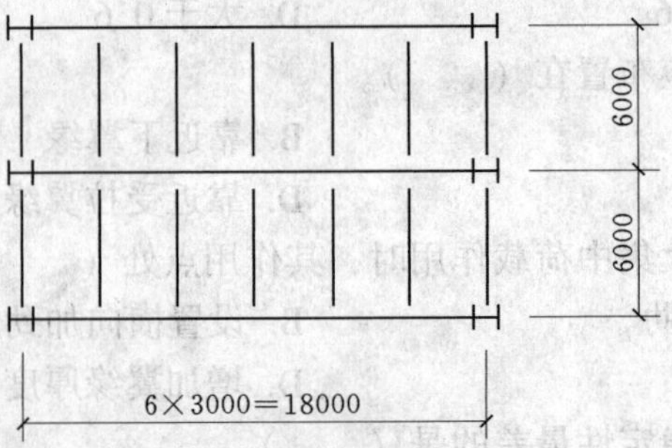

图 6-85　计算题 1 示意图

2. 设计计算题1的中间主梁，采用焊接组合截面，钢材为Q355B，焊条为E 50型，手工焊，试选择主梁截面。

3. 某简支梁跨度为5.5m，在梁上翼缘承受均布静力荷载作用，恒荷载标准值为12kN/m（不包括梁自重），活荷载标准值为30kN/m，假定梁的受压翼缘有可靠的侧向支撑，钢材为Q235B，梁的容许挠度为$l/250$，试选择工字型钢梁截面及H型钢梁截面，并进行比较。

4. 一焊接工字形截面简支梁，梁截面尺寸如图6-86所示，跨度为12m，梁跨度中点处作用一集中荷载设计值$F=800\text{kN}$，且在跨中有一侧向支承。钢材为Q235B，焊条为E43型，手工焊。

试完成以下计算：

（1）验算此梁的整体稳定性。

（2）若此梁跨中无侧向支承，试根据梁的整体稳定确定它所能承担的最大荷载F。

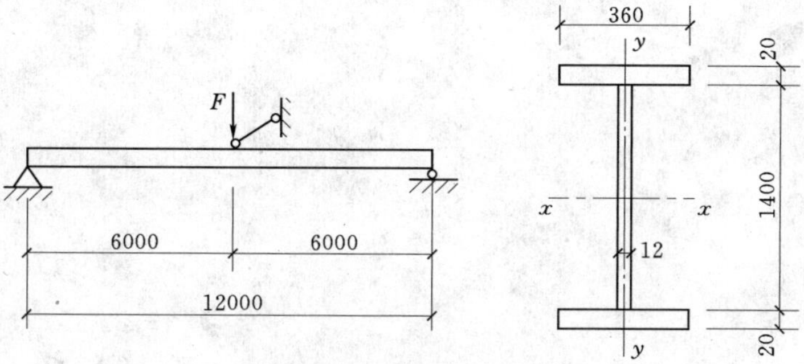

图6-86　计算题4示意图

5. 某钢梁，两端简支，跨度$l=6000\text{mm}$，跨中无侧向支承，钢材为Q355B，梁为单轴对称工字形截面，截面尺寸如图6-87所示，在梁上翼缘承受均布静力荷载作用，恒荷载标准值为15kN/m（不包括梁自重），活荷载标准值为40kN/m，试验算梁的整体稳定性。

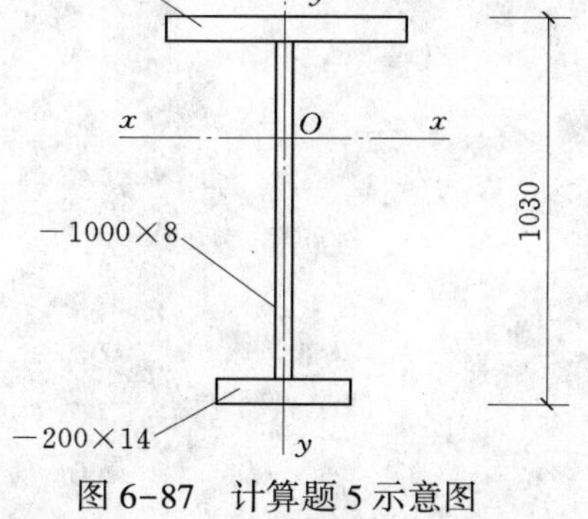

图6-87　计算题5示意图

6. 梁L-1选用HN446×199×8×12，其截面抵抗矩$W_x=1260\times10^3\text{mm}^3$；计算简图如图6-88所示。已知均布荷载设计值$q=8\text{kN/m}$（已含结构自重），集中荷载设计值$P=$

56kN。试问，梁 L－1 跨中截面弯曲应力设计值（N/mm^2）是多少？

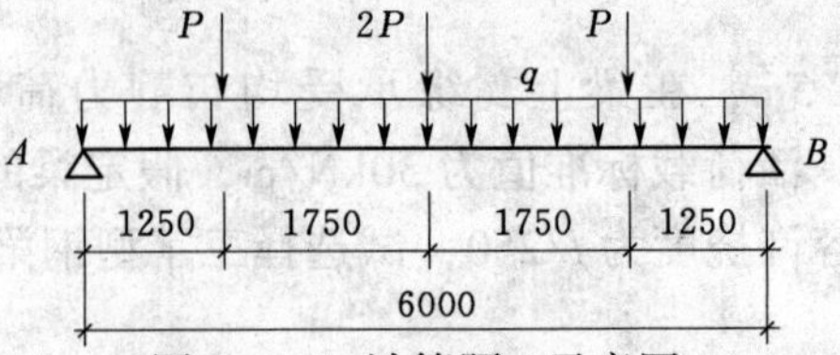

图 6－88　计算题 6 示意图

第 7 章 拉弯与压弯构件

本章要点

本章着重讲述拉弯、压弯构件的设计内容。压弯构件的设计包括强度、刚度、整体稳定和局部稳定四个方面，在通常情况下，压弯构件的承载力由整体稳定性决定。其中单向压弯构件的整体稳定包括弯矩作用平面内的弯曲屈曲和弯矩作用平面外的弯扭屈曲。此外，本章还讲述了框架柱的计算长度、框架中梁与柱的连接方式以及框架柱的柱脚设计等问题。

通过本章学习，学生能够理解压弯构件整体稳定的原理和设计准则，理解压弯构件局部稳定的概念和原理，掌握实腹式和格构式压弯构件的截面设计方法；掌握确定框架柱计算长度的方法；理解框架中梁与柱的连接方式；掌握整体式刚接柱脚的设计方法。

7.1 概 述

同时承受弯矩和轴心拉力或轴心压力的构件称为拉弯构件或压弯构件（分别见图 7-1、图 7-2），或者称为偏心受拉构件和偏心受压构件。弯矩可能由轴向力的偏心作用、端弯矩作用或横向荷载作用三种因素形成。当弯矩作用在截面的一个主轴平面内时称为单向压弯（或拉弯）构件，当弯矩作用在两个主轴平面内时称为双向压弯（或拉弯）构件。

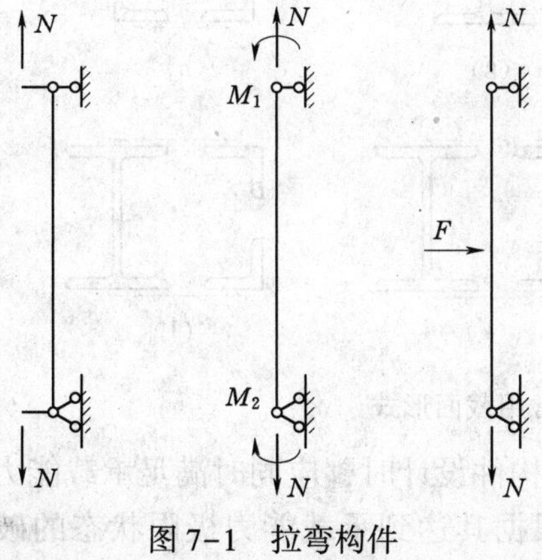

图 7-1 拉弯构件

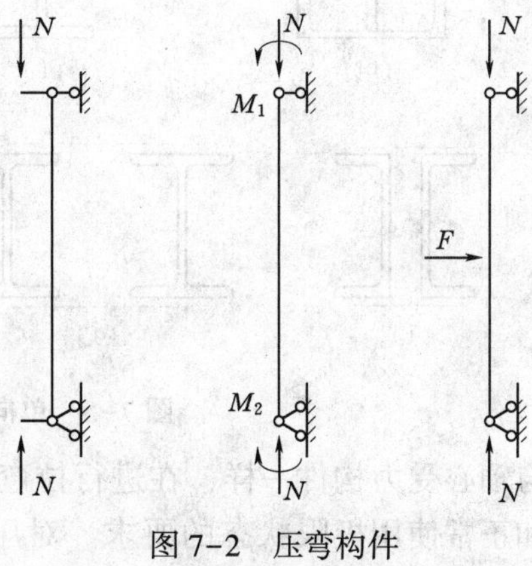

图 7-2 压弯构件

在钢结构中，拉弯构件和压弯构件的应用均十分广泛，例如，承受节间荷载的简支桁架下弦杆（见图 7-3）是拉弯构件，承受节间荷载的简支桁架上弦杆（见图 7-3）、单层厂房的框架柱、多层和高层房屋框架柱（见图 7-4）以及海洋平台钢结构的立柱等都是常见的压弯构件。

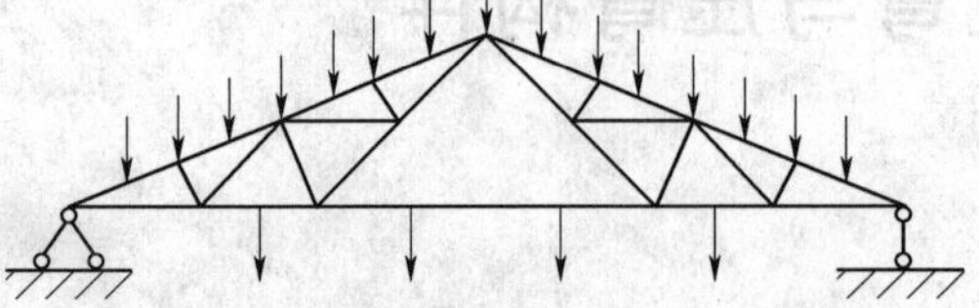

图 7-3　承受节间荷载的简支桁架上、下弦杆

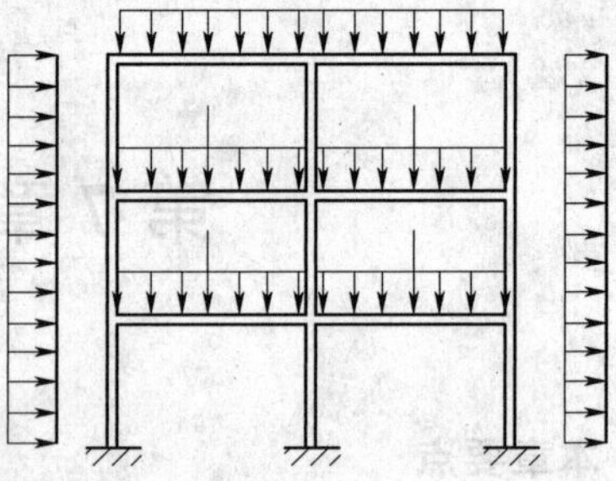

图 7-4　多层框架

图 7-5 所示为单向压弯构件的常用截面形式。当所受弯矩有正、负两种可能且大小又较接近时，宜采用双轴对称截面；否则，宜采用单轴对称截面，但两者均应使弯矩作用于截面的最大刚度平面内。在实腹式构件［见图 7-5（a）~(g)］中，弯矩作用平面内宜有较大的截面高度，使其具有较大的刚度而能抵抗更大的弯矩。在格构式构件［见图 7-5 (h)~(l)］中，应使截面的实轴与弯矩作用平面一致，调整其两分肢的间距可使截面具有抵抗更大弯矩的能力。

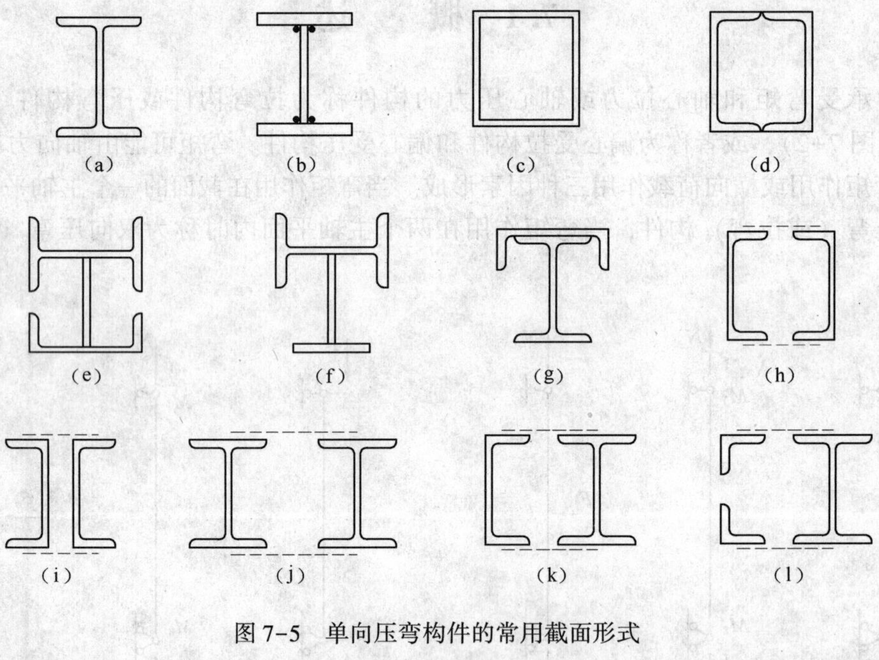

图 7-5　单向压弯构件的常用截面形式

与轴心受力构件一样，在进行拉弯构件和压弯构件设计时，应同时满足承载能力极限状态和正常使用极限状态的要求。对压弯构件，根据其达到承载能力极限状态的破坏形式，应计算其强度、弯矩作用平面内的稳定、弯矩作用平面外的稳定和组成板件的局部稳定。当为格构式压弯构件时，还应计算其分肢的稳定。为保证压弯构件的正常使用，应验算构件的长细比。对两端支承的压弯构件，当跨间作用有横向荷载时，还应验算其挠度。对拉弯构件，一般只需计算其强度和长细比，无须计算其稳定。

7.2　拉弯构件和压弯构件的强度和刚度

7.2.1　拉弯构件和压弯构件的强度

拉弯构件和压弯构件的强度承载能力极限状态是指截面上出现塑性铰。在轴心压力和弯矩的共同作用下，工字形截面上应力的发展过程如图 7-6 所示（在轴心拉力和弯矩的共同作用下的情况与此类似，仅应力图形上下相反。图 7-6 中的黑点为偏心压力的作用方向示意）。

假设轴向力不变而弯矩不断增加，截面上应力的发展过程为：边缘纤维的最大应力达到屈服点［见图 7-6（b）］；最大应力一侧塑性区深入截面［见图 7-6（c）］；两侧均有部分塑性区逐渐深入截面［见图 7-6（d）］；全截面进入塑性［见图 7-6（e）］，当两侧塑性区发展到全截面时，即形成塑性铰，构件达到塑性受力阶段极限状态，为构件强度最终的承载能力极限状态。

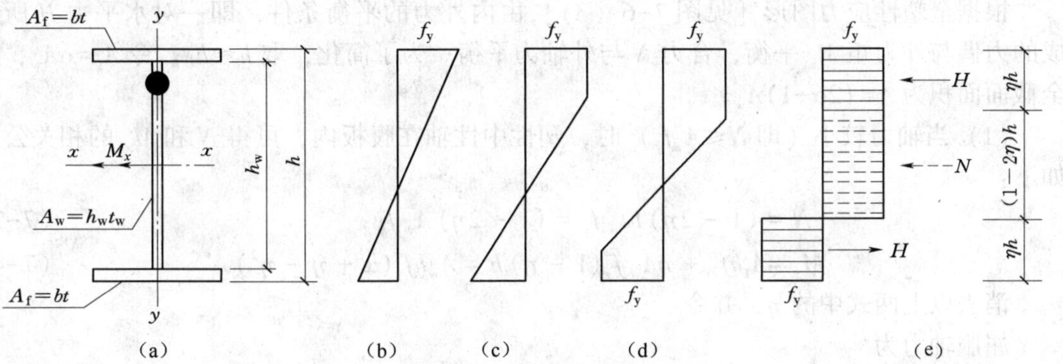

图 7-6　压弯构件截面应力的发展过程

（a）工字形截面；（b）截面完全弹性；（c）截面一侧出现塑性；（d）截面两侧出现塑性；（e）全截面塑性

结构设计时，可视构件所受荷载的性质、截面的形状和受力特点等，规定不同的截面应力状态作为强度计算的极限状态。通常拉弯构件和压弯构件的强度计算准则有以下三种。

1. 边缘纤维屈服准则

以构件截面边缘纤维屈服时的弹性受力阶段极限状态［见图 7-6（b）］作为强度计算的承载能力极限状态。在该阶段，构件处于弹性工作阶段，在最危险截面上，截面边缘处的最大应力达到屈服点，即

$$\sigma=\frac{N}{A_n}+\frac{M_x}{W_{ex}}\leqslant f_y \tag{7-1}$$

式中　N、M_x——同一截面验算处的轴心压力设计值（N）、弯矩设计值（N·mm）；

A_n——验算截面处构件的净截面面积（mm^2）；

W_{ex}——拉弯（压弯）构件验算截面处的最大受拉（压）纤维绕截面主轴 x 轴的净截面抵抗矩（mm^3）。

令屈服轴力 $N_p = A_n f_y$，屈服弯矩 $M_{ex} = W_{ex} f_y$，则 $A_n = N_p/f_y$，$W_{ex} = M_{ex}/f_y$，代入式(7-1)，得

$$\frac{N}{N_p} + \frac{M_x}{M_{ex}} \leqslant 1 \tag{7-2}$$

对于直接承受动力荷载的实腹式拉弯构件和压弯构件，由于目前对构件在动力荷载下的截面塑性性能研究得还不成熟，《钢结构设计标准》（GB 50017—2017）规定以截面边缘屈服作为构件强度计算的依据。对于格构式拉弯构件和压弯构件，当弯矩绕虚轴作用时，由于截面腹部无实体部件，边缘屈服与其截面塑性受力阶段极限状态相差很少。因此，为了简便，也规定按弹性受力阶段极限状态作为强度计算的依据。

2. 全截面屈服准则

构件的最大受力截面的全部受拉区和受压区的应力都达到屈服，此时，该截面在轴力和弯矩的共同作用下形成塑性铰。构件的最危险截面处于塑性工作阶段时，塑性中性轴可能在腹板或翼缘内。

根据全塑性应力图形［见图 7-6（e）］，由内外力的平衡条件，即一对水平力 H 所组成的力偶与外力矩 M_x 平衡，合力 N 与外轴力平衡。为了简化，取 $h \approx h_w$。令 $A_f = \alpha A_w$，则全截面面积为 $A = (2\alpha+1)A_w$。

（1）当轴力较小（即 $N \leqslant A_w f_y$）时，塑性中性轴在腹板内，可得 N 和 M_x 的相关公式如下：

$$N = (1-2\eta)ht_w f_y = (1-2\eta)A_w f_y \tag{7-3}$$

$$M_x = A_f h f_y + \eta A_w f_y (1-\eta)h = A_w h f_y (\alpha + \eta - \eta^2) \tag{7-4}$$

消去以上两式中的 η，并令

屈服轴力为

$$N_p = Af_y = (2\alpha+1)A_w f_y \tag{7-5}$$

塑性弯矩为

$$M_{px} = W_{px} f_y = (\alpha A_w h + 0.25 A_w h) f_y = (\alpha + 0.25) A_w h f_y \tag{7-6}$$

则得 N 和 M_x 的相关公式为

$$\frac{(2\alpha+1)^2}{4\alpha+1}\left(\frac{N}{N_p}\right)^2 + \frac{M_x}{M_{px}} = 1 \tag{7-7}$$

（2）当中性轴在翼缘范围内（即 $N > A_w f_y$）时，按上述方法可以推导得

$$\frac{N}{N_p} + \frac{4\alpha+1}{2(2\alpha+1)}\frac{M_x}{M_{px}} = 1 \tag{7-8}$$

式（7-7）和式（7-8）表示的关系均为曲线，如图 7-7 所示的实线即为工字形截面构件当弯矩绕强轴作用时的相关曲线。该曲线是外凸的，为了便于计算，同时考虑到分析中没有考虑轴心力引起的附加弯矩和剪力的不利影响，《钢结构设计标准》（GB 50017—2017）偏于安全地采用一条斜直线（见图 7-7 中的虚线）代替曲线。该直线方程为

$$\frac{N}{N_p} + \frac{M_x}{M_{px}} = 1 \tag{7-9}$$

（3）部分发展塑性准则。当压弯构件截面应力发展到如图 7-6（d）所示的阶段，构

件最大受力截面的部分受拉和受压区的应力均达到屈服点，此时，构件处于弹塑性工作阶段。至于截面中塑性区发展的深度可根据具体情况确定。

比较式（7-2）和式（7-9）可以看出，两者都是线性关系式，其差别仅在于第二项。在式（7-2）中因构件处于弹性阶段，采用的是截面的弹性抵抗矩 W_{ex}；而在式(7-9)中因构件处于全塑性阶段，采用的则是截面的塑性抵抗矩 W_{px}，因此介于弹性和全塑性阶段之间的弹塑性阶段也可以采用直线关系式表示，并引入塑性发展系数 γ_x，即

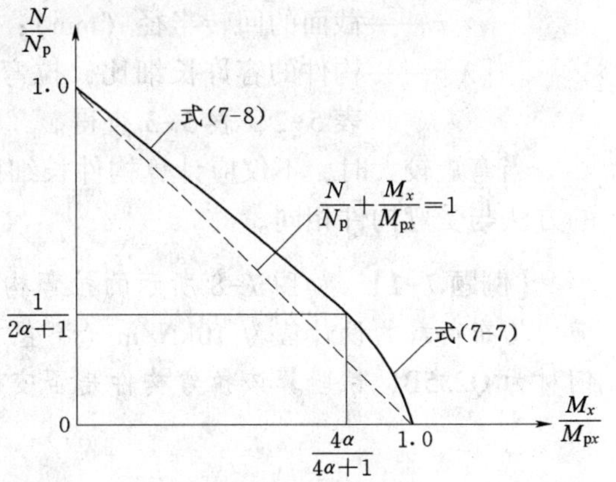

图 7-7　压弯构件和拉弯构件强度相关曲线

$$\frac{N}{N_p}+\frac{M_x}{\gamma_x M_{ex}}=1 \tag{7-10}$$

我国《钢结构设计标准》（GB 50017—2017）中，对非塑性设计时拉弯构件和压弯构件的强度验算条件是根据式（7-10）得来的。也就是，令屈服轴力 $N_p=A_n f_y$，屈服弯矩 $M_{ex}=W_{ex}f_y$，再引入抗力分项系数，得到该规范中规定的弯矩作用在主平面内的单向拉弯构件和单向压弯构件的强度验算公式（除圆管截面外）：

$$\frac{N}{A_n}\pm\frac{M_x}{\gamma_x W_{nx}}\leqslant f \tag{7-11}$$

式中　W_{nx}——验算截面对 x 轴的净截面模量，即净截面抵抗矩（mm^3）；

γ_x——与净截面模量 W_{nx} 相应的截面塑性发展系数，根据其受压板件的内力分布情况确定其截面板件宽厚比等级，当截面板件宽厚比等级不满足 S3 级要求时，取 1.0，满足 S3 级要求时，可按附录 23 采用，需要验算疲劳强度的拉弯、压弯构件，宜取 1.0（即不考虑截面塑性发展，按弹性应力状态计算）。

7.2.2　拉弯构件和压弯构件的刚度

拉弯构件和压弯构件承受轴向力和弯矩，当弯矩不大时，构件以轴向受力为主。拉弯构件和压弯构件的刚度要求与轴心受力构件相同，可按下式验算：

$$\lambda_{max}=\left(\frac{l_0}{i}\right)_{max}\leqslant[\lambda] \tag{7-12}$$

其中
$$\lambda_{max}=\max\left(\lambda_x=\frac{l_{0x}}{i_x},\ \lambda_y=\frac{l_{0y}}{i_y}\right)$$

$$i_x=\sqrt{\frac{I_x}{A}},\ i_y=\sqrt{\frac{I_y}{A}}$$

式中　λ_{max}——构件的最大长细比；

l_0——构件的计算长度（mm），按式（5-6）计算；

i ——截面的回转半径（mm）；

$[\lambda]$ ——构件的容许长细比，拉弯和压弯构件的容许长细比同轴心受力构件，由表5-2、表5-3查得。

当弯矩较大时，不仅应计算构件长细比是否满足要求，还要进行挠度计算，挠度计算的方法与受弯构件相同。

【例题7-1】 如图7-8所示的拉弯构件承受静力荷载，轴向拉力的设计值为460kN，横向均布荷载的设计值为10kN/m（不包括自重）。采用普通工字钢I28a，截面无削弱，钢材为Q235B，试验算该拉弯构件是否安全。

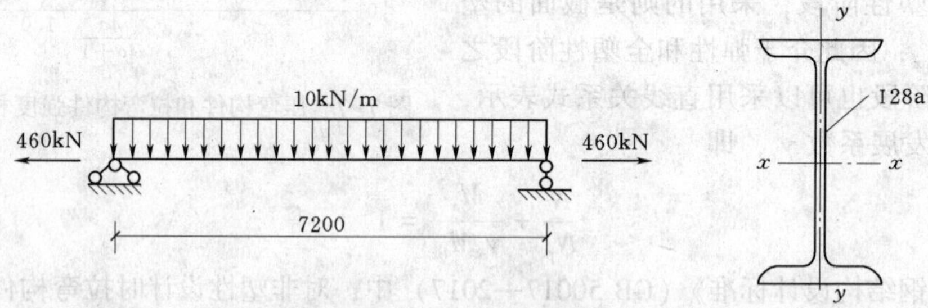

图7-8 ［例题7-1］图

解： 查附录16，普通工字钢I28a，截面面积 $A=55.37\text{cm}^2$，自重 $43.5\text{kg/m}=0.426\text{kN/m}$，$W_x=508\text{cm}^3$，$i_x=11.3\text{cm}$，$i_y=2.50\text{cm}$。

（1）构件跨中截面的最大弯矩为

$$M_x=\frac{(10+1.3\times0.426)\times7.2^2}{8}=68.4\ (\text{kN}\cdot\text{m})$$

（2）强度验算。验算跨中截面最下边缘纤维的最大拉应力，即

$$\frac{N}{A_n}+\frac{M_x}{\gamma_x W_{nx}}=\frac{460\times10^3}{55.37\times10^2}+\frac{68.4\times10^6}{1.05\times508\times10^3}=211.3(\text{N/mm}^2)<f=215\text{N/mm}^2$$

因此，强度满足要求。

（3）刚度验算。验算长细比如下：

$$\lambda_x=\frac{l_{0x}}{i_x}=\frac{720}{11.3}=63.7$$

$$\lambda_y=\frac{l_{0y}}{i_y}=\frac{720}{2.5}=288<[\lambda]=350$$

因此，刚度满足要求。

7.3 实腹式单向压弯构件的整体稳定

一般情况下，压弯构件的弯矩 M 作用在弱轴平面内，使构件截面绕长细比较小的强轴受弯。这样，压弯构件可能在弯矩作用平面内弯曲失稳，也可能在弯矩作用平面外弯扭失稳。失稳的可能形式与构件的侧向抗弯刚度和抗扭刚度等有关。当构件截面绕长细比较大的弱轴受弯时，压弯构件就不可能产生弯矩作用平面外的弯扭屈曲，这

时，只需验算弯矩作用平面内的稳定性。但一般压弯构件的设计都是使构件截面绕长细比较小的强轴受弯，因此，既要验算弯矩作用平面内的稳定性，也要验算弯矩作用平面外的稳定性。

在 N 和 M 共同作用下，一开始构件就在弯矩作用平面内发生变形，呈弯曲状态，当 N 和 M 同时增加到一定大小时则到达极限状态，超过此极限状态，要维持内外力平衡，只能减小 N 和 M，这就是压弯构件在弯矩作用平面内的整体失稳，失稳时只在弯矩作用平面内产生弯曲屈曲，如图 7-9（a）所示。

当压弯构件在弯矩作用平面外没有足够的支承以阻止其产生侧向位移和扭转时，构件可能发生弯扭屈曲而破坏，这种弯扭屈曲又称为压弯构件弯矩作用平面外的整体失稳，如图 7-9（b）所示。

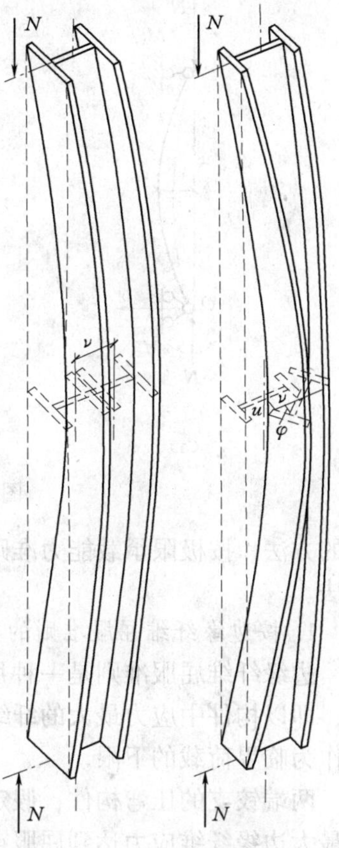

（a）　　（b）

图 7-9　两端铰接压弯构件的两种整体屈曲形式

（a）弯矩作用平面内的弯曲屈曲；（b）弯矩作用平面外的弯扭屈曲

7.3.1　实腹式单向压弯构件在弯矩作用平面内的稳定

7.3.1.1　实腹式单向压弯构件的工作性能

如图 7-10（a）所示一单向压弯构件，两端铰支，端弯矩 M 作用在构件截面的对称轴平面 yOz 内（绕 x 轴弯曲），M 和 N 按比例增加。如果其侧向有足够的支承防止其发生弯矩作用平面外的位移，则构件受力后只在弯矩作用平面内发生弯曲变形。图 7-10（b）所示为其 N-ν_m 曲线，ν_m 为构件中点沿 y 轴方向的位移。构件的初始缺陷（初弯曲、初偏心等）用等效初挠度 ν_{0m} 表示。开始时，构件处于弹性工作阶段，N-ν_m 曲线接近线性变化。当荷载逐渐增大，曲线在 A 点开始偏离直线。A 点代表截面边缘纤维达到屈服［可能有图 7-10（b）中的 3 种情况，屈服在受压侧或屈服在受拉侧］。B 点为压溃时的极限状态，相应的 N_u 为极限承载力（或破坏荷载、最大荷载）。荷载达到 N_u 后，构件即失去弯矩作用平面内的稳定。在压溃时，构件中点及其附近一段截面上出现的塑性区可能有图 7-10（b）中的 4 种情况：双轴对称截面，偏心距较小时可能只在受压一侧出现塑性区，偏心距较大时可同时在受压和受拉两侧出现塑性区；单轴对称截面，当弯矩作用在对称轴平面内且使较大翼缘受压时，可能只在受拉一侧出现塑性区。

压弯构件的极限承载力 N_u 与构件所受弯矩 $M=Ne$ 有关，弯矩的影响可以用所谓的相对偏心率 $\varepsilon=\dfrac{M/W}{N/A}=\dfrac{e}{W/A}=\dfrac{e}{\rho}$ 来衡量（$\rho=W/A$ 称为截面核心距）。由图 7-10（b）可见，相对偏心率 $\varepsilon=e/\rho$ 越大，压弯构件的极限承载力 N_u 越小，如图 7-10（b）所示，曲线 2 的 ε_2 大于曲线 1 的 ε_1。

7.3.1.2　实腹式单向压弯构件在弯矩作用平面内的稳定计算方法

实腹式单向压弯构件在弯矩作用平面内的稳定计算方法有三种，即按边缘纤维屈服准

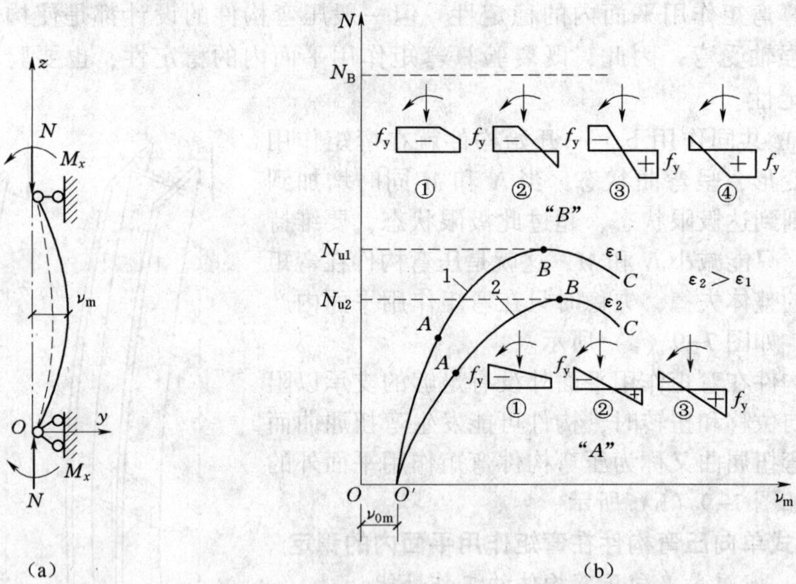

图 7-10　单向压弯构件的 N-ν_m 曲线

则的方法、按极限承载能力准则的方法和实用计算公式（单项公式或相关公式表达形式）方法。

1. 按边缘纤维屈服准则的方法

边缘纤维屈服准则是一种用强度计算来代替压弯构件弯矩作用平面内稳定计算的方法，即以构件中应力最大的纤维开始屈服时的荷载，也就是构件在弹性工作阶段的最大荷载作为临界荷载的下限。

两端铰支的压弯构件，假定构件的变形曲线为正弦曲线，在弹性工作阶段，当截面受压最大边缘纤维应力达到屈服点时，其承载能力可按下式来表达：

$$\frac{N}{N_p}+\frac{M_x+Ne_0}{M_e(1-N/N_{Ex})}=1 \tag{7-13}$$

其中

$$N_p=Af_y$$

$$M_e=W_{1x}f_y$$

式中　N、M_x——轴心压力（N）、沿构件全长均布的弯矩（N·mm）；

e_0——各种初始缺陷的等效偏心矩（mm）；

N_p——无弯矩作用时，全截面屈服的承载力极限值（N）；

M_e——无轴心力作用时，弹性阶段的最大弯矩（N·mm）；

$1/(1-N/N_{Ex})$——压力和弯矩共同作用下弯矩的放大系数；

N_{Ex}——欧拉临界力（N）。

令式（7-13）中的 $M_x=0$，则该式中的轴心力 N 即为有初始缺陷的轴心受压构件的临界力 N_0，可得

$$e_0=\frac{M_e(N_p-N_0)(N_{Ex}-N_0)}{N_pN_0N_{Ex}} \tag{7-14}$$

将此 e_0 代入式（7-13），并令 $N_0=\varphi_x N_p$，经整理后，可得压弯构件按边缘纤维屈服准则导出的相关公式如下：

$$\frac{N}{\varphi_x N_p}+\frac{M_x}{M_e\left(1-\varphi_x\frac{N}{N_{Ex}}\right)}=1 \tag{7-15}$$

式中　φ_x——压弯构件在弯矩作用平面内的轴心受压构件整体稳定系数。

边缘纤维屈服准则考虑当构件截面的最大纤维刚一屈服时，构件即失去承载能力而发生破坏，较适用于格构式构件。

2. 按极限承载能力准则的方法

对实腹式压弯构件，边缘纤维屈服之后仍可继续承受荷载，直至达到压弯构件的极限承载力 N_u，才是压弯构件在弯矩作用平面内稳定承载力的真正极限状态。因此，若要反映构件的实际受力情况，宜采用极限承载能力准则的方法，即以具有各种初始缺陷的构件为计算模型，求解其极限承载力。

按极限承载能力准则求 N_u 的方法很多。数值解法是目前应用最广泛的方法，可以考虑构件的各种缺陷影响，适用于不同边界条件以及弹性和弹塑性工作阶段。根据数值解法可以得到 N_u（轴心压力）$-\lambda$（长细比）$-\varepsilon$（相对偏心率）相关曲线簇或 $N_u/N_p-\lambda-\varepsilon$ 相关曲线簇。若已知构件长细比、相对偏心率，即可从图 7-11 中查出构件的弯矩平面内稳定承载力。而该图中的纵坐标可以视为压弯构件的稳定系数。

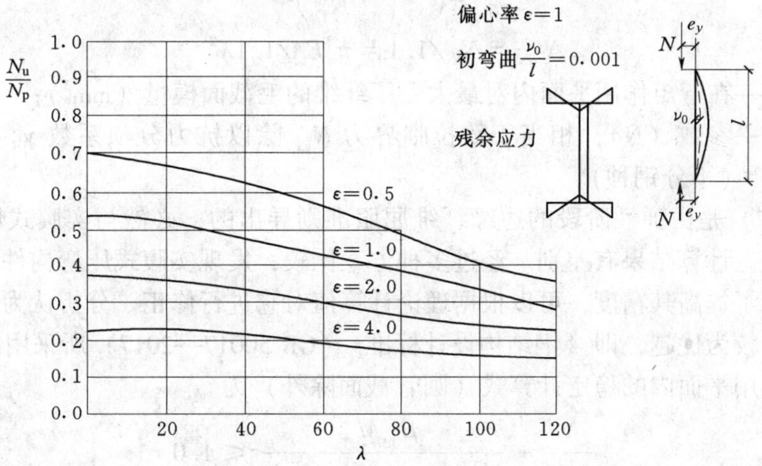

图 7-11　偏心压杆的柱子曲线

3. 实用计算公式方法

压弯构件在弯矩作用平面内整体稳定的实用计算公式通常有单项公式和相关公式两种表达方法。

（1）弯矩作用平面内整体稳定计算的单项公式。用极限承载能力准则求出不同截面的压弯构件在弯矩作用平面内稳定计算的 $N_u-\lambda-\varepsilon$ 相关曲线或公式，可以采用与轴心受压构件的稳定计算公式相似的单项公式形式来表达，使构件由内力设计值算得的平均应力设计值小于或等于极限应力值除以抗力分项系数，即

$$\sigma = \frac{N}{A} \leqslant \frac{N_u}{A\gamma_R} = \frac{N_u}{Af_y}\frac{f_y}{\gamma_R} = \varphi_{bc} f \tag{7-16a}$$

或

$$\frac{N}{\varphi_{bc}Af} \leqslant 1.0 \tag{7-16b}$$

其中

$$\varphi_{bc} = N_u/(Af_y) = \sigma_u/f_y$$

式中 φ_{bc}——压弯构件弯矩作用平面内稳定系数。

φ_{bc}与构件的截面形状、残余应力（模式及峰值）、弯矩和轴心压力的比值以及弯矩作用平面内构件的长细比 λ_x 等众多因素有关，其计算比轴心受压构件复杂，很难提供设计使用简便而齐全的表格或曲线，因此极限承载能力准则方法现已较少应用。

（2）《钢结构设计标准》（GB 50017—2017）规定的实腹式压弯构件整体稳定计算公式。目前世界各国多采用两项相关公式［其表达形式如式（7-15）］来计算压弯构件在弯矩作用平面内的整体稳定性。其中一项主要反映 N 的影响，另一项主要反映 M 的影响，比较直观，各主要因素对不同情况构件稳定的影响大小程度容易看出。计算式中的 φ_x 分 a、b、c 和 d 四类截面，大体反映了不同截面、不同尺寸、不同缺陷和残余应力等的影响。

考虑抗力分项系数并引入弯矩非均匀分布时的等效弯矩系数 β_{mx}后，式（7-15）即成为

$$\frac{N}{\varphi_x Af_y} + \frac{\beta_{mx}M_x}{W_{1x}\left(1 - \varphi_x \dfrac{N}{N'_{Ex}}\right)f_y} \leqslant 1.0 \tag{7-17}$$

其中

$$N'_{Ex} = N_{Ex}/1.1 = \pi^2 EA/1.1\lambda^2$$

式中 W_{1x}——在弯矩作用平面内对最大受压纤维的毛截面模量（mm^3）；

N'_{Ex}——参数（N），相当于欧拉临界力 N_{Ex} 除以抗力分项系数 γ_R 的平均值 1.1（不分钢种）。

式（7-17）是由弹性阶段的边缘纤维屈服准则导出的，必然与实腹式压弯构件考虑塑性发展的理论计算结果有差别。经过多种方案比较，发现实腹式压弯构件仍可借用此种形式，不过为了提高其精度，可以根据理论计算值对它进行修正。分析认为，实腹式压弯构件采用下式较为优越，即《钢结构设计标准》（GB 50017—2017）所采用的实腹式压弯构件在弯矩作用平面内的稳定计算式（圆管截面除外）为

$$\frac{N}{\varphi_x Af} + \frac{\beta_{mx}M_x}{\gamma_x W_{1x}\left(1 - 0.8\dfrac{N}{N'_{Ex}}\right)f} \leqslant 1.0 \tag{7-18}$$

式中 N——所计算构件段范围内的轴向压力（N）；

M_x——所计算构件段范围内的最大弯矩（N·mm）；

φ_x——弯矩作用平面内的轴心受压构件稳定系数；

0.8——修正系数；

β_{mx}——等效弯矩系数。

等效弯矩系数β_{mx}的含义相当于将各种非均匀分布弯矩换算成假想为均匀分布的一阶弯矩，即按弯矩等效原理采用等效均匀弯矩 $M_{eq}=\beta_{mx}M_x$。等效均匀弯矩在其和轴心力共同

作用下对构件弯矩作用平面内失稳的效应，与原来非均匀分布的弯矩和轴心力共同作用下的效应相同。

《钢结构设计标准》（GB 50017—2017）对式（7-18）中的等效弯矩系数 β_{mx} 的取值区分以下 4 种情况：

1）悬臂构件和有侧移框架柱（分析内力未考虑二阶效应的无支撑框架和弱支撑框架柱）。

a. 有横向荷载的柱脚铰接的单层框架柱和多层框架的底层柱，取 $\beta_{mx}=1.0$；其余框架柱的 β_{mx} 应按下式计算：

$$\beta_{mx}=1-0.36N/N_{cr} \tag{7-19a}$$

$$N_{cr}=\frac{\pi^2 EI}{(\mu l)^2} \tag{7-19b}$$

b. 自由端作用有弯矩的悬臂柱，β_{mx} 应按下式计算：

$$\beta_{mx}=1-0.36(1-m)N/N_{cr} \tag{7-19c}$$

式中　m——自由端弯矩与固定端弯矩之比，当弯矩图无反弯点时取正号，有反弯点时取负号；

N_{cr}——弹性临界力（N）；

μ——构件的计算长度系数。

2）无侧移框架柱和两端支承的构件。

a. 无横向荷载作用时，β_{mx} 应按下式计算：

$$\beta_{mx}=0.6+0.4\frac{M_2}{M_1} \tag{7-20a}$$

式中　M_1、M_2——构件的端弯矩（N·mm），使构件产生同向曲率（无反弯点）时取同号，使构件产生反向曲率（有反弯点）时取异号，如图 7-12 所示，$|M_1|\geqslant|M_2|$。

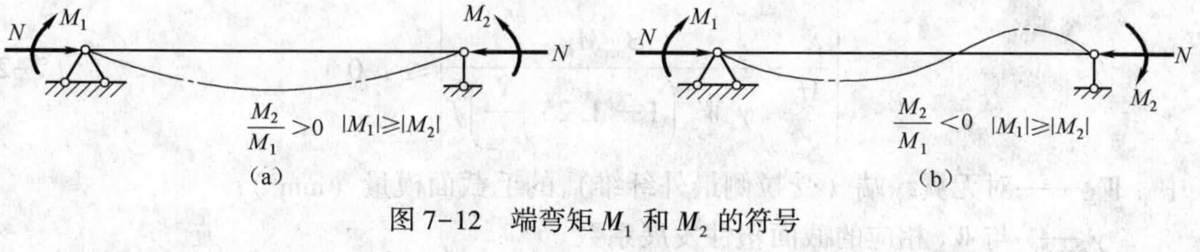

图 7-12　端弯矩 M_1 和 M_2 的符号

（a）同向曲率；（b）反向曲率

b. 无端弯矩但有横向荷载作用时，β_{mx} 应按下列公式计算。

跨中单个集中荷载［见图 7-13（a）］：

$$\beta_{mx}=1-0.36N/N_{cr} \tag{7-20b}$$

全跨均布荷载［见图 7-13（b）］：

$$\beta_{mx}=1-0.18N/N_{cr} \tag{7-20c}$$

c. 端弯矩和横向荷载同时作用时（见图 7-14），式（7-18）中的 $\beta_{mx}M_x$ 应按下式计算：

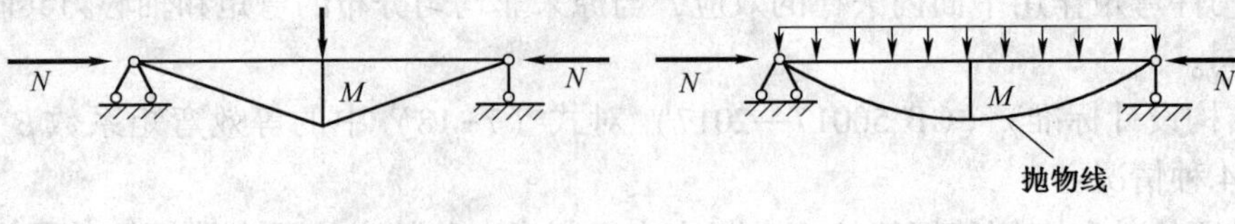

（a）（b）

图 7-13　无端弯矩但有横向荷载作用

（a）跨中单个集中荷载；（b）全跨均布荷载

$$\beta_{mx}M_x=\beta_{mqx}M_{qx}+\beta_{m1x}M_1 \tag{7-20d}$$

式中　M_{qx}——横向均布荷载产生的弯矩最大值（N·mm）；

M_1——跨中单个横向集中荷载产生的弯矩（N·mm）；

β_{m1x}——取式（7-20a）计算的等效弯矩系数；

β_{mqx}——跨中单个横向集中荷载时取式（7-20b）计算的等效弯矩系数；全跨均布荷载时取式（7-20c）计算的等效弯矩系数。

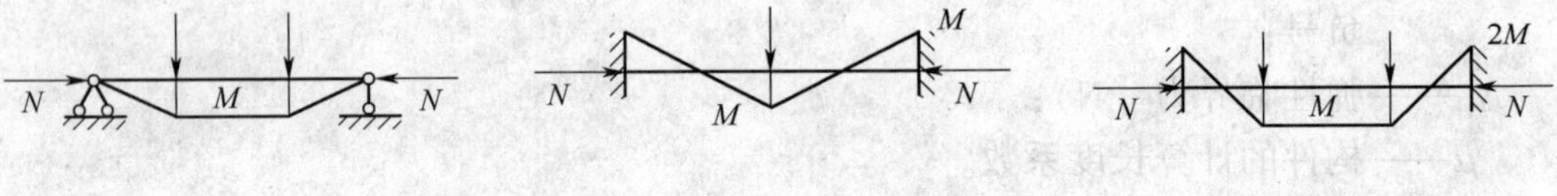

（a）（b）（c）

图 7-14　端弯矩和横向荷载同时作用

（a）同向曲率；（b）反向曲率（1 个集中力）；（c）反向曲率（2 个集中力）

对于 T 型钢、双角钢 T 形等单轴对称截面压弯构件，当弯矩作用在对称轴平面内且使较大翼缘受压时，构件失稳时出现的塑性区除存在前述受压区屈服及受压区和受拉区同时屈服两种情况外，还可能在受拉区首先出现屈服而导致构件失去承载能力，因此，除了按式（7-18）计算外，还应按下式计算：

$$\left|\frac{N}{Af}-\frac{\beta_{mx}M_x}{\gamma_x W_{2x}\left(1-1.25\dfrac{N}{N'_{Ex}}\right)f}\right|\leqslant 1.0 \tag{7-21}$$

式中　W_{2x}——对无翼缘端（受拉侧最外纤维）的毛截面模量（mm^3）；

γ_x——与 W_{2x} 相应的截面塑性发展系数。

式（7-21）第二项分母中的 1.25 也是经过理论计算结果比较后引入的最优修正系数。

7.3.2　实腹式单向压弯构件在弯矩作用平面外的稳定

当实腹式单向压弯构件在侧向没有足够的支承以阻止侧向位移和扭转时，在丧失弯矩作用平面内的整体稳定之前，有可能发生弯扭屈曲而破坏，也就是所谓丧失弯矩作用平面外的整体稳定或在弯矩作用平面外屈曲。设计实腹式单向压弯构件时，也应保证不丧失在弯矩作用外的整体稳定。由于考虑初始缺陷的弯扭屈曲弹塑性分析过于复杂，目前我国《钢结构设计标准》（GB 50017—2017）采用的计算公式是以理想的屈曲理论为依据导出的。

根据弹性稳定理论，双轴对称截面的压弯构件在弹性阶段工作发生弯扭失稳时，弯扭屈曲临界力 N 应按下式计算：

$$(N_y - N)(N_\omega - N) - (e^2/i_p^2)N^2 = 0 \tag{7-22}$$

式中　N_y——构件轴心受压时对弱轴（y 轴）的弯曲屈曲临界力（N）；

N_ω——绕构件纵轴的扭转屈曲临界力（N）；

e——偏心距（mm）；

i_p——截面对弯心（即形心）的极回转半径（mm）。

因受均布弯矩作用的屈曲临界弯矩 $M_0 = i_p\sqrt{N_y N_\omega}$，且 $M=Ne$，代入式（7-22），得

$$\left(1 - \frac{N}{N_y}\right)\left(1 - \frac{N}{N_\omega}\right) - \left(\frac{M}{M_0}\right)^2 = 0 \tag{7-23}$$

根据 N_ω/N_y 的不同比值，可画出 N/N_y 和 M/M_0 的相关曲线。对于常用截面，N_ω/N_y 均大于 1.0，其相关曲线是上凸的（见图 7-15）。在弹塑性范围内，难以写出 N/N_y 和 M/M_0 的相关公式，但可通过对典型截面的数值计算求出 N/N_y 和 M/M_0 的相关关系。分析表明，无论是在弹性阶段还是在弹塑性阶段，均可偏安全地采用直线相关公式，即

$$\frac{N}{N_y} + \frac{M}{M_0} = 1 \tag{7-24}$$

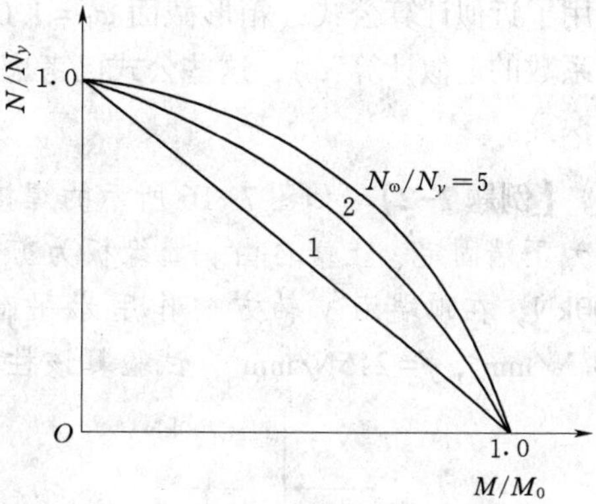

图 7-15　弯扭屈曲的相关曲线

对单轴对称截面的压弯构件，无论是弹性或是弹塑性的弯扭计算均较为复杂。经分析，若近似地按式（7-24）的直线式来表达其相关关系也是可行的。在式（7-24）中，以 $N_y = \varphi_y A f_y$、$M_0 = \varphi_b W_{1x} f_y$ 代入，并引入非均匀弯矩作用时的等效弯矩系数 β_{tx}、箱形截面的调整系数 η 以及抗力分项系数 γ_R 后，就得到《钢结构设计标准》（GB 50017—2017）规定的压弯构件在弯矩作用外稳定计算的相关公式：

$$\frac{N}{\varphi_y A f} + \eta\frac{\beta_{tx} M_x}{\varphi_b W_{1x} f} \leqslant 1.0 \tag{7-25}$$

式中　M_x——所计算构件段范围内（构件侧向支承点间）的最大弯矩（N·mm）；

β_{tx}——等效弯矩系数；

η——截面影响系数，对闭口截面（如箱形截面）$\eta = 0.7$，对其他截面 $\eta = 1.0$；

φ_y——弯矩作用平面外的轴心受压构件稳定系数，对单轴对称截面应考虑扭转效应，采用换算长细比确定；

φ_b——均匀弯曲的受弯构件的整体稳定系数。

《钢结构设计标准》（GB 50017—2017）将式（7-25）中的等效弯矩系数 β_{tx} 的取值区分以下几种情况：

（1）弯矩作用平面外为悬臂的构件，$\beta_{tx} = 1.0$。

（2）在弯矩作用平面外有支承的构件，应根据两相邻支承间构件段内的荷载和内力

情况确定。

1）无横向荷载作用时，β_{tx}应按下式计算：

$$\beta_{tx}=0.65+0.35\frac{M_2}{M_1} \tag{7-26}$$

式中 M_1、M_2——构件的端弯矩（N·mm），使构件产生同向曲率（无反弯点）时取同号，使构件产生反向曲率（有反弯点）时取异号，如图 7-12 所示，$|M_1|\geqslant|M_2|$。

2）端弯矩和横向荷载同时作用时，β_{tx}应按下列规定取值：使构件产生同向曲率时，$\beta_{tx}=1.0$；使构件产生反向曲率时，$\beta_{tx}=0.85$。

3）无端弯矩有横向荷载作用时，$\beta_{tx}=1.0$。

为了便于设计，《钢结构设计标准》（GB 50017—2017）对压弯构件的整体稳定系数 φ_b 采用了近似计算公式（箱形截面 $\varphi_b=1.0$，其他截面详见附录 10 中“10.5 受弯构件整体稳定系数的近似计算”），这些公式已考虑了构件的弹塑性失稳问题，因此当 $\varphi_b>0.6$ 时不必再换算。

【例题 7-2】 如图 7-16 所示的焊接工字形截面实腹式压弯柱高 5m，在弯矩作用平面内为下端固定、上端自由。翼缘板为剪切边，截面无削弱。该柱承受轴心压力设计值 $N=700\text{kN}$，在顶端沿 y 轴方向作用水平荷载设计值 $F=100\text{kN}$，钢材为 Q235B，$E=206\times10^3\text{N/mm}^2$，$f=215\text{N/mm}^2$，试验算该柱在弯矩作用平面内的稳定性。

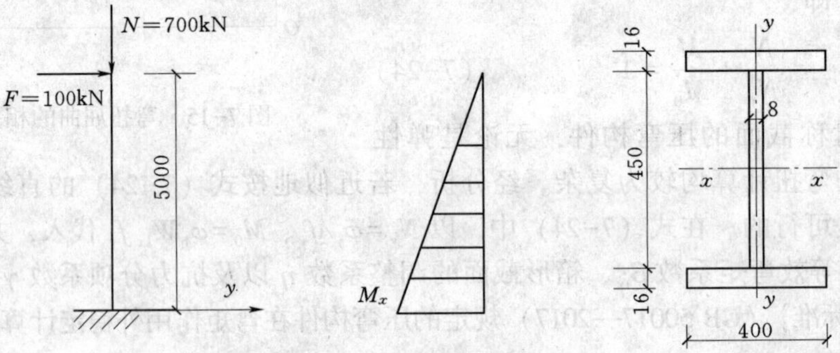

图 7-16 ［例题 7-2］图

解：(1) 截面几何特性。

柱截面面积为

$$A=400\times16\times2+450\times8=16400\ (\text{mm}^2)$$

绕 x 轴惯性矩为

$$I_x=\frac{1}{12}\times8\times450^3+2\times400\times16\times\left(\frac{450+16}{2}\right)^2+2\times\frac{1}{12}\times400\times16^3=7.56\times10^8\ (\text{mm}^4)$$

最大受压纤维的毛截面模量为

$$W_{1x}=\frac{I_x}{h/2}=\frac{2\times7.56\times10^4}{(45+1.6\times2)}=3136.93\ (\text{cm}^3)$$

回转半径为

$$i_x=\sqrt{\frac{I_x}{A}}=\sqrt{\frac{7.56\times10^8}{16400}}=21.47\ (\text{cm})$$

计算长度为

$$l_{0x}=2\times500=1000\ (\text{cm})$$

长细比为

$$\lambda_x=\frac{l_{0x}}{i_x}=\frac{2\times500}{21.47}=46.58$$

(2) 内力计算。柱底端最大弯矩为

$$M_x=FL=100\times5=500\ (\text{kN}\cdot\text{m})$$

(3) 弯矩作用平面内的稳定计算。

因该柱为悬臂构件，按式（7-19）计算 β_{mx} 如下：

$$N_{cr}=\frac{\pi^2EI}{(\mu l)^2}=\frac{\pi^2\times206\times10^3\times7.56\times10^8}{(10000)^2}\times10^{-3}=15370.5(\text{kN})$$

$$\beta_{mx}=1-0.36N/N_{cr}=1-0.36\times\frac{700}{15370.5}=0.984$$

翼缘板为剪切边的焊接工字形截面构件对强轴（x 轴）屈曲时属 b 类截面，由 $\lambda_x/\varepsilon_k = 46.58\times\sqrt{\frac{235}{235}}=46.58$，查附表 12-2，得

$$\frac{0.874-\varphi_x}{0.874-0.870}=\frac{46-46.58}{46-47}$$

求得 $\varphi_x=0.872$，则

$$N'_{Ex}=\frac{\pi^2EA}{1.1\lambda_x^2}=\frac{\pi^2\times206\times10^3\times16400}{1.1\times46.58^2}\times10^{-3}=13970.7(\text{kN})$$

$$\frac{N}{\varphi_xAf}+\frac{\beta_{mx}M_x}{\gamma_xW_{1x}(1-0.8N/N'_{Ex})f}$$

$$=\frac{700\times10^3}{0.872\times16400\times215}+\frac{1.0\times500\times10^6}{1.05\times3136.93\times10^3\times(1-0.8\times700/13970.7)\times215}$$

$$=0.96<1.0$$

所以该柱在弯矩作用平面内的稳定性满足要求。

【例题 7-3】 试验算如图 7-17 所示焊接工字形截面压弯构件平面外的稳定性。压弯构件两端为铰接，跨中有一侧向支撑，翼缘板为剪切边，截面无削弱。钢材为Q235B，承受荷载设计值 $F=120\text{kN}$，$N=1000\text{kN}$，$f=215\text{N/mm}^2$。

解：(1) 截面几何特性。

柱截面面积为

$$A=400\times16\times2+470\times10=17500\ (\text{mm}^2)$$

绕 x 轴惯性矩为

$$I_x=\frac{1}{12}\times10\times470^3+2\times400\times16\times\left(\frac{470+16}{2}\right)^2+2\times\frac{1}{12}\times400\times16^3=8.43\times10^8\ (\text{mm}^4)$$

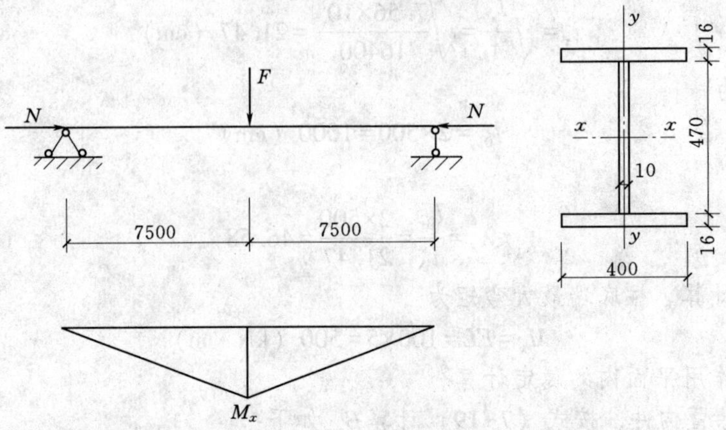

图 7-17 ［例题 7-3］图

绕 y 轴惯性矩为

$$I_y=\frac{1}{12}\times470\times10^3+2\times\frac{1}{12}\times16\times400^3=1.71\times10^8\ (\text{mm}^4)$$

最大受压纤维的毛截面模量为

$$W_x=\frac{I_x}{h/2}=\frac{8.43\times10^8\times2}{470+16\times2}=3.36\times10^6\ (\text{mm}^3)$$

回转半径为

$$i_x=\sqrt{\frac{I_x}{A}}=\sqrt{\frac{8.43\times10^8}{17500}}=219.5\ (\text{mm})$$

$$i_y=\sqrt{\frac{I_y}{A}}=\sqrt{\frac{1.71\times10^8}{17500}}=98.9\ (\text{mm})$$

长细比为

$$\lambda_x=\frac{l_{0x}}{i_x}=\frac{15000}{219.5}=68.3$$

$$\lambda_y=\frac{l_{0y}}{i_y}=\frac{7500}{98.9}=75.8$$

（2）内力计算。跨中最大弯矩为

$$M_x=\frac{Fl}{4}=\frac{120\times15}{4}=450\ (\text{kN}\cdot\text{m})$$

（3）弯矩作用平面外的稳定计算。

因无横向荷载作用，故

$$\beta_{tx}=0.65+0.35\frac{M_2}{M_1}=0.65$$

翼缘板为剪切边的焊接工字形截面构件对强轴（x 轴）屈曲时，属 b 类截面；对弱轴（y 轴）屈曲时，属 c 类截面，故

由 $\lambda_y/\varepsilon_k = 75.8 \times \sqrt{\dfrac{235}{235}} = 75.8$，查附表 12-3，得

$$\frac{0.610 - \varphi_y}{0.610 - 0.603} = \frac{75 - 75.8}{75 - 76}$$

求得 $\varphi_y = 0.604$。

均匀弯曲的受弯构件的整体稳定系数按近似公式计算，即

$$\varphi_b = 1.07 - \frac{\lambda_y^2}{44000\varepsilon_k^2} = 1.07 - \frac{75.8^2}{44000} \times \frac{f_y}{235} = 0.939$$

$$\frac{N}{\varphi_y A f} + \eta \frac{\beta_{tx} M_x}{\varphi_b W_{1x} f}$$

$$= \frac{1000 \times 10^3}{0.604 \times 17500 \times 215} + \frac{1.0 \times 0.65 \times 450 \times 10^6}{0.939 \times 3.36 \times 10^6 \times 215}$$

$$= 0.87 < 1.0$$

因此，该柱在弯矩作用平面外的稳定性满足要求。

7.4　实腹式双向压弯、拉弯构件的强度和刚度

7.4.1　实腹式双向压弯、拉弯构件的强度

双向压弯构件是指弯矩作用在截面两个主平面内的压弯构件。其强度计算与双向拉弯构件相同。除圆管截面外，我国《钢结构设计标准》（GB 50017—2017）中规定的实腹式双向压弯（双向拉弯）构件的强度验算公式如下：

$$\frac{N}{A_n} \pm \frac{M_x}{\gamma_x W_{nx}} \pm \frac{M_y}{\gamma_y W_{ny}} \leqslant f \tag{7-27a}$$

弯矩作用在两个主平面内的圆形截面拉弯构件和压弯构件，其截面强度应按下式计算：

$$\frac{N}{A_n} + \frac{\sqrt{M_x^2 + M_y^2}}{\gamma_m W_n} \leqslant f \tag{7-27b}$$

式中　A_n——构件的净截面面积（mm^2）；

W_{nx}、W_{ny}——验算截面对 x 轴、y 轴的净截面模量，即净截面抵抗矩（mm^3）；

γ_x、γ_y——与净截面模量 W_{nx}、W_{ny} 相应的截面塑性发展系数，根据其受压板件的内力分布情况确定其截面板件宽厚比等级，当截面板件宽厚比等级不满足 S3 级要求时，取 1.0，满足 S3 级要求时，可按按附录 23 采用；需要验算疲劳强度的拉弯、压弯构件，宜取 1.0（即不考虑截面塑性发展，按弹性应力状态计算）。

γ_m——圆形构件的截面塑性发展系数，对于实腹圆形截面取 1.2，当圆管截面板件宽厚比等级不满足 S3 级要求时取 1.0，满足 S3 级要求时取 1.15；需要验算疲劳强度的拉弯、压弯构件，宜取 1.0；

W_n——构件的净截面模量，即净截面抵抗矩（mm^3）。

7.4.2 实腹式双向压弯、拉弯构件的刚度

承受双向弯矩的实腹式压弯构件（拉弯构件）刚度计算和轴心受力构件相同，按下式验算：

$$\lambda_{max} \leqslant [\lambda] \tag{7-28}$$

式中 λ_{max}——构件的最大长细比；

$[\lambda]$——构件的容许长细比，拉弯和压弯构件的容许长细比同轴心受力构件，由表5-2、表5-3查得。

当弯矩较大时，不仅应计算构件长细比是否满足要求，还要进行挠度计算，挠度计算的方法与受弯构件相同。

7.5 实腹式双向压弯构件的整体稳定

前面所述压弯构件，弯矩作用在构件的一个对称轴平面内，称为单向弯曲压弯构件；当弯矩作用在两个主轴平面时，称为双向弯曲压弯构件，这种构件在实际工程中较为少见。对于承受双向弯矩的压弯构件，其稳定承载力极限值的计算，需要考虑几何非线性和物理非线性问题。即使只考虑问题的弹性解，所得到的结果也是非线性的表达式。但为了设计应用方便，并与单向压弯构件计算衔接，《钢结构设计标准》（GB 50017—2017）采用相关公式的表达形式来计算双向压弯构件的整体稳定，即近似地采用包括 N、M_x 和 M_y 三项简单叠加的公式。

7.5.1 双轴对称实腹式工字形截面和箱形截面压弯构件的整体稳定

对弯矩作用在两个主平面内的双轴对称实腹式工字形截面（含H型钢）和箱形（闭口）截面的压弯构件，其稳定性应按下列公式计算。实践证明，规范所采用的以下线性相关公式是偏于安全的：

$$\frac{N}{\varphi_x Af} + \frac{\beta_{mx}M_x}{\gamma_x W_x\left(1 - 0.8\dfrac{N}{N'_{Ex}}\right)f} + \eta\frac{\beta_{ty}M_y}{\varphi_{by}W_{1y}f} \leqslant 1.0 \tag{7-29a}$$

$$\frac{N}{\varphi_y Af} + \eta\frac{\beta_{tx}M_x}{\varphi_{bx}W_x f} + \frac{\beta_{my}M_y}{\gamma_y W_y\left(1 - 0.8\dfrac{N}{N'_{Ey}}\right)f} \leqslant 1.0 \tag{7-29b}$$

其中

$$N'_{Ex} = \pi^2 EA/(1.1\lambda_x^2)$$

$$N'_{Ey} = \pi^2 EA/(1.1\lambda_y^2)$$

式中 M_x、M_y——所计算构件段范围内，对 x 轴（工字形截面和H型钢以 x 轴为强轴）、y 轴（工字形截面和H型钢以 y 轴为弱轴）的弯矩（N·mm）；

φ_x、φ_y——对强轴（x 轴）、弱轴（y 轴）的轴心受压构件稳定系数；

φ_{bx}、φ_{by}——均匀弯曲的受弯构件整体稳定系数［对双轴对称工字形截面和H型钢，φ_{bx}按附录10中的10.5节计算，而 $\varphi_{by}=1.0$；对闭口截面（如箱形截面），取$\varphi_{bx}=\varphi_{by}=1.0$］；

N'_{Ex}、N'_{Ey}——欧拉临界力（N）；

W_x、W_y——对强轴、弱轴的毛截面模量（mm^3）；

β_{mx}、β_{my}——等效弯矩系数，应按式（7-18）中弯矩作用平面内稳定计算的有关规定采用；

β_{tx}、β_{ty}——等效弯矩系数，应按式（7-25）中弯矩作用平面外稳定计算的有关规定采用；

η——截面影响系数，对闭口截面（如箱形截面）$\eta=0.7$，对其他截面$\eta=1.0$。

7.5.2　双向压弯圆管的整体稳定

当柱段中没有很大横向力或集中弯矩时，双向压弯圆管的整体稳定按式（7-30）进行计算：

$$\frac{N}{\varphi Af}+\frac{\beta M}{\gamma_m W\left(1-0.8\dfrac{N}{N'_{Ex}}\right)f}\leqslant 1.0 \tag{7-30a}$$

$$M=\max\left(\sqrt{M_{xA}^2+M_{yA}^2},\ \sqrt{M_{xB}^2+M_{yB}^2}\right) \tag{7-30b}$$

$$\beta_x=1-0.35\sqrt{N/N_E}+0.35\sqrt{N/N_E}(M_{2x}/M_{1x}) \tag{7-30c}$$

$$\beta_y=1-0.35\sqrt{N/N_E}+0.35\sqrt{N/N_E}(M_{2y}/M_{1y}) \tag{7-30d}$$

$$N_E=\frac{\pi^2 EA}{\lambda^2} \tag{7-30e}$$

式中　φ——轴心受压构件的整体稳定系数，按构件最大长细比取值；

M——计算双向压弯圆管构件整体稳定时采用的弯矩（N·mm）；

M_{xA}、M_{yA}、M_{xB}、M_{yB}——构件A端关于x轴、y轴的弯矩和构件B端关于x轴、y轴的弯矩（N·mm）；

β——计算双向压弯整体稳定时采用的等效弯矩系数；

M_{1x}、M_{2x}、M_{1y}、M_{2y}——x轴、y轴端弯矩（N·mm）；构件无反弯点时取同号，构件有反弯点时取异号，且$|M_{1x}|\geqslant|M_{2x}|$，$|M_{1y}|\geqslant|M_{2y}|$；

N_E——根据构件最大长细比计算的欧拉力（N）。

7.6　实腹式压弯构件的局部稳定

除圆管截面外，实腹式压弯构件板件的局部稳定都表现为受压翼缘和受有压应力作用的腹板的稳定。不允许板件发生局部失稳的准则，是令局部屈曲临界应力大于钢材屈服强度或大于构件的整体稳定临界应力。在实际应用上，则将保证板件局部稳定的要求转化为对板件宽厚比的限制。因此，为保证压弯构件中板件的局部稳定，《钢结构设计标准》（GB 50017—2017）采取了与轴心受压构件相同的方法，即限制受压翼缘的宽厚比和腹板的高厚比。

7.6.1　受压翼缘板宽厚比的限值

压弯构件的受压翼缘板的应力情况和支撑条件与梁受压翼缘基本相同，即受近似均匀压应力作用的三边简支、一边自由板。因此，压弯构件的受压翼缘板的宽厚比限值与梁受压翼缘的宽厚比限值相同。实腹压弯构件要求不出现局部失稳时，翼缘宽厚比应符合表 3-8规定的压弯构件 S4 级截面要求，具体如下：

（1）工字形、T 形和箱形截面压弯构件，受压翼缘板自由外伸宽度 b 与其厚度 t 之比，应符合下列要求：

$$\frac{b}{t} \leqslant 15\varepsilon_{\mathrm{k}} \tag{7-31}$$

（2）箱形截面受压翼缘板在两腹板间的无支承宽度 b_0 与其厚度 t 之比应符合式（7-32）：

$$\frac{b_0}{t} \leqslant 45\varepsilon_{\mathrm{k}} \tag{7-32}$$

7.6.2 腹板高厚比的限值

实腹压弯构件要求不出现局部失稳时，腹板高厚比应符合表 3-8 规定的压弯构件 S4 级截面要求，具体如下：

1. 工字形截面的腹板

工字形截面腹板的局部失稳，是在不均匀压力和剪力的共同作用下（见图 3-6）发生的，可以引入两个系数来表述两者的影响。

腹板的局部稳定主要与压应力的不均匀分布的梯度有关，应力梯度 α_0 按式（3-27）计算。

与剪应力有关的系数是应力比 $\beta_0=\tau/\sigma_{\max}$，一般情况下，工字形截面压弯构件腹板中剪应力 τ 对其影响不大，根据设计资料分析，β_0 值一般可取 0.2~0.3。在这一给定的剪应力范围内，可以计算出临界应力与腹板高厚比 h_0/t_{w} 的关系；此外，还需考虑腹板在弹塑性状态下局部失稳的影响，而腹板的弹塑性发展深入程度与构件的长细比 λ 是有关的。根据这些因素，得到的腹板高厚比限值将是应力梯度 α_0 和长细比 λ 的复杂函数。为方便设计，规范规定压弯构件的腹板高厚比 h_0/t_{w} 应符合下列要求：

$$\frac{h_0}{t_{\mathrm{w}}} \leqslant (45 + 25\alpha_0^{1.66})\varepsilon_{\mathrm{k}} \tag{7-33}$$

式中 α_0——按式（3-27）计算。

2. 箱形截面的腹板

箱形截面压弯构件的腹板高厚比和翼缘宽厚比限值一样，箱形截面压弯构件，腹板屈曲应力的计算方法与工字形截面的腹板相同。但是考虑到腹板的嵌固条件不如工字形截面，两块腹板的受力状况也可能不完全一致，而且翼缘对腹板的约束因常为单侧角焊缝也不如工字形截面，因此，箱形截面的腹板高厚比限值比工字形截面腹板的高厚比限值低，具体按式（7-34）计算。

$$\frac{h_0}{t_{\mathrm{w}}} \leqslant 45\varepsilon_{\mathrm{k}} \tag{7-34}$$

7.6.3 圆管构件径厚比的限值

受压圆管管壁在弹性范围内发生局部屈曲的临界应力理论值很大。但是管壁局部屈曲与板件不同，对缺陷特别敏感，实际屈曲应力比理论值低得多。参考我国薄壁型钢规范和国外有关规范的规定，不分轴心受压或压弯构件，当达到 S4 级截面要求时，统一规定圆管截面的外经与壁厚之比不应超过 $100\varepsilon_k^2$。其他截面等级要求时参考表 3-8。

7.6.4　腹板高厚比超过 S4 级截面要求时的构件设计规定

工字形和箱形截面压弯构件的腹板高厚比超过表 3-8 规定的 S4 级截面要求时，构件设计应符合以下要求。

1. 工字形截面腹板受压区的有效宽度

工字形截面腹板受压区的有效宽度应符合式（7-35a）的要求。

$$h_e = \rho h_c \tag{7-35a}$$

当 $\lambda_{n,p} \leqslant 0.75$ 时，

$$\rho = 1.0 \tag{7-35b}$$

当 $\lambda_{n,p} > 0.75$ 时，

$$\rho = \frac{1}{\lambda_{n,p}}\left(1 - \frac{0.19}{\lambda_{n,p}}\right) \tag{7-35c}$$

$$\lambda_{n,p} = \frac{h_w/t_w}{28.1\sqrt{k_\sigma}}\frac{1}{\varepsilon_k} \tag{7-35d}$$

$$k_\sigma = \frac{16}{2 - \alpha_0 + \sqrt{(2 - \alpha_0)^2 + 0.112\alpha_0^2}} \tag{7-35e}$$

式中　h_c、h_e——腹板受压区宽度和有效宽度（mm），当腹板全部受压时［见图 7-18（a）］，$h_c = h_w$；

ρ——有效宽度系数，按式（7-35b）或式（7-35c）计算；

α_0——参数，应按式（3-18）计算。

图 7-18 中工字形截面腹板有效宽度 h_{e1} 和 h_{e2} 应按下列公式计算。

当截面全部受压，$\alpha_0 \leqslant 1.0$［见图 7-18（a）］时，

$$h_{e1} = 2h_e/(4 + \alpha_0) \tag{7-36a}$$

$$h_{e2} = h_e - h_{e1} \tag{7-36b}$$

当截面部分受拉，$\alpha_0 > 1.0$［见图 7-18（b）］时，

$$h_{e1} = 0.4h_e \tag{7-37a}$$

$$h_{e2} = 0.6h_e \tag{7-37b}$$

2. 箱形截面腹板受压区的有效宽度

箱形截面压弯构件翼缘宽厚比超过表 3-8 规定的 S4 级截面要求时，也应按式（7-35a）计算其有效宽度，计算时取 $k_\sigma = 4.0$，有效宽度在两侧均等分布。

3. 承载力计算方法

应以有效截面代替实际截面计算杆件的承载力，强度、稳定性的承载力计算方法如下：

（1）强度计算：

$$\frac{N}{A_{ne}} \pm \frac{M_x + Ne}{W_{nex}} \leqslant f \tag{7-38}$$

式中 A_{ne}——有效净截面面积（mm^2）；

W_{nex}——有效截面的净截面模量（mm^3）；

e——有效截面形心至原截面形心的距离（mm）。

（2）稳定性计算。

1）弯矩作用平面内稳定性计算：

$$\frac{N}{\varphi_x A_e f}+\frac{\beta_{mx}M_x+Ne}{W_{e1x}\left(1-0.8\frac{N}{N'_{Ex}}\right)f}\leqslant 1.0 \tag{7-39a}$$

2）弯矩作用平面外稳定性计算：

$$\frac{N}{\varphi_y A_e f}+\eta\frac{\beta_{tx}M_x+Ne}{\varphi_b W_{e1x} f}\leqslant 1.0 \tag{7-39b}$$

式中 A_e——有效毛截面面积（mm^2）；

W_{e1x}——有效截面对较大受压纤维的毛截面模量（mm^3）。

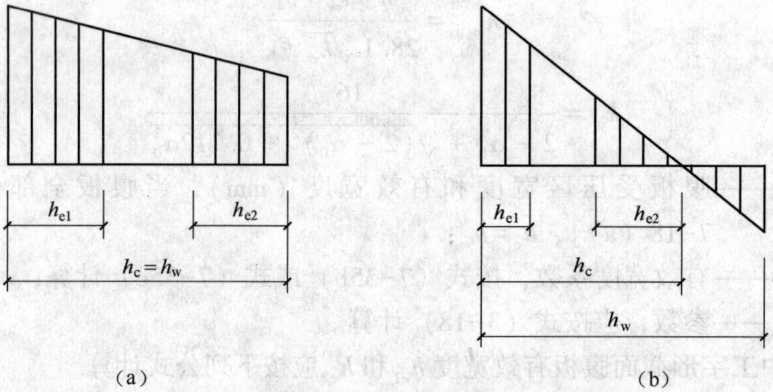

图 7-18 有效宽度分布

（a）截面全部受压；（b）截面部分受拉

7.7 压弯构件的计算长度

在压弯构件稳定计算中，均需涉及构件的长细比，也就是要用到构件的计算长度 l_0（l_{0x}和 l_{0y}）。计算长度 $l_0=\mu l$，μ 称为计算长度系数。计算长度的概念来自轴心压杆的弹性屈曲，它的物理意义是把不同支承情况的轴心压杆等效为长度等于计算长度的两端铰支轴心压杆，它的几何意义则是代表构件弯曲屈曲后弹性曲线两反弯点间的长度。

单根受压构件的计算长度可根据构件端部的约束条件按弹性稳定理论确定。对于端部支承条件比较明确的单根压弯构件，利用计算长度系数 μ 可直接得到计算长度（长度系数 μ 的取值参见表 5-4）。

确定框架柱的计算长度，情况比较复杂。框架有两种形式：一种形式是无侧移的，另一种形式是有侧移的，如图 7-19 和图 7-20 所示。无侧移框架是指框架中设有支撑架、剪力墙和电梯井等横向支撑结构，且其抗侧移刚度等于或大于框架本身抗侧移刚度的 5 倍者；有侧移框架是指框架中未设上述支撑结构，或支撑结构的抗侧移刚度小于框架本身抗侧移刚度的 5 倍者。在相同的截面尺寸和连接条件下，有侧移框架的稳定承载能力比无侧移的要小得多。因此，确定框架柱的计算长度时首先要区分框架失稳时有无侧移。如果没有防止侧移的有效措施，则按有侧移失稳的框架来考虑。此外，框架柱的计算长度还与其所连接的横梁总的相对刚度和柱端支承情况有关。

框架柱的计算长度分为框架平面内的计算长度和框架平面外的计算长度。框架平面内的计算长度需通过对框架的整体稳定分析得到，框架平面外的计算长度则需根据支承点的布置情况而定。

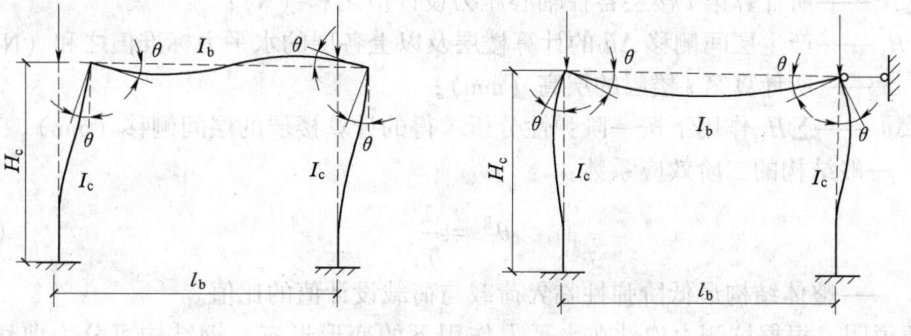

图 7-19　单层单跨框架的平面内失稳形式

（a）有侧移框架；（b）无侧移框架

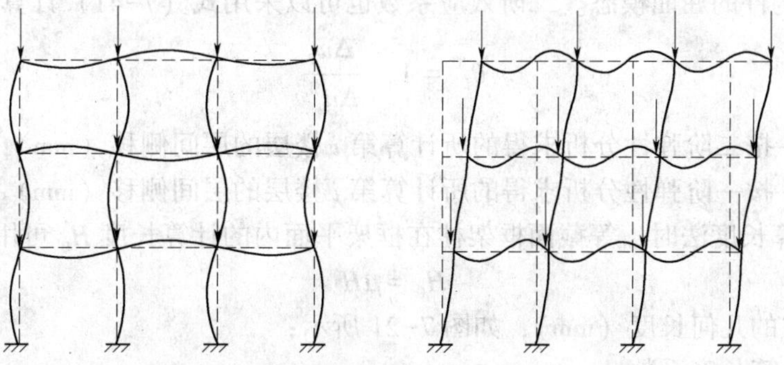

图 7-20　多层多跨框架的平面内失稳形式

（a）无侧移框架；（b）有侧移框架

7.7.1　框架柱在框架平面内的计算长度

在框架柱的设计中，目前有两种分析方法：一种方法是采用一阶分析方法，即分析框架内力时按一阶弹性分析，不考虑框架二阶变形的影响，计算框架时用计算长度代替柱的实际长度考虑与柱相连构件的影响，这种分析和设计方法比较简单，称为计算长度法；另一种方法是采用二阶或近似二阶（P-Δ 效应）分析方法求得框架柱的内力，稳定计算时取柱的几何长度。

结构内力分析可采用一阶弹性分析、二阶 P-Δ 弹性分析或直接分析，判断采用哪种结构内力分析方法，应根据最大二阶效应系数 $\theta_{i,\max}^{\mathrm{II}}$ 来选择。当 $\theta_{i,\max}^{\mathrm{II}} \leq 0.1$ 时，可采用一阶弹性分析；当 $0.1<\theta_{i,\max}^{\mathrm{II}} \leq 0.25$ 时，宜采用二阶 $P-\Delta$ 弹性分析或采用直接分析；当 $\theta_{i,\max}^{\mathrm{II}}>0.25$ 时，应增大结构的侧移刚度或采用直接分析。

二阶效应系数 θ_i^{II} 计算方法如下：

（1）规则框架结构的二阶效应系数：

$$\theta_i^{\mathrm{II}} = \frac{\sum N_i \Delta u_i}{\sum H_{ki} h_i} \tag{7-40a}$$

式中 $\sum N_i$——所计算第 i 楼层各柱轴心压力设计值之和（N）；

$\sum H_{ki}$——产生层间侧移 Δu 的计算楼层及以上各层的水平力标准值之和（N）；

h_i——所计算第 i 楼层的层高（mm）；

Δu_i——$\sum H_{ki}$ 作用下按一阶弹性分析求得的计算楼层的层间侧移（mm）。

（2）一般结构的二阶效应系数：

$$\theta_i^{\mathrm{II}} = \frac{1}{\eta_{cr}} \tag{7-40b}$$

式中 η_{cr}——整体结构最低阶弹性临界荷载与荷载设计值的比值。

需要说明，根据抗侧力构件在水平力作用下的变形形态，钢结构可分为剪切型（框架结构）、弯曲型（如高跨比为 6 以上的支撑架）和弯剪型。式（7-40a）适用于剪切型结构，式（7-40b）适用于弯曲型和弯剪型结构。强调整体屈曲模态，是要排除可能出现的一些最薄弱构件的屈曲模态。二阶效应系数也可以采用式（7-41）计算：

$$\theta_i^{\mathrm{II}} = 1 - \frac{\Delta u_i}{\Delta u_i^{\mathrm{II}}} \tag{7-41}$$

式中 Δu_i^{II}——按二阶弹性分析求得的所计算第 i 楼层的层间侧移（mm）；

Δu_i——按一阶弹性分析求得的所计算第 i 楼层的层间侧移（mm）。

当采用计算长度法时，等截面框架柱在框架平面内的计算长度 H_0 可用下式表达：

$$H_0 = \mu H \tag{7-42}$$

式中 H——柱的几何长度（mm），如图 7-21 所示；

μ——计算长度系数。

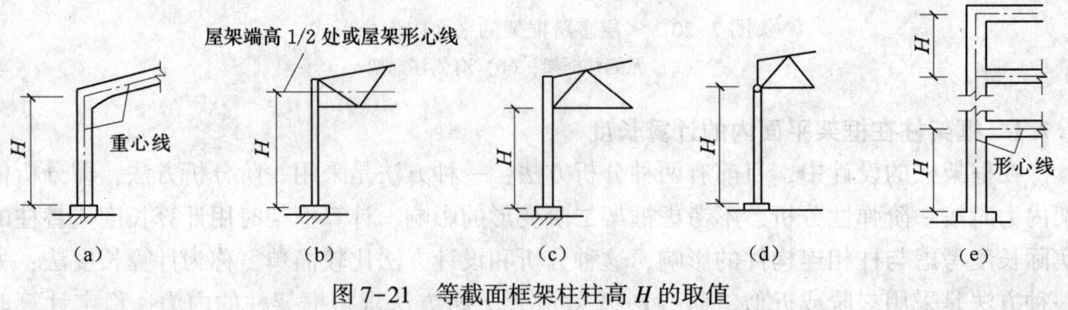

图 7-21 等截面框架柱柱高 H 的取值

计算长度系数与柱每端梁的或者梁与其他柱的约束有关，以梁柱线刚度比值 $K=\sum(I_b/l_b)/\sum(I_c/l_c)$ 为参数，根据弹性理论求得：I_b、I_c 分别为框架梁和框架柱的惯性矩，l_b、l_c 分别为框架梁和框架柱的长度。对格构式柱或桁架式横梁计算线刚度时，应考虑柱或梁截面高度的变化和缀件（或腹杆）变形的影响，取折算惯性矩。对格构式柱可乘以 0.9 的系数。

1. 框架的分类

框架分为无支撑的纯框架和有支撑框架，其中有支撑框架根据抗侧移刚度的大小，分为强支撑框架和弱支撑框架。《钢结构设计标准》（GB 50017—2017）不推荐采用弱支撑框架。

（1）无支撑纯框架。

1）当采用一阶弹性分析方法计算内力时，框架柱的计算长度系数应按附表 11-2 有侧移框架柱的计算长度系数确定。

无支撑就是有侧移，有侧移框架柱的计算长度系数也可按式（7-43）进行简化计算：

$$\mu = \sqrt{\frac{7.5K_1K_2 + 4(K_1 + K_2) + 1.52}{7.5K_1K_2 + K_1 + K_2}} \tag{7-43}$$

式中　K_1、K_2——相交于柱上端、柱下端的横梁线刚度之和与柱线刚度之和的比值，K_1、K_2 应进行修正，当横梁远端为铰接时，应将横梁线刚度乘以 0.5；当横梁远端为嵌固时，应将横梁线刚度乘以 2/3。

多跨框架可以由一部分框架柱和框架梁组成框架体系来抵抗侧向力，把其余的柱做成两端铰接，不参与承受侧向力，这种两端铰接柱称为摇摆柱（见图 7-22），它们的截面较小，连接构造简单，造价较低，这种柱可以承担自身的竖向荷载，但是其承受荷载的倾覆作用时必须由支持它的框（刚）架来抵抗，从而使框（刚）架柱的计算长度增大。因此，设有摇摆柱时，摇摆柱自身的计算长度系数应取 1.0，即摇摆柱的计算长度取其几何长度，框架柱的计算长度系数应乘以增大系数 η，η 应按式（7-44）计算。

$$\eta = \sqrt{1 + \frac{\sum (N_1/h_1)}{\sum (N_f/h_f)}} \tag{7-44}$$

式中　$\sum (N_1/h_1)$——本层各摇摆柱轴心压力设计值与柱子高度比值之和；

$\sum (N_f/h_f)$——本层各框架柱轴心压力设计值与柱子高度比值之和。

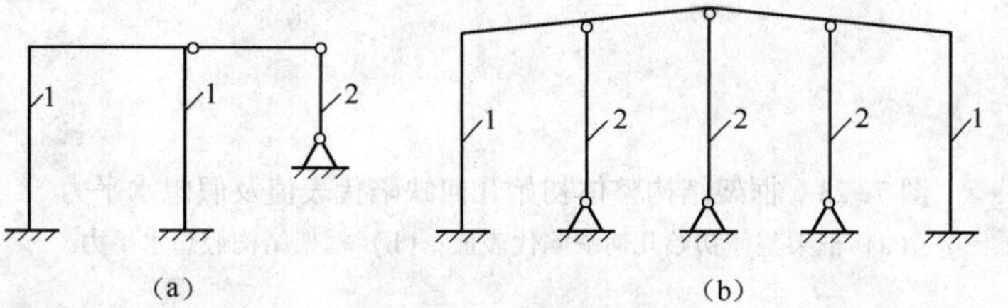

图 7-22　附有摇摆柱的有侧移框架

1—框架柱；2—摇摆柱

当有侧移框架同层各柱的 N/I 不相同时，柱计算长度系数宜按式（7-45a）计算；当框架附有摇摆柱时，框架柱的计算长度系数宜按式（7-45c）确定；当根据式（7-45a）

或式（7-45c）计算而得的μ_i<1.0时，应取$\mu_i = 1.0$。

$$\mu_i = \sqrt{\frac{N_{Ei}}{N_i}\frac{1.2}{K}\sum \frac{N_i}{h_i}} \tag{7-45a}$$

$$N_{Ei} = \pi^2 EI_i / h_i^2 \tag{7-45b}$$

$$\mu_i = \sqrt{\frac{N_{Ei}}{N_i}\frac{1.2\sum(N_i/h_i) + \sum(N_{1j}/h_j)}{K}} \tag{7-45c}$$

式中 N_i——第 i 根柱轴心压力设计值（N）；

N_{Ei}——第 i 根柱的欧拉临界力（N）；

h_i——第 i 根柱的高度（mm）；

K——框架层侧移刚度，即产生层间单位侧移所需的力（N/mm）；

N_{1j}——第 j 根摇摆柱的轴心压力设计值（N）；

h_j——第 j 根摇摆柱的高度（mm）。

2）结构的初始缺陷包含结构整体的初始几何缺陷和构件的初始几何缺陷、残余应力及初偏心。结构的整体初始几何缺陷的最大值可根据施工验收规范所规定的最大允许安装偏差取值，按最低阶整体屈曲模态采用。框架及支撑结构整体初始几何缺陷代表值可按式（7-46a）确定（见图7-23）。也可通过在每层柱顶施加假想水平力 H_{ni} 等效考虑，假想水平力按式（7-46b）计算，施加方向应考虑荷载的最不利组合。

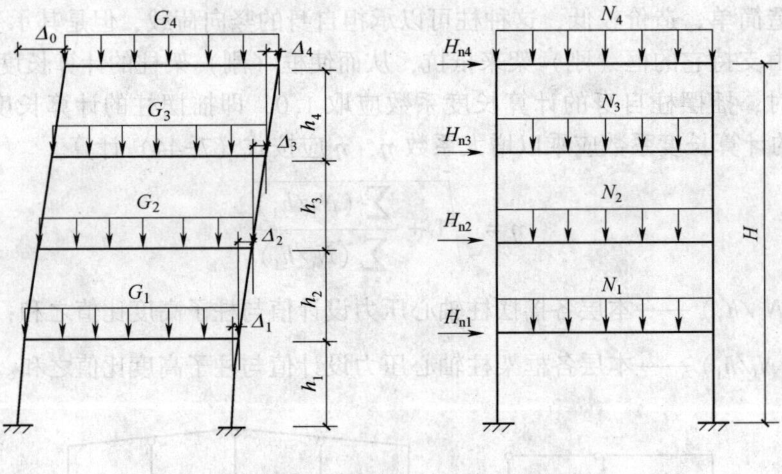

图7-23 框架结构整体初始几何缺陷代表值及假想水平力

（a）框架整体初始几何缺陷代表值；（b）框架结构假想水平力

$$\Delta_i = \frac{h_i}{250}\sqrt{0.2 + \frac{1}{n_s}} \tag{7-46a}$$

$$H_{ni} = \frac{G_i}{250}\sqrt{0.2 + \frac{1}{n_s}} \tag{7-46b}$$

式中　Δ_i——所计算第 i 楼层的初始几何缺陷代表值（mm）；

n_s——框架总层数；当 $\sqrt{0.2+\frac{1}{n_s}}<\frac{2}{3}$ 时，取此根号值为 $\frac{2}{3}$；当 $\sqrt{0.2+\frac{1}{n_s}}>1.0$ 时，取此根号值为1.0；

h_i——第 i 楼层的高度（mm）；

G_i——第 i 楼层的总重力荷载设计值（N）。

当采用二阶弹性分析方法计算内力且在每层柱顶附加考虑式（7-46b）的假想水平力 H_{ni} 时，框架柱的计算长度系数取 $\mu=1.0$ 或其他认可的值。

（2）有支撑框架。当支撑结构（支撑桁架、剪力墙、电梯井等）的侧移刚度（产生单位侧倾角的水平力）S_b 满足式（7-47）的要求时，为强支撑框架，框架柱的计算长度系数应按附表11-1无侧移框架柱的计算长度系数确定，也可按式（7-47b）进行计算。

$$S_b \geqslant 4.4\left[\left(1+\frac{100}{f_y}\right)\sum N_{bi}-\sum N_{0i}\right] \tag{7-47a}$$

$$\mu=\sqrt{\frac{(1+0.41K_1)(1+0.41K_2)}{(1+0.82K_1)(1+0.82K_2)}} \tag{7-47b}$$

式中　$\sum N_{bi}$、$\sum N_{0i}$——第 i 楼层层间所有框架柱用无侧移框架和有侧移框架柱计算长度系数算得的轴压杆稳定承载力之和（N）；

S_b——支撑结构层侧移刚度，即施加于结构上的水平力与其产生的层间位移角的比值（N）；

K_1、K_2——相交于柱上端、柱下端的横梁线刚度之和与柱线刚度之和的比值，K_1、K_2 应进行修正，当横梁远端为铰接时，应将横梁线刚度乘以1.5；当横梁远端为嵌固时，应将横梁线刚度乘以2。

2. 单层或多层框架等截面柱的平面内计算长度

《钢结构设计标准》（GB 50017—2017）规定，单层或多层框架等截面柱在框架平面内的计算长度应等于该层柱的高度乘以计算长度系数 μ。对无侧移框架，μ 值应按附表11-1采用；对有侧移框架，μ 值应按附表11-2采用。在确定框架柱的计算长度时作了如下近似假定：

（1）框架只承受作用于节点的竖向荷载，忽略横梁和水平荷载对梁端弯矩的影响。在弹性工作范围内，此种假定带来的误差不大，可以满足设计工作的需求。但需注意，此种假定只适用于确定计算长度，在计算柱的截面尺寸时必须同时考虑弯矩和轴心力。

（2）所有框架柱同时丧失稳定，即所有框架柱同时达到临界荷载。

（3）在无侧移失稳时，横梁两端的转角大小相等方向相反；在有侧移失稳时，横梁两端的转角大小相等，方向亦相同。

（4）材料是线弹性的。

（5）当柱子开始失稳时，相交于同一节点的横梁对柱子提供的约束弯矩，按柱子的线刚度之比分配给柱子。

因此，附表 11-1 和附表 11-2 中的 μ 值只适用于横梁中没有轴力或轴力很小，且各柱同时失稳的情况。若梁内有较大的轴力，则这些表格不再适用；若各柱不同时失稳，则由附表 11-1 和附表 11-2 查出的数据需要调整。

带牛腿的等截面柱属于变轴力的压弯构件。单层厂房框架下端刚性固定的带牛腿等截面柱在框架平面内的计算长度应按式（7-48a）确定：

$$H_0 = \alpha_N \left[\sqrt{\frac{4 + 7.5K_b}{1 + 7.5K_b}} - \alpha_K \left(\frac{H_1}{H} \right)^{1+0.8K_b} \right] H \tag{7-48a}$$

$$K_b = \frac{\sum (I_{bi}/l_i)}{I_c/H} \tag{7-48b}$$

当 $K_b<0.2$ 时，

$$\alpha_K = 1.5 - 2.5K_b \tag{7-48c}$$

当 $0.2 \leqslant K_b<2.0$ 时，

$$\alpha_K = 1.0 \tag{7-48d}$$

$$\gamma = \frac{N_1}{N_2} \tag{7-48e}$$

当 $\gamma \leqslant 0.2$ 时，

$$\alpha_N = 1.0 \tag{7-48f}$$

当 $\gamma>0.2$ 时，

$$\alpha_N = 1 + \frac{H_1}{H_2} \frac{(\gamma - 0.2)}{1.2} \tag{7-48g}$$

式中 H_1、H——柱在牛腿表面以上的高度和柱总高度（mm），如图 7-24 所示；

K_b——与柱连接的横梁线刚度之和与柱线刚度之比；

α_K——和比值 K_b 有关的系数；

α_N——考虑压力变化的系数；

γ——柱上、下段压力比；

N_1、N_2——上、下段柱的轴心压力设计值（N）；

I_{bi}、l_i——第 i 根梁的截面惯性矩（mm^4）和跨度（mm）；

I_c——柱截面惯性矩（mm^4）。

3. 变截面阶形柱的计算长度系数

厂房柱承受吊车荷载作用，从经济角度考虑常采用阶形柱。柱的计算长度应分段确定，但它们计算长度系数之间有内在的联系。由于柱的上端在框架平面内无法设置阻止框架发生侧移的支承，阶形柱的失稳按有侧移失稳的条件确定。

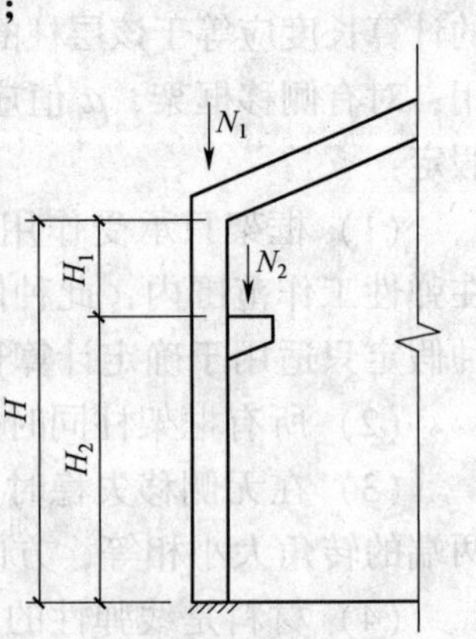

图 7-24 单层厂房带牛腿框架柱示意

（1）单阶柱。对于下段柱的计算长度系数 μ_2，当柱上端与横梁铰接（柱上端为自由）时，按附表 11-3 确定，但要乘以表 7-1 中的折减系数；当柱上端与横梁刚接（柱上端可移动但不能转动）时，按附表 11-4 确定，但也要乘以表 7-1 中的折减系数；当柱上端与实腹梁刚接时，下段柱的计

算长度系数 μ_2 应按式（7-49b）计算的系数 μ_2^1 乘以表 7-1 的折减系数，系数 μ_2^1 应不大于按柱上端与横梁铰接计算时得到的 μ_2 值，且应不小于按柱上端与桁架型横梁刚接计算时得到的 μ_2 值。

$$K_c = \frac{I_1/H_1}{I_2/H_2} \tag{7-49a}$$

$$\mu_2^1 = \frac{\eta_1^2}{2(\eta_1 + 1)} \sqrt[3]{\frac{\eta_1 - K_b}{K_b}} + (\eta_1 - 0.5)K_c + 2 \tag{7-49b}$$

$$\eta_1 = \frac{H_1}{H_2}\sqrt{\frac{N_1}{N_2}\frac{I_2}{I_1}} \tag{7-49c}$$

式中　I_1、H_1——阶形柱上段柱的惯性矩（mm^4）和柱高（mm）；

I_2、H_2——阶形柱下段柱的惯性矩（mm^4）和柱高（mm）；

K_c——阶形柱上段柱线刚度与下段柱线刚度的比值；

η_1——参数，按式（7-49c）计算。

上段柱的计算长度系数 μ_1，应按下式确定：

$$\mu_1 = \frac{\mu_2}{\eta_1} \tag{7-50}$$

当厂房的柱列很多时，负荷较小的相邻柱会给负荷较大的柱提供约束，同时厂房的空间作用也会减轻柱的负荷，因此，《钢结构设计标准》（GB 50017—2017）根据各类厂房的不同特点（主要是有关空间作用的特点），对柱的计算长度进行了不同程度的折减，折减系数如表7-1 所示。

表 7-1　单层厂房阶形柱计算长度的折减系数

<table>
<tr><th colspan="4">厂　房　类　型</th><th rowspan="2">折减系数</th></tr>
<tr><th>单跨或多跨</th><th>纵向温度区段内一个柱列的柱子数</th><th>屋面情况</th><th>厂房两侧是否有通长的屋盖纵向水平支撑</th></tr>
<tr><td rowspan="4">单跨</td><td>少于或等于 6 个</td><td>—</td><td>—</td><td rowspan="2">0.9</td></tr>
<tr><td rowspan="3">多于 6 个</td><td rowspan="2">非大型混凝土屋面板的屋面</td><td>无纵向水平支撑</td></tr>
<tr><td>有纵向水平支撑</td><td rowspan="3">0.8</td></tr>
<tr><td>大型混凝土屋面板的屋面</td><td>—</td></tr>
<tr><td rowspan="3">多跨</td><td rowspan="3">—</td><td rowspan="2">非大型混凝土屋面板的屋面</td><td>无纵向水平支撑</td></tr>
<tr><td>有纵向水平支撑</td><td rowspan="2">0.7</td></tr>
<tr><td>大型混凝土屋面板的屋面</td><td>—</td></tr>
</table>

注：有横梁的露天结构（如落锤车间等），其折减系数可采用 0.90。

（2）双阶柱的计算长度系数可参考《钢结构设计标准》（GB 50017—2017）有关条文进行计算，其计算长度系数也应乘以表 7-1 中的折减系数。

4. 框架柱计算长度系数的修正

在确定下列情况的框架柱计算长度系数时，应考虑进行修正：

（1）附有摇摆柱（两端铰接柱，见图 7-22）的无支撑纯框架柱和弱支撑框架柱的计算长度系数应乘以增大系数 η，η 应按式（7-44）计算。

（2）当与计算柱同层的其他柱或与计算柱连续的上、下层柱的稳定承载力有潜力时，可利用这些柱的支承作用，对计算柱的计算长度系数进行折减，提供支承作用的柱的计算长度系数则应相应增大。

（3）当梁与柱的连接为半刚性构造（指梁与柱连接构造既非铰接又非刚接，而是介于两者之间，由于构造比刚接简单，用于某些框架可以降低造价）时，确定柱计算长度应考虑节点连接的特性。

（4）计算单层框架和多层框架底层的计算长度系数时，框架层侧移刚度 K 宜按柱脚的实际约束情况进行计算，也可按理想情况（铰接或刚接）确定 K 值，并对算得的系数 μ 进行修正。

（5）当多层单跨框架的顶层采用轻型屋面，或多跨多层框架的顶层抽柱形成较大跨度时，顶层框架柱的计算长度系数应忽略屋面梁对柱子的转动约束。

7.7.2 框架柱在框架平面外的计算长度

框架柱在框架平面外的计算长度一般由支撑结构的布置情况而定（见图 7-25）。支撑体系提供柱在平面外的支承点，柱在平面外的计算长度取决于阻止框架柱平面外位移的支承点之间的距离。这些支承点应能阻止柱沿厂房的纵向发生侧移（如单层厂房框架柱），柱下段的支承点常常是基础的表面和吊车梁的下翼缘处，柱上段的支承点是吊车梁上翼缘的制动梁和屋架下弦纵向水平支撑或者托架的弦杆。

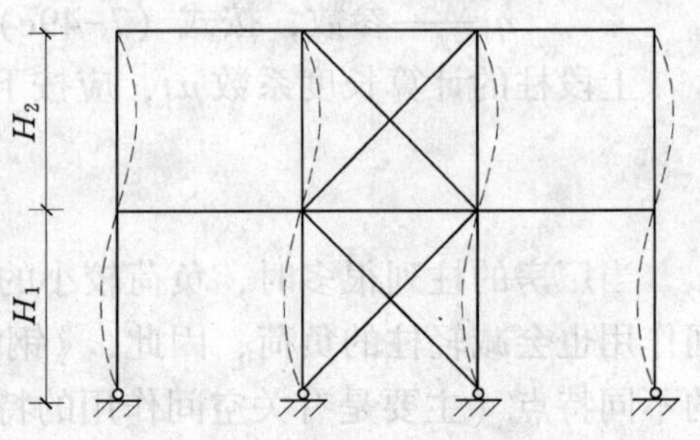

图 7-25 框架柱在框架平面外的计算长度

【例题 7-4】 试求出图 7-26 所示双跨等截面框架柱（边柱和中柱）在框架平面内的计算长度。已知柱与基础刚接，按有侧移失稳形式计算。

解：（1）计算框架梁、框架柱惯性矩。

框架梁惯性矩为

$$I_b=\frac{1}{12}\times10\times500^3+2\times350\times20\times\left(\frac{500+20}{2}\right)^2$$

$$=10.51\times10^8\ (\text{mm}^4)$$

框架柱惯性矩为

$$I_{c1}=\frac{1}{12}\times10\times350^3+2\times320\times12\times\left(\frac{350+12}{2}\right)^2$$

$$=2.87\times10^8\ (\text{mm}^4)$$

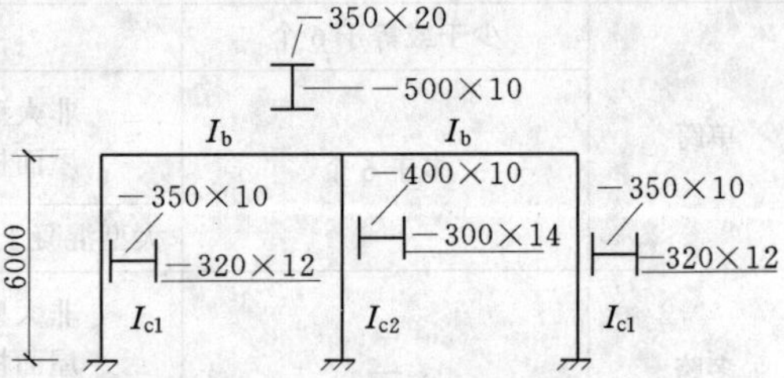

图 7-26 ［例题 7-4］图

$$I_{c2}=\frac{1}{12}\times10\times400^3+2\times300\times14\times\left(\frac{400+14}{2}\right)^2=4.13\times10^8\ (\text{mm}^4)$$

（2）确定框架柱的计算长度系数。因为柱与基础刚接，根据附表 11-2，故取$K_2=10$。K_1 为相交于柱上端的横梁线刚度之和与柱线刚度之和的比值。

边柱：
$$K_1=\frac{I_b\times 6000}{7500\times I_{c1}}=\frac{10.51\times 10^8\times 6000}{7500\times 2.87\times 10^8}=3$$
查附表 11-2，得 $\mu_1=1.07$。

中柱：
$$K_1=\frac{2\times I_b\times 6000}{7500\times I_{c2}}=\frac{2\times 10.51\times 10^8\times 6000}{7500\times 4.13\times 10^8}=4$$
查附表 11-2，得 $\mu_2=1.06$。

(3) 确定框架柱在框架平面内的计算长度。

边柱：　$H_{01}=\mu_1 H=1.07\times 6000=6420$ (mm)

中柱：　$H_{02}=\mu_2 H=1.06\times 6000=6360$ (mm)

7.8 实腹式压弯构件的截面设计

7.8.1 实腹式压弯构件的设计原则

实腹式压弯构件与轴心受压构件一样，其截面设计也要遵循等稳定性（即弯矩作用平面内和弯矩作用平面外的整体稳定承载能力尽量接近）、肢宽壁薄、制造省工和连接简便等设计原则。由于压弯构件的受力较轴心受压构件复杂，设计时大多参照已有设计资料的数据或设计经验，首先假定出截面尺寸，然后进行验算。如果验算不满足要求，或有较大富余，则对假定的截面尺寸进行调整，再行验算。一般都要经过多次试算调整，直至满足条件为止。

7.8.2 实腹式压弯构件的设计方法

1. 截面形式

对于压弯构件，当承受的弯矩较小或两个方向弯矩都较大时，其截面形式与一般的轴心受压构件相同。当弯矩较大时，宜采用在弯矩作用平面内截面高度较大的双轴对称截面或单轴对称截面（见图 7-27）。

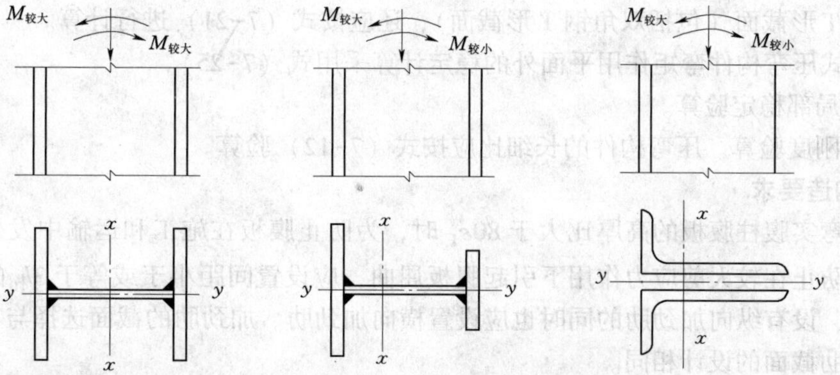

图 7-27　实腹式压弯构件的常用截面形式

2. 截面的初步选择

在选定截面的形式后，需要根据已知的轴力 N、弯矩 M_x 以及构件的计算长度 l_{0x}、l_{0y}

初步确定截面的尺寸。其计算步骤如下：

（1）先假定弯矩作用平面内的长细比 λ_x，λ_x 的范围可参考轴心受压构件。由 λ_x 和 l_{0x} 计算回转半径 $i_x = l_{0x}/\lambda_x$。

（2）由 i_x 和附录 22 计算截面高度 $h = i_x/\alpha_1$。

（3）计算 $A/W_{1x} = (A/I_x)y_1 = y_1/i_x^2$，式中 y_1 为受压翼缘边缘纤维至中性轴的距离，在估算时，可近似取 $y_1 = h/2$。

（4）计算截面面积 A，由式（7-18）可得

$$A = \frac{N}{f}\left[\frac{1}{\varphi_x} + \frac{M_x}{N}\frac{A}{W_{1x}}\frac{\beta_{mx}}{\gamma_x\left(1 - 0.8\dfrac{N}{N'_{Ex}}\right)}\right] \tag{7-51}$$

在估算截面时，可近似取 $\beta_{mx}/\gamma_x[(1 - 0.8N/N'_{Ex})] \approx 1$。

（5）计算截面抵抗矩 $W_{1x} = Ai_x^2/y_1$。

（6）计算 φ_y，由（7-25）可得

$$\varphi_y = \frac{N}{A}\frac{1}{f - \dfrac{\eta\beta_{tx}M_x}{\varphi_b W_{1x}}} \tag{7-52}$$

在估算截面时，可近似取 $\varphi_b = \beta_{tx} \approx 1$。

（7）由 φ_y 查出 λ_y，计算出 $i_y = l_{0y}/\lambda_y$，并由附录 22 计算出截面宽度 $b = i_y/\alpha_2$。

（8）根据截面面积 A、截面高度 h 和截面宽度 b 选择压弯构件的截面尺寸。

3. 截面验算

（1）强度验算。承受单向弯矩的压弯构件其强度验算采用式（7-11）。

当截面无削弱且 N、M_x 的取值与整体稳定验算的取值相同而等效弯矩系数为 1.0 时，不必进行强度验算。

（2）整体稳定验算。实腹式压弯构件弯矩作用平面内的稳定计算采用式（7-18）。

对于 T 形截面（包括双角钢 T 形截面），还应按式（7-21）进行计算。

实腹式压弯构件弯矩作用平面外的稳定计算采用式（7-25）。

（3）局部稳定验算。

（4）刚度验算。压弯构件的长细比应按式（7-12）验算。

7.8.3 构造要求

当压弯实腹柱腹板的高厚比大于 $80\varepsilon_k$ 时，为防止腹板在施工和运输中发生变形，同时也为了防止在较大剪应力作用下引起腹板屈曲，应设置间距小于或等于 $3h_0$ 的横向加劲肋。此外，设有纵向加劲肋的同时也应设置横向加劲肋。加劲肋的截面选择与本书第 6 章梁中加劲肋截面的设计相同。

大型实腹式柱在受有较大水平力处和运送单元的端部应设置横隔。横隔的间距不得大于柱截面长边尺寸的 9 倍和 8m。

压弯构件的翼缘宽厚比必须满足局部稳定的要求，否则翼缘屈曲必然导致构件整体失稳。但当腹板屈曲时，由于存在屈曲后强度，构件不会立即失稳而只会使其承载力有所降

低。与轴心受压构件相同，当 H 形、工字形和箱形截面压弯构件的腹板高厚比不满足表 3-8的要求时，可用纵向加劲肋加强，或在计算构件的强度和稳定性时仅考虑计算腹板截面高度边缘范围内两侧宽度各为 $20t_w\varepsilon_k$ 的部分（计算构件的稳定系数时，仍采用全部截面）。横向加劲肋和横隔的具体构造和要求与轴心受压构件的相同，可参考本书第 5 章相关内容。

7.8.4　实腹式压弯构件设计实例

【例题 7-5】　试设计图 7-28 所示双轴对称焊接工字形截面压弯构件的截面尺寸，翼缘板为剪切边，截面无削弱。已知承受的荷载设计值：轴心压力 $N=1000\text{kN}$，构件跨度中点横向集中荷载 $F=200\text{kN}$。构件长 12m，两端铰接并在两端和跨中各设有一侧向支承点。钢材为 Q235B。

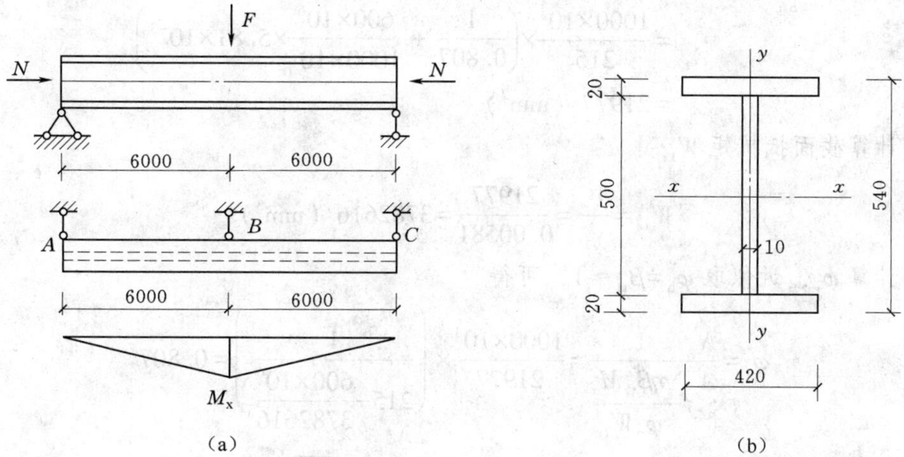

图 7-28　[例题 7-5] 图

（a）荷载及弯矩图；（b）工字形截面尺寸

解：（1）确定基本数据。由图 7-28（a）可判断，计算长度 $l_{0x}=12\text{m}$，$l_{0y}=6\text{m}$。

最大弯矩设计值为

$$M_x=200\times12/4=600\ (\text{kN}\cdot\text{m})$$

翼缘板为剪切边的焊接工字形截面构件绕强轴（x 轴）屈曲时，属 b 类截面；绕弱轴（y 轴）屈曲时，属 c 类截面。

（2）截面初步选择。先假定弯矩作用平面内的长细比 $\lambda_x=60$，由 $\lambda_x/\varepsilon_k=60\times\sqrt{\dfrac{235}{235}}=60$，查附表 12-2，得 $\varphi_x=0.807$。

1）回转半径为

$$i_x=\frac{l_{0x}}{\lambda_x}=\frac{12000}{60}=200\ (\text{mm})$$

2）由 i_x 和附录 22 计算 h，得

$$h=\frac{i_x}{\alpha_1}=\frac{200}{0.43}=465\ (\text{mm})$$

3）计算 $A/W_{1x}=y_1/i_x^2$，则

$$\frac{A}{W_{1x}}=\frac{y_1}{i_x^2}=\frac{h}{2i_x^2}=\frac{465}{2\times200^2}=0.00581\ (\mathrm{mm}^{-1})$$

4）近似取 $\beta_{mx}/\gamma_x(1-0.8N/N'_{Ex})\approx1$，计算截面面积，得

$$A=\frac{N}{f}\left[\frac{1}{\varphi_x}+\frac{M_x}{N}\frac{A}{W_{1x}}\frac{\beta_{mx}}{\gamma_x\left(1-0.8\frac{N}{N'_{Ex}}\right)}\right]$$

$$\approx\frac{N}{f}\left(\frac{1}{\varphi_x}+\frac{M_x}{N}\frac{A}{W_{1x}}\right)$$

$$=\frac{1000\times10^3}{215}\times\left(\frac{1}{0.807}+\frac{600\times10^6}{1000\times10^3}\times5.81\times10^{-3}\right)$$

$$=21977\ (\mathrm{mm}^2)$$

5）计算截面抵抗矩 W_{1x}：

$$W_{1x}=\frac{Ai_x^2}{y_1}=\frac{21977}{0.00581}=3782616\ (\mathrm{mm}^3)$$

6）计算 φ_y，近似取 $\varphi_b=\beta_{tx}\approx1$，可得

$$\varphi_y=\frac{N}{A}\frac{1}{f-\frac{\eta\beta_{tx}M_x}{\varphi_b W_{1x}}}=\frac{1000\times10^3}{21977}\times\left(\frac{1}{215-\frac{600\times10^6}{3782616}}\right)=0.807$$

7）由于 $\varphi_y=0.807$，由附表 12-3 查得 $\lambda_y/\varepsilon_k=\lambda_y\sqrt{\frac{235}{235}}=45$，因此，$\lambda_y=45$，则 $i_y=l_{0y}/\lambda_y=6000/45=133.3$（mm），由附录 22 计算出截面宽度 $b=i_y/\alpha_2=133.3/0.24=556$（mm）。

8）根据截面面积 A、截面高度 h 和截面宽度 b 初步选择压弯构件的截面尺寸如下：翼缘板，2-420×20；腹板，1-500×10。因此，截面面积 $A=500\times10+2\times420\times20=21800$（$\mathrm{mm}^2$），该截面面积与前面估算的截面面积 $A=21977\mathrm{mm}^2$ 很接近，故按该初选截面进行验算。因翼缘钢板厚度超过 16mm，所以取 $f=205\mathrm{N/mm}^2$，$f_y=225\mathrm{N/mm}^2$。因腹板钢板厚度小于 16mm，故取 $f=215\mathrm{N/mm}^2$，$f_y=235\mathrm{N/mm}^2$。

（3）截面几何特性。

1）惯性矩为

$$I_x=\frac{1}{12}(420\times540^3-410\times500^3)=12.4\times10^8\ (\mathrm{mm}^4)$$

$$I_y=2\times\frac{1}{12}\times20\times420^3+\frac{1}{12}\times500\times10^3=2.47\times10^8\ (\mathrm{mm}^4)$$

2）回转半径为

$$i_x=\sqrt{\frac{I_x}{A}}=\sqrt{\frac{12.4\times10^8}{21800}}=238.5\ (\mathrm{mm})$$

$$i_y=\sqrt{\frac{I_y}{A}}=\sqrt{\frac{2.47\times10^8}{21800}}=106.4\ (\text{mm})$$

3）长细比为

$$\lambda_x=\frac{l_{0x}}{i_x}=\frac{12000}{238.5}=50.3$$

$$\lambda_y=\frac{l_{0y}}{i_y}=\frac{6000}{106.4}=56.4$$

4）弯矩作用平面内最大受压纤维的毛截面模量为

$$W_{1x}=\frac{I_x}{h/2}=\frac{2\times12.4\times10^8}{540}=4.59\times10^6\ (\text{mm}^3)$$

5）轴心受压构件稳定系数：由 $\lambda_x/\varepsilon_k=50.3\times\sqrt{\frac{225}{235}}=49.2$，查附表12-2，得

$$\frac{0.861-\varphi_x}{0.861-0.856}=\frac{49-49.2}{49-50}$$

求得 $\varphi_x=0.860$。

由 $\lambda_y/\varepsilon_k=56.4\times\sqrt{\frac{225}{235}}=55.2$，查附表12-3，得

$$\frac{0.742-\varphi_y}{0.742-0.735}=\frac{55-55.2}{55-56}$$

求得 $\varphi_y=0.741$。

（4）截面验算。

1）强度验算。因截面无削弱，可不验算截面的强度条件。

2）整体稳定验算。压弯构件弯矩作用平面内的稳定计算如下。

本题目是无端弯矩但有横向荷载作用，跨中作用单个集中荷载，β_{mx}应按式（7-20b）计算，即 $\beta_{mx}=1-0.36N/N_{cr}$，式中 N_{cr}应按式（7-19b）计算，即 $N_{cr}=\frac{\pi^2EI}{(\mu l)^2}$，两端铰接，近似取$\mu=1.0$，$\beta_{mx}$计算如下：

$$N_{cr}=\frac{\pi^2EI}{(\mu l)^2}=\frac{\pi^2\times206\times10^3\times12.4\times10^8}{(1.0\times12000)^2}\times10^{-3}=17507.58(\text{kN})$$

$$\beta_{mx}=1-0.36N/N_{cr}=1-0.36\times\frac{1000}{17507.58}=0.979$$

$$N'_{Ex}=\frac{\pi^2EA}{1.1\lambda_x^2}=\frac{\pi^2\times206\times10^3\times21800}{1.1\times50.3^2}\times10^{-3}=15925.6(\text{kN})$$

$$\frac{N}{\varphi_xAf}+\frac{\beta_{mx}M_x}{\gamma_xW_{1x}\left(1-0.8\frac{N}{N'_{Ex}}\right)f}$$

$$=\frac{1000\times10^3}{0.860\times21800\times205}+\frac{0.979\times600\times10^6}{1.05\times4.59\times10^6\times\left(1-0.8\times\frac{1000\times10^3}{15925.6\times10^3}\right)\times205}$$

$$=0.89<1.0$$

$$\varphi_b = 1.07 - \frac{\lambda_y^2}{44000\varepsilon_k^2} = 1.07 - \frac{\lambda_y^2}{44000}\frac{f_y}{235} = 1.07 - \frac{56.4^2}{44000} \times \frac{225}{235} = 1.0$$

取 $\varphi_b = 1.0$。

因无横向荷载作用，故

$$\beta_{tx} = 0.65 + 0.35\frac{M_2}{M_1} = 0.65$$

$$\frac{N}{\varphi_y Af} + \eta\frac{\beta_{tx}M_x}{\varphi_b W_{1x}f} = \frac{1000 \times 10^3}{0.741 \times 21800 \times 205} + 1.0 \times \frac{0.65 \times 600 \times 10^6}{1.0 \times 4.59 \times 10^6 \times 205} = 0.72 < 1.0$$

3）局部稳定验算。受压翼缘板的自由外伸宽厚比为

$$\frac{b}{t} = \frac{420-10}{2\times20} = 10.25 < 15\varepsilon_k = 15\times\sqrt{\frac{235}{f_y}} = 15\times\sqrt{\frac{235}{225}} = 15.3$$

腹板局部稳定验算如下：

腹板计算高度边缘的最大应力为

$$\sigma_{max} = \frac{N}{A} + \frac{M_x}{I_x}\frac{h_0}{2} = \frac{1000\times10^3}{21800} + \frac{600\times10^6}{12.4\times10^8}\times\frac{500}{2} = 166.8\ (\text{N/mm}^2)\ (\text{压应力})$$

腹板计算高度另一边缘的最小应力为

$$\sigma_{min} = \frac{N}{A} - \frac{M_x}{I_x}\frac{h_0}{2} = \frac{1000\times10^3}{21800} - \frac{600\times10^6}{12.4\times10^8}\times\frac{500}{2} = -75.1\ (\text{N/mm}^2)\ (\text{拉应力})$$

应力梯度为

$$\alpha_0 = \frac{\sigma_{max} - \sigma_{min}}{\sigma_{max}} = \frac{166.8 - (-75.1)}{166.8} = 1.45$$

腹板计算高度 h_0 与其厚度 t_w 之比为

$$\frac{h_0}{t_w} = \frac{500}{10} = 50 < (45+25\alpha_0^{1.66})\varepsilon_k = (45+25\alpha_0^{1.66})\sqrt{\frac{235}{f_y}} = (45+25\times1.45^{1.66})\times\sqrt{\frac{235}{235}} = 91$$

因此，局部稳定满足要求。

4）刚度验算。构件的最大长细比为

$$\lambda_{max} = \max(\lambda_x, \lambda_y) = \lambda_y = 56.4 < [\lambda] = 150$$

因此，刚度满足要求。

综上所述，该截面尺寸选用比较合适。

【例题 7-6】 试设计图 7-29 所示焊接工字形截面压弯构件，翼缘为火焰切割边，截面无削弱。已知构件长 12m；承受的荷载设计值为：轴心压力 N=1000kN，构件 A 端承受弯矩 M=600 kN · m，D 端弯矩为零。构件两端铰接，并在三分点处各有一侧向支承点。钢材为 Q235B。

解：（1）确定基本数据。由图 7-29（a）可判断，计算长度 l_{0x}=12m，l_{0y}=4m。

A 端承受弯矩 M=600kN · m，则三分点处 B 点的弯矩为 400kN · m，C 点的弯矩为 200kN · m，分别标示于图 7-29 中。

翼缘板为剪切边的焊接工字形截面构件绕强轴（x 轴）屈曲时，属 b 类截面；绕弱轴

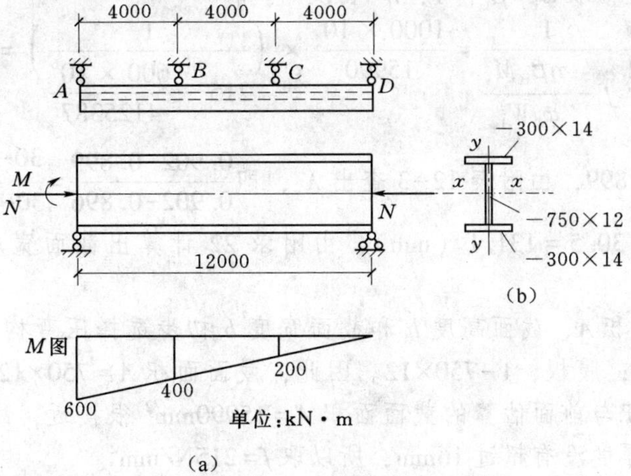

图 7-29　［例题 7-6］图

(a) 荷载及弯矩图；(b) 工字形截面尺寸

(y 轴) 屈曲时，属c类截面。

(2) 截面初步选择。先假定弯矩作用平面内的长细比 $\lambda_x=40$，由 $\lambda_x/\varepsilon_k=40\times\sqrt{\dfrac{235}{235}}=40$，查附表 12-2，得 $\varphi_x=0.899$。

1) 回转半径为

$$i_x=\frac{l_{0x}}{\lambda_x}=\frac{12000}{40}=300\ (\text{mm})$$

2) 由 i_x 和附录 22 计算 h，得

$$h=\frac{i_x}{\alpha_1}=\frac{300}{0.43}=697.7\ (\text{mm})$$

3) 计算 $A/W_{1x}=y_1/i_x^2$，则

$$\frac{A}{W_{1x}}=\frac{y_1}{i_x^2}=\frac{h}{2i_x^2}=\frac{697.7}{2\times300^2}=3.876\times10^{-3}\ (\text{mm}^{-1})$$

4) 近似取 $\beta_{mx}/[\gamma_x(1-0.8N/N'_{Ex})]\approx1$，计算截面面积，得

$$A=\frac{N}{f}\left[\frac{1}{\varphi_x}+\frac{M_x}{N}\frac{A}{W_{1x}}\frac{\beta_{mx}}{\gamma_x\left(1-0.8\dfrac{N}{N'_{Ex}}\right)}\right]$$

$$\approx\frac{N}{f}\left(\frac{1}{\varphi_x}+\frac{M_x}{N}\frac{A}{W_{1x}}\right)$$

$$=\frac{1000\times10^3}{215}\times\left(\frac{1}{0.899}+\frac{600\times10^6}{1000\times10^3}\times3.876\times10^{-3}\right)$$

$$=15990\ (\text{mm}^2)$$

5) 计算截面抵抗矩 W_{1x}：

$$W_{1x}=\frac{Ai_x^2}{y_1}=\frac{15990}{3.876\times10^{-3}}=4125387\ (\text{mm}^3)$$

6）计算 φ_y，近似取 $\varphi_b=\beta_{tx}\approx 1$，$\eta=1.0$，可得

$$\varphi_y=\frac{N}{A}\frac{1}{f-\dfrac{\eta\beta_{tx}M_x}{\varphi_b W_{1x}}}=\frac{1000\times 10^3}{15990}\times\left(\frac{1}{215-\dfrac{600\times 10^6}{4125387}}\right)=0.899$$

7）由于 $\varphi_y=0.899$，由附表 12-3 查出 λ_y，即 $\dfrac{0.902-0.899}{0.902-0.896}=\dfrac{30-\lambda_y}{30-31}$，求得 $\lambda_y=30.5$，则 $i_y=l_{0y}/\lambda_y=4000/30.5=131.1$（mm），由附录 22 计算出截面宽度 $b=i_y/\alpha_2=131.1/0.24=546$（mm）。

8）根据截面面积 A、截面高度 h 和截面宽度 b 初步选择压弯构件的截面尺寸如下：翼缘板，2−300×14；腹板，1−750×12。因此，截面面积 $A=750\times 12+2\times 300\times 14=17400$（$mm^2$），该截面面积与前面估算的截面面积 $A=15990mm^2$ 很接近，故按该初选截面进行验算。因翼缘钢板厚度没有超过 16mm，所以取 $f=215N/mm^2$。

（3）截面几何特性。

1）惯性矩为

$$I_x=\frac{1}{12}\times(300\times 778^3-288\times 750^3)=16.5\times 10^8\ (mm^4)$$

$$I_y=2\times\frac{1}{12}\times 14\times 300^3+\frac{1}{12}\times 750\times 12^3=0.631\times 10^8\ (mm^4)$$

2）回转半径为

$$i_x=\sqrt{\frac{I_x}{A}}=\sqrt{\frac{16.5\times 10^8}{17400}}=307.9\ (mm)$$

$$i_y=\sqrt{\frac{I_y}{A}}=\sqrt{\frac{0.631\times 10^8}{17400}}=60.2\ (mm)$$

3）长细比为

$$\lambda_x=\frac{l_{0x}}{i_x}=\frac{12000}{307.9}=39$$

$$\lambda_y=\frac{l_{0y}}{i_y}=\frac{4000}{60.2}=66.5$$

4）弯矩作用平面内受压纤维的毛截面模量为

$$W_{1x}=\frac{I_x}{h/2}=\frac{2\times 16.5\times 10^8}{778}=4.24\times 10^6\ (mm^3)$$

5）轴心受压构件稳定系数：由 $\lambda_x/\varepsilon_k=39\times\sqrt{\dfrac{235}{235}}=39$，查附表 12-2，得 $\varphi_x=0.903$。

由 $\lambda_y/\varepsilon_k=66.5\times\sqrt{\dfrac{235}{235}}=66.5$，查附表 12-3，得

$$\frac{0.669-\varphi_y}{0.669-0.662}=\frac{66-66.5}{66-67}$$

求得 $\varphi_y = 0.666$。

（4）截面验算。

1）强度验算。因截面无削弱，可不验算截面的强度条件。

2）整体稳定验算。压弯构件弯矩作用平面内的稳定计算如下。

$$N'_{Ex}=\frac{\pi^2 EA}{1.1\lambda_x^2}=\frac{\pi^2\times206\times10^3\times17400}{1.1\times39^2}\times10^{-3}=21122.9\ (\text{kN})$$

因有端弯矩但无横向荷载作用，故 $\beta_{mx}=0.60+0.40M_2/M_1=0.60$，则

$$\frac{N}{\varphi_x Af}+\frac{\beta_{mx}M_x}{\gamma_x W_{1x}\left(1-0.8\dfrac{N}{N'_{Ex}}\right)f}$$

$$=\frac{1000\times10^3}{0.903\times17400\times215}+\frac{0.60\times600\times10^6}{1.05\times4.24\times10^6\times\left(1-0.8\times\dfrac{1000\times10^3}{21122.9\times10^3}\right)\times215}$$

$$=0.69<1.0$$

因此，弯矩作用平面内的稳定满足要求。

压弯构件弯矩作用平面外的稳定计算如下。

受弯构件整体稳定系数的近似值为

$$\varphi_b=1.07-\frac{\lambda^2}{44000\varepsilon_k^2}=1.07-\frac{\lambda_y^2}{44000}\frac{f_y}{235}=1.07-\frac{66.5^2}{44000}=0.969<1.0$$

因为最大弯矩在最左端，所以考虑的构件段为 AB 段，有端弯矩但无横向荷载作用，故 $\beta_{tx}=0.65+0.35M_2/M_1=0.65+0.35\times400/600=0.883$，$\eta=1.0$，则

$$\frac{N}{\varphi_y Af}+\eta\frac{\beta_{tx}M_x}{\varphi_b W_{1x}f}=\frac{1000\times10^3}{0.666\times17400\times215}+1.0\times\frac{0.883\times600\times10^6}{0.969\times4.24\times10^6\times215}=1.0\approx1.0$$

因此，弯矩作用平面外的稳定满足要求。

3）局部稳定验算。受压翼缘板的自由外伸宽厚比为

$$\frac{b}{t}=\frac{300-12}{2\times14}=10.29<15\varepsilon_k=15\times\sqrt{\frac{235}{f_y}}=15$$

腹板局部稳定验算如下。

腹板计算高度边缘的最大应力为

$$\sigma_{max}=\frac{N}{A}+\frac{M_x}{I_x}\frac{h_0}{2}=\frac{1000\times10^3}{17400}+\frac{600\times10^6}{16.5\times10^8}\times\frac{750}{2}=193.8\ (\text{N/mm}^2)\ (\text{压应力})$$

腹板计算高度另一边缘的最小应力为

$$\sigma_{min}=\frac{N}{A}-\frac{M_x}{I_x}\frac{h_0}{2}=\frac{1000\times10^3}{17400}-\frac{600\times10^6}{16.5\times10^8}\times\frac{750}{2}=-78.9\ (\text{N/mm}^2)\ (\text{拉应力})$$

应力梯度为

$$\alpha_0=\frac{\sigma_{max}-\sigma_{min}}{\sigma_{max}}=\frac{193.8-(-78.9)}{193.8}=1.41$$

腹板计算高度 h_0 与其厚度 t_w 之比为

$$\frac{h_0}{t_w}=\frac{750}{12}=62.5<(45+25\alpha_0^{1.66})\varepsilon_k=(45+25\alpha_0^{1.66})\sqrt{\frac{235}{f_y}}=(45+25\times1.41^{1.66})\times\sqrt{\frac{235}{235}}=89$$

因此，局部稳定满足要求。

4）刚度验算。

构件的最大长细比为

$$\lambda_{\max}=\max(\lambda_x,\ \lambda_y)=\lambda_y=66.5<[\lambda]=150$$

因此，刚度满足要求。

综上所述，该截面尺寸选用比较合适。

7.9 格构式压弯构件的截面设计

7.9.1 格构式压弯构件的截面形式

截面高度较大的压弯构件，可通过调整两分肢轴线间的距离来增大构件抵抗弯矩的能力，因此，采用格构式压弯构件可以节省材料。格构式压弯构件一般用于厂房的框架柱和高大的独立支柱。由于截面的高度较大且受有较大的外剪力，为了增大构件的刚度，一般应采用缀条式柱。缀板式柱的格构式压弯构件很少采用。

常用的格构式压弯构件截面如图 7-30 所示。当柱中弯矩不大而正、负弯矩的绝对值相差不多时，可采用对称的截面形式［见图 7-30（a）～（c）］；当弯矩较大且弯矩方向不变，或正、负弯矩的绝对值相差较大时，常采用不对称截面形式［见图 7-30（d）］，并将截面较大的肢件放在受压较大的一侧。图 7-30 中 M_x 用双箭头表示，遵从右手螺旋法则，表示偏心力的作用位置在该图中的 N 点，弯矩绕虚轴（x 轴）作用。

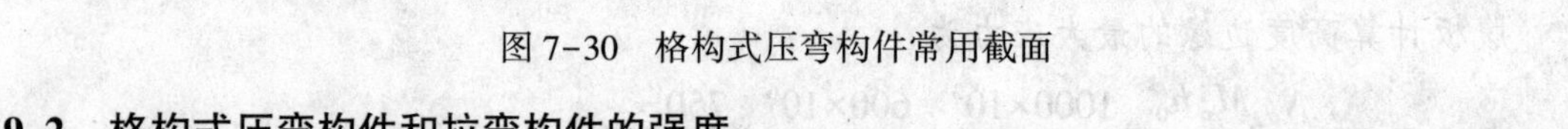

图 7-30 格构式压弯构件常用截面

7.9.2 格构式压弯构件和拉弯构件的强度

对于格构式拉弯构件和压弯构件，当弯矩绕虚轴作用时，由于截面中部无实体部件，边缘屈服与其截面塑性受力阶段极限状态相差很少。为了简便，规定以弹性受力阶段的极限状态作为强度计算的依据，在式（7-11）和式（7-27）中，取 $\gamma_x=\gamma_y=1.0$，即可得到其强度计算公式。

格构式单向拉弯构件和压弯构件绕虚轴作用时的强度计算公式为

$$\frac{N}{A_n}\pm\frac{M_x}{W_{nx}}\leqslant f \qquad (7-53)$$

格构式双向拉弯构件和压弯构件绕虚轴作用时的强度计算公式为

$$\frac{N}{A_{\mathrm{n}}} \pm \frac{M_x}{W_{\mathrm{n}x}} \pm \frac{M_y}{W_{\mathrm{n}y}} \leqslant f \tag{7-54}$$

当弯矩绕实轴作用时，格构式单向拉弯构件和压弯构件的强度计算公式为式(7-11)，格构式双向拉弯和压弯构件的强度计算公式为式（7-27）。

7.9.3　格构式压弯构件的稳定

1. 弯矩绕虚轴作用时的格构式压弯构件的稳定

格构式压弯构件通常使弯矩绕虚轴（x 轴）作用［见图 7-30（a）~（d）］，对这种情况，应计算弯矩作用平面内的整体稳定性和分肢在其两主轴方向的稳定性。

（1）弯矩作用平面内的整体稳定性计算。弯矩绕虚轴作用的格构式压弯构件，由于截面中部空心且无实体部件，几乎没有发展塑性变形的潜力，因而基本上以最大受压纤维边缘屈服作为临界极限状态。因此，弯矩作用平面内的整体稳定计算适宜采用边缘纤维屈服准则。具体计算公式如下：

$$\frac{N}{\varphi_x A f} + \frac{\beta_{mx} M_x}{W_{1x}\left(1 - \dfrac{N}{N'_{\mathrm{E}x}}\right) f} \leqslant 1.0 \tag{7-55}$$

其中

$$W_{1x} = I_x / y_0$$

式中　I_x——对 x 轴（虚轴）的毛截面惯性矩（mm^4）；

y_0——由 x 轴到压力较大分肢轴线的距离或者到压力较大分肢腹板外边缘的距离（mm，见图 7-30），取两者中的较大值；

φ_x、$N'_{\mathrm{E}x}$——弯矩作用平面内轴心压杆的整体稳定系数、考虑抗力分项系数 γ_{R} 的欧拉临界力（N），均由对虚轴（x 轴）的换算长细比 λ_{0x} 确定，换算长细比 λ_{0x} 的计算与格构式轴心受压构件相同。

式（7-55）相当于实腹式压弯构件的稳定计算式（7-18），但是取该式中 $\gamma_x = 1.0$，并相应地将该式左边第二项分母中的系数 0.8 改为 1.0。

（2）分肢的稳定计算。当弯矩绕格构式压弯构件的虚轴作用时，要保证构件在弯矩作用平面外（即垂直于缀件平面）的整体稳定，主要是要求每个分肢在弯矩作用平面外的稳定都得到保证，亦即可用验算每个分肢的稳定来代替验算整个构件在弯矩作用平面外的整体稳定性。这是因为受力最大的分肢平均应力大于整体构件的平均应力，只要分肢在两个方向的稳定得到保证，整个构件在弯矩作用平面外的稳定也可以得到保证。

格构式压弯构件的每个分肢是一个单独的轴心受压（拉）构件或压弯（拉弯）构件，忽略附加弯矩的影响，把分肢看作轴心受压（拉）构件，将整个构件视为一平行弦桁架体系，并将构件的两个分肢看作桁架体系的弦杆，所以两分肢的轴心力（见图 7-31）应按下列公式计算：

对分肢 1，$\sum M_{O_2} = 0$，$N_1 c = N y_2 + M_x$，则

$$N_1 = \frac{N y_2}{c} + \frac{M_x}{c} \tag{7-56}$$

对分肢 2，$\sum M_{O_1} = 0$，$N_2 c = N y_1 - M_x$，则

$$N_2 = \frac{Ny_1}{c} - \frac{M_x}{c} = N - N_1 \tag{7-57}$$

其中

$$c = y_1 + y_2$$

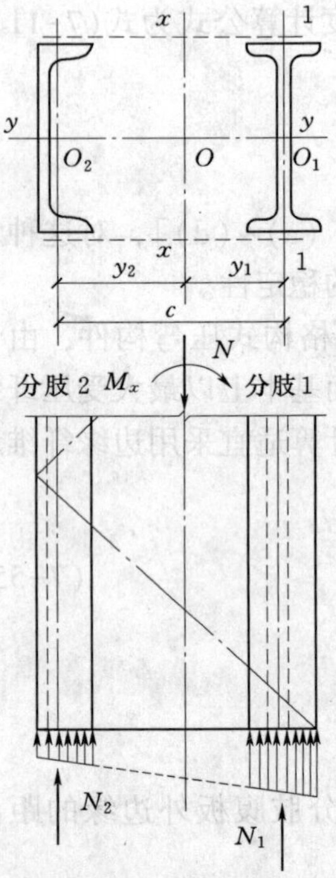

图 7-31　分肢的内力计算

式（7-56）、式（7-57）中的 y_1、y_2、c，详见图 7-31 中的标注。

求出两分肢的轴心力之后，按轴心受压构件计算各分肢在弯矩作用平面内和平面外的稳定。分肢在弯矩作用平面内（缀材平面内，见图 7-31 中的1—1轴）的计算长度取相邻缀条节点间的距离（节间长度）或缀板间的净距；在弯矩作用平面外（缀条平面外）的计算长度取整个构件（两个分肢）两侧向支撑点间的距离。

进行缀板式压弯构件的分肢计算时，除轴心力 N_1（或 N_2）外，还应考虑由剪力引起的分肢局部弯矩，即分肢本身成为压弯构件，因此应按实腹式压弯构件验算单肢的稳定性。

当两分肢截面相同时，只需计算受压力较大分肢的稳定性。

（3）缀材的计算。计算格构式压弯构件的缀材时，应取构件实际剪力和按式（5-91）计算所得剪力两者中的较大值。其计算方法与格构式轴心受压构件缀材的计算相同。

2. 弯矩绕实轴作用时的格构式压弯构件的稳定

当弯矩作用在与缀材面相垂直的主平面内［见图 7-32，图中 M_y 用双箭头表示，遵从右手螺旋法则，表示偏心力的作用位置在该图中的 N 点，弯矩绕实轴（y 轴）作用］时，构件绕实轴（y 轴）产生弯曲失稳，它的受力性能与实腹式压弯构件完全相同。因此，弯矩绕实轴作用时的格构式压弯构件，其弯矩作用平面内和平面外的整体稳定计算均与实腹式压弯构件相同。

（1）弯矩作用平面内的整体稳定计算：

$$\frac{N}{\varphi_y A f} + \frac{\beta_{my} M_y}{\gamma_y W_{1y}\left(1 - 0.8\dfrac{N}{N'_{Ey}}\right) f} \leqslant 1.0 \tag{7-58}$$

式（7-58）中，各参数的含义同式（7-18），但下标 x 改为 y。

（2）弯矩作用平面外的整体稳定计算：

$$\frac{N}{\varphi_x A f} + \eta \frac{\beta_{ty} M_y}{\varphi_b W_{1y} f} \leqslant 1.0 \tag{7-59}$$

式（7-59）中，各参数的含义同式（7-25），但下标 x、y 互换。

在计算弯矩作用平面外的整体稳定时，φ_x 应按换算长细比 λ_{0x} 查得，整体稳定系数取 $\varphi_b = 1.0$。

（3）缀材（缀板或缀条）所受剪力按式（5-91）计算。

3. 双向受弯格构式压弯构件的稳定

弯矩作用在两个主平面内的双肢格构式压弯构件（见图 7-33，图示偏心力的作用位

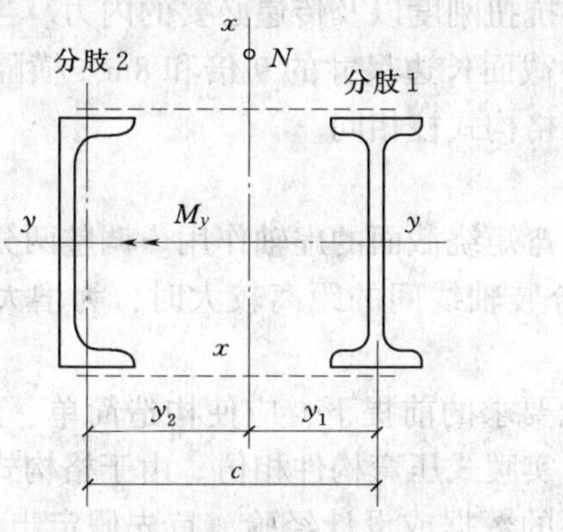

图 7-32　弯矩绕格构式压弯构件实轴作用时的稳定计算

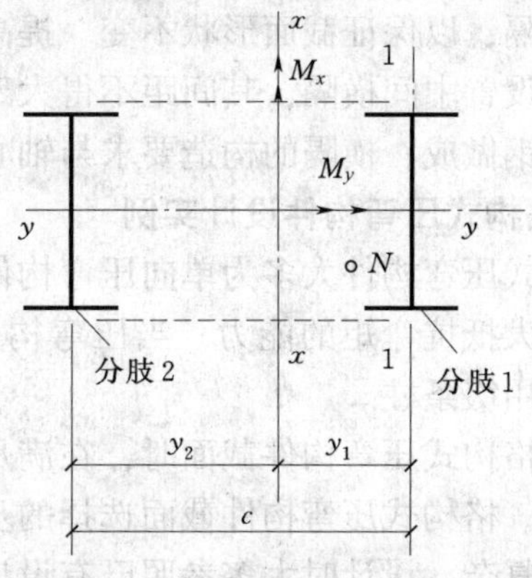

图 7-33　双向受弯格构式压弯构件

置在 N 点，构件承受双向弯矩 M_y 和 M_x)，《钢结构设计标准》（GB 50017—2017）规定其稳定性按下列公式计算。

（1）整体稳定计算：

$$\frac{N}{\varphi_x Af} + \frac{\beta_{mx} M_x}{W_{1x}\left(1 - \frac{N}{N'_{Ex}}\right) f} + \frac{\beta_{1y} M_y}{W_{1y} f} \leqslant 1.0 \tag{7-60}$$

式中　φ_x、N'_{Ex}——由换算长细比 λ_{0x} 确定；

W_{1y}——在 M_y 作用下，对较大受压纤维的毛截面模量（mm^3）。

（2）分肢的稳定计算。在轴心压力 N 和 M_x 作用下，将分肢作为桁架弦杆计算其轴心力，分肢 1 和分肢 2 轴心力分别按式（7-56）和式（7-57）计算。

弯矩 M_y 在两分肢间的分配，按与分肢对 y 轴的惯性矩成正比、与分肢轴线至 x 轴的距离成反比的原则来确定，以保持平衡和变形协调。

分肢 1 弯矩：

$$M_{y1} = \frac{I_1/y_1}{I_1/y_1 + I_2/y_2} M_y \tag{7-61}$$

分肢 2 弯矩：

$$M_{y2} = \frac{I_2/y_2}{I_1/y_1 + I_2/y_2} M_y = M_y - M_{y1} \tag{7-62}$$

式中　I_1、I_2——分肢 1、分肢 2 对 y 轴的惯性矩（mm^4）；

y_1、y_2——M_y 作用的主轴平面至分肢 1、分肢 2 轴线的距离（mm）。

求出分肢 1 和分肢 2 的轴心力和弯矩之后，对分肢 1 和分肢 2 分别按实腹式压弯构件进行计算。

4. 分肢的局部稳定

如果格构式柱分肢采用型钢截面，则其局部稳定不需要验算；如果格构式柱分肢采用焊接组合截面，则需要验算分肢的局部稳定，其验算方法同实腹式柱。

7.9.4　构造要求

格构式压弯构件和格构式轴心受压构件一样，在受有较大水平力处和运送单元的端部应设置横隔，以保证截面形状不变、提高构件抗扭刚度以及传递必要的内力。当构件较长时，还应设置中间横隔，其间距不得大于构件截面长边尺寸的 9 倍和 8m。横隔可用钢板或交叉角钢做成，横隔的构造要求与轴心受压格构式柱相同。

7.9.5　格构式压弯构件设计实例

格构式压弯构件大多为单向压弯构件，且弯矩绕截面的虚轴作用。调整两分肢轴线的距离可增大抵抗弯矩的能力。当压弯构件两分肢轴线间的距离较大时，为增大构件的刚度，宜采用缀条柱。

设计格构式压弯构件截面时，在满足功能要求的前提下，应使构造简单、用钢量少、施工方便。格构式压弯构件截面选择的步骤与实腹式压弯构件相仿。由于格构式压弯构件的受力较复杂，设计时大多参照已有设计资料的数据或设计经验，首先假定出截面尺寸，然后对整个格构式构件进行各项验算。如果验算不满足要求，或有较大富余，则对假定的截面尺寸进行调整，再行验算。一般都要经过多次试算调整，直至满足条件为止。

下面通过实例说明格构式压弯构件截面复核的步骤。

【例题 7-7】　试验算如图 7-34 所示的格构式压弯缀条柱，截面无削弱，钢材为 Q235B。已知该柱段顶部承受静力荷载设计值：轴向压力 $N=1600\text{kN}$，剪力 $V=55\text{kN}$。在弯矩作用平面内，该柱段为悬臂柱，柱段长 9m；在弯矩作用平面外，该柱段为两端铰接柱，且在柱的中点处有侧向支承。截面的有关数据如下：

右肢（分肢 1）截面为普通工字钢 I40b，截面面积 $A_1=94.07\text{cm}^2$；强轴惯性矩 $I_x=22800\text{cm}^4$，回转半径 $i_x=15.6\text{cm}$；弱轴惯性矩 $I_1=692\text{cm}^4$，回转半径 $i_1=2.71\text{cm}$。

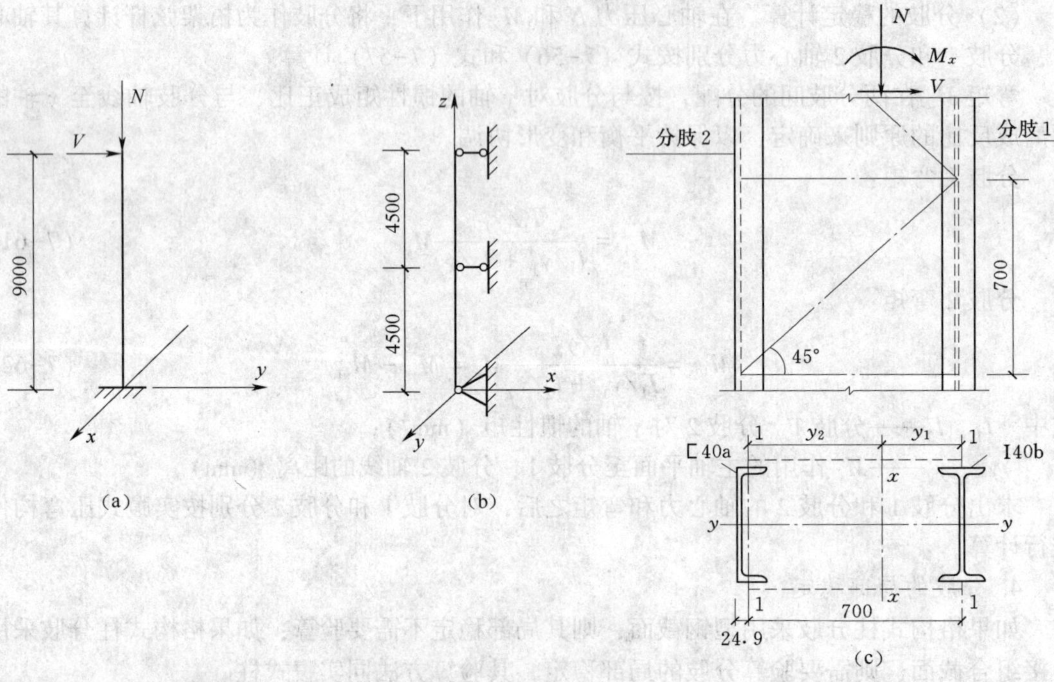

图 7-34　［例题 7-7］图

(a) 绕虚轴（x 轴）计算简图；(b) 绕实轴（y 轴）计算简图；(c) 截面尺寸

左肢（分肢 2）截面为热轧槽钢［40a，截面面积 $A_2=75.04\text{cm}^2$；强轴惯性矩 $I_x=17600\text{cm}^4$，回转半径 $i_x=15.3\text{cm}$；弱轴惯性矩 $I_1=592\text{cm}^4$，回转半径 $i_1=2.81\text{cm}$。

缀条截面为∟ 56×8，截面面积 $A'_1=8.367\text{cm}^2$，最小回转半径 $i_1=1.09\text{cm}$。

解：由于 I40b 和［40a 的翼缘厚度均超过 16mm，故 $f=205\text{N/mm}^2$；剪力 $V=55\text{kN}$，作用在根部的弯矩最大，弯矩 $M_x=55\times9=495$（kN·m）［弯矩绕虚轴（x 轴）作用］，方向如图 7-34 所示（偏于分肢 1）；由图 7-34（a）可判断柱的计算长度 $l_{0x}=2\times9=18$（m），由图 7-34（b）可判断柱的计算长度 $l_{0y}=4.5\text{m}$。下面验算柱根部截面（同时承受 M、N、V）的安全性。

因翼缘钢板厚度超过 16mm，故取 $f=205\text{N/mm}^2$，$f_y=225\text{N/mm}^2$。因腹板钢板厚度小于 16mm，故取 $f=215\text{N/mm}^2$，$f_y=235\text{N/mm}^2$。

（1）计算截面几何特性。

截面面积为

$$A=94.07+75.04=169.11\ (\text{cm}^2)$$

截面形心为

$$y_2=\frac{94.07\times70}{169.11}=38.9\ (\text{cm})$$

$$y_1=70-y_2=31.1\ (\text{cm})$$

截面对虚轴的惯性矩为

$$I_x=692+592+94.07\times31.1^2+75.04\times38.9^2=205820.7\ (\text{cm}^4)$$

截面对实轴的惯性矩为

$$I_y=17600+22800=40400\ (\text{cm}^4)$$

截面对虚轴的抵抗矩为

$$W_{1x}=\frac{I_x}{y_1}=\frac{205820.7}{31.1}=6618.0\ (\text{cm}^3)$$

回转半径为

$$i_x=\sqrt{\frac{I_x}{A}}=\sqrt{\frac{205820.7}{169.11}}=34.9\ (\text{cm})$$

$$i_y=\sqrt{\frac{I_y}{A}}=\sqrt{\frac{40400}{169.11}}=15.5\ (\text{cm})$$

虚轴方向的长细比为

$$\lambda_x=\frac{l_{0x}}{i_x}=\frac{900\times2}{34.9}=51.6$$

换算长细比为

$$\lambda_{0x}=\sqrt{\lambda_x^2+27\frac{A}{A_1}}=\sqrt{51.6^2+27\times\frac{169.11}{8.367\times2}}=54.2$$

由 $\lambda_{0x}/\varepsilon_k=54.2\times\sqrt{\frac{225}{235}}=53.0$，查附表 12-2，得 $\varphi_x=0.842$。

实轴方向的长细比为

$$\lambda_y = \frac{l_{0y}}{i_y} = \frac{450}{15.5} = 29$$

（2）截面验算。

1）弯矩作用平面内的稳定计算。

欧拉临界力为

$$N'_{Ex} = \frac{\pi^2 EA}{1.1\times\lambda_{0x}^2} = \frac{\pi^2\times206\times10^3\times169.11\times10^2}{1.1\times54.2^2}\times10^{-3} = 10640.1\ (\text{kN})$$

本题目是无端弯矩但有横向荷载作用，跨中作用单个集中荷载，β_{mx}应按式（7-19a）计算，即$\beta_{mx}=1-0.36N/N_{cr}$，式中$N_{cr}$应按式（7-19b）计算，即$N_{cr}=\dfrac{\pi^2 EI}{(\mu l)^2}$，悬臂构件，取$\mu=2.0$，$\beta_{mx}$计算如下：

$$N_{cr} = \frac{\pi^2 EI}{(\mu l)^2} = \frac{\pi^2\times206\times10^3\times205820.7\times10^8}{(2.0\times9000)^2}\times10^{-3} = 129154.93(\text{kN})$$

$$\beta_{mx} = 1-0.36N/N_{cr} = 1-0.36\times\frac{1600}{129154.93} = 0.996$$

$$\frac{N}{\varphi_x Af} + \frac{\beta_{mx}M_x}{W_{1x}\left(1-\dfrac{N}{N'_{Ex}}\right)f}$$

$$= \frac{1600\times10^3}{0.842\times169.11\times10^2\times205} + \frac{0.996\times495\times10^6}{6618.0\times10^3\times\left(1-\dfrac{1600}{10640.1}\right)\times205}$$

$$= 0.98<1.0$$

因此，弯矩作用平面内的稳定满足要求。

2）分肢稳定验算。

分肢1的轴心压力为

$$N_1 = \frac{Ny_2}{c}+\frac{M_x}{c} = \frac{1600\times38.9}{70}+\frac{4950}{70} = 959.9\ (\text{kN})$$

分肢2的轴心压力为

$$N_2 = N-N_1 = 1600-959.9 = 640.1\ (\text{kN})$$

分肢1在弯矩平面内的长细比为

$$\lambda_{1x} = \frac{l_1}{i_1} = \frac{70}{2.71} = 25.8$$

分肢1在弯矩平面外的长细比为

$$\lambda_{1y} = \frac{l_{0y}}{i_x} = \frac{450}{15.6} = 28.8$$

由$\lambda_{1y}/\varepsilon_k = 28.8\times\sqrt{\dfrac{225}{235}} = 28.2$，查附表12-2，得

$$\frac{0.943-\varphi_{1y}}{0.943-0.939} = \frac{28-28.2}{28-29}$$

求得$\varphi_{1y}=0.942$。

$$\frac{N_1}{\varphi_{1y}Af}=\frac{959.9\times10^3}{0.942\times94.07\times10^2\times205}=0.53<1.0$$

因此，分肢 1 的稳定满足要求。

分肢 2 在弯矩平面内的长细比为

$$\lambda_{2x}=\frac{70}{2.81}=24.9$$

分肢 2 在弯矩平面外的长细比为

$$\lambda_{2y}=\frac{450}{15.3}=29.4$$

由 $\lambda_{2y}/\varepsilon_k=29.4\times\sqrt{\frac{225}{235}}=28.8$，查附表 12-2，得

$$\frac{0.943-\varphi_{2y}}{0.943-0.939}=\frac{28-28.8}{28-29}$$

求得 $\varphi_{2y}=0.940$。

$$\frac{N_2}{\varphi_{2y}Af}=\frac{640.1\times10^3}{0.940\times75.04\times10^2\times205}=0.44<1.0$$

因此，分肢 2 的稳定满足要求。

3）刚度验算：

$$\lambda_{max}=\lambda_{0x}=54.2<[\lambda]=150$$

因此，刚度满足要求。

4）因截面无削弱，所以可不进行强度验算。

(3) 缀条验算。因横缀条与斜缀条的截面相同，且斜缀条的长度和内力均大于横缀条的长度和内力，所以只需验算斜缀条。

柱段计算剪力为

$$V=\frac{Af}{85\varepsilon_k}=\frac{Af}{85}\sqrt{\frac{f_y}{235}}=\frac{169.11\times10^2\times205}{85}\times\sqrt{\frac{225}{235}}\times10^{-3}=39.9\ (\text{kN})$$

采用剪力较大值，故取 $V_{max}=55\text{kN}$。

一个斜缀条的轴心力为

$$N_1=\frac{V/2}{\cos\theta}=\frac{55000/2}{\cos45^\circ}=38890\ (\text{N})$$

斜缀条长细比为

$$\lambda=\frac{l_0}{i_{min}}=\frac{70}{\cos45^\circ\times1.09}=90.8<[\lambda]=150$$

由 $\lambda/\varepsilon_k=90.8\times\sqrt{\frac{235}{235}}=90.8$，查附表 12-2，得

$$\frac{0.621-\varphi}{0.621-0.614}=\frac{90-90.8}{90-91}$$

求得 $\varphi=0.615$。

等边单角钢与柱单面连接，强度应乘以折减系数。折减系数为

$$\eta = 0.6 + 0.0015\lambda = 0.6 + 0.0015 \times 90.8 = 0.736$$

斜缀条的稳定性验算如下：

$$\frac{N_1}{\varphi A' \eta f_1} = \frac{38890}{0.615 \times 836.7 \times 0.736 \times 215} = 0.48 < 1.0$$

因此，缀条满足要求。

7.10　框架中梁与柱的连接

梁与柱的连接分为铰接（柔性连接）、刚接（固结连接）和半刚接三种形式。轴心受压柱与梁的连接应采用铰接。在框架结构中，多层框架中的框架柱是常见的压弯构件，框架柱是由下至上贯通的，框架梁连于贯通柱的两侧，一般框架梁与框架柱多采用刚接。刚接对制造和安装的要求较高，施工较复杂。设计梁与柱的连接应遵循安全可靠，传力路线明确、简捷，构造简单，以及便于制造、安装等原则。

7.10.1　梁与柱的铰接

梁与柱的铰接，按梁和柱的相对位置不同可分为梁支承于柱顶和梁支承于柱侧两种。在单层框架结构中，梁可支承于柱顶；在多层框架结构中，梁必须连接于柱侧。具体可参考 5.7.1 顶面连接和 5.7.2 侧面连接的内容，在此不再赘述。

7.10.2　梁与柱的刚接

梁与柱的刚接，不仅要求连接节点能可靠地传递剪力和弯矩，同时还要求节点具有足够的刚性，使连接不产生明显的相对转角。如图 7-35 所示为梁与柱刚接的构造图。图 7-35（a）所示为全焊接节点，翼缘连接焊缝将弯矩全部传给柱子，而剪力则全部由腹板焊缝传递。为使翼缘连接焊缝能在平焊位置施焊，要在柱侧焊上衬板，同时在梁腹板端部预先留出槽口，上槽口是为了留出衬板的位置，下槽口是为了满足施焊的要求。这种全焊接节点省工、省料，但工地高空施焊工作量大，对焊接技术要求较高。图 7-35（b）是将梁腹板与柱的连接改用高强度螺栓或普通螺栓，梁翼缘与柱的连接采用坡口焊缝，这类栓焊混合连接便于安装，所以目前在高层框架钢结构中应用普遍。图 7-35（c）是将梁采用高强度螺栓连于预先焊在柱上的悬臂短梁段，安装时，采用连接盖板和高强度螺栓进行拼接，避免了高空施焊且便于梁的对中就位，施工比较方便。

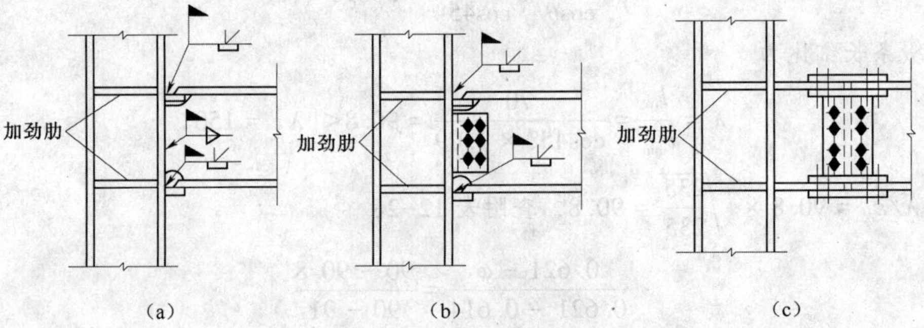

图 7-35　梁与柱的刚接

在梁上翼缘的连接范围，柱的翼缘可能在水平拉力的作用下向外弯曲；在梁下翼缘附近，柱腹板又可能因水平压力的作用而发生局部失稳。因此，一般需在对应于梁的上、下翼缘处设置柱的水平加劲肋或横隔。

利用 STS 软件工具箱里的“节点连接计算与绘图工具”中梁柱连接菜单可进行固接连接（刚接）节点设计。以工字形截面梁与工字形截面柱为例，选择固接连接，程序有三种连接类型：第一种是用单连接板的柱边刚接（见图 7-36）；第二种是用短梁拼接的刚接（见图 7-37），第三种是用双连接板的柱边刚接（见图 7-38）。

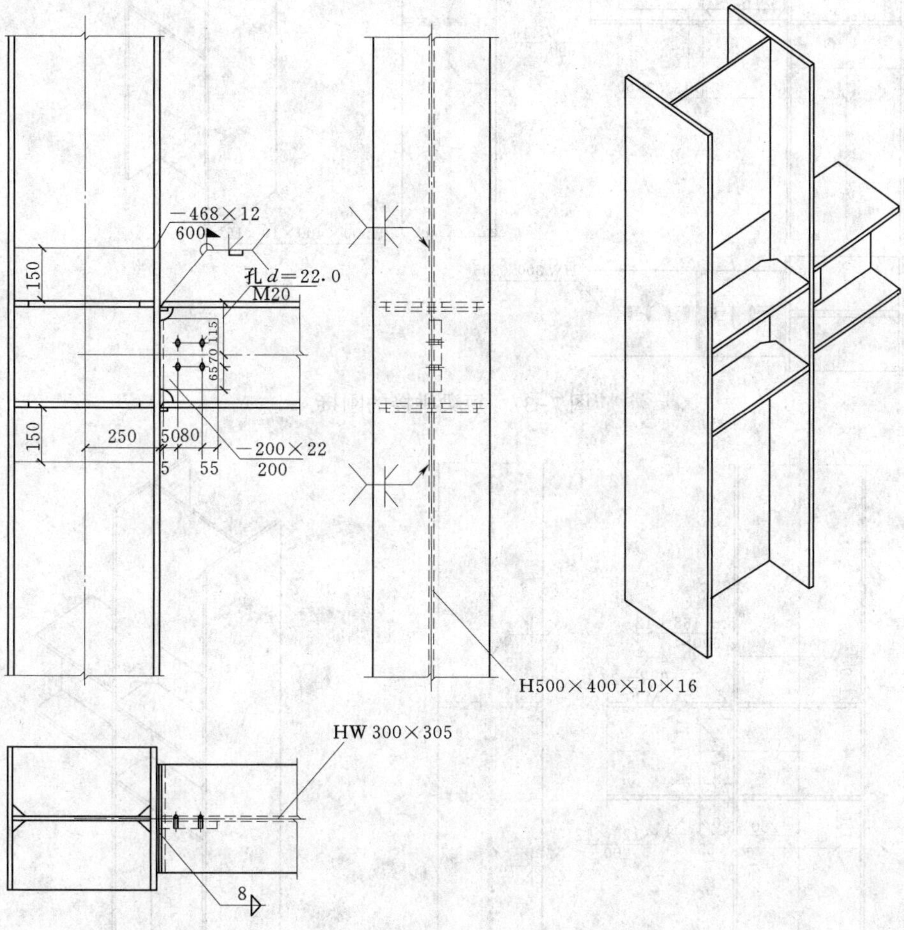

图 7-36　单连接板的柱边刚接

7.10.3　梁与柱的半刚接

图 7-39（a）、（b）是梁与柱的半刚接示例。如图 7-39（a）所示，梁端焊接一端板，端板用高强度螺栓与柱的翼缘相连接。端板在大多数情况下伸出在梁高度范围之外（或上边伸出、下边不伸出）。如图 7-39（b）所示，梁的上、下翼缘处各用一个角钢作为连接件，上、下角钢一起传递弯矩；梁的腹板用两只角钢作为连接件，腹板上的角钢则传递剪力，全部采用高强度螺栓摩擦型连接。这两种连接都比较简单，便于安装，但试验表明它们对梁端的约束常达不到刚接的要求，因此只能作为半刚接。

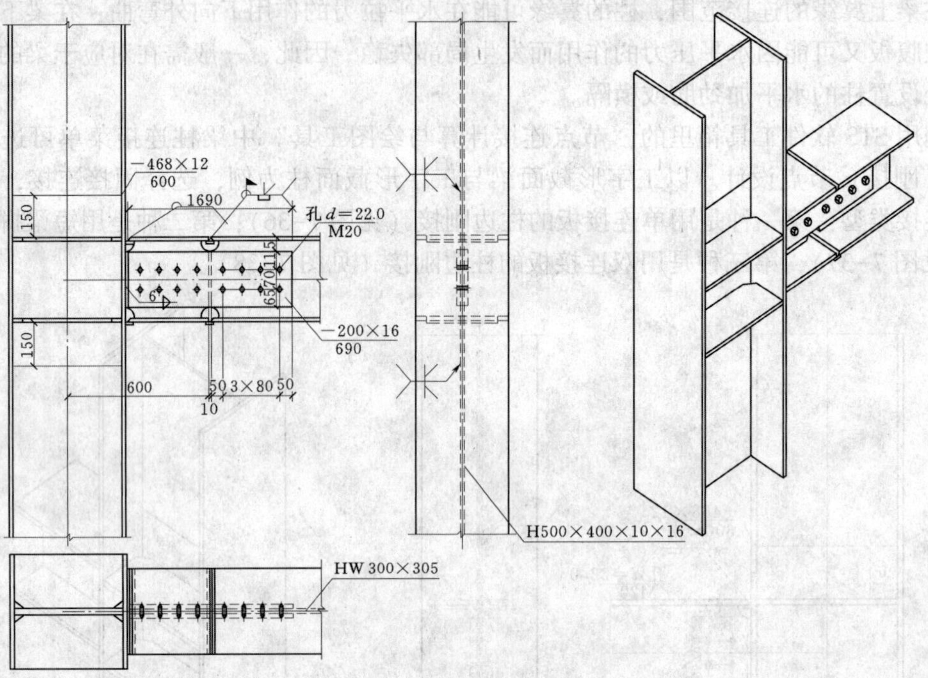

图 7-37 短梁拼接的刚接

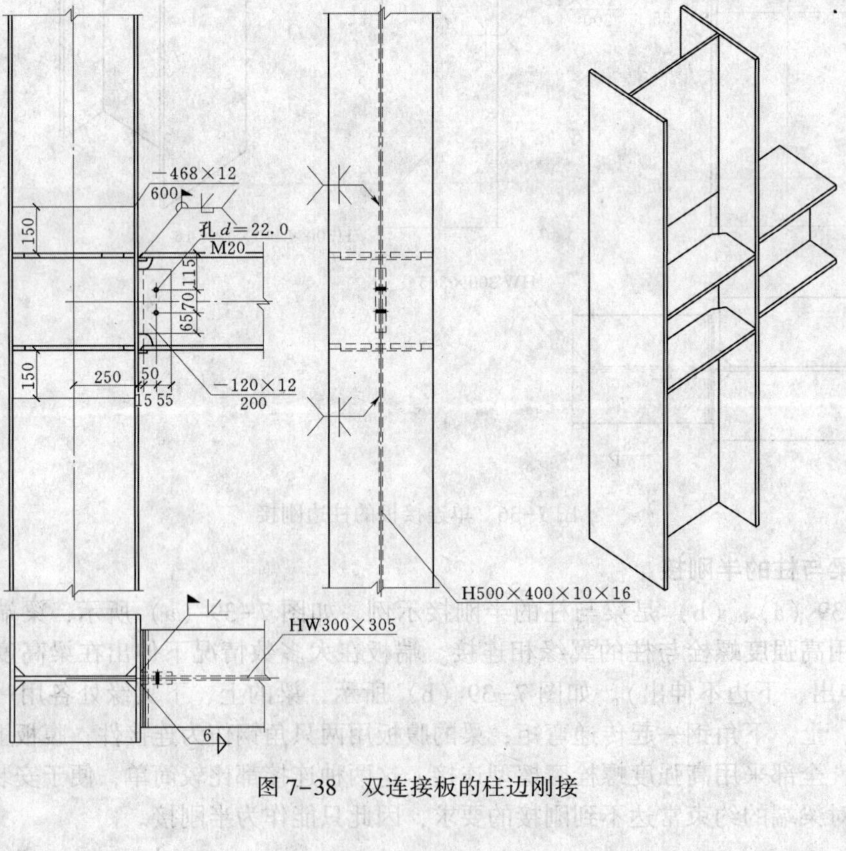

图 7-38 双连接板的柱边刚接

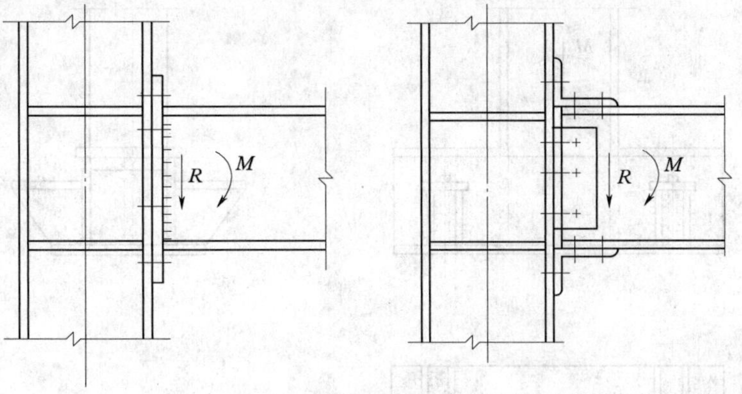

图 7-39　梁与柱的半刚接

7.11　框架柱柱脚的构造与计算

框架柱（压弯构件）的柱脚可做成铰接或刚接。单层框架柱有时采用与基础铰接的柱脚，铰接柱脚只传递轴心压力和剪力，其计算和构造与轴心受压柱的柱脚相同，只是所受的剪力较大，往往需采取抗剪的构造措施。

框架柱多采用与基础刚性固定的柱脚。刚接柱脚除承受轴心压力外，还承受弯矩和剪力。由于轴心压力较大，剪力可由底板与基础间的摩擦力来传递，一般不必计算。当水平剪力超过摩擦力时，可在柱脚底板下面设置剪力键或在柱脚外包混凝土。

按柱的型式和其宽度，刚接柱脚可分为整体式刚接柱脚、分离式刚接柱脚和插入式刚接柱脚。整体式刚接柱脚和分离式刚接柱脚多用于实腹式柱，插入式刚接柱脚多用于分肢间距较大的格构式柱。

7.11.1　整体式刚接柱脚

刚接柱脚在轴心压力 N 和弯矩 M 作用下（见图 7-40），底板对基础的压力分布是不均匀的。基底反力可能全部为压力，但很多情况下只有一部分为压应力，另一部分为拉应力，会使底板有脱离基础的趋势。这就要求锚栓不仅起到固定柱脚的作用，而且能够承受拉力。为了保证柱脚与基础能形成刚接，可在靴梁侧面焊接两块肋板，将锚栓固定在肋板上面的水平板上。为了便于安装，锚栓不宜穿过底板。为了安装时便于调整柱脚的位置，水平板上锚栓孔的直径应是锚栓直径的 1.5~2.0 倍，待柱子就位并调整到设计位置后，再用垫板套住锚栓并与水平板焊牢，垫板上的孔径只比锚栓直径大 1~2mm。

压弯柱整体式刚接柱脚与轴心受压柱铰接柱脚计算上的区别主要有以下三点：

（1）底板的基础反力不是均匀分布的。

（2）靴梁与底板的连接焊缝以及底板的厚度近似地按每个计算区段的最大基础反力值确定，而不是采用均布压应力确定。

（3）锚栓常承受较大的拉力，其直径和数目需要由计算确定。

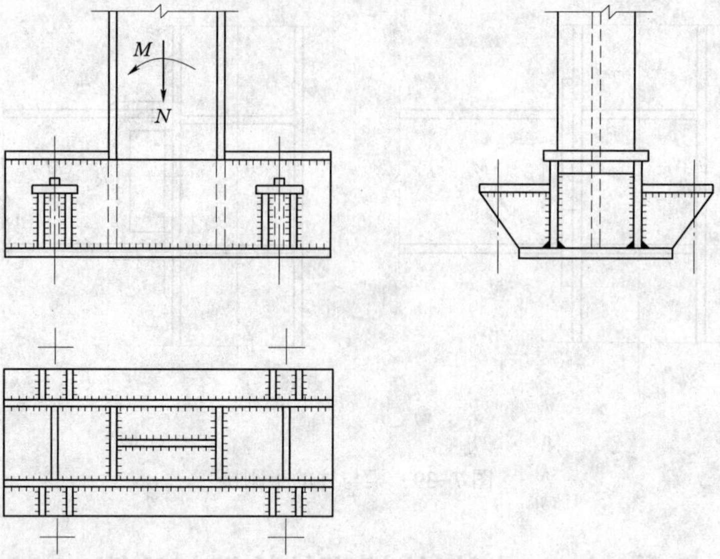

图 7-40 整体式刚接柱脚

1. 整体式刚接柱脚底板的计算

刚接柱脚在弯矩和轴力作用下，底板压应力是不均匀的（见图 7-41），因此，进行底板计算时，应选用最不利的一组弯矩、轴力组合（一般是弯矩和轴力均较大的组合）；底板在弯矩作用平面内的长度 L 应由基础混凝土的抗压条件确定，并按下式计算：

$$\sigma_{\max} = \frac{N}{BL} + \frac{6M}{BL^2} \leqslant f_c \tag{7-63}$$

式中 $\sigma_{\max}$——底板的基底最大压应力（N/mm^2）；

N、M——柱脚所承受的轴心压力（N）、最不利弯矩（N·mm），取使基础一侧产生最大压应力的内力组合；

f_c——基础混凝土的抗压强度设计值（N/mm^2）。

底板的宽度 B 可根据构造要求确定，与轴心受压构件的铰接柱脚确定方法相同。底板在弯矩作用平面内的长度 L 根据式（7-63）确定。底板厚度的确定方法原则上与轴心受压柱柱脚底板的确定方法相同。压弯柱柱脚底板各区格所承受的压应力是不均匀的，但在计算各区格底板的弯矩值时，可偏安全地取底板各区格下的最大压应力作为荷载。

2. 整体式刚接柱脚锚栓的计算

锚栓的作用是使柱脚能牢固地固定于基础并承受拉力。

如图 7-41（b）所示的底板的基底最小应力为

$$\sigma_{\min} = \frac{N}{BL} - \frac{6M}{BL^2} \tag{7-64}$$

显然，若弯矩较大，由式（7-64）所得的 $\sigma_{\min}$ 将为负值，即为拉应力，假设此拉应力的合力由柱脚锚栓承受。计算锚栓时，应采用使其产生最大拉力的组合内力 N 和 M（一般是弯矩 M 较大和轴力 N 较小的组合）。如图 7-41（b）所示底板下的应力情况，根据力矩平衡原则即可求得锚栓拉力为

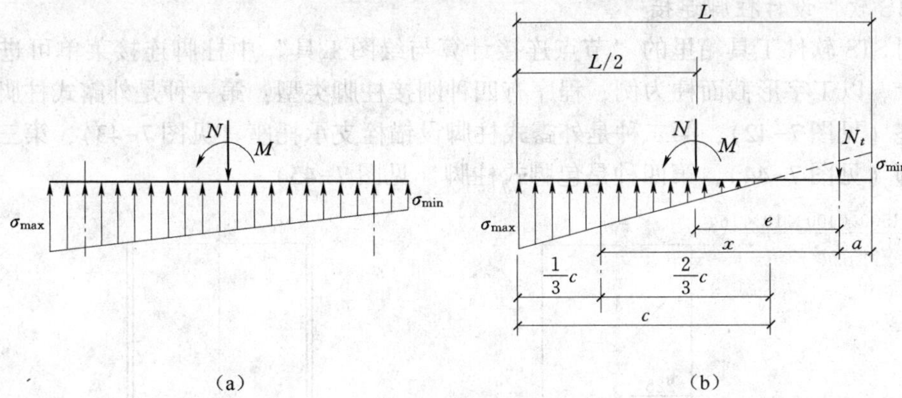

图 7-41　柱脚底板的应力分布

$$N_t = \frac{M - N(x - e)}{x} \tag{7-65}$$

其中

$$x = L - a - \frac{1}{3}c$$

$$c = \frac{\sigma_{max}}{\sigma_{max} + |\sigma_{min}|}L$$

$$e = \frac{L}{2} - a$$

式中　x——锚栓至底板下压应力合力作用点的距离（mm）；

L——底板的长度（mm）；

a——锚栓中心至底板边缘的距离（mm）；

c——底板压应力的分布宽度（mm）；

σ_{max}、σ_{min}——按式（7-63）、式（7-64）计算；

e——锚栓至柱形心轴的距离（mm）。

按式（7-65）求出锚栓拉力后，就可计算得到受拉一侧锚栓的个数和直径，另一侧锚栓一般对称布设。

按式（7-65）计算锚栓拉力比较方便，但其缺点是理论上不严密，并且算出的 N_t 往往偏大。因此，当按式（7-65）的拉力所确定的锚栓直径大于 60mm 时，则宜考虑锚栓和混凝土基础的弹性性质，重新计算锚栓的拉力。

3. 靴梁、隔板及其连接焊缝的计算

靴梁按支承于柱侧的悬伸梁来验算其截面强度。靴梁的悬伸部分与底板间的连接焊缝应按整个底板宽度下的最大基础反力来计算。在柱身范围内，靴梁内侧不便施焊，只考虑外侧两条焊缝受力，可按该范围内最大基础反力计算。

隔板的计算与轴心受力柱脚相同，它所承受的基础反力均偏安全地取该计算段内的最大值计算。

靴梁与柱身的连接焊缝应按可能产生的最大内力计算，并以此焊缝所需要的实际长度来确定靴梁的高度。

4. STS 软件设计柱脚连接

利用 STS 软件工具箱里的“节点连接计算与绘图工具”中柱脚连接菜单可进行柱脚连接设计。以工字形截面柱为例，程序有四种刚接柱脚类型：第一种是外露式柱脚无锚栓支承托座（见图 7-42），第二种是外露式柱脚设锚栓支承托座（见图 7-43），第三种是埋入式柱脚（见图 7-44），第四种是包脚式柱脚（见图 7-45）。

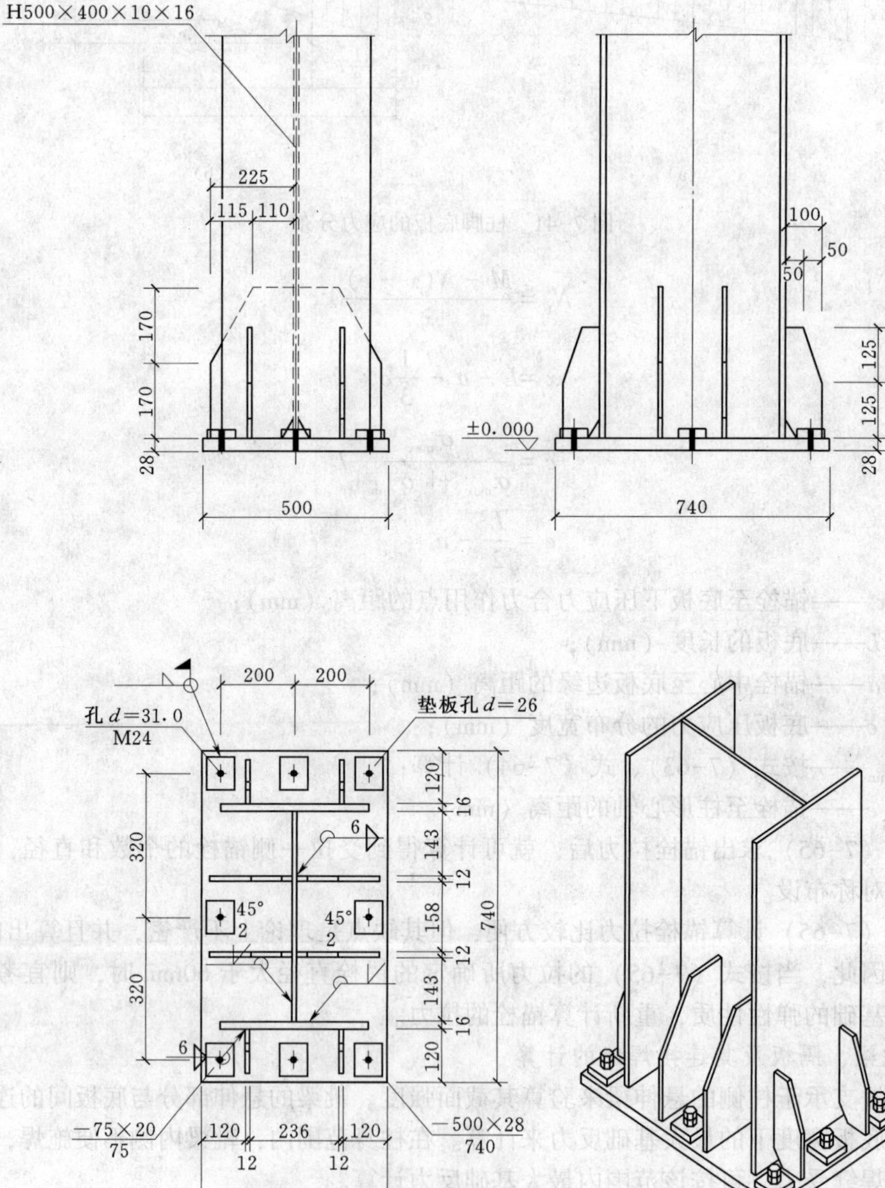

图 7-42　外露式柱脚无锚栓支承托座

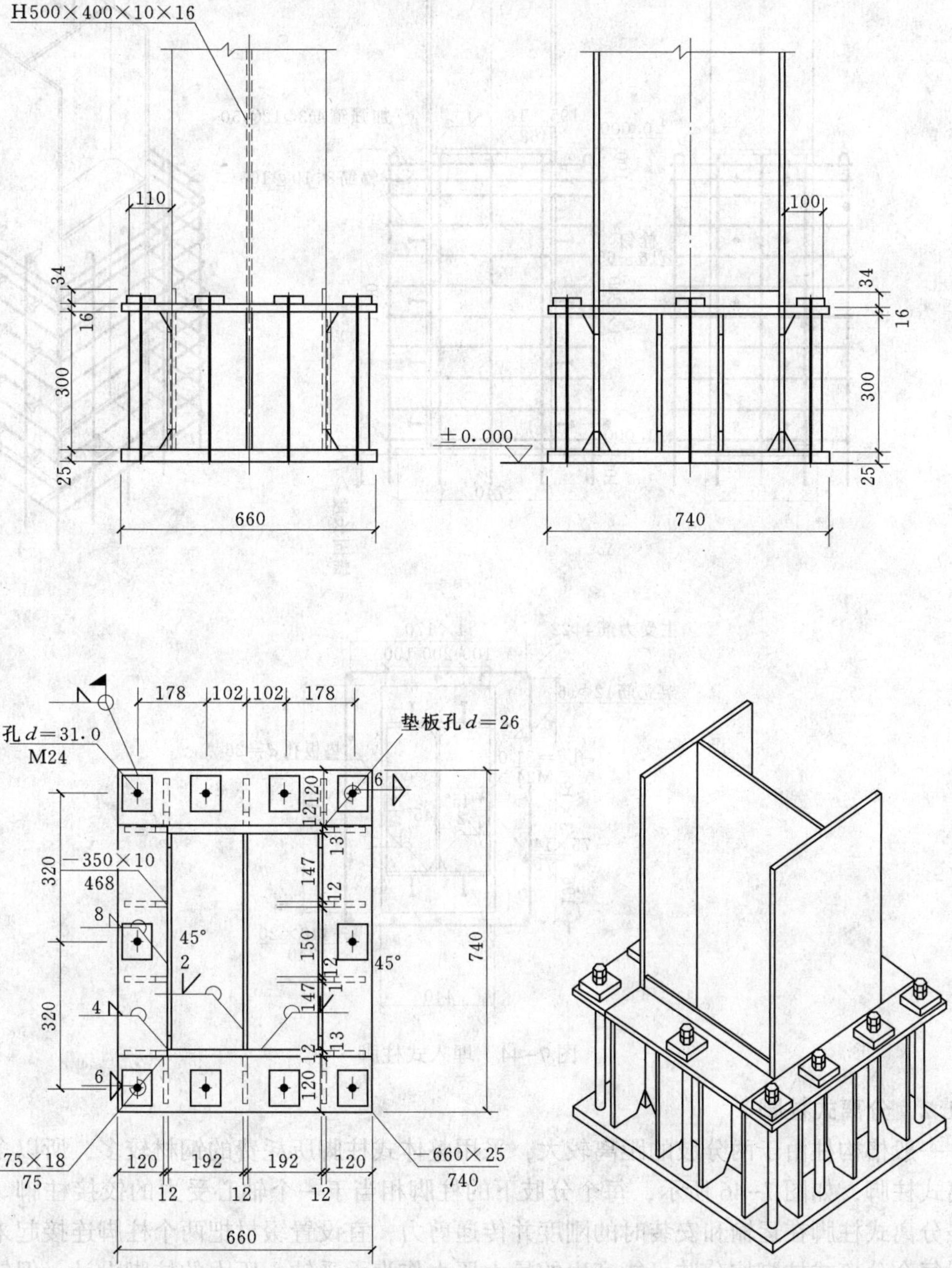

图 7-43　外露式柱脚设锚栓支承托座

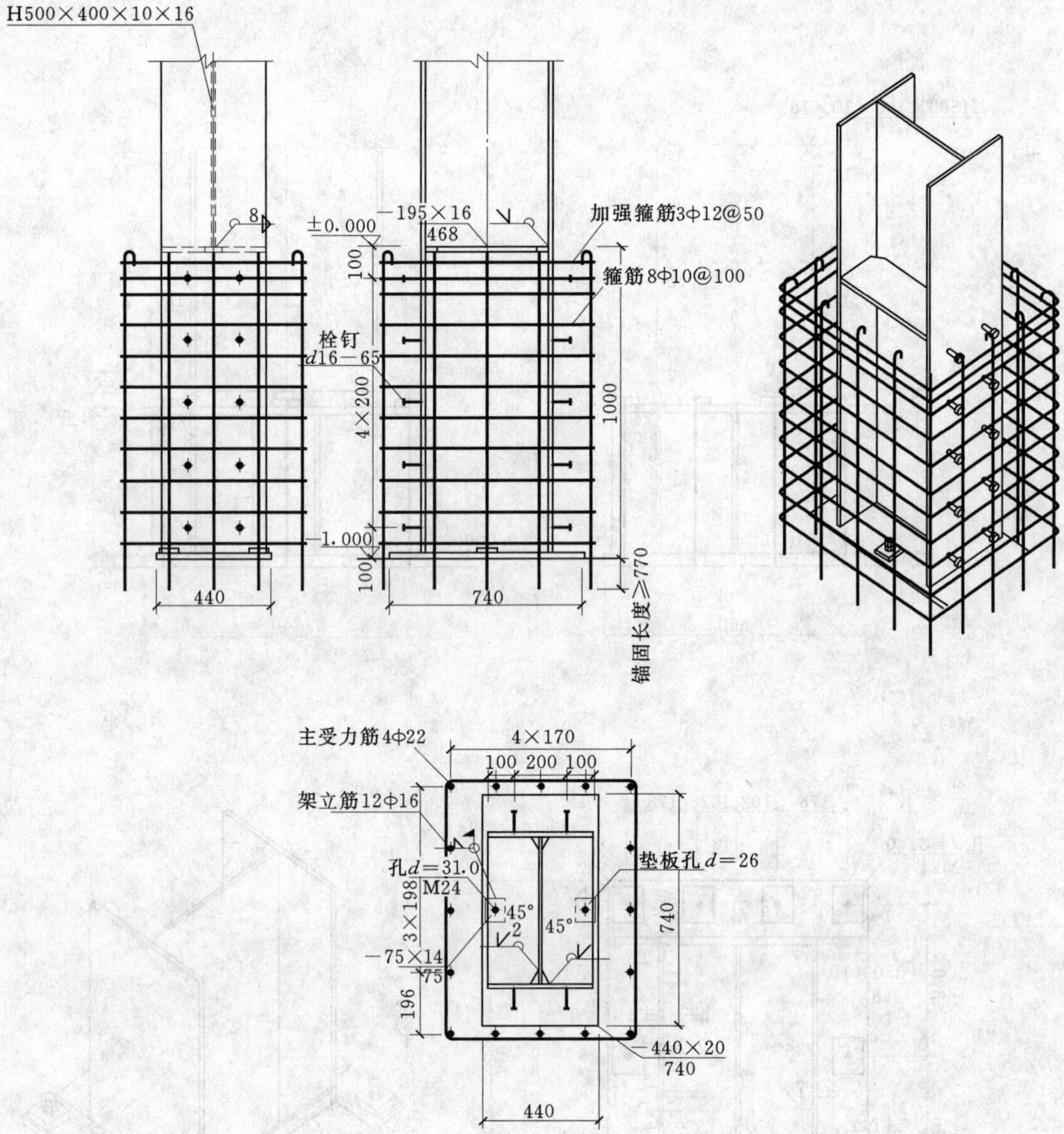

图 7-44　埋入式柱脚

7.11.2　分离式柱脚

一般格构柱由于两分肢的距离较大，采用整体式柱脚所耗费的钢材较多，所以多采用分离式柱脚，如图 7-46 所示，每个分肢下的柱脚相当于一个轴心受力的铰接柱脚。为了加强分离式柱脚在运输和安装时的刚度并传递剪力，宜设置缀材把两个柱脚连接起来。

每个分离式柱脚按分肢可能产生的最大压力作为承受轴心压力的柱脚设计。但锚栓应由计算确定。如图 7-46 所示，分离式柱脚的两个独立柱脚所承受的最大压力如下。

分肢 1：

$$N_r = \frac{N_1 y_2}{a} + \frac{M_1}{a} \tag{7-66}$$

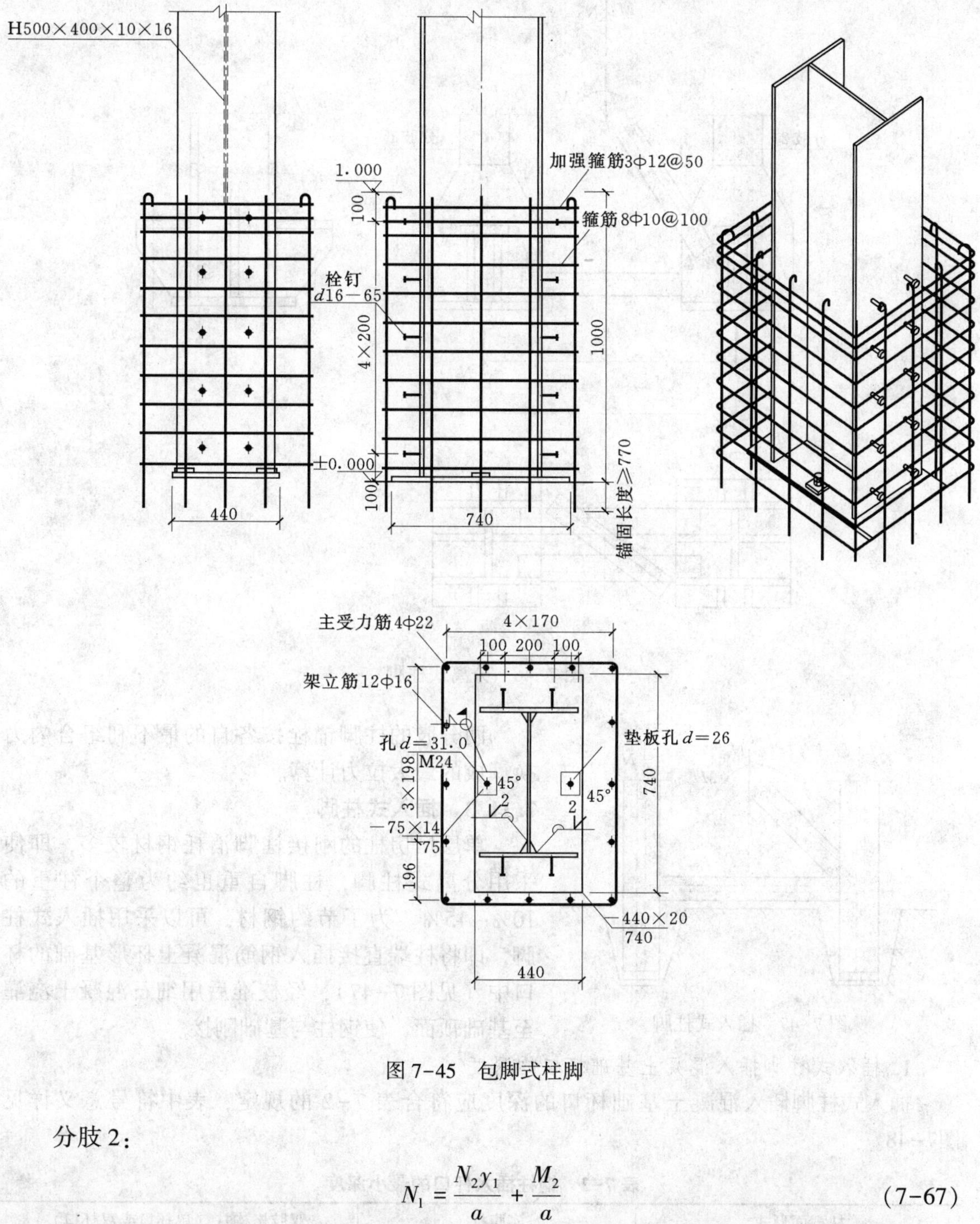

图 7-45　包脚式柱脚

分肢 2：

$$N_1 = \frac{N_2 y_1}{a} + \frac{M_2}{a} \tag{7-67}$$

式中　N_1、M_1——使分肢 1 受力最不利的柱的组合轴力（N）、组合弯矩（N·mm）；

N_2、M_2——使分肢 2 受力最不利的柱的组合轴力（N）、组合弯矩（N·mm）；

y_1、y_2——分肢 1、分肢 2 至柱轴线的距离（mm）；

a——两分肢轴线之间的距离（mm）。

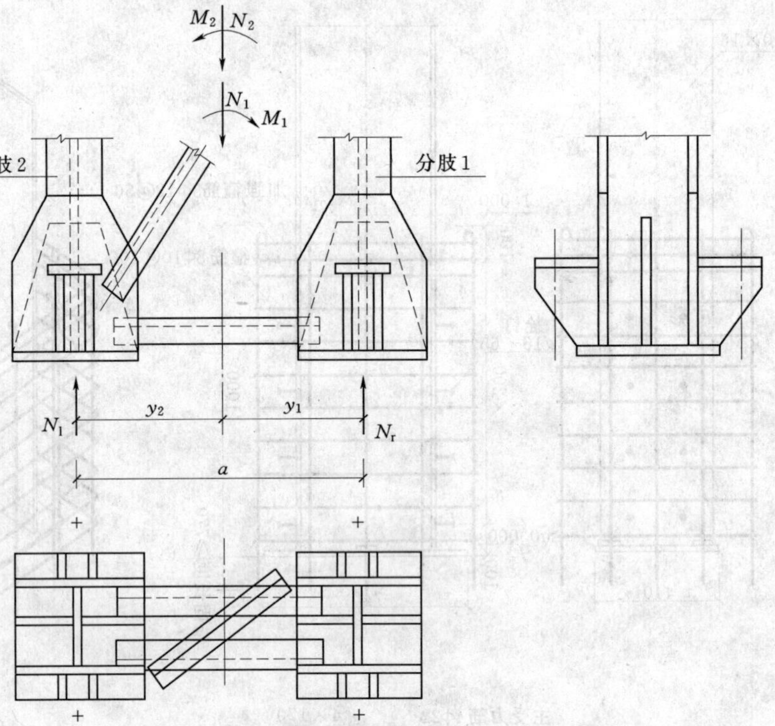

图 7-46 分离式柱脚

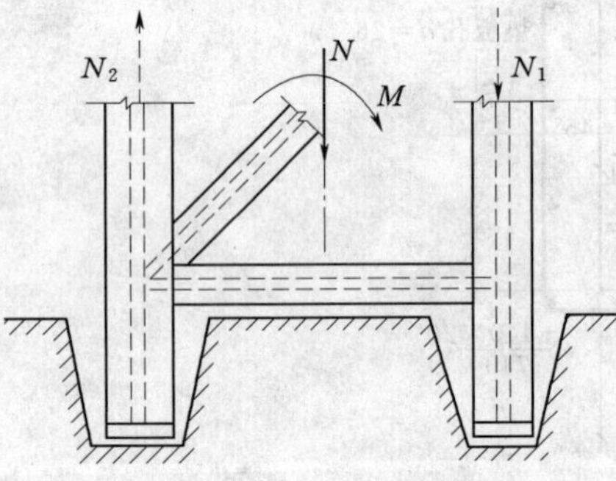

图 7-47 插入式柱脚

两分肢的柱脚锚栓按各自的最不利组合内力换算成的最大拉力计算。

7.11.3 插入式柱脚

单层厂房柱的刚接柱脚消耗钢材较多，即使采用分离式柱脚，柱脚自重也约为整个柱重的10%~15%。为了节约钢材，可以采用插入式柱脚，即将柱端直接插入钢筋混凝土杯形基础的杯口中（见图 7-47），经校准后用细石混凝土浇灌至基础顶面，使钢柱与基础刚接。

1. 插入式柱脚插入混凝土基础杯口的深度

插入式柱脚插入混凝土基础杯口的深度应符合表 7-2 的规定，表中符号意义详见图7-48。

表 7-2 钢柱插入杯口的最小深度

柱截面形式	实腹柱	双肢格构柱（单杯口或双杯口）
最小插入深度 d_{min}	$1.5h_c$ 或 $1.5D$	$0.5h_c$ 和 $1.5b_c$（或 D）的较大值

注：1. 实腹 H 形柱或矩形管柱的 h_c 为截面高度（长边尺寸），b_c 为柱截面宽度，D 为圆管柱的外径。
2. 格构柱的 h_c 为两肢垂直于虚轴方向最外边的距离，b_c 为沿虚轴方向的柱肢宽度。
3. 双肢格构柱柱脚插入混凝土基础杯口的最小深度不宜小于 500mm，亦不宜小于吊装时柱长度的 1/20。

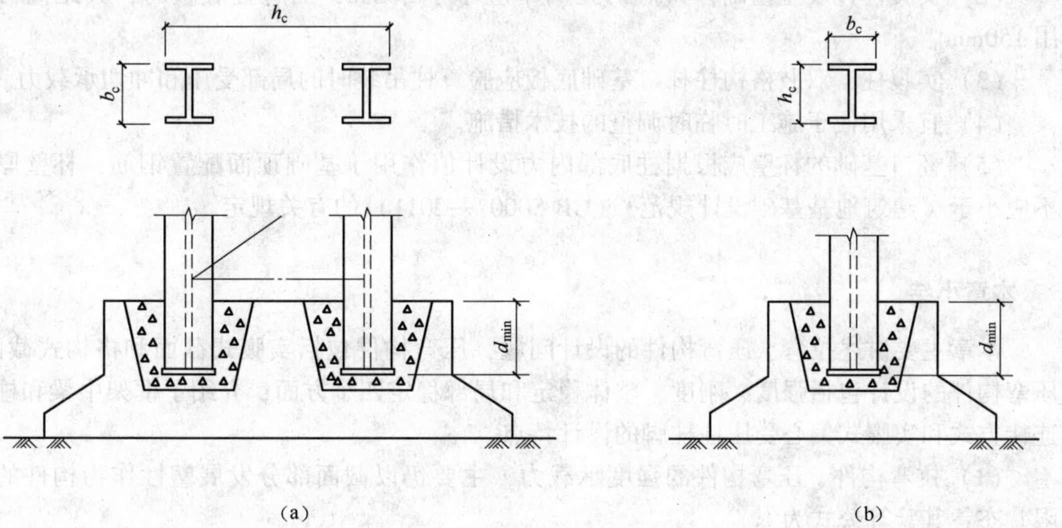

图 7-48　插入式柱脚
（a）双肢柱脚；（b）单肢柱脚

2. 实腹截面柱柱脚埋入钢筋混凝土的深度 d 应符合式（7-68）和式（7-69）的要求
H 形截面柱和箱形截面柱：

$$\frac{V}{b_f d}+\frac{2M}{b_f d^2}+\frac{1}{2}\sqrt{\left(\frac{2V}{b_f d}+\frac{4M}{b_f d^2}\right)^2+\frac{4V^2}{b_f^2 d^2}}\leqslant f_c \tag{7-68}$$

圆管柱：

$$\frac{V}{Dd}+\frac{2M}{Dd^2}+\frac{1}{2}\sqrt{\left(\frac{2V}{Dd}+\frac{4M}{Dd^2}\right)^2+\frac{4V^2}{D^2 d^2}}\leqslant 0.8f_c \tag{7-69}$$

式中　M、V——柱脚底部的弯矩（N · mm）和剪力设计值（N）；
d——柱脚埋深（mm）；
b_f——柱翼缘宽度（mm）；
D——钢管外径（mm）；
f_c——混凝土抗压强度设计值（N/mm^2），应按《混凝土结构设计标准》（GB/T 50010—2010，2024 年版）的规定采用。

3. 双肢格构柱柱脚埋入钢筋混凝土的深度 d 应符合式（7-70a）的要求

$$d \geqslant \frac{N}{f_t S} \tag{7-70a}$$

$$S=\pi(D+100) \tag{7-70b}$$

式中　N——柱肢轴向拉力设计值（N）；
f_t——杯口内二次浇灌层细石混凝土的抗拉强度设计值（N/mm^2）；
S——柱肢外轮廓线的周长（mm），对圆管柱可按式（7-70b）计算。

4. 插入式柱脚应符合的设计规定

（1）H 型钢实腹柱宜设柱底板，钢管柱应设柱底板，柱底板应设排气孔或浇筑孔。

（2）实腹柱柱底至基础杯口底的距离不应小于 50mm，当有柱底板时，其距离可采用 150mm。

（3）实腹柱、双肢格构柱杯口基础底板应验算柱吊装时的局部受压和冲切承载力。

（4）宜采用便于施工时临时调整的技术措施。

（5）杯口基础的杯壁应根据柱底部内力设计值作用于基础顶面配置钢筋，杯壁厚度不应小于《建筑地基基础设计规范》（GB 50007—2011）的有关规定。

本章小结

本章主要讲述拉弯、压弯构件的设计问题，压弯构件包括实腹式截面和格构式截面。压弯构件的设计包括强度、刚度、整体稳定和局部稳定四个方面；介绍了框架中梁和柱的连接方式和实腹式偏心受压柱柱脚的设计特点。

（1）拉弯构件、压弯构件的强度承载力，主要仍以截面部分发展塑性作为构件的极限状态，其验算公式为

$$\frac{N}{A_n} \pm \frac{M_x}{\gamma_x W_{nx}} \pm \frac{M_y}{\gamma_y W_{ny}} \leqslant f$$

（2）当弯矩不大时，拉弯构件、压弯构件的刚度要求与轴心受力构件相同，并按下式验算：

$$\lambda_{max} = \left(\frac{l_0}{i}\right)_{max} \leqslant [\lambda]$$

（3）压弯构件的整体失稳可能发生在弯矩作用平面内，也可能发生在弯矩作用平面外，应分别按式（7-18）、式（7-21）和式（7-25）验算，验算中要特别注意公式中各个参数的物理意义及其对整体稳定承载能力的影响。

（4）压弯构件翼缘和腹板的局部稳定性是通过验算宽厚比或高厚比来保证的。对于受压翼缘，其构造要求和梁的受压翼缘完全相同，具体要求详见表 3-8。

（5）计算长度的物理意义是把不同支承情况的轴心压杆等效为长度等于计算长度的两端铰支轴心压杆，它的几何意义则是代表构件弯曲屈曲后弹性曲线两反弯点间的长度。对于端部支承条件比较明确的单根压弯构件，利用计算长度系数 μ 可直接得到计算长度。对于框架柱，情况比较复杂。框架有两种形式：一种是无侧移的，另一种是有侧移的。在相同的截面尺寸和连接条件下，有侧移框架的稳定承载能力比无侧移的要小得多。因此，确定框架柱的计算长度时，首先要区分框架失稳时有无侧移。此外，框架柱的计算长度还与其所连接的横梁总的相对刚度和柱端支承情况有关。框架柱的计算长度分为框架平面内的计算长度和框架平面外的计算长度。框架平面内的计算长度需通过对框架的整体稳定分析得到，框架平面外的计算长度则需根据支承点的布置情况而定。

（6）框架中梁和柱的连接方式分为铰接（柔性连接）、刚接（固结连接）和半刚接三种形式。

（7）柱脚由于底板反力不均匀，相应的构件和连接都按该构件和连接涉及范围内的最大反力计算。柱脚锚栓应根据使锚栓受最大拉力时的轴力 N 和弯矩 M 进行计算。

思 考 题

7-1　拉弯构件和压弯构件采用什么截面形式合理?

7-2　实腹式压弯构件弯矩作用内的稳定验算公式中各个参数的含义是什么?

7-3　实腹式压弯构件弯矩作用外的稳定验算公式中各个参数的含义是什么?

7-4　对比压弯构件和轴心受压构件腹板高厚比与翼缘宽厚比限值有哪些区别。

7-5　分析对比压弯构件和轴心受压构件与梁的连接以及柱脚设计有何区别。

7-6　试述压弯柱的整体式柱脚的设计步骤。

7-7　格构式压弯构件和格构式轴心受压构件的缀条计算有何异同?

7-8　在计算实腹式压弯构件的强度和整体稳定时，有哪些情况应取计算公式中的 $\gamma_x = \gamma_y = 1.0$?

7-9　框架柱的计算长度为什么要分框架平面内和框架平面外?

习 题

一、填空题

1. 实腹式压弯构件在弯矩平面内的屈曲形式为（　　）。
2. 实腹式压弯构件在弯矩平面外的屈曲形式为（　　）。
3. 实腹式偏心受压构件的整体稳定，包括弯矩（　　）的稳定和弯矩（　　）的稳定。
4. 保证拉弯、压弯构件的刚度是验算其（　　）。
5. 引入等效弯矩系数的原因是（　　）。
6. 框架中梁和柱的连接方式分为（　　）、（　　）和（　　）三种形式。
7. 在框架结构中，一般框架梁与框架柱多采用（　　）连接。
8. 框架柱的计算长度分为（　　）和（　　）。

二、选择题

1. 压弯构件在弯矩作用平面外，发生屈曲的形式是（　　）。

   A. 弯曲屈曲　　B. 扭转屈曲　　C. 弯扭屈曲　　D. 三种屈曲均可能

2. 两根几何尺寸完全相同的压弯构件，一根端弯矩使之产生反向曲率，另一根端弯矩使之产生同向曲率，则前者的稳定性比后者的稳定性（　　）。

   A. 好　　B. 差　　C. 无法确定　　D. 相同

3. 等截面框架柱的计算长度系数与（　　）无关。

   A. 框架柱的支承条件
   B. 柱上端梁线刚度之和与柱线刚度之和的比值
   C. 柱下端梁线刚度之和与柱线刚度之和的比值
   D. 所采用的钢号

4. 格构式压弯构件计算缀材时采用的剪力为（　　）。

A. 构件的实际剪力　　B. 按 $V=\dfrac{Af}{85\varepsilon_k}$ 确定的剪力

C. A 和 B 中的较大值　　D. A 和 B 中的较小值

5. 钢结构实腹式压弯构件一般应进行的计算内容为（　　）。

A. 强度、弯矩作用平面外的整体稳定、局部稳定、变形

B. 强度、弯矩作用平面内的整体稳定、局部稳定、变形

C. 弯矩作用平面内的整体稳定、局部稳定、变形、长细比

D. 强度、弯矩作用平面内及平面外的整体稳定、局部稳定、长细比

6. 某压弯构件采用热轧 HN 型钢 H496×199×9×14，腹板与上、下翼缘相接处两内圆弧半径 $r=20$mm。若需进行局部稳定验算时，腹板计算高度 h_0 与其厚度 t_1 之比，应与数值（　　）最为接近。

A. 55　　B. 52　　C. 48　　D. 40

三、计算题

1. 如图 7-49 所示的 I 22a 普通工字钢拉弯构件，截面无削弱，承受轴心拉力设计值 $N=600$kN，长度为 4.5m，两端铰接，在跨中 1/3 处作用着集中荷载 F，钢材为 Q235B。试计算该构件能承受的最大横向荷载 F（静力荷载）值。

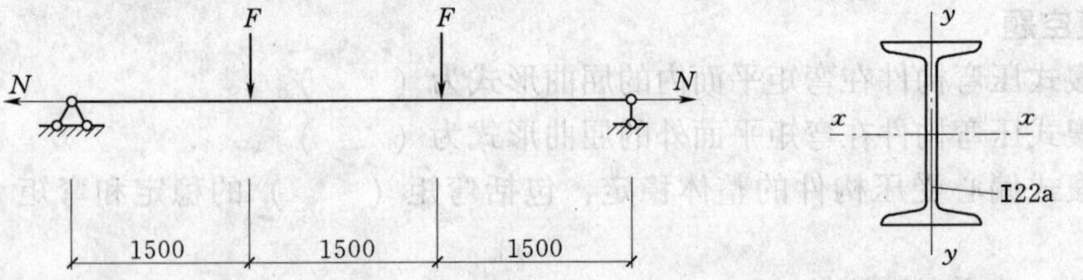

图 7-49　计算题 1 示意图

2. 如图 7-50 所示的 I 20a 普通工字钢拉弯构件，承受横向均布荷载（动力荷载）设计值 $q=10$kN/m。钢材为 Q235B，截面无削弱。试确定构件能承受的最大轴心拉力设计值。

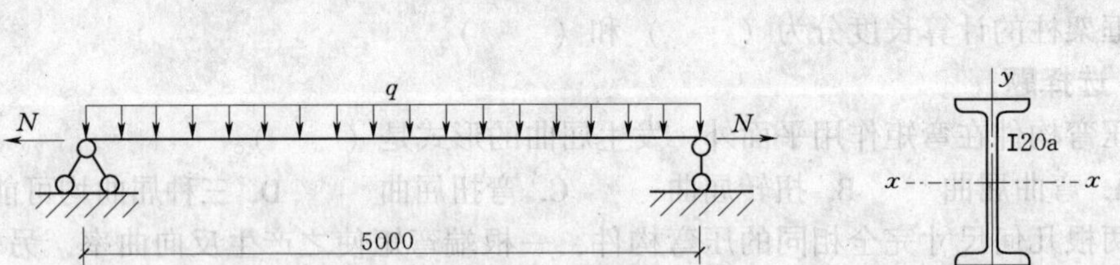

图 7-50　计算题 2 示意图

3. 如图 7-51 所示的双轴对称工字形截面压弯构件，跨中承受横向集中荷载设计值 $F=100$kN，轴心压力设计值 $N=1500$kN。构件在弯矩作用平面内计算长度为 12m，在弯矩作用平面外方向三分点处有侧向支撑。截面无削弱，翼缘板为火焰切割边，钢材为 Q235B。试对该构件截面进行验算。

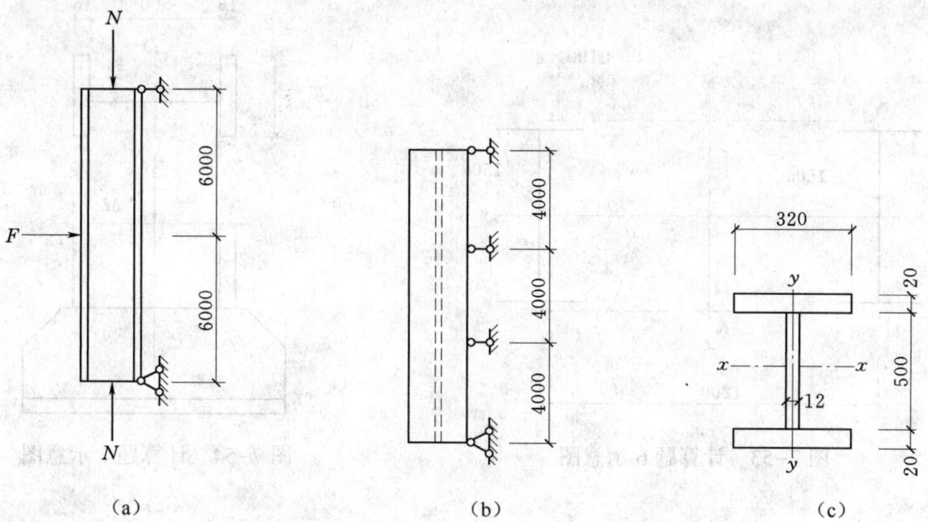

图 7-51　计算题 3 示意图

4. 试设计如图 7-52 所示热轧普通工字钢截面压弯构件的截面尺寸，截面无削弱。承受的荷载设计值为：轴心压力 $N=450\text{kN}$，构件 A 端承受端弯矩 $M_x=150\text{kN}\cdot\text{m}$，构件 C 端弯矩为零。构件长度 $l=5\text{m}$，两端铰接，两端及跨度中点各设有一侧向支承点。钢材采用 Q235B。

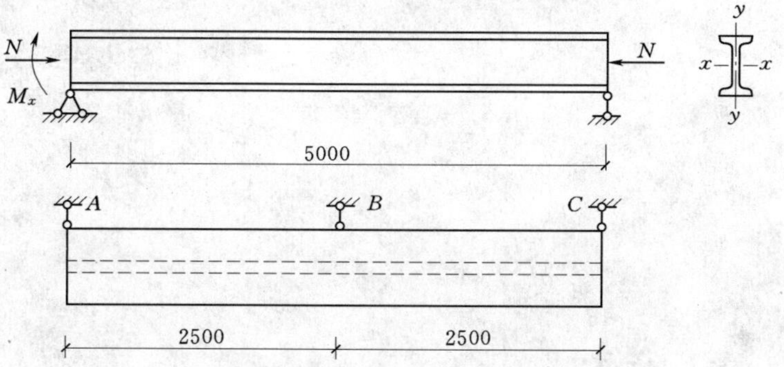

图 7-52　计算题 4 示意图

5. 已知条件同计算题 4，但在构件的跨度中点不设侧向支承点，截面改为焊接工字形截面，试设计此压弯构件的截面尺寸。

6. 试验算如图 7-53 所示的压弯柱是否安全。已知柱的计算长度 $l_{0x}=18\text{m}$，$l_{0y}=6\text{m}$；最不利内力设计值为 $N=1800\text{kN}$，$M=\pm1200\text{kN}\cdot\text{m}$；钢材为 Q235B，焊条为 E43 型，手工焊，缀条倾角为 45°，且设有横缀条。

7. 试设计如图 7-54 所示的偏心受压柱的柱脚。已知柱脚截面处计算内力为 $N=1200\text{kN}$，$M=200\text{kN}\cdot\text{m}$；钢材为 Q235B，焊条为 E43 型，手工焊，基础混凝土采用 C20。

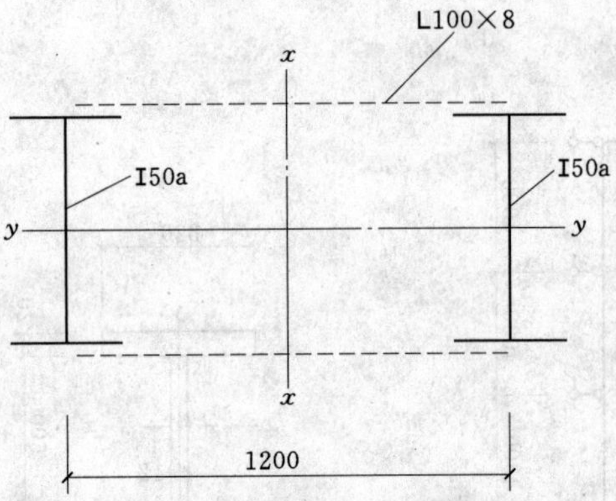

图 7-53 计算题 6 示意图

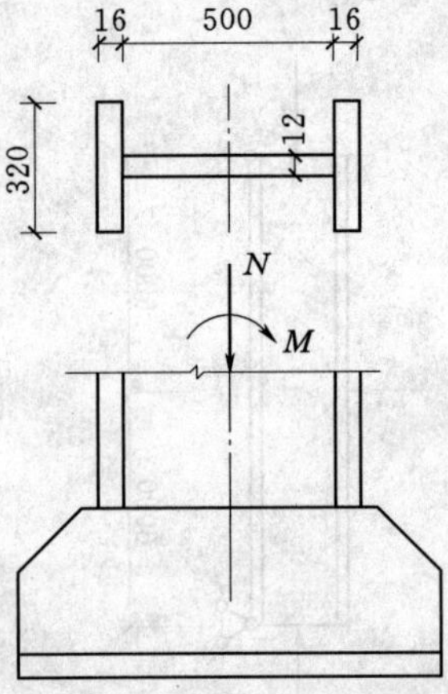

图 7-54 计算题 7 示意图

第 8 章　钢桁架与屋盖结构

本章要点

在当今的公共建筑和工业建筑中，钢屋盖结构已被广泛采用。它具有跨度大、质量轻、建造工期短、工业化程度高等众多优点。本章着重讲述钢桁架及屋盖结构的组成及应用、屋盖架的支撑和钢屋架的设计。钢屋架的设计步骤包括屋架的选型、屋架的荷载计算和荷载效应（内力）组合、屋架杆件的截面设计、屋架的节点设计和绘制屋架施工图。

通过本章学习，使学生了解屋盖结构的形式；掌握屋盖支撑的作用、构造与布置；掌握屋架选型的原则，屋架的荷载计算和荷载效应（内力）组合，屋架杆件的截面设计，屋架的节点设计以及屋架施工图的绘制方法。

8.1　钢桁架与屋盖结构的组成及应用

房屋建筑中的屋盖结构常采用钢桁架结构实现，同时在桥梁、各种塔架（起重、输电、钻探等）和水工结构如闸门等土木工程中也有广泛的应用。习近平总书记在党的二十大报告中强调，从现在起，中国共产党的中心任务就是团结带领全国各族人民全面建成社会主义现代化强国、实现第二个百年奋斗目标，以中国式现代化全面推进中华民族伟大复兴。在这个过程中，推广绿色化、工业化、信息化、集约化、产业化建造方式，推动新一代信息技术与建筑业深度融合，积极培育新产品、新业态、新模式，减少材料和能源消耗，降低建造过程碳排放量，实现更高质量、更有效率、更加公平、更可持续的发展是实现中国式现代化的重要环节之一。钢结构建筑抗震性能好，安装施工快、安全可靠、钢材可循环使用，是我国建筑工业化进程中的主要载体之一，符合我国“创新、协调、绿色、开放、共享”的发展理念，因此在本章的学习过程中，同学们应该紧紧围绕党的二十大精神，将钢铁行业的转型升级和高质量发展的两大主题——绿色低碳和智能制造贯穿于整个学习过程之中。

8.1.1　钢桁架的组成及应用

钢桁架是指由轴心受力构件（拉杆和压杆）相互连接组成的格构式构件，用以承受横向荷载和跨越较大的空间。钢桁架的杆件截面上应力分布均匀，因而材料性能发挥较好，可以节省钢材，减轻结构自重，因此特别适用于跨度较大或高度较高的结构。钢桁架便于按照不同要求制成各种需要的外形，是一种用材经济、刚度较大、外形美观的结构形式。但桁架的杆件和节点较多，构造较为复杂，制造较为费工。

钢桁架主要应用于房屋建筑中的屋盖、桥梁、各种塔架（如起重、输电和钻探等）和水工结构（如闸门）等建筑中，用途非常广泛。根据其受荷载后的传力途径，可分为空间桁架和平面桁架。钢网架（见图 8-1 所示的两向正交正放交叉桁架体系网架）和各种塔架等通常为空间钢桁架，其内力分析必须借助于空间力系的平衡条件。常见的平面桁架有屋架（见图 8-2）、吊车桁架，以及水工结构中的钢栈桥、钢桁架引桥、钢闸门中的桁架等。平面简支桁架的杆件内力不受支座沉降和温度变化的影响，且构造简单、安装方便，最为常用。本章主要讨论平面简支钢桁架。

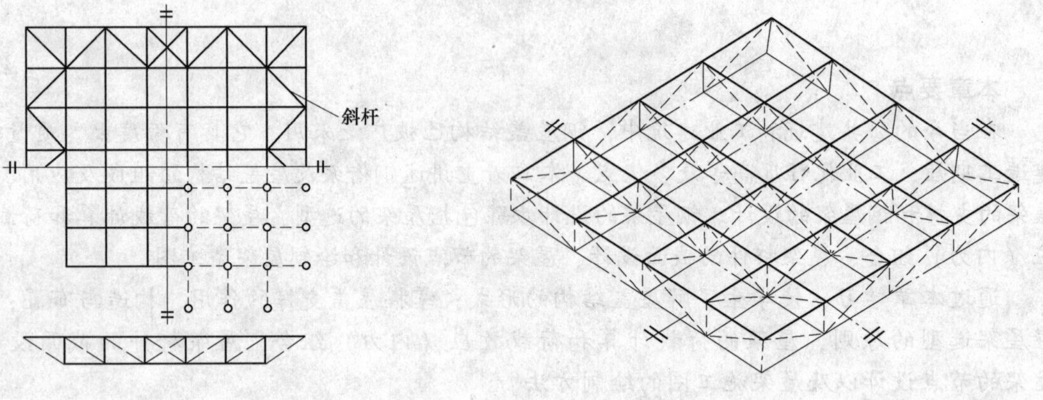

（a）（b）

图 8-1 两向正交正放交叉桁架体系网架

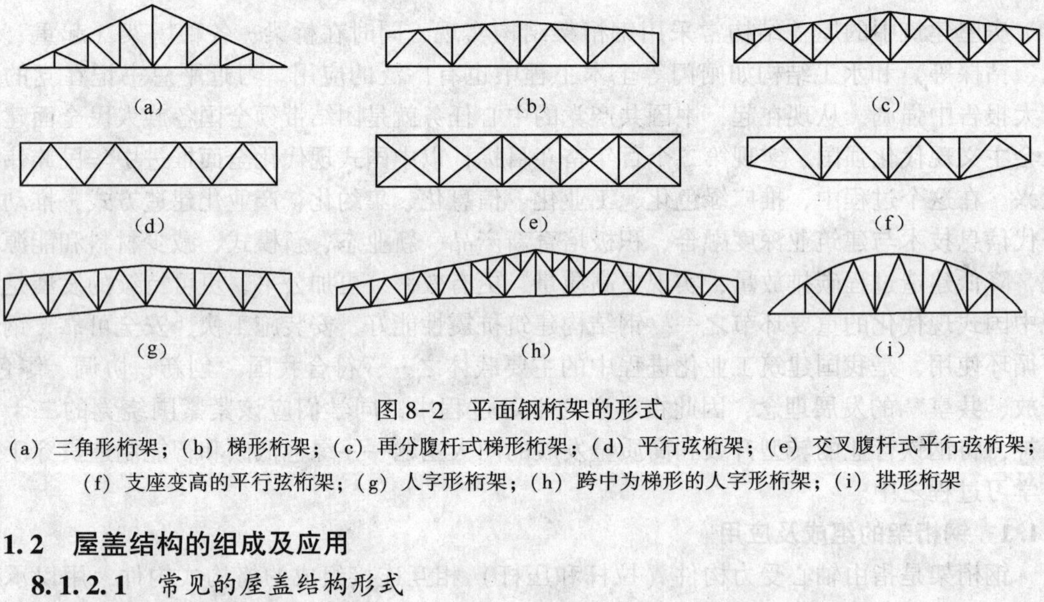

（a）（b）（c）（d）（e）（f）（g）（h）（i）

图 8-2 平面钢桁架的形式

（a）三角形桁架；（b）梯形桁架；（c）再分腹杆式梯形桁架；（d）平行弦桁架；（e）交叉腹杆式平行弦桁架；（f）支座变高的平行弦桁架；（g）人字形桁架；（h）跨中为梯形的人字形桁架；（i）拱形桁架

8.1.2 屋盖结构的组成及应用

8.1.2.1 常见的屋盖结构形式

常用的屋盖结构形式有平面杆系结构、空间杆系结构、悬索结构和膜结构等。

1. 平面杆系结构

（1）桁架。在大跨度屋盖结构中，桁架是一种常见的梁式受弯结构体系。构成桁架的上弦、下弦、斜腹杆与竖腹杆只承受拉力或压力，对支座不会产生推力。常见的桁架形式有三角形、矩形、梯形与拱形等（见图 8-2）。桁架是本章主要讨论的屋架形式，对各种屋架的优缺点，后面还将作详细讨论。

（2）拱。拱在大跨度屋盖中经常采用，特别是当建筑物要求墙体与屋顶连成一体时，落地拱尤为适用。拱在竖向均布荷载作用下，基本上处于受压状态，适合于以钢筋混凝土之类的材料制成。但在大跨度时，往往做成格构式钢拱。

大多数情况下，拱的轴线采用抛物线。拱的类型很多，按结构组成和支承方式，拱可分为三铰拱、两铰拱和无铰拱三类（见图 8-3）。三铰拱是静定结构，计算分析简单，当基础有不均匀沉降时，不会引起附加内力。但由于跨中存在着铰，使得拱和屋盖结构的构造都比较复杂，刚度也是三者中较差的。无铰拱的跨中弯矩分布最为有利，但温度应力较大，同时还需要较强的支座。大跨度屋盖中采用得较多的是两铰拱，其优点是安装简单，用料经济，在温度变化时，由于铰可以转动，温度应力也较低，但如有基础不均匀沉降，则应考虑其对结构内力的影响。

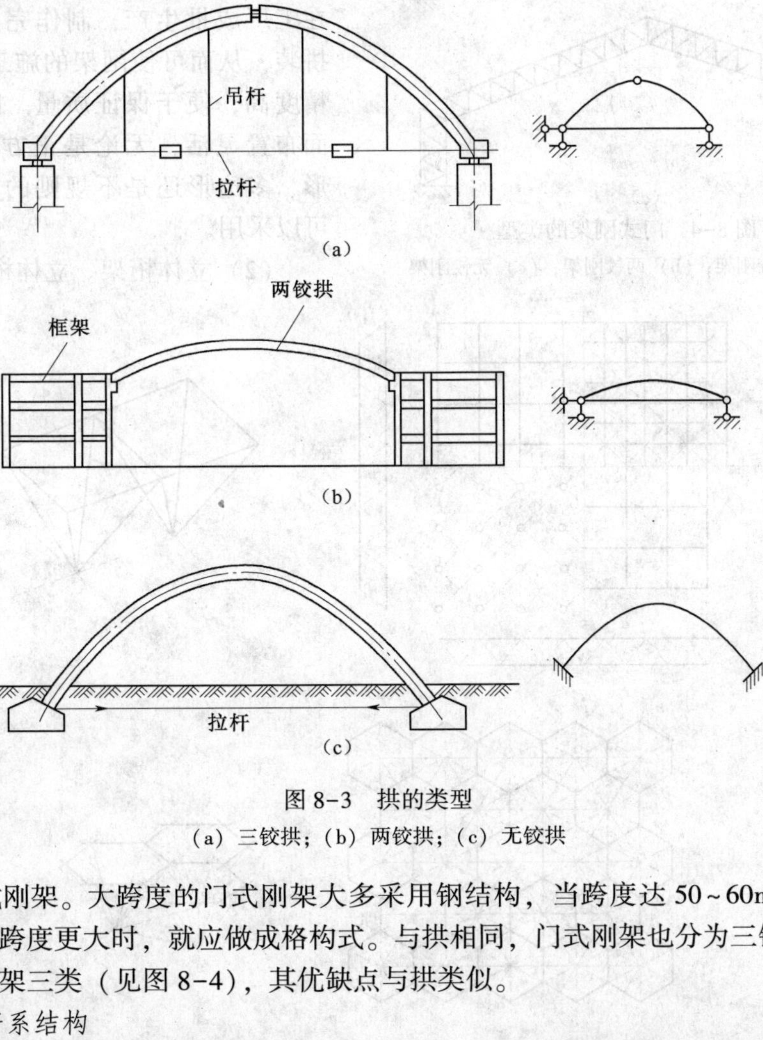

图 8-3　拱的类型

（a）三铰拱；（b）两铰拱；（c）无铰拱

（3）门式刚架。大跨度的门式刚架大多采用钢结构，当跨度达 50~60m 时，可以做成实腹式；当跨度更大时，就应做成格构式。与拱相同，门式刚架也分为三铰刚架、两铰刚架和无铰刚架三类（见图 8-4），其优缺点与拱类似。

2. 空间杆系结构

（1）网架结构。网架结构是由许多杆件按照一定规律布置，通过节点连接而成的网格状结构体系。它具有空间受力的性能，是高次超静定的空间结构，由于具有像平板的外形，因此又称为平板型网架。按网架组成情况，可分为交叉桁架体系（包括图 8-1 所示的两向交叉平面桁架体系以及三向交叉平面桁架体系）和角锥体系［包括图 8-5（a）所示的四角锥体系、三角锥体系，以及图 8-5（b）所示的六角锥体系]。

网架的受力特点是杆件均为铰接，不能承受弯矩或扭矩，因此所有杆件只受拉或受压。虽然网架的实际节点具有一定的刚度，即不是完全的理想铰，但受弯矩与扭矩的影响不大。网架结构的整体性能好，能有效地承受非对称荷载、集中荷载和各种动力荷载。由于网架是在工厂成批生产，制作完成后运到现场拼装，从而可使网架的施工做到进度快、精度高，便于保证质量。网架结构的平面布置灵活，无论是正方形、矩形、圆形、多边形还是不规则的建筑平面，均可以采用。

（2）立体桁架。立体桁架是由平面

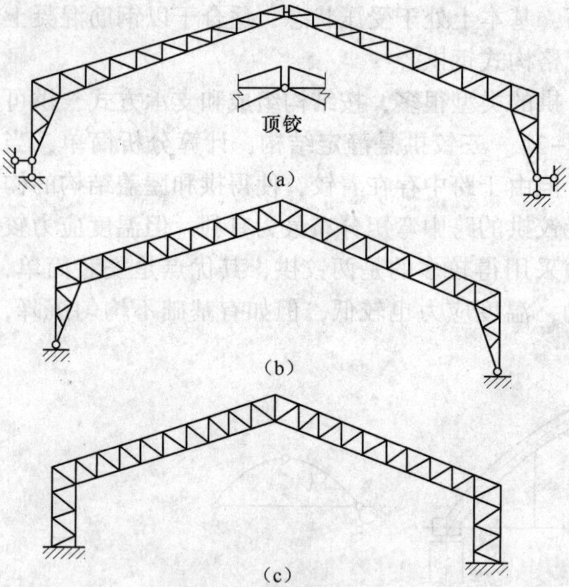

图 8-4　门式刚架的类型

（a）三铰刚架；（b）两铰刚架；（c）无铰刚架

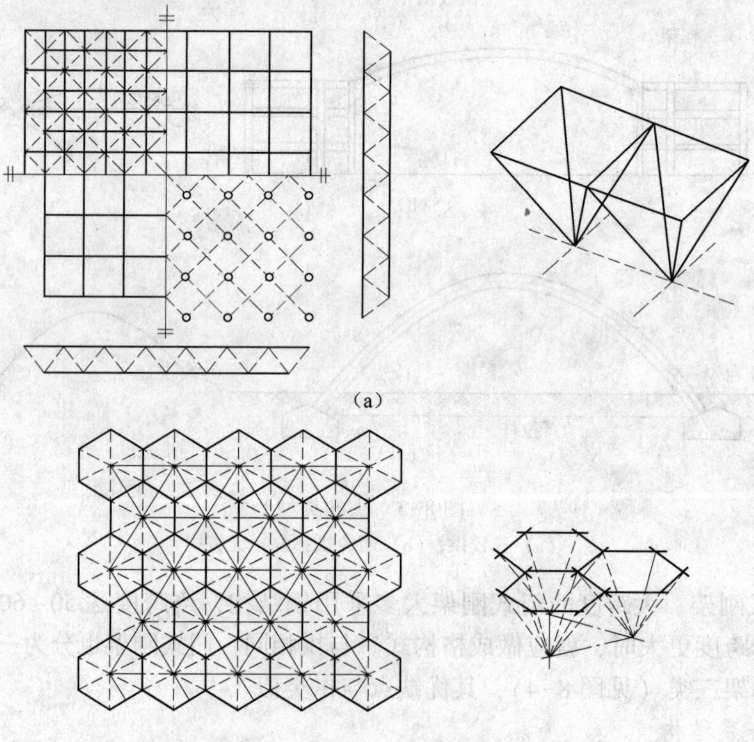

图 8-5　角锥体系网架

（a）正放四角锥网架；（b）六角锥网架（锥尖向下）

桁架演变而来的，常用的做法是把单根的上弦或下弦分成两根，使桁架的横截面成为倒三角形或正三角形（见图 6-16）。这种结构的最大优点是：桁架本身是立体的，平面外刚度大，自成一稳定体系，有利于吊装。因而可以简化甚至取消平面桁架需要设置的支撑。立体桁架虽然是由空间立体交叉的杆件构成，但仍能简化为平面桁架来分析，只要将计算所得的内力平均分配给弦杆或腹杆即可。

由于立体桁架节省了支撑，比一般的平面桁架可节省钢材约 1/3，耗钢量甚至比网架都低，加之其构造简单，可以单独吊装，在我国应用相当广泛。图 8-6 所示的是成都双流机场候机楼的立体桁架。

(3) 网壳结构。以网架的形式做成的曲线形的空间网格结构，称为网壳结构。网壳结构既具有网架结构的一系列优点，又能提供各种优美的造型，近年来几乎取代了钢筋混凝土薄壳结构。网壳结构的杆件、节点构造与安装方法都与网架结构相似。两者相比，网壳结构的设计、构造与施工都要比网架结构复杂一些，网壳结构的钢材消耗量虽然少一些，但总的造价还是大体相等。

图 8-6　立体桁架（成都双流机场候机楼）

网壳本身特有的曲面赋予网壳结构较大的刚度，因而有可能做成单层，这是它不同于网架结构的一个特点。从构造上来说，网壳分为单层与双层两大类，其外形虽然相似，但计算分析与节点构造却截然不同。单层网壳是刚接杆件体系，而双层网壳是铰接杆件体系。考虑到网壳的稳定问题，单层网壳的跨度不宜过大，但是单层与双层网壳之间也没有明确的界限，选择单层或双层网壳往往取决于壳体形式、网格布置方式与尺寸以及杆件截面等因素。网壳结构的常见形式有四种，即圆柱面网壳、球面网壳、椭圆抛物面网壳（又称为双曲扁壳）、双曲抛物面网壳（又称为鞍形网壳、扭网壳），如图 8-7 所示。

3. 悬索结构

悬索结构是由一系列高强度钢索组成的一种张力结构体系。由于其自重轻，用钢量省，能跨越很大的跨度，是一种比较理想的大跨度结构形式。钢索一般采用高强度的钢丝束、钢绞线或钢丝绳。悬索结构最突出的优点是所用的钢索只承受拉力，因而能充分发挥高强度钢材的优越性，这样就可以减轻屋盖的自重，使悬索结构的跨度增大。此外，悬索结构还便于建筑造型，容易适应各种建筑平面。

由于钢索的抗弯刚度很小，悬索结构的变形要比其他类型的空间结构大一些。这使该结构对于集中荷载、不均匀分布荷载以及诸如风荷载、地震作用等动力荷载都比较敏感。因此，在设计时应采取措施，使屋盖具有一定的整体刚度。悬索结构都设有边缘构件，并支承在下部结构上。支承结构除了承受竖向力外，还有拉索传来的横向力，因此要求它具有较强的侧向刚度。一般说来，拉索本身的用钢量很小，而边缘构件与支承结构却要耗费较多的材料。

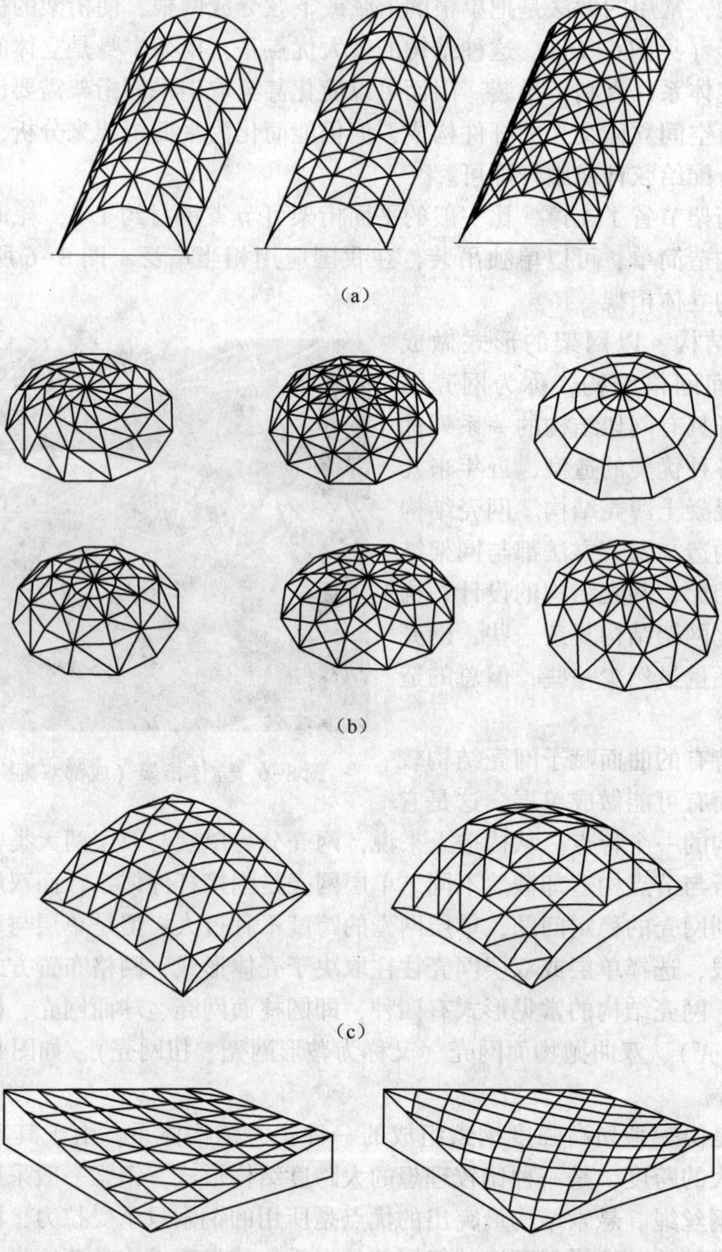

图 8-7　网壳结构

(a) 圆柱面网壳；(b) 球面网壳；(c) 椭圆抛物面网壳；(d) 双曲抛物面网壳

在屋盖上常用的悬索结构的主要形式有单曲面单层悬索结构、单曲面双层悬索结构、双曲面单层悬索结构、双曲面双层悬索结构和交叉索网悬索结构，如图 8-8 所示。无论这些悬索结构采用何种形式，都必须采取有效措施以保证屋盖结构在风荷载、地震作用下具有足够的刚度和稳定性。

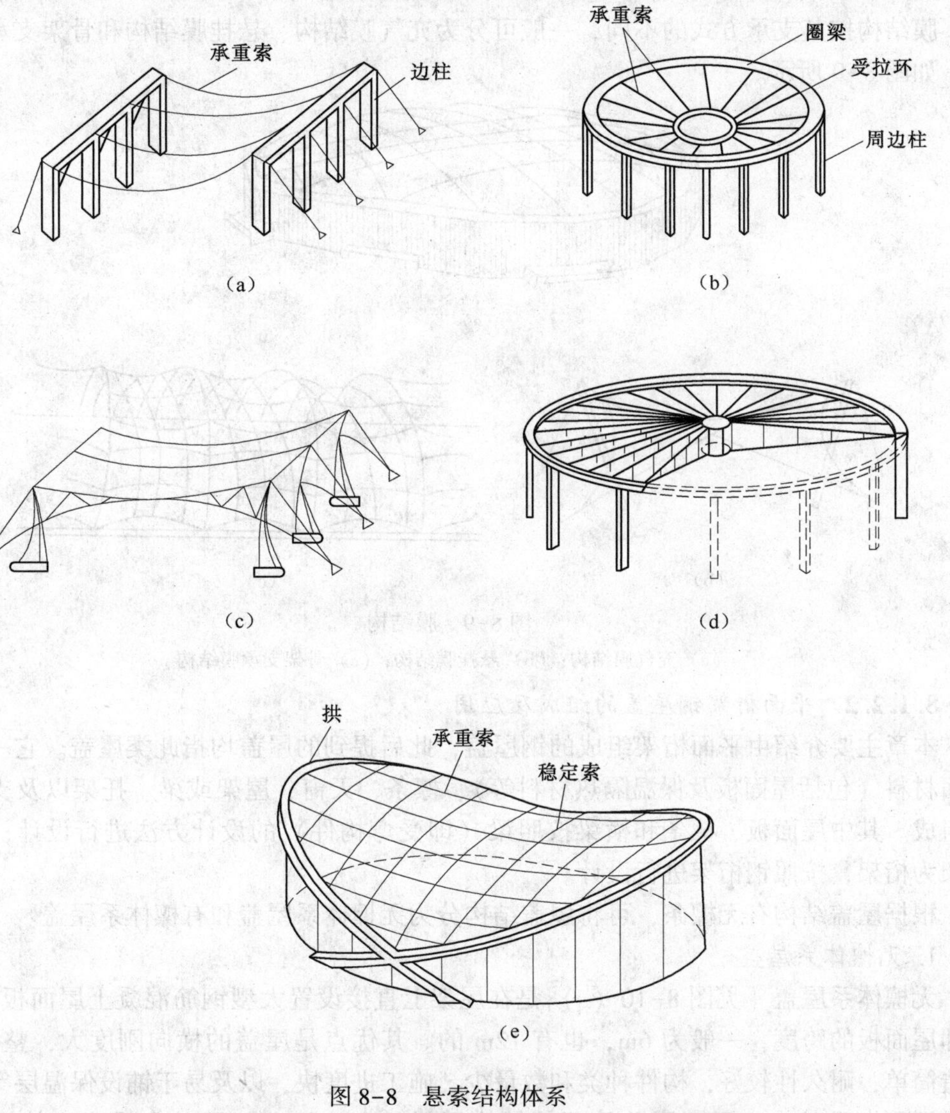

图 8-8　悬索结构体系

(a) 单曲面单层悬索结构；(b) 双曲面单层悬索结构；(c) 单曲面双层悬索结构；
(d) 双曲面双层悬索结构；(e) 交叉索网悬索结构（鞍形索网）

4. 膜结构

膜结构是以性能优良的织物为材料，或是向膜内充气，由空气压力支承膜面；或是利用柔性钢索或刚性骨架将膜面绷紧或撑起，从而形成具有一定刚度并能覆盖大跨度的结构体系。膜结构既能承重又能起围护作用，与传统结构相比，其重量却大大减轻，仅为传统大跨度屋盖自重的 1/30~1/10。膜结构是跨度重量比最大的一种结构。

膜结构的材料是专门为覆盖建筑物而开发的“建筑织物”，虽然厚度很薄，但却具有相当高的强度与耐久性，而且还具有满足建筑使用功能的一系列优点。膜结构的膜材在施工完毕后或承受外荷载时都是张紧的，要承受一定的拉力，在这方面，膜结构与悬索结构一样都是以受拉为主的结构，因此也统称为“张拉结构”。

膜结构按其支承方式的不同，一般可分为充气膜结构、悬挂膜结构和骨架支承膜结构等，如图 8-9 所示。

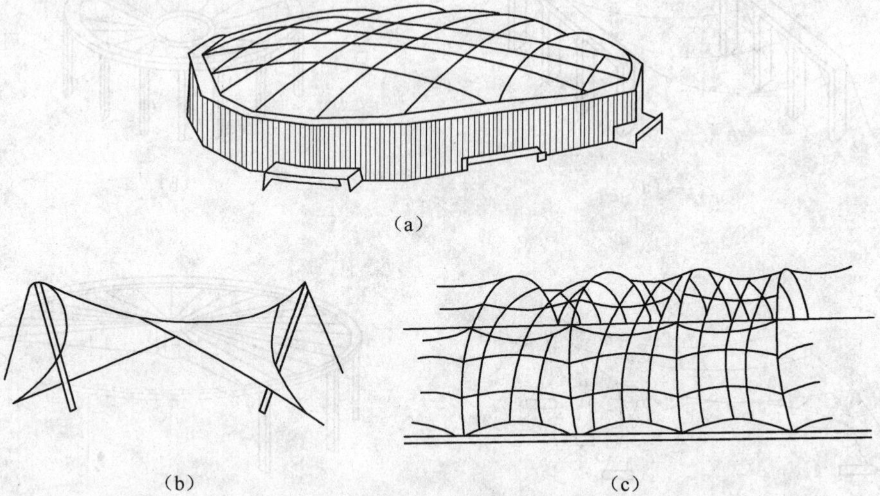

图 8-9 膜结构

(a) 充气膜结构；(b) 悬挂膜结构；(c) 骨架支承膜结构

8.1.2.2 平面桁架钢屋盖的组成及应用

本章主要介绍由平面桁架组成的钢屋盖，此后提到的屋盖均指此类屋盖。它一般是由屋面材料（包括屋面板及保温隔热材料等）、檩条、天窗、屋架或梁、托架以及支撑体系等组成。其中屋面板、檩条和横梁按照梁（即受弯构件）的设计方法进行设计；屋架和托架为桁架，按照钢桁架进行设计。

根据屋盖结构有无檩条，可将屋盖结构分为无檩体系屋盖和有檩体系屋盖。

1. 无檩体系屋盖

无檩体系屋盖［见图 8-10（a）］是在屋架上直接设置大型钢筋混凝土屋面板。屋架间距即屋面板的跨度，一般为 6m，也有 12m 的。其优点是屋盖的横向刚度大，整体性好，构造简单，耐久性较好，构件种类和数量少，施工进度快，以及易于铺设保温层等；其缺点是屋面自重较大，因而屋盖及下部结构用料较多，且由于屋盖自重大，其抗震性能较差。

2. 有檩体系屋盖

有檩体系屋盖［见图 8-10（b）］是在钢屋架上设置檩条，檩条上面再铺设石棉瓦、瓦楞铁、压型钢板或钢丝网水泥槽板等轻型屋面材料。有檩体系屋盖具有构件自重轻、用料省、运输安装均较轻便等优点；它的缺点是屋盖构件数目较多，构造较复杂，吊装次数多，组成的屋盖结构横向整体刚度较差。

无檩体系屋盖多用于对刚度要求较高的厂房，有檩体系屋盖则多用于刚度要求不高的中、小型房屋。具体设计时，究竟选择哪种方案，应综合考虑厂房规模、受力特点、使用要求、材料供应及运输、安装等条件而定。

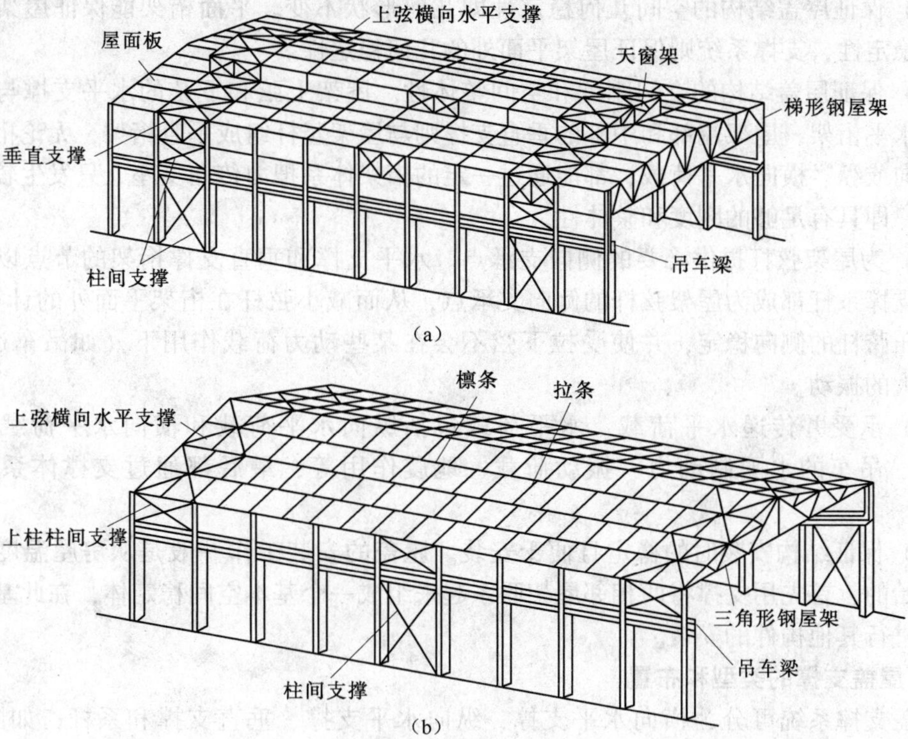

图 8-10　屋盖的组成

(a) 无檩体系屋盖；(b) 有檩体系屋盖

8.2　屋盖支撑

8.2.1　屋盖支撑的作用

屋架在其自身平面内为几何形状不变体系，并具有较大的刚度，能承受屋架平面内的各种荷载。但屋架在垂直于屋架平面方向（称为屋架平面外）的刚度及稳定性很差，不能保持其几何形状不变。即使屋架上弦与檩条或屋面板等铰接相连，屋架仍会侧向倾斜。为了防止屋架侧向倾斜破坏和改善屋架工作性能，必须设置支撑系统。图 8-11 为屋盖支撑作用的示意图，屋盖支撑的作用主要有以下几点：

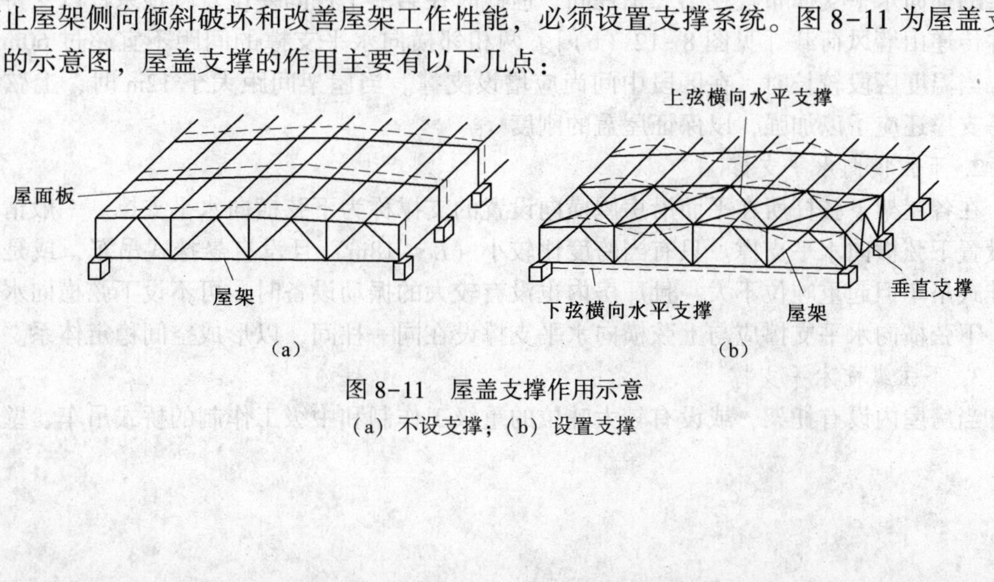

图 8-11　屋盖支撑作用示意

(a) 不设支撑；(b) 设置支撑

（1）保证屋盖结构的空间几何稳定性即几何形状不变。平面桁架能保证屋架平面内的几何稳定性，支撑系统则保证屋架平面外的几何稳定性。

（2）保证屋盖结构的空间刚度和空间整体性。屋架上弦和下弦的水平支撑与屋架弦杆组成水平桁架，屋架端部和中部的垂直支撑则与屋架竖杆组成垂直桁架，无论桁架结构承受竖向或纵、横向水平荷载，都能通过一定的桁架体系把力传向支座，只发生较小的弹性变形，即具有足够的刚度和整体性。

（3）为屋架弦杆提供必要的侧向支承点。水平支撑和垂直支撑桁架的节点以及由此延伸的支撑系杆都成为屋架弦杆的侧向支承点，从而减小弦杆在桁架平面外的计算长度，保证受压弦杆的侧向稳定，并使受拉下弦不会在某些动力荷载作用下（如吊车运行时）产生过大的振动。

（4）承受并传递水平荷载。水平荷载包括纵向水平荷载和横向水平荷载，例如风荷载、吊车的水平制动力、振动荷载、地震作用等，最后都通过支撑体系传到屋架支座。

（5）保证结构安装时的稳定且便于安装。屋盖的安装工作一般是从房屋温度区段的一端开始的，首先用支撑将两相邻屋架联系起来组成一个基本空间稳定体，在此基础上即可顺序进行其他构件的安装。

8.2.2 屋盖支撑的类型和布置

屋盖支撑系统可分为横向水平支撑、纵向水平支撑、垂直支撑和系杆，如图 8-12 所示。

1. 上弦横向水平支撑

在各屋架上弦杆所在平面沿房屋横向设置的支撑称为上弦横向水平支撑。在有檩体系屋盖或采用大型屋面板的无檩体系屋盖中，都应设置屋架上弦横向水平支撑；当有天窗架时，天窗架上弦也应设置横向水平支撑。在能保证每块大型屋面板与屋架三个焊点的焊接质量时，大型屋面板在屋架上弦平面内具有很大的刚度，但考虑到工地焊接的施工条件不易保证焊点质量，一般仅考虑大型屋面板起系杆的作用。檩条也作系杆考虑。上弦横向水平支撑一般设置在房屋的两端，或是纵向温度区段的两端。有时在山墙承重，或设有纵向天窗，但该天窗又未到达温度区段尽端而退一个柱间断开时，为了与天窗支撑配合，可将屋架的横向水平支撑布置在第二个柱间，但此时在第一个柱间要设置刚性系杆以支持端屋架并传递山墙风荷载［见图 8-12（b）］。两相邻横向水平支撑的间距不宜超过 60m，所以，当温度区段较长时，在区段中间尚应增设支撑。当屋架间距大于 12m 时，上弦横向水平支撑还应予以加强，以保证屋盖的刚度。

2. 下弦横向水平支撑

在各屋架下弦杆所在平面沿房屋横向设置的支撑称为下弦横向水平支撑。一般情况均应设置下弦横向水平支撑。只有当跨度比较小（$L<18$m）且没有悬挂式吊车，或是虽有悬挂式吊车但起重吨位不大，且厂房内也没有较大的振动设备时，可不设下弦横向水平支撑。下弦横向水平支撑应与上弦横向水平支撑设在同一柱间，以形成空间稳定体系。

3. 下弦纵向水平支撑

当房屋内设有托架，或设有较大吨位的重级工作制和中级工作制的桥式吊车、壁行吊

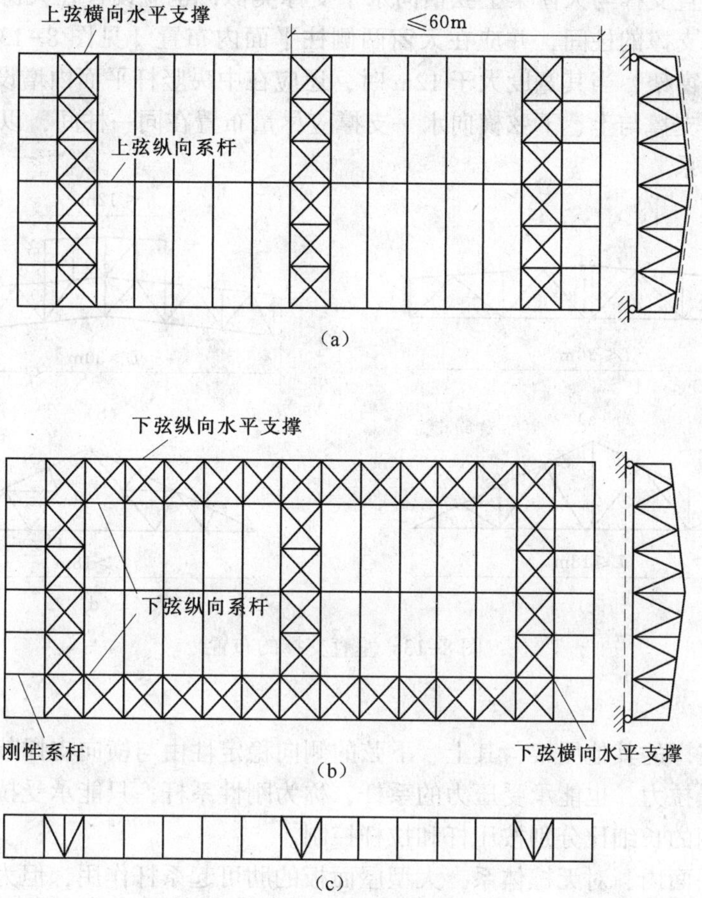

图 8-12　屋盖支撑布置示意

(a) 上弦横向水平支撑及上弦纵向系杆；(b) 下弦横向、纵向水平支撑及下弦纵向系杆；(c) 垂直支撑

车、锻锤等大型振动设备，以及房屋较高、跨度较大、空间刚度要求高时，均应在屋架下弦（三角形屋架可在上弦或下弦）端节间设置纵向水平支撑。下弦纵向水平支撑与下弦横向水平支撑形成闭合框，加强了屋盖结构的整体性并提高了房屋纵向、横向的刚度。单跨厂房一般沿两纵向柱列设置下弦纵向水平支撑；多跨厂房（包括等高多跨厂房和多跨厂房的等高部分）则要根据具体情况，沿全部或部分纵向柱列设置。

4. 垂直支撑

垂直于地面并垂直于屋架平面的支撑体系称为垂直支撑。所有房屋中均应设置垂直支撑。梯形屋架在跨度 $L \leqslant 30$m，三角形屋架在跨度 $L \leqslant 18$m 时，可仅在跨度中央设置一道垂直支撑，当跨度大于上述数值时宜在跨度 1/3 处附近或天窗架侧柱处设置两道垂直支撑（见图 8-13）。对梯形屋架、人字形屋架或其他端部有一定高度的多边形屋架，不分跨度大小，其两端还应各设置一道垂直支撑，但当屋架端部有托架时，则由托架代替，不另设端部垂直支撑。

天窗架的垂直支撑与天窗架上弦横向水平支撑类似，也应设置在天窗架端部以及中部有屋架横向水平支撑的柱间，并应在天窗两侧柱平面内布置［见图 8-13（b）］。对多竖杆和三支点式天窗架，当其宽度大于 12m 时，还应在中央竖杆平面内增设一道垂直支撑。

屋架的垂直支撑与上、下弦横向水平支撑应尽量布置在同一柱间，以确保屋盖结构为几何形状不变体系。

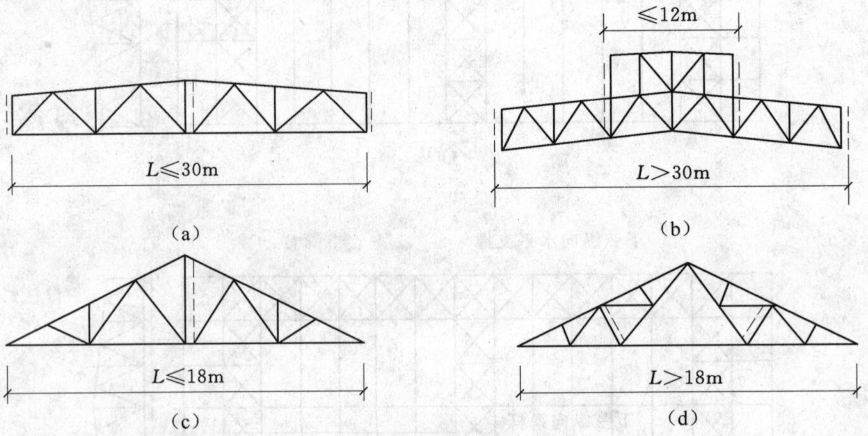

图 8-13　垂直支撑的布置

5. 系杆

不设横向支撑的其他屋架，其上、下弦的侧向稳定性由与横向支撑节点相连的系杆来保证。既能承受拉力，也能承受压力的系杆，称为刚性系杆；只能承受拉力的系杆，称为柔性系杆。它们的长细比分别按压杆和拉杆控制。

屋架上弦平面内，对无檩体系，大型屋面板的肋可起系杆作用，但为了安装屋架时的方便与安全，在屋脊及两端应设刚性系杆。对有檩体系，檩条可兼作系杆，则只在有纵向天窗下的屋脊处设置系杆。屋架下弦平面内，下弦杆受拉，为保证下弦杆在屋架平面外的长细比满足要求，也应设置系杆。当屋架间距为 6m 时，在屋架端部处、下弦杆有弯折处、与柱刚接的屋架下弦端节间受压但未设置纵向水平支撑的节点处、跨度大于或等于 18m 的芬克式屋架的主斜杆与下弦相交的节点处等部位，均应设置系杆。当屋架间距大于或等于 12m 时，支撑杆件的截面将大大增加，多耗钢材，比较合理的做法是将水平支撑全部布置在上弦平面内，并利用檩条作为支撑体系的压杆和系杆，而作为下弦侧向支撑的系杆则可用支于檩条的隅撑代替。

屋脊节点和支座节点处需设置刚性系杆，天窗侧柱处及下弦跨中附近设置柔性系杆；当屋架横向支撑设在端部第二柱间时，则第一柱间所有系杆［见图 8-12（b）］均应为刚性系杆。

8.2.3　屋盖支撑的形式和连接构造

1. 屋盖支撑的形式

（1）横向水平支撑和纵向水平支撑的形式。屋架的横向水平支撑和纵向水平支撑都是平行弦桁架。屋架或托架的弦杆均可兼作支撑桁架的弦杆，斜腹杆一般采用十字交叉式，斜腹杆和弦杆的交角一般为 30°~60°。通常横向水平支撑节点间的距离为上弦节间距离的 2~4 倍，纵向水平支撑的宽度取屋架端节间的长度，一般为 6m 左右。屋架的横向和纵向水平支撑的形式如图 8-14 所示。

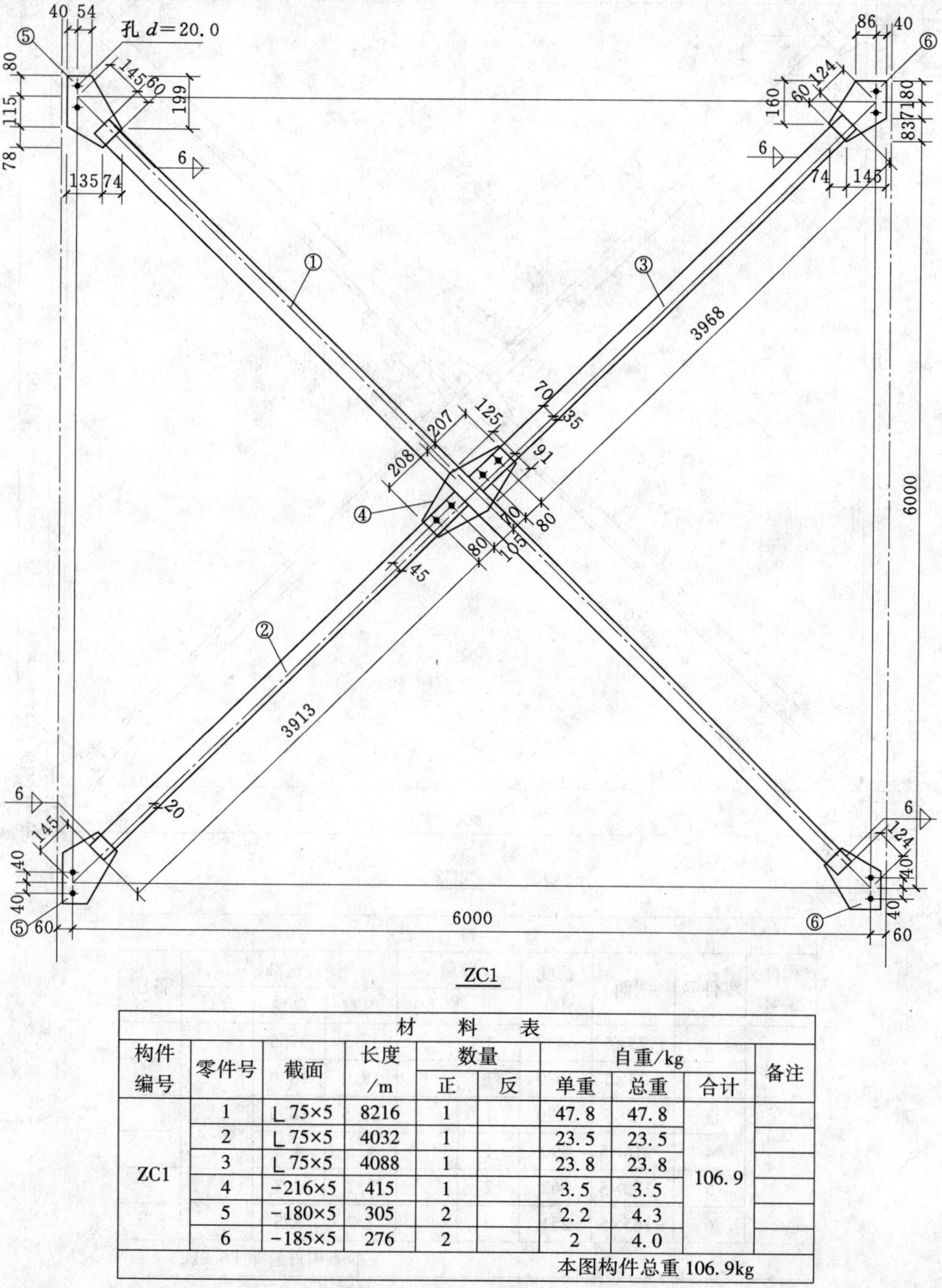

ZC1

材料表									
构件编号	零件号	截面	长度/m	数量		自重/kg			备注
				正	反	单重	总重	合计	
ZC1	1	∟75×5	8216	1		47.8	47.8	106.9	
	2	∟75×5	4032	1		23.5	23.5		
	3	∟75×5	4088	1		23.8	23.8		
	4	−216×5	415	1		3.5	3.5		
	5	−180×5	305	2		2.2	4.3		
	6	−185×5	276	2		2	4.0		
本图构件总重 106.9kg									

说明：

1. 切断边距为 2D（D 为螺栓直径）。
2. 未注明的焊缝焊脚尺寸为 mm，长度一律满焊。

(a)

图 8-14　横向水平支撑和纵向水平支撑的形式

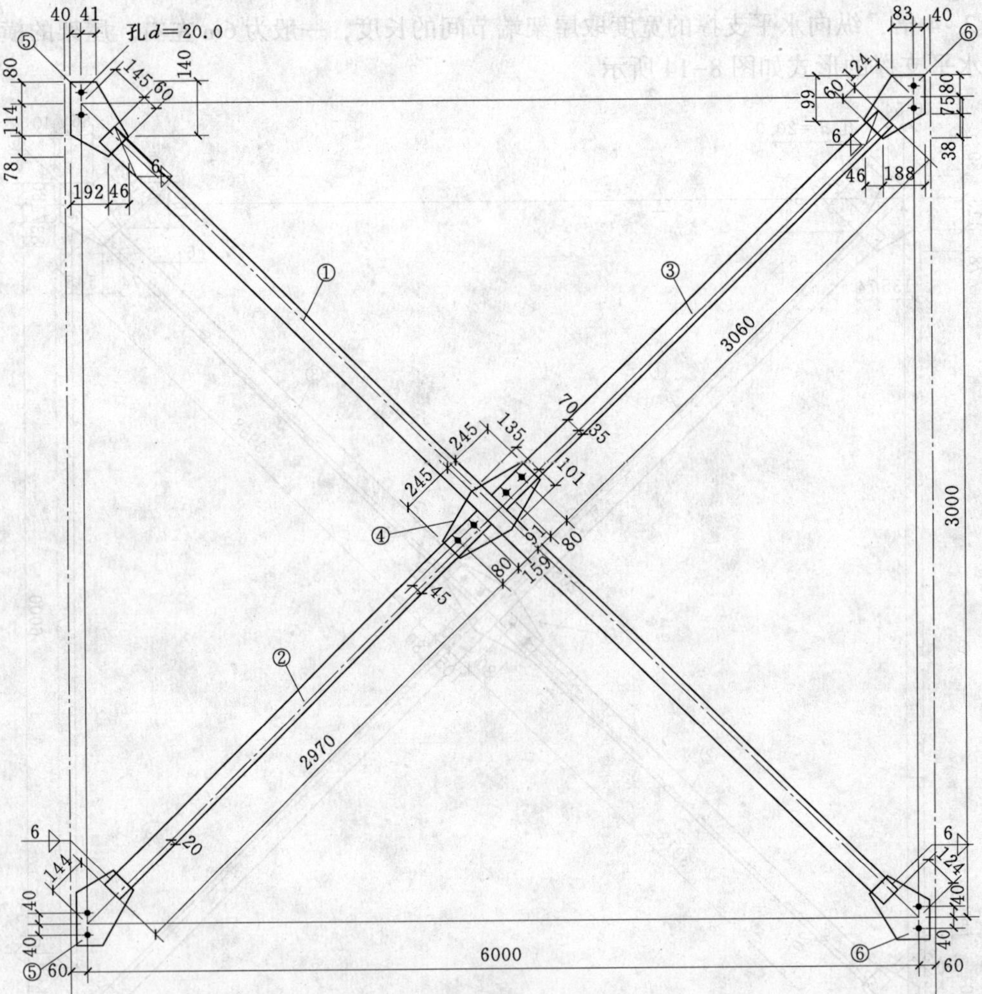

ZC2

材料表										
构件编号	零件号	截面	长度/m	数量		自重/kg			备注
				正	反	单重	总重	合计	
ZC1	1	∟75×5	6439	1		37.5	37.5	86.2	
	2	∟75×5	3089	1		18.0	18.0		
	3	∟75×5	3179	1		18.5	18.5		
	4	−216×5	490	1		4.5	4.5		
	5	−180×5	262	2		2.1	4.3		
	6	−185×5	251	2		1.7	3.5		
本图构件总重 86.2kg									

说明：

1. 切断边距为 2*D*（*D* 为螺栓直径）。
2. 未注明的焊缝焊脚尺寸为 mm，长度一律满焊。

（b）

图 8-14　横向水平支撑和纵向水平支撑的形式（续）

（2）屋架垂直支撑。屋架垂直支撑也是一个平行弦桁架，其上、下弦可兼作水平支撑的横杆，有的垂直支撑还兼作檩条。屋架垂直支撑的腹杆体系应根据其高度与长度之比采用不同的形式，如交叉式、V 式或 W 式（见图 8-15），天窗架的垂直支撑形式也可按图 8-15 选用。

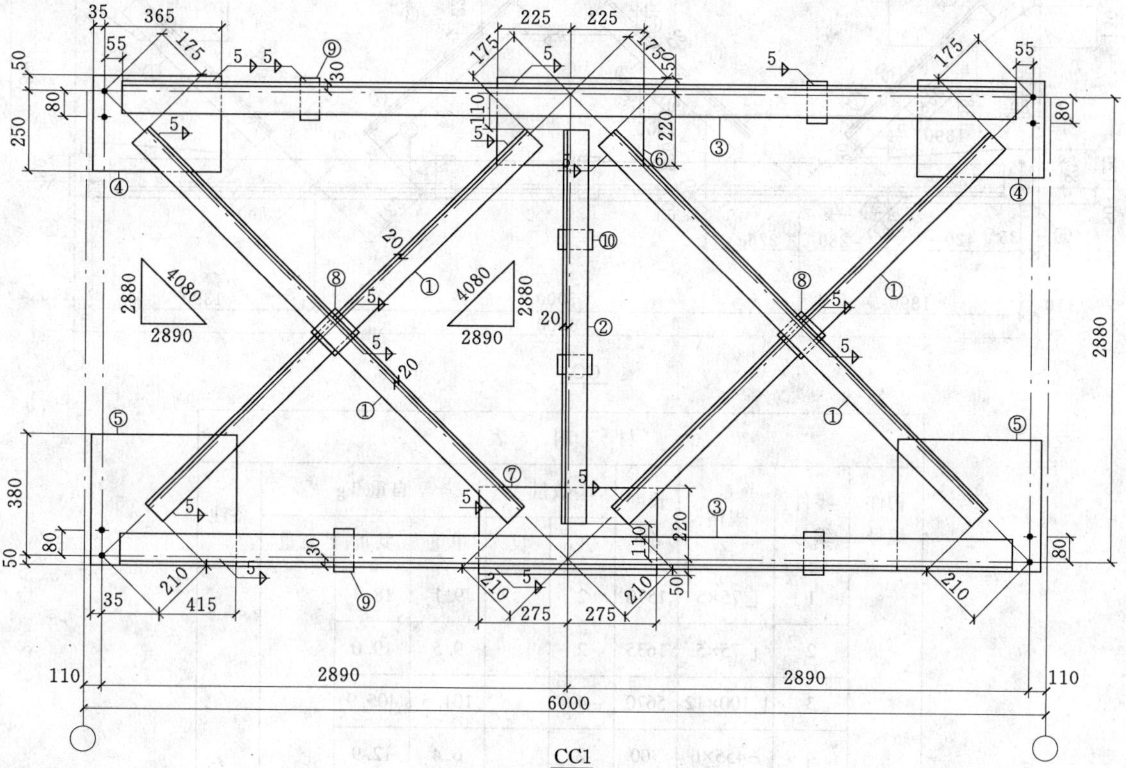

CC1

材料表									
构件编号	零件编号	规格	长度 /m	数量		自重/kg			备注
				正	反	单重	共重	总重	
CC1	1	∟75×5	3695	4		21.5	86.0	506.4	
	2	∟75×5	2660	2		15.5	30.9		
	3	∟100×10	5670	4		85.7	342.9		
	4	−300×6	400	2		5.7	11.3		
	5	−430×6	450	2		9.1	18.2		
	6	−270×6	450	1		5.7	5.7		
	7	−270×6	550	1		7.0	7.0		
	8	−150×6	150	2		1.1	2.1		
	9	−60×60	145	4		0.4	1.6		
	10	−60×60	105	2		0.3	0.6		

附注：

1. 未注明长度的焊缝一律满焊。
2. 未注明的螺栓为 M16；孔径 $\phi=17$。
3. 用于 7、8、9 度区时，所有杆件均三面围焊。

（a）

图 8-15　垂直支撑的形式

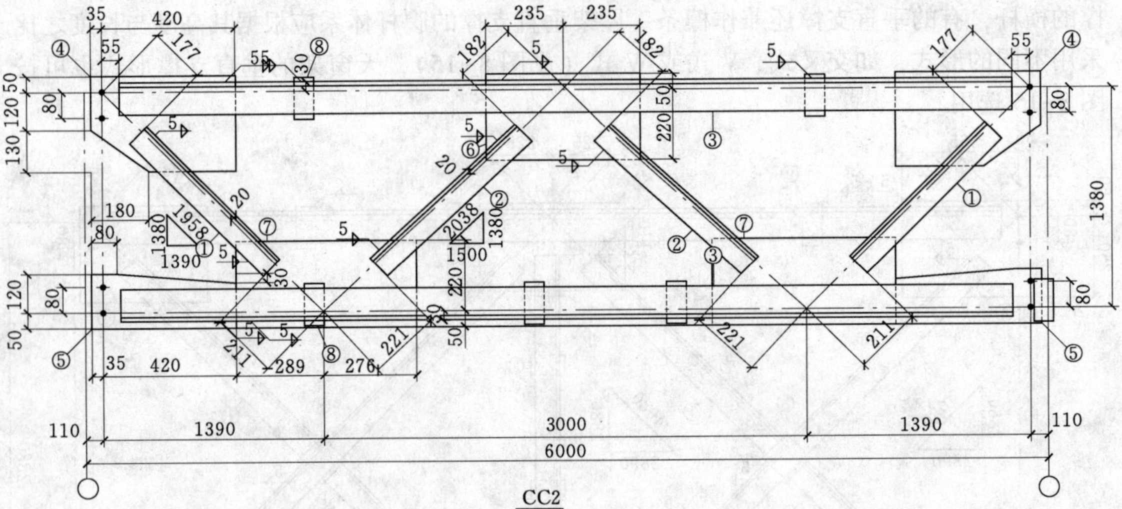

CC2

材料表									
构件编号	零件编号	规格	长度/m	数量		自重/kg			备注
				正	反	单重	共重	总重	
CC2	1	∟75×5	1570	2		9.1	18.3	486.2	
	2	∟75×5	1635	2		9.5	19.0		
	3	∟100×12	5670	4		101.5	405.9		
	4	−455×6	300	2		6.4	12.9		
	5	−455×6	170	2		3.6	7.3		
	6	−270×6	470	1		6.0	6.0		
	7	−270×6	565	2		7.2	14.4		
	8	−60×6	145	6		0.4	2.5		

附注：

1. 未注明长度的焊缝一律满焊。
2. 未注明的螺栓为 M16；孔径 $\phi=17$。
3. 用于 7、8、9 度区时，所有杆件均三面围焊。

(b)

图 8-15　垂直支撑的形式（续）

(3) 系杆。通常刚性系杆采用由双角钢组成的十字形截面，柔性系杆可采用单角钢截面，其形式如图 8-16 所示。

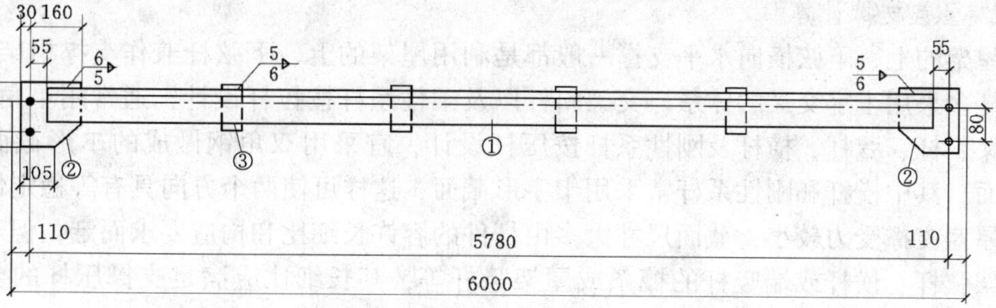

XG1

材料表									
构件编号	零件编号	规格	长度/mm	数量		自重/kg			备注
				正	反	单重	共重	总重	
XG1	1	∟70×5	5670	2		30.6	61.2	65.6	
	2	−190×6	170	2		1.5	3.0		
	3	−60×6	120	4		0.3	1.4		

附注：

1. 未注明长度的焊缝一律满焊。
2. 未注明的螺栓为 M16；孔径 $\phi=17$。
3. 用于 7、8、9 度区时，所有杆件均三面围焊。

(a)

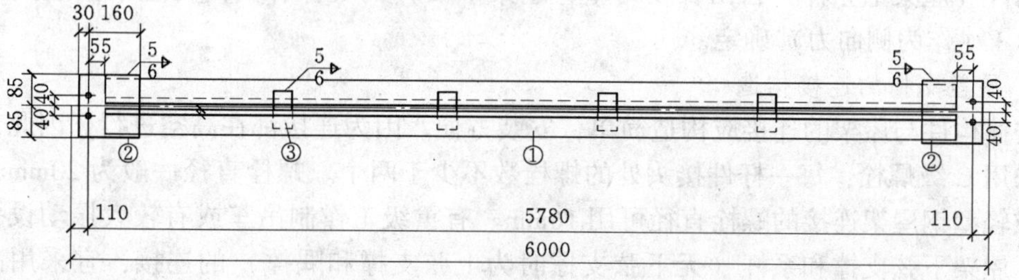

XG2

材料表									
构件编号	零件编号	规格	长度/mm	数量		重量/kg			备注
				正	反	单重	共重	总重	
XG2	1	∟70×5	5670	2		30.6	61.2	68.2	
	2	−190×6	170	2		1.5	3.0		
	3	−60×6	155	9		0.4	3.9		

附注：

1. 未注明长度的焊缝一律满焊。
2. 未注明的螺栓为 M16；孔径 $\phi=17$。
3. 用于 7、8、9 度区时，所有杆件均三面围焊。

(b)

图 8-16　系杆的形式

2. 屋盖支撑计算

屋架的上、下弦横向水平支撑一般都是利用屋架的上、下弦杆兼作支撑桁架的弦杆，斜腹杆多采用十字交叉的体系。交叉斜杆以及柔性系杆按拉杆设计，通常用单角钢做成；非交叉斜杆、弦杆、横杆及刚性系杆按压杆设计，宜采用双角钢做成的T形截面或十字形截面，其中横杆和刚性系杆常采用十字形截面，这样可使两个方向具有等稳定性。

屋盖支撑受力较小，截面尺寸大多由杆件的容许长细比和构造要求而定，但对兼作支撑桁架弦杆、横杆或端竖杆的檩条或屋架竖杆等，其长细比应满足支撑压杆的要求，即$[\lambda]=200$；兼作柔性系杆的檩条，其长细比应满足支撑拉杆的要求，即$[\lambda]=400$（一般情况）或$[\lambda]=350$（有重级工作制的厂房）。

屋盖支撑一般为平行弦桁架。桁架的斜腹杆常采用交叉设置的单角钢做成，受力时一根受拉则另一根受压，常假定受压的这根单角钢因弯扭屈曲而退出工作，只有受拉的一根单角钢斜杆参加桁架整体受力工作。这样简化的结果是桁架在受力时属于静定结构，计算简单。当荷载反向作用时（如风荷载的反向作用），斜腹杆受力变号，仍是一根受力参加工作，另一根因弯扭屈曲而退出工作（见图8-17）。对于屋架跨度较小而又无振动设备的房屋，支撑桁架的交叉斜腹杆也可用圆钢做成。

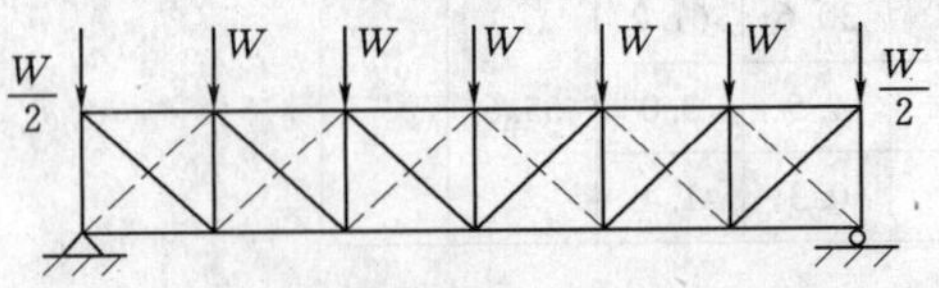

图8-17　支撑桁架杆件的内力计算简图

上弦横向水平支撑一方面要承受山墙传来的风荷载，另一方面还要通过系杆（刚性系杆或柔性系杆）来保证其他相邻屋架受压的上弦压杆的稳定性。按规定用作减少轴心受压构件（屋架上弦杆）自由长度（垂直屋架平面）的支撑，其内力应根据被支撑构件的剪力V（作为侧向力）确定。

3. 屋盖支撑的连接构造

支撑构件与屋架的连接应构造简单，安装方便。因为连接都在高空进行，因此，大多通常采用C级螺栓，每一杆件接头处的螺栓数不少于两个。螺栓直径一般为20mm，与天窗架或轻型钢屋架连接的螺栓直径可用16mm。有重级工作制吊车或有较大振动设备的厂房中，屋架下弦支撑和系杆（无下弦支撑时为上弦支撑和隅撑）的连接，宜采用高强度摩擦型螺栓，或除C级螺栓外另加安装焊缝连接，每条焊缝的焊脚尺寸不宜小于6mm，长度不宜小于80mm。支撑系统的连接构造形式较多，下面仅介绍几种常用的典型节点。

（1）上弦横向水平支撑与屋架的连接节点。为避免支撑杆件与檩条或大型屋面板主肋等相碰，当上弦横向水平支撑的交叉斜杆采用单角钢时，其角钢竖直边均应朝下外伸，如图8-18、图8-19所示。在两交叉杆相交处，一杆连续，另一杆切断并通过节点板相连。有檩屋盖中的交叉斜杆在交叉点如刚好遇上中间檩条时，交叉斜杆可与焊在中间檩条下的节点板用螺栓连接，如图8-18（b）所示。此时，该中间檩条即可作为屋架上弦的一个侧向支承点。

（2）下弦平面支撑与屋架的连接节点。下弦平面交叉支撑中的两个角钢在交叉点都可不切断，一个角钢的外伸边朝上，另一角钢的外伸边朝下，两角钢间在交叉点用厚度等于水平节点板的填板以一个C级螺栓相连，如图8-20所示。该图中的纵向柔性系杆连接在屋架弦杆的另一角钢上。

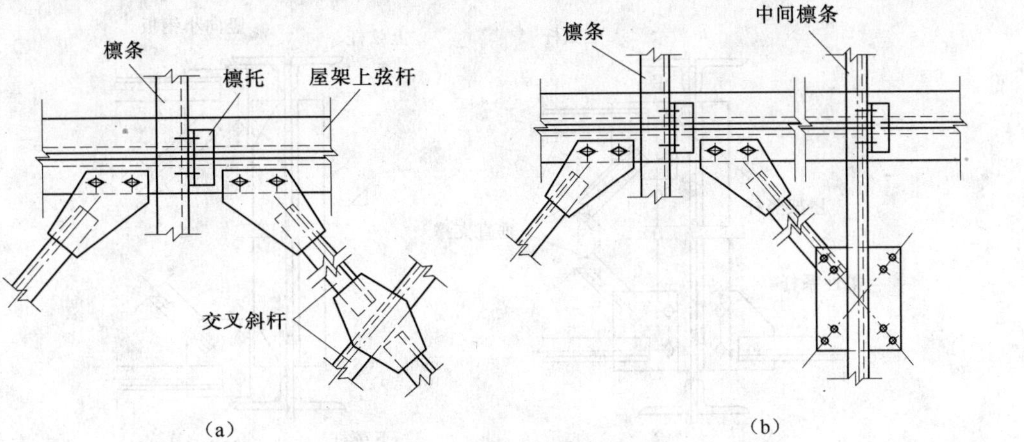

图 8-18　有檩屋盖中上弦横向水平支撑与屋架的连接节点

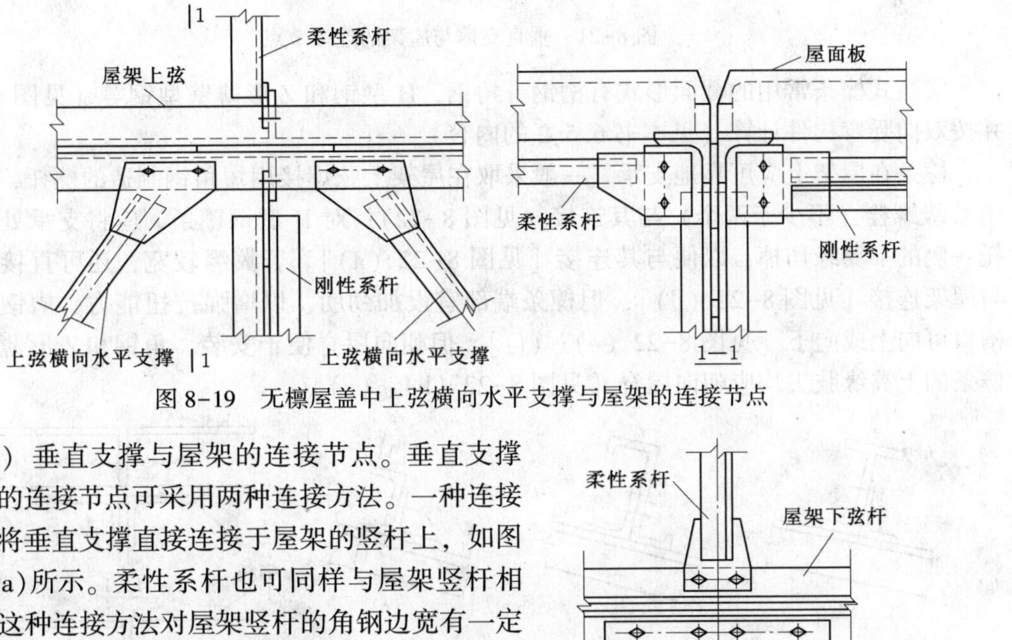

图 8-19　无檩屋盖中上弦横向水平支撑与屋架的连接节点

(3) 垂直支撑与屋架的连接节点。垂直支撑与屋架的连接节点可采用两种连接方法。一种连接方法是将垂直支撑直接连接于屋架的竖杆上，如图 8-21 (a)所示。柔性系杆也可同样与屋架竖杆相连，但这种连接方法对屋架竖杆的角钢边宽有一定要求，在设计该竖杆截面时应予注意。另一种连接方法是将垂直支撑与预先焊在屋架上、下弦杆上的两块竖向小钢板用螺栓相连，如图 8-21 (b)所示。

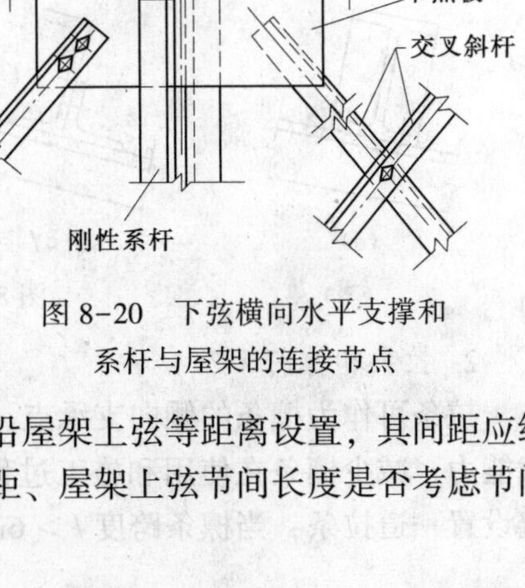

图 8-20　下弦横向水平支撑和系杆与屋架的连接节点

8.2.4　檩条、拉条和撑杆

1. 檩条

屋盖中檩条的数量多，其用钢量约达屋盖总用钢量的一半，因此，设计时应予以充分的重视，合理地选择其形式和截面。

檩条可全部布置在屋架上弦节点，也可由屋檐起沿屋架上弦等距离设置，其间距应结合檩条的承载能力、屋面材料的规格和其最大容许檩距、屋架上弦节间长度是否考虑节间荷载等因素综合决定。

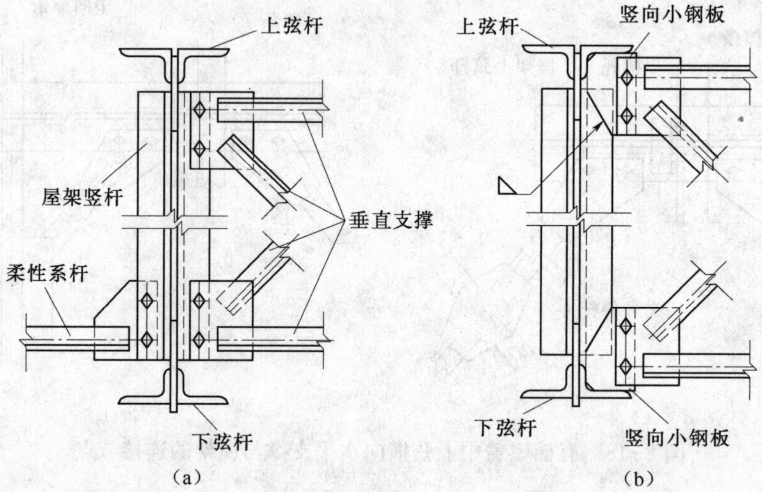

图 8-21 垂直支撑与屋架的连接节点

实腹式檩条常用的截面形式有槽钢、角钢、H 型钢和 Z 形薄壁型钢等（见图 6-52），并按双向受弯构件计算（见本书 6.5.2 的内容）。

檩条在屋架上应可靠地支承。一般采取在屋架上弦焊接用短角钢制造的檩托，将檩条用 C 级螺栓（不少于两个）与其连接（见图 8-22）；对 H 型钢檩条，应将支承处靠向檩托一侧的下翼缘切掉，以便与其连接［见图 8-22（a）］。若翼缘较宽，还可直接用螺栓与屋架连接［见图 8-22（d）］，但檩条端部宜设加劲肋，以增强抗扭能力。槽钢檩条的槽口可向上或向下［见图 8-22（e）、（f）］，但朝向屋脊便于安装。角钢和 Z 形薄壁型钢檩条的上翼缘肢尖均应朝向屋脊［见图 8-22（b）、（c）］。

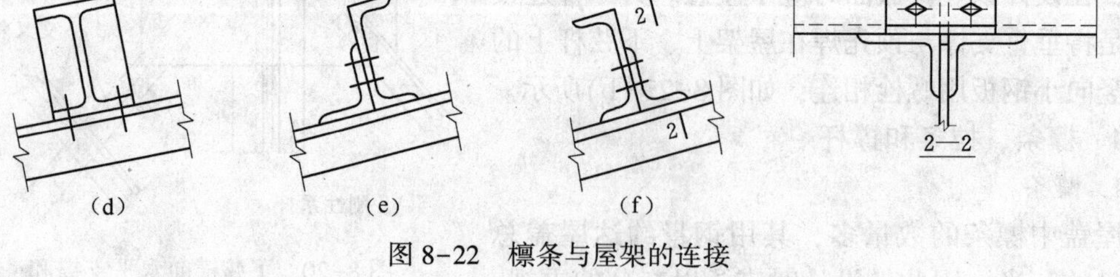

图 8-22 檩条与屋架的连接

2. 拉条和撑杆

拉条可作为檩条的侧向支承点，减小檩条在平行于屋面方向上的跨度，提高檩条的承载能力，减少檩条在使用和施工过程中产生的侧向变形和扭转。当檩条跨度 $l=4\sim6$m 时，宜设置一道拉条；当檩条跨度 $l>6$m 时，宜设置两道拉条。

为使拉条形成一个整体不动体系，并能将檩条平行于屋面方向的反力上传至屋脊，需使某些拉条与可作为不动点的屋架节点或檩条连接。当屋面有天窗时，应在天窗侧边两檩条间设置斜拉条和作为檩条侧向支承的承压刚性撑杆（见图 6-54）。当屋面无天窗时，屋架两坡面的脊檩须在拉条连接处相互联系［见图 8-21（d）］，以使两坡面拉力相互平衡，或与天窗侧边一样设斜拉条和刚性撑杆（见图 6-54）。对 Z 形薄壁型钢拉条，还须在檐口处设斜拉条和撑杆，因为在荷载作用下，它也可能向屋脊方向弯曲。当檐口处有圈梁或承重天沟时，可只设直拉条与圈梁或天沟板相连。

拉条常用 ϕ10、ϕ12 或 ϕ16 圆钢制造，撑杆则多用角钢，按支撑压杆容许长细比 200 选用截面。

拉条、撑杆与檩条的连接构造如图 8-23 所示。拉条的位置应靠近檩条上翼缘 30～40mm，并用螺母将其张紧固定。撑杆则用 C 级螺栓与焊在檩条上的角钢固定。

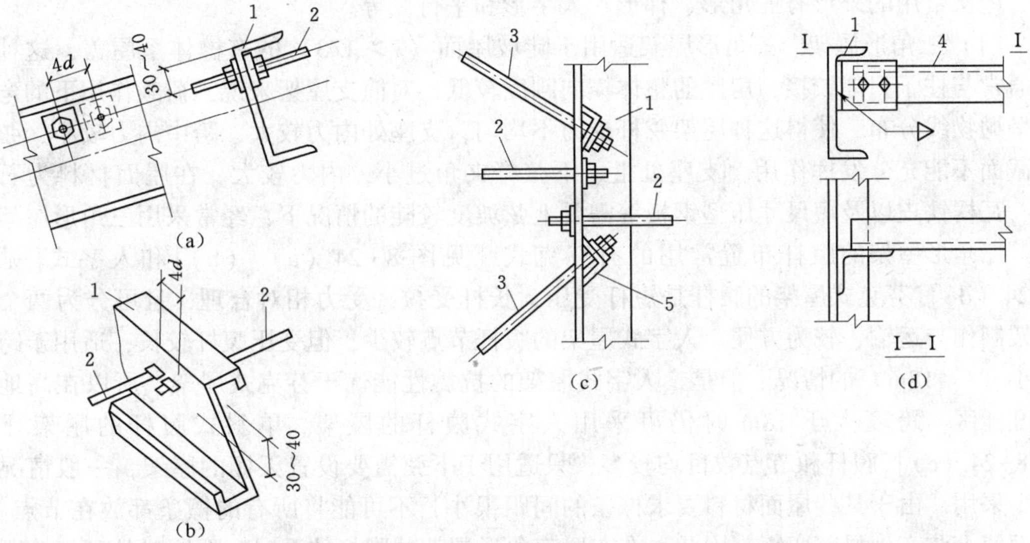

图 8-23　拉条、撑杆与檩条的连接

1—檩条；2—直拉条；3—斜拉条；4—撑杆；5—角钢垫

8.3　钢屋架的设计

8.3.1　屋架的选用原则和形式

1. 屋架的选用原则

屋架设计时一般应综合考虑以下因素。

（1）满足使用要求。屋架上弦的坡度应满足屋面材料的排水要求。如果屋面采用瓦类、铁皮或钢丝网水泥槽板时，屋架上弦坡度应做得陡些，一般取 1/5～1/2，以利排水；当采用大型屋面板上铺卷材防水屋面时，则要求屋面坡度平缓些，一般取 1/12～1/8。此外，桁架与柱的连接方式（刚接还是铰接）、房屋内部净空高度的要求、有无吊顶和悬挂吊车、有无天窗和天窗形式以及建筑造型的需要等，都将影响桁架的外形。

（2）受力合理。只有构件受力合理时才能充分发挥材料的作用，从而达到节省材料的目的。对弦杆来说，桁架的外形应尽量与弯矩图相近，以使弦杆内力均匀，材料强度得到充分发挥。而腹杆的布置应使短杆受压、长杆受拉，且节点和腹杆数量宜少，腹杆总长度宜短。尽量使荷载作用在节点上，避免弦杆因受节间荷载产生的局部弯矩而加大截面。当梯形桁架与柱刚接时，其端部应有足够的高度，以便有效地传递支座弯矩。

（3）便于制作和安装。桁架杆件的数量和截面规格种类宜少，构造应简单，以便于制造。杆件间夹角宜为30°~60°，夹角过小将使节点构造困难。

（4）综合技术经济效果好。在确定桁架形式与主要尺寸时，除着眼于构件本身的省料、省工外，还应考虑到跨度大小、荷载状况、材料供应条件、工期长短等要求，以获得较好的综合经济效果。

2. 屋架的形式

屋架常用的外形有三角形、梯形、人字形和平行弦等。

（1）三角形屋架。三角形屋架适用于陡坡屋面（$i > 1/3$）的有檩体系屋盖，这种屋架通常与柱子只能铰接，房屋的整体横向刚度较低，对简支屋架来说，荷载作用下的弯矩图呈抛物线分布，使得这种屋架弦杆受力不均匀，支座处内力较大，跨中内力较小，弦杆的截面不能充分发挥作用。支座处上、下弦杆夹角过小，内力较大。在屋面材料为石棉瓦、瓦楞铁皮以及短尺寸压型钢板等需要上弦坡度较陡的情况下，经常采用三角形屋架。

三角形屋架的腹杆布置常用的有芬克式［见图8-24（a）、（b）］和人字式［见图8-24（d）］。芬克式屋架的腹杆是短杆受压、长杆受拉，受力相对合理，且可分为两个小桁架制作与运输，较为方便。人字式屋架的腹杆节点较少，但受压腹杆较长，适用于跨度较小（$L \leq 18$m）的情况。但是，人字式屋架的抗震性能优于芬克式屋架，所以在高地震烈度地区，跨度大于18m时仍可采用人字式腹杆的屋架。单斜式腹杆的屋架［见图8-24（c）］，腹杆和节点数目均较多，只适用于下弦需要设置天棚的屋架，一般情况下较少采用。由于某些屋面材料要求檩条的间距很小，不可能将所有的檩条都放在节点上，从而使上弦产生局部弯矩，因此，在布置三角形屋架的腹杆体系时，要同时处理好檩距和上弦节点间的关系。

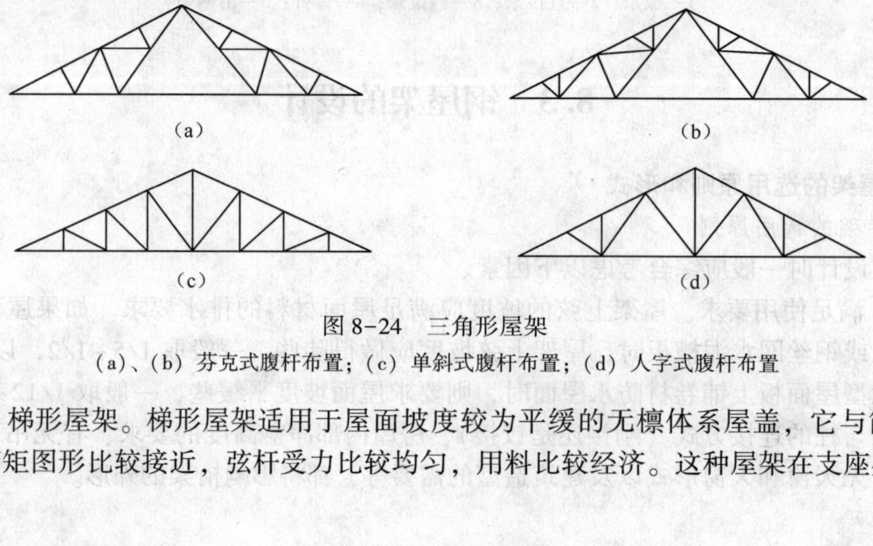

图8-24　三角形屋架

（a）、（b）芬克式腹杆布置；（c）单斜式腹杆布置；（d）人字式腹杆布置

（2）梯形屋架。梯形屋架适用于屋面坡度较为平缓的无檩体系屋盖，它与简支受弯构件的弯矩图形比较接近，弦杆受力比较均匀，用料比较经济。这种屋架在支座处有一定

的高度，既可与钢筋混凝土柱铰接，也可与钢柱做成刚接。因此，梯形屋架是目前采用无檩设计的工业厂房屋盖中应用最广泛的一种屋架形式。

梯形屋架的腹杆体系可采用单斜式、人字式和再分式（见图 8-25）。人字式梯形屋架按支座斜杆与弦杆组成的支承点在下弦或上弦分为下承式和上承式两种。一般情况下，与柱刚接的屋架宜采用下承式；与柱铰接的屋架两种方式均可采用。由于下承式屋架使排架柱计算高度减小又便于在下弦设置屋盖纵向水平支撑，故采用较多；而上承式屋架使屋架重心降低，斜腹杆受拉，且给安装带来很大方便。当上弦节间长度为 3m 而大型屋面板宽度为 1.5m 时，常采用再分式腹杆［见图 8-25（d）］将节间长度减小至1.5m；有时也采用 3m 节间而使上弦杆成为压弯杆而承受局部弯矩，虽然这种方法构造简单但耗钢量增多，一般较少采用。

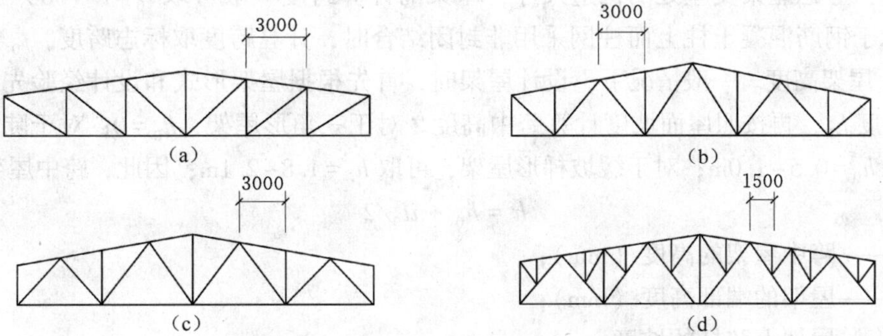

图 8-25　梯形屋架

（a）上承式屋架（单斜式腹杆）；（b）上承式屋架（人字式腹杆）；
（c）下承式屋架（人字式腹杆）；（d）下承式屋架（再分式腹杆）

（3）人字形屋架。人字形屋架的上、下弦可以是平行的，坡度一般为 1/20~1/10（见图 8-26），节点构造较为统一；也可上、下弦具有不同的坡度或者下弦有一部分水平段［见图 8-26（c）、（d）］，可改善屋架受力情况。人字形屋架具有较好的空间观感，制作时可不起拱，多用于跨度较大的情况。人字形屋架一般宜采用上承式，这种形式安装较方便。

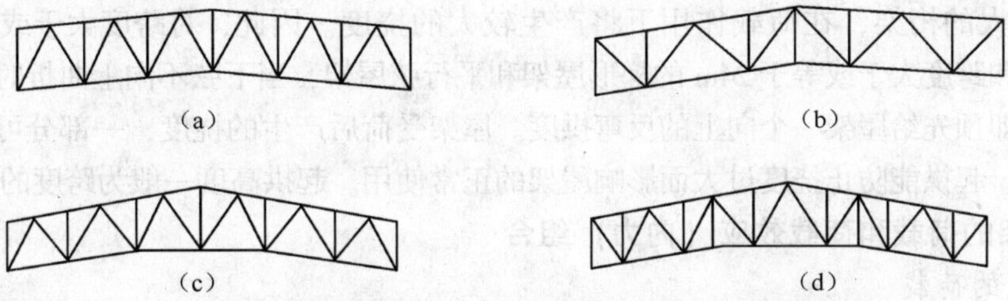

图 8-26　人字形屋架

（a）、（b）上下弦平行的同坡度人字形屋架；（c）、（d）下弦带水平段的人字形屋架

（4）平行弦屋架。平行弦屋架的特点是杆件规格化，节点的构造也统一，因而便于制造，但弦杆内力分布不均匀。倾斜式平行弦屋架常用于单坡屋面的屋盖中，而水平式平行弦屋架多用作托架。水平式平行弦屋架还可用于吊车制动桁架、栈桥和支撑构件等。腹杆布置通常采用人字式［见图 8-27（a）、（b）］；当腹杆用作支撑桁架时，常采用交叉式［见图 8-27（c）］。

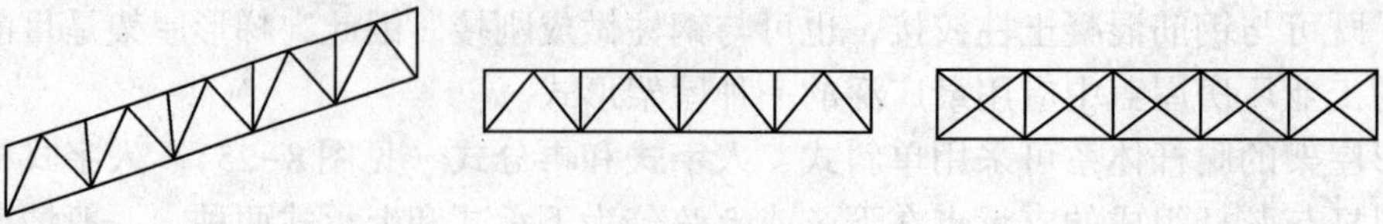

(a)　　(b)　　(c)

图 8-27　平行弦屋架

(a)、(b) 人字形腹杆平行弦屋架；(c) 交叉式腹杆平行弦屋架

3. 屋架的尺寸

(1) 屋架跨度。柱网纵向轴线的间距就是屋架的标志跨度，以 3m 为模数。屋架的计算跨度是屋架两端支反力之间的距离。当屋架简支于钢筋混凝土柱或砖柱上且柱网采用封闭结合时，考虑屋架支座处的构造尺寸，屋架的计算跨度一般可取 $l_0=l-(300\sim400)$，当屋架支承于钢筋混凝土柱上而柱网采用非封闭结合时，计算跨度取标志跨度，$l_0=l$。

(2) 屋架高度。一般情况下，设计屋架时，首先根据屋架形式和设计经验先确定屋架的端部高度 h_0，再按照屋面坡度计算跨中高度。对于三角形屋架，$h_0=0$；对于陡坡梯形屋架，可取 $h_0=0.5\sim1.0\text{m}$；对于缓坡梯形屋架，可取 $h_0=1.8\sim2.1\text{m}$；因此，跨中屋架高度为

$$h = h_0 + il_0/2 \tag{8-1}$$

式中　h——跨中屋架的高度（mm）；

h_0——屋架的端部高度（mm）；

i——屋架上弦杆的坡度；

l_0——屋架的计算跨度（mm）。

人字形屋架和梯形屋架的中部高度主要取决于经济要求，一般情况下可在下列范围内采用。

梯形和平行弦屋架：　$h=(1/10\sim1/6)\,l_0$

三角形屋架：　$h=(1/6\sim1/4)\,l_0$

人字形屋架跨中高度一般为 2.0~2.5m，当跨度大于 36m 时，可取较大高度但不宜超过 3m；端部高度一般为跨度的 1/18~1/12。

跨度较大的桁架，在荷载作用下将产生较大的挠度。因此，对跨度大于或等于 15m 的三角形屋架和跨度大于或等于 24m 的梯形屋架和平行弦屋架，当下弦不向上曲折时，宜采用起拱的方法，即预先给屋架一个向上的反弯拱度。屋架受荷后产生的挠度，一部分可由反弯拱度抵消。因此，起拱能防止挠度过大而影响屋架的正常使用。起拱高度一般为跨度的 1/500。

8.3.2　屋架的荷载和荷载效应（内力）组合

1. 屋架的荷载

屋盖上的荷载有永久荷载和可变荷载两大类。屋架的荷载应根据《建筑结构荷载规范》(GB 50009—2012) 计算。

(1) 永久荷载。永久荷载包括屋面材料、保温材料、檩条及屋架（包括支撑及天窗）的自重。其中屋面材料和保温材料的自重，《建筑结构荷载规范》(GB 50009—2012) 中给出的 q (kN/m^2) 常按屋面的实际面积计算，需除以屋面倾角的余弦 ($\cos\alpha$) 后，才得到按屋面水平投影面积计算的自重值。常采用经验公式 (8-2) 估算屋架的自重（该式中未包含天窗架但已包含支撑自重在内），该式为已按屋面的水平投影面积计算的结果。

$$g_k=0.12+0.011l \tag{8-2}$$

式中　l——屋架的标志跨度（m）；

g_k——按屋面的水平投影面分布的均布面荷载（kN/m^2）。

通常假定屋架的自重一半作用在上弦平面，一半作用在下弦平面。但当屋架下弦无其他荷载时，为简化计算，可假定屋架的自重全部作用于屋架的上弦平面。

（2）屋面均布可变荷载（屋面可变荷载）。《建筑结构荷载规范》（GB 50009—2012）规定，对不上人的屋面按屋面水平投影面积计算，屋面均布可变荷载标准值 $q_{Qk}=0.5kN/m^2$，组合值系数 $\Psi_c=0.7$。

（3）雪荷载。屋面水平投影面上的雪荷载标准值为

$$s_k=\mu_r s_0 \ (kN/m^2) \tag{8-3}$$

式中　s_0——基本雪压（kN/m^2），随地区不同而异，可由《建筑结构荷载规范》（GB 50009—2012）查得，山区的雪荷载应通过实际调查后确定，当无实测资料时，可按当地邻近空旷平坦地面的雪荷载值乘以系数 1.2 采用；

μ_r——屋面积雪分布系数，随屋面的坡度和形式而变化，《建筑结构荷载规范》（GB 50009—2012）中规定，单跨单坡屋面和单跨双坡屋面当屋面倾角 $\alpha\leqslant 25°$时取 $\mu_r=1.0$，当 $\alpha\geqslant 50°$时取 $\mu_r=0$，当 $25°\leqslant\alpha\leqslant 50°$时 μ_r 可按直线插值求取。

随着屋面形式不同，规范中还考虑了雪有从一处吹向另一处堆积的可能而对不同屋面部分的不均匀分布，因而对不同形式的屋面又规定了不同的 μ_r 值。

由于积雪时人不可能大量拥上屋面或者人上屋面要把雪铲除等原因，对屋面均布可变荷载和雪荷载不应同时考虑，只选其较大值。雪荷载的组合值系数 $\Psi_c=0.7$。

（4）风荷载。根据《建筑结构荷载规范》（GB 50009—2012），风荷载的标准值为

$$w_k=\beta_z\mu_s\mu_z w_0 \ (kN/m^2) \tag{8-4}$$

式中　w_0——基本风压（kN/m^2），是以当地比较空旷平坦地面上离地面 10m 高处统计所得的 50 年一遇自记 10min 平均年最大风速 v_0(m/s) 为基准确定的风压值，可从《建筑结构荷载规范》（GB 50009—2012）中查出全国各地区基本风压，基本风压的最小值规定为 $0.3kN/m^2$；

β_z——高度为 z 处的风振系数，已考虑风压脉动的影响，一般钢屋架设计常不考虑此影响，可取 $\beta_z=1.0$；

μ_z——风压高度变化系数，对于平坦和稍有起伏的地形，应根据地面粗糙度不同而定，设计钢屋架时，可取屋架高度的中点离地面的高度作为选用风压高度变化系数的依据；

μ_s——风荷载体型系数，随房屋体型、风向等变化，可查《建筑结构荷载规范》（GB 50009—2012）附录确定。

风荷载的组合值系数为 $\Psi_c=0.6$。

（5）其他荷载。其他荷载是指在某些情况下需要考虑的荷载。例如，民用或公共建筑的屋架下弦常有吊平顶及装饰品，则吊平顶及装饰品的自重应以永久荷载考虑并假设作用于屋架的下弦节点上。吊顶棚荷载可按其材料和做法由《建筑结构荷载规范》（GB 50009—

2012）查得，一般约为(0.15~0.5) kN/m^2。又如，工厂车间的屋架上常有悬挂吊车，悬挂吊车是屋架承受的一种可变荷载。此外，有些厂房还应考虑屋面的积灰荷载，《建筑结构荷载规范》（GB 50009—2012）给出了某些车间的屋面积灰荷载可供查用，但应注意，积灰荷载只与屋面均布可变荷载和雪荷载中的较大值同时考虑。

注意：在清理荷载时，屋面的均布荷载通常是按屋面水平投影面上分布的荷载进行计算的，所以凡沿屋面斜面分布的均布荷载（屋面板、瓦、各种屋面做法等恒荷载）均应换算为水平投影面上分布的荷载。假定沿屋面斜面分布的均布荷载为 q_{1k}，则换算为水平投影面上分布的荷载为 $q_{1k}/\cos\alpha$，α 为屋面的倾角。对于屋面坡度较小的缓坡梯形屋架结构的屋面，α 较小，可按 $\cos\alpha=1$，即不再换算。《建筑结构荷载规范》（GB 50009—2012）给出的屋面均布活荷载、雪荷载均为水平投影面上的荷载，在计算时无须换算。

2. 节点荷载汇集

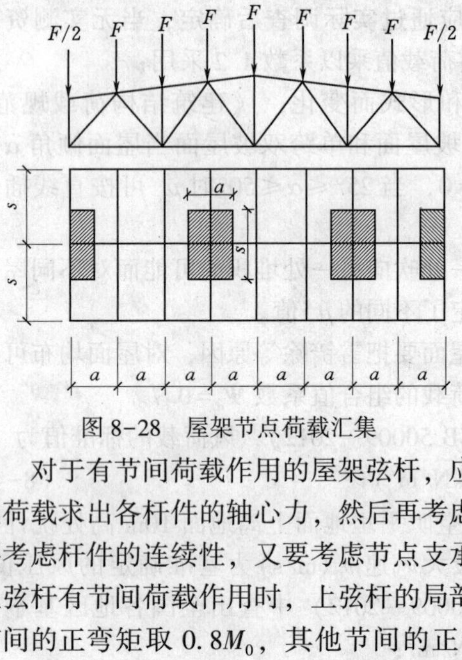

图 8-28　屋架节点荷载汇集

屋架所受的荷载一般通过檩条或大型屋面板的边肋以集中力的方式作用于屋架的节点上。屋架节点荷载汇集如图 8-28 所示，作用于屋架上弦节点的集中力可按下式计算：

$$F_k = q_k as \tag{8-5}$$

式中　F_k——节点集中力标准值（kN）；

q_k——按屋面水平投影面分布的荷载标准值（kN/m^2）；

a——上弦节间的水平投影长度（m）；

s——屋架的间距（m）。

对于有节间荷载作用的屋架弦杆，应把节间荷载分配在相邻的两个节点上，屋架按节点荷载求出各杆件的轴心力，然后再考虑节间荷载引起的局部弯矩。局部弯矩的计算，既要考虑杆件的连续性，又要考虑节点支承的弹性位移，一般采用简化计算。例如，当屋架上弦杆有节间荷载作用时，上弦杆的局部弯矩可近似地采用图 8-29（a）中的弯矩，即端节间的正弯矩取 $0.8M_0$，其他节间的正弯矩和节点负弯矩（包括屋脊节点）取 $0.6M_0$，M_0 为将相应弦杆节间作为单跨简支梁求得的最大弯矩［见图 8-29（b）］。上弦杆节间荷载 P 与式（8-5）中 F_k 的计算相同，但按屋面水平投影计算的荷载中应扣除屋架自重而加上屋架上弦杆的自重。当上弦杆截面尚不确定时，可取上弦杆的自重为屋架和支撑自重估计值的 1/5~1/4。

3. 屋架内力

（1）基本假定。

1）所有荷载都作用在节点上（屋架作用有节间荷载时，可将其分配到相邻的两个节点）。

2）节点处所有杆件轴线在同一平面内且相交于一点（节点中心）。

3）各节点均为理想铰接。

4）各杆件均为等截面直杆。

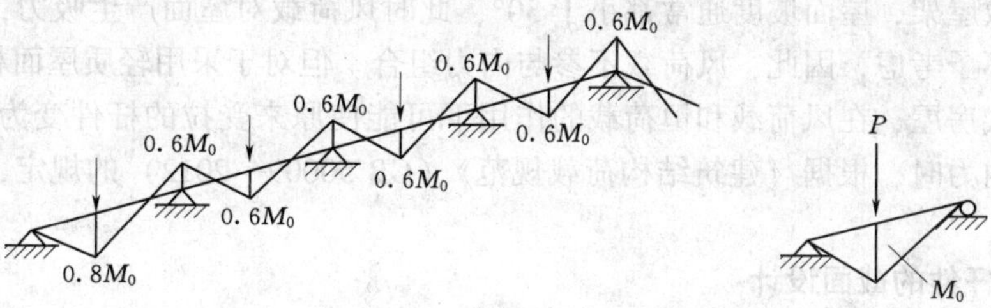

图 8-29　上弦杆的局部弯矩

（每节间一个集中荷载）

（a）上弦杆局部弯矩近似计算简图；（b）节间最大弯矩 M

（2）内力计算。根据以上假定，桁架的杆件均为轴心受力杆件，这样就可利用电子计算机或采用图解法及数解法求出在各节点荷载作用下铰接桁架杆件的内力（轴心力）。

计算屋架杆件内力时，假定各节点均为铰接点。实际上，用焊缝连接的各节点具有一定的刚度，在屋架杆件中引起了次应力（由于节点实际具有刚性所引起的应力），根据理论和试验分析，由角钢组成的普通钢屋架，由于杆件的线刚度较小，次应力对承载力的影响很小，设计时可以不予考虑。

对用节点板连接的桁架，当杆件为 H 形、箱形等刚度较大的截面，且在桁架平面内的杆件截面高度与其几何长度（节点中心间的距离）之比大于 1/10（对弦杆）或大于 1/15（对腹杆）时，应考虑节点刚性所引起的次弯矩。

跨度大于 36m 的两端铰支承的桁架，在竖向荷载作用下，下弦弹性伸长对支承构件产生水平推力时，应考虑其影响。

4. *屋架杆件的内力组合*

由于可变荷载的作用位置将影响屋架内力，有的杆件并非所有恒荷载和活荷载都作用时引起最不利杆力，可能当某些荷载半跨作用时，该杆内力最大或由拉杆变成压杆，成为起控制作用的杆力。因此，设计时要考虑施工及使用阶段可能遇到的各种荷载及其组合的可能情况，对屋架进行内力分析时应按最不利组合取值。对于与柱铰接的屋架一般应考虑以下三种荷载效应组合。

（1）全跨荷载。所有屋架都应进行全跨满载时的内力计算，即全跨永久荷载+全跨屋面活荷载或雪荷载（取两者的较大值）+全跨积灰荷载+悬挂吊车荷载。当有纵向天窗时，应分别计算中间天窗处和天窗端壁处的屋架杆件内力。

（2）半跨荷载。对梯形屋架、人字形屋架和平行弦屋架等的少数斜腹杆（一般为跨中每侧各两根斜腹杆），可能在半跨荷载作用下产生最大内力或引起内力变号。因此，对这些屋架还应根据使用和施工过程的分布情况考虑半跨荷载的作用，即全跨永久荷载+半跨屋面活荷载（或半跨雪荷载）+半跨积灰荷载+悬挂吊车荷载。

（3）采用大型混凝土屋面板的屋架，尚应考虑施工阶段安装时可能的半跨荷载作用情况，即屋架及天窗架（包括支撑）自重+半跨屋面板重+半跨屋面活荷载。

对大多数屋架，屋面坡度通常都小于 30°，此时风荷载对屋面产生吸力，起着卸载的作用，一般不予考虑，因此，风荷载不参与内力组合。但对于采用轻质屋面材料的三角形屋架和开敞式房屋，在风荷载和恒荷载的作用下可能使原来受拉的杆件变为受压。因此，在计算杆件内力时，根据《建筑结构荷载规范》（GB 50009—2012）的规定，应该计算风荷载的作用。

8.3.3 屋架杆件的截面设计

1. 屋架杆件的计算长度

理想的桁架结构中，杆件两端铰接，计算长度在桁架平面内应是节点中心间的距离，在桁架平面外则是侧向支承间的距离。但在节点处，节点是具有一定刚度的，加上受拉杆件的约束作用，使得杆件端部的约束介于刚接和铰接之间；拉杆越多，约束作用越大，相连拉杆的截面相对越大，约束作用也就越大。在这种情况下，杆件的计算长度小于节点中心间的或侧向支承间的几何长度。

杆件的计算长度公式为

$$l_{0x} = \mu_x l_x \tag{8-6a}$$

或

$$l_{0y} = \mu_y l_y \tag{8-6b}$$

式中 l_x、l_y——杆件平面内、平面外的几何长度（m）；

l_{0x}、l_{0y}——杆件平面内、平面外的计算长度（m）；

μ_x、μ_y——杆件平面内、平面外的计算长度系数，在桁架杆件中，μ_x、μ_y 是小于或等于 1.0 的数值。

根据《钢结构设计标准》（GB 50017—2017）的相关规定，屋架杆件的计算长度应按表 8-1 的规定采用。采用相贯焊接连接的钢管桁架，其构件计算长度可按表 8-2 取值；除钢管结构外，无节点板的腹杆计算长度在任意平面内均应取其等于几何长度。桁架再分式腹杆体系的受压主斜杆及 K 型腹杆体系的竖杆等，在桁架平面内的计算长度则取节点中心间距离。

表 8-1 桁架弦杆和单系腹杆的计算长度

项次	弯曲方向	弦杆	腹杆	
			支座斜杆和支座竖杆	其他腹杆
1	在桁架平面内	l	l	$0.8l$
2	在桁架平面外	l_1	l	l
3	斜平面	—	l	$0.9l$

注：1. l 为构件的几何长度（节点中心间距离），l_1 为桁架弦杆侧向支承点间的距离。

2. 斜平面系指与桁架平面斜交的平面，适用于构件截面两主轴均不在桁架平面内的单角钢腹杆和双角钢十字形截面腹杆。

3. 无节点板的腹杆计算长度在任意平面内均取其等于几何长度（钢管结构除外）。

表 8-2　钢管桁架构件计算长度

桁架类别	弯曲方向	弦杆	腹杆	
			支座斜杆和支座竖杆	其他腹杆
平面桁架	平面内	$0.9l$	l	$0.8l$
	平面外	l_1	l	l
立体桁架		$0.9l$	l	$0.8l$

注：1. l_1 为平面外无支撑长度，l 为杆件的节间长度。
2. 对端部缩头或压扁的圆管腹杆，其计算长度取 l。
3. 对于立体桁架，弦杆平面外的计算长度取 $0.9l$，同时尚应以 $0.9l_1$ 按格构式压杆验算其稳定性。

下面以表 8-1 为例，简述表中各项数值的取值原因。

（1）桁架平面内。如图 8-30（a）所示的弦杆、支座斜杆和支座竖杆的自身刚度均较大，且两端相连的拉杆少，因而对节点的嵌固程度很小，与两端铰接的情况比较接近，其计算长度不折减而取几何长度即节点间距离。其他中间腹杆，虽上端相连的拉杆少，嵌固程度小，可视为铰接，但其下端相连的拉杆则较多，且下弦的线刚度大，嵌固程度较大，所以其计算长度可适当折减，取 $l_{0x}=0.8l_0$。再分式腹杆［见图 8-30（b）］在中间节点上汇集的均为中间腹杆，且拉杆少，截面一般又较小，嵌固程度很小，所以取其计算长度为 $l_{0x}=l$。

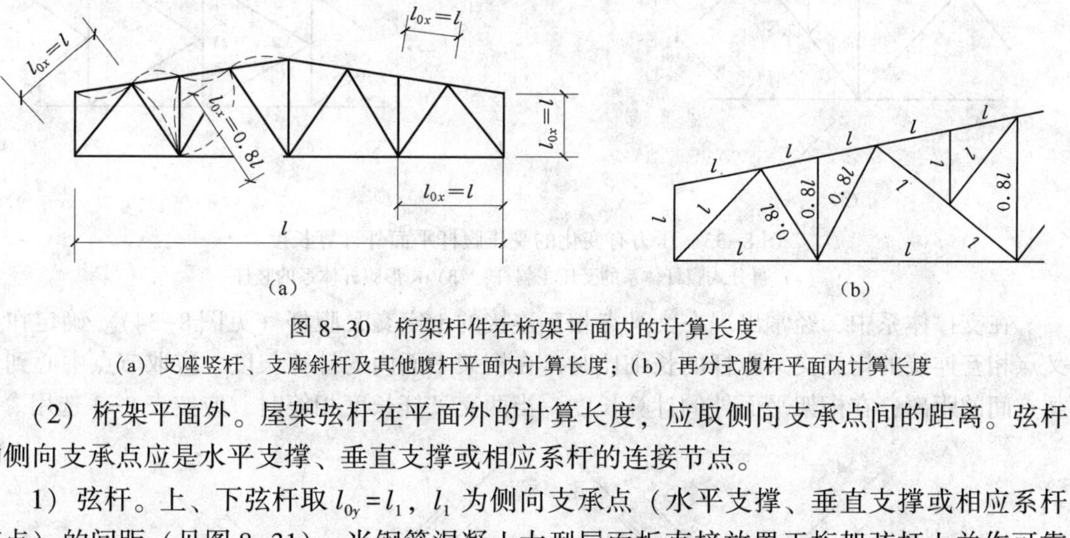

图 8-30　桁架杆件在桁架平面内的计算长度
（a）支座竖杆、支座斜杆及其他腹杆平面内计算长度；（b）再分式腹杆平面内计算长度

（2）桁架平面外。屋架弦杆在平面外的计算长度，应取侧向支承点间的距离。弦杆的侧向支承点应是水平支撑、垂直支撑或相应系杆的连接节点。

1）弦杆。上、下弦杆取 $l_{0y}=l_1$，l_1 为侧向支承点（水平支撑、垂直支撑或相应系杆节点）的间距（见图 8-31）。当钢筋混凝土大型屋面板直接放置于桁架弦杆上并作可靠焊接时，考虑大型屋面板（宽度为 b）能起支撑作用，设计时通常取 $l_{0y}=2b$（$b\leqslant1.5$m 时）、$l_{0y}=3$m（$b=1.5\sim3.0$m 时）或 $l_{0y}=b$（$b\geqslant3.0$m 时）。

当桁架受压弦杆侧向支承点间的距离为 2 倍节间长度，且两节间弦杆内力不等时（见图 8-32），该弦杆在桁架平面外的计算长度应按下式确定：

$$l_0=l_1\left(0.75+0.25\frac{N_2}{N_1}\right)\geqslant0.5l_1 \tag{8-7}$$

式中　N_1——较大的压力（kN），计算时取正值；

N_2——较小的压力或拉力（kN），计算时压力取正值，拉力取负值。

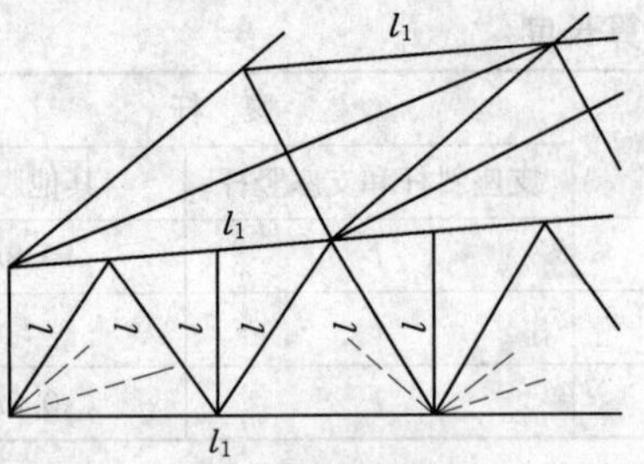

图 8-31 桁架杆件在桁架平面外的计算长度

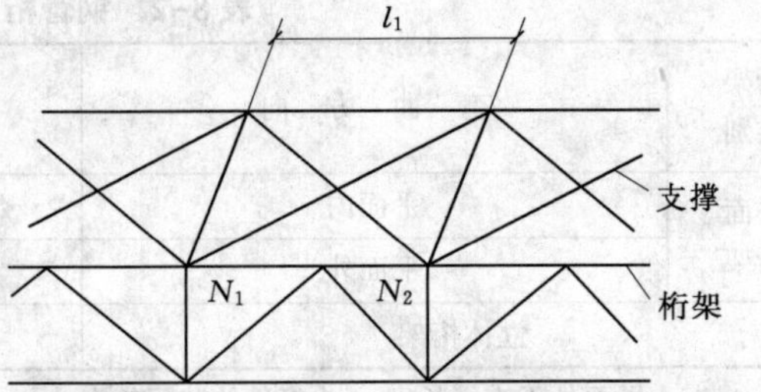

图 8-32 弦杆轴心压力在侧向支承点间有变化的桁架简图

2）腹杆。由于弦杆截面比腹杆相对较粗，且侧向被牢固支承，腹杆与弦杆的连接节点可认为是腹杆的侧向支承点。因此，对于一般腹杆（一端为上弦节点，另一端为下弦节点，见图 8-31），取 $l_{0y}=l$。

桁架再分式腹杆体系的受压主斜杆［见图 8-33（a）］和 K 形腹杆体系的竖杆［见图 8-33（b）］在桁架平面外的计算长度也应按式（8-7）确定，但应注意，对再分式腹杆体系的受拉主斜杆仍取 $l_{0y}=l_1$；在桁架平面内的计算长度则采用节点中心间距离。

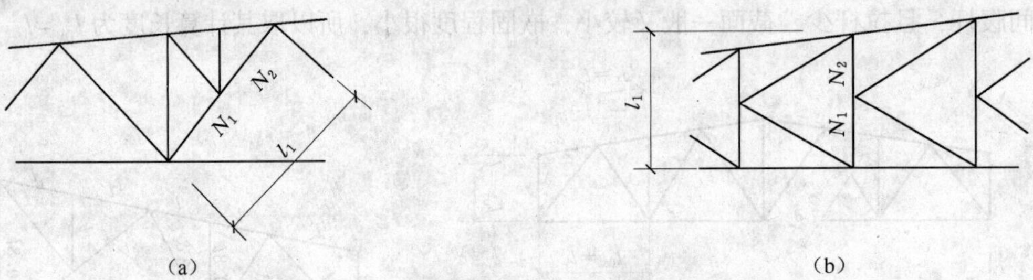

图 8-33 压力有变化的受压腹杆平面外计算长度

（a）再分式腹杆体系的受压主斜杆；（b）K 形腹杆体系的竖杆

在支撑体系中，经常出现在交叉点相互连接的十字交叉腹杆（见图 8-34）。确定在交叉点相互连接的桁架交叉腹杆的长细比时，在桁架平面内的计算长度，应取节点中心到交叉点间的距离；在桁架平面外的计算长度，当两交叉杆长度相等时，应按表 8-3 选用。

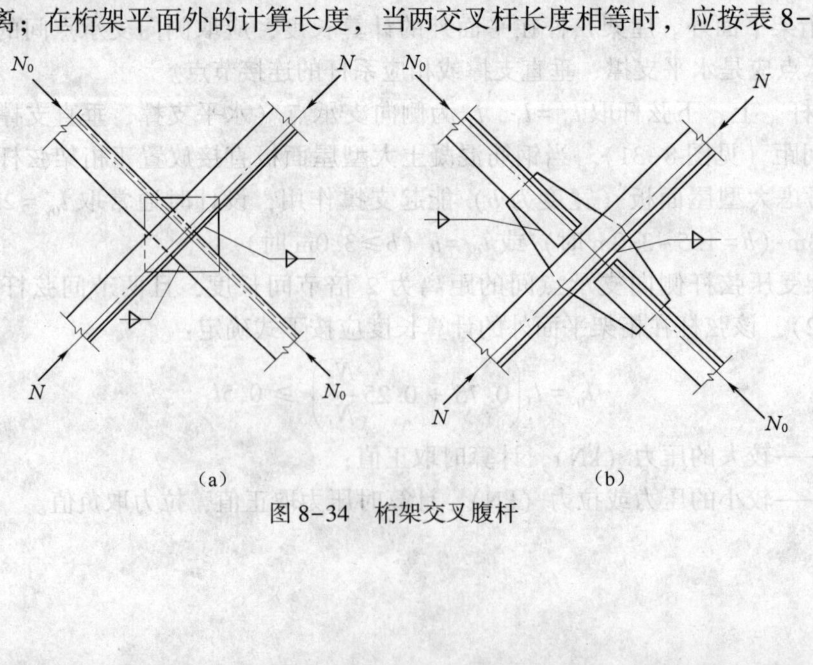

图 8-34 桁架交叉腹杆

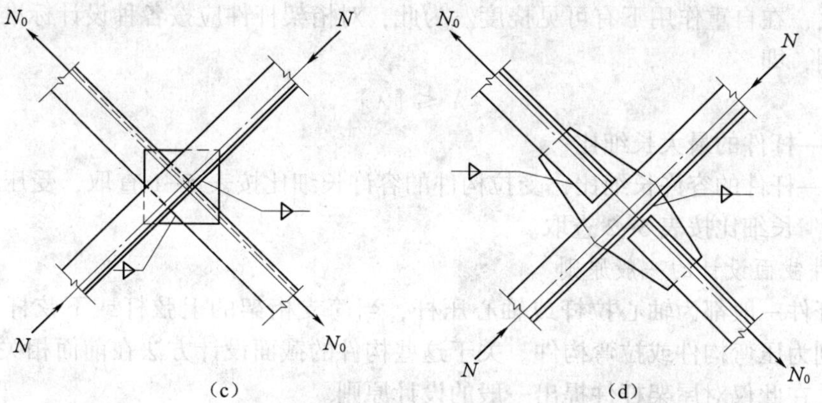

图 8-34　桁架交叉腹杆（续）

表 8-3　桁架交叉腹杆在桁架平面外的计算长度

项次	杆件类别	杆件交叉情况	在桁架平面外的计算长度	示意图
1	压杆	所相交的另一杆受压，且两杆截面相同并在交叉点均不中断	$l_0 = l\sqrt{\frac{1}{2}\left(1 + \frac{N_0}{N}\right)}$	图 8-34（a）
2	压杆	所相交的另一杆受压，且另一杆在交叉点中断但以节点板搭接	$l_0 = l\sqrt{1 + \frac{\pi^2}{12}\frac{N_0}{N}}$	图 8-34（b）
3	压杆	所相交的另一杆受拉，且两杆截面相同并在交叉点均不中断	$l_0 = l\sqrt{\frac{1}{2}\left(1 - \frac{3}{4}\frac{N_0}{N}\right)} \geqslant 0.5l$	图 8-34（c）
4	压杆	所相交的另一杆受拉，且拉杆在交叉点中断但以节点板搭接	$l_0 = l\sqrt{1 - \frac{3}{4}\frac{N_0}{N}} \geqslant 0.5l$	图 8-34（d）
5	压杆	所计算的压杆中断但以节点板搭接，而相交的另一杆为连续的拉杆，若 $N_0 \geqslant N$ 或拉杆在桁架平面外的抗弯刚度 $EI_y \geqslant \frac{3N_0l^2}{4\pi^2}\left(\frac{N}{N_0} - 1\right)$	$l_0 = 0.5l$	—
6	拉杆	—	$l_0 = l$	—

注：1. 表中 l 为桁架节点中心间距离（交叉点不作节点考虑）；N 为所计算杆的内力；N_0 为所相交另一杆的内力；N 和 N_0 均为绝对值。

2. 两杆均受压时，取 $N_0 \leqslant N$，两杆截面应相同。

3）斜平面的计算长度。单面连接的单角钢腹杆及双角钢十字形截面杆件，其截面的两主轴均不在屋架平面内。当杆件绕最小主轴受压失稳时为斜平面失稳，此时杆件两端节点对其均有一定的嵌固作用，其程度约介于桁架平面内和桁架平面外之间，因此，斜平面的计算长度略作折减，取 $l_{0x} = 0.9l_0$，但支座斜杆和支座竖杆仍取其几何长度作为计算长度。

2. 屋架杆件的容许长细比

杆件长细比过大，在运输和安装过程中容易因刚度不足而产生弯曲，在动力荷载作用

下振幅较大，在自重作用下有可见挠度。为此，对桁架杆件应按各种设计标准的容许长细比进行控制，即

$$\lambda \leqslant [\lambda] \tag{8-8}$$

式中 λ——杆件的最大长细比；

$[\lambda]$——杆件的容许长细比，受拉构件的容许长细比按表 5-1 查取，受压构件的容许长细比按表 5-2 查取。

3. 杆件截面设计的一般原则

桁架杆件一般都为轴心拉杆或轴心压杆，当简支桁架的上弦杆或下弦杆有节间荷载时，则分别为压弯构件或拉弯构件。关于这些构件的截面设计方法在前面相关章节中已经详细介绍，在此仅对屋架杆件提出一般的设计原则。

（1）应优先选用肢宽壁薄的板件或肢件组成的截面以增大截面的回转半径，但受压构件应满足局部稳定的要求。一般情况下，板件或肢件的最小厚度为 5mm，对小跨度屋架可用到 4mm。

（2）角钢杆件或 T 型钢的悬伸肢宽不得小于 45mm。直接与支撑或系杆相连的最小肢宽，应根据连接螺栓的直径 d 而定：d=16mm 时，为 63mm；d=18mm 时，为 70mm；d=20mm 时，为 75mm。垂直支撑或系杆如果连接在预先焊接于桁架竖腹杆及弦杆的连接板上，则悬伸肢宽不受此限制。放置屋面板时，上弦角钢水平肢宽不宜小于 80mm。

（3）由于屋架杆件在屋架平面内和平面外的计算长度有的相同（例如，支座斜杆），有的不同（如一般单系腹杆和上、下弦杆），当采用以角钢组成的 T 形截面时，应尽可能使两个方向的长细比接近，以获得经济的截面。

（4）为减少拼接的设置，屋架弦杆的截面常根据受力最大的节间杆力选用。只有当跨度较大（例如大于 24m）、因角钢供应长度限制而必须设置拼接以接长时，可根据节间内力变化在半跨内改变截面一次。改变截面时宜改变角钢的边长而保持厚度不变，以利于拼接。各种型号角钢通常的供应长度见角钢的国家标准。

（5）焊接屋架中，弦杆角钢水平边上连接支撑构件的螺栓孔位置，若位于竖向节点板范围以内并距离竖向节点板边缘大于或等于 100mm 时，考虑节点板的参与，计算弦杆净截面时可不计孔对弦杆截面的削弱，否则应考虑其影响。

（6）同一屋架的型钢规格不宜太多，一般不宜超过 6 种，以便订货。如果选用的型钢规格过多，可将数量较少的小号型钢进行调整，同时应尽量避免选用相同边长或肢宽而厚度相差很小的型钢，以免施工时产生混淆。

（7）当屋架竖杆的外伸边需与垂直支撑相连接，则该竖杆宜采用由双角钢组成的十字形截面。十字形截面不但刚度大于 T 形截面，而且还可使垂直支撑对该竖杆的连接偏心为最小；此外，当该竖杆位于屋架中央时，还可使在工地吊装时屋架的左、右端可以任意放置（如采用 T 形截面，由于截面对杆件轴线不对称，屋架左、右端不能任意放置，否则各屋架中央竖杆截面的外伸边将不在同一竖向平面）。

（8）单面连接的单角钢杆件，因连接偏心易使构件受压时弯扭失稳，故只能用于跨度较小的桁架或桁架中受力较小、长度较短的次要腹杆，并且考虑受力时偏心的影响，在按轴心受拉或轴心受压计算其强度、稳定性以及连接时，钢材和连接的强度设计值应乘以

相应的折减系数。

4. 杆件的截面形式

桁架杆件截面形式的确定，应考虑构造简单、施工方便、易于连接，以及使其具有一定的侧向刚度并且取材任意等要求。

普通钢屋架以往基本上采用由两个角钢组成的 T 形截面或十字形截面形式的杆件，受力较小的次要杆件可采用单角钢。自 H 型钢在我国生产后，很多情况可用将 H 型钢剖开而成的 T 型钢来代替双角钢组成的 T 形截面。采用 T 型钢，可节省节点板和填板等钢材 12%～15%，且易于刷油防腐，延长使用寿命，因此具有很广阔的发展前景。

现将各种截面的形式及其回转半径 i_y/i_x 值的大致范围和用途列入表 8-4，设计时可参考选用。下面简单说明各种杆件的合理截面形式。

表 8-4　屋架杆件的截面形式

型钢类型	截面形式	回转半径的比值	用途
TW 型钢	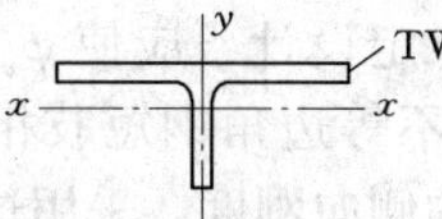	$\frac{i_y}{i_x}=1.8\sim2.1$	l_{0y} 较大的上、下弦杆
TM 型钢	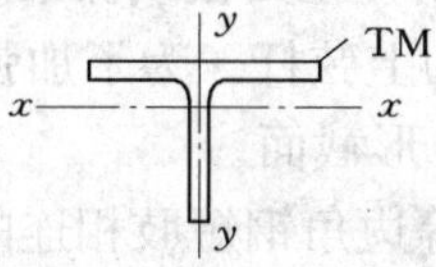	$\frac{i_y}{i_x}=0.78\sim1.4$	一般上、下弦杆或腹杆
TN 型钢	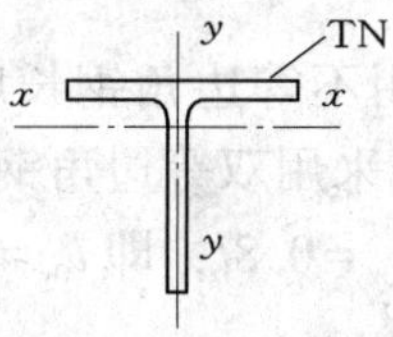	$\frac{i_y}{i_x}=0.44\sim0.83$	受局部弯矩作用的上、下弦杆
不等边角钢 短肢相并	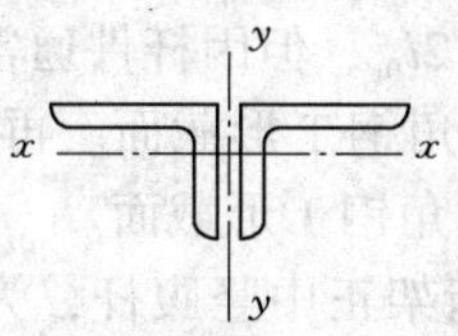	$\frac{i_y}{i_x}=2.6\sim2.9$	l_{0y} 较大的上、下弦杆
不等边角钢 长肢相并	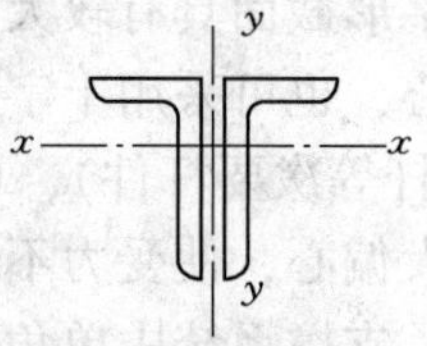	$\frac{i_y}{i_x}=0.75\sim1.0$	端斜杆，端竖杆，受局部弯矩作用的上、下弦杆
等边角钢相并	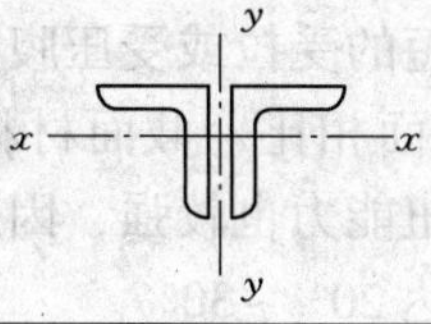	$\frac{i_y}{i_x}=1.3\sim1.5$	其他腹杆或一般上、下弦杆

续表

型 钢 类 型	截 面 形 式	回转半径的比值	用 途
等边角钢十字相连	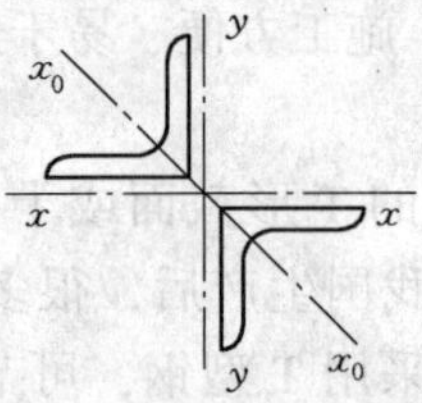	$\frac{i_{x0}}{i_x}=0.77\sim0.92$	连接垂直支撑的竖杆
单角钢	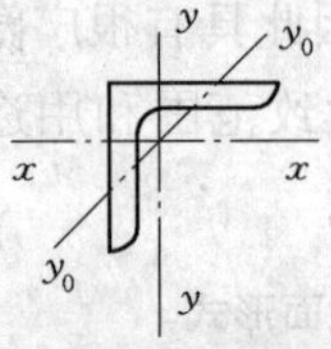	$\frac{i_{y0}}{i_x}\approx0.645$	用于内力较小的杆件

（1）上、下弦杆。对节间无荷载的上弦杆，在一般的支撑布置情况下，计算长度$l_{0y}=l_1$，$l_{0x}=l$，$l_{0y}\geqslant2l_{0x}$（2 倍以上），为尽量做到等稳定设计，应使$\varphi_x\approx\varphi_y$，即$\lambda_x=l_{0x}/i_x\approx\lambda_y=l_{0y}/i_y$，因而推出$l_{0y}/l_{0x}\approx i_y/i_x$，因此，宜采用不等边角钢短肢相连的截面或 TW 形截面。整个桁架在运输和吊装过程中要求具有较大的侧向刚度，采用这种宽度较大的弦杆截面形式十分有利。截面宽度较大也便于上弦杆上放置屋面板或檩条。当$l_{0y}=l_{0x}$时，可采用两个等边角钢截面或 TM 形截面；对节间有荷载的上弦杆，为了加强在桁架平面内的抗弯能力，也可采用不等边角钢长肢相连的截面或 TN 形截面。

下弦杆在一般情况下，$l_{0y}>l_{0x}$，通常采用不等边角钢短肢相连的截面或 TW 形截面以满足长细比要求。

（2）支座腹杆。支座斜腹杆$l_{0y}=l_{0x}$时，宜采用不等边角钢长肢相连的截面。当杆件较短、内力较大时，因截面较粗、长细比较小，可采用双等边角钢 T 形截面。

（3）一般腹杆。对于一般腹杆，因其$l_{0y}=l$，$l_{0x}=0.8l$，即$l_{0y}=1.25l_{0x}$，故通常采用等边角钢相并的截面。

（4）再分式腹杆。再分式主斜杆一般是$l_{0y}\approx2l_{0x}$，但因杆件通常较短，故常用双等边角钢 T 形截面，必要时可用短边相并的双不等边角钢 T 形截面。再分式次腹杆，$l_{0y}=l_{0x}=l$，但杆件短而内力小，故常用较小规格的双等边角钢 T 形截面。

（5）双角钢十字形截面。连接垂直支撑的桁架正中竖腹杆，为使传力没有偏心，宜采用两个等边角钢组成的十字形截面，双角钢十字形截面具有较大的回转半径。其他连接垂直支撑处的桁架非正中竖杆，如需减小传力偏心，也可采用十字形截面。

（6）单角钢截面。受力很小的腹杆（如再分杆等次要杆件），可采用单角钢截面。这种截面连接于节点板一侧时对节点和杆件都有较大偏心，使受力不利。只能用于跨度和荷载较小的桁架中受力小的次要拉杆和次要短压杆。支撑系统中单角钢杆件应用较多，常用于柔性系杆、交叉柔性斜拉杆以及垂直支撑中较短的受拉或受压腹杆。

（7）其他截面形式。钢管截面与其他型钢截面相比，截面材料分布远离截面几何中心，各方向的回转半径相等，回转半径较大，抗扭能力也较强，因此，钢管截面作为受压构件比其他型钢截面的用钢量要少，可节约钢材达 20%～30%。

（8）双角钢杆件的填板。双角钢 T 形或十字形截面是组合截面，为了保证两个角钢共同工作，必须每隔一定距离在两个角钢间加设填板（见图 8-35）。填板的宽度一般取 50~80mm。填板的长度：对 T 形截面［见图 8-35（a）］，应比角钢肢伸出 10~15mm；对十字形截面，则从角钢肢尖缩进 10~15mm，以便于施焊。填板的厚度与桁架节点板相同。填板的间距对压杆 $l_d \leqslant 40i_1$，对拉杆 $l_d \leqslant 80i_1$。在 T 形截面中，i_1 为一个角钢对平行于填板自身形心轴的回转半径；在十字形截面中，填板应沿两个方向交错放置［见图 8-35（b）］，受压构件的两个侧向支承点之间的填板数不应少于 2 个（通常用奇数个，在节间内一横一竖交替使用），i_1 为一个角钢的最小回转半径。在压杆的桁架平面外计算长度范围内，至少应设置两块填板。角钢与填板通常用焊脚尺寸约 5mm 侧面或周围角焊缝连接。

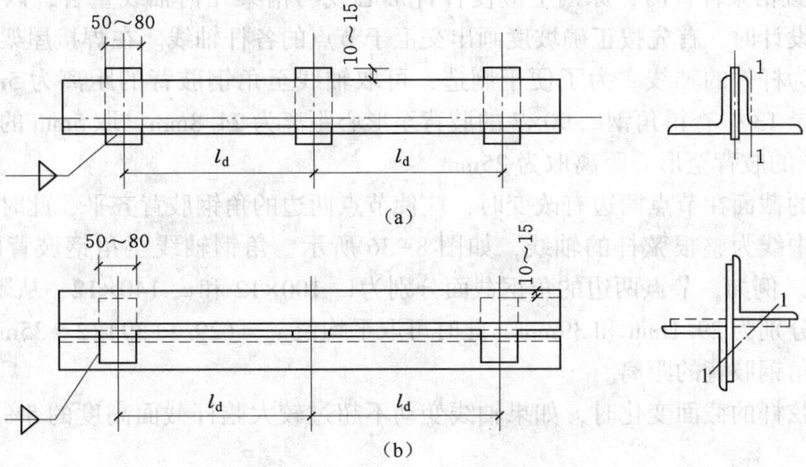

图 8-35　桁架杆件中的填板
（a）T 形截面；（b）十字形截面

5. 杆件的截面选择

当杆件以承受轴力为主时，按轴心压杆或轴心拉杆计算；当杆件同时受到较大弯矩时，按压弯构件或拉弯构件计算。计算强度时，应注意对削弱处必须使用净截面进行计算。计算杆件整体稳定时，应注意对两个方向的稳定性都进行计算。

（1）轴心拉杆。轴心拉杆可按强度条件确定所需的净截面面积，由型钢表选用合适的型钢，然后按轴心受拉构件验算其强度和刚度。

（2）轴心压杆。如果没有截面削弱，轴心压杆可由稳定条件确定所需的截面面积和回转半径。参考这些数据从角钢规格表中选择合适的角钢。根据所选用角钢的实际截面面积和回转半径按轴心受压构件进行强度、刚度和整体稳定性验算。因为是型钢，局部稳定满足要求，不需要再进行计算。

（3）拉弯杆件或压弯杆件。屋架上弦或下弦有节间荷载作用时，应根据轴心力和局部弯矩，按拉弯杆件或压弯杆件的计算方法对节点处或节间弯矩较大截面进行计算。一般先根据经验或参照已有设计资料试选截面，对拉弯杆件，验算强度和刚度；对压弯杆件，验算强度、刚度、弯矩作用平面内和弯矩作用平面外的整体稳定性。若不满足或过分满足要求，则改选截面，重新进行试算，直至符合要求为止。

（4）按刚度条件选择杆件截面。对屋架中内力很小的腹杆或因构造需要设置的杆件（如芬克式屋架跨中竖杆），其截面可按刚度条件确定。

8.3.4 屋架的节点设计

节点的作用是把会交于节点中心的杆件连接在一起，一般都通过节点板来实现。各杆的内力通过各自与节点板相连的角焊缝把杆力传到节点板上以取得平衡。因此，节点设计的具体任务是：根据节点的构造要求，确定各杆件的切断位置；根据焊缝的长度确定节点板的形状和尺寸。

1. 节点设计的步骤和一般设计原则

（1）布置桁架杆件时，原则上应使杆件形心线与桁架几何轴线重合，以免杆件偏心受力。节点设计时，首先按正确坡度画出交汇于节点的各杆轴线。在焊接屋架中应取角钢的重心线作为杆件的轴线。为了便于制造，可取轴线至角钢肢背的距离为 5mm 的倍数。例如，在附录 13 中查得角钢∟ 90×7 的肢背至形心距离为 24.8mm，取 5mm 的整倍数，则角钢∟ 90×7 的肢背至形心距离取为 25mm。

当弦杆的截面在节点两边有改变时，应使节点两边的角钢肢背齐平，此时应取两边角钢重心线的中线为整根弦杆的轴线，如图 8-36 所示，角钢轴线至角钢肢背的距离仍取 5mm 的倍数。例如，节点两边的角钢截面分别为∟ 100×12 和∟ 140×12，从附录 13 中查得其重心距分别为 29.1mm 和 39mm，此时可取平均值 $y_0=(29.1+39)/2\approx35$mm 作为整根弦杆轴线至角钢肢背的距离。

当桁架弦杆的截面变化时，如果轴线变动不超过较大弦杆截面高度的 5%，可不考虑其影响。

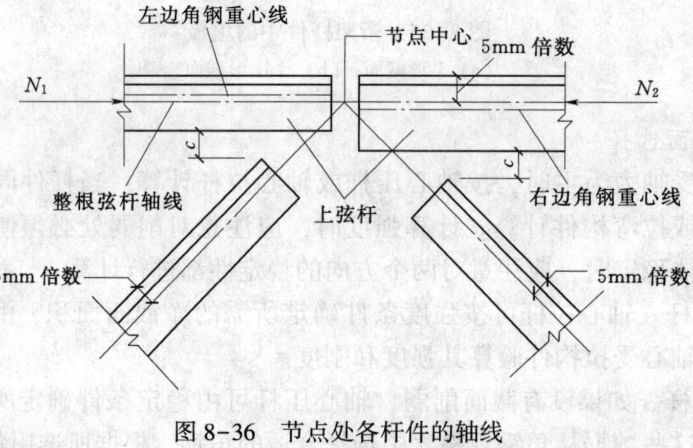

图 8-36 节点处各杆件的轴线

（2）根据已画出的杆件轴线，按一定比例尺画出各杆件的角钢轮廓线（表示角钢外伸边厚度的线可不按比例，仅示意画出）。焊接屋架节点中，各杆件边缘间应预留一定的间隙［见图 8-36（c）］，一般不宜小于 20mm；相邻角焊缝焊趾间净距不应小于 5mm，以利拼装和施焊，同时也避免因焊缝过于密集而使钢材过热变脆。对直接承受动力荷载的焊接桁架，腹杆与弦杆之间的间隙一般不宜小于 50mm。桁架图中一般不直接标明各处的间隙值，而是按此要求定出各切断杆件的端距，以控制留有足够的间隙。角钢杆端的切割面一般宜与杆件轴线垂直［见图 8-37（a)］,也允许将角钢的一边切去一角［见图8-37（b)］,但不允许采用如图 8-37（c）所示的端部切割方式。

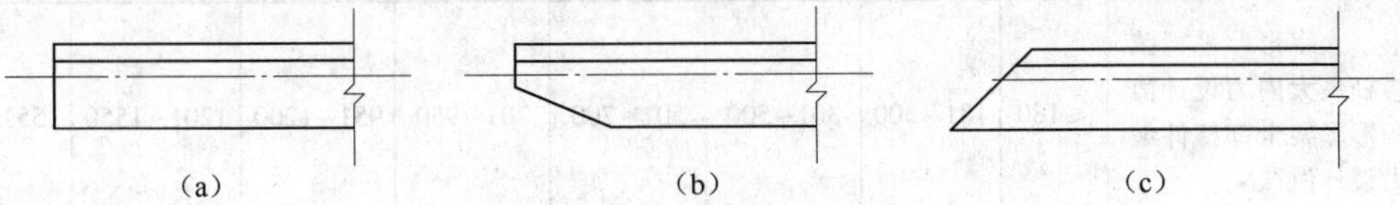

图 8-37　角钢端部的切割方式

（a）常用方式；（b）允许方式；（c）不允许方式

（3）根据事先计算好的各腹杆与节点板的连接焊缝尺寸，进行焊缝布置并绘于图上，而后定出节点板的外形。节点板的平面尺寸，一般应根据杆件截面尺寸和腹杆端部焊缝长度画出大样图来确定，但考虑施工误差，宜将此平面尺寸适当放大。

节点板的外形应力求简单，一般至少要有两条边平行，如矩形、平行四边形或直角梯形等，以节约钢材和减少切割次数。节点板外形还应尽量考虑传力均匀，不应有凹角，以免产生严重的应力集中现象，如图 8-38 所示。节点板的长和宽宜取为 10mm 的倍数。

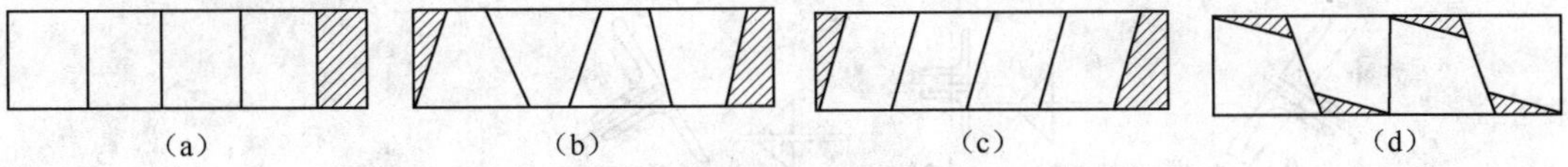

图 8-38　节点板的切割

（阴影部分表示切割余料）

（a）矩形；（b）梯形；（c）平行四边形；（d）有一直角边的四边形

当单斜杆与弦杆相交时，需注意节点板的外边缘与斜杆轴线应保持大于或等于 1：3 或1：4的坡度，使杆中内力在节点板中具有良好的扩散，以改善节点板的受力情况，如图 8-39所示。

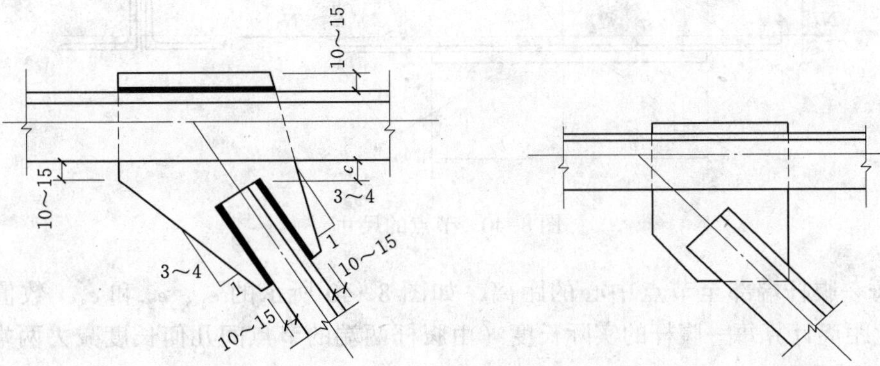

图 8-39　单斜杆与弦杆的连接

（a）正确的连接方式；（b）不正确的连接方式

钢桁架各杆件在节点处都与节点板相连，传递内力并互相平衡。节点板的应力复杂且难于分析，通常不作计算，而是根据经验确定其厚度。对于杆件为双角钢截面的普通钢桁架，可根据腹杆的最大内力（对梯形屋架和人字形屋架）或弦杆端节间内力（对三角形屋架），按表 8-5 选用。为了加强支座节点刚性，支座节点板厚度通常加厚 2mm。

表 8-5 Q235 钢桁架节点板厚度的参考值

梯形、人字形、平行弦屋架腹杆最大内力设计值或三角形屋架全部杆件最大内力设计值/kN	≤180	181~300	301~500	501~700	701~950	951~1200	1201~1550	1551~2000
中间节点板厚度/mm	6~8	8	10	12	14	16	18	20
支座节点板厚度/mm	8	10	12	14	16	18	20	24

注：1. 节点板钢材为 Q345 钢或 Q390 钢、Q420 钢时，节点板厚度可按表中数值适当减小。
2. 本表适用于腹杆端部用侧焊缝连接的情况。
3. 无竖腹杆相连且自由边无加劲肋加强的节点板，应将受压腹杆内力乘以 1.25 后再查表。

（4）根据确定的节点板外形和尺寸，布置弦杆与节点板间的连接焊缝。绘制节点大样（比例尺一般为 1/10~1/5），确定每一节点上的各种尺寸（见图 8-40），为后面绘制施工详图时提供必要的资料。

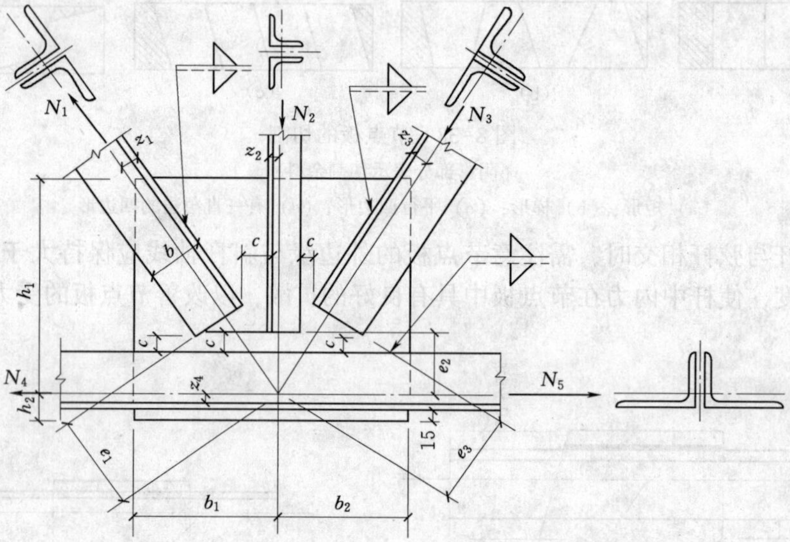

图 8-40 节点的尺寸

1）每一腹杆端部至节点中心的距离，如图 8-40 所示的 e_1、e_2 和 e_3，数值准确到 mm。由此距离计算每一腹杆的实际长度（由腹杆两端的节点间几何长度减去两端至各自节点的距离之和）。

2）节点板的平面尺寸。应从节点中心分两边分别注明其长度，如图 8-40 所示的 b_1、b_2 和 h_1、h_2，尺寸分别平行和垂直于弦杆的轴线，主要用于节点板的定位。

3）各杆件轴线至角钢背的距离，如图 8-40 所示的 z_1、z_2、z_3、z_4，一般为 5mm 的倍数。

4）当杆件截面为不等边角钢时，需标注角钢连接边的边长 b。

5）每条角焊缝的焊脚尺寸 h_f 和焊缝长度。

（5）在屋架双角钢截面上弦杆上放置檩条或大型屋面板时，角钢的水平伸出边一般应不小于 70~90mm。角钢应具有一定的厚度，以免在集中荷载作用下发生过大的弯曲，可参考表 8-6。当支承处的总集中荷载（设计值）超过表 8-6 的数值时，应采取加强措施。通常是设置竖向加劲肋［见图 8-41（a）］，也可在集中荷载范围内设置局部水平盖板。角钢水平边 $b \geqslant 100$mm 时，按图 8-41（b）加强；当 $b \leqslant 90$mm 时，按图 8-41（c）加强。

表 8-6　弦杆不加强的最大节点荷载

角钢（或 T 型钢翼缘板）厚度/mm	当钢材为 Q235	8	10	12	14	16
	当钢材为 Q345、Q390、Q420	7	8	10	12	14
支承处总集中荷载设计值/kN		25	40	55	75	100

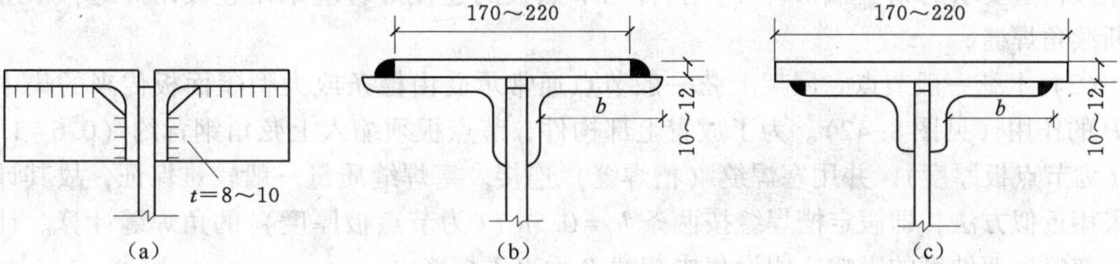

图 8-41　上弦杆角钢的加强

（a）采用竖向加劲肋加强；（b）水平盖板加强（$b \geqslant 100$mm）；（c）水平盖板加强（$b \leqslant 90$mm）

2. 角钢桁架的节点计算和构造

屋架节点主要包括下弦一般节点、上弦一般节点、有工地拼接的下弦节点、屋脊拼接节点和支座节点五种类型。下面分别说明这五种节点的计算内容和构造要求。

（1）下弦一般节点。下弦一般节点是指下弦杆直通连续和没有节点集中荷载的节点，如图 8-40 所示。一般节点的构造在前面已作出了说明。这里主要说明杆件与节点板间的焊缝计算。

计算下弦节点中各腹杆与节点板所需的连接焊缝长度。

肢背焊缝：

$$l_{w1} \geqslant \frac{\alpha_1 N}{2 \times 0.7 h_{f1} f_f^w} \tag{8-9a}$$

肢尖焊缝：

$$l_{w2} \geqslant \frac{\alpha_2 N}{2 \times 0.7 h_{f2} f_f^w} \tag{8-9b}$$

式中　N——杆件的轴力（N）；

f_f^w——角焊缝的强度设计值（N/mm^2）；

h_{f1}、h_{f2}——角钢肢背、肢尖的焊脚尺寸（mm）；

l_{w1}、l_{w2}——角钢肢背、肢尖的焊缝计算长度（mm），对每条焊缝取其实际长度减去 $2h_f$；

α_1、α_2——角钢肢背、肢尖焊缝受力分配系数。

由于下弦杆角钢在下弦一般节点处不断开，故下弦杆与节点板的连接焊缝，应按相邻节间弦杆的内力差 $\Delta N=N_1-N_2$ 计算。弦杆与节点板的连接焊缝，应考虑承受弦杆相邻节间内力之差 ΔN，按下列公式计算下弦杆与节点板连接所需的焊脚尺寸。

肢背焊缝：

$$h_{f1} \geqslant \frac{\alpha_1 \Delta N}{2 \times 0.7 l_{w1} f_f^w} \tag{8-10a}$$

肢尖焊缝：

$$h_{f2} \geqslant \frac{\alpha_2 \Delta N}{2 \times 0.7 l_{w2} f_f^w} \tag{8-10b}$$

通常，弦杆相邻节间内力之差 ΔN 很小，所需焊缝长度远小于节点板的实有宽度，因此，按构造要求的 $h_{f,\min}$ 满焊即可。弦杆与节点板的连接焊缝应采用连续角焊缝，不应采用断续角焊缝。

（2）上弦一般节点。屋架上弦一般节点通常承受由檩条或大型屋面板传来的集中荷载 P 的作用（见图 8-42）。为了放置上部构件，节点板须缩入上弦角钢背约（0.6~1.0）t（t 为节点板厚度），并用塞焊缝（槽焊缝）连接。塞焊缝质量一般较难保证，故其计算多采用近似方法，即假定槽焊缝按两条 $h_f=0.5t$（t 为节点板厚度）的角焊缝计算。计算时，忽略屋架坡度的影响，假设集中荷载 P 垂直于焊缝。

计算上弦节点中各腹杆和节点板所需的连接焊缝长度的方法，与计算下弦节点中各腹杆和节点板所需的连接焊缝长度的方法相同。

1）弦杆角钢背的槽焊缝承受节点集中荷载 P。如图 8-42（a）、（b）所示，上弦杆与节点板的连接焊缝是由角钢肢背的槽焊缝和角钢肢尖的两条角焊缝组成的，假定角钢肢背的槽焊缝承受节点集中荷载 P，角钢肢尖的两条角焊缝承担 ΔN 和由 ΔN 与肢尖焊缝的偏心距 e 而产生的弯矩 $\Delta M=\Delta Ne$。

当屋面坡度较缓时，角钢肢背槽焊缝的强度可按下式计算：

$$\frac{P}{2 \times 0.7 h_{f1} l_{w1}} \leqslant 0.8 \beta_f f_f^w \tag{8-11}$$

其中

$$h_{f1} = 0.5t$$

式中 P——节点集中荷载；

h_{f1}——角钢肢背槽焊缝的焊脚尺寸；

t——节点板厚度；

l_{w1}——角钢肢背槽焊缝的计算长度，取其实际长度减去 $2h_f$；

0.8——系数，考虑到槽焊缝的质量不易保证，而将角焊缝的强度设计值降低 20%；

β_f——正面角焊缝的强度设计值增大系数，对承受静力荷载和间接承受动力荷载的结构 $\beta_f=1.22$，对直接承受动力荷载的结构 $\beta_f=1.0$。

通常 P 不大，一般可按构造满焊。

2）弦杆角钢肢尖的两条角焊缝所承担的 ΔN 和由于 ΔN 与肢尖焊缝的偏心距 e 而产生的弯矩 $\Delta M=\Delta Ne$。强度按以下公式计算。

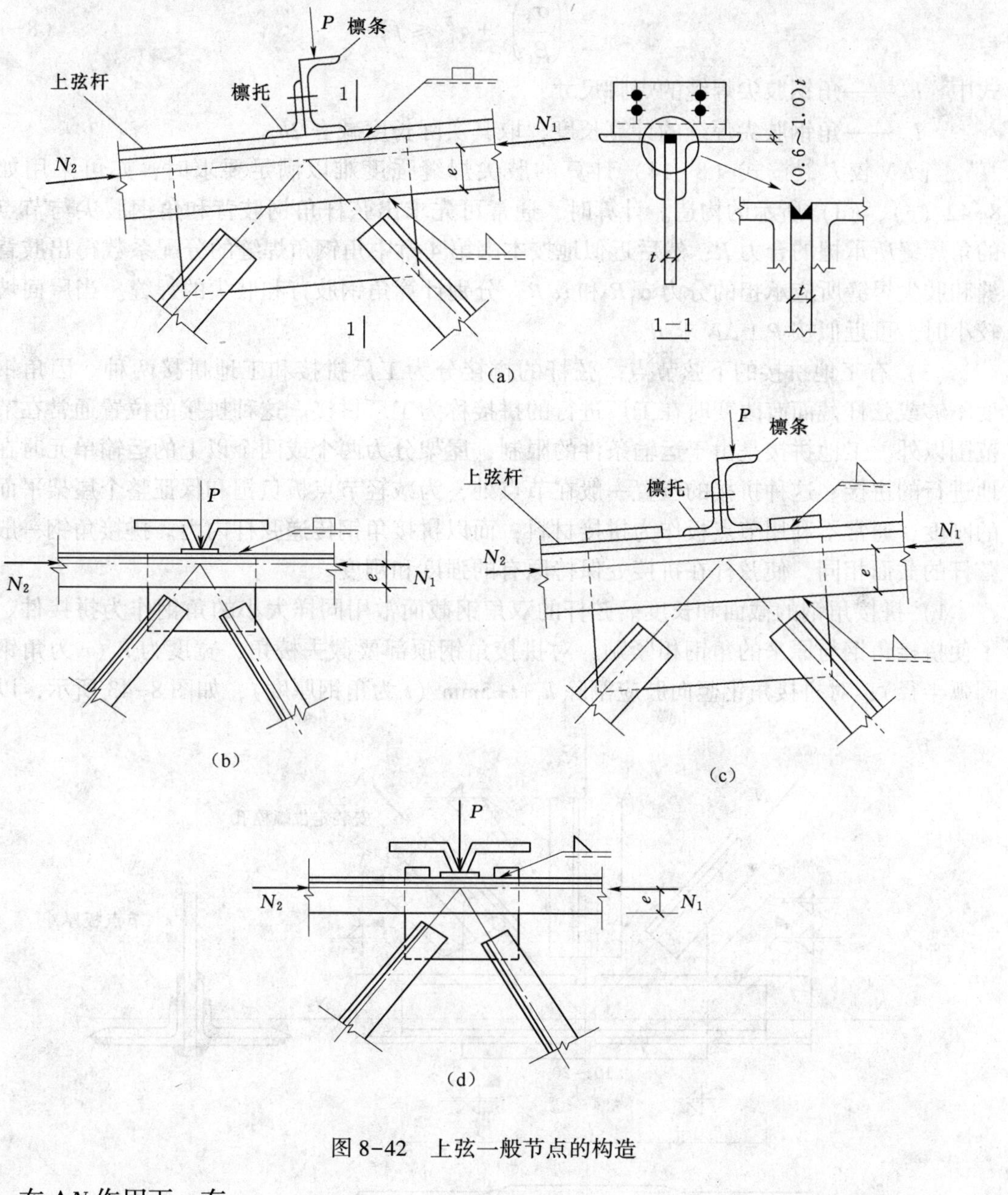

图 8-42　上弦一般节点的构造

在 ΔN 作用下，有

$$\tau_f=\frac{\Delta N}{2\times0.7h_{f2}l_{w2}} \tag{8-12}$$

在 $\Delta M=\Delta Ne$ 作用下，有

$$\sigma_f=\frac{6\Delta M}{2\times0.7h_{f2}l_{w2}^2} \tag{8-13}$$

合应力应满足下式：

$$\sqrt{\left(\frac{\sigma_{\mathrm{f}}}{\beta_{\mathrm{f}}}\right)^{2}+\tau_{\mathrm{f}}^{2}} \leqslant f_{\mathrm{f}}^{\mathrm{w}} \tag{8-14}$$

式中　h_{f2}——角钢肢尖焊缝的焊脚尺寸；

l_{w2}——角钢肢尖焊缝的计算长度，取其实际长度减去 $2h_f$。

当 ΔN 较大，按式（8-14）计算的肢尖焊缝强度难以满足要求时，亦可采用如图 8-42（c）、（d）所示的构造。计算时，通常可先求出弦杆角钢肢背和角钢肢尖与节点板的角焊缝所承担的合力 R；然后近似地按本书第 4 章中角钢角焊缝的分配系数得出肢背焊缝和肢尖焊缝所应承担的分力 $\alpha_1 R$ 和 $\alpha_2 R$，分别计算角钢肢背和肢尖的焊缝。当屋面坡度较小时，可近似按 $P\perp\Delta N$ 求 R。

（3）有工地拼接的下弦节点。弦杆的拼接分为工厂拼接和工地拼接两种。因角钢长度不够或弦杆截面有改变时在工厂进行的拼接称为工厂拼接。这种拼接的位置通常在节点范围以外。工地拼接是由于运输条件的限制，屋架分为两个或两个以上的运输单元时在工地进行的拼接。这种拼接的位置一般在节点处，为减轻节点板负担和保证整个屋架平面外的刚度，通常不利用节点板作为拼接材料，而以拼接角钢传递弦杆内力。拼接角钢一般与弦杆的截面相同，使弦杆在拼接处保持原有的强度和刚度。

1）拼接角钢的截面和长度。弦杆的双角钢截面常用同样大小的角钢作为拼接件。为了使拼接角钢与原来的角钢相紧贴，对拼接角钢顶部要截去棱角，宽度为 r（r 为角钢内圆弧半径）；对拼接角钢竖向肢应割除 h_f+t+5mm（t 为角钢厚度），如图 8-43 所示，以便

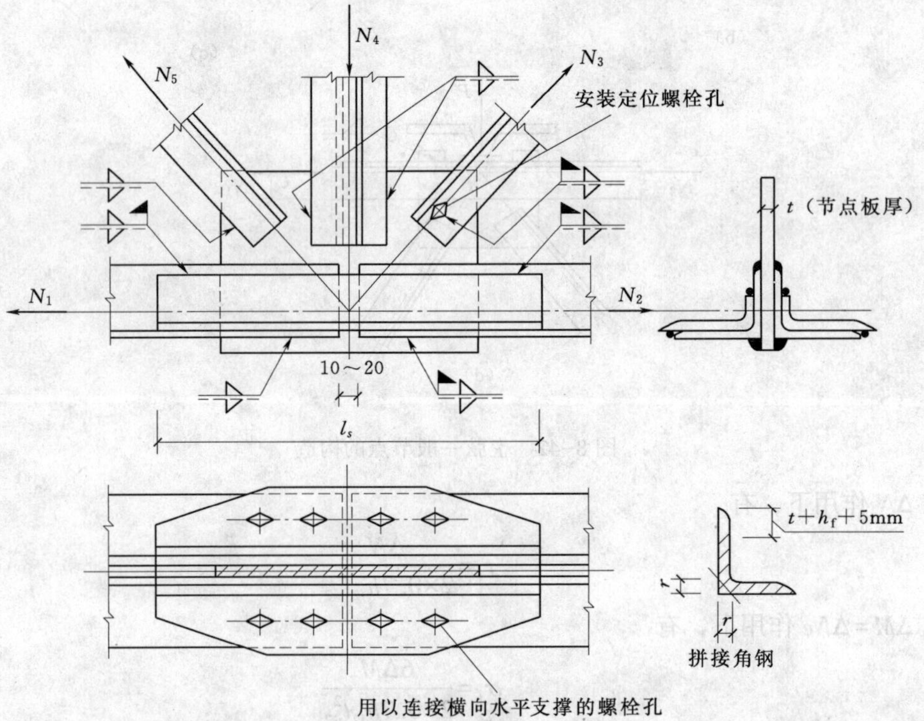

图 8-43　有工地拼接的下弦节点

布置焊缝。当节点两侧下弦杆的角钢截面不相同时，拼接角钢的截面可与弦杆中较小的截面相同。

拼接角钢与下弦杆之间每侧有 4 条角焊缝连接，由于拼接角钢竖向肢割除 h_f+t+5mm，可近似地认为 4 条角焊缝均匀传力。拼接角钢与下弦杆的连接焊缝按下弦截面积等强度计算，即拼接角钢与下弦杆的连接焊缝最大承受的内力值为 Af，其中 A 为下弦角钢截面总面积。因此，在拼接节点一边每条焊缝的计算长度为

$$l_w = \frac{Af}{4 \times 0.7 h_f f_f^w} \tag{8-15}$$

每条焊缝的实际长度为

$$l = l_w + 2h_f \tag{8-16}$$

拼接角钢的总长度（l_s）为

$$l_s = 2l + (10 \sim 20)\,\text{mm} \tag{8-17}$$

式（8-17）中的 10~20mm 为拼接处角钢间的空隙。

2）下弦杆与节点板的连接角焊缝。下弦杆与节点板的连接角焊缝，除按拼接节点两侧弦杆的内力差进行计算外，还应考虑到拼接角钢由于切角和切肢，截面有一定的削弱，这削弱的部分由节点板来补偿，一般拼接角钢削弱的面积不超过 15%。因此，按下弦杆较大内力的 15% 和两侧下弦杆的内力之差两者中的较大值计算内力较大一侧弦杆与节点板间的连接角焊缝。在内力较小一侧，弦杆与节点板间则按同样的焊脚尺寸焊满全长。

下弦杆肢背与节点板的连接焊缝计算长度为

$$l_{w1} \geqslant \frac{\alpha_1 \max(0.15N_{max},\ \Delta N)}{2 \times 0.7 h_{f1} f_f^w} \tag{8-18}$$

下弦杆肢背与节点板的连接焊缝实际长度为

$$l_1 = l_{w1} + 2h_{f1} \tag{8-19}$$

下弦杆肢尖与节点板的连接焊缝计算长度为

$$l_{w2} \geqslant \frac{\alpha_2 \max(0.15N_{max},\ \Delta N)}{2 \times 0.7 h_{f2} f_f^w} \tag{8-20}$$

下弦杆肢尖与节点板的连接焊缝实际长度为

$$l_2 = l_{w2} + 2h_{f2} \tag{8-21}$$

其中

$$\Delta N = N_1 - N_2$$

式中　N_{max}——下弦杆较大内力（N）；

ΔN——两侧下弦杆的内力之差（N）；

h_{f1}、h_{f2}——角钢肢背、角钢肢尖焊缝的焊脚尺寸（mm）；

l_{w1}、l_{w2}——角钢肢背、角钢肢尖焊缝的计算长度（mm）；

f_f^w——角焊缝的强度设计值（N/mm^2）。

3）工厂焊缝与工地焊缝。钢屋架一般在工厂制成两半，运到工地拼接后再吊装。工厂制造时，中央节点板和中央竖杆属于左半桁架，其焊缝均为工厂焊缝；而节点板与右方杆件之间则均为工地焊缝。拼接角钢是既不属于左半桁架也不属于右半桁架的独立零件，

与左右两半桁架的弦杆角钢均采用工地焊缝相连，这样可避免拼接时角钢穿插困难。此外，为便于工地拼接定位和控制位置，拼接角钢两侧和右方腹杆上均应设安装螺栓。为此，设计时应使各杆件角钢具有足够的边宽。弦杆角钢水平肢上的螺栓孔应尽量兼作以后的支撑连接螺栓孔。

（4）屋脊拼接节点。图 8-44（a）所示为梯形屋架或三角形屋架的屋脊拼接节点。在该节点上，左右两弦杆必然断开因而需用拼接件拼接。与下弦拼接时一样，拼接件采用与弦杆相同的角钢截面，同时需将拼接角钢的棱角截去并割除其竖直边宽为 $t+h_f+5\text{mm}$ 的一部分。当屋面坡度较缓时，拼接角钢可以热弯成型；当屋面坡度较陡时，常需将拼接角钢的竖肢切成斜口，弯曲后对焊连接［见图 8-44（b）］。

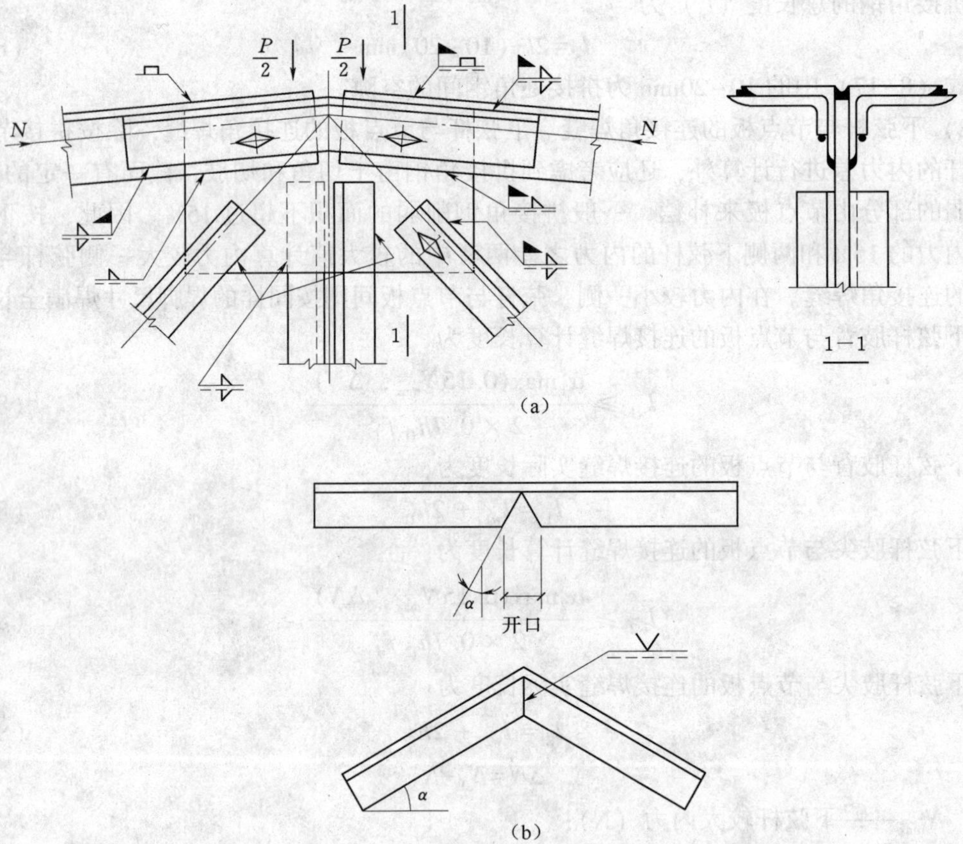

图 8-44　屋脊拼接节点及拼接角钢的弯折

屋脊拼接节点的连接焊缝有两类：一类是拼接角钢与弦杆之间的连接焊缝及拼接角钢总长度的确定，另一类是弦杆与节点板之间的连接焊缝。

1）屋脊拼接角钢与弦杆的连接计算及拼接角钢总长度的确定。拼接角钢与受压弦杆之间的连接可按弦杆最大内力设计值 N 进行计算，每边共有 4 条焊缝平均承受此力，则

一条焊缝的计算长度为

$$l_w \geqslant \frac{N}{4 \times 0.7 h_f f_f^w} \tag{8-22}$$

因此，拼接角钢的总长度为

$$l_s = 2(l_w + 2h_f) + \text{弦杆杆端空隙} \tag{8-23}$$

2）弦杆与节点板之间的连接焊缝。对称荷载作用下对称屋架屋脊节点两侧上弦杆的压力设计值必然相等。假定节点荷载 P 由上弦角钢肢背处的槽焊缝承受，按式（8-11）计算。

上弦角钢肢尖与节点板的连接焊缝按上弦杆最大内力的 15% 计算，并考虑该内力产生的弯矩 $M=0.15Ne$，强度按下列公式计算。

在 $0.15N$ 作用下，有

$$\tau_f^N = \frac{0.15N}{2 \times 0.7 h_{f2} l_{w2}} \tag{8-24}$$

在 $M=0.15Ne$ 作用下，有

$$\sigma_f^M = \frac{6M}{2 \times 0.7 h_{f2} l_{w2}^2} \tag{8-25}$$

合应力应满足下式：

$$\sqrt{\left(\frac{\sigma_f^M}{\beta_f}\right)^2 + (\tau_f^N)^2} \leqslant f_f^w \tag{8-26}$$

对承受静力荷载和间接承受动力荷载的结构，$\beta_f = 1.22$；对直接承受动力荷载的结构，$\beta_f = 1.0$。

（5）支座节点。屋架与柱的连接有铰接（简支）和刚接两种形式，支承于钢筋混凝土柱或砖柱上的屋架一般为铰接，而支承于钢柱上的屋架通常为刚接。

1）铰接支座节点。如图 8-45 所示的梯形简支屋架的支座节点，由节点板、加劲肋、支座底板和锚柱等部分组成。为便于施焊，屋架下弦角钢背与支座底板的距离 S 不宜小于下弦角钢伸出肢的宽度，且不宜小于 130mm。屋架支座底板与柱顶用锚栓相连，锚栓预埋于柱中，其直径一般取 20~25mm；为了便于安装屋架时能够调整位置，底板上的锚栓孔直径应为锚栓直径的 2~2.5 倍，通常采用 40~60mm。屋架安装完毕后，在锚栓上套上垫圈，并与底板焊牢以固定屋架。

支座节点的传力路线是：桁架各杆件的内力通过杆端焊缝传给节点板，然后经节点板与加劲肋间的垂直焊缝，把一部分力传给加劲肋，再通过节点板、加劲肋与底板的水平焊缝把全部支座压力传给底板，最后传给支座。因此，支座节点的设计可采用铰接柱脚的计算方法。

支座底板的面积 A 为

$$A \geqslant \frac{R}{f_c} + \text{锚栓孔缺口面积} \tag{8-27}$$

式中　R——屋架的支座反力；

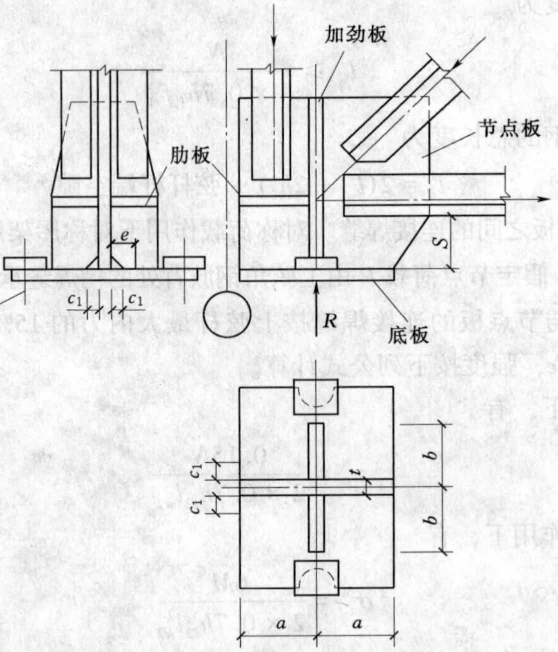

图 8-45　梯形筒支屋架的支座节点

f_c——柱混凝土轴心抗压强度设计值。

底板取 1m 板带宽进行计算，底板的厚度应按下式计算：

$$t \geqslant \sqrt{\frac{6M_{\max}}{f}} \tag{8-28}$$

其中　　$M_{\max} = \beta q a_1^2$

式中　$M_{\max}$——两邻边支承板单位板宽的最大弯矩（N・mm）；

q——底板单位面积的压力（N/mm^2），按式（5-82）计算；

a_1——两相邻支承边的对角线长度（mm），如图 8-46 所示；

β——系数，根据 b_1/a_1 由表 5-9 查出，其中 b_1 为支承边的交点至对角线的垂直距离，如图 8-46 所示。

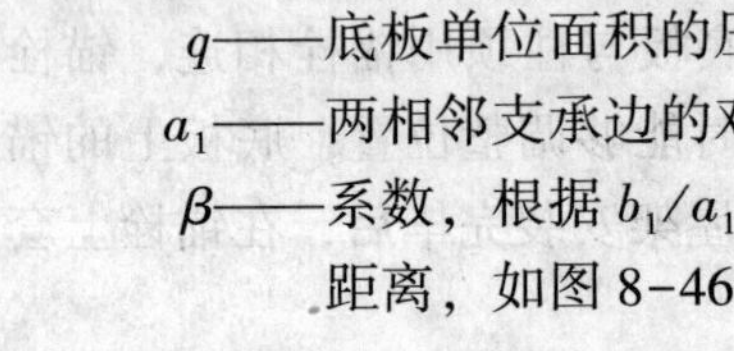

图 8-46　两邻边支承的矩形板

支座底板的厚度和面积还应满足下列构造要求。

厚度：当屋架跨度≤18m 时，$t \geqslant 16$mm；当屋架跨度＞18m 时，$t \geqslant 20$mm。

面积：宽度取 200～360mm；长度（垂直于屋架方向）取 200～400mm。

加劲肋的作用是加强底板的刚度，提高节点板的侧向刚度。加劲肋的高度由节点板的尺寸决定，加劲肋的厚度可略小于节点板厚度或与节点板的厚度相同。加劲肋可视为支承于节点板上的悬臂梁。通常假定一个加劲肋与节点板的连接焊缝传递支座反力的 1/4，并考虑偏心弯矩 M，即焊缝受剪力 $V=R/4$，焊缝受弯矩 $M=Re/4$，其中 e 为偏心距离，由图 8-45 可得出

$$e=\frac{b-t/2-c_1}{2}+c_1=\frac{b+c_1-t/2}{2}$$

一个加劲肋与支座节点板的连接焊缝按下式进行强度计算：

$$\sqrt{\left(\frac{V}{2\times0.7h_f l_w}\right)^2+\left(\frac{6M}{2\times0.7h_f l_w^2\beta_f}\right)^2}\leqslant f_f^w \tag{8-29}$$

式中 h_f——加劲肋与节点板连接焊缝的焊脚尺寸（mm）；

l_w——加劲肋与节点板连接焊缝的焊缝计算长度（mm）。

假设支座节点板、加劲肋与支座底板的水平连接焊缝承受全部支座反力 R，按下式进行强度计算：

$$\sigma_f=\frac{R}{\beta_f\times0.7h_f\sum l_w}\leqslant f_f^w \tag{8-30}$$

其中 $$\sum l_w=[2a+2(2b-t-2c_1)]-6\times2h_f$$

式中 $\sum l_w$——节点板、加劲肋与支座底板的水平焊缝总长度（mm），图 8-45 中共有 6 条焊缝；

t、c_1——节点板厚度、加劲肋切口宽度（mm）。

2）刚接支座节点。图 8-47 所示为梯形屋架或人字形屋架与钢柱连接的刚接节点。图 8-47（a）为下承式屋架与柱的刚接，图 8-47（b）为上承式屋架与柱的刚接形式。计算时可认为上弦的最大内力由上盖板传递，上弦的竖向连接板与柱翼缘的连接螺栓由构造决定。下弦及端斜杆轴线交会于柱的内边缘以减少节点板的尺寸。下弦节点的连接螺栓承受水平拉力 H 和偏心弯矩 $M=He$。螺栓拉力的计算方法见本书第 4 章。由于刚接支座节点的连接受力一般属于小偏心，所有螺栓均受拉力，故最大拉力应按下式计算：

$$N_{max}=\frac{H}{n}+\frac{Hey_1}{2\sum y_i^2}\leqslant N_t^b \tag{8-31}$$

式中 n——螺栓总个数；

e——水平拉力 H 至螺栓群中心轴的距离（mm）；

y_1、y_i——第 1 个、第 i 个螺栓至螺栓群中心轴的距离（mm）。

屋架下弦节点板与支承端板的连接焊缝受支座反力 R 和最大水平力 H_1（拉力或压力）以及偏心弯矩 $M=H_1e_1$，按下式计算强度：

$$\sqrt{\left(\frac{R}{2\times0.7h_f l_w}\right)^2+\frac{1}{\beta_f^2}\left(\frac{H_1}{2\times0.7h_f l_w}+\frac{6H_1e_1}{2\times0.7h_f l_w^2}\right)^2}\leqslant f_f^w \tag{8-32}$$

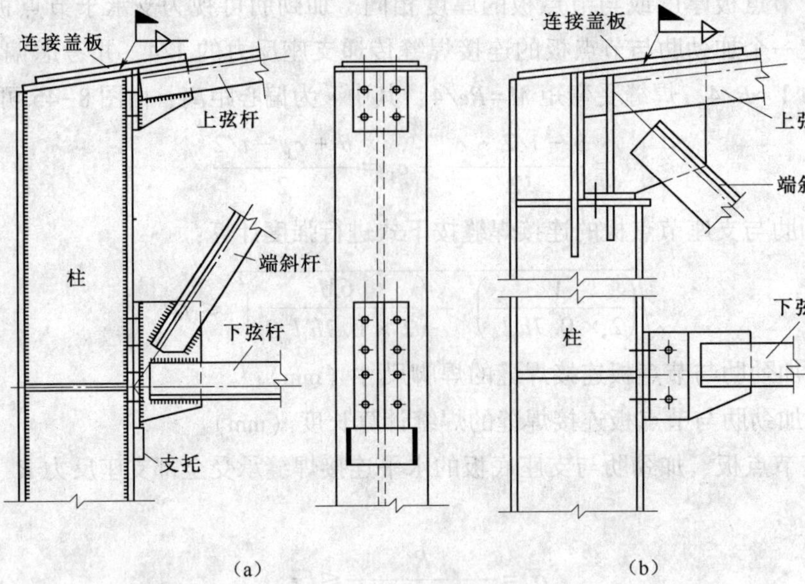

图 8-47 屋架与柱的刚接

（a）下承式屋架与柱的刚接；（b）上承式屋架与柱的刚接

式中 β_f——正面角焊缝强度增大系数，当间接承受动力荷载时（例如屋架设有悬挂吊车）取为 1.22，当直接承受动力荷载时取为 1.0；

e_1——水平力至焊缝中心的距离（mm）。

下弦节点的支承端板在水平拉力 H 作用下受弯，近似按嵌固于两列螺栓间的梁式板计算，所需厚度为

$$t=\sqrt{\frac{3N_{\max}l_1}{2Sf}} \tag{8-33}$$

式中 $N_{\max}$——一个螺栓所受的最大拉力（N）；

l_1——两列螺栓的距离（mm）；

S——受力最大的螺栓的端距加螺栓竖向间距的一半（mm）。

屋架支座竖向反力 R 由端板传给焊接于柱上的支托板。支托板与柱的连接焊缝，考虑到支座反力的可能偏心作用，按支座反力加大 25% 计算。

3. T 型钢作弦杆的屋架节点

T 型钢屋架可分为屋架全部杆件均采用 T 型钢以及仅上、下弦杆采用 T 型钢而腹杆采用角钢两种类型。采用 T 型钢作屋架弦杆，当腹杆也采用 T 型钢或单角钢时，腹杆与弦杆的连接不需要节点板，将杆件直接焊接即可，省工、省料。弦杆腹板尺寸一般可满足焊缝长度的需要，当腹杆采用双角钢不能满足焊缝长度需要时，可设节点板［见图 8-48（b）］，节点板厚度与弦杆腹板的厚度相同，并采用对接焊缝连接。

T 型钢屋架上、下弦杆一般节点的构造如图 8-48（a）、（b）所示，上、下弦杆拼接节点的构造如图 8-48（c）、（d）所示。弦杆翼缘和腹板均采用钢板拼接。T 型钢屋架支

座节点的构造和计算可参照角钢屋架。

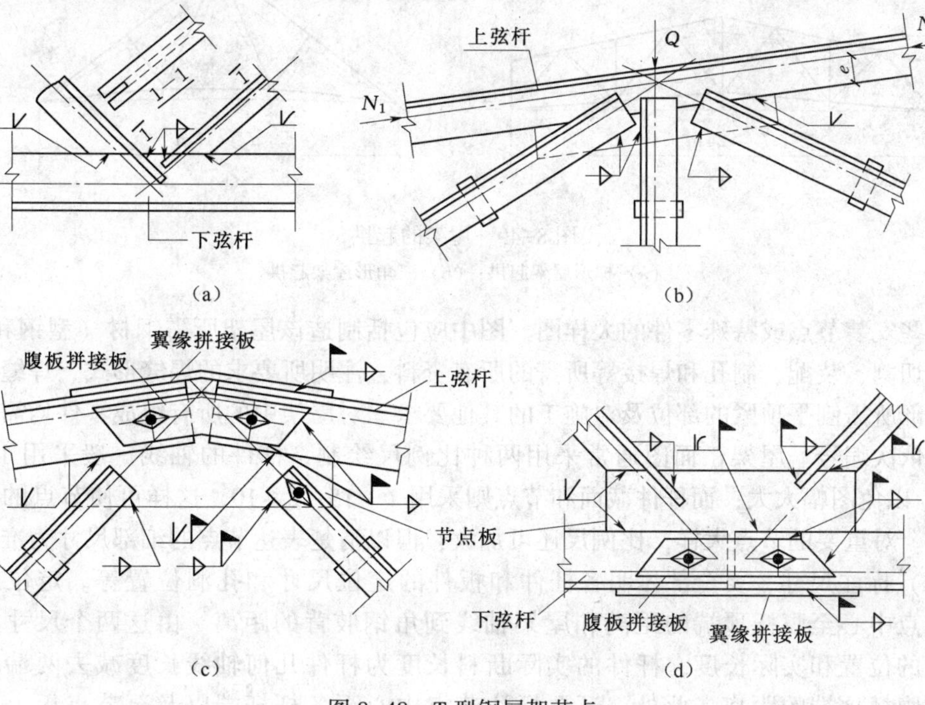

图 8-48　T 型钢屋架节点

（a）下弦一般节点；（b）上弦一般节点；（c）下弦拼接节点；（d）上弦拼接节点

8.3.5　屋架施工图

钢屋架施工图是制造厂加工制造和工地结构安装的主要依据。当屋架形式、各杆件尺寸、杆件截面以及各腹杆与节点板的连接焊缝确定后，即可按运输单元绘制施工图。绘制屋架施工图应注意以下几方面的内容：

（1）对钢屋架，我国常用各字汉语拼音的第一个字母表示，即 GWJ。如果同一工程有不同跨度和形式的钢屋架，可在编号中列入跨度，例如 GWJ30，其中的数字表明屋架的跨度为 30m；也可以 GWJ1、GWJ2 区分。同一钢屋架左半部分和右半部分除中央拼接节点处的连接不同外，其他部分完全相同；房屋区段两端的钢屋架与房屋区段中间的钢屋架，因横向水平支撑设置不同而有不同的螺栓孔；对它们可以采用同一屋架编号，但在编号后面需加列 a、b…以示区别，如 GWJ 30a 或 GWJ 30b，并在杆件布置图上详细标注其所在位置。

（2）通常在图纸左上角用合适的比例画出“屋架几何轴线图（屋架简图）”。当结构对称时，该图中一半标出几何长度，另一半标出杆件的内力设计值。当屋架跨度较大时，在自重及外荷载作用下将产生较大的挠度，影响结构的使用并有损建筑物的外观。因此，跨度大于或等于 24m 的梯形屋架和跨度大于或等于 15m 的三角形屋架，在制作时需要起拱（见图 8-49），起拱值约为跨度的 1/500。起拱值应在屋架简图上标出，而不必在屋架详图上表示，即屋架详图仍可按未起拱前的形状绘制（即下弦轴线仍取水平）。

（3）屋架的正面图（主视图），上、下弦的平面图，左、右端视图及必要的剖面图，

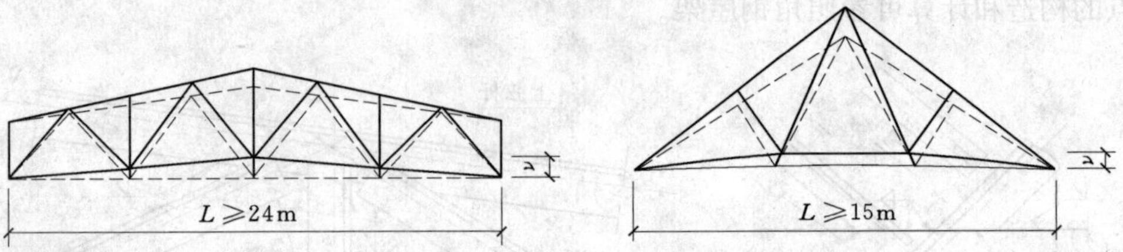

图 8-49　屋架的起拱

（a）梯形屋架起拱；（b）三角形屋架起拱

以及某些安装节点或特殊零件的大样图。图中应包括制造该屋架所需钢材（型钢和钢板）规格、切割、装配、制孔和焊接等所需的所有资料，注明所要求的焊缝形式、焊缝质量等级、端部所需刨平顶紧的部位及对施工的其他要求。对屋架中的所有组成零件均需从大件到小件依次编号。屋架正面图通常采用两种比例尺绘制，杆件的轴线一般采用 1∶30～1∶20，以免图幅太大；而杆件截面和节点则采用 1∶15～1∶10，这样可使节点的细节表示清楚。对重要的节点大样，比例尺还可加大，但以清楚表达节点的细部尺寸为准。

（4）标注尺寸，要全部注明各杆件和板件的定位尺寸和孔洞位置等。定位尺寸主要是节点中心至腹杆顶端的距离和屋架轴线到角钢肢背的距离。由这两个尺寸即能确定杆件的位置和实际长度，杆件的实际断料长度为杆件几何轴线长度减去两端的节点中心到腹杆顶端的距离。此外，还要标注节点中心至各杆杆端以及至节点板上、下和左、右边缘的距离等定位尺寸。螺栓孔位置应符合型钢上容许线距和螺栓排列的最大、最小容许距离的要求。制造和安装的其他要求，包括零件切斜角、孔洞直径和焊缝尺寸等也都应注明。

（5）编制材料表，对所有零件应进行详细编号，编号应按零件的主次、上下、左右一定顺序逐一进行。编号以小圆圈中写一数字表明。完全相同的零件用同一编号；两个零件的形状、尺寸相同只是栓孔位置成镜面对称时，可编同一号，但在材料表上应注明正和反（见图 8-50）。材料表包括各种零件的截面、长度、数量（正、反）和质量。材料表用于供配料、计算用钢指标以及选用运输和安装器具。

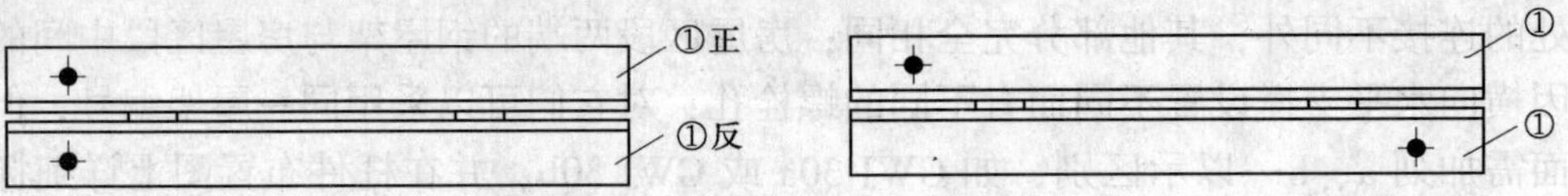

图 8-50　零件的编号

（a）零件成镜面对称时的编号；（b）零件完全相同时的编号

（6）施工图上还应有文字说明，说明的内容包括钢材的钢号、焊条型号、加工精度要求、焊缝质量要求、图中未注明的焊缝和螺栓孔的尺寸以及防锈处理的要求等。凡是在施工图中没有绘出的一切要求均可在说明中表达。

8.4　普通钢屋架的设计实例

8.4.1　设计资料

(1) 梯形钢屋架跨度为 30m，长度为 102m，柱距为 6m。在该车间内设有两台 200/50kN 中级工作制吊车，轨顶标高为 8.500m。冬季最低温度为-20℃，地震设防烈度为 7 度，设计基本地震加速度为 0.1g。采用 1.5m×6m 预应力混凝土大型屋面板，80mm 厚泡沫混凝土保温层，卷材屋面，屋面坡度 $i=1:10$。屋面活荷载标准值为 0.7kN/m^2，雪荷载标准值为 0.5kN/m^2，积灰荷载标准值为 0.6kN/m^2。屋架铰支在钢筋混凝土柱上，上柱截面为400mm×400mm，混凝土强度等级为 C20。钢材采用 Q235B，焊条采用 E43 型。试设计该梯形钢屋架并绘制施工图。

(2) 屋架计算跨度：$l_0=30-2\times0.15=29.7(\text{m})$。

(3) 跨中及端部高度：本例题设计为无檩体系屋盖方案，采用缓坡梯形屋架，取屋架在 30m 轴线处的端部高度 $h_0'=1.990\text{m}$，屋架的中间高度 $h=3.490\text{m}$（为 $l_0/8.5$），则屋架在 29.7m 处，两端的高度为 $h_0=2.005\text{m}$。屋架跨中起拱按 $l_0/500$ 考虑，取 60mm。

8.4.2　结构型式与布置

屋架型式及几何尺寸如图 8-51 所示。

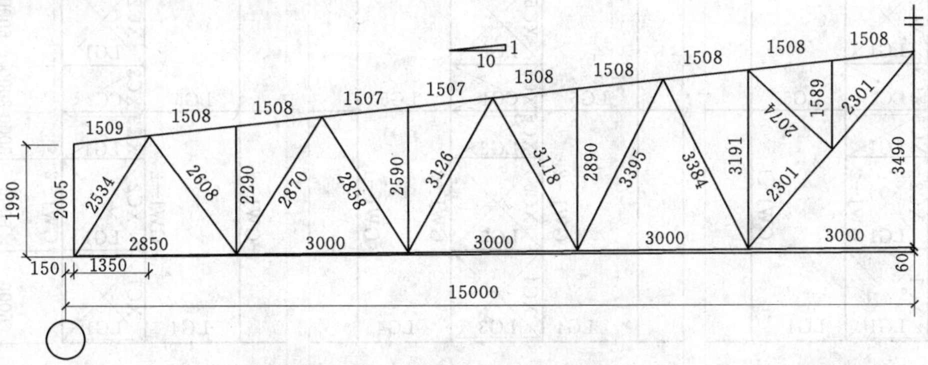

图 8-51　梯形钢屋架型式和几何尺寸

根据厂房长度（102m＞60m）、跨度及荷载情况，设置三道上、下弦横向水平支撑。因柱网采用封闭结合，厂房两端的横向水平支撑设在第一柱间，该水平支撑的规格与中间柱间支撑的规格有所不同。在上弦平面设置了刚性系杆与柔性系杆，以保证安装时上弦杆的稳定，在各柱间下弦平面的跨中及端部设置了柔性系杆，以传递山墙风荷载。在设置横向水平支撑的柱间，于屋架跨中和两端各设一道垂直支撑。梯形钢屋架支撑布置如图 8-52所示。

8.4.3　荷载计算

屋面活荷载与雪荷载不会同时出现，计算时，取较大的荷载标准值进行计算。因此，取屋面活荷载 0.7kN/m^2 进行计算。屋架沿水平投影面积分布的自重（包括支撑）按经验公式 $g_k=(0.12+0.011l)\,\text{kN/m}^2$ 计算，跨度单位为米（m）。荷载计算详见表 8-7。考虑到屋架的荷载效应通常由永久荷载效应控制，故取 $\gamma_G=1.35$。

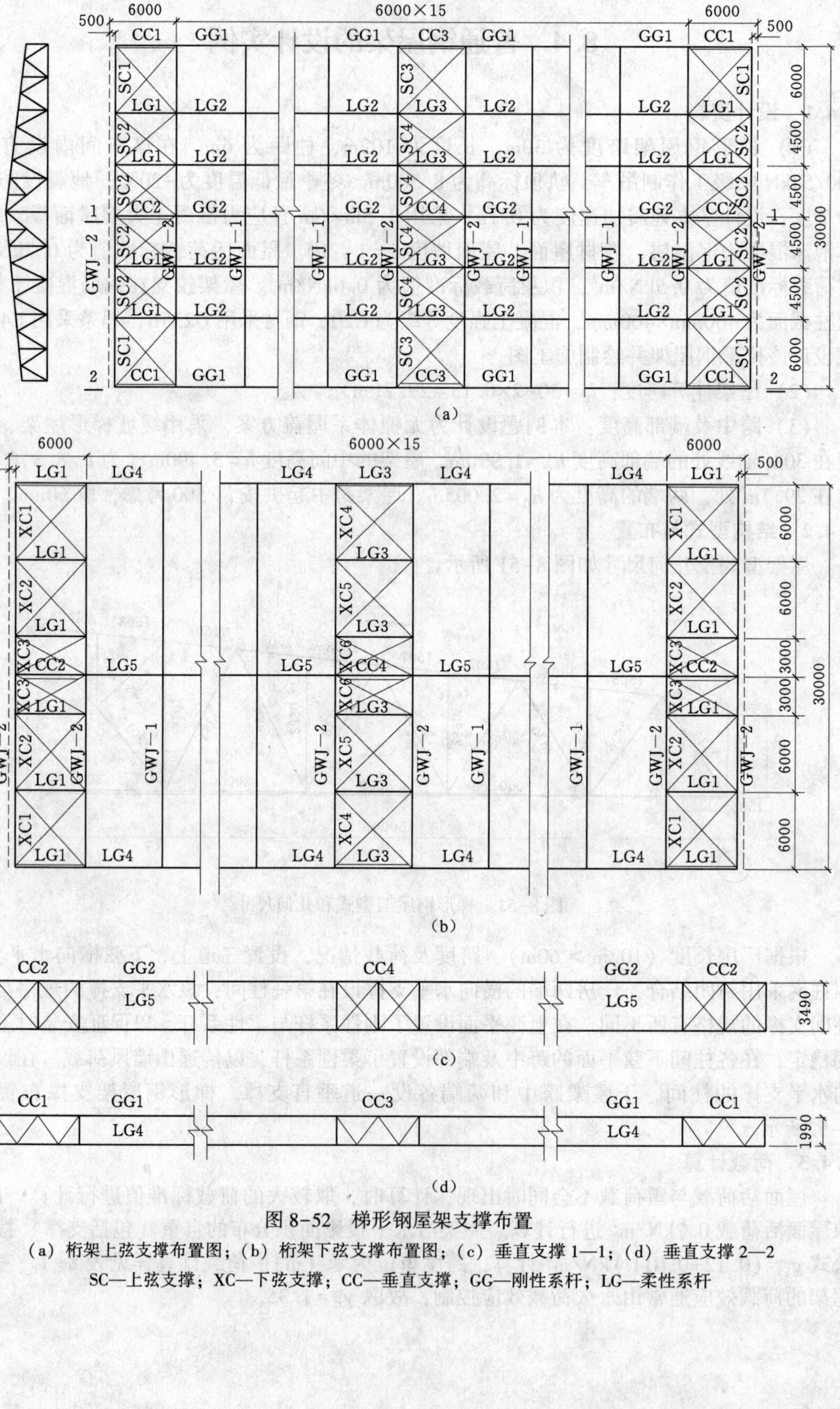

图 8-52 梯形钢屋架支撑布置

（a）桁架上弦支撑布置图；（b）桁架下弦支撑布置图；（c）垂直支撑 1—1；（d）垂直支撑 2—2

SC—上弦支撑；XC—下弦支撑；CC—垂直支撑；GG—刚性系杆；LG—柔性系杆

表 8-7　荷载计算

荷　载　名　称		标准值/(kN/m^2)	设计值/(kN/m^2)
永久荷载	预应力混凝土大型屋面板	1.4	1.4×1.3=1.82
	三毡四油防水层	0.4	0.4×1.3=0.52
	找平层（厚 20mm）	0.02×20=0.4	0.4×1.3=0.52
	80mm 厚泡沫混凝土保温层	0.08×6=0.48	0.48×1.3=0.624
	屋架和支撑自重	0.12+0.011×30=0.45	0.45×1.3=0.585
	管道荷载	0.1	0.1×1.3=0.13
	永久荷载总和	3.23	4.199
可变荷载	屋面活荷载	0.7	0.7×1.5=1.05
	积灰荷载	0.6	0.6×1.5=0.9
	可变荷载总和	1.3	1.95

设计屋架时，应考虑以下三种荷载组合，在组合时，偏于安全不考虑屋面活荷载和积灰荷载的组合值系数。

(1) 全跨节点永久荷载+全跨可变荷载。全跨节点永久荷载及全跨可变荷载为

$$F=(4.199+1.95)\times1.5\times6=55.341(\mathrm{kN})$$

(2) 全跨节点永久荷载+半跨节点可变荷载。

全跨节点永久荷载为

$$F_1=4.199\times1.5\times6=37.791(\mathrm{kN})$$

半跨节点可变荷载为

$$F_2=1.95\times1.5\times6=17.55(\mathrm{kN})$$

(3) 全跨节点屋架（包括支撑）自重+半跨节点屋面板自重+半跨屋面活荷载。

全跨节点屋架自重为

$$F_3=0.585\times1.5\times6=5.265(\mathrm{kN})$$

半跨节点屋面板自重及活荷载为

$$F_4=(1.82+1.05)\times1.5\times6=25.83(\mathrm{kN})$$

上述计算中，(1)、(2) 为使用节点荷载情况，(3) 为施工阶段荷载情况。

8.4.4　内力计算

屋架在上述三种荷载组合作用下的计算简图如图 8-53 所示。

由图解法或数解法解得 $F=1$ 的屋架各杆件的内力系数（$F=1$ 作用于全跨、左半跨和右半跨），然后求出各种荷载情况下的内力进行组合，计算结果如表 8-8 所示。

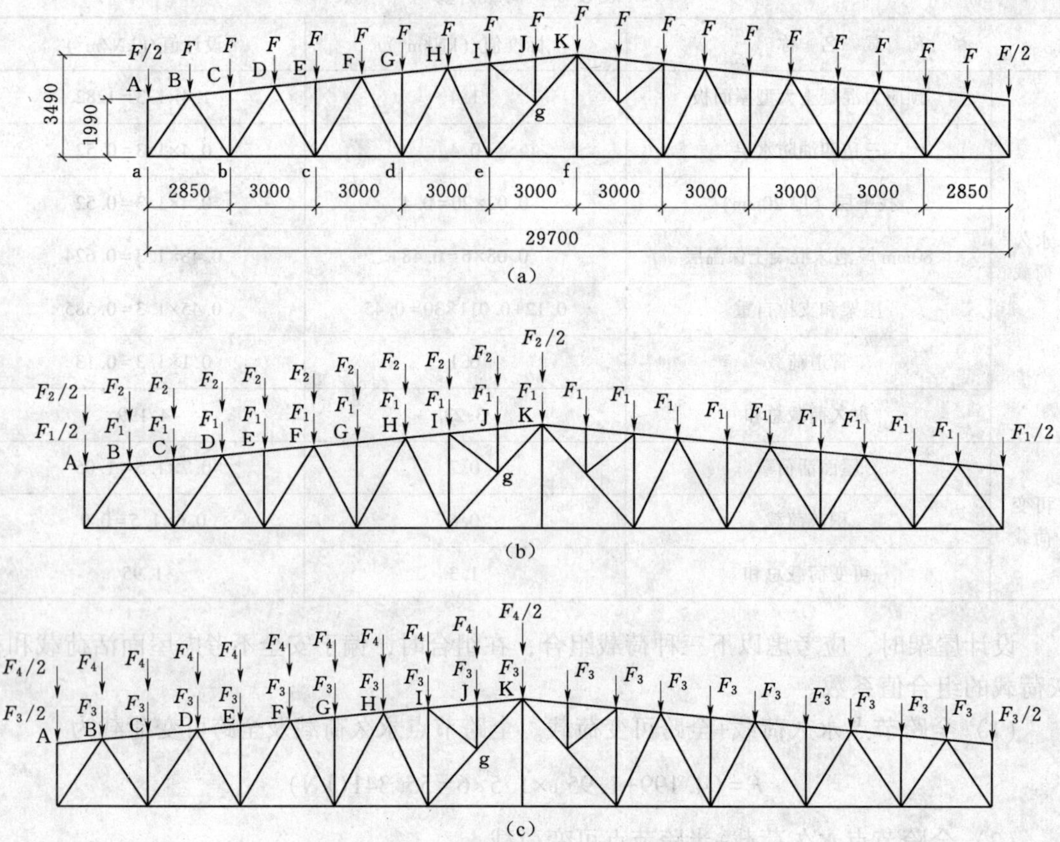

图 8-53　屋架计算简图

表 8-8　屋架杆件内力组合

杆件名称		内力系数（$F=1$）			第一种组合	第二种组合		第三种组合		计算杆件内力/kN
		全跨 ①	左半跨 ②	右半跨 ③	F×①	F_1×①+F_2×②	F_1×①+F_2×③	F_3×①+F_4×②	F_3×①+F_4×③	
上弦杆	AB	0	0	-0.01	0	0	-0.18	0	-0.23	-0.23
	BC、CD	-11.35	-8.49	-3.45	-628.12	-584.54	-489.46	-259.99	-142.50	-628.12
	DE、EF	-18.19	-13.08	-6.25	-1011.89	-928.19	-797.11	-404.39	-245.19	-1011.89
	FG、GH	-21.53	-14.62	-8.46	-1197.69	-1084.51	-983.61	-458.56	-314.97	-1197.69
	HI	-22.36	-13.98	-10.25	-1243.86	-1106.6	-1045.50	-448.18	-361.24	-1243.86
	IJ、JK	-22.73	-14.39	-10.20	-1257.90	-1127.84	-1059.21	-459.76	-362.10	-1257.90
下弦杆	ab	6.33	4.84	1.83	352.13	327.73	278.42	147.45	77.28	352.13
	bc	15.36	11.30	4.98	854.46	787.73	684.44	347.42	200.10	854.46
	cd	20.21	14.14	7.43	1124.26	1024.84	914.93	440.15	283.74	1124.26
	de	22.12	14.44	9.39	1230.51	1104.72	1022.00	457.59	339.88	1230.51
	ef	21.23	11.68	11.68	1181.00	1024.58	1024.57	388.39	388.39	1181.00

续表

杆件名称		内力系数（$F=1$）			第一种组合 $F\times①$	第二种组合		第三种组合		计算杆件内力/kN
		全跨 ①	左半跨 ②	右半跨 ③		$F_1\times①+F_2\times②$	$F_1\times①+F_2\times③$	$F_3\times①+F_4\times②$	$F_3\times①+F_4\times③$	
斜腹杆	aB	-11.34	-8.66	-3.27	-627.76	-586.93	-498.65	-263.89	-138.25	-627.76
	Bb	8.81	6.47	2.87	490.09	451.76	392.79	199.01	115.09	490.09
	bD	-7.55	-5.23	-2.84	-420.00	-382.00	-342.85	-163.21	-107.50	-420.00
	Dc	5.39	3.39	2.44	299.84	267.08	251.52	108.50	86.36	299.84
	cF	-4.23	-2.25	-2.43	-235.31	-202.88	-205.83	-75.59	-79.78	-235.31
	Fd	2.62	0.88	2.13	145.75	117.25	137.72	34.84	63.98	145.75
	dH	-1.51	0.22	-2.12	-84.00	-55.66	-93.99	-3.13	-57.68	-93.99
	He	0.29	-1.25	1.89	16.13	-9.09	42.34	-27.55	45.64	45.64 -27.55
	eg	1.53	3.40	-2.28	85.11	115.74	22.70	87.62	-44.78	115.74 -44.78
	gK	2.16	4.07	-2.32	120.16	151.44	46.78	106.69	-42.26	151.44 -42.26
	gI	0.49	0.54	-0.06	27.26	28.08	18.25	15.27	1.28	28.08
竖杆	Aa	-0.55	-0.54	0	-30.60	-30.43	-21.59	-15.60	-3.01	-30.60
	Cb、Ec	-1.00	-0.99	0	-55.63	-55.47	-39.25	-28.55	-5.47	-55.63
	Gd	-0.98	-0.98	0	-54.52	-54.52	-38.46	-28.20	-5.36	-54.52
	Jg	-0.85	-0.90	0	-47.28	-48.10	-33.36	-25.63	-4.65	-48.10
	Ie	-1.42	-1.43	0	-78.99	-79.16	-55.73	-41.10	-7.77	-79.16
	Kf	0.02	0	0	1.12	0.78	0.78	0.11	0.11	1.12

8.4.5　杆件设计

（1）上弦杆。整个上弦采用等截面，按 IJ、JK 杆件的最大设计内力设计，即 $N=-1257.90\text{kN}$。

上弦杆计算长度计算如下。

在屋架平面内：为节间轴线长度，即

$$l_{0x}=l_0=1.508\text{m}$$

在屋架平面外：本屋架为无檩体系，并且认为大型屋面板只起到刚性系杆作用，根据支撑布置和内力变化情况，取 l_{0y} 为支撑点间的距离，即

$$l_{0y}=3\times1.508=4.524(\text{m})$$

根据屋架平面外上弦杆的计算长度，上弦截面选用两个不等肢角钢，短肢相并，如图 8-54 所示。

腹杆最大内力 $N=-627.76\text{kN}$，查表 8-4，中间节点板厚度选用 12mm，支座节点板厚度选用 14mm。

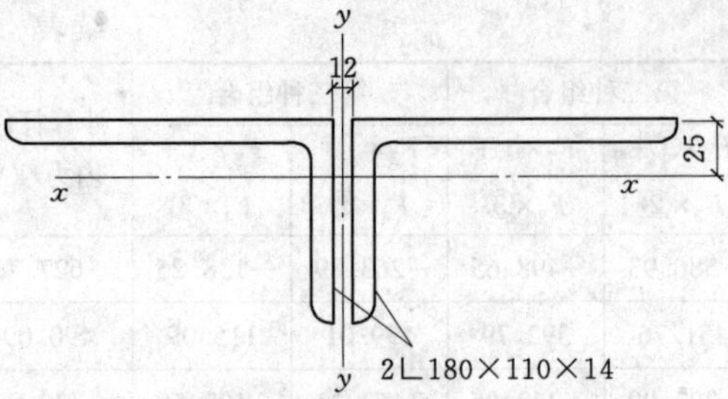

图 8-54 上弦杆截面

设 $\lambda=60$，钢材采用 Q235，查附表 12-2 稳定系数表，可得 $\varphi=0.807$（由双角钢组成的 T 形和十字形截面均属于 b 类），则需要的截面面积为

$$A=\frac{N}{\varphi f}=\frac{1257.90\times10^3}{0.807\times215}=7249.9(\text{mm}^2)$$

需要的回转半径为

$$i_x=\frac{l_{0x}}{\lambda}=\frac{1.508}{60}\ (\text{m})=25.1\text{mm}$$

$$i_y=\frac{l_{0y}}{\lambda}=\frac{4.524}{60}\ (\text{m})=75.4\text{mm}$$

根据需要的 A、i_x、i_y 查角钢规格表，选用 2∟180×110×14，肢背间距 $a=12$mm，则 $A=7793\text{mm}^2$，$i_x=30.8$mm，$i_y=88.0$mm。

按所选角钢进行验算：

$$\lambda_x=\frac{l_{0x}}{i_x}=\frac{1508}{30.8}=48.96\leqslant[\lambda]=150$$

$$\lambda_y=\frac{l_{0y}}{i_y}=\frac{4524}{88.0}=51.41\leqslant[\lambda]=150$$

由于 $\lambda_y>\lambda_x$，由 λ_y 查表得 $\varphi_y=0.847$，则

$$\frac{N}{\varphi_y A}=\frac{1257.9\times10^3}{0.847\times7793}=190.57(\text{MPa})<215\text{MPa}$$

所以所选截面合适。

（2）下弦杆。整个下弦杆采用同一截面，按最大内力所在的 de 杆计算，则

$$N=1230.51\text{kN}=1230510\text{N}$$

$l_{0x}=3000$mm，$l_{0y}=\frac{29700}{2}=14850$mm（因跨中有通长系杆），所需截面积为

$$A=\frac{N}{f}=\frac{1230510}{215}=5723.30(\text{mm}^2)=57.23(\text{cm}^2)$$

选用 2∟180×110×12，因 $l_{0y}\gg l_{0x}$，故选用不等肢角钢，短肢相并，如图 8-55 所示。查附录 14 得 $A=33.712\times2=67.424\text{cm}^2>57.23\text{cm}^2$，$i_x=3.10$cm，$i_y=8.74$cm［计算同（1）中 i_y 计算方法，此处略去］。

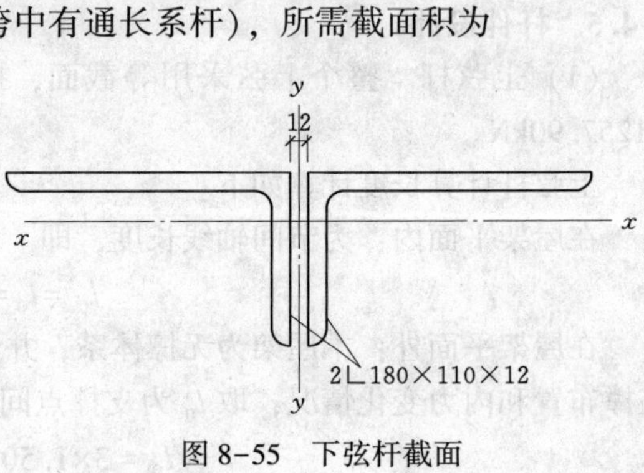

图 8-55 下弦杆截面

按所选角钢进行验算：

$$\lambda_x=\frac{l_{0x}}{i_x}=\frac{300}{3.10}=96.77<[\lambda]=350$$

$$\lambda_y=\frac{l_{0y}}{i_y}=\frac{1485}{8.74}=169.91<[\lambda]=350$$

因此，所选截面合适。

（3）端斜杆 aB。杆件轴力为 $N=-630.83\text{kN}=-630830\text{N}$，计算长度为 $l_{0x}=l_{0y}=2534\text{mm}$。因为 $l_{0x}=l_{0y}$，故采用不等肢角钢，长肢相并，使 $i_x\approx i_y$。选用 2 ∟ 140×90×10，则查附录 14 得 $A=22.261\times2=44.522\text{cm}^2$，$i_x=4.47\text{cm}$，$i_y=3.73\text{cm}$。

按所选角钢进行验算：

$$\lambda_x=\frac{l_{0x}}{i_x}=\frac{253.4}{4.47}=56.68$$

$$\lambda_y=\frac{l_{0y}}{i_y}=\frac{253.4}{3.73}=67.94$$

因 $\lambda_y>\lambda_x$，只需求 φ_y，由 λ_y 查附表 12-2 得 $\varphi_y=0.764$，则

$$\sigma=\frac{N}{\varphi_y A}=\frac{630.83\times10^3}{0.764\times4452.2}=185.46(\text{MPa})<215(\text{MPa})$$

因此，所选截面合适。

（4）腹杆 eg-gK。此杆在 g 节点处不断开，采用通长杆件。

最大拉力：　　$N_{gK}=151.44\text{kN}$，　$N_{eg}=115.74\text{kN}$

最大压力：　　$N_{eg}=-50.52\text{kN}$，　$N_{gK}=-48.11\text{kN}$

再分式桁架中的斜腹杆，在桁架平面内的计算长度取节点中心间距 $l_{0x}=2301\text{mm}$；在桁架平面外的计算长度为

$$l_{0y}=l_1\left(0.75+0.25\frac{N_2}{N_1}\right)=460.2\times\left(0.75+0.25\times\frac{48.11}{50.52}\right)=454.71(\text{cm})$$

选用2 ∟ 63×5，查附录13得 $A=6.143\times2=12.286\text{cm}^2$，$i_x=1.94\text{cm}$，$i_y=3.04\text{cm}$。

按所选角钢进行验算：

$$\lambda_x=\frac{l_{0x}}{i_x}=\frac{230.1}{1.94}=118.6<[\lambda]=150$$

$$\lambda_y=\frac{l_{0y}}{i_y}=\frac{454.71}{3.04}=149.58<[\lambda]=150$$

因 $\lambda_y>\lambda_x$，只需求 φ_y，查附表 12-2 得 $\varphi_y=0.310$，则

$$\sigma=\frac{N}{\varphi_y A}=\frac{50.52\times10^3}{0.310\times1228.6}=132.65(\text{MPa})<215(\text{MPa})$$

拉应力为

$$\sigma=\frac{N}{A}=\frac{151.44\times10^3}{1228.6}=123.26(\text{MPa})<215(\text{MPa})$$

（5）竖杆 Ie：

$N=-79.16\text{kN}=-79160\text{N}$，$l_{0x}=0.8l=0.8\times319.1=255.2\text{cm}$，$l_{0y}=l=319.1\text{cm}$。

由于杆件内力较小，按长细比 $\lambda=[\lambda]=150$ 选择，需要的回转半径为

$$i_x=\frac{l_{0x}}{[\lambda]}=\frac{255.2}{150}=1.70(\text{cm})$$

$$i_y=\frac{l_{0y}}{[\lambda]}=\frac{319.1}{150}=2.13(\mathrm{cm})$$

查附录 13，选截面的 i_x 和 i_y 较上述计算的 i_x 和 i_y 略大些。选用 2 ∟ 63×5，其几何特性为 $A=12.286\mathrm{cm}^2$，$i_x=1.94\mathrm{cm}$，$i_y=3.04\mathrm{cm}$，则

$$\lambda_x=\frac{l_{0x}}{i_x}=\frac{255.2}{1.94}=131.54<[\lambda]=150$$

$$\lambda_y=\frac{l_{0y}}{i_y}=\frac{319.1}{3.04}=104.97<[\lambda]=150$$

因 $\lambda_x>\lambda_y$，只需求 φ_x，由 λ_x 查表得 $\varphi_x=0.38$，则

$$\sigma=\frac{N}{\varphi_x A}=\frac{79160}{0.38\times1228.6}=169.56(\mathrm{MPa})<215\mathrm{MPa}$$

在此，其他各杆件的截面选择计算过程不再一一列出，现将计算结果列于表 8-9。

8.4.6 节点设计

（1）下弦节点 b（见图 8-56）。各杆件的内力由表 8-7 查得。设计步骤：由腹杆内力计算腹杆与节点板连接焊缝的尺寸，即 h_f 和 l_w，然后根据 $l=l_w+2h_f$ 的大小按比例绘出节点板的形状和尺寸，最后验算下弦杆与节点板的连接焊缝。采用 E43 型焊条，角焊缝的抗拉、抗压和抗剪强度设计值 $f_f^w=160\mathrm{MPa}$。

设 Bb 杆的肢背焊缝 $h_{f1}=8\mathrm{mm}$，肢尖焊缝 $h_{f2}=6\mathrm{mm}$（最好根据构造要求选定焊脚尺寸，此处省略），则所需的焊缝长度（按等肢角钢连接的角焊缝内力分配系数计算）计算如下。

肢背：
$$l_{w1}=\frac{0.7N}{2h_e f_f^w}+16=\frac{0.7\times490090}{2\times0.7\times8\times160}+16=207.44\ (\mathrm{mm})$$

故取 $l_{w1}=210\mathrm{mm}$。

肢尖：
$$l_{w2}=\frac{0.3N}{2h_e f_f^w}+12=\frac{0.3\times490090}{2\times0.7\times6\times160}+12=121.4\ (\mathrm{mm})$$

故取 $l_{w2}=130\mathrm{mm}$。

设 bD 杆的肢背焊缝 $h_{f1}=8\mathrm{mm}$，肢尖焊缝 $h_{f2}=6\mathrm{mm}$，则所需的焊缝长度计算如下。

肢背：
$$l_{w1}=\frac{0.7N}{2h_e f_f^w}+16=\frac{0.7\times420000}{2\times0.7\times8\times160}+16=180.06\ (\mathrm{mm})$$

故取 $l_{w1}=180\mathrm{mm}$。

肢尖：
$$l_{w2}=\frac{0.3N}{2h_e f_f^w}+12=\frac{0.3\times420000}{2\times0.7\times6\times160}+12=105.75\ (\mathrm{mm})$$

故取 $l_{w2}=110\mathrm{mm}$。

Cb 杆的内力很小，焊缝尺寸可按构造确定，取 $h_f=5\mathrm{mm}$。

根据上面求得的焊缝长度，并考虑杆件之间应有的间隙及制作和装配等误差，按比例绘出节点详图，从而确定节点板尺寸为 360mm×445mm。

下弦与节点板连接的焊缝长度为 44.5cm（满焊），$h_f=6\mathrm{mm}$。焊缝所受的力为左右两下弦杆的内力差 $\Delta N=854.46-352.13=502.33(\mathrm{kN})$，受力较大的肢背处的焊缝应力为

表 8－9 屋架杆件截面选择

名称	杆件编号	内力/kN	计算长度/cm		截面规格	截面面积/cm^2	回转半径/cm		长细比		容许长细比[λ]	稳定系数 φ		计算应力 N/φA /(N/mm^2)
			l_{0x}	l_{0y}			i_x	i_y	λ_x	λ_y		φ_x	φ_y	
上弦杆	IJ、JK	−1257.90	150.8	452.4	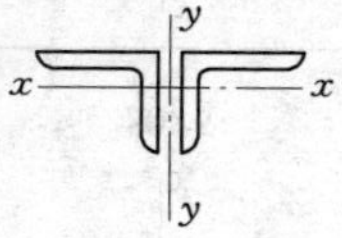 180×110×14	77.93	3.08	8.80	48.96	51.41	150		0.847	191.59
下弦杆	de	1230.51	300	1485.0	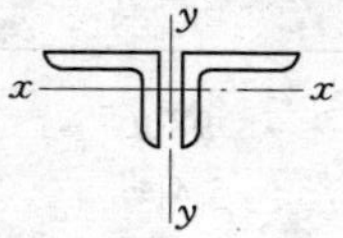 180×110×12	67.42	3.10	8.74	96.77	169.91	350			182.51
腹杆	Aa	−30.60	199	199	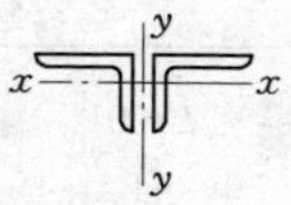 63×5	12.286	1.94	3.04	102.6	65.5	150	0.538		46.29
	aB	−630.83	253.4	253.4	 140×90×10	44.522	4.47	3.74	56.71	67.78	150		0.764	185.46
	Bb	490.09	208.6	260.8	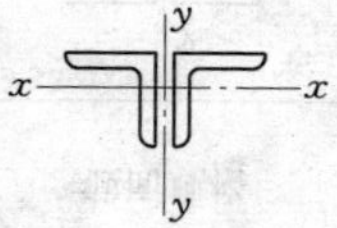 100×6	23.864	3.10	4.51	67.29	57.83	350			205.37

续表

名称	杆件编号	内力/kN	计算长度/cm		截面规格	截面面积/cm^2	回转半径/cm		长细比		容许长细比[λ]	稳定系数 φ		计算应力 $N/\varphi A$ /(N/mm^2)
			l_{0x}	l_{0y}			i_x	i_y	λ_x	λ_y		φ_x	φ_y	
腹杆	Cb	−55.63	183.2	229.0	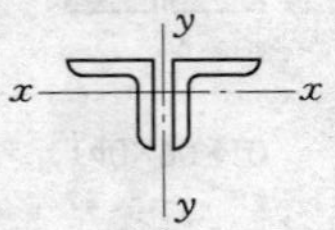 50×5	9.606	1.53	2.53	119.7	90.5	150	0.439		131.92
	bD	−420.00	229.5	287	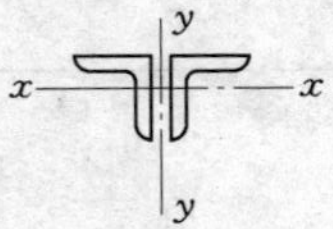 100×7	27.592	3.09	4.53	74.3	63.3	150	0.724		210.25
	Dc	299.84	228.7	285.8	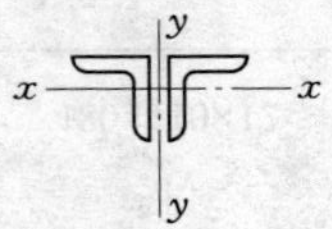 70×6	16.32	2.15	3.33	106.37	85.83	350			183.73
	Ec	−55.63	207.2	259.0	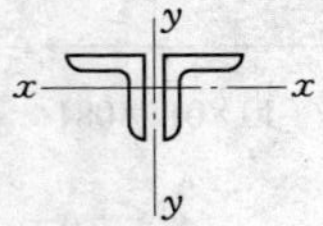 50×5	9.606	1.53	2.53	135.4	102.4	150	0.363		159.54
	cF	−235.31	250.8	312.6	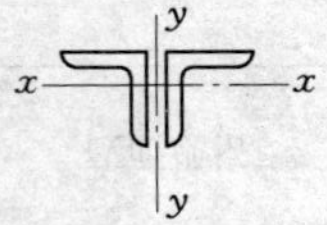 90×6	21.274	2.79	4.13	89.89	75.69	150	0.621		178.12

续表

名称	杆件编号	内力/kN	计算长度/cm		截面规格	截面面积/cm^2	回转半径/cm		长细比		容许长细比[λ]	稳定系数 φ		计算应力 $N/\varphi A$ /(N/mm^2)
			l_{0x}	l_{0y}			i_x	i_y	λ_x	λ_y		φ_x	φ_y	
腹杆	Fd	145.75	249.5	311.8	 50×5	9.606	1.53	2.53	167	123.3	350			151.73
	Gd	-54.52	231.2	289.0	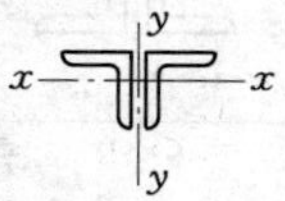 50×5	9.606	1.53	2.53	151.1	114.2	150	0.304		186.67
	dH	-93.99	271.6	339.5	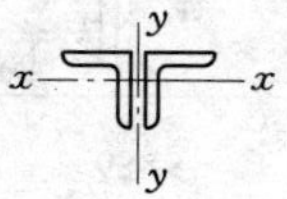 70×6	16.32	2.15	3.33	151.1	101.95	150	0.304		189.45
	He	45.61 -27.55	270.8	338.4	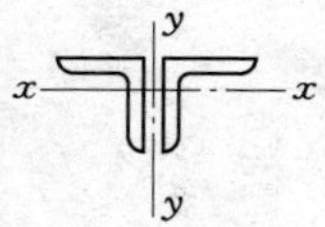 63×5	12.286	1.94	3.04	139.59	111.32	150	0.347		64.62
	Ie	-79.16	255.2	319.1	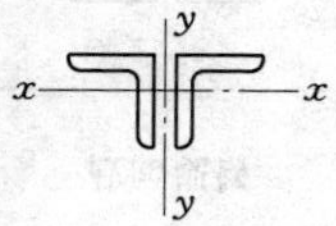 63×5	12.286	1.94	3.04	131.5	104.9	150	0.381		169.11

续表

名称	杆件编号	内力/kN	计算长度/cm		截面规格	截面面积/cm^2	回转半径/cm		长细比		容许长细比[λ]	稳定系数φ		计算应力 N/φA /(N/mm^2)
			l_{0x}	l_{0y}			i_x	i_y	λ_x	λ_y		φ_x	φ_y	
	eg	115.74 -44.78	230.1	453.73	 63×5	12.286	1.94	3.04	118.6	149.25	150		0.31	117.54
	gK	151.44 -42.26	230.1	453.73	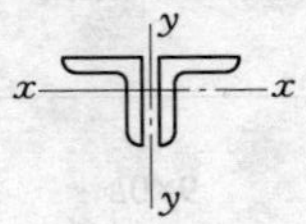 63×5	12.286	1.94	3.04	118.6	149.25	150		0.31	110.96
腹杆	Kf	1.12	314.1	314.1	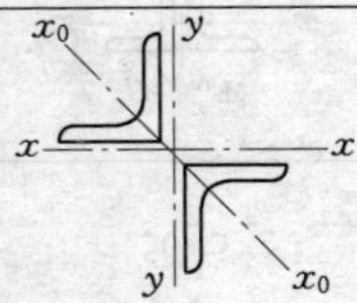 63×5	12.286	2.45	2.45	128.2	128.2	200			0
	gI	28.08	165.9	207.4	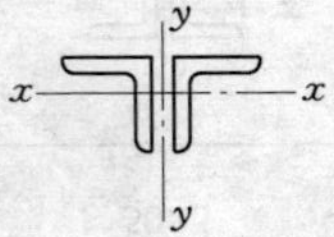 50×5	9.606	1.53	2.53	108.7	82.2	350			29.23
	Jg	-48.10	127.6	158.9	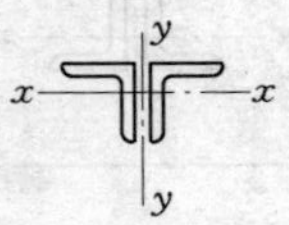 50×5	9.606	1.53	2.53	83.4	63	150	0.665		75.30

注：Kf 杆的截面宽厚比小于 $15\varepsilon_k$，故可不计扭转屈曲。

$$\tau_f=\frac{0.75\times502330}{2\times0.7\times6\times(445-12)}=103.58(\text{MPa})<160\text{MPa}$$

因此，焊缝强度满足要求。

该节点如图 8-56 所示。

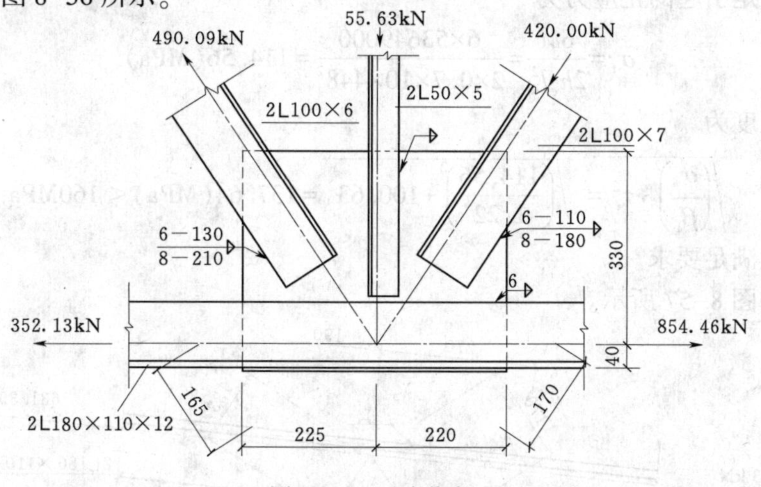

图 8-56　下弦节点 b

注：Kf 杆的截面宽厚比小于 $15\varepsilon_k$，故可不计扭转屈曲。

（2）上弦节点 B（见图 8-57）。Bb 杆与节点板的焊缝尺寸和节点 b 相同。“aB”杆与节点板的焊缝尺寸按上述同样方法计算。

$N_{aB}=-630.83$kN。设 aB 杆的肢背焊缝 $h_{f1}=10$mm，肢尖焊缝 $h_{f2}=6$mm，则所需的焊缝长度为（按不等肢角钢短肢连接的角焊缝内力分配系数计算）：

肢背：
$$l_{w1}=\frac{0.65N}{2h_e f_f^w}+20=\frac{0.65\times630830}{2\times0.7\times10\times160}+20=203.05(\text{mm})$$

故取 $l_{w1}=210$mm。

肢尖：
$$l_{w2}=\frac{0.3N}{2h_e f_f^w}+12=\frac{0.35\times630830}{2\times0.7\times6\times160}+12=176.28(\text{mm})$$

故取 $l_{w2}=180$mm。

为了便于在上弦杆上搁置屋面板，节点板的上边缘可缩进上弦肢背 8mm。采用槽焊缝把上弦角钢和节点板连接起来。槽焊缝作为两条角焊缝计算，槽焊缝的强度设计值乘以 0.8 的折减系数。计算时可略去屋架上弦坡度的影响，并考虑到 P 对槽焊缝长度中点的偏心距较小，所以略去由此偏心引起的弯矩。上弦肢背槽焊缝内的应力由下列计算得到：

$$h_{f1}=\frac{1}{2}\times\text{节点板厚度}=\frac{1}{2}\times12=6(\text{mm})$$

上弦杆与节点板间焊缝长度为 460mm，则

$$\sigma=\frac{55629}{2\times0.7\times6\times(460-12)\times1.22}=12.12(\text{MPa})<0.8f_f^w=0.8\times160(\text{MPa})=128\text{MPa}$$

肢尖焊缝承受弦杆内力差 $\Delta N=631.39-0.23=631.16$(kN)，偏心距 $e=110-25=85$(mm)，偏心力矩 $M=\Delta Ne=631.16\times0.085=53.649$(kN·m)，按构造要求取肢尖 $h_{f2}=$

10mm，则上弦杆肢尖角焊缝的剪应力为

$$\tau_f=\frac{631160}{2\times0.7\times10\times448}=100.63(\text{MPa})$$

由偏心力矩引起的正应力为

$$\sigma_f=\frac{6M}{2h_e l_w^2}=\frac{6\times53649000}{2\times0.7\times10\times448^2}=114.56(\text{MPa})$$

则焊缝强度为

$$\sqrt{\left(\frac{\sigma_f}{\beta_f}\right)^2+\tau_f^2}=\sqrt{\left(\frac{114.56}{1.22}\right)^2+100.63^2}=137.64(\text{MPa})<160\text{MPa}$$

所以焊缝强度满足要求。

该节点如图 8-57 所示。

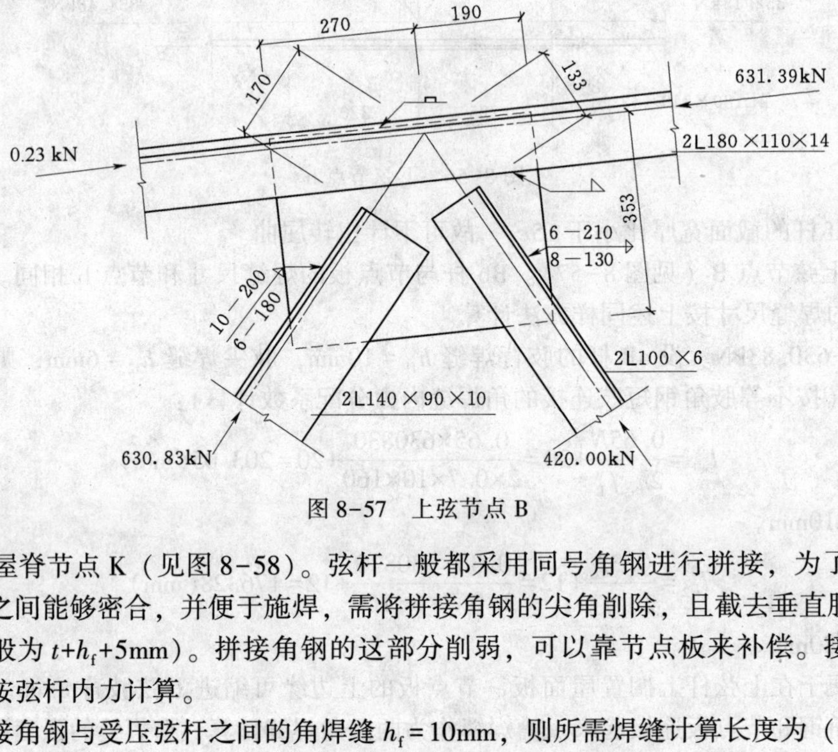

图 8-57　上弦节点 B

（3）屋脊节点 K（见图 8-58）。弦杆一般都采用同号角钢进行拼接，为了使拼接角钢与弦杆之间能够密合，并便于施焊，需将拼接角钢的尖角削除，且截去垂直肢的一部分宽度（一般为 $t+h_f+5$mm）。拼接角钢的这部分削弱，可以靠节点板来补偿。接头一边的焊缝长度按弦杆内力计算。

设拼接角钢与受压弦杆之间的角焊缝 $h_f=10$mm，则所需焊缝计算长度为（一条焊缝）

$$l_w=\frac{1264450}{4\times0.7\times10\times160}=282.24(\text{mm})$$

拼接角钢的长度 $l_s=2(l_w+2h_f)$+弦杆杆端空隙，拼接角钢长度取 620mm。

上弦与节点板之间的槽焊缝，假定承受节点荷载，焊缝验算方法与节点 B 处槽焊缝验算方法类似，此处验算过程略。上弦肢尖与节点板的连接焊缝，应按上弦内力的 15%计算，并考虑此内力产生的弯矩。设肢尖焊缝 $h_f=10$mm，取节点板长度为 500mm，则节点一侧弦杆焊缝的计算长度为

$$l_w=\left(\frac{500}{2}-10-20\right)=220(\text{mm})$$

焊缝应力为

$$\tau_f^N=\frac{0.15\times1264450}{2\times0.7\times10\times220}=61.58(\text{MPa})$$

$$\sigma_f^M=\frac{6\times0.15\times1264450\times84.1}{2\times0.7\times10\times220^2}=141.24(\text{MPa})$$

$$\sqrt{(\tau_f^N)^2+\left(\frac{\sigma_f^M}{1.22}\right)^2}=\sqrt{61.58^2+\left(\frac{141.24}{1.22}\right)^2}=131.13(\text{MPa})<160\text{MPa}$$

因此，焊缝强度满足要求。

该节点如图 8-58 所示。因屋架的跨度很大，需将屋架分为两个运输单元，在屋脊节点和下弦跨中节点设置工地拼接，左半边的上弦杆、斜杆和竖杆与节点板的连接用工厂焊缝，而右半边的上弦杆、斜杆与节点板的连接用工地焊缝。

腹杆与节点板连接焊缝的计算方法与以上几个节点相同，在此不再赘述。

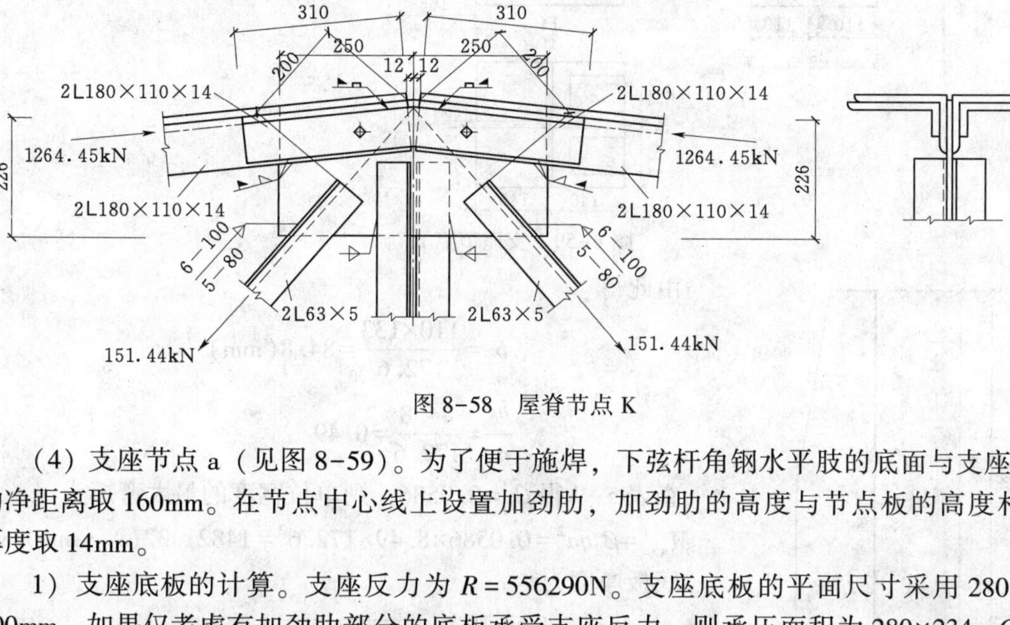

图 8-58　屋脊节点 K

(4) 支座节点 a (见图 8-59)。为了便于施焊，下弦杆角钢水平肢的底面与支座底板的净距离取 160mm。在节点中心线上设置加劲肋，加劲肋的高度与节点板的高度相等，厚度取 14mm。

1) 支座底板的计算。支座反力为 $R=556290$N。支座底板的平面尺寸采用 280mm×400mm，如果仅考虑有加劲肋部分的底板承受支座反力，则承压面积为 280×234 = 65520 (mm^2)。验算柱顶混凝土的抗压强度为

$$\sigma=\frac{R}{A_n}=\frac{556290}{65520}=8.49(\text{MPa})<f_c=12.5\text{MPa}$$

式中　f_c——混凝土抗压强度设计值，对 C25 混凝土，$f_c=12.5$MPa。

支座底板的厚度按屋架反力作用下的弯矩计算，节点板和加劲肋将底板分为四块，每块板为两相邻边支承而另两相邻边自由的板，每块板的单位宽度的最大弯矩为

$$M_{\max}=\beta_2 q a_2^2$$

式中　q——底板下的平均应力，即 $q=8.49$MPa；

a_2——两边支承之间的对角线长度，即 $a_2=\sqrt{(140-14/2)^2+110^2}=172.6(\text{mm})$；

β_2——系数，由 b_2/a_2 查表 5-9 确定，b_2 为两边支承的相交点到对角线 a_2 的垂直距离。

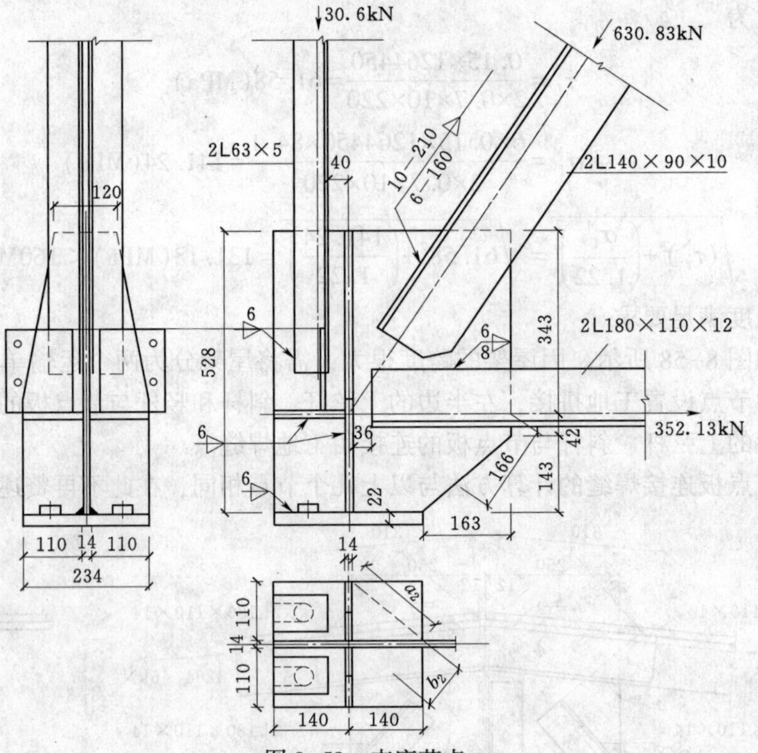

图 8-59 支座节点 a

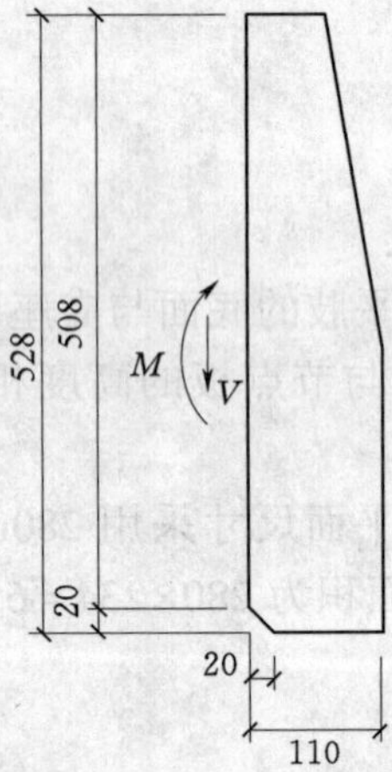

图 8-60 加劲肋计算简图

由此得

$$b_2=\frac{110\times133}{172.6}=84.8(\text{mm})$$

$$\frac{b_2}{a_2}=\frac{84.8}{172.6}=0.49$$

查表 5-9 得 $\beta_2=0.0586$，则单位宽度的最大弯矩为

$$M_{\max}=\beta_2 q a_2^2=0.0586\times8.49\times172.6^2=14821.32(\text{N}\cdot\text{mm})$$

底板厚度为

$$t=\sqrt{\frac{6M_{\max}}{f}}=\sqrt{\frac{6\times14821.32}{215}}=20.34(\text{mm})$$

故取 $t=22\text{mm}$。

2）加劲肋与节点板的连接焊缝计算。加劲肋与节点板的连接焊缝计算与牛腿焊缝相似（见图 8-60）。偏于安全地假定一个加劲肋的受力为屋架支座反力的 1/4，即 556290/4=139072.5(N)，则焊缝内力为

$$V=139072.5\text{N}$$

$$M=139072.5\times65=9039712.5(\text{N}\cdot\text{mm})$$

设焊缝焊脚 $h_f=6\text{mm}$，焊缝计算长度 $l_w=528-20-12=496(\text{mm})$，则焊缝应力为

$$\sqrt{\left(\frac{139072.5}{2\times0.7\times6\times496}\right)^2+\left(\frac{9039712.5\times6}{2\times0.7\times6\times496^2\times1.22}\right)^2}=40.56(\text{MPa})<160\text{MPa}$$

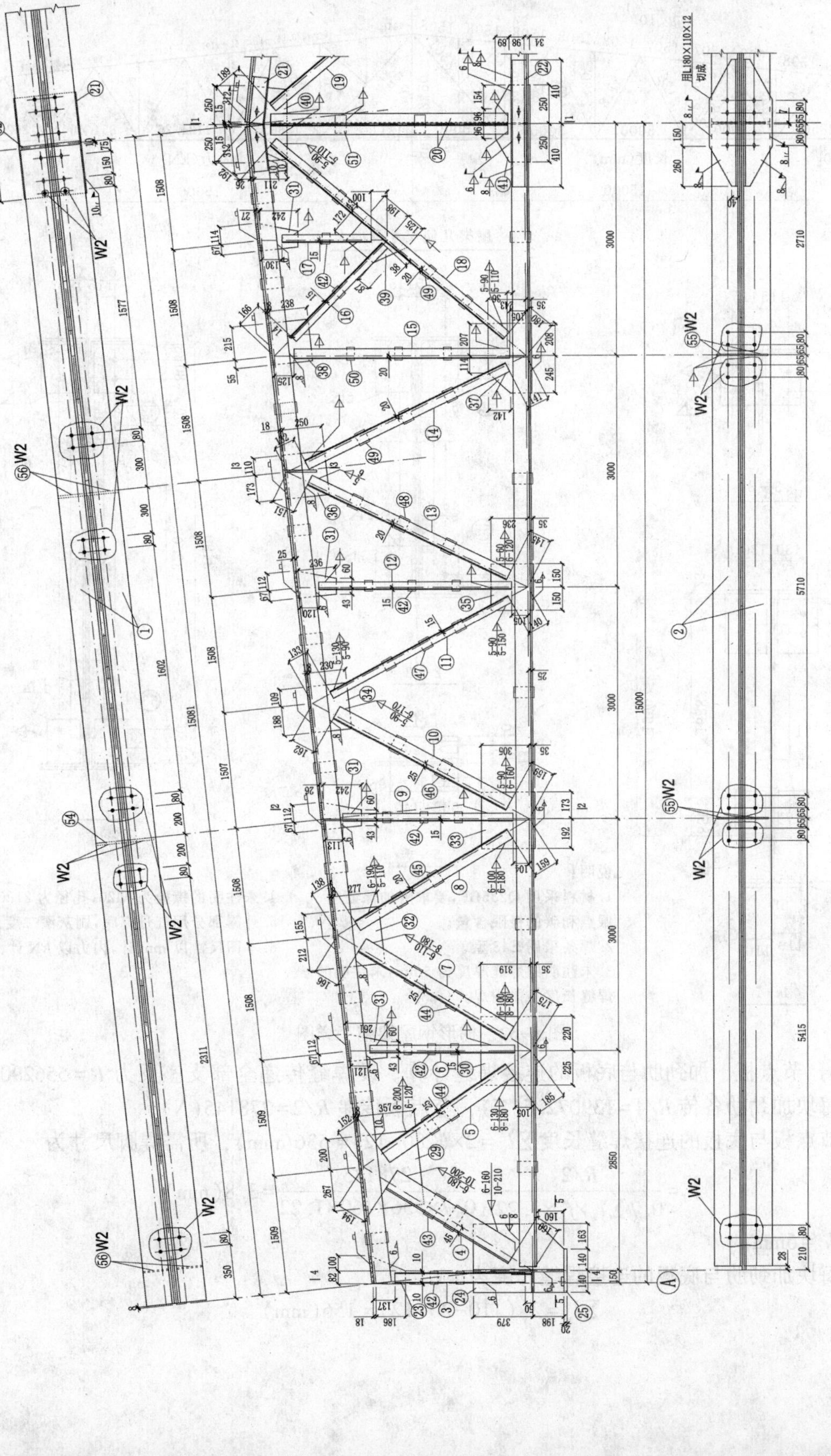

图8-61　梯形钢屋架施工构造图

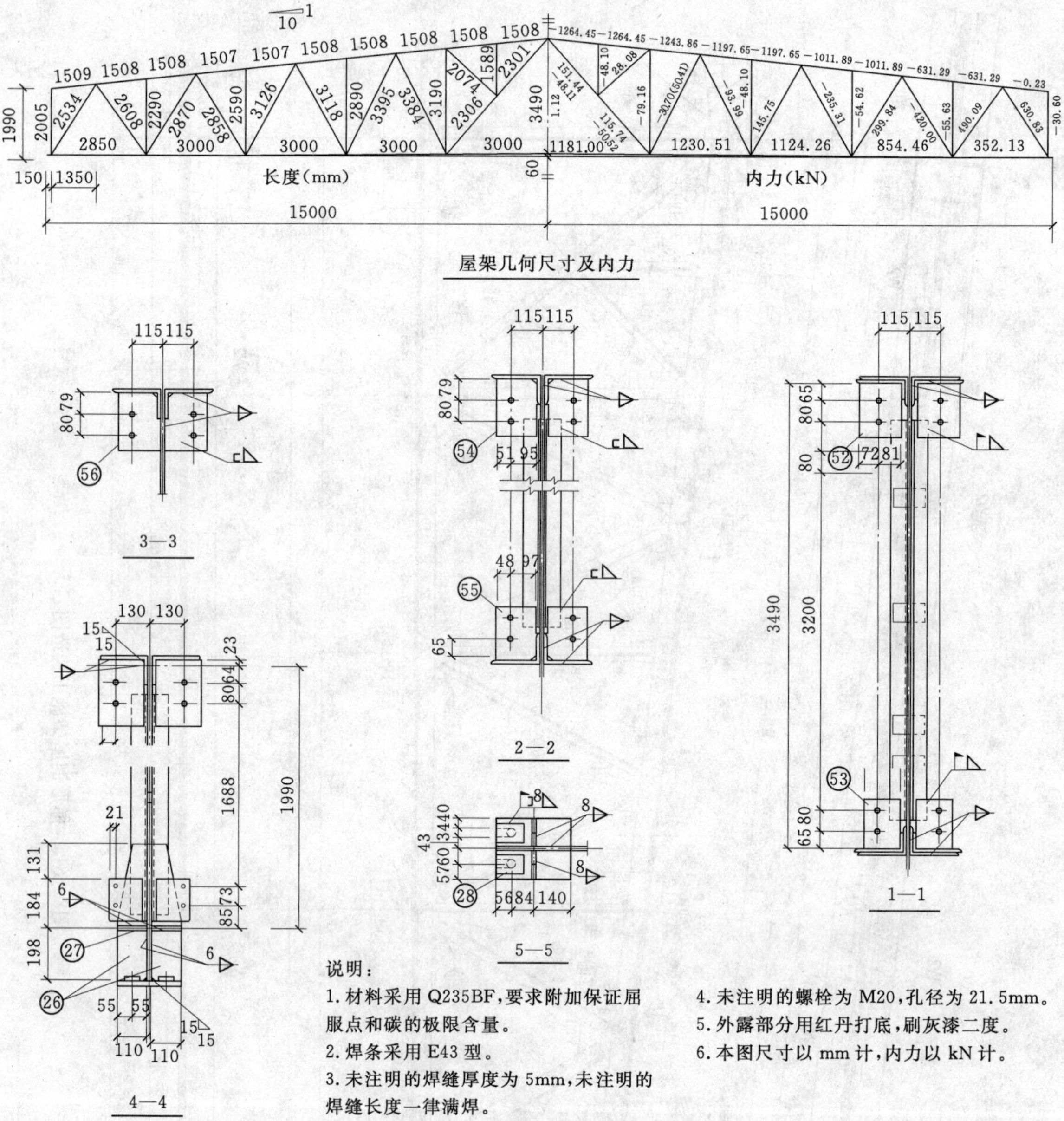

图 8-62　梯形钢屋架施工详图

3）节点板、加劲肋与底板的连接焊缝计算。设焊缝传递全部支座反力 $R=556290\text{N}$，其中每块加劲肋各传 $R/4=139072.5(\text{N})$，节点板传递 $R/2=278145(\text{N})$。

节点板与底板的连接焊缝长度 $\sum l_w=2\times(280-12)=536(\text{mm})$，所需焊脚尺寸为

$$h_f=\frac{R/2}{0.7\sum l_w\times f_f^w\times1.22}=\frac{278145}{0.7\times536\times160\times1.22}=3.8(\text{mm})$$

故取 $h_f=6\text{mm}$。

每块加劲肋与底板的连接焊缝长度为

$$\sum l_w=2\times(110-20-12)=156(\text{mm})$$

所需焊缝尺寸为

$$h_f \geqslant \frac{R/4}{0.7\times156\times160\times1.22}=\frac{139072.5}{0.7\times156\times160\times1.22}=6.52(\text{mm})$$

故取 $h_f=8\text{mm}$。

其他节点的计算不再一一列出，详细的施工构造如图 8-61、图 8-62 所示。

7. 绘制屋架施工详图

本例的屋架施工详图如图 8-62 所示。

本章小结

(1) 钢屋盖根据屋面材料和屋面结构布置情况分为有檩体系和无檩体系两类。

(2) 钢屋盖支撑分为上弦横向水平支撑、下弦横向水平支撑、下弦纵向水平支撑、垂直支撑和系杆五种。钢屋盖支撑应根据屋盖结构的形式，房屋的跨度、高度和长度，荷载情况以及柱网布置等条件合理设置。但在一般情况下，必须设置上弦横向水平支撑、垂直支撑和系杆。

(3) 按外形，屋架一般可分为三角形、梯形、拱形、平行弦和人字形等几种形式，腹杆体系也分为人字形、单斜式、芬克式和再分式等多种，须结合屋面材料的排水需要和建筑结构要求等条件进行选择，并应力求受力合理、施工方便。

(4) 屋架杆件内力应按最不利荷载组合计算，尤其是对可能出现跨中某些拉杆变压杆或内力增大的腹杆。

(5) 理想的桁架结构中，杆件两端铰接，计算长度在桁架平面内应是节点中心间的距离，在桁架平面外是侧向支承间的距离。屋架杆件的计算长度因其在节点处的嵌固程度不同而取值不同。

(6) 桁架杆件一般都为轴心拉杆或轴心压杆，当简支桁架的上弦杆或下弦杆有节间荷载时，则分别为压弯构件或拉弯构件。桁架杆件截面形式的确定，应考虑构造简单、施工方便，且连接的构造简单。

(7) 屋架杆件的截面一般均按轴心受力构件计算，当有节间荷载作用时按拉弯或压弯构件计算。

(8) 屋架的节点设计应做到构造合理、强度可靠、制造和安装简便。节点设计的具体任务是：根据节点的构造要求，确定各杆件的切断位置；根据焊缝的长度确定节点板的形状和尺寸。

(9) 钢屋架施工图是制造厂加工制造和工地结构安装的主要依据。当屋架形式、各杆件尺寸、杆件截面以及各腹杆与节点板的连接焊缝确定后，即可按运输单元绘制施工图。绘制屋架施工图应表达正确，详尽无误。

思　考　题

8-1　屋盖支撑有哪些作用？分为几种类型？应布置在哪些位置？

8-2　简述常用钢屋架的形式及其适用范围。

8-3 求解桁架内力时一般应考虑哪几种内力组合情况？

8-4 屋架杆件的计算长度应如何取用？

8-5 屋架节点设计有哪些基本要求？节点板尺寸如何确定？

8-6 屋架施工图应表达哪些主要内容？

8-7 什么是刚性系杆？什么是柔性系杆？

习 题

一、填空题

1. 屋盖一般由（ ）、（ ）、（ ）、（ ）、（ ）等组成。

2. 实腹式檩条常用（ ）、（ ）、（ ）、（ ）等截面形式，并按（ ）构件计算。

3. 两道上弦横向水平支撑的净距不宜大于（ ）。

4. 系杆有（ ）和（ ）两种。

5. 梯形屋架按支座斜杆与弦杆组成的支承点在下弦或上弦分为（ ）、（ ）。

6. 梯形屋架在跨度（ ），三角形屋架在跨度（ ）时，可仅在跨度中央设置一道垂直支撑。

7.（ ）屋盖是在屋架上直接设置大型钢筋混凝土屋面板。

8. 屋架节点主要有（ ）、（ ）、（ ）、（ ）、（ ）五种类型。

9. 填板的间距对压杆为（ ），对拉杆为（ ）。

10. 梯形桁架支座斜腹杆宜采用（ ）截面。

二、选择题（答案可能不止一个）

1. 以下（ ）是屋架的选型原则。

A. 使用要求　B. 受力合理　C. 便于施工　D. 经济合理

2. 以下（ ）不是屋架承受的永久荷载。

A. 屋面材料自重　B. 天窗架自重

C. 雪荷载　D. 天棚自重

3. 对屋架杆件进行设计时，一般应考虑（ ）内力组合。

A. 全跨节点永久荷载+全跨可变荷载

B. 全跨节点永久荷载+半跨节点屋面板自重

C. 全跨节点永久荷载+半跨节点可变荷载

D. 全跨节点永久荷载+半跨节点屋面板自重+半跨屋面活荷载

4. 屋架除支座斜杆和支座竖杆以外的其他腹杆的计算长度为（ ）。

A. l　B. $0.8l$　C. $0.9l$　D. $0.85l$

5. 对于跨度大于（ ）的屋架，其弦杆可根据内力变化，从适当的节点部位处改变截面，但半跨内只宜改变一次。

A. 20m　B. 22m　C. 30m　D. 24m

三、判断改错题

1. 考虑到屋架杆件的自重，所有屋架杆件都应按拉弯或压弯构件进行设计。
2. 屋架的节点板厚度取为和节点板相连的角钢肢件厚度相同。
3. 刚性系杆和柔性系杆没有本质的区别。
4. 当檩条跨度 $l=4\sim6$m 时，宜设置一道拉条；当 $l>6$m 时，宜设置两道拉条。
5. 当屋架横向支撑设在端部第二柱间时，则第一柱间所有系杆均应为柔性系杆。
6. 钢结构中的受力构件，对焊接结构不宜采用截面小于∟50×5 的等边角钢。
7. 钢屋架节点板厚度一般根据所连接的杆件内力的大小确定，但不得小于 6mm。
8. 钢屋架中，除支座竖杆和支座斜杆外的其他腹杆，在桁架平面内的计算长度应取为 0.8l，其中 l 为构件的几何长度（节点中心间距离）。

四、计算题

如图 8-63 所示的一个 12m 跨度托架，两端支承在钢筋混凝土柱上，跨中承受的屋架集中荷载设计值为 700kN（静力荷载，托架自重已折算在内）。托架上、下弦杆在托架平面外的计算长度均为 6m，杆件均用双角钢 T 形截面，节点板厚度为 10mm，钢材采用 Q235BF。试求出杆件内力设计值并选择杆件的截面。

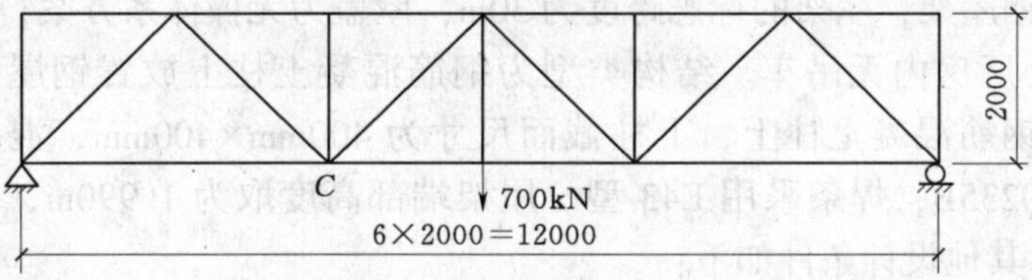

图 8-63　计算题示意图

第 9 章　PKPM 系列软件——STS 设计钢桁架

本章要点

本章着重讲述 PKPM 系列软件——STS 设计钢桁架的步骤。

通过本章学习，使学生掌握使用 PKPM 系列软件——STS 进行钢桁架的平面建模方法；掌握钢桁架设计分析的步骤和方法；掌握绘制桁架施工图（包括桁架垂直支撑施工图和水平支撑施工图）的步骤和方法。

9.1　工程条件

某缓坡梯形钢屋架，屋架的标志跨度为 30m，屋盖为无檩体系方案，厂房柱距（即屋架间距）为 6m。厂房内无吊车。结构类型为钢筋混凝土柱上放置钢屋架的排架结构体系。屋架铰支在钢筋混凝土柱上，上柱截面尺寸为 400mm×400mm，混凝土强度等级为 C30。钢材采用 Q235B，焊条采用 E43 型。屋架端部高度取为 1.990m，屋架腹杆体系布置参考图 8-51。其他设计条件如下：

建筑物设计使用年限：50 年。

屋面结构类型：钢桁架。

屋面做法：1.5m×6m 预应力混凝土大型屋面板，80mm 厚泡沫混凝土保温层，卷材屋面。

屋面坡度：$i=1/10$。

抗震设防烈度：7 度，设计基本地震加速度为 0.10g，场地土类别为Ⅲ类。

气温：冬季最低温度为-20℃。

结构的重要性：二类。

基本风压：0.35kN/m^2。

基本雪压：0.5kN/m^2。

屋面活荷载标准值：0.7kN/m^2。

积灰荷载标准值：0.6kN/m^2。

要求使用 PKPM 系列软件——STS 设计该缓坡梯形钢屋架。

9.2　平面建模

9.2.1　建立工作目录

STS 的“桁架模块”可以完成平面桁架的建模、计算和施工图绘制。打开 PKPM 软件，单击“钢结构”菜单，再单击“模块选择”里的“钢结构二维设计”，选择“桁架”，单击“新建/打开”（见图 9-1）。程序首先弹出如图 9-2 所示的工程路径选择对话框，选择工程路径，单击“确认”，回到图 9-1，双击选择的工程路径钢桁架，进入 PK 结构计算交互式数据输入界面（见图 9-3），输入本工程文件名“桁架-1”，单击“确定”，进入桁架建模界面，如图 9-4 所示。

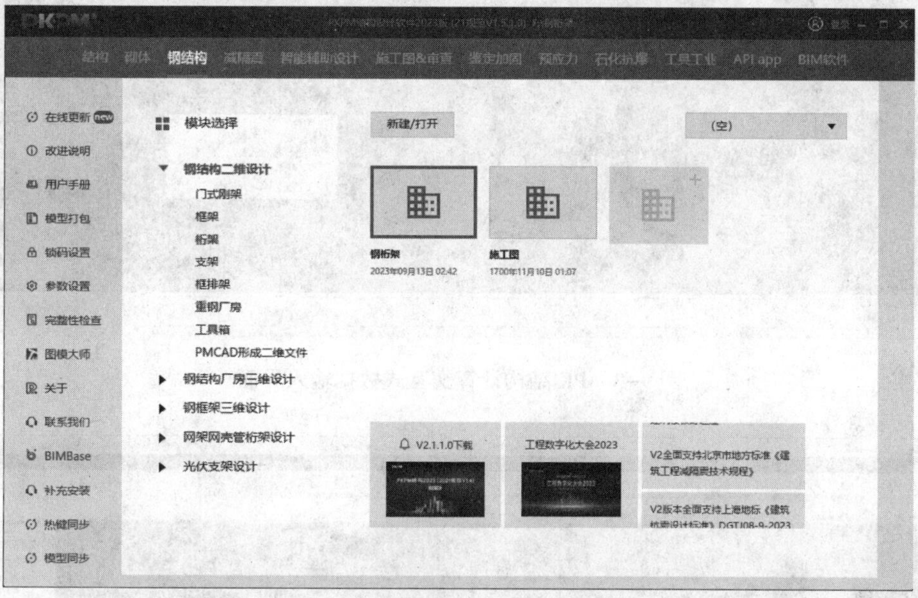

图 9-1　桁架模块界面

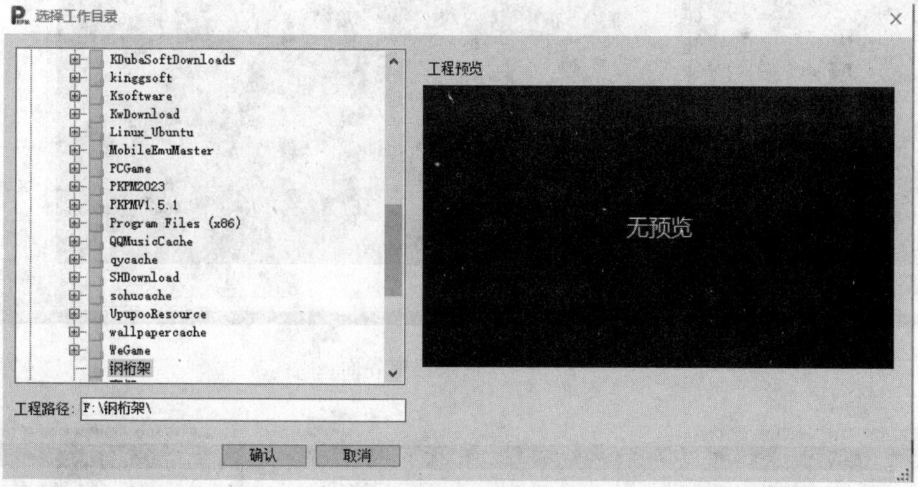

图 9-2　工程路径选择对话框

桁架结构模型的建立是通过依次执行界面上侧菜单（见图 9-5）来完成的。这里结合本工程实例详细阐述建立桁架结构模型的基本过程。

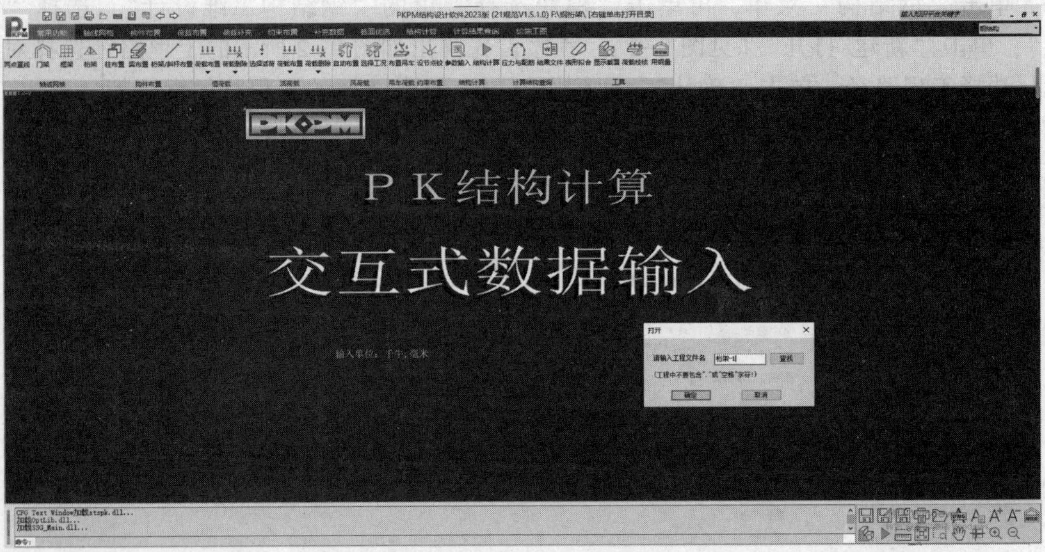

图 9-3　PK 结构计算交互式数据输入界面

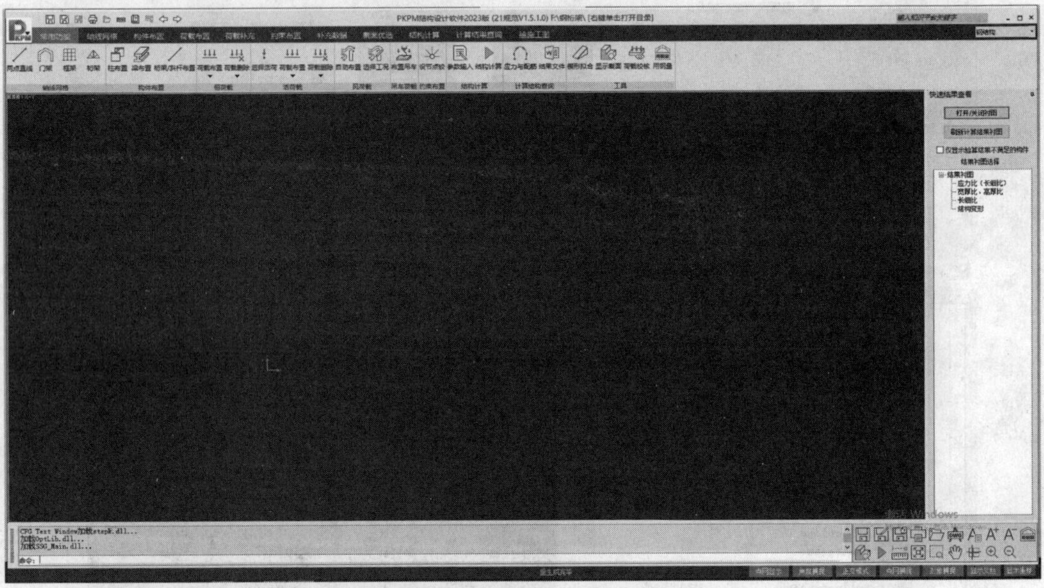

图 9-4　桁架建模界面

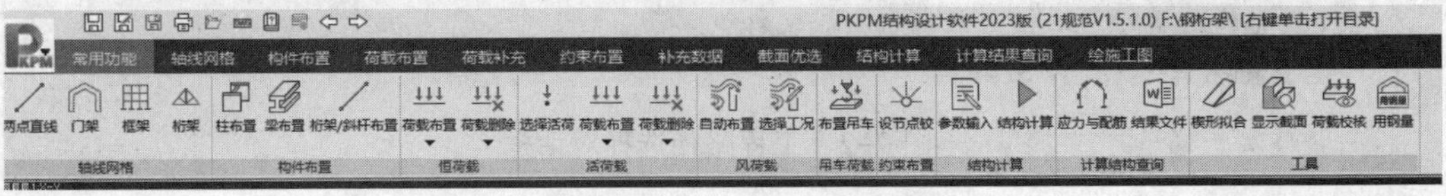

图 9-5　菜单项

9.2.2　轴线网格

程序提供两种建模方式：①快速建模；②普通建模。在实际中，多采用快速建模方式，该方式方便快捷，不易出错，与采用普通建模方式（通过两点直线一步一步建立网格）建立的模型没有明显差别。

快速建模的基本过程如下。

单击最上侧菜单“轴线网格”，选择“快速建模”中的“桁架”，打开“桁架网线输入向导”对话框，如图 9-6 所示。逐项选择或填写各空格内容。

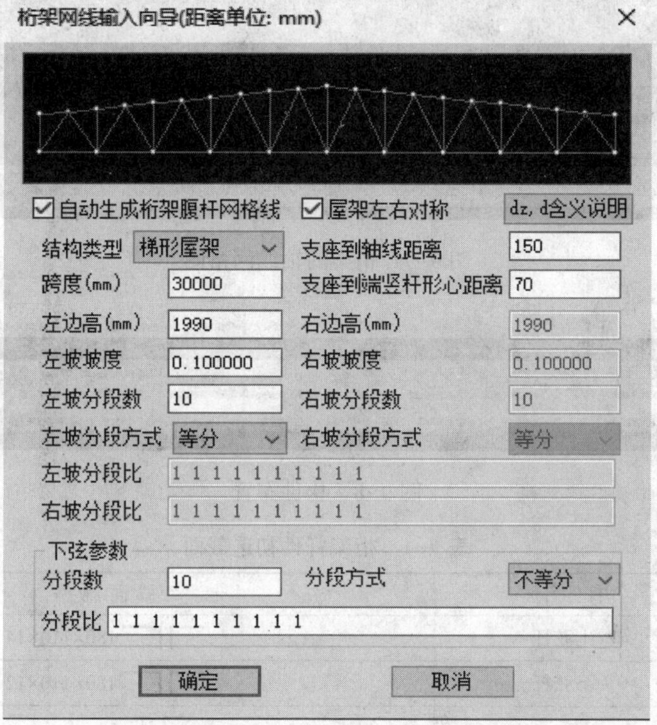

图 9-6　“桁架网线输入向导”对话框

提示：此处输入的跨度是屋架的标志跨度，屋架的实际跨度等于屋架的标志跨度减去支座到轴线的距离。此外，程序约定在桁架建立模型时需要设置两根高度在 2~3m 的端立柱。当使用快速建模方式形成网格线时，程序会自动生成这两根立柱。如果不是采用快速建模，需要人工加上这两根端立柱。

再分式腹杆可以利用“分割线段”输入分段节点，然后用“两点直线”来连接，并删除多余节点和多余线段。本桁架的轴线网格如图 9-7 所示。

9.2.3　构件布置

单击菜单“构件布置”进入布置界面（见图 9-8），利用“桁架/斜杆布置”菜单可以完成杆件截面的布置。由于钢桁架中的杆件一般都是轴心受力杆件，在用 STS 进行桁架建模时，所有构件均当作两端铰接的杆件输入。杆件布置时首先需进行截面定义，然后再进行布置。本桁架的初选截面如表 9-1 所示。

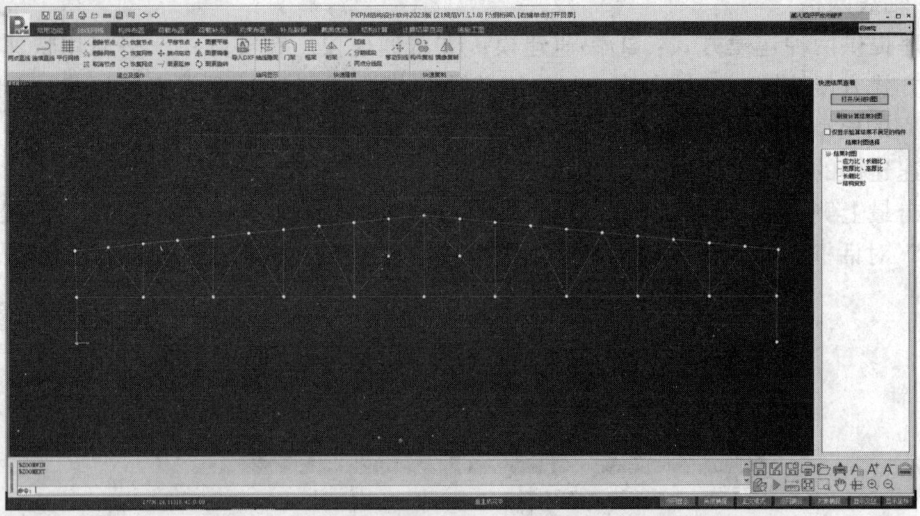

图 9-7 桁架的轴线网格图

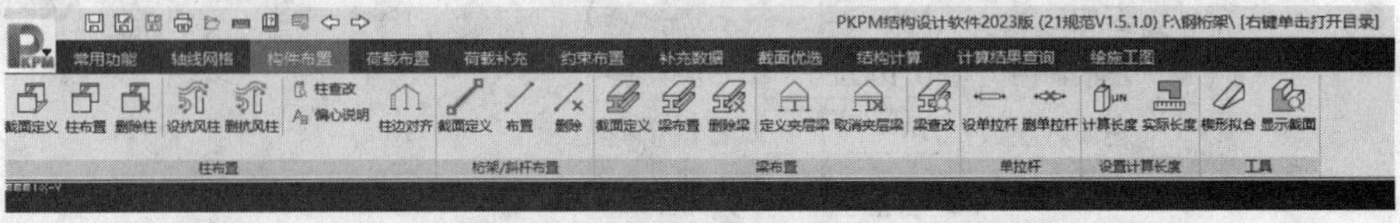

图 9-8 构件布置

表 9-1 桁架杆件初选截面

项次	杆件名称	截 面 规 格
1	上弦杆	180×110×14
2	下弦杆	180×110×12
3	端斜杆	140×90×10
4	中央竖杆	63×5
5	斜腹杆	100×7
6	竖腹杆	63×5

单击“截面定义”，程序弹出 PK-STS 截面定义对话框（见图 9-9）。在选择截面库中有“选择系统截面库”和“选择用户截面库”两个选项。系统截面库是由程序自带的标准型钢库，不能进行修改；用户截面库是由用户自己定义的，可以将用户自己常用的一些截面存入用户截面库，以便在不同的工程中使用，而无须多次重复定义。使用用户截面库时，只需要从截面库列表中选择即可。

选择“选择系统截面库”，单击“增加”按钮定义一个新的构件截面类型，程序将弹出如图 9-10 所示的截面类型选择对话框，程序提供了 29 种可选截面类型，对于钢桁架工程，通常选用标准型钢。

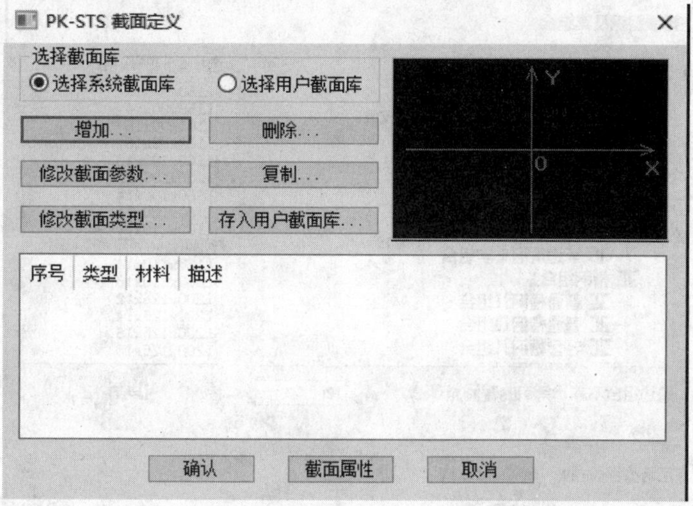

图 9-9　PK-STS 截面定义对话框

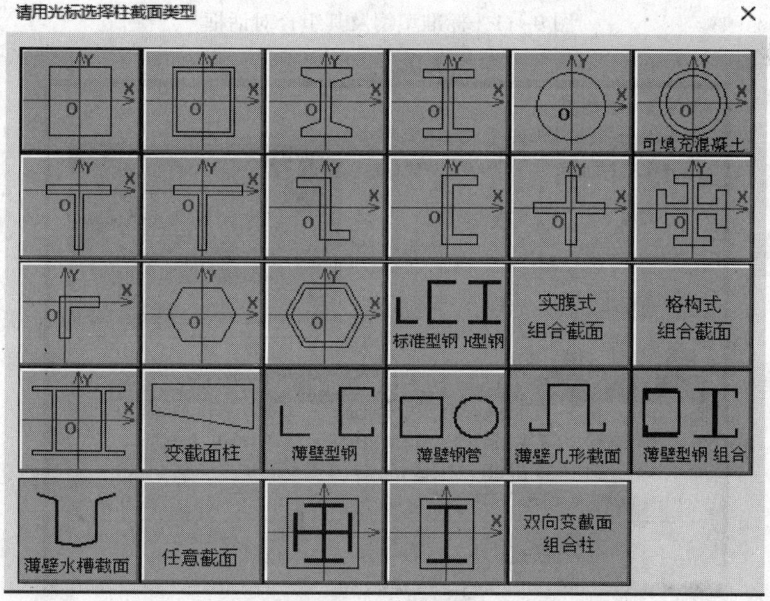

图 9-10　截面类型选择对话框

单击“标准型钢 H 型钢”，程序将弹出标准型钢及其组合对话框（见图 9-11）供选取。

根据需要选择型钢的形式和规格，确定组合型钢的间距，按“确认”完成截面选取。

重复执行上述操作，进行多种初始构件截面的选取。完成截面选取后，在交互输入对话框列表中将列出已选构件截面种类。可通过“截面属性”查看选中列表中某一截面类型的相关属性，并可以通过“修改截面参数”及“修改截面类型”修改列表中选中截面的类型及相关参数，也可以把选中的截面类型通过“存入用户截面库”添加到用户截面库中，以备日后方便使用。本桁架的截面定义如图 9-12 所示。

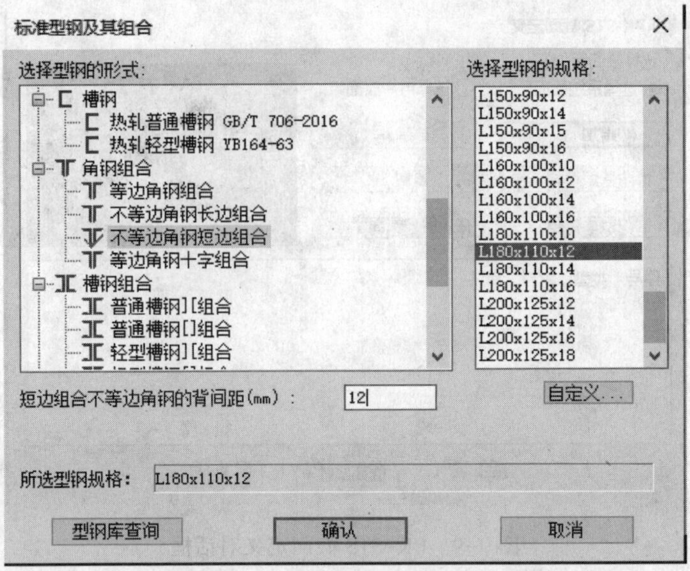

图 9-11 标准型钢及其组合对话框

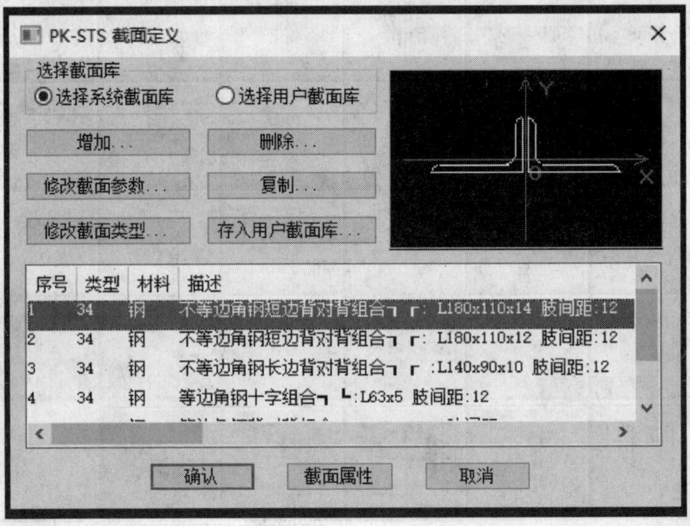

图 9-12 桁架的截面定义

单击“确认”完成桁架截面定义操作。

完成截面定义后，即可开始构件布置操作。单击“桁架/斜杆布置”菜单下的“布置”按钮，程序将弹出如图 9-13 所示的 PK-STS 截面定义及布置对话框。在对话框列表中选中已定义的构件截面类型，在构件布置信息中选择柱截面的布置方式（程序提供的布置方式仅限于 0°、90°、180°和 270°，程序默认为 0°），填写柱对轴线的偏心（偏心指柱截面形心与轴线的间距，变截面柱的偏心指小端截面形心与轴线的间距，程序默认无偏心，值为 0）等信息，单击“确认”，然后在建立好的网格的对应位置布置构件。为方便用户布置构件，可用光标点取网格位置，也可以用窗口布置，通过“Tab”键切换点取方式。布置好一个杆件后可右击返回截面定义及布置对话框，按“Esc”键，退出当前构件的布置，要再布置下一构件，就再点“布置”菜单操作。重复上述操作即可完成各构件的布置（见图 9-14）。

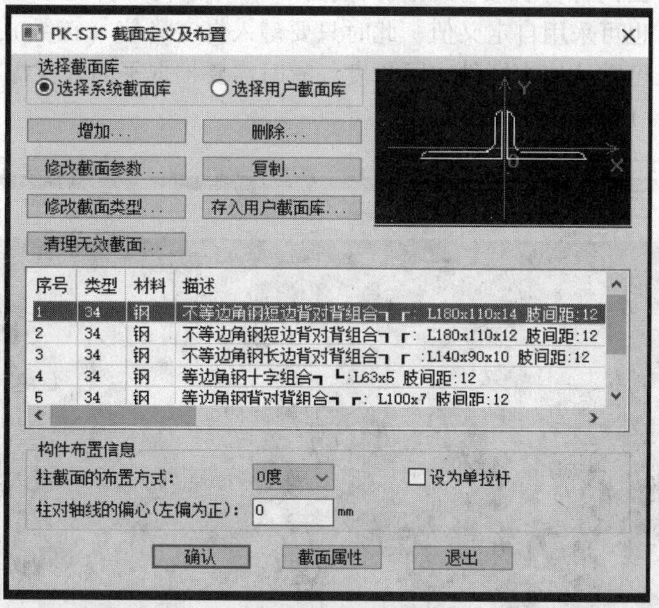

图 9-13　PK-STS 截面定义及布置对话框

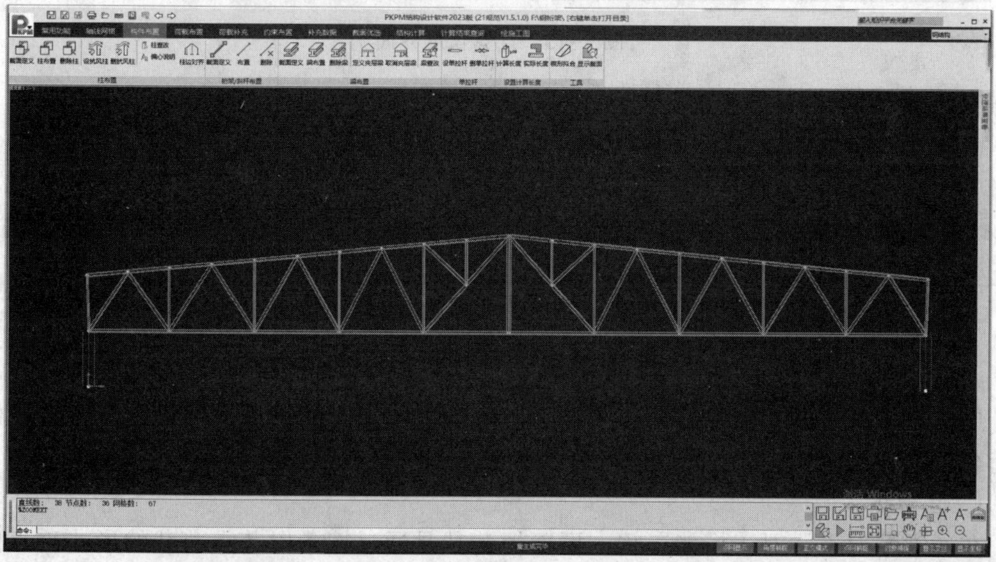

图 9-14　桁架杆件布置

此外，可以用“桁架/斜杆布置”菜单中的“删除”对已布置的构件进行删除，然后重新再定义布置。桁架杆件的布置也可以通过“柱布置”菜单来完成，通过“柱查改”

等菜单对已布置的构件进行修改，更改截面类型，设置偏心、角度，定义为拉杆及抗风柱等。

“设置计算长度”菜单中的“计算长度”可检查与修改构件平面内计算长度系数和平面外计算长度。平面内计算长度系数默认值为-1，即结构计算时取程序自动计算结果，如果有充分依据，也可采用自定义值，此时只要键入自定义值（正数），点选相应构件即可。平面外计算长度默认值为杆件实际长度，有时需要根据平面外支撑布置情况修改。计算长度界面如图 9-15 所示。

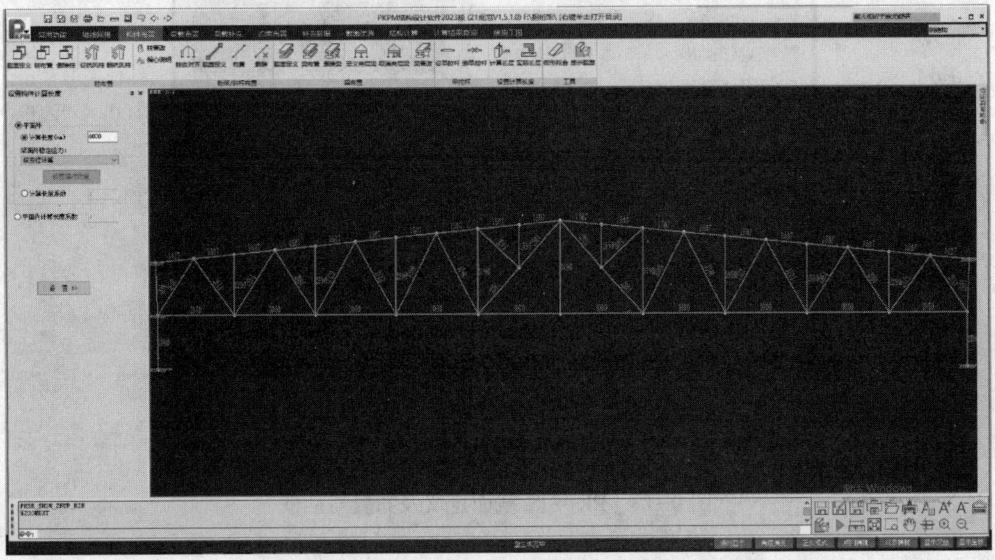

图 9-15　计算长度界面

9.2.4　荷载布置

单击“荷载布置”，进入荷载布置界面，如图 9-16 所示。

图 9-16　荷载布置界面

单击“工况选择”出现工况选择界面，可以进行工况的选择，并且会显示选择的当前荷载工况（见图 9-17），而后进行荷载布置。

1. 恒荷载

在通常情况下，对于桁架工程，屋面恒荷载是通过檩条以节点荷载的形式垂直向下作用在桁架上。因此，采用 STS 施加屋面恒荷载作用时，首先需要将屋面恒荷载转为桁架上弦杆节点荷载 P（P=屋面单位面积恒载×檩条间距×屋架间距）。屋面恒荷载计算如表 9-2 所示。

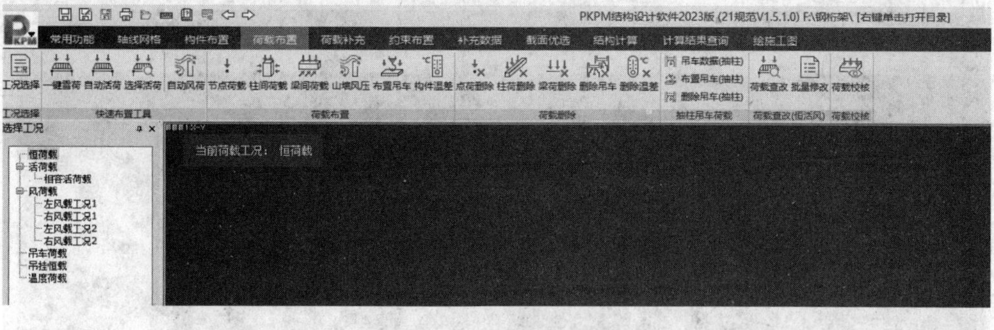

图 9-17　工况选择界面

表 9-2　恒荷载计算　　　　单位：kN/m^2

荷载名称	标准值
预应力混凝土大型屋面板	1.4
三毡四油防水层	0.4
找平层（厚 20mm）	0.02×20＝0.4
80mm 厚泡沫混凝土保温层	0.08×6＝0.48
管道荷载	0.1
恒荷载总和	2.78

桁架中间节点所受恒荷载集中力为 2.78×1.5×6＝25.02（kN），桁架边节点所受恒荷载集中力为 2.78×1.5×6÷2＝12.51（kN）。

人工计算得到作用在桁架上弦杆节点荷载 P 后，单击“荷载布置”菜单中的“节点荷载”，在程序弹出的节点荷载输入对话框（见图 9-18）中输入节点荷载 P（垂直力）。荷载正负规定：无论左风、右风以及吸力、压力，水平荷载规定向右为正，竖向荷载规定向下为正，弯矩规定顺时针方向为正，反之为负。单击“确定”按钮开始节点荷载布置，用鼠标点选上弦节点，在点取节点时，可以通过按“Tab”键来进行点选方式（光标、轴线、窗口三种方式）切换，提高点取效率。恒荷载布置工况如图 9-19 所示。

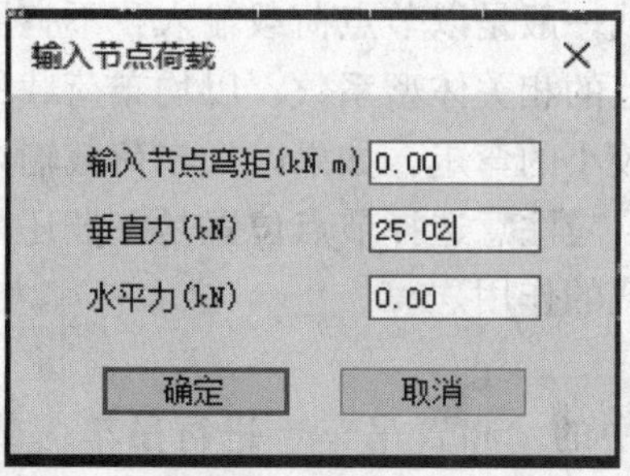

图 9-18　节点荷载输入对话框

完成恒荷载布置后，若已布置的荷载有误，可以通过“荷载查改”菜单，点选已布

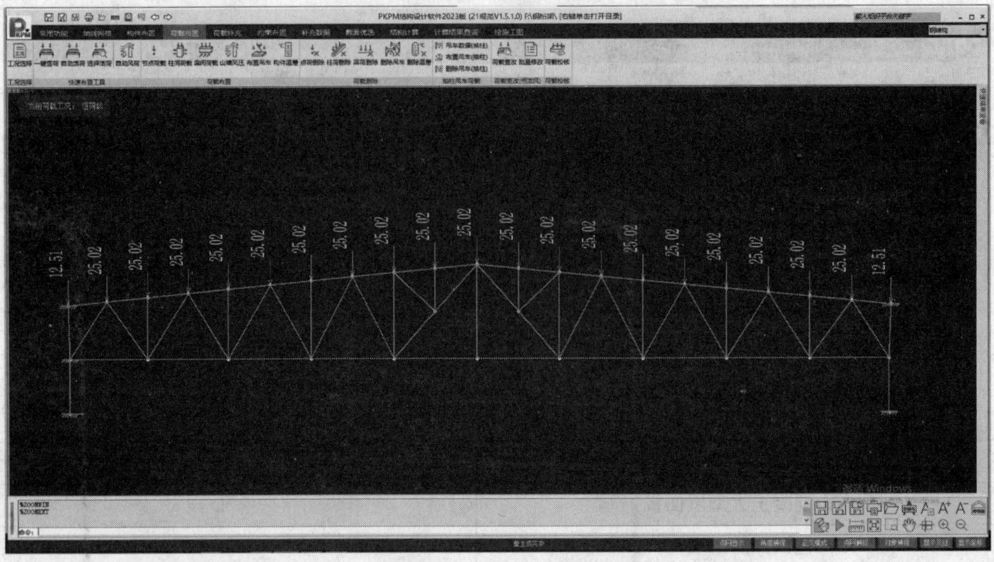

图 9-19 恒荷载布置工况

置荷载进行编辑修改，或通过“荷载删除”菜单中的“点荷删除”“柱荷删除”“梁荷删除”等删除已布置荷载。

“柱间荷载”“梁间荷载”的操作方法与“节点荷载”类似，在此不再讲述。

2. 活荷载

活荷载布置可以按恒荷载布置过程完成，也可以通过“快速布置工具”菜单来完成。桁架的屋面活荷载标准值为 0.7kN/m^2，雪荷载标准值为 0.5kN/m^2，积灰荷载标准值为 0.6kN/m^2。屋面活荷载和雪荷载不同时考虑，选择较大的屋面活荷载和积灰荷载组合，即 $0.7+0.6=1.3$（kN/m^2）。

桁架中间节点所受活荷载集中力为 $1.3\times1.5\times6=11.7$（kN），桁架边节点所受活荷载载集中力为 $1.3\times1.5\times6\div2=5.85$（kN）。

活荷载布置工况如图 9-20 所示。

3. 风荷载

对于桁架式屋架，风荷载一般是以节点荷载输入，不宜用自动布置方法进行输入。如果用自动布置，它会参考规范的相关体型系数，以均布荷载的形式输入。桁架一般只考虑轴力，屋架上弦可能存在比较小的弯矩，如果以均布荷载输入，上弦杆件的弯矩可能增大许多。在进行左右风输入时，应注意选择节点位置是左坡还是右坡，因为荷载作用方式是不同的。本桁架不考虑风荷载的作用。

4. 吊车荷载

通过“荷载布置”菜单中的“布置吊车”进行吊车荷载的定义和布置。其中吊车荷载输入中的吊车荷载值，程序要求输入的最大轮压、最小轮压产生的吊车荷载，不是指吊车资料中的最大轮压和最小轮压，而是按照吊车资料，根据影响线求出的最不利情况下的最大轮压、最小轮压对柱子的作用力。吊车荷载的计算，可采用手工计算和程序直接导入

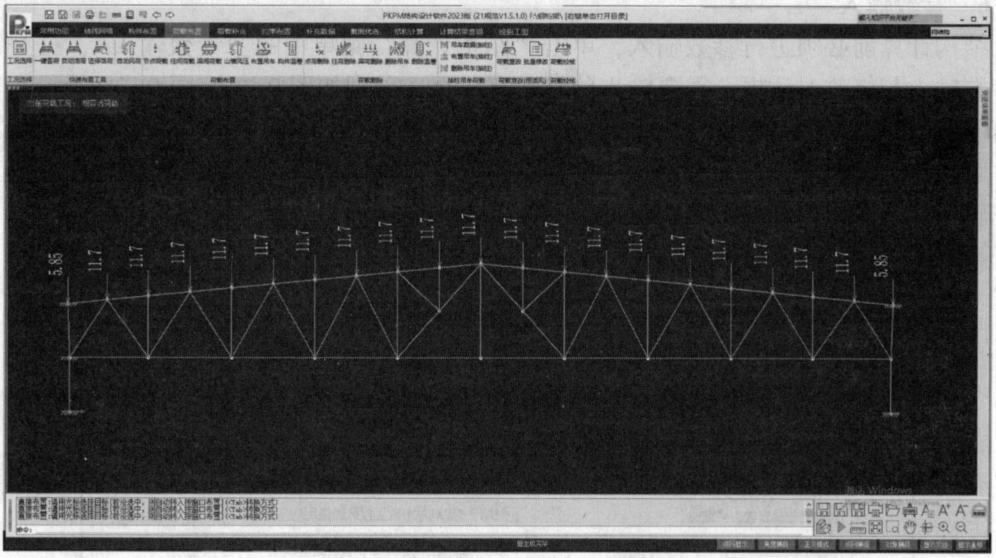

图 9-20　活荷载布置工况

两种方法进行，一般推荐采用程序导入。吊车荷载布置以后，通过“删除吊车”可删除已布置吊车荷载。本桁架没有直接作用在它上面的吊车荷载，所以不用输入吊车荷载。

9.2.5　约束布置

桁架的所有节点均假设为铰接点。选择“约束布置”菜单中的“节点铰”，把全部节点设置为铰接点。如图 9-21 所示。

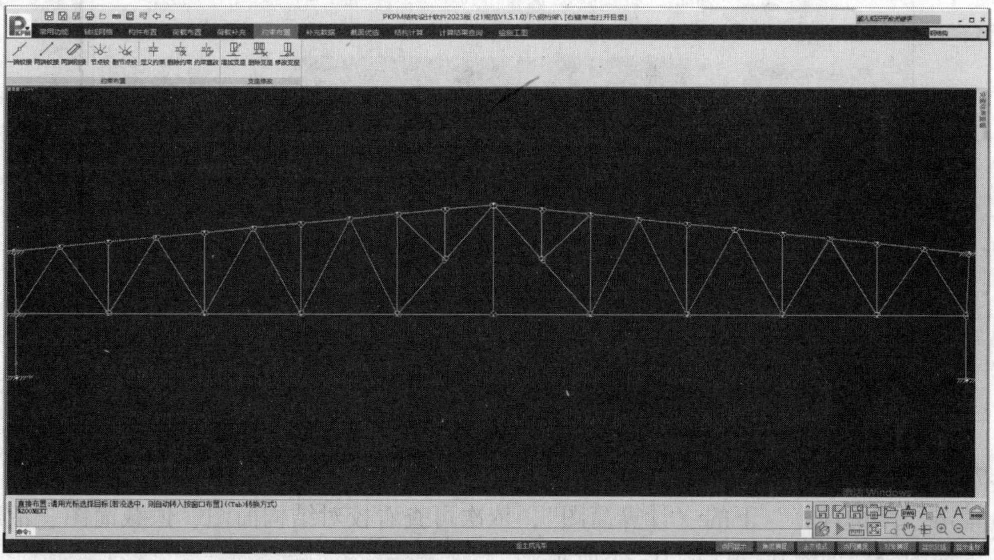

图 9-21　节点铰界面

当程序生成的支座与实际不符时，通过“支座修改”菜单进行修改。

9.2.6 参数输入

结构计算前必须进行参数输入，单击“结构计算”菜单中的“参数输入”，打开钢结构参数输入与修改对话框，需要输入的参数有7页，分别如图9-22~图9-28所示。输入总信息参数时，“考虑恒载下柱轴向变形”（即恒荷载作用下是否考虑柱的轴向变形）一项，对于钢结构，应该选择考虑。否则当结构变形以轴向变形为主时，考虑轴向变形和不考虑轴向变形的内力和变形差别较大。钢桁架以轴向变形为主。

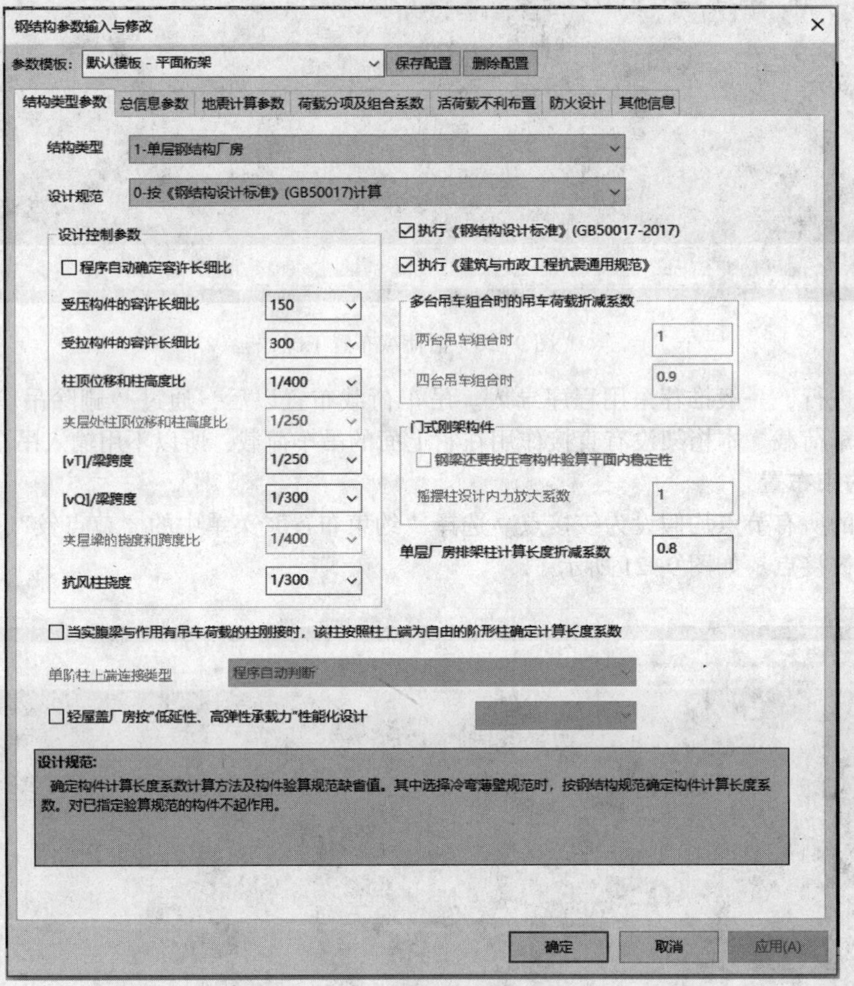

图9-22 结构类型参数

9.2.7 计算简图

单击“结构计算”下的“计算简图”，依次可查看校对结构简图、恒载简图、活载简图，各简图分别如图9-29~图9-31所示。

至此，本桁架工程建模工作基本完成，单击“保存”按钮保存好模型数据信息。在建模过程中，应养成随时保存建模数据信息的习惯，以免造成数据丢失。

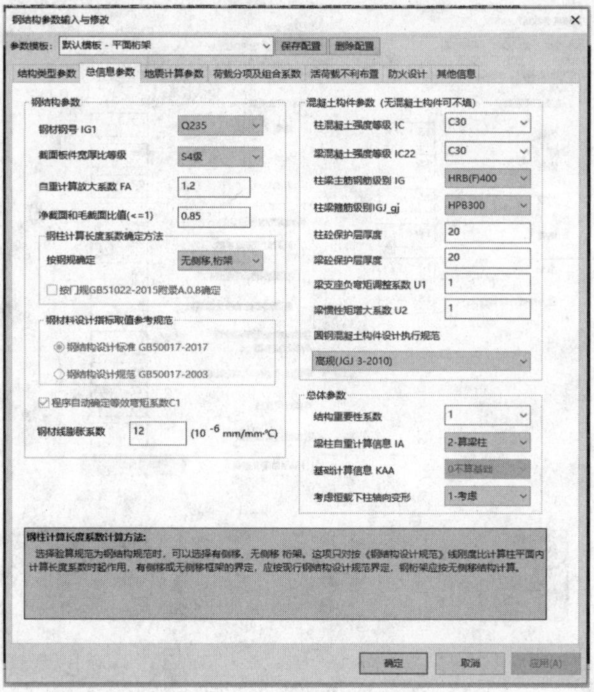

图 9-23　总信息参数

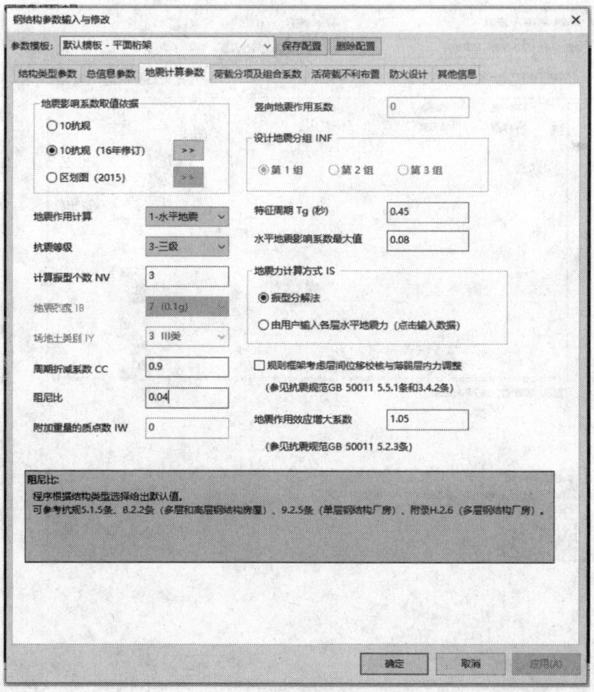

图 9-24　地震计算参数

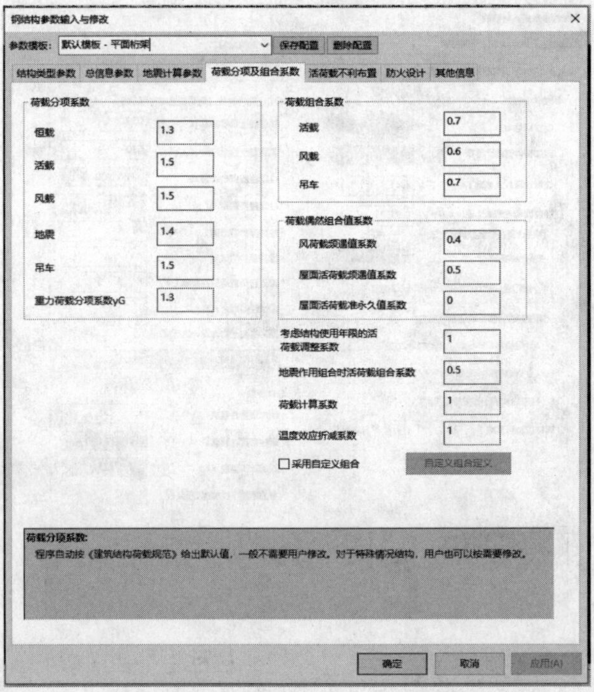

图 9-25　荷载分项及组合系数

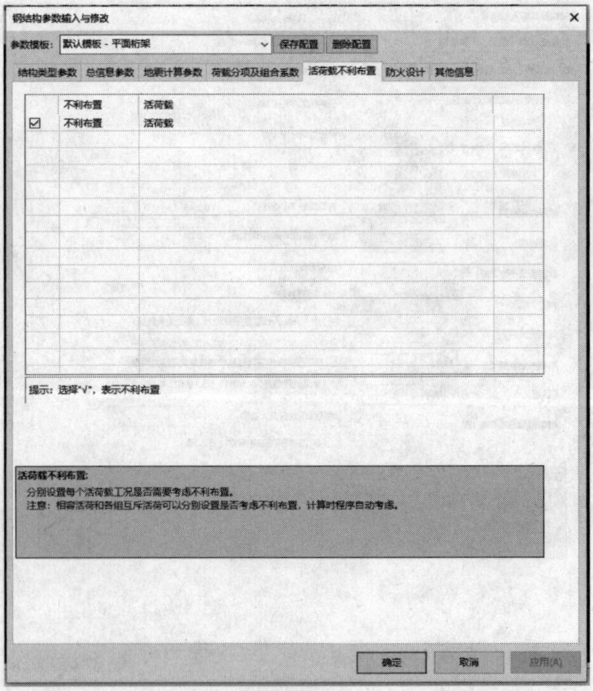

图 9-26　活荷载不利布置参数

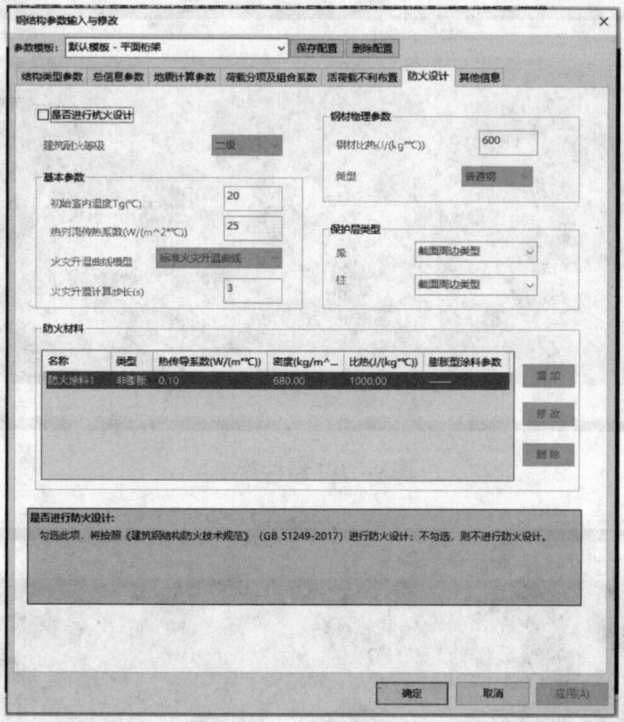

图 9-27　防火设计参数

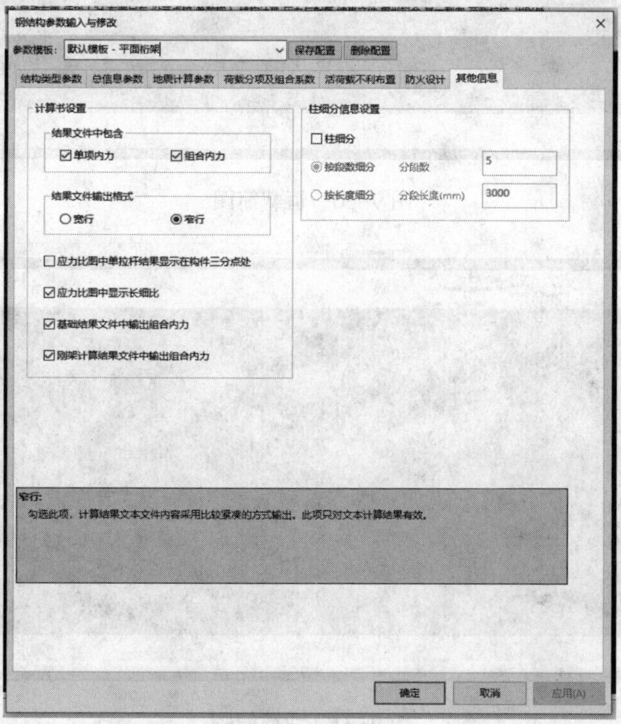

图 9-28　其他信息参数

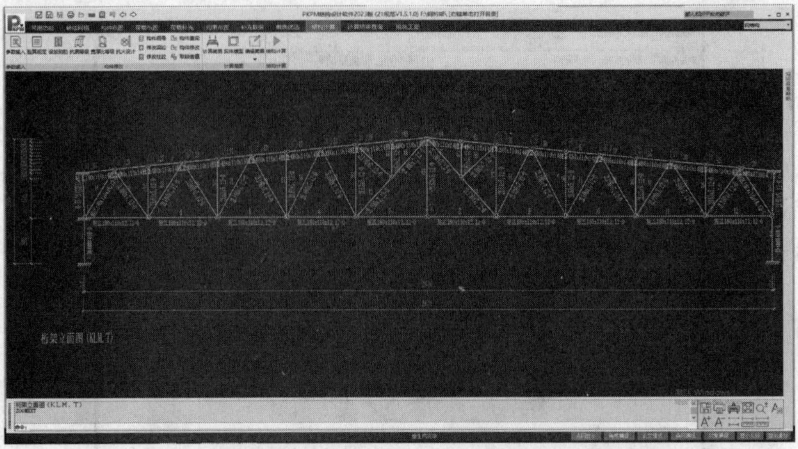

图 9-29　结构简图

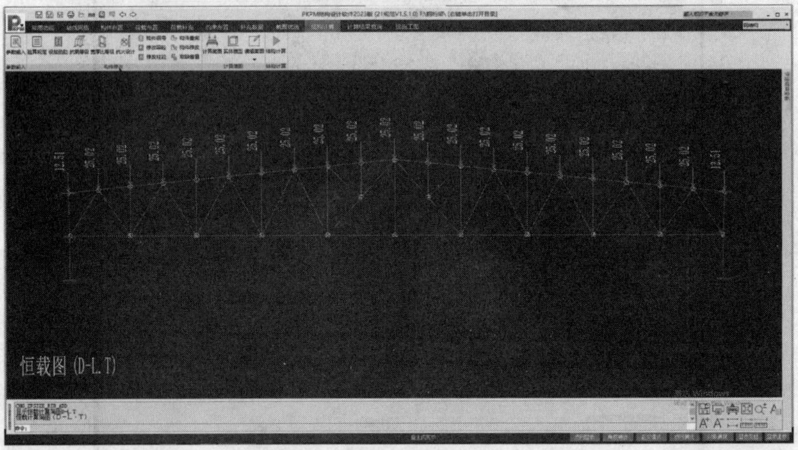

图 9-30　恒载简图

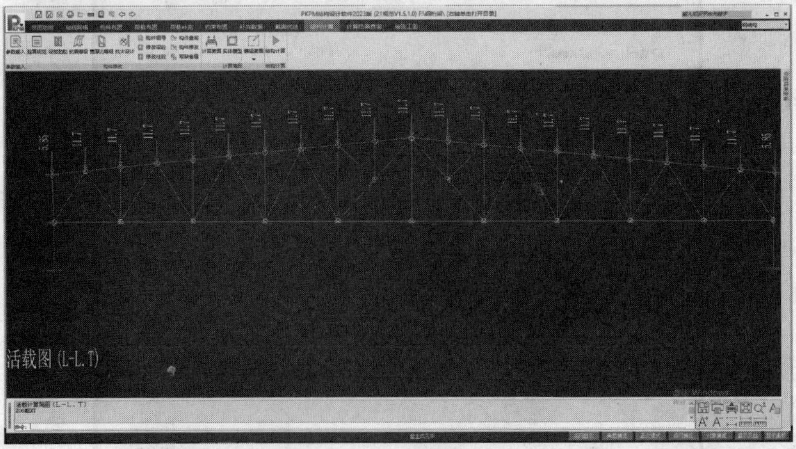

图 9-31　活载简图

9.3　设计分析

9.3.1　结构计算

在完成结构模型建立后，程序自动进行数据检查，生成用于计算的数据文件，即可进行二维分析计算。

单击“结构计算”，程序进行计算，计算结果放入文件名为 pk11.out 的文件中。pk11.out 文件为主要计算结果文件，记录了输入的各项参数输出、结构分析的各项控制信息、各单项内力计算结果、节点位移、内力组合结果、构件的强度稳定验算结果、钢梁挠度及钢材用量（重量）等。

9.3.2　结果文件

计算结束后，出现如图 9-32 所示的计算结果查询界面，可查看内力计算结果文本文件和图形文件。

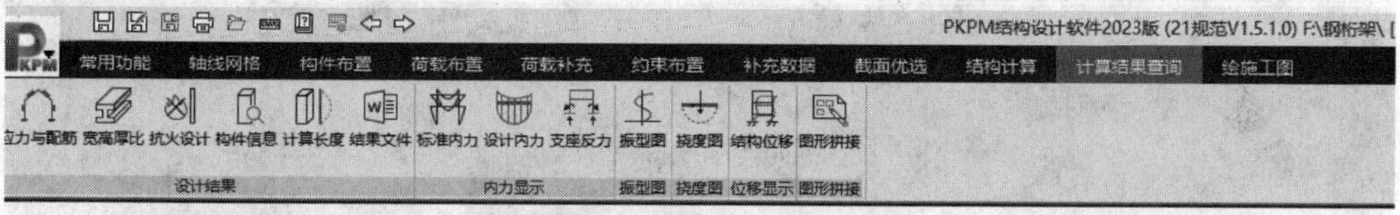

图 9-32　计算结果查询界面

单击“结果文件”，选择超限信息文件，可快速查看超限信息，如图 9-33 所示。由超限信息输出文件可具体看到存在的超限信息情况。如果有超限信息，可根据信息分析，修改杆件重新进行计算。

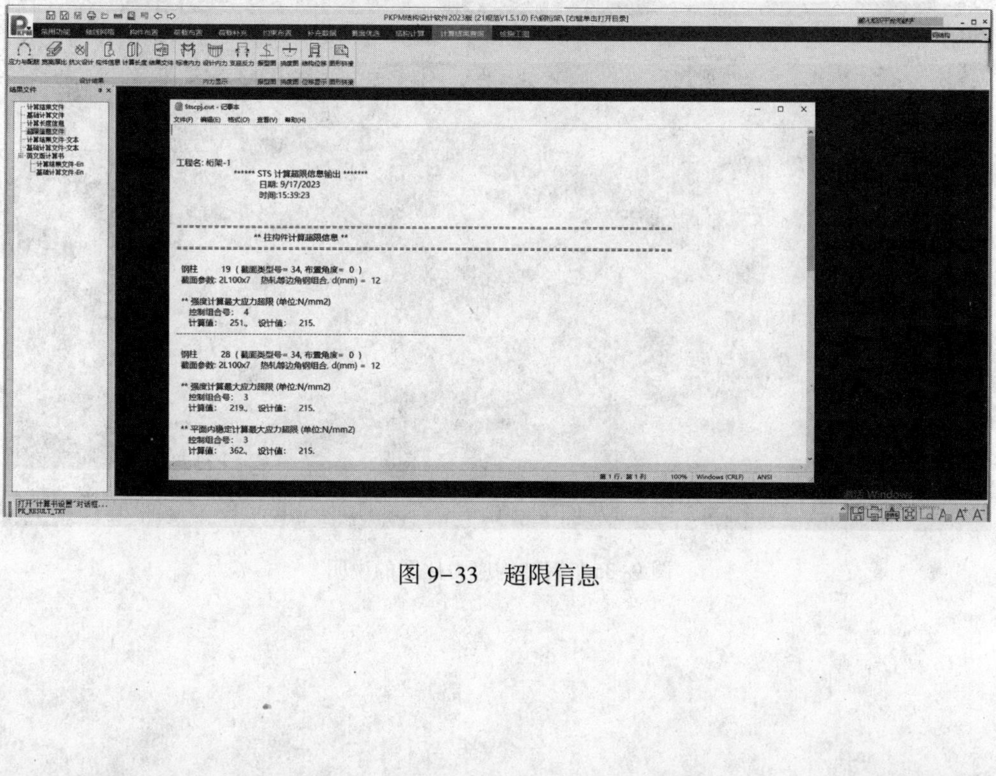

图 9-33　超限信息

桁架杆件均为轴心受力构件，其控制指标主要是强度、稳定、长细比等，稳定和长细比往往是主要控制要素。

9.3.3 配筋包络和钢结构应力图

单击“应力与配筋”，可查看本桁架的配筋包络和钢结构应力比图，如图 9-34 所示。界面中红色数据表示该杆超限，可重新选择杆件再进行设计。钢结构应力比图的说明如图 9-35 所示。

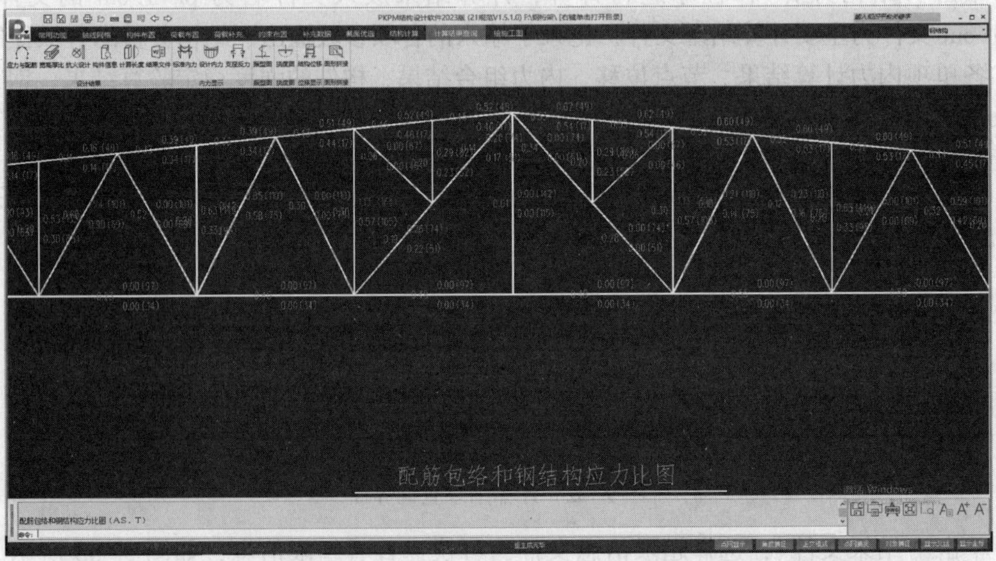

图 9-34 配筋包络和钢结构应力比图

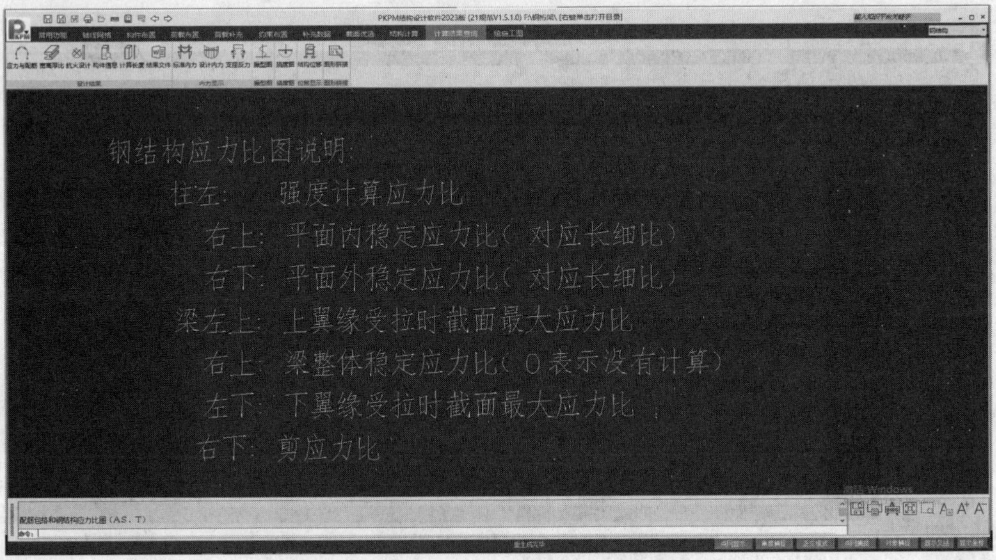

图 9-35 钢结构应力比图的说明

9.3.4　内力显示图

通过“内力显示”菜单，可查看桁架的标准内力、设计内力和支座反力，恒荷载作用下的轴力标准值如图 9-36 所示。图 9-37 显示了轴力包络图。

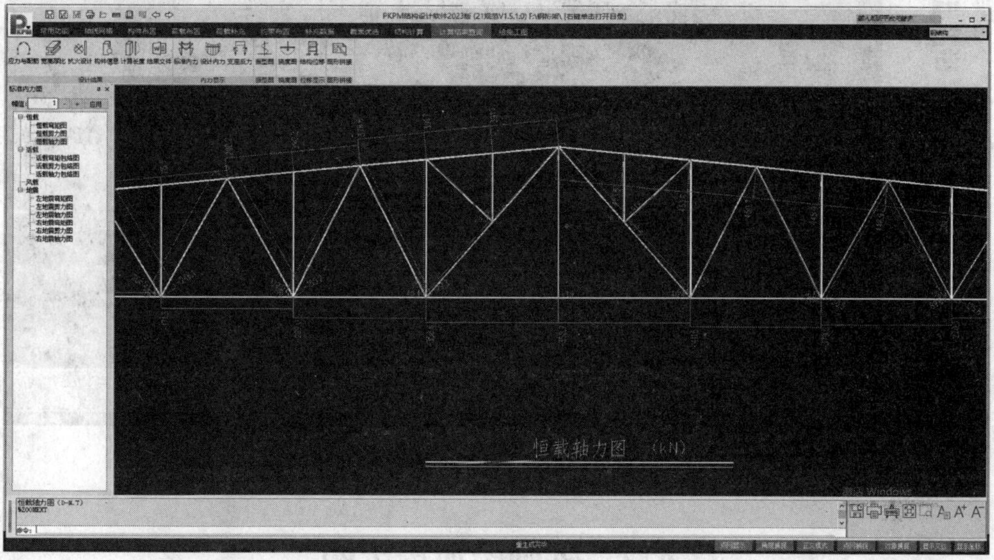

图 9-36　恒载轴力图

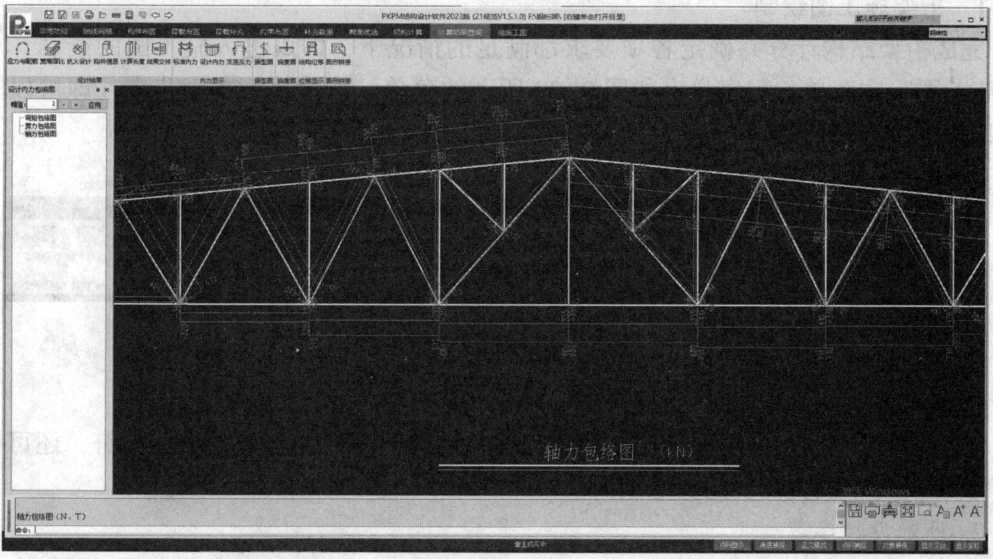

图 9-37　轴力包络图

9.3.5　节点位移图

单击“结构位移”，可查看本桁架在各种荷载作用下的位移图，恒荷载作用下的节点位移如图 9-38 所示。

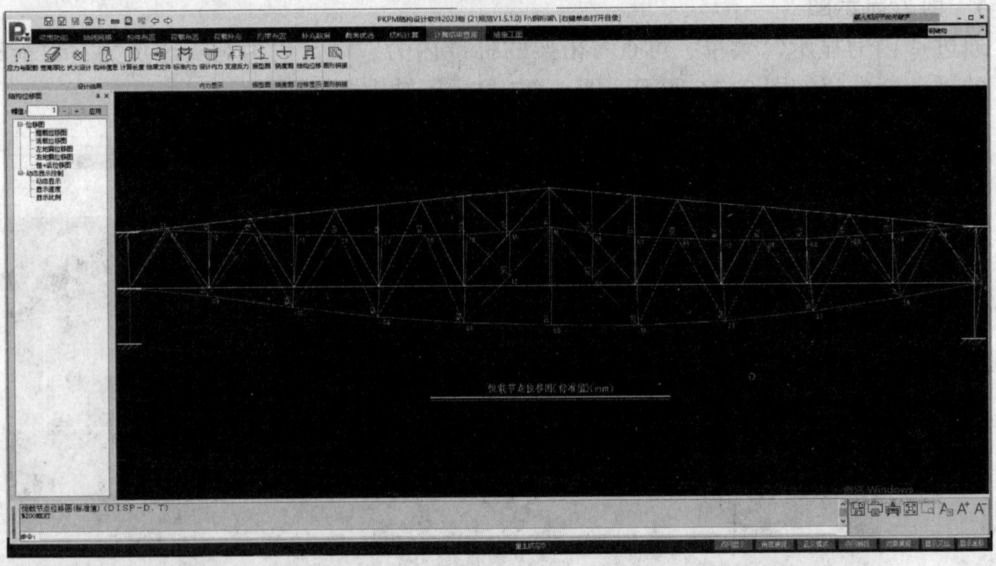

图 9-38　恒载节点位移图

9.4　绘制桁架施工图

9.4.1　桁架施工图绘制

完成桁架结构计算并确定各项要求都满足的情况下，即可进入施工图的绘制。单击“绘施工图”主菜单。程序弹出如图 9-39 所示的菜单。依次执行各个步骤，即可以完成桁架施工图的绘制工作。

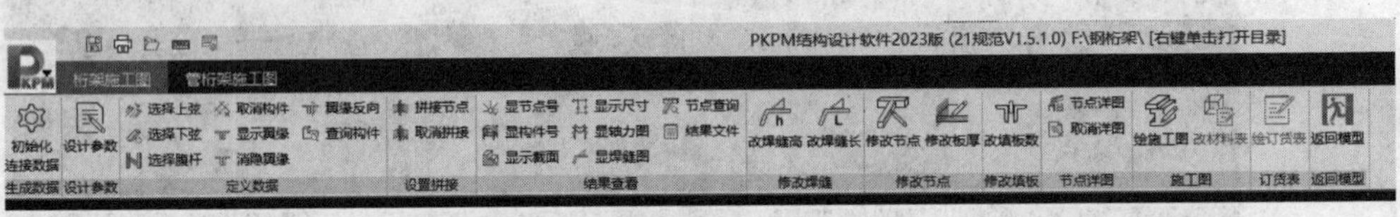

图 9-39　桁架施工图菜单

1. 定义数据

“定义数据”菜单的主要作用是检查程序自动标记的杆件是否与实际相符，还可以通过“翼缘反向”设置需要的翼缘朝向。

2. 设置设计参数

单击“设计参数”，打开编辑桁架结构设计参数对话框，共有 3 页参数对话框，包括图纸信息对话框（见图 9-40）、结构设计参数对话框（见图 9-41）及其他参数对话框（见图 9-42），可根据实际需要调整修改相应参数。

3. 设置弦杆拼接节点

“设置拼接”菜单主要是检查程序默认的拼接节点是否正确，并可根据需要重新设置或取消已有的拼接节点。一般情况下，程序仅把上弦中部（屋脊节点）设为拼接节点，

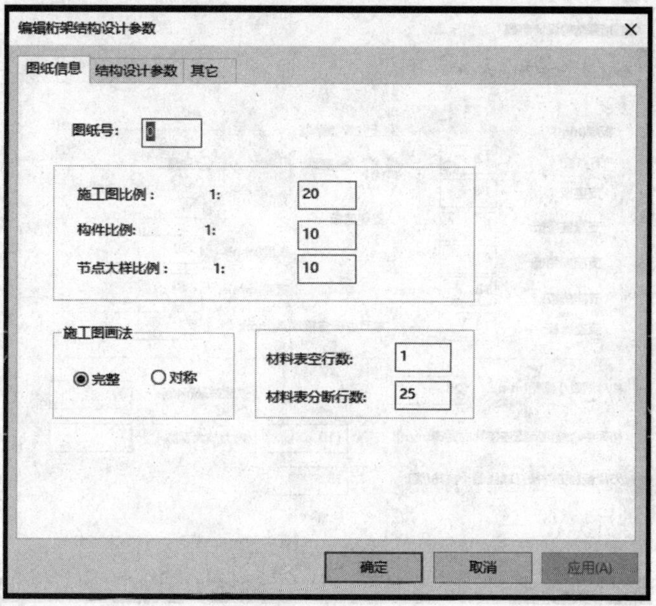

图 9-40　图纸信息对话框

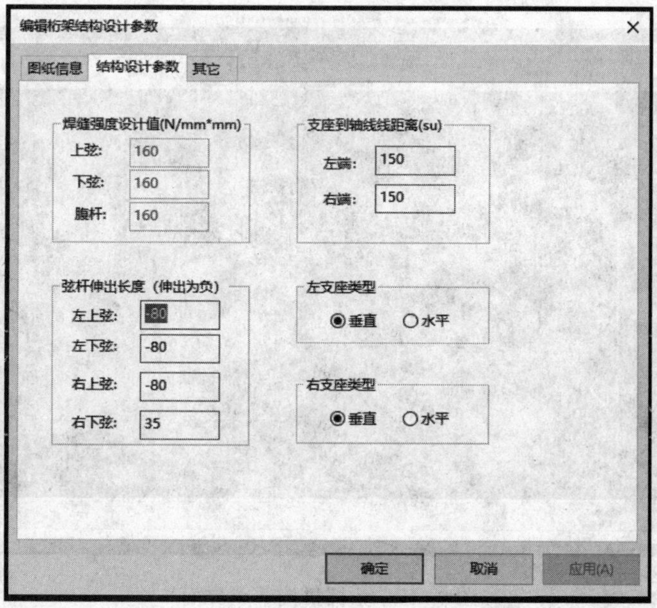

图 9-41　结构设计参数对话框

可通过“拼接节点”把下弦中央节点也设置成拼接节点（见图 9-43）。

4. 结果查看

“结果查看”菜单用于对桁架结构的相关信息进行检查，可显示构件的节点号、构件号、构件截面、截面尺寸、杆件轴力、焊缝以及桁架节点设计的结果文件等，如图 9-44 所示。

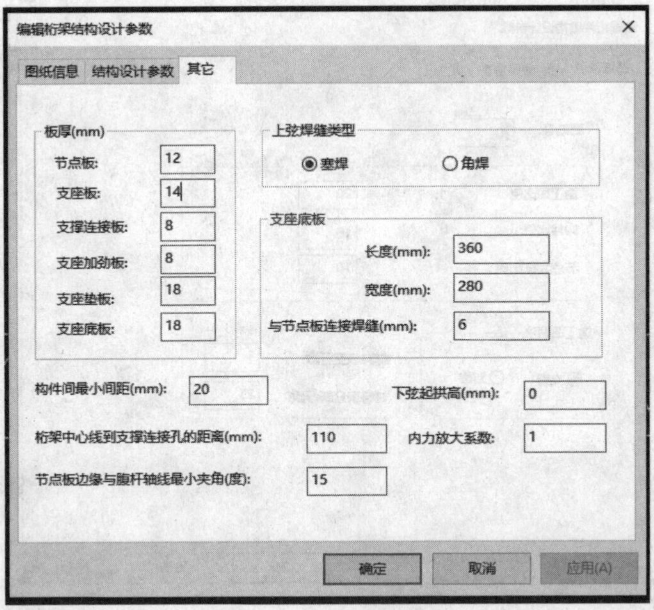

图 9-42 其他参数对话框

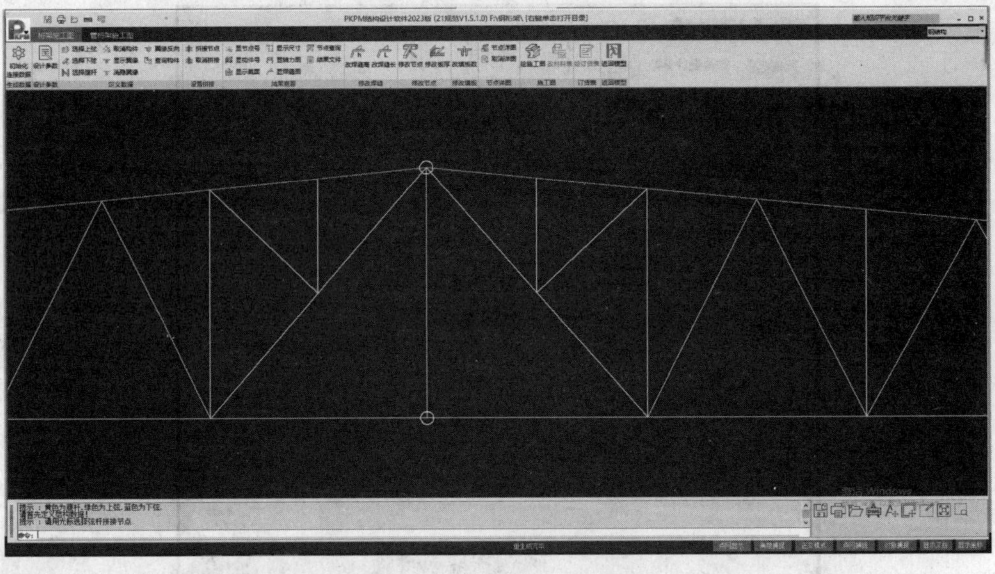

图 9-43 弦杆拼接节点界面

5. 修改焊缝

“修改焊缝”菜单可以实现对程序自动计算焊缝的编辑，一般情况下不需要修改。点击“改焊缝高”，选择节点，出现如图 9-45 所示对话框，根据需要可进行修改。

6. 修改节点

“修改节点”菜单可以实现对程序自动生成的节点板进行编辑。对于节点板，程序自动生成的板件尺寸为 5mm 的整数倍。节点板板厚是前面输入的数据，若节点验算满足，

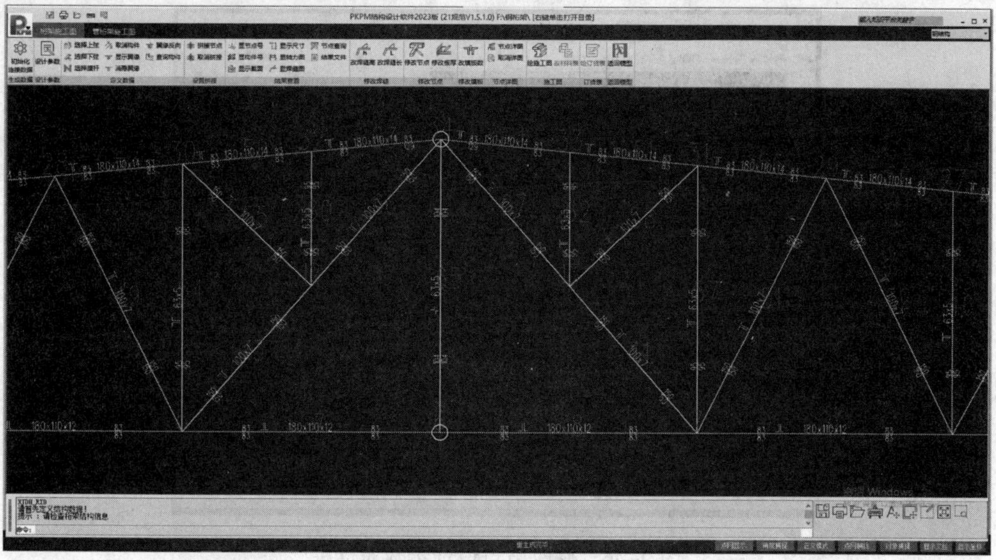

图 9-44 结果查看

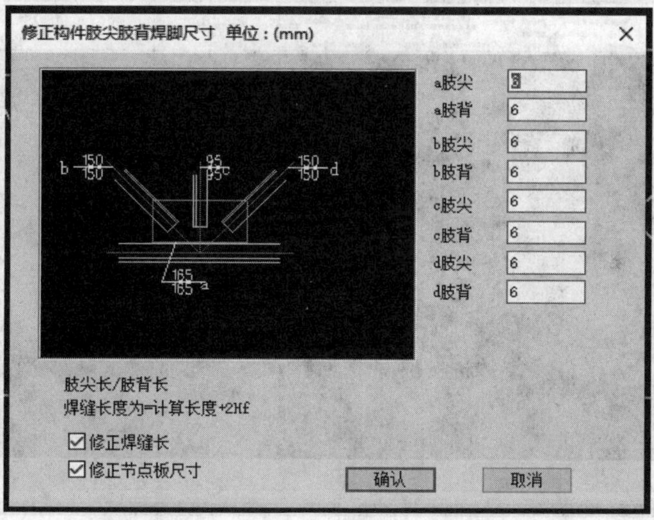

图 9-45 修正构件肢尖肢背焊脚尺寸对话框

则不用修改。单击“修改节点”，选择节点，出现图 9-46 所示对话框，根据需要可进行修改。

7. 修改填板

“修改填板”菜单可以修改程序自动生成的填板数，一般可不用修改，单击“改填板数”出现如图 9-47 所示界面，选择需要修改的构件，即可进行填板数的修改。

8. 节点详图

单击“节点详图”，程序打开如图 9-48 所示界面。当需要绘制某些节点细节详图时，可以通过本菜单的“节点详图”命令选择节点，选中后，程序用红色标记。程序默认只

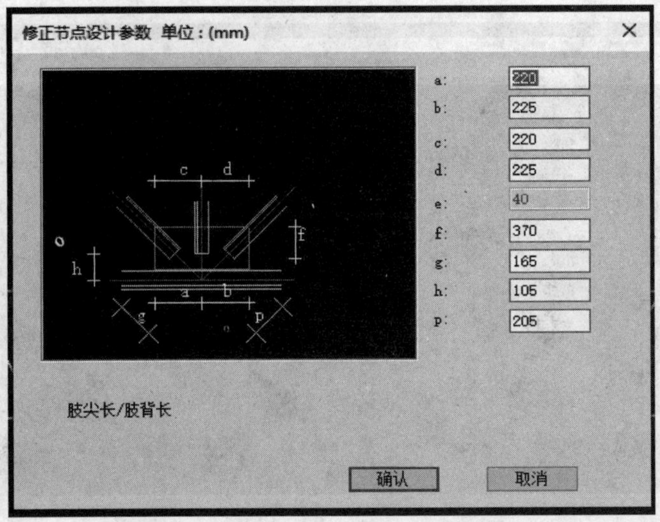

图 9-46 修改节点设计参数对话框

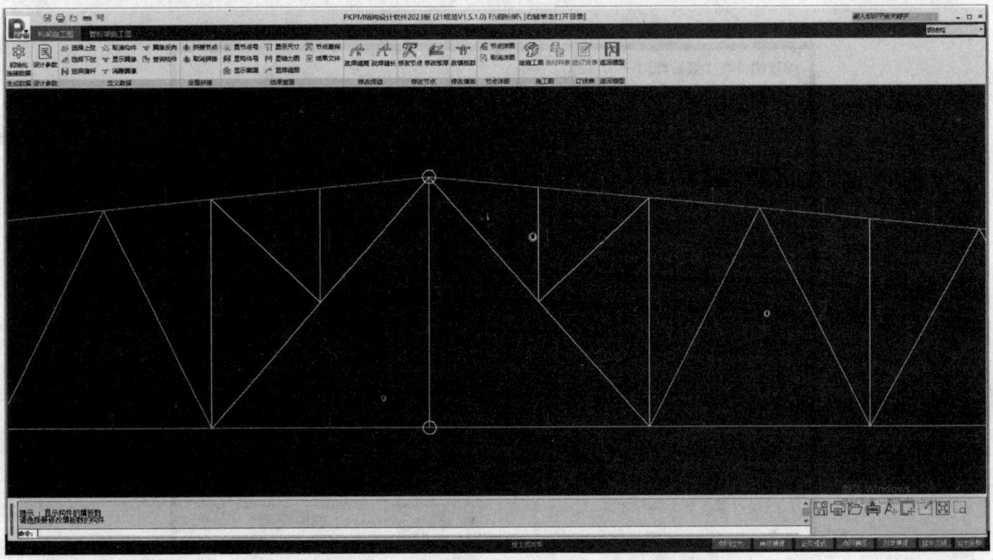

图 9-47 改填板数

绘制支座的节点详图。

9. 绘施工图

单击“绘施工图”，出现如图 9-49 所示对话框，取默认文件名，单击“确定”按钮，程序自动绘制桁架施工图。桁架施工图主要包括几何尺寸图、内力图、立面图、节点图和材料表等。桁架施工图界面如图 9-50 所示。若对桁架施工图的表达不满意，可通过移动图块或移动标注进行编辑修改。

9.4.2 桁架垂直支撑施工图

选择钢结构二维设计模块界面中的“工具箱”，双击文件夹，出现如图 9-51 所示的

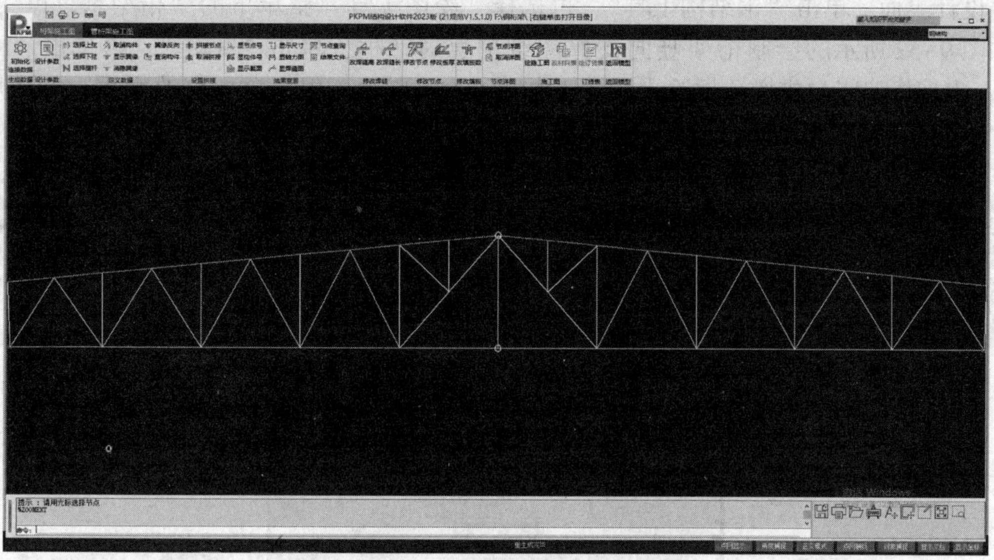

图 9-48　选择节点详图

图 9-49　图纸文件名输入对话框

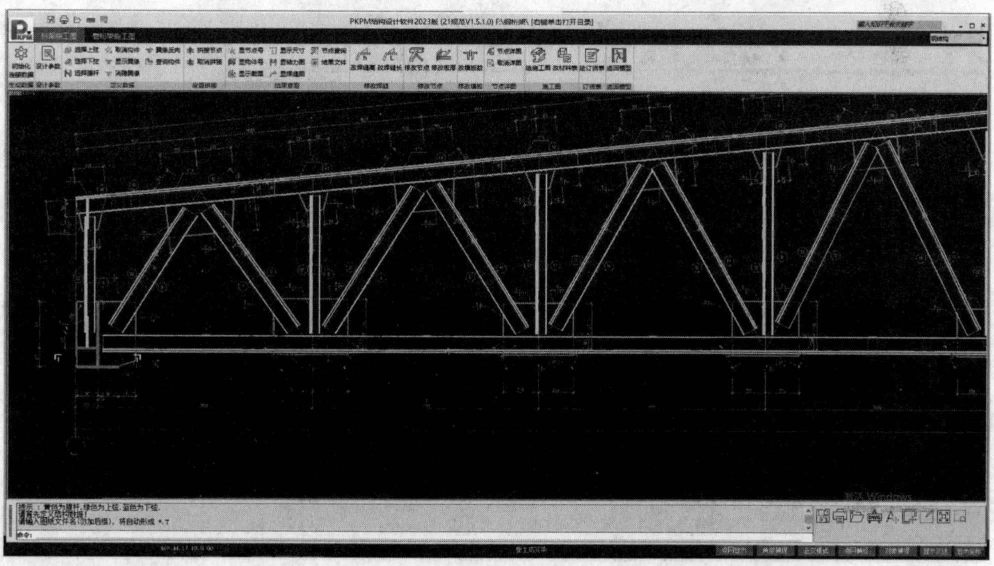

图 9-50　桁架施工图界面

构件设计界面，单击“钢结构工具”，再选择“绘图工具”菜单下的“桁架垂直撑”，出现如图 9-52 所示的绘制桁架竖向支撑图纸信息对话框，单击“确定”，再单击“画支撑”，出现桁架竖向支撑数据输入菜单，如图 9-53 所示。根据需要修改数据，完成后单击“确定”，程序即可绘制桁架垂直支撑施工图，如图 9-54 所示。

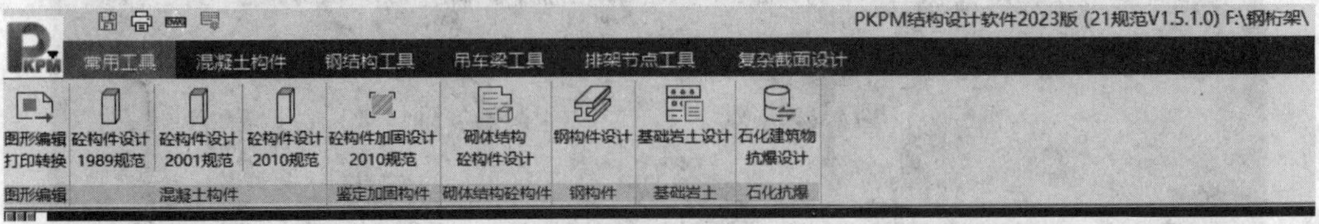

图 9-51　构件设计界面

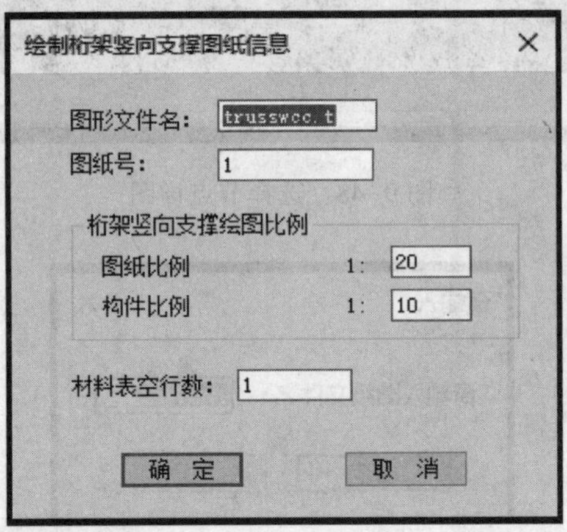

图 9-52　绘制桁架竖向支撑图纸信息对话框

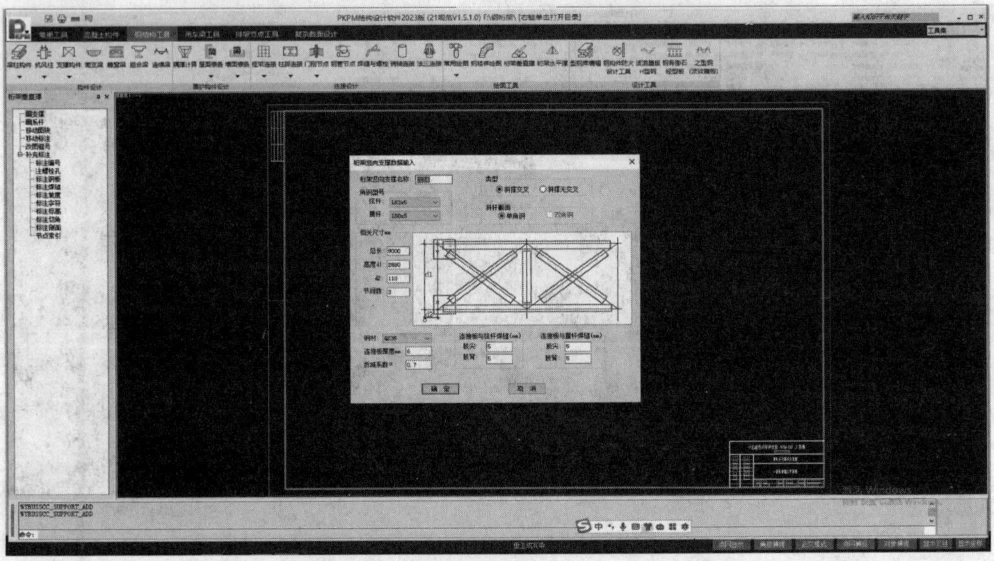

图 9-53　桁架竖向支撑数据输入菜单

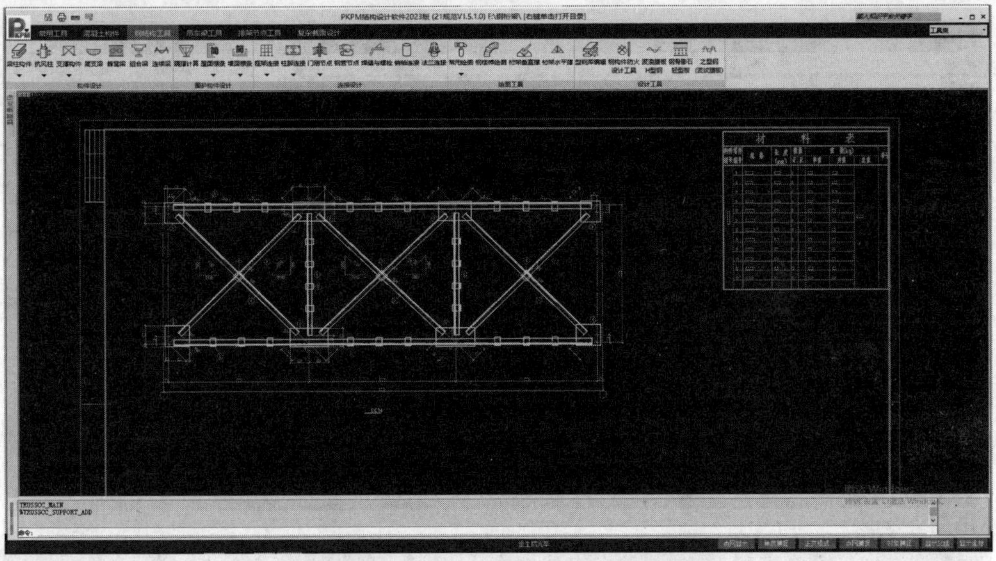

图 9-54　桁架垂直支撑施工图

9.4.3　桁架水平支撑施工图

选择钢结构二维设计模块界面中的“工具箱”，双击文件夹，再单击“钢结构工具”，选择“绘图工具”菜单下的“桁架水平撑”，出现如图 9-55 所示的绘图参数对话框。根据需要填好数据后，单击“确定”，然后再选择“添加支撑”，出现支撑详图对话框，如图 9-56 所示。完成输入或修改之后，单击“确定”，程序即可绘制桁架水平支撑施工图，如图 9-57 所示。

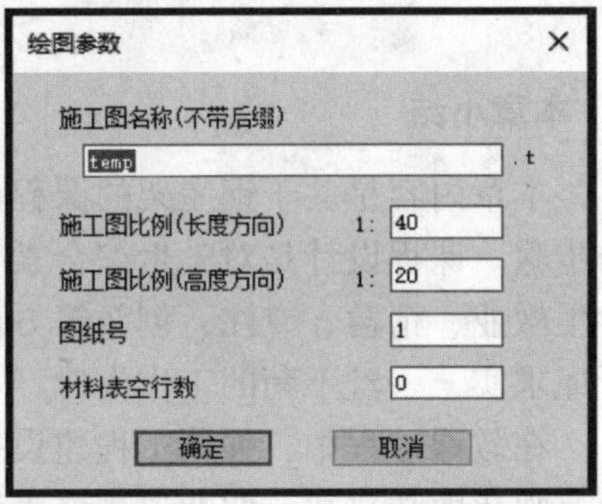

图 9-55　绘图参数对话框

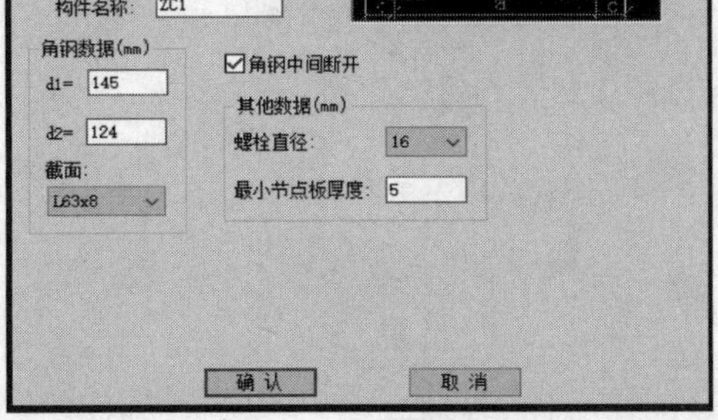

图 9-56　支撑详图对话框

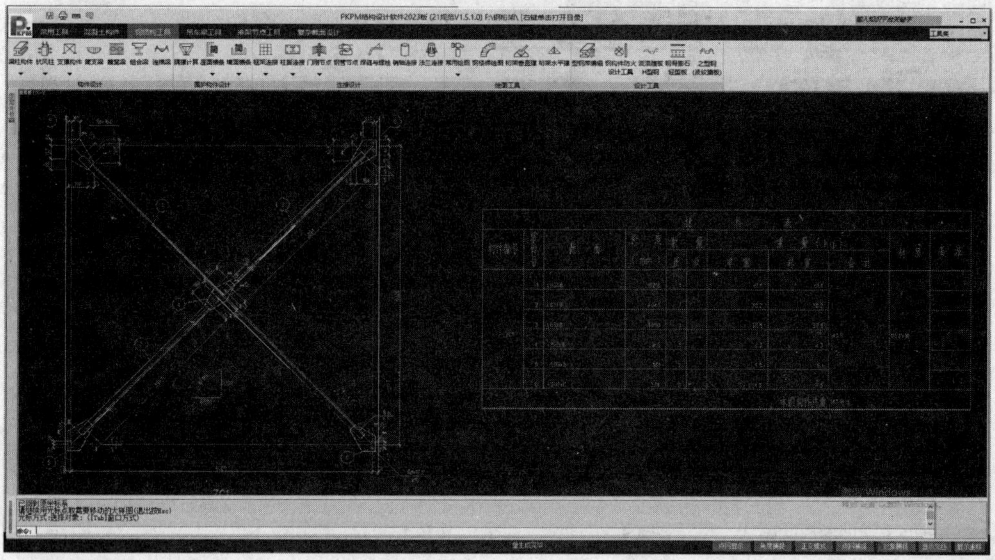

图 9-57 桁架水平支撑施工图

本章小结

本章内容是关于钢屋架的课程设计，主要讲述了 PKPM 系列软件——STS 设计钢桁架的步骤。课程设计是对学生综合素养能力的培养，通过钢屋架整个设计步骤的学习，培养学生敬业、精益、专注、创新等方面的工匠精神，以及认真负责、踏实敬业的工作态度和严谨求实、一丝不苟的工作作风。

在教课过程中，强调工程建设投资巨大，需严格遵守国家法律法规及行业规范、标准等，强化廉洁自律、职业道德修养和团结协作精神。

在学生具体进行课程设计环节，强调结构设计是整个工程项目的安全保证，涉及工程项目的投资影响、施工技术问题的处理、工程法规的相关知识、廉政问题与工程项目的关联性等，引导学生思考如何做好一个工程师。同时，以实际工程事故为例，帮助学生养成严肃认真对待结构设计的态度，树立安全意识，培养学生的责任感和使命感。

参 考 文 献

[1] 钢结构设计标准：GB 50017—2017 [S]. 北京：中国建筑工业出版社，2017.

[2] 王松岩，焦红. 钢结构设计与应用实例 [M]. 北京：中国建筑工业出版社，2007.

[3] 中华人民共和国国家标准. 建筑结构荷载规范：GB 50009—2012 [S]. 北京：中国建筑工业出版社，2012.

[4] 周俐俐，姚勇. 土木工程专业 钢结构课程设计指南 [M]. 北京：中国水利水电出版社，知识产权出版社，2006.

[5] 中国建筑科学研究院 PKPM CAD 工程部. 钢结构计算机辅助设计软件 STS [M]. 北京：中国建筑科学研究院，2023.

[6] 中华人民共和国国家标准. 建筑结构制图标准：GB/T 50105—2010 [S]. 北京：中国计划出版社，2010.

[7] 王建，董卫平. PKPM 结构设计软件入门与应用实例：钢结构 [M]. 北京：中国电力出版社，2008.

[8] 建筑结构设计资料集 4：钢结构分册 [M]. 北京：中国建筑工业出版社，2007.

[9] 戴国欣. 钢结构 [M]. 第 2 版. 武汉：武汉理工大学出版社，2007.

[10] 魏明钟. 钢结构 [M]. 第 3 版. 武汉：武汉理工大学出版社，2002.

[11] 李峰. 一、二级注册结构工程师专业考试复习丛书：钢结构 [M]. 北京：中国建筑工业出版社，2003.

[12] 空间网格结构技术规程：JGJ 7—2010 [S]. 北京：中国建筑工业出版社，2010.

[13] 石建军，姜袁. 钢结构设计原理 [M]. 北京：北京大学出版社，2007.

[14] 夏志斌，姚谏. 钢结构原理与设计 [M]. 北京：中国建筑工业出版社，2004.

[15] 郭兵，纪伟东，赵永生，宋振森. 多层民用钢结构房屋设计 [M]. 北京：中国建筑工业出版社，2005.

[16] 夏志斌，姚谏. 钢结构设计：方法与例题 [M]. 北京：中国建筑工业出版社，2005.

[17] 刘声扬. 钢结构疑难释义 [M]. 北京：中国建筑工业出版社，2004.

[18] 沈祖炎，陈扬骥，陈以一. 钢结构基本原理 [M]. 北京：中国建筑工业出版社，2005.

[19] 陈绍蕃. 钢结构设计原理 [M]. 第 2 版. 北京：科学出版社，1998.

[20] 钢结构工程施工质量验收标准：GB 50205—2020 [S]. 北京：中国计划出版社，2020.

[21] 王国周. 瞿履谦. 钢结构原理与设计 [M]. 北京：清华大学出版社，1993.

[22] 欧阳可庆. 钢结构 [M]. 北京：中国建筑工业出版社，1991.

[23] 卢铁鹰. 钢结构 [M]. 重庆：西南师范大学出版社，1993.

[24] 刘君强. 钢结构设计规范与钢结构设计计算安装技术实用手册 [M]. 安徽：安徽文化出版社，2003.

[25] 《钢结构设计手册》编辑委员会. 钢结构设计手册 [M]. 北京：中国建筑工业出版社，2003.

[26] 张耀春. 钢结构设计原理 [M]. 北京：高等教育出版社，2004.

[27] 陈绍蕃. 钢结构设计原理 [M]. 第 3 版. 北京：科学出版社，2005.

[28] 曹平周. 钢结构 [M]. 第 3 版. 北京：中国电力出版社，2008.

[29] 陈胜颐. 钢结构设计手册 [M]. 北京：中国石化出版社，1990.

[30] 李红文，解伟，张保伟，等. 工程结构可靠度分析的一次二阶矩计算法研究 [J]. 甘肃科技，2007,

23（3）：143-144，186.
[31] 建筑结构可靠性设计统一标准：GB 50068—2018［S］. 北京：中国建筑工业出版社. 2019.
[32] 孟鹏. 工程结构设计方法的发展［J］. 科技信息，2008（21）：447.
[33] 彭伟. 钢结构设计原理［M］. 成都：西南交通大学出版社，2004.
[34] 陈志华. 建筑钢结构设计［M］. 天津：天津大学出版社，2004.
[35] 张欣. 综述中国钢结构的发展［J］. 黑龙江交通科技，2008，31（4）：76-77.
[36] 张毅刚. 中国建筑钢结构的发展历程［J］. 2006 中国机械工程学会焊接分会钢结构焊接国际论坛论文集，2006：85-91.
[37] 李清. 我国建筑钢结构的应用与发展［J］. 安徽建筑工业学院学报（自然科学版），2004，12（3）：36-38.
[38] 王用纯. 钢结构［M］. 北京：中央广播电视大学出版社，1993.
[39] 王培文，周平，陈爱洁，等. 我国建筑钢结构应用现状及发展［J］. 钢结构，2001，16（3）：51-53.
[40] 张斌，祝英海，王淑娟. 展望 21 世纪我国钢结构的应用状况及发展趋势［J］. 塔里木农垦大学学报，2004，16（3）：21-23.
[41] 王桂起，吕洪峰. 预应力钢结构的发展及应用［J］. 林业科技情报，2008，40（2）：52-53.
[42] 郑廷银. 钢结构设计方法的研究进展与展望［J］. 南京工业大学学报（自然科学版），2003，25（5）101-106.
[43] 刘殿中，吴歌. 预应力钢结构设计方法探讨［J］. 吉林建筑工程学院学报，2001（1）：1-4.
[44] 姚泽良，李宝平，周雪峰. 结构可靠度分析的一次二阶矩方法与二次二阶矩方法［J］. 西北水力发电，2005，21（3）：20-23.
[45] 冷弯薄壁型钢结构技术规范：GB 50018—2002［S］. 北京：中国计划出版社，2002.
[46] 高层民用建筑钢结构技术规程：JGJ 99—2015［S］. 北京：中国建筑工业出版社，2016.
[47] 刘声扬，王汝恒. 钢结构原理与设计（精编本）［M］. 武汉：武汉理工大学出版社，2005.
[48] 钟善桐. 钢结构［M］. 武汉：武汉大学出版社，2001.
[49] 周绥平. 钢结构［M］. 武汉：武汉工业大学出版社，2002.
[50] 何敏娟. 钢结构复习与习题［M］. 上海：同济大学出版社，2002.
[51] 叶献国. 建筑结构选型概论［M］. 武汉：武汉理工大学出版社，2003.
[52] 黄呈伟. 钢结构基本原理［M］. 重庆：重庆大学出版社，2002.
[53] 陈绍蕃. 钢结构（下册）［M］. 房屋建筑钢结构设计. 北京：中国建筑工业出版社，2003.
[54] 建筑抗震设计规范：GB 50011—2010，2024 年版［S］. 北京：中国建筑工业出版社，2024.
[55] 钢结构焊接规范：BG 50661—2011［S］. 北京：中国建筑工业出版社，2012.
[56] 低合金高强度结构钢：GB/T 1591—2018［S］. 北京：中国标准出版社，2018.
[57] 碳素结构钢：GB/T 700—2006［S］. 北京：中国标准出版社，2007.
[58] 热轧 H 型钢和剖分 T 型钢：GB/T 11263—2017［S］. 北京：中国标准出版社，2017.
[59] 热轧型钢：GB/T 706—2016［S］. 北京：中国标准出版社，2017.
[60] 马瑞强. 注册结构工程师专业考试考题精解［M］. 北京：清华大学出版社，2016.

附录 钢结构设计资料

附录1 钢材的设计用强度指标

钢材牌号		钢材厚度或直径/mm	强度设计值			屈服强度 $f_y/(N/mm^2)$	抗拉强度 $f_u/(N/mm^2)$
			抗拉、抗压、抗弯 $f/(N/mm^2)$	抗剪 $f_v/(N/mm^2)$	端面承压（刨平顶紧）$f_{ce}/(N/mm^2)$		
碳素结构钢	Q235	≤16	215	125	320	235	370
		＞16，≤40	205	120		225	
		＞40，≤100	200	115		215	
低合金高强度结构钢	Q355	≤16	305	175	400	355	470
		＞16，≤40	295	170		345	
		＞40，≤63	290	165		335	
		＞63，≤80	280	160		325	
		＞80，≤100	270	155		315	
	Q390	≤16	345	200	415	390	490
		＞16，≤40	330	190		380	
		＞40，≤63	310	180		360	
		＞63，≤100	295	170		340	
	Q420	≤16	375	215	440	420	520
		＞16，≤40	355	205		410	
		＞40，≤63	320	185		390	
		＞63，≤100	305	175		370	
	Q460	≤16	410	235	470	460	550
		＞16，≤40	390	225		450	
		＞40，≤63	355	205		430	
		＞63，≤100	340	195		410	

注：1. 表中直径指实芯棒材直径，厚度系指计算点的钢材或钢管壁厚度，对轴心受拉和轴心受压构件系指截面中较厚板件的厚度。

2. 冷弯型材和冷弯钢管，其强度设计值应按现行有关国家标准的规定采用。

附录 2　焊缝的强度指标

焊接方法和焊条型号	构件钢材		对接焊缝强度设计值				角焊缝强度设计值	对接焊缝抗拉强度 f_u^w /(N/mm²)	角焊缝抗拉、抗压和抗剪强度 f_u^f /(N/mm²)
	牌号	厚度或直径/mm	抗压 f_c^w /(N/mm²)	焊缝质量为下列等级时，抗拉 f_t^w /(N/mm²) 一级、二级	三级	抗剪 f_v^w /(N/mm²)	抗拉、抗压和抗剪 f_f^w /(N/mm²)		
自动焊、半自动焊和E43型焊条手工焊	Q235	≤16	215	215	185	125	160	415	240
		＞16，≤40	205	205	175	120			
		＞40，≤100	200	200	170	115			
自动焊、半自动焊和E50、E55型焊条手工焊	Q355	≤16	305	305	260	175	200	480（E50） 540（E55）	280（E50） 315（E55）
		＞16，≤40	295	295	250	170			
		＞40，≤63	290	290	245	165			
		＞63，≤80	280	280	240	160			
		＞80，≤100	270	270	230	155			
	Q390	≤16	345	345	295	200	200（E50） 220（E55）		
		＞16，≤40	330	330	280	190			
		＞40，≤63	310	310	265	180			
		＞63，≤100	295	295	250	170			
自动焊、半自动焊和E55、E60型焊条手工焊	Q420	≤16	375	375	320	215	220（E55） 240（E60）	540（E55） 590（E60）	315（E55） 340（E60）
		＞16，≤40	355	355	300	205			
		＞40，≤63	320	320	270	185			
		＞63，≤100	305	305	260	175			
自动焊、半自动焊和E55、E60型焊条手工焊	Q460	≤16	410	410	350	235	220（E55） 240（E60）	540（E55） 590（E60）	315（E55） 340（E60）
		＞16，≤40	390	390	330	225			
		＞40，≤63	355	355	300	205			
		＞63，≤100	340	340	290	195			
自动焊、半自动焊和E50、E55型焊条手工焊	Q355GJ	＞16，≤35	310	310	265	180	200	480（E50） 540（E55）	280（E50） 315（E55）
		＞35，≤50	290	290	245	170			
		＞50，≤100	285	285	240	165			

注：1. 手工焊用焊条、自动焊和半自动焊所采用的焊丝和焊剂，应保证其熔敷金属的力学性能不低于母材的性能。

2. 焊缝质量等级应符合现行国家标准《钢结构焊接规范》（GB 50661—2011）的规定，其检验方法应符合现行国家标准《钢结构工程施工质量验收标准》（GB 50205—2020）的规定。其中厚度小于6mm的钢材的对接焊缝，不应采用超声波探伤确定焊缝质量等级。

3. 对接焊缝在受压区的抗弯强度设计值取 f_c^w，在受拉区的抗弯强度设计值取 f_t^w。

4. 表中厚度系指计算点的钢材厚度，对轴心受拉和轴心受压构件系指截面中较厚板件的厚度。

附录 3 螺栓连接的强度指标

单位：N/mm^2

螺栓的性能等级、锚栓和构件钢材的牌号		强度设计值										高强度螺栓的抗拉强度
		普通螺栓						锚栓	承压型连接或网架用高强度螺栓			
		C 级螺栓			A 级、B 级螺栓							
		抗拉 f_t^b	抗剪 f_v^b	承压 f_c^b	抗拉 f_t^b	抗剪 f_v^b	承压 f_c^b	抗拉 f_t^a	抗拉 f_t^b	抗剪 f_v^b	承压 f_c^b	f_u^b
普通螺栓	4.6 级、4.8 级	170	140	—	—	—	—	—	—	—	—	—
	5.6 级	—	—	—	210	190	—	—	—	—	—	—
	8.8 级	—	—	—	400	320	—	—	—	—	—	—
锚栓	Q235	—	—	—	—	—	—	140	—	—	—	—
	Q355	—	—	—	—	—	—	180	—	—	—	—
	Q390	—	—	—	—	—	—	185	—	—	—	—
承压型连接高强度螺栓	8.8 级	—	—	—	—	—	—	—	400	250	—	830
	10.9 级	—	—	—	—	—	—	—	500	310	—	1040
螺栓球节点用高强度螺栓	9.8 级	—	—	—	—	—	—	—	385	—	—	—
	10.9 级	—	—	—	—	—	—	—	430	—	—	—
构件钢材牌号	Q235	—	—	305	—	—	405	—	—	—	470	—
	Q355	—	—	385	—	—	510	—	—	—	590	—
	Q390	—	—	400	—	—	530	—	—	—	615	—
	Q420	—	—	425	—	—	560	—	—	—	655	—
	Q460	—	—	450	—	—	595	—	—	—	695	—
	Q355GJ	—	—	400	—	—	530	—	—	—	615	—

注：1. A 级螺栓用于 $d \leq 24$mm 和 $L \leq 10d$ 或 $L \leq 150$mm（按较小值）的螺栓；B 级螺栓用于 $d > 24$mm 和 $L > 10d$ 或 $L > 150$mm（按较小值）的螺栓；d 为公称直径，L 为螺杆公称长度。

2. A、B 级螺栓孔的精度和孔壁表面粗糙度，C 级螺栓孔的允许偏差和孔壁表面粗糙度，均应符合现行国家标准《钢结构工程施工质量验收标准》（GB 50205—2020）的要求。

3. 用于螺栓球节点网架的高强度螺栓，M12～M36 为 10.9 级，M39～M64 为 9.8 级。

附录4　结构构件和连接的强度设计值折减系数

情　况	折 减 系 数	备　注
1. 单面连接的单角钢		
（1）按轴心受力计算强度和连接	0.85	
（2）按轴心受压计算稳定性		
等边角钢	0.6+0.0015λ	但不大于1.0
短边相连的不等边角钢	0.5+0.0025λ	但不大于1.0
长边相连的不等边角钢	0.70	
2. 无垫板的单面施工对接焊缝	0.85	
3. 施工条件较差的高空安装焊缝和铆钉连接	0.90	
4. 沉头和半沉头铆钉连接	0.80	

注：1. λ 为长细比，对中间无连系的单角钢压杆，应按最小回转半径计算，当 $\lambda<20$ 时，取 $\lambda=20$。

2. 当几种情况同时存在时，其折减系数应连乘。

附录5　螺栓的有效截面面积

螺栓直径 d/mm	螺距 p/mm	螺栓有效直径 d_e/mm	螺栓有效面积 A_e/mm²
16	2	14.1236	156.7
18	2.5	15.6545	192.5
20	2.5	17.6545	244.8
22	2.5	19.6545	303.4
24	3	21.1854	352.5
27	3	24.1854	459.4
30	3.5	26.7163	560.6
33	3.5	19.7163	693.6
36	4	32.2472	816.7
39	4	35.2472	975.8
42	4.5	37.7781	1121
45	4.5	40.7781	1306
48	5	43.3090	1473
52	5	47.3090	1758
56	5.5	50.8399	2030
60	5.5	54.8399	2362
64	6	58.3708	2676
68	6	62.3708	3055
72	6	66.3708	3460
76	6	70.3708	3889
80	6	74.3708	4344
85	6	79.3708	4948
90	6	84.3708	5591
95	6	89.3708	6273
100	6	94.3708	6995

注：表中的螺栓有效面积系按下式算得

$$A_e=\frac{\pi}{4}\left(d-\frac{13}{24}\sqrt{3}p\right)^2$$

此表摘自《钢结构设计规范》（GBJ 17—1988）。

附录 6　螺栓、锚栓及栓钉规格

6.1　六角头螺栓（C 级）规格

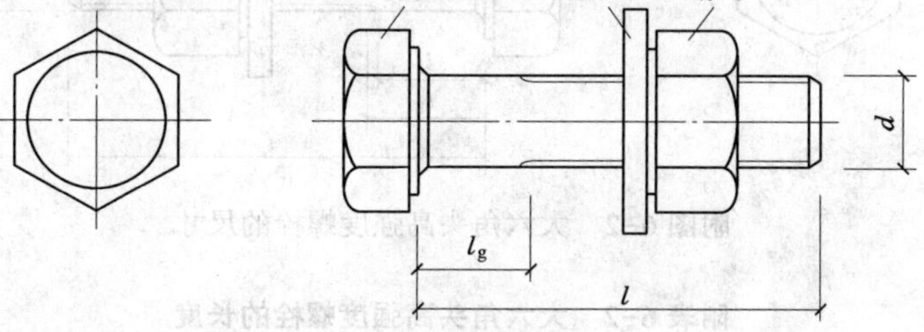

附图 6-1　六角头螺栓（C 级）的尺寸

附表 6-1　六角头螺栓（C 级）规格

螺栓直径 d /mm	螺距 p /mm	有效直径 d_e /mm	有效面积 A_e /mm^2	公称长度 l/mm		夹紧长度 l_g/mm	
				最小值	最大值	最小值	最大值
16	2	14.12	156.6	50	160	17	116
18	2.5	15.65	192.5	80	180	38	132
20	2.5	17.65	244.8	65	200	19	148
22	2.5	19.65	303.4	90	220	40	151
24	3	21.19	352.5	80	240	26	167
27	3	24.19	459.4	100	260	40	181
30	3.5	26.72	560.6	90	300	24	215
33	3.5	29.72	693.6	130	320	52	229
36	4	32.25	816.7	110	300	32	203
39	4	35.25	975.8	150	400	60	297
42	4.5	37.78	1120.0	160	400	70	291
45	4.5	40.78	1306.0	180	440	78	325
48	5	43.31	1473.0	180	480	72	354
52	5	47.31	1758.0	200	500	84	371
56	5.5	50.84	2030.0	220	500	83	363
60	5.5	54.84	2362.0	240	500	95	355

注：l_g 为最大夹紧长度，如附图 6-1 所示。

6.2 大六角头高强度螺栓规格

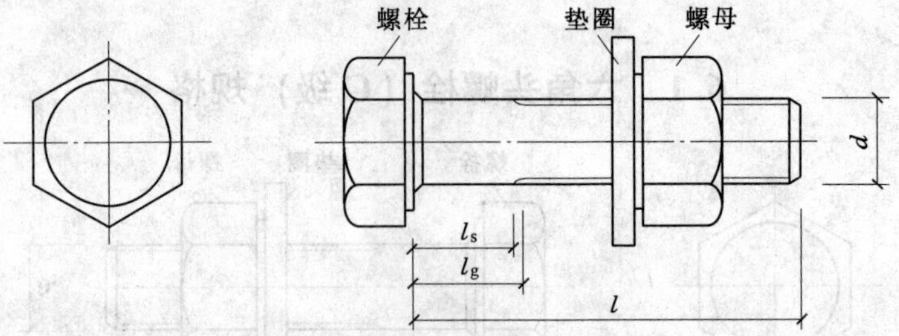

附图 6-2 大六角头高强度螺栓的尺寸

附表 6-2 大六角头高强度螺栓的长度 单位：mm

公称长度 l	螺纹规格 d											
	M16		M20		M22		M24		M27		M30	
	l_s	l_g	l_s	l_g	l_s	l_g	l_s	l_g	l_s	l_g	l_s	l_g
45	9	15										
50	14	20	7.5	15								
55	14	20	12.5	20	7.5	15						
60	19	25	17.5	25	12.5	20	6	15				
65	24	30	17.5	25	17.5	25	11	20	6	15		
70	29	35	22.5	30	17.5	25	16	25	11	20	4.5	15
75	34	40	27.5	35	22.5	30	16	25	16	25	9.5	20
80	39	45	32.5	40	27.5	35	21	30	16	25	14.5	25
85	44	50	37.5	45	32.5	40	26	35	21	30	14.5	25
90	49	55	42.5	50	37.5	45	31	40	26	35	19.5	30
95	54	60	47.5	55	42.5	50	36	45	31	40	24.5	35
100	59	65	52.5	60	47.5	55	41	50	36	45	29.5	40
110	69	75	62.5	70	57.5	65	51	60	46	55	39.5	50
120	79	85	72.5	80	67.5	75	61	70	56	65	49.5	60
130	89	95	82.5	90	77.5	85	71	80	66	75	59.5	70
140			92.5	100	87.5	95	81	90	76	85	69.5	80
150			102.5	110	97.5	105	91	100	86	95	79.5	90
160			112.5	120	107.5	115	101	110	96	105	89.5	100
170					117.5	125	111	120	106	115	99.5	110
180					127.5	135	121	130	116	125	109.5	120
190					137.5	145	131	140	126	135	119.5	130
200					147.5	155	141	150	136	145	129.5	140
220					167.5	175	161	170	156	165	149.5	160
240							181	190	179	185	169.5	180
260									196	205	189.5	200

注：l_s 为无纹螺杆长度，l_g 为最大夹紧长度，如附图 6-2 所示。

6.3 扭剪型高强度螺栓规格

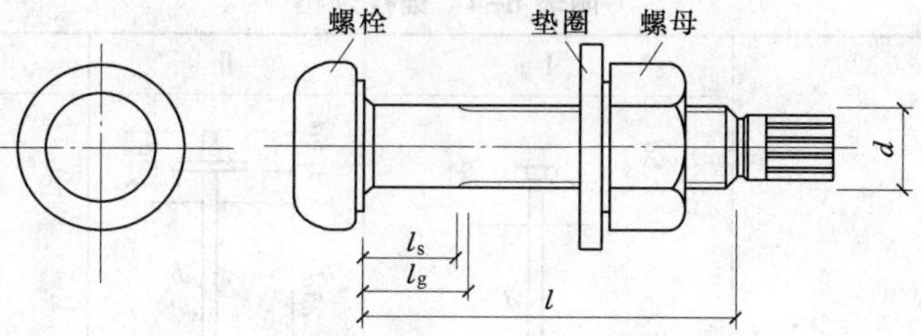

附图 6-3　扭剪型高强度螺栓的尺寸

附表 6-3　扭剪型高强度螺栓的长度　　单位：mm

公称长度 l	螺纹规格 d							
	M16		M20		M22		M24	
	l_s	l_g	l_s	l_g	l_s	l_g	l_s	l_g
40	4	10						
45	9	15	2.5	10				
50	14	20	7.5	15	2.5	10		
55	14	20	12.5	20	7.5	15	1	10
60	19	25	17.5	25	12.5	20	6	15
65	24	30	17.5	25	17.5	25	11	20
70	29	35	22.5	30	17.5	25	16	25
75	34	40	27.5	35	22.5	30	16	25
80	39	45	32.5	40	27.5	35	21	30
85	44	50	37.5	45	32.5	40	26	35
90	49	55	42.5	50	37.5	45	31	40
95	54	60	47.5	55	42.5	50	36	45
100	59	65	52.5	60	47.5	55	41	50
110	69	75	62.5	70	57.5	65	51	60
120	79	85	72.5	80	67.5	75	61	70
130	89	95	82.5	90	77.5	85	71	80
140			92.5	100	87.5	95	81	90
150			102.5	110	97.5	105	91	100
160			112.5	120	107.5	115	101	110
170					117.5	125	111	120
180					127.5	135	121	130

注：l_s 为无纹螺杆长度，l_g 为最大夹紧长度，如附图 6-3 所示。

6.4 锚栓规格

附表 6-4 锚栓规格

		Ⅰ				Ⅱ			Ⅲ			
锚栓形式		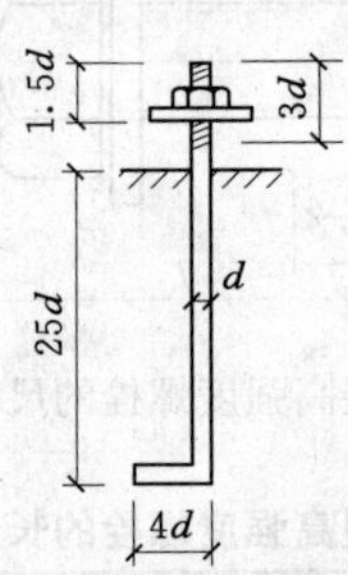				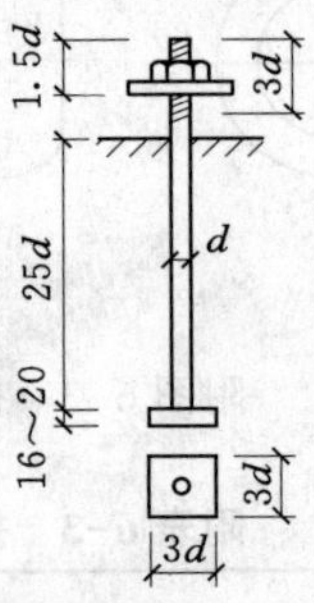			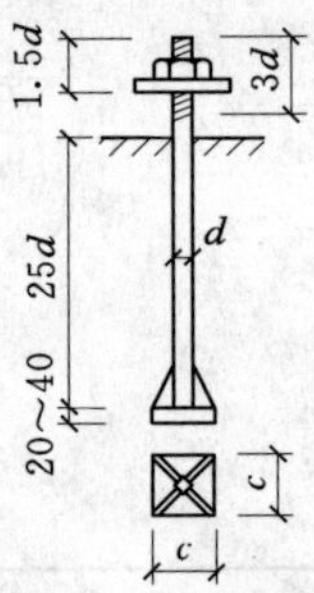			
锚栓直径/mm		20	24	30	36	42	48	56	64	72	80	90
计算净截面面积/cm^2		2.45	3.53	5.61	8.17	11.20	14.70	20.30	26.80	34.60	44.44	55.91
Ⅲ型锚栓	锚板宽度 c/mm	—	—	—	—	140	200	200	240	280	350	400
	锚板厚度 t/mm	—	—	—	—	20	20	20	25	30	40	40

6.5 圆柱头栓钉规格

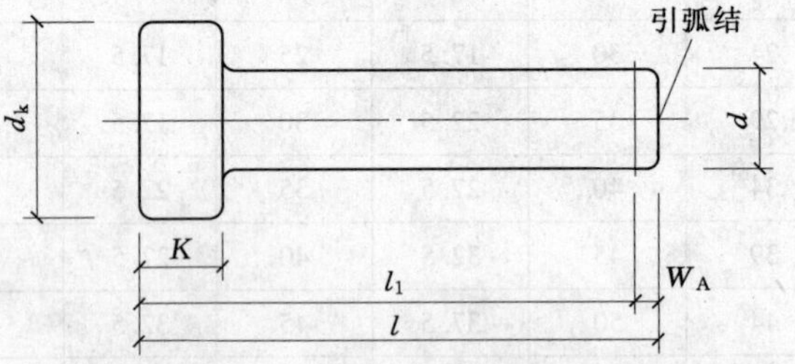

附图 6-4 圆柱头栓钉的尺寸

附表 6-5 圆柱头栓钉的规格和尺寸　　　　单位：mm

公称直径	13	16	19	22
栓钉杆直径 d	13	16	19	22
大头直径 d_k	22	29	32	35
大头厚度（最小值）K	10	10	12	12
熔化长度（参考值）W_A	4	5	5	6
熔后公称长度 l_1	80，100，120		80，100，120 130，150，170	80，100，120，130 150，170，200

附录 7　钢材和钢铸件的物理性能指标

弹性模量 $E/(N/mm^2)$	剪变模量 $G/(N/mm^2)$	线膨胀系数 α（以每℃计）	质量密度 $\rho/(kg/m^3)$
206×10^3	79×10^3	12×10^{-6}	7850

附录 8　疲劳计算的构件和连接分类

8.1　非焊接的构件和连接分类应符合附表 8.1 的规定

附表 8-1　非焊接的构件和连接分类

项次	构造细节	说　明	类别
1	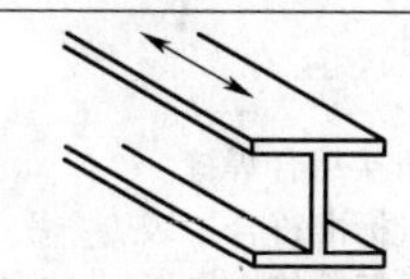	·无连接处的母材 轧制型钢	Z1
2	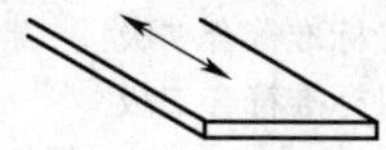	·无连接处的母材 钢板 （1）两边为轧制边或刨边 （2）两侧为自动、半自动切割边，切割质量标准应符合现行国家标准《钢结构工程施工质量验收标准》（GB 50205—2020）	 Z1 Z2
3	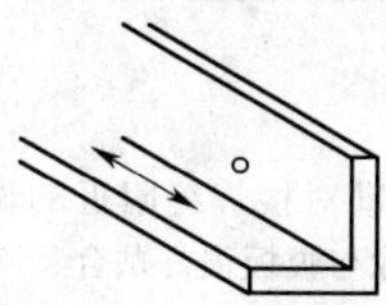	·连系螺栓和虚孔处的母材 应力以净截面面积计算	Z4
4	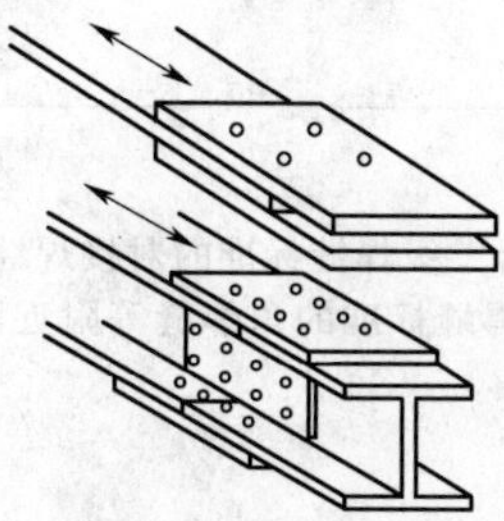	·螺栓连接处的母材 高强度螺栓摩擦型连接应力以毛截面面积计算；其他螺栓连接应力以净截面面积计算 ·铆钉连接处的母材 连接应力以净截面面积计算	Z2 Z4
5	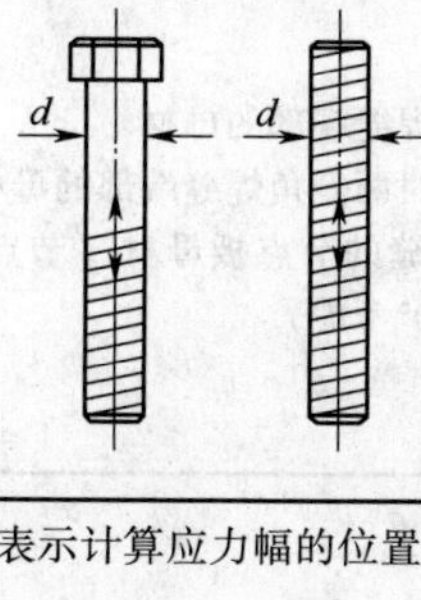	·受拉螺栓的螺纹处母材 连接板件应有足够的刚度，保证不产生撬力。否则受拉正应力应考虑撬力及其他因素产生的全部附加应力 对于直径大于 30mm 螺栓，需要考虑尺寸效应对容许应力幅进行修正，修正系数 γ_t： $$\gamma_t=\left(\frac{30}{d}\right)^{0.25}$$ d——螺栓直径（mm）	Z11

注：箭头表示计算应力幅的位置和方向。

8.2　纵向传力焊缝的构件和连接分类应符合附表 8-2 的规定

附表 8-2　纵向传力焊缝的构件和连接分类

项次	构造细节	说　明	类别
6	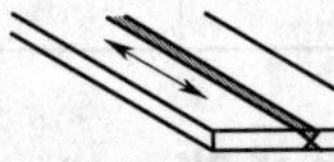	·无垫板的纵向对接焊缝附近的母材 焊缝符合二级焊缝标准	Z2
7	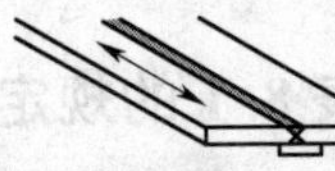	·有连续垫板的纵向自动对接焊缝附近的母材 （1）无起弧、灭弧 （2）有起弧、灭弧	 Z4 Z5
8	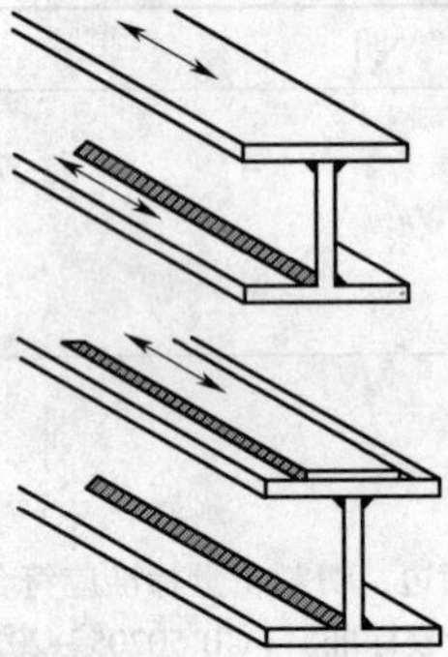	·翼缘连接焊缝附近的母材 翼缘板与腹板的连接焊缝 自动焊，二级 T 形对接与角接组合焊缝 自动焊，角焊缝，外观质量标准符合二级 手动焊，角焊缝，外观质量标准符合二级 双层翼缘板之间的连接焊缝 自动焊，角焊缝，外观质量标准符合二级 手动焊，角焊缝，外观质量标准符合二级	 Z2 Z4 Z5 Z4 Z5
9	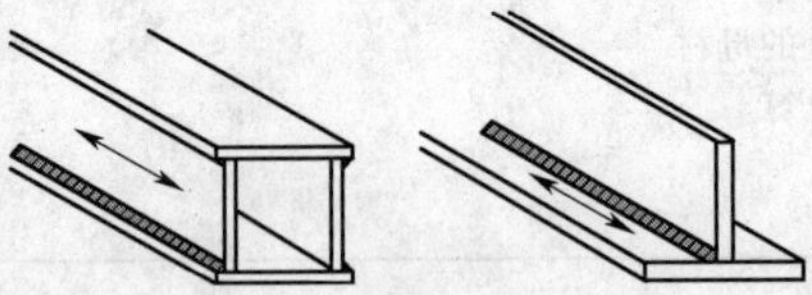	·仅单侧施焊的手工或自动对接焊缝附近的母材，焊缝符合二级焊缝标准，翼缘与腹板很好贴合	Z5
10	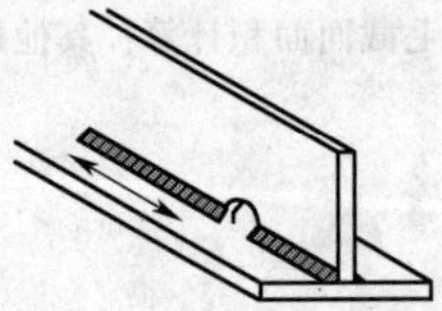	·开工艺孔处焊缝符合二级焊缝标准的对接焊缝、焊缝外观质量符合二级焊缝标准的角焊缝等附近的母材	Z8
11	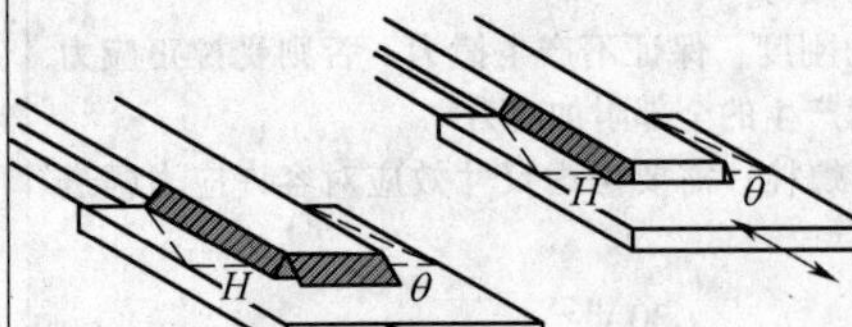	·节点板搭接的两侧面角焊缝端部的母材 ·节点板搭接的三面围焊时两侧角焊缝端部的母材 ·三面围焊或两侧面角焊缝的节点板母材（节点板计算宽度按应力扩散角 $\theta=30°$ 考虑）	Z10 Z8 Z8

注：箭头表示计算应力幅的位置和方向。

8.3 横向传力焊缝的构件和连接分类应符合附表 8-3 的规定

附表 8-3 横向传力焊缝的构件和连接分类

项次	构造细节	说明	类别
12	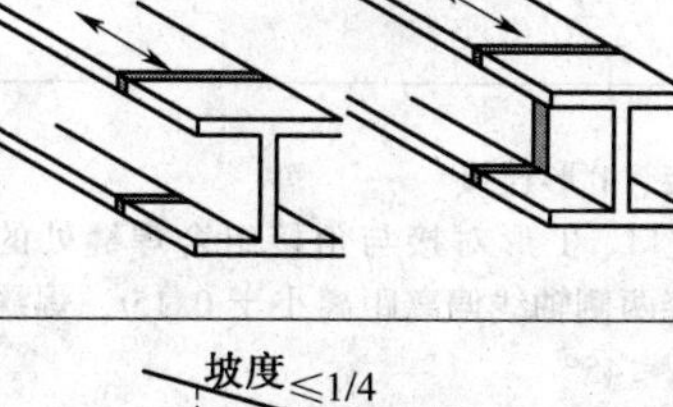	·横向对接焊缝附近的母材，轧制梁对接焊缝附近的母材 符合现行国家标准《钢结构工程施工质量验收标准》(GB 50205—2020)的一级焊缝，且经加工、磨平 符合现行国家标准《钢结构工程施工质量验收标准》(GB 50205—2020) 的一级焊缝	Z2 Z4
13	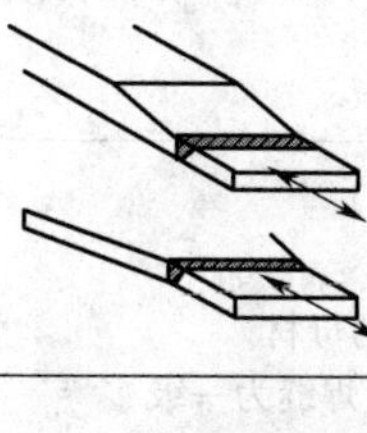	·不同厚度（或宽度）横向对接焊缝附近的母材 符合现行国家标准《钢结构工程施工质量验收标准》(GB 50205—2020) 的一级焊缝，且经加工、磨平 符合现行国家标准《钢结构工程施工质量验收标准》(GB 50205—2020) 的一级焊缝	Z2 Z4
14	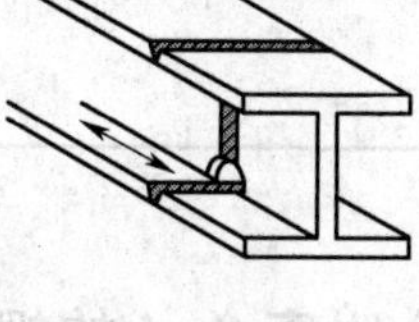	·有工艺孔的轧制梁对接焊缝附近的母材，焊缝加工成平滑过渡并符合一级焊缝标准	Z6
15	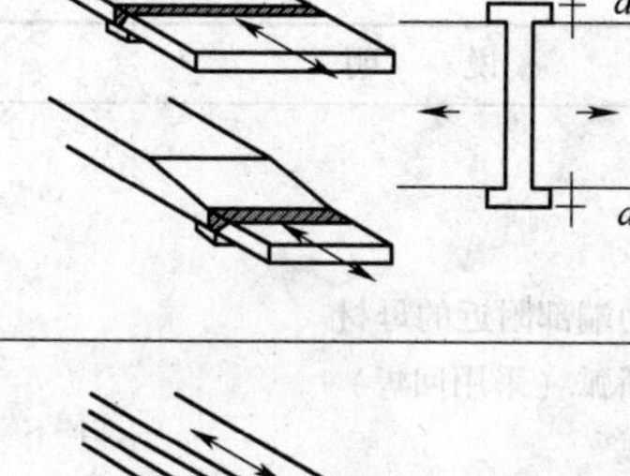	·带垫板的横向对接焊缝附近的母材 垫板端部超出母板距离 d $d \geqslant 10\text{mm}$ $d < 10\text{mm}$	 Z8 Z11
16	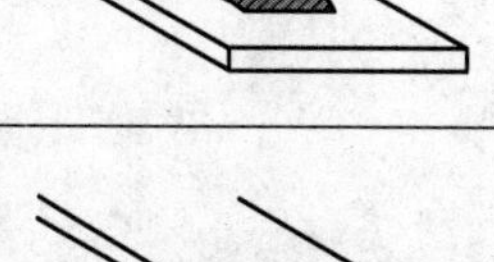	·节点板搭接的端面角焊缝的母材	Z7
17	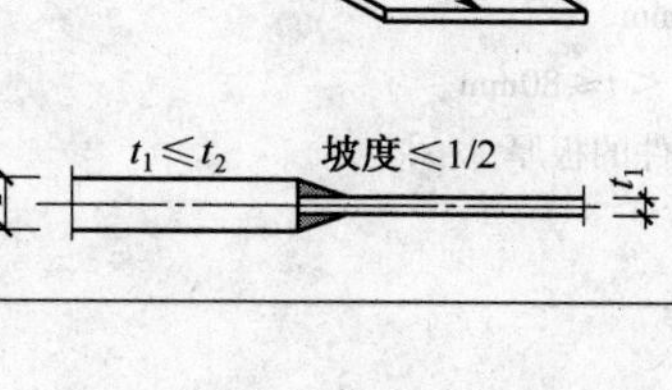	·不同厚度直接横向对接焊缝附近的母材，焊缝等级为一级，无偏心	Z8

续表

项次	构造细节	说 明	类别
18	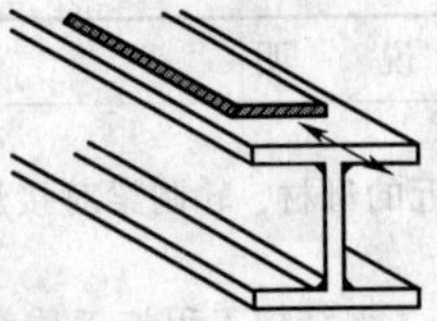	·翼缘盖板中断处的母材（板端有横向端焊缝）	Z8
19	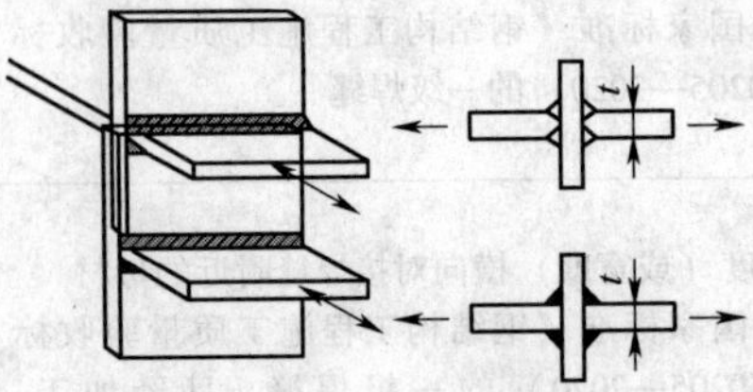	·十字形连接、T形连接 （1）K形坡口、T形对接与角接组合焊缝处的母材，十字形连接两侧轴线偏离距离小于 $0.15t$，焊缝为二级，焊趾角 $\alpha \leqslant 45°$ （2）角焊缝处的母材，十字形连接两侧轴线偏离距离小于 $0.15t$	Z6 Z8
20	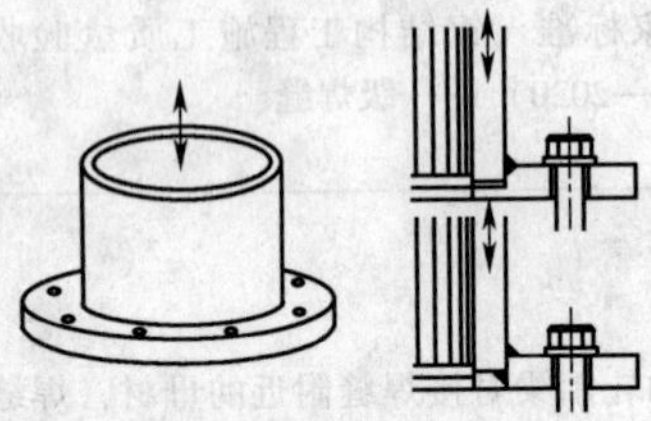	·法兰焊缝连接附近的母材 （1）采用对接焊缝，焊缝为一级 （2）采用角焊缝	Z8 Z13

注：箭头表示计算应力幅的位置和方向。

8.4　非传力焊缝的构件和连接分类应符合附表8-4的规定

附表8-4　非传力焊缝的构件和连接分类

项次	构造细节	说 明	类别
21	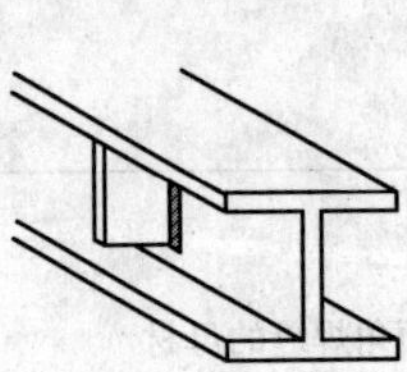	·横向加劲肋端部附近的母材 肋端焊缝不断弧（采用回焊） 肋端焊缝断弧	 Z5 Z6
22	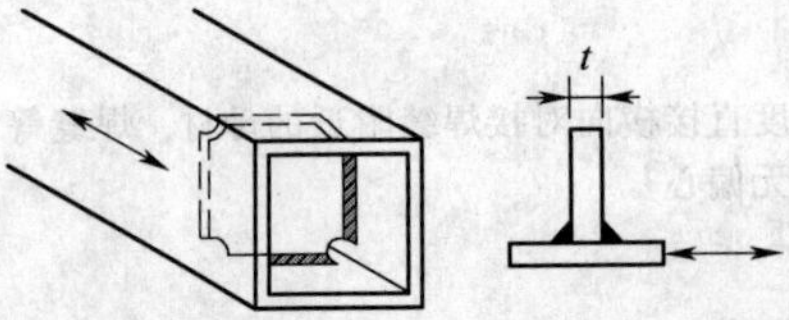	·横向焊接附件附近的母材 （1）$t \leqslant 50$mm （2）50mm $< t \leqslant 80$mm t 为焊接附件的板厚	 Z7 Z8

续表

项次	构造细节	说明	类别
23	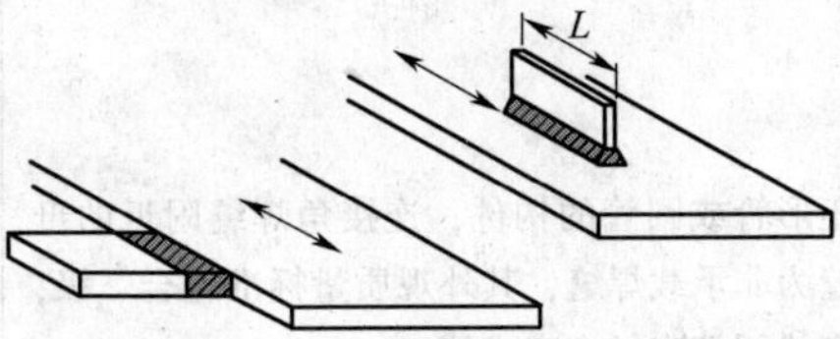	·矩形节点板焊接于构件翼缘或腹板处的母材（节点板焊缝方向的长度 $L>150$mm）	Z8
24	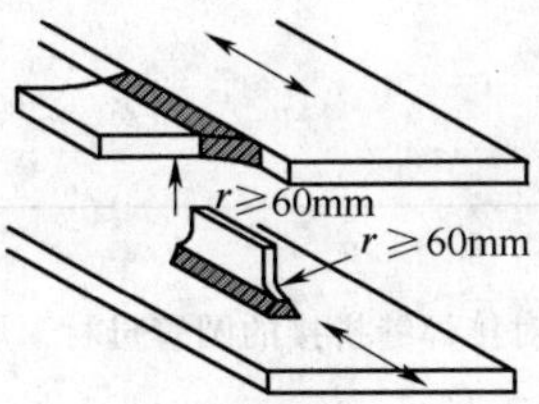	·带圆弧的梯形节点板用对接焊缝焊于梁翼缘、腹板以及桁架构件处的母材，圆弧过渡处在焊后铲平、磨光、圆滑过渡，不得有焊接起弧、灭弧缺陷	Z6
25	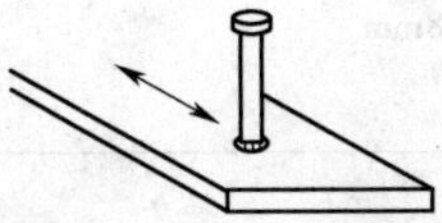	·焊接剪力栓钉附近的钢板母材	Z7

注：箭头表示计算应力幅的位置和方向。

8.5　钢管截面的构件和连接分类应符合附表 8-5 的规定

附表 8-5　钢管截面的构件和连接分类

项次	构造细节	说明	类别
26	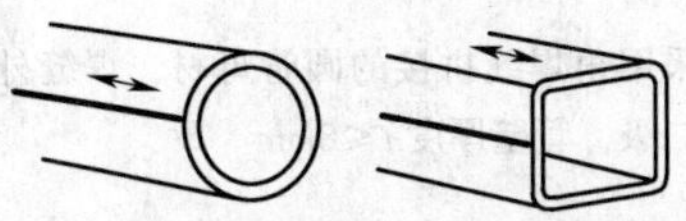	·钢管纵向自动焊缝的母材 （1）无焊接起弧、灭弧点 （2）有焊接起弧、灭弧点	 Z3 Z6
27	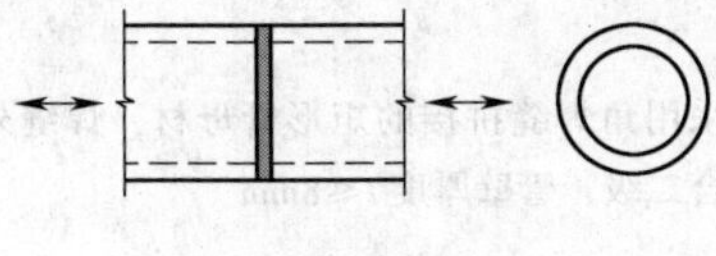	·圆管端部对接焊缝附近的母材，焊缝平滑过渡并符合现行国家标准《钢结构工程施工质量验收标准》（GB 50205—2020）的一级焊缝标准，余高小于或等于焊缝宽度的 10% （1）圆管壁厚 8mm $<t\leqslant$ 12.5mm （2）圆管壁厚 $t\leqslant$ 8mm	 Z6 Z8
28	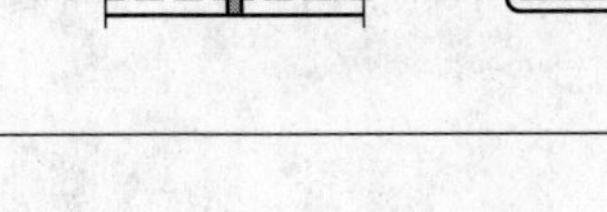	·矩形管端部对接焊缝附近的母材，焊缝平滑过渡并符合一级焊缝标准，余高小于或等于焊缝宽度的 10%。 （1）方管壁厚 8mm $<t\leqslant$ 12.5mm （2）方管壁厚 $t\leqslant$ 8mm	 Z8 Z10

续表

项次	构造细节	说明	类别
29	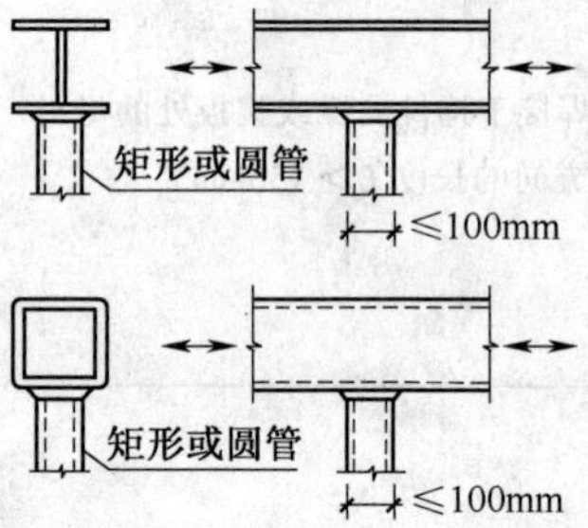	·焊有矩形管或圆管的构件，连接角焊缝附近的母材，角焊缝为非承载焊缝，其外观质量标准符合二级，矩形管宽度或圆管直径小于或等于100mm	Z8
30	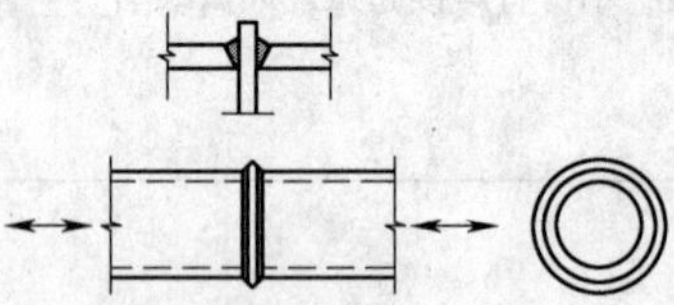	·通过端板采用对接焊缝拼接的圆管母材，焊缝符合一级质量标准 （1）圆管壁厚 $8\text{mm} < t \leq 12.5\text{mm}$ （2）圆管壁厚 $t \leq 8\text{mm}$	 Z10 Z11
31	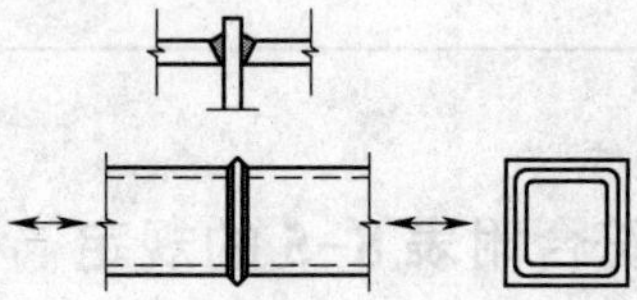	·通过端板采用对接焊缝拼接的矩形管母材，焊缝符合一级质量标准 （1）方管壁厚 $8\text{mm} < t \leq 12.5\text{mm}$ （2）方管壁厚 $t \leq 8\text{mm}$	 Z11 Z12
32	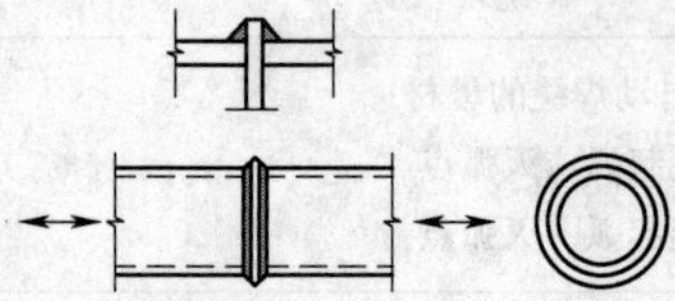	·通过端板采用角焊缝拼接的圆管母材，焊缝外观质量标准符合二级，管壁厚度 $t \leq 8\text{mm}$	Z13
33	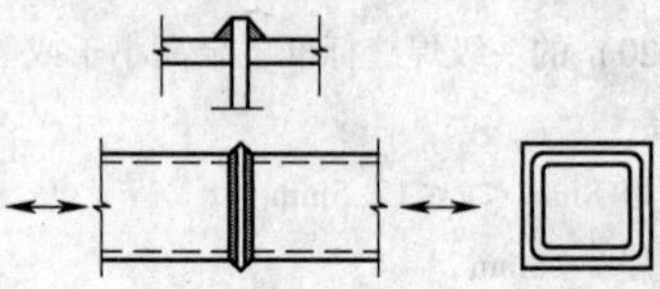	·通过端板采用角焊缝拼接的矩形管母材，焊缝外观质量标准符合二级，管壁厚度 $t \leq 8\text{mm}$	Z14
34	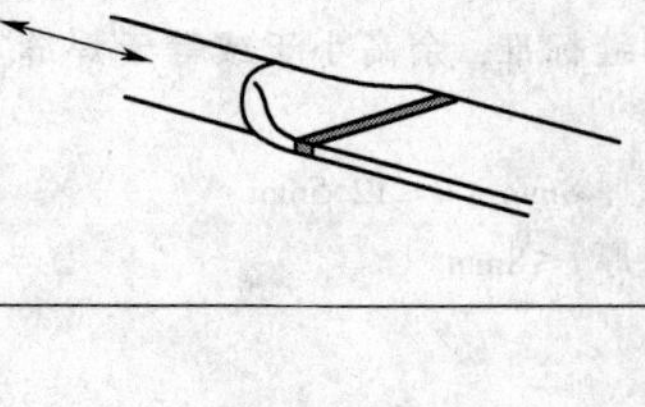	·钢管端部压扁与钢板对接焊缝连接（仅适用于直径小于200mm的钢管），计算时采用钢管的应力幅	Z8

续表

项次	构造细节	说明	类别
35	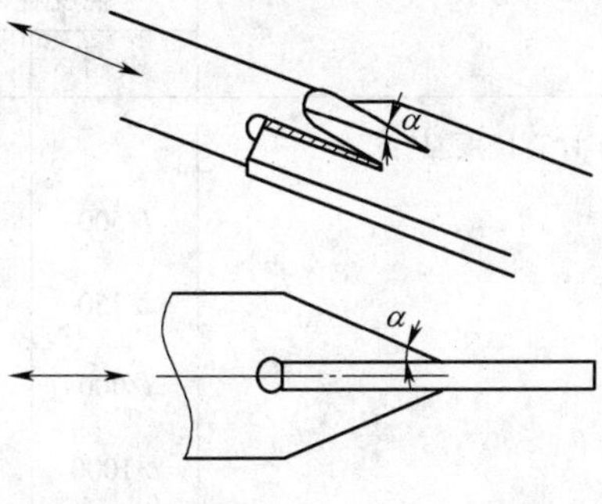	·钢管端部开设槽口与钢板角焊缝连接，槽口端部为圆弧，计算时采用钢管的应力幅 （1）倾斜角 $\alpha \leqslant 45°$ （2）倾斜角 $\alpha > 45°$	 Z8 Z9

注：箭头表示计算应力幅的位置和方向。

8.6　剪应力作用下的构件和连接分类应符合附表 8-6 的规定

附表 8-6　剪应力作用下的构件和连接分类

项次	构造细节	说明	类别
36	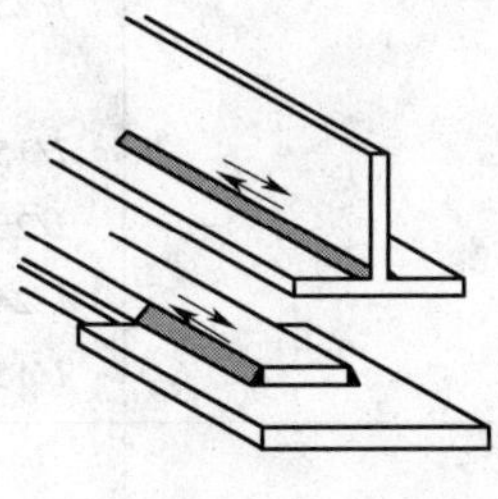	·各类受剪角焊缝 剪应力按有效截面计算	J1
37	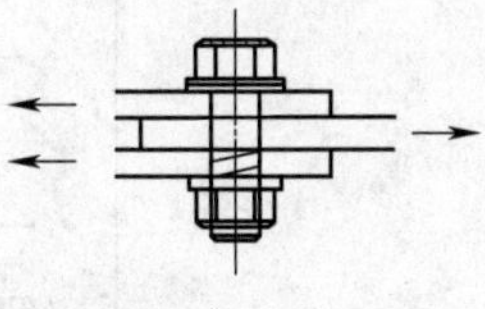	·受剪力的普通螺栓 采用螺杆截面的剪应力	J2
38	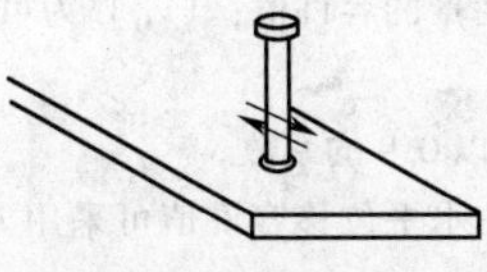	·焊接剪力栓钉 采用栓钉名义截面的剪应力	J3

注：箭头表示计算应力幅的位置和方向。

附录9 受弯构件的挠度容许值

项次	构件类别	挠度容许值	
		$[\nu_T]$	$[\nu_Q]$
1	吊车梁和吊车桁架（按自重和起重量最大的一台吊车计算挠度）		
	（1）手动起重机和单梁起重机（含悬挂起重机）	$l/500$	—
	（2）轻级工作制桥式起重机	$l/750$	
	（3）中级工作制桥式起重机	$l/900$	
	（4）重级工作制桥式起重机	$l/1000$	
2	手动或电动葫芦的轨道梁	$l/400$	—
3	有重轨（质量大于或等于38kg/m）轨道的工作平台梁	$l/600$	—
	有轻轨（质量小于或等于24kg/m）轨道的工作平台梁	$l/400$	
4	楼（屋）盖梁或桁架、工作平台梁（第3项除外）和平台板		
	（1）主梁或桁架（包括设有悬挂起重设备的梁和桁架）	$l/400$	$l/500$
	（2）仅支承压型金属板屋面和冷弯型钢檩条	$l/180$	
	（3）除支承压型金属板屋面和冷弯型钢檩条外，尚有吊顶	$l/240$	
	（4）抹灰顶棚的次梁	$l/250$	$l/350$
	（5）除第（1）款~第（4）款外的其他梁（包括楼梯梁）	$l/250$	$l/300$
	（6）屋盖檩条		
	支承压型金属板屋面者	$l/150$	—
	支承其他屋面材料者	$l/200$	—
	有吊顶	$l/240$	—
	（7）平台板	$l/150$	—
5	墙架构件（风荷载不考虑阵风系数）		
	（1）支柱（水平方向）	—	$l/400$
	（2）抗风桁架（作为连续支柱的支承时，水平位移）	—	$l/1000$
	（3）砌体墙的横梁（水平方向）	—	$l/300$
	（4）支承压型金属板的横梁（水平方向）	—	$l/100$
	（5）支承其他墙面材料的横梁（水平方向）	—	$l/200$
	（6）带有玻璃窗的横梁（竖直和水平方向）	$l/200$	$l/200$

注：1. l 为受弯构件的跨度（对悬臂梁和伸臂梁为悬伸长度的2倍）。

2. $[\nu_T]$ 为永久和可变荷载标准值产生的挠度（如有起拱应减去拱度）的容许值；$[\nu_Q]$ 为可变荷载标准值产生的挠度的容许值。

3. 当吊车梁或吊车桁架跨度大于12m时，其挠度容许值 $[\nu_T]$ 应乘以0.9的系数。

4. 当墙面采用延性材料或与结构采用柔性连接时，墙架构件的支柱水平位移容许值可采用 $l/300$，抗风桁架（作为连续支柱的支承时）水平位移容许值可采用 $l/800$。

附录 10　梁的整体稳定系数

10.1　等截面焊接工字形和轧制 H 型钢简支梁

等截面焊接工字形和轧制 H 型钢（见附图 10-1）简支梁的整体稳定系数 φ_b 应按下式计算：

$$\varphi_b = \beta_b \frac{4320}{\lambda_y^2} \frac{Ah}{W_x}\left[\sqrt{1+\left(\frac{\lambda_y t_1}{4.4h}\right)^2}+\eta_b\right]\varepsilon_k^2 \qquad (附 10-1)$$

式中　β_b——梁整体稳定的等效临界弯矩系数，按附表 10-1 采用；

λ_y——梁在侧向支承点间对截面弱轴（y 轴）的长细比，$\lambda_y=l_1/i_y$，l_1 为侧向支承点间的距离，i_y 为梁毛截面对 y 轴的截面回转半径；

A——梁的毛截面面积；

h、t_1——梁截面的全高和受压翼缘厚度，等截面铆接（或高强度螺栓连接）简支梁的受压翼缘厚度 t_1 包括翼缘角钢厚度在内（mm）；

η_b——截面不对称影响系数对双轴对称截面［见附图 10-1（a）、（d）］：$\eta_b=0$。

对单轴对称工字形截面［见附图 10-1（b）、（c）］：加强受压翼缘，$\eta_b=0.8(2\alpha_b-1)$；加强受拉翼缘，$\eta_b=2\alpha_b-1$。其中 $\alpha_b=I_1/(I_1+I_2)$，式中 I_1 和 I_2 分别为受压翼缘和受拉翼缘对 y 轴的惯性矩。

当按式（附 10-1）算得的 $\varphi_b>0.6$ 时，应用下式算得的 φ_b' 代替 φ_b 值：

$$\varphi_b' = 1.07 - \frac{0.282}{\varphi_b} \leqslant 1.0 \qquad (附 10-2)$$

附表 10-1　H 型钢和等截面工字形简支梁的系数 β_b

项次	侧向支承	荷载		$\xi \leqslant 2.0$	$\xi > 2.0$	适用范围
1	跨中无侧向支承	均布荷载作用在	上翼缘	$0.69+0.13\xi$	0.95	附图 10-1（a）、（b）和（d）的截面
2			下翼缘	$1.73-0.20\xi$	1.33	
3		集中荷载作用在	上翼缘	$0.73+0.18\xi$	1.09	
4			下翼缘	$2.23-0.28\xi$	1.67	
5	跨度中点有一个侧向支承点	均布荷载作用在	上翼缘	1.15		附图 10-1 中的所有截面
6			下翼缘	1.40		
7		集中荷载作用在截面高度上任意位置		1.75		
8	跨中有不少于两个等距离侧向支承点	任意荷载作用在	上翼缘	1.20		
9			下翼缘	1.40		
10	梁端有弯矩，但跨中无荷载作用			$1.75-1.05\left(\frac{M_2}{M_1}\right)+0.3\left(\frac{M_2}{M_1}\right)^2$，但≤2.3		

注：1. ξ 为参数，$\xi=\frac{l_1 t_1}{b_1 h}$，其中 l_1 和 b_1 分别为 H 型钢或等截面工字形简支梁受压翼缘的自由长度和宽度。

2. M_1、M_2 为梁的端弯矩，使梁产生同向曲率时 M_1 和 M_2 取同号，产生反向曲率时取异号，$|M_1| \geqslant |M_2|$。

3. 表中项次 3、4 和 7 的集中荷载是指一个和少数几个集中荷载位于跨中央附近的情况，对其他情况的集中荷载，应按表中项次 1、2、5、6 内的数值采用。

4. 表中项次 8、9 的 β_b，当集中荷载作用在侧向支承点处时，取 $\beta_b=1.20$。

5. 荷载作用在上翼缘系指荷载作用点在翼缘表面，方向指向截面形心；荷载作用在下翼缘系指荷载作用点在翼缘表面，方向背向截面形心。

6. 对 $\alpha_b>0.8$ 的加强受压翼缘工字形截面，下列情况的 β_b 值应乘以相应的系数：

项次 1：当 $\xi \leqslant 1.0$ 时，乘以 0.95。

项次 3：当 $\xi \leqslant 0.5$ 时，乘以 0.90；当 $0.5<\xi \leqslant 1.0$ 时，乘以 0.95。

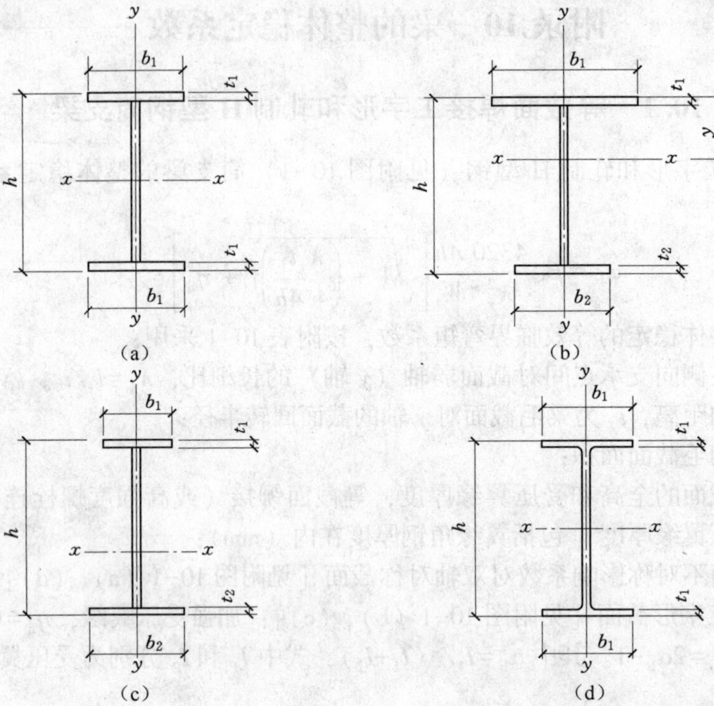

附图 10-1 焊接工字形和轧制 H 型钢截面

（a）双轴对称焊接工字形截面；（b）加强受压翼缘的单轴对称焊接工字形截面；

（c）加强受拉翼缘的单轴对称焊接工字形截面；（d）轧制 H 型钢截面

注意：式（附 10-1）亦适用于等截面铆接（或高强度螺栓连接）简支梁，其受压翼缘厚度 t_1 包括翼缘角钢厚度在内。

10.2 轧制普通工字钢简支梁

轧制普通工字钢简支梁的整体稳定系数 φ_b 应按附表 10-2 采用，当所得的 $\varphi_b > 0.6$ 时，应按式（附 10-2）算得相应的 φ_b' 代替 φ_b 值。

附表 10-2 轧制普通工字钢简支梁的 φ_b

项次	荷载情况			工字钢型号	自由长度 l_1/m								
					2	3	4	5	6	7	8	9	10
1	跨中无侧向支承点的梁	集中荷载作用于	上翼缘	10~20	2.00	1.30	0.99	0.80	0.68	0.58	0.53	0.48	0.43
				22~32	2.40	1.48	1.09	0.86	0.72	0.62	0.54	0.49	0.45
				36~63	2.80	1.60	1.07	0.83	0.68	0.56	0.50	0.45	0.40
2			下翼缘	10~20	3.10	1.95	1.34	1.01	0.82	0.69	0.63	0.57	0.52
				22~40	5.50	2.80	1.84	1.37	1.07	0.86	0.73	0.64	0.56
				45~63	7.30	3.60	2.30	1.62	1.20	0.96	0.80	0.69	0.60

续表

项次	荷载情况			工字钢型号	自由长度 l_1/m								
					2	3	4	5	6	7	8	9	10
3	跨中无侧向支承点的梁	均布荷载作用于	上翼缘	10~20	1.70	1.12	0.84	0.68	0.57	0.50	0.45	0.41	0.37
				22~40	2.10	1.30	0.93	0.73	0.60	0.51	0.45	0.40	0.36
				45~63	2.60	1.45	0.97	0.73	0.59	0.50	0.44	0.38	0.35
4			下翼缘	10~20	2.50	1.55	1.08	0.83	0.68	0.56	0.52	0.47	0.42
				22~40	4.00	2.20	1.45	1.10	0.85	0.70	0.60	0.52	0.46
				45~63	5.60	2.80	1.80	1.25	0.95	0.78	0.65	0.55	0.49
5	跨中有侧向支承点的梁（不考虑荷载作用点在截面高度上的位置）			10~20	2.20	1.39	1.01	0.79	0.66	0.57	0.52	0.47	0.42
				22~40	3.00	1.80	1.24	0.96	0.76	0.65	0.56	0.49	0.43
				45~63	4.00	2.20	1.38	1.01	0.80	0.66	0.56	0.49	0.43

注：1. 同附表 10-1 的注 3、5。

2. 表中的 φ_b 适用于 Q235 钢。对其他牌号的钢材，表中数值应乘以 ε_k^2。

10.3　轧制槽钢简支梁

轧制槽钢简支梁的整体稳定系数，不考虑荷载的形式和荷载作用点在截面高度上的位置，均可按下式计算：

$$\varphi_b = \frac{570bt}{l_1 h}\varepsilon_k^2 \tag{附 10-3}$$

式中　h、b、t——槽钢截面的高度、翼缘宽度和平均厚度。

按式（附 10-3）算得的 $\varphi_b > 0.6$ 时，应按式（附 10-2）算得相应的 φ_b' 代替 φ_b 值。

10.4　双轴对称工字形等截面（含 H 型钢）悬臂梁

双轴对称工字形等截面（含 H 型钢）悬臂梁的整体稳定系数，可按式（附 10-1）计算，但该式中系数 β_b 应按附表 10-3 查得，$\lambda_y = l_1/i_y$（l_1 为悬臂梁的悬伸长度）。当求得的 $\varphi_b > 0.6$ 时，应按式（附 10-2）算得相应的 φ_b' 代替 φ_b 值。

附表 10-3　双轴对称工字形等截面（含 H 型钢）悬臂梁的系数 β_b

项次	荷载形式		$0.60 \leqslant \xi \leqslant 1.24$	$1.24 < \xi \leqslant 1.96$	$1.96 < \xi \leqslant 3.10$
1	自由端一个集中荷载作用在	上翼缘	$0.21+0.67\xi$	$0.72+0.26\xi$	$1.17+0.03\xi$
2		下翼缘	$2.94-0.65\xi$	$2.64-0.40\xi$	$2.15-0.15\xi$
3	均布荷载作用在上翼缘		$0.62+0.82\xi$	$1.25+0.31\xi$	$1.66+0.10\xi$

注：1. 本表是按支承端为固定的情况确定的，当用于由邻跨延伸出来的伸臂梁时，应在构造上采取措施加强支承处的抗扭能力。

2. 表中 ξ 见附表 10-1 注 1。

10.5 受弯构件整体稳定系数的近似计算

均匀弯曲的受弯构件，当 $\lambda_y \leqslant 120\varepsilon_k$ 时，其整体稳定系数 φ_b 可按下列近似公式计算。

1. 工字形截面（含 H 型钢）

双轴对称时：

$$\varphi_b = 1.07 - \frac{\lambda_y^2}{44000\varepsilon_k^2} \tag{附 10-4}$$

单轴对称时：

$$\varphi_b = 1.07 - \frac{W_x}{(2\alpha_b + 0.1)Ah} \frac{\lambda_y^2}{14000\varepsilon_k^2} \tag{附 10-5}$$

2. T 形截面（弯矩作用在对称轴平面，绕 x 轴）

（1）弯矩使翼缘受压时。

双角钢 T 形截面，有 $\varphi_b = 1 - 0.0017\lambda_y/\varepsilon_k$ （附 10-6）

剖分 T 型钢和两板组合 T 形截面，有 $\varphi_b = 1 - 0.0022\lambda_y/\varepsilon_k$ （附 10-7）

（2）弯矩使翼缘受拉且腹板宽厚比小于或等于 $18\varepsilon_k$ 时：

$$\varphi_b = 1 - 0.0005\lambda_y/\varepsilon_k \tag{附 10-8}$$

按式（附 10-4）~式（附 10-8）所得的 $\varphi_b > 0.6$ 时，无须按式（附 10-2）换算成 φ_b' 值；当按式（附 10-4）和式（附 10-5）算得的 $\varphi_b > 1.0$ 时，取 $\varphi_b = 1.0$。

附录 11 柱的计算长度系数

附表 11-1 无侧移框架柱的计算长度系数 μ

K_2	K_1												
	0	0.05	0.1	0.2	0.3	0.4	0.5	1	2	3	4	5	≥10
0	1.000	0.990	0.981	0.964	0.949	0.935	0.922	0.875	0.820	0.791	0.773	0.760	0.732
0.05	0.990	0.981	0.971	0.955	0.940	0.926	0.914	0.867	0.814	0.784	0.766	0.754	0.726
0.1	0.981	0.971	0.962	0.946	0.931	0.918	0.906	0.860	0.807	0.778	0.760	0.748	0.721
0.2	0.964	0.955	0.946	0.930	0.916	0.903	0.891	0.846	0.795	0.767	0.749	0.737	0.711
0.3	0.949	0.940	0.931	0.916	0.902	0.889	0.878	0.834	0.784	0.756	0.739	0.728	0.701
0.4	0.935	0.926	0.918	0.903	0.889	0.877	0.866	0.823	0.774	0.747	0.730	0.719	0.693
0.5	0.922	0.914	0.906	0.891	0.878	0.866	0.855	0.813	0.765	0.738	0.721	0.710	0.685
1	0.875	0.867	0.860	0.846	0.834	0.823	0.813	0.744	0.729	0.704	0.688	0.677	0.654
2	0.820	0.814	0.807	0.795	0.784	0.774	0.765	0.729	0.686	0.663	0.648	0.638	0.615
3	0.791	0.784	0.778	0.767	0.756	0.747	0.738	0.704	0.663	0.640	0.625	0.616	0.593
4	0.773	0.766	0.760	0.749	0.739	0.730	0.721	0.688	0.648	0.625	0.611	0.601	0.580

续表

K_2	K_1												
	0	0.05	0.1	0.2	0.3	0.4	0.5	1	2	3	4	5	≥10
5	0.760	0.754	0.748	0.737	0.728	0.719	0.710	0.677	0.638	0.616	0.601	0.592	0.570
≥10	0.732	0.726	0.721	0.711	0.701	0.693	0.685	0.654	0.615	0.593	0.580	0.570	0.549

注：1. 表中的计算长度系数μ值系按下式算得：

$$\left[\left(\frac{\pi}{\mu}\right)^2+2(K_1+K_2)-4K_1K_2\right]\frac{\pi}{\mu}\sin\frac{\pi}{\mu}-2\left[(K_1+K_2)\left(\frac{\pi}{\mu}\right)^2+4K_1K_2\right]\cos\frac{\pi}{\mu}+8K_1K_2=0$$

式中：K_1、K_2分别为相交于柱上端、柱下端的横梁线刚度之和与柱线刚度之和的比值，当横梁远端为铰接时应将横梁线刚度乘以1.5，当横梁远端为嵌固时则将横梁线刚度乘以2。

2. 当横梁与柱铰接时，取横梁线刚度为零。
3. 对底层框架柱：当柱与基础铰接时，取$K_2=0$（对平板支座可取$K_2=0.1$）；当柱与基础刚接时，取$K_2=10$。
4. 当与柱刚性连接的横梁所受轴心压力N_b较大时，横梁线刚度应乘以折减系数α_N：横梁远端与柱刚接和横梁远端铰支时，$\alpha_N=1-N_b/N_{Eb}$；横梁远端嵌固时，$\alpha_N=1-N_b/(2N_{Eb})$。式中，$N_{Eb}=\pi^2EI_b/l^2$；I_b为横梁截面惯性矩（mm^4）；l为横梁长度（mm）。

附表 11-2　有侧移框架柱的计算长度系数μ

K_2	K_1												
	0	0.05	0.1	0.2	0.3	0.4	0.5	1	2	3	4	5	≥10
0	∞	6.02	4.46	3.42	3.01	2.78	2.64	2.33	2.17	2.11	2.08	2.07	2.03
0.05	6.02	4.16	3.47	2.86	2.58	2.42	2.31	2.07	1.94	1.90	1.87	1.86	1.83
0.1	4.46	3.47	3.01	2.56	2.33	2.20	2.11	1.90	1.79	1.75	1.73	1.72	1.70
0.2	3.42	2.86	2.56	2.23	2.05	1.94	1.87	1.70	1.60	1.57	1.55	1.54	1.52
0.3	3.01	2.58	2.33	2.05	1.90	1.80	1.74	1.58	1.49	1.46	1.45	1.44	1.42
0.4	2.78	2.42	2.20	1.94	1.80	1.71	1.65	1.50	1.42	1.39	1.37	1.37	1.35
0.5	2.64	2.31	2.11	1.87	1.74	1.65	1.59	1.45	1.37	1.34	1.32	1.32	1.30
1	2.33	2.07	1.90	1.70	1.58	1.50	1.45	1.32	1.24	1.21	1.20	1.19	1.17
2	2.17	1.94	1.79	1.60	1.49	1.42	1.37	1.24	1.16	1.14	1.12	1.12	1.10
3	2.11	1.90	1.75	1.57	1.46	1.39	1.34	1.21	1.14	1.11	1.10	1.09	1.07
4	2.08	1.87	1.73	1.55	1.45	1.37	1.32	1.20	1.12	1.10	1.08	1.08	1.06
5	2.07	1.86	1.72	1.54	1.44	1.37	1.32	1.19	1.12	1.09	1.08	1.07	1.05
≥10	2.03	1.83	1.70	1.52	1.42	1.35	1.30	1.17	1.10	1.07	1.06	1.05	1.03

注：1. 表中的计算长度系数μ值系按下式算得：

$$\left[36K_1K_2-\left(\frac{\pi}{\mu}\right)^2\right]\sin\frac{\pi}{\mu}+6(K_1+K_2)\frac{\pi}{\mu}\cos\frac{\pi}{\mu}=0$$

式中：K_1、K_2分别为相交于柱上端、柱下端的横梁线刚度之和与柱线刚度之和的比值，当横梁远端为铰接时应将横梁线刚度乘以0.5，当横梁远端为嵌固时则应乘以2/3。

2. 当横梁与柱铰接时，取横梁线刚度为零。
3. 对底层框架柱：当柱与基础铰接时，取$K_2=0$（对平板支座可取$K_2=0.1$）；当柱与基础刚接时，取$K_2=10$。
4. 当与柱刚性连接的横梁所受轴心压力N_b较大时，横梁线刚度应乘以折减系数α_N：

横梁远端与柱刚接时，$\alpha_N=1-N_b/(4N_{Eb})$；横梁远端铰支时，$\alpha_N=1-N_b/N_{Eb}$；横梁远端嵌固时，$\alpha_N=1-N_b/(2N_{Eb})$。式中N_{Eb}的计算式见附表11-1注4。

附表 11-3　柱上端为自由的单阶柱下段的计算长度系数 μ_2

简图：

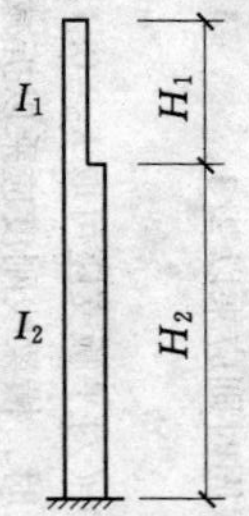

$K_1=\frac{I_1}{I_2}\frac{H_2}{H_1}$

$\eta_1=\frac{H_1}{H_2}\sqrt{\frac{N_1}{N_2}\frac{I_2}{I_1}}$

N_1—上段柱轴心力；

N_2—下段柱轴心力

η_1 \ K_1	0.06	0.08	0.10	0.12	0.14	0.16	0.18	0.20	0.22	0.24	0.26	0.28	0.3	0.4	0.5	0.6	0.7	0.8
0.2	2.00	2.01	2.01	2.01	2.01	2.01	2.01	2.02	2.02	2.02	2.02	2.02	2.02	2.03	2.04	2.05	2.06	2.07
0.3	2.01	2.02	2.02	2.02	2.03	2.03	2.03	2.04	2.04	2.05	2.05	2.05	2.06	2.08	2.10	2.12	2.13	2.15
0.4	2.02	2.03	2.04	2.04	2.05	2.06	2.07	2.07	2.08	2.09	2.09	2.10	2.11	2.14	2.18	2.21	2.25	2.28
0.5	2.04	2.05	2.06	2.07	2.09	2.10	2.11	2.12	2.13	2.15	2.16	2.17	2.18	2.24	2.29	2.35	2.40	2.45
0.6	2.06	2.08	2.10	2.12	2.14	2.16	2.18	2.19	2.21	2.23	2.25	2.26	2.28	2.36	2.44	2.52	2.59	2.66
0.7	2.10	2.13	2.16	2.18	2.21	2.24	2.26	2.29	2.31	2.34	2.36	2.38	2.41	2.52	2.62	2.72	2.81	2.90
0.8	2.15	2.20	2.24	2.27	2.31	2.34	2.38	2.41	2.44	2.47	2.50	2.53	2.56	2.70	2.82	2.94	3.06	3.16
0.9	2.24	2.29	2.35	2.39	2.44	2.48	2.52	2.56	2.60	2.63	2.67	2.71	2.74	2.90	3.05	3.19	3.32	3.44
1.0	2.36	2.43	2.48	2.54	2.59	2.64	2.69	2.73	2.77	2.82	2.86	2.90	2.94	3.12	3.29	3.45	3.59	3.74
1.2	2.69	2.76	2.83	2.89	2.95	3.01	3.07	3.12	3.17	3.22	3.27	3.32	3.37	3.59	3.80	3.99	4.17	4.34
1.4	3.07	3.14	3.22	3.29	3.36	3.42	3.48	3.55	3.61	3.66	3.72	3.78	3.83	4.09	4.33	4.56	4.77	4.97
1.6	3.47	3.55	3.63	3.71	3.78	3.85	3.92	3.99	4.07	4.12	4.18	4.25	4.31	4.61	4.88	5.14	5.38	5.62
1.8	3.88	3.97	4.05	4.13	4.21	4.29	4.37	4.44	4.52	4.59	4.66	4.73	4.80	5.13	5.44	5.73	6.00	6.26
2.0	4.29	4.39	4.48	4.57	4.65	4.74	4.82	4.90	4.99	5.07	5.14	5.22	5.30	5.66	6.00	6.32	6.63	6.92
2.2	4.71	4.81	4.91	5.00	5.10	5.19	5.28	5.37	5.46	5.54	5.63	5.71	5.80	6.19	6.57	6.92	7.26	7.58
2.4	5.13	5.24	5.34	5.44	5.54	5.64	5.74	5.84	5.93	6.03	6.12	6.21	6.30	6.73	7.14	7.52	7.89	8.24
2.6	5.55	5.66	5.77	5.88	5.99	6.10	6.20	6.31	6.41	6.51	6.61	6.71	6.80	7.27	7.71	8.13	8.52	8.90
2.8	5.97	6.09	6.21	6.33	6.44	6.55	6.67	6.78	6.89	6.99	7.10	7.21	7.31	7.81	8.28	8.73	9.16	9.57
3.0	6.39	6.52	6.64	6.77	6.89	7.01	7.13	7.25	7.37	7.48	7.59	7.71	7.82	8.35	8.86	9.34	9.80	10.24

注：表中的计算长度系数 μ_2 值系按下式计算得出：

$$\eta_1 K_1 \tan\frac{\pi}{\mu_2}\tan\frac{\pi\eta_1}{\mu_2}-1=0$$

附表 11-4　柱上端可移动但不转动的单阶柱下段的计算长度系数 μ_2

简图

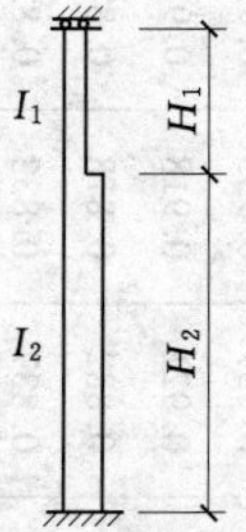

$K_1=\frac{I_1}{I_2}\cdot\frac{H_2}{H_1}$

$\eta_1=\frac{H_1}{H_2}\sqrt{\frac{N_1}{N_2}\cdot\frac{I_2}{I_1}}$

N_1—上段柱轴心力；

N_2—下段柱轴心力

η_1 \ K_1	0.06	0.08	0.10	0.12	0.14	0.16	0.18	0.20	0.22	0.24	0.26	0.28	0.3	0.4	0.5	0.6	0.7	0.8
0.2	1.96	1.94	1.93	1.91	1.90	1.89	1.88	1.86	1.85	1.84	1.83	1.82	1.81	1.76	1.72	1.68	1.65	1.62
0.3	1.96	1.94	1.93	1.92	1.91	1.89	1.88	1.87	1.86	1.85	1.84	1.83	1.82	1.77	1.73	1.70	1.66	1.63
0.4	1.96	1.95	1.94	1.92	1.91	1.90	1.89	1.88	1.87	1.86	1.85	1.84	1.83	1.79	1.75	1.72	1.68	1.66
0.5	1.96	1.95	1.94	1.93	1.92	1.91	1.90	1.89	1.88	1.87	1.86	1.85	1.85	1.81	1.77	1.74	1.71	1.69
0.6	1.97	1.96	1.95	1.94	1.93	1.92	1.91	1.90	1.90	1.89	1.88	1.87	1.87	1.83	1.80	1.78	1.75	1.73
0.7	1.97	1.97	1.96	1.95	1.94	1.94	1.93	1.92	1.92	1.91	1.90	1.90	1.89	1.86	1.84	1.82	1.80	1.78
0.8	1.98	1.98	1.97	1.96	1.96	1.95	1.95	1.94	1.94	1.93	1.93	1.93	1.92	1.90	1.88	1.87	1.86	1.84
0.9	1.99	1.99	1.98	1.98	1.98	1.97	1.97	1.97	1.97	1.96	1.96	1.96	1.96	1.95	1.94	1.93	1.92	1.92
1.0	2.00	2.00	2.00	2.00	2.00	2.00	2.00	2.00	2.00	2.00	2.00	2.00	2.00	2.00	2.00	2.00	2.00	2.00
1.2	2.03	2.04	2.04	2.05	2.06	2.07	2.07	2.08	2.08	2.09	2.10	2.10	2.11	2.13	2.15	2.17	2.18	2.20
1.4	2.07	2.09	2.11	2.12	2.14	2.16	2.17	2.18	2.20	2.21	2.22	2.23	2.24	2.29	2.33	2.37	2.40	2.42
1.6	2.13	2.16	2.19	2.22	2.25	2.27	2.30	2.32	2.34	2.36	2.37	2.39	2.41	2.48	2.54	2.59	2.63	2.67
1.8	2.22	2.27	2.31	2.35	2.39	2.42	2.45	2.48	2.50	2.53	2.55	2.57	2.59	2.69	2.76	2.83	2.88	2.93
2.0	2.35	2.41	2.46	2.50	2.55	2.59	2.62	2.66	2.69	2.72	2.75	2.77	2.80	2.91	3.00	3.08	3.14	3.20
2.2	2.51	2.57	2.63	2.68	2.73	2.77	2.81	2.85	2.89	2.92	2.95	2.98	3.01	3.14	3.25	3.33	3.41	3.47
2.4	2.68	2.75	2.81	2.87	2.92	2.97	3.01	3.05	3.09	3.13	3.17	3.20	3.24	3.38	3.50	3.59	3.68	3.75
2.6	2.87	2.94	3.00	3.06	3.12	3.17	3.22	3.27	3.31	3.35	3.39	3.43	3.46	3.62	3.75	3.86	3.95	4.03
2.8	3.06	3.14	3.20	3.27	3.33	3.38	3.43	3.48	3.53	3.58	3.62	3.66	3.70	3.87	4.01	4.13	4.23	4.32
3.0	3.26	3.34	3.41	3.47	3.54	3.60	3.65	3.70	3.75	3.80	3.85	3.89	3.93	4.12	4.27	4.40	4.51	4.61

注：表中的计算长度系数 μ_2 值系按下式计算得出：

$$\tan\frac{\pi\eta_1}{\mu_2}+\eta_1K_1\tan\frac{\pi}{\mu_2}=0$$

附录 12 轴心受压构件的稳定系数

附表 12-1 a 类截面轴心受压构件的稳定系数 φ

λ/ε_k	0	1	2	3	4	5	6	7	8	9
0	1.000	1.000	1.000	1.000	0.999	0.999	0.998	0.998	0.997	0.996
10	0.995	0.994	0.993	0.992	0.991	0.989	0.988	0.986	0.985	0.983
20	0.981	0.979	0.977	0.976	0.974	0.972	0.970	0.968	0.966	0.964
30	0.963	0.961	0.959	0.957	0.954	0.952	0.950	0.948	0.946	0.944
40	0.941	0.939	0.937	0.934	0.932	0.929	0.927	0.924	0.921	0.918
50	0.916	0.913	0.910	0.907	0.903	0.900	0.897	0.893	0.890	0.886
60	0.883	0.879	0.875	0.871	0.867	0.862	0.858	0.854	0.849	0.844
70	0.839	0.834	0.829	0.824	0.818	0.813	0.807	0.801	0.795	0.789
80	0.783	0.776	0.770	0.763	0.756	0.749	0.742	0.735	0.728	0.721
90	0.713	0.706	0.698	0.691	0.683	0.676	0.668	0.660	0.653	0.645
100	0.637	0.630	0.622	0.614	0.607	0.599	0.592	0.584	0.577	0.569
110	0.562	0.555	0.548	0.541	0.534	0.527	0.520	0.513	0.507	0.500
120	0.494	0.487	0.481	0.475	0.469	0.463	0.457	0.451	0.445	0.439
130	0.434	0.428	0.423	0.417	0.412	0.407	0.402	0.397	0.392	0.387
140	0.382	0.378	0.373	0.368	0.364	0.360	0.355	0.351	0.347	0.343
150	0.339	0.335	0.331	0.327	0.323	0.319	0.316	0.312	0.308	0.305
160	0.302	0.298	0.295	0.292	0.288	0.285	0.282	0.279	0.276	0.273
170	0.270	0.267	0.264	0.261	0.259	0.256	0.253	0.250	0.248	0.245
180	0.243	0.240	0.238	0.235	0.233	0.231	0.228	0.226	0.224	0.222
190	0.219	0.217	0.215	0.213	0.211	0.209	0.207	0.205	0.203	0.201
200	0.199	0.197	0.196	0.194	0.192	0.190	0.188	0.187	0.185	0.183
210	0.182	0.180	0.178	0.177	0.175	0.174	0.172	0.171	0.169	0.168
220	0.166	0.165	0.163	0.162	0.161	0.159	0.158	0.157	0.155	0.154
230	0.153	0.151	0.150	0.149	0.148	0.147	0.145	0.144	0.143	0.142
240	0.141	0.140	0.139	0.137	0.136	0.135	0.134	0.133	0.132	0.131

注：见附表 12-4 注。

附表 12-2 b 类截面轴心受压构件的稳定系数 φ

λ/ε_k	0	1	2	3	4	5	6	7	8	9
0	1.000	1.000	1.000	0.999	0.999	0.998	0.997	0.996	0.995	0.994
10	0.992	0.991	0.989	0.987	0.985	0.983	0.981	0.978	0.976	0.973
20	0.970	0.967	0.963	0.960	0.957	0.953	0.950	0.946	0.943	0.939
30	0.936	0.932	0.929	0.925	0.921	0.918	0.914	0.910	0.906	0.903
40	0.899	0.895	0.891	0.886	0.882	0.878	0.874	0.870	0.865	0.861
50	0.856	0.852	0.847	0.842	0.837	0.833	0.828	0.823	0.818	0.812
60	0.807	0.802	0.796	0.791	0.785	0.780	0.774	0.768	0.762	0.757
70	0.751	0.745	0.738	0.732	0.726	0.720	0.713	0.707	0.701	0.694

续表

λ/ε_k	0	1	2	3	4	5	6	7	8	9
80	0.687	0.681	0.674	0.668	0.661	0.654	0.648	0.641	0.634	0.628
90	0.621	0.614	0.607	0.601	0.594	0.587	0.581	0.574	0.568	0.561
100	0.555	0.548	0.542	0.535	0.529	0.523	0.517	0.511	0.504	0.498
110	0.492	0.487	0.481	0.475	0.469	0.464	0.458	0.453	0.447	0.442
120	0.436	0.431	0.426	0.421	0.416	0.411	0.406	0.401	0.396	0.392
130	0.387	0.383	0.378	0.374	0.369	0.365	0.361	0.357	0.352	0.348
140	0.344	0.340	0.337	0.333	0.329	0.325	0.322	0.318	0.314	0.311
150	0.308	0.304	0.301	0.297	0.294	0.291	0.288	0.285	0.282	0.279
160	0.276	0.273	0.270	0.267	0.264	0.262	0.259	0.256	0.253	0.251
170	0.248	0.246	0.243	0.241	0.238	0.236	0.234	0.231	0.229	0.227
180	0.225	0.222	0.220	0.218	0.216	0.214	0.212	0.210	0.208	0.206
190	0.204	0.202	0.200	0.198	0.196	0.195	0.193	0.191	0.189	0.188
200	0.186	0.184	0.183	0.181	0.179	0.178	0.176	0.175	0.173	0.172
210	0.170	0.169	0.167	0.166	0.164	0.163	0.162	0.160	0.159	0.158
220	0.156	0.155	0.154	0.152	0.151	0.150	0.149	0.147	0.146	0.145
230	0.144	0.143	0.142	0.141	0.139	0.138	0.137	0.136	0.135	0.134
240	0.133	0.132	0.131	0.130	0.129	0.128	0.127	0.126	0.125	0.124
250	0.123	—	—	—	—	—	—	—	—	—

注：见附表 12-4 注。

附表 12-3　c 类截面轴心受压构件的稳定系数 φ

λ/ε_k	0	1	2	3	4	5	6	7	8	9
0	1.000	1.000	1.000	0.999	0.999	0.998	0.997	0.996	0.995	0.993
10	0.992	0.990	0.988	0.986	0.983	0.981	0.978	0.976	0.973	0.970
20	0.966	0.959	0.953	0.947	0.940	0.934	0.928	0.921	0.915	0.909
30	0.902	0.896	0.890	0.883	0.877	0.871	0.865	0.858	0.852	0.845
40	0.839	0.833	0.826	0.820	0.813	0.807	0.800	0.794	0.787	0.781
50	0.774	0.768	0.761	0.755	0.748	0.742	0.735	0.728	0.722	0.715
60	0.709	0.702	0.695	0.689	0.682	0.675	0.669	0.662	0.656	0.649
70	0.642	0.636	0.629	0.623	0.616	0.610	0.603	0.597	0.591	0.584
80	0.578	0.572	0.565	0.559	0.553	0.547	0.541	0.535	0.529	0.523
90	0.517	0.511	0.505	0.499	0.494	0.488	0.483	0.477	0.471	0.467
100	0.462	0.458	0.453	0.449	0.445	0.440	0.436	0.432	0.427	0.423
110	0.419	0.415	0.411	0.407	0.402	0.398	0.394	0.390	0.386	0.383
120	0.379	0.375	0.371	0.367	0.363	0.360	0.356	0.352	0.349	0.345
130	0.342	0.338	0.335	0.332	0.328	0.325	0.322	0.318	0.315	0.312
140	0.309	0.306	0.303	0.300	0.297	0.249	0.291	0.288	0.285	0.282
150	0.279	0.277	0.274	0.271	0.269	0.266	0.263	0.261	0.258	0.256
160	0.253	0.251	0.248	0.246	0.244	0.241	0.239	0.237	0.235	0.232

续表

λ/ε_k	0	1	2	3	4	5	6	7	8	9
170	0.230	0.228	0.226	0.224	0.222	0.220	0.218	0.216	0.214	0.212
180	0.210	0.208	0.206	0.204	0.203	0.201	0.199	0.197	0.195	0.194
190	0.192	0.190	0.189	0.187	0.185	0.184	0.182	0.181	0.179	0.178
200	0.176	0.175	0.173	0.172	0.170	0.169	0.167	0.166	0.165	0.163
210	0.162	0.161	0.159	0.158	0.157	0.155	0.154	0.153	0.152	0.151
220	0.149	0.148	0.147	0.146	0.145	0.144	0.142	0.141	0.140	0.139
230	0.138	0.137	0.136	0.135	0.134	0.133	0.132	0.131	0.130	0.129
340	0128	0.127	0.126	0.125	0.124	0.123	0.123	0.122	0.121	0.120
250	0.119	—	—	—	—	—	—	—	—	—

注：见附表 12-4 注。

附表 12-4　d 类截面轴心受压构件的稳定系数 φ

λ/ε_k	0	1	2	3	4	5	6	7	8	9
0	1.000	1.000	0.999	0.999	0.998	0.996	0.994	0.992	0.990	0.987
10	0.984	0.981	0.978	0.974	0.969	0.965	0.960	0.955	0.949	0.944
20	0.937	0.927	0.918	0.909	0.900	0.891	0.883	0.874	0.865	0.857
30	0.848	0.840	0.831	0.823	0.815	0.807	0.798	0.790	0.782	0.774
40	0.766	0.758	0.751	0.743	0.735	0.727	0.720	0.712	0.705	0.697
50	0.690	0.682	0.675	0.668	0.660	0.653	0.646	0.639	0.632	0.625
60	0.618	0.611	0.605	0.598	0.591	0.585	0.578	0.571	0.565	0.559
70	0.552	0.546	0.540	0.534	0.528	0.521	0.516	0.510	0.504	0.498
80	0.492	0.487	0.481	0.476	0.470	0.465	0.459	0.454	0.449	0.444
90	0.439	0.434	0.429	0.424	0.419	0.414	0.409	0.405	0.401	0.397
100	0.393	0.390	0.386	0.383	0.380	0.376	0.373	0.369	0.366	0.363
110	0.359	0.356	0.353	0.350	0.346	0.343	0.340	0.337	0.334	0.331
120	0.328	0.325	0.322	0.319	0.316	0.313	0.310	0.307	0.304	0.301
130	0.298	0.296	0.293	0.290	0.288	0.285	0.282	0.280	0.277	0.275
140	0.272	0.270	0.267	0.265	0.262	0.260	0.257	0.255	0.253	0.250
150	0.248	0.246	0.244	0.242	0.239	0.237	0.235	0.233	0.231	0.229
160	0.227	0.225	0.223	0.221	0.219	0.217	0.215	0.213	0.211	0.210
170	0.208	0.206	0.204	0.202	0.201	0.199	0.197	0.196	0.194	0.192
180	0.191	0.189	0.187	0.186	0.184	0.183	0.181	0.180	0.178	0.177
190	0.175	0.174	0.173	0.171	0.170	0.168	0.167	0.166	0.164	0.163
200	0.162	—	—	—	—	—	—	—	—	—

注：1. 附表 12-1 至附表 12-4 中的 φ 值系按下列公式算得：

当 $\lambda_n=\dfrac{\lambda}{\pi}\sqrt{f_y/E}\leqslant 0.215$ 时，　　$\varphi=1-\alpha_1\lambda_n^2$

当 $\lambda_n>0.215$ 时，　　$\varphi=\dfrac{1}{2\lambda_n^2}\left[(\alpha_2+\alpha_3\lambda_n+\lambda_n^2)-\sqrt{(\alpha_2+\alpha_3\lambda_n+\lambda_n^2)^2-4\lambda_n^2}\right]$

式中，α_1、α_2、α_3 为系数，根据截面的分类，按附表 12-5 采用。

2. 当构件的 $\lambda\sqrt{f_y/235}$ 值超出附表 12-1 至附表 12-4 的范围时，则 φ 值按注 1 所列的公式计算。

附表 12-5　系数 α_1、α_2、α_3

截面类型		α_1	α_2	α_3
a 类		0.41	0.986	0.152
b 类		0.65	0.965	0.300
c 类	$\lambda_n\leqslant 1.05$	0.73	0.906	0.595
	$\lambda_n>1.05$		1.216	0.302
d 类	$\lambda_n\leqslant 1.05$	1.35	0.868	0.915
	$\lambda_n>1.05$		1.375	0.432

附录 13　热轧等边角钢规格及截面特性（按 GB/T 706—2016 计算）

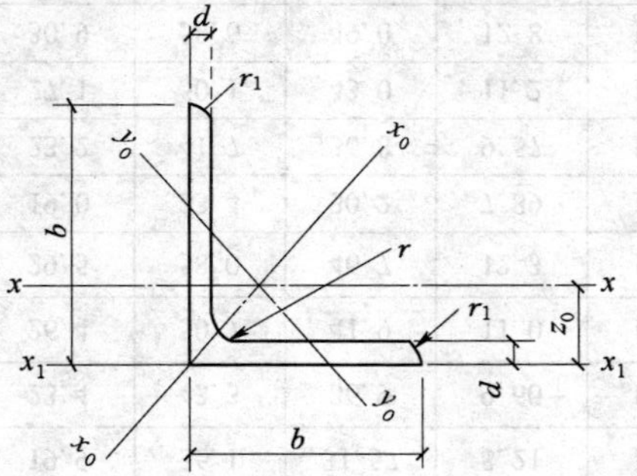

b——边宽度；
d——边厚度；
r——内圆弧半径；
r_1——边端圆弧半径；
z_0——重心距离。

型号	截面尺寸/mm			截面面积/cm²	理论重量/(kg/m)	外表面积/(m²/m)	惯性矩/cm⁴				惯性半径/cm			截面模数/cm³			重心距离/cm
	b	d	r				I_x	I_{x1}	I_{x0}	I_{y0}	i_x	i_{x0}	i_{y0}	W_x	W_{x0}	W_{y0}	z_0
2	20	3	3.5	1.132	0.89	0.078	0.40	0.81	0.63	0.17	0.59	0.75	0.39	0.29	0.45	0.20	0.60
		4		1.459	1.15	0.077	0.50	1.09	0.78	0.22	0.58	0.73	0.38	0.36	0.55	0.24	0.64
2.5	25	3		1.432	1.12	0.098	0.82	1.57	1.29	0.34	0.76	0.95	0.49	0.46	0.73	0.33	0.73
		4		1.859	1.46	0.097	1.03	2.11	1.62	0.43	0.74	0.93	0.48	0.59	0.92	0.40	0.76
3.0	30	3	4.5	1.749	1.37	0.117	1.46	2.71	2.31	0.61	0.91	1.15	0.59	0.68	1.09	0.51	0.85
		4		2.276	1.79	0.117	1.84	3.63	2.92	0.77	0.90	1.13	0.58	0.87	1.37	0.62	0.89
3.6	36	3		2.109	1.66	0.141	2.58	4.68	4.09	1.07	1.11	1.39	0.71	0.99	1.61	0.76	1.00
		4		2.756	2.16	0.141	3.29	6.25	5.22	1.37	1.09	1.38	0.70	1.28	2.05	0.93	1.04
		5		3.382	2.65	0.141	3.95	7.84	6.24	1.65	1.08	1.36	0.70	1.56	2.45	1.00	1.07
4	40	3	5	2.359	1.85	0.157	3.59	6.41	5.69	1.49	1.23	1.55	0.79	1.23	2.01	0.96	1.09
		4		3.086	2.42	0.157	4.60	8.56	7.29	1.91	1.22	1.54	0.79	1.60	2.58	1.19	1.13
		5		3.792	2.98	0.156	5.53	10.74	8.76	2.30	1.21	1.52	0.78	1.96	3.10	1.39	1.17

续表

型号	截面尺寸/mm			截面面积/cm²	理论重量/(kg/m)	外表面积/(m²/m)	惯性矩/cm⁴				惯性半径/cm			截面模数/cm³			重心距离/cm
	b	d	r				I_x	I_{x1}	I_{x0}	I_{y0}	i_x	i_{x0}	i_{y0}	W_x	W_{x0}	W_{y0}	z_0
4.5	45	3	5	2.659	2.09	0.177	5.17	9.12	8.20	2.14	1.40	1.76	0.89	1.58	2.58	1.24	1.22
		4		3.486	2.74	0.177	6.65	12.2	10.6	2.75	1.38	1.74	0.89	2.05	3.32	1.54	1.26
		5		4.292	3.37	0.176	8.04	15.2	12.7	3.33	1.37	1.72	0.88	2.51	4.00	1.81	1.30
		6		5.077	3.99	0.176	9.33	18.4	14.8	3.89	1.36	1.70	0.80	2.95	4.64	2.06	1.33
5	50	3	5.5	2.971	2.33	0.197	7.18	12.5	11.4	2.98	1.55	1.96	1.00	1.96	3.22	1.57	1.34
		4		3.897	3.06	0.197	9.26	16.7	14.7	3.82	1.54	1.94	0.99	2.56	4.16	1.96	1.38
		5		4.803	3.77	0.196	11.2	20.9	17.8	4.64	1.53	1.92	0.98	3.13	5.03	2.31	1.42
		6		5.688	4.46	0.196	13.1	25.1	20.7	5.42	1.52	1.91	0.98	3.68	5.85	2.63	1.46
5.6	56	3	6	3.343	2.62	0.221	10.2	17.6	16.1	4.24	1.75	2.20	1.13	2.48	4.08	2.02	1.48
		4		4.39	3.45	0.220	13.2	23.4	20.9	5.46	1.73	2.18	1.11	3.24	5.28	2.52	1.53
		5		5.415	4.25	0.220	16.0	29.3	25.4	6.61	1.72	2.17	1.10	3.97	6.42	2.98	1.57
		6		6.42	5.04	0.220	18.7	35.3	29.7	7.73	1.71	2.15	1.10	4.68	7.49	3.40	1.61
		7		7.404	5.81	0.219	21.2	41.2	33.6	8.82	1.69	2.13	1.09	5.36	8.49	3.80	1.64
		8		8.367	6.57	0.219	23.6	47.2	37.4	9.89	1.68	2.11	1.09	6.03	9.44	4.16	1.68
6	60	5	6.5	5.829	4.58	0.236	19.9	36.1	31.57	8.21	1.85	2.33	1.19	4.59	7.44	3.48	1.67
		6		6.914	5.43	0.235	23.4	43.3	36.9	9.60	1.83	2.31	1.18	5.41	8.70	3.98	1.70
		7		7.977	6.26	0.235	26.4	50.7	41.9	11.0	1.82	2.29	1.17	6.21	9.88	4.45	1.74
		8		9.02	7.08	0.235	29.5	58.0	46.7	12.3	1.81	2.27	1.17	6.98	11.00	4.88	1.78
6.3	63	4	7	4.978	3.91	0.248	19.0	33.4	30.2	7.89	1.96	2.46	1.26	4.13	6.78	3.29	1.70
		5		6.143	4.82	0.248	23.2	41.7	36.8	9.57	1.94	2.45	1.25	5.08	8.25	3.90	1.74
		6		7.288	5.72	0.247	27.1	50.1	43.0	11.2	1.93	2.43	1.24	6.00	9.66	4.46	1.78
		7		8.412	6.60	0.247	30.9	58.6	49.0	12.8	1.92	2.41	1.23	6.88	11.0	4.98	1.82
		8		9.515	7.47	0.247	34.5	67.1	54.6	14.3	1.90	2.40	1.23	7.75	12.3	5.47	1.85
		10		11.657	9.15	0.246	41.1	84.3	64.89	17.3	1.88	2.36	1.22	9.39	14.6	6.36	1.93

续表

型号	截面尺寸/mm			截面面积/	理论重量/	外表面积/	惯性矩/cm^4				惯性半径/cm			截面模数/cm^3			重心距离/cm
	b	d	r	cm^2	(kg/m)	(m^2/m)	I_x	I_{x1}	I_{x0}	I_{y0}	i_x	i_{x0}	i_{y0}	W_x	W_{x0}	W_{y0}	z_0
7	70	4	8	5.570	4.37	0.275	26.4	45.7	41.80	11.0	2.18	2.74	1.40	5.14	8.44	4.17	1.86
		5		6.876	5.40	0.275	32.2	57.2	51.1	13.3	2.16	2.73	1.39	6.32	10.3	4.95	1.91
		6		8.160	6.41	0.275	37.8	68.7	59.9	15.6	2.15	2.71	1.38	7.48	12.1	5.67	1.95
		7		9.424	7.40	0.275	43.1	80.3	68.4	17.8	2.14	2.69	1.38	8.59	13.8	6.34	1.99
		8		10.67	8.37	0.274	48.2	91.9	76.4	20.0	2.12	2.68	1.37	9.68	15.4	6.98	2.03
7.5	75	5	9	7.412	5.82	0.295	40.0	70.6	63.3	16.6	2.33	2.92	1.50	7.32	11.9	5.77	2.04
		6		8.797	6.91	0.294	47.0	84.6	74.4	19.5	2.31	2.90	1.49	8.64	14.0	6.67	2.07
		7		10.16	7.98	0.294	53.6	98.7	85.0	22.2	2.30	2.89	1.48	9.93	16.0	7.44	2.11
		8		11.50	9.03	0.294	60.0	113	95.1	24.9	2.28	2.88	1.47	11.2	17.9	8.19	2.15
		9		12.83	10.1	0.294	66.1	127	105	27.1	2.27	2.86	1.46	12.4	19.8	8.89	2.18
		10		14.13	11.1	0.293	72.0	142	114	30.1	2.26	2.84	1.46	13.6	21.5	9.56	2.22
8	80	5		7.912	6.21	0.315	48.8	85.4	77.3	20.3	2.48	3.13	1.60	8.34	13.7	6.66	2.15
		6		9.397	7.38	0.314	57.4	103	91.0	23.7	2.47	3.11	1.59	9.87	16.1	7.65	2.19
		7		10.86	8.53	0.314	65.6	120	104	27.1	2.46	3.10	1.58	11.4	18.4	8.58	2.23
		8		12.30	9.66	0.314	73.5	137	117	30.4	2.44	3.08	1.57	12.8	20.6	9.46	2.27
		9		13.73	10.78	0.314	81.1	154	129	33.6	2.43	3.06	1.56	14.3	22.7	10.3	2.31
		10		15.13	11.9	0.313	88.4	172	140	36.8	2.42	3.04	1.56	15.6	24.8	11.1	2.35
9	90	6	10	10.64	8.35	0.354	82.8	146	131	34.3	2.79	3.51	1.80	12.6	20.6	9.95	2.44
		7		12.30	9.66	0.354	94.8	170	150	39.2	2.78	3.50	1.78	14.5	23.6	11.2	2.48
		8		13.94	10.9	0.353	106	195	169	44	2.76	3.48	1.78	16.4	26.6	12.4	2.52
		9		15.57	12.2	0.353	118	219	187	48.7	2.75	2.46	1.77	18.3	29.4	13.5	2.56
		10		17.17	13.5	0.353	129	244	204	53.3	2.74	3.45	1.76	20.1	32.0	14.5	2.59
		12		20.31	15.9	0.352	149	294	236	62.2	2.71	3.41	1.75	23.6	37.1	16.5	2.67

续表

型号	截面尺寸/mm			截面面积/	理论重量/	外表面积/	惯性矩/ cm^4				惯性半径/cm			截面模数/ cm^3			重心距离/cm
	b	d	r	cm^2	(kg/m)	(m^2/m)	I_x	I_{x1}	I_{x0}	I_{y0}	i_x	i_{x0}	i_{y0}	W_x	W_{x0}	W_{y0}	z_0
10	100	6	12	11.93	9.37	0.393	115	200	182	47.9	3.10	3.90	2.00	15.7	25.7	12.7	2.67
		7		13.80	10.8	0.393	133	234	209	54.7	3.09	3.89	1.99	18.1	29.6	14.3	2.71
		8		15.64	12.3	0.393	148	267	235	61.4	3.08	3.88	1.98	20.5	33.2	15.8	2.76
		9		17.46	13.7	0.392	164	300	260	68.0	3.07	3.86	1.97	22.8	36.8	17.2	2.80
		10		19.26	15.1	0.392	180	334	285	74.4	3.05	3.84	1.96	25.1	40.3	18.5	2.84
		12		22.80	17.9	0.391	209	402	331	86.8	3.03	3.81	1.95	29.5	46.8	21.1	2.91
		14		26.26	20.6	0.391	237	471	374	99.0	3.00	3.77	1.94	33.7	52.9	23.4	2.99
		16		29.63	23.3	0.390	263	540	414	111	2.98	3.74	1.94	37.8	58.6	25.6	3.06
11	110	7	12	15.20	11.9	0.433	177	311	281	73.4	3.41	4.30	2.20	22.1	36.1	17.5	2.96
		8		17.24	13.5	0.433	199	355	316	82.4	3.40	4.28	2.19	25.0	40.7	19.4	3.01
		10		21.26	16.7	0.432	242	445	384	100	3.38	4.25	2.17	30.6	49.4	22.9	3.09
		12		25.20	19.8	0.431	283	535	448	117	3.35	4.22	2.15	36.1	57.6	26.2	3.16
		14		29.06	22.8	0.431	321	625	508	133	3.32	4.18	2.14	41.3	65.3	29.1	3.24
12.5	125	8	14	19.75	15.5	0.492	297	521	471	123	3.88	4.88	2.50	32.5	53.3	25.9	3.37
		10		24.37	19.1	0.491	362	652	574	149	3.85	4.85	2.48	40.0	64.9	30.6	3.45
		12		28.91	22.7	0.491	423	783	671	175	3.83	4.82	2.46	41.2	76.0	35.0	3.53
		14		33.37	26.2	0.490	482	916	764	200	3.80	4.78	2.45	54.2	86.4	39.1	3.61
		16		37.74	29.6	0.489	537	1050	851	224	3.77	4.75	2.43	60.9	96.3	43.0	3.68
14	140	10		27.37	21.5	0.551	515	915	817	212	4.34	5.46	2.78	50.6	82.6	39.2	3.82
		12		32.51	25.5	0.551	604	1100	959	249	4.31	5.43	2.76	59.8	96.9	45.0	3.90
		14		37.57	29.5	0.550	689	1280	1090	284	4.28	5.40	2.75	68.8	110	50.5	3.98
		16		42.54	33.4	0.549	770	1470	1220	319	4.26	5.36	2.74	77.5	123	55.6	4.06

续表

型号	截面尺寸/mm			截面面积/cm^2	理论重量/(kg/m)	外表面积/(m^2/m)	惯性矩/cm^4				惯性半径/cm			截面模数/cm^3			重心距离/cm
	b	d	r				I_x	I_{x1}	I_{x0}	I_{y0}	i_x	i_{x0}	i_{y0}	W_x	W_{x0}	W_{y0}	z_0
15	150	8	14	23.75	18.6	0.592	521	900	827	215	4.69	5.90	3.01	47.4	78.0	38.1	3.99
		10		29.37	23.1	0.591	638	1130	1010	262	4.66	5.87	2.99	58.4	95.5	45.5	4.08
		12		34.91	27.4	0.591	749	1350	1190	308	4.63	5.84	2.97	69.0	112	52.4	4.15
		14		40.37	31.7	0.590	856	1580	1360	352	4.60	5.80	2.95	79.5	128	58.8	4.23
		15		43.06	33.8	0.590	907	1690	1440	374	4.59	5.78	2.95	84.6	136	61.9	4.27
		16		45.74	35.9	0.589	958	1810	1520	395	4.58	5.77	2.6	89.6	143	64.9	4.31
16	160	10	16	31.50	24.7	0.630	780	1370	1240	322	4.98	6.27	3.20	66.7	109	52.8	4.31
		12		37.44	29.4	0.630	917	1640	1460	377	4.95	6.24	3.18	79.0	129	60.7	4.39
		14		43.30	34	0.629	1050	1910	1670	432	4.92	6.20	3.16	91.0	147	68.2	4.47
		16		49.07	38.5	0.629	1180	2190	1870	485	4.89	6.17	3.14	103	165	75.3	4.55
18	180	12		42.24	33.2	0.710	1320	2330	2100	543	5.59	7.05	3.58	101	165	78.4	4.89
		14		48.90	38.4	0.709	1510	2720	2410	622	5.56	7.02	3.56	116	189	88.4	4.97
		16		55.47	43.5	0.709	1700	3120	2700	699	5.54	6.98	3.55	131	212	97.8	5.06
		18		61.96	48.6	0.708	1880	3500	2990	762	5.50	6.94	3.51	146	235	105	5.13
20	200	14	18	54.64	42.9	0.788	2100	3730	3340	864	5.20	7.82	3.98	145	236	112	5.46
		16		62.01	48.7	0.788	2370	4270	3760	971	6.18	7.79	3.96	164	266	124	5.54
		18		69.30	54.4	0.787	2620	4810	4160	1080	6.15	7.75	3.94	182	294	136	5.62
		20		76.51	60.1	0.787	2870	5350	4550	1180	6.12	7.72	3.93	200	322	147	5.69
		24		90.66	71.2	0.785	3340	6460	5290	1380	6.07	7.64	3.90	236	374	167	5.87

续表

型号	截面尺寸/mm			截面面积/cm^2	理论重量/(kg/m)	外表面积/(m^2/m)	惯性矩/cm^4				惯性半径/cm			截面模数/cm^3			重心距离/cm
	b	d	r				I_x	I_{x1}	I_{x0}	I_{y0}	i_x	i_{x0}	i_{y0}	W_x	W_{x0}	W_{y0}	z_0
22	220	16	21	68.67	53.9	0.866	3190	5680	5060	1310	6.81	8.59	4.37	200	326	154	6.03
		18		76.75	60.3	0.866	3540	6400	5620	1450	6.79	8.55	4.35	223	361	168	5.11
		20		84.76	66.5	0.865	3870	7110	6150	1590	6.76	8.62	4.34	245	395	182	6.18
		22		92.68	72.8	0.865	4200	7830	6670	1730	6.73	8.48	4.32	267	429	195	6.26
		24		100.5	78.9	0.864	4520	8550	7170	1870	6.70	8.45	4.31	289	461	208	6.33
		26		108.3	85	0.864	4830	9280	7690	2000	6.68	8.41	4.30	310	492	221	6.41
25	250	18	24	87.84	69.0	0.985	5270	9380	8370	2170	7.75	9.76	4.97	290	473	224	6.84
		20		97.05	76.2	0.984	5780	10400	9180	2380	7.72	9.73	4.95	320	519	243	6.92
		22		106.2	83.3	0.983	6280	11500	9970	2580	7.69	9.69	4.93	349	564	261	7.00
		24		115.20	90.4	0.983	6770	12500	10700	2790	7.67	9.66	4.92	378	608	278	7.07
		26		124.2	97.5	0.982	7240	13600	11500	2980	7.64	9.62	4.90	406	650	295	7.15
		28		133.0	104	0.982	7700	14600	12200	3180	7.61	9.58	4.89	433	691	311	7.22
		30		141.8	111	0.981	8160	1570	12900	3380	7.58	9.55	4.88	461	731	327	7.30
		32		150.5	118	0.981	8600	16800	13600	3570	7.56	9.51	4.87	488	770	342	7.37
		35		163.4	128	0.980	9240	18400	14600	3850	7.52	9.46	4.86	527	827	364	7.48

注：截面图中的 $r_1 = 1/3d$ 及表中 r 的数据用于孔型设计，不作为交货条件。

附录 14　热轧不等边角钢规格及截面特性（按 GB/T 706—2016 计算）

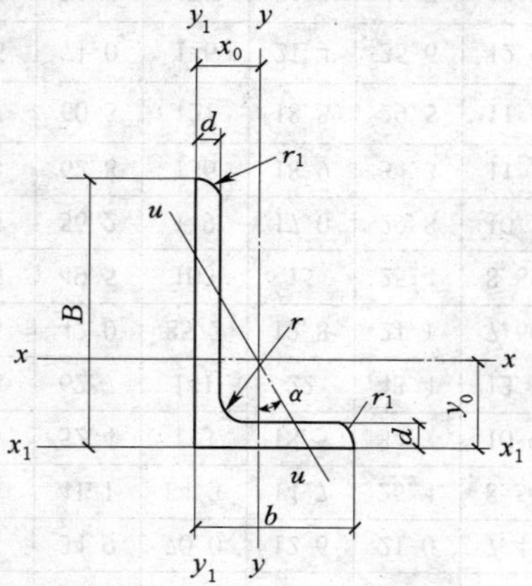

B——长边宽度；
b——短边宽度；
d——边厚度；
r——内圆弧半径；
r_1——边端圆弧半径；
x_0——重心距离；
y_0——重心距离。

型号	截面尺寸/mm				截面面积/cm²	理论重量/(kg/m)	外表面积/(m²/m)	惯性矩/cm⁴					惯性半径/cm			截面模数/cm³			tanα	重心距离/cm	
	B	b	d	r				I_x	I_{x1}	I_y	I_{y1}	I_u	i_x	i_y	i_u	W_x	W_y	W_u		x_0	y_0
2.5/1.6	25	16	3	3.5	1.162	0.91	0.080	0.70	1.56	0.22	0.43	0.14	0.78	0.44	0.34	0.43	0.19	0.16	0.392	0.42	0.86
			4		1.499	1.18	0.079	0.88	2.09	0.27	0.59	0.17	0.77	0.43	0.34	0.55	0.24	0.20	0.381	0.46	0.90
3.2/2	32	20	3		1.492	1.17	0.102	1.53	3.27	0.46	0.82	0.28	1.01	0.55	0.43	0.72	0.30	0.25	0.382	0.49	1.08
			4		1.939	1.52	0.101	1.93	4.37	0.57	1.12	0.35	1.00	0.54	0.42	0.93	0.39	0.32	0.374	0.53	1.12
4/2.5	40	25	3	4	1.890	1.48	0.127	3.08	5.39	0.93	1.59	0.56	1.28	0.70	0.54	1.15	0.49	0.40	0.385	0.59	1.32
			4		2.467	1.94	0.127	3.93	8.53	1.18	2.14	0.71	1.36	0.69	0.54	1.49	0.63	0.52	0.381	0.63	1.37
4.5/2.8	45	28	3	5	2.149	1.69	0.143	4.45	9.10	1.34	2.23	0.80	1.44	0.79	0.61	1.47	0.62	0.51	0.383	0.64	1.47
			4		2.806	2.20	0.143	5.69	12.1	1.70	3.00	1.02	1.42	0.78	0.60	1.91	0.80	0.66	0.380	0.68	1.51
5/3.2	50	32	3	5.5	2.431	1.91	0.161	6.24	12.5	2.02	3.31	1.20	1.60	0.91	0.70	1.84	0.82	0.68	0.404	0.73	1.60
			4		3.177	2.49	0.160	8.02	16.7	2.58	4.45	1.53	1.59	0.90	0.69	2.39	1.06	0.87	0.402	0.77	1.65

续表

型号	截面尺寸/mm				截面面积/	理论重量/	外表面积/	惯性矩/cm⁴					惯性半径/cm			截面模数/cm³			tanα	重心距离/cm	
	B	b	d	r	cm^2	(kg/m)	(m^2/m)	I_x	I_{x1}	I_y	I_{y1}	I_u	i_x	i_y	i_u	W_x	W_y	W_u		x_0	x_0
5.6/3.6	56	36	3	6	2.743	2.15	0.181	8.88	17.5	2.92	4.7	1.73	1.80	1.03	0.79	2.32	1.05	0.87	0.408	0.80	1.78
			4		3.590	2.82	0.180	11.5	23.4	3.76	6.33	2.23	1.79	1.02	0.79	3.03	1.37	1.13	0.408	0.85	1.82
			5		4.415	3.47	0.180	13.9	29.3	4.49	7.94	2.67	1.77	1.01	0.78	3.71	1.65	1.36	0.404	0.88	1.87
6.3/4	63	40	4	7	4.058	3.19	0.202	16.5	33.3	5.23	8.63	3.12	2.02	1.14	0.88	3.87	1.70	1.40	0.398	0.92	2.04
			5		4.993	3.92	0.202	20.0	41.6	6.31	10.9	3.76	2.00	1.12	0.87	4.74	2.07	1.71	0.396	0.95	2.08
			6		5.908	4.64	0.201	23.4	50.0	7.29	13.1	4.34	1.96	1.11	0.86	5.59	2.43	1.99	0.393	0.99	2.12
			7		6.802	5.34	0.201	26.5	58.1	8.24	15.5	4.97	1.98	1.10	0.86	6.40	2.78	2.29	0.389	1.03	2.15
7/4.5	70	45	4	7.5	4.553	3.57	0.226	23.2	45.9	7.55	12.3	4.40	2.26	1.29	0.98	4.86	2.17	1.77	0.410	1.02	2.24
			5		5.609	4.40	0.225	28.0	57.1	9.13	15.4	5.40	2.23	1.28	0.98	5.92	2.65	2.19	0.407	1.06	2.28
			6		6.644	5.22	0.225	32.5	68.4	10.6	18.6	6.35	2.21	1.26	0.98	6.95	3.12	2.59	0.404	1.09	2.32
			7		7.658	6.01	0.225	37.2	80.0	12.0	21.8	7.16	2.20	1.25	0.97	8.03	3.57	2.94	0.402	1.13	2.36
7.5/5	75	50	5	8	6.126	4.81	0.245	34.9	70.0	12.6	21.0	7.41	2.39	1.44	1.10	6.83	3.3	2.74	0.435	1.17	2.40
			6		7.260	5.70	0.245	41.1	84.3	14.7	25.4	8.54	2.38	1.42	1.08	8.12	3.88	3.19	0.435	1.21	2.44
			8		9.467	7.43	0.244	52.4	113	18.5	34.2	10.9	2.35	1.40	1.07	10.5	4.99	4.10	0.429	1.29	2.52
			10		11.59	9.10	0.244	62.7	141	22	43.4	13.1	2.33	1.38	1.06	12.8	6.04	4.99	0.423	1.36	2.50
8/5	80	50	5		6.376	5.00	0.255	42.0	85.2	12.8	21.1	7.66	2.56	1.42	1.10	7.78	3.32	2.74	0.388	1.14	2.60
			6		7.560	5.93	0.255	49.5	103	15	25.4	8.85	2.56	1.41	1.08	9.25	3.91	3.20	0.387	1.18	2.65
			7		8.724	6.85	0.255	56.2	119	17.0	29.8	10.2	2.54	1.39	1.08	10.6	4.48	3.70	0.384	1.21	2.69
			8		9.867	7.75	0.254	62.8	136	18.9	34.3	11.1	2.52	1.38	1.07	11.9	5.03	4.16	0.381	1.25	2.73
9/5.6	90	56	5	9	7.212	5.66	0.287	60.5	121	18.3	29.5	11.0	2.90	1.59	1.23	9.92	4.21	3.49	0.385	1.25	2.91
			6		8.557	6.72	0.286	71.0	146	21.4	35.6	12.9	2.88	1.58	1.23	11.7	4.96	4.13	0.384	1.29	2.95
			7		9.881	7.76	0.286	81.0	170	24.4	41.7	14.7	2.86	1.57	1.22	13.5	5.70	4.72	0.382	1.33	3.00
			8		11.18	8.78	0.286	91.0	194	27.2	47.9	16.3	2.85	1.56	1.21	15.3	6.41	5.29	0.380	1.36	3.04

续表

型号	截面尺寸/mm				截面面积/cm^2	理论重量/(kg/m)	外表面积/(m^2/m)	惯性矩/cm^4					惯性半径/cm			截面模数/cm^3			tanα	重心距离/cm	
	B	b	d	r				I_x	I_{x1}	I_y	I_{y1}	I_u	i_x	i_y	i_u	W_x	W_y	W_u		x_0	y_0
10/6.3	100	63	6		9.618	7.55	0.320	99.1	200	30.1	50.5	18.4	3.21	1.79	1.38	14.6	6.35	5.25	0.394	1.43	3.24
			7		11.11	8.72	0.320	113	233	35.3	59.1	21.0	3.20	1.78	1.38	16.9	7.29	6.02	0.394	1.47	3.28
			8		12.58	9.88	0.319	127	266	39.4	67.9	23.5	3.18	1.77	1.37	19.1	8.21	6.78	0.391	1.50	3.32
			10		15.47	12.1	0.319	154	333	47.1	85.7	28.3	3.15	1.74	1.35	23.3	9.98	8.24	0.387	1.58	3.40
10/8	100	80	6	10	10.64	8.35	0.354	107	200	61.2	103	31.7	3.17	2.40	1.72	15.2	10.2	8.37	0.627	1.97	2.95
			7		12.30	9.66	0.354	123	233	70.1	120	36.2	3.16	2.39	1.72	17.5	11.7	9.60	0.626	2.01	3.00
			8		13.94	10.9	0.353	138	267	78.6	137	40.6	3.14	2.37	1.71	19.8	13.2	10.8	0.625	2.05	3.04
			10		17.17	13.5	0.353	167	334	94.7	172	49.1	3.12	2.35	1.69	24.2	16.1	13.1	0.622	2.13	3.12
11/7	110	70	6		10.64	8.35	0.354	133	266	42.9	69.1	25.4	3.54	2.01	1.54	17.9	7.90	6.53	0.403	1.57	3.53
			7		12.30	9.66	0.354	153	310	49.0	80.8	29.0	3.53	2.00	1.53	20.6	9.09	7.50	0.402	1.61	3.57
			8		13.94	10.9	0.353	172	354	54.9	92.7	32.5	3.51	1.98	1.53	23.3	10.3	8.45	0.401	1.65	3.62
			10		17.17	13.5	0.353	208	443	65.9	117	39.2	3.48	1.96	1.51	28.5	12.5	10.3	0.397	1.72	3.70
12.5/8	125	80	7	11	14.10	11.1	0.403	228	455	74.4	120	43.8	4.02	2.30	1.76	26.9	12.0	9.92	0.408	1.80	4.01
			8		15.99	12.6	0.403	257	520	83.5	138	49.2	4.01	2.28	1.75	30.4	13.6	11.2	0.407	1.84	4.06
			10		19.71	15.5	0.402	312	650	101	173	59.5	3.98	2.26	1.74	37.3	16.6	13.6	0.404	1.92	4.14
			12		23.35	18.3	0.402	364	780	117	210	69.4	3.95	2.24	1.72	44.0	19.4	16.0	0.400	2.00	4.22
14/9	140	90	8	12	18.04	14.2	0.453	366	731	121	196	70.8	4.50	2.59	1.98	38.5	17.3	14.3	0.411	2.04	4.50
			10		22.26	17.5	0.452	446	913	140	246	85.8	4.47	2.56	1.96	47.3	21.2	17.5	0.409	2.12	4.58
			12		26.40	20.7	0.451	522	1100	170	297	100	4.44	2.54	1.95	55.9	25.0	20.5	0.406	2.19	4.66
			14		30.46	23.9	0.451	594	1280	192	349	114	4.42	2.51	1.94	64.2	28.5	23.5	0.403	2.27	4.74

续表

型号	截面尺寸/mm				截面面积/	理论重量/	外表面积/	惯性矩/cm⁴					惯性半径/cm			截面模数/cm³			$\tan\alpha$	重心距离/cm	
	B	b	d	r	cm^2	(kg/m)	(m^2/m)	I_x	I_{x1}	I_y	I_{y1}	I_u	i_x	i_y	i_u	W_x	W_y	W_u		x_0	y_0
15/9	150	90	8	12	18.84	14.8	0.473	442	898	123	196	74.1	4.84	2.55	1.98	43.9	17.5	14.5	0.364	1.97	4.92
			10		23.26	18.3	0.472	539	1120	149	246	89.9	4.81	2.53	1.97	54.0	21.4	17.7	0.362	2.05	5.01
			12		27.60	21.7	0.471	632	1350	173	297	105	4.79	2.50	1.95	63.8	25.1	20.8	0.359	2.12	5.09
			14		31.86	25.0	0.471	721	1570	196	350	120	4.76	2.48	1.94	73.3	28.8	23.8	0.356	2.20	5.17
			15		33.95	26.7	0.471	764	1680	207	376	127	4.74	2.47	1.93	78.0	30.5	25.3	0.354	2.24	5.21
			16		36.03	28.3	0.470	806	1800	217	403	134	4.73	2.45	1.93	82.6	32.3	26.8	0.352	2.27	5.25
16/10	160	100	10	13	25.32	19.9	0.512	669	1360	205	337	122	5.14	2.85	2.19	62.1	26.6	21.9	0.390	2.28	5.24
			12		30.05	23.6	0.511	785	1640	239	406	142	5.11	2.82	2.17	73.5	31.3	25.8	0.388	2.36	5.32
			14		34.71	27.2	0.510	896	1910	271	476	162	5.08	2.80	2.16	84.6	35.8	29.6	0.385	0.43	5.40
			16		29.28	30.8	0.510	1000	2180	302	548	183	5.05	2.77	2.16	95.3	40.2	33.4	0.382	2.51	5.48
18/11	180	110	10	14	28.37	22.3	0.571	956	1940	278	447	167	5.80	3.13	2.42	79.0	32.5	26.9	0.376	2.44	5.89
			12		33.71	26.5	0.571	1120	2330	325	539	195	5.78	3.10	2.40	93.5	38.3	31.7	0.374	2.52	5.98
			14		38.97	30.6	0.570	1290	2720	370	632	222	5.75	3.08	2.39	108	44	36.3	0.372	2.59	6.06
			16		44.14	34.6	0.569	1440	3110	412	726	249	2.72	3.06	2.38	122	49.4	40.9	0.369	2.67	6.14
20/12.5	200	125	12		37.91	29.8	0.641	1570	3190	483	788	286	6.44	3.57	2.74	117	50.0	41.2	0.392	2.83	6.54
			14		43.87	34.4	0.640	1800	3730	551	922	327	6.41	3.54	2.73	135	57.4	47.3	0.390	2.91	6.62
			16		49.74	39.0	0.639	2020	4260	615	1060	366	6.38	3.52	2.71	152	64.9	53.3	0.388	2.99	6.70
			18		55.53	43.6	0.639	2240	4790	677	1200	405	6.35	3.49	2.70	169	71.7	59.2	0.385	3.06	6.78

注：截面图中的 $r_1=1/3d$ 及表中 r 的数据用于孔型设计，不作为交货条件。

附录15　钢材选用表

<table>
<tr><th rowspan="2" colspan="2">受力情况</th><th rowspan="2">结构类型</th><th rowspan="2">室外空气温度</th><th colspan="2">选用钢材</th><th rowspan="2">备注</th></tr>
<tr><th>焊接结构</th><th>非焊接结构</th></tr>
<tr><td rowspan="8">直接承受动力荷载或振动荷载的结构</td><td rowspan="3">需要验算疲劳的结构</td><td rowspan="3">特重级和重级工作制吊车梁，重级和中级工作制吊车桁架，工作繁重且扰力较大的动力设备的支承结构或其他类似需要验算疲劳的结构以及吊车起重量 $Q\geqslant 50$t 的中级工作制吊车梁</td><td>≤-20℃</td><td>Q235D　Q390E
Q355D　Q420E</td><td>Q235C　Q390D
Q355C　Q420D</td><td rowspan="8">1. 在气温 $T\leqslant -20$℃的寒冷地区，为提高抗脆断能力，表中对某些构件适当提高了钢材的质量等级；如不需验算疲劳的跨度较大的非焊接吊车梁和受静载的主要的与一般的承重结构中采用低合金高强度结构钢</td></tr>
<tr><td>>-20~0℃</td><td>Q235C　Q390D
Q355C　Q420D</td><td rowspan="2">Q235B · F　Q390B
Q355B　Q420B</td></tr>
<tr><td>>0℃</td><td>Q235B　Q390B
Q355B　Q420B</td></tr>
<tr><td rowspan="5">不需要验算疲劳的结构</td><td>吊车起重量 $Q\geqslant 50$t 的轻级工作制吊车桁架</td><td>≤-20℃</td><td>Q235C　Q390D
Q355C　Q420D</td><td>Q235B · F　Q390B
Q355B　Q420B</td></tr>
<tr><td rowspan="2">$L\geqslant 24$m，$Q<50$t 的中级工作制吊车梁（或轻级工作制吊车桁架）以及其他跨度较大的类似结构</td><td>>-20~0℃</td><td>Q235B　Q390C
Q355B　Q420C</td><td rowspan="2">Q235A · F　Q355A
Q390A　Q420A</td></tr>
<tr><td>>0℃</td><td>Q235B · F　Q390B
Q355B　Q420B</td></tr>
<tr><td rowspan="2">$L<24$mm，$Q<50$t 的中级工作制吊车梁（或轻级工作制吊车桁架）；轻级工作制吊车梁，单轨吊车梁或其他跨度较小的类似结构</td><td>≤-20℃</td><td>Q235B　Q390C
Q355B　Q420C</td><td rowspan="2">Q235A · F　Q355A
Q390A　Q420A</td></tr>
<tr><td>>-20℃</td><td>Q235B · F　Q390B
Q355B　Q420B</td></tr>
<tr><td rowspan="8">承受静力荷载或间接承受动力荷载的结构</td><td rowspan="2">钢材厚度大于16mm的重要的受拉和受弯构件</td><td rowspan="2">塔桅结构，高烟囱，大跨度结构、张拉结构的拉杆，跨度 $L\geqslant 30$m 的屋架（屋面梁）或桁架，$L\geqslant 24$m 的托架（托梁），高层建筑的框架结构，柱间支撑及耗能梁或其他类似结构</td><td>≤-20℃</td><td>Q235B 或 C
Q355B 或 C
Q390B 或 C
Q420B 或 C</td><td>Q235B · F　Q390B
Q355B　Q420B</td><td rowspan="8">2. 表示中标有两个质量等级者表示当有条件时宜采用较高的质量等级。
3. 对A8级吊车的吊车梁可采用桥梁用结构钢。
4. 在高烈度地震区的高层钢结构或类似结构可视具体情况适当提高钢材质量等级。
5. 当承重结构对耐腐蚀有特殊要求时，可采用耐候钢</td></tr>
<tr><td>>-20℃</td><td>Q235B　Q390B
Q355B　Q420B</td><td>Q235A · F　Q355A
Q390A　Q420A</td></tr>
<tr><td rowspan="2">工作条件较差或主要的承重结构</td><td rowspan="2">大、中型单层厂房，多层建筑的框架结构，高大的支架，跨度不大的桁架，楼、屋盖梁，重型平台梁，贮仓、漏斗、贮罐以及柱间支撑等</td><td>≤-30℃</td><td>Q235B　Q390B
Q355B　Q420B</td><td rowspan="2">Q235A · F　Q355A
Q390A　Q420A</td></tr>
<tr><td>>-30℃</td><td>Q235B · F
Q390A 或 B
Q355A 或 B
Q420A 或 B</td></tr>
<tr><td rowspan="2">一般承重结构</td><td rowspan="2">小型建筑（或构筑物）的承重骨架，天窗，屋盖檩条，柱间支撑，支柱，一般支架等</td><td>≤-30℃</td><td>Q235B
Q355A 或 B</td><td rowspan="2">Q235A · F
Q355A</td></tr>
<tr><td>>-30℃</td><td>Q235B · F
Q355A</td></tr>
<tr><td rowspan="2">辅助结构</td><td rowspan="2">墙架结构、一般工作平台、过道平台、楼梯、栏杆、支撑以及由构造决定的其他次要构件</td><td>≤-30℃</td><td>Q235B</td><td rowspan="2">Q235A · F</td></tr>
<tr><td>>-30℃</td><td>Q235B · F</td></tr>
</table>

注：室外空气温度系指现行《民用建筑供暖通风与空气调节设计规范》（GB 50736—2012）中所列出的最低日平均温度。对采暖房屋室内结构可按该数值提高 10℃采用。

附录16 热轧普通工字钢规格及截面特性（按GB/T 706—2016计算）

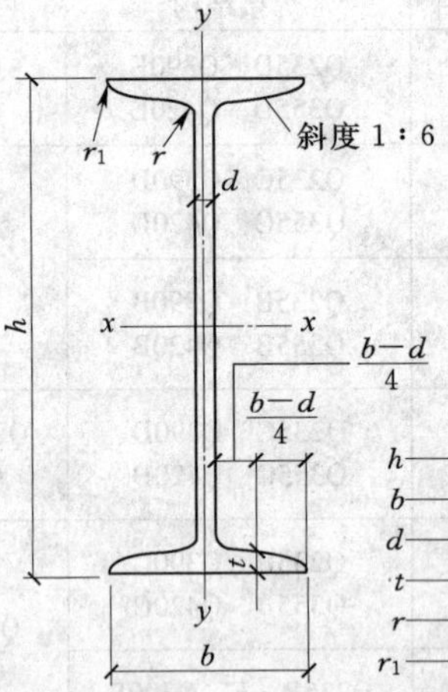

h——高度；
b——腿宽度；
d——腰厚度；
t——平均腿厚度；
r——内圆弧半径；
r_1——腿端圆弧半径。

型号	截面尺寸/mm						截面面积/	理论质量/	外表面积/	惯性矩/cm^4		惯性半径/cm		截面模数/cm^3	
	h	b	d	t	r	r_1	cm^2	(kg/m)	(m^2/m)	I_x	I_y	i_x	i_y	W_x	W_y
10	100	68	4.5	7.6	6.5	3.3	14.33	11.3	0.432	245	33.0	4.14	1.52	49.0	9.72
12	120	74	5.0	8.4	7.0	3.5	17.80	14.0	0.493	436	46.9	4.95	1.62	72.7	12.7
12.6	126	74	5.0	8.4	7.0	3.5	18.10	14.2	0.505	488	46.9	5.20	1.61	77.5	12.7
14	140	80	5.5	9.1	7.5	3.8	21.50	16.9	0.553	712	64.4	5.76	1.73	102	16.1
16	160	88	6.0	9.9	8.0	4.0	26.11	20.5	0.621	1130	93.1	6.58	1.89	141	21.2
18	180	94	6.5	10.7	8.5	4.3	30.74	24.1	0.681	1660	122	7.36	2.00	185	26.0
20a	200	100	7.0	11.4	9.0	4.5	35.55	27.9	0.742	2370	158	8.15	2.12	237	31.5
20b		102	9.0				39.55	31.1	0.746	2500	169	7.96	2.06	250	33.1
22a	220	110	7.5	12.3	9.5	4.8	42.10	33.1	0.817	3400	225	8.99	2.31	309	40.9
22b		112	9.5				46.50	36.5	0.821	3570	239	8.78	2.27	325	42.7
24a	240	116	8.0	13.0	10.0	5.0	47.71	37.5	0.878	4570	280	9.77	2.42	381	48.4
24b		118	10.0				52.51	41.2	0.882	4800	297	9.57	2.38	400	50.4
25a	250	116	8.0				48.51	38.1	0.898	5020	280	10.2	2.40	402	48.3
25b		118	10.0				53.51	42.0	0.902	5280	309	9.94	2.40	423	52.4
27a	270	122	8.5	13.7	10.5	5.3	54.52	42.8	0.958	6550	345	10.9	2.51	485	56.6
27b		124	10.5				59.92	47.0	0.962	6870	366	10.7	2.47	509	58.9
28a	280	122	8.5				55.37	43.5	0.978	7110	345	11.3	2.50	508	56.6
28b		124	10.5				60.97	47.9	0.982	7480	379	11.1	2.49	534	61.2

续表

型号	截面尺寸/mm						截面面积/cm^2	理论质量/(kg/m)	外表面积/(m^2/m)	惯性矩/cm^4		惯性半径/cm		截面模数/cm^3	
	h	b	d	t	r	r_1				I_x	I_y	i_x	i_y	W_x	W_y
30a		126	9.0				61.22	48.01	1.031	8950	400	12.1	2.55	597	63.5
30b	300	128	11.0	14.4	11.0	5.5	67.22	52.8	1.035	9400	422	11.8	2.50	627	65.9
30c		130	13.0				73.22	57.5	1.039	9850	445	11.6	2.46	657	68.5
32a		130	9.5				67.12	52.7	1.084	11100	460	12.8	2.62	692	70.8
32b	320	132	11.5	15.0	11.5	5.8	73.52	57.7	1.088	11600	502	12.6	2.61	726	76.0
32c		134	13.5				79.92	62.7	1.092	12200	544	12.3	2.61	760	81.2
36a		136	10.0				76.44	60.0	1.185	15800	552	14.4	2.69	875	81.2
36b	360	138	12.0	15.8	12.0	6.0	83.64	65.7	1.189	16500	582	14.1	2.64	919	84.3
36c		140	14.0				90.84	71.3	1.193	17300	612	13.8	2.60	962	87.4
40a		142	10.5				86.07	67.6	1.285	21700	660	15.9	2.77	1090	93.2
40b	400	144	12.5	16.5	12.5	6.3	94.07	73.8	1.289	22800	692	15.6	2.71	1140	96.2
40c		146	14.5				102.1	80.1	1.293	23900	727	15.2	2.65	1190	99.6
45a		150	11.5				102.4	80.4	1.411	32200	855	17.7	2.89	1430	114
45b	450	152	13.5	18.0	13.5	6.8	111.4	87.4	1.415	33800	894	17.4	2.84	1500	118
45c		154	13.5				120.4	94.5	1.419	35300	938	17.1	2.79	1670	122
50a		158	12.0				119.2	93.6	1.539	46500	1120	19.7	3.07	1860	142
50b	500	160	14.0	20.0	14.0	7.0	129.2	101	1.543	48600	1170	19.4	3.01	1940	146
50c		162	16.0				139.2	109	1.547	50600	1220	19.0	2.96	2080	151
55a		166	12.5				134.1	105	1.667	62900	1370	21.6	3.19	2290	164
55b	550	168	14.5				145.1	114	1.671	65600	1420	21.2	3.14	2390	170
55c		170	16.5	21.0	14.5	7.3	156.1	123	1.675	68400	1480	20.9	3.08	2490	175
56a		166	12.5				135.4	106	1.687	65600	1370	22.0	3.18	2340	165
56b	560	168	14.5				146.6	115	1.691	68500	1490	21.6	3.16	2450	174
56c		170	16.5				157.8	124	1.695	71400	1560	21.3	3.16	2550	183
63a		176	13.0				154.6	121	1.862	93900	1700	24.5	3.31	2980	193
63b	630	178	15.0	22.0	15.0	7.5	167.2	131	1.866	98100	1810	24.2	3.29	3160	204
63c		180	17.0				179.8	141	1.870	102000	1920	23.8	3.27	3300	214

注：表中r、r_1的数据用于孔型设计，不作为交货条件。

附录 17　热轧普通槽钢的规格及截面特性
（按 GB/ T 706—2016 计算）

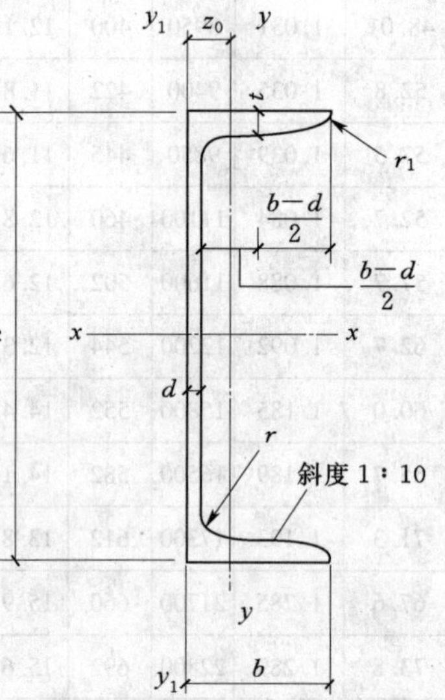

h——高度；
b——腿宽度；
d——腰厚度；
t——平均腿厚度；
r——内圆弧半径；
r_1——腿端圆弧半径；
z_0——y 轴与 y_1 轴间距。

型号	截面尺寸/mm						截面面积/cm²	理论质量/(kg/m)	外表面积/(m²/m)	惯性矩/cm⁴			惯性半径/cm		截面模数/cm³		重心距离/cm
	h	b	d	t	r	r_1				I_x	I_y	I_{y1}	i_x	i_y	W_x	W_y	Z_0
5	50	37	4.5	7.0	7.0	3.5	6.925	5.44	0.226	26.0	8.30	20.9	1.94	1.10	10.4	3.55	1.35
6.3	63	40	4.8	7.5	7.5	3.8	8.446	6.63	0.262	50.8	11.9	28.4	2.45	1.19	16.1	4.50	1.36
6.5	65	40	4.3	7.5	7.5	3.8	8.292	6.51	0.267	55.2	12.0	28.3	2.54	1.19	17.0	4.59	1.38
8	80	43	5.0	8.0	8.0	4.0	10.24	8.04	0.307	101	16.6	37.4	3.15	1.27	25.3	5.79	1.43
10	100	48	5.3	8.5	8.5	4.2	12.74	10.0	0.365	198	25.6	54.9	3.95	1.41	39.7	7.80	1.52
12	120	53	5.5	9.0	9.0	4.5	15.36	12.1	0.423	346	37.4	77.7	4.75	1.56	57.7	10.2	1.62
12.6	126	53	5.5	9.0	9.0	4.5	15.69	12.3	0.435	391	38.0	77.1	4.95	1.57	62.1	10.2	1.59
14a	140	58	6.0	9.5	9.5	4.8	18.51	14.5	0.480	564	53.2	107	5.52	1.70	80.5	13.0	1.71
14b		60	8.0				21.31	16.7	0.484	609	61.1	121	5.35	1.69	87.1	14.1	1.67
16a	160	63	6.5	10.0	10.0	5.0	21.95	17.2	0.538	866	73.3	144	6.28	1.83	108	16.3	1.80
16b		65	8.5				25.15	19.8	0.542	935	83.4	161	6.10	1.82	117	17.6	1.75
18a	180	68	7.0	10.5	10.5	5.2	25.69	20.2	0.596	1270	98.6	190	7.04	1.96	141	20.0	1.88
18b		70	9.0				29.29	23.0	0.600	1370	111	210	6.84	1.95	152	21.5	1.84
20a	200	73	7.0	11.0	11.0	5.5	28.83	22.6	0.654	1780	128	244	7.86	2.11	178	24.2	2.01
20b		75	9.0				32.83	25.8	0.658	1910	144	268	7.64	2.09	191	25.9	1.95

续表

型号	截面尺寸/mm						截面面积/cm^2	理论质量/(kg/m)	外表面积/(m^2/m)	惯性矩/cm^4			惯性半径/cm		截面模数/cm^3		重心距离/cm
	h	b	d	t	r	r_1				I_x	I_y	I_{y1}	i_x	i_y	W_x	W_y	Z_0
22a	220	77	7.0	11.5	11.5	5.8	31.83	25.0	0.709	2390	158	298	8.67	2.23	218	28.2	2.10
22b		79	9.0				36.23	28.5	0.713	2570	176	326	8.42	2.21	234	30.1	2.03
24a	240	78	7.0	12.0	12.0	6.0	34.21	26.9	0.252	3050	174	325	9.45	2.25	254	30.5	2.10
24b		80	9.0				39.01	30.6	0.756	3280	194	355	9.17	2.23	274	32.5	2.03
24c		82	11.0				43.81	34.4	0.760	3510	213	388	8.96	2.21	293	34.4	2.00
25a	250	78	7.0				34.91	27.4	0.722	3370	176	322	9.82	2.24	270	30.6	2.07
25b		80	9.0				39.91	31.3	0.776	3530	196	353	9.41	2.22	282	32.7	1.98
25c		82	11.0				44.91	35.3	0.780	3690	218	384	9.07	2.21	295	35.9	1.92
27a	270	82	7.5	12.5	12.5	6.2	39.27	30.8	0.826	4360	216	393	10.5	2.34	323	36.5	2.13
27b		84	9.5				44.67	35.1	0.830	4690	239	428	10.3	2.31	347	37.7	2.06
27c		86	11.5				50.07	39.3	0.834	5020	261	467	10.1	2.28	372	39.8	2.03
28a	280	82	7.5				40.02	31.4	0.846	4760	218	388	10.9	2.33	340	35.7	2.10
28b		84	9.5				45.62	35.8	0.850	5130	242	428	10.6	2.30	366	37.9	2.02
28c		86	11.5				51.22	40.2	0.854	5500	268	463	10.4	2.29	393	40.3	1.95
30a	300	85	7.5	13.5	13.5	6.8	43.89	34.5	0.897	6050	260	467	11.7	2.43	403	41.1	2.17
30b		87	9.5				49.89	39.2	0.901	6500	289	515	11.4	2.41	433	44.0	2.13
30c		89	11.5				55.89	43.9	0.905	6950	316	560	11.2	2.38	463	46.4	2.09
32a	320	88	8.0	14.0	14.0	7.0	48.50	38.1	0.947	7600	305	552	12.5	2.50	475	46.5	2.24
32b		90	10.0				54.90	43.1	0.951	8140	336	593	12.2	2.47	509	49.2	2.16
32c		92	12.0				61.30	48.1	0.955	8690	374	643	11.9	2.47	543	52.6	2.09
36a	360	96	9.0	16.0	16.0	8.0	60.89	47.8	1.053	11900	455	818	14.0	2.73	660	63.5	2.44
36b		98	11.0				68.09	53.5	1.057	12700	497	880	13.6	2.70	703	66.9	2.37
36c		100	13.0				75.29	59.1	1.061	13400	536	948	13.4	2.67	746	70.0	2.34
40a	400	100	10.5	18.0	18.0	9.0	75.04	58.9	1.144	17600	592	1070	15.3	2.81	879	78.8	2.49
40b		102	12.5				83.04	65.2	1.148	18600	640	1140	15.0	2.78	932	82.5	2.44
40c		104	14.5				91.04	71.5	1.152	19700	688	1220	14.7	2.75	986	85.2	2.42

注：表中 r、r_1 的数据用于孔型设计，不作为交货条件。

附录 18　热轧 H 型钢规格及截面特性
（按 GB/T 11263—2017 计算）

说明：
H —高度；
B —宽度；
t_1 —腹板厚度；
t_2 —翼缘厚度；
r —圆角半径。

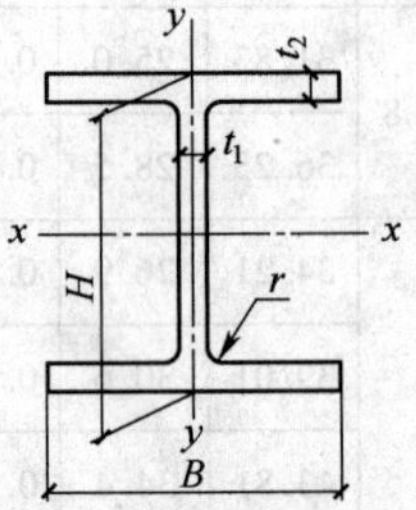

类别	型号（高度×宽度）/（mm×mm）	截面尺寸/mm					截面面积/cm^2	理论质量/(kg/m)	表面积/(m^2/m)	惯性矩/cm^4		惯性半径/cm		截面模数/cm^3	
		H	B	t_1	t_2	r				I_x	I_y	i_x	i_y	W_x	W_y
HW	100×100	100	100	6	8	8	21.58	16.9	0.574	378	134	4.18	2.48	75.6	26.7
	125×125	125	125	6.5	9	8	30.00	23.6	0.723	839	293	5.28	3.12	134	46.9
	150×150	150	150	7	10	8	39.64	31.1	0.872	1620	563	6.39	3.76	216	75.1
	175×175	175	175	7.5	11	13	51.42	40.4	1.01	2900	984	7.50	437	331	112
	200×200	200	200	8	12	13	63.53	49.9	1.16	4720	1600	8.61	5.02	472	160
		*200	204	12	12	13	71.53	56.2	1.17	4980	1700	8.34	4.87	498	167
	250×250	*244	252	11	11	13	81.31	63.8	1.45	8700	2940	10.3	6.01	713	233
		250	250	9	14	13	91.43	71.8	1.46	10700	3650	10.8	6.31	860	292
		*250	255	14	14	13	103.9	81.6	1.47	11400	3880	10.5	6.10	912	304
	300×300	*294	302	12	12	13	106.3	83.5	1.75	16600	5510	12.5	7.20	1130	365
		300	300	10	15	13	118.5	93.0	1.76	20200	6750	13.1	7.55	1350	450
		*300	305	15	15	13	133.5	105	1.77	21300	7100	12.6	7.29	1420	466
	350×350	*338	351	13	13	13	133.3	105	2.03	27700	9380	14.4	8.38	1640	534
		*344	348	10	16	13	144.0	113	2.04	32800	11200	15.1	8.83	1910	646
		*344	354	16	16	13	164.7	129	2.05	34900	11800	14.6	8.48	2030	669
		350	350	12	19	13	171.9	135	2.05	39800	13600	15.2	8.88	2280	776
		*350	357	19	19	13	196.4	154	2.07	42300	14400	14.7	8.57	2420	808
	400×400	*388	402	15	15	22	178.5	140	2.32	49000	16300	16.6	9.54	2520	809
		*394	398	11	18	22	186.8	147	2.32	56100	18900	17.3	10.1	2850	951
		*394	405	18	18	22	214.4	168	2.33	59700	20000	16.7	9.64	3030	985
		400	400	13	21	22	218.7	172	2.34	66600	22400	17.5	10.1	3330	1120
		*400	408	21	21	22	250.7	197	2.35	70900	23800	16.8	9.74	3540	1170
		*414	405	18	28	22	295.4	232	2.37	92800	31000	17.7	10.2	4480	1530
		*428	407	20	35	22	360.7	283	2.41	119000	39400	18.2	10.4	5570	1930
		*458	417	30	50	22	528.6	415	2.49	187000	60500	18.8	10.7	8170	2900
		*498	432	45	70	22	770.1	604	2.60	298000	94400	19.7	11.1	12000	4370

续表

类别	型号（高度×宽度）/（mm×mm）	截面尺寸/mm					截面面积/cm²	理论质量/(kg/m)	表面积/(m²/m)	惯性矩/cm⁴		惯性半径/cm		截面模数/cm³	
		H	B	t_1	t_2	r				I_x	I_y	i_x	i_y	W_x	W_y
HW	500×500	*492	465	15	20	22	258.0	202	2.78	117000	33500	21.3	11.4	4770	1440
		*502	465	15	25	22	304.5	239	2.80	146000	41900	21.9	11.7	5810	1800
		*502	470	20	25	22	329.6	259	2.81	151000	43300	21.4	11.5	6020	1840
HM	150×100	148	100	6	9	8	26.34	20.7	0.670	1000	150	6.16	2.38	135	30.1
	200×150	194	150	6	9	8	38.10	29.9	0.962	2630	507	8.30	3.64	271	67.6
	250×175	244	175	7	11	13	55.49	43.6	1.15	6040	984	10.4	4.21	495	112
	300×200	294	200	8	12	13	71.05	55.8	1.35	11100	1600	12.5	4.74	756	160
		*298	201	9	14	13	82.03	64.4	1.36	13100	1900	12.6	4.80	878	189
	350×250	340	250	9	14	13	99.53	78.1	1.64	21200	3650	14.6	6.05	1250	292
	400×300	390	300	10	16	13	133.3	105	1.94	37900	7200	16.9	7.35	1940	480
	450×300	440	300	11	18	13	153.9	121	2.04	54700	8110	18.9	7.25	2490	540
	500×300	*482	300	11	15	13	141.2	111	2.12	58300	6760	20.3	6.91	2420	450
		488	300	11	18	13	159.2	125	2.13	68900	8110	20.8	7.13	2820	540
	550×300	*544	300	11	15	13	148.0	116	2.24	76400	6760	22.7	6.75	2810	450
		*550	300	11	18	13	166.0	130	2.26	89800	8110	23.3	6.98	3270	540
	600×300	*582	300	12	17	13	169.2	133	2.32	98900	7660	24.2	6.72	3400	511
		588	300	12	20	13	187.2	147	2.33	114000	9010	24.7	6.93	3890	601
		*594	302	14	23	13	217.1	170	2.35	134000	10600	24.8	6.97	4500	700
HN	*100×50	100	50	5	7	8	11.84	9.30	0.376	187	14.8	3.97	1.11	37.5	5.91
	*125×60	125	60	6	8	8	16.68	13.1	0.464	409	29.1	4.95	1.32	65.4	9.71
	150×75	150	75	5	7	8	17.84	14.0	0.576	666	49.5	6.10	1.66	88.8	13.2
	175×90	175	90	5	8	8	22.89	18.0	0.686	1210	97.5	7.25	2.06	138	21.7
	200×100	*198	99	4.5	7	8	22.68	17.8	0.769	1540	113	8.24	2.23	156	22.9
		200	100	5.5	8	8	26.66	20.9	0.775	1810	134	8.22	2.23	181	26.7
	250×125	*248	124	5	8	8	31.98	25.1	0.968	3450	255	10.4	2.82	278	41.1
		250	125	6	9	8	36.96	29.0	0.974	3960	294	10.4	2.81	317	47.0
	300×150	*298	149	5.5	8	13	40.80	32.0	1.16	6320	442	12.4	3.29	424	59.3
		300	150	6.5	9	13	46.78	36.7	1.16	7210	508	12.4	3.29	481	67.7
	350×175	*346	174	6	9	13	52.45	41.2	1.35	11000	791	14.5	3.88	638	91.0
		350	175	7	11	13	62.91	49.4	1.36	13500	984	14.6	3.95	771	112
	400×150	400	150	8	13	13	70.37	55.2	1.36	18600	734	16.3	3.22	929	97.8

续表

类别	型号（高度×宽度）/(mm×mm)	截面尺寸/mm					截面面积/cm^2	理论质量/(kg/m)	表面积/(m^2/m)	惯性矩/cm^4		惯性半径/cm		截面模数/cm^3	
		H	B	t_1	t_2	r				I_x	I_y	i_x	i_y	W_x	W_y
HN	400×200	*396	199	7	11	13	71.41	56.1	1.55	19800	1450	16.6	4.50	999	145
		400	200	8	13	13	83.37	65.4	1.56	23500	1740	16.8	4.56	1170	174
	450×150	*446	150	7	12	13	66.99	52.6	1.46	22000	677	18.1	3.17	985	90.3
		*450	151	8	14	13	77.49	60.8	1.47	25700	806	18.2	3.22	1140	107
	450×200	446	199	8	12	13	82.97	65.1	1.65	28100	1580	18.4	4.36	1260	159
		450	200	9	14	13	95.43	74.9	1.66	32900	1870	18.6	4.42	1460	187
	475×150	*470	150	7	13	13	71.53	56.2	1.50	26200	733	19.1	3.20	1110	97.8
		*475	151.5	8.5	15.5	13	86.15	67.6	1.52	31700	901	19.2	3.23	1330	119
		482	153.5	10.5	19	13	106.4	83.5	1.53	39600	1150	19.3	3.28	1640	150
	500×150	*492	150	7	12	13	70.21	55.1	1.55	27500	677	19.8	3.10	1120	90.3
		*500	152	9	16	13	92.21	72.4	1.57	37000	940	20.0	3.19	1480	124
		504	153	10	18	13	103.3	81.1	1.58	41900	1080	20.1	3.23	1660	141
	500×200	*496	199	9	14	13	99.29	77.9	1.75	40800	1840	20.3	4.30	1650	185
		500	200	10	16	13	112.3	88.1	1.76	46800	2140	20.4	4.36	1870	214
		*506	201	11	19	13	129.3	102	1.77	55500	2580	20.7	4.46	2190	257
	550×200	*546	199	9	14	13	103.8	81.5	1.85	50800	1840	22.1	4.21	1860	185
		550	200	10	16	13	117.3	92.0	1.86	58200	2140	22.3	4.27	2120	214
	600×200	*596	199	10	15	13	117.8	92.4	1.95	66600	1980	23.8	4.09	2240	199
		600	200	11	17	13	131.7	103	1.96	75600	2270	24.0	4.15	2520	227
		*606	201	12	20	13	149.8	118	1.97	88300	2720	24.3	4.25	2910	270
	625×200	*625	198.5	11.5	17.5	13	138.8	109	1.99	85000	2290	24.8	4.06	2720	231
		630	200	13	20	13	158.2	124	2.01	97900	2680	24.9	4.11	3110	268
		*638	202	15	24	13	186.9	147	2.03	118000	3320	25.2	4.21	3710	328

附录 19　剖分 T 型钢的规格及截面特性（按 GB/T 11263—2017 计算）

说明：
h— 高度；
B— 宽度；
t_1— 腹板厚度；
t_2— 翼缘厚度；
r— 圆角半径；
C_x—重心。

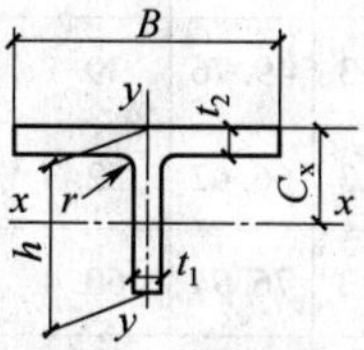

类别	型号（高度×宽度）/(mm×mm)	截面尺寸/mm					截面面积/cm^2	理论质量/(kg/m)	表面积/(m^2/m)	惯性矩/cm^4		惯性半径/cm		截面模数/cm^3		重心 C_x/cm	对应 H 型钢系列型号
		h	B	t_1	t_2	r				I_x	I_y	i_x	i_y	W_x	W_y		
TW	50×100	50	100	6	8	8	10.79	8.47	0.293	16.1	66.8	1.22	2.48	4.02	13.4	1.00	100×100
	62.5×125	62.5	125	6.5	9	8	15.00	11.8	0.368	35.0	147	1.52	3.12	6.91	23.5	1.19	125×125
	75×150	75	150	7	10	8	19.82	15.6	0.443	66.4	282	1.82	3.76	10.8	37.5	1.37	150×150
	87.5×175	87.5	175	7.5	11	13	25.71	20.2	0.514	115	492	2.11	4.37	15.9	56.2	1.55	175×175
	100×200	100	200	8	12	13	31.76	24.9	0.589	184	801	2.40	5.02	22.3	80.1	1.73	200×200
		100	204	12	12	13	35.76	28.1	0.597	256	851	2.67	4.87	32.4	83.4	2.09	
	125×250	125	250	9	14	13	45.71	35.9	0.739	412	1820	3.00	6.31	39.5	146	2.08	250×250
		125	255	14	14	13	51.96	40.8	0.749	589	1940	3.36	6.10	59.4	152	2.58	
	150×300	147	302	12	12	13	53.16	41.7	0.887	857	2760	4.01	7.20	72.3	183	2.85	300×300
		150	300	10	15	13	59.22	46.5	0.889	798	3380	3.67	7.55	63.7	225	2.47	
		150	305	15	15	13	66.72	52.4	0.899	1110	3550	4.07	7.29	92.5	233	3.04	
	175×350	172	348	10	16	13	72.00	56.5	1.03	1230	5620	4.13	8.83	84.7	323	2.67	350×350
		175	350	12	19	13	85.94	67.5	1.04	1520	6790	4.20	8.88	104	388	2.87	
	200×400	194	402	15	15	22	89.22	70.0	1.17	2480	8130	5.27	9.54	158	404	3.70	400×400
		197	398	11	18	22	93.40	73.3	1.17	2050	9460	4.67	10.1	123	475	3.01	
		200	400	13	21	22	109.3	85.8	1.18	2480	11200	4.75	10.1	147	560	3.21	
		200	408	21	21	22	125.3	98.4	1.2	3650	11900	5.39	9.74	229	584	4.07	
		207	405	18	28	22	147.7	116	1.21	3620	15500	4.95	10.2	213	766	3.68	
		214	407	20	35	22	180.3	142	1.22	4380	19700	4.92	10.4	250	967	3.90	
TM	75×100	74	100	6	9	8	13.17	10.3	0.341	51.7	75.2	1.98	2.38	8.84	15.0	1.56	150×100
	100×150	97	150	6	9	8	19.05	15.0	0.487	124	253	2.55	3.64	15.8	33.8	1.80	200×150
	125×175	122	175	7	11	13	27.74	21.8	0.583	288	492	3.22	4.21	29.1	56.2	2.28	250×175
	150×200	147	200	8	12	13	35.52	27.9	0.683	571	801	4.00	4.74	48.2	80.1	2.85	300×200
		149	201	9	14	13	41.01	32.2	0.689	661	949	4.01	4.80	55.2	94.4	2.92	

续表

类别	型号(高度×宽度)/(mm×mm)	截面尺寸/mm					截面面积/cm^2	理论质量/(kg/m)	表面积/(m^2/m)	惯性矩/cm^4		惯性半径/cm		截面模数/cm^3		重心C_x/cm	对应H型钢系列型号
		h	B	t_1	t_2	r				I_x	I_y	i_x	i_y	W_x	W_y		
TM	175×250	170	250	9	14	13	49.76	39.1	0.829	1020	1820	4.51	6.05	73.2	146	3.11	350×250
	200×300	195	300	10	16	13	66.62	52.3	0.979	1730	3600	5.09	7.35	108	240	3.43	400×300
	225×300	220	300	11	18	13	76.94	60.4	1.03	2680	4050	5.89	7.25	150	270	4.09	450×300
	250×300	241	300	11	15	13	70.58	55.4	1.07	3400	3380	6.93	6.91	178	225	5.00	500×300
		244	300	11	18	13	79.58	62.5	1.08	3610	4050	6.73	7.13	184	270	4.72	
	275×300	272	300	11	15	13	73.99	58.1	1.13	4790	3380	8.04	6.75	225	225	5.96	550×300
		275	300	11	18	13	82.99	65.2	1.14	5090	4050	7.82	6.98	232	270	5.59	
	300×300	291	300	12	17	13	84.60	66.4	1.17	6320	3830	8.64	6.72	280	255	6.51	600×300
		294	300	12	20	13	93.60	73.5	1.18	6680	4500	8.44	6.93	288	300	6.17	
		297	302	14	23	13	108.5	85.2	1.19	7890	5290	8.52	6.97	339	350	6.41	
TN	50×50	50	50	5	7	8	5.920	4.65	0.193	11.8	7.39	1.41	1.11	3.18	2.95	1.28	100×50
	62.5×60	62.5	60	6	8	8	8.340	6.55	0.238	27.5	14.6	1.81	1.32	5.96	4.85	1.64	125×60
	75×75	75	75	5	7	8	8.920	7.00	0.293	42.6	24.7	2.18	1.66	7.46	6.59	1.79	150×75
	87.5×90	85.5	89	4	6	8	8.790	6.90	0.342	53.7	35.3	2.47	2.00	8.02	7.94	1.86	175×90
		87.5	90	5	8	8	11.44	8.98	0.348	70.6	48.7	2.48	2.06	10.4	10.8	1.93	
TN	100×100	99	99	4.5	7	8	11.34	8.90	0.389	93.5	56.7	2.87	2.23	12.1	11.5	2.17	200×100
		100	100	5.5	8	8	13.33	10.5	0.393	114	66.9	2.92	2.23	14.8	13.4	2.31	
	125×125	124	124	5	8	8	15.99	12.6	0.489	207	127	3.59	2.82	21.3	20.5	2.66	250×125
		125	125	6	9	8	18.48	14.5	0.493	248	147	3.66	2.81	25.6	23.5	2.81	
	150×150	149	149	5.5	8	13	20.40	16.0	0.585	393	221	4.39	3.29	33.8	29.7	3.26	300×150
		150	150	6.5	9	13	23.39	18.4	0.589	464	254	4.45	3.29	40.0	33.8	3.41	
	175×175	173	174	6	9	13	26.22	20.6	0.683	679	396	5.08	3.88	50.0	45.5	3.72	350×175
		175	175	7	11	13	31.45	24.7	0.689	814	492	5.08	3.95	59.3	56.2	3.76	
	200×200	198	199	7	11	13	35.70	28.0	0.783	1190	723	5.77	4.50	76.4	72.7	4.20	400×200
		200	200	8	13	13	41.68	32.7	0.789	1390	868	5.78	4.56	88.6	86.8	4.26	
	225×150	223	150	7	12	13	33.49	26.3	0.735	1570	338	6.84	3.17	93.7	45.1	5.54	450×150
		225	151	8	14	13	38.74	30.4	0.741	1830	403	6.87	3.22	108	53.4	5.62	
	225×200	223	199	8	12	13	41.48	32.6	0.833	1870	789	6.71	4.36	109	79.3	5.15	450×200
		225	200	9	14	13	47.71	37.5	0.839	2150	935	6.71	4.42	124	93.5	5.19	

续表

类别	型号（高度×宽度）/(mm×mm)	截面尺寸/mm					截面面积/cm^2	理论质量/(kg/m)	表面积/(m^2/m)	惯性矩/cm^4		惯性半径/cm		截面模数/cm^3		重心 C_x/cm	对应H型钢系列型号
		h	B	t_1	t_2	r				I_x	I_y	i_x	i_y	W_x	W_y		
		235	150	7	13	13	35.76	28.1	0.759	1850	367	7.18	3.20	104	48.9	7.50	
	237.5×150	237.5	151.5	8.5	15.5	13	43.07	33.8	0.767	2270	451	7.25	3.23	128	59.5	7.57	475×150
		241	153.5	10.5	19	13	53.20	41.8	0.778	2860	575	7.33	3.28	160	75.0	7.67	
		246	150	7	12	13	35.10	27.6	0.781	2060	339	7.66	3.10	113	45.1	6.36	
	250×150	250	152	9	16	13	46.10	36.2	0.793	2750	470	7.71	3.19	149	61.9	6.53	500×150
		252	153	10	18	13	51.66	40.6	0.799	3100	540	7.74	3.23	167	70.5	6.62	
		248	199	9	14	13	49.64	39.0	0.883	2820	921	7.54	4.30	150	92.6	5.97	
	250×200	250	200	10	16	13	56.12	44.1	0.889	3200	1070	7.54	4.36	169	107	6.03	500×200
		253	201	11	19	13	64.65	50.8	0.897	3660	1290	7.52	4.46	189	128	6.00	
TN	275×200	273	199	9	14	13	51.89	40.7	0.933	3690	921	8.43	4.21	180	92.6	6.85	550×200
		275	200	10	16	13	58.62	46.0	0.939	4180	1070	8.44	4.27	203	107	6.89	
		298	199	10	15	13	58.87	46.2	0.983	5150	988	9.35	4.09	235	99.3	7.92	
	300×200	300	200	11	17	13	65.85	51.7	0.989	5770	1140	9.35	4.15	262	114	7.95	600×200
		303	201	12	20	13	74.88	58.8	0.997	6530	1360	9.33	4.25	291	135	7.88	
		312.5	198.5	11.5	17.5	13	69.38	54.5	1.01	6690	1140	9.81	4.06	294	115	9.92	
	312.5×200	315	200	13	20	13	79.07	62.1	1.02	7680	1340	9.85	4.11	336	134	10.0	625×200
		319	202	15	24	13	93.45	73.6	1.03	9140	1660	9.89	4.21	395	164	10.1	
		323	299	10	15	12	76.26	59.9	1.23	7220	3340	9.73	6.62	289	224	7.28	
	325×300	325	300	11	17	13	85.60	67.2	1.23	8090	3830	9.71	6.68	321	255	7.29	650×300
		328	301	12	20	13	97.88	76.8	1.24	9120	4550	9.65	6.81	356	302	7.20	
	350×300	346	300	13	20	13	103.1	80.9	1.28	1120	4510	10.4	6.61	424	300	8.12	700×300
		350	300	13	24	13	115.1	90.4	1.28	1200	5410	10.2	6.85	438	360	7.65	
TN	400×300	396	300	14	22	18	119.8	94.0	1.38	1760	4960	12.1	6.43	592	331	9.77	800×300
		400	300	14	26	18	131.8	103	1.38	1870	5860	11.9	6.66	610	391	9.27	
		445	299	15	23	18	133.5	105	1.47	2590	5140	13.9	6.20	789	344	11.7	
	450×300	450	300	16	28	18	152.9	120	1.48	2910	6320	13.8	6.42	865	421	11.4	900×300
		456	302	18	34	18	180.0	141	1.50	3410	7830	13.8	6.59	997	518	11.3	

附录 20　卷边 Z 形冷弯薄壁型钢的规格及截面特性

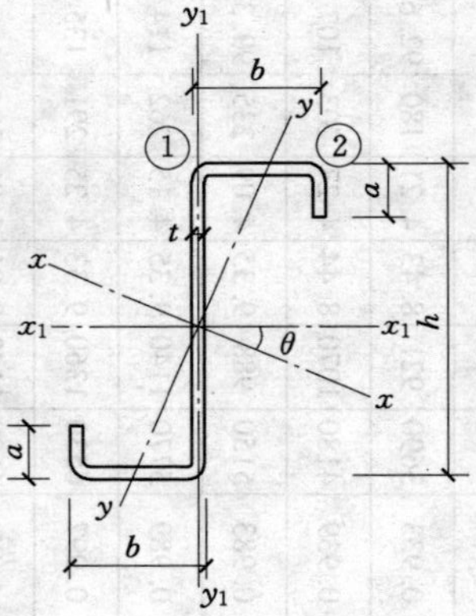

尺寸/mm				截面面积/cm²	每米长质量/(kg/m)	θ	x_1-x_1			y_1-y_1			$x-x$				$y-y$				I_{x1y1}/cm⁴	I_t/cm⁴	I_ω/cm⁶	k/cm⁻¹	$W_{\omega1}$/cm⁴	$W_{\omega2}$/cm⁴
h	b	a	t				I_{x1}/cm⁴	i_{x1}/cm	W_{x1}/cm³	I_{y1}/cm⁴	i_{y1}/cm	W_{y1}/cm³	I_x/cm⁴	i_x/cm	W_{x1}/cm³	W_{x2}/cm³	I_y/cm⁴	i_y/cm	W_{y1}/cm³	W_{y2}/cm³						
100	40	20	2.0	4.07	3.19	24°1′	60.04	8.84	12.01	17.02	2.05	4.36	70.70	4.17	15.93	11.94	6.36	1.25	3.36	4.42	23.93	0.0542	325.0	0.0081	49.97	29.16
100	40	20	2.5	4.98	3.91	23°46′	72.10	3.80	14.42	20.02	2.00	5.17	84.63	4.12	19.18	14.47	7.49	1.23	4.07	5.28	28.45	0.1038	381.9	0.0102	62.25	35.03
120	50	20	2.0	4.87	3.82	24°3′	106.97	4.69	17.83	30.23	2.49	6.17	126.06	5.09	23.55	17.40	11.14	1.51	4.83	5.74	42.77	0.0649	785.2	0.0057	84.05	43.96
120	50	20	2.5	5.98	4.70	23°50′	129.39	4.65	21.57	35.91	2.45	7.37	152.05	5.04	28.55	21.21	13.25	1.49	5.89	6.89	51.30	0.1246	930.9	0.0072	104.68	52.94
120	50	20	3.0	7.05	5.54	23°36′	150.14	4.61	25.02	40.88	2.41	8.43	175.92	4.99	33.18	24.80	15.11	1.46	6.89	7.92	58.99	0.2116	1058.9	0.0087	125.37	61.22
140	50	20	2.5	6.48	5.09	19°25′	186.77	5.37	26.68	35.91	2.35	7.37	209.19	5.67	32.55	26.34	14.48	1.49	6.69	6.78	60.75	0.1350	1289.0	0.0064	137.04	60.03
140	50	20	3.0	7.65	6.01	19°12′	217.26	5.33	31.04	40.83	2.31	8.43	241.62	5.62	37.76	30.70	16.52	1.47	7.84	7.81	69.93	0.2296	1468.2	0.0077	164.94	69.51
160	60	20	2.5	7.48	5.87	19°59′	288.12	6.21	36.01	58.15	2.79	9.90	323.13	6.57	44.00	34.95	23.14	1.76	9.00	8.71	96.32	0.1559	2634.3	0.0048	205.98	86.28
160	60	20	3.0	8.85	6.95	19°47′	336.66	6.17	42.08	66.66	2.74	11.39	376.76	6.52	51.48	41.08	26.56	1.73	10.58	10.07	111.51	0.2656	3019.4	0.0058	247.41	100.15
160	70	20	2.5	7.98	6.27	23°46′	319.13	6.32	39.89	87.74	3.32	12.76	374.76	6.85	52.35	38.23	32.11	2.01	10.53	10.86	126.37	0.1663	3793.3	0.0041	238.87	106.91
160	70	20	3.0	9.45	7.42	23°34′	373.64	6.29	46.71	101.10	3.27	14.76	437.72	6.80	61.33	45.01	37.03	1.98	12.39	12.58	146.86	0.2836	4365.0	0.0050	285.78	124.26
180	70	20	2.5	8.48	6.66	20°22′	420.18	7.04	46.69	187.74	3.22	12.76	473.34	7.47	57.27	44.88	34.58	2.02	11.66	10.86	143.18	0.1767	4907.9	0.0037	294.53	119.41
180	70	20	3.0	10.05	7.89	20°11′	492.61	7.00	54.73	101.11	3.17	14.76	553.83	7.42	67.22	52.89	39.89	1.99	13.72	12.59	166.47	0.3016	5652.2	0.0045	353.32	138.92

附录 21　冷弯薄壁卷边槽钢的规格及截面特性

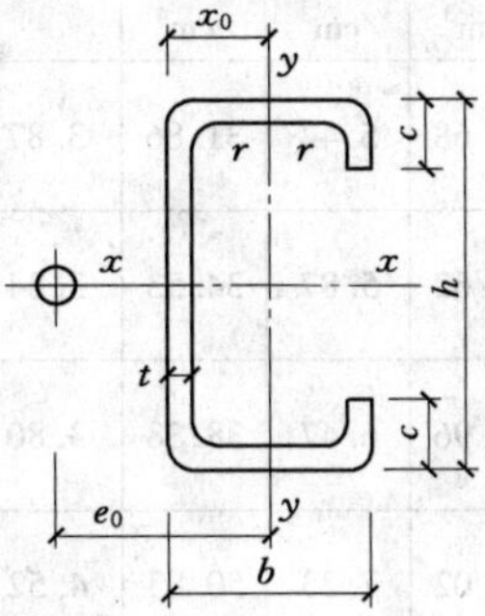

序号	截面代号	截面尺寸				截面面积 A /cm²	质量 g /(kg/m)	x_0 /cm	$x-x$		
		h	b	c	t				I_x /cm⁴	i_x /cm	W_x /cm³
1	C140×2.0	140	50	20	2.0	5.27	4.14	1.590	154.03	5.41	22.00
2	C140×2.2	140	50	20	2.2	5.76	4.52	1.590	167.40	5.39	23.91
3	C140×2.5	140	50	20	2.5	6.48	5.09	1.580	186.78	5.39	26.68
4	C160×2.0	160	60	20	2.0	6.07	4.76	1.850	236.59	6.24	29.57
5	C160×2.2	160	60	20	2.2	6.64	5.21	1.850	257.57	6.23	32.20
6	C160×2.5	160	60	20	2.5	7.48	5.87	1.850	288.13	6.21	36.02
7	C180×2.0	180	70	20	2.0	6.87	5.39	2.110	343.93	7.08	38.21
8	C180×2.2	180	70	20	2.2	7.52	5.90	2.110	374.90	7.06	41.66
9	C180×2.5	180	70	20	2.5	8.48	6.66	2.110	320.20	7.04	46.69
10	C200×2.2	200	70	20	2.0	7.27	5.71	2.000	440.04	7.78	44.00
11	C200×2.2	200	70	20	2.2	7.96	6.25	2.000	479.87	7.77	47.99
12	C200×2.5	200	70	20	2.5	8.98	7.05	2.000	538.21	7.74	53.82
13	C220×2.0	220	75	20	2.0	7.87	6.18	2.080	574.45	8.54	52.22
14	C220×2.2	220	75	20	2.2	8.62	6.77	2.080	626.85	8.53	56.99
15	C220×2.5	220	75	20	2.5	9.73	7.64	2.074	703.76	8.50	63.98
16	C250×2.0	250	75	20	2.0	8.43	6.62	1.932	771.01	9.56	61.68
17	C250×2.2	250	75	20	2.2	9.26	7.27	1.933	844.08	9.55	67.53
18	C250×2.5	250	75	20	2.5	10.48	8.23	1.934	952.33	9.53	76.19

续表

序号	截面代号	$y-y$				y_1-y_1	e_0 /cm	I_t /cm^4	I_ω /cm^6	k /cm^{-1}	$W_{\omega 1}$ /cm^4	$W_{\omega 2}$ /cm^4
		I_1 /cm^4	i_y /cm	W_{ymax} /cm^3	W_{ymin} /cm^3	I_{y1} /cm^4						
1	C140×2.0	18.56	1.88	11.68	5.44	31.86	3.87	0.0703	794.79	0.0058	51.34	52.22
2	C140×2.2	20.03	1.87	12.62	5.87	34.53	3.84	0.0929	852.46	0.0065	55.98	56.84
3	C140×2.5	22.11	1.85	13.96	6.47	38.38	3.80	0.1351	931.89	0.0075	62.56	63.56
4	C160×2.0	29.99	2.22	16.02	7.23	50.83	4.52	0.0809	1596.28	0.0044	76.92	71.30
5	C160×2.2	32.45	2.21	17.53	7.82	55.19	4.50	0.1071	1717.82	0.0049	83.82	77.55
6	C160×2.5	35.96	2.19	19.47	8.66	61.49	4.45	0.1559	1887.71	0.0056	93.87	86.63
7	C180×2.0	45.18	2.57	21.37	9.25	75.87	5.12	0.0916	2934.34	0.0035	109.50	95.22
8	C180×2.2	48.97	2.15	23.19	10.02	21.49	5.14	0.1213	3165.62	0.0038	119.44	103.58
9	C180×2.5	54.42	2.53	25.82	11.12	92.06	5.10	0.1767	3492.15	0.0044	113.99	115.73
10	C200×2.0	46.71	2.54	23.32	9.35	75.88	4.96	0.0969	3672.33	0.0032	126.74	106.15
11	C200×2.2	50.64	2.52	25.31	10.13	82.49	4.93	0.1284	3963.82	0.0035	138.26	115.74
12	C200×2.5	56.27	2.50	28.18	11.25	92.09	4.89	0.1871	4376.18	0.0041	115.14	129.75
13	C220×2.0	56.88	2.69	27.35	10.50	90.93	5.18	0.1049	5313.52	0.0028	158.43	127.32
14	C220×2.2	61.71	2.68	29.70	11.38	98.91	5.15	0.1391	5742.07	0.0031	172.92	138.93
15	C220×2.5	68.66	2.66	33.11	12.65	110.51	5.11	0.2028	6351.05	0.0035	194.18	155.94
16	C250×2.0	58.46	2.63	30.25	10.50	89.95	4.90	0.1125	6944.92	0.0025	190.93	146.73
17	C250×2.2	63.68	2.62	32.94	11.44	98.27	4.87	0.1493	7545.39	0.0028	208.66	160.20
18	C250×2.5	71.31	2.69	36.86	12.81	110.53	4.84	0.2184	8415.77	0.0032	234.81	180.01

附录 22　几种常用截面的回转半径近似值

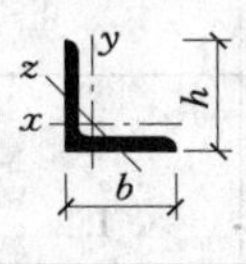 $i_x=0.30h$ $i_y=0.90b$ $i_z=0.195h$	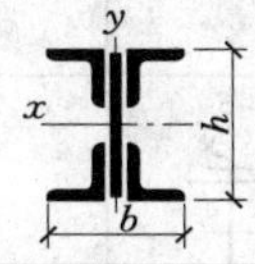 $i_x=0.40h$ $i_y=0.21b$	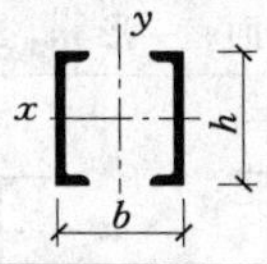 $i_x=0.38h$ $i_y=0.44b$	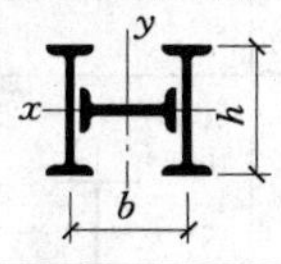 $i_x=0.32h$ $i_y=0.49b$
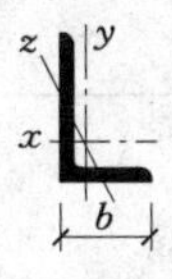 $i_x=0.32h$ $i_y=0.28b$ $i_z=0.09(b+h)$	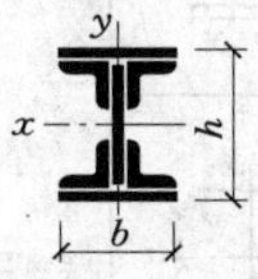 $i_x=0.45h$ $i_y=0.235b$	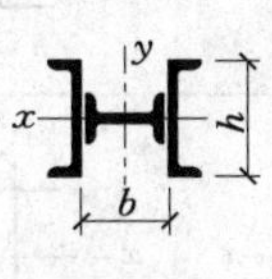 $i_x=0.32h$ $i_y=0.58b$	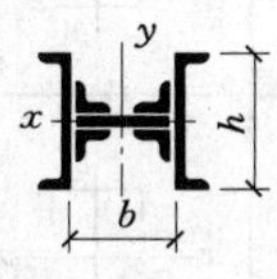 $i_x=0.29h$ $i_y=0.50b$
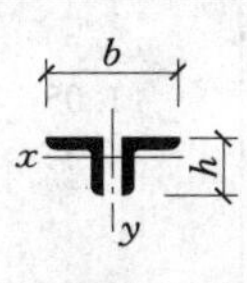 $i_x=0.30h$ $i_y=0.215b$	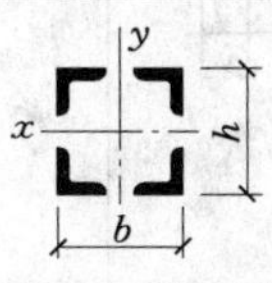 $i_x=0.43h$ $i_y=0.43b$	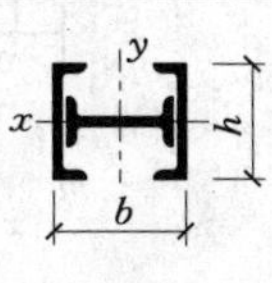 $i_x=0.32h$ $i_y=0.40b$	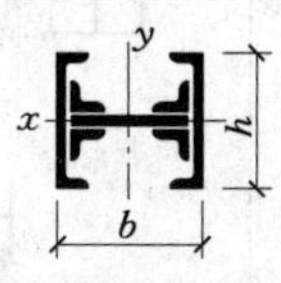 $i_x=0.29h$ $i_y=0.45b$
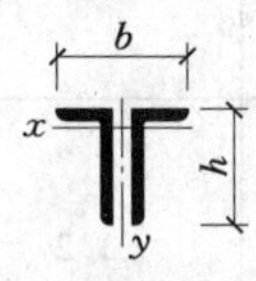 $i_x=0.32h$ $i_y=0.20b$	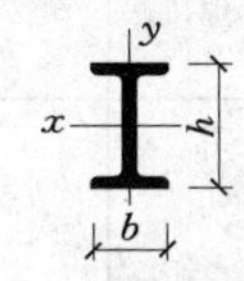 $i_x=0.39h$ $i_y=0.20b$	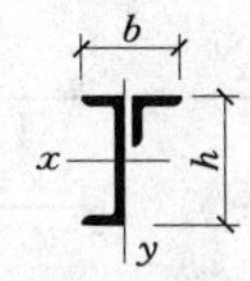 $i_x=0.38h$ $i_y=0.21b$	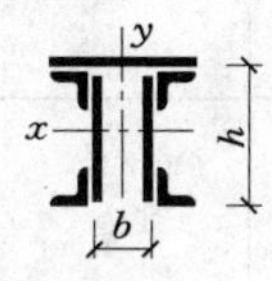 $i_x=0.39h$ $i_y=0.53b$
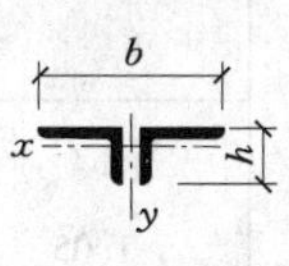 $i_x=0.28h$ $i_y=0.24b$	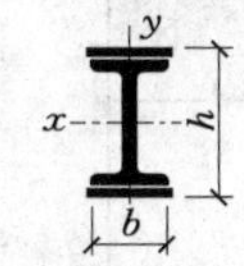 $i_x=0.42h$ $i_y=0.22b$	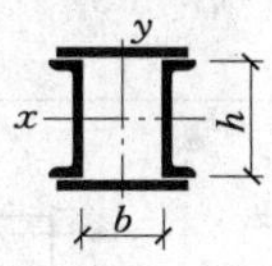 $i_x=0.44h$ $i_y=0.32b$	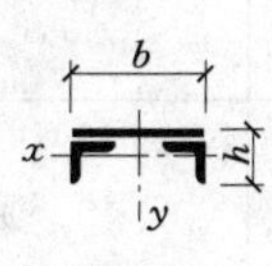 $i_x=0.28h$ $i_y=0.37b$
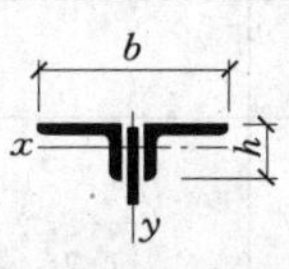 $i_x=0.30h$ $i_y=0.17b$	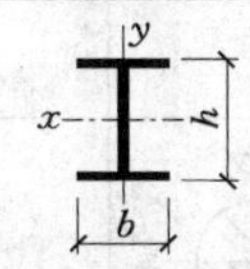 $i_x=0.43h$ $i_y=0.24b$	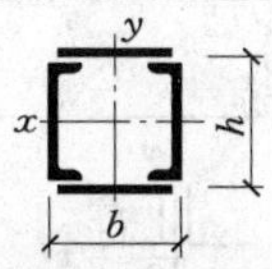 $i_x=0.44h$ $i_y=0.38b$	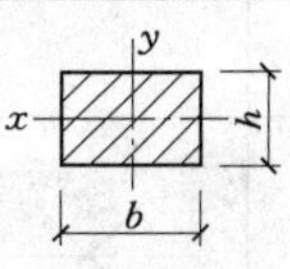 $i_x=0.29h$ $i_y=0.29b$
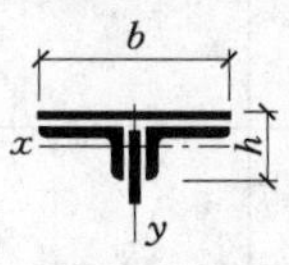 $i_x=0.28h$ $i_y=0.21b$	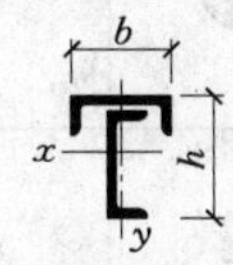 $i_x=0.365h$ $i_y=0.275b$	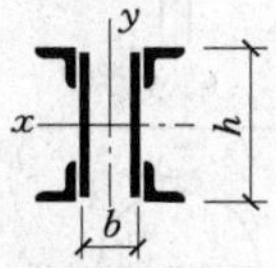 $i_x=0.37h$ $i_y=0.54b$	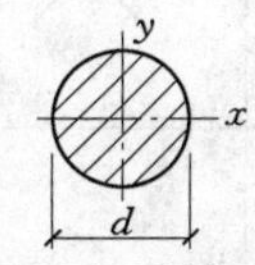 $i_x=0.25d$ $i_y=0.25d$
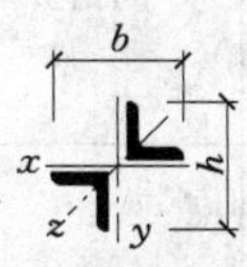 $i_x=0.21h$ $i_y=0.21b$ $i_z=0.185h$	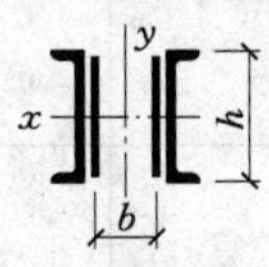 $i_x=0.35h$ $i_y=0.56b$	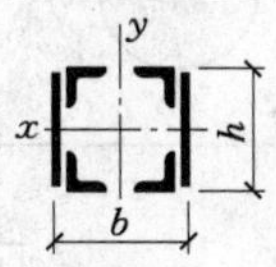 $i_x=0.37h$ $i_y=0.45b$	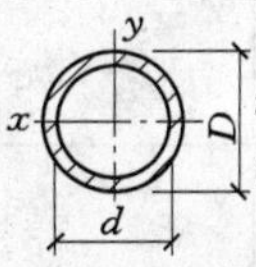 $i_x=i_y=$ $0.175(D+d)$
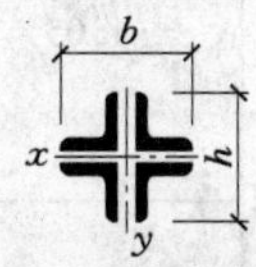 $i_x=0.21h$ $i_y=0.21b$	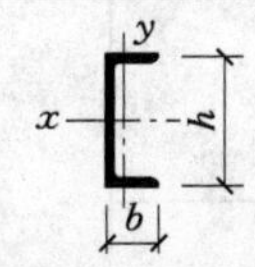 $i_x=0.39h$ $i_y=0.29b$	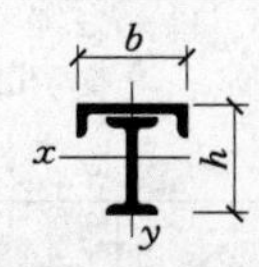 $i_x=0.40h$ $i_y=0.24b$	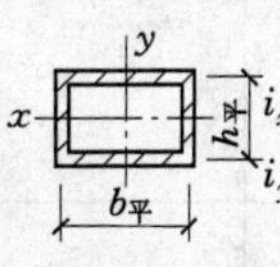 $i_x=0.40h_{平}$ $i_y=0.40b_{平}$
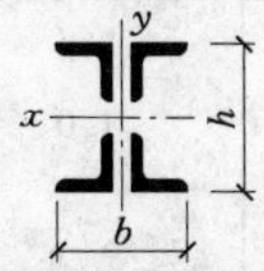 $i_x=0.45h$ $i_y=0.24b$	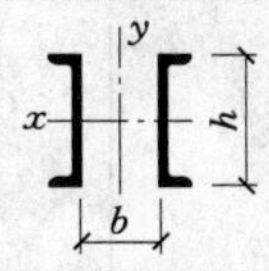 $i_x=0.38h$ $i_y=0.60b$	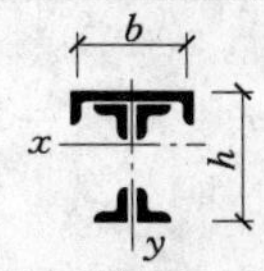 $i_x=0.41h$ $i_y=0.29b$	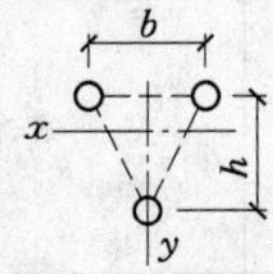 $i_x=0.47h$ $i_y=0.40b$

附录 23　截面塑性发展系数 γ_x、γ_y

项次	截面形式	γ_x	γ_y
1	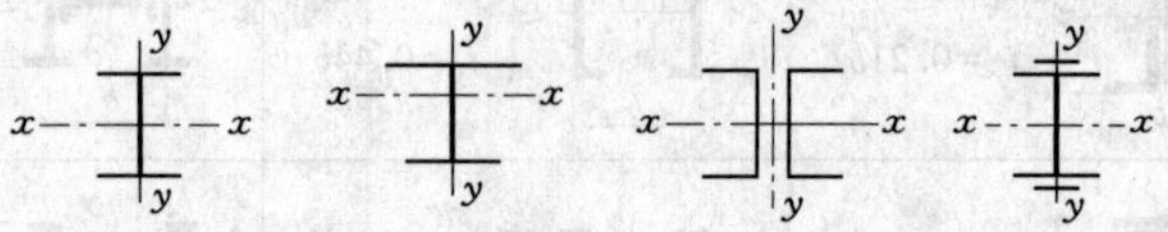	1.05	1.2
2	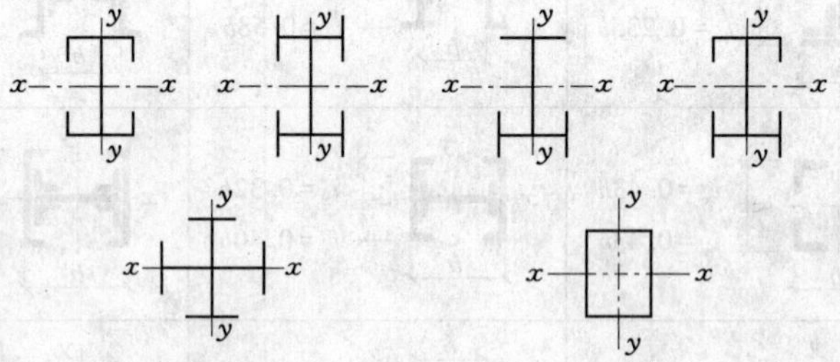		1.05
3	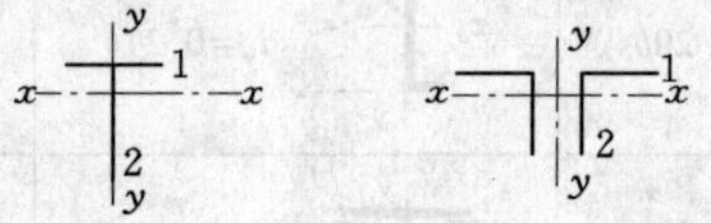	$\gamma_{x1}=1.05$ $\gamma_{x2}=1.2$	1.2
4	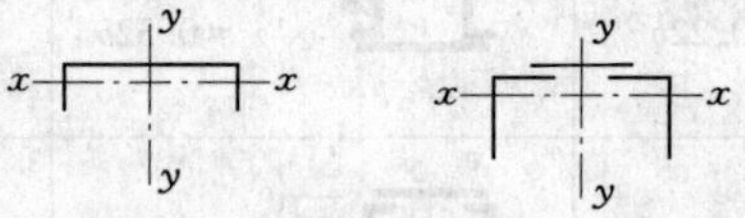		1.05
5	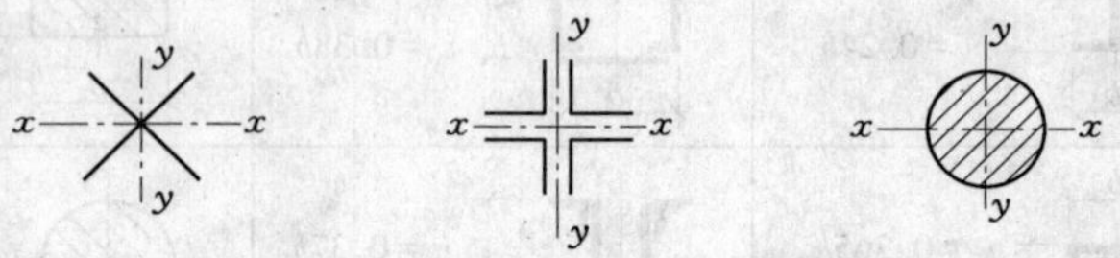	1.2	1.2
6	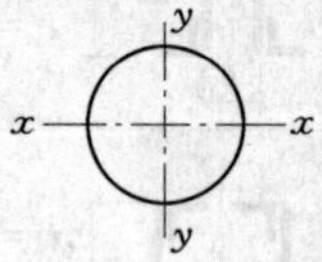	1.15	1.15
7	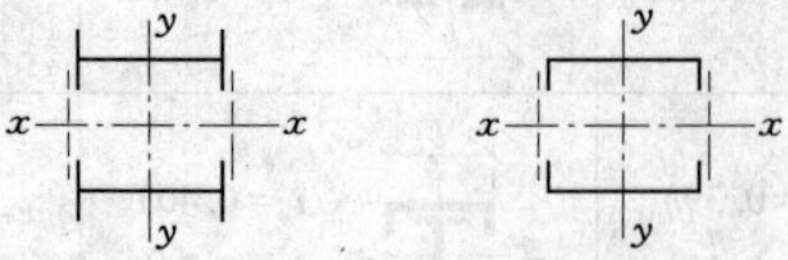	1.0	1.05
8	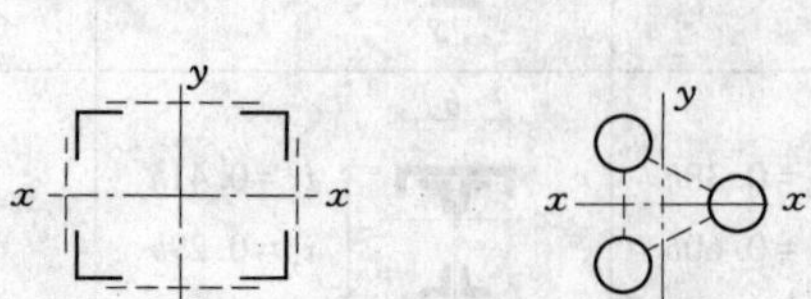		1.0

附录 24　碳钢焊条的型号及用途

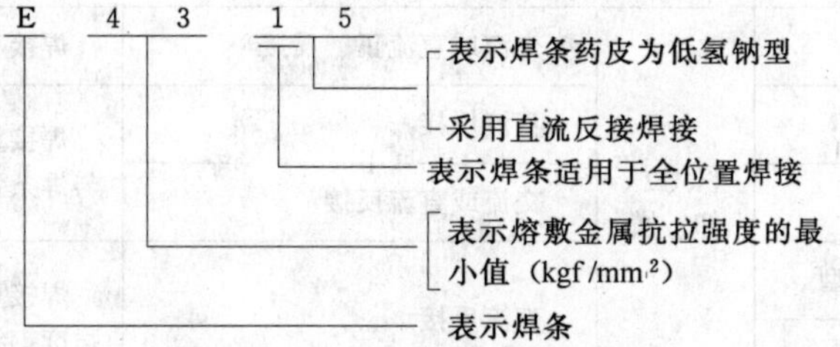

附图 24-1　碳钢焊条的型号示例

焊条型号	药皮类型	焊接位置	电　流　种　类	用　　途
E43 系列——熔敷金属抗拉强度≥420N/mm²（43kgf/mm²）				
E4300	特殊型	平、立、仰、横	交流或直流正、反接	焊接较重要的碳钢结构
E4301	钛铁矿型			
E4303	钛钙型			
E4310	高纤维素钠型		直流反接	焊接一般的碳钢结构，如管道等；也可用于打底焊
E4311	高纤维素钾型		交流或直流反接	
E4312	高钛钠型		交流或直流正接	焊接一般的碳钢结构、薄板结构，也可用于盖面焊
E4313	高钛钾型		交流或直流正、反接	
E4315	低氢钠型		直流反接	焊接重要的碳钢结构，也可焊接与焊条强度相当的低合金钢结构
E4316	低氢钾型		交流或直流反接	
E4320	氧化铁型	平	交流或直流正、反接	焊接较重要的碳钢结构，但不宜焊薄板
		平角焊	交流或直流正接	
E4322		平	交流或直流正接	焊接碳钢的薄板结构
E4323	铁粉钛钙型	平、平角焊	交流或直流正、反接	焊接较重要的碳钢结构
E4324	铁粉钛型			焊接一般的碳钢结构
E4327	铁粉氧化铁型	平	交流或直流正、反接	焊接较重要的碳钢结构
		平角焊	交流或直流正接	
E4328	铁粉低氢型	平、平角焊	交流或直流反接	焊接重要的碳钢结构，也可焊接与焊条强度相当的低合金钢结构
E50 系列——熔敷金属抗拉强度≥490N/mm²（50kgf/mm²）				
E5001	钛铁矿型	平、立、仰、横	交流或直流正、反接	焊接较重要的碳钢结构
E5003	钛钙型			
E5010	高纤维素钠型		直流反接	焊接一般的碳钢结构，如管道等；也可用于打底焊
E5011	高纤维素钾型		交流或直流反接	

续表

焊条型号	药皮类型	焊接位置	电流种类	用途
E50 系列——熔敷金属抗拉强度≥490N/mm^2（50kgf/mm^2）				
E5014	铁粉钛型	平、立、仰、横	交流或直流正、反接	焊接一般的碳钢结构
E5015	低氢钠型		直流反接	焊接重要的碳钢结构，也可焊接与焊条强度相当的低合金钢结构
E5016	低氢钾型		交流或直流反接	
E5018	铁粉低氢钾型		直流反接	焊接重要的碳钢结构、低合金高强度钢结构
E5018M	铁粉低氢型			
E5023	铁粉钛钙型	平、平角焊	交流或直流正、反接	焊接较重要的碳钢结构
E5024	铁粉钛型	平、平角焊	交流或直流正、反接	焊接一般的碳钢结构
E5027	铁粉氧化铁型		交流或直流正接	焊接较重要的碳钢结构
E5028	铁粉低氢型		交流或直流反接	焊接重要的碳钢结构，也可焊接与焊条强度相当的低合金钢结构
E5048		平、仰、横、立向下		

注：平为平焊，立为立焊，仰为仰焊，横为横焊，平角焊为水平角焊，立向下为向下立焊。

附录 25　用于建筑钢结构的低合金钢焊条的型号及用途

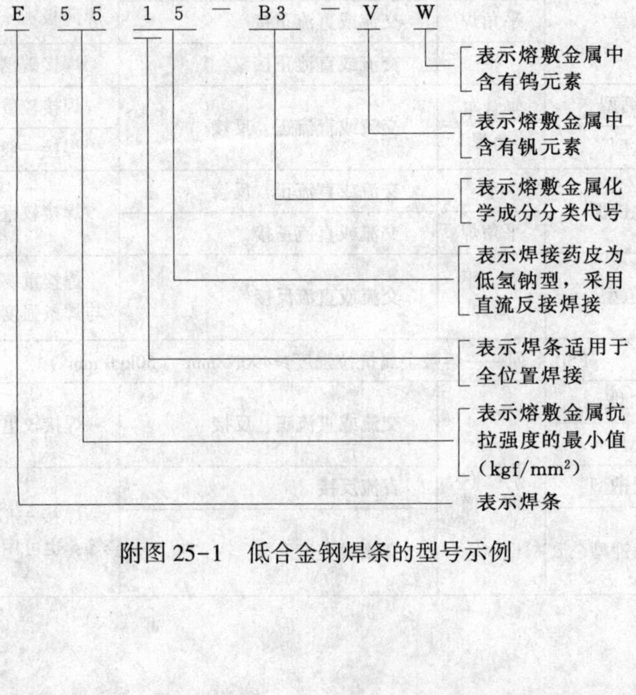

附图 25-1　低合金钢焊条的型号示例

焊条型号	主要用途
E5015—G、E5016—G	用于 Q355 钢和耐候钢，以及耐海水腐蚀钢
E5515—G、E5516—G	用于 Q390 钢和 Q420 钢
E6015—G、E6016—G	用于 Q420 钢

注：1. 低合金钢焊条型号基本部分的表示方法及药皮类型与碳钢焊条相同，仅后缀部分不同。其后缀字母为熔敷金属的化学成分分类代号，并以“—”与前面数字分开。若还具有附加化学成分时，附加化学成分直接用元素符号表示，并以“—”与前面后缀字母分开。对在 E50、E55、E60 低氢型焊条的熔敷金属化学成分分类后缀字母或附加化学成分后面加上字母 R 时，表示耐吸潮焊条。低合金钢焊条型号示例如附图 25-1 所示。

2. 后缀字母 G 表示只要一个元素符合国标中的规定即可（当有-40℃冲击性能要求≥54J 时，后缀字母改为 E），这种型号属于熔敷金属为其他化学成分分类的低合金钢焊条。

3. 低合金钢焊条的化学成分（包括附加元素）必须与所焊钢材的主要合金元素（碳除外）相同，或者焊条的附加元素主要为镍。